Modern Birkhäuser Classics

Many of the original research and survey monographs in pure and applied mathematics published by Birkhäuser in recent decades have been groundbreaking and have come to be regarded as foundational to the subject. Through the MBC Series, a select number of these modern classics, entirely uncorrected, are being re-released in paperback (and as eBooks) to ensure that these treasures remain accessible to new generations of students, scholars, and researchers.

Luc Illusie
Université de Paris-Sud
Département de Mathématiques
F-91405 Orsay
France

s Études Scientifiques
r-Yvette

Gérard Laumon
Université de Paris-Sud
Département de Mathématiques
F-91405 Orsay
France

ty
thematics
14

Kenneth A. Ribet
University of California
Department of Mathematics
Berkeley, CA 94720
U.S.A.

t für Mathematik

as Volume 87 in the series *Progress in Mathematics*

erasev.

assification (2000): 00B15, 00B30, 01A60, 01A75 (primary); 11F37, 11F72,
11R29, 11R34, 11S23, 11S31, 11S37, 12H05, 13K05, 13N10, 14A99, 14B15,
14F05, 14F20, 14F30, 14F32, 14F35, 14F40, 14F99, 14G05, 14G10, 14H25,
4M10, 14M15, 17B10, 17B67, 18A99, 18B40, 18E30, 18F20, 20F34, 20F36,
32C15, 32C38, 32S50, 32S60, 57M07, 58G25, 58G26, 58J50, 58J52

ontrol Number: 2006936966

5 e-ISBN-10: 0-8176-4575-6
567-0 e-ISBN-13: 978-0-8176-4575-5

r.

(IBT)

The Grothe
V

A Collection of
the (
Alexa

Rep

I

Pierre Cartier
Institut des Haute
F-91440 Bures-su
France

Nicholas M. Katz
Princeton Univers
Department of Ma
Princeton, NJ 085
U.S.A.

Yuri I. Manin
Max-Planck Instit
D-53111 Bonn
Germany

Originally published

Cover design by Alex

Mathematics Subject C
11G05, 11G40, 11M41,
14C17, 14D05, 14E20,
14H40, 14L05, 14L15,
20L05, 22E35, 22E50
(secondary)

Library of Congress C

ISBN-10: 0-8176-4567-
ISBN-13: 978-0-8176-4

Printed on acid-free pap

9 8 7 6 5 4 3 2 1

www.birkhauser.com

P. Cartier L. Illusie N.M. Katz
G. Laumon Y. Manin K.A. Ribet

Editors

The Grothendieck Festschrift

A Collection of Articles Written in Honor of the 60th Birthday of Alexander Grothendieck

Volume II

1990

Birkhäuser
Boston · Basel · Berlin

Pierre Cartier
Institut des Hautes
Études Scientifiques
91440 Bures-sur-Yvette
France

Luc Illusie
Département de Mathématiques
Université de Paris-Sud
Centre d'Orsay
91405 Orsay Cedex
France

Nicholas M. Katz
Department of Mathematics
Princeton University
Princeton, NJ 08544
USA

Gérard Laumon
Département de Mathématiques
Université de Paris-Sud
Centre d'Orsay
91405 Orsay Cedex
France

Yuri Manin
Steklov Institute
Vavilova 42
Moscow, 117966-GSP1
USSR

Kenneth A. Ribet
Department of Mathematics
University of California
Berkeley, CA 94720
USA

Printed on acid-free paper.

ISBN 0-8176-3428-2 ISBN 0-8176-3429-0 Three-volume set
ISBN 3-7643-3428-2 ISBN 3-7643-3429-0 Three-volume set

Printed and bound by Edwards Brothers, Inc., Ann Arbor, Michigan.
Printed in the U.S.A.

9 8 7 6 5 4 3 2 1

CONTENTS

VOLUME II

VOLUME III

Une nouvelle interprétation de la formule des traces de Selberg

PIERRE CARTIER ET ANDRÉ VOROS

A Alexander Grothendieck, pour son 60e anniversaire

SOMMAIRE

Introduction

La formule des traces de Selberg, pour une surface de Riemann compacte, à courbure constante négative, est présentée habituellement comme une relation portant sur la transformée de Fourier des distributions liées aux longueurs des géodésiques périodiques, et aux valeurs propres du laplacien. De manière plus précise, soit X une telle surface de genre $g \geq 2$, munie d'une métrique riemannienne, avec une courbure constante normalisée par $K = -1$. On note $\mathcal{P}$ l'ensemble des géodésiques périodiques orientées primitives sur X, et $\tau(p)$ la longueur d'une telle géodésique p. On note aussi Δ_X l'opérateur de Laplace-Beltrami sur X, et la suite des valeurs propres de $-\Delta_X$ est représentée sous la forme

$$0 = \lambda_0 < \lambda_1 \leq \lambda_2 \leq \cdots \leq \lambda_n \leq \lambda_{n+1} \leq \cdots.$$

Pour tout $n \geq 0$, on choisit une des racines carrées ρ_n de $\lambda_n - \frac{1}{4}$. Sous forme symbolique, on peut écrire comme suit la formule de Selberg

$$(1) \quad \sum_{n=0}^{\infty} \cos \tau\rho_n = -\tfrac{1}{2}(g-1)\frac{\cosh \tau/2}{\sinh^2 \tau/2} + \sum_{p\in\mathcal{P}} \sum_{m\neq 0} \frac{\tau(p)}{4\sinh(|m|\tau(p)/2)}\delta(\tau - m\tau(p));$$

les deux membres de cette formule contiennent des séries qui convergent au sens des distributions.

La formule de Selberg possède une certaine analogie avec la formule sommatoire de Poisson, que l'on peut écrire sous la forme

$$\sum_{n\in\mathbb{Z}} e^{i\tau n} = 2\pi \sum_{m\in\mathbb{Z}} \delta(\tau - 2\pi m). \tag{2}$$

De fait, il existe une formule de Poisson générale pour les variétés riemanniennes qui se spécialise en les formules (1) et (2) ; on notera simplement que les valeurs propres du laplacien sur le cercle $\mathbf{S}^1$ sont les carrés

$$0, \quad 1^2, \quad (-1)^2, \quad 2^2, \quad (-2)^2, \quad \cdots$$

et que les géodésiques fermées sur $\mathbf{S}^1$ ont pour longueur $2\pi m$, avec $m = 0, \pm 1, \pm 2, \cdots$. Cette formule générale rend bien compte des termes exponentiels dans le membre de gauche de (1) ou (2), ainsi que des termes singuliers en δ au membre de droite. Mais elle n'explique pas la forme particulière du terme $-\frac{1}{2}(g-1)(\cosh \tau/2)/(\sinh^2 \tau/2)$ dans la formule de Selberg : un tel terme, qui est régulier en dehors de 0, est absent dans la formule de Poisson, à moins de considérer qu'il est un avatar de $\delta(\tau)$.

Si l'on introduit une fonction-test $h(\rho)$ et sa transformée de Fourier

$$\hat{h}(\tau) = (2\pi)^{-1} \int_{-\infty}^{+\infty} h(\rho) e^{i\tau\rho} d\rho, \tag{3}$$

la formule de Selberg prend la forme

$$\frac{1}{2}\sum_{n=0}^{\infty}[h(\rho_n) + h(-\rho_n)] = (g-1)\int_{-\infty}^{+\infty} \rho \tanh \pi\rho \; h(\rho) d\rho + \sum_{p\in\mathcal{P}} \sum_{m\neq 0} \frac{\tau(p)}{4\sinh(|m|\tau(p)/2)} \hat{h}(m\tau(p)); \tag{4}$$

celle de Poisson prend la forme

$$\sum_{n\in\mathbb{Z}} h(n) = 2\pi \sum_{m\in\mathbb{Z}} \hat{h}(2\pi m). \tag{5}$$

Voici une différence importante. Pour que la somme sur les longueurs des géodésiques soit convergente dans (4), il faut imposer à $h(\rho)$ une condition assez restrictive, par exemple de s'étendre en une fonction holomorphe dans une bande $|Im\ \rho| < c$ de largeur $2c$ strictement plus grande que

1. Par contre, la formule de Poisson (5) est valable pour des fonctions $h(\rho)$ appartenant à l'espace de Schwartz $\mathcal{S}(\mathbf{R})$. On peut même, avec quelques précautions, l'appliquer à une distribution du type $h(\sigma) = \delta(\sigma - \rho)$ et obtenir une formule de Poisson duale

$$\sum_{n\in\mathbf{Z}} \delta(\rho - n) = \sum_{m\in\mathbf{Z}} e^{2\pi i m\rho}. \tag{6}$$

On notera que les deux formules de Poisson duales (2) et (6) coïncident à un changement de variable près. *Dans le cas de Selberg, il y a une complète dissymétrie entre le spectre des valeurs propres, et celui des longueurs des géodésiques*, et il est donc hautement désirable d'obtenir une forme duale de la formule (1) portant sur une somme du type $\sum_{n=0}^{\infty} \delta(\rho - \rho_n)$.

Notre ambition, dans ce travail, est de mieux comprendre les analogies entre les formules de Selberg et de Poisson. Nous pourrons ainsi donner des formes nouvelles de la formule de Selberg, plus flexibles, et applicables à des fonctions-test plus variées.

La *première partie* est consacrée à un examen de la formule de Poisson, interprétée de manière microlocale. Le point essentiel est que la fonction $\pi/\tanh\pi\kappa$ est une fonction méromorphe de la variable complexe κ, avec des pôles aux points in, pour n parcourant l'ensemble $\mathbf{Z}$ des entiers relatifs. De plus, on peut écrire

$$\frac{\pi}{\tanh\pi\kappa} = \pi\frac{1+e^{-2\pi\kappa}}{1-e^{-2\pi\kappa}} = \pi + 2\pi\sum_{m=1}^{\infty} e^{-2\pi m\kappa} \tag{7}$$

et donc obtenir un développement en série d'exponentielles qui converge dans le demi-plan $Re\ \kappa > 0$. Par symétrie, la fonction impaire $\pi/\tanh\pi\kappa$ a un développement analogue dans le demi-plan $Re\ \kappa < 0$. En un sens, la démonstration de la formule de Poisson que l'on obtient n'est autre que celle que Cauchy donnait par le calcul des résidus.

Dans la *deuxième partie*, on explicite complètement diverses formes de la formule de Selberg. Parmi les points moins classiques, notons les deux formes données au *terme intermédiaire*

$$\int_0^\infty \rho\tanh\pi\rho\ h(\rho)d\rho = -\int_0^\infty \frac{d\hat{h}(\tau)}{\sinh\tau/2}. \tag{8}$$

On introduit aussi la fonction zéta de Selberg, par le produit infini

$$\mathcal{Z}_X(s) = \prod_{p\in\mathcal{P}}\prod_{k=0}^{\infty}(1 - e^{-\tau(p)(s+k)}) \tag{9}$$

qui converge absolument dans le demi-plan $Re\ s > 1$. On conclut cette partie par l'énoncé de l'une des formes de la formule de Selberg

$$(10)\quad \sum_{n=0}^{\infty} \frac{d}{d\kappa^2}\left(\frac{1}{\rho_n^2+\kappa^2}\right) = (2-2g)\frac{d}{d\kappa^2}\psi(\tfrac{1}{2}+\kappa) + \left(\frac{d}{d\kappa^2}\right)^2 \log \mathcal{Z}_X(\tfrac{1}{2}+\kappa).$$

La fonction $\psi(s)$ est égale à $\Gamma'(s)/\Gamma(s)$.

Dans la *troisième partie*, nous montrons comment nous débarrasser des dérivées en κ^2 dans la formule précédente. Nous nous appuyons sur la théorie des *déterminants infinis régularisés* par la méthode de la fonction zéta, due à Ray et Singer [RS]. Il s'agit d'obtenir un produit infini à la Hadamard pour la fonction entière $\mathcal{Z}_X(s)$, portant sur ses zéros. De délicates questions de constantes de normalisation se posent. La formule suivante a été obtenue précédemment par l'un d'entre nous [V2]

$$(11)\quad \mathcal{Z}_X(\tfrac{1}{2}+\kappa) = \{e^{\kappa^2}\det((-\Delta_{S^2}+\tfrac{1}{4})^{1/2}+\kappa)\}^{2g-2}\det((-\Delta_X-\tfrac{1}{4})+\kappa^2);$$

il faut prendre les déterminants au sens régularisé.

Notre résultat fondamental est contenu dans la *quatrième partie*. Au lieu de considérer une fonction paire $h(\rho)$ holomorphe dans une bande horizontale $|Im\ \rho| < c$, nous considérons cette fois une fonction holomorphe dans un secteur $|Arg\ \rho| < \frac{\pi}{2}+\varepsilon$, contenant l'axe imaginaire. On pose

$$(12)\qquad h_-(\kappa) = \frac{h(-i\kappa)-h(i\kappa)}{2\pi i} \quad \textit{pour} \quad \kappa > 0.$$

Voici notre version de la formule des traces

(13)

$$\sum_{n=0}^{\infty} h(\rho_n) = (2g-2)\int_0^{\infty} \rho \tanh \pi\rho\ h(\rho) d\rho + \int_0^{\infty} h_-(\kappa) d \log \mathcal{Z}_X(\tfrac{1}{2}+\kappa).$$

Pour la première fois, le choix des racines carrées ρ_n n'est pas indifférent; nous distinguerons deux cas :

— si $\lambda_n > \frac{1}{4}$, on prendra pour ρ_n la racine carrée *positive* de $\lambda_n - \frac{1}{4}$;

— si $0 \leq \lambda_n < \frac{1}{4}$, on prend l'une ou l'autre des racines carrées de $\lambda_n - \frac{1}{4}$; alors $|\rho_n|$ est un pôle de $\mathcal{Z}'_X(\frac{1}{2}+\kappa)/\mathcal{Z}_X(\frac{1}{2}+\kappa)$, et le chemin d'intégration dans

$$(14)\qquad \int_0^{\infty} h_-(\kappa)\mathcal{Z}'_X(\tfrac{1}{2}+\kappa)\mathcal{Z}_X(\tfrac{1}{2}+\kappa)^{-1} d\kappa$$

contourne $|\rho_n|$ vers la droite ou la gauche selon que l'on a $Arg\ \rho_n =$

$-\frac{\pi}{2}$
ou $Arg\ \rho_n = +\frac{\pi}{2}$.

On a supposé que le cas $\lambda_n = \frac{1}{4}$ ne se présentait pas, pour simplifier. Le point essentiel est que l'intégrale (14) représente un *procédé de resommation* du terme hyperbolique

$$\sum_{p \in \mathcal{P}} \sum_{m=1}^{\infty} \frac{\tau(p)}{4 \sinh(m\tau(p)/2)} \{\hat{h}(m\tau(p)) + \hat{h}(-m\tau(p))\}.$$

On notera l'analogie avec la méthode de resommation de Borel pour les séries de puissances.

Dans les *cinquième et sixième parties*, nous donnons les principales applications du théorème fondamental. On introduit la *série thêta*

$$\Theta_X(t) = \sum_{n=0}^{\infty} \exp(-\rho_n t). \tag{15}$$

Si l'on applique sans précaution la formule (4) à la fonction $h(\rho) = e^{-|\rho| t}$, on trouve $\Theta_X(t) = S_I(t) + S_H(t)$ avec les définitions suivantes

$$S_I(t) = (2g-2)\{t^{-2} + 2 \sum_{m=1}^{\infty} \frac{(-1)^m}{(t+2\pi m)^2}\} \tag{16}$$

$$S_H(t) = \sum_{p \in \mathcal{P}} \sum_{m=1}^{\infty} \frac{\tau(p)}{2 \sinh(m\tau(p)/2)} \frac{t}{\pi(t^2 + m^2 \tau(p)^2)}. \tag{17}$$

On s'attend donc que la fonction $\Theta_X(t)$, définie initialement dans le demi-plan $Re\ t > 0$ par la série (15), se prolonge en une fonction méromorphe dans tout le plan; les pôles sont évidents sur les formules (16) et (17). La série $S_I(t)$ se somme au moyen de formules classiques, mais *la série $S_H(t)$ est divergente*. Cependant, l'application de notre théorème principal donne un moyen de resommer $S_H(t)$ par la formule

$$S_H(t) = \pi^{-1} \int_0^{\infty} \sin \kappa t \; d \log \mathcal{Z}_X(\tfrac{1}{2} + \kappa). \tag{18}$$

On peut alors justifier les assertions sur la structure de $\Theta_X(t)$. De plus, il est clair que $S_H(t)$ est une fonction impaire de t, d'où l'*équation fonctionnelle*

$$\Theta_X(t) + \Theta_X(-t) = S_I(t) + S_I(-t) = (g-1) \frac{\cos t/2}{\sin^2 t/2}. \tag{19}$$

Les singularités de $\Theta_X(t)$ ont une interprétation intéressante. Les pôles de $S_H(t)$ sont les singularités de $\Theta_X(t)$ que la théorie générale de la formule de Poisson sur les variétés attribue aux géodésiques périodiques réelles. La théorie de *Balian et Bloch* suggère par ailleurs que les singularités de $\Theta_X(t)$ proviennent des géodésiques périodiques *réelles et complexes.* Dans notre problème, les pôles de $S_I(t)$ correspondent exactement aux périodes complexes du flot géodésique complexifié. Or, le flot géodésique sur X, après le changement de temps de t en it, devient le flot géodésique sur la sphère $\mathbf{S}^2$. Il est remarquable que la formule des traces de Selberg contienne la formule de Poisson de la sphère $\mathbf{S}^2$, cachée dans le terme ayant $2g-2$ en facteur. Nous avons là un nouvel exemple d'*effet tunnel quantique.*

Un travail où il est question de fonctions zéta, de leurs zéros, de leurs équations fonctionnelles, de surfaces de Riemann et de leur genre, nous semble particulièrement approprié dans un volume dédié à Grothendieck. Le jeu subtil des influences entre la géométrie et la théorie des nombres — la lettre p n'a pas été choisie au hasard — a toujours fasciné Grothendieck; peut-être avons-nous apporté une petite lumière supplémentaire dans ce grand Mystère.

Notations générales

$\mathbb{Z}$ ensemble des entiers rationnels
$\mathbb{R}$ ensemble des nombres réels
$\mathbb{C}$ ensemble des nombres complexes
$Re\ \lambda$ partie réelle du nombre complexe λ
$Im\ \lambda$ partie imaginaire du nombre complexe λ
$Arg\ \lambda$ argument du nombre complexe λ

1. La formule sommatoire de Poisson

1.1. Dans ce travail, nous considérons des paires de fonctions réciproques $h(\rho)$ et $\hat{h}(\tau)$, liées par la transformation de Fourier

$$h(\rho) = \int_{-\infty}^{+\infty} \hat{h}(\tau) e^{-i\tau\rho} d\tau, \tag{1.1}$$

$$2\pi\hat{h}(\tau) = \int_{-\infty}^{+\infty} h(\rho) e^{i\tau\rho} d\rho. \tag{1.2}$$

Si les fonctions h et $\hat{h}$ sont continues et intégrables, ces deux formules sont équivalentes. Un exemple typique, fréquemment utilisé dans la suite, est le suivant

$$h(\rho) = \frac{2\kappa}{\rho^2 + \kappa^2} \quad , \quad \hat{h}(\tau) = e^{-\kappa|\tau|}; \tag{1.3}$$

le paramètre κ est un nombre complexe tel que $Re\ \kappa > 0$.

1.2. La *formule sommatoire de Poisson* a l'expression suivante

$$\sum_{n\in\mathbb{Z}} h(n) = 2\pi \sum_{m\in\mathbb{Z}} \hat{h}(2\pi m). \tag{1.4}$$

Si a est un paramètre réel, on peut remplacer dans la formule précédente $h(\rho)$ par $h(\rho + a)$, donc $\hat{h}(\tau)$ par $\hat{h}(\tau)e^{-i\tau a}$; on obtient la formule en apparence plus générale

$$\sum_{n\in\mathbb{Z}} h(n + a) = 2\pi \sum_{m\in\mathbb{Z}} \hat{h}(2\pi m)e^{-2\pi ima}. \tag{1.5}$$

Cette formule suggère la démonstration suivante (qui est classique): le membre de gauche représente une fonction de la variable a, qui est périodique, avec la période 1. On peut donc la développer en une série de Fourier $\sum_{m\in\mathbb{Z}} c_m e^{-2\pi ima}$; le coefficient de Fourier c_m se calcule facilement et l'on trouve

$$c_m = \int_{-\infty}^{+\infty} h(a)e^{2\pi ima}da = 2\pi\hat{h}(2\pi m). \tag{1.6}$$

Nous ne nous attacherons pas à obtenir des conditions analytiques minimales pour assurer la validité de la formule de Poisson.

1.3. Appliquons la formule sommatoire de Poisson au cas particulier évoqué dans la formule (1.3). Après sommation d'une série géométrique, on obtient la formule suivante, déjà démontrée par Euler

$$\frac{\pi}{\tanh \pi\kappa} = \frac{1}{\kappa} + \sum_{n=1}^{\infty} \frac{2\kappa}{\kappa^2 + n^2}. \tag{1.7}$$

On pourrait l'écrire de manière plus symétrique sous la forme

$$\frac{\pi}{\tanh \pi\kappa} = \sum_{n\in\mathbb{Z}} \frac{1}{\kappa + in}, \tag{1.8}$$

mais la série n'est pas convergente, et l'on doit sommer symétriquement en interprétant $\sum_{n\in\mathbb{Z}}$ par $\lim\limits_{N\to\infty}\sum\limits_{|n|\leq N}$. La formule (1.7) provient, par dérivation logarithmique, d'une autre formule d'Euler

$$\sinh\pi\kappa = \pi\kappa\prod_{n=1}^{\infty}(1+\kappa^2/n^2), \tag{1.9}$$

qui donne le développement en produit infini de la fonction entière $\sinh\pi\kappa$. Utilisant plutôt la variable complexe $\lambda = -\kappa^2$, on réécrit la formule précédente sous la forme

$$\prod_{n=1}^{\infty}(1-\lambda/n^2) = \frac{\sin\pi\sqrt{\lambda}}{\pi\sqrt{\lambda}}. \tag{1.10}$$

Cette relation peut s'interpréter comme le calcul d'un *déterminant de Fredholm*, comme nous l'avons prouvé dans [V2].

1.4. Montrons maintenant comment *l'on peut redémontrer la formule générale* (1.4) *à partir du cas particulier* (1.7); ce dernier peut donc être considéré comme une *série génératrice*. Nous ferons sur la fonction $h(\rho)$ les deux hypothèses suivantes :

a) *il existe un nombre $\varepsilon > 0$ tel que la fonction $h(\rho)$ s'étende en une fonction holomorphe dans la bande $|Im\ \rho| < \varepsilon$;*

b) *pour $|\rho|$ tendant vers l'infini dans cette bande, on a la majoration $h(\rho) = O(|\rho|^{-1-\delta})$, où $\delta > 0$ est fixé.*

Nous évaluerons de deux manières différentes l'intégrale de Cauchy

$$\mathcal{I}(h) = (2\pi i)^{-1}\int_C h(-i\kappa)d\log\sinh\pi\kappa; \tag{1.11}$$

le contour d'intégration C est représenté sur la figure 1. On suppose que l'on a $0 < \eta < \varepsilon$; remarquer que l'intégrale $\int_C |h(-i\kappa)|d\kappa$ est finie d'après la majoration $h(\rho) = O(|\rho|^{-1-\delta})$.

La formule (1.7), ou la forme équivalente (1.8), s'écrit encore

$$d\log\sinh\pi\kappa = \sum_{n\in\mathbb{Z}}\frac{d\kappa}{\kappa - in}; \tag{1.12}$$

la sommation est effectuée de manière symétrique $\lim\limits_{N\to\infty}\sum\limits_{|n|\leq N}$, et la série obtenue converge sur le contour C. On peut intégrer terme à terme l'intégrale obtenue en remplaçant dans $\mathcal{I}(h)$ la forme différentielle $d \log \sinh \pi\kappa$ par sa valeur donnée par (1.12). Mais, d'après la formule de Cauchy, on a

$$(2\pi i)^{-1} \int_C h(-i\kappa) \frac{d\kappa}{\kappa - in} = h(n), \tag{1.13}$$

d'où

$$\mathcal{I}(h) = \sum_{n \in \mathbb{Z}} h(n). \tag{1.14}$$

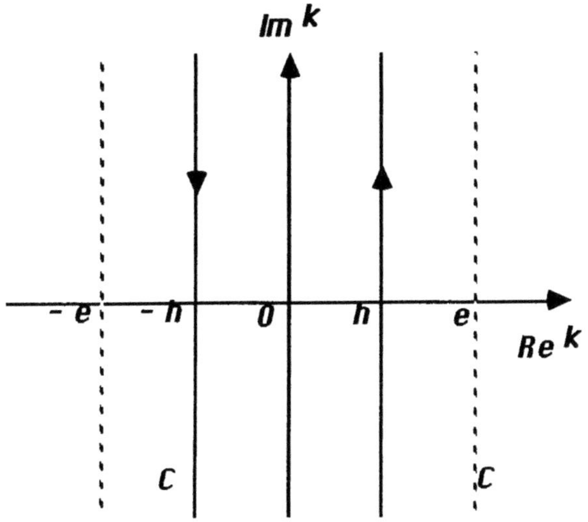

Figure 1

La deuxième méthode d'évaluation repose sur l'introduction des deux séries géométriques

$$G^+(\kappa) = \tfrac{1}{2} + \sum_{m=1}^{\infty} e^{-2\pi m\kappa}, \tag{1.15}$$

$$G^-(\kappa) = -\tfrac{1}{2} - \sum_{m=1}^{\infty} e^{+2\pi m\kappa}. \tag{1.16}$$

La série $G^+(\kappa)$ converge dans le demi-plan défini par $Re\ \kappa > 0$, et la série $G^-(\kappa)$ lorsque $Re\ \kappa < 0$. Ces deux séries représentent la même fonction méromorphe $(2\tanh \pi\kappa)^{-1}$ dans les deux demi-plans considérés. Cette fonction est impaire, ce qui se traduit par la formule $G^+(-\kappa) = -G^-(\kappa)$ lorsque $Re\ \kappa < 0$. On a donc la relation

$$(2\pi i)^{-1} d\log\sinh \pi\kappa = \begin{cases} -iG^+(\kappa)d\kappa & \textit{lorsque} \quad Re\ \kappa > 0, \\ -iG^-(\kappa)d\kappa & \textit{lorsque} \quad Re\ \kappa < 0. \end{cases} \tag{1.17}$$

Reportons ceci dans la formule (1.11) et faisons le changement de variable $\kappa = i\rho$. On obtient

$$\mathcal{I}(h) = \int_{-\infty-i\eta}^{+\infty-i\eta} h(\rho)G^+(i\rho)d\rho - \int_{-\infty+i\eta}^{+\infty+i\eta} h(\rho)G^-(i\rho)d\rho. \tag{1.18}$$

Il est maintenant légitime d'intégrer terme à terme les intégrales obtenues en remplaçant $G^+(i\rho)$ et $G^-(i\rho)$ par les séries (1.15) et (1.16) respectivement. On peut ensuite faire tendre η vers 0. Le résultat obtenu est le suivant

$$\mathcal{I}(h) = \{\pi\hat{h}(0) + 2\pi \sum_{m=1}^{\infty} \hat{h}(-2\pi m)\} + \{\pi\hat{h}(0) + \sum_{m=1}^{\infty} \hat{h}(2\pi m)\}. \tag{1.19}$$

Autrement dit, on a

$$\mathcal{I}(h) = 2\pi \sum_{m\in\mathbb{Z}} \hat{h}(2\pi m). \tag{1.20}$$

La formule sommatoire de Poisson résulte de la comparaison des formules (1.14) et (1.20).

1.5. La démonstration précédente montre que la formule sommatoire de Poisson est une conséquence des propriétés générales des intégrales de contour à la Cauchy, et des propriétés particulières suivantes:

a) *La série* $\frac{1}{2} + \sum_{m=1}^{\infty} e^{-mt}$ *converge dans le demi-plan* $Re\ t > 0$, *et définit une fonction holomorphe* $\Theta(t)$ *dans ce demi-plan.*

b) *La fonction* $\Theta(t)$ *se prolonge en une fonction méromorphe dans le plan* $\mathbb{C}$ *des nombres complexes.*

c) *On a l'équation fonctionnelle* $\Theta(t) + \Theta(-t) = 0$.

d) *Les pôles de la fonction* $\Theta(t)$ *sont situés aux points* $2\pi i n$, *pour* n *parcourant* $\mathbb{Z}$; *ils sont simples, avec un résidu égal à* 1.

1.6. Depuis l'invention des *distributions*, on sait reformuler la formule sommatoire de Poisson dans ce cadre. En effet, la formule de Poisson est valable pour toute fonction $h(\rho)$ dans l'espace de Schwartz $\mathcal{S}(\mathbb{R})$ (et la fonction $\hat{h}(\tau)$ appartient nécessairement au même espace). Or, on a

$$\sum_{n\in\mathbb{Z}} h(n) = \sum_{n\in\mathbb{Z}} \int_{-\infty}^{+\infty} h(\rho)\delta(\rho - n)d\rho \tag{1.21}$$

par définition de la distribution δ de Dirac, et

$$2\pi \sum_{m\in\mathbb{Z}} \hat{h}(2\pi m) = \sum_{m\in\mathbb{Z}} \int_{-\infty}^{+\infty} h(\rho)e^{2\pi i m\rho}d\rho \tag{1.22}$$

d'après la formule de transformation de Fourier (1.2). On peut donc écrire de manière symbolique la formule de Poisson comme suit

$$\sum_{n\in\mathbb{Z}} \delta(\rho - n) = \sum_{m\in\mathbb{Z}} e^{2\pi i m\rho}; \tag{1.23}$$

les deux membres représentent des séries convergentes dans l'espace $\mathcal{S}'(\mathbb{R})$ des distributions tempérées.

Explicitons le lien entre la théorie des distributions et celle des fonctions holomorphes. Notons $P_1(\rho)$ la *distribution de Poisson* $\sum_{n\in\mathbb{Z}} \delta(\rho - n)$; c'est la forme linéaire $h \mapsto \sum_{n\in\mathbb{Z}} h(n)$ sur l'espace $\mathcal{S}(\mathbb{R})$. Cherchons à la représenter sous la *forme microlocale*, c'est-à-dire comme la différence entre les valeurs au bord d'une fonction $H^+(i\rho)$ holomorphe dans le demi-plan inférieur $Im\ \rho < 0$ et d'une fonction $H^-(i\rho)$ holomorphe dans le demi-plan supérieur $Im\ \rho > 0$. Utilisons la notation classique

$$F(\rho \pm i0) = \lim_{\varepsilon\to 0} F(\rho \pm i\varepsilon) \quad (\varepsilon > 0). \tag{1.24}$$

On a alors la représentation microlocale du δ de Dirac

$$\delta(\rho) = (2\pi i)^{-1}[(\rho - i0)^{-1} - (\rho + i0)^{-1}]. \tag{1.25}$$

Autrement dit, pour toute fonction $h(\rho)$ dans l'espace $\mathcal{S}(\mathbb{R})$, on a

$$h(0) = (2\pi i)^{-1} \lim_{\varepsilon\to 0} \int_{-\infty}^{+\infty} h(\rho)[(\rho - i\varepsilon)^{-1} - (\rho + i\varepsilon)^{-1}]d\rho. \tag{1.26}$$

On obtient la représentation microlocale

$$P_1(\rho) = H^+(i(\rho - i0)) - H^-(i(\rho + i0)) \tag{1.27}$$

pour $P_1(\rho) = \sum_{n\in\mathbb{Z}} \delta(\rho - n)$ en sommant sur n la formule déduite de (1.25) en remplaçant ρ par $\rho - n$. Explicitement, on a

$$H^+(\kappa) = (2\pi)^{-1} \sum_{n\in\mathbb{Z}} (\kappa - in)^{-1} \quad \textit{pour} \quad Re\ \kappa > 0 \tag{1.28}$$

$$H^-(\kappa) = (2\pi)^{-1} \sum_{n\in\mathbb{Z}} (\kappa + in)^{-1} \quad \textit{pour} \quad Re\ \kappa < 0 \tag{1.29}$$

(sommation symétrique sur n).

Posons

$$P_2(\rho) = \sum_{m\in\mathbb{Z}} e^{2\pi i m\rho}. \tag{1.30}$$

On peut resommer cela en

$$P_2(\rho) = \{\tfrac{1}{2} + \sum_{m=1}^{\infty} e^{-2\pi i m\rho}\} + \{\tfrac{1}{2} + \sum_{m=1}^{\infty} e^{2\pi i m\rho}\}. \tag{1.31}$$

Compte tenu des définitions (1.15) et (1.16), on obtient immédiatement la forme microlocale de $P_2(\rho)$

$$P_2(\rho) = G^+(i(\rho - i0)) - G^-(i(\rho + i0)). \tag{1.32}$$

La formule sommatoire de Poisson a été traduite dans (1.23) sous la forme $P_1(\rho) = P_2(\rho)$. Compte tenu des représentations microlocales (1.27) et (1.32), elle équivaut donc à

$$G^+(\kappa) = H^+(\kappa) \quad , \quad G^-(\kappa) = H^-(\kappa). \tag{1.33}$$

En utilisant les relations de symétrie

$$G^+(\kappa) = -G^-(-\kappa) \quad , \quad H^+(\kappa) = -H^-(-\kappa), \tag{1.34}$$

tout est ramené à la relation $G^+(\kappa) = H^+(\kappa)$. En dernière analyse, tout repose sur le fait que la fonction $(2\tanh \pi\kappa)^{-1}$ admet dans le demi-plan $Re\ \kappa > 0$ les deux développements en série

$$\tfrac{1}{2} + \sum_{m=1}^{\infty} e^{-2\pi m\kappa} \quad \text{et} \quad (2\pi)^{-1} \sum_{n\in\mathbb{Z}} (\kappa - in)^{-1}.$$

On retrouve la formule (1.8) et la boucle est bouclée.

2. Énoncé de la formule des traces de Selberg

2.1. Fixons les notations générales. On note X une *surface hyperbolique*, c'est-à-dire une variété compacte de dimension 2, munie d'une métrique riemannienne de *courbure constante négative* K. La *courbure* K, le *genre* g et *l'aire* A de X sont liés par la *formule de Gauss-Bonnet*

$$A|K| = 4\pi(g-1). \tag{2.1}$$

Comme A et $|K|$ sont des nombres positifs, on a $g \geq 2$. Pour simplifier, on normalisera la métrique de sorte qu'on ait $K = -1$, sauf éventuellement pour quelques remarques.

2.2. A la surface X est associé le spectre de l'opérateur de Laplace-Beltrami Δ_X. Comme X est compacte, cet opérateur elliptique autoadjoint possède un spectre discret. Nous énumérerons les valeurs propres de $-\Delta_X$ sous forme d'une suite de nombres réels

$$0 = \lambda_0 < \lambda_1 \leq \lambda_2 \leq \cdots \leq \lambda_n \leq \cdots$$

avec $\lim\limits_{n\to\infty} \lambda_n = +\infty$; chaque valeur propre est répétée un nombre de fois égal à sa multiplicité. La valeur propre $\lambda_0 = 0$ correspond aux fonctions constantes sur X, qui sont les seules solutions de l'équation $\Delta_X f = 0$ (principe du maximum).

On note $\mathcal{N}(\lambda)$ le nombre de valeurs propres λ_n telles que $\lambda_n \leq \lambda$; c'est la *fonction spectrale*. Elle satisfait à *l'estimée de Courant et Weyl* [CH] [BGM]

$$\mathcal{N}(\lambda) \sim \frac{A}{4\pi}\lambda = (g-1)\lambda \quad \textit{pour} \quad \lambda \to +\infty. \tag{2.2}$$

On associe à X la fonction zéta $Z_X(s)$ de Minakshisundaram-Pleijel; dans le demi-plan $Re\ s > 1$, elle est donnée par la série de Dirichlet $\sum_{n=1}^{\infty} \lambda_n^{-s}$. On a donc la représentation intégrale

$$Z_X(s) = \int_0^\infty \lambda^{-s} d\mathcal{N}(\lambda) = s\int_0^\infty \frac{\mathcal{N}(\lambda)-1}{\lambda}\lambda^{-s}d\lambda \tag{2.3}$$

dans ce demi-plan. Il est connu que $Z_X(s)$ se prolonge en une fonction méromorphe dans le plan $\mathbb{C}$ des nombres complexes. Le seul pôle est $s = 1$, et le résidu de $Z_X(s)$ pour $s = 1$ se déduit facilement des formules (2.2) et (2.3); il vaut $g - 1$.

2.3. Nous mettons maintenant en place les constituants de la formule des traces de Selberg.

Définissons une suite auxiliaire (ρ_n) par la relation $\lambda_n = \frac{1}{4} + \rho_n^2$; pour le moment, ρ_n est l'une des deux racines carrées de $\lambda_n - \frac{1}{4}$. Par exemple, ρ_0 est égal à $\frac{i}{2}$ ou à $-\frac{i}{2}$, et les ρ_n sont situés sur l'axe réel, ou sur le segment d'extrémités $-\frac{i}{2}$ et $\frac{i}{2}$.

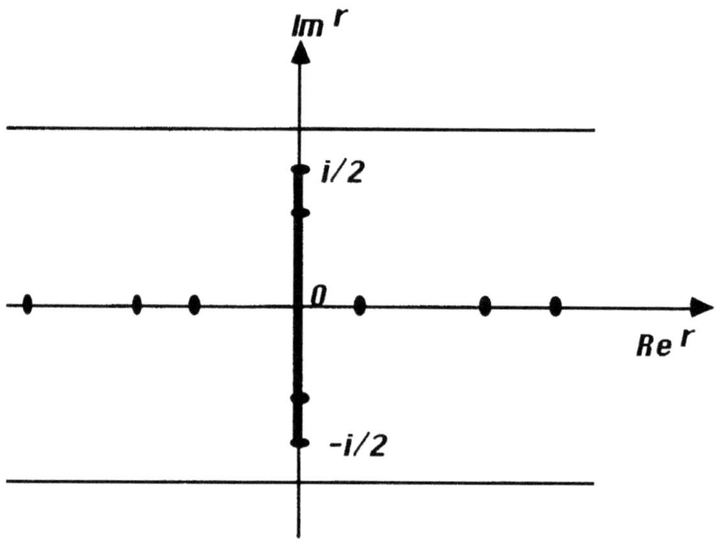

Figure 2

Choisissons une fonction $h(\rho)$ satisfaisant aux propriétés suivantes:

a) *Il existe une constante* $\varepsilon > 0$ *telle que la fonction* $h(\rho)$ *soit holomorphe dans la bande définie par* $|Im\ \rho| < \frac{1}{2} + \varepsilon$.

b) *Dans cette bande, on a une majoration* $h(\rho) = O(|\rho|^{-2-\delta})$ *pour* $|\rho|$ *tendant vers l'infini* (avec une constante $\delta > 0$).

c) *La fonction est paire* : $h(\rho) = h(-\rho)$.

Comme la fonction h est paire, on a $h(\rho_n) = h(-\rho_n)$ et le choix de la racine carrée ρ_n est sans importance.

D'après l'estimée de Courant et Weyl, on a $\sum_{n=1}^{\infty} \lambda_n^{-s} < +\infty$ si $s > 1$ est réel; on en déduit que $\sum_{n=0}^{\infty} |\rho_n|^{-2-\delta}$ est fini. D'après l'hypothèse b), la série $\sum_{n=0}^{\infty} h(\rho_n)$ converge absolument. On pose

$$Q(h) = \sum_{n=0}^{\infty} h(\rho_n); \tag{2.4}$$

comme les valeurs propres λ_n de $-\Delta_X$ s'interprètent comme des niveaux d'énergie en Mécanique quantique, on pourra appeler $Q(h)$ le "terme quantique".

2.4. Définissons le *spectre des périodes* de X. Soit c une courbe fermée sur X, paramétrée par $c(t)$ pour $0 \leq t \leq 1$; on note $\dot{c}(t)$ le vecteur vitesse correspondant et $\tau(c)$ la longueur $\int_0^1 |\dot{c}(t)|dt$ de la courbe c. Notons $\mathcal{P}$ l'ensemble des géodésiques fermées orientées p, qui sont *primitives* (parcourues une seule fois, la fonction $t \mapsto p(t)$ est injective sur l'intervalle $[0,1[$). Bien entendu, on ne distingue pas deux géodésiques qui ne diffèrent que par la paramétrisation. Toute géodésique périodique γ est un multiple (d'ordre $m \geq 1$) d'une géodésique primitive p, et l'on a $\tau(\gamma) = m\tau(p)$. On appelle *spectre des périodes* de X l'ensemble des nombres $m\tau(p)$, où p parcourt $\mathcal{P}$, et m l'ensemble des entiers $1, 2, \ldots$.

La *fonction de répartition* $\mathcal{G}(\tau)$ est définie ainsi : c'est le nombre de géodésiques périodiques γ telles que $\tau(\gamma) \leq \tau$. Le flot géodésique est hyperbolique, et l'on en déduit [HU] que $\mathcal{G}(\tau)$ satisfait à l'évaluation asymptotique

$$\mathcal{G}(\tau) \sim e^\tau/\tau \quad \textit{pour} \quad \tau \longrightarrow +\infty. \tag{2.5}$$

Par utilisation de la transformation d'Abel (qui revient à une intégration par parties comme dans la formule (2.3)), on prouve facilement que la série $\sum_{p\in\mathcal{P}}\sum_{m=1}^{\infty} e^{-cm\tau(p)}$ converge absolument pour toute constante $c > 1$.

Faisons maintenant les hypothèses suivantes sur la transformée de Fourier $\hat{h}(\tau)$ de $h(\rho)$:

a') *La fonction $\hat{h}(\tau)$ est définie et continue sur la droite réelle $\mathbb{R}$.*

b') *On a une condition de croissance $\hat{h}(\tau) = O(e^{-c|\tau|})$ pour $|\tau|$ tendant vers l'infini, avec une constante $c > \frac{1}{2}$.*

c') *La fonction est paire : $\hat{h}(\tau) = \hat{h}(-\tau)$.*

De la discussion précédente, on déduit la convergence absolue de la série

$$H(\hat{h}) = \sum_{p\in\mathcal{P}}\sum_{m=1}^{\infty} K_{p,m}\hat{h}(m\tau(p)) \tag{2.6}$$

où la constante $K_{p,m}$ est égale à $\tau(p)/2\sinh(m\tau(p)/2)$. On dit que $H(\hat{h})$ est le "terme hyperbolique".

2.5. Il nous reste à définir le "terme intermédiaire". Auparavant, nous établirons la formule suivante

$$i\int_{-\infty}^{+\infty} f(\rho)\tanh\pi\rho\, d\rho = \int_{-\infty}^{+\infty} (\sinh\tfrac{\tau}{2})^{-1}\hat{f}(\tau)d\tau, \tag{2.7}$$

où $f(\rho)$ et $\hat{f}(\tau)$ forment une paire de fonctions réciproques; elles sont supposées *continues, intégrables et impaires.* De plus, on suppose que l'intégrale $\int_{-\infty}^{+\infty} |\rho||f(\rho)|d\rho$ est finie, ce qui assure que $\hat{f}(\tau)/\tau$ a une limite pour τ tendant vers 0, et donc que l'intégrale au second membre de (2.7) est convergente. Comme $f(\rho)$ est impaire, on a

$$\hat{f}(\tau) = \frac{i}{2\pi} \int_{-\infty}^{+\infty} f(\rho) \sin \tau\rho \, d\rho; \tag{2.8}$$

d'après le théorème de Fubini, on a

$$\int_{-\infty}^{+\infty} (\sinh \tfrac{\tau}{2})^{-1} \hat{f}(\tau) d\tau = \frac{i}{2\pi} \int_{-\infty}^{+\infty} f(\rho) d\rho \int_{-\infty}^{+\infty} \frac{\sin \tau\rho}{\sinh \frac{\tau}{2}} d\tau. \tag{2.9}$$

Il s'agit donc d'établir la relation

$$\int_0^{\infty} \frac{\sin \tau\rho}{\sinh \frac{\tau}{2}} d\tau = \pi \tanh \pi\rho. \tag{2.10}$$

Pour cela, on remarque que $(\sinh \frac{\tau}{2})^{-1}$ est la somme de la série

$$2 \sum_{n=0}^{\infty} e^{-(n+1/2)\tau}.$$

Le théorème de convergence dominée de Lebesgue montre qu'on peut intégrer terme à terme, en vertu des majorations (*)

$$|\sin \tau\rho| \leq |\tau\rho| \quad , \quad \int_0^{\infty} \frac{\tau}{\sinh \frac{\tau}{2}} d\tau < +\infty.$$

On obtient donc, en utilisant la formule (1.8):

$$\begin{aligned} \int_0^{\infty} \frac{\sin \tau\rho}{\sinh \frac{\tau}{2}} d\tau &= \sum_{n=0}^{\infty} \frac{2\rho}{\rho^2 + (n+1/2)^2} \\ &= \sum_{n \in \mathbb{Z}} \frac{1}{\rho - i/2 - in} \\ &= \frac{\pi}{\tanh(\pi\rho - \pi i/2)} \\ &= \pi \tanh \pi\rho. \end{aligned}$$

(*) Ces majorations montrent que la fonction $f(\rho) \sin \tau\rho / \sinh \frac{\tau}{2}$ des variables τ, ρ est intégrable dans $\mathbb{R}^2$, ce qui justifie l'utilisation du théorème de Fubini dans (2.9).

2.6. Résumons les hypothèses à faire sur les fonctions $h(\rho)$ et $\hat{h}(\tau)$:

a) *On a une paire de fonctions réciproques* $h(\rho)$ *et* $\hat{h}(\tau)$.

b) *Les fonctions* $h(\rho)$ *et* $\hat{h}(\tau)$ *sont continues et paires.*

c) *La fonction* $h(\rho)$ *s'étend en une fonction holomorphe dans une bande* $|Im\ \rho| < c$ *et satisfait à la majoration* $h(\rho) = O(|\rho|^{-\alpha})$ *pour une constante* $\alpha > 3$, *lorsque* $|\rho|$ *tend vers l'infini dans la bande.*

d) *On a une majoration* $\hat{h}(\tau) = O(e^{-c|\tau|})$ *pour* $|\tau|$ *tendant vers l'infini dans* $\mathbb{R}$.

Dans les hypothèses c) et d), la constante c est la même, et l'on suppose qu'on a $c > \frac{1}{2}$. Noter que les hypothèses faites ne sont pas complètement indépendantes; elles assurent l'intégrabilité des fonctions $h(\rho)$ et $\hat{h}(\tau)$ sur l'axe réel $\mathbb{R}$. En fait, la fonction $f(\rho) = \rho h(\rho)$ est intégrable et continue sur $\mathbb{R}$, et sa transformée de Fourier est $\hat{f}(\tau) = -id\hat{h}(\tau)/d\tau$. L'hypothèse $\alpha > 3$ entraîne même que $\rho f(\rho) = \rho^2 h(\rho)$ est une fonction intégrable de ρ et donc que $\hat{h}(\tau)$ est deux fois continuement dérivable.

Nous introduisons deux nouvelles fonctionnelles :

$$I(h) = (2g-2)\int_0^\infty \rho \tanh \pi\rho\, h(\rho)d\rho \tag{2.11}$$

$$J(\hat{h}) = (2-2g)\int_0^\infty \frac{d\hat{h}(\tau)}{\sinh \frac{\tau}{2}}. \tag{2.12}$$

La formule (2.7) s'écrit alors simplement $I(h) = J(\hat{h})$.

Après tous ces préliminaires, la *formule des traces de Selberg* s'écrit sous la forme générale

$$Q(h) = J(\hat{h}) + H(\hat{h}), \tag{2.13a}$$

ou encore

$$Q(h) - I(h) = H(\hat{h}). \tag{2.13b}$$

De manière explicite, on a

$$\sum_{n=0}^{\infty} h(\rho_n) = (2g-2)\int_0^\infty \rho \tanh \pi\rho\, h(\rho)d\rho + \sum_{p\in\mathcal{P}}\sum_{m=1}^{\infty} \frac{\tau(p)}{2\sinh(m\tau(p)/2)}\hat{h}(m\tau(p)). \tag{2.13c}$$

2.7. Au chapitre 1, nous avons montré comment déduire la formule sommatoire de Poisson du cas particulier suivant :

$$h(\rho) = (\rho^2 + \kappa^2)^{-1} \quad , \quad \hat{h}(\tau) = e^{-\kappa|\tau|}/2\kappa \tag{2.14}$$

(la constante κ satisfait à $Re\ \kappa > 0$). Pour la formule des traces de Selberg, les fonctions $h(\rho)$ et $\hat{h}(\tau)$ doivent satisfaire aux hypothèses c) et d) du no 2.6, qui ne sont pas remplies dans le cas particulier (2.14). Par contre, si l'on suppose que l'on a

$$Re\ \kappa > \tfrac{1}{2}, \tag{2.15}$$

la fonction $h_\kappa(\rho)$ définie par

$$h_\kappa(\rho) = \frac{1}{(\rho^2 + \kappa^2)^2} \tag{2.16}$$

satisfait à la condition 2.6, c). Elle se déduit de $h(\rho) = (\rho^2 + \kappa^2)^{-1}$ par application de l'opérateur différentiel $(-1/2\kappa)\partial/\partial\kappa$, d'où la transformée de Fourier

$$\hat{h}_\kappa(\tau) = -\frac{1}{2\kappa}\frac{\partial}{\partial\kappa}\left(\frac{e^{-\kappa|\tau|}}{2\kappa}\right) = \frac{e^{-\kappa|\tau|}}{4\kappa^3}(1 + \kappa|\tau|). \tag{2.17}$$

Avec ces définitions, toutes les hypothèses a), b), c) et d) du n° 2.6 sont satisfaites pour toute constante c telle que $\frac{1}{2} < c < Re\ \kappa$.

Nous évaluons maintenant le terme intermédiaire $J(\hat{h}_\kappa)$. Rappelons d'abord quelques formules classiques pour la fonction Γ. On note $\psi(s)$ la dérivée logarithmique $\Gamma'(s)/\Gamma(s)$ et γ la constante d'Euler; on a les représentations suivantes dans le demi-plan $Re\ s > 0$

$$\psi(s) + \gamma = \int_0^1 \frac{1 - x^{s-1}}{1 - x}dx = -\frac{1}{s} + \sum_{n=1}^{\infty}\left(\frac{1}{n} - \frac{1}{s+n}\right), \tag{2.18}$$

$$\psi'(s) = \int_0^1 \frac{x^{s-1}}{1 - x}\log\tfrac{1}{x}dx = \sum_{n=0}^{\infty}\frac{1}{(s+n)^2}. \tag{2.19}$$

Remarquons que la dérivée de $\hat{h}_\kappa(\tau)$ par rapport à τ est égale à $-\frac{\tau}{4\kappa}e^{-\kappa|\tau|}$; on en déduit

$$J(\hat{h}_\kappa) = (2g - 2)\int_0^\infty \frac{\tau e^{-\kappa\tau}}{4\kappa\ \sinh\frac{\tau}{2}}d\tau. \tag{2.20}$$

Faisant le changement de variable $x = e^{-\tau}$, et utilisant la formule (2.19), on obtient finalement

$$J(\hat{h}_\kappa) = (2g - 2)\frac{d}{d\kappa^2}\psi(\tfrac{1}{2} + \kappa); \tag{2.21}$$

nous écrivons, ici et dans la suite, $d/d\kappa^2$ pour l'opérateur différentiel $(1/2\kappa)d/d\kappa$ (noter qu'on a $d\kappa^2 = 2\kappa d\kappa$).

2.8. Pour évaluer de manière analogue le terme hyperbolique $H(\hat{h}_\kappa)$, il convient d'introduire la *fonction zéta de Selberg* $\mathcal{Z}_X(s)$, à ne pas confondre avec la fonction $Z_X(s)$ introduite au n° 2.2.

On sait que le nombre $\mathcal{G}(\tau)$ de géodésiques périodiques de longueur $\leq \tau$ satisfait à l'évaluation asymptotique $\mathcal{G}(\tau) \sim e^\tau/\tau$. Il est facile de déduire de là que le produit infini

$$\mathcal{Z}_X(s) = \prod_{p\in\mathcal{P}} \prod_{k=0}^{\infty} (1 - e^{-\tau(p)(s+k)}) \tag{2.22}$$

converge dans le demi-plan $Re\ s > 1$, et définit dans ce demi-plan une fonction holomorphe sans zéros.

Le logarithme de $\mathcal{Z}_X(s)$ est une fonction holomorphe dans ce demi-plan. On choisira la branche qui est réelle sur l'intervalle $]1, +\infty[$ de $\mathbb{R}$. Alors $\log \mathcal{Z}_X(s)$ tend vers 0 lorsque s tend vers $+\infty$; de manière plus précise, on a

$$\log \mathcal{Z}_X(s) = O(s^{-N}) \quad \text{pour} \quad s \to +\infty \tag{2.23}$$

quel que soit l'entier $N \geq 0$. La formule de produit infini se traduit sous forme de la série

$$\frac{d}{ds} \log \mathcal{Z}_X(s) = \sum_{p\in\mathcal{P}} \sum_{m=1}^{\infty} \frac{\tau(p) e^{-m\tau(p)s}}{1 - e^{-m\tau(p)}}. \tag{2.24}$$

La fonction $\hat{h}(\tau) = e^{-\kappa|\tau|}$ satisfait aux conditions a'), b') et c') du n° 2.4, pourvu qu'on ait $Re\ \kappa > \frac{1}{2}$. La formule (2.24) s'écrit aussi sous la forme

$$\frac{d}{d\kappa} \log \mathcal{Z}_X(\tfrac{1}{2} + \kappa) = H(\hat{h}) \quad \text{pour} \quad Re\ \kappa > \tfrac{1}{2}. \tag{2.25}$$

Compte tenu de la formule (2.17), on obtient immédiatement

$$H(\hat{h}_\kappa) = -(\frac{d}{d\kappa^2})^2 \log \mathcal{Z}_X(\tfrac{1}{2} + \kappa) \quad \text{pour} \quad Re\ \kappa > \tfrac{1}{2}. \tag{2.26}$$

2.9. Ecrivons maintenant la formule des traces de Selberg sous la forme $Q(h_\kappa) = J(\hat{h}_\kappa) + H(\hat{h}_\kappa)$ pour le cas particulier $h_\kappa(\rho) = (\rho^2 + \kappa^2)^{-2}$. Si l'on prend en compte les relations (2.21) et (2.26), on obtient la formule

$$\sum_{n=0}^{\infty} \frac{1}{(\rho_n^2 + \kappa^2)^2} = (2g-2)\frac{d}{d\kappa^2}\psi(\tfrac{1}{2} + \kappa) - (\frac{d}{d\kappa^2})^2 \log \mathcal{Z}_X(\tfrac{1}{2} + \kappa). \tag{2.27}$$

Cette relation est valable pour $Re\ \kappa > \frac{1}{2}$ et sert de base à toute la suite de ce travail. On pourrait l'obtenir directement en considérant la résolvante de l'opérateur elliptique $-\Delta_X$ (voir par exemple [EL], [HE2] ou [MK]).

3. Déterminants d'opérateurs

3.1. A titre d'orientation, considérons le cas élémentaire des opérateurs en dimension finie. Soient donc V un espace vectoriel complexe de dimension finie d, L un opérateur linéaire agissant dans V, et S son spectre (ensemble des valeurs propres). On note $D(\lambda)$ le déterminant de l'opérateur $L + \lambda$ (pour λ dans $\mathbb{C}$). On a

$$D(\lambda) = \prod_{\sigma \in S} (\lambda + \sigma)^{m(\sigma)}, \tag{3.1}$$

où la multiplicité $m(\sigma)$ de la valeur propre σ est la dimension de l'espace des vecteurs annulés par une puissance convenable de $L - \sigma$. Par conséquent, les zéros du polynôme $D(\lambda)$ sont les nombres $-\sigma$, pour σ parcourant S, et la multiplicité d'un tel zéro est $m(\sigma)$.

Le fait que $D(\lambda)$ soit un polynôme en λ peut se caractériser comme suit : la fonction entière $D(\lambda)$ satisfait à une condition de croissance

$$|D(\lambda)| \leq a + b|\lambda|^N \tag{3.2}$$

où $a > 0, b > 0$ sont des constantes réelles, et N un entier positif.

On décompose $D(\lambda)$ sous la forme $\prod_{n=1}^{d}(\lambda + \lambda_n)$, de sorte que $\lambda_1, \ldots, \lambda_d$ est la famille des valeurs propres de L, chacune comptée un nombre de fois égal à sa multiplicité. Le logarithme de $D(\lambda)$ est égal à $\sum_{n=1}^{d} \log(\lambda + \lambda_n)$, où l'on choisit la branche principale du logarithme complexe; par suite, $\log D(\lambda)$ est définie dans le plan complexe $\mathbb{C}$ coupé le long des demi-droites horizontales joignant $-\infty$ à $-\lambda_1, \ldots, -\lambda_d$ respectivement.

On en déduit que, pour λ tendant vers $+\infty$, on a un *développement asymptotique*

$$\log D(\lambda) \sim c_o \log \lambda + \sum_{m=1}^{\infty} c_m \lambda^{-m} \tag{3.3}$$

avec les valeurs suivantes des constantes

$$c_o = \dim V = d \tag{3.4}$$

(3.5) $$c_m = (-1)^{m-1} Tr(L^m)/m = (-1)^{m-1}(\lambda_1^m + \cdots + \lambda_d^m)/m.$$

On note en général $Tr(M)$ la *trace* d'un opérateur M.

On remarquera que, dans la formule (3.3), *il n'y a pas de terme constant*, proportionnel à λ^0. Cela correspond au fait que le polynôme $D(\lambda)$ est *unitaire*, de la forme $\lambda^d + a_1\lambda^{d-1} + \cdots$.

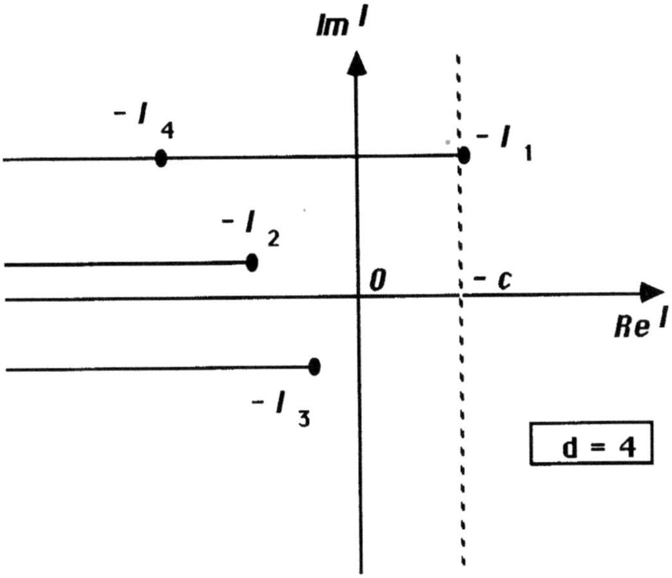

Figure 3

3.2. Passons au cas d'un opérateur L en dimension infinie, dont on nomme S le spectre. On fait les deux hypothèses suivantes:

(S_1) *La multiplicité $m(\sigma)$ de chaque valeur propre σ est finie. De plus, pour tout nombre réel c, il n'y a qu'un nombre fini de valeurs propres σ telles que $Re\ \sigma \leq c$.*

(S_2) *Il existe un nombre entier $m \geq 1$ tel que la série $\sum m(\sigma)|\sigma|^{-m}$, étendue aux valeurs propres $\sigma \neq 0$, soit convergente.*

On note $m(0)$ la multiplicité de 0, égale par convention à 0 si 0 n'est pas dans le spectre S. On énumère les éléments non nuls de S sous la forme d'une suite $\lambda_1, \lambda_2, \ldots$, chaque valeur propre σ étant répétée un nombre $m(\sigma)$ de fois. On note aussi m_o le plus petit des entiers $m \geq 1$ tels que $\sum_{\sigma \neq 0} m(\sigma)|\sigma|^{-m}$ soit fini, et l'on pose

$$t_m = \sum_{n=1}^{\infty} \lambda_n^{-m} \quad \text{pour tout entier } m \geq m_o. \tag{3.6}$$

On dira qu'une fonction $D(\lambda)$ est le *déterminant caractéristique* de l'opérateur L si elle satisfait aux conditions (A), (B) et (C) ci-dessous.

(A) $D(\lambda)$ est une fonction entière de la variable complexe λ. Les zéros de cette fonction sont les nombres $-\sigma$, où σ est valeur propre de L, avec une multiplicité égale à $m(\sigma)$.
(B) On a une majoration

$$|D(\lambda)| \leq \exp\{a + b|\lambda|^N\}, \tag{3.7}$$

où $a > 0$, $b > 0$ sont des constantes réelles, et N un entier positif.

Avant d'énoncer la condition (C), introduisons de nouvelles fonctions $L_m(\lambda)$. Pour tout entier positif m, on note $L_m(\lambda)$ la dérivée m-ième de $\log\lambda$, d'où

$$L_o(\lambda) = \log\lambda \tag{3.8}$$

$$L_m(\lambda) = (-1)^{m-1}(m-1)!\lambda^{-m} \quad \textit{pour } m \geq 1. \tag{3.9}$$

Par ailleurs, pour tout entier $m \geq 1$, il y a une primitive $L_{-m}(\lambda)$ d'ordre m de $\log\lambda$, et une seule, qui soit de la forme $\lambda^m(a.\log\lambda + b)$; on a explicitement

$$L_{-m}(\lambda) = (\log\lambda - (1 + \tfrac{1}{2} + \cdots + \tfrac{1}{m}))\lambda^m/m! \quad \textit{pour} \quad m \geq 1. \tag{3.10}$$

On note Ω le plan complexe $\mathbf{C}$ coupé le long des demi-droites horizontales joignant $-\infty$ à 0, et $-\infty$ à l'un des nombres $-\sigma$, pour σ dans S. Vu la position des zéros de la fonction $D(\lambda)$, on peut définir $\log D(\lambda)$ comme fonction holomorphe dans Ω; les diverses branches diffèrent par un multiple entier de $2\pi i$. De même, on choisit la branche principale de $\log\lambda$ dans Ω, telle que $\log\lambda$ soit réel pour λ réel strictement positif, et les fonctions $L_{-m}(\lambda)$ sont définies en conséquence dans Ω.

(C) Lorsque λ tend vers $+\infty$, on a un développement asymptotique (avec $M \geq 0$)

$$\log D(\lambda) \sim \sum_{m=-M}^{\infty} a_m L_m(\lambda) \tag{3.11}$$

au sens suivant : pour tout entier $r \geq 0$, il existe un nombre réel c tel que le demi-plan $Re\ \lambda \geq c$ soit contenu dans Ω, et que la fonction

$$\lambda^{r+1}\{\log D(\lambda) - \sum_{m=-M}^{r} a_m L_m(\lambda)\}$$

soit bornée dans ce demi-plan.

Autrement dit, le reste du développement asymptotique est du même ordre de grandeur que le premier terme négligé $a_{r+1}L_{r+1}(\lambda)$, qui est proportionnel à λ^{-r-1}. Noter que la relation (3.11) n'est valable que pour l'une des branches du logarithme de $D(\lambda)$.

Dans le développement asymptotique (3.11), la partie qui diverge pour λ tendant vers $+\infty$ est égale à $\sum_{m=-M}^{0} a_m L_m(\lambda)$. Les fonctions de ce type sont les fonctions $F(\lambda)$ qui ont la propriété que leurs dérivées $d^r F(\lambda)/d\lambda^r$ pour $r = 0, 1, \ldots$ sont de la forme $P_r(\lambda).\log\lambda + Q_r(\lambda)$, où $P_r(\lambda)$ et $Q_r(\lambda)$ sont des polynômes, avec $Q_r(\lambda)$ *sans terme constant.* De plus, si $G(\lambda)$ est une fonction de la forme $P(\lambda).\log\lambda + Q(\lambda)$, où $P(\lambda)$ et $Q(\lambda)$ sont des polynômes, il existe un polynôme $R(\lambda)$, et un seul, tel que la fonction $G(\lambda) - R(\lambda)$ soit combinaison linéaire des fonctions $L_o(\lambda)$, $L_{-1}(\lambda), \ldots$.

3.3. Démontrons d'abord que, *si le déterminant caractéristique existe, il est unique.* C'est une simple conséquence de la théorie de Hadamard sur la factorisation des fonctions entières [T]. Introduisons les facteurs de Weierstrass

$$E_m(\lambda;\mu) = (1 - \frac{\lambda}{\mu})\ \exp\{\frac{\lambda}{\mu} + \frac{1}{2}\frac{\lambda^2}{\mu^2} + \cdots + \frac{1}{m-1}\frac{\lambda^{m-1}}{\mu^{m-1}}\}, \tag{3.12}$$

où $m \geq 1$ est entier, λ et μ sont complexes et $\mu \neq 0$. Soit m un entier, tel que $m \geq m_o$; la série $\sum_{n=1}^{\infty} |\lambda_n|^{-m}$ converge donc, et par suite le produit infini

$$D_m(\lambda) = \lambda^{m(0)} \prod_{n=1}^{\infty} E_m(\lambda; -\lambda_n) \tag{3.13}$$

converge absolument pour tout nombre complexe λ. Alors $D_m(\lambda)$ est l'unique fonction entière de la variable complexe λ, qui admette pour zéros les nombres $-\sigma$ (pour $\sigma \in S$) avec les multiplicités $m(\sigma)$ imposées, qui satisfasse à une majoration de la forme $|D_m(\lambda)| \leq \exp\{a + b|\lambda|^m\}$ (avec $a > 0, b > 0$), et dont le développement de Taylor à l'origine soit de la forme

$$\lambda^{m(0)}(1 + (-1)^{m-1} t_m \lambda^m / m + \cdots).$$

Si une fonction $D(\lambda)$ satisfait aux conditions (A) et (B), elle est nécessairement de la forme

$$D(\lambda) = D_m(\lambda).\exp P(\lambda), \tag{3.14}$$

où $P(\lambda)$ est un polynôme de degré $\leq N$. En particulier, on a

$$D_{m+1}(\lambda) = D_m(\lambda).\exp\{(-1)^m t_m \lambda^m / m\}. \tag{3.15}$$

Supposons alors qu'on ait deux fonctions $D(\lambda)$ et $D_1(\lambda)$ satisfaisant aux conditions (A), (B) et (C). Il existe un polynôme $P(\lambda)$ tel que

$$\log D_1(\lambda) = P(\lambda) + \log D(\lambda). \tag{3.16}$$

Mais si l'on considère la partie divergente dans les développements asymptotiques de $\log D(\lambda)$ et $\log D_1(\lambda)$, on conclut que le polynôme $P(\lambda)$ est combinaison linéaire finie des fonctions $L_0(\lambda), L_{-1}(\lambda), \cdots$; ceci n'est manifestement possible que si l'on a $P(\lambda) = 0$, c'est-à-dire $D(\lambda) = D_1(\lambda)$.

On a prouvé l'unicité du déterminant caractéristique $D(\lambda)$ et montré qu'il est de la forme $D_{m_0}(\lambda)e^{P(\lambda)}$, où $P(\lambda)$ est un polynôme; cette dernière propriété signifie qu'*au voisinage de* $\lambda = 0$, *on a le développement en série*

$$\log D(\lambda) = m(0)\log\lambda + b_0 + \sum_{m=1}^{\infty}(-1)^{m-1} b_m \lambda^m / m, \tag{3.17}$$

où le coefficient b_m *est égal à* $t_m = \sum_{n=1}^{\infty} \lambda_n^{-m}$ *pour tout entier* m *assez grand.*

Le cas où L agit dans un espace de dimension finie est contenu dans la discussion précédente. Dans ce cas particulier, on a $m_0 = 1$, $M = 0$; dans le développement asymptotique $\log D(\lambda) \sim \sum_{m=0}^{\infty} a_m L_m(\lambda)$ (pour λ tendant vers $+\infty$), on a alors $a_m = Tr(L^m)/m!$ *pour tout entier* $m \geq 0$. Si 0 n'est pas valeur propre de L, on a, pour λ voisin de 0, le développement de Taylor

$$\log D(\lambda) = b_0 + \sum_{m=1}^{\infty}(-1)^{m-1} b_m \lambda^m / m$$

avec b_m égal, *pour tout entier* $m \geq 1$, à $t_m = Tr(L^{-m})$. Dans le cas d'un opérateur dans un espace de dimension infinie, on pourra par analogie concevoir le coefficient b_m dans (3.17) comme une *trace renormalisée* de L^{-m} (pour $m \geq 1$), et $m!a_m$ (avec les notations de (3.11)) comme une *trace renormalisée de* L^m (pour $m \geq 0$).

3.4. Voici un corollaire de l'unicité du déterminant caractéristique. Nous allons montrer que, *si* μ *est un nombre complexe fixé, et si l'opérateur* L *admet un déterminant caractéristique* $D(\lambda)$, *alors l'opérateur* $L+\mu$ *admet un déterminant caractéristique égal à* $D(\lambda+\mu)$.

Posons $L_1 = L + \mu$ et $D_1(\lambda) = D(\lambda+\mu)$. Les valeurs propres de L_1 sont les nombres σ_1 de la forme $\sigma + \mu$, où σ est une valeur propre de L, et la multiplicité de σ_1 comme valeur propre de L_1 est égale à la multiplicité $m(\sigma)$ de σ comme valeur propre de L. Il en résulte que la fonction entière $D_1(\lambda)$ a bien pour zéros les nombres $-\sigma_1$, où σ_1 parcourt les valeurs propres de L_1, avec les multiplicités requises. Si $D(\lambda)$ satisfait à la majoration

$$|D(\lambda)| \leq \exp\{a + b|\lambda|^N\}, \tag{3.18}$$

il existe des constantes réelles $a_1 > 0$ et $b_1 > 0$ telles que

$$|D_1(\lambda)| \leq \exp\{a_1 + b_1|\lambda|^N\}. \tag{3.19}$$

Il reste à prouver que si $D(\lambda)$ admet, pour λ tendant vers $+\infty$, un développement asymptotique du type $\sum_{m=-M}^{\infty} a_m L_m(\lambda)$, alors $D_1(\lambda) = D(\lambda+\mu)$ a un développement asymptotique analogue. Or, pour tout entier m, la dérivée de $L_m(\lambda)$ est égale à $L_{m+1}(\lambda)$; pour λ fixé, le développement de Taylor de $L_m(\lambda+\mu)$ s'écrit donc

$$L_m(\lambda+\mu) = \sum_{r=0}^{\infty} L_{m+r}(\lambda)\mu^r/r! \tag{3.20}$$

et ceci peut être interprété (pour μ fixé) comme un développement asymptotique de la fonction $\lambda \mapsto L_m(\lambda+\mu)$ selon l'échelle des fonctions $L_n(\lambda)$. Il est alors facile d'obtenir le développement asymptotique

$$D(\lambda+\mu) \sim \sum_{m=-M}^{\infty} a'_m L_m(\lambda) \tag{3.21}$$

avec les constantes

$$a'_m = \sum_{r=0}^{m+M} a_{m-r}\mu^r/r!. \tag{3.22}$$

On a bien prouvé que $D_1(\lambda)$ est le déterminant caractéristique de l'opérateur L_1.

Si un opérateur L admet un déterminant caractéristique $D(\lambda)$, le nombre $D(0)$ sera appelé le *déterminant* (renormalisé) de L, et noté $\det L$. Le résultat précédent entraîne alors que, pour tout nombre complexe μ, le déterminant de l'opérateur $L+\mu$ est défini, et qu'on a

$$D(\mu) = \det(L+\mu). \tag{3.23}$$

3.5. Pour démontrer l'*existence* du déterminant caractéristique, nous ferons les deux hypothèses supplémentaires suivantes :

(TH_1) *Pour tout nombre réel $t>0$, la série thêta*

$$\theta_L(t) = \sum_{\sigma\in S} m(\sigma)e^{-\sigma t} \tag{3.24}$$

converge absolument, et la fonction θ_L est continue sur $]0,+\infty[$.
(TH_2) *Au voisinage de 0, la fonction $\theta_L(t)$ admet un développement asymptotique selon les puissances entières de t, de la forme*

$$\theta_L(t) \sim \sum_{m>-m_0} (-1)^m d_m t^m. \tag{3.25}$$

L'entier m_0 est le même que précédemment. Remarquez que l'on peut écrire $\theta_L(t)$ sous la forme $m(0)+\sum_{n=1}^{\infty} e^{-\lambda_n t}$, et que ce n'est autre que la trace de e^{-tL}. En dimension finie, on a un développement convergent

$$\theta_L(t) = Tr(e^{-tL}) = \sum_{m=0}^{\infty}(-1)^m Tr(L^m)t^m/m! \tag{3.26}$$

d'où $m_0=1$, $d_m = Tr(L^m)/m!$.

Si $\Delta(\lambda)$ est une fonction entière de la variable complexe λ, de dérivée $\Delta'(\lambda)$, la dérivée de $\log\Delta(\lambda)$ est la fonction méromorphe $\Delta'(\lambda)/\Delta(\lambda)$. Il en résulte que, pour tout entier $r\geq 1$, on définit une fonction méromorphe $T_r(\lambda)$ par la formule

$$T_r(\lambda) = \frac{(-1)^{r-1}}{(r-1)!}\left(\frac{d}{d\lambda}\right)^r \log D_{m_0}(\lambda). \tag{3.27}$$

En dérivant l'expression de $D_{m_0}(\lambda)$ comme produit infini (formule (3.13)), on obtient les développements en série

$$T_r(\lambda) = m(0)\lambda^{-r} + \sum_{n=1}^{\infty}\{(\lambda+\lambda_n)^{-r} - \sum_{s=0}^{m_0-r-1}\binom{-r}{s}\lambda^s/\lambda_n^{s+r}\} \tag{3.28}$$

(3.29) $$T_r(\lambda) = m(0)\lambda^{-r} + \sum_{n=1}^{\infty}(\lambda + \lambda_n)^{-r}.$$

Le premier cas a lieu pour $r = 1, \dots, m_0 - 1$, et le second lorsque $r \geq m_0$. On peut encore écrire

(3.30) $$T_r(\lambda) = \sum_{\sigma \in S} m(\sigma)(\lambda + \sigma)^{-r} \quad pour \quad r \geq m_0.$$

De plus, par définition, les fonctions $T_r(\lambda)$ satisfont à la relation de récurrence

(3.31) $$\frac{d}{d\lambda} T_r(\lambda) = -rT_{r+1}(\lambda) \quad pour \quad r \geq 1.$$

Etudions d'abord le *comportement asymptotique de* $T_r(\lambda)$ *pour* λ *tendant vers l'infini.* Des formules (3.24) et (3.30), on déduit la formule intégrale

(3.32) $$T_r(\lambda) = \frac{1}{(r-1)!} \int_0^{\infty} t^{r-1} e^{-\lambda t} \theta_L(t) dt,$$

pour tout entier $r \geq m_0$. D'après la formule (3.25), la fonction $t^{r-1}\theta_L(t)$ a, au voisinage de 0, un développement asymptotique commençant par un terme proportionnel à t^{r-m_0} et elle est donc continue en $t = 0$ pour $r \geq m_0$; l'intégrale dans (3.32) converge donc au voisinage de 0, et le comportement à l'infini ne pose pas de problème lorsque $Re\ \lambda$ est assez grand. D'après les méthodes courantes de la transformation de Laplace, on déduit, du développement asymptotique (3.25) de $\theta_L(t)$ pour t petit, un développement asymptotique de $T_r(\lambda)$ pour $Re\ \lambda$ grand, à savoir

(3.33) $$T_r(\lambda) \sim \sum_{m > -m_0} (-1)^m \frac{(m+r-1)!}{(r-1)!} d_m / \lambda^{m+r}.$$

Compte tenu de la définition des fonctions $L_m(\lambda)$ (formules (3.8) à (3.10)), on peut réécrire ceci sous la forme

(3.34) $$(\frac{d}{d\lambda})^r \log D_{m_0}(\lambda) \sim \sum_{m > -m_0} d_m L_{m+r}(\lambda)$$

(pour tout entier $r \geq m_0$).

De manière générale, soit $F(\lambda)$ une fonction holomorphe dans le plan coupé Ω, admettant un développement asymptotique

(3.35) $$F(\lambda) \sim \sum_{m > -M} e_m L_m(\lambda)$$

pour λ tendant vers $+\infty$. La relation $dL_m(\lambda)/d\lambda = L_{m+1}(\lambda)$ se précise comme suit, *lorsqu'on a* $m \geq 1$:

$$L_m(\lambda) = \int_\lambda^{+\infty} L_{m+1}(\mu) d\mu, \tag{3.36}$$

où le chemin d'intégration est la demi-droite horizontale dessinée (ci-dessous).

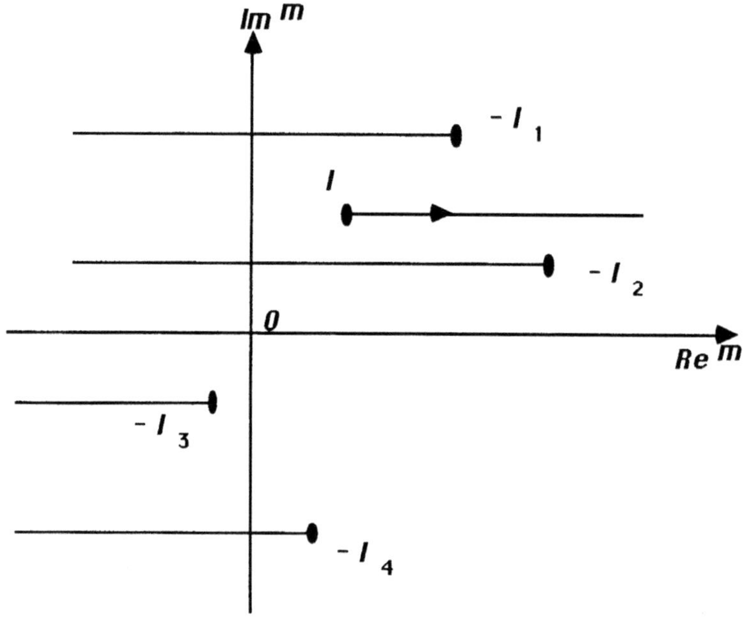

Figure 4

Par suite, il existe une primitive $\Phi(\lambda)$ de $F(\lambda)$, holomorphe dans le plan coupé Ω, et telle que l'on ait

$$\Phi(\lambda) - \sum_{-M<m<s} e_m L_{m-1}(\lambda) = \int_\lambda^{+\infty} \{F(\mu) - \sum_{-M<m<s} e_m L_m(\mu)\} d\mu \tag{3.37}$$

pour tout entier $s \geq 2$. Cette primitive est aussi caractérisée par le développement asymptotique

$$\Phi(\lambda) \sim \sum_{m>-M} e_m L_{m-1}(\lambda). \tag{3.38}$$

Bien entendu, toute autre primitive de $F(\lambda)$ est de la forme $\Phi(\lambda) + a$, où a est une constante.

Partons du cas $r = m_0$ de la formule (3.34) et remontons de proche en proche jusqu'au développement asymptotique de $\log D_{m_0}(\lambda)$. Comme deux fonctions qui ont la même dérivée d'ordre m_0 diffèrent par un polynôme de degré au plus égal à $m_0 - 1$, il existe un polynôme $P(\lambda)$, de degré au plus égal à $m_0 - 1$, et tel que

$$\log D_{m_0}(\lambda) + P(\lambda) \sim \sum_{m>-m_0} d_m L_m(\lambda), \tag{3.39}$$

pour λ tendant vers $+\infty$. Si l'on pose $D(\lambda) = D_{m_0}(\lambda) e^{P(\lambda)}$, on a obtenu une fonction satisfaisant aux conditions (A), (B) et (C).

3.6. *Résumons les résultats obtenus.* Soit L un opérateur ayant un ensemble discret S de valeurs propres σ, avec une multiplicité finie $m(\sigma)$ pour chaque σ. On suppose que, pour tout nombre réel $t > 0$, la série

$$\theta_L(t) = \sum_{\sigma \in S} m(\sigma) e^{-\sigma t} \tag{3.40}$$

converge absolument. On suppose de plus qu'il existe un entier $m_0 \geq 1$, tel que la série $t_m = \sum_{\sigma \neq 0} m(\sigma)\sigma^{-m}$ converge absolument pour tout entier $m \geq m_0$, et qu'on ait un développement asymptotique

$$\theta_L(t) \sim \sum_{m>-m_0} (-1)^m d_m t^m \quad \textit{pour} \quad t \to 0. \tag{3.41}$$

Ces deux dernières hypothèses ne sont pas indépendantes.

On peut alors définir le déterminant $D(\lambda) = \det(L+\lambda)$ pour tout nombre complexe λ. De plus, $D(\lambda)$ est une fonction entière de la variable complexe λ; ses zéros sont les nombres $-\sigma$, pour σ parcourant S, avec multiplicité égale à $m(\sigma)$. La fonction $D(\lambda)$ satisfait à la majoration exponentielle

$$|D(\lambda)| \leq \exp\{a + b|\lambda|^{m_0}\} \tag{3.42}$$

avec $a > 0$, $b > 0$.

Pour tout entier $r \geq m_0$, on a

$$(3.43) \qquad (\frac{d}{d\lambda})^r \log D(\lambda) = (-1)^{r-1}(r-1)! \sum_{\sigma \in S} m(\sigma)(\sigma+\lambda)^{-r}$$

et la série au second membre est absolument convergente. En particulier, supposons qu'on ait $\det L \neq 0$; au voisinage de $\lambda = 0$, on a le développement de Taylor

$$(3.44) \qquad \log \frac{\det(L+\lambda)}{\det(L)} = \sum_{r=1}^{\infty} (-1)^{r-1} b_r \lambda^r / r$$

avec $b_r = t_r$ pour tout entier $r \geq m_0$.

Pour λ tendant vers $+\infty$, on a un développement asymptotique

$$(3.45) \qquad \log D(\lambda) \sim \sum_{m > -m_0} d_m L_m(\lambda)$$

avec les mêmes constantes d_m que dans la formule (3.41). On peut dériver terme à terme cette formule

$$(3.46) \qquad (\frac{d}{d\lambda})^r \log D(\lambda) \sim \sum_{m > -m_0} d_m L_{m+r}(\lambda)$$

pour tout entier $r \geq 0$.

3.7. Revenons à la situation du chapitre 2. Nous nous proposons de calculer $\det(-\Delta_X + \lambda)$ par les méthodes de l'*équation de la chaleur*.

Dans le plan euclidien $\mathbf{R}^2$, on résout l'équation de la chaleur $\partial F/\partial t = \Delta F$ avec la condition initiale $F(x,0) = f(x)$ par la formule

$$(3.47) \qquad F(x,t) = \int_{\mathbf{R}^2} K_t(x,y) f(y) d^2 y \quad pour \quad t > 0.$$

On a noté d^2y l'élément d'aire $dy_1 dy_2$ dans le plan de coordonnées cartésiennes y_1, y_2. Le *noyau de la chaleur* a l'expression suivante

$$(3.48) \qquad K_t(x,y) = e^{-|x-y|^2/4t}/4\pi t,$$

où $|x-y|$ est la distance euclidienne de x à y.

Sur notre surface X, la situation est analogue. L'équation de la chaleur $\partial F/\partial t = \Delta_X F$, avec la condition initiale $F(x,0) = f(x)$, a une solution donnée, pour $t > 0$, par une formule analogue(*) à (3.47), où l'on remplace $K_t(x,y)$ par une fonction $K_t^X(x,y)$ continue en (t,x,y) parcourant le domaine $]0,+\infty[\times X \times X$. On peut donner une formule explicite pour $K_t^X(x,y)$ dans le cas où X est à courbure constante (comme ici). Mais la théorie générale de l'équation de la chaleur fournit un développement asymptotique (pour t tendant vers 0)

$$(3.49) \qquad K_t^X(x,x) \sim \frac{1}{4\pi t} + \sum_{m=0}^{\infty} (-1)^m d_m(x) t^m,$$

uniformément pour x parcourant X, avec des fonctions continues $d_m(x)$ sur X. Noter que dans le cas euclidien, on a la formule explicite $K_t(x,x) = 1/4\pi t$.

On considère la suite des valeurs propres de $-\Delta_X$, à savoir

$$0 = \lambda_0 < \lambda_1 \leq \lambda_2 < \cdots .$$

Ici, Ω est donc le plan $\mathbb{C}$ coupé le long de l'axe réel négatif. Introduisons une base orthonormée (φ_n) de l'espace de Hilbert $L^2(X)$ telle que $\Delta_X \varphi_n = -\lambda_n \varphi_n$ pour $n \geq 0$. Notons L_t l'opérateur $e^{t\Delta_X}$ dans $L^2(X)$. C'est un opérateur borné, autoadjoint et positif, donné par le noyau intégral $K_t^X(x,y)$. On a $L_t\varphi_n = e^{-\lambda_n t}\varphi_n$, et le théorème de Mercer fournit un développement en série

$$(3.50) \qquad K_t^X(x,y) = \sum_{n=0}^{\infty} e^{-\lambda_n t} \varphi_n(x) \overline{\varphi_n(y)}$$

qui converge uniformément sur $X \times X$ pour tout $t > 0$ fixé.

La fonction thêta associée à l'opérateur $-\Delta_X$ est donnée par

$$(3.51) \qquad \theta_X(t) = \sum_{n=0}^{\infty} e^{-\lambda_n t}.$$

D'après la formule (3.50) et les relations $\int_X |\varphi_n(x)|^2 d^2x = 1$, on obtient

$$(3.52) \qquad \theta_X(t) = \int_X K_t^X(x,x) d^2x.$$

Le développement asymptotique (3.49) peut être intégré terme à terme, et l'on obtient

$$(3.53) \qquad \theta_X(t) \sim \frac{A}{4\pi t} + \sum_{m=0}^{\infty} (-1)^m d_m t^m.$$

(*) On note cette fois d^2x, ou d^2y, l'élément d'aire associé à la métrique riemannienne sur X.

Dans cette formule, $A = \int_X d^2x$ est l'aire totale de X, et l'on a posé $d_m = \int_X d_m(x)d^2x$. En particulier, $\theta_X(t)$ est équivalent à $A/4\pi t$ pour t tendant vers 0. Si l'on introduit la fonction spectrale $\mathcal{N}(\lambda)$ comme au n° 2.2, on a

$$\theta_X(t) = \int_0^\infty e^{-\lambda t} d\mathcal{N}(\lambda) \tag{3.54}$$

et l'estimée de Courant-Weyl $\mathcal{N}(\lambda) \sim A\lambda/4\pi$ résulte, par le théorème de Karamata, de l'équivalence $\theta_X(t) \sim A/4\pi t$. De l'estimation $\mathcal{N}(\lambda) \sim A\lambda/4\pi$ résulte évidemment que la série $\sum_{n=1}^\infty \lambda_n^{-1}$ diverge, mais que la série $\sum_{n=1}^\infty \lambda_n^{-2}$ converge. Autrement dit, l'opérateur $-\Delta_X$ satisfait aux hypothèses $(S_1), (S_2), (TH_1)$ et (TH_2), avec $m_0 = 2$.

3.8. Etablissons maintenant la relation

$$\frac{d}{d\kappa^2} \log D(\kappa) = (2-2g)\psi(\tfrac{1}{2}+\kappa) + \frac{d}{d\kappa^2} \log \mathcal{Z}_X(\tfrac{1}{2}+\kappa), \tag{3.55}$$

où la fonction entière $D(\kappa)$ est définie par

$$D(\kappa) = \det(-\Delta_X - \tfrac{1}{4} + \kappa^2). \tag{3.56}$$

Si $D'(\kappa)$ est la dérivée de $D(\kappa)$, la fonction $\frac{d}{d\kappa} \log D(\kappa)$ est égale à $D'(\kappa)/D(\kappa)$ et elle est donc méromorphe dans $\mathbb{C}$, avec des pôles simples et des résidus entiers et positifs. Comme la fonction $\kappa\psi(\frac{1}{2}+\kappa)$ a les mêmes propriétés et qu'on a $2g-2 > 0$, on déduit de la formule (3.55) que la fonction $\frac{d}{d\kappa} \log \mathcal{Z}_X(\frac{1}{2}+\kappa)$, qui *a priori* n'est définie et holomorphe que dans le demi-plan $Re\ \kappa > \frac{1}{2}$, se prolonge en une fonction méromorphe avec pôles simples et résidus entiers et positifs. Cela revient à dire que $\mathcal{Z}_X(s)$, *a priori* définie dans le demi-plan $Re\ s > 1$, se prolonge en une fonction entière.

Dans le demi-plan $Re\ \kappa > \frac{1}{2}$, définissons deux fonctions holomorphes $E(\kappa)$ et $F(\kappa)$ comme suit :

$$E(\kappa) = \frac{d}{d\kappa^2} \log D(\kappa), \tag{3.57}$$

$$F(\kappa) = (2-2g)\psi(\tfrac{1}{2}+\kappa) + \frac{d}{d\kappa^2} \log \mathcal{Z}_X(\tfrac{1}{2}+\kappa). \tag{3.58}$$

Spécialisons la formule (3.43) au cas suivant

$$L = -\Delta_X - \tfrac{1}{4} \quad , \quad r = m_0 = 2 \quad , \quad \lambda = \kappa^2.$$

Comme les valeurs propres de L sont les nombres $\lambda_n - \frac{1}{4} = \rho_n^2$, on trouve

$$\frac{d}{d\kappa^2}E(\kappa) = -\sum_{n=0}^{\infty} \frac{1}{(\rho_n^2 + \kappa^2)^2}. \tag{3.59}$$

La formule finale (2.27) du chapitre 2 s'écrit alors $dE(\kappa)/d\kappa^2 = dF(\kappa)/d\kappa^2$; autrement dit, $E(\kappa) - F(\kappa)$ est une constante. On va montrer que cette constante est nulle en étudiant le comportement asymptotique pour κ tendant vers $+\infty$.

Par spécialisation de la formule (3.46) (avec $r = 1$, $m_0 = 2$), on trouve

$$\frac{d}{d\lambda}\log\det(-\Delta_X + \lambda) \sim \sum_{m=-1}^{\infty} d_m L_{m+1}(\lambda), \tag{3.60}$$

et par conséquent

$$E(\kappa) \sim \sum_{m=0}^{\infty} d_{m-1} L_m(\kappa^2 - \tfrac{1}{4}). \tag{3.61}$$

Les constantes $d_0, d_1, \ldots$ sont celles qui interviennent dans la formule (3.53), et l'on a d'après cette même formule

$$d_{-1} = -\frac{A}{4\pi} = 1 - g, \tag{3.62}$$

en tenant compte du théorème de Gauss-Bonnet $A = 4\pi(g-1)$. Comme on a $L_0(\kappa^2 - \frac{1}{4}) = \log(\kappa^2 - \frac{1}{4})$, on en déduit aussitôt

$$\lim_{\kappa \to +\infty} \{E(\kappa) - (2-2g)\log\kappa\} = 0. \tag{3.63}$$

Par ailleurs, la formule suivante est classique

$$\lim_{\kappa \to +\infty} \{\psi(\tfrac{1}{2} + \kappa) - \log\kappa\} = 0, \tag{3.64}$$

et représente une variante de la formule de Stirling. Il reste à étudier le comportement asymptotique de $\mathcal{Z}_X(s)$. Posons

$$\mathcal{L}(\tau) = \sum_{p,m} \tau(p), \tag{3.65}$$

la somme étant étendue aux éléments p de $\mathcal{P}$ tels que $\tau(p) \leq \tau$ (en nombre fini), et pour chaque p aux entiers m tels que $m \geq 1$ et $m\tau(p) \leq \tau$. De l'estimation asymptotique (2.5), on déduit

$$\mathcal{L}(\tau) \sim e^{\tau} \quad \textit{pour} \quad \tau \to +\infty. \tag{3.66}$$

Par ailleurs, la formule (2.24) s'écrit après une intégration par parties

$$\frac{d}{ds}\log \mathcal{Z}_X(s) = \int_0^\infty e^{-\tau s}\mathcal{L}(\tau)(s+(1-s)e^{-\tau})(1-e^{-\tau})^{-2}d\tau. \tag{3.67}$$

On en déduit immédiatement

$$\lim_{\kappa\to+\infty}\frac{d}{d\kappa^2}\log \mathcal{Z}_X(\tfrac{1}{2}+\kappa) = 0 \tag{3.68}$$

et finalement

$$\lim_{\kappa\to+\infty}\{F(\kappa)-(2-2g)\log\kappa\} = 0. \tag{3.69}$$

La comparaison des deux formules (3.63) et (3.69) montre que la constante $E(\kappa)-F(\kappa)$ est nulle, d'où la formule (3.55).

3.9. Nous considérons maintenant la sphère euclidienne $\mathbf{S}^2$ de rayon 1 dans l'espace euclidien $\mathbf{R}^3$, avec la métrique usuelle. On note $\Delta_{\mathbf{S}^2}$ l'opérateur de Laplace-Beltrami sur $\mathbf{S}^2$. Il est bien connu que les valeurs propres de l'opérateur $-\Delta_{\mathbf{S}^2}$ sont les nombres $j(j+1)$ pour $j=0,1,2,\ldots$; l'espace propre correspondant $\mathcal{H}_j$ se compose des harmoniques sphériques de degré j et sa dimension est $2j+1$. Introduisons l'opérateur hermitien positif $P_{\mathbf{S}^2}$, racine carrée de $-\Delta_{\mathbf{S}^2}+\frac{1}{4}$. Autrement dit, les valeurs propres de $P_{\mathbf{S}^2}$ sont les entiers $j+\frac{1}{2}$ avec j entier et positif, et le sous-espace propre correspondant est $\mathcal{H}_j$, de dimension $2j+1$.

Nous allons établir la formule

$$\frac{d}{d\kappa}\log\det(P_{\mathbf{S}^2}+\kappa) = 2\kappa\psi(\tfrac{1}{2}+\kappa)-2\kappa. \tag{3.70}$$

Ecrivons simplement P pour $P_{\mathbf{S}^2}$. Pour tout entier $m\geq 1$, la trace de P^{-m} est égale à $\sum_{j=0}^\infty(2j+1)(j+\frac{1}{2})^{-m} = 2\sum_{j=0}^\infty(j+\frac{1}{2})^{-(m-1)}$. On en déduit que la trace de P^{-2} est infinie, mais que celle de P^{-m} est finie pour $m\geq 3$; avec les notations précédentes, on a donc $m_0=3$. La fonction thêta associée à P est donnée par

$$\theta_P(t) = \sum_{j=0}^\infty(2j+1)e^{-t(j+1/2)} \tag{3.71}$$

et un calcul facile donne

$$\theta_P(t) = \frac{\cosh t/2}{2\sinh^2 t/2}. \tag{3.72}$$

On en déduit le comportement asymptotique pour t tendant vers 0 sous la forme $\theta_P(t) \sim \sum_{m=-2}^{\infty}(-1)^m d_m t^m$ avec

$$d_{-2} = 2 \quad , \quad d_{-1} = 0 \quad , \quad d_0 = \tfrac{1}{12}, \ldots$$

Notons $G(\kappa)$ la dérivée logarithmique du déterminant de $P+\kappa$. D'après les propriétés générales du n ° 3.6, cette fonction entière est caractérisée par les deux propriétés suivantes :

$$(\frac{d}{d\kappa})^2 G(\kappa) = 2Tr((P+\kappa)^{-3}) \tag{3.73}$$

$$G(\kappa) \sim \sum_{m=-2}^{\infty} d_m L_{m+1}(\kappa) \quad \textit{pour} \quad \kappa \to +\infty. \tag{3.74}$$

Plus explicitement, on a les deux relations

$$(\frac{d}{d\kappa})^2 G(\kappa) = 2\sum_{j=0}^{\infty}(2j+1)(j+\kappa+\tfrac{1}{2})^{-3} \tag{3.75}$$

$$\lim_{\kappa\to+\infty}\{G(\kappa) - 2(\kappa\log\kappa - \kappa)\} = 0. \tag{3.76}$$

Posons par ailleurs

$$H(\kappa) = 2\kappa\psi(\tfrac{1}{2}+\kappa) - 2\kappa. \tag{3.77}$$

De la représentation classique

$$\frac{d}{d\kappa}\psi(\tfrac{1}{2}+\kappa) = \sum_{j=0}^{\infty}(j+\kappa+\tfrac{1}{2})^{-2}, \tag{3.78}$$

on déduit facilement

$$(\frac{d}{d\kappa})^2(\kappa\psi(\tfrac{1}{2}+\kappa)) = \sum_{j=0}^{\infty}(2j+1)(j+\kappa+\tfrac{1}{2})^{-3}, \tag{3.79}$$

d'où

$$(\frac{d}{d\kappa})^2 H(\kappa) = 2\sum_{j=0}^{\infty}(2j+1)(j+\kappa+\tfrac{1}{2})^{-3}. \tag{3.80}$$

Les formules liées à celle de Stirling entraînent

$$\lim_{\kappa\to+\infty}\{\kappa\psi(\tfrac{1}{2}+\kappa)-\kappa\log\kappa\}=0, \tag{3.81}$$

d'où

$$\lim_{\kappa\to+\infty}\{H(\kappa)-2(\kappa\log\kappa-\kappa)\}=0. \tag{3.82}$$

Il résulte des formules (3.75) et (3.80) que la dérivée seconde de la fonction $G(\kappa)-H(\kappa)$ est nulle; d'après les formules (3.76) et (3.82), cette fonction tend vers 0 à l'infini. Elle est donc nulle et ceci établit la formule (3.70).

3.10. La combinaison des formules (3.55) et (3.70) donne le corollaire suivant

$$\frac{d}{d\kappa}\log\mathcal{Z}_X(\tfrac{1}{2}+\kappa)=\frac{d}{d\kappa}\log D(\kappa)+(2g-2)\frac{d}{d\kappa}\log\{e^{\kappa^2}\det(P_{\mathbf{S}^2}+\kappa)\}. \tag{3.83}$$

Autrement dit, il existe une constante c telle que

$$\log\mathcal{Z}_X(\tfrac{1}{2}+\kappa)=c+\log D(\kappa)+(2g-2)\log\{e^{\kappa^2}\det(P_{\mathbf{S}^2}+\kappa)\}. \tag{3.84}$$

Pour montrer que c est nulle, on utilise une fois de plus le comportement asymptotique pour κ tendant vers $+\infty$. On a $D(\kappa)=\det(L+\kappa^2)$ avec

$$L=-\Delta_X-\tfrac{1}{4};$$

de plus, pour λ tendant vers $+\infty$, les fonctions $\log\det(L+\lambda)$ et $\log\det(P_{\mathbf{S}^2}+\lambda)$ ont un développement asymptotique de la forme $P(\lambda)\log\lambda+Q(\lambda)+O(\frac{1}{\lambda})$, où $P(\lambda)$ et $Q(\lambda)$ sont des polynômes avec $Q(0)=0$. Il en résulte que le second membre de la formule (3.84) a un développement asymptotique de la forme

$$P(\kappa)\log\kappa+Q(\kappa)+O(\frac{1}{\kappa}),$$

avec des polynômes $P(\kappa)$ et $Q(\kappa)$ tels que $Q(0)=c$. D'après le comportement asymptotique de $\log\mathcal{Z}_X(s)$, cette expression tend vers 0 lorsque κ tend vers $+\infty$; on a nécessairement $P(\kappa)=Q(\kappa)=0$, et en particulier $c=0$.

De la formule (3.84), on déduit finalement

$$\mathcal{Z}_X(\tfrac{1}{2}+\kappa)=\det(-\Delta_X-\tfrac{1}{4}+\kappa^2)\{e^{\kappa^2}\det(P_{\mathbf{S}^2}+\kappa)\}^{2g-2}. \tag{3.85}$$

Cette formule fournit un prolongement analytique à tout le plan complexe de la fonction holomorphe $\mathcal{Z}_X(s)$ définie initialement dans le demi-plan $Re\ s > 1$ par le produit infini

$$\mathcal{Z}_X(s) = \prod_{p\in\mathcal{P}} \prod_{k=0}^{\infty} (1 - e^{-\tau(p)(s+k)}).$$

4. Une extension de la formule des traces de Selberg

4.1. Dans la formule des traces, on introduit trois fonctionnelles, dont nous rappelons la définition

$$Q(h) = \sum_{n=0}^{\infty} h(\rho_n) \tag{4.1}$$

$$I(h) = (2g-2)\int_0^{\infty} h(\rho)\rho \tanh \pi\rho\ d\rho \tag{4.2}$$

$$H(\hat{h}) = \sum_{p,m} K_{p,m}\hat{h}(m\tau(p)). \tag{4.3}$$

Les notations $\rho_n, \tau(p)$ sont celles des n^c*ircs* 2.3 et 2.4; dans la formule (4.3), la sommation porte sur les éléments p de $\mathcal{P}$ et les entiers $m \geq 1$, avec les constantes suivantes

$$K_{p,m} = \frac{\tau(p)}{2\sinh(m\tau(p)/2)}. \tag{4.4}$$

De plus, $h(\rho)$ est une fonction d'une variable réelle, et sa transformée de Fourier est définie comme suit

$$\hat{h}(\tau) = \frac{1}{2\pi}\int_{-\infty}^{+\infty} h(\rho)e^{i\tau\rho}d\rho. \tag{4.5}$$

Supposons que la fonction $h(\rho)$ soit *paire* et s'étende en une fonction holomorphe dans une partie ouverte Ω du plan $\mathbb{C}$ des nombres complexes. Sous certaines hypothèses analytiques, nous allons donner une interprétation des fonctionnelles précédentes par des intégrales de Cauchy

$$Q(h) = \frac{1}{2\pi i}\int_C h(-i\kappa)d\log D(\kappa) \tag{4.6}$$

$$I(h) = \frac{1}{2\pi i}\int_C h(-i\kappa)(2-2g)2\kappa\ d\log\Gamma(\tfrac{1}{2}+\kappa) \tag{4.7}$$

$$H(\hat{h}) = \frac{1}{2\pi i}\int_C h(-i\kappa)d\log \mathcal{Z}_X(\tfrac{1}{2}+\kappa). \tag{4.8}$$

Dans ces formules, C désigne un contour convenable dans Ω. *Si l'on peut prendre le même contour C dans ces trois formules, la formule des traces, sous la forme $Q(h) = I(h) + H(\hat{h})$, résulte donc de la formule différentielle*

$$d \log D(\kappa) = (2-2g)2\kappa \; d \log \Gamma(\tfrac{1}{2}+\kappa) + d \log \mathcal{Z}_X(\tfrac{1}{2}+\kappa), \tag{4.9}$$

qui n'est autre que la formule (3.55).

4.2. Nous commencerons par faire sur $h(\rho)$ les hypothèses classiques:

(A) Il existe deux constantes réelles $c > \frac{1}{2}$ et $\alpha > 2$ telles que la fonction $h(\rho)$ soit holomorphe et paire dans la bande $|Im\ \rho| < c$, avec une condition de croissance $h(\rho) = O(|\rho|^{-\alpha})$ pour $|\rho|$ tendant vers l'infini dans cette bande.

La transformée de Fourier $\hat{h}(\tau)$, définie pour τ réel, satisfait alors à une condition de croissance $\hat{h}(\tau) = O(e^{-c'|\tau|})$, pour $|\tau|$ tendant vers l'infini, pour toute constante réelle c' telle que $0 < c' < c$.

4.3. Examinons d'abord l'intégrale

$$Q(h) = \int_{\kappa'-i\infty}^{\kappa'+i\infty} h(-i\kappa) d \log D(\kappa), \tag{4.10}$$

où κ' est une constante réelle telle que $0 < \kappa' < c$; la fonction $h(-i\kappa)$ est donc holomorphe lorsque κ parcourt la bande représentée (voir figure 5). Une première transformation est la suivante :

$$Q(h) = \sum_{n=0}^{\infty} \int_{\kappa'-i\infty}^{\kappa'+i\infty} h(-i\kappa)(\rho_n^2+\kappa^2)^{-1} d\kappa^2. \tag{4.11}$$

Si l'on introduit la dérivée logarithmique

$$E(\kappa) = \frac{d}{d\kappa^2} \log D(\kappa), \tag{4.12}$$

la formule (4.11) résulterait immédiatement du développement

$$E(\kappa) = \sum_{n=0}^{\infty} (\rho_n^2+\kappa^2)^{-1}. \tag{4.13}$$

Malheureusement, un tel développement est divergent. Cependant, d'après la formule (3.59), le développement qu'on en déduit par dérivation est convergent

$$-\frac{d}{d\kappa^2}E(\kappa) = \sum_{n=0}^{\infty}(\rho_n^2 + \kappa^2)^{-2}. \tag{4.14}$$

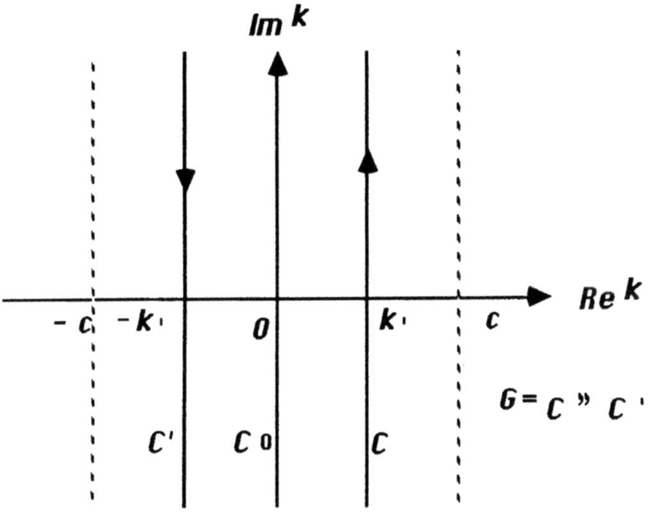

Figure 5

Pour établir (4.11), nous intégrerons par parties. Définissons une fonction holomorphe paire $u(\kappa)$ dans la bande $|Re\ \kappa| < c$ par $du(\kappa) = h(-i\kappa)d\kappa^2$, c'est-à-dire

$$\frac{d}{d\kappa}u(\kappa) = 2\kappa\ h(-i\kappa). \tag{4.15}$$

De la condition de croissance $h(\rho) = O(|\rho|^{-\alpha})$ pour $|Im\ \rho| < c$ et $|\rho|$ tendant vers l'infini, on déduit $u(\kappa) = O(|\kappa|^{-\alpha+2})$ pour $|Re\ \kappa| < c$ et $|\kappa|$ tendant vers l'infini. Par ailleurs, la fonction entière $D(\kappa)$ admet une factorisation à la Hadamard

$$D(\kappa) = a\ e^{b\kappa^2} \prod_{n=0}^{\infty}(1 + \kappa^2/\rho_n^2)e^{-\kappa^2/\rho_n^2} \tag{4.16}$$

et la série $\sum_{n=0}^{\infty} \rho_n^{-2-\varepsilon}$ converge pour tout $\varepsilon > 0$. On en déduit le développement en série

$$(4.17) \qquad E(\kappa) = b + \sum_{n=0}^{\infty} \Big[\frac{1}{\rho_n^2 + \kappa^2} - \frac{1}{\rho_n^2} \Big].$$

Par suite, la fonction méromorphe $E(\kappa)$ a pour pôles les points imaginaires $\pm i\rho_n$ et l'on a l'estimée·

$$(4.18) \qquad E(\kappa' + it) = O(|t|^{\varepsilon})$$

pour t réel, $|t|$ tendant vers l'infini et tout $\varepsilon > 0$.

Revenons à $\mathcal{Q}(h)$; on a donc (*)

$$\begin{aligned}
\mathcal{Q}(h) &= \int_{\kappa' - i\infty}^{\kappa' + i\infty} h(-i\kappa) E(\kappa) d\kappa^2 \\
&= \int_{\kappa' - i\infty}^{\kappa' + i\infty} du(\kappa) E(\kappa) \\
&= - \int_{\kappa' - i\infty}^{\kappa' + i\infty} u(\kappa) dE(\kappa) \\
&= \int_{\kappa' - i\infty}^{\kappa' + i\infty} u(\kappa) \Big[-\frac{d}{d\kappa^2} E(\kappa) \Big] d\kappa^2 \\
&= \int_{\kappa' - i\infty}^{\kappa' + i\infty} u(\kappa) \sum_{n=0}^{\infty} (\rho_n^2 + \kappa^2)^{-2} d\kappa^2.
\end{aligned}$$

Comme $u(\kappa)$ est de l'ordre de $O(|\kappa|^{-\alpha+2})$ sur la droite C joignant $\kappa' - i\infty$ à $\kappa' + i\infty$, l'intégration terme à terme est permise en vertu de la convergence de la série $\sum_{n=0}^{\infty} \rho_n^{-2-\delta}$ (pour $\delta > 0$), et l'on trouve

$$(4.19) \qquad \mathcal{Q}(h) = \sum_{n=0}^{\infty} \int_{\kappa' - i\infty}^{\kappa' + i\infty} u(\kappa) (\rho_n^2 + \kappa^2)^{-2} d\kappa^2.$$

Une intégration par parties facile donne alors

$$(4.20) \qquad \int_{\kappa' - i\infty}^{\kappa' + i\infty} u(\kappa) (\rho_n^2 + \kappa^2)^{-2} d\kappa^2 = \int_{\kappa' - i\infty}^{\kappa' + i\infty} h(-i\kappa) (\rho_n^2 + \kappa^2)^{-1} d\kappa^2,$$

(*) La troisième égalité provient de ce que $u(\kappa)E(\kappa)$ tend vers 0 à l'infini sur la droite C, en vertu des estimées $u(\kappa) = O(|\kappa|^{-\alpha+2})$ avec $\alpha > 2$ et $E(\kappa' + it) = O(|t|^{\varepsilon})$ pour tout $\varepsilon > 0$.

d'où finalement la formule (4.11).

Transformons les termes de la série dans (4.11). Remarquons qu'on a

$$(4.21)\qquad (\rho_n^2+\kappa^2)^{-1}d\kappa^2 = \frac{2\kappa d\kappa}{\kappa^2+\rho_n^2} = \frac{d\kappa}{\kappa - i\rho_n} + \frac{d\kappa}{\kappa + i\rho_n}.$$

Par ailleurs, la fonction $h(\rho)$ est paire, d'où $h(i\kappa) = h(-i\kappa)$. On en déduit immédiatement

$$(4.22)\qquad \int_{\kappa'-i\infty}^{\kappa'+i\infty} h(-i\kappa)(\rho_n^2+\kappa^2)^{-1}d\kappa^2 = \int_\Gamma \frac{h(-i\kappa)}{\kappa - i\rho_n}d\kappa,$$

où Γ est le contour $C \cup C'$ de la figure 5. Comme on a l'estimée $h(-i\kappa) = O(|\kappa|^{-\alpha})$ pour κ tendant vers l'infini sur Γ, le théorème de Cauchy s'applique, et la dernière intégrale ci-dessus vaut $2\pi i\, h(-i(i\rho_n)) = 2\pi i\, h(\rho_n)$. On a donc établi la relation $\mathcal{Q}(h) = 2\pi i \sum_{n=0}^{\infty} h(\rho_n)$, c'est-à-dire la relation (4.6) où le contour C est la droite joignant $\kappa' - i\infty$ à $\kappa' + i\infty$, pour toute constante κ' avec $0 < \kappa' < c$.

4.4. Nous examinons maintenant l'intégrale de Cauchy

$$(4.23)\qquad \mathcal{I}_C(h) = \int_C h(-i\kappa)2\kappa \; d\log\Gamma(\tfrac{1}{2}+\kappa).$$

Prenons d'abord pour C l'axe imaginaire C_0, d'où

$$(4.24)\qquad \mathcal{I}_{C_0}(h) = 2i\int_{-\infty}^{+\infty} h(\rho)\rho \; d\log\Gamma(\tfrac{1}{2}+i\rho)$$

en posant $\kappa = i\rho$. Or la fonction $h(\rho)$ est paire; si l'on découpe l'intégrale $\int_{-\infty}^{+\infty}$ en $\int_0^{+\infty} - \int_0^{-\infty}$ et que l'on change ρ en $-\rho$ dans l'intégrale $\int_0^{-\infty}$, on trouve

$$(4.25)\qquad \mathcal{I}_{C_0}(h) = 2i\int_0^{+\infty} h(\rho)\rho\{d\log\Gamma(\tfrac{1}{2}+i\rho) + d\log\Gamma(\tfrac{1}{2}-i\rho)\}.$$

Or la formule des compléments s'écrit

$$(4.26)\qquad \Gamma(\tfrac{1}{2}+i\rho)\Gamma(\tfrac{1}{2}-i\rho) = \frac{\pi}{\cosh\pi\rho},$$

et par différentiation, on en déduit

$$(4.27)\qquad d\log\Gamma(\tfrac{1}{2}+i\rho) + d\log\Gamma(\tfrac{1}{2}-i\rho) = -\pi\tanh\pi\rho\; d\rho.$$

On a donc

$$\mathcal{I}_{C_0}(h) = -2\pi i \int_0^\infty h(\rho)\rho \tanh \pi\rho \, d\rho. \tag{4.28}$$

Remarquons maintenant que la fonction $h(-i\kappa)$ est holomorphe dans la bande $|Re\ \kappa| < c$, avec une estimée $h(-i\kappa) = O(|\kappa|^{-\alpha})$ dans cette bande, avec $\alpha > 2$. D'après la formule de Stirling, la dérivée logarithmique $\psi(\frac{1}{2}+\kappa)$ de $\Gamma(\frac{1}{2}+\kappa)$ est équivalente à $\log \kappa$ à l'infini dans la même bande. On peut donc déplacer le contour d'intégration et l'on trouve en particulier

$$\mathcal{I}_C(h) = -2\pi i \int_0^\infty h(\rho)\rho \tanh \pi\rho \, d\rho \tag{4.29}$$

si C est la droite joignant $\kappa' - i\infty$ à $\kappa' + i\infty$, quelle que soit la constante réelle κ' telle que $0 < \kappa' < c$. Autrement dit, la formule (4.7) est valable pour un tel contour.

4.5. De la formule (2.24), on déduit le développement en série

$$\frac{d}{d\kappa} \log \mathcal{Z}_X(\tfrac{1}{2}+\kappa) = \sum_{p,m} K_{p,m} e^{-m\tau(p)\kappa} \tag{4.30}$$

qui *converge dans le demi-plan* $Re\ \kappa > \frac{1}{2}$. On considère maintenant l'intégrale de Cauchy

$$\mathcal{H}(h) = \int_C h(-i\kappa) d \log \mathcal{Z}_X(\tfrac{1}{2}+\kappa). \tag{4.31}$$

On prend pour contour d'intégration la droite C joignant $\kappa' - i\infty$ à $\kappa' + i\infty$, où la constante κ' satisfait cette fois à $\frac{1}{2} < \kappa' < c$ (c'est ici que l'hypothèse $c > \frac{1}{2}$ est utilisée). Remplaçons dans $\mathcal{H}(h)$ la dérivée de $\log \mathcal{Z}_X(\frac{1}{2}+\kappa)$ par son développement en série (4.30). Comme la droite C se trouve dans le domaine d'holomorphie de $h(-i\kappa)$ et dans le demi-plan $Re\ \kappa > \frac{1}{2}$, on justifie facilement l'intégration terme à terme, d'où

$$\mathcal{H}(h) = \sum_{p,m} K_{p,m} \int_{\kappa'-i\infty}^{\kappa'+i\infty} h(-i\kappa) e^{-m\tau(p)\kappa} d\kappa. \tag{4.32}$$

Vu l'estimée $h(-i\kappa) = O(|\kappa|^{-\alpha})$ avec $\alpha > 2$, on peut déplacer le contour d'intégration, d'où

$$\int_{\kappa'-i\infty}^{\kappa'+i\infty} h(-i\kappa)e^{-m\tau(p)\kappa}d\kappa$$
$$= \int_{-i\infty}^{+i\infty} h(-i\kappa)e^{-m\tau(p)\kappa}d\kappa$$
$$= i\int_{-\infty}^{+\infty} h(\rho)e^{-im\tau(p)\rho}d\rho \qquad (faire \quad \kappa = i\rho)$$
$$= 2\pi i\ \hat{h}(m\tau(p)) \qquad (car \quad \hat{h}(\tau) \quad est\ paire).$$

On conclut

$$\mathcal{H}(h) = 2\pi i \sum_{p,m} K_{p,m}\ \hat{h}(m\tau(p)) = 2\pi i\ H(\hat{h}). \tag{4.33}$$

Autrement dit, on a la formule (4.8) en prenant pour C la droite joignant $\kappa' - i\infty$ à $\kappa' + i\infty$ lorsque $\frac{1}{2} < \kappa' < c$.

4.6. D'après la discussion précédente, *si la fonction $h(\rho)$ satisfait aux hypothèses (A) de 4.2, les formules (4.6), (4.7) et (4.8) sont simultanément valables lorsqu'on prend pour C une droite joignant $\kappa' - i\infty$ à $\kappa' + i\infty$* (l'ensemble défini par $Re\ \kappa = \kappa'$) *pourvu qu'on ait $\frac{1}{2} < \kappa' < c$. De la formule différentielle*

$$d\log D(\kappa) = (2-2g)2\kappa\ d\log\Gamma(\tfrac{1}{2}+\kappa) + d\log \mathcal{Z}_X(\tfrac{1}{2}+\kappa),$$

on déduit alors la formule des traces de Selberg, sous la forme $Q(h) = I(h) + H(\hat{h})$, avec les conditions usuelles de validité. En dernier ressort, tout repose, moyennant la théorie de Cauchy, sur les deux développements en séries

$$(\frac{d}{d\kappa^2})^2 \log D(\kappa) = -\sum_{n=0}^{\infty} \frac{1}{(\rho_n^2+\kappa^2)^2},$$
$$\frac{d}{d\kappa}\log \mathcal{Z}_X(\tfrac{1}{2}+\kappa) = \sum_{p,m} K_{p,m}\ e^{-m\tau(p)\kappa}.$$

La démonstration que nous avons donnée au chapitre 1 de la formule sommatoire de Poisson est très semblable, avec la simplification due à l'absence d'un "terme intermédiaire" tel que $I(h)$. De manière analogue, les "formules explicites de la théorie des nombres premiers" reposent sur l'identité différentielle

$$d\log\xi(s) = -\tfrac{1}{2}\log\pi\ ds + d\log\Gamma(\tfrac{s}{2}) + d\log\zeta(s) \tag{4.34}$$

(traduisant la formule $\xi(s) = \pi^{-s/2}\Gamma(\frac{s}{2})\zeta(s)$) et les développements en séries

$$(4.35)\qquad (\frac{d}{ds})^2 \log \xi(s) = \frac{1}{s^2} + \frac{1}{(1-s)^2} - \sum_\rho \frac{1}{(s-\rho)^2}$$

(qui correspond au produit infini de Hadamard

$$(4.36)\qquad \xi(s) = \frac{ae^{bs}}{s(s-1)} \prod_\rho (1 - \frac{s}{\rho}) e^{s/\rho},$$

où ρ parcourt les zéros de la fonction $\zeta(s)$ de Riemann dans la bande $0 < Re\ s < 1$) et

$$(4.37)\qquad \frac{d}{ds} \log \zeta(s) = -\sum_{p,m} (\log p).p^{-ms} \qquad \textit{pour} \quad Re\ s > 1$$

(qui correspond au produit eulérien

$$\zeta(s) = \prod_p (1 - p^{-s})^{-1}$$

étendu aux nombres premiers p). Cette analogie était connue de Selberg dès 1956; on pourra consulter Weil [W] et l'ouvrage de Ellison et Mendès-France [EMF], ainsi que Cramer [CR], Delsarte [DE] et Guinand [GN].

4.7. Nous allons adapter la méthode de démonstration précédente à certains cas où *l'on ne suppose plus que la fonction $h(\rho)$ soit paire. On suppose, pour simplifier, que l'opérateur $-\Delta_X$ n'a pas de valeur propre égale à $\frac{1}{4}$; autrement dit, la fonction entière*

$$D(\kappa) = \det(-\Delta_X - \tfrac{1}{4} + \kappa^2)$$

ne s'annule pas pour $\kappa = 0$.

Les nombres ρ_n seront normalisés comme suit :

$$(4.38)\qquad \rho_n = \begin{cases} (\lambda_n - \frac{1}{4})^{1/2} & si \quad \lambda_n > \frac{1}{4} \\ -i(\frac{1}{4} - \lambda_n)^{1/2} & si \quad 0 \le \lambda_n < \frac{1}{4}; \end{cases}$$

dans cette formule, $t^{1/2}$ désigne la racine carrée positive d'un nombre réel positif t. On posera $\kappa_n = i\rho_n$, ou plus explicitement

$$(4.38bis)\qquad \kappa_n = \begin{cases} i(\lambda_n - \frac{1}{4})^{1/2} & si \quad \lambda_n > \frac{1}{4} \\ (\frac{1}{4} - \lambda_n)^{1/2} & si \quad 0 \le \lambda_n < \frac{1}{4}. \end{cases}$$

Les zéros de la fonction $D(\kappa)$ sont donc les nombres $\pm\kappa_n$, situés sur l'axe imaginaire dans le cas général $\lambda_n > \frac{1}{4}$, avec un nombre fini de zéros exceptionnels situés sur l'axe réel, correspondant au cas $0 \leq \lambda_n \leq \frac{1}{4}$.

Sur la fonction $h(\rho)$, nous faisons les hypothèses suivantes :

(B_1) *La fonction $h(\rho)$ est définie et holomorphe dans une partie ouverte V de $\mathbb{C}$ contenant le demi-plan fermé $Re\ \rho \geq 0$.*
(B_2) *On a une majoration $h(\rho) = O(|\rho|^{-\alpha})$ avec $\alpha > 2$, pour $|\rho|$ tendant vers l'infini dans une bande $|Im\ \rho| < c$ avec $c > 0$.*
(B_3) *La forme différentielle $h(\rho) d \log \mathcal{Z}_X(\frac{1}{2} + i\rho)$ est intégrable dans le secteur $-\frac{\pi}{2} \leq Arg\ \rho \leq 0$, et de même la forme différentielle $h(\rho) d \log \mathcal{Z}_X(\frac{1}{2} - i\rho)$ est intégrable dans le secteur $0 \leq Arg\ \rho \leq \frac{\pi}{2}$.*

Dire qu'une forme différentielle holomorphe $\omega(\rho)$ est intégrable dans un secteur $S : a \leq Arg\ \rho \leq b$ signifie qu'elle est la différentielle $dF(\rho)$ d'une fonction holomorphe dans un voisinage de ce secteur S, qui possède une limite à l'infini. Alors, si deux chemins C et C' joignent dans S un même point ρ_0 à l'infini, on a $\int_C \omega = \int_{C'} \omega$.

On définit une fonction $h_-(\kappa)$ holomorphe au voisinage de l'axe réel par

$$h_-(\kappa) = \frac{h(-i\kappa) - h(i\kappa)}{2\pi i}. \tag{4.39}$$

Théorème 1. *Sous les hypothèses précédentes, on a la formule sommatoire*

(4.40)
$$\sum_{n=0}^{\infty} h(\rho_n) = (2g-2) \int_0^{\infty} h(\rho)\rho \tanh \pi\rho\, d\rho + \int_0^{\infty} h_-(\kappa) d \log \mathcal{Z}_X(\tfrac{1}{2} + \kappa).$$

On notera que la forme différentielle $d \log \mathcal{Z}_X(\frac{1}{2} + \kappa)$ admet des pôles réels, entre 0 et $\frac{1}{2}$, aux points $\kappa_n = (\frac{1}{4} - \lambda_n)^{1/2}$ correspondant aux valeurs propres λ_n exceptionnelles, comprises entre 0 et $\frac{1}{4}$; le chemin d'intégration dans la formule (4.40), pour la variable κ, contourne chacun de ces pôles par la droite (demi-plan inférieur).

4.8. *La démonstration du théorème 1* se fait en considérant l'intégrale de Cauchy

$$\mathcal{Q}(h) = \int_C h(-i\kappa) d \log D(\kappa), \tag{4.41}$$

où le contour C est représenté (voir figure 6). D'après l'hypothèse (B_2), on a une majoration $h(-i\kappa) = O(|\kappa|^{-\alpha})$ avec $\alpha > 2$ sur le contour C, si on choisit convenablement celui-ci. On peut alors reprendre, pratiquement sans changement, les raisonnements qui mènent à la formule (4.11); on obtient

$$Q(h) = \sum_{n=0}^{\infty} \int_C h(-i\kappa)(\rho_n^2 + \kappa^2)^{-1} d\kappa^2. \tag{4.42}$$

On transforme ensuite chacun des termes de la somme par la méthode des résidus, et l'on obtient

$$Q(h) = 2\pi i \sum_{n=0}^{\infty} h(\rho_n). \tag{4.43}$$

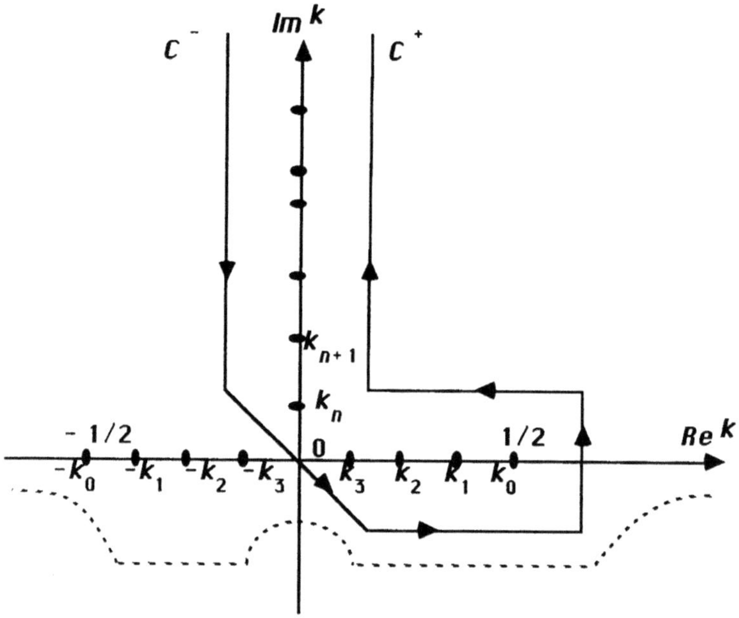

Figure 6

La deuxième étape consiste à décomposer l'intégrale $\mathcal{Q}(h)$ en les intégrales $\mathcal{Q}^+(h)$ et $\mathcal{Q}^-(h)$ associées respectivement aux portions C^+ et C^- du contour C. Ces deux portions correspondent au signe de $Re\ \kappa$: on a

$$Re\ \kappa > 0 \quad sur \quad C^+,$$

$$Re\ \kappa < 0 \quad sur \quad C^-.$$

Sur C^+, on utilise la relation (4.9), soit

$$d\log D(\kappa) = (2-2g)2\kappa\ d\log\Gamma(\tfrac{1}{2}+\kappa) + d\log \mathcal{Z}_X(\tfrac{1}{2}+\kappa). \tag{4.44}$$

Sur C^-, on utilise la relation déduite de celle-ci en changeant κ en $-\kappa$; comme on a $D(\kappa) = D(-\kappa)$, on a donc, sur C^-, la relation

$$d\log D(\kappa) = -(2-2g)2\kappa\ d\log\Gamma(\tfrac{1}{2}-\kappa) + d\log \mathcal{Z}_X(\tfrac{1}{2}-\kappa). \tag{4.45}$$

On peut donc décomposer $\mathcal{Q}(h)$ en $(2-2g)\mathcal{I}^+(h)+(2-2g)\mathcal{I}^-(h)+\mathcal{H}^+(h)+\mathcal{H}^-(h)$, avec les valeurs suivantes des intégrales

$$\mathcal{I}^+(h) = \int_{C^+} h(-i\kappa)2\kappa\ d\log\Gamma(\tfrac{1}{2}+\kappa) \tag{4.46}$$

$$\mathcal{I}^-(h) = -\int_{C^-} h(-i\kappa)2\kappa\ d\log\Gamma(\tfrac{1}{2}-\kappa) \tag{4.47}$$

$$\mathcal{H}^+(h) = \int_{C^+} h(-i\kappa) d\log \mathcal{Z}_X(\tfrac{1}{2}+\kappa) \tag{4.48}$$

$$\mathcal{H}^-(h) = \int_{C^-} h(-i\kappa) d\log \mathcal{Z}_X(\tfrac{1}{2}-\kappa). \tag{4.49}$$

On peut maintenant reprendre les raisonnements du n° 4.4. Utilisant la formule de Stirling sous la forme de l'équivalence

$$\frac{d}{d\kappa}\log\Gamma(\tfrac{1}{2}+\kappa) \sim \log\kappa$$

et l'estimée $h(-i\kappa) = O(|\kappa|^{-\alpha})$ avec $\alpha > 2$, on est autorisé à déformer dans $\mathcal{I}^+(h)$ et $\mathcal{I}^-(h)$ les contours d'intégration : C^+ devient le demi-axe imaginaire orienté positivement, et C^- le même axe avec l'autre orientation. On a donc

$$(4.50)\quad \mathcal{I}^+(h)+\mathcal{I}^-(h) = \int_0^{+i\infty} h(-i\kappa)2\kappa\{d\log\Gamma(\tfrac{1}{2}+\kappa)+d\log\Gamma(\tfrac{1}{2}-\kappa)\}.$$

Les calculs s'achèvent comme au n ° 4.4, et l'on trouve

$$(4.51)\qquad \mathcal{I}^+(h)+\mathcal{I}^-(h) = -2\pi i\int_0^{+\infty} h(\rho)\rho\tanh\pi\rho\, d\rho.$$

Enfin, l'hypothèse (B_3) permet de déformer dans l'intégrale $\mathcal{H}^+(h)$ le contour C^+ en le demi-axe réel positif avec contournement par la droite des points κ_n situés entre 0 et $\frac{1}{2}$; on trouve donc

$$(4.52)\qquad \mathcal{H}^+(h) = \int_0^{+\infty} h(-i\kappa)d\log\mathcal{Z}_X(\tfrac{1}{2}+\kappa).$$

Par un calcul analogue, on trouve

$$(4.53)\qquad \mathcal{H}^-(h) = \int_{-\infty}^{0} h(-i\kappa)d\log\mathcal{Z}_X(\tfrac{1}{2}-\kappa);$$

changeant κ en $-\kappa$, cela devient

$$(4.54)\qquad \mathcal{H}^-(h) = -\int_0^{+\infty} h(i\kappa)d\log\mathcal{Z}_X(\tfrac{1}{2}+\kappa).$$

Dans l'intégrale (4.53), on contourne vers la gauche les points $-\kappa_n$ situés entre $-\frac{1}{2}$ et 0; les conventions dans l'intégrale (4.54) sont donc les mêmes que dans l'intégrale (4.52). Ces deux formules permettent de conclure

$$(4.55)\qquad \mathcal{H}^+(h)+\mathcal{H}^-(h) = 2\pi i\int_0^{+\infty} h_-(\kappa)d\log\mathcal{Z}_X(\tfrac{1}{2}+\kappa).$$

On a déjà remarqué que $\mathcal{Q}(h)$ est la somme des quatre intégrales $(2-2g)\mathcal{I}^+(h),\ldots,\mathcal{H}^-(h)$. Le théorème 1 résulte donc aussitôt des formules (4.43), (4.51) et (4.55).

C.Q.F.D.

4.9. Ajoutons *quelques remarques concernant le théorème* 1 et sa démonstration.

a) L'hypothèse que $\frac{1}{4}$ n'est pas valeur propre de $-\Delta_X$ n'intervient que pour assurer que $h(-i\kappa)d\log D(\kappa)$ est holomorphe pour $\kappa = 0$. Dans le cas où $\frac{1}{4}$ serait valeur propre, le résultat est encore valable à condition de supposer qu'on a $h(0) = 0$. Les ajustements dans la démonstration sont minimes.

b) Les ρ_n sont liés aux λ_n par la relation $\lambda_n = \rho_n^2 + \frac{1}{4}$. Sans changer l'hypothèse que les ρ_n sont réels positifs ou imaginaires, on peut remplacer certains des ρ_n exceptionnels par leur opposé. Supposons pour simplifier que les valeurs propres λ_n comprises entre 0 et $\frac{1}{4}$ soient simples. Chaque fois que l'on change un ρ_m exceptionnel en $-\rho_m$, on ajoute à $Q(h) = \sum_{n=0}^{\infty} h(\rho_n)$ un terme $h(-\rho_m) - h(\rho_m)$; ceci vaut $-2\pi i$ fois le résidu de $h_-(\kappa)d\log \mathcal{Z}_X(\frac{1}{2} + \kappa)$ au point $\kappa_m = i\rho_m$. D'après la formule des résidus, cela revient à modifier le chemin d'intégration en κ en contournant κ_m par le demi-plan supérieur au lieu du demi-plan inférieur. D'où la règle : *dans la formule (4.40), le chemin d'intégration en κ contourne un pôle κ_m* (compris entre 0 et $\frac{1}{2}$) *par le demi-plan supérieur ou inférieur selon que l'argument de ρ_m est égal à $+\frac{\pi}{2}$ ou à $-\frac{\pi}{2}$.*

Si l'on se refuse à choisir entre les deux racines carrées d'un nombre négatif $\lambda_n - \frac{1}{4}$, on peut dans la formule sommatoire introduire le terme $\frac{1}{2}\{h(\rho_n) + h(-\rho_n)\}$ pour cette valeur propre λ_n exceptionnelle. Dans l'intégrale

$$\int_0^{\infty} h_-(\kappa)d\log \mathcal{Z}_X(\tfrac{1}{2} + \kappa), \tag{4.56}$$

il faudra *régulariser le pôle correspondant au moyen des valeurs principales de Cauchy.*

c) Dans le théorème 1, l'intégrale en κ (voir ci-dessus) s'étend de $\kappa = 0$ à $\kappa = +\infty$. La fonction zéta de Selberg $\mathcal{Z}_X(\frac{1}{2} + \kappa)$ n'est définie *a priori* que dans le demi-plan $Re\ \kappa > \frac{1}{2}$, et il faut au préalable effectuer le *prolongement analytique jusqu'en* 0.

Le développement en produit infini de $\mathcal{Z}_X(s)$ se traduit par le développement en série

$$d\log \mathcal{Z}_X(\tfrac{1}{2} + \kappa) = \sum_{p,m} K_{p,m} e^{-m\tau(p)\kappa} d\kappa. \tag{4.57}$$

Si l'on utilise ceci pour intégrer terme à terme l'intégrale (4.56), on obtient la valeur $\sum_{p,m} K_{p,m}\hat{h}(m\tau(p))$, en notant $\hat{h}(\tau)$ la transformée de Fourier de la *fonction paire non-analytique* $h(|\rho|)$. En fait, cette série diverge fortement, et le remplacement dans la formule des traces de la série divergente $\sum_{p,m} K_{p,m}\hat{h}(m\tau(p)) = H(\hat{h})$ par l'intégrale convergente (4.56) peut être considéré comme un *procédé de resommation analogue à celui de*

Borel pour les séries de puissances (*). Il y a cependant une différence: dans le cas de Borel, il y a des ambiguïtés liées aux singularités de la fonction $h_-(\kappa)$; dans notre cas, ce sont les singularités du noyau $d\log \mathcal{Z}_X(\frac{1}{2}+\kappa)$ qui créent les ambiguïtés.

4.10. Pour terminer ce chapitre, nous donnerons *deux autres exemples de formules des traces*, où la série divergente $H(\hat{h}) = \sum_{p,m} K_{p,m}\hat{h}(m\tau(p))$ est remplacée par une intégrale convergente. La démonstration est très analogue à celle du théorème 1.

Dans les deux cas ci-dessous, on choisit une constante κ' dans l'intervalle $]0, \frac{1}{2}[$ qui n'est pas un pôle de $d\log \mathcal{Z}_X(\frac{1}{2}+\kappa)$.

(I) Nous supposons que la *fonction* $h(\rho)$ *est analytique dans la bande* $|Im\ \rho| < \kappa'$, *paire, avec une condition de croissance* $h(\rho) = O(|\rho|^{-\alpha})$ (avec $\alpha > 2$) *pour* $|\rho|$ *tendant vers l'infini dans la bande.* On a alors

$$\Sigma' h(\rho_n) = (2g-2)\int_0^\infty h(\rho)\rho \tanh \pi\rho \, d\rho + \frac{1}{2\pi i}\int_{\kappa'-i\infty}^{\kappa'+i\infty} h(-i\kappa) d\log \mathcal{Z}_X(\tfrac{1}{2}+\kappa). \tag{4.58}$$

La somme est étendue aux ρ_n situés dans la bande $|Im\ \rho| < \kappa'$, correspondant aux λ_n tels que $\lambda_n > \frac{1}{4} - \kappa'^2$.

(II) On suppose que $h(\rho)$ *est analytique dans le plan coupé par les demi-droites imaginaires joignant* $-i\infty$ *à* $-i\kappa'$ *et* $+i\kappa'$ *à* $+i\infty$. *On suppose que* $h(\rho)$ *est paire et que la condition* (B_3) *est remplie* (*cf.* 4.7). On suppose que les valeurs au bord $h(\rho+0)$ et $h(\rho-0)$ existent et sont analytiques sur la coupure allant de $+i\kappa'$ à $+i\infty$. On pose alors

$$h_-(\kappa) = \frac{h(i\kappa - 0) - h(i\kappa + 0)}{2\pi i} \tag{4.59}$$

pour $\kappa' \leq \kappa < +\infty$. Voici la dernière variante de la formule des traces

$$\sum_{n=0}^{\infty} h(\rho_n(1 \mp i0)) = (2g-2)\int_0^\infty h(\rho)\rho \tanh \pi\rho \, d\rho + \int_{\kappa'}^{+\infty} h_-(\kappa) d\log \mathcal{Z}_X(\tfrac{1}{2}+\kappa \pm i0). \tag{4.60}$$

(*) Dans le cas de Borel, la série $h(z) = \sum_{m=0}^{\infty} \hat{h}(m)/z^{m+1}$ est resommée en $h(1) = \int_0^\infty h_-(\kappa)e^{-\kappa}d\kappa$ avec $h_-(\kappa) = \sum_{m=0}^{\infty} \hat{h}(m)\kappa^m/m!$. Le rôle de $e^{-\kappa}d\kappa$ est tenu ici par $d\log \mathcal{Z}_X(\frac{1}{2}+\kappa)$.

5. Une nouvelle interprétation de la formule des traces

5.1. Rappelons la *formule de Poisson généralisée* [CH], [DG]. On considère une variété riemannienne compacte M de dimension d, et l'opérateur de Laplace-Beltrami Δ_M sur M. Soit P un opérateur pseudo-différentiel *d'ordre* 1, ayant même symbole principal que la racine carrée (positive) de $-\Delta_M$; c'est un opérateur elliptique, et l'on suppose qu'il n'a qu'un nombre fini de valeurs propres non réelles. Si $\mathcal{N}(\lambda)$ désigne le nombre de valeurs propres réelles de P qui sont majorées par λ, on a la forme générale de l'estimée de Courant-Weyl

$$\mathcal{N}(\lambda) \sim C\lambda^d \quad \text{pour} \quad \lambda \to +\infty. \tag{5.1}$$

On définit une distribution Π sur $\mathbb{R}$, qui s'écrit symboliquement

$$\Pi(\tau) = Tr(\cos \tau P) = \sum_n \cos \tau\rho_n, \tag{5.2}$$

où ρ_n parcourt la suite des valeurs propres de P, multiplicités comprises. En terme de fonctionnelle, on a

$$\Pi(\hat{h}) = \sum_n \int_{-\infty}^{+\infty} \hat{h}(\tau) \cos \tau\rho_n \, d\tau \tag{5.3}$$

pour toute fonction-test $\hat{h}(\tau)$. Introduisons comme au chapitre 1 la transformée de Fourier

$$h(\rho) = \int_{-\infty}^{+\infty} \hat{h}(\tau) e^{-i\tau\rho} d\tau; \tag{5.4}$$

on a alors

$$\Pi(\hat{h}) = \sum_n (h(\rho_n) + h(-\rho_n))/2. \tag{5.5}$$

Bien entendu, s'il y a des valeurs propres ρ_n non réelles, il faut supposer que $h(\rho)$ s'étend en une fonction holomorphe dans un domaine convenable de $\mathbb{C}$ contenant l'axe réel $\mathbb{R}$.

Pour utiliser les méthodes microlocales du chapitre 1, on introduit la *fonction thêta associée à P*

$$\Theta(t) = Tr(e^{-tP}) = \sum_n e^{-t\rho_n}, \tag{5.6}$$

à ne pas confondre avec la fonction thêta

$$\theta_M(t) = Tr(e^{t\Delta_M}) = \sum_n e^{-t\lambda_n} \tag{5.7}$$

introduite au n ° 3.7. La série $\sum_n e^{-t\rho_n}$ converge dans le demi-plan $Re\ t > 0$ d'après l'estimée $\mathcal{N}(\lambda) \sim C\lambda^d$ de Courant-Weyl. Lorsque $\hat{h}(\tau)$ s'étend en une fonction holomorphe dans une bande $|Im\ \tau| < c$, on peut représenter $\Pi(\hat{h})$ comme une intégrale de Cauchy

$$\Pi(\hat{h}) = \frac{1}{2i}\int_{\eta-i\infty}^{\eta+i\infty} (\hat{h}(it) + \hat{h}(-it))\Theta(t)dt \tag{5.8}$$

pour tout η tel que $0 < \eta < c$. Si la fonction $\Theta(t)$, qui *a priori* est holomorphe dans le demi-plan $Re\ t > 0$, s'étend en une fonction méromorphe dans le plan complexe $\mathbb{C}$, et si $\Theta(t)$ et $\Theta(-t)$ sont liés par une équation fonctionnelle convenable, on pourra évaluer l'intégrale (5.8) par la méthode des résidus.

La formule de Poisson généralisée affirme que *le support singulier* Σ *de la distribution* Π *est contenu dans l'ensemble des longueurs des géodésiques périodiques* (longueurs comptées positivement ou négativement selon les orientations). D'après la définition du support singulier, Π coïncide avec une fonction de classe C^∞ sur $\mathbb{R}\backslash\Sigma$. Sous des hypothèses de régularité convenables, on peut donner des renseignements plus précis. La fonction $\Theta(t) = Tr(e^{-tP})$, holomorphe dans le demi-plan $Re\ t > 0$ admet un prolongement par continuité sur l'axe imaginaire avec les seules singularités suivantes :

a) *une singularité en* t^{-d}, *au point* $t = 0$, *où* d *est la dimension de* M;

b) *pour tout* $\sigma \in \Sigma$ *non nul, une singularité en* $(t - i\sigma)^{-1-r/2}$ *au point* $t = i\sigma$, *où* r *est la dimension de l'espace des géodésiques de longueur* $|\sigma|$ (on a $r = 0$ pour les géodésiques isolées).

Nous allons illustrer ces remarques générales dans trois cas particuliers. Ce qui unit les deuxième et troisième cas est que M y est une surface à courbure constante K, et qu'on a $P^2 = -\Delta_M + K/4$.

5.2. Commençons par le cercle $\mathbf{S}^1$ de rayon 1 dans le plan euclidien $\mathbb{R}^2$. En coordonnées polaires r, θ, l'équation de $\mathbf{S}^1$ est $r = 1$, et l'opérateur de Laplace-Beltrami sur $\mathbf{S}^1$ est $\Delta = \frac{d^2}{d\theta^2}$. Nous prenons pour P la racine carrée auto-adjointe positive de $-\Delta$. Elle a la valeur propre 0, associée à la fonction propre constante $\varphi_0(\theta) = 1$; elle admet aussi, pour tout entier $n \geq 1$, la valeur propre n, associée aux deux fonctions propres $\varphi_n(\theta) = e^{in\theta}$

et $\varphi_{-n}(\theta) = e^{-in\theta}$. On a évidemment

$$\Pi(\tau) = 1 + 2\sum_{n=1}^{\infty} \cos n\tau = \sum_{n\in\mathbb{Z}} e^{-in\tau}, \tag{5.9}$$

soit encore

$$\Pi(\hat{h}) = \sum_{n\in\mathbb{Z}} \int_{-\infty}^{+\infty} \hat{h}(\tau)e^{-in\tau}d\tau = \sum_{n\in\mathbb{Z}} h(n). \tag{5.10}$$

On a aussi

$$\Theta_{\mathbf{S}^1}(t) = 1 + 2\sum_{n=1}^{\infty} e^{-nt} = 1/\tanh(t/2). \tag{5.11}$$

La fonction $\Theta_{\mathbf{S}^1}(t)$ se prolonge en une fonction méromorphe dans $\mathbb{C}$, avec un développement polaire

$$\Theta_{\mathbf{S}^1}(t) = 2\sum_{m\in\mathbb{Z}} (t - 2\pi i m)^{-1} \tag{5.12}$$

(sommer symétriquement la série). Puisque le cercle est de longueur 2π, l'ensemble Σ se compose des nombres $2\pi m$ pour m parcourant $\mathbb{Z}$. Ici la dimension d est égale à 1 et les géodésiques sont isolées. Les résultats sont conformes à la théorie générale décrite en 5.1.

Pour la fonction $\Theta(t)$ prolongée, on a l'équation fonctionnelle $\Theta(-t) = -\Theta(t)$; l'intégrale (5.8) s'écrit sous la forme

$$\Pi(\hat{h}) = -i\int_C \frac{\hat{h}(-it)}{2\ \tanh(t/2)}dt, \tag{5.13}$$

avec le contour C décrit en 1.4 (figure 1). A partir de là, les calculs sont ceux du chapitre 1. La méthode des résidus appliquée à la formule (5.13) donne $\Pi(\hat{h}) = 2\pi\sum_{m\in\mathbb{Z}} \hat{h}(2\pi m)$. *On retrouve la formule sommatoire de Poisson.*

5.3. Le cas suivant est celui de la sphère $\mathbf{S}^2$ de rayon 1 dans l'espace euclidien $\mathbb{R}^3$. Nous prendrons pour opérateur P la racine carrée auto-adjointe positive $P_{\mathbf{S}^2}$ de l'opérateur $-\Delta_{\mathbf{S}^2} + \frac{1}{4}$, comme en 3.9. Comme on l'a déjà noté, les valeurs propres de $P_{\mathbf{S}^2}$ sont les nombres $\frac{1}{2}, \frac{3}{2}, \frac{5}{2}, \ldots$ de multiplicités respectives $1, 3, 5\ldots$.La fonction thêta correspondante est

$$\Theta_{\mathbf{S}^2}(t) = \sum_{j=0}^{\infty}(2j+1)e^{-t(j+1/2)}. \tag{5.14}$$

On a

$$\Theta_{\mathbf{S}^2}(t) = -2\frac{d}{dt}\sum_{j=0}^{\infty} e^{-t(j+1/2)}$$

$$\sum_{j=0}^{\infty} e^{-t(j+1/2)} = e^{-t/2}\sum_{j=0}^{\infty} e^{-tj} = \frac{e^{-t/2}}{1-e^{-t}} = \frac{1}{2\sinh t/2},$$

d'où

$$\Theta_{\mathbf{S}^2}(t) = -\frac{d}{dt}\frac{1}{\sinh t/2} = \frac{\cosh t/2}{2\sinh^2 t/2} \tag{5.15}$$

(voir la formule (3.72)).

Noter que la formule (5.5) peut s'écrire symboliquement

$$\Pi(\tau) = \tfrac{1}{2}(\Theta(i\tau) + \Theta(-i\tau)).$$

Or, d'après la formule précédente, on a la formule de symétrie

$$\Theta_{\mathbf{S}^2}(t) = \Theta_{\mathbf{S}^2}(-t). \tag{5.16}$$

Par suite, la distribution

$$\Pi_{\mathbf{S}^2}(\tau) = \sum_{j=0}^{\infty}(2j+1)\cos(j+\tfrac{1}{2})\tau \tag{5.17}$$

peut s'écrire sous la forme

$$\Pi_{\mathbf{S}^2}(\tau) = -\frac{\cos\tau/2}{2\sin^2\tau/2}. \tag{5.18}$$

La fonctionnelle correspondante

$$\Pi_{\mathbf{S}^2}(\hat{h}) = -\int_{-\infty}^{+\infty}\hat{h}(\tau)\frac{\cos\tau/2}{2\sin^2\tau/2}d\tau \tag{5.19}$$

doit être régularisée au sens des parties finies de Hadamard aux points $2\pi m$ qui annulent le dénominateur $\sin^2\tau/2$. Noter l'absence de termes du type δ de Dirac. Il n'y a donc pas de formule sommatoire.

A partir des formules classiques, on obtient le développement polaire

$$\Theta_{\mathbf{S}^2}(t) = 2\sum_{m\in\mathbf{Z}}\frac{(-1)^m}{(t-2\pi i m)^2}. \tag{5.20}$$

Il est conforme à la théorie générale du n ° 5.1 : les géodésiques fermées sur $\mathbf{S}^2$ sont les grands cercles parcourus une ou plusieurs fois consécutives, donc Σ est l'ensemble des multiples $2\pi m$, pour m dans $\mathbf{Z}$. De plus, la dimension d est égale à 2, et pour tout $m \neq 0$, l'ensemble des géodésiques de longueur $2\pi|m|$ est de dimension $r = 2$.

Pour conclure, introduisons la décomposition symétrique

$$\Theta_{\mathbf{S}^2}(t) = \Theta^+_{\mathbf{S}^2}(t) - \Theta^-_{\mathbf{S}^2}(t) \tag{5.21}$$

avec les définitions suivantes

$$\Theta^+_{\mathbf{S}^2}(t) = t^{-2} + 2\sum_{m=1}^{\infty}(-1)^m(t + 2\pi i m)^{-2} \tag{5.22}$$

$$\Theta^-_{\mathbf{S}^2}(t) = -t^{-2} - 2\sum_{m=1}^{\infty}(-1)^m(t - 2\pi i m)^{-2}. \tag{5.23}$$

Noter que $\Theta^+_{\mathbf{S}^2}(t)$ n'a pas de pôle dans le demi-plan supérieur $Im\ t > 0$ et que $\Theta^-_{\mathbf{S}^2}(t)$ n'en a pas dans le demi-plan inférieur $Im\ t < 0$.

5.4. Le troisième cas est celui d'une surface de Riemann compacte X, de courbure constante négative K; on normalise la courbure par $K = -1$. On note P_X l'opérateur dont le carré est égal à $-\Delta_X - \frac{1}{4}$ et dont les valeurs propres sont, soit réelles et positives, soit imaginaires et d'argument $-\frac{\pi}{2}$. Les valeurs propres de P_X sont les nombres ρ_n normalisés comme au n ° 4.7 (formule 4.38).

Théorème 2. *a) La fonction thêta associée à l'opérateur P_X et définie par la formule*

$$\Theta_X(t) = Tr(e^{-tP_X}) = \sum_{n=0}^{\infty} e^{-t\rho_n} \tag{5.24}$$

dans le demi-plan $Re\ t > 0$, se prolonge en une fonction méromorphe dans le plan complexe $\mathbf{C}$.

b) La fonction ainsi prolongée satisfait à l'équation fonctionnelle

$$\Theta_X(t) + \Theta_X(-t) = (2 - 2g)\Theta_{\mathbf{S}^2}(it). \tag{5.25}$$

c) La fonction $\Theta^+_{\mathbf{S}^2}(it)$ est méromorphe; ses pôles sont doubles et situés sur l'axe réel négatif, aux points $-2\pi m$ avec $m = 0, 1, 2, \ldots$.

d) Les pôles de $\Theta_X(t)$ sont les mêmes pôles doubles que $\Theta^+_{\mathbf{S}^2}(it)$, et des pôles simples situés aux points $\pm im\tau(p)$, pour p dans $\mathcal{P}$ et $m = 1, 2, \ldots$. En un tel pôle, le résidu est égal à $K_{p,m}/2\pi$.

Rappelons que $K_{p,m}$ est égal à $\tau(p)/2\sinh(m\tau(p)/2)$. Dans la démonstration qui suit, on supposera que $\frac{1}{4}$ n'est pas l'une des valeurs propres de $-\Delta_X$, c'est-à-dire qu'aucun des ρ_n n'est égal à 0. Le théorème resterait vrai dans le cas exceptionnel, à condition de compter pour $\frac{1}{2}$ la contribution du terme $e^{-\rho_n t}$ à $\Theta_X(t)$, pour ρ_n égal à 0. Par ailleurs, on a normalisé les ρ_n imaginaires comme dans 4.7. Une autre normalisation modifierait $\Theta_X(t)$ par une combinaison linéaire finie de termes $\sin|\rho_n|t$, c'est-à-dire par une fonction entière impaire. Cela ne changerait ni le prolongement analytique de $\Theta_X(t)$, ni l'équation fonctionnelle (5.25), ni la structure des pôles.

5.5. *Démontrons le théorème 2.* Tout d'abord, soit $t > 0$ un nombre fixé; on introduit la fonction entière $h(\rho) = e^{-t\rho}$, puis les intégrales $\mathcal{Q}(h), \ldots, \mathcal{H}(h)$ comme dans la démonstration du théorème 1. Il faut simplement préciser le contour C : on fixe $a > \frac{1}{2}$ et le contour C descend verticalement de $+i\infty - a$ vers $-a$, va de $-a$ à $+a$ le long de l'axe réel en contournant les nombres $-\kappa_n$ (resp. κ_n) rencontrés par le demi-plan supérieur (resp. inférieur); enfin C remonte verticalement de a à $+i\infty + a$. On décompose C en deux branches C^+ et C^- correspondant aux demi-plans $Re\ \kappa > 0$ et $Re\ \kappa < 0$ (voir figure 7).

Considérons tout d'abord l'intégrale $\mathcal{Q}(h)$ (formule (4.41)). Dans le domaine défini par $|Re\ \kappa| < 2a$, $Im\ \kappa > 0$, on a $h(-i\kappa) = O(|\kappa|^{-3})$ lorsque $|\kappa|$ tend vers l'infini. Les raisonnements déjà vus permettent d'appliquer la méthode des résidus; on trouve

$$\mathcal{Q}(h) = 2\pi i \sum_{n=0}^{\infty} e^{-t\rho_n} = 2\pi i\ \Theta_X(t). \tag{5.26}$$

Les intégrales $\mathcal{I}^+(h)$ et $\mathcal{I}^-(h)$ (formules (4.46) et (4.47)) se traitent comme dans le cas du théorème 1; on trouve

$$\mathcal{I}^+(h) + \mathcal{I}^-(h) = -2\pi i \int_0^{\infty} e^{-t\rho} \rho \tanh \pi\rho\, d\rho. \tag{5.27}$$

Cette intégrale s'évalue en développant $\tanh \pi\rho$ en série

$$\tanh \pi\rho = 1 + 2\sum_{m=1}^{\infty} (-1)^m e^{-2\pi m\rho}; \tag{5.28}$$

ce développement est absolument convergent pour $\rho > 0$ et l'on peut intégrer terme à terme, d'où

$$\int_0^\infty e^{-t\rho}\rho \tanh \pi\rho \, d\rho = t^{-2} + 2\sum_{m=1}^{\infty}(-1)^m(t+2\pi m)^{-2}. \tag{5.29}$$

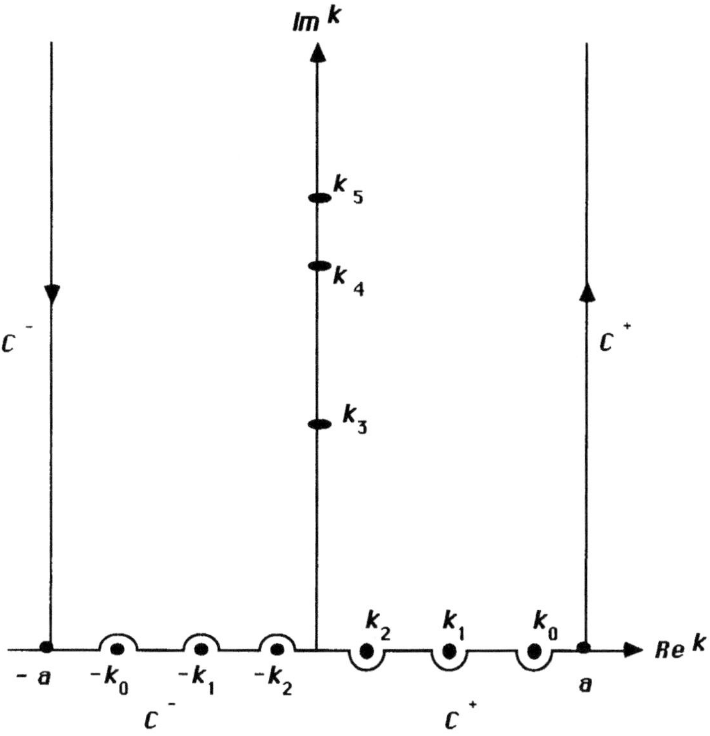

Figure 7

Finalement, on a

$$\mathcal{I}^+(h) + \mathcal{I}^-(h) = 2\pi i \; \Theta^+_{S^2}(it). \tag{5.30}$$

Pour évaluer $\mathcal{H}^+(h)$ (formule (4.48)), on remarque que, sur la branche joignant a à $+i\infty + a$ de C^+, on a le développement en série

$$\frac{d}{d\kappa}\log \mathcal{Z}_X(\tfrac{1}{2}+\kappa) = \sum_{p,m} K_{p,m} e^{-m\tau(p)\kappa}. \tag{5.31}$$

On a aussi $h(-i\kappa) = e^{i\kappa t}$. On intégrera donc terme à terme, d'où la formule

$$\text{(5.32)} \qquad \mathcal{H}^+(h) = \int_0^a e^{i\kappa t} d\log \mathcal{Z}_X(\tfrac{1}{2}+\kappa) + \sum_{p,m} K_{p,m} \frac{e^{-a(m\tau(p)-it)}}{m\tau(p)-it}.$$

On a une formule similaire pour $\mathcal{H}^-(h)$.

Nous exploitons maintenant la formule

$$\text{(5.33)} \qquad \mathcal{Q}(h) = (2-2g)\mathcal{I}^+(h) + (2-2g)\mathcal{I}^-(h) + \mathcal{H}^+(h) + \mathcal{H}^-(h),$$

en tenant compte des valeurs calculées ci-dessus. On obtient la relation

$$\text{(5.34)} \qquad \Theta_X(t) = (2-2g)\Theta^+_{\mathbf{S}^2}(it) + \pi^{-1}\int_0^a \sin\kappa t \, d\log\mathcal{Z}_X(\tfrac{1}{2}+\kappa)$$
$$+ (2\pi)^{-1} \sum_{p,m} \frac{K_{p,m}}{e^{ma\tau(p)}} \left[\frac{e^{iat}}{t+im\tau(p)} + \frac{e^{-iat}}{t-im\tau(p)}\right]$$

valable pour tout nombre réel $t > 0$. Or les deux membres de cette égalité sont des fonctions holomorphes dans le demi-plan $Re\, t > 0$. Par le principe du prolongement analytique, l'égalité (5.34) vaut donc dans tout ce demi-plan.

La formule (5.34) fournit le prolongement cherché de $\Theta_X(t)$ en une fonction méromorphe dans $\mathbb{C}$. En effet, on a défini $\Theta^+_{\mathbf{S}^2}(it)$ comme fonction méromorphe dans $\mathbb{C}$; l'intégrale sur κ définit une fonction entière impaire; enfin, la somme sur p, m converge comme on le voit en la transformant en intégrale de Stieltjes, intégrant par parties et utilisant l'équivalence asymptotique $\mathcal{G}(\tau) \sim e^\tau/\tau$ (formule (2.5)). La formule (5.34) montre que $\Theta_X(t) - (2-2g)\Theta^+_{\mathbf{S}^2}(it)$ est une fonction impaire de t. On a donc

$$\text{(5.35)} \qquad \Theta_X(t) + \Theta_X(-t) = (2-2g)[\Theta^+_{\mathbf{S}^2}(it) + \Theta^+_{\mathbf{S}^2}(-it)].$$

L'équation fonctionnelle (5.25) résulte alors d'une variante de la formule (5.21), à savoir

$$\text{(5.36)} \qquad \Theta^+_{\mathbf{S}^2}(t) + \Theta^+_{\mathbf{S}^2}(-t) = \Theta_{\mathbf{S}^2}(t).$$

Enfin, les assertions relatives aux pôles de $\Theta_X(t)$ sont visibles sur la formule (5.34).

C.Q.F.D.

5.6. Nous allons interpréter les singularités de la fonction $\Theta_X(t)$ précédente. D'après les formules (5.22) et (5.34), la fonction $\Theta_X(t)$ est somme des trois expressions suivantes :

$$\Theta_X^1(t) = (2g-2)[t^{-2} + 2\sum_{m=1}^{\infty}(-1)^m(t+2\pi m)^{-2}] \tag{5.37}$$

$$\Theta_X^2(t) = \pi^{-1}\int_0^a \sin\kappa t \; d\log \mathcal{Z}_X(\tfrac{1}{2}+\kappa) \tag{5.38}$$

$$\Theta_X^3(t) = (2\pi)^{-1}\sum_{p,m}\frac{K_{p,m}}{e^{ma\tau(p)}}\Big[\frac{e^{iat}}{t+im\tau(p)} + \frac{e^{-iat}}{t-im\tau(p)}\Big]. \tag{5.39}$$

Ici, le nombre réel a satisfait à l'inégalité $a > \frac{1}{2}$ qui est nécessaire pour la convergence de la série (5.39). Si l'on pouvait faire $a = 0$, le terme $\Theta_X^2(t)$ disparaîtrait, et $\Theta_X^3(t)$ se réduirait à la *série divergente*

$$\Theta_X^3(t) = (2\pi)^{-1}\sum_{p,m} K_{p,m}\Big[\frac{1}{t+im\tau(p)} + \frac{1}{t-im\tau(p)}\Big]. \tag{5.40}$$

L'expression obtenue pour $\Theta_X(t)$ serait celle qu'on obtient en appliquant naïvement la formule des traces de Selberg à la paire de fonctions

$$h(\rho) = e^{-t|\rho|}, \quad \hat{h}(\tau) = \frac{t}{\pi(\tau^2+t^2)}.$$

Nous avons donc simplement donné une méthode de resommation explicite pour la série divergente (5.40).

Avec les notations de 5.1, la dimension est $d = 2$, les géodésiques sont isolées, et Σ se compose des nombres $m\tau(p)$ pour m dans $\mathbb{Z}$ et p dans $\mathcal{P}$. Les singularités de $\Theta_X(t)$ sur l'axe imaginaire sont donc conformes à la théorie générale de 5.1.

5.7. Examinons les autres pôles de $\Theta_X(t)$, provenant du terme $(2-2g)\Theta^+_{S^2}(it)$; ce terme entraîne l'équation fonctionnelle (5.25). Changeant de variable, on voit que les singularités de la fonction $Tr(e^{-i\tau P_X})$ sont liées non seulement aux longueurs réelles des géodésiques, mais aussi à des longueurs complexes multiples de $2\pi i$.

Rappelons que Balian et Bloch [BB] ont suggéré que les solutions de l'équation de Schrödinger doivent s'obtenir par *resommation à partir des orbites classiques, pourvu qu'on prenne en compte les trajectoires complexes*. Or ici, en utilisant le modèle de X donné par le quotient du demi-plan de Poincaré par un groupe discret d'homographies, on peut facilement complexifier X et le flot géodésique correspondant. Il y a alors bien *des trajectoires périodiques du flot géodésique correspondant aux périodes* $2\pi i m$

pour m dans $\mathbb{Z}$. Si l'on étend de manière heuristique les formules valables pour les trajectoires réelles périodiques, on s'attend à un pôle de $\Theta_X(i\tau)$ correspondant aux périodes $2\pi i m$, c'est-à-dire à des pôles de $\Theta_X(t)$ aux points $2\pi m$. Comme la fonction $\Theta_X(t)$ est holomorphe dans le demi-plan $Re\ t > 0$, on est obligé de se limiter aux pôles $2\pi m$, avec $m \leq 0$. C'est bien ce qu'affirme le théorème 2.

D'après les idées de Balian et Bloch, on doit s'attendre que les fonctions propres de $-\Delta_X$ sur la surface réelle X s'étendent en des fonctions holomorphes sur le complexifié $X^{\mathbb{C}}$ de X, qui sont appréciables au voisinage de certaines géodésiques complexes. Le facteur $2g-2$ qui apparaît dans la formule (5.34) est égal à $A/2\pi$ d'après la formule de Gauss-Bonnet; la proportionalité à l'aire A de X correspond au fait que la surface X est à courbure constante, donc localement homogène.

Cependant, le fait que $\Theta_X(t)$ soit une fonction méromorphe dans $\mathbb{C}$ est très spécial, lié au choix de P_X comme racine carrée de $-\Delta_X + K/4$. Déjà, on ne pourrait rien attendre de si simple si l'on prenait pour P_X une racine carrée de $-\Delta_X + c$, avec une constante c différente de $K/4$. En Mécanique quantique, nous avons un cas semblable, l'oscillateur harmonique fournissant des fonctions méromorphes là où l'oscillateur anharmonique introduit des fonctions *résurgentes* [V1].

Pour conclure, rappelons deux de nos formules où la même *dualité entre la surface X de courbure $K = -1$ et la sphère de courbure $K = 1$* apparaît. Il s'agit de la formule de déterminant

$$\mathcal{Z}_X(\tfrac{1}{2} + \kappa) = \{e^{\kappa^2} \det(P_{\mathbf{S}^2} + \kappa)\}^{2g-2} \det(P_X^2 + \kappa^2), \tag{5.41}$$

et de la forme symbolique de la formule des traces de Selberg
(5.42)
$$\sum_n \cos \tau\rho_n = -\frac{A}{4\pi}\Theta_{\mathbf{S}^2}(\tau) + \tfrac{1}{2}\sum_{p,m} K_{p,m}[\delta(\tau - m\tau(p)) + \delta(\tau + m\tau(p))].$$

6. Fonction zéta de deux variables

6.1. Soit M une variété riemannienne compacte de dimension d, dont l'opérateur de Laplace-Beltrami sera noté Δ_M. On définit une fonction zéta à deux variables

$$Z_M(s;\lambda) = Tr((\lambda - \Delta_M)^{-s}). \tag{6.1}$$

Si $\lambda_0 \leq \lambda_1 \leq \cdots$ sont les valeurs propres de $-\Delta_M$, on a donc

$$Z_M(s;\lambda) = \sum_{n=0}^{\infty}(\lambda_n + \lambda)^{-s} \tag{6.2}$$

(*cf.* formule (5.29)). Sous cette forme, la série converge lorsque s parcourt le demi-plan $Re\ s > \frac{d}{2}$, et λ le domaine Ω obtenu en coupant le plan $\mathbb{C}$ le long de l'axe réel négatif. On peut effectuer le prolongement analytique en une fonction méromorphe sur $\mathbb{C}\times\Omega$; pour cela, on peut utiliser la transformation de Mellin

$$\Gamma(s)Z_M(s;\lambda) = \int_0^{\infty} \theta_M(t)e^{-\lambda t}t^{s-1}dt. \tag{6.3}$$

Si l'on suppose $Re\ \lambda > 0$, cette intégrale converge lorsque $Re\ s > d/2$. On a noté

$$\theta_M(t) = Tr(e^{t\Delta_M}) = \sum_{n=0}^{\infty} e^{-\lambda_n t} \tag{6.4}$$

la fonction thêta associée à M. L'existence d'un développement asymptotique

$$\theta_M(t) \sim \sum_{r=0}^{\infty} c_r t^{i_r} \tag{6.5}$$

pour t tendant vers 0, avec une suite $i_0 < i_1 < \cdots$ tendant vers l'infini, et les techniques standard de transformée de Mellin permettent de prolonger $Z_M(s;\lambda)$ au domaine $Re\ \lambda > 0$, s quelconque. On achève de se propager à $\mathbb{C} \times \Omega$ en utilisant l'équation fonctionnelle

$$\frac{\partial}{\partial\lambda}Z_M(s;\lambda) = -sZ_M(s+1;\lambda) \tag{6.6}$$

et en prenant des primitives successives pour déplacer s vers la gauche.

Une étude des ***développements asymptotiques*** pour λ tendant vers $+\infty$ permet d'établir la relation

$$-\frac{\partial}{\partial s}Z_M(s;\lambda)\big|_{s=0} = \log\ \det(\lambda - \Delta_M). \tag{6.7}$$

Le cas étudié d'habitude correspond à $\lambda = 0$; la fonction $Z_M(s) = Z_M(s;0)$ n'est autre que la fonction de Minakshisundaram-Pleijel, égale à $Tr((-\Delta_M)^s) = \sum_{n=0}^{\infty} \lambda_n^{-s}$. En spécialisant la formule (6.7) au cas $\lambda = 0$, on trouve la relation

$$\det(-\Delta_M) = \exp -Z'_M(0) \tag{6.8}$$

qui a servi dans [RS] à Ray et Singer à définir le déterminant de $-\Delta_M$.

6.2. Nous étudions maintenant le cas où M est de dimension $d = 2$, et de courbure constante K. Nous allons constater que la fonction $Z_M(s; K/4)$ a de meilleures propriétés que $Z_M(s; 0)$.

Considérons d'abord le cas de la sphère $M = \mathbf{S}^2$. On a alors $K = +1$, et $-\Delta_{\mathbf{S}^2}$ possède les valeurs propres $j(j+1)$ (avec multiplicité $2j+1$) pour $j = 0, 1, 2, \ldots$. On a donc

$$\begin{aligned} Z_{\mathbf{S}^2}(s; +\tfrac{1}{4}) &= \sum_{j=0}^{\infty} (2j+1)(j^2 + j + \tfrac{1}{4})^{-s} \\ &= 2\sum_{j=0}^{\infty} (j + \tfrac{1}{2})^{-(2s-1)} \end{aligned}$$

et un calcul immédiat donne le résultat

$$Z_{\mathbf{S}^2}(s; +\tfrac{1}{4}) = (2^{2s} - 2)\zeta(2s-1) \tag{6.9}$$

au moyen de la fonction $\zeta(s)$ de Riemann.

6.3. Le cas suivant est celui d'une surface de Riemann compacte X, de courbure $K = -1$. La formule des traces de Selberg, sous la forme usuelle, permet d'étudier $Z_X(s; \lambda)$ pour λ réel, $\lambda > 0$; on peut obtenir le cas $\lambda = 0$ par un passage à la limite, comme Randol [RA]. Pour traiter le cas $\lambda = -\frac{1}{4}$, nous avons besoin de la formule des traces étendue (n ° 4.7, théorème 1). Voici le résultat :

Théorème 3. *Pour tous les nombres complexes s, on a*
(6.10)

$$Z_X(s; -\tfrac{1}{4}) = (1-g) Z_{\mathbf{S}^2}(s; +\tfrac{1}{4}) / \cos \pi s + \frac{\sin \pi s}{\pi} \int_0^{\infty} \kappa^{-2s} d \log \mathcal{Z}_X(\tfrac{1}{2} + \kappa).$$

La fonction $Z_{\mathbf{S}^2}(s; +\frac{1}{4})$ est donnée par la formule (6.9). L'intégrale sur κ évite les pôles réels de $d \log \mathcal{Z}_X(\frac{1}{2} + \kappa)$ par le demi-plan inférieur. Cette intégrale en κ est convergente au voisinage de l'infini pour tout s; au voisinage de 0, elle est convergente pour $Re\ s < 0$, mais se régularise au moyen des parties finies de Hadamard dans le cas général. Noter aussi qu'on a

$$(6.11)\qquad Z_X(s;-\tfrac{1}{4}) = \sum_{n=0}^{\infty} \rho_n^{-2s} \quad \text{pour} \quad Re\ s > 1,$$

d'où la transformée de Mellin

$$(6.12)\qquad \int_0^\infty t^{2s-1}\Theta_X(t)dt = \Gamma(2s)Z_X(s;-\tfrac{1}{4});$$

cette formule fournit aussi le prolongement analytique de $Z_X(s;-\frac{1}{4})$.

Nous ne donnerons pas les détails de la démonstration du théorème 3. D'après la formule (6.11), il suffirait d'appliquer le théorème 1 du n ° 4.7 à la fonction $h(\rho) = \rho^{-2s}$. Les hypothèses (B_1) et (B_2) sont satisfaites lorsque l'on a $Re\ s > 1$, mais non l'hypothèse (B_3). En fait, on considère la fonction $h(\rho) = (\rho^2 + \varepsilon^2)^{-s}$ pour $Re\ s > 1$, $\varepsilon > 0$ et l'on fait tendre ε vers 0 dans le résultat obtenu.

6.4. Voici quelques conséquences du théorème 3.

a) *Identités de trace*: on sait toute l'importance accordée aux valeurs des fonctions zéta aux entiers négatifs. Notons que, dans la formule (6.10), le dernier terme est proportionnel à $\sin \pi s$, et s'annule donc pour s entier négatif. En utilisant la formule (6.9) et les valeurs connues de $\zeta(s)$ aux entiers négatifs, on obtient

$$\begin{aligned}(6.13)\qquad Z_X(-n;-\tfrac{1}{4}) &=(-1)^{n+1}(g-1)Z_{\mathbf{S}^2}(-n;\tfrac{1}{4})\\ &=(-1)^n(g-1)(2^{-2n-1}-1)B_{2n+2}/(n+1)\end{aligned}$$

pour $n = 0, 1, 2, \ldots$. On note B_n les nombres de Bernoulli. Les nombres précédents expriment la *trace renormalisée de l'opérateur différentiel* $(-\Delta_X - \frac{1}{4})^n$; *il est remarquable qu'ils ne dépendent pas de la surface* X, *mais seulement de son genre* g. Les formules générales, utilisant la transformation de Mellin, permettent de calculer $Z_X(-n;\lambda)$ une fois connus les nombres précédents.

b) *Règles de sommation*: notons par $'$ la dérivée par rapport à la variable s. Par une telle dérivation, on déduit de la formule (6.10)

$$\begin{aligned}(6.14)\qquad Z'_X(0;-\tfrac{1}{4}) &=(1-g)Z'_{\mathbf{S}^2}(0;\tfrac{1}{4}) - \log \mathcal{Z}_X(\tfrac{1}{2})\\ &=(2g-2)(\zeta'(-1)+\tfrac{1}{12}\log 2) - \log \mathcal{Z}_X(\tfrac{1}{2}).\end{aligned}$$

Par ailleurs, l'intégrale

$$(6.15)\qquad U(s) = \int_0^\infty \kappa^{-2s} d\log \mathcal{Z}_X(\tfrac{1}{2}+\kappa)$$

(qui intervient dans (6.10)) définit une fonction méromorphe de s; elle admet en tout point demi-entier $s = j/2$ (avec $j = 1, 2, \ldots$) un pôle simple dont le résidu est donné par la formule

$$R_j = -\tfrac{1}{2}\frac{1}{(j-1)!}\left(\frac{d}{d\kappa}\right)^j \log \mathcal{Z}_X(\tfrac{1}{2}+\kappa)\,|_{\kappa=0}\,. \tag{6.16}$$

Distinguons deux cas :

– *si j est impair*, soit $j = 2n+1$, écrivons que les *résidus* pour $s = j/2$ des deux membres de l'égalité (6.10) sont égaux; on obtient

$$\begin{aligned}(-1)^{n+1}\pi R_{2n+1} &= (1-g)Z_{\mathbf{S}^2}(n+\tfrac{1}{2};+\tfrac{1}{4})\\ &= -(g-1)(2^{2n}-1)(2\pi)^{2n}|B_{2n}|/(2n)!;\end{aligned} \tag{6.17}$$

– *si j est pair*, soit $j = 2n$, on compare cette fois les *parties finies* pour $s = n$ (notées $PF_{s=n}$); on obtient

$$\begin{aligned}PF_{s=1}Z_X(s;-\tfrac{1}{4}) &= (g-1)PF_{s=1}Z_{\mathbf{S}^2}(s;+\tfrac{1}{4}) - R_2\\ &= (2g-2)(\gamma+2\log 2) - R_2\end{aligned} \tag{6.18}$$

$$Z_X(n;-\tfrac{1}{4}) = (-1)^n[(1-g)(2^{2n}-2)\zeta(2n-1)+R_{2n}] \quad \textit{pour} \quad n \geq 2. \tag{6.19}$$

En fait, les égalités (6.14), (6.16), (6.17), (6.18) et (6.19) ne font que traduire la formule de déterminant (3.85) en utilisant les développements de Taylor autour de $\kappa = 0$, à savoir

$$\begin{aligned}\kappa^2 + \log\det(P_{\mathbf{S}^2}+\kappa) &= -\tfrac{1}{2}Z'_{\mathbf{S}^2}(0;+\tfrac{1}{4})\\ &\quad+\sum_{j=1}^{2}(-1)^{j+1}PF_{s=j}Z_{\mathbf{S}^2}(\tfrac{s}{2};+\tfrac{1}{4})\kappa^j/j\\ &\quad+\sum_{j=3}^{\infty}(-1)^{j+1}Z_{\mathbf{S}^2}(\tfrac{j}{2};+\tfrac{1}{4})\kappa^j/j\end{aligned} \tag{6.20}$$

$$\begin{aligned}\log\det(P_X^2+\kappa^2) &= Z'_X(0;-\tfrac{1}{4}) + PF_{s=1}Z_X(s;-\tfrac{1}{4})\kappa\\ &\quad+\sum_{n=2}^{\infty}(-1)^{n+1}Z_X(n;-\tfrac{1}{4})\kappa^{2n}/n.\end{aligned} \tag{6.21}$$

Quant à la relation (6.16) dans le cas où j est impair, elle découle de l'équation fonctionnelle de la fonction zéta de Selberg, à savoir

$$\frac{\mathcal{Z}_X(\frac{1}{2}+\kappa)}{\mathcal{Z}_X(\frac{1}{2}-\kappa)} = \exp[4(g-1)\int_0^{\kappa}\pi u\ \tan\pi u\ du]; \tag{6.22}$$

cette équation découle aussitôt de la formule (3.85) exprimant $\mathcal{Z}_X(\frac{1}{2}+\kappa)$ comme produit de déterminants.

c) *Développement asymptotique*: insérons dans la formule (6.10) le développement en série

$$\frac{d}{d\kappa}\log \mathcal{Z}_X(\tfrac{1}{2}+\kappa) = \sum_{p,m} K_{p,m}e^{-m\tau(p)\kappa}, \tag{6.23}$$

et intégrons terme à terme. On obtient un développement asymptotique de $Z_X(s;-\frac{1}{4})$ pour s tendant vers $-\infty$, à savoir

$$\begin{aligned} &Z_X(s;-\tfrac{1}{4}) + (g-1)Z_{\mathbf{S}^2}(s;+\tfrac{1}{4})/\cos\pi s \\ &\sim \pi^{-1/2}2^{-2s}\Gamma(\tfrac{1}{2}-s)\Gamma(s)^{-1}\sum_{p,m} K_{p,m}(m\tau(p))^{2s-1}. \end{aligned} \tag{6.24}$$

Par application de la formule de Poisson pour la sphère $\mathbf{S}^2$, on trouve la formule analogue

$$Z_{\mathbf{S}^2}(s;+\tfrac{1}{4}) = \pi^{1/2}2^{3-2s}\Gamma(1-s)\Gamma(s-\tfrac{1}{2})^{-1}\sum_{m=1}^{\infty}(-1)^m(2\pi m)^{2s-2}. \tag{6.25}$$

Cette fois, la série au second membre converge absolument dans le demi-plan
Re $s < 0$; la formule précédente n'est qu'une autre écriture de l'équation fonctionnelle de Riemann pour $\zeta(s)$.

Le théorème 3 joue ainsi le rôle d'une équation fonctionnelle pour $Z_X(s;-\frac{1}{4})$, mais n'en est pas une au sens strict. L'équation fonctionnelle de Riemann s'obtient par nos méthodes appliquées au cercle $\mathbf{S}^1$. Le miracle dans ce cas est que le spectre des valeurs propres de $(-\Delta_{\mathbf{S}^1})^{1/2}$ et le spectre des longueurs des géodésiques coïncident essentiellement. Dans les formules (6.10) et (6.24), aucune relation de symétrie évidente n'apparaît entre les deux spectres.

RÉFÉRENCES

[BB] R. BALIAN et C. BLOCH, Solution of the Schrödinger equation in terms of classical paths, *Ann. Phys.* **85** (1974), 514-545.

[BV] N.L. BALAZS et A. VOROS, Chaos on the pseudosphere, *Physics reports*, **143** (1986), 109-240.

[BGM] M. BERGER, P. GAUDUCHON et E. MAZET, *Le spectre d'une variété riemannienne*, Springer Lect. Notes in Math., vol. 194, 1971.

[CV] P. CARTIER et A. VOROS, Une nouvelle interprétation de la formule des traces de Selberg, *C.R. Acad. Sci. Paris*, **307** (1988), Sér. I, 143-148.

[CH] J. CHAZARAIN, Formule de Poisson pour les variétés riemanniennes, *Inv. Math.* **24** (1974), 65-82.

[CDV] Y. COLIN DE VERDIÈRE, Spectre du laplacien et longueur des géodésiques fermées II, *Comp. Math.* **27** (1973), 159-184.

[CHI] R. COURANT et D. HILBERT, *Methods of mathematical physics*, vol. I, Interscience, 1965.

[CR] H. CRAMER, Studien über die Nullstellen der Riemannscher Zetafunktion, Math. Zeitschrift **4** (1919), 104-130.

[DE] J. DELSARTE, Formules de Poisson avec reste, J. Anal. Math. **17** (1966), 419-431.

[DI] L.A. DIKII, Trace formulas for Sturm-Liouville differential operators, *Usp. Mat. Nauk.*, **13** (1958), 111-143 (Translations AMS Series 2, **18**, 81-119).

[DG] J.J. DUISTERMAAT et V.W. GUILLEMIN, The spectrum of positive elliptic operators and periodic bicharacteristics, *Inv. Math.* **29** (1975), 39-79.

[EL] J. ELSTRODT, Die Selbergsche Spurformel für kompakte Riemannsche Flächen, *Jahrber. der D. Math.-Verein*, **83** (1981), 45-77.

[EMF] W.J. ELLISON et M. MENDÈS-FRANCE, *Les nombres premiers*, Hermann, 1975.

[FI] J. FISCHER, An approach to the Selberg trace formula via the Selberg zeta function, in Springer Lect. Notes in Math. vol. 1283 (pp. 145-161), 1987.

[FR] D. FRIED, Analytic torsion and closed geodesics on hyperbolic manifolds, *Inv. Math.* **84** (1986), 523-540.

[GL] I.M. GELFAND et B.M. LEVITAN, On a simple identity for eigenvalues of second order differential operators, *Dokl. Akad. Nauk.* SSSR, **88** (1953), 593-596.

[GN] A.P. GUINAND, Fourier reciprocities and the Riemann zeta-function, Proc. London Math. Soc. Series 2, **51** (1950), 401-414.

[GU] V.W. GUILLEMIN, Lectures on spectral theory of elliptic operators, *Duke Math. J.* **44** (1977), 485-517.

[GZ] M.C. GUTZWILLER, Physics and Selberg's trace formula, *Contemp. Math.* **53** (1986), 215-252.

[HE1] D.A. HEJHAL, The Selberg trace formula and the Riemann zeta function, *Duke Math. J.* 43 (1976), 441-482.

[HE2] D.A. HEJHAL, The Selberg trace formula for $PSL(2, \mathbf{R})$, vol. 1, Springer Lect. Notes in Math. 548 (1976); vol. 2, *ibid.* 1001 (1983).

[HU] H. HUBER, Zur analytischen Theorie der hyperbolischen Raumformen und Bewegungsgruppen, *Math. Ann.* 138 (1959), 1-26.

[MK] H.P. McKEAN, Selberg's trace formula as applied to a Riemann compact surface, *Comm. Pure Appl. Math.* 25 (1972), 225-246.

[RA] B. RANDOL, On the analytic continuation of the Minakshisundaram-Pleijel zeta function for compact Riemann surfaces, *Trans. Amer. Math. Soc.* 201 (1975), 241-246.

[RS] D.B. RAY et I. SINGER, Analytic torsion for complex manifolds, *Ann. of Math.* 98 (1973), 154-177.

[SA] P. SARNAK, Determinants of Laplacians, *Comm. Math. Phys.* 110 (1987), 113-120.

[SE] A. SELBERG, Harmonic analysis and discontinuous groups in weakly symmetric Riemannian spaces, with applications to Dirichlet series, *J. Indian Math. Soc.* 20 (1956), 47-87.

[T] E.C. TITCHMARSH, *The theory of functions*, Oxford University Press, 1939.

[VI] M.F. VIGNERAS, Equation fonctionnelle de la fonction zéta de Selberg pour le groupe modulaire $PSL(2, \mathbf{Z})$, *Astérisque*, 61 (1979), 235-249.

[V1] A. VOROS, The return of the quartic oscillator : The complex WKB method, *Ann. Inst. H. Poincaré*, A39 (1983), 211-338.

[V2] A. VOROS, Spectral functions, Special functions and the Selberg zeta function, *Comm. Math. Phys.* 111 (1987), 439-465.

[W] A. WEIL, Sur les "formules explicites" de la théorie des nombres premiers, in *Œuvres Scientifiques*, vol. II, 48-61, Springer, 1980.

Pierre Cartier
Institut des Hautes Études Scientifiques
35, route de Chartres
91440 Bures-sur-Yvette
France

André Voros
Service de Physique Théorique
CEN
Saclay (Essonne)
France

Jacobiennes généralisées globales relatives

C. CONTOU-CARRÈRE

Introduction

Le résultat principal de ce travail est la construction des jacobiennes généralisées $((J_n^{\cdot})(n \geq 0), (\Phi_n)(n \geq 0))$ pour une S-courbe relative X, munie d'une compactification convenable, et de l'isomorphisme

$$\varinjlim_{n} \mathrm{Hom}_{S-gr}(J_n^{\cdot}, G) \simeq G(X),$$

pour tout S-schéma en groupes commutatif et lisse G. L'énoncé de ce résultat est donné sous forme conjecturale dans une lettre du 9/8/1960 adressée par A. Grothendieck à J.P. Serre. On obtient ainsi l'extension naturelle au cas relatif de la théorie de Rosenlicht-Serre, et on achève la première étape d'un programme de travail proposé à l'auteur par A. Grothendieck. Il s'agit d'établir une formule de dualité générale pour une courbe relative lisse X à coefficients dans un S-schéma en groupes G commutatif et plat, qui doit correspondre à celle prouveée dans [15], Exp. n°XVIII, dans le cas d'une courbe relative propre et lisse. L'aspect local de cette formule mène à la construction des jacobiennes locales des courbes formelles, et à leur propriété de factorisation universelle (cf. [3] bis) qui étend la théorie des symboles locaux au cas relatif.

La méthode de démonstration suivie (imposée par des raisons techniques) cache quelque peu les idées géométriques. Dans le n°1, on précise la définition, avec laquelle on travaille, de courbe relative lisse X au-dessus d'un schéma S, munie d'une compactification $(\widehat{X}, T)$, où $\widehat{X}$ désigne une S-courbe relative propre et T un diviseur relatif de $\widehat{X}$. Dans le n°2, on donne la construction de la contraction de la S-courbe $\widehat{X}$ le long d'un diviseur relatif D, en termes d'une somme amalgamée $X \coprod_D S$. On étend ainsi à la situation relative la construction de [16], page 70. Dans le n°3, on construit un système projectif de S-schémas en groupes $J_n^{\cdot}$ en posant pour tout entier $n \geq 0$

$$J_n^{\cdot} = \underline{\mathrm{Pic}}_{\widehat{X}^{(n)}/S} = R^1 f_*^{(n)}(\mathbb{G}_{m\widehat{X}^{(n)}}).$$

avec $\widehat{X}_{(n)} = \widehat{X} \coprod_{T^{(n)}} S$, où $T^{(n)}$ désigne la voisinage infinitesimal n-ème de T dans $\widehat{X}$, et $f^{(n)} : \widehat{X}^{(n)} \longrightarrow S$ le morphisme structural. On donne aussi la construction d'un morphisme d'Abel-Jacobi $\Phi_n : x \to J_n^{\cdot}$ (resp. $\Phi = \varprojlim_n \Phi_n$). Dans le n°4 on énonce le résultat principal (Théorème (4.1)) qui exprime la propriété de factorisation universelle du couple $(J^{\cdot}, \Phi)$ par rapport aux sections d'un S-schéma G en groupes, lisse au-dessus de X. (Le couple $(J^{\cdot}, \Phi)$ tient lieu de jacobienne généralisée relative de la S-courbe lisse X). Ensuite, en prenant comme point de départ la théorie des corps de classes telle qu'elle est donnée par J.P. Serre dans [16], on démontre le Théorème (4.1) dans le cas d'une base noethérienne réduite. Finalement, on ramène la preuve au cas d'une base affine et noethérienne $S = \operatorname{Spec} A$. Dans le n°5 on procède à la démonstration dans ce cas-ci, par récurrence sur la longueur d'une suite de composition $I_{m+1} \subset I_m \subset \ldots \subset I_0 = N$ du radical N de A, tel que : pour tout $0 \leq i \leq m$, il existe un idéal premier P_i tel que $I_i/I_{i+1} \simeq A/P_i$, et $I_i^2 \subset I_{i+1}$ (cf. (5.1)). On est ramené à étudier les prolongements infinitésimaux d'un S_0-homomorphisme

$$h_0 : J^{\cdot} \times_S S_0 = J_0^{\cdot} \to G_0 = G \times_S S_0,$$

où $S_0 = \operatorname{Spec} A/I$, où I est un idéal de carré nul ($I^2 = 0$), tel qu'il existe un idéal premier P de A avec $I \simeq A/P$ (en tant que A-modules), et G un S-schéma en groupes lisse, en un S-homomorphisme $h : J^{\cdot} \to G$. La théorie des obstructions infinitésimales fournit une extension E de $J_0^{\cdot}$ par un S-faisceau en groupes de Zariski L telle que : "E est scindée si et seulement si h_0 admet un prolongement $h : J^{\cdot} \to G$ qui soit un S-homomorphisme". D'autre part, il existe un groupe vectoriel $W(N)$, où N désigne un $\mathcal{O}_{S_0}$-module donnée par un A-module de la forme $A/P \times \ldots \times A/P$, et dont la restriction à la sous-catégorie pleine C_{S_0} de $\mathrm{Sch}|_{S_0}$ des S_0-schémas plats coïncide avec celle de L à C_{S_0}. Une description de E en tant que L-torseur de Zariski au-dessus de $J_0^{\cdot}$ muni d'une donnée de structure supplémentaire, permet de construire une autre extension E' de $J_0^{\cdot}$ par $W(N)$, dont la restriction à C_{S_0} coïncide avec celle de E à C_{S_0}, donc telle que E soit scindée si et seulement si E' l'est (Le S_0-schéma en groupes $J_0^{\cdot}$ étant plat). Posons $S_0' = \operatorname{Spec} A/P$. On a alors que : la fibre $E'_{S_0'}$ de E' est un S_0'-groupe représentable (en tant qu'extension de $J_0^{\cdot}$ par $\mathbb{G}_a \times \ldots \times \mathbb{G}_a$), et $E'_{S_0'}$ est scindée grâce à la propriété universelle de $(J_0^{\cdot}, \Phi_0)$.

L'hypothèse ⟨⟨ G lisse sur S ⟩⟩ ne paraît pas nécessaire. En fait, la méthode de démonstration suivie semble adaptable au cas où G est plat et de présentation finie. Alors la théorie du complexe contangent relatif fournit deux obstructions au relèvement infinitésimal d'une factorisation d'une section $\psi \in G(X)$, et il doit être possible de prouver leur trivialité. L'idée géométrique essentielle pour montrer (*) est la considération de familles F de diviseurs relatifs d'une courbe relative $\widehat{X}$, munie d'un diviseur D

de Cartier, linéairement équivalents au sens de Rosenlicht, par rapport à un n-voisinage infinitésimal de D, fibrés au-dessus d'un sous-espace ouvert U d'un espace projectif P, complémentaire d'un hyperplan H de P. Ensuite, l'étude de la section ψ_F induite par une section ψ de G au-dessus du complémentaire X de D dans $\widehat{X}$, et celle du comportement de la trace $\mathrm{tr}(\psi_F)$ par rapport au morphisme fini $F \to U$, autour de H. (cf. proposition 9, p. 47 de [15], Exp. XVIII et l'avatar local de la proposition 9, le lemme (5.2) de [2]).

L'auteur dédie ce travail à Alexandre Grothendieck, en témoignage d'amitié et de reconnaissance pour tout ce qu'il a reçu de lui.

1. Définition d'une S-courbe lisse munie d'une compactification

Soit S un schéma. Soit $\widehat{X} \xrightarrow{f} S$ un S-schéma de présentation finie, localement projectif sur S, et à fibres géométriques intègres de dimension 1. Soit

$$T \subset \widehat{X} \tag{1.1}$$

un S-sous schéma fermé de $\widehat{X}$, plat sur S, et tel que l'idéal de définition $J_{T/\widehat{X}}$ de T dans $\widehat{X}$ soit inversible, c'est-à-dire engendré localement par une section f de $O_{\widehat{X}}$ non-diviseur de zéro (Diviseur de Cartier relatif). On pose

$$X = \widehat{X} - T \tag{1.2}$$

et on suppose que X et un S-schéma lisse. Dans le cas où $S = \mathrm{Spec}(A)$ la méthode de la présentation finie (cf. [13], page 7) permet d'effectuer les réductions suivantes. On peut exprimer S comme une limite projective de schémas affines noethériens

$$S = \varprojlim_{j\in L} S_j, \tag{1.3}$$

où $S_j = \mathrm{Spec}\, A_j$, et $A_j \subset A$ désigne une $\mathbb{Z}$-algèbre de type fini, de manière à ce que la limite inductive $\varinjlim_j A_j$ soit égale à A. Au système projectif $(S_j)_{j\in L}$ il correspond un système projectif $(\widehat{X}_j)_{j\in L}$, où $\widehat{X}_j$ désigne un S_j-schéma de présentation finie, localement projectif sur S_j, muni d'un diviseur de Cartier relatif T_j, et tel que

$$\widehat{X} = \varprojlim_{j\in L} \widehat{X}_j \tag{1.4}$$

et

$$\widehat{X} = \widehat{X}_j \times_{S_j} S. \tag{1.5}$$

Pour j assez grand, $\widehat{X}_j$ est un S_j-schéma plat et $X_j = \widehat{X}_j - T$ est lisse sur S_j. A partir de (1.5) et du fait que $\widehat{X}_j$ est plat sur S_j on conclut que $\widehat{X}_j$ est à fibres géométriques intègres.

Remarque 1.6. Lorsque $T \to S$ est surjectif et $\widehat{X} \to S$ est supposé propre $\widehat{X}$ est localement projectif sur S. En effet, soit $s \in S$; il est facile de voir qu'il existe un entier n assez grand pour que $(J^{-n}_{T/\widehat{X}})_s$ soit un $O_{\widehat{X}_s}$-module ample. D'autre part, on peut supposer S noethérien, et d'après le critère d'amplitude (cf. [10], page 145), il existe un voisinage U de s tel que la restriction de $J^{-n}_{T/\widehat{X}}$ à U soit un $O_{\widehat{X}_U}$-module ample.

La proposition suivante donne des propriétés d'un diviseur de Cartier relatif utiles par la suite.

Proposition 1.7. *Soit $Y \xrightarrow{f} S$ un morphisme localement de présentation finie. Soit I un idéal cohérent sur Y. Soient $D = V(I)$ le S-sous-schéma définis par I, $y \in D$ et $s = f(y)$. Let conditions suivantes sont équivalentes :*

(a) *I est inversible en y (c.à.d. I_y est engendré par un élément non-diviseur de zéro de $O_{Y,y}$) et D est plat sur S en y.*

(b) Y est plat sur S en y, et I_y est engendré par un élément f_y induisant sur la fibre Y_s un germe non-diviseur de zéro.

Preuve. On se ramène à une situation locale. L'hypothèse permet de supposer que :

(i) $S = \operatorname{Spec} A$ et $Y = \operatorname{Spec} B$, où A et B ont des anneaux locaux noethériens ;

(ii) Le point s (resp. y) est donné par l'idéal maximal m de A (resp. m_B de B).

Soient $A \to B$ l'homomorphisme local donné par f, et $I \subset B$ l'idéal correspondant à D. Montrons que (a)$\Longrightarrow$(b). En effet, comme B/I est plat sur A et que I est engendré par un élément régulier f de B, pour tout $n \in N$ la A-algèbre B/I^{n+1} est plate. Il en résulte que B est plat sur A (cf. [10], page 19 proposition (10.2.6)). L'exactitude de la suite

$$0 \longrightarrow B \xrightarrow{f} B \longrightarrow B/fB \longrightarrow 0$$

et $\mathrm{Tor}_1^A(B/fB, A/m) = 0$ donnent que f induit sur la fibre B/mB un germe non-diviseur de zéro.

Supposons maintenant B plate sur A et $I = (f)$ tel que f induit un non-diviseur de zéro sur B/mB. Alors f induit un non-diviseur de zéro dans $B/m^{n+1}B (n \in \mathbb{N})$, donc que f est non-diviseur de zéro dans B. La suite exacte des Tor_i^A obtenue à partir de la suite exacte

$$0 \longrightarrow B \xrightarrow{f} B \longrightarrow B/fB \longrightarrow 0$$

et de A/m, et l'injectivité de la flèche $B/mB \to B/mB$ induite par f, entraînent que

$$\mathrm{Tor}_1^A(B/fB, A/m) = 0.$$

D'autre part $B/fB \otimes_A A/m$ est A/m-plat (A/m étant un corps). Le critère local de platitude ([10], page 18) prouve que B/fB est A-plat ; on a alors (b)$\Longrightarrow$(a). c.q.f.d.

On pose pour tout $n \in \mathbb{N}$

$$T^{(n)} = V(J^{n+1}_{T/\widehat{X}}). \tag{1.8}$$

2. Contraction de la S -courbe $\widehat{X}$ le long du diviseur de Cartier relatif $T^{(n)}$.

On étend ici à la situation relative la construction de J.P. Serre (cf. [16], page 70) associant à une courbe Y sur un corps K, et à un K-diviseur D de Y, une courbe Y' et un K-morphisme $Y \xrightarrow{q} Y'$ tels que l'image de D par q soit un point de Y'.

On note Y un S-schéma plat de présentation finie, et $D = V(J)$ un diviseur de Cartier relatif défini par l'idéal $J \subset O_Y$.

Définition 2.1. *Soit* $Y \coprod_D S$ *(somme amalgamée de* Y *avec* S *le long de* D*), le* S*-foncteur covariant défini par*

$$\mathrm{Hom}(Y \coprod_D S, Z) = \mathrm{Ker}\,[\mathrm{Hom}_S(Y,Z) \times \mathrm{Hom}_S(S,Z) \rightrightarrows \mathrm{Hom}_S(D,Z)]$$

où $Z \in \mathrm{ob}\ \mathrm{Sch}|_S$.

Etant donné $Z \in \mathrm{ob}\ \mathrm{Sch}|_X$, on a un faisceau *fpqc* $\mathrm{Hom}_S(Y \coprod_D S, Z)$. La question de la représentabilité de $Y \coprod_D S$ est alors ramenée au cas où S

est affine. Soient $S = \operatorname{Spec} A$ et $Y = \operatorname{Spec} B$, où B désigne une A-algèbre fidèlement plate de présentation finie. Soit $I \subset B$ l'idéal qui correspond à $J \subset O_Y$. On suppose que B/I est fidèlement plate sur A. Posons

$$B' = \ker [B \times A \rightrightarrows B/I]. \tag{2.2}$$

Alors B' est une A-algèbre fidèlement plate. En effet on a une suite exacte de A-modules

$$0 \to B' \to B \times A \to B/I \to 0$$

avec des A-modules plats $B \times A$ et B/I, donc B' est une A-algèbre plate. Comme B/I est une A-algèbre fidèlement plate on a les inclusions $A \hookrightarrow B$ et $A \hookrightarrow B/I$. Alors $A \cap I = 0$. Le A-sous-module de B donné par la somme directe $A \oplus I \subset B$ est en fait une A-sous-algèbre. On vérifie que le A-homomorphisme canonique $B' \to B$ est injectif et que son image est égale à $A \oplus I$. D'où il résulte que B' est fidèlement plate.

Notons $I' \subset B'$ l'idéal défini par $I \subset A + I$. Par construction de B', on a un A-homomorphisme $B' \to A$ tel que le composé $A \to B' \to A$ soit égal à l'identité. Posons

$$Y' = \operatorname{Spec}\ B'. \tag{2.3}$$

On a alors une section

$$\epsilon : S \longrightarrow Y', \tag{2.4}$$

dont l'image est le sous-schéma $V(I')$ de Y' . Le A-homomorphisme canofnique $B' \to B$ donne lieu à un S-morphisme de schémas

$$Y \xrightarrow{q} Y'. \tag{2.5}$$

Montrons que le diagramme suivant

$$\begin{array}{ccc} D & \hookrightarrow & Y \\ \downarrow & & \downarrow \\ S & \longrightarrow & Y' \end{array} \tag{2.6}$$

est cartésien, c'est-à-dire que $Y \times_{Y'} S = D$. Or prouver cette égalité revient à vérifier que

$$B \otimes_{B'} (B'/I') = B/I,$$

ce qui est immédiat car $I'B = I$.

Proposition 2.7. *Avec les notations et les hypothèses ci-dessus, le morphisme $q : Y \longrightarrow Y'$ induit un isomorphisme*

$$Y - D = Y - V(I) \simeq Y' - V(I').$$

Preuve. Etant donné $f \in I$, on a un isomorphisme de A-algèbres

$$(*) \qquad B'_f \longrightarrow B_f$$

induit par $B' \longrightarrow B$. En effet, soit x un élément de la A-algèbre B ; on a $fx \in B' = A + I$, donc $x/1$ appartient à l'image de (*), ce qui montre bien que (*) est un isomorphisme. Ainsi chaque point y de $Y' - V(I')$ admet un voisinage ouvert $U = U(f)$ de la forme Spec (B'_f) avec $f \in I$, tel que

$$q|q^{-1}(U) : q^{-1}(U) \longrightarrow U$$

soit un isomorphisme. Comme, d'autre part, les ouverts $D(f)$ avec $f \in I$ constituent une base de $Y - D$, il en résulte que q induit un homéomorphisme des espaces topologiques sous-jacents.

Posons $U = Y - D$ et $U' = Y' - V(I')$. Le fait que (*) soit un isomorphisme entraîne que pour tout $f \in I$

$$\Gamma(U(f), O_{U'}) \longrightarrow \Gamma(q^{-1}(D(f)), O_U)$$

est un isomorphisme, et *a fortiori* que $O_{U'} \longrightarrow q_*(O_U)$ est un isomorphisme. Donc q est un isomorphisme d'espaces annelés. c.q.f.d.

Prouvons maintenant que le diagramme (2.6) est aussi co-cartésien.

Proposition 2.8. *On conserve les mêmes notations et hypothèses que dans* (2.7). *Le S-foncteur covariant $Y \coprod_D S$ de la catégorie $Sch|_S$ vers celle des ensembles est représentable par le S-schéma $Y' =$* Spec (B').

Preuve. Soit $Z =$ Spec (C) un S-schéma affine donné par une A-algèbre C. La donné d'une section de Z au-dessus de $Y \coprod_D S$ revient par définition à celle d'un diagramme commutatif de A-algèbres

$$(*) \qquad \begin{array}{ccc} C & \longrightarrow & B \\ \big\downarrow & & \big\downarrow \\ A & \longrightarrow & B/I \end{array} .$$

Il est clair qu'il existe un homomorphisme unique de A-algèbres $C \to B'$ (cf. (2.1)) tel que $C \to B' \to B$ (resp. $C \to B' \to A$) soit égale à la flèche horizontale (resp. verticale) issue de C. Réciproquement, la donnée d'un homomorphisme de A-algèbres $C \to B'$ donne lieu à un diagramme commutatif de A-homomorphismes d'algèbres du même type que (*). On a donc vérifié que le morphisme canonique

$$(**) \qquad \mathrm{Hom}_S(Y', -) \longrightarrow Y \coprod_D S$$

de S-foncteurs covariants induit un isomorphisme des restrictions de ces foncteurs à la sous-catégorie des S-schémas affines.

Soit Z un S-schéma. On se donne deux morphismes de S-schémas $\varphi : Y \to Z$ et $\epsilon : S \to Z$ qui rendent commutatif le diagramme suivant

$$\begin{array}{ccc} Y & \xrightarrow{\varphi} & Z \\ \uparrow & & \uparrow \epsilon \\ D & \longrightarrow & S \end{array}$$

Montrons qu'il existe un morphisme unique de S-schémas $Y \xrightarrow{\psi} Z$ tel que $Y \longrightarrow Y' \xrightarrow{\psi} Z$ (resp. $S \longrightarrow Y' \xrightarrow{\psi} Z$) soit égale à φ (resp. ϵ). La question de l'existence de ψ étant locale sur S, quitte à se restreindre à un ouvert de S, on peut supposer qu'il existe un ouvert affine V de Z voisinage de $\epsilon(S)$, tel que $\epsilon(S)$ soit fermé dans V.

D'autre part, il existe un recouvrement ouvert fini $D = \cup_{I \in \Lambda} D(f_i)$ de D, où pour tout $i \in \Lambda$ on a $f_i \in B$, tel que $\varphi(D(f_i)) \subset V$. On peut donc trouver des éléments (s_i) $(i \in \Lambda)$ de B tels que la classe de $f = \sum_i s_i f_i$ dans B/I soit égale à 1. L'ouvert $D(f) \subset Y$ est alors un voisinage de D tel que $\varphi(D(f)) \subset V$. De plus, l'élément f appartient à l'image de $B' \to B$ par construction et B'_f s'identifie à

$$\mathrm{Ker}\,(B_f \times A \rightrightarrows B_f/IB_f)\ ,$$

car la classe de f modulo I est égale à 1.

La restriction de φ à l'ouvert $D(f) = \mathrm{Spec}\, B_f$ de Y admet une factorisation unique

$$D(f) = \mathrm{Spec}\, B_f \xrightarrow{q|D(f)} D'(f) = \mathrm{Spec}\, B'_f \xrightarrow{\Phi} V$$

en vertu de ce qui a été prouvée. La proposition (2.7) montre que le morphisme $Y \xrightarrow{q} Y'$ induit un isomorphisme

$$D(f) \cap (Y - D) \xrightarrow{\sim} D'(f) \cap (Y' - V(I'))\,,$$

à partir duquel on construit un prolongement $\overline{\Phi} : Y' \to Z$ de Φ, qui est nécessairement unique. Par construction de $\overline{\Phi}$, on a que $\varphi = \overline{\Phi} \circ q$ et que le S-morphisme $S \to Y \xrightarrow{\overline{\Phi}} Z$ est égale à ϵ. On voit donc que $\psi = \overline{\Phi}$ satisfait aux conditions demandées. On vérifie ainsi que le morphisme (**) est un isomorphisme fonctoriel, ce qui prouve la représentabilité de $Y \coprod_D S$ dans $\mathrm{Sch}|_S$. c.q.f.d.

Remarque 2.9. Avec les hypothèses de (2.8) on a :

(1) La formation de la somme amalgammé $Y \coprod_D S$ commute aux changements de base, c.à.d., étant donné un S-schéma $S' \to S$, on a un isomorphisme de S'-schémas

$$Y_{S'} \coprod_{D_{S'}} S' \xrightarrow{\sim} (Y \coprod_D S)_{S'}.$$

(2) La méthode de la présentation finie permet de construire un schéma affine $\overline{S} = \operatorname{Spec} \overline{A}$, de présentation finie sur $\mathbb{Z}$, donné par une $\mathbb{Z}$-algèbre $\overline{A}$ (de présentation finie), un morphisme $S \to \overline{S}$, un $\overline{S}$-schéma affine $\overline{Y} = \operatorname{Spec} \overline{B}$ de présentation finie, donné par une $\overline{A}$-algèbre $\overline{B}$ (de présentation finie), et un idéal $\overline{I} \subset \overline{B}$ tel que $\overline{D} = V(\overline{I})$ soit fidèlement plat sur $\overline{S}$; cette construction en V telle qu'il existe des isomorphismes

$$Y \simeq \overline{Y} \times_{\overline{S}} S, \qquad D \simeq \overline{D} \times_{\overline{S}} S.$$

On a alors un isomorphisme de S-schémas

$$Y \coprod_D S \simeq (\overline{Y} \coprod_{\overline{D}} \overline{S})_S.$$

Désormais, dans ce numéro, soient donnés :

(i) un schéma S ;

(ii) un S-schéma Y de présentation finie et plat, à fibres géométriques intègres de dimension 1, et localement projectif ;

(iii) un diviseur de Cartier relatif D donné par un sous-schéma fermé de Y.

Puisque l'image de D par $Y \to S$ est ouverte et fermée (car D est plat, localement de présentation finie et propre sur S), on peut décomposer Y en réunion d'ouverts disjoints $Y = U \cup V$, de manière que D_V soit vide et le morphisme $D_U \to U$ induit par $Y_U \to U$ soit surjectif. Pour démontrer la représentabilité de $Y \coprod_D S$ on peut supposer que S *est affine*, que Y *est projectif sur* S, et que $D \to S$ *est surjectif.*

Soient $S = \operatorname{Spec} A$ avec A local et noethérien, Y un S-schéma vérifiant la condition (ii) ci-dessus. Il existe alors un fibré très ample $\mathcal{L}$ relativement à $Y \to S$ tel que

$$Y = \operatorname{Proj} \Gamma_*(Y, \mathcal{L}),$$

où $\Gamma_*(Y\mathcal{L})$ désigne la A-algèbre graduée $\oplus_{n\geq 0}\Gamma(Y, \mathcal{L}^{\otimes n})$. Soit D un diviseur de Cartier relatif de Y donné par un idéal homogène $I = \oplus_{n\geq 1} I_n$ de $\Gamma_*(Y, \mathcal{L})$. Soit s le point de S donné par l'idéal maximal de A. Soit $k(s)$ le corps résiduel de A. Par hypothèse, la fibre $Y \times_S k(s)$ est une courbe intègre munie d'un diviseur $D \times_S k(s)$ dont le support est constitué d'un nombre fini de points de $Y \times_S k(s)$. Il existe alors un entier n et une section $\Delta_s \in \Gamma(Y \times_S k(s), \mathcal{L}^{\otimes n} \otimes_A k(s))$ tels que le support du diviseur de Δ_s soit disjoint de celui de $D \times_S k(s)$.

(Soit X une courbe intègre et projective sur un corps k. Soient $D \subset X$ un diviseur et $\mathcal{L}$ un faisceau très ample sur X tel que $X = \operatorname{Proj} \Gamma_*(X, \mathcal{L})$. Soient $k \to K$ le corps des fonctions rationnelles de X, et $k \subset K' \subset K$ une extension transcendante pure de k. Il existe alors un k-morphisme

$$X \xrightarrow{\quad p \quad} \mathbf{P}^1_k$$

tel que l'image du corps des fonctions rationnelles de $\mathbf{P}^1_k$ par le k-homomorphisme donné par p soit K'. L'image $p(D)$ est formé d'un ensemble fini de points de $\mathbf{P}^1_k$. Soient $x \in \mathbf{P}^1_k - p(D)$ et σ une section de $O_{\mathbf{P}_k}(1)$ au-dessus de $\mathbf{P}^1_k$ telle que $\sigma(x) = 0$. L'image inverse Δ de σ dans $\Gamma_*(X, \mathcal{L})$ est une section globale d'une puissance $\mathcal{L}^{\otimes n}$ dont le support du diviseur est disjoint de D.)

D'après [17], page 53, corollaire 3, on a un isomorphisme

$$(*) \qquad \Gamma(Y, \mathcal{L}^{\otimes n}) \otimes_A k(s) \simeq \Gamma(Y \times_S k(s), \mathcal{L}^{\otimes n} \otimes_A k(s)).$$

Soit $\Delta \in \Gamma_\star(Y, \mathcal{L})$ une section donnant Δ_s par passage à la fibre. Notons $K = \otimes_{n\geq 0} K_n$ l'idéal homogène de $\Gamma_\star(Y, \mathcal{L})$ engendré par I et par Δ. Par construction de Δ_s, il existe un entier $m \geq 0$ tel que l'image de

$$K_m \otimes_A k(s) \to \Gamma(Y, \mathcal{L}^{\otimes m}) \otimes_A k(s)$$

soit égale à $\Gamma(Y, \mathcal{L}^{\otimes m}) \otimes_A k(s)$ d'après l'isomorphisme (*). On conclut par le lemme de Nakayama que

$$K_m = \Gamma(Y, \mathcal{L}^{\otimes m}),$$

donc que l'ouvert complémentaire U de l'ensemble des zéros de Δ est un ouvert affine contenant le support du diviseur D, d'après [17], pg. 53, Corollaire 3. On a alors la

Proposition 2.10. *Soit $S = \operatorname{Spec} A$ avec A local et noethérien. Soient Y un S-schéma vérifiant la condition* (ii) *ci-dessus. $\mathcal{L}$ un fibré très ample relativement à $Y \to S$. (On a alors $Y = \operatorname{Proj} \Gamma_\star(Y, \mathcal{L})$). Soit D un diviseur de Cartier relatif de Y, défini par un idéal homogène $I = \oplus_{n \geq 1} I_n$ de $\Gamma_\star(Y, \mathcal{L})$. Il existe alors une section Δ de $\Gamma_\star(Y, \mathcal{L})$ tel que* l'ouvert affine complémentaire *U de l'ensemble de ses zéros contienne le support de D.*

Remarque 2.11. Avec les notations ci-dessus et celles de [9], $V_+(\Delta)$ est un diviseur de Cartier relatif. En effet, par construction, la restriction de Δ à la fibre $Y \times_S k(s)$ est non-diviseur de zéro et Y est plat sur S. (cf. (1.7)).

Proposition 2.12. *Soit S un schéma. Soient Y un S-schéma vérifiant* (ii), *et D un diviseur de Cartier relatif fermé. La somme amalgamée $Y \coprod_D S$ est alors représentable dans la catégorie des S-schémas.*

Preuve. Supposons d'abord S noethérien et affine. La question de la représentabilité étant locale, on peut supposer par (2.10) l'existence d'un diviseur de Cartier relatif fermé T tel que $V = Y - T$ soit un ouvert affine contenant D. Dans ce cas soit V' le S-schéma affine que représente la somme amalgamée

$$V \coprod_D S.$$

D'après (2.7) on a un isomorphisme $V - D \simeq V' - D'$, où D' désigne l'image de D par $V \to V'$. Alors le S-schéma Y' obtenu en recollant V' et $Y - D$ le long de $V' - D'$ représente la somme amalgamée $Y \coprod_D S$.

Compte tenu de (2.9) et grâce à la méthode de la présentation finie, on se ramène à partir du cas général au cas S affine et noethérien. c.q.f.d.

Soit $S = \operatorname{Spec} A$ un schéma noethérien affine. Soit Y un S-schéma projectif vérifiant la condition (ii). Soit $\mathcal{L}$ un fibré très ample de Y relativement à $Y \to S$ de manière que l'on ait

$$Y = \operatorname{Proj} \Gamma_\star(\mathcal{L}),$$

où $\Gamma_\star(\mathcal{L}) = \oplus_{d \geq 0} \Gamma(Y, \mathcal{L}^{\otimes d})$. Soit Δ une section homogène de $\Gamma_\star(\mathcal{L})$ telle que $T = V_+(\Delta)$ (cf. [9]), soit un diviseur de Cartier relatif de Y (dont le complémentaire $Y - V_+(\Delta)$ soit affine).

Proposition 2.13. *Soient S, Y et T comme ci-dessus. Soit $D \subset Y$ un diviseur de Cartier relatif tel que $D \subset Y - T$. Le S-schéma $Y \coprod_D S$ est alors projectif, de type fini, plat, et à fibres géométriques intègres.*

Preuve. On pose $\mathcal{B} = \oplus_{d\geq 0}\mathcal{B}_d = \Gamma_*(\mathcal{L})$. Alors $\mathcal{B}$ est une A-algèbre graduée engendrée par $\mathcal{B}_1$. Soit $I = \oplus_{d\geq 0} I_d$ l'idéal gradué qui définit D, c.à.d. avec les notations de [9] on a $D = V_+(I)$. Quitte à substituer $\mathcal{L}^{\otimes n}$ à $\mathcal{L}$ pour un entier $n > 0$ convenable, on peut supposer que Δ est de degré 1, et que I est engendré par un système fini de générateurs homogènes (f_p) $(p \in P)$ de degré égal à 1.

Soit $\mathcal{C}$ la A-sous-algèbre graduée engendrée par $(f_p)\,(p \in P)$ et Δ. Soit $J \subset \mathcal{C}$ l'idéal gradué engendré par $(f_p)\,(p \in P)$. On a un A-morphisme

$$(*) \qquad \operatorname{Proj}(\mathcal{B}) \to \operatorname{Proj}(\mathcal{C})$$

donné par l'inclusion $\mathcal{C} \to \mathcal{B}$, qui est défini partout. Comme Proj $(\mathcal{B})$ et Proj $(\mathcal{C})$ sont des A-schémas projectifs (cf. [9], page 104), le morphisme (*) est projectif, donc propre.

Soit $(x_q)\,(q \in Q)$ un système fini de générateurs homogènes de la A-algèbre $\mathcal{B}$, de degré égal à 1. Quitte à remplacer le système de générateurs $(f_p)\,(p \in P)$ par le système $(f_p x_q)\,((p,q) \in P \times Q)$, et $\mathcal{L}$ par $\mathcal{L}^{\otimes 2}$, on peut supposer que le morphisme (*) induit un isomorphisme

$$\operatorname{Proj}(\mathcal{B}) - D \simeq \operatorname{Proj}(\mathcal{C}) - V_+(J)$$

(pour la notation cf. [9], page 25) (cf. la preuve de (2.7)). D'autre part, la fibre de (*) au-dessus de $V_+(J)$ est donné par le sous-schéma D qui est fini sur S et à fortiori sur $V_+(J)$. Le morphisme $(*)$ est alors propre, localement de présentation finie et quasi-fini. Le théorème (8.11.1) de [13], page 41, s'applique et montre que $(*)$ est un morphisme fini. On vérifie facilement que (*) admet la factorisation suivante

$$Y = \operatorname{Proj}(\mathcal{B}) \to Y \coprod_D S \to \operatorname{Proj}(\mathcal{C}).$$

Comme (*) est fini, la restriction de (*) à l'ouvert Spec $\mathcal{C}_{(\Delta)}$

$$\operatorname{Spec} \mathcal{B}_{(\Delta)} \to \operatorname{Spec} \mathcal{C}_{(\Delta)},$$

où $\mathcal{B}_{(\Delta)}$ (resp. $\mathcal{C}_{(\Delta)}$) désigne la composante de degré 0 de la A-algèbre graduée $\mathcal{B}_\Delta$ (resp. $\mathcal{C}_\Delta$) est finie. On a alors les homomorphismes de A-algèbres

$$\mathcal{C}_{(\Delta)} \to A + I_{(\Delta)} \to \mathcal{B}_{(\Delta)},$$

où $I_{(\Delta)} \subset \mathcal{B}_{(\Delta)}$ désigne l'idéal donné par I. La $\mathcal{C}_{(\Delta)}$-algèbre $\mathcal{B}_{(\Delta)}$ étant un $\mathcal{C}_{(\Delta)}$-module fini, $A + I_{(\Delta)}$ est un $\mathcal{C}_{(\Delta)}$-module fini car $\mathcal{C}_{(\Delta)}$ est noethérien. Soit $\mathcal{B}' \subset \mathcal{B}$ la A-sous-algèbre graduée obtenue à partir de $\mathcal{C}$ en rajoutant à $\mathcal{C}$ des sections homogènes de I qui engendrent par localisation le $\mathcal{C}_{(\Delta)}$-module $A + I_{(\Delta)}$. Alors on a Proj $(\mathcal{B}') \simeq Y \coprod_D S$; de plus, il est facile de voir que Proj $(\mathcal{B}')$ est plat, à fibres géométriques intègres de dimension 1. (Ces vérifications étant locales, on se ramène au cas affine). c.q.f.d.

La méthode de la présentation finie (cf. 1.) donne à partir de (2.13) le

Corollaire 2.14. *Soit S un schéma. Soit Y un S-schéma vérifiant les conditions de* (ii). *Soit D un diviseur de Cartier relatif fermé de Y. Le S-foncteur somme amalgamée $Y \coprod_D S$ est représentable par un S-schéma localement projectif de présentation finie, plat sur S, et à fibres géométriques intègres de dimension 1.*

Soient n un entier positif et $T^{(n)} \subset \widehat{X}$ le diviseur de Cartier relatif défini par le voisinage infinitésimal d'ordre n de $T \subset \widehat{X}$ (cf. (1.8)). On pose (avec les notations de 1.)

$$\widehat{X}^{(n)} = \widehat{X} \coprod_{T^{(n)}} S. \tag{2.15}$$

Les hypothèses de (2.14) étant satisfaites par $\widehat{X}$, $T^{(n)}$ et S (cf. (1.8)) on voit que $\widehat{X}^{(n)}$ *est représentable par un S-schéma de présentation finie, localement projectif, plat et à fibres géométriques intègres de dimension 1.* On note

$$f^{(n)} : \widehat{X}^{(n)} \to S \tag{2.16}$$

Le S-morphisme naturel obtenu à partir du couple (f, id_S). Soit

$$\epsilon^{(n)} : S \to \widehat{X}^{(n)} \tag{2.17}$$

la S-section naturelle obtenue par construction de $X \coprod_{T^{(n)}} S$. Soit

$$q^{(n)} : \widehat{X} \to \widehat{X}^{(n)} \tag{2.18}$$

le S-morphisme naturel qui correspond à (2.5) dans le cas affine. Etant donnés des entiers $0 \leq n \leq m$ on a un S-morphisme naturel

$$\widehat{X}^{(n)} \longrightarrow \widehat{X}^{(m)} \tag{2.19}$$

car on a une immersion fermée $T^{(n)} \hookrightarrow T^{(m)}$. On a donc la suite de morphismes de S-schémas

$$\widehat{X} \to \widehat{X}^{(0)} \to \widehat{X}^{(1)} \to \ldots \to \widehat{X}^{(n)} \to \widehat{X}^{(n+1)} \to \ldots, \tag{2.20}$$

et les diagrammes cartésiens et co-cartésiens de la catégorie de S-schémas (cf. (2.6) et (2.8))

$$\begin{array}{ccc} T^{(n)} & \xrightarrow{i^{(n)}} & \widehat{X} \\ {\scriptstyle p^{(n)}}\downarrow & & \downarrow{\scriptstyle q^{(n)}} \\ S & \xrightarrow{\epsilon^{(n)}} & \widehat{X}^{(n)} \end{array} \tag{2.21}$$

où $p^{(n)}$ désigne la restriction $f|T^{(n)}$ et $i^{(n)}$ l'immersion $T^{(n)} \hookrightarrow \widehat{X}$.

3. Construction du système projectif de S-groupes $(J_n^{\cdot})_{n\geq 0}$

Soit $n \in \mathbf{N}$. Au S-schéma $\widehat{X}^{(n)} \xrightarrow{f^{(n)}} S$ on associe le S-foncteur de Picard relatif

$$J_n^{\cdot} = \underline{\mathrm{Pic}}_{\widehat{X}^{(n)}/S} = R^1 f_\star^{(n)}(\mathbf{G}_{m\widehat{X}^{(n)}}), \tag{3.1}$$

où $R^1 f_\star^{(n)}$ désigne le premier foncteur dérivé du foncteur image directe $f_\star^{(n)}$ de la catégorie des faisceaux fpqc au-dessus de $\widehat{X}^{(n)}$ vers celle des faisceaux fpqc au-dessus de S (cf. [7], exp. n°232). Le S-schéma $\widehat{X}^{(n)}$ est projectif, de présentation finie, plat et à fibres géométriques intègres de dimension 1 ; on a alors un isomorphisme

$$f_\star(\mathcal{O}_{\widehat{X}^{(n)}}) \simeq \mathcal{O}_S \tag{3.2}$$

(cf. [11]). D'autre part, on a une section canonique $\epsilon^{(n)} : S \to \widehat{X}^{(n)}$. Dans ce cas, étant donné un S-schéma S', on identifie l'ensemble des sections de $\underline{\mathrm{Pic}}_{\widehat{X}^{(n)}/S}$ au-dessus de S' à l'ensemble des classes d'isomorphisme des couples (L, u) formés d'un module inversible L sur $\widehat{X}_{S'}^{(n)}$ et d'une trivialisation

$$u : (\epsilon_{S'}^{(n)})^\star(L) \simeq \mathcal{O}_{S'} \qquad \text{(cf. } loc.\ cit.\text{)}. \tag{3.3}$$

Pour tout entier $n \geq 0$, construisons un S-morphisme fonctoriel :

$$\Phi_n : \widehat{X} - T \to \underline{\mathrm{Pic}}_{\widehat{X}^{(n)}/S}. \tag{3.4}$$

Notons d'abord qu'un fibré inversible $\widehat{L}$ sur $\widehat{X}$ de la forme $(q^{(n)})^\star(L)$, où L est un fibré inversible sur $\widehat{X}^{(n)}$, vérifie la condition suivante : il existe un fibre inversible L' sur S et un isomorphisme

$$\widehat{L}|T^{(n)} \simeq (p^{(n)})^\star(L'). \tag{3.5}$$

(Le diagramme (2.21) est cartésien). Réciproquement, si étant donné $\widehat{L}$ un tel L' existe et vérifie (3.5), il existe un fibré inversible L sur $\widehat{X}^{(n)}$ et un isomorphisme $\widehat{L} \simeq (q^{(n)})^{\star}(L)$.

Soit $S' \xrightarrow{\sigma} \widehat{X}_{S'} - T_{S'}$ une section au-dessus de S'. En vertu de l'hypothèse de lissité de $\widehat{X}_{S'} - T_{S'}$ au-dessus de S', et du fait que la dimension relative de $X_{S'} - T_{S'}$ est égale à 1, l'idéal de définition $K \subset \mathcal{O}_{\widehat{X}_{S'}}$ de cette section, est localement principal et définit alors un diviseur de Cartier relatif de $\widehat{X}_{S'}$ (au-dessus de D'). D'autre part, le support de K étant disjoint de $T_{S'}$, il existe une trivialisation évidente de la restriction de K à un voisinage ouvert U de T : $u : K|U \simeq \mathcal{O}_{\widehat{X}_{S'}}|U$. Etant donné un entier $n \geq 0$, on notera $\Phi_n(\sigma)$ la section de $\underline{\mathrm{Pic}}_{\widehat{X}^{(n)}/S}$ au-dessus de S' correspondant au couple $(K, u|T^{(n)})$.

Une adaptation immédiate du théorème principal d'existence du groupe de Picard relatif (cf. [7], exp. n°232), en suivant un argument de présentation finie, donne le :

Théorème 3.6. *Soit $f : \widehat{X} \to S$ un morphisme de schémas. On suppose :*

(i) *f est localement projectif, de présentation finie ;*

(ii) *f est plat ;*

(iii) *les fibres géométriques de f sont intègres de dimension* 1.

Sous ces conditions $\underline{\mathrm{Pic}}_{\widehat{X}/S}$ est représentable par un S-schéma en groupes séparé.

Une application de ce résultat à $\widehat{X}^{(n)} \xrightarrow{f} S$ montre que J_n est un S-schéma en groupes séparé. La suite de morphismes de S-schémas (2.20) donne lieu à un système projectif de S-groupes

$$\cdots \longrightarrow J_n \longrightarrow \cdots \longrightarrow J_1 \to J_0. \tag{3.7}$$

Par construction de (Φ_n) $(n \geq 0)$ on a, pour tout $n \geq 0$, le diagramme commutatif de S-morphismes

$$\begin{array}{ccc} J_{n+1} & \longrightarrow & J_n \\ {\scriptstyle \Phi_{n+1}} \uparrow & \nearrow {\scriptstyle \Phi_n} & \\ X = \widehat{X} - T & & \end{array} \tag{3.8}$$

En d'autres termes, (Φ_n) $(n \geq 0)$ est un système projectif de S-morphismes de X dans le système projectif de S-groupes $(J^{\cdot}_n)_{n \geq 0}$.

Proposition 3.9. *Pour tout $n \geq 0$, le S-groupe J_n est lisse.*

Preuve. Montrons que le S-foncteur $\underline{\mathrm{Pic}}_{\widehat{X}^{(n)}/S}$ est formellement lisse. Soient donc $S' = \operatorname{Spec} A$ un S-schéma affine, et $S'_0 = \operatorname{Spec} A_0 \longrightarrow S$ un sous-schéma défini par un idéal I de A, de carré nul. Etant donnée la description des sections de $\underline{\mathrm{Pic}}_{\widehat{X}^{(n)}/S}$ au-dessus de A_0 (resp. A) comme classes d'isomorphisme de couples (L_0, u_0) ((resp. (L, u)) d'un fibré inversible L_0 (resp. L) sur $\widehat{X}^{(n)}_{A_0}$ (resp. $\widehat{X}^{(n)}_{A}$) et d'une trivialisation u_0 (resp. u) le long de $\epsilon^{(n)}_{A_0}$ (resp. ϵ^{n}_{A}), il suffit de vérifier que tout fibré inversible L_0 au-dessus de $\widehat{X}^{(n)}_{A_0}$ se relève en un fibré inversible L de $\widehat{X}^{(N)}_{A}$. Un argument de présentation finie permet de supposer que A est noethérien (dans ce cas Spec A n'est pas nécessairement un S-schéma) et local, et bien entendu séparé pour la topologie définie par I. D'autre part, on a $H^2(\widehat{X}^{(n)}_{A_0}, F) = 0$ pour tout $\mathcal{O}_{\widehat{X}^{(n)}}$-faisceau quasi-cohérent F. En particulier, on a $H^2(\widehat{X}^{(n)}_{A_0}, \underline{\mathrm{Hom}}(L_0, L_0)) = 0$, donc il existe un faisceau inversible L sur $\widehat{X}^{(n)}_{A}$ induisant L_0. (cf. [7], Exp. n°182, Corollaire 1, page 11). On vérifie aussi facilement que $\underline{\mathrm{Pic}}_{\widehat{X}^{(n)}/S}$ est localement de présentation finie; on obtient ainsi que $J^{\cdot}_n$ est S-lisse. c.q.f.d.

Remarque 3.10. On utilise dans la preuve précédente, qu'étant donnés un morphisme propre $f : Y \to S$ avec S noethérien, un point s de S tel que $f^{-1}(s)$ soit de dimension r, et un $\mathcal{O}_Y$-module cohérent F, les faisceaux $R^p f_*(F)$ sont nuls au voisinage de s pour tout $p > r$. (cf. [10], p. 130, (4.2.2)).

Soit G un S-schéma en groupes. On définit dans [6], exp $\mathrm{VI_B}$ un S-sous-foncteur en groupes $G^0 \subset G$ appelé la *composante neutre de* G. On prouve dans *loc. cit.*, Théorème 3.10, que si G est un S-schéma en groupes lisse, alors G° est représentable par un sous-schéma ouvert de G. On fait remarquer que, si G est un S-schéma en groupes localement de présentation finie et plat, l'énoncé précédant est aussi vrai. On a alors le

Corollaire 3.11. *La composante neutre J°_n de $J^{\cdot}_n$ est représentable par un sous-schéma ouvert de présentation finie et lisse sur S.*

Pour tout entier $n \geq 0$, on a une suite exacte de $\widehat{X}^{(n)}$-faisceaux en groupes fpqc

$$1 \longrightarrow \mathbb{G}_{m\widehat{X}^{(n)}} \longrightarrow q_\star^{(n)}(\mathbb{G}_{m\widehat{X}}) \longrightarrow Q_n \longrightarrow 1 \tag{3.12}$$

qui sert de définition à Q_n. Il est clair que le support de Q_n est contenu dans $\epsilon^{(n)}(S)$. Montrons que l'on a un isomorphisme de S-groupes

$$p_\star^{(n)}(\mathbb{G}_{mT^{(n)}})/\mathrm{Im}\ \mathbb{G}_{mS} \simeq f_\star^{(n)}(Q_n). \tag{3.13}$$

Pour étudier Q_n, on peut se ramener à une situation affine. Soient $S = \mathrm{Spec}\, A$ avec A local, et B une A-algèbre telle que $U = \mathrm{Spec}\, B$ soit un voisinage ouvert U de $T = V(I)$ dans $\widehat{X}$, où I désigne l'idéal de définition de T.

On a alors $T^{(n)} = V(I^{n+1}) = \mathrm{Spec}\,(B/I^{n+1})$ et, par construction, on a $U = (q^{(n)})^{-1}(U')$, où U' est un sous-schéma ouvert de $\widehat{X}^{(n)}$, isomorphe à Spec $(A + I^{n+1})$. De plus, B/I^{n+1} est un module projectif de type fini sur A, et en passant à la limite inductive sur les voisinages de $T^{(n)}$ dans $\widehat{X}$, on se ramène au cas où les éléments de $1 + I$ sont inversibles dans B. Alors, tout élément inversible de B/I^{n+1} se relève en un élément inversible de B, et tout élément inversible de $A + I^{n+1}$ est de la forme $a(1 + i)$ avec a dans A et i dans I_{n+1}. L'assertion (3.13) résulte de là.

Montrons maintenant que le S-foncteur $f_\star^{(n)}(Q_n)$ est représentable par un S-schéma affine. La $\mathcal{O}_S$-algèbre $A_n = p_\star^{(n)}(\mathcal{O}_{T^{(n)}})$ est finie et localement libre. Soit $\check{P}(A_n)$ le fibré projectif donné par $\check{A}_n$ (cf. [9], page 71, Définition (4.11)). On a alors un isomorphisme naturel :

$$p_\star^{(n)}(\mathbb{G}_{mT}(n))/\mathrm{Im}\ \mathbb{G}_{mS} \xrightarrow{\sim} \check{P}(A_n)_{(N)},$$

où $N \in \Gamma(S, \mathrm{Sym}^{d_n}(A_n))$ est la section qui définit la norme de l'algèbre A_n. On note d_n le rang de A_n. En conclusion, $p_\star^{(n)}(\mathbb{G}_{mT^{(n)}})/\mathrm{Im}\ \mathbb{G}_{mS}$ est représentable par un ouvert affine d'un fibré projectif.

Pour tout entier $n \geq 0$, on a une suite exacte de faisceaux fppf.

$$1 \to p_\star^{(n)}(\mathbb{G}_{mT^{(n)}})/\mathrm{Im}\ \mathbb{G}_{mS} \to \underline{\mathrm{Pic}}_{\widehat{X}^{(n)}/S} \to \underline{\mathrm{Pic}}_{\widehat{X}/S} \to 1. \tag{3.15}$$

On a la description suivante de la deuxième flèche à gauche. A toute section η de $p_\star^{(n)}(G_{mT^{(n)}})$ au-dessus d'un S-schéma S', il correspond une section de $\mathrm{Pic}_{\widehat{X}^{(n)}/S}$ au-dessus de S' : la classe d'isomorphisme du couple $(\mathcal{O}_{\widehat{X}}, \eta)$ (On interprète η comme une trivialisation de $\mathcal{O}_{\widehat{X}}|T^{(n)}$.) Les classes d'isomorphismes de ces couples sont en bijection avec les sections de $\Gamma(S', p_n^{(\star)}(\mathbb{G}_{mT^{(n)}})/\mathrm{Im}\ \mathbb{G}_{mS})$.

Pour montrer l'exactitude de (3.15), quitte à passer à une extension fidèlement plate et finie $T^{(n)}_{S'} \to S'$, on peut supposer que $\widehat{X}_{S'}$ admet une section au-dessus de S'. Dans ce cas, le groupe des sections du groupe de Picard relatif $\Gamma(S', \mathrm{Pic}_{\widehat{X}_{S'}/S'})$ s'identifie au quotient $\mathrm{Pic}(\widehat{X}_{S'})/\mathrm{Pic}(S')$. Soit donc L un fibré inversible sur $\widehat{X}_{S'}$. Pour tout point s de S', il existe un voisinage ouvert U_s tel que la restriction $L|T^{(n)}_{U_s}$ soit libre. (Cette affirmation résulte du fait que $T^{(n)}_{S'} \to S'$ est un morphisme fini, et du lemme de Nakayama). Alors, étant donnée une section ξ de $\mathrm{Pic}_{\widehat{X}/S}$ au-dessus de S', il existe une extension fppf, soit $S'' \to S'$ telle que $\xi_{S''}$ se trouve dans l'image de $\mathrm{Pic}_{\widehat{X}^{(n)}/S} \to \mathrm{Pic}_{\widehat{X}/S}$, compte tenu de la description des sections de $\mathrm{Pic}_{\widehat{X}^{(n)}/S}$.

On vérifie facilement l'injectivité de la deuxième flèche à gauche, et on a ainsi prouvé l'exactitude de (3.15). Il en résulte une autre preuve de la représentabilité de $\mathrm{Pic}_{\widehat{X}^{(n)}/S}$. On peut interpréter $\mathrm{Pic}_{\widehat{X}^{(n)}/S}$ comme un torseur fppf au-dessus de $\mathrm{Pic}_{\widehat{X}/S}$ (que l'on sait représentable). Or un torseur fppf P au-dessus d'un S-schéma Y de groupe structural affine est toujours représentable, comme le montre la théorie de la descente.

De même, l'exactitude de (3.15) donne un dévissage de $\mathrm{Pic}_{\widehat{X}^{(n)}/S}$ qui prouve que les morphismes de transition du système projectif $(J^{\cdot}_n)_{n\geq 0}$ sont affines. Par conséquence la limite projective

(3.16) $$J^{\cdot} = \varprojlim_n J_n$$

existe dans la catégorie des S-schémas $\mathrm{Sch}|_S$.

Posons

(3.17) $$\Phi = \varprojlim_n \Phi_n.$$

On a ainsi un S-morphisme de X dans $J^{\cdot}$. Pour tout entier $n \geq 0$, on a une suite exacte de faisceaux fppf

(3.18) $$1 \to J^0_n \to J_n \to \mathbb{Z}_S \to 0$$

donnée par l'augmentation canonique. Par passage à la limite projective, on obtient

(3.19) $$1 \to J^0 \to J^{\cdot} \to \mathbb{Z}_S \to 0,$$

où J^0 désigne la composante neutre de $J^{\cdot}$, qui est représentable par un ouvert de $J^{\cdot}$.

4. Enoncé du théorème de factorisation et preuve dans le cas d'un schéma de base noethérien et réduit S.

Dans ce numéro et le suivant, on donne la preuve du

Théorème 4.1. *Soit S un schéma. Soit $\widehat{X}$ un S-schéma plat, de présentation finie, localement projectif, à fibres géométriques intègres de dimension 1. Soit $T \subset \widehat{X}$ un diviseur de Cartier relatif qui soit fermé. On suppose que $X = \widehat{X} - T$ est lisse sur S. Soit G un S-schéma en groupes commutatif et lisse. L'homomorphisme de groupes*

$$\mathrm{Hom}_{S-gr}(J^{\cdot}, G) \to G(X)$$

induit par composition avec $X \xrightarrow{\Phi} J^{\cdot}$ est un isomorphisme. (Cette propriété sera désignée comme la propriété de factorisation universelle du couple $(J^{\cdot}, \Phi)$.)

Par un argument de présentation finie, on montre que le théorème (4.1) est équivalent au

Théorème 4.2. *On reprend les mêmes notations que dans* (4.1). *Soit ψ une section de G au-dessus de X. Il existe alors un entier $n \geq 0$ et un unique S-homomorphisme de groupes*

$$\overline{\psi} : J^{\cdot}_n \to G$$

tel que $\psi = \overline{\psi} \circ \Phi_n$ (cf. (3.4)).

La preuve de (4.1) procède comme suit. Un argument de présentation finie et l'unicité de la factorisation permettent de se ramener au cas où S est un schéma affine et noethérien. On traite d'abord le cas où S est réduit, à partir de la théorie sur un corps, ensuite le cas général, par récurrence sur l'ordre de nilpotence du nilradical de S (cf. (5.1)). On construit alors à chaque étape une obstruction au relèvement infinitésimal d'une factorisation, dont on prouve la nullité en se ramenant au cas réduit.

Rappelons d'abord quelques résultats de la théorie des jacobiennes généralisées d'après Serre (cf. [16]).

Etant donnés deux entiers n, $N \geq 0$, soit

$$\sigma_n^N : \prod^N X \to J_n^N \tag{4.3}$$

le S-morphisme défini par

$$\sigma_n^N(x_1,\ldots,x_N)=\sum_{i=1}^{N}\Phi_n(x_i), \tag{4.4}$$

où $(x_1,\ldots,x_N)$ désigne une section de $\prod^N X$ au-dessus d'un S-schéma S'. On note J_n^N la composante de degré N de J_n. Le morphisme (4.4) admet la factorisation suivante

$$\prod^N X \to \mathrm{Sym}^N_{X/S} \xrightarrow{\overline{\sigma}_n^N} J_n^N, \tag{4.5}$$

où $\mathrm{Sym}^N_{X/S}$ désigne la puissance symétrique N-ème de X (cf. [7], Exp. n°221).

Soit maintenant $S = \operatorname{Spec} k$ où k désigne un corps algébriquement clos. Dans le chapitre V de [16], pour tout entier $n \geq 0$, Serre associe, à une k-courbe projective et non-singulière $\widehat{X}$ muni d'un diviseur $T \subset \widehat{X}$ un k-schéma en groupes commutatif et connexe, que nous notons ${}^sJ_n$, et un k-morphisme $\varphi_n : X \to {}^sJ_n$. Le couple $(\varphi_n, {}^sJ_n)$ vérifie la propriété de factorisation universelle exprimée par le théorème 2, p. 96, de *loc. cit.* Soit P_0 une section de $X = \widehat{X} - T$. On vérifie alors que le couple $(\varphi_n, {}^sJ_n)$ s'identifie avec les notations de 3, à $(\Phi_n - \Phi_n(P_0), \underline{\mathrm{Pic}}^0_{\widehat{X}^{(n)}/S})$.

(Le théorème 1 de *loc. cit.* p. 95 donne une interprétation des sections de ${}^sJ_n$ au-dessus de k en termes de classes de diviseurs étangers à T de degré 0. La relation d'équivalence est définie à partir des fonctions méromorphes m qui vérifient la relation $m-1 \in I^{n+1}$, où $I \subset \mathcal{O}_{\widehat{X}}$ désigne l'idéal de définition de $T \subset \widehat{X}$. A partir de la relation bien connue entre classes d'isomorphisme de fibrés inversibles sur $\widehat{X}$ et classes d'équivalence linéaire de diviseurs relatifs (cf. [14]), on montre que les sections de ${}^sJ_n$ et celles de $\underline{\mathrm{Pic}}^0_{\widehat{X}^{(n)}/S}$ sont les mêmes au-dessus d'un corps k'. Le théorème 2 de *loc. cit.* p. 96 donne un S-morphisme de groupes ${}^sJ_n \to \underline{\mathrm{Pic}}^0_{\widehat{X}^{(n)}/S}$. On prouve, compte tenu de ce qui précède et des constructions de [7], Exp. n°221, que c'est un isomorphisme.)

Lemme 4.6. *Soit k un corps et soit $\overline{k}$ une clôture algébrique de k. Soit $\widehat{X}$ une courbe projective sur k telle que $\widehat{X} \times_k \overline{k}$ soit intègre. Soit $T \subset \widehat{X}$ un diviseur de Cartier relatif tel que $X = \widehat{X} - T$ soit lisse. Etant donné un entier $n > 0$, il existe alors un entier $N > 0$ tel que le morphisme*

$$\sigma_n^N : \prod^N X \to \underline{\mathrm{Pic}}^N_{\widehat{X}^{(n)}/S}$$

soit surjectif.

Preuve. Quitte à remplacer $\widehat{X}$ par $\widehat{X} \times_k \overline{k}$, on peut supposer k algébriquement clos (cf. [13], p. 27). On peut aussi supposer $\widehat{X}$ lisse, quitte à remplacer $\widehat{X}$ par un modèle lisse $\widehat{X}'$ de $\widehat{X}$ et T par son image inverse T'. (Tout S-groupe $\underline{\mathrm{Pic}}_{\widehat{X}^{(n)}/S}$ construit à partir de $(\widehat{X}, T)$ peut-être majoré par un S-groupe $\underline{\mathrm{Pic}}_{\widehat{X}'^{(n)}/S}$ construit à partir de $(\widehat{X}', T')$ et réciproquement.) Soit π le genre arithmétique de $\widehat{X}^{(n)}$ (cf. [16], p. 71, formule (12)). La proposition 2 de *loc. cit.* p. 90 et le lemme 16 de *loc. cit.*, p. 95 montrent que le k-morphisme

$$\overline{\sigma}_n^\pi : \mathrm{Sym}^\pi_{\widehat{X}^{(n)}/S} \longrightarrow \underline{\mathrm{Pic}}^\pi_{\widehat{X}^{(n)}/S}$$

est birationnel. Donc la restriction à un ouvert convenable U de $\mathrm{Sym}^\pi_{\widehat{X}^{(n)}/S}$ de $\overline{\sigma}_n^\pi$ a pour image un ouvert V de $\underline{\mathrm{Pic}}^\pi_{\widehat{X}^{(n)}/S}$, nécessairement dense car $\underline{\mathrm{Pic}}^\pi_{\widehat{X}^{(n)}/S}$ est irréductible (puisqu'il est isomorphe à $\underline{\mathrm{Pic}}^0_{X^{(n)}/S}$). Il résulte de [6], Exp VI_A, 0.5, que la flèche $V \times V \longrightarrow \underline{\mathrm{Pic}}^{2\pi}_{\widehat{X}^{(n)}/S}$, donnée par la multiplication, est surjective. D'où il résulte que $\overline{\sigma}_n^{2\pi}$ est surjective et a fortiori $\sigma_n^{2\pi}$ aussi. c.q.f.d.

Proposition 4.7. *Soit S un schéma noethérien. Soient $\widehat{X}$, T, X, $J_n = \underline{\mathrm{Pic}}_{\widehat{X}^{(n)}/S}$, et Φ_n définis comme dans* (4.2). *Il existe alors un entier $N > 0$ et un ouvert $U \subset \prod^N X$ tels que le S-morphisme*

$$\sigma_n^N \mid U : U \longrightarrow J_n^N$$

soit fidèlement plat.

Preuve. Pour chaque point s de S, il existe un entier N qui dépend de s tel que

$$(\sigma_n^N)_s : \prod^N X_s \to (J_n^N)_s$$

soit surjectif (cf. (4.6)). Puisque $J_n^{\cdot}$ est de présentation finie, il en résulte que J_n^N est aussi de présentation finie. Il existe alors un ouvert U_s de $\overline{\{s\}}$ (cf. [13], p. 37, théorème (8.10.5)) tel que

$$(\sigma_n^N)_{U_s} : \prod^N X_{U_s} \to (J_n^N)_{U_s}$$

soit surjectif. Le schéma S étant noethérien, il est alors compact pour la topologie constructible. (cf. [8], p. 338, Proposition (7.2.13)). Il est donc possible de choisir un entier $N > 0$ tel que

$$\sigma_n^N : \prod^N X \longrightarrow J_n^N$$

soit surjectif. Par le théorème de platitude générique (cf. [12], p. 153), il existe un ouvert dense V_s de $(J_n^N)_s$ tel que $(\sigma_n^N)_s \mid (\sigma_n^N)_s^{-1}(V_s) : (\sigma_n^N)_s^{-1}(V_s) \to V_s$ soit plat et surjectif. D'autre part, il résulte de [6], Exp VI_A, 0.5, que le morphisme donné par la multiplication

$$V_s \times V_s \longrightarrow (J_n^{2N})_s$$

est plat et surjectif. Soit

$$U_s = (\sigma_n^N)_s^{-1}(V_s) \times (\sigma_n^N)_s^{-1}(V_s).$$

On a alors que le morphisme

$$(\sigma_n^{2N})_s|U_s : U_s \longrightarrow V_s \times V_s \longrightarrow (J_n^{2N})_s$$

est plat et surjectif. Le critère de platitude par fibres (cf. [12], p. 138) donne que la restriction de σ_n^{2N} à l'ouvert U de platitude de σ_n^{2N} est un morphisme surjectif. c.q.f.d.

Soit S un schéma noethérien réduit. Soit

$$\psi : X \longrightarrow G$$

un S-morphisme dans un S-groupe lisse G. Supposons d'abord que G soit séparé. Si s est un point générique d'une composante irréductible de S, la théorie sur un corps (cf. [16], ch. V, Théorème 2) donne l'existence d'un entier $n \geq 0$ et d'un $k(s)$-homomorphisme de $k(s)$-schémas en groupes

$$\overline{\psi}_{n,s} : (J_n)_s \longrightarrow G \times_S k(s)$$

tel que $\psi_s = \overline{\psi}_{n,s} \circ (\Phi_n)_s$.

Comme X est un S-schéma de présentation finie et G localement de présentation finie, il existe un ouvert U_s de $\overline{\{s\}}$ et un U_s-morphisme de U_s-schémas en groupes

$$\overline{\psi}_{nU_s} . (J_n)_{U_s} \longrightarrow G \times_S U_s$$

tels que :

$$\psi_{U_s} = \overline{\psi}_{nU_s} \circ (\Phi_n)_{U_s}.$$

On construit alors un ouvert dense V de S et une factorisation

$$\psi_V = \overline{\psi}_{nV} \circ (\Phi_n)_V.$$

D'autre part, $\overline{\psi}_{nV}$ admet une extension $\overline{\psi}_n$ à J_n s'il existe un entier $N > 0$ tel que $\overline{\psi}^N_{nV} = \overline{\psi}_{nV}|(J^N_n)_V$ admette une extension $\overline{\psi}^N_n$ à J^N_n. Montrons alors que $\overline{\psi}^N_{nV}$ admet une extension $\overline{\psi}^N_n$ à J^N_n. Soit U l'ouvert donné par (4.7). On a le diagramme commutatif

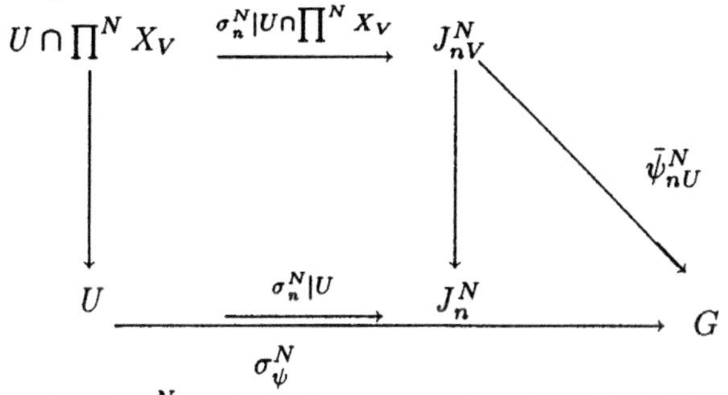

où $\sigma^N_\psi(x_1, \ldots, x_N) = \sum_{i=1}^N \psi(x_i)$, $(x_1, \ldots, x_N) \in U(S')$ si S' est un S-schéma. Comme S est réduit et que $\prod^N X$ est lisse sur S, ce schéma $\prod^N X$ est réduit. D'un autre côté, $\prod^N X_V \cap U$ est dense dans U, et comme U est réduit, $\prod^N X_V \cap U$ est schématiquement dense dans U. Puisque l'on a supposé que G est un S-schéma en groupes séparé, $\overline{\psi}^N_{nV}$ admet une extension $\overline{\psi}^N_n$.

Dans le cas où G n'est pas séparé, on peut, quitte à multiplier la section ψ de G au-dessus de X par une section convenable, supposer que ψ est une section de la composante neutre G°, et conclure par l'argument précédent. (la composante neutre étant toujours séparée.)

On a ainsi prouvé le théorème (4.2) dans le cas où la base S est noethérienne et réduite.

Remarque 4.8. L'énoncé de (4.7) reste valable pour une base S arbitraire. En effet, on se ramène d'abord au cas affine et ensuite au cas noethérien par un argument de présentation finie. La fidèle platitude d'un morphisme est une propriété qui se préserve par changements de base.

On reprend ici les notations de (4.1). Soit $S' \to S$ une extension fidèlement plate de S. Le résultat suivant permet de ramener la construction d'une factorisation d'une section ψ de G au-dessus de X, à celle de $\psi_{S'}$.

Proposition 4.9. *Avec les notations de* (4.1), *la flèche*

$$\mathrm{Hom}_{S-gr}(J^{\cdot}, G) \to G(X)$$

induite par composition avec Φ *est injective.*

Preuve. Une section f de $\mathrm{Hom}_{s-gr}(J^{\cdot}, G)$ admet une factorisation $J^{\cdot} \to J^{\cdot}_n \to G$ pour un entier n assez grand, car G est localement de présentation finie et transforme donc les limites projectives en limites inductives. Montrons donc qu'étant donnés deux S-homomorphismes f, g : $J^{\cdot}_n \rightrightarrows G$ tels que les deux flèches $X \xrightarrow{\Phi_n} J^{\cdot}_n \xrightarrow{\sim} G$ obtenues par composition coïncident et sont égales à un S-morphisme ψ, on a alors $f = g$. Soit $\sigma_n^N | U : U \to J_n^N$ l'extension fidèlement plate de (4.7) (cf. (4.8)). Par hypothèse, on a les égalités

$$f \circ (\sigma_n^N | U) = g \circ (\sigma_n^N | U) = \sum_{i=1}^{N} \psi \circ P_i \ ,$$

où P_i dénote la projection de $\prod^N X$ sur le i-ème facteur. Comme G est un faisceau pour la topologie fppf il résulte que $f = g$.

Corollaire 4.10. *On conserve les notations de* (4.9). *Soit* ψ *une section de* G *au-dessus de* X. *Soit* $S' \to S$ *une extension fidèlement plate de* S. *Toute factorisation*

$$\psi_{S'} = \overline{\psi}_{S'} \circ \Phi$$

de $\psi_{S'}$, *où* $\overline{\psi}_{S'} : J_{S'} \to G_{S'}$ *désigne un* S'*-homomorphisme, provient d'une factorisation* $\psi = \overline{\psi} \circ \Phi$ *de* ψ *au-dessus de* S.

Preuve. On vérifie immédiatement grâce à (4.9) que si l'on désigne par $(\overline{\psi}_{S'})_1$ (resp. $(\overline{\psi}_{S'})_2$) l'image de $\overline{\psi}_{S'}$ par la première (resp. deuxième) flèche de

$$\mathrm{Hom}_{S'-gr}(J_{S'}, G_{S'}) \xrightarrow{\sim} \mathrm{Hom}_{S' \times_S S' - gr}(J_{S' \times_S S'}, G_{S' \times_S S'}),$$

on a $(\overline{\psi}_{S'})_1 = (\overline{\psi}_{S'})_2$ du fait qu'ils factorisent la même section de G au-dessus de $X_{S' \times_S S'}$. c.q.f.d.

Remarque 4.11. (i) Dans la preuve de (4.1) pour une base réduite, on prend comme point de départ la validité de (4.1) pour un corps de base k quelconque. En fait la preuve du théorème de factorisation au-dessus d'un corps, donnée par Serre, n'est valable que si celui-ci est algébriquement clos. Le corollaire (4.10) permet de se ramener à ce cas.

(ii) Le (4.10) intervient implicitement dans la preuve de (4.1) pour une base réduite afin de passer du cas d'un S-groupe lisse G au cas d'un S-groupe lisse et séparé. En effet, étant donné $\psi \in G(X)$, ce n'est qu'après une extension fidèlement plate $S' \to S$ qu'il est possible de construire une section f de G (au-dessus de S') tel que $\psi . f_{X_{S'}}^{-1}$, soit une section de la composante neutre G° de G.

Le (4.10) permet de ramener d'abord la preuve de (4.1) au cas affine en prenant $S' \to S$ donné par un recouvrement ouvert affine de S. La méthode de la présentation finie (cf. 1) permet de supposer finalement que S est affine et noethérien.

5. Preuve de (4.1) dans le cas d'une base générale

Soit $S = \mathrm{Spec}(A)$, où A désigne un anneau noethérien. Soit I le nilradical de A, c.à.d. l'idéal intersection des idéaux premiers de A formé des $x \in A$ qui sont nilpotents.

Proposition 5.1. *Il existe une suite d'idéaux*

$$I_{\circ} = I \supset I_1 \supset \cdots \supset I_m \supset I_{m+1} = \{0\}$$

tel que, pour tout $0 \leq i \leq m$, *on ait :*

(a) $I_i^2 \subset I_{i+1}$.

(b) *Il existe un idéal premier* P_i *de* A *et un isomorphisme de* A*-modules*

$$I_{i+1}/I_i \simeq A/P_i.$$

Preuve. Soit ℓ le plus petit entier positif tel que $I^{\ell+1} = 0$. Pour tout $1 \leq \alpha \leq \ell$, il existe une suite d'idéaux :

$$I^{\alpha} = I_{\alpha,0} \supset \cdots \supset I_{\alpha,\lambda_\alpha} = I^{\alpha+1},$$

tel que pour tout $0 \leq \beta < \lambda_\alpha$ on ait : “Il existe un idéal premier $P_{\alpha\beta}$ de A et un isomorphisme de A-modules $I_{\alpha,\beta}/I_{\alpha,\beta+1} \simeq A/P_{\alpha\beta}$”.

En effet il suffit de prendre une suite de composition convenable du A-module $I^{\alpha}/I^{\alpha+1}$ (cf. [4], théorème p. 136) et de la relever ensuite à I^{α}. Comme $(I^{\alpha})^2 \subset I^{\alpha+1}$ on a aussi, pour tout $0 \leq \beta < \lambda_\alpha$, la relation $I_{\alpha,\beta}^2 \subset I_{\alpha,\beta+1}$. La suite d'idéaux

$$I = I_{1,0} \supset \cdots \supset I_{1,\lambda_1} = I_{2,0} \supset \cdots \supset I_{\ell,\lambda_\ell} = 0$$

vérifie alors (a) et (b). c.q.f.d.

Pour tout $0 \leq j \leq m+1$ on pose

(5.2) $$S^{(j)} = \operatorname{Spec} A/I_j \ .$$

Alors $S^{(0)}$ est un schéma réduit, et $S^{(j)}$ est un sous-schéma fermé de $S^{(j+1)}$ $(0 \leq j \leq m)$ donné par un idéal $J \subset A/I_{j+1}$ de carré nul. Soit donc $\psi \in G(X)$. A partir de (4.1) pour une base noethérienne et réduite, on a une factorisation de $\psi_{S^{(0)}}$ par $\Phi_{S^{(0)}} : X_{S^{(0)}} \to J^{\cdot}_{S^{(0)}}$. On se propose de construire une suite de S-homomorphismes de S-groupes

$$\overline{\psi}_{S^{(0)}} : J^{\cdot}_{S^{(0)}} \longrightarrow G_{S^{(0)}}, \dots, \overline{\psi}_{S^{(j)}} : J^{\cdot}_{S^{(j)}} \longrightarrow G_{S^{(j)}}, \dots$$

tels que

$$\overline{\psi}_{S^{(j)}} | J^{\cdot}_{S^{(j-1)}} = \overline{\psi}_{S^{(j-1)}}$$

et

$$\psi_{S^{(j)}} = \overline{\psi}_{S^{(j)}} \circ \Phi_{S^{(j)}}$$

pour $0 < j \leq m+1$. Soient donc S un schéma, et $I \subset \mathcal{O}_S$ un idéal quasi-cohérent de $\mathcal{O}_S$ de carré nul. On pose $V(I) = S_0$, $X_0 = X \times_S S_0$,

$$(J^{\cdot}_n)_0 = J^{\cdot}_n \times_S S_0,\ (J^{\cdot})_0 = J^{\cdot} \times_S S_0,\ G_0 = G \times_S S_0,\ (\Phi_n)_0 = \Phi_n \times_S \mathrm{Id}_{S_0} \dots$$

etc. Supposons qu'étant donné $\psi \in G(X)$, l'on soit parvenu à construire une factorisation

(5.3)

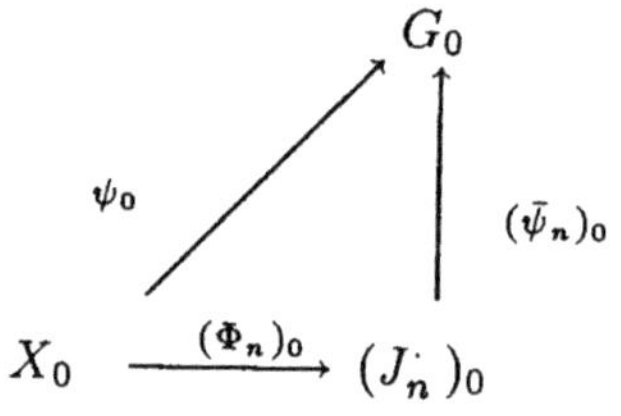

de $\psi_0 = \psi | X_0$. Il s'agit de montrer qu'il est possible de trouver un entier $m \geq n$, et de construire un diagramme commutatif

(5.4)

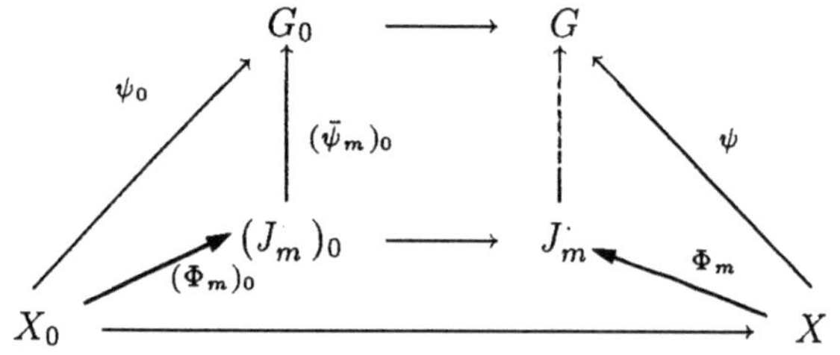

où $(\overline{\psi}_m)_0$ désigne le S-homomorphisme induit par $(\psi_m)_0$ et la flèche en pointillé un S-homomorphisme (à construire) qui prolonge $(\overline{\psi}_m)_0$.

Soient G un S-schéma en groupes lisse et W un S-schéma. Etant donné un S-morphisme $\gamma_0 : W_0 = W \times_S S_0 \to G$, on se propose d'exprimer l'obstruction à l'existence d'un prolongement (infinitésimal) $\gamma : W \to G$ de γ_0 et ensuite, sous l'hypothèse de la trivialité de l'obstruction, de classer les prolongements. On note C_S la sous-catégorie pleine des S-schémas plats de $\mathrm{Sch}|_S$. Dans [6], Exp. II, on associe à un S-schéma Z le S-foncteur Z^+ défini par la formule :

$$\mathrm{Hom}_S(Y, Z^+) = \mathrm{Hom}_{S_0}(Y_0, Z_0), \tag{5.5}$$

où Y désigne un S-schéma variable ($Y_0 = Y \times_S S_0$, $Z_0 = Z \times_S S_0$). En d'autres termes Z^+ est l'image directe de Weil (avec les notations de [6], Exp. n°II)

$$Z^+ = \prod_{S_0/S} Z_0.$$

D'autre part, par construction, on a un S-morphisme de foncteurs

$$Z \longrightarrow Z^+ \tag{5.6}$$

que l'on veut décrire. Soit L_Z le Z^+-foncteur en groupes commutatifs défini par

$$\mathrm{Hom}_{Z^+}(Y, L_Z) = \mathrm{Hom}_{\mathcal{O}_{Y_0}}(g_0^\star(\Omega^1_{Z_0/S_0}), I\mathcal{O}_Y), \tag{5.7}$$

où $\Omega^1_{Z_0/S_0}$ désigne le module des différentielles relatives de Z_0 par rapport à S_0, et où on regarde $I\mathcal{O}_Y$ comme $\mathcal{O}_{Y_0} = \mathcal{O}_Y/I\mathcal{O}_Y$-module car $I^2 = 0$. On désigne par $g_0 : Y_0 \to Z_0$ le S_0-morphisme qui correspond à la section de Z^+ au-dessus de Y, et fait de Y un Z^+-schéma. Dans le cas où Z *est un S-schéma en groupes lisse*, on a

$$g_0^\star(\Omega^1_{Z_0/S_0}) = \omega^1_{Z_0/S_0} \otimes_{\mathcal{O}_{S_0}} \mathcal{O}_{Y_0} \ , \tag{5.8}$$

où $\omega^1_{Z_0/S_0}$ désigne le $\mathcal{O}_{S_0}$-module localement libre dual de l'algèbre de Lie de Z_0 (espace tangent à Z_0 le long de la section identité). D'autre part, si Y *est un S-schéma plat*, $I\mathcal{O}_Y$ s'identifie à $I \otimes_{\mathcal{O}_{S_0}} \mathcal{O}_{Y_0}$. En conclusion, on a sous les deux hypothèses faites

$$\mathrm{Hom}_{Z^+}(Y, L_Z) = \mathrm{Hom}_{\mathcal{O}_{Y_0}}(\omega^1_{Z_0/S_0} \otimes_{\mathcal{O}_{S_0}} \mathcal{O}_{Y_0}, I \otimes_{\mathcal{O}_{S_0}} \mathcal{O}_{Y_0}). \tag{5.9}$$

D'autre part, puisque Z_0 est lisse sur S, donc localement de présentation finie, on a

(5.10) $$\mathrm{Hom}_{Z^+}(Y, L_Z) \simeq \mathrm{Hom}_{\mathcal{O}_{S_0}}(\omega^1_{Z_0/S_0}, I) \otimes_{\mathcal{O}_{S_0}} \mathcal{O}_{Y_0}.$$

Soit donc $L_{0Z} = W(\mathit{Hom}_{\mathcal{O}_{S_0}}(\omega^1_{Z_0/S_0}, I))$ le S_0-groupe vectoriel (cf. [6], Exp. n°I, 4.6.1) défini par le $\mathcal{O}_{S_0}$-module $\mathit{Hom}_{\mathcal{O}_{S_0}}(\omega^1_{Z_0/S_0}, I)$. En conclusion, on a, pour tout S-schéma plat Y, l'égalité suivante

(5.10)bis $$\mathrm{Hom}_{Z^+}(Y, L_Z) = \mathrm{Hom}_{S_0}(Y_0, L_{0Z}).$$

Proposition 5.11. *Pour tout S-schéma Z, on peut définir une opération du Z^+-groupe abélien L_Z sur le Z^+-objet Z, qui fait de Z un objet formellement principal homogène sous L_Z au-dessus de Z^+ : le morphisme*

$$L_Z \times_{Z^+} Z \longrightarrow Z \times_{Z^+} Z$$

est un isomorphisme. De plus, pour tout S-morphisme $f : Y \to Z$, le diagramme suivant est commutatif :

$$\begin{array}{ccc} L_Y \times_{Y^+} Y & \longrightarrow & Y \\ {\scriptstyle L_f \times_{f^+} f}\ \downarrow & & \downarrow \\ L_Z \times_{Z^+} Z & \longrightarrow & Z \end{array}$$

(Le morphisme L_f se définit de façon évidente à partir du morphisme de $\mathcal{O}_{Y_0}$-modules

$$f_0^\star(\Omega^1_{Z_0/S_0}) \longrightarrow \Omega^1_{Z_0/S_0}.)$$

Soit G un S-schéma en groupes commutatifs. Alors G^+ est un S-faisceau de Zariski en groupes commutatifs. On définit un S-faisceau de Zariski en groupes à partir de la suite exacte

(5.12) $$1 \longrightarrow K \longrightarrow G \longrightarrow G^+.$$

D'autre part d'après (5.11), G est un G^+-objet L_G-formellement principal homogène. On introduit un S-faisceau de Zariski en groupes par la formule

(5.13) $$L'_G(Y) = \mathrm{Hom}_{\mathcal{O}_{Y_0}}(\omega^1_{G_0/S_0} \otimes_{\mathcal{O}_{S_0}} \mathcal{O}_{Y_0}, I\mathcal{O}_Y)$$

(Y étant un S-schéma variable). Soit $g_0 : Y_0 \to G$ un S-morphisme ; on a alors un isomorphisme de $\mathcal{O}_{Y_0}$-modules

(5.14) $$\omega^1_{G_0/S_0} \otimes_{\mathcal{O}_{S_0}} \mathcal{O}_{Y_0} \simeq g_0^\star(\Omega^1_{G_0/S_0}).$$

A partir de (5.14) on peut définir un isomorphisme de G^+-groupes

$$G^+ \times_S L'_G \simeq L_G. \tag{5.15}$$

Par conséquent, G est muni d'une structure de G^+-objet formellement principal homogène sous L'_G. *Il s'agit maintenant de comparer cette structure avec celle donnée par* (5.12). Soit Y un S-schéma. Soit g_0 la section identité de G^+ au-dessus de Y. La fibre $(L_G(Y))_{(g_0)^+}$ s'identifie à $L'_G(Y)$. D'autre part $K(Y)$ correspond par définition à la fibre $(G(Y))_{(g_0)^+}$. On définit (cf. (5.11)) alors à partir de la section identité de G une bijection

$$L'_G(Y) \simeq K(Y) \tag{5.16}$$

fonctorielle en Y. *En fait* (5.16) *est un isomorphisme de S-groupes.*

Proposition 5.17. *L'isomorphisme (5.16) donne lieu à un isomorphisme entre la structure de G^+-objet K-formellement principal homogène de G et celle de G^+-objet L'_G-formellement principal homogène (cf.* [6], Exp. II*).*

Corollaire 5.18. *Soient G un S-schéma en groupes commutatifs, Y un S-schéma, et $g_0 : Y_0 \to G$ un S-morphisme. Il existe alors un Y-objet L'_G-formellement principal homogène τ_Y tel que :*

(i) *Pour tout ouvert U de Y, l'ensemble des sections $\Gamma(U, \tau_Y)$ est en bijection avec l'ensemble des prolongements à U de $g_0|U_0$.*
(ii) *Si G est un S-schéma en groupes lisse, alors τ_Y est un L'_G-torseur de Zariski.*
(iii) *On suppose que G est un S-schéma en groupes lisse. Soit $\alpha : Y \to Y'$ un S-morphisme. Soit $g'_0 : Y'_0 \to G$. On définit $\tau_{Y'}$ (resp. τ_Y) à partir de g'_0 (resp. $g_0 = g'_0 \circ \alpha_0$). On a alors un isomorphisme de L'_G-torseurs de Zariski au-dessus de Y :*

$$\alpha^*(\tau_{Y'}) \simeq \tau_Y.$$

Preuve. Il suffit de prendre τ_Y égal à l'image inverse du G^+-objet L'_G-formellement principal G, par le S-morphisme

$$(g_0)^+ : Y \longrightarrow G^+.$$

On a alors (i) immédiatement.

Le (ii) résulte du fait que localement toute section g_0 de G, au-dessus de Y_0 se relève en une section g de G au-dessus de Y. Le (iii) résulte de (ii) et de (5.11). c.q.f.d.

Corollaire 5.19. *Soient* Γ *un* S*-schéma en groupes commutatif,* G *un* S*-schéma en groupes commutatifs lisse, et* $g_0 : \Gamma_0 \to G$ *un homomorphisme de* S*-groupes. Il existe alors une extension de Zariski*

$$1 \longrightarrow L'_G \longrightarrow E \longrightarrow \Gamma \longrightarrow 1$$

dont les scindages correspondent aux S*-homomorphismes* $g : \Gamma \to G$*, qui prolongent* g_0*. De plus* E *s'identifie à* τ_Γ *en tant que* L'_G*-torseur. (Notons que* E *est égal au* S*-groupe produit fibré* $G \times_{G^+} \Gamma$*. Une vérification simple montre que les scindages de* E *correspondent bien aux prolongements* g *de* g_0 *à* Γ*, en tant que* S*-homomorphismes.)*

Lemme 5.20. *Soit* C *une catégorie avec objet final. Soient* Γ *un foncteur en groupes de* C*, et* L *un foncteur en groupes commutatif de* C*. La donnée d'une suite exacte de* C*-groupes*

$$1 \longrightarrow L \longrightarrow E \longrightarrow \Gamma$$

tel, que pour tout $X \in ob\, C$ *l'image de* $L(X)$ *soit dans le centre de* $E(X)$*,* équivaut aux données suivantes :

(i) *Un* Γ*-objet* L*-formellement principal homogène* $E \to \Gamma$*.*

(ii) *Un morphisme* $m : pr_1^\star(E) \times pr_2^\star(E) \longrightarrow \pi^\star(E)$ *(où* pr_1 *(resp.* pr_2*) désigne la projection* $\Gamma \times \Gamma \longrightarrow \Gamma$ *sur la première (resp. deuxième) composante et* π *la loi de composition de* Γ*) tel que :*

(a) $$m(x\ell, x'\ell') = m(x, x')\ell\ell'$$

où x *(resp.* x', ℓ, ℓ'*) désigne une section de* $\mathrm{pr}_1^\star(E)$ *(resp.* $pr_2^\star(E), L, L$*) au-dessus d'un objet variable* X *de* C*.*

(b) *le diagramme d'associativité construit à partir de* m *est commutatif.*

(c) *Il existe une section* e *de* E *au-dessus de la section identité de* Γ *telle que, pour toute section* x *de* $E(X)$ $(X \in ob\, C)$*, on ait* $m(e_X, x) = m(x, e_X) = x$*.*

(d) *Un morphisme* $\mathrm{inv}_E : E \to \mathrm{inv}_\Gamma^\star(E)$ *tel que pour tout objet* X *de* C *et tout* $x \in E(X)$*, on ait* $\mathrm{inv}_E(x\ell) = \mathrm{inv}_E(x)\ell^{-1} \quad (\ell \in L(X))$*,*

$$e_X = m(x, \mathrm{inv}_E(x)) = m(\mathrm{inv}_E(x), x).$$

($\mathrm{inv}_\Gamma : \Gamma \to \Gamma$ désigne le morphisme $x \to x^{-1}$. Le morphisme m définit sur E une structure de groupe tel que $E \to \Gamma$ soit un homomorphisme de C-groupes. La condition (a) entraîne que le morphisme

$L \to E$ donnée par $\ell \mapsto e.\ell$ est un homomorphisme de C-groupes, et que l'action de L sur E coïncide avec celle définie par la loi de composition m et l'homomorphisme précédent. Il est clair que l'image de $L \to E$ donne le noyau de $E \to \Gamma$, et que $L(X)$ est contenu dans le centre de $E(X)$ pour tout $X \in ob\ C$).

On suppose que Γ, L et E sont des foncteurs de $\mathrm{Sch}|_S$ vérifiant les conditions suivantes :

(1) Γ est représentable par un S-schéma en groupes ;

(2) L est un S-faisceau de Zariski en groupes commutatifs ;

(3) $E \longrightarrow \Gamma$ est un L-torseur de Zariski.

On veut alors exprimer les conditions de (5.20) pour avoir une extension de Zariski

$$1 \to L \to E \to \Gamma \to 1$$

en termes de conditions sur des morphismes de torseurs de Zariski.

Soient (U_i) $(i \in I)$ un recouvrement ouvert de $\Gamma \times_S \Gamma$ donnant lieu à une trivialisation (σ_i) $(i \in I)$ de $pr_1^\star(E) \times pr_2^\star(E)$, et à une trivialisation (τ_i) $(i \in I)$ de $\pi^\star(E)$. On pose $\sigma_i \doteq (\sigma_i^1, \sigma_i^2)$. Soit m un morphisme comme celui de (ii) de (5.20). On pose pour tout $i \in I$

$$m(\sigma_i) = \tau_i \varphi_i \ , \tag{5.21}$$

où $\varphi_i \in L(U_i)$, et pour tout $(i,j) \in I \times I$

$$(\sigma_i|U_i \cap U_j).g_{ij} = \sigma_j|U_i \cap U_j, (\tau_i|U_i \cap U_j)h_{ij} = \tau_j|U_i \cap U_j,$$

où $g_{ij} = (g_{ij}^1, g_{ij}^2) \in (L \times L)(U_i \cap U_j)$ et $h_{ij} \in L(U_i \cap U_j)$. On a alors pour tout $(i,j) \in I \times I$ la relation

$$\varphi_j|U_i \cap U_j = h_{ji}(\varphi_i|U_i \cap U_j) \cdot (g_{ij}^1 \cdot g_{ij}^2) \ ; \tag{5.22}$$

réciproquement, la donnée de (φ_i) $(i \in I)$ vérifiant la condition (5.22) donne lieu à un morphisme vérifiant (ii), (a) de (5.20).

Exprimons la condition d'associativité de m. Soit

$$p : \Gamma \times_S \Gamma \times_S \Gamma \to \Gamma$$

le morphisme obtenu à partir de la loi de composition de Γ. Notons E' (resp. E'', E''') l'image inverse de $E \to \Gamma$ par la projection sur le premier (resp. deuxième, troisième) facteur.

La loi m est associative si l'on a l'égalité des deux morphismes suivants d'un $L \times_S L \times_S L$-torseur dans un L-torseur au-dessus de $\Gamma \times_S \Gamma \times_S \Gamma$

$$\alpha, \beta : E' \times E'' \times E''' \rightrightarrows p^\star(E) \tag{5.23}$$

où

$$\alpha = ((\pi \times_S \mathrm{id}_\Gamma)^\star(m)) \circ ((m \times_S \mathrm{id}_\Gamma) \times_\Gamma \mathrm{id}_{E'''})$$

et

$$\beta = ((\mathrm{id}_\Gamma \times_S \pi)^\star(m)) \circ (\mathrm{id}_{E'} \times_\Gamma (\mathrm{id}_\Gamma \times_S m)).$$

Soit maintenant $\Gamma' \subset \Gamma$ le sous-schéma donné par l'image de la section identité de Γ. Soit $(V_i)(i \in I)$ le recouvrement ouvert de $\Gamma' \times_S \Gamma \subset \Gamma \times_S \Gamma$ induit par $(U_i)(i \in I)$. Soit e' la section de $pr_1^\star(E)|\Gamma' \times_S \Gamma$ donnée par l'identité e de E. On pose

$$e'|V_i = (\sigma_i^1|V_i).\ell_i$$

où $\ell_i \in L(V_i)$. Comme on a $pr_2^\star(E)|(\Gamma' \times_S \Gamma) = \pi^\star(E)|(\Gamma' \times_S \Gamma)$, la section $\sigma_i^2|V_i$ donne lieu à une section de $\pi^\star(E)|V_i$ qui s'écrit :

$$\sigma_i^2|V_i = (\tau_i|V_i).\ell_i' \qquad (\ell_i' \in L(V_i)).$$

La conditions $m(e,x) = x$ pour toute section x de $E(X)$ ($X \in \mathrm{ob}\ \mathrm{Sch}|_S$) est équivalente à la suivante : pour tout $i \in I$ on a

$$(\varphi_i|V_i).\ell_i = \ell_i' \qquad (\ell_i, \ell_i' \in L(V_i)). \tag{5.24}$$

Cela résulte du calcul suivant :

$$m(e', \sigma_i^2|V_i) = m((\sigma_i^1|V_i)\cdot\ell_i, \sigma_i^2|V_i) = (m(\sigma_i^1, \sigma_i^2)|V_i)\cdot\ell_i = (\tau_i|V_i)\cdot(\varphi_i|V_i)\cdot\ell_i,$$

et de la définition de ℓ_i'.

Soit $R \subset \Gamma \times_S \Gamma$ le graphe de inv_Γ. Le morphisme $\pi|R$ envoie R sur la section identité de Γ. Soit e' la section unité de $\pi^\star(E)$, obtenue à partir de la section unité e de E par composition avec π. On pose pour tout $i \in I$

$$e'|R \cap U_i = (\tau_i|R \cap U_i).k_i' \tag{5.25}$$

et

$$\mathrm{inv}_E(\sigma_i^1)|R \cap U_i = (\sigma_i^2|R \cap U_i).k_i \tag{5.26}$$

avec k_i et k'_i dans $L(R \cap U_i)$. La condition

$$e_X = m(x, \mathrm{inv}_E(x)) = m(\mathrm{inv}_E(x), x)$$

pour tout $x \in E(X)$ ($X \in \mathrm{ob\,Sch}|_S$) correspond à la suivante : pour tout $i \in I$, on a

$$(5.27) \qquad (\varphi_i | R \cap U_i).k_i = k'_i.$$

Lemme de nettoyage 5.28. *Soient L et L' deux faisceaux de Zariski en groupes commutatifs sur* Sch$|_S$ *qui induisent des faisceaux en groupes isomorphes sur la sous-catégorie pleine C_S des S-schémas plats. Considérons une extension commutative de Zariski*

$$1 \longrightarrow L \longrightarrow E \longrightarrow \Gamma \longrightarrow 1$$

d'un S-schéma en groupes commutatifs plat Γ par L. Il existe alors une extension commutative de Zariski E' de Γ par L' telle que :

(a) *E' est scindable si et seulement si E est scindable ;*

(b) *le L'-torseur défini par E' sur C_S coïncide avec le L-torseur défini par E sur C_S.*

Preuve. On exprime le L-torseur E à l'aide du cocycle (g_{ij}) $(i, j \in I)$ à valeurs dans L, donné par un recouvrement ouvert (V_j) $(j \in I)$ de Γ. Par hypothèse, le cocycle (g_{ij}) $(i, j \in I)$ donne lieu à un cocycle à valeurs dans L' qui définit un L'-torseur $E' \to \Gamma$. La condition (b) est alors facilement vérifiée à partir de cette définition de E'. Observons aussi que $\Gamma \times_S \Gamma$, $\Gamma \times_S \Gamma \times_S \Gamma$, $\Gamma' \times_S \Gamma$ et R sont des S-schémas plats. Donc le $L' \times_S L'$-torseur $pr_1^\star(E') \times pr_2^\star(E')$ (au-dessus de $\Gamma \times_S \Gamma$) est isomorphe sur le petit site au $L \times_S L$-torseur $pr_1^\star(E) \times pr_2^\star(E)$. De même, $\pi^\star(E')$ est isomorphe à $\pi^\star(E)$. Pour définir un morphisme

$$m' : pr_1^\star(E') \times pr_2^\star(E') \to \pi^\star(E'),$$

on part de la définition locale (φ_i) $(i \in I)$ de m et on vérifie que l'image $(\varphi'_i) \in \prod L'(U_i)$ satisfait aux conditions (5.22) avec $h'_{ij} \in L'(U_i \cap U_j)$, image de h_{ij} par $L|_{C_S} \simeq L'|_{C_S}$, à la place de h_{ij}, et $g'_{ij} \in (L' \times L')(U_i \cap U_j)$, image de g_{ij} par $L|_{C_S} \simeq L'|_{C_S}$, à la place de g_{ij}. On a ainsi une *définition locale* de m'. L'associativité de m (cf. (5.23)) s'exprime par l'égalité de deux morphismes d'un $L \times_S L \times_S L$-torseur dans un L-torseur au-dessus de $\Gamma \times_S \Gamma \times_S \Gamma$. La définition de m' ci-dessus permet de vérifier l'associativité.

Les conditions (5.24) et (5.25) résultent aussi facilement. Le lemme (5.20) permet de conclure que E' est bien un S-groupe vérifiant (a). c.q.f.d.

Soit G un S-schéma en groupes commutatifs, lisse ; on a alors à partir de (5.11) et de la définition de L'_G

$$L'_G = \prod_{S_0/S} W(Hom_{\mathcal{O}_{S_0}}(\omega^1_{G_0/S_0}, I)), \tag{5.29}$$

si on se restreint à C_S. Etant donné un S-schéma en groupes *plat* Γ et un S-homomorphisme $g_0 : \Gamma_0 \to G$, on conclut à partir de la suite exacte de S-faisceaux de Zariski en groupes commutatifs donnée par (5.19), et du lemme de nettoyage (5.28), à l'existence d'un extension de Zariski

$$1 \to \prod_{S_0/S} W(N) \to E'_\Gamma \to \Gamma \to 1, \tag{5.30}$$

où N désigne le $\mathcal{O}_{S_0}$-module $Hom_{\mathcal{O}_{S_0}}(\omega^1_{G_0/S_0}, I)$, telle que les scindages de E'_Γ correspondent aux S-homomorphismes $g : \Gamma \to G$ qui prolongent g_0.

Proposition 5.31. *Soient G, N et $W(N)$ comme ci-dessus. Soient Y un S-schéma plat et $g_0 : Y_0 \to G$ un S_0-morphisme. Il existe alors un $W(N)$-torseur Zariskien τ_{Y_0} tel que :*

(i) *l'ensemble $\Gamma(U_0, \tau_{Y_0})$ des sections de τ_{Y_0} au-dessus de U_0, (où U_0 désigne un ouvert de Y_0), est en bijection avec l'ensemble des S-morphismes $g_U : U \to G$ qui prolongent $g_0|U_0$ (c.à.d. tel que $g_0|U_0 = g_U \circ i_0$, où $i_0 : U_0 \to U$ désigne l'immersion canonique) ;*

(ii) *étant donnés un S-morphisme $h : Y \to Y'$ et un S_0-morphisme $g'_0 : Y'_0 \to G$ tels que $g_0 = g'_0 \circ h_0$, on a alors*

$$\tau_{Y_0} \simeq h_0^\star(\tau_{Y'_0}).$$

Preuve. Soit τ_Y le L'_G-torseur de Y construit comme dans (5.18) à partir de g_0. Soit (U_i) $(i \in I)$ un recouvrement ouvert de Y tel qu'il existe des sections (σ_i) $(i \in I)$ avec $\sigma_i \in \Gamma(U_i, \tau_Y)$. Le recouvrement (U_i) de Y donne lieu à un recouvrement $((U_i)_0)$ $(i \in I)$ de Y_0, puisque Y et Y_0 ont même espace sous-jacent. Soit (g_{ij}) $(i, j \in I)$ le 1-cocycle défini à l'aide de (σ_i) $(i \in I)$, à valeurs dans L'_G. Il donne lieu à un 1-cocycle $((g_{ij})_0)$ $(i, j \in I)$ à valeurs dans $W(N)$ qui définit un $W(N)$-torseur τ_{Y_0} vérifiant (i).

(Soit $U \subset Y_0$ un ouvert ; les sections de τ_{Y_0} au-dessus de U correspondent aux S-morphismes $g : Y|U \to G$ qui prolongent $g_0|U$.) Montrons que le $W(N)$-torseur τ_{Y_0} construit à partir de $g_0 = g'_0 \circ h_0$ est isomorphe à $h_0^*(\tau_{Y'_0})$. Soit (V_i) $(i \in I)$ un recouvrement ouvert de Y' de sorte que pour chaque V_i on ait un prolongement g'_i de $g'_0|V_i$. Soit (U_i) $(i \in I)$ le recouvrement image inverse du précédent par h. Pour tout $i \in I$ il existe un prolongement

$$g_i = g'_i \circ (h|U_i)$$

de $g_0|V_i$. Le 1-cocycle à valeurs L'_G défini par

$$g_{ij} = (g_i|U_i \cap U_j).(g_j|U_i \cap U_j)^{-1}$$

est l'image inverse du 1-cocycle à valeurs dans L'_G

$$g'_{ij} = (g_i|V_i \cap V_j).(g_j|V_i \cap V_j)^{-1}$$

par h, grâce à (5.11). Ce qui suffit à montrer (ii). c.q.f.d.

Proposition 5.32. *On reprend les notations de* (5.31). *Soient* Γ *un* S*-schéma en groupes commutatifs, plat et* $f_0 : \Gamma_0 \to G$ *un* S_0*-homomorphisme. Soit* E'_Γ *l'extension de* Γ *par* $\prod_{S_0/S} W(N)$ *construite à partir de* f_0, Γ, *et* G (cf. (5.30)). *Il existe alors une extension de Zariski*

$$1 \to W(N) \to E_{\Gamma_0} \to \Gamma_0 \to 1$$

telle que :

(i) $E'_\Gamma = \prod_{\Gamma_0/\Gamma} E_{\Gamma_0}$:

(ii) *le* $W(N)$*-torseur* E_{Γ_0} *(au-dessus de* Γ_0*) est isomorphe au* $W(N)$*-torseur* τ_{Γ_0} *construit à partir de* f_0 (cf. (5.31)) ;

(iii) *Les scindages de* E_{Γ_0} *sont en bijection avec les* S*-homomorphismes* $f : \Gamma \to G$ *qui prolongent* $f_0 : \Gamma_0 \to G$.

Preuve. En ré-écrivant la définition (5.21) de m, et les conditions (5.23), (5.24) et (5.25) correspondant à l'extension E'_Γ de Γ par $\prod_{S_0/S} W(N)$, remplaçant Γ par Γ_0, et tenant compte de la définition de $\prod_{S_0/S} W(N)$, on obtient une extension E_{Γ_0} de Γ_0 par $W(N)$ que satisfait les conditions (i), (ii), et (iii).

(Donnons la description de la loi de composition m de E_{Γ_0}. Notons d'abord que l'on a le diagramme commutatif suivant de S-morphismes

$$\begin{array}{ccc} \Gamma_0 \times_S \Gamma_0 & \xrightarrow{\pi_0} & \Gamma_0 \\ {\scriptstyle (f_0,f_0)}\downarrow & & \downarrow{\scriptstyle f_0} \\ G \times_S G & \xrightarrow{p} & G \end{array}$$

où π_0 est la loi de composition de Γ_0 et p celle de G. L'image inverse $\pi_0^\star(E_{\Gamma_0})$ est un $W(N)$-torseur de Zariski, dont les sections au-dessus d'un ouvert W de $\Gamma_0 \times_S \Gamma_0$, sont en bijection avec les prolongements à $(\Gamma \times_S \Gamma)|W$ de $p(g_0, g_0)|W$, d'après (ii) de (5.31). Etant donnés deux ouverts U et V de Γ_0 et des prolongements g_U et g_V de $g_0|U$ et $g_0|V$ respectivement à $\Gamma|U$ et $\Gamma|V$, le morphisme m fait correspondre à la section de $pr_1^\star(E_{\Gamma_0}) \times pr_2^\star(E_{\Gamma_0})$ donnée par (g_U, g_V) la section de $\pi_0^\star(E_{\Gamma_0})$ donnée par $p(g_U, g_V)$.) c.q.f.d.

Proposition 5.33. *Soient S, X, $(J^{\cdot}, \Phi)$ comme dans* (4.1). *On suppose S noethérien et affine. Soit G un S-faisceau fppf en groupes commutatifs, localement de présentation finie. Soit*

$$1 \longrightarrow W(N) \longrightarrow E \longrightarrow G \longrightarrow 1$$

une extension de Zariski commutative de G par le S-groupe vectoriel $W(N)$, donné par un $\mathcal{O}_S$-module N de type fini. Soit $\overline{\psi} \in G(X)$ tel qu'il existe un S-homomorphisme $\overline{f} : J^{\cdot} \to G$ avec $\overline{\psi} = \overline{f} \circ \Phi$. Etant donneé un relèvement $\psi \in E(X)$ de $\overline{\psi}$, il existe un unique S-homomorphisme $f : J^{\cdot} \to E$ (qui relève $\overline{f}$) vérifiant $\psi = f \circ \Phi$.

(Le fait que Gest localement de présentation finie donne une bijection : $\mathrm{Hom}_{S-gr}(J^{\cdot}, G) \simeq \varinjlim_n \mathrm{Hom}(J^{\cdot}_n, G)$. L'unicité de f résulte du fait que E est un S-faisceau fppf. En effet, la proposition (4.9) reste valable si l'on suppose seulement que G est un S-faisceau fppf.)

La preuve de (5.33) va résulter des lemmes suivants.

Lemme 5.34. *Avec les mêmes notations et hypothèses que dans* (5.33), *si l'on suppose en plus que $S = \mathrm{Spec}\, A$, où A désigne un anneau noethérien, et que N est isomorphe au $\mathcal{O}_S$-module défini par $A/P \times \ldots \times A/P$, où P est un idéal premier de A, il existe un S-homomorphisme $f : J^{\cdot} \to E$ tel que $\psi = f \circ \Phi$.*

Preuve. Par hypothèse, il existe un entier $n \geq 0$ et un S-homomorphisme $\overline{f}_n : J^{\cdot}_n \to G$ tels que

$$\overline{\psi} = \overline{f}_n \circ \Phi_n.$$

On obtient pour tout entier $m \geq n$ une extension de Zariski

$$(*) \qquad 1 \longrightarrow W(N) \longrightarrow E \times_G J^{\cdot}_m \longrightarrow J^{\cdot}_m \longrightarrow 1$$

dont les scindages correspondent aux relèvements du S-homomorphisme

$$J^{\cdot}_m \to J^{\cdot}_n \xrightarrow{\overline{f}_n} G$$

en un S-homomorphisme

$$f_m : J^{\cdot}_m \longrightarrow E.$$

Notons que l'on a un diagramme commutatif

$$\begin{array}{ccc} & E \times_G J^{\cdot}_m & \\ {}^{\psi \times_G \Phi_m} \nearrow & & \searrow \\ X & \xrightarrow{\quad \Phi_m \quad} & J^{\cdot}_m \end{array}$$

Posons $S' = \operatorname{Spec} A/P$ et pour tout entier $m \geq n$, posons $E'_m = E \times_G J_m$. Alors E'_n est un faisceau de Zariski (sur le petit site) au-dessus de J_n, qui coïncide avec le prolongement par zéro, du faisceau de Zariski $(E'_n)_{S'}$ au-dessus du sous-espace fermé $(J_n)_{S'}$ de $J^{\cdot}_n$. Il est clair que $(E'_n)_{S'}$ est un S'-foncteur en groupes représentable par un S'-schéma en groupes lisse car $W(N)_{S'}$ coïncide avec $G_{aS'} \times \ldots \times G_{aS'}$. On peut donc appliquer le théorème (4.1) dans le cas d'une base intègre, et trouver un entier $m \geq n$ et un homomorphisme $h_m : (J^{\cdot}_m)_{S'} \to (E'_n)_{S'}$ tel que le diagramme suivant commute

$$\begin{array}{ccc} X_{S'} & \xrightarrow{(\psi \times_G \Phi_n)_{S'}} & (E'_n)_{S'} \\ {\scriptstyle (\Phi_m)_{S'}} \downarrow & \overset{h_m}{\nearrow} & \downarrow \\ (J_m)_{S'} & \longrightarrow & (J^{\cdot}_n)_{S'} \end{array}$$

En conséquence, il existe un S-homomorphisme

$$(J_m)_{S'} \to (E'_m)_{S'}$$

tel que le diagramme

$$\begin{array}{ccc} (J_m)_{S'} & \longrightarrow & (E'_m)_{S'} \\ {\scriptstyle (\Phi_m)_{S'}} \uparrow & & \downarrow \\ X & \xrightarrow{(\Phi_n)_{S'}} & (J_m)_{S'} \end{array}$$

commute, et donne lieu à un scindage σ de $(E'_m)_{S'}$. Le prolongement par zéro $\overline{\sigma}$ de σ à $J^{\cdot}_m$ correspond donc à un scindage de E'_m. On vérifie cette affirmation en exprimant la loi de composition de E'_m et la compatibilité avec celle-ci, que doit vérifier un scindage, en termes de (5.20), compte tenu que $pr_1^{\star}(E'_m), pr_2^{\star}(E'_m), \ldots$ etc sont le prolongement par zéro de $pr_1^{\star}(E'_{mS'})$, $pr_2^{\star}(E'_{mS'})$, ..., etc. On vérifie aussi que le scindage $\overline{\sigma}$ donne bien une factorisation de $\psi \times \Phi_m$, ce qui prouve le lemme. c.q.f.d.

Soit N comme dans (5.33). D'après le théorème 1, p. 136, de [4], il existe une suite de composition (N_i) $(0 \leq i \leq p)$ de N telle que, pour $0 \leq i \leq p-1$, N_i/N_{i+1} soit isomorphe à A/P_i, où P_i est un idéal premier de A. Soit donc $N' \subset N$ un A-sous-module de N tel que $N/N' \simeq A/P$, où P est un idéal premier de A. On a alors un $\mathcal{O}_S$-homomorphisme de faisceaux de Zariski

$$W(N') \longrightarrow W(N).$$

Notons $\overline{W}(N') \subset W(N)$ l'image de (5.47).

Lemme 5.35. *On conserve les hypothèses et les notations de* (5.32) *et celles ci-dessus. Soit* $\tilde{\psi} \in (E/\overline{W}(N'))(X)$ *l'image de* ψ *par* $E \to E/\overline{W}(N')$. *Alors il existe un* S*-homomorphisme* $\tilde{f} : J^{\cdot} \to E/\overline{W}(N')$ *tel que* $\tilde{\psi} = \tilde{f} \circ \Phi$.

Preuve. L'hypothèse sur G donne l'existence d'un entier $n \geq 0$ et d'un S-homomorphisme $\overline{f}_n : J_n \to G$ avec $\overline{\psi} = \overline{f}_n \circ \Phi_n$. On applique ensuite le lemme de nettoyage (5.28) à l'extension de Zariski

$$1 \to W(N)/\overline{W}(N') \to (E/\overline{W}(N')) \times_G J^{\cdot}_n \to J^{\cdot}_n \to 1,$$

en observant que le S-faisceau de Zariski $W(N)/\overline{W}(N')$ est isomorphe sur C_S à $W(N/N') \simeq W(A/P)$. On obtient ainsi une certaine extension E' de $J^{\cdot}_n$ par $W(N/N')$ telle qu'il existe une section $\psi' \in E'(X)$ correspondant à $\tilde{\psi} \times_G \mathrm{Id}_{J^{\cdot}_m}$. On conclut, par (5.33) appliqué à E', ψ', à l'existence d'un diagramme commutatif

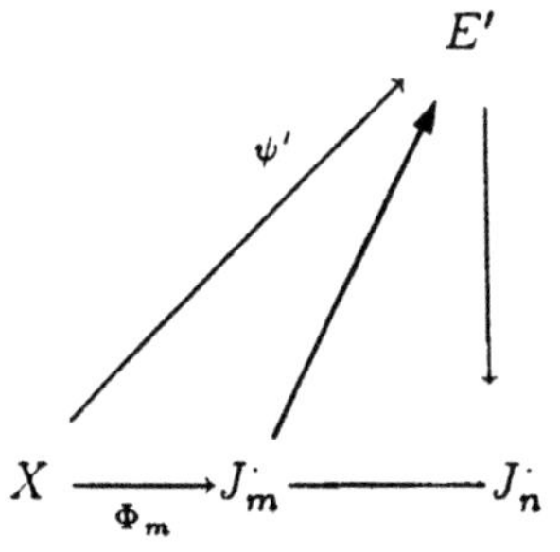

permettant de montrer que $E' \times_{J'_n} J_m$ est une extension scindée, donc $(E/\overline{W}(N')) \times_G J^{\cdot}_m$ aussi, et à partir de quoi on montre l'existence d'une factorisation de ψ. c.q.f.d.

Preuve de 5.33. On procède par récurrence sur la longueur d'une suite de composition de N. Soit donc $N' \subset N$ un A-sous-module tel que $N/N' \simeq A/P$. A partir de (5.35) on voit qu'il existe $n \geq 0$, un S-homomorphisme $f_n : J^{\cdot}_n \to E/\overline{W}(N')$ et un diagramme commutatif

$$\begin{array}{ccccccccc} 1 & \longrightarrow & \bar{W}(N') & \longrightarrow & E & \longrightarrow & E/\bar{W}(N') & \longrightarrow & 1 \\ & & & & \uparrow{\scriptstyle \psi} & \nearrow{\scriptstyle \tilde{\psi}} & \uparrow{\scriptstyle f_n} & & \\ & & & & X & \xrightarrow{\Phi_n} & J^{\cdot}_n & & \end{array}$$

Soit $E^\star = E \times_{E/\overline{W}(N')} J_n$. On a alors une section $\psi \times_{E/\overline{W}(N')} \Phi_n$ de $E^\star$ au-dessus de X. On applique à $E^\star$ le lemme de nettoyage et on obtient une extension E' de $J^{\cdot}_n$ par $W(N')$, et (5.45) résulte alors de l'hypothèse de récurrence. c.q.f.d.

Preuve du théorème 4.1 dans le cas général. On procède par récurrence sur la longueur de la suite de composition donnée par (5.1). Avec les notations de (5.4) on a pour chaque entier $m \geq n$ un S_0-homomorphisme $(\overline{\psi}_m)_0 : (J^{\cdot}_m)_0 \to G_0$ tel que $\psi_0 = (\overline{\psi}_m)_0 \circ (\Phi_m)_0$. Soit τ_{X_0} le $W(N)$-torseur de Zariski, où $N = Hom_{\mathcal{O}_{S_0}}(\omega^1_{G_0/S_0}, I)$, construit d'après (5.30) à partir de X_0, ψ_0 et G. Noter que si $I = I_{i+1}/I_i$ alors il existe un idéal premier P_i tel que $I_{i+1}/I_i \simeq A/P_i$ (cf. (5.1)). D'où quitte à se restreindre à un ouvert affine de S_0, on peut supposer que $Hom_{\mathcal{O}_{S_0}}(\omega^1_{G_0/S_0}, I)$ est isomorphe au $\mathcal{O}_{S_0}$-module donné par un produit fini $A/P_i \times \ldots \times A/P_i$. (Noter que $\omega^1_{G_0/S_0}$ est localement libre car G_0 est lisse sur S_0.) Soit σ la section de τ_{X_0} au-dessus de X_0 donnée par le prolongement ψ à X de $\psi_0 : X_0 \to G$ (cf. (5.30), (i)). Soit

$$1 \longrightarrow W(N) \longrightarrow E_{(J^{\cdot}_m)_0} \longrightarrow (J^{\cdot}_m) \longrightarrow 1$$

la suite exacte qui correspond à $(\overline{\psi}_m)_0$ d'après (5.31). Par (5.30), (ii), on a pour tout $m \geq n$ un isomorphisme

$$\tau_{X_0} \simeq (\Phi_m)^\star_0(E_{(J^{\cdot}_m)_0}).$$

Il en résulte alors le diagramme commutatif suivant de S_0-morphismes

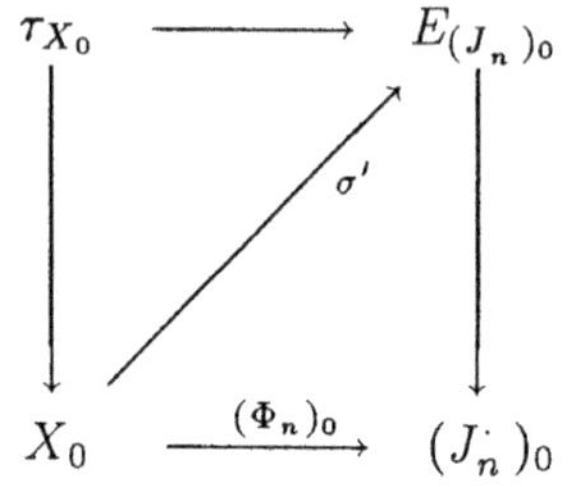

où σ' correspond à la section σ. On peut appliquer (5.33) à l'extension $E_{(\dot J_n)_0}$ munie de la section σ' de $E_{(\dot J_n)_0}$ au-dessus de X_0. Il existe alors un entier $m \geq n$ et un S_0-homomorphisme $f : (J_m)_0 \to E_{(J_n)_0}$ tel que le diagramme suivant soit commutatif

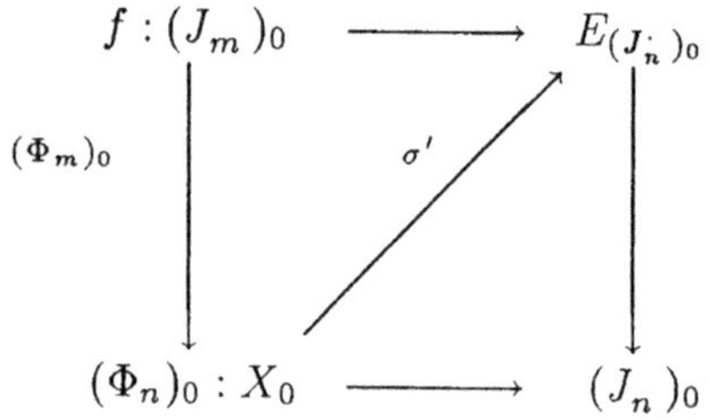

comme $E_{(\dot J_m)_0} \simeq E_{(J_n)_0} \times_{(\dot J_n)_0} (\dot J_m)_0$ d'après (5.31), (ii) il résulte alors que f donne lieu à un scindage de cette extension qui correspond à un S-homomorphisme $\overline{\psi}_m : J_m \to G$ tel que $\psi = \overline{\psi}_m \circ \Phi_m$. Ce qui achève la preuve de (4.1).

Remarque 5.36. (i) La preuve de (4.1) ne dépend en fait que de (5.33). Dans une première version de ce travail la démonstration de (4.1) utilisait (5.32) et se faisait donc par une double récurrence sur l'ordre de nilpotence du radical de A et la longueur d'une suite de composition de N. La démonstration actuelle par récurrence sur la longueur d'une suite de composition comme dans (5.1) suit une suggestion de P. Cartier.

(ii) La description de l'extension E_{Γ_0} joue un rôle primordial dans ce travail. Voir à ce sujet l'article de L. Breen dans ce volume et B. Magneron, *Cohomologie des groupes et des espaces de transformation* dans Journal of Algebra, vol. 112, n°2, 1988.

REFERENCES

[1] C.E. Contou-Carrère, *La jacobienne généralisée d'une courbe relative ; construction et propriété universelle de factorisation*, C.R.A.S., t. **289**, 1979.

[2] C.E. Contou-Carrère, *Corps de classes local géométrique relatif*, C.R.A.S., t. **292**, 1981.

[3] C.E. Contou-Carrère, *Jacobienne locale, groupe de bivecteurs de Witt universel et symbole local modéré.* (à paraître aux C.R.A.S.)

[3]bis C.E. Contou-Carrère, *Jacobienne locale d'une courbe formelle relative* (à publier dans A.S.E.N.S.).

[4] N. Bourbaki, *Algèbre commutative*, chapitres 3 et 4, Hermann 1961.

[5] M. Demazure et P. Gabriel, *Groupes algébriques*, North Holland 1971.

[6] M. Demazure et A. Grothendieck, SGA III (schémas en groupes), vol n°1, Springer Verlag LN, n°**151**.

[7] A. Grothendieck, *Fondements de la géométrie algébrique*, Recueil des Exposés du séminaire Bourbaki entre 1957 et 1962.

[8] A. Grothendieck et J. Dieudonné, *Eléments de géométrie algébrique* (EGA) I, Springer Verlag 1971.

[9] A. Grothendieck et J. Dieudonné, EGA II, *Etude globale élémentaire de quelques classes de morphismes.* Publications Mathématiques de l'I.H.E.S., vol n°**8**.

[10] A. Grothendieck et J. Dieudonné, EGA III, *Etude cohomologique des faisceaux cohérents* (première partie). Publications Mathématiques de l'I.H.E.S., vol n°**11**.

[11] A. Grothendieck et J. Dieudonné, EGA III (deuxième partie), Publications Mathématiques de l'I.H.E.S., vol n°**17**.

[12] A. Grothendieck et J. Dieudonné, EGA IV, *Etude locale des schémas* (deuxième partie). Publications mathématiques de l'I.H.E.S., vol n°**24**.

[13] A. Grothendieck et J. Dieudonné, EGA IV (troisième partie). Publications Mathématiques de l'I.H.E.S., vol n°**28**.

[14] A. Grothendieck et J. Dieudonné, EGA IV (quatrième partie). Publications Mathématiques de l'I.H.E.S., vol n°**32**.

[15] A. Grothendieck (E. Artin, P. Deligne ... etc), SGA IV, vol 3, Springer Verlag LN n°**305**.

[16] J.-P. Serre, *Groupes algébriques et corps de classes*, Hermann 1959.

[17] D. Mumford, *Abelian Varieties*, Oxford University Press, 1970.

Las Rebes 10/A
556, Avenue Louis Ravas
34000 Montpellier, France

Catégories tannakiennes

P. DELIGNE

à A. Grothendieck en témoignage d'admiration
et de reconnaissance

1. Introduction

Dans [6], N. Saavedra décrit certaines catégories munies d'un produit tensoriel, les catégories tannakiennes (2.8), comme catégories de représentations de gerbes (cas particulier: représentations d'un schéma en groupes). Sa démonstration est incomplète (*cf.* [2] 3.15). Notre but premier est de la compléter. Je n'ai pas su rédiger un exposé court ne donnant que les arguments manquants: bien des idées de l'article sont dans [6], dues à Saavedra et, par son intermédiaire, à A. Grothendieck.

Les paragraphes 2 à 5 ne prétendent pas à l'originalité. Ils rassemblent des résultats qui, au paragraphe 6, nous permettrons de compléter la démonstration de Saavedra. Au paragraphe 7, nous montrons qu'en caractéristique 0, une catégorie tensorielle (1.2) dont tout objet a pour dimension (7.1) un entier ≥ 0 est tannakienne. Au paragraphe 8, nous appliquons les méthodes des paragraphes 6 et 7 aux catégories tensorielles non nécessairement tannakiennes. Comme application (8.19), nous décrivons les catégories tensorielles sur k, supposé parfait, munies d'un $\otimes$-foncteur exact à valeurs dans les super-espaces vectoriels sur k (1.4).

Le paragraphe 9 donne une application du formalisme des catégories tannakiennes à la théorie de Picard-Vessiot. Soit (K, ∂) un corps différentiel de corps des constantes $K_0 := \{x \mid \partial x = 0\}$ algébriquement clos de caractéristique 0 et $y^{n\prime} + a_1 y^{n-1\prime} + \cdots + a_n = 0$ une équation différentielle linéaire du n^{ième}-ordre à coefficients dans K. Nous montrons l'existence d'une extension (E, ∂) de (K, ∂), de même corps des constantes, dans laquelle l'équation admet n solutions linéairement indépendantes sur les constantes. Cette application est le fruit de discussions avec D. Bertrand. Le résultat est un théorème de E.R. Kolchin ([**3 VI 6 prop. 13**]).

Dans la fin de cette introduction, après avoir indiqué quelques conventions terminologiques, nous décrivons le résultat principal 1.12 des paragraphes 2 à 6.

1.1 *Terminologie.*

Anneau (resp. *algèbre*) signifiera toujours anneau (resp. algèbre) à unité et les *morphismes* envoyent l'unité sur l'unité.

Dans tout l'article, k sera un anneau commutatif, le plus souvent supposé être un corps. Nous ne considérerons en principe que des schémas sur k. Souvent, nous dirons simplement *schéma* pour schéma sur k et *morphisme* de schémas pour morphisme de schémas sur k. On note $X \times Y$ le produit sur k $X \times_{\mathrm{Spec}(k)} Y$ et $\mathrm{Hom}(X, Y)$ l'ensemble des morphismes de schémas sur k de X dans Y.

Nous noterons de même un foncteur représentable et un objet qui le représente.

1.2. Soit k un corps commutatif. Dans cet article, nous appelerons simplement *catégorie tensorielle* sur k ce qui dans N. Saavedra [**6**] (resp. Deligne–Milne [**2**]) serait appelé une $\otimes$-catégorie abélienne *ACU* k-linéaire rigide, avec $k \xrightarrow{\sim} \mathrm{End}(1)$ (resp. une catégorie tensorielle abélienne, rigide, k-linéaire, avec $k \xrightarrow{\sim} \mathrm{End}(1)$). Les axiomes sont rappelés en 2.1. Il s'agit d'une catégorie abélienne k-linéaire $\mathcal{T}$ munie d'un foncteur $\otimes : \mathcal{T} \times \mathcal{T} \to \mathcal{T}$ et de contraintes d'associativité et de commutativité pour $\otimes$ (des isomorphismes fonctoriels $(X \otimes Y) \otimes Z \xrightarrow{\sim} X \otimes (Y \otimes Z)$ et $X \otimes Y \xrightarrow{\sim} Y \otimes X$), le tout vérifiant des axiomes convenables. Parmi les axiomes figure l'existence d'un objet unité 1.

1.3 *Exemple.* La catégorie $\mathrm{Vect}(k)$ des espaces vectoriels de dimension finie sur k, munie du produit tensoriel et de ses contraintes évidentes d'associativité et de commutativité.

1.4 *Exemple.* $\mathcal{T}$ est la catégorie des espaces vectoriels de dimension finie $\mathbf{Z}/(2)$-gradués sur k, $\otimes$ le produit tensoriel, la contrainte d'associativité est la contrainte évidente et celle de commutativité est donnée par la règle de Koszul: $a \otimes b \mapsto (-1)^{\deg a \deg b} b \otimes a$ pour a et b homogènes. C'est la catégorie tensorielle des ***super-espaces vectoriels*** de dimension finie sur k.

1.5 *Exemple.* Soit G un schéma en groupes affines sur k. On prend pour $\mathcal{T}$ la catégorie $\mathrm{Rep}(G)$ des représentations linéaires de dimension finie de G sur k, pour $\otimes$ le produit tensoriel des représentations, et les contraintes évidentes.

Pour G trivial, on retrouve l'exemple 1.3.

1.6. Une généralisation de l'exemple 1.5 jouera pour nous un rôle essentiel. Avant de la donner, quelques préliminaires.

Soit S un schéma sur k. Rappelons (SGA 3 V1) qu'un *k-groupoïde* agissant sur S est un schéma G sur k munis de morphismes but et source: $b, s : G \to S$ et d'une loi de composition $\circ : G \underset{{}^sS^b}{\times} G \to G$ qui soit un morphismes de schémas sur $S \times S$ et telle que pour tout schéma T sur k,

$$S(T) := \mathrm{Hom}(T, S) \quad , \quad G(T) := \mathrm{Hom}(T, G) \quad , \quad s, b : G(T) \to S(T) \text{ et } \circ$$

définissent une catégorie (objets: $S(T)$; flèches: $G(T)$) où toute flèche soit inversible. Ceci peut aussi s'exprimer par des diagrammes: l'associativité s'exprime par l'égalité des flèches composées

$$G \underset{{}^sS^b}{\times} G \underset{{}^sS^b}{\times} G \overset{\circ \times \mathrm{Id}}{\underset{\mathrm{Id} \times \circ}{\rightrightarrows}} G \underset{{}^sS^b}{\times} G \xrightarrow{\circ} G,$$

les flèches identiques par un morphisme de $S \times S$ schémas $\epsilon : S \to G$ (S diagonal dans $S \times S$) tel que les flèches composées

$$G = G \underset{{}^sS}{\times} S = S \underset{S^b}{\times} G \overset{\epsilon \times \mathrm{Id}}{\underset{\mathrm{Id} \times \epsilon}{\rightrightarrows}} G \underset{{}^sS^b}{\times} G \xrightarrow{\circ} G$$

soient l'identité, les inverses par "-1" : $G \to G$ avec s"-1" $=$ "-1"b, b"-1" $=$ "-1"s, et les commutativités

$$\begin{array}{ccc} G & \xrightarrow{\text{"}-1\text{"} \times \mathrm{Id}} & G \underset{{}^sS^b}{\times} G \\ \downarrow{\scriptstyle s} & & \downarrow{\scriptstyle \circ} \\ S & \xrightarrow{\epsilon} & G \end{array} \qquad \qquad \begin{array}{ccc} G & \xrightarrow{\mathrm{Id} \times \text{"}-1\text{"}} & G \underset{{}^sS^b}{\times} G \\ \downarrow{\scriptstyle b} & & \downarrow{\scriptstyle \circ} \\ S & \xrightarrow{\epsilon} & G . \end{array}$$

La terminologie de SGA 3 V1 est que (S,G) est un (schémas sur k)-groupoïde.

Pour $u : T \to S$, l'image inverse de G par $u \times u : T \times T \to S \times S$ est un k-groupoïde agissant sur T: le groupoïde *induit* G_T.

Une *représentation* de G est un faisceau quasi-cohérent V sur S muni d'une *action* ρ de G, i.e. de la donnée pour tout k-schéma T et tout $g \in G(T)$ d'un morphisme $\rho(g) : V_{s(g)} \to V_{b(g)}$ entre les images réciproque de V par $s(g)$ et $b(g) : T \to S$. On exige que $\rho(g)$ soit de formation compatible aux changements de base $T' \to T$, que $\rho(gh) = \rho(g)\rho(h)$ (pour $s(g) = b(h)$) et que pour g l'automorphisme identique $\epsilon(s)$ de $s \in S(T)$, $\rho(g)$ soit l'automorphisme identique de V_s. Puisque G est un groupoïde, les $\rho(g)$ sont des isomorphismes. Une action ρ est déterminée par $\rho(g)$ dans le cas universel $T = G$, $g = \mathrm{Id}_G : G \to G$, i.e. par un morphisme $u : s^*V \to b^*V$ entre faisceaux quasi-cohérents sur G. Ce morphisme doit vérifier:
(a) Sur $G \underset{sS^b}{\times} G$, l'image inverse de u par $\circ : G \underset{sS^b}{\times} G \to G$ est le composé $\mathrm{pr}_1^*(u) \circ \mathrm{pr}_2^*(u)$; (b) $\epsilon^*(u)$ est l'identité.

On dit que le groupoïde G est *transitif* sur S (au sens *fpqc*) si le morphisme $(b,s) : G \to S \underset{k}{\times} S$ est couvrant au sens *fpqc*, i.e. s'il existe T fidèlement plat quasi-compact sur $S \times S$ avec $\mathrm{Hom}_{S\times S}(T,G) \neq \emptyset$. Si G est transitif, alors (a) G est plat, donc fidèlement plat, sur $S \times S$ (3.6); (b) si G agit sur V quasi-cohérent et qu'une fibre V_s est un espace vectoriel de rang fini n sur le corps résiduel $k(s)$, alors V est localement libre de rang de n (3.5).

1.7 *Exemple.* Soit G un k-groupoïde transitif agissant sur un schéma non vide S sur k. On peut alors prendre pour $\mathcal{T}$ la catégorie des faisceaux localement libres de rang fini sur S munis d'une action de G et pour foncteur $\otimes$ le produit tensoriel, muni des contraintes évidentes.
Notation: $\mathrm{Rep}(S : G)$.

Pour S réduit à un point: $S = \mathrm{Spec}(k)$, on retrouve 1.5.

1.8 *Remarque.* Soient G un groupoïde agissant transitivement sur S, $u : T \to S$ et G_T le groupoïde induit (1.6). On vérifie (3.5) que si $T \neq \emptyset$, $u^* : \mathrm{Rep}(S : G) \to \mathrm{Rep}(T : G_T)$ est une équivalence de catégories. En particulier, si $S(k) \neq \emptyset$, que $x \in S(k)$ et que G_x est le groupe algébrique sur k qui fixe x (la fibre de G en (x,x)), on a $\mathrm{Rep}(S : G) \xrightarrow{\approx} \mathrm{Rep}(G_x)$.

1.9. Soient $\mathcal{T}$ une catégorie tensorielle sur k et S un k-schéma. Un *foncteur fibre* de $\mathcal{T}$ sur S est un foncteur exact k-linéaire ω de $\mathcal{T}$ dans la catégorie des faisceaux quasi-cohérents sur S, muni d'un isomorphisme fonctoriel $\omega(X) \otimes \omega(Y) \xrightarrow{\sim} \omega(X \otimes Y)$ *ACU*, i.e. compatible aux contraintes d'associativité, de commutativité et d'unité (2.7). Les axiomes imposés à $\mathcal{T}$ impliquent que ω est à valeurs dans les faisceaux localement libres de rang fini (2.8). Pour $S = \mathrm{Spec}(B)$, ω s'identifie à un foncteur de $\mathcal{T}$ dans la catégorie des B-modules projectifs de type fini. On appelle encore ω un foncteur fibre sur B.

Soient ω_1 et ω_2 deux foncteurs fibres sur S. Un $\otimes$-*isomorphisme*, ou *isomorphisme de foncteurs fibres*, $u : \omega_1 \to \omega_2$ est un isomorphisme de foncteurs rendant commutatifs les diagrammes

$$\begin{array}{ccc} \omega_1(X)\otimes\omega_1(Y) & \longrightarrow & \omega_1(X\otimes Y) \\ \downarrow{\scriptstyle u\otimes u} & & \downarrow{\scriptstyle u} \\ \omega_2(X)\otimes\omega_2(Y) & \longrightarrow & \omega_2(X\otimes Y) \end{array}$$

et tel que $u : \omega_1(1) \to \omega_2(1)$ soit l'automorphisme identique de $\mathcal{O}_S$.

1.10. Dans [6], Saavedra affirme avec une démonstration insuffisante (*cf.* [2] 3.15) que: (*) deux foncteurs fibres de $\mathcal{T}$ sur Spec(B) sont localement isomorphes pour la topologie *fpqc*, i.e. il existe B' sur B, fidèlement plat, tel que ω_1 et ω_2 deviennent isomorphe apès extension des scalaires de B à B'.

Notre but premier et de montrer que l'assertion (*) est vraie (avec l'hypothèse additionnelle, nécessaire, $k \xrightarrow{\sim} \mathrm{End}(1)$ que Saavedra avait oubliée) et de justifier ainsi tous les résultats de [6].

1.11. Si ω_1 et ω_2 sont deux foncteurs fibres sur S, nous noterons $\underline{\mathrm{Isom}}_S^{\otimes}(\omega_1, \omega_2)$ le foncteur qui à T sur $S : u : T \to S$ attache l'ensemble des isomorphismes de foncteurs fibres de $u^*\omega_1$ avec $u^*\omega_2$. Il est représentable par un schéma affine sur S. Si ω_i est un foncteur fibre sur S_i ($i = 1, 2$), on pose

$$\underline{\mathrm{Isom}}_k^{\otimes}(\omega_2, \omega_1) := \underline{\mathrm{Isom}}_{S_1\times S_2}^{\otimes}(\mathrm{pr}_2^*\omega_2, \mathrm{pr}_1^*\omega_1).$$

Pour ω un foncteur fibre sur S, on pose $\underline{\mathrm{Aut}}_S^{\otimes}(\omega) = \underline{\mathrm{Isom}}_S^{\otimes}(\omega, \omega)$ et

$$\underline{\mathrm{Aut}}_k^{\otimes}(\omega) := \underline{\mathrm{Isom}}_k^{\otimes}(\omega, \omega).$$

Selon la convention (1.1), nous noterons de même les schémas représentant ces foncteurs. Le schéma $\underline{\mathrm{Aut}}_k^{\otimes}(\omega)$ est un k-groupoïde agissant sur S. Le morphisme but b (resp. source s) est le composé de pr_1 (resp. pr_2) avec la projection sur $S \times S$. Nous prouverons en 1.13(b), 6.8, 6.14 et 6.15 le résultat suivant.

1.12 **Théorème.** *Soient $\mathcal{T}$ une catégorie tensorielle sur k et ω un foncteur fibre de $\mathcal{T}$ sur un k-schéma $S \neq \emptyset$.*
(i) *Le groupoïde* $\underline{\mathrm{Aut}}_k^{\otimes}(\omega)$ *est fidèlement plat sur* $S \times S$;
(ii) ω *induit une équivalence de* $\mathcal{T}$ *avec la catégorie* $\mathrm{Rep}(S : \underline{\mathrm{Aut}}_k^{\otimes}(\omega))$ *de représentations du groupoïde* $\underline{\mathrm{Aut}}_k^{\otimes}(\omega)$.

Réciproquement, soient G un k-groupoïde agissant sur $S \neq \emptyset$ affine et fidèlement plat sur $S \times S$ et ω le foncteur fibre de $\mathrm{Rep}(S : G)$ *sur S "oubli de l'action de G." On a*

(iii) $$G \xrightarrow{\sim} \underline{\mathrm{Aut}}_k^{\otimes}(\omega).$$

Le théorème fournit un dictionnaire entre catégories tensorielles sur k munies d'un foncteur fibre sur S et k-groupoïdes agissant transitivement sur S et affines sur $S \times S$.

1.13 *Remarques.* (a) Si ω_1 et ω_2 sont des foncteurs fibres sur S_1 et S_2, il existe sur la somme disjointe $T := S_1 \amalg S_2$ un foncteur fibre ω, unique à isomorphisme unique près, muni d'isomorphismes $\omega|S_j = \omega_j$ $(j = 1, 2)$. Appliquons 1.12(i) à ω. L'image inverse sur $S_2 \times S_1$ du schéma $\underline{\mathrm{Aut}}_k^{\otimes}(\omega)$ sur $T \times T$ est $\underline{\mathrm{Isom}}_k^{\otimes}(\omega_1, \omega_2)$. D'après 1.12(i), $\underline{\mathrm{Isom}}_k^{\otimes}(\omega_1, \omega_2)$ est donc fidèlement plat sur $S_2 \times S_1$.

Pour $S_1 = S_2 := S$, la restriction à la diagonale de $\underline{\mathrm{Isom}}_k^{\otimes}(\omega_1, \omega_2)$ est $\underline{\mathrm{Isom}}_S^{\otimes}(\omega_1, \omega_2)$. Le S-schéma $\underline{\mathrm{Isom}}_S^{\otimes}(\omega_1, \omega_2)$ est donc fidèlement plat sur S. Ceci justifie 1.10(*).

(b) Si 1.12 est vrai pour S affine, il l'est en général. Pour l'assertion (i), si S_i est un recouvrement ouvert affine de S, l'image inverse de $\underline{\mathrm{Aut}}_k^{\otimes}(\omega)$ sur $S_i \times S_j$ est $\underline{\mathrm{Isom}}_k^{\otimes}(\omega \,|\, S_i, \omega \,|\, S_j)$ et, appliquant 1.13(a), on conclut par 1.12(i) appliqué aux $S_i \amalg S_j$. Pour (ii), observer que pour U un ouvert affine non vide de S, on a par 1.8 $\mathrm{Rep}(S : \underline{\mathrm{Aut}}_k^{\otimes}(\omega)) \xrightarrow{\approx} \mathrm{Rep}(U : \underline{\mathrm{Aut}}_k^{\otimes}(\omega(U))$. Conclure par 1.12(ii) pour U. Pour (iii), si U_1 et U_2 sont des ouverts affine non vides de S_x et que G_U est le groupoïde induit sur $U = U_1 \amalg U_2$, on a $\mathrm{Rep}(S : G) \xrightarrow{\sim} \mathrm{Rep}(U : G_U)$ et par 1.12(iii) appliqué à U, le morphisme $G \to \underline{\mathrm{Aut}}_k(\omega)$ est un isomorphisme au-dessus de $U_1 \times U_2$.

1.14. Soit G un groupoïde agissant sur $S = \mathrm{Spec}(B)$. Supposons G affine sur $S \times S$, i.e. affine: $G = \mathrm{Spec}(L)$. Puisque (b, s) fait de G un schéma sur $S \times S := S \underset{\mathrm{Spec}(k)}{\times} S$ (1.1), L est un $B \underset{k}{\otimes} B$-module, i.e. un B, B-bimodule tel que les deux structures induites de k-module coïncident. Nous écrivons à gauche (resp. à droite) la structure de B-module définie par b (resp. s).

Le B, B-bimodule L est muni des structures suivantes:
(1) L est une $B \underset{k}{\otimes} B$-algèbre commutative, d'où un produit

$$p : L \underset{B \otimes B}{\otimes} L \longrightarrow L .$$

(2) La loi de composition $G \underset{{}^s S^b}{\times} G \to G$ correspond à

$$c : L \longrightarrow L \underset{B}{\otimes} L$$

et l'identité $\epsilon : S \to G$ à $e : L \to B$.

Soit M un B-module (= un faisceau quasi-cohérent sur S). Une action de G sur M est un morphisme de L-modules

$$L \underset{{}^s B}{\otimes} M \longrightarrow M \underset{B^b}{\otimes} L$$

ou, ce qui revient au même, un morphisme de B-modules

$$r : M \longrightarrow M \underset{B^b}{\otimes} L$$

(à droite, la structure de B-modules défine par la structure droite de L), avec une compatibilité à la composition et aux éléments neutres. Ces compatibilités se traduisent par
(1.14.1) l'égalité des flèches composées

$$M \xrightarrow{r} M \otimes L \underset{M \otimes c}{\overset{r \otimes L}{\rightrightarrows}} M \otimes L \otimes L \text{ , et}$$

(1.14.2) l'égalité à l'identité du composé $M \xrightarrow{r} M \otimes L \xrightarrow{M \otimes e} M$.

On voit que seule a servi la structure (2) sur L.

1.15. Inspirés par cette remarque, pour tout anneau non nécessairement commutatif B, nous appellerons *cogèbroïde* agissant sur B un bimodule L sur B muni d'un morphisme de bimodules $c : L \to L \underset{B}{\otimes} L$ coassociatif: c égalise la double flèche $(c \otimes 1, 1 \otimes c)$

$$L \xrightarrow{c} L \underset{B}{\otimes} L \underset{1 \otimes c}{\overset{c \otimes 1}{\rightrightarrows}} L \underset{B}{\otimes} L \underset{B}{\otimes} L \text{ ,}$$

et qui admette une counité $e : L \to B$: un morphisme de bimodules tel que les composés

$$L \xrightarrow{c} L \otimes L \overset{e\otimes 1}{\underset{1\otimes e}{\rightrightarrows}} L$$

soient l'identité. Noter que si c admet une counité, celle-ci est unique. Nous n'aurons besoin que du cas où B est commutatif, mais ne pas le supposer aide à ne pas mélanger sa gauche et sa droite.

Si B est commutatif et que les deux structures de B-module sur L coïncident, on retrouve les cogèbres sur B, d'où la terminologie. Si k est un anneau commutatif et B une k-algèbre, on appellera k-cogèbroïde un cogèbroïde L tel que les deux structures de k-modules induites par les structures de B-modules coïncident.

Une *représentation* de L est un B-module à droite M muni d'une *coaction* de L, i.e. d'un morphisme de B-modules à droite $r : M \to M \underset{B}{\otimes} L$ vérifiant (1.14.1) (1.14.2). Si L est plat en tant que B-module à gauche, la catégorie des représentations de L est abélienne et le foncteur d'oubli de la coaction est exact.

1.16. Soient $\mathcal{T}$ une catégorie tensorielle sur k, $S = \mathrm{Spec}(B)$ un schéma affine sur k et ω un foncteur fibre de $\mathcal{T}$ sur S. A l'imitation de Saavedra, nous commencerons par oublier le produit tensoriel et construisons un k-cogèbroïde L agissant sur B tel que ω se factorise par une équivalence de catégories de $\mathcal{T}$ avec la catégorie des faisceaux localement libres de rang fini sur S munis d'une coaction de L. La preuve (6.1, 6.2) est une application du théorème de Barr-Beck (4.1). Elle est parallèle à celle du théorème de descente fidèlement plate SGA 1 VIII 1. La compatibilité de ω au produit tensoriel munit L d'un produit, et on vérifie que $G := \mathrm{Spec}(L)$ est le groupoïde $\underline{\mathrm{Aut}}_k(\omega)$ agissant sur S (6.3 – 6.6).

Il reste à montrer que G est fidèlement plat sur $S \times S$. Nous construirons une catégorie tensorielle $\mathcal{T} \otimes \mathcal{T}$ avec des propriétés convenables – notamment qu'un foncteur fibre ω de $\mathcal{T}$ sur S définisse un foncteur fibre $\omega \times \omega$ de $\mathcal{T} \otimes \mathcal{T}$ sur $S \times S$. Le $B \otimes B$–module L sera fidèlement plat en tant qu'image par $\omega \times \omega$ d'un Ind-objet contenant 1 de $\mathcal{T} \otimes \mathcal{T}$.

Nous donnerons deux preuves de l'existence de la catégorie tensorielle $\mathcal{T} \otimes \mathcal{T}$. La première utilise un théorème de passage au quotient générique (3.11) et l'hypothèse $\mathrm{End}(1) = k$ pour montrer que si $\mathcal{T}$ est de $\otimes$-génération finie il existe un foncteur fibre ω_1 sur un schéma S_1 spectre d'une extension finie de k avec $G_1 := \underline{\mathrm{Aut}}_k^{\otimes}(\omega_1)$ fidèlement plat sur $S_1 \times S_1$. Du théorème de structure $\mathcal{T} \sim \mathrm{Rep}(S_1 : G_1)$ on déduit l'existence de la catégorie tensorielle

$\mathcal{T}\otimes\mathcal{T}$ requise (5.21). La seconde preuve repose sur une construction directe. Elle ne s'applique que si k est parfait.

2. Rappels et compléments: catégories tensorielles

Soit k un corps commutatif.

2.1. Les axiomes des catégories tensorielles sur k (en notre sens, voir 1.2) sont les suivants.

(2.1.1) La catégorie $\mathcal{T}$ est munie d'un foncteur produit tensoriel $\otimes$: $\mathcal{T}\times\mathcal{T}\to\mathcal{T}$, de contraintes d'associativité et de commutativité compatibles pour $\otimes$ ([4], [5] VII 7, où la terminologie est "symmetric monoidal category", [6] I §1.2 ou [2] §1 p.104) et il existe un objet unité 1 ([6] I 1.3.2; l'objet unité est unique à isomorphisme unique près; il est muni de contraintes d'unité $X\otimes 1 \xrightarrow{\sim} X$ et $1\otimes X \xrightarrow{\sim} X$).

Cet axiome permet de définir le produit $\otimes$ d'une famille finie $(X_i)_{i\in I}$ d'objets de $\mathcal{T}$.

(2.1.2) Pour tout X, il existe $X^\vee$ et des morphismes $\mathrm{ev} : X\otimes X^\vee \to 1$ et $\delta : 1 \to X^\vee\otimes X$ tels que les composés

$$X \xrightarrow{X\otimes\delta} X\otimes X^\vee\otimes X \xrightarrow{\mathrm{ev}\otimes X} X$$

$$X^\vee \xrightarrow{\delta\otimes X^\vee} X^\vee\otimes X\otimes X^\vee \xrightarrow{X^\vee\otimes\mathrm{ev}} X^\vee$$

soient l'identité.

(2.1.3) La catégorie est abélienne.

(2.1.4) Un isomorphisme $k \xrightarrow{\sim} \mathrm{End}(1)$ de k avec l'anneau des endomorphismes de 1 est donné.

2.2. Soit $\mathcal{M}$ une catégorie monoïdale ([5] VII 1), i.e. munie de $\otimes : \mathcal{M}\times\mathcal{M}\to\mathcal{M}$, d'une contrainte d'associativité ([6] I 1.1.1) et admettant un objet unité 1. Le foncteur de $\mathcal{M}$ dans la catégorie $\underline{\mathrm{Hom}}(\mathcal{M},\mathcal{M})$ des foncteurs de $\mathcal{M}$ dans $\mathcal{M}$: $X\mapsto$ (le foncteur $s_X : Z\mapsto X\otimes Z$) est un foncteur fidèle. Il admet la rétraction $s\mapsto s(1)$. Il est muni d'isomorphismes fonctoriels $s_X\circ s_Y \xrightarrow{\sim} s_{X\otimes Y} : X\otimes(Y\otimes Z) \xrightarrow{\sim} (X\otimes Y)\otimes Z$. Cet isomorphisme est AU: compatible à la contrainte d'associativité et admettant $s_1 \xrightarrow{\sim} \mathrm{Id}_{\mathcal{M}}$ compatible aux contraintes d'unité. Après application du foncteur $s, X, X^\vee$, ev et δ comme en (2.1.2) fournissent une adjonction entre foncteurs: s_X est adjoint à gauche de $s_{X^\vee}$. Soit de même d le foncteur

$$d : (\mathcal{M}, \text{opposé de } \otimes) \longrightarrow (\underline{\mathrm{Hom}}(\mathcal{M},\mathcal{M}), \circ) : X \longmapsto (Z\mapsto Z\otimes X).$$

Le foncteur $d_{X^\vee}$ est adjoint à gauche de d_X.

Soient dans $\mathcal{M}$ des objets $X^\vee, X$ et ev : $X \otimes X^\vee \to 1$. De l'énoncé analogue ([5] IV 1 Th 2 (iii)) pour l'adjonction entre foncteurs, on déduit que $\delta : 1 \to X \otimes X^\vee$ vérifiant (2.1.2), s'il existe, est uniquement déterminé par ev. De plus, $(X^\vee, \mathrm{ev})$ pour lequel existe δ est unique à isomorphisme unique près: étant donnés $(X^\vee(i), \mathrm{ev})$ $(i = 1,2)$, les adjoint $s_{X^\vee(i)}$ de s_X sont canoniquement isomorphes. De plus, l'isomorphisme $s_{X^\vee(1)} \to s_{X^\vee(2)}$ est le composé $s_{X^\vee(1)} \to s_{X^\vee(2)} s_X s_{X^\vee(1)} \to s_{X^\vee(2)}$ et est donc induit par $X^\vee(1) \to X^\vee(2) \otimes X \otimes X^\vee(1) \to X^\vee(2)$. On appelle $X^\vee$ le *dual* de X. En cas d'ambiguité, on écrira ev_X et δ_X les morphismes ev et δ.

Si X et Y admettent des duaux $X^\vee$ et $Y^\vee$, $Y^\vee \otimes X^\vee$ est un dual de $X \otimes Y$, avec
$\mathrm{ev}_{X \otimes Y} = \mathrm{ev}_X \circ (X \otimes \mathrm{ev}_Y \otimes X^\vee)$ et $\delta_{X \otimes Y} = (X \otimes \delta_Y \otimes X^\vee) \circ \delta_X$. Ceci résulte de l'énoncé analogue pour l'adjoint d'un foncteur composé.

Un adjoint à droite s_X^* de s_X est ce qu'on appelle un Hom interne $\underline{\mathrm{Hom}}(X,\ )$. Si s_X^* existe, soit $X' := s_X^*(1)$. L'adjonction $s_X s_X^* \to \mathrm{Id}$, évaluée en 1, définit $e : X \otimes X' \to 1$. Tensorisant par Y, on obtient $e \otimes Y : X \otimes X' \otimes Y \to Y$. Par adjonction, $e \otimes Y$ définit

$$X' \otimes Y \longrightarrow \underline{\mathrm{Hom}}(X,Y) : s_{X'} \longrightarrow s_X^* . \tag{2.2.1}$$

Par définition, $X \otimes$ (2.2.1) : $s_X s_{X'} \to s_X s_X^*$, composé avec $s_X s_X^* \to \mathrm{Id}$, redonne $e \otimes Y : s_X s_{X'} \to \mathrm{Id}$: le composé $s_X s_{X'} \to s_X s_X^* \to \mathrm{Id}$ est défini par $e : X \otimes X' \to 1$.

2.3 **Proposition**. *Pour que X admette un dual, il faut et il suffit que s_X admette un adjoint à droite $s_X^* = \underline{\mathrm{Hom}}(X,\ )$ et que le morphisme (2.2.1): $\underline{\mathrm{Hom}}(X,1) \otimes Y \to \underline{\mathrm{Hom}}(X,Y)$ soit un isomorphisme pour tout Y.*

Preuve. La nécessité est claire sur 2.2. Réciproquement, supposons que (2.2.1): $s_{X'} \to s_X^*$ est un isomorphisme. Si on identifie $s_{X'}$ à s_X^* par (2.2.1), on a vu que le morphisme d'adjonction ev : $s_X s_{X'} = s_X s_X^* \to \mathrm{Id}$ est défini par $e : X \otimes X' \to 1$. Le morphisme d'adjonction $\delta : \mathrm{Id} \to s_X^* s_X = s_{X'} s_X$ est déduit par adjonction de l'identité $s_X \to s_X$, donc caractérisé par la propriété:

$$s_X \xrightarrow{s_X \delta} s_X s_{X'} s_X \xrightarrow[\mathrm{ev}\, s_X]{} s_X \quad \text{est l'identité}. \tag{2.3.1}$$

Evaluant δ en 1, on obtient $\delta(1) : 1 \to X' \otimes X$. Evaluant (2.3.1) en 1, on obtient que le composé $X \xrightarrow{X \otimes \delta(1)} X \otimes X' \otimes X \xrightarrow{e \otimes X} X$ est l'identité. Le morphisme $\mathrm{Id} \to s_{X'} s_X$ défini par $\delta(1)$ a donc la propriété caractéristique (2.3.1) et $\delta(1)$ définit δ: les morphismes d'adjonction pour $(s_X, s_{X'})$ sont définis par $e : X \otimes X' \to 1$ et $\delta(1) : 1 \to X' \otimes X$. Ceci prouve 2.3.

2.4. Si X et Y admettent un dual, on a par adjonction $\mathrm{Hom}(s_X, s_Y) \xrightarrow{\sim} \mathrm{Hom}(s_{Y^\vee}, s_{X^\vee})$. Cette bijection induit une bijection $\mathrm{Hom}(X, Y) \xrightarrow{\sim} \mathrm{Hom}(Y^\vee, X^\vee)$: à $f : X \to Y$ correspond son *transposé*, le composé

$$ {}^t f : Y^\vee \xrightarrow{1\otimes\delta} Y^\vee \otimes X \otimes X^\vee \xrightarrow{1\otimes f\otimes 1} Y^\vee \otimes Y \otimes X^\vee \xrightarrow{\mathrm{ev}\otimes 1} X^\vee . $$

La bijection inverse attache à $f : Y^\vee \to X^\vee$ le composé

$$ f^t : X \longrightarrow Y \otimes Y^\vee \otimes X \longrightarrow Y \otimes X^\vee \otimes X \longrightarrow Y . $$

Il suffit de s'assurer que les mêmes formules décrivent dans $\underline{\mathrm{Hom}}(\mathcal{M}, \mathcal{M})$ les bijections $\mathrm{Hom}(s_X, s_Y) \leftrightarrow \mathrm{Hom}(s_{Y^\vee}, s_{X^\vee})$.

Un *contragrédient* de f est un morphisme $f^\vee : X^\vee \to Y^\vee$ tel que $\mathrm{ev}_X \circ (f^\vee \otimes f) = \mathrm{ev}_Y$ et $(f \otimes f^\vee) \circ \delta_X = \delta_Y$. Le diagramme commutatif:

$$ \begin{array}{ccccc} X^\vee & \xrightarrow{1\otimes\delta} & X^\vee \otimes X \otimes X^\vee & \xrightarrow{ev\otimes 1} & X^\vee \\ \Big\downarrow{\scriptstyle f^\vee} & & \Big\downarrow{\scriptstyle f^\vee\otimes 1\otimes 1} & & \Big\uparrow{\scriptstyle ev\otimes 1} \\ Y^\vee & \xrightarrow{1\otimes\delta} & Y^\vee \otimes X \otimes X^\vee & \xrightarrow{1\otimes f\otimes 1} & Y^\vee \otimes Y \otimes X^\vee \end{array} $$

montre que si f a un contragrédient $f^\vee$, alors ${}^t f f^\vee = \mathrm{Id}$. Par passage à la catégorie duale munie du $\otimes$ symétrique (ceci échange ev et δ et respecte $f \mapsto {}^t f$), on obtient $f^\vee\, {}^t f = \mathrm{Id}$. Le transposé ${}^t f$ est donc inversible, d'inverse $f^\vee$; parce que $f \mapsto {}^t f$ est bijectif et est compatible à la composition, f est inversible aussi.

2.5. Si le produit tensoriel est commutatif – plus précisement si $\mathcal{M}$ vérifie (2.1.1), la relation entre X et $X^\vee$ est symétrique: X est un dual de $X^\vee$, et ${}^{tt} f = f$. L'axiome (2.1.2) implique alors les conditions qui pour Saavedra définissent les catégories *rigides*: l'existence de $\underline{\mathrm{Hom}}$ internes ($\underline{\mathrm{Hom}}(X, Y) = X^\vee \otimes Y$), que

$$ \underline{\mathrm{Hom}}(X, Y) \otimes \underline{\mathrm{Hom}}(X', Y') \xrightarrow{\sim} \underline{\mathrm{Hom}}(X \otimes Y, X' \otimes Y') \tag{2.5.1} $$

(car $X^\vee \otimes Y^\vee$ est un dual de $X \otimes Y$) et que $X \xrightarrow{\sim} X^{\vee\vee}$. La réciproque est vraie (2.3 et (2.5.1) pour $Y = X' = 1$).

Autre terminologie: une catégorie monoïdale vérifiant (2.1.2) est aussi appellée "compact closed monoïdal category". Cette terminologie est parfois réservée aussi catégories vérifiant (2.1.1) (2.1.2) (G. M. Kelly and M. L. Laplaza, *Coherence for compact closed categories*, J. Pure and Applied Alg. **19** (1980) p. 193–213) i.e. aux $\otimes$-catégories ACU rigides de Saavedra.

Si $\mathcal{M}$ vérifie (2.1.1) (2.1.2), le foncteur $Y \mapsto X \otimes Y$ a pour adjoint à gauche et à droite $Y \mapsto X^\vee \otimes Y$. Il commute donc aux limites inductives et projectives. En particulier, si (2.1.3) est vérifié, $\otimes$ est un bifoncteur exact en chaque variable.

Si $\mathcal{M}$ vérifie (2.1.1) à (2.1.3), l'isomorphisme $1 \otimes X \xrightarrow{\sim} X$ munit chaque X dans $\mathcal{M}$ d'une structure de End(1)-module, fonctorielle en X. L'anneau End(1) est commutatif ([6] I 3.3.1). Les structures de modules de X et Y fournissent la même structure de module sur $\mathrm{Hom}(X,Y)$, et la composition est bilinéaire: la catégorie $\mathcal{M}$ est End(1)-linéaire. Le foncteur $\otimes$ est End(1)-bilinéaire. L'axiome (2.1.4) équivaut à dire que la catégorie abélienne $\mathcal{M}$ est k-linéaire, que $\otimes$ est k-bilinéaire et que $k \xrightarrow{\sim} \mathrm{End}(1)$.

2.6 **Proposition.** *Soit B un anneau commutatif. Dans la catégorie monoïdale des B - modules, si X admet un dual (2.2), X est un B-module projectif de type fini.*

Preuve. Soient $X^\vee, X, \mathrm{ev}$ et δ comme en (1.1.2). Par 2.2, $X^\vee \otimes Y \simeq \mathrm{Hom}_B(X,Y)$. Faisant $Y = B$, on voit que $X^\vee$ est le dual de X. Faisons $Y = X$. On obtient que $X^\vee \otimes X \xrightarrow{\sim} \mathrm{Hom}_B(X,X)$. Si Id_X est l'image de $\sum \alpha_i \otimes x_i$, les α_i et les x_i définissent une factorisation de l'identité: $X \xrightarrow{\alpha} B^n \xrightarrow{x} X$: X est facteur direct d'un module libre de rang fini.

2.7. Soit $T : \mathcal{M}_1 \to \mathcal{M}_2$ un foncteur entre catégories monoïdales muni d'un isomorphisme fonctoriel $T(X) \otimes T(Y) \xrightarrow{\sim} T(X \otimes Y)$. Il est dit A si cet isomorphisme est compatible aux contraintes d'associativité: commutativité du diagramme

$$\begin{array}{ccc}
(T(X) \otimes T(Y)) \otimes T(Z) & \longrightarrow & T(X) \otimes (T(Y) \otimes T(Z)) \\
\downarrow & & \downarrow \\
T((X \otimes Y) \otimes Z) & \longrightarrow & T(X \otimes (Y \otimes Z)) .
\end{array}$$

Il est dit U s'il existe un isomorphisme $T(1) \to 1$ compatible aux contraintes d'unité (2.1.1). Un tel isomorphisme, s'il existe, est unique. Si des contraintes de commutativité pour $\otimes$ sont données, il est dit C si compatible à ces contraintes.

Si le foncteur T est AU et que $X^\vee$ est un dual de X, $T(X^\vee)$ (muni de $T(\mathrm{ev}_X)$ et $T(\delta_X)$) est un dual de $T(X)$. Si X et Y admettent un dual, le transposé 2.4 de $f : X \to Y$ est défini en terme de ev et δ et $T({}^t f)$ est le transposé de $T(f)$.

D'après 2.6, un foncteur AU d'une catégorie monoïdale $\mathcal{M}$ vérifiant (2.1.2) dans la catégorie monoïdale des modules sur un anneau commutatif B est à valeurs dans les B-modules projectifs de type fini.

Soient $\mathcal{M}_1$ et $\mathcal{M}_2$ vérifiant (2.1.1). Nous dirons simplement *$\otimes$-foncteur* $T : \mathcal{M}_1 \to \mathcal{M}_2$ pour "foncteur muni d'un isomorphisme fonctoriel $T(X) \otimes T(Y) \to T(X \otimes Y)$ ACU". Un *morphisme de $\otimes$-foncteurs* est un morphisme de foncteurs $T_1 \to T_2$ tel que les diagrammes

$$\begin{array}{ccc} T_1(A) \otimes T_1(B) & \xrightarrow{\sim} & T_1(A \otimes B) \\ \downarrow & & \downarrow \\ T_2(A) \otimes T_2(B) & \xrightarrow{\sim} & T_2(A \otimes B) \end{array}$$

soient commutatifs et que $T_1(1) \to T_2(1)$ soit l'automorphisme identique de 1.

Si la catégorie source vérifie (2.1.2), tout morphisme u de $\otimes$-foncteurs est un isomorphisme: u_X et $u_{X^\vee}$ sont contragrédients et u_X est inversible par 2.4 ([6] I 5.2.3)

2.8. Soit $\mathcal{T}$ une catégorie tensorielle sur k. Les *foncteurs fibres* de $\mathcal{T}$ sur un k-schéma S, définis en 1.9, sont les $\otimes$-foncteurs k-linéaires exacts de $\mathcal{T}$ dans les faisceaux quasi-cohérents sur S. D'après 2.7, un foncteur fibre est à valeurs dans les faisceaux localement libres de rang fini sur S, et commute au passage au dual. On dit que $\mathcal{T}$ est *tannakienne* si $\mathcal{T}$ admet un foncteur fibre ω sur un $S \neq \emptyset$. Pour tout schéma sur $S, u : T \to S$, l'image inverse $\omega_T : X \mapsto u^*\omega(X)$ de ω sur T est un foncteur fibre sur T. Prenant pour T un point de S, on voit qu'une catégorie tannakienne admet un foncteur fibre sur le spectre d'un corps.

2.9. Pour V un espace vectoriel de dimension finie sur k et X dans une catégorie additive k-linéaire A, on définit $V \otimes X$ par

$$\mathrm{Hom}(Y, V \otimes X) = V \otimes_k \mathrm{Hom}(Y, X).$$

Le choix d'une base $e_1, \ldots, e_n$ de V identifie $V \otimes X$ à X^n.

La sous-catégorie pleine de $\mathcal{T}$ des multiples 1^n de 1 est équivalente par $V \mapsto V \otimes 1$ à celle des k-espaces vectoriels de dimension finie. D'après [2] 1.17, elle est stable par sous-quotients.

2.10. *Corollaire. Soit $\mathcal{M}$ une catégorie abélienne munie d'un produit tensoriel exact à droite et vérifiant (2.1.1). Soit ω un $\otimes$-foncteur exact à droite de $\mathcal{T}$, catégorie tensorielle sur k, dans $\mathcal{M}$.*

(i) *ω est exact.*

(ii) *Si $\mathcal{M}$ n'est pas réduite à zéro, ω est fidèle.*

2.10.1 *Exemple.* Prenons pour $\mathcal{M}$ la catégorie des faisceaux quasi-cohérents sur le k-schéma S. D'après (i), un $\otimes$-foncteur ω k-linéaire exact à droite de $\mathcal{T}$ dans $\mathcal{M}$ est un foncteur fibre. D'après (ii), un foncteur fibre sur S est fidèle si $S \neq \emptyset$. La restriction de ω à un ouvert de S est encore un foncteur fibre. Si $X \neq 0$, le faisceau localement libre (2.8) $\omega(X)$ est donc partout non nul.

Preuve. (i) Soit $0 \to X \to Y \to Z$ une suite exacte dans $\mathcal{T}$. Appliquant ω à la suite exacte transposé et utilisant que ω commute au passage au dual et au transposé (2.7), on trouve que la suite $0 \to \omega(X) \to \omega(Y) \to \omega(Z)$ a une suite transposée $\omega(Z)^\vee \to \omega(Y)^\vee \to \omega(X)^\vee \to 0$ exacte. Dans $\mathcal{M}$, si une suite $U \to V \to W \to 0$ est exacte et que les Hom internes $\underline{\mathrm{Hom}}(U,1)$ et $\underline{\mathrm{Hom}}(V,1)$ existent, $\underline{\mathrm{Hom}}(W,1)$ existe et la suite

$$0 \longrightarrow \underline{\mathrm{Hom}}(W,1) \longrightarrow \underline{\mathrm{Hom}}(V,1) \longrightarrow \underline{\mathrm{Hom}}(U,1)$$

est exacte. Puisque $\omega(X)$ est dual de $\omega(X)^\vee, \omega(X)$ est $\underline{\mathrm{Hom}}(\omega(X)^\vee,1)$; de même pour Y et Z, et la suite exacte

$$0 \longrightarrow \omega(X) \longrightarrow \omega(Y) \longrightarrow \omega(Z)$$

donne (i).

(ii) (*cf.* [**6**] II 4.2.1). Si $X \neq 0$, ev : $X^\vee \otimes X \to 1$ est non nul, donc un épimorphisme (2.9 prouvé en [**2**] 1.17). Si $\mathcal{M}$ n'est pas réduite à zéro, $\omega(1) = 1$ est non nul et l'épimorphisme $\omega(\mathrm{ev}) : \omega(X^\vee) \otimes \omega(X) \to 1$ est non nul. On a donc $\omega(X) \neq 0$. Ceci prouve (ii).

2.11 *Remarque.* Pour un exemple de $\otimes$-foncteur k-linéaire ACU à valeurs dans les espaces vectoriels sur k, non exact, et qui n'est donc pas un foncteur fibre, voir [**2**] IV 2.5.

2.12. Pour $\mathcal{A}$ une catégorie abélienne k-linéaire, nous aurons souvent à considérer la condition de finitude suivante:

(2.12.1) Tout objet de $\mathcal{A}$ est de longueur finie et quels que soient X et Y dans $\mathcal{A}$, $\mathrm{Hom}(X,Y)$ est de dimension finie sur k.

2.13 **Proposition.** *Si $\mathcal{T}$ est une catégorie tannakienne, alors*
(i) *$\mathcal{T}$ vérifie* (2.12.1).
(ii) *Si ω est un foncteur fibre sur $S = \mathrm{Spec}(B)$, $\mathrm{Hom}(X,Y) \underset{k}{\otimes} B$ s'injecte dans $\mathrm{Hom}_B(\omega(X), \omega(Y))$.*

Preuve. Soit ω_0 un foncteur fibre sur un corps K. La finitude (2.12.1) résulte de ce que ω_0 est exact et fidèle et de (ii) pour ω_0.

Prouvons (ii). Si $H \subset \mathrm{Hom}(X,Y)$ est un sous-espace de dimension finie, il résulte de 2.9 que $H \otimes 1 \hookrightarrow \underline{\mathrm{Hom}}(X,Y)$. Appliquant ω, on obtient

$$H \otimes B \hookrightarrow \omega\underline{\mathrm{Hom}}(X,Y) = \mathrm{Hom}_B(\omega(X), \omega(Y))$$

d'où résulte (ii).

Le résultat suivant m'a été signalé par O. Gabber.

2.14 **Proposition.** *Soit $\mathcal{A}$ une catégorie abélienne k-linéaire vérifiant (2.12.1). Supposons qu'il existe dans $\mathcal{A}$ un objet X tel que tout objet de $\mathcal{A}$ soit sous-quotient d'un X^n. Alors, $\mathcal{A}$ admet un générateur projectif.*

Preuve. Rappelons qu'une *suite de composition* d'un objet Y de $\mathcal{A}$ est une filtration décroissante $G : G^0 = Y \supset G^1 \supset \cdots \supset G^\ell = 0$ de quotients successifs simples. Pour chaque objet simple S, soit $\mathrm{lg}_S(Y)$ le nombre de i tel que $Gr^i_G(Y)$ soit isomorphe à S. Dans le groupe de Grothendieck de $\mathcal{A}$, $[Y]$ est la somme étendue aux classes d'isomorphie d'objet simples des $\mathrm{lg}_S(Y).[S]$.

Rappelons qu'une *extension essentielle* d'un objet Y est un épimorphisme $\alpha : E \to Y$ tel que E n'ait pas de sous-objet $E' \subset E$, distinct de E, qui s'envoie sur Y. Si Y est simple, il revient au même de dire que tout $E' \subset E$ distinct de E est contenu dans $\ker(\alpha)$.

Si E est une extension essentielle d'une objet simple S, on a pour tout objet simple T

$$\mathrm{Hom}(S,T) \xrightarrow{\sim} \mathrm{Hom}(E,T) .$$

En effet, pour $f : E \to T$ non nul, $\ker(f) \subset \ker(\alpha)$ est de colongueur 1 dans E, $\ker(f) = \ker(\alpha)$ et f se factorise par α. En particulier, $\mathrm{Hom}(E,T) = 0$ pour T non isomorphe à S.

2.15 **Lemme.** *Soit E une extension essentielle d'un objet simple S. Pour tout Y, on a*

(2.15.1) $$\dim_k \mathrm{Hom}(E,Y) \leq \mathrm{lg}_s(Y).\dim_k \mathrm{End}(S) .$$

S'il y a égalité pour Y, il y a égalité pour Y^n et tous ses sous-quotients et le foncteur $Hom(E, \ )$ est exact sur la sous-catégorie $\langle Y \rangle$ de $\mathcal{A}$ des sous-quotients des Y^n.

Preuve. Pour toute suite exacte courte $0 \to Y' \to Y \to Y'' \to 0$, la suite exacte

$$0 \to \mathrm{Hom}(E,Y') \to \mathrm{Hom}(E,Y) \to \mathrm{Hom}(E,Y'') \tag{2.15.2}$$

donne $\dim_k \mathrm{Hom}(E,Y) \leq \dim_k \mathrm{Hom}(E,Y') + \dim_k \mathrm{Hom}(E,Y'')$ avec égalité si et seulement si on peut mettre un zéro à droite de (2.15.2). Pour Y simple, (2.15.1) est vrai, avec égalité. L'inégalité (2.15.1) en résulte par récurrence sur $\lg(Y)$. S'il y a égalité pour Y, il y a égalité pour tout sous-objet, tout quotient, et 2.15 en résulte.

2.16 **Preuve de 2.14** (fin). Soit S un objet simple de $\mathcal{A}$. Soit F une suite de composition de X et construisons par récurrence sur i une extension essentielle P_i de S telle que

$$\dim_k \mathrm{Hom}(P_i, X/F^i) = \lg_S(X/F^i) . \dim_k \mathrm{End}(S) .$$

Pour $i = 0$ ou 1, on peut prendre $P_i = S$. Construisons P_{i+1}. Soit une famille finie de morphismes $f_\alpha : P_i \to X/F^i$ qui engendre $\mathrm{Hom}(P_i, X/F^i)$. Soit Q_α le produit fibré

$$\begin{array}{ccc} Q_\alpha & \longrightarrow & X/F^{i+1} \\ \downarrow & & \downarrow \\ P_i & \longrightarrow & X/F^i \end{array} ,$$

Q' le produit fibré sur P_i des Q_α et Q un sous-objet de Q' minimal parmi ceux s'envoyant sur P_i. Par construction, Q est une extension essentielle de P_i, donc de S. Par (2.15.1) appliqué à Q et à X/F^i, on a

$$\mathrm{Hom}(P_i, X/F^i) \xrightarrow{\sim} \mathrm{Hom}(Q, X/F^i) . \tag{2.16.1}$$

Par construction, tout morphisme de P_i dans X/F^i se relève en un morphisme de Q dans X/F^{i+1}. Par (2.16.1)

$$\mathrm{Hom}(Q, X/F^{i+1}) \twoheadrightarrow \mathrm{Hom}(Q, X/F^i)$$

et (2.15.1) est une égalité pour Q et X/F^{i+1}. On prend $P_{i+1} = Q$.

Au bout de la récurrence, on obtient une extension essentielle $P(S)$ de S telle que (2.15.1) est une égalité pour $P(S)$ et X. D'après 2.15, $P(S)$ est projectif. Tout objet simple de $\mathcal{A}$ figure dans les quotients successifs d'une suite de composition de X. Il n'y a donc qu'un nombre fini de classes d'isomorphie d'objet simples. La somme P des $P(S)$ — un par classe d'isomorphie d'objets simples — est un générateur projectif.

2.17 **Corollaire.** *Toute catégorie $\mathcal{A}$ comme en 2.14 est équivalente à la catégorie des modules à droite de type fini sur une k-algèbre de rang fini A*

Prendre $A = \mathrm{End}(P)$ et l'équivalence $X \mapsto \mathrm{Hom}(P, X)$.

2.18. Soient $\mathcal{A}$ comme en 2.14 et $\mathcal{B}$ une sous-catégorie pleine stable par sommes et sous-quotients. L'inclusion i de $\mathcal{B}$ dans $\mathcal{A}$ a des adjoints à gauche et à droite i^* et $i^!$: $i^*(X)$ est le plus grand quotient de X qui soit dans $\mathcal{B}$, $i^!(X)$ le plus grand sous-objet. Si P est un générateur projectif de $\mathcal{A}$, i^*P est un générateur projectif de $\mathcal{B}$. Soit $A = \mathrm{End}(P)$ et $\bar{A}$ son quotient $\mathrm{End}(i^*P)$.

La catégorie $\mathcal{A}$ s'identifie à celle des A-modules à droite par $X \mapsto \mathrm{Hom}(P, X)$. Dans ce modèle, P est A_d, i^*P est $\bar{A}_d$ et $\mathcal{B}$ s'identifie à la catégorie des A-modules à droite annulés par l'idéal bilatère a tel que $\bar{A} = A/a$.

2.19. Voici un exemple qui montre que si $\mathcal{T}$ n'est pas tannakienne, les conclusions (i) (ii) de 2.13 peuvent être en défaut. Supposons k de caractéristique 0 et contenant t transcendant sur $\mathbf{Q}$. On renvoie à [**2**] 1.27 pour la définition de la catégorie tensorielle (GL_t) sur k librement engendrée par un objet X_t de dimension t. On vérifie que si un objet X d'une catégorie tensorielle $\mathcal{T}$ sur k est de dimension t, il existe un $\otimes$-foncteur exact de (GL_t) dans $\mathcal{T}$ envoyant X_t sur X. Deux tels $\otimes$-foncteurs sont isomorphes, et les $\otimes$-automorphismes d'un tel $\otimes$-foncteurs sont ceux de X. En particulier, on dispose d'une $\otimes$-foncteur

$$(GL_t) \longrightarrow (GL_{t-1}) : X_t \longmapsto 1 \oplus X_{t-1}\,.$$

Itérons cette construction et soit $\mathcal{T}$ la limite inductive des catégories (GL_{t-n}) $(n \geq 0)$. On peut voir cette catégorie tensorielle sur k comme librement engendrée par un objet X_t de dimension t muni de décompositions $X_t = 1 \oplus X_{t-1}$, $X_{t-1} = 1 \oplus X_{t-2}, \cdots$. Dans (GL_{t-n}), $X_t = 1^n \oplus X_{t-n}$ a pour anneau d'endomorphismes $M_n(k) \times k$. Passant à la limite, on trouve que l'anneau des endomorphismes de X_t dans $\mathcal{T}$ est l'anneau des matrices infinies de la forme

$$\left(\begin{array}{c|c} * & 0 \\ \hline 0 & \lambda.I \end{array}\right)$$

L'objet X_t de $\mathcal{T}$ n'est pas de longueur finie, et $\mathrm{Hom}(X_t, X_t)$ n'est pas de dimension finie sur k .

3. Rappels et compléments: groupoïdes

Dans [6], N. Saavedra cherche à écrire une catégories tannakienne comme catégorie des représentations d'une gerbe. Nous avons mis l'accent sur les représentations de groupoïdes transitifs. Comme nous allons l'expliquer, c'est un version moins intrinsèque de la même chose.

3.1. Soit k un corps commutatif. Comme en 1.6, dont nous suivons les notations, nous ne considérons que des schémas sur k .

Soit G un k-groupoïde agissant sur S. Pour tout k-schéma T, $(S(T), G(T), \circ)$ est une catégorie où toute flèche est inversible. Pour T variable ces catégories forment une catégorie fibrée $\mathcal{G}^0_{S:G}$, ou simplement $\mathcal{G}^0$, sur la catégorie (Sch/k) des schémas sur k: on dispose de foncteurs image inverse. L'image inverse par $u : T' \to T$ d'un objet a de $\mathcal{G}^0(T)$, i.e. de $a \in S(T) = \mathrm{Hom}_k(T, S)$ est le composé $a \circ u$. Celle d'un morphisme $f : f \in G(T)$ est $f \circ u$. Pour a, b deux objets de $\mathcal{G}^0(T)$, i.e. pour $a, b \in S(T)$, le foncteur qui à $u : T' \to T$ associe $\mathrm{Hom}_{\mathcal{G}^0(T')}(u^*a, u^*b)$ est représentable, représenté par l'image inverse de $G/S \times S$ par $(b, a) \circ u : T' \to S \times S$. En particulier, ce foncteur est un faisceaux pour la topologie $fpqc$ (fidèlement plate quasi-compacte): $\mathcal{G}^0_{S:G}$ est un préchamp $fpqc$ (i.e. les flèches se recollent).

Soit $\mathcal{G}_{S.G}$ ou simplement $\mathcal{G}$ le champ $fpqc$ associé à $\mathcal{G}^0$. Ce champ contient $\mathcal{G}^0$ comme sous-catégorie pleine et il est caractérisé par la propriété que tout objet de $\mathcal{G}$ est localement dans $\mathcal{G}^0$. C'est un champ en groupoïdes. Pour tout champ $\mathcal{C}$ sur (Sch/k) le foncteur $\mathcal{G}^0 \to \mathcal{G}$ induit une équivalence entre les catégories de foncteurs compatibles aux changements de base

$$\mathrm{Hom}_{\mathrm{Sch}/k}(\mathcal{G}, \mathcal{C}) \xrightarrow{\approx} \mathrm{Hom}_{\mathrm{Sch}/k}(\mathcal{G}^0, \mathcal{C}) . \qquad (3.1.1)$$

3.3. Pour $\mathcal{F}$ une catégorie fibrée sur (Sch/k), appelons *représentation* de $\mathcal{F}$ un (Sch/k)-foncteur compatible aux changements de base de $\mathcal{F}$ dans le champ des faisceaux quasi-cohérents sur S variable. C'est la donnée, pour tout schéma T sur k, d'un foncteur R de $\mathcal{F}(T)$ dans les faisceaux quasi-cohérents sur T, de formation compatible aux changements de base. Notation: $\mathrm{Rep}(\mathcal{F})$ est la catégorie des représentations de $\mathcal{F}$.

Soit G un groupoïde transitif agissant sur S. D'après 3.1, la restriction à $\mathcal{G}^0_{S:G}$ est une équivalence de $\mathrm{Rep}(\mathcal{G}_{S:G})$ avec $\mathrm{Rep}(\mathcal{G}^0_{S:G})$. Si R est une représentation de $\mathcal{G}^0_{S:G}$, on a pour tout T et tout $a : T \to S$ dans $\mathcal{G}^0_{S:G}(T)$ un isomorphisme $R(a) \xrightarrow{\sim} a^*R(\mathrm{Id}_S)$, et R est déterminé par le faisceau quasi-cohérent $R_0 := R(\mathrm{Id}_S)$ sur S et par les $R(g) := a^*R_0 \to b^*R_0$ pour $g : a \to b$ dans $\mathcal{G}^0_{S:G}(T)$. Ces $R(g)$ sont une représentation de G (1.6), et $R \mapsto (R(\mathrm{Id}_S), \text{les } R(g))$ est une équivalence

$$\mathrm{Rep}(\mathcal{G}_{S:G}) \xrightarrow{\approx} \mathrm{Rep}(S:G)\,. \tag{3.2.1}$$

Rappelons qu'une *gerbe* (*fpqc*) sur k est un champ *fpqc* en groupoïdes sur (Sch/k), non vide et tel que deux objets soient toujours localement isomorphes.

3.3 **Proposition**. *Avec les notations précédentes, pour que $\mathcal{G}_{S:G}$ soit une gerbe, il faut et il suffit que $S \neq \emptyset$ et que G soit transitif (1.6).*

Preuve. Pour que deux objets soient toujours localement isomorphes, il faut et il suffit que tel soit le cas dans le cas universel des deux objets de $\mathcal{G}_0(S \times S)$ définis par les deux projections de $S \times S$ sur S. C'est la définition de "transitif".

3.4. Soient $\mathcal{G}$ une gerbe sur les schémas sur k et ω_0 un objet de $\mathcal{G}(S)$. Pour tout schéma sur $S \times S$: $(b, a) : T \to S \times S$, soit $\underline{\mathrm{Aut}}_k(\omega_0)(T)$ l'ensemble des isomorphismes $\alpha : a^*\omega_0 \to b^*\omega_0$. Si ce foncteur est représentable, il est représenté par un groupoïde G agissant transitivement sur S, qu'on appellera le groupoïde des k-automorphismes de ω_0.

Cette construction est inverse de celle de 3.1. Si le k-groupoïde G agit sur S, l'application identique de S est un objet de $\mathcal{G}_{S:G}$ de groupoïde d'automorphismes G. Si $\mathcal{G}$ est une gerbe, que $S \neq \phi$, que ω_0 est un objet de $\mathcal{G}(S)$ et que le foncteur $\underline{\mathrm{Aut}}_k(\omega_0)$ est représentable, représenté par le k-groupoïde transitif G agissant sur S, $\mathcal{G}^0_{S:G}$ s'envoie dans $\mathcal{G}$ par un foncteur pleinement fidèle et le morphisme de gerbe induit de $\mathcal{G}_{S:G}$ dans $\mathcal{G}$ est une équivalence.

3.5. Soit $u : \mathcal{G}_1 \to \mathcal{G}_2$ un (Sch/k)-foncteur entre gerbes sur (Sch/k). Pour ω dans $\mathcal{G}_i(S)$, soit $\underline{\mathrm{Aut}}_S(\omega)$ le faisceau sur S qui à T sur $S : p : T \to S$

attache l'ensemble des automorphismes de $p^*\omega$ dans $\mathcal{G}_i(T)$. Si pour un $S \neq \emptyset$ et un ω dans $\mathcal{G}_1(S)$, $u : \underline{\mathrm{Aut}}_S(\omega) \to \underline{\mathrm{Aut}}_S(u(\omega))$ est un isomorphisme, alors ω est une équivalence. Voici deux applications.

Soient G un k-groupoïde agissant transitivement sur S, $u : T \to S$ et G_T le groupoïde induit. On suppose que $T \neq \emptyset$. Le morphisme de préchamps $u : \mathcal{G}^0_{T:G_T} \to \mathcal{G}^0_{S:G}$ induit un isomorphisme du faisceau des automorphismes de Id_T dans $\mathcal{G}^0_{T:G_T}$ avec le faisceau des automorphismes de u dans $\mathcal{G}^0_{S:G}$. Le morphisme induit de gerbes $u : \mathcal{G}_{T:G_T} \to \mathcal{G}_{S:G}$ a la même propriété, donc est une équivalence. Appliquant (3.2.1), on obtient

$$\text{(3.5.1)} \qquad \mathrm{Rep}(S:G) \xrightarrow{\approx} \mathrm{Rep}(T:G_T)\,.$$

Soient G_1 et G_2 deux k-groupoïdes agissant transitivement sur $S = \phi$ et G_i^Δ le schéma en groupes sur S image inverse de G_i par l'application diagonale de S dans $S \times S$. Il représente le faisceau des automorphismes de Id_S dans $\mathcal{G}_{S:G_i}(S)$. Soit $u : G_1 \to G_2$ un morphisme de groupoïdes. Si l'image inverse $u^\Delta : G_1^\Delta \to G_2^\Delta$ de u par l'application diagonale de S est un isomorphisme, le morphisme u induit donc une équivalence de gerbes de $\mathcal{G}_{S:G_1}$ avec $\mathcal{G}_{S:G_2}$. Appliquant 3.4 à ces gerbes et à l'objet sur S défini par l'application identique de S, on retrouve les G_i :

(3.5.2) si $u^\Delta : G_1^\Delta \to G_2^\Delta$ est un isomorphisme, alors u est un isomorphisme.

Si R est un représentation d'une gerbe $\mathcal{G}$, et qu'un $R(\omega)$ (ω dans $\mathcal{G}(T)$, $T \neq \emptyset$) a une propriété $\underline{\underline{P}}$ locale pour la topologie *fpqc*, tous les $R(\omega)$ ont cette propriété. Par exemple, il existe T avec $\mathcal{G}(T)$ non vide, et, remplaçant T par un de ses points, on peut supposer T spectre d'un corps; $R(\omega)$ est alors plat sur T. Pour $\underline{\underline{P}}$ "plat", on trouve que les $R(\omega)$ sont tous plats. De même, si un $R(\omega)$ est localement libre de rang n, ils le sont tous. Pour une représentation d'un groupoïde transitif $(\mathcal{M}, \rho)$, cela donne la platitude de $\mathcal{M}$ sur S et l'assertion (b) avant 1.7.

3.6. Soit $\mathcal{G}$ une gerbe (*fpqc*) sur (Sch/k). Pour ω_1 et ω_2 dans $\mathcal{G}(S)$, soit $\underline{\mathrm{Isom}}_S(\omega_1,\omega_2)$ le faisceau *fpqc* sur S qui à $u : T \to S$ attache l'ensemble des isomorphismes $u^*\omega_1 \to u^*\omega_2$ dans $\mathcal{G}(T)$. Quel que soit $u : T \to S$, $\underline{\mathrm{Isom}}_T(u^*\omega_1, u^*\omega_2)$ est l'image inverse sur T de $\underline{\mathrm{Isom}}_S(\omega_1,\omega_2)$. Si le foncteur $\underline{\mathrm{Isom}}_S(\omega_1,\omega_2)$ est représentable, $\underline{\mathrm{Isom}}_T(\omega_1,\omega_2)$ l'est donc aussi. On pose $\underline{\mathrm{Aut}}_S(\omega) := \underline{\mathrm{Isom}}_S(\omega,\omega)$. Si pour un $S \neq \emptyset$, le faisceau $\underline{\mathrm{Isom}}_S(\omega_1,\omega_2)$ a une propriété $\underline{\underline{P}}$ locale *fpqc*, tout $\underline{\mathrm{Isom}}_{S'}(\omega_1',\omega_2')$ vérifie encore $\underline{\underline{P}}$: deux objets de $\mathcal{G}$ étant localement isomorphe, il existe des $T_i \to S \times S'$ couvrant $S \times S'$, et donc couvrant S', tels que ω_1' et ω_1 (resp. ω_2' et ω_2) deviennent isomorphes sur les T_i. De même, si $\underline{\underline{P}}$ est une propriété locale *fpqc* de schémas sur S, et qu'un $\underline{\mathrm{Isom}}_S(\omega_1,\omega_2)$ est représentable par un schéma sur S vérifiant $\underline{\underline{P}}$, tout $\underline{\mathrm{Isom}}_{S'}(\omega_1',\omega_2')$ qui est représentable est représenté par un schéma sur S' vérifiant $\underline{\underline{P}}$.

Pour $\underline{\underline{P}}$ "être plat sur S", on trouve comme en 3.5 qu'un groupoïde G transitif sur S est plat sur $S \times S$: on a $G = \underline{\mathrm{Isom}}_{S\times S}(\mathrm{pr}_2^*\omega_0, \mathrm{pr}_1^*\omega_0)$. Pour $\underline{\underline{P}}$ la propriété d'un faisceau *fpqc* d'être représentable par un schéma affine sur la base S, on trouve que s'il existe $S \neq \emptyset$ et ω_1, ω_2 dans $\mathcal{G}(S)$ tels que $\underline{\mathrm{Isom}}_S(\omega_1,\omega_2)$ soit représentable par un schéma affine sur S, alors tout $\underline{\mathrm{Isom}}_{S'}(\omega_1',\omega_2')$ est affine sur S'. On dit que $\mathcal{G}$ est une *gerbe à lien affine.*

Si $\mathcal{G}$ est une gerbe à lien affine sur (Sch/k) et que ω est dans $\mathcal{G}(S)$, $\underline{\mathrm{Aut}}_k(\omega) := \underline{\mathrm{Isom}}_{S\times S}(\mathrm{pr}_2^*\omega, \mathrm{pr}_1^*\omega)$ est affine sur $S\times S$. Par 3.1, 3.4 les gerbes à lien affines correspondent aux groupoïdes agissant transitivement sur S et affines sur $S \times S$.

Soient $\mathcal{G}$ une gerbe à lien affine. Il existe S spectre d'un corps tel que $\mathcal{G}(S)$ soit non vide. Soient ω_0 dans $\mathcal{G}(S)$ et $G = \underline{\mathrm{Aut}}_k(\omega)$. La gerbe $\mathcal{G}$ est équivalente à $\mathcal{G}_{S:G}$ (3.4) et toute gerbe à lien affine est équivalente à une gerbe $\mathcal{G}_{S:G}$ avec S spectre d'un corps et G un k-groupoïde affine agissant transitivement sur S.

On a dans ce cadre les résultats suivants, qui se démontrent comme dans le cas particulier des représentations de groupes.

3.7 **Proposition**. *Soient K un corps non nécessairement commutatif et L un cogèbroïde agissant sur K. Toute représentation V de L est réunion filtrante de ses sous-représentations de dimension finie sur K.*

Preuve. Soit $\rho : V \to V \underset{K}{\otimes} L$ la coaction. Tout $a \in V \underset{K}{\otimes} L$ est contenu dans un sous-espace $V_1 \underset{K}{\otimes} L$, avec V_1 de dimension finie, et le plus petit V_1 possible est l'ensemble des $\lambda(a)$ pour $\lambda \in \mathrm{Hom}_{K-}(L,K)$ (morphismes de K-espaces vectoriels à gauche). Pour $a = \rho(v)$, ce V_1 contient v (prendre $\lambda =$ counité) et est stable: si $\rho(v) = \sum v_i \otimes \ell_i$ avec des ℓ_i linéairement indépendents, V_1 est engendré par les v_i. L'axiome des coactions donne

$$\sum \rho(v_i) \otimes \ell_i = \sum v_i \otimes c(\ell_i) \in V_1 \otimes L \otimes L$$

d'où $\rho(v_i) \in V_1 \otimes L$ pour chaque i.

3.8 **Corollaire**. *Sous les hypothèses de 3.7, L est réunion filtrante de sous-cogèbroïdes de type fini en tant que $K \otimes K$-modules.*

La preuve sera donnée en 4.9.

3.9 **Corollaire**. *Soit G un k-groupoïde agissant sur S, transitif et affine sur $S \times S$. Tout module quasi-cohérent sur S muni d'une action de G est réunion filtrante de ses sous-modules à coaction localement libres de rang fini.*

Preuve. Par 3.5, on se ramère au cas 3.7 où S est spectre d'un corps.

3.10. Dans SGA 3 V, les actions de groupoïdes ont été introduites pour démontrer des existences de quotient pour des actions de groupe. Dans cette direction, le résultat suivant est un corollaire de M. Artin [**1**].

3.11 **Proposition**. *Soit X un schéma plat de type fini sur S noethérien et G un S-groupoïde agissant sur X, de type fini sur $X \underset{S}{\times} X$. On suppose que*

(a) L'image inverse G^{Δ} de G sur la diagonale de $X \underset{S}{\times} X$ est plate sur X.

(b) Les projections $b, s : G \rightrightarrows X$ sont plates.

Alors, il existe une espace algébrique T quotient de X par G avec X fidèlement plat sur T et G fidèlement plat $X \underset{T}{\times} X$.

Preuve. On commence par se ramener au cas où S est de type fini sur $\mathbf{Z}$, pour pouvoir appliquer [**1**]. La composition fait de G^{Δ} un schéma en groupes plat de présentation finie sur X. Il agit par composition à gauche sur G vu comme schéma sur X par s. Par [**1**] 6.3, $R := G^{\Delta} \backslash G$ existe: le faisceau $fppf$ quotient est représentable par un espace algébrique. Puisque $G \to R$ est couvrant $fppf$ et que $G \underset{R}{\times} G = G^{\Delta} \underset{X}{\times} G$, $G \to R$ est fidèlement plat. On en déduit que R est plat sur X. Le quotient R s'envoie dans $X \underset{X}{\times} X$ par un monomorphisme. On en déduit que R est un schéma. On peut alors à nouveau appliquer [**1**] 6.3 à R agissant sur X pour obtenir T. A nouveau, T représente le faisceau $fppf$ quotient de X par R, et de ce que X couvre T avec $R = X \underset{T}{\times} X$ on déduit que X est fidèlement plat sur T; G est fidèlement plat sur $R = X \underset{T}{\times} X$.

4. Comonades

4.1 *Rappels*. Pour toute catégorie $\mathcal{C}$, la composition des foncteurs fait de la catégorie $\underline{\mathrm{Hom}}(\mathcal{C}, \mathcal{C})$ des foncteurs de $\mathcal{C}$ dans $\mathcal{C}$ une catégorie monoïdale (2.2, [5] VII 1): la composition des foncteurs est associative et admet le foncteur identique pour unité. Une *comonade* ([5] VI 1), on dit aussi cotriple, est un monoïde dans la catégorie duale, i.e. un foncteur F muni de $c : F \to F \circ F$ coassociatif et admettant une counité $\epsilon : F \to \mathrm{Id}$: les flèches composées

$$F \xrightarrow{c} F \circ F \underset{1 \circ c}{\overset{c \circ 1}{\rightrightarrows}} F \circ F \circ F$$

sont égales et les flèches composées

$$F \xrightarrow{c} F \circ F \underset{1 \circ \epsilon}{\overset{\epsilon \circ 1}{\rightrightarrows}} F$$

sont l'identité. Noter que la counité, si elle existe, est unique. Une *coaction* de la comonade F sur un objet X de $\mathcal{C}$ est un morphisme

$$\rho : X \longrightarrow F(X)$$

tel que les flèches composées

$$X \xrightarrow{\rho} F(X) \underset{F(\rho)}{\overset{c}{\rightrightarrows}} FF(X)$$

soient égales et que les flèches composées

$$X \xrightarrow{\rho} F(X) \xrightarrow{\epsilon} X$$

soit l'identité.

Soit (T, U) une paire de foncteurs adjoints $T : \mathcal{A} \to \mathcal{B}$ et $U : \mathcal{B} \to \mathcal{A}$. Soient $\epsilon : TU \to \mathrm{Id}$ et $\eta : \mathrm{Id} \to UT$ les flèches d'adjonction, $F := TU$ et $c := T\eta U : F \to F \circ F$. On sait que F, muni de c est une comonade de counité ϵ et que $T\eta : T \to TUT = FT$ définit fonctoriellement sur chaque TE (E dans $\mathcal{A}$) une coaction de F.

Le théorème de Barr-Beck ([5] VI 7) affirme ceci. Supposons que T a les propriété suivantes:

(a) une double flèche $E \underset{g}{\overset{f}{\rightrightarrows}} F$ a un noyau si son image par T en a un;(b) si $u : K \to E$ égalise f, g, alors K est un noyau de (f, g) dès que TK est un noyau de (Tf, Tg). Alors, le foncteur

$$T : \mathcal{A} \to \text{objets de } \mathcal{B} \text{ munis d'une coaction de } F = TU$$

est une équivalence.

Noter que les hypothèses (a) (b) sont vérifiées si les catégories $\mathcal{A}$ et $\mathcal{B}$ sont abéliennes et que T est exact et fidèle.

4.2. Un prédécesseur du théorème de Barr-Beck est le théorème de descente fidèlement plate pour les modules (SGA1 VIII 1). Pour le bénéfice des géomètres algébristes, expliquons la relation entre les deux.

On prend pour $\mathcal{A}$ la catégorie des modules sur un anneau commutatif A, pour $\mathcal{B}$ celle des modules sur B commutatif fidèlement plat sur A, pour T l'extension des scalaires de A à B et pour U la restriction de scalaires. Le foncteur $F = TU$ est $M \mapsto B \underset{A}{\otimes} M$, et on identifie $B \underset{A}{\otimes} M$ à $(B \underset{A}{\otimes} B) \overset{2}{\underset{B}{\otimes}} M$ par $b \otimes m \mapsto b \otimes 1 \otimes m$. Le "2" sur $\otimes$ indique l'usage de la seconde structure de B-module sur $B \otimes B$. La première structure est celle qui définit la structure de B-module de $FM = (B \underset{A}{\otimes} B) \overset{2}{\underset{B}{\otimes}} M$. Un morphisme $u : M \to FM = (B \underset{A}{\otimes} B) \overset{2}{\underset{B}{\otimes}} M$ s'identifie à un morphisme de $B \underset{A}{\otimes} B$-modules

$$u' : (B \underset{A}{\otimes} B) \overset{1}{\underset{B}{\otimes}} M \longrightarrow (B \underset{A}{\otimes} B) \overset{2}{\underset{B}{\otimes}} M$$

(avec $u' : (1 \otimes m) = u(m)$). Passons au language géométrique: $S := \mathrm{Spec}(A)$, $X := \mathrm{Spec}(B)$, $\mathcal{M} :=$ faisceau quasi-cohérent sur X défini par M. A u' correspond sur $X \underset{S}{\times} X = \mathrm{Spec}(B \underset{A}{\otimes} B)$ un morphisme

$$u'' : \mathrm{pr}_1^* \mathcal{M} \longrightarrow \mathrm{pr}_2^* \mathcal{M} .$$

Que u soit une coaction de F se traduit: sur $X \underset{S}{\times} X \underset{S}{\times} X$, le triangle

$$\begin{array}{ccc} \mathrm{pr}_1^*\mathcal{M} & \xrightarrow{\mathrm{pr}_{13}^*(u'')} & \mathrm{pr}_3^*\mathcal{M} \\ & {\scriptstyle \mathrm{pr}_{12}^*(u'')} \searrow \quad \swarrow {\scriptstyle \mathrm{pr}_{23}^*(u'')} & \\ & \mathrm{pr}_2^*\mathcal{M} & \end{array}$$

commute, et l'image inverse de u'' par l'application diagonale $\Delta : X \to X \underset{S}{\times} X$ est l'identité. Quel que soit le S-schéma Y et $f, g : Y \to X$, $(f,g)^* u''$ est un morphisme $c_{g,f} : f^*\mathcal{M} \to g^*\mathcal{M}$; les conditions ci-dessus signifient que pour tout Y on a $c_{ff} = \mathrm{Id}$ et $c_{h,f} = c_{hg} c_{gf}$. Elles impliquent que les c_{gf} sont des isomorphismes, et en particulier (pour $Y = X \underset{S}{\times} X$) que u''

est un isomorphisme. Les coactions de F s'identifient donc aux données de descente sur $\mathcal{M}$ et le théorème de Barr-Beck redonne, avec en fait la démonstration habituelle, que les A-modules s'identifient aux B-modules munis d'une donnée de descente.

4.3. Nous aurons besoin d'un cas particulier de 4.1 plus général que 4.2. Soient A et B deux anneaux (à unités) non nécessairement commutatifs, $\mathcal{A}$ la catégorie des A-modules à droite et $\mathcal{B}$ celle des B-modules à droite. Chaque A,B-bimodule ${}_AM_B$ définit un foncteur de $\mathcal{A}$ dans $\mathcal{B}$: $E \mapsto E \underset{A}{\otimes} {}_AM_B$. Cette construction est un foncteur pleinement fidèle:

$$(A, B - \text{bimodules}) \longrightarrow \underline{\mathrm{Hom}}(\mathcal{A}, \mathcal{B})\,,$$

admettant la rétraction $F \mapsto F(A)$. Nous appliquerons 4.1 à des foncteurs de ce type $\otimes M$ de $\mathcal{A}$ ou $\mathcal{B}$ vers $\mathcal{A}$ ou $\mathcal{B}$. La composition, pour les foncteurs, correspond au produit tensoriel pour les bimodules et les morphismes de foncteurs 4.1 donneront lieu à des morphismes de bimodules. Par exemple: si L est un B,B-bimodule, définissant le foncteur $F : N \mapsto N \underset{B}{\otimes} L$ de $\mathcal{B}$ dans $\mathcal{B}$, le foncteur $F \circ F$ est défini par $L \underset{B}{\otimes} L$ et une structure de comonade $c : F \to F \circ F$ sur F équivaut sur L à une structure de cogèbroïde agissant sur $B : L \to L \underset{B}{\otimes} L$. Une coaction $N \to F(N)$ de F sur N s'identifie à une coaction $N \to N \underset{B}{\otimes} L$ de L sur N .

Pour tout B-module à droite projectif de type fini M , de dual $M^\vee$, et tout B-module X , le morphisme

$$X \underset{B}{\otimes} M^\vee \longrightarrow \mathrm{Hom}_B(M, X) : x \otimes \alpha \longmapsto x.\alpha(m) \tag{4.3.1}$$

est un isomorphisme. Si ${}_AM_B$ est un A,B-bimodule projectif de type fini en tant que B-module, de B-dual ${}_BM_A^\vee$, le foncteur

$$T : \mathcal{A} \to \mathcal{B} : E \mapsto E \underset{A}{\otimes} {}_AM_B$$

a donc pour adjoint à droite U le foncteur $N \mapsto N \underset{B}{\otimes} {}_BM_A^\vee$:

$$\begin{aligned} \mathrm{Hom}_B(E \underset{A}{\otimes} {}_AM_B, N) &= \mathrm{Hom}_A(E, \mathrm{Hom}_B({}_AM_B, N)) \\ &\underset{4.3.1}{=} \mathrm{Hom}_A(E, N \otimes {}_BM_A^\vee)\,. \end{aligned}$$

Les foncteurs composés TU et UT sont les foncteurs

$$N \mapsto N \underset{B}{\otimes} ({}_B M_A^\vee \underset{A}{\otimes} {}_A M_B)$$

et $E \mapsto E \underset{A}{\otimes} ({}_A M_B \underset{B}{\otimes} {}_B M_A^\vee)$. Les flèches d'adjonction $TU \to \mathrm{Id}$ et $\mathrm{Id} \to UT$ sont définies par des morphismes de bimodules ev : ${}_B M_A^\vee \underset{A}{\otimes} {}_A M_B \to B$ et $\Delta : A \to {}_A M_B \underset{B}{\otimes} {}_B M_A^\vee$. Le morphisme ev (resp. Δ): $TUB \to B$ (resp. $A \to UTA$) correspond par adjonction à l'identité de UB (resp. TA). Pour ev , on obtient le morphisme

$$\mathrm{ev} : {}_B M_A^\vee \underset{A}{\otimes} {}_A M_B \longrightarrow B : \alpha \otimes m \longmapsto \alpha(m)\,.$$

Pour M un B-module à droite projectif de type fini M , de dual $M^\vee$, soit $\delta(M)$ ou simplement δ l'élément de $M \underset{B}{\otimes} M^\vee$ d'image l'identité de M par l'isomorphisme (4.3.1) pour $X = M$:

(4.3.2) $$M \underset{B}{\otimes} M^\vee \xrightarrow{\sim} \mathrm{End}_B(M)\,.$$

Pour $M = {}_A M_B$, (4.3.2) est un isomorphismes de A, A-bimodules et Δ est le morphisme

$$\Delta : A \longrightarrow {}_A M_B \underset{B}{\otimes} {}_B M_A^\vee : a \longmapsto a\delta = \delta a\,.$$

Si on écrit un B-module à droite projectif de type fini M comme facteur direct d'un module libre B^n : $B^n \underset{e}{\overset{e^\cdot}{\rightleftarrows}} M$ avec e (resp. e) de coordonnées $e^i \in M$ (resp. $e_i \in M^\vee$), on a

(4.3.3) $$\delta(M) = \sum e^i e_i = \sum \delta_j^i e^j e_i\,.$$

Traduisons 4.1. On trouve sur $L := {}_B M_A^\vee \underset{A}{\otimes} {}_A M_B$ une structure de cogèbroïde $c : L \to L \underset{B}{\otimes} L$ agissant sur B , définie par Δ et de counité ev , et, pour tout A-module à droite E , une coaction $E \underset{A}{\otimes} {}_A M_B \to E \underset{A}{\otimes} {}_A M_B \underset{B}{\otimes} L$ de L sur $E \otimes {}_A M_B$. Cette coaction est définie par Δ: c'est

$$E \underset{A}{\otimes} {}_A M_B \longrightarrow E \underset{A}{\otimes} {}_A M_B \underset{B}{\otimes} {}_B M_A^\vee \underset{A}{\otimes} {}_A M_B : e \otimes m \longmapsto e \otimes \delta \otimes m\,.$$

Le théorème de Barr-Beck (4.1) donne:

4.4 **Proposition.** *Si le A, B-bimodule ${}_A M_B$ est projectif de type fini sur B et fidèlement plat sur A, le foncteur $E \mapsto E \underset{A}{\otimes} {}_A M_B$ est une équivalence de la catégorie des A-modules avec celle des B-modules munis d'une coaction du cogèbroïde $L := {}_B M_A^\vee \underset{A}{\otimes} {}_A M_B$.*

4.5 **Proposition.** *Sous les hypothèses de 4.4, pour que E soit un A-module de type fini (resp. de présentation finie), il faut et il suffit que $E \otimes {}_A M_B$ soit un B-module de type fini (resp. de présentation finie).*

Preuve (*cf* SGA 1 VIII 3.4). Puisque ${}_A M_B$ est de type fini sur B, $E \otimes {}_A M_B$ est de type fini si E l'est. Récriproquement, si $E \otimes {}_A M_B$ est de type fini, il existe un sous-module de type fini F de E tel que $F \otimes {}_A M_B \hookrightarrow E \otimes {}_A M_B$ contienne tous les éléments d'un système générateur fini de $E \otimes {}_A M_B$. On a alors $F \otimes {}_A M_B \xrightarrow{\sim} E \otimes {}_A M_B$, donc $F = E$ et E est de type fini.

Si E est de type fini: $E = A^n/R$, E est de présentation finie si et seulement si R est de type fini, et $\omega(E) = {}_A M_B^n/\omega(R)$ est de présentation finie si et seulement si $\omega(R)$ est de type fini. L'assertion respée en résulte.

4.6 *Remarque.* (i) Si k est un anneau commutatif, que A et B sont des k-algèbres et que les deux structures de k-module de ${}_A M_B$ coïncident, le cogèbroïde $L := {}_B M_A^\vee \underset{A}{\otimes} {}_A M_B$ est un k-cogèbroïde.

(ii) Pour $A = k$, et M un B-module projectif de type fini, on obtient ainsi sur $M^\vee \underset{k}{\otimes} M$ une structure de k-cogèbroïde agissant sur B, de counité ev. Ce cogèbroïde agit sur M (l'image par $\underset{k}{\otimes} M$ de k) par $\rho_0 : M \to M \underset{B}{\otimes} L$: $m \mapsto \delta \otimes m \in M \underset{B}{\otimes} M^\vee \underset{k}{\otimes} M = M \underset{B}{\otimes} L$.

4.7. Soient k un anneau commutatif, B_1 et B_2 deux k-algèbres, $\mathcal{C}$ une petite catégorie et ω_j $(j = 1, 2)$ un foncteur de $\mathcal{C}$ dans la catégorie des B_j-modules à droite projectifs de type fini. On se propose de définir un B_1, B_2-bimodule $L_k(\omega_1, \omega_2)$, dont coïncident les structures induites de k-modules, muni pour tout X dans $\mathcal{C}$ d'un morphisme de bimodules

$$\omega_1(X)^\vee \underset{k}{\otimes} \omega_2(X) \longrightarrow L_k(\omega_1, \omega_2) \tag{4.7.1}$$

tel que pour tout $f : X \to Y$ dans $\mathcal{C}$ le diagramme

$$\begin{array}{ccc} \omega_1(Y)^\vee \otimes \omega_2(X) & \xrightarrow{\omega_1(f)^t \otimes 1} & \omega_1(X)^\vee \otimes \omega_2(X) \\ \downarrow{\scriptstyle 1\otimes\omega_2(f)} & & \downarrow \\ \omega_1(Y)^\vee \otimes \omega_2(Y) & \longrightarrow & L(\omega_1,\omega_2) \end{array} \tag{4.7.2}$$

soit commutatif, et universel pour ces propriété. Dans la terminologie de [**5**] IX 6, $L(\omega_1,\omega_2)$ est le “coend” de $\omega_1(Y)^\vee \otimes \omega_2(X)$. Définition: $L_k(\omega_1,\omega_2)$ est le quotient de la somme L_0 des $\omega_1(X)^\vee \underset{k}{\otimes} \omega_2(X)$ (X dans $\mathcal{C}$) qui égalise les doubles flèches

$$(\omega_1(f)^t \otimes 1, 1 \otimes \omega_2(f)) : \omega_1(Y)^\vee \underset{k}{\otimes} \omega_2(X) \rightrightarrows L_0 \,.$$

Si cela ne prête pas à confusion on écrira simplement $L(\omega_1,\omega_2)$ pour $L_k(\omega_1,\omega_2)$.

La donnée de morphismes (4.7.1) équivaut à celle de morphismes de B_2-modules

$$\lambda(X) : \omega_2(X) \longrightarrow \omega_1(X) \underset{B_1}{\otimes} L(\omega_1,\omega_2) \tag{4.7.3}$$

et (4.7.2) signifie que $\lambda(X)$ est fonctoriel en X. La propriété universelle de $L(\omega_1,\omega_2)$ est que pour tout B_1, B_2-bimodule U, si les deux structures de k-module de U coïncident, l'application $f \mapsto (f \circ \lambda(X))$ de $\mathrm{Hom}_{B_1,B_2}(L(\omega_1,\omega_2),U)$ dans les systèmes de morphismes

$$u(X) : \omega_2(X) \to \omega_1(X) \underset{B_1}{\otimes} U,$$

fonctoriels en X, est une bijection.

Pour trois foncteurs $\omega_1,\omega_2,\omega_3$, itérant (4.7.3), on obtient

$$\omega_3(X) \longrightarrow \omega_2(X) \underset{B_2}{\otimes} L(\omega_2,\omega_3) \longrightarrow \omega_1(X) \underset{B_1}{\otimes} L(\omega_1,\omega_2) \underset{B_2}{\otimes} L(\omega_2,\omega_3)$$

fonctoriel en X, d'où

$$L(\omega_1,\omega_3) \longrightarrow L(\omega_1,\omega_2) \underset{B_2}{\otimes} L(\omega_2,\omega_3)\,. \tag{4.7.4}$$

Le coproduit (4.7.4) est coassociatif: pour quatre foncteurs $\omega_1, \omega_2, \omega_3, \omega_4$, le diagramme

$$\begin{array}{ccc} L(\omega_1,\omega_4) & \longrightarrow & L(\omega_1,\omega_2) \underset{B_2}{\otimes} L(\omega_2,\omega_4) \\ \downarrow & & \downarrow \\ L(\omega_1,\omega_3) \underset{B_3}{\otimes} L(\omega_3,\omega_4) & \longrightarrow & L(\omega_1,\omega_2) \underset{B_2}{\otimes} L(\omega_2,\omega_3) \underset{B_3}{\otimes} L(\omega_3,\omega_4) \end{array}$$

est commutatif. Les morphismes d'évaluations $\omega_j(X)^\vee \otimes \omega_j(X) \to B_i$ définissent une counité $c : L(\omega_j,\omega_j) \to B_j$: les flèches composées

$$L(\omega_1,\omega_2) \longrightarrow L(\omega_1,\omega_2) \underset{B_2}{\otimes} L(\omega_2,\omega_2) \xrightarrow{1\otimes c} L(\omega_1,\omega_2)$$

$$L(\omega_1,\omega_2) \longrightarrow L(\omega_1,\omega_1) \underset{B_1}{\otimes} L(\omega_1,\omega_2) \xrightarrow{c\otimes 1} L(\omega_1,\omega_2)$$

sont l'identité.

Le cas qui nous importe le plus est celui où $B_1 = B_2$ et où $\omega_1 = \omega_2$. Soit $B := B_1 = B_2$. L'application (4.7.4) pour $\omega_1 = \omega_2 = \omega_3 = \omega$ fait de $L_k(\omega) := L_k(\omega,\omega)$ un k-cogèbroïde agissant sur B. Si cela ne prête pas à confusion, on le notera simplement $L(\omega)$. Les $\lambda(X)$ sont une coaction de $L(\omega)$ sur les $\omega(X)$, fonctorielle en X. La propriété universelle de $L(\omega)$ assure que, pour tout k-cogèbroïde ψ agissant sur B, il revient au même de se donner une coaction fonctorielle de ψ sur les $\omega(X)$ ou un morphisme de cogèbroïdes $L(\omega) \to \psi$.

On appellera $L(\omega)$ le *cogèbroïde des k-endomorphismes de* ω.

4.8 *Exemple.* (i) Pour $\mathcal{C}$ réduite à un objet et à sa flèche identique, la donnée de ω est celle d'un B-module à droite projectif de type fini M. Le cogèbroïde $L(\omega)$ est $M^\vee \underset{k}{\otimes} M$ et sa coaction sur M celle de 4.6. La propriété universelle de $L(\omega)$ dit que, pour tout k-cogèbroïde ψ agissant sur B, l'isomorphisme

$$\mathrm{Hom}_B(M, M \otimes \psi) \longleftrightarrow \mathrm{Hom}_{B,B}(M^\vee \otimes M, \psi)$$

fait se correspondre les coactions de ψ sur M et les morphismes de cogèbroïde de $M^\vee \underset{k}{\otimes} M$ dans ψ.

(ii) Soient comme en 4.3 ${}_AM_B$ un A,B-bimodule projectif de type fini en tant que B-module à droite, ${}_BM_A^\vee$ son B-dual et $L := {}_BM_A^\vee \underset{A}{\otimes} {}_AM_B$.

On suppose que A et B sont des k-algèbres et que les deux structures de k-module de ${}_A M_B$ coïncident. Pour $k = \mathbf{Z}$, ces hypothèses sont automatiques. Soit $\mathcal{C}$ une sous-catégorie pleine de la catégorie des A-modules à droite, contenant le A-module A, et telle que les $E \underset{A}{\otimes} {}_A M_B$ soient projectifs de type fini sur B. Soit ω le foncteur $E \mapsto E \underset{A}{\otimes} {}_A M_B$. Par 4.3, L coagit sur les $\omega(E)$ (E dans $\mathcal{C}$), d'où un morphisme

$$L(\omega) \longrightarrow L. \tag{4.8.1}$$

Ce morphisme est un isomorphisme. Pour $\mathcal{C}$ réduite au A-module A, c'est la définition du produit tensoriel sur A. Dans le cas général, la vérification sera donnée en 4.11.

4.9 **Preuve** de 3.8. La comultiplication $c : L \to L \underset{K}{\otimes} L$ est une coaction de L sur L (représentation régulière). D'après 3.7, L est réunion filtrante de sous-représentations V_i de dimension finie sur K. La coaction de L sur V_i correspond par 4.8(i) à un morphisme de cogèbroïdes $f_i : V_i^\vee \otimes V_i \to L$. La counité e de L induit une forme linéaire sur V_i et $f_i(e \mid V_i \otimes x) = x$. L'image de f_i contient donc V_i. Parce que K est un corps, l'image de f_i est un sous-cogèbroïde de L. Le cogèbroïde L est réunion filtrante des images des f_i et ceci prouve 3.8.

4.10 *Fonctorialités.*

(i) Soit $f : B_j \to B'_j$ et $\otimes_{B_j} B'_j$ le foncteur d'extension des scalaires. On a

$$L(\omega_1, \omega_2) \underset{B_1 \underset{k}{\otimes} B_2}{\otimes} (B'_1 \underset{k}{\otimes} B'_2) \xrightarrow{\sim} L((\otimes_{B_1} B'_1) \circ \omega_1, (\otimes_{B_2} B'_2) \circ \omega_2). \tag{4.10.1}$$

(ii) Soit $T : \mathcal{D} \to \mathcal{C}$. Les morphismes $\omega_2 TD \to \omega_1 TD \otimes L(\omega_1, \omega_2)$ définissent

$$L(\omega_1 \circ T, \omega_2 \circ T) \longrightarrow L(\omega_1, \omega_2). \tag{4.10.2}$$

(iii) Si $\mathcal{C}$ est limite inductive filtrante de catégories $\mathcal{C}_i$ et que T_i est le foncteur naturel $\mathcal{C}_i \to \mathcal{C}$, les morphismes 4.10.2 induisent un isomorphisme

$$\varinjlim L(\omega_1 \circ T_i, \omega_2 \circ T_i) \xrightarrow{\sim} L(\omega_1, \omega_2). \tag{4.10.3}$$

(iv) Supposons B_j commutatif. Soient $(\mathcal{C}_i)_{i\in I}$ une famille finie de catégories, ω_j^i de source $\mathcal{C}_i$ ($i \in I$, $j = 1,2$) et $\otimes\omega_j^i$ le foncteur de source le produit $\mathcal{C}$ des $\mathcal{C}_i$ produit tensoriel sur B_j des ω_j^i : $(\otimes\omega_j^i)((C_j)) := \bigotimes_{B_j} \omega_j^i(C_i)$. On a

$$L(\otimes\omega_1^i, \otimes\omega_2^i) \xrightarrow{\sim} \bigotimes_{B_1 \otimes_k B_2} L(\omega_1^i, \omega_2^i).$$

4.11 *Vérification de 4.8(ii).* Soit $\mathcal{D}$ la sous-catégorie pleine de $\mathcal{C}$ réduite à A. La fonctorialité 4.10(ii) fournit $L(\omega|\mathcal{D}) \to L(\omega)$. On a (*cf* 4.8(ii)) $L(\omega|\mathcal{D}) \xrightarrow{\sim} L$ et le triangle

$$\begin{array}{ccc} L(\omega|\mathcal{D}) & \xrightarrow{4\,10(ii)} & L(\omega) \\ & {\scriptstyle (4\,8\,1)}\searrow \quad \swarrow{\scriptstyle (4.8\,1)} & \\ & L & \end{array}$$

est commutatif. Le morphisme 4.10(ii) admet donc une rétraction et il suffit de vérifier que $L(\omega|\mathcal{D})$ s'envoie sur $L(\omega)$, i.e. que pour tout C dans $\mathcal{C}$, l'image dans $L(\omega)$ de $\omega(C)^\vee \otimes_k \omega(C)$ est contenue dans celle de $\omega(A)^\vee \otimes_k \omega(A)$. Tout élément de $\omega(C)^\vee \otimes \omega(C)$ est une somme finie $\sum \alpha_i \otimes x_i$ et chaque $x_i \in C \otimes_A {}_A M_B$ est une somme finie $\sum \alpha_{ij} \otimes m_j$, donc une somme d'éléments de la forme $f(y)$ avec $f : A \to C$ et $y \in \omega(A)$. Il suffit dès lors de vérifier qu'un élément de $\omega(C)^\vee \otimes_k \omega(C)$ de la forme $\alpha \otimes f(y)$, $f : A \to C$, $y \in \omega(A)$, a une image dans $L(\omega)$ contenu dans celle de $\omega(A)^\vee \otimes_k \omega(A)$. Par définition de $L(\omega)$, le diagramme

$$\begin{array}{ccc} \omega(C)^\vee \otimes_k \omega(A) & \xrightarrow{{}^t f \otimes 1} & \omega(A)^\vee \otimes_k \omega(A) \\ \Big\downarrow {\scriptstyle 1\otimes f} & & \Big\downarrow \\ \omega(C)^\vee \otimes_k \omega(C) & \longrightarrow & L \end{array}$$

est commutatif. Appliquant ceci à $\alpha \otimes y \in \omega(C)^\vee \otimes \omega(A)$, on trouve que l'image de $\alpha \otimes f(y)$ est aussi celle de ${}^t f(\alpha) \otimes y \in \omega(A)^\vee \otimes_k \omega(A)$.

4.12. On suppose que B est un corps. Soient L un k-cogèbroïde agissant sur $B, \mathcal{C}$ la catégorie des B-espaces vectoriels de rang fini munis d'une coaction de L et ω le foncteur d'oubli. Puisque L coagit sur chaque $\omega(X)$, la propriété universelle de $L(\omega)$ fournit un morphisme u de $L(\omega)$ dans L.

4.13 **Proposition.** *Avec les hypothèses et notation de 4.12, le morphisme $u : L(\omega) \to L$ est un isomorphisme.*

Preuve. Par construction, une coaction de L sur V de rang fini est naturellement relevée à $L(\omega)$. Appliquant 3.7 et passant à la limite inductive, on trouve que la restriction "de rang fini" est inutile. Prenant $V = L$, et la coaction $c : L \to L \underset{B}{\otimes} L$, on obtient $c_1 : L \to L \underset{B}{\otimes} L(\omega)$. Soit $a = (\text{counité} \otimes 1) \circ c_1 : L \to L(\omega)$. Puisque $(1 \otimes u) \circ c_1 = c$, on a $ua = \text{Id}$.

Soit V muni d'une coaction ρ, relevée en une coaction $\tilde{\rho}$ de $L(\omega)$. Puisque $\rho : V \to V \otimes L$ est un morphisme de vectoriels à coaction, le diagramme

$$\begin{array}{ccccc}
V & \xrightarrow{\rho} & V \otimes L & & \\
\downarrow{\scriptstyle \tilde{\rho}} & & \downarrow{\scriptstyle 1\otimes c_1} & & \\
V \otimes L\omega & \xrightarrow{\rho\otimes 1} & V \otimes L \otimes L\omega & \xrightarrow{1\otimes \text{ counité} \otimes 1} & V \otimes L\omega
\end{array}$$

est commutatif, d'où $\tilde{\rho} = (1 \otimes a)\rho$. Le morphisme déduit de $\rho : V^\vee \otimes V \to L\omega$ admet donc la factorisation $V^\vee \otimes V \to L \xrightarrow{a} L\omega$. La définition de $L\omega$ montre alors que a est surjectif, donc que u est isomorphisme.

5. Produit tensoriel de catégories abéliennes

5.1. Soient k un anneau commutatif et $(\mathcal{A}_i)_{i \in I}$ une famille finie de catégories abéliennes k-linéaires. Nous appellerons une catégorie abélienne k-linéaire $\mathcal{A}$, munie d'un foncteur k-multilinéaire exact à droite en chaque variable

$$\otimes : \Pi \mathcal{A}_i \longrightarrow \mathcal{A} \tag{5.1.1}$$

un *produit tensoriel sur k* des catégories $\mathcal{A}_i$ si la condition suivante est vérifiée. Pour $\mathcal{C}$ une catégorie abélienne k-linéaire, soit $\underline{\text{Hom}}_{k,e\,\text{à}\,d}(\mathcal{A}, \mathcal{C})$ la catégorie des foncteurs exacts à droite de $\mathcal{A}$ dans $\mathcal{C}$. Soit

$\underline{\mathrm{Hom}}_{k,e\,\grave{a}\,d}((\mathcal{A}_i)_{i\in I};\mathcal{C})$ la catégorie des foncteurs multilinéaires exacts à droite en chaque variable du produit des $\mathcal{A}_i$ dans $\mathcal{C}$. On exige que pour tout $\mathcal{C}$ le foncteur de composition avec (5.1.1)

$$\underline{\mathrm{Hom}}_{k,e\,\grave{a}\,d}(\mathcal{A},\mathcal{C}) \longrightarrow \underline{\mathrm{Hom}}_{k,e\,\grave{a}\,d}((\mathcal{A}_i)_{i\in I},\mathcal{C})$$

soit une équivalence de catégories. Un tel produit tensoriel, s'il existe, est unique (à équivalence unique à isomorphisme unique près). Si les $\mathcal{A}_i$ et les $\mathcal{A}'_i$ admettent un produit tensoriel sur k, des foncteurs exacts à droite $T_i : \mathcal{A}_i \to \mathcal{A}'_i$ induisent un foncteur exact à droite $\otimes T_i : \otimes\mathcal{A}_i \to \otimes\mathcal{A}'_i$. Si les $\mathcal{A}_i$ sont limites inductives filtrantes de catégories $\mathcal{A}_i^\alpha$ et que pour chaque α le produit tensoriel des $\mathcal{A}_i^\alpha$ existe, la limite inductive des $\underset{i}{\otimes}\mathcal{A}_i^\alpha$ est un produit tensoriel des $\mathcal{A}_i$.

Variante. La définition 5.1 est adaptée à nos besoins. Il serait parfois plus naturel de la modifier en remplaçant $\underline{\mathrm{Hom}}_{k,e\,\grave{a}\,d}$ par la catégorie des foncteurs qui commutent à toutes les limites inductives (non supposées filtrantes) qui existent à la source.

5.2. Pour A une k-algèbre cohérente (à droite), nous noterons $(A)_{\mathrm{coh}}$ la catégorie abélienne des A-modules à droite de présentation finie. On note A^{opp} la k-algèbre apposée. Si A est cohérente à gauche, $(A^{\mathrm{opp}})_{\mathrm{coh}}$ est donc la catégorie des A-modules à gauche de présentation finie.

Soit A une k-algèbre cohérente (à droite) et $\mathcal{C}$ une catégorie abélienne k-linéaire. Soit A_d l'algèbre A, vue comme A-module à droite. On a $\mathrm{End}(A_d) = A$ et le foncteur $T \mapsto T(A_d)$ est une équivalence de $\underline{\mathrm{Hom}}_{k,e\,\grave{a}\,d}((A)_{\mathrm{coh}},\mathcal{C})$ avec la catégorie des objets X de $\mathcal{C}$ munis d'une structure de A-module à gauche $A \to \mathrm{End}(X)$ k-linéaire. Le foncteur inverse attache à M le foncteur $N \mapsto N \underset{A}{\otimes} M$. Si $N = \mathrm{coker}(d : A_s^m \to A_s^n)$,

$$N \underset{A}{\otimes} M := \mathrm{coker}(d : M^m \to M^n)\,.$$

De même, si (A_i) $(i \in I)$ est une famille finie de k-algèbres cohérentes, le foncteur $T \mapsto T((A_{id}))$ est une équivalence de $\underline{\mathrm{Hom}}_{k,e\,\grave{a}\,d}((A_i)_{\mathrm{coh},i\in I},\mathcal{C})$ avec la catégorie des objets X de $\mathcal{C}$ munis de structures de A_i-module commutant deux à deux et k-linéaires, i.e. d'une structure k-linéaire de $\otimes A_i$-module. Appliquant la définition 5.1, on trouve:

5.3 **Proposition**. *Soient $(A_i)_{i\in I}$ une famille finie de k-algèbres cohérentes dont le produit tensoriel sur k est encore cohérent. Le produit tensoriel sur k :*

$$\otimes : \Pi(A_i)_{\mathrm{coh}} \longrightarrow (\otimes A_i)_{\mathrm{coh}}$$

fait de $(\otimes A_i)_{\mathrm{coh}}$ *le produit tensoriel sur* k *des* $(A_i)_{\mathrm{coh}}$.

5.4 **Corollaire.** *Sous les hypothèses de 5.3, si* k *est un corps, le produit tensoriel:* $\otimes : \Pi(A_i)_{\mathrm{coh}} \to \otimes(A_i)_{\mathrm{coh}} = (\otimes A_i)_{\mathrm{coh}}$ *est exact en chaque variable et on a*

$$\bigotimes_k \mathrm{Hom}(M_i, N_i) \xrightarrow{\sim} \mathrm{Hom}(\otimes M_i, \otimes N_i)\,. \tag{5.4.1}$$

Preuve. Le produit tensoriel est exact car 5.3 l'interprète comme un produit tensoriel sur k. Les foncteurs aux deux membres de (5.4.1) sont multilinéaires et exacts à gauche en les M_i. Résolvant les M_i :

$$A_i^{m_i} \to A_i^{n_i} \to M_i \to 0,$$

on se ramène à supposer que $M_i = A_i$. Les deux membres s'identifient alors au produit tensoriel sur k des N_i.

5.5 **Proposition.** *Si* k *est un corps et que les* A_i *sont de dimension finie sur* k, *le produit tensoriel*

$$\otimes : \Pi(A_i)_{\mathrm{coh}} \longrightarrow \otimes(A_i)_{\mathrm{coh}} = (\otimes A_i)_{\mathrm{coh}}\,,$$

exact en chaque variable d'après 5.4, fait de la catégorie duale de $(\otimes A_i)_{\mathrm{coh}}$ *le produit tensoriel des duales des catégories* $(A_i)_{\mathrm{coh}}$.

Preuve. Le foncteur "k-dual" D est une antiéquivalence de $(A_i^{\mathrm{opp}})_{\mathrm{coh}}$ avec $(A_i)_{\mathrm{coh}}$. Il est compatible au produit tensoriel sur k : commutativité à isomorphisme canonique près de

$$\begin{array}{ccc}
\Pi(A_i^{\mathrm{opp}})_{\mathrm{coh}} & \xrightarrow{\ \otimes\ } & (\otimes A_i^{\mathrm{opp}})_{\mathrm{coh}} \\
\downarrow D & & \downarrow D \\
\Pi(A_i)_{\mathrm{coh}}^{\mathrm{opp}} & \xrightarrow{\ \otimes\ } & (\otimes A_i)_{\mathrm{coh}}^{\mathrm{opp}}
\end{array}$$

et 5.5 résulte de 5.3.

5.6 *Mise en garde.* Sous les hypothèses de 5.5, si $T : \Pi(A_i) \to \mathcal{C}$ est un foncteur k-multilinéaire exact en chaque variable, T se factorise de façon unique par un foncteur exact à droite $T_d : (\otimes A_i)_{\mathrm{coh}} \to \mathcal{C}$ (5.3). Par 5.5, il admet aussi une factorisation unique par $T_s : (\otimes A_i)_{\text{coh}} \to \mathcal{C}$ exact à gauche. L'exemple suivant montre que ces prolongement peuvent différer, i.e. que T_d peut ne pas être exact.

Soient k' une extension finie inséparable de k, $I = \{1,2\}$, $A_i = k'$, et $(A_1)_{\text{coh}} = (A_2)_{\text{coh}} = \mathcal{C} = \text{Vect}(k')$. Soit T le foncteur produit tensoriel sur k'. Le foncteur T_d des $k' \underset{k}{\otimes} k'$-modules de type fini dans $\text{Vect}(k')$ est $X \mapsto X \underset{k'\otimes k'}{\otimes} k'$. Il n'est pas exact. On peut vérifier que le foncteur T_s est isomorphe au foncteur $X \mapsto \text{Hom}_{k'\otimes k'}(k', X)$.

Cette difficulté disparaît en caractéristique 0:

5.7 **Proposition**. *Sous les hypothèses de 5.5, plus celle que k parfait, si $T : \Pi(A_i)_{\text{coh}} \to \mathcal{C}$ est k-multilinéaire et exact en chaque variable, le foncteur exact à droite T_d de $(\otimes A_i)_{\text{coh}}$ dans $\mathcal{C}$ qu'il définit est exact.*

Preuve. Soit M l'objet $T((A_{id}))$ de $\mathcal{C}$. Pour des $N_i \in \text{Ob}(A_i)_{\text{coh}}$, on définit comme suit les

$$\text{Tor}_*^{(A_i)}((N_i), M).$$

On prend des résolutions projectives N_{i*} des N_i et l'homologie du multiple complexe

$$\otimes N_{i*} \underset{\otimes A_i}{\otimes} M = T((N_{i*})).$$

Parce que T est exact en chaque varaible, on a $\text{Tor}_n = 0$ pour $n > 0$. Le foncteur T_d se dérive de même en $\text{Tor}_*^{\otimes A_i}(N, M)$. On a

$$\text{Tor}_*^{\otimes A_i}(\otimes N_i, M) = \text{Tor}_*^{(A_i)}((N_i), M),$$

d'où la nullité

(5.7.1) $$\text{Tor}_n^{\otimes A_i}(\otimes N_i, M) \quad \text{pour } n > 0.$$

Le foncteur Tor_* étant semi-exact, il suffit, pour en déduire la nullité de tous les
$\text{Tor}_n^{\otimes A_i}(N, M)$ $(n > 0)$, et 5.7, de vérifier le lemme suivant.

5.9 **Lemme**. (i) *Si S_i est un A_i-module simple, le produit tensoriel des S_i est un $\otimes A_i$-module semi-simple.*
(ii) *Tout $\otimes A_i$-module simple figure dans un produit tensoriel comme en (i).*

Preuve. (ii) est clair. Prouvons (i). Remplaçant A_i par son quotient par l'annulateur de S_i, on se ramène à supposer S_i fidèle. L'algèbre A_i est alors une algèbre centrale simple sur une extension finie k_i de k. Puisque k est parfait, cette extension est séparable. Le produit tensoriel des A_i est semi-simple et 5.9 en résulte.

5.10. Un $A_1 \underset{k}{\otimes} A_2$-module à droite est encore un A_2-module à droite M muni d'une structure de A_1-module à droite: $A_1^{\text{opp}} \to \text{End}_{A_2}(M)$ k-linéaire. Pour k un corps et A_1 de dimension finie k, une telle interprétation du produit tensoriel avec $(A_1)_{\text{coh}}$ vaut plus généralement. Soient k un corps, A une k-algèbre de dimension finie et $\mathcal{B}$ une catégorie abélienne k-linéaire. Soit $(A - \mathcal{B})$ (resp. $(\mathcal{B} - A)$ la catégorie des objets B de $\mathcal{B}$ munis d'une structure de A-module à gauche $A \to \text{End}(B)$, k-linéaire (resp. d'une structure k-linéaire de A-module à droite). Le produit tensoriel 2.9: $\text{Vect}(k) \times \mathcal{C} \to \mathcal{C}$ induit un produit tensoriel k-bilinéaire exact en chaque variable

(5.10.1) $$\otimes : (A)_{\text{coh}} \times \mathcal{B} \longrightarrow (\mathcal{B} - A)\,.$$

5.11 **Proposition.** *Avec les notations 5.10, le foncteur (5.10.1) fait de la catégorie but le produit tensoriel sur k des catégories sources.*

Preuve. Le foncteur (5.10.1) induit pour toute catégorie k-linéaire $\mathcal{C}$ un foncteur

(5.11.1) $$\underline{\text{Hom}}_{e\,\grave{a}\,d}((\mathcal{B} - A), \mathcal{C}) \longrightarrow \underline{\text{Hom}}_{e\,\grave{a}\,d}((A)_{\text{coh}} \times \mathcal{B}, \mathcal{C})\,.$$

Montrons qu'on en obtient un quasi-inverse en attachant à $T : (A)_{\text{coh}} \times \mathcal{B} \to \mathcal{C}$ le foncteur de $(\mathcal{B} - A)$ dans $\mathcal{C}$:

(5.11.2) $$B \longrightarrow T(A_d, B) \underset{A\otimes A}{\otimes} A\,.$$

Noter que $T(A_d, B)$ a une structure de A-module à droite venant de celle de B et une de A-module à gauche venant de celle de A_d. Le produit tensoriel est le conoyau dans $\mathcal{C}$ de

$$T(A_d, B) \underset{k}{\otimes} (A \otimes A) \underset{k}{\otimes} A \rightrightarrows T(A_d, B) \underset{k}{\otimes} A\,.$$

Pour un objet ${}_AX_A$ muni d'une structure de A, A-bimodule, on a aussi plus simplement

(5.11.3) $${}_AX_A \underset{A\otimes A}{\otimes} A = \text{coker}({}_AX_A \otimes A \rightrightarrows {}_AX_A)\,.$$

Comme en 5.2, la catégorie $\underline{\mathrm{Hom}}_{e\,\text{à}\,d}((A)_{\mathrm{coh}} \times \mathcal{B}, \mathcal{C})$ est équivalente, par $T \mapsto T(A,B)$, à $\underline{\mathrm{Hom}}_{e\,\text{à}\,d}(\mathcal{B}, (A - \mathcal{C}))$. L'équivalence inverse est

$$U \longmapsto (\text{le foncteur } (M,B) \longmapsto M \underset{A}{\otimes} U(B) .$$

Composant cette équivalence avec (5.11.1) et (5.11.2), on obtient les foncteurs

$$\underline{\mathrm{Hom}}_{e\,\text{à}\,d}(\mathcal{B} - A, \mathcal{C}) \underset{②}{\overset{①}{\rightleftarrows}} \underline{\mathrm{Hom}}_{e\,\text{à}\,d}(\mathcal{B}, A - \mathcal{C})$$

suivants.
①: $T(B_A) \longmapsto T(A_d \underset{k}{\otimes} B)$;
②: ${}_AT(B) \longmapsto {}_AT(B_A) \underset{A\otimes A}{\otimes} A$.
Dans ①, $T(A_d \underset{k}{\otimes} B)$ est muni de la structure de A-module à gauche due à celle de A_d. Dans ②, ${}_AT(B_A)$ est muni d'une structure droite (due à B_A) et gauche (due à ${}_AT$) et le produit tensoriel est encore le conoyau ${}_AT(B_A) \otimes A \rightrightarrows {}_AT(B_A)$.

Le composé ②∘①est

$$T(B_A) \longmapsto T(A_d \otimes B_A) \underset{A\otimes A}{\otimes} A .$$

Par exactitude à droite de T, le second membre est encore $T((A \underset{k}{\otimes} B_A) \underset{A\otimes A}{\otimes} A)$ et
$(A_d \underset{k}{\otimes} B_A) \underset{A\otimes A}{\otimes} A = B_A \underset{A}{\otimes} A = B_A$, de sorte que ②∘①est isomorphe à l'identité.

Le composé ①∘②est

$${}_AT(B) \longmapsto {}_AT(A_d \underset{k}{\otimes} B) \underset{A\otimes A}{\otimes} A = (A_d \underset{k}{\otimes} {}_AT(B)) \underset{A\otimes A}{\otimes} A = A \underset{A}{\otimes} {}_AT(B) = {}_AT(B) .$$

Il est également isomorphe à l'identité et ceci prouve 5.11.

5.12. Soit $\mathcal{A}$ une catégorie abélienne k-linéaire satisfaisant à la condition de finitude (2.12.1): objets de longueur finie et Hom de dimension finie.

Pour X dans $\mathcal{A}$, soit $\langle X \rangle$ la sous-catégorie pleine de $\mathcal{A}$ d'objets les sous-quotients des X^n $(n \geq 0)$. Elle est abélienne. D'après 2.14, 2.17, la catégorie $\langle X \rangle$ est équivalente à la catégorie des modules sur une k-algèbre de rang fini.

La catégorie $\mathcal{A}$ est réunion croissante de ses sous-catégorie pleines $\langle X \rangle$ et de 5.3, 5.4, 5.5, 5.7 on déduit par passage à la limite (5.1) les énoncés (i) et (iii) à (vi) ci-dessous.

5.13 **Proposition**. *Soit* $(\mathcal{A}_i)_{i \in I}$ *une famille finie de catégories abéliennes* k*-linéaires vérifiant* (2.12.1).
(i) *Le produit tensoriel sur* k *des* $\mathcal{A}_i$ *existe.*
(ii) *Il vérifie encore (2.12.1).*
(iii) *Le produit tensoriel* $\otimes : \Pi \mathcal{A}_i \to \mathcal{A}$ *est exact en chaque variable.*
(iv) *Il fait de la duale de* $\mathcal{A}$ *le produit tensoriel des duales des* $\mathcal{A}_i$.
(v) *On a* $\otimes \mathrm{Hom}(X_i, Y_i) \xrightarrow{\sim} \mathrm{Hom}(\otimes X_i, \otimes Y_i)$.
(vi) *Si* k *est parfait – par exemple de caractéristique 0 – un foncteur multilinéaire exact en chaque variable:* $\Pi \mathcal{A}_i \to C$ *définit un foncteur exact de* $\mathcal{A}$ *dans* C .

L'assertion (ii) sera déduite de 5.14 ci-dessous.

Soient $(\mathcal{A}'_i)_{i\in I}$ et $(\mathcal{A}_i)_{i \in I}$ deux familles finies de catégories abéliennes k-linéaire vérifiant (2.12.1) et $T_i : \mathcal{A}'_i \to \mathcal{A}_i$ k-linéaire et exact à droite. Soient $\mathcal{A}' := \otimes \mathcal{A}'_i$, $\mathcal{A} := \otimes \mathcal{A}_i$ et $T := \otimes T_i$ le foncteur k-linéaire exact à droite de $\mathcal{A}'$ dans $\mathcal{A}$ avec

$$T(\otimes X_i) = \otimes T_i(X_i) .$$

5.14 **Proposition**. *Avec les hypothèses et notations précédentes,*
(i) *si les* T_i *sont exacts (resp. exactes et fidèles, resp. une équivalence de* $\mathcal{A}'_i$ *avec une sous-catégorie pleine stable par sous-quotient de* $\mathcal{A}_i$*), le foncteur* T *a la même propriété.*
(ii) *Soient* $\mathcal{A}'_i$, $\mathcal{A}''_i \subset \mathcal{A}_i$ *des sous-catégories abéliennes pleines stables par sous-quotients. L'intersection essentielle, dans* $\mathcal{A} := \otimes \mathcal{A}_i$, *de* $\otimes \mathcal{A}'_i$ *et* $\otimes \mathcal{A}''_i$ *est le produit tensoriel des intersections essentielles* $\mathcal{A}'_i \cap \mathcal{A}''_i$.

Preuve. (i) Par passage à la limite, on se ramène encore à supposer $\mathcal{A}'_i = (A'_i)_{\mathrm{coh}}, \mathcal{A}_i = (A_i)_{\mathrm{coh}}$, avec les A'_i et A_i de dimension finie sur k . Le foncteur exact à droite T_i est de la forme $E \mapsto E \underset{A'_i}{\otimes} M_i$ (5.2), où M_i est un A'_i, A_i-bimodule de type fini sur A_i . Soient $A = \otimes A_i$, $A' = \otimes A'_i$ et $M = \otimes M_i$. On a $\mathcal{A}' = (A')_{\mathrm{coh}}$, $\mathcal{A} = (A)_{\mathrm{coh}}$ et T est $\underset{A'}{\otimes} M$. Pour que T_i soit exact (resp. exact et fidèle), il faut et suffit que M_i soit plat (resp. fidèlement plat). Parce que A_i est de dimension finie sur k , cette condition équivaut à M_i facteur direct d'un A_i'-module libre (resp. et tel que A_i' soit facteur direct d'une puissance M_i^k). Ces conditions sont stables par produit tensoriel sur k.

Si $\mathcal{A}_i'$ est une sous-catégorie pleine stable par sous-quotient, il existe un idéal bilatère a_i' de A_i tel que $\mathcal{A}_i'$ soit la catégorie des A_i-modules annulés par a_i' (2.18): on peut faire $A_i' = A_i/a_i'$ et $M_i = A_i/a_i'$. On a encore stabilité par produit tensoriel sur k.

(ii) Si $\mathcal{A}_i' \subset \mathcal{A}_i = (A_i)_{\mathrm{coh}}$ (resp. $\mathcal{A}_i'' \subset \mathcal{A}_i$) est la sous-catégorie des A_i-modules annulés par a_i' (resp. a_i''), leur intersection essentielle (d'objets les objets de $\mathcal{A}_i$ isomorphes à un objet de $\mathcal{A}_i'$ et à un objet de $\mathcal{A}_i''$) est la sous-catégorie des A_i-modules annulés par $a_i' + a_i''$. On conclut en observant qu'un A-module annulé par les a_i' et les a_i'' est annulé par les $a_i' + a_i''$.

5.15 **Preuve de** 5.13(ii). Ecrivons $\mathcal{A}_i$ comme limite inductive des sous-catégories $\langle X_i \rangle$. D'après 5.14(i), $\otimes\langle X_i\rangle \hookrightarrow \mathcal{A}$ et est une sous-catégorie pleine stable par sous-quotients. De (2.12.1) pour les $\otimes\langle X_i\rangle$ résulte donc (2.12.1) pour leur limite inductive $\mathcal{A}$.

5.16. Soient $(\mathcal{T}_i)_{i\in I}$ une famille finie de catégorie tensorielles sur k vérifiant (2.12.1) et $\mathcal{T}$ leur produit tensoriel sur k (5.13(i)). Le produit tensoriel $\otimes : \mathcal{T}_i \times \mathcal{T}_i \to \mathcal{T}_i$ se factorise par un foncteur exact à droite $T_i : \mathcal{T}_i \otimes \mathcal{T}_i \to \mathcal{T}_i$. Le produit tensoriel des T_i est un foncteur exact à droite

$$T : \mathcal{T} \otimes \mathcal{T} = (\otimes \mathcal{T}_i) \otimes (\otimes \mathcal{T}_i) = \otimes(\mathcal{T}_i \otimes \mathcal{T}_i) \longrightarrow \otimes \mathcal{T}_i = \mathcal{T}. \tag{5.16.1}$$

Le composant avec $\otimes : \mathcal{T} \times \mathcal{T} \to \mathcal{T} \otimes \mathcal{T}$, on définit le *produit tensoriel* de $\mathcal{T}$. C'est un foncteur exact à droite en chaque variable, muni d'un isomorphisme fonctoriel

$$(\otimes X_i) \otimes (\otimes Y_i) \xrightarrow{\sim} \otimes(X_i \otimes Y_i). \tag{5.16.2}$$

Cet isomorphisme le caractérise: si $\otimes'$ est un foncteur exact à droite $\mathcal{T} \times \mathcal{T} \to \mathcal{T}$, muni d'un isomorphisme (5.16.2) de foncteurs $\Pi \mathcal{T}_i \times \Pi \mathcal{T}_i \to \mathcal{T}$, il existe un unique isomorphisme $\otimes \to \otimes'$ compatible aux isomorphismes (5.16.2) pour $\otimes$ et $\otimes'$. On munit $\otimes : \mathcal{T} \times \mathcal{T} \to \mathcal{T}$ des contraintes d'associativité et de commutativité qui rendent commutatifs les diagrammes

$$\begin{array}{ccc}
(\otimes X_i) \otimes (\otimes Y_i) & \xrightarrow{\sim} & (\otimes Y_i) \otimes (\otimes X_i) \\
{\scriptstyle 5.16.2}\Big\| & & {\scriptstyle 5.16.2}\Big\| \\
\otimes(X_i \otimes Y_i) & =\!=\!= & \otimes(Y_i \otimes X_i)
\end{array}$$

$$\begin{array}{ccc} ((\otimes X_i)\otimes(\otimes Y_i))\otimes(\otimes Z_i) & \xrightarrow{\sim} & (\otimes X_i)\otimes((\otimes Y_i)\otimes(\otimes Z_i)) \\ \| {\scriptstyle 5.16.2\ \text{itéré}} & & \| {\scriptstyle 5.16.2\ \text{itéré}} \\ \otimes((X_i\otimes Y_i)\otimes Z_i) & = & \otimes(X_i\otimes(Y_i\otimes Z_i)) \end{array}$$

5.17 **Proposition**. *Sous les hypothèses de 5.16, plus celle que k est parfait, le produit tensoriel $\mathcal{T}$ des $\mathcal{T}_i$ est une catégorie tensorielle sur k.*

Preuve. La vérification de (2.1.1) est laissée au lecteur; (2.1.3) est inclus dans la définition d'une catégorie produit tensoriel. L'unité de $\mathcal{T}$ est le produit tensoriel des unités des $\mathcal{T}_i$ et (2.1.4) résulte de 5.13(v). Prouvons (2.1.2).

D'après 5.13(vi) les foncteurs $T_i : \mathcal{T}_i \otimes \mathcal{T}_i \to \mathcal{T}_i$ sont exacts. Par 5.14(i) leur produit tensoriel $T : \mathcal{T} \otimes \mathcal{T} \to \mathcal{T}$ est exact. Par 5.13(iii), le produit tensoriel de $\mathcal{T}$ est exact en chaque variable.

D'après 5.13(iv), la construction de la catégorie abélienne $\mathcal{T}$ est autoduale. Son produit tensoriel $\otimes$ étant exact, sa caractérisation (5.16.2) est également autoduale. Celle de ses contraintes d'associativité et de commutativité aussi.

D'aprés 5.13(iii)(iv), la construction du produit tensoriel $\mathcal{T}$ des $\mathcal{T}_i$ est autoduale. Les antiéquivalences $X \mapsto X^\vee$ des $\mathcal{T}_i$ induisent donc une antiéquivalence de $\mathcal{T}$ dans $\mathcal{T}$, encore notée $X \mapsto X^\vee$, munie d'un isomorphisme fonctoriel

$$\otimes X_i^\vee \xrightarrow{\sim} (\otimes X_i)^\vee \tag{5.17.1}$$

qui le caractérise (de la même façon que (5.16.2) caractérise $\otimes : \mathcal{T} \times \mathcal{T} \to \mathcal{T}$). Si $X = \otimes X_i$, les morphismes ev et δ pour les X_i ont des produits tensoriels ev : $X \otimes X^\vee \to 1$, $\delta : 1 \to X^\vee \otimes X$ qui font de $X^\vee$ un dual de X (2.2).

Définissons un isomorphisme entre les foncteurs multilinéaires

$$\mathrm{Hom}(X \otimes Y, Z) \quad \text{et} \quad \mathrm{Hom}(Y, X^\vee \otimes Z),$$

de $\mathcal{T}^{\mathrm{opp}} \times \mathcal{T}^{\mathrm{opp}} \times \mathcal{T}$ dans Vect(k). Ces foncteurs, exacts à gauche en chaque variable, se factorisent uniquement par des foncteurs exacts à gauche de $\mathcal{T}^{\mathrm{opp}} \otimes \mathcal{T}^{\mathrm{opp}} \otimes \mathcal{T}$ dans Vect(k) (5.13)(iv). Par 5.13(iv) encore, et la définition du produit tensoriel, il revient au même de se donner un isomorphisme entre les foncteurs multilinéaires de $\Pi\, \mathcal{T}_i^{\mathrm{opp}} \times \Pi\, \mathcal{T}_i^{\mathrm{opp}} \times \Pi\, \mathcal{T}_i$ dans $\mathrm{Vect}(k)$:

$$\mathrm{Hom}(\otimes X_i \otimes \otimes Y_i, \otimes Z_i) \text{ et } \mathrm{Hom}(\otimes Y_i, (\otimes X_i)^\vee \otimes \otimes Z_i)\,.$$

Par (5.16.2), (5.17.1) et (5.13(v)), ces foncteurs s'identifient respectivement au produit tensoriel des foncteurs

$$\mathrm{Hom}(X_i \otimes Y_i, Z_i) \quad \text{et} \quad \mathrm{Hom}(Y_i, X_i^\vee \otimes Z_i)\,.$$

isomorphes par l'adjonction entre s_{X_i} et $s_{X_i^\vee}$ (2.2).

Le foncteur s_X admet donc un adjoint à droite $\underline{\mathrm{Hom}}(X, \quad)$, à savoir $s_{X^\vee}$ (muni de morphismes d'adjonction convenables). Par 2.3, pour conclure, il suffit de montrer que le morphisme (2.2.1):

$$\underline{\mathrm{Hom}}(X,1) \otimes Y \longrightarrow \underline{\mathrm{Hom}}(X,Y) \tag{5.17.2}$$

est un isomorphisme. Ces foncteurs: $\mathcal{T}^{\mathrm{opp}} \times \mathcal{T} \to \mathcal{T}$ sont exacts à gauche en chaque variable. Par 5.13(iv), ils définissent des foncteurs exacts à gauche $\mathcal{T}^{\mathrm{opp}} \otimes \mathcal{T} \to \mathcal{T}$ et pour vérifier que (5.17.2) est un isomorphisme, il suffit de vérifier que le morphisme entre foncteurs $\Pi\, \mathcal{T}_i^{\mathrm{opp}} \times \Pi\, \mathcal{T}_i \to \mathcal{T}$ qui s'en déduit est un isomorphisme. En particulier, il suffit de vérifier que (5.17.2) est un isomorphisme pour X de la forme $\otimes X_i$. On a vu qu'un tel X admet un dual et on conclut par 2.3.

5.18. Pour prouver 1.12 sans hypothèse sur k, il nous faudra savoir que la conclusion de 5.17 est encore vraie, sans hypothèse sur k, si les $\mathcal{T}_i$ sont tannakiennes (2.8) sur k. Nous le prouverons en 6.9, 6.16–6.20, en nous aidant de 5.21, qui le prouve dans un cas particulier.

Soient $(S_i)_{i\in I}$ une famille finie de k-schémas non vides sur lesquels agissent des
groupoïdes affines transitifs G_i. Soient S le produit de S_i et G celui des G_i ; G est un groupoïde transitif agissant sur S. Le produit tensoriel externe $\otimes\, \mathrm{pr}_i^* V_i$ est un foncteur

$$\otimes : \Pi\, \mathrm{Rep}(S_i : G_i) \longrightarrow \mathrm{Rep}(S, G)\,. \tag{5.18.1}$$

Nous prouverons en 6.21 que ce foncteur fait de $\mathrm{Rep}(S : G)$ le produit tensoriel des $\mathrm{Rep}(S_i : G_i)$. Dans le language des gerbes: si les $\mathcal{G}_i$ sont une famille finies de gerbes à lien affine sur k, le produit tensoriel

$$\Pi : \mathrm{Rep}(\mathcal{G})_i \longrightarrow \mathrm{Rep}(\Pi\, \mathcal{G}_i)$$

fait de $\mathrm{Rep}(\Pi \mathcal{G}_i)$ le produit tensoriel des $\mathrm{Rep}(\mathcal{G}_i)$. On a en effet $\mathcal{G}_{S:G} \xrightarrow{\sim} \Pi \mathcal{G}_{S_i:G_i}$ et le produit tensoriel (5.18.1) s'identifie au produit tensoriel de représentations de gerbes.

5.19. Soient B une k-algèbre et $L := {}_BL_B$ un k-cogèbroïde agissant sur B. On suppose que, en tant que B-module à gauche, L est projectif de type fini. Soit L' son B-dual comme B-module à gauche. C'est encore un B,B-bimodule avec $\langle \ell, b\lambda \rangle = \langle \ell b, \lambda \rangle$ et $\langle \ell, \lambda b \rangle = \langle \ell, \lambda \rangle b$. Pour V un k-espace vectoriel et W un B-module à droite,

$$\mathrm{Hom}_k(V, W \underset{B}{\otimes} L) \xrightarrow{\sim} \mathrm{Hom}_B(V \underset{k}{\otimes} L', W)$$

par $f \mapsto (v \otimes \lambda \to \langle \lambda, f(v) \rangle)$. Pour V un B-module à droite, cet isomorphisme induit un isomorphisme

$$\mathrm{Hom}_B(V, W \underset{B}{\otimes} L) \xrightarrow{\sim} \mathrm{Hom}_B(V \underset{B}{\otimes} L', W).$$

La comultiplication $c : L \to L \underset{B}{\otimes} L$, vue comme morphisme de foncteurs en $V : V \underset{B}{\otimes} L \to V \underset{B}{\otimes} L \underset{B}{\otimes} L$ donne par adjonction un morphisme de foncteurs en $V : V \underset{B}{\otimes} L' \underset{B}{\otimes} L' \to V \underset{B}{\otimes} L'$, défini par une multiplication $L' \underset{B}{\otimes} L' \to L'$, faisant de L' une k-algèbre munie de $B \to L'$, et une coaction de L sur un B-module V s'identifie à une structure de L'-module sur V qui prolonge sa structure de B-module.

Soient $(B_i)_{i \in I}$ une famille finie de k-algèbres, L_i un k-cogèbroïde agissant sur B_i, B le produit tensoriel sur k des B_i et L celui des L_i; L est un cogèbroïde agissant sur B. Le produit tensoriel sur k est un foncteur (généralisant (5.18.1))

$$\begin{aligned} &\otimes : \Pi(B_i - \text{modules de présentation finie à coaction de } L_i) \\ (5.19.1)\quad & \\ &\to (B - \text{modules de présentation finie à coaction de } L). \end{aligned}$$

Lemme 5.20. *Si B et les B_i sont cohérents, et que chaque L_i est projectif de type fini en tant que B_i-module à gauche, alors le foncteur (5.10.1) fait de la catégorie but le produit tensoriel des catégories sources.*

Preuve. La cohérence de B_i implique celle de L_i' (notation de 5.10). On laisse au lecteur le soin de vérifier que l'équivalence 5.10

$$(B_i - \text{module cohérent à coaction}) \xrightarrow{\sim} (L_i' - \text{module cohérent})$$

est compatible au produit tensoriel sur k. Il ne reste alors qu'à appliquer 5.3.

Lemme 5.21. *Avec les hypothèses et notations de 5.18, si S_i est le spectre d'une extension finie de k, le foncteur (5.18.1) fait de la catégorie but le produit tensoriel des catégories sources.*

Preuve. Soit L_i l'algèbre affine de G_i. Le cogèbroïde L_i est réunion croissante de sous-cogèbroïdes L_i^α de type fini en tant que $k_i \otimes k_i$–modules (3.8), donc de dimension finie sur k_i. Par passage à la limite (5.1), 5.21 résulte de 5.20 pour les k_i et les L_i^α.

6. Le théorème principal

6.1. Soient k un corps commutatif et $\mathcal{A}$ une catégorie abélienne k-linéaire vérifiant (2.12.1): objets de longueur finie et Hom de dimension finie sur k. Pour X dans $\mathcal{A}$, on notera $\langle X \rangle$ la sous-catégorie abélienne pleine de $\mathcal{A}$ d'objets les sous-quotients des X^n.

Soient B une k-algèbre et ω un foncteur k-linéaire exact et fidèle de $\mathcal{A}$ dans la catégorie $(B\text{-mod})_{ptf}$ des B-modules à droite projectifs de type fini.

Pour X dans $\mathcal{A}$, la catégorie $\langle X \rangle$ admet un générateur projectif P (2.14). Le foncteur $Y \mapsto \mathrm{Hom}(P, Y)$ est une équivalence de $\langle X \rangle$ avec la catégorie $(A)_{\mathrm{coh}}$ des modules à droite de type fini sur $A := \mathrm{End}(P)$. Par cette équivalence, P corresponds à A_d. Posons ${}_AM_B := \omega(P)$. Par 5.2, le foncteur exact à droite $\omega \mid \langle X \rangle$ s'identifie au foncteur $E \longmapsto E \underset{A}{\otimes} {}_AM_B$ de $(A)_{\mathrm{coh}}$ dans les B-modules. Noter que, ω étant k-linéaire, les deux structures de k-module de ${}_AM_B$ coïncident.

D'après 4.8(ii), $L(\omega \mid \langle X \rangle)$ est le k-cogèbroïde ${}_BM_A^\vee \underset{A}{\otimes} {}_AM_B$ de 4.3. Par hypothèse, $\omega \mid \langle X \rangle$ est exact et fidèle. Le A-module ${}_AM_B$ est donc fidèlement plat sur A. D'après 4.4 et 4.5, ω induit une équivalence de $\langle X \rangle$ avec la catégorie des B-modules à droite de type fini munis d'une coaction de $L(\omega \mid \langle X \rangle)$.

La catégorie $\mathrm{Ind}\langle X \rangle$ des Ind-objets (cf. 7.5) de $\langle X \rangle$ s'identifie à celle de tous les A-modules à droite. L'extension de $L(\omega \mid \langle X \rangle)$ aux Ind-objets: $\omega(\text{“}\varinjlim\text{”} X_i) = \lim \mathrm{ind}\, \omega(X_i)$, est encore $E \mapsto E \underset{A}{\otimes} {}_AM_B$. Par 4.4, cette extension est une équivalence de $\mathrm{Ind}\langle X \rangle$ avec la catégorie des B-modules à droite munis d'une coaction de $L(\omega \mid \langle X \rangle)$. Ceci, et les propriétés supposées de ω, montre que tout B-module à droite de type fini, muni d'une coaction de $L(\omega \mid \langle X \rangle)$, est projectif de type fini, et que tout B-module à droite à coaction est limite inductive de B-modules à droite projectifs de type fini à coaction, en particulier est plat.

L'exactitude de ω assure que ${}_AM_B$ est A-plat. De plus, pour tout A-module à droite N, le B-module à droite $N \underset{A}{\otimes} {}_AM_B$ est plat. La formule

$$L(\omega \mid \langle X \rangle) = {}_BM_A \underset{A}{\otimes} {}_AM_B$$

montre alors que $L(\omega \mid \langle X \rangle)$ est plat pour ses deux structures de B-modules.

Si Y est dans $\langle X \rangle$, i.e. $\langle Y \rangle \subset \langle X \rangle$, et que a est l'idéal bilatère de A tel que $\langle Y \rangle$ corresponde aux A-modules annulés par a (2.18), on a

$$\begin{aligned} L(\omega \mid \langle Y \rangle) &= (A/a \underset{A}{\otimes} {}_AM_B)^\vee \underset{A/a}{\otimes} (A/a \underset{A}{\otimes} {}_AM_B) \\ &= (A/a \underset{A}{\otimes} {}_AM_B)^\vee \underset{A}{\otimes} {}_AM_B\,, \end{aligned}$$

et $(A/a \underset{A}{\otimes} {}_AM_B)^\vee$ est le noyau de l'épimorphisme ${}_BM_A^\vee \to (a \underset{A}{\otimes} {}_AM_B)^\vee$, d'où une suite exacte

$$0 \to L(\omega \mid \langle Y \rangle) \longrightarrow L(\omega \mid \langle X \rangle) \longrightarrow (a \underset{A}{\otimes} {}_AM_B)^\vee \underset{A}{\otimes} {}_AM_B \longrightarrow 0\,.$$

Le morphisme 4.10(ii) de $L(\omega \mid \langle Y \rangle)$ dans $L(\omega \mid \langle X \rangle)$ est donc injectif, de conoyau plat à droite et à gauche sur B.

Un B-module de type fini, à coaction de $L(\omega \mid \langle X \rangle)$, correspond à un objet de $\langle Y \rangle$ si la coaction

$$N \longrightarrow N \otimes L(\omega \mid \langle X \rangle)$$

se factorise par $N \otimes L(\omega \mid \langle Y \rangle)$.

La catégorie $\mathcal{A}$ est réunion filtrante des sous-catégories $\langle X \rangle$ et $L(\omega)$ est limite inductive des $L(\omega \mid \langle X \rangle)$ (4.10 (iii)). Passant à la limite, on obtient:

6.2 **Proposition.** *Avec les hypothèses et notations de 6.1, le foncteur ω induit une équivalence de $\mathcal{A}$ avec la catégorie des modules à droite type fini sur B munis d'une coaction de $L(\omega)$.*

6.3. Soit B un anneau commutatif. Nous allons utiliser la construction $L(\omega_1, \omega_2)$ de 4.7 pour $B_1 = B_2 = k = B$. Plus tard, nous aurons à considérer un corps commutatif k, deux k-algèbres commutatives B_1, B_2 et nous aurons à prendre pour B l'anneau commutatif $B_1 \underset{k}{\otimes} B_2$.

Soient $\mathcal{A}_i$ $(i = 1,2,3)$ trois catégories et, pour $i = 1,2,3$, ω_1^i et ω_2^i deux foncteurs de $\mathcal{A}_i$ dans $(B\text{-mod})_{pft}$ (6.1). Supposons donné un foncteur $\otimes : \mathcal{A}_1 \times \mathcal{A}_2 \to \mathcal{A}_3$ et, pour $j = 1,2$, un isomorphisme de foncteurs

$$\omega_j^1(X_1) \underset{B}{\otimes} \omega_j^2(X_2) \xrightarrow{\sim} \omega_j^3(X_1 \otimes X_2).$$

Nous avons défini en 4.7 des B-modules $L_B(\omega_1^i, \omega_2^i)$ et 4.10(ii)(iv) fournit un produit B-bilinéaire

$$L_B(\omega_1^1, \omega_2^1) \underset{B}{\otimes} L_B(\omega_1^2, \omega_2^2) \longrightarrow L_B(\omega_1^3, \omega_2^3). \tag{6.3.1}$$

Quels que soient X_1 et X_2 dans $\mathcal{A}_1$ et $\mathcal{A}_2$, le morphisme (4.7.3)

$$\omega_2^3(X_1 \otimes X_2) \longrightarrow \omega_1^3(X_1 \otimes X_2) \underset{B}{\otimes} L_B(\omega_1^3, \omega_2^3)$$

se déduit des morphismes analogues pour les $\omega_1^j(X_j)$ et $\omega_2^j(X_j)$ par (6.3.1).

Soient $\mathcal{A}$ une catégorie à produit tensoriel vérifiant (2.1.1) et ω_1 et ω_2 deux $\otimes$-foncteurs de $\mathcal{A}$ dans les B-modules projectifs de type fini. Faisons $\mathcal{A}_i = \mathcal{A}$ et $\omega_j^i = \omega_j$ $(i = 1,2,3)$. Le produit (6.3.1) devient un produit

$$L_B(\omega_1, \omega_2) \underset{B}{\otimes} L_B(\omega_1, \omega_2) \longrightarrow L_B(\omega_1, \omega_2). \tag{6.3.2}$$

6.4 **Proposition**. *Le produit (6.3.2) est associatif, commutatif et à unité, i.e. fait de $L_B(\omega_1, \omega_2)$ une B-algèbre commutative.*

Preuve. On dispose de diagrammes essentiellement commutatifs

$$\begin{array}{ccccc}
\mathcal{A} \times \mathcal{A} & \xrightarrow{(X,Y) \mapsto (Y,X)} & \mathcal{A} \times \mathcal{A} & \xrightarrow{\quad\otimes\quad} & \mathcal{A} \\
\Big\downarrow {\scriptstyle \omega_j \otimes \omega_j} & ① & \Big\downarrow {\scriptstyle \omega_j \otimes \omega_j} & ② & \Big\downarrow {\scriptstyle \omega_j} \\
(B\text{-mod}) & =\!=\!= & (B\text{-mod}) & =\!=\!= & (B\text{-mod})
\end{array}$$

$(j = 1,2)$. Dans ①, le carré est rendu commutatif par l'isomorphisme de foncteurs $\omega_j(X) \underset{B}{\otimes} \omega_j(Y) \xrightarrow{\sim} \omega_j(Y) \underset{B}{\otimes} \omega_j(X)$. Dans ②, par l'isomorphisme

$\omega_j(X \otimes Y) \xrightarrow{\sim} \omega_j(X) \underset{B}{\otimes} \omega_j(Y)$. Par définition d'un $\otimes$-foncteur, l'isomorphisme de foncteurs composés rendant commutatif le bord du diagramme est le même qu'en ①, une fois identifié $\omega(Y \otimes X)$ à $\omega(X \otimes Y)$ par la commutativité de $\otimes$ dans $\mathcal{A}$. Appliquant $L(\ ,\ )$ à ce diagramme, on obtient la commutativité de (6.3.2). L'associativité s'obtient de même. Si $\{1\}$ est la sous-catégorie de $\mathcal{A}$ réduite à l'objet unité et à sa flèche identique, on a par définition des $\otimes$-foncteur $\omega_j(1) \xrightarrow{\sim} B$ et $L_B(\omega_1 \mid \{1\}, \omega_2 \mid \{1\}) = B$. L'unité $B \to L_B(\omega_1, \omega_2)$ de $L_B(\omega_1, \omega_2)$ est définie par 4.10(ii).

6.5. Pour $\mathcal{A}$ une catégorie à produit tensoriel vérifiant (2.1.1) et ω_1, ω_2 deux $\otimes$-foncteurs de $\mathcal{A}$ dans les modules sur un schéma S, nous noterons $\underline{\mathrm{Hom}}_S^{\otimes}(\omega_1, \omega_2)$ (resp. $\underline{\mathrm{Isom}}_S^{\otimes}(\omega_1, \omega_2)$) le foncteur sur (Sch/$S$) qui à $u : T \to S$ attache l'ensemble des morphismes (resp. isomorphismes) de $\otimes$-foncteurs $u^*\omega_1 \to u^*\omega_2$ (2.7). Si ω_1 et ω_2 sont à valeurs dans les modules localement libres de rang fini, ces foncteurs sont représentables par un schéma affine sur S. D'après 2.7, si $\mathcal{A}$ vérifie (2.1.1) et (2.1.2), cette condition est vérifiée et $\underline{\mathrm{Isom}}_S^{\otimes}(\omega_1, \omega_2) \xrightarrow{\sim} \underline{\mathrm{Hom}}_S^{\otimes}(\omega_1, \omega_2)$.

Comme en 1.11, pour ω_i à valeurs dans les modules sur S_i, on pose $\underline{\mathrm{Hom}}_k^{\otimes}(\omega_2, \omega_1) := \underline{\mathrm{Hom}}_{S_1 \times S_2}^{\otimes}(\mathrm{pr}_2^*\omega_2, \mathrm{pr}_1^*\omega_1)$. De même pour $\underline{\mathrm{Isom}}$. Pour $\omega_1 = \omega_2$, on écrit $\underline{\mathrm{End}}(\omega)$ pour $\underline{\mathrm{Hom}}(\omega, \omega)$ et $\underline{\mathrm{Aut}}(\omega)$ pour $\underline{\mathrm{Isom}}(\omega, \omega)$.

6.6 **Proposition.** *Soient $\mathcal{A}$ une catégorie à produit tensoriel vérifiant (2.1.1) et ω_1, ω_2 deux $\otimes$-foncteurs de $\mathcal{A}$ dans (B-mod)$_{ptf}$. Posons $S :=$ Spec(B). Le schéma Spec $L_B(\omega_1, \omega_2)$ sur S représente le foncteur $\underline{\mathrm{Hom}}_S^{\otimes}(\omega_2, \omega_1)$.*

Preuve. Soient $T =$ Spec(C) un schéma affine sur S : $u : T \to S$. Par définition (4.7) un morphisme f de B-modules de $L_B(\omega_1, \omega_2)$ dans C s'identifie à un système fonctoriel de morphismes de B-modules

$$f_X : \omega_2(X) \longrightarrow \omega_1(X) \underset{B}{\otimes} C.$$

La donnée des f_X équivaut à celle de morphismes C-linéaires

$$f'_X : \omega_2(X) \underset{B}{\otimes} C \longrightarrow \omega_1(X) \underset{B}{\otimes} C,$$

fonctoriels en X, i.e. à un morphisme f' de foncteurs de $u^*\omega_2$ dans $u^*\omega_1$. On laisse au lecteur le soin de vérifier que pour que f soit un morphisme d'algèbres, il faut et il suffit que f' soit un morphisme de $\otimes$-foncteurs.

6.7. Soient k un anneau commutatif et B_1 et B_2 deux k-algèbres commutatives. Soient $\mathcal{A}$ une catégorie à produit tensoriel vérifiant (2.1.1) et

ω_j ($j = 1,2$) un $\otimes$-foncteur de $\mathcal{A}$ dans $(B_j\text{-mod})_{ptf}$. Par extension des scalaires, ω_1 (resp. ω_2) definit un $\otimes$-foncteur de $\mathcal{A}$ dans $(B_1 \underset{k}{\otimes} B_2\text{-mod})_{ptf}$; on le note $\omega_1 \otimes 1$ (resp. $1 \otimes \omega_2$). On a

$$L_k(\omega_1,\omega_2) = L_{B_1 \underset{k}{\otimes} B_2}(\omega_1 \otimes 1\,,1 \otimes \omega_2)\,.$$

D'après 6.6, Spec$L_k(\omega_1,\omega_2)$ représente le foncteur $\underline{\mathrm{Hom}}_k^{\otimes}(\omega_2,\omega_1)$. D'après 6.5, ce dernier coïncide avec $\underline{\mathrm{Isom}}_k^{\otimes}(\omega_1,\omega_2)$ si $\mathcal{A}$ vérifie (2.1.2).

Pour trois B_j et ω_j, la composition des morphismes

$$\underline{\mathrm{Hom}}_k^{\otimes}(\omega_3,\omega_2) \underset{S_2}{\times} \underline{\mathrm{Hom}}_k^{\otimes}(\omega_2,\omega_1) \longrightarrow \underline{\mathrm{Hom}}_k^{\otimes}(\omega_3,\omega_1)$$

correspond à un morphisme de k-algèbres

$$c : L_k(\omega_1,\omega_3) \longrightarrow L_k(\omega_1,\omega_2) \underset{B_2}{\otimes} L_k(\omega_2,\omega_3)\,.$$

Par définition, le morphisme de $L_k(\omega_1,\omega_2) \underset{B_2}{\otimes} L_k(\omega_2,\omega_3)$-modules déduit par extension des scalaires (par c) de

$$\omega_3(X) \underset{B_3}{\otimes} L_k(\omega_1,\omega_3) \longrightarrow \omega_1(X) \underset{B_1}{\otimes} L_k(\omega_1,\omega_3)$$

est le composé des morphismes déduits par extension des scalaires de

$$\begin{aligned} &\omega_3(X) \underset{B_3}{\otimes} L_k(\omega_2,\omega_3) \longrightarrow \omega_2(X) \underset{B_2}{\otimes} L_k(\omega_2,\omega_3) \quad \text{et} \\ &\omega_2(X) \underset{B_2}{\otimes} L_k(\omega_1,\omega_2) \longrightarrow \omega_1(X) \underset{B_1}{\otimes} L_k(\omega_1,\omega_2)\,. \end{aligned}$$

Ceci revient à la commutativité

$$\begin{array}{ccc} \omega_3(X) & \longrightarrow & \omega_1(X) \underset{B_1}{\otimes} L_k(\omega_1,\omega_2) \\ \downarrow & & \downarrow \\ \omega_2(X) \underset{B_2}{\otimes} L_k(\omega_2,\omega_3) & \longrightarrow & \omega_1(X) \underset{B_1}{\otimes} L_k(\omega_1,\omega_2) \underset{B_2}{\otimes} L_k(\omega_2,\omega_3) \end{array}$$

et c est donc (4.7.4).

6.8 **Preuve de 1.12(ii) pour S affine.** Soient $\mathcal{T}$ une catégorie tensorielle sur k, B une k-algèbre, $S = \mathrm{Spec}(B)$ et ω un foncteur fibre de $\mathcal{T}$ sur S.

On fait $\mathcal{A} = \mathcal{T}$, $B_1 = B_2 = B$, $\omega_1 = \omega_2 = \omega$, (2.13)(i) permet d'appliquer 6.2. D'après 6.7, $\mathrm{Aut}_k^{\otimes}(\omega)$ est le spectre de $L(\omega) = L_k(\omega, \omega)$. L'action de $\mathrm{Aut}_k^{\otimes}(\omega)$ sur les $\omega(X)$ est définie par les morphismes

$$\omega(X) \to \omega(X) \underset{B}{\otimes} L(\omega, \omega)$$

qui définissent L (4.7.3). Par 6.7 encore, la loi de composition du groupoïde $\mathrm{Aut}_k^{\otimes}(\omega)$ est définie par la comultiplication de $L(\omega)$ et 6.2 équivaut à 1.12(ii).

Passons à la preuve de 1.12(i) pour S affine. Un point crucial sera le cas particulier du lemme suivant obtenu en faisant $I = \{1, 2\}$ et $\mathcal{T}_1 = \mathcal{T}_2 = \mathcal{T}$.

6.9 **Lemme**. *Soit $(\mathcal{T}_i)_{i \in I}$ une famille finie de catégories tannakiennes sur k. Le produit tensoriel sur k $\otimes \mathcal{T}_i$ des $\mathcal{T}_i$, muni du produit tensoriel (5.16), est une catégorie tensorielle sur k.*

Pour k parfait, le résultat a déjà été prouvé (5.17). Le cas général sera traité en 6.16 – 6.20.

Si ω_i est un foncteur fibre de $\mathcal{T}_i$ sur $B_i \neq 0$, le foncteur exact de $\Pi \mathcal{T}_i$ dans les $\otimes B_i$-modules: $(X_i) \mapsto \underset{k}{\otimes} \omega_i(X_i)$ se factorise par un foncteur k-linéaire exact à droite de $\otimes \mathcal{T}_i$ dans les $\otimes B_i$-module. Etant exact à droite, c'est un foncteur fibre (2.10.1). Il résulte donc de 6.9 qu'un produit tensoriel de catégorie tannakiennes est encore une catégories tannakienne.

6.10. Soit $\mathcal{T}$ une catégorie tannakienne sur k. La catégorie abélienne $\mathcal{T}$ étant noethérienne (2.13(i)), tout Ind-objet de $\mathcal{T}$ est réunion croissante de ses sous-objets dans $\mathcal{T}$. Si ω est un foncteur fibre de $\mathcal{T}$ sur un k-schéma S, on étend ω en un $\otimes$-foncteur encore noté ω de $\mathrm{Ind}\,\mathcal{T}$ dans les modules quasi-cohérents sur S par $\omega(\text{"}\varinjlim\text{"} X_\alpha) \mapsto \varinjlim \omega(X_\alpha)$. Pour X dans $\mathrm{Ind}\,\mathcal{T}$, $\omega(X)$ est plat sur S en tant que limite inductive de modules localement libres.

6.11 **Lemme**. *Avec les hypothèses et notations de 6.10, si le* Ind-*objet X est non nul, $\omega(X)$ est fidèlement plat sur S.*

Preuve. Si $X \neq 0$, il existe $Y \hookrightarrow X$ avec Y dans $\mathcal{T}$ et non nul. D'après 2.10.1, $\omega(Y)$ est localement libre partout de rang non nul, donc fidèlement plat sur S. On a $\omega(Y) \hookrightarrow \omega(X)$ avec un quotient $\omega(X/Y)$ plat. La fidèle platitude de $\omega(X)$ en résulte.

6.12. Soient $\mathcal{C}$ une petite catégorie, $\mathcal{T}$ une catégorie tensorielle sur k et T_1, T_2 deux foncteurs de $\mathcal{C}$ dans $\mathcal{T}$. A l'imitation de 4.7, on se propose de définir un Ind-objet $\Lambda_{\mathcal{T}}(T_1, T_2)$ de $\mathcal{T}$, muni, pour tout X dans $\mathcal{C}$, de

$$T_1(X)^\vee \otimes T_2(X) \longrightarrow \Lambda_{\mathcal{T}}(T_1, T_2) \tag{6.12.1}$$

tel que pour tout $f : X \to Y$ dans $\mathcal{C}$ le diagramme

$$\begin{array}{ccc} T_1(X)^\vee \otimes T_2(Y) & \longrightarrow & T_1(X)^\vee \otimes T_2(X) \\ \downarrow & & \downarrow \\ T_1(Y)^\vee \otimes T_2(Y) & \longrightarrow & \Lambda_{\mathcal{T}}(T_1, T_2) \end{array} \tag{6.12.2}$$

soit commutatif, et universel pour ces propriétés. Pour $\mathcal{C}$ finie, Λ est simplement un quotient convenable de la somme des $T_1(X)^\vee \otimes T_2(X)$ (X dans $\mathcal{C}$), et est dans $\mathcal{T}$. Dans le cas général, on écrit $\mathcal{C}$ comme limite inductive filtrante de ses sous-catégories finies $\mathcal{C}_\alpha$, et on pose

$$\Lambda_{\mathcal{T}}(T_1, T_2) := \text{“}\varinjlim\text{”} \Lambda_{\mathcal{T}}(T_1 \,|\, C_\alpha, T_2 \,|\, C_\alpha) .$$

Soient $\mathcal{T}_1$ et $\mathcal{T}_2$ deux catégories tensorielles sur k telles que le produit tensoriel sur k $\mathcal{T} := \mathcal{T}_1 \otimes \mathcal{T}_2$ existe et soit une catégorie tensorielle sur k. Soit inj_j l'injection de $\mathcal{T}_j$ dans $\mathcal{T}$: $\mathrm{inj}_1 : X \mapsto X \otimes 1$, $\mathrm{inj}_2 : X \mapsto 1 \otimes X$. Pour T_j un foncteur de $\mathcal{C}$ dans $\mathcal{T}_j$, on pose

$$\Lambda_k(T_1, T_2) := \Lambda_{\mathcal{T}}(\mathrm{inj}_1 T_1, \mathrm{inj}_2 T_2) .$$

Soient B_1 et B_2 des k-algèbres commutatives et ω_j un foncteur fibre de $\mathcal{T}_j$ sur B_j. Le foncteur $(X, Y) \mapsto \omega_1(X) \underset{k}{\otimes} \omega_2(Y)$ est un foncteur exact en chaque variable de $\mathcal{T}_1 \times \mathcal{T}_2$ dans les $B_1 \underset{k}{\otimes} B_2$-modules. Par définition du produit tensoriel $\mathcal{T}_1 \otimes \mathcal{T}_2$, il se factorise uniquement par un foncteur exact à droite

$$\omega : \mathcal{T}_1 \otimes \mathcal{T}_2 \longrightarrow (B_1 \underset{k}{\otimes} B_2 - \text{modules}) .$$

Ce foncteur est un $\otimes$-foncteur. Etant exact à droite, il est un foncteur fibre (2.10.1). On a

$$\omega \Lambda_k(T_1, T_2) = L_k(\omega_1 T_1, \omega_2 T_2) . \tag{6.12.3}$$

Faisons $\mathcal{C} = \mathcal{T}_1 = \mathcal{T}_2 = \mathcal{T}$ et prenons pour T_i le foncteur identique de $\mathcal{T}$ dans $\mathcal{T}$. Obtient un ind-objet $\Lambda := \Lambda_k(\mathrm{Id}_{\mathcal{T}}, \mathrm{Id}_{\mathcal{T}})$ de $\mathcal{T} \otimes \mathcal{T}$. D'après

6.12.3, quels que soient les foncteurs fibres ω_1 et ω_2 de $\mathcal{T}$ sur B_1 et B_2, on a

$$\omega\Lambda = L_k(\omega_1, \omega_2)\,. \tag{6.12.4}$$

6.13 **Lemme.** $\Lambda := \Lambda_k(\mathrm{Id}_\mathcal{T}, \mathrm{Id}_\mathcal{T})$ *est non nul.*

Preuve. Soit T le foncteur exact à droite de $\mathcal{T} \otimes \mathcal{T}$ dans $\mathcal{T}$ tel que $T(X \underset{k}{\otimes} Y) = X \otimes Y$. On a

$$T\Lambda = \Lambda_\mathcal{T}(\mathrm{Id}_\mathcal{T}, \mathrm{Id}_\mathcal{T})\,.$$

Les morphismes d'évaluation

$$X^\vee \otimes X \longrightarrow 1$$

rendent commutatifs les diagrammes

$$\begin{array}{ccc} X^\vee \otimes Y & \longrightarrow & X^\vee \otimes X \\ \downarrow & & \downarrow \\ Y^\vee \otimes Y & \longrightarrow & 1 \end{array}$$

pour $f : Y \to X$ et définissent $e : \Lambda_\mathcal{T}(\mathrm{Id}_\mathcal{T}, \mathrm{Id}_\mathcal{T}) \to 1$. Pour $X = 1$, (6.12.1) est un morphisme de $1 = 1^\vee \otimes 1$ dans $\Lambda_\mathcal{T}(\mathrm{Id}_\mathcal{T}, \mathrm{Id}_\mathcal{T})$. Le composé

$$1 = 1^\vee \otimes 1 \longrightarrow \Lambda_\mathcal{T}(\mathrm{Id}_\mathcal{T}, \mathrm{Id}_\mathcal{T}) \longrightarrow 1$$

est l'identité. On a donc $\Lambda_\mathcal{T}(\mathrm{Id}_\mathcal{T}, \mathrm{Id}_\mathcal{T}) \neq 0$. A fortiori, $\Lambda \neq 0$.

6.14 **Preuve de 1.12(i) pour S affine.** Posons $S = \mathrm{Spec}(B)$. Avec les notations de 6.7, il s'agit de montrer que si η un foncteur fibre de $\mathcal{T}$ sur S, $L_k(\eta, \eta)$ est fidèlement plat sur $B \underset{k}{\otimes} B$. Par 6.12.4 pour $\omega_1 = \omega_2 := \eta$, c'est une conséquence de 6.11 et 6.13.

La même preuve donne, directement plutôt que via la réduction 1.13, que pour ω_1 et ω_2 des foncteurs fibres sur S_1 et S_2, $\underline{\mathrm{Isom}}_k(\omega_1, \omega_2)$ est fidèlement plat sur $S_1 \times S_2$.

6.15 **Preuve de 1.12(iii) pour S affine.** Soit G un groupoïde agissant transitivement sur $S \neq \emptyset$ et affine sur $S \times S$. Soit ω le foncteur fibre "oubli de l'action de G" de $\mathrm{Rep}(S : G)$ sur S. Il s'agit de prouver que $G \xrightarrow{\sim} \mathrm{Aut}_k(\omega)$. Les deux membres étant des groupoïdes transitifs, il suffit de le prouver après passage à une fibre. Pour $S_1 \to S$, $S_1 \neq \emptyset$, G_1 le groupoïde induit et ω_1 le foncteur fibre oubli de $\mathrm{Rep}(S_1 : G_1)$ sur S_1, on a $\mathrm{Rep}(S : G) \xrightarrow{\sim} \mathrm{Rep}(S_1 : G_1)$ (3.5.1) et le groupoïde induit par $\mathrm{Aut}_k(\omega)$ sur S_1 est donc $\underline{\mathrm{Aut}}_k(\omega_1)$. Prenant pour S_1 un point de S, ceci ramène à supposer que S_1 est le spectre d'un corps. Il ne reste qu'à appliquer 4.13.

Compte tenu de 1.13(b), ceci termine la preuve de 1.12.

6.16 **Preuve de 6.9**. Soit $\mathcal{T}$ une catégorie tensorielle sur k. Pour X dans $\mathcal{T}$, la catégorie tensorielle $\langle X \rangle_\otimes$ *engendrée* par X est la sous-catégorie pleine de $\mathcal{T}$ d'objets les sous-quotients des sommes de $X^{\otimes n} \otimes X^{\vee \otimes m}$. On dit que $\mathcal{T}$ est de *⊗-génération finie* s'il existe X dans $\mathcal{T}$ tel que $\mathcal{T} = \langle X \rangle_\otimes$. Il est clair que $\mathcal{T}$ est réunion filtrante de ses sous-catégories $\langle X \rangle_\otimes$ et, par passage à la limite inductive (5.1), il suffit de prouver 6.9 lorsque les $\mathcal{T}_i$ sont de ⊗-génération finie. L'assertion résulte de 5.21 et du lemme suivant

6.17 **Lemme.** *Si $\mathcal{T}$ est une catégorie tannakienne sur k de ⊗-génération finie, il existe un foncteur fibre ω de $\mathcal{T}$ sur S spectre d'une extension finie de k tel que $\underline{\mathrm{Aut}}_k(\omega)$ soit fidèlement plat sur $S \times S$ (d'où, par 1.12(ii) prouvé en 6.8, $\mathcal{T} \xrightarrow{\sim} \mathrm{Rep}(S : \underline{\mathrm{Aut}}_k(\omega))$)*

Soient $\mathcal{T}$ comme en 6.17 et ω un foncteur fibre sur $S = \mathrm{Spec}(B) \neq \emptyset$.

6.18 Lemme. *Le groupoïde $G := \underline{\mathrm{Aut}}_k(\omega)$ agissant sur S est une limite projective de groupoïdes G_n $(n > 0)$ affines et de présentation finie sur $S \times S$, avec G_m sous-schéma fermé de G_n pour $m \geq n$.*

Preuve. Pour V un faisceau localement libre de rang fini sur S, soit $\underline{\mathrm{End}}_k(V)$ (resp. $\underline{\mathrm{Aut}}_k(V)$) le foncteur qui à T sur $S \times S$: $(p_1, p_2) : T \to S \times S$ attache l'ensemble des morphismes (resp. isomorphismes) $p_2^* V \to p_1^* V$. Le foncteur est représentable par un schéma affine sur $S \times S$ encore noté $\underline{\mathrm{End}}_k(V)$ (resp. $\underline{\mathrm{Aut}}_k(V)$). Si V est libre, le choix d'une base $e_1, \ldots, e_n$ de V identifie $\underline{\mathrm{Aut}}_k(V)$ au fibré trivial sur $S \times S$ de fibre GL_n. La composition des isomorphismes fait de $\underline{\mathrm{Aut}}_k(V)$ un groupoïde agissant sur S. Pour V libre muni d'une base, c'est le produit du groupoïde $S \times S$ agissant sur S et du groupe GL_n.

Pour Y dans $\mathcal{T}$, soit $\underline{\mathrm{Aut}}_k(\omega \mid \langle Y \rangle)$ le foncteur qui à T sur $S \times S$: (p_1, p_2) : $T \to S$ attaché l'ensemble des isomorphismes de foncteurs $p_1^*(\omega \mid \langle Y \rangle) \xrightarrow{\sim} p_2^*(\omega \mid \langle Y \rangle)$. L'application de $\underline{\mathrm{Aut}}_k(\omega | \langle Y \rangle)(T)$ dans $\underline{\mathrm{Aut}}_k(\omega(Y))(T)$ est injective. Son image est l'ensemble des isomorphismes $g : p_1^* \omega(Y) \to p_2^* \omega(Y)$

tels que pour tout $Z \subset Y^n$, $\overset{n}{\oplus} g : p_1^*\omega(Y^n) = p_1^*\omega(Y) \xrightarrow{\sim} p_2^*\omega(Y^n) = p_2^*\omega(Y)^n$ respecte les sous-modules $p_i^*\omega(Z)$. En effet, pour tout sous-quotient $Q = Z_1/Z_2$ de Y^n, un tel g induit un isomorphisme g_Q entre les $p_i^*\omega(Q) = p_i^*\omega(Z_1)/p_i^*\omega(Z_2)$, et un argument de graphe montre que ces g_Q commutent aux $\omega(f)$, pour f un morphisme entre sous-quotients de Y^n. Cette description montre que $p_i^*\omega(Q) = p_i^*\omega(Z_1)/p_i^*\omega(Z_2)$. Pour Q' un sous-quotient Z_1'/Z_2' de Y^m, et $f : Q \to Q'$, le graphe $\Gamma(f) \subset Q \times Q'$ de f à une image inverse $\tilde{\Gamma}(f) \subset cy^{n+m}$ respectée par $\overset{n+m}{\oplus} g$. On a donc $\omega(f)g_Q = g_{Q'}\omega(f)$ et g se prolonge en le morphisme de foncteurs (g_Q). Cette description montre que $\underline{\mathrm{Aut}}_k(\omega \mid \langle Y \rangle)$ est représenté par un sous-schéma fermé - encore noté $\underline{\mathrm{Aut}}_k(\omega \mid \langle Y \rangle)$ de $\underline{\mathrm{Aut}}_k(\omega(Y))$.

Si P est un générateur projectif de $\langle Y \rangle$, $\underline{\mathrm{Aut}}_k(\omega \mid \langle Y \rangle)(T)$ s'identifie encore à l'ensemble des isomorphismes $g : p_1^*\omega(P) \to p_2^*\omega(P)$ qui commutent à l'action de $\mathrm{End}(P)$. Ceci montre que $\mathrm{Aut}_k(\omega \mid \langle Y \rangle)$ est le sous-schéma de $\underline{\mathrm{Aut}}_k(\omega(P))$ défini par un nombre fini d'équations. C'est aussi le sous-schéma de $\underline{\mathrm{Aut}}_k(\omega(Y))$ défini par un nombre fini d'équations: si P est le sous-quotient Z_1/Z_2 de Y^n, il s'agit de respecter les $\omega(Z_i) \subset \omega(Y)^n$, la structure de $\mathrm{End}\, P$-module de $\omega(P) = \omega(Z_1)/\omega(Z_2)$ et $\omega(f)$ pour f un épimorphisme $P^m \to Y$.

Soit X un $\otimes$-générateur de $\mathcal{T}$. Quitte à remplaçer X par $X \oplus 1 \oplus X^\vee$, on peut supposer, et on suppose, que 1 et $X^\vee$ sont dans $\langle X \rangle$. Les $\mathcal{T}(X,n) := \langle X^{\otimes n} \rangle$ forment alors une suite croissante de sous-catégories de $\mathcal{T}$ de réunion $\mathcal{T}$. Soit G_n le foncteur qui à $(p_1, p_2) : T \to S \times S$ attaché l'ensemble des isomorphismes g de $p_1^*\omega \mid \mathcal{T}(X,n)$ avec $p_2^*\omega \mid \mathcal{T}(X,n)$ qui respectent les isomorphismes $\omega(Y \otimes Z) \to \omega(Y) \otimes \omega(Z)$ pour Y dans $\mathcal{T}(X,i)$ et Z dans $\mathcal{T}(X,j)$ avec $i + j \leq n$. Il suffit pour cela que g commute aux images inverses par les p_i des isomorphismes

$$\omega(\overset{m}{\otimes} X) \xrightarrow{\sim} \overset{m}{\otimes} \omega(X)$$

pour $m \leq n$. On en déduit que G_n est représenté par un sous-schéma fermé de $\underline{\mathrm{Aut}}_k(\omega(X))$ défini par un nombre fini d'équations.

Le groupoïde G s'identifie à l'intersection des sous-groupoïdes G_n de $\underline{\mathrm{Aut}}_k(\omega(X))$ et 6.18 en résulte.

6.19 **Proposition**. *Sous les hypothèses de 6.18, avec B un corps, G est fidèlement plat de présentation finie sur $S \times S$.*

Preuve. Avec les notations de 6.18, soient G^Δ (resp. G_n^Δ) la restriction de G (resp. G_n) à la diagonale $S \hookrightarrow S \times S$ de $S \times S$. C'est un schéma en groupe sur S. Puisque S est noethérien, $G^\Delta = G_n^\Delta$ pour $n \geq n_0$.

Écrivons B comme limite inductive filtrante de k-sous-algèbres de type fini B_α et soit $S_\alpha := \mathrm{Spec}(B_\alpha)$. Fixons n. Puisque G_n est de présentation finie sur $S \times S$, des arguments standard montrent que pour α assez grand, G_n provient d'un groupoïde de présentation finie $G_{n,\alpha}$ agissant sur S_α. Puisque $B_\alpha \subset B$, S_α est intègre. Remplaçant S_α par un ouvert affine dense, on peut supposer que les deux projections $p_i : G_{n,\alpha} \to S_\alpha$ sont plates et que la restriction $G^\Delta_{n,\alpha}$ de $G_{n,\alpha}$ à la diagonale $S_\alpha \hookrightarrow S_\alpha \times S_\alpha$ est plate sur S_α. Sous ces hypothèses, le quotient au sens des faisceaux *fppf* $S_\alpha/G_{n,\alpha}$ est représentable par un espace algébrique Q_α : on dispose d'un morphisme fidèlement plat $S_\alpha \to Q_\alpha$, égalisant la double flèche $G_{n,\alpha} \rightrightarrows S_\alpha$, et le morphisme $G_{n,\alpha} \to S_\alpha \underset{Q_\alpha}{\times} S_\alpha$ est fidèlement plat (3.11). Un espace algébrique admet toujours un ouvert non vide qui est un schéma affine. Remplaçant S_α par l'image inverse d'un tel ouvert, on obtient une situation où $Q_\alpha = S_\alpha/G_{n,\alpha}$ est un schéma affine. On a le diagramme

$$\begin{array}{ccccc} G & \hookrightarrow & G_n & \longrightarrow & G_{n,\alpha} & & \\ & \searrow\!\!\searrow & \downdownarrows & & \downdownarrows & & \\ & & S & \longrightarrow & S_\alpha & \longrightarrow & Q_\alpha . \end{array}$$

Pour f l'image inverse sur S d'un élément de $\Gamma(Q_\alpha, \mathcal{O})$, les deux images inverses de f sur G coïncident. D'après (2.1.4), on a $f \in k$ et $Q_\alpha = \mathrm{Spec}(k)$. On conclut que $G_{n,\alpha}$ est fidèlement plat sur $S_\alpha \times S_\alpha$, donc G_n fidèlement plat sur $S \times S$.

Pour $m \geq n \geq n_0$, le morphisme de groupoïdes agissant transitivement sur S : $G_m \to G_n$ induit un isomorphisme $G^\Delta_m \to G^\Delta_n$. C'est donc un isomorphisme (3.5.2) et $G = G_n$ pour $n \geq n_0$, en particulier G est fidèlement plat de présentation finie sur $S \times S$.

6.20 **Corollaire.** *Si T admet un $\otimes$-générateur et admet un foncteur fibre ω sur $S = \mathrm{Spec}(B) \neq \emptyset$, alors T admet un foncteur fibre sur une extension finie convenable k' de k.*

Preuve. Soit $s \in S$, de corps résiduel K. Par extension des scalaires, ω fournit un foncteur fibre sur K. On peut donc supposer, et on suppose, que B est un corps. Ecrivons B comme limite inductive de sous-algèbres B_α de type fini sur k. D'après 6.19, le groupoïde G agissant sur S des automorphismes de ω est de présentation finie. Il provient d'un groupoïde de présentation finie G_α sur un S_α. Puisque G est fidèlement plat sur

$S \times S$, pour β assez grand, le groupoïde G_β agissant sur S_β induit par G_α est fidèlement plat sur $S_\beta \times S_\beta(EGA)$. Le changement de base de S_β à S est alors une équivalence: $\mathrm{Rep}(S_\beta : G_\beta) \longrightarrow \mathrm{Rep}(S : G)$ (3.5.1). On déduit donc de ω un foncteur fibre ω_β sur S_β. La fibre de ω_β en un point fermé de S_β est le foncteur fibre voulu.

Le lemme 6.17 résulte de 6.19 et 6.20. Par 6.16, ceci termine la preuve de 6.9, et celle du théorème principal 1.12.

6.21 **Preuve de 5.18**. Soient S_i, G_i, S et G comme en 5.18. Soit G_{iS} le groupoïde agissant sur S induit par G_i. On a

$$\mathrm{Rep}(S_i : G_i) \xrightarrow{\sim} \mathrm{Rep}(S : G_{iS})$$

et G est le produit (sur $S \times S$) des G_{iS}. Il s'agit donc de prouver que le produit tensoriel sur S:

$$\Pi\, \mathrm{Rep}(S : G_{iS}) \longrightarrow \mathrm{Rep}(S : G) \tag{6.21.1}$$

fait de la catégorie but le produit tensoriel des catégories sources.

Changeons de notations et soient G_i des k-groupoïdes agissant transitivement sur S, de produit G. Soit $\mathcal{T}$ le produit tensoriel des $\mathcal{T}_i := \mathrm{Rep}(S_i : G_i)$. Le produit tensoriel sur S des foncteurs fibres ω_i "oubli de l'action de G_i" est un foncteur exact en chaque variable $\Pi\, \mathcal{T}_i \to$ (modules sur S). Il se factorise par un foncteur fibre ω de $\mathcal{T}$ sur S. On a (1.12(ii)) $\mathcal{T} \xrightarrow{\sim} \mathrm{Rep}(S : \mathrm{Aut}_k(\omega))$ et le morphisme défini par transport de structures $G = \prod_{S\times S} G_i = \prod_{S\times S} \underline{\mathrm{Aut}}_k(\omega_i) \to \underline{\mathrm{Aut}}_k(\omega)$ donne lieu à un diagramme essentiellement commutatif

$$\begin{array}{ccc} \mathcal{T} & \longrightarrow & \mathrm{Rep}(S : G) \\ & {\scriptstyle\sim}\searrow \quad \nearrow & \\ & \mathrm{Rep}(S : \mathrm{Aut}_k(\omega)) . & \end{array}$$

Il reste à prouver que le morphisme

$$G = \prod_{S\times S} \underline{\mathrm{Aut}}_k(\omega_i) \longrightarrow \underline{\mathrm{Aut}}_k(\omega) \tag{6.21.2}$$

est un isomorphisme. On dispose de $\otimes$-foncteurs $\mathrm{inj}_i = \mathcal{T}_i \to \mathcal{T} : X \mapsto$ produit tensoriel de X avec les $1 \in \mathrm{Ob}\, \mathcal{T}_j$ $(j \neq i)$. Il définissent des morphismes $\underline{\mathrm{Aut}}_k(\omega) \to \underline{\mathrm{Aut}}_k(\omega_i)$, de produit une retraction de (6.21.2). Cette rétraction est injective, car tout objet de $\mathcal{T}$ est sous-quotient d'un $\otimes \mathrm{inj}_i(X_i) = \otimes X_i$. Le morphisme (6.21.2) est donc un isomorphisme.

7. Caractérisation interne des catégories tannakiennes (caractéristique 0)

Notre but dans ce paragraphe est de prouver le théorème suivant

7.1 **Théorème.** *Soit $\mathcal{T}$ une catégorie tensorielle (1.2, 2.1) sur k de caractéristique 0. Les condition suivantes sont équivalentes*

(i) *$\mathcal{T}$ est tannakienne (2.8).*

(ii) *Pour tout X dans $\mathcal{T}$*, $\dim X$ *est un entier* ≥ 0.

(iii) *Pour tout X dans $\mathcal{T}$, il existe un entier $n \geq 0$ tel que $\overset{n}{\wedge} X = 0$.*

Rappelons la définition de $\dim X$. Pour tout morphisme $f : X \to Y$ soit $\delta(f) : 1 \to Y \otimes \check{X}$ le composé $(1_{X^\vee} \otimes f) \circ \delta : 1 \to X^\vee \otimes X \to X^\vee \otimes Y = Y \otimes X^\vee$. Pour $X = Y$, on pose $\mathrm{Tr}(f) := \mathrm{ev} \circ \delta(f) \in \mathrm{End}(1) = k$, et $\dim X := \mathrm{Tr}(1_X) = \mathrm{ev} \circ \delta$.

La *puissance extérieure* $\overset{n}{\wedge} X$ est l'image de l'antisymétrisation $a = \sum (-1)^{\epsilon(\sigma)} \sigma : \overset{n}{\otimes} X \to \overset{n}{\otimes} X$. En caractéristique 0, c'est aussi l'image du projecteur $a/n!$, et

(7.1.1) $$\dim \overset{n}{\wedge} X = \mathrm{Tr}(a/n!) = \mathrm{Tr}(a)/n!\,.$$

Montrons que cette dimension est donnée par la formule habituelle

(7.1.2) $$\dim \overset{n}{\wedge} X = \binom{\dim X}{n} := (\dim X)(\dim X - 1) \cdots (\dim X - n + 1)/n!\,.$$

7.2 **Lemme.** *Soient n un entier ≥ 1, X_i $(i \in \mathbf{Z}/(n))$ dans $\mathcal{T}$, et des morphismes*
$u_i : X_i \to X_{i+1}$. Il définissent un endomorphisme $\otimes u_i$ du produit tensoriel des X_i. La trace de cet endomorphisme coïncide avec celle du composé des u_i :

(7.2.1) $$\mathrm{Tr}(\otimes u_i) = \mathrm{Tr}(u_n \circ \cdots \circ u_1)\,.$$

Preuve. Pour le composé de deux morphismes $X \xrightarrow{u} Y \xrightarrow{v} Z$, $\delta(vu)$ est le composé

$$1 \xrightarrow{\delta(v) \otimes \delta(u)} Z \otimes Y^\vee \otimes Y \otimes X^\vee \xrightarrow{\mathrm{ev}_Y} Z \otimes X^\vee\,.$$

Itérant, on obtient que $\delta(u_n \circ \cdots \circ u_1)$ est le composé

$$1 \xrightarrow{\delta(u_n)\otimes\cdots\otimes\delta(u_1)} X_1\otimes X_n^\vee \otimes X_n \otimes X_{n-1}^\vee \cdots \otimes X_2 \otimes X_1^\vee \xrightarrow{\mathrm{ev}(X_n)\otimes\cdots\otimes\mathrm{ev}(X_2)} X_1\otimes X_1^\vee$$

et la trace de $u_n \cdots u_1$ est le composé

$$\mathrm{Tr}(u_n \cdots u_1) = \bigotimes_1^n \mathrm{ev}(X_i) \circ \otimes\delta(u_i)\,.$$

La trace de $\bigotimes_1^n u_i$ est donnée par la même formule et 7.2 en résulte.

Prouvons (7.1.2). Si $\sigma \in \mathcal{G}_n$ est une permutation cyclique, 7.2 appliqué à $X_i = X$, $u_i = \mathrm{Id}_X$ donne

$$\mathrm{Tr}(\sigma, \bigotimes_1^n X) = \dim(X)\,.$$

Pour σ une permutation ayant k cycles, on en déduit

$$\mathrm{Tr}(\sigma, \bigotimes_1^n X) = \dim(X)^k$$

et (7.1.1) prouve l'existence d'un polynôme universel $P \in \mathbf{Q}[T]$ tel que $\dim \overset{n}{\Lambda} X = P(\dim X)$. Prenant pour $\mathcal{T}$ la catégorie des espaces vectoriels sur k, on trouve que pour tout entier $d \geq 0$,

$$P(d) = \binom{d}{n}\,.$$

On a donc $P(T) = \binom{T}{n}$ et (7.1.2) en résulte.

7.3 **Lemme.** *Si $\mathcal{T}$ vérifie 7.1(ii) et que X dans $\mathcal{T}$ est de dimension 0, alors $X = 0$.*

Preuve. Si $X \neq 0$, l'application identique de X est non nulle et $\delta : 1 \to X \otimes X^\vee$ est non nul, donc injectif (*cf* 2.9). On a $\dim(X \otimes X^\vee) = \dim X . \dim X^\vee = 0$ et $\dim \mathrm{coker}(\delta) = \dim(X \otimes X^\vee) - \dim 1 = -1$: contradiction.

7.4 **Preuve de 7.1:** (ii) $\Longrightarrow$ (iii). Si $\dim X$ est un entier $n \geq 0$, (7.1.2) donne $\dim \overset{n+1}{\Lambda} X = 0$, donc par 7.3 $\overset{n+1}{\Lambda} X = 0$.

Preuve de 7.1: (iii) $\Longrightarrow$ (ii). Si $\overset{n}{\wedge} X = 0$, on a $\dim \overset{n}{\wedge} X = 0$ et (7.1.2) montre que $\dim X$ est un entier entre 0 et $n-1$.

Il est clair que (i) $\Longrightarrow$ (ii)(iii). il reste à montrer que si $\mathcal{T}$ vérifie (ii) et (iii), alors $\mathcal{T}$ est tannakienne. La preuve sera donnée en 7.18.

7.5. Dans les n^0 7.5 à 7.12, nous allons montrer comment on peut imiter, dans une catégorie tensorielle quelconque $\mathcal{T}$, des rudiments d'algèbre commutative et de géométrie algébrique. Nous n'exigeons pas que k soit de caractéristique 0.

Soit $\operatorname{Ind}\mathcal{T}$ la catégorie des Ind-objets de $\mathcal{T}$ (SGA4 I8.2). Une définition est: un objet est un système inductif filtrant X_i, et les flèches sont définies par

$$\operatorname{Hom}((X_i),(Y_j)) = \varprojlim_i \varinjlim_j \operatorname{Hom}(X_i, Y_j)\,.$$

Le système inductif filtrant (X_i), vu comme objet de $\operatorname{Ind}\mathcal{T}$, est noté "$\varinjlim$" X_i. Une définition équivalente: la catégorie des foncteurs $\mathcal{T} \to (\mathrm{Ens})$, limites inductives filtrantes de foncteurs représentables. Au système inductif (X_i), associer la limite inductive des foncteurs h_{X_i}. Parce que $\mathcal{T}$ est une catégorie abélienne, $\operatorname{Ind}(\mathcal{T})$ l'est aussi. Le produit tensoriel dans $\mathcal{T}$ en définit un dans $\operatorname{Ind}\mathcal{T}$, encore exact, associatif et commutatif.

Un *anneau* (à unité) A de $\operatorname{Ind}\mathcal{T}$ est un objet A de $\operatorname{Ind}\mathcal{T}$ muni d'un produit $A\otimes A \to A$ associatif et admettant une "unité" $1 \to A$ (un morphisme u tels que les composés

$$A = 1\otimes A \xrightarrow{u\otimes A} A\otimes A \longrightarrow A \quad \text{et}$$

$$A = A\otimes 1 \xrightarrow{A\otimes u} A\otimes A \longrightarrow A$$

soient l'identité).

On définit de façon évidente les A-modules à gauche et à droite, le produit tensoriel sur A, la commutativité de A. Par exemple: un A-module à gauche M est un objet de $\operatorname{Ind}\mathcal{T}$ muni d'un produit $A\otimes M \to M$ rendant commutatif le diagramme

$$\begin{array}{ccc} A\otimes A\otimes M & \xrightarrow{\cdot\otimes M} & A\otimes M \\ \big\downarrow{\scriptstyle A\otimes} & & \big\downarrow \\ A\otimes M & \longrightarrow & M \end{array}$$

et tel que le composé

$$M = 1 \otimes M \xrightarrow{u \otimes M} A \otimes M \longrightarrow M$$

soit l'identité. On a $M \underset{A}{\otimes} N = \operatorname{coker}(M \otimes A \otimes N \rightrightarrows M \otimes N)$. Pour A commutatif, la catégorie des A-modules, munie du produit tensoriel sur A, vérifie 2.1.1. L'objet unité est le A-module A, encore noté 1_A.

7.6 *Exemple.* (i) L'objet 0 admet une unique structure d'anneau. Tout module sur cet anneau est nul.

(ii) L'objet unité 1, muni du morphisme structural $1 \otimes 1 \to 1$ et de l'identité $1 \to 1$ est un anneau. Un objet de $\operatorname{Ind}(\mathcal{T})$ admet exactement une structure de module sur cet anneau.

L'anneau 1 (resp. 0) est initial (resp. final) dans la catégorie des anneaux de $\operatorname{Ind}(\mathcal{T})$.

7.7. Soient $f : A \to B$ un morphisme d'anneaux commutatifs de $\operatorname{Ind}(\mathcal{T})$. On dit que B est *plat* (resp. *fidèlement plat*) sur A si le foncteur (A-modules) $\to$ (B-modules) : $M \mapsto B \underset{A}{\otimes} M$ est exact (resp. exact et fidèle). Le formalisme de la descente fidèlement plate des modules (SGA 1 XIII 1) s'applique tel quel: si B est fidèlement plat sur A, le foncteur $M \mapsto B \underset{A}{\otimes} M$ est une équivalence de la catégorie des A-modules avec celle de B-modules N munis d'une donnée de descente (un isomorphisme $(B \underset{A}{\otimes} B) \underset{B}{\otimes} N \xrightarrow{\sim} N \underset{B}{\otimes} (B \underset{A}{\otimes} B)$ vérifiant la condition de cocycle usuelle). La preuve de SGA 1 VIII 1 s'applique, ou on peut se ramener au théorème de Barr-Beck (4.1) comme en 4.2.

Si $A \neq 0$, le morphisme unité $1 \to A$ est non nul, donc un monomorphisme (*cf* 2.9). Le tensorisant avec un Ind-objet M, on obtient un monomorphisme $M \hookrightarrow A \otimes M$. Si $A \neq 0$, on a donc $A \otimes M \neq 0$. Le produit tensoriel dans $\operatorname{Ind} \mathcal{T}$ coïncide avec le produit tensoriel de modules sur l'anneau 1. Le foncteur $M \mapsto A \underset{1}{\otimes} M = A \otimes M$ est donc exact et fidèle. Si $A \neq 0$, A est donc fidèlement plat sur 1.

7.8. Pour disposer d'un langage plus géométrique, on appelle *catégorie des schémas affines en* $\mathcal{T}$ l'opposée de celle des anneaux commutatifs à unité de $\operatorname{Ind}(\mathcal{T})$. On dira aussi: $\mathcal{T}$-schéma affine. On note $\operatorname{Sp}(A)$ le $\mathcal{T}$-schéma affine défini par A. Les produits fibrés existent: ils correspondent au produit tensoriel. Les sommes disjointes finies existent: elles correspondent aux produits.

Soit S un $\mathcal{T}$-schéma affine. Un *S-schéma affine* est un $\mathcal{T}$-schéma affine X, muni de $a : X \to S$. Un *S-schéma en groupes affines* est un objet en groupes de la catégorie ($\mathcal{T}$-schémas affines/S) des $\mathcal{T}$-schémas affines sur S.

On appelle schéma *vide* (resp. *point* noté (P^t)) le schéma initial (resp. final) Sp(0) (resp. Sp(1)). On dit que $S = \mathrm{Sp}(A)$ est *non vide* si $A \neq 0$. Puisque (P^t) est final, il n'y a pas lieu de distinguer entre (P^t)-schémas affines et $\mathcal{T}$-schémas affines, ni entre (P^t)-schémas en groupes affines et objets en groupes de la catégorie des $\mathcal{T}$-schémas affines, i.e. algèbres de Hopf commutatives à antipode de $\mathrm{Ind}(\mathcal{T})$.

Pour abréger, nous dirons simplement *S-groupe* pour S-schéma en groupes affines et *$\mathcal{T}$-groupe* pour (P^t)-schéma en groupes affines.

On dit que $T = \mathrm{Sp}(B)$ est *fidèlement plat* sur $S = \mathrm{Sp}(A)$ si B est fidèlement plat sur A. On dit que des $S_i \to S$ $(i \in I)$ *couvrent* S s'il existe T fidèlement plat sur S, une partie finie J de I et un diagramme commutatif

$$\begin{array}{ccc} T & \dashrightarrow & \coprod_{i \in J} S_i \\ & \searrow \quad \swarrow & \\ & S . & \end{array}$$

Ceci définit une topologie sur la catégorie des $\mathcal{T}$-schémas affines. L'adjectif "*localement*" référera à cette topologie.

Exemple. Si le $\mathcal{T}$-schéma S est non vide, il est fidèlement plat sur le point.

Comme en théorie des schémas, il est souvent commode de décrire un S-schéma affine X en terme du foncteur représentable $T/S \mapsto \mathrm{Hom}_S(T, X)$ correspondant. Ce foncteur est un faisceau pour la topologie fidèlement plate. On appelera $\mathrm{Hom}_S(T, X)$ l'ensemble des *T-points* de X. Comme d'habitude, se donner une structure de S-groupe sur X revient à se donner une structure fonctorielle de groupe sur l'ensemble de ses T-points, pour tout T/S. Cas particulier $S = (P^t)$: l'ensemble $X(T)$ des T-points de X est $\mathrm{Hom}(T, X)$.

Si $S = \mathrm{Sp}(A)$, un A-module M sera encore appelé un *module* sur S. Le produit tensoriel est le produit tensoriel sur A. Il vérifie (2.1.1). On écrit 1_S pour 1_A (le A-module unité A). Les catégories de modules forment une catégorie fibrée sur celle des $\mathcal{T}$-schémas affine. Pour $\mathrm{Sp}(B)$ au-dessus de $\mathrm{Sp}(A)$, l'image inverse de M sur $\mathrm{Sp}(A)$ est $B \underset{A}{\otimes} M$ sur $\mathrm{Sp}(B)$. Le formalisme de la descente fidèlement plate pour les schémas affines s'applique.

Pour M dans $\mathrm{Ind}(\mathcal{T})$, posons $\Gamma(M) := \mathrm{Hom}(1, M)$. Pour M un module sur $S = \mathrm{Sp}(A)$, on a

$$\Gamma(M) = \mathrm{Hom}(1, A) \xleftarrow{\sim} \mathrm{Hom}_A(1_A, M)$$

et on appelle encore $\Gamma(M)$ les *sections globales* de M sur S. Prendre garde que le foncteur Γ peut ne pas être exact.

7.9 *Exemple: $V(M)$*. Soit M un module sur $S = \mathrm{Sp}(A)$. La *puissance symétrique* $\mathrm{Sym}^n_A(M)$ est le plus grand quotient de $\overset{n}{\underset{A}{\otimes}} M$ sur lequel le groupe symétrique $\mathcal{S}_n$ agisse trivialement. L' *algèbre symétrique* $\mathrm{Sym}^*_A(M)$ est la somme des $\mathrm{Sym}^n_A M$ $(n \geq 0)$. Pour toute A-algèbre commutative B, on a

$$\mathrm{Hom}_{A-\mathrm{alg}}(\mathrm{Sym}^*_A M, B) \xrightarrow{\sim} \mathrm{Hom}_A(M, B).$$

Pour tout $T = \mathrm{Sp}(B)$ au-dessus de S, soit M_T déduit de M par changement de base. Le foncteur $T \mapsto \mathrm{Hom}(M_T, 1_T)$ est représentable, représenté par $V(M) := \mathrm{Sp}(\mathrm{Sym}^*_A M)$: on a

$$\mathrm{Hom}_B(B \otimes M, B) \xrightarrow{\sim} \mathrm{Hom}_A(M, B) \xleftarrow{\sim} \mathrm{Hom}_{A-\mathrm{alg}}(\mathrm{Sym}^*_A M, B).$$

Le foncteur $T \mapsto \mathrm{Hom}(M_T, 1_T)$ est un foncteur en groupes et $V(M)$ est donc un S-groupe.

7.10 *Exemple: fibrés vectoriels*. Si M sur $S = \mathrm{Sp}(A)$ admet un dual $M^\vee$ (2.2 pour $\mathcal{M}$ la catégorie des A-modules), tout facteur direct de M en admet un également et, pour T sur S, $(M^\vee)_T$ est encore un dual de M_T. En particulier, si M est facteur direct d'un $A \otimes X$ avec X dans $\mathcal{T}$, M admet un dual.

Si M et N admettent un dual, on dispose (2.4) de

$$u \longmapsto {}^t u : \mathrm{Hom}_A(M, N) \xrightarrow{\sim} \mathrm{Hom}_A(N^\vee, M^\vee).$$

Pour $N = 1_A$, on trouve en appliquant 7.9 que le foncteur qui à T sur S attache l'ensemble des sections globales sur T de M_T est représentable, représenté par $V(M^\vee)$:

$$\Gamma(M_T) = \mathrm{Hom}_T(1_T, M_T) = \mathrm{Hom}_T(M_T^\vee, 1_T).$$

On appellera encore le $\mathcal{T}$-schéma $V(M^\vee)$ le *fibré vectoriel* M. Pour $S = (P^t)$, et pour M dans $\mathcal{T}$, on appellera de même $\mathrm{Sp}(\mathrm{Sym}^*(M^\vee))$ le

$\mathcal{T}$-schéma vectoriel M. Cette terminologie est parallèle à celle qui identifie un espace vectoriel V de dimension finie sur k et le schéma Spec $\mathrm{Sym}^*(V^\vee)$ ayant même k-points.

7.11 *Exemple: k-schémas et $\mathcal{T}$-schémas,* $\mathbf{G}_a$, $\mathbf{G}_m$. Si $T : \mathcal{T}_1 \to \mathcal{T}_2$ est un $\otimes$-foncteur entre catégories tensorielles sur k, il s'étend en un $\otimes$-foncteur encore noté $T : \mathrm{Ind}\,\mathcal{T}_1 \to \mathrm{Ind}\,\mathcal{T}_2$. Ce dernier transforme anneaux de $\mathrm{Ind}\,\mathcal{T}_1$ en anneaux de $\mathrm{Ind}\,\mathcal{T}_2$, et $\mathcal{T}_1$-schémas affines en $\mathcal{T}_2$-schémas affines.

Prenons pour $\mathcal{T}_2$ une catégorie tensorielle $\mathcal{T}$, pour $\mathcal{T}_1$ la catégorie des multiples de 1, identifiée à celle des k-vectoriels de dimension finie (2.9) et pour T l'inclusion de $\mathcal{T}_1$ dans $\mathcal{T}$. On trouve qu'un schéma affine sur k définit un $\mathcal{T}$-schéma affine. La droite affine sur k définit ainsi le schéma vectoriel 1, qu'on notera A^1 ; son image inverse sur $S = \mathrm{Sp}(A)$ est le fibré vectoriel 1_S, qu'on notera A^1_S. On a $A^1_S = \mathrm{Sp}(\mathrm{Sym}^*_A(1_A))$ et $\mathrm{Sym}^*_A(1_A) = \bigoplus_{n\geq 0} A = A[X]$. L'ensemble $\mathrm{Hom}_S(S, A^1_S)$ des sections de A^1_S est $\Gamma(A)$. On notera 1 la section unité.

De même, le k-schéma $\mathbf{G}_m$ définit le $\mathcal{T}$-schéma qui représente le foncteur $S = \mathrm{Sp}(A) \mapsto \Gamma(A)^*$.

7.12 *Exemple: espace homogène sous un vectoriel.* Soit dans $\mathcal{T}$ une suite exacte

$$0 \longrightarrow M \xrightarrow{u} E \xrightarrow{v} 1 \longrightarrow 0 .$$

Soit ${}^t v : 1 \to E^\vee$ le transposé de v. Le morphisme v définit un morphisme de $\mathcal{T}$-schémas vectoriels $E \to A^1$. Soit P le $\mathcal{T}$-schéma image inverse du point 1. C'est le produit fibré

$$\begin{array}{ccc} P & \longrightarrow & E \\ \downarrow & & \downarrow \\ (P^t) & \xrightarrow{\ 1\ } & A^1 \end{array}$$

i.e. le Sp du produit tensoriel $\mathrm{Sym}^*(E^\vee) \underset{\mathrm{sym}^*(1)}{\otimes} 1$. Les flèches sont $\mathrm{Sym}^*(1) = \bigoplus_{n\geq 0} 1 \to 1$: coordonnées l'identité et $\mathrm{Sym}^*(1) \to \mathrm{Sym}^* E^\vee$: en degré 1, ${}^t v$. Le produit tensoriel est la limite inductive des $\mathrm{Sym}^n(E^\vee)$, avec pour morphismes de transition la multiplication par ${}^t v$:

$$P = \mathrm{Sp}(\varinjlim \mathrm{Sym}^n(E^\vee)) .$$

Supposons k de caractéristique 0. La puissance symétrique $\mathrm{Sym}^n X$ de X dans $\mathcal{T}$ est alors le facteur direct de $\overset{n}{\otimes} X$ défini par le projection $s/n!$, avec $s = \sum \sigma$ $(\sigma \in \mathcal{S}_n)$. Si $X_1 \subset X$, le produit tensoriel des filtrations $0 \subset X_1 \subset X$ est une filtration sur $\overset{n}{\otimes} X$. Parce que le produit tensoriel est exact, le gradué associé est $\overset{n}{\otimes}(X_1 \oplus X/X_1)$. Passant au facteur direct définit par $s/n!$, on obtient une filtration de $\mathrm{Sym}^n(X)$, de quotients successifs les $\mathrm{Sym}^p(X_1) \otimes \mathrm{Sym}^{n-p}(X/X_1)$.

Dans le cas de la suite exacte

$$0 \longrightarrow 1 \xrightarrow{t_v} E^\vee \xrightarrow{t_u} M^\vee \longrightarrow 0,$$

on obtient une filtration croissante F de $\mathrm{Sym}^n(E^\vee)$ de quotients successifs les $\mathrm{Sym}^n(M^\vee)$. On a $F_p = \mathrm{Sym}^p(E^\vee)$ $(p \leq n)$:

$$0 \subset 1 = \mathrm{Sym}^0(E^\vee) \overset{t_v}{\hookrightarrow} E^\vee = \mathrm{Sym}^1(E^\vee) \overset{t_v}{\hookrightarrow} \mathrm{Sym}^2(E^\vee) \hookrightarrow \cdots \hookrightarrow \mathrm{Sym}^n(E^\vee).$$

7.13. Soit $\underline{\underline{P}}$ une propriété de modules, stable par changements de bases. En accord avec 7.8, on dira qu'un module M sur S vérifie $\underline{\underline{P}}$ *localement* s'il existe des $S_i \to S$ couvrant M tel que les M_i sur S_i déduits de M par changement de base vérifient $\underline{\underline{P}}$. La propriété $\underline{\underline{P}}$ est dite *locale* si elle est vraie dès que localement vraie.

Exemple: la propriété d'admettre un dual est locale.

7.14 **Lemme**. *Supposons k de caractéristique 0 et soit $0 \to M \to E \to N \to 0$ une suite exacte dans $\mathcal{T}$. Localement, cette suite est scindable.*

Preuve. Supposons tout d'abord que $N = 1$. Soit P comme en 7.12. Parce que k est de caractéristique 0, les calculs 7.12 donnent $P \neq \emptyset$. Le $\mathcal{T}$-schéma P est donc fidèlement plat sur le point. Après changement de base à P, il existe par définition une section globale de E_P de projection sur $N_P = 1_P$ la section un. Une telle section globale n'est pas autre chose qu'un scindage de la suite exact $0 \to M_P \to E_P \to 1_P \to 0$ de modules sur P.

Passons au cas général. Prenons l'image inverse de l'extension $0 \to \underline{\mathrm{Hom}}(N, M) \to \underline{\mathrm{Hom}}(N, E) \to \underline{\mathrm{Hom}}(N, N) \to 0$ par $\delta : 1 \to \underline{\mathrm{Hom}}(N, N)$. Il revient au même de scinder (M, E, N) ou cette nouvelle extension; ceci nous ramène au cas déjà traité.

Si un module M sur $S = \mathrm{Sp}(A)$ admet un dual, sa dimension $\dim_A(M) \in \Gamma(A)$ est définie comme le composé $\mathrm{ev} \circ \delta : 1_A \to M^\vee \otimes M \to 1_A$.

7.15 **Lemme**. *Soit M un module sur $S = \mathrm{Sp}(A)$. On suppose que k est de caractéristique 0, que $A \neq 0$, que M est facteur direct d'un A-module $A \otimes X$ (X dans $\mathcal{T}$) et que $\dim_A M$ est un entier $d > 0$. Alors, M admet localement une décomposition $M = 1_S \oplus N$.*

Preuve. La donnée d'une décomposition $M = 1_S \oplus N$ équivaut à celle de morphismes $1_S \xrightarrow{u} M \xrightarrow{v} 1_S$ avec $vu = 1$. Soit F le foncteur qui à T sur S attache l'ensemble des paires $v, u : 1_T \xrightarrow{u} M_T \xrightarrow{v} 1_T$ avec $vu = 1$. Nous allons montrer que F est représentable, représenté par un $\mathcal{T}$-schéma affine $\mathrm{Sp}(B)$ sur $\mathrm{Sp}(A)$, et que B est fidèlement plat sur A.

Le foncteur des paires $v, u : 1_T \xrightarrow{u} M_T \xrightarrow{v} 1_T$ est représenté par le fibré vectoriel $M \times M^\vee$ sur S. La composition $(u, v) \to vu$ est un morphisme de foncteur, définissant un morphisme de $\mathcal{T}$-schémas $c : M \times M^\vee \to A^1_S$. Le foncteur F est représenté par le produit fibré

$$\begin{array}{ccc} \mathrm{Sp}(B) & \longrightarrow & M \times M^\vee \\ \big\downarrow & & \big\downarrow c \\ S & \xrightarrow{\text{“1”}} & A^1_S . \end{array}$$

Calculons B. On a $A^1_S = \mathrm{Sp}\,\mathrm{Sym}^*_A(1_A)$, $\mathrm{Sym}^*_A(1_A) = A[T] = \bigotimes_0^\infty A$ et $S \xrightarrow{\text{“1”}} A^1_S$ est $T \to 1 : A[T] \to A$ i.e. l'identité en chaque degré: $\bigoplus_0^\infty A \to A$. On a $M \times M^\vee = \mathrm{Sp}(\mathrm{Sym}^*_A(M^\vee) \otimes \mathrm{Sym}^*_M(M))$ et la composante de degré un, A, de $\mathrm{Sym}^*_A(1_A)$ s'envoie dans $M^\vee \underset{A}{\otimes} M$, la flèche est δ. Le produit tensoriel B est le plus grand anneau quotient de $\mathrm{Sym}^*_A(M^\vee) \underset{A}{\otimes} \mathrm{Sym}^*_A(M)$ dans lequel les flèches unité et $\delta : A \to M^\vee \otimes M$ sont égalisées. C'est

$$B = \bigoplus_{p \in \mathbf{Z}} \varinjlim_n \mathrm{Sym}^n_A M^\vee \underset{A}{\otimes} \mathrm{Sym}^{n+p}_A M , \tag{7.15.1}$$

les flèches de transition dans la limite inductive étant la multiplication par δ.

La puissance symétrique $\mathrm{Sym}^n_A M$ est plate sur A: si M est facteur direct de $A \otimes X$, c'est un facteur direct du A-module plat $A \otimes \mathrm{Sym}^n X =$

$\mathrm{Sym}^n_A(A \otimes X)$. La formule (7.15.1) montre donc que, comme A-module, B est somme de limites inductives filtrantes de modules plats sur A. Pour conclure, nous allons montrer que le morphisme $A \to B$ admet une rétraction A-linéaire. Il suffit pour cela de construire un système de morphismes

$$\tau_n : \mathrm{Sym}^n_A M^\vee \underset{A}{\otimes} \mathrm{Sym}^n_A M \longrightarrow A$$

avec $\tau_0 = \mathrm{Id}$, rendant commutatif les diagrammes

(7.15.2)
$$\begin{array}{ccc} \mathrm{Sym}^n_A M^\vee \underset{A}{\otimes} \mathrm{Sym}^n_A M & \xrightarrow{\ \delta\ } & \mathrm{Sym}^{n+1}_A M^\vee \underset{A}{\otimes} \mathrm{Sym}^{n+1}_A M \\ & \tau_n \searrow \ \swarrow \tau_{n+1} & \\ & A\,. & \end{array}$$

Parce qu'on est en caractéristique 0, la puissance symétrique Sym^n_A est le facteur direct de $\overset{n}{\underset{A}{\otimes}}$ défini par le projecteur $s/n!$ (*cf* 5.12) et la dualité entre $\overset{n}{\underset{A}{\otimes}} M^\vee$ et $\overset{n}{\underset{A}{\otimes}} M$ induit une dualité entre $\mathrm{Sym}^n_A M^\vee$ et $\mathrm{Sym}^n_A M$. On prend

(7.15.3)
$$\tau_n : \mathrm{ev}/\dim_A \mathrm{Sym}^n M$$

où $\dim_A \mathrm{Sym}^n M = d(d+1)\cdots(d+n-1)/n!$ (*cf* 7.1).

7.16 Lemme. *Pour τ_n donné par (7.15.3), les diagrammes (7.15.2) commutent.*

Preuve. La multiplication par δ de (7.15.2) se déduit de l'opération analogue dans $\overset{n}{\otimes}$ par symétrisation:

$$\begin{array}{ccc} \mathrm{Sym}^n_A M^\vee \otimes \mathrm{Sym}^n_A M & \xrightarrow{\ \delta.\ } & \mathrm{Sym}^{n+1}_A M^\vee \otimes \mathrm{Sym}^{n+1}_A M \\ \downarrow & & \uparrow {\scriptstyle s/(n+1)! \otimes s/(n+1)!} \\ \overset{n}{\underset{A}{\otimes}} M^\vee \otimes \overset{n}{\underset{A}{\otimes}} M & \longrightarrow & \overset{n+1}{\underset{A}{\otimes}} M^\vee \otimes \overset{n+1}{\underset{A}{\otimes}} M\,. \end{array}$$

On a $\mathrm{ev} \circ (s/(n+1)! \otimes s/(n+1)!) = \mathrm{ev} \circ (1 \otimes s/(n+1)!)$. Développons en $\sigma \in \mathcal{S}_{n+1}$. Le terme relatif à σ ne dépend que de si $\sigma(n+1) = n+1$ ou non. On obtient

$$\begin{aligned} \mathrm{ev} \circ (\delta .\ ) &= \frac{1}{n+1} \langle \mathrm{ev}, \delta \rangle . \mathrm{ev} && \text{(termes où } \sigma(n+1) = n+1 \text{)} \\ &+ \frac{n}{n+1} \mathrm{ev} && \text{(autres termes)} \\ &= \frac{d+n}{n+1} \mathrm{ev} , \end{aligned}$$

d'où 7.16.

7.16.1 *Remarque.* Dans la catégorie tensorielle sur k des super espaces vectoriels de dimension finie (1.4) un espace vectoriel V purement impair n'admet pas localement 1 pour facteur direct. Le lecteur vérifiera que dans ce cas le foncteur F de la preuve de 7.15 est le foncteur vide.

7.17 **Proposition.** *Sous les hypothèses (ii)(iii) de 7.1, tout X dans $\mathcal{T}$ est localement isomorphe à $1^{\dim X}$.*

Preuve. Soit $d = \dim X$. Appliquant 7.15 de façon itérée, on obtient $A \neq 0$ et un isomorphisme de A-modules entre $A \otimes X$ et un A-module $1_A^d \oplus N$. On a pour les A-modules

$$\overset{n}{\underset{A}{\wedge}}(U \oplus V) = \bigoplus_{p+q=n} \overset{p}{\underset{A}{\wedge}} U \otimes \overset{q}{\underset{A}{\wedge}} V .$$

Pour $n = d+1$, on a $\overset{d}{\wedge} 1_A^d = 1_A$ et N est donc facteur direct de

$$\overset{d+1}{\underset{A}{\wedge}} (1_A^d \oplus N) \sim \overset{d+1}{\underset{A}{\wedge}} (A \otimes X) = A \otimes \overset{d+1}{\wedge} X = 0 .$$

On a donc $N = 0$, ce qui prouve 7.17.

7.18 **Preuve de 7.1** (fin). Appliquant 7.14 et 7.17 transfiniment, on obtient un anneau commutatif $A \neq 0$ de $\mathrm{Ind}\,\mathcal{T}$ tel que

(7.19.1) Pour tout X dans $\mathcal{T}$, les A-modules $A \otimes X$ et $A^{\dim X}$ sont isomorphes;

(7.19.2) Pour toute suite exacte courte dans $\mathcal{T}$, la suite exacte courte de A-modules qui s'en déduit par extension des scalaires est scindable.

Le foncteur $X \mapsto \Gamma(A \otimes X)$ est alors un foncteur fibre sur $\Gamma(A)$.

8. Le groupe fondamental d'une catégorie tensorielle

8.1. Dans ce paragraphe, nos résultats essentiels supposent que $\mathcal{T}$ est une catégorie tensorielle sur k vérifiant la condition de finitude (2.12.1): objets de longueur finie et Hom de dimension finie, et que $\mathcal{T} \otimes \mathcal{T}$ est encore une catégorie tensorielle sur k. Cette dernière condition est vérifiée pour k parfait (5.17) ou pour $\mathcal{T}$ tannakienne (6.9). J'ignore si elle est toujours vérifiée.

L'idée essentielle est qu'on peut paraphraser certains des arguments et des résultats du paragraphe 6, pour ω le foncteur identique de $\mathcal{T}$ dans $\mathcal{T}$. Dans la catégorie but le rôle essentiel est joué par les $\underline{\mathrm{Hom}}(X,Y)$, et le foncteur identique est à interpréter comme attachant X à X, et comme définissant

$$\mathrm{Hom}(X,Y) \longrightarrow \underline{\mathrm{Hom}}(X,Y)$$

pour X,Y dans $\mathcal{T}$. A gauche, $\mathrm{Hom}(X,Y)$ est un k-espace vectoriel de dimension finie, interprété comme un objet de $\mathcal{T}$ (*cf* 2.9 et 7.11).

8.2. Soient k un corps commutatif, $\mathcal{T}$ une catégorie tensorielle sur k, A une k-algèbre de rang fini, $(A)_{\mathrm{coh}}$ la catégorie des A-modules à droite de type fini et ${}_AM$ un objet de $\mathcal{T}$ muni d'une structure de A-module à gauche. Il définit un foncteur

$$\omega_0 : (A)_{\mathrm{coh}} \longrightarrow \mathcal{T} : E \longmapsto E \underset{A}{\otimes} {}_AM .$$

La catégorie $(A)_{\mathrm{coh}} \underset{k}{\otimes} \mathcal{T}$ est la catégorie $(\mathcal{T} - A)$ des objets de $\mathcal{T}$ munis d'une structure de A-module à droite (5.11). Le foncteur

$$\omega : (\mathcal{T} - A) \longrightarrow \mathcal{T} : E \longrightarrow E \underset{A}{\otimes} {}_AM$$

est exact à droite; il correspond au foncteur

$$(A)_{\mathrm{coh}} \times \mathcal{T} \longrightarrow \mathcal{T} : E,T \longmapsto (E \underset{A}{\otimes} {}_AM) \otimes T$$

de $(A)_{\mathrm{coh}} \times \mathcal{T}$ dans $\mathcal{T}$.

Soit $M_A^\vee$ le dual (au sens de $\mathcal{T}$) de ${}_AM$. On le munit de la structure de A-module à droite transposée de la structure de A-module de ${}_AM$. Le morphisme d'évaluation: $M_A^\vee \otimes {}_AM \to 1$ se factorise par $\mathrm{ev}_A : M_A^\vee \underset{A}{\otimes} {}_AM \to 1$ et le morphisme $\delta : 1 \to {}_AM \otimes M_A^\vee$ se prolonge de façon unique en un morphisme de A-bimodules $\delta_A : A \to {}_AM \otimes M_A^\vee = \underline{\mathrm{Hom}}({}_AM, {}_AM)$. Soit ω^* le foncteur de $\mathcal{T}$ dans $(\mathcal{T} - A)$:

$$\omega^* : T \longmapsto T \otimes M_A^\vee .$$

On laisse au lecteur le soir de vérifier que, comme en 4.3, ev_A et δ_A définissent des morphismes de foncteurs $\omega\omega^* \to \mathrm{Id}$ et $\mathrm{Id} \to \omega^*\omega$ faisant de (ω, ω^*) une paire de foncteurs adjoints. Posons $L := M_A^\vee \underset{A}{\otimes} {}_AM$. Le foncteur $\omega\omega^*$ de $\mathcal{T}$ dans $\mathcal{T}$ est $\otimes L$, et le morphisme de foncteur $\omega\omega^* \to \omega(\omega^*\omega)\omega^* = (\omega\omega^*)(\omega\omega^*)$ est défini par un coproduit $c : L \to L \otimes L$, coassociatif et de counité ev_A : on dira que L est une cogèbre de $\mathcal{T}$.

Une *représentation* de L est un objet T de $\mathcal{T}$ muni de $u : T \to T \otimes L$ rendant commutatif

$$\begin{array}{ccc} T & \xrightarrow{u} & T \otimes L \\ {\scriptstyle u}\downarrow & & \downarrow{\scriptstyle 1\otimes c} \\ T \otimes L & \xrightarrow{u\otimes 1} & T \otimes L \otimes L \end{array}$$

et tel que $T \to T \otimes L \xrightarrow{1\otimes \mathrm{ev}_A} T$ soit l'identité. La cogèbre L de $\mathcal{T}$ agit fonctoriellement sur chaque $\omega(E)$.

Supposons ω_0 exact et fidèle, et que $\mathcal{T}$ vérifie (2.12.1). D'après 5.14(i), le foncteur

$$\omega_0 \otimes \mathrm{Id} : (A)_{\mathrm{coh}} \otimes \mathcal{T} \longrightarrow \mathcal{T} \otimes \mathcal{T}$$

est encore exact et fidèle. Si $\mathcal{T} \otimes \mathcal{T}$ est tensorielle, le foncteur k-linéaire exact à droite $T : \mathcal{T} \otimes \mathcal{T} \to \mathcal{T}$ tel que $T(X \underset{k}{\otimes} Y) = X \otimes Y$ est exact et fidèle (2.10). Le foncteur composé $\omega = T \circ (\omega_0 \otimes \mathrm{Id})$ est exact et fidèle et le théorème de Barr-Beck (4.1) donne:

8.3 **Proposition**. *Avec les hypothèses et notations de 8.2, si $\mathcal{T}$ vérifie (2.12.1), que $\mathcal{T} \otimes \mathcal{T}$ est tensorielle et que $\omega_0 : (A)_{\mathrm{coh}} \to \mathcal{T}$ est exact et fidèle, le foncteur ω induit une équivalence de $(A)_{\mathrm{coh}} \otimes \mathcal{T}$ avec la catégorie des objets de $\mathcal{T}$ munis d'une action de L.*

8.4 (parallèle à 4.7). Soient $\mathcal{C}$ une petite catégorie et ω_1, ω_2 deux foncteurs de $\mathcal{C}$ dans $\mathcal{T}$. Nous avons défini en 6.12 un object $\Lambda_{\mathcal{T}}(\omega_1, \omega_2)$ de $\mathrm{Ind}(\mathcal{T})$. Si cela ne crée pas de confusion, nous le noterons simplement $\Lambda(\omega_1, \omega_2)$. On peut interpréter (6.12.1) comme un morphisme

$$\lambda(X) : \omega_2(X) \longrightarrow \omega_1(X) \otimes \Lambda(\omega_1, \omega_2) \tag{8.4.1}$$

et (6.12.1) signifie que ce morphisme est fonctoriel en X. La propriété universelle de $\Lambda := \Lambda(\omega_1,\omega_2)$ est que pour tout ind-objet U de $\mathcal{T}$, l'application $f \mapsto f \circ \lambda(X)$ de $\mathrm{Hom}(\Lambda, U)$ dans les systèmes de morphismes $u(X)$: $\omega_2(X) \to \omega_1(X) \otimes U$ fonctoriels en X, est une bijection.

Pour trois foncteurs $\omega_1,\omega_2,\omega_3$, itérant (8.4.1) on obtient

$$\omega_3(X) \longrightarrow \omega_2(X) \otimes \Lambda(\omega_2,\omega_3) \longrightarrow \omega_1(X) \otimes \Lambda(\omega_1,\omega_2) \otimes \Lambda(\omega_2,\omega_3)$$

fonctoriel en X, d'où

$$\Lambda(\omega_1,\omega_3) \longrightarrow \Lambda(\omega_1,\omega_2) \otimes \Lambda(\omega_2,\omega_3)\,. \tag{8.4.2}$$

Le coproduit (8.4.2) est coassociatif en un sens évident et les morphismes d'évaluation $\omega_i(X)^\vee \otimes \omega_i(X) \to 1$ définissent comme en 4.7 une counité $c : \Lambda(\omega_i,\omega_i) \to 1$.

Pour ω un foncteur de $\mathcal{C}$ dans $\mathcal{T}$, posons $\Lambda(\omega) := \Lambda(\omega,\omega)$. Le coproduit (8.4.4) de $\Lambda(\omega)$:

$$\Lambda(\omega) \longrightarrow \Lambda(\omega) \otimes \Lambda(\omega) \tag{8.4.3}$$

est coassociatif et admet une counité.

8.5 *Exemples (parallèle à 4.8).* (i) Pour $\mathcal{C}$ réduite à un objet et à sa flèche identique, la donnée de ω est celle d'un objet M de $\mathcal{T}$ et $\Lambda(\omega) = M^\vee \otimes M$.
(ii) Soient A une algèbre de dimension finie sur k, ${}_AM$ un objet de $\mathcal{T}$ muni d'une structure de A-module à gauche, $\mathcal{C}$ une sous-catégorie pleine de la catégorie des A-modules à droite de type fini, contenant A, et ω la restriction à $\mathcal{C}$ du foncteur $E \mapsto E \underset{A}{\otimes} {}_AM$. Le morphisme $\omega(A)^\vee \otimes \omega(A) \to \Lambda(\omega)$: ${}_AM^\vee \underset{A}{\otimes} M \to \Lambda(\omega)$ se factorise par un isomorphisme

$${}_AM^\vee \underset{A}{\otimes} {}_AM \xrightarrow{\sim} \Lambda(\omega)\,.$$

Pour $\mathcal{C}$ réduite à A, c'est la définition du produit tensoriel sur A. Le cas général sera traité en 8.7.

8.6 *Fonctorialités (parallèle à 4.10).* (i) Soient $T : \mathcal{T} \to \mathcal{T}'$ un $\otimes$-foncteur exact à droite, donc exact d'après 2.10, entre catégories tensorielles. Notant encore T son extension aux Ind-objets, on a

$$T\Lambda(\omega_1,\omega_2) \xrightarrow{\sim} \Lambda(T\omega_1, T\omega_2)\,. \tag{8.6.1}$$

(ii) Soit $T : \mathcal{D} \to \mathcal{C}$. Les morphismes $\omega_2 TD \to \omega_1 TD \otimes \Lambda(\omega_1, \omega_2)$ (D dans $\mathcal{D}$) définissent

$$\Lambda(\omega_1 \circ T, \omega_2 \circ T) \longrightarrow \Lambda(\omega_1, \omega_2)\,. \tag{8.6.2}$$

(iii) Si $\mathcal{C}$ est limite inductive filtrante de catégorie $\mathcal{C}_i$ et que T_i est le foncteur naturel de $\mathcal{C}_i$ dans $\mathcal{C}$, les morphismes (8.6.2) induisent un isomorphisme

$$\varinjlim \Lambda(\omega_1 \circ T_i, \omega_2 \circ T) \xrightarrow{\sim} \Lambda(\omega_1, \omega_2)\,. \tag{8.6.3}$$

(iv) Soient $(\mathcal{C}_i)_{i \in I}$ une famille finie de catégories, ω_j^i de source $\mathcal{C}_i$ ($i \in I$, $j = 1, 2$), $\mathcal{C}$ le produit des $\mathcal{C}_i$ et $\bigotimes_i \omega_j^i$ le foncteur de $\mathcal{C}$ dans $\mathcal{T}$ produit tensoriel des ω_j^i : $(\bigotimes_i \omega_j^i)((C_i)) = \bigotimes_i \omega_j^i(C_i)$. On a

$$\bigotimes_i \Lambda(\omega_1^i, \omega_2^i) \xrightarrow{\sim} \Lambda(\bigotimes_i \omega_1^i, \bigotimes_i \omega_2^i)\,. \tag{8.6.4}$$

8.7 *Vérification de* 8.5(ii) *(parallèle à* 4.11*)*. Soit $L := M_A^\vee \underset{A}{\otimes}{}_A M$. Par 8.2, L coagit sur les $\omega(E)$. La propriété universelle de $\Lambda(\omega)$ fournit $\Lambda(\omega) \longrightarrow L$. Appliquant 8.6(ii) à la sous-catégorie pleine $\mathcal{D}$ de $\mathcal{C}$ réduite à A, on obtient $L \to \Lambda(\omega)$ (8.5(ii) pour $\mathcal{D}$) et on vérifie que le composé $L \to \Lambda(\omega) \to L$ est l'identité. Prouvons que $L \to \Lambda(\omega)$ est un épimorphisme, i.e. que pour tout E dans $\mathcal{C}$, l'image de $\omega(E)^\vee \otimes \omega(E)$ dans $\Lambda(\omega)$ est contenue dans celle de $\omega(A)^\vee \otimes \omega(A)$. Soit u un epimorphisme $A^n \to E$, de composantes u_i. Les diagrammes

$$\begin{array}{ccc}
\omega(E)^\vee \otimes \omega(A) & \xrightarrow{\ t_{u_i}\ } & \omega(A)^\vee \otimes \omega(A) \\
\Big\downarrow{\scriptstyle u_i} & & \Big\downarrow \\
\omega(E)^\vee \otimes \omega(E) & \longrightarrow & \Lambda(\omega)
\end{array}$$

sont commutatifs et on conclut en observant que la somme

$$\bigoplus_i \omega(E)^\vee \otimes \omega(A) \to \omega(E)^\vee \otimes \omega(E)$$

est un épimorphisme.

8.8. Soient $\mathcal{T}$ une catégorie tensorielle sur k, $\mathcal{A}_1$ et $\mathcal{A}_2$ deux catégories abéliennes k-linéaires vérifiant (2.12.1), $\omega_i : \mathcal{A}_i \to \mathcal{T}$ k-linéaire et exact à droite, et $\omega : \mathcal{A}_1 \otimes \mathcal{A}_2 \to \mathcal{T}$ k-linéaire et exact à droite défini par

$$\omega(X_1 \underset{k}{\otimes} X_2) = \omega_1(X_1) \otimes \omega_2(X_2).$$

Appliquant 8.6(ii) à $\otimes : \mathcal{A}_1 \times \mathcal{A}_2 \to \mathcal{A}_1 \otimes \mathcal{A}_2$, on obtient

$$\Lambda(\omega_1) \otimes \Lambda(\omega_2) \underset{8.6(\mathrm{ii})}{=} \Lambda(\omega_1(X_1) \otimes \omega_2(X_2)) \longrightarrow \Lambda(\omega). \tag{8.8.1}$$

Ce morphisme est un isomorphisme. Pour le vérifier, on écrit $\mathcal{A}_i = \varinjlim \langle X_i \rangle$ (X_i dans $\mathcal{A}_i$) et on se ramène par 5.1 et 8.6(iii) à supposer $\mathcal{A}_i = \langle X_i \rangle$, donc que $\mathcal{A}_i$ est de la forme $(A_i)_{\mathrm{coh}}$ avec A_i de dimension finie sur k. Le foncteur ω_i s'écrit $E \mapsto E \underset{A_i}{\otimes} M_i$, avec M_i un objet de $\mathcal{T}$ muni d'une structure de A_i-module. On a $\mathcal{A}_1 \otimes \mathcal{A}_2 = (A_1 \otimes A_2)_{\mathrm{coh}}$, ω est $\otimes_{A_1 \otimes A_2}(M_1 \otimes M_2)$ et le morphisme s'identifie à l'isomorphisme évident

$$(M_1^\vee \underset{A_1}{\otimes} M_2) \otimes (M_2^\vee \underset{A_2}{\otimes} M_2) \xrightarrow{\sim} (M_1 \otimes M_2)^\vee \underset{A_1 \otimes A_2}{\otimes} (M_1 \otimes M_2).$$

8.9 (parallèle à 6.3). Soient $\mathcal{A}_i$ ($i = 1, 2, 3$) trois catégories et ω_1^i (resp. ω_2^i) un foncteur de $\mathcal{A}_i$ dans $\mathcal{T}$. Supposons donné un foncteur $\otimes : \mathcal{A}_1 \times \mathcal{A}_2 \to \mathcal{A}_3$ et, pour $j = 1, 2$ un isomorphisme de foncteurs

$$\omega_j^1(X_1) \otimes \omega_j^2(X_2) \xrightarrow{\sim} \omega_j^3(X_1 \otimes X_2).$$

Appliquant 8.6(ii)(iv), on obtient un produit

$$\Lambda(\omega_1^1, \omega_2^1) \otimes \Lambda(\omega_1^2, \omega_2^2) \longrightarrow \Lambda(\omega_1^3, \omega_2^3). \tag{8.9.1}$$

caractérisé par l'exigence que, quels que soient X_1 et X_2 dans $\mathcal{A}_1$ et $\mathcal{A}_2$, le morphisme (8.4.1)

$$\omega_2^3(X_1 \otimes X_2) \longrightarrow \omega_1^2(X_1 \otimes X_2) \otimes \Lambda(\omega_1^3, \omega_2^3)$$

se déduit des morphismes analogues pour les $\omega_1^i(X_i)$ et $\omega_2^i(X_i)$ ($i = 1, 2$) par (8.9.1).

Soit $\mathcal{A}$ une catégorie à produit tensoriel vérifiant (1.1.1) et ω_1, ω_2 deux $\otimes$-foncteurs de $\mathcal{A}$ dans $\mathcal{T}$. Faisons $\mathcal{A}_i = \mathcal{A}$ et $\omega_j^i = \omega_j$ ($i = 1, 2, 3$). Le produit (8.9.1) devient un produit

$$\Lambda(\omega_1, \omega_2) \otimes \Lambda(\omega_1, \omega_2) \longrightarrow \Lambda(\omega_1, \omega_2). \tag{8.9.2}$$

La même preuve qu'en 6.4 donne

8.10 **Proposition.** *Le produit (8.9.2) est associatif, commutatif et à unité.*

Pour $T = \mathrm{Sp}(B)$ un schéma affine en $\mathcal{T}$ et ω un $\otimes$ foncteur de $\mathcal{A}$ dans $\mathcal{T}$, notons ω_T le $\otimes$-foncteur $A \mapsto \omega(A) \otimes B$ de $\mathcal{A}$ dans les modules sur T. La preuve de 6.6 donne

8.11 **Proposition.** *Sous les hypothèses de 8.9.2,*
(i) *Le $\mathcal{T}$-schéma* $\mathrm{Sp}\Lambda(\omega_1, \omega_2)$ *représente le foncteur* $\underline{\mathrm{Hom}}^{\otimes}(\omega_1, \omega_2)$ *qui au $\mathcal{T}$-schéma affine T attache l'ensemble des morphismes de $\otimes$-foncteurs de ω_{1T} dans ω_{2T}.*
(ii) *Si $\mathcal{A}$ vérifie (1.1.1) et (1.1.2), tout morphisme $\omega_{1T} \to \omega_{2T}$ comme en (i) est un isomorphisme:* $\underline{\mathrm{Hom}}^{\otimes}(\omega_1, \omega_2)$ *coïncide avec* $\underline{\mathrm{Isom}}^{\otimes}(\omega_1, \omega_2)$.
(iii) *Etant donnés trois $\otimes$-foncteurs $\omega_1, \omega_2, \omega_3$ la composition* $\underline{\mathrm{Hom}}^{\otimes}(\omega_1, \omega_2) \times \underline{\mathrm{Hom}}^{\otimes}(\omega_2, \omega_3) \to \underline{\mathrm{Hom}}^{\otimes}(\omega_1, \omega_3)$ *est définie par (8.4.2).*

8.12. Prenons pour $\mathcal{A}$ la catégorie $\mathcal{T}$ et pour foncteurs ω_1 et ω_2 le foncteur identique. Posons $\Lambda = \Lambda(\mathrm{Id}_{\mathcal{T}})$. D'après 8.11, $\mathrm{Sp}(\Lambda)$ est le $\mathcal{T}$-groupe qui représente le foncteur qui à $T = \mathrm{Sp}(B)$ attache le groupe des automorphismes de $\otimes$-foncteur du foncteur $X \mapsto X_T = X \otimes B$ de $\mathcal{T}$ dans les modules sur T.

8.13 *Définition. Le $\mathcal{T}$-groupes* $\mathrm{Sp}(\Lambda)$ *construit en 8.12 est le* <u>*groupe fondamental*</u> *de $\mathcal{T}$. On le note $\pi(\mathcal{T})$.*

Si ω est un foncteur fibre de $\mathcal{T}$ sur un schéma S sur k, $\omega(\pi(\mathcal{T}))$ est un schéma en groupes affines sur S. L'action donnée par (8.4.1) de $\pi(\mathcal{T})$ sur chaque X de $\mathcal{T}$ définit une action de $\omega(\pi(\mathcal{T}))$ sur les $\omega(X)$. Cette action est fonctorielle et compatible au produit tensoriel. Comparant 4.7 et 8.2–8.4, on trouve que

(8.13.1) $$\omega(\pi(\mathcal{T})) \xrightarrow{\sim} \underline{\mathrm{Aut}}_S(\omega).$$

A. Grothendieck compare cette situation à la suivante: pour X un espace topologique localement connexe et localement simplement connexe, les groupes fondamentaux $\pi_1(X, x)$ forment un système local sur X, i.e. un objet en groupes de la catégorie des faisceaux localement constants sur X. Ce faisceau de groupes agit sur tout faisceau localement constant. Sa fibre $\pi_1(X, x)$ en x est le groupe des automorphismes du foncteur "fibre en x" :

$$(\text{faisceaux localement constants}) \longrightarrow (\text{Ens}).$$

8.14 *Exemple.* (i) Pour $\mathcal{T}$ une catégorie tannakienne, la donnée d'un $\mathcal{T}$-groupe G équivaut par $G \mapsto (\omega(G))$ à la donnée, pour tout foncteur fibre ω sur tout schéma S sur k, d'un schéma en groupes affines G_ω sur S, de formation compatible à tout changement de base S'/S. Le groupe fondamental $\pi(\mathcal{T})$ est donné par

$$\omega \longmapsto \underline{\mathrm{Aut}}_S(\omega).$$

(ii) Cas particulier: si $\mathcal{T} = \mathrm{Rep}(G)$, un $\mathcal{T}$-groupe s'identifie à un schéma en groupes affines sur k, muni d'une action de G. Le schéma en groupe G, muni de son action sur lui-même par automorphismes intérieurs, corrrespond à $\pi(\mathrm{Rep}(G))$.
(iii) Pour G le groupe trivial, on trouve que $\pi(\mathrm{Vect}\, k)$ est le groupe trivial.
(iv) Prenons pour $\mathcal{T}$ la catégorie des super-espaces vectoriels de dimension finie sur k (1.4). Regardons le k-schéma en groupes μ_2 des racines carrées de l'unité comme un $\mathcal{T}$-groupe (*cf* 7.11). Il agit sur chaque super-espace vectoriel par l'action "parité": $(\epsilon, a) \mapsto \epsilon^{\deg a}.a$ pour a homogène, et on vérifie que

$$\pi(\mathcal{T}) = \mu_2 .$$

8.15 *Fonctorialité.* Soit $\eta : \mathcal{T}_1 \to \mathcal{T}_2$ un $\otimes$-foncteur exact k-linéaire entre catégories tensorielles sur k. Faisant $T = \eta$ dans 8.6(i), on obtient

$$\mathrm{Sp}(\Lambda(\eta)) = \eta(\pi(\mathcal{T}_1)) \tag{8.15.1}$$

et le $\mathcal{T}_2$-schéma en groupes affines $\eta(\pi(\mathcal{T}_1))$ représente le foncteur $\mathrm{Aut}^{\otimes}(\eta)$: $T = \mathrm{Sp}(B) \mapsto$ automorphismes du $\otimes$-foncteur $X \mapsto \eta_T(X) = \eta(X) \otimes B$ de $\mathcal{T}_1$ dans les modules sur T. Faisant $T = \eta$ dans 8.6(ii), on obtient un morphisme

$$\pi(\mathcal{T}_2) \longrightarrow \eta(\pi(\mathcal{T}_1)) \tag{8.15.2}$$

Le morphisme de foncteurs correspondant attache à un automorphisme du foncteur
$X \mapsto X_T = X \otimes B$ l'automorphisme qu'il induit de son composé avec η.

8.16. *Produit.* Soient $\mathcal{T}_1$ et $\mathcal{T}_2$ deux catégories tensorielles sur k. On suppose que $\mathcal{T}_1$ et $\mathcal{T}_2$ vérifient (2.12.1) et que $\mathcal{T} := \mathcal{T}_1 \otimes \mathcal{T}_2$ est encore tensorielle sur k. On identifie $\mathcal{T}_1$ à une sous-catégorie pleine de $\mathcal{T}$ stable par sous-quotients par

$$\begin{aligned} \mathrm{inj}_1 : \mathcal{T}_1 = \mathcal{T}_1 \otimes \mathrm{Vect}(k) &\longrightarrow \mathcal{T}_1 \otimes \mathcal{T}_2 \\ X &\longmapsto X \underset{k}{\otimes} 1 \end{aligned}$$

(appliquer 2.9 et 5.14(i)). De même pour $\mathcal{T}_2$. Le produit tensoriel

$$\otimes_k : \mathcal{T} \times \mathcal{T} \to \mathcal{T} \otimes \mathcal{T}$$

est le composé du produit tensoriel dans $\mathcal{T} \otimes \mathcal{T}$ et de $(\mathrm{inj}_1, \mathrm{inj}_2)$:

$$X_1 \underset{k}{\otimes} X_2 = \mathrm{inj}_1(X_1) \otimes \mathrm{inj}_2(X_2) \ .$$

Par 8.8 appliqué au foncteur identique de $\mathcal{T} \otimes \mathcal{T}$ dans $\mathcal{T} \otimes \mathcal{T}$, $\pi(\mathcal{T} \otimes \mathcal{T})$ est le Sp de $\Lambda(\underset{k}{\otimes} : \mathcal{T} \times \mathcal{T} \to \mathcal{T} \otimes \mathcal{T})$. Par 8.6(iv), ce Λ est le produit tensoriel des $\Lambda(\mathrm{inj}_i : \mathcal{T} \to \mathcal{T} \times \mathcal{T})$ qui, par 8.6(i) pour $T = \mathrm{inj}_i$ et $\omega = \mathrm{Id}_{\mathcal{T}}$ coïncident avec $\mathrm{inj}_i\, \Lambda(\mathrm{Id}_{\mathcal{T}})$. On conclut que les morphismes (8.15.2) (pour $\eta = \mathrm{inj}_i$)

$$\pi(\mathcal{T}_1 \otimes \mathcal{T}_2) \longrightarrow \mathrm{inj}_i\, \pi(\mathcal{T}_i)$$

définissent un isomorphisme

$$\pi(\mathcal{T}_1 \otimes \mathcal{T}_2) \xrightarrow{\sim} \mathrm{inj}_1(\pi(\mathcal{T}_1)) \times \mathrm{inj}_2(\pi(\mathcal{T}_2)) \, . \tag{8.16.1}$$

8.17 **Théorème**. *Soient $\mathcal{T}_1$ et $\mathcal{T}_2$ deux catégories tensorielles sur k vérifiant (2.12.1) et η un $\otimes$-foncteur exact de $\mathcal{T}_1$ dans $\mathcal{T}_2$. On suppose que $\mathcal{T}_2 \otimes \mathcal{T}_2$ est encore tensorielle sur k (cf 8.1). Le $\otimes$-foncteur induit par η, de $\mathcal{T}_1$ dans la catégorie des objets de $\mathcal{T}_2$ munis d'une action de $\eta(\pi(\mathcal{T}_1))$ telle que l'action naturelle de $\pi(\mathcal{T}_2)$ s'en déduise par (8.15.2), est une équivalence de catégories.*

La preuve sera donnée en 8.26.

Prenant pour $\mathcal{T}_1$ la catégorie Vect(k) des multiples de 1, on obtient par 8.14(iii).

8.18 **Corollaire**. *Soit $\mathcal{T}$ une catégorie tensorielle sur k. On suppose que $\mathcal{T}$ vérifie (2.12.1) et que $\mathcal{T} \otimes \mathcal{T}$ est encore tensorielle sur k. Alors, pour* *que X dans $\mathcal{T}$ soit une somme de copies de 1, il faut et il suffit $\pi(\mathcal{T})$ agisse trivialement sur X.*

Si on prend pour $\mathcal{T}_2$ la catégorie Vect(k), on retrouve le fait qu'un foncteur fibre ω de $\mathcal{T}$ sur k induit une équivalence $\mathcal{T} \to \mathrm{Rep}\,\underline{\mathrm{Aut}}(\omega)$, puisque $\omega(\pi(\mathcal{T})) = \underline{\mathrm{Aut}}(\omega)$.

8.19. Un autre cas intéressant est celui où $\mathcal{T}_2$ est la catégorie 1.4 des super-espaces vectoriels de dimension finie. On a $\pi(\mathcal{T}_2) = \mu_2$ (8.14(iv)). Soit G est un super groupe affine, i.e. un $\mathcal{T}_2$-groupes, muni de $p : \mu_2 \to G$ tel que l'action par automorphismes intérieurs de μ_2 sur l'algèbre affine de G soit l'action "parité" (8.14(iv)). La catégorie des super-espaces vectoriels V de dimension finie, munis d'une action ρ de G telle que $\rho \circ p$ soit l'action "parité" est une catégorie tensorielle $\mathrm{Rep}(G, p)$ sur k. D'après 8.17, toute catégorie tensorielle $\mathcal{T}$ sur k, muni d'un $\otimes$-foncteur exact

$$\omega : \mathcal{T} \longrightarrow \text{(super-espaces vectoriels)}$$

est ainsi obtenue: on a une équivalence

$$\mathcal{T} \xrightarrow{\sim} \mathrm{Rep}(\omega(\pi(\mathcal{T})), p \text{ donné par } (8.15.2)).$$

8.20. Soient k un corps, $\mathcal{T}$ une catégorie tensorielle sur k, $\mathcal{A}$ une catégorie abélienne vérifiant (2.12.1) et ω_0 un foncteur k-linéaire exact à droite de $\mathcal{A}$ dans $\mathcal{T}$. La catégorie $\mathcal{A}$ est limite inductive filtrante de ses sous-catégories $\langle X \rangle$, et chacune est équivalente à une catégorie $(A)_{\mathrm{coh}}$ pour A une k-algèbre de rang fini. Par (5.1) et 5.11, $\mathcal{A} \otimes \mathcal{T}$ existe:

$$\mathcal{A} \otimes \mathcal{T} = \varinjlim \langle X \rangle \otimes \mathcal{T}.$$

Le foncteur $\mathcal{A} \times \mathcal{T} \to \mathcal{T} : (A, T) \mapsto \omega_0(A) \otimes T$ est exact à droite et se factorise donc uniquement par

$$\omega : \mathcal{A} \otimes \mathcal{T} \longrightarrow \mathcal{T}.$$

On a

$$L(\omega_0) = \varinjlim L(\omega_0 \mid \langle X \rangle).$$

Par définition des Ind-objets, on a pour T dans $\mathcal{T}$

$$\mathrm{Hom}(T, T \otimes L(\omega_0)) = \varinjlim \mathrm{Hom}(T, T \otimes L(\omega_0 \mid \langle X \rangle))$$

et la catégorie des objets de $\mathcal{T}$ munis d'une coaction de $L(\omega_0)$ est la limite inductive des catégories analogues pour les $L(\omega_0 \mid \langle X \rangle)$. Appliquant 8.3 et 8.5(ii), on obtient

8.21 **Proposition.** *Avec les hypothèses et notations de 8.19, si $\mathcal{T} \otimes \mathcal{T}$ est tensorielle et que $\omega_0 : \mathcal{A} \to \mathcal{T}$ est exact et fidèle, le foncteur ω induit une équivalence de $\mathcal{A} \otimes \mathcal{T}$ avec la catégorie des objets de $\mathcal{T}$ munis d'une coaction de $L(\omega_0)$.*

En particulier, par (8.15.1)

8.22 **Proposition.** *Soit $\omega_0 : \mathcal{T}_1 \to \mathcal{T}$ un $\otimes$-foncteur exact k-linéaire entre catégories tensorielles sur k. Si $\mathcal{T}_1$ vérifie (2.12.1) et que $\mathcal{T} \otimes \mathcal{T}$ est tensorielle, le foncteur $\omega : \mathcal{T}_1 \otimes \mathcal{T} \to \mathcal{T}$ tel que $\omega(T_1 \underset{k}{\otimes} T) = \omega_0(T_1) \otimes T$ induit une équivalence de $\mathcal{T}_1 \otimes \mathcal{T}$ avec la catégorie des objets de $\mathcal{T}$ munis d'une action de $\omega_0(\pi(\mathcal{T}_1))$.*

Supposons que $\mathcal{T}$ vérifie (2.12.1) et faisons $\mathcal{T}_1 = \mathcal{T}$. Prenons pour foncteur ω_0 le foncteur identique de $\mathcal{T}$ dans $\mathcal{T}$. On obtient

8.23 **Corollaire.** *Supposons que $\mathcal{T}$ vérifie (2.12.1) et que $\mathcal{T} \otimes \mathcal{T}$ est tensorielle. Le foncteur $\omega : \mathcal{T} \underset{k}{\otimes} \mathcal{T} \to \mathcal{T}$ tel que $\omega(X \underset{k}{\otimes} Y) = X \otimes Y$ induit une équivalence de $\mathcal{T} \underset{k}{\otimes} \mathcal{T}$ avec la catégorie des objets de $\mathcal{T}$ munis d'une action de $\pi(\mathcal{T})$; l'action de $\pi(\mathcal{T})$ sur $\omega(X \underset{k}{\otimes} Y) = X \otimes Y$ est celle déduite de son action sur X.*

8.24 **Preuve de 8.18.** La sous-catégorie $\mathrm{Vect}(k) \subset \mathcal{T}$ (2.9) est stable par sous-quotient et

$$\mathrm{Vect}(k) \otimes \mathcal{T} \longrightarrow \mathcal{T} \otimes \mathcal{T}$$

est donc pleinement fidèle d'image essentielle stable par sous-quotients (5.14(i)). Le groupe $\pi(\mathrm{Vect}(k))$ est trivial et comparant 8.22 pour $\mathcal{T}_1 = \mathrm{Vect}(k)$ et $\mathcal{T}$, on trouve que l'équivalence 8.23 de $\mathcal{T} \otimes \mathcal{T}$ avec les objets de $\mathcal{T}$ à action de $\pi(\mathcal{T})$ identifie $\mathrm{Vect}(k) \otimes \mathcal{T}$ à la sous-catégorie des objets de $\mathcal{T}$ à action triviale. En particulier, pour X dans $\mathcal{T}$, $X \otimes 1$ est dans $\mathrm{Vect}(k) \otimes \mathcal{T}$ si et seulement si l'action naturelle de $\pi(\mathcal{T})$ sur X est triviale. D'après 5.14(ii), pour que $X \otimes 1$ soit dans $\mathrm{Vect}(k) \otimes \mathcal{T}$, il faut et il suffit que X soit dans $\mathrm{Vect}(k)$ et 8.18 en résulte.

8.25 **Corollaire.** *Soient $\mathcal{T}_1, \mathcal{T}_2$ deux catégories tensorielles sur k vérifiant (2.12.1) et $\mathcal{T} = \mathcal{T}_1 \otimes \mathcal{T}_2$. On suppose $\mathcal{T}_2 \otimes \mathcal{T}_2$ et $\mathcal{T}$ tensorielles. Le foncteur $inj_1 : \mathcal{T}_1 \to \mathcal{T}_1 \otimes \mathcal{T}_2 : X \mapsto X \underset{k}{\otimes} 1$ est une équivalence de $\mathcal{T}_1$ avec la catégorie des objets de $\mathcal{T}_1 \otimes \mathcal{T}_2$ sur lesquels $inj_2(\pi(\mathcal{T}_2))$ agit trivialement.*

Puisque $\pi(\mathcal{T}) \xrightarrow{\sim} \mathrm{inj}_1\pi(\mathcal{T}_1) \times \mathrm{inj}_2\pi(\mathcal{T}_2)$, on a une inclusion $\mathrm{inj}_j\pi(\mathcal{T}_j) \to \pi(\mathcal{T})$; via cette inclusion, $\mathrm{inj}_j\pi(\mathcal{T}_j)$ agit sur les objets de $\mathcal{T}_1 \otimes \mathcal{T}_2$. C'est de cette action qu'il est question dans le corollaire.

Preuve. Si un $\mathcal{T}$-groupe G agit sur un objet T de $\mathcal{T}$, $G = \mathrm{Sp}(B)$, l'action de G est un morphisme $\rho : T \to T \otimes B$. L'unité de $B : 1 \to B$ définit une autre flèche $\otimes 1 : T \to T \otimes B$. Soit T^G le noyau de la double flèche $(\rho, \otimes 1)$. C'est un Ind-objet de $\mathcal{T}$, et un sous-objet de T. Parce que $\mathcal{T}$ est noethérienne (5.13.2), tout Ind-objet de $\mathcal{T}$ est réunion croissante de ses sous-objets dans $\mathcal{T}$. Un Ind-objet, qui est sous-objet d'un objet de $\mathcal{T}$, est donc dans $\mathcal{T}$ et T^G est dans $\mathcal{T}$.

Appliquons 8.18. Le foncteur $\mathcal{T}_2 \to \mathcal{T}_2 : Y \mapsto Y^{\pi(\mathcal{T}_2)}$ se factorise par $\mathrm{Vect}(k)$ et est exact à gauche. Il définit un foncteur exact à gauche $\mathcal{T}_1 \otimes \mathcal{T}_2 \to \mathcal{T}_1 \otimes \mathcal{T}_2$ se factorisant par $\mathcal{T}_1 \otimes \mathrm{Vect}(k) = \mathcal{T}_1$. Ce foncteur coïncide avec $T \mapsto T^{\mathrm{inj}_2\pi(\mathcal{T}_2)}$: il suffit de le vérifier après composition après $\mathcal{T}_1 \times \mathcal{T}_2 \to \mathcal{T}_1 \otimes \mathcal{T}_2$, et que

$$(X_1 \underset{k}{\otimes} X_2)^{\mathrm{inj}\pi(\mathcal{T}_2)} = X_1 \underset{k}{\otimes} X_2^{\mathrm{inj}\pi(\mathcal{T}_2)}$$

résulte de l'exactitude de $\otimes_k$. En particulier, si T est fixe par $\mathrm{inj}_2\pi(\mathcal{T}_2)$, T est dans l'image de $\mathcal{T}_1$. La réciproque est claire.

8.26 **Preuve de 8.17**. On sait déjà (8.22) que

$$\eta \otimes \mathrm{Id} : \mathcal{T}_1 \otimes \mathcal{T}_2 \longrightarrow (\eta\pi(\mathcal{T}_1) - \text{objets de } \mathcal{T}_2)$$

est une équivalence. En particulier, $\mathcal{T}_1 \otimes \mathcal{T}_2$ est tensorielle. Soient X dans $\mathcal{T}_1 \otimes \mathcal{T}_2$. Il est muni d'une action (ρ_1, ρ_2) de $\mathrm{inj}_1\pi(\mathcal{T}_1) \times \mathrm{inj}_2\pi(\mathcal{T}_2)$. Son image $(\eta \otimes \mathrm{Id})(X)$ dans $\mathcal{T}_2$ est munie d'une action ρ de $\pi(\mathcal{T}_2)$. Cette action est le produit des actions – qui commutent – suivantes: ρ_1', déduit par(8.15.2) $\pi(\mathcal{T}_2) \to \eta\pi(\mathcal{T}_1)$ de l'action de $\eta\pi(\mathcal{T}_1)$, et ρ_2', déduit de l'action ρ_2. Tout objet de $\mathcal{T}_1 \otimes \mathcal{T}$ étant quotient d'un $T_1 \underset{k}{\otimes} T$, il suffit de le vérifier dans le cas – laissé au lecteur – où $X = T_1 \underset{k}{\otimes} T_2$.

Le foncteur $\eta \otimes \mathrm{Id}$ transforme donc l'action de $\mathrm{inj}_2\pi(\mathcal{T})$ sur X en la différence entre deux actions de $(\eta\otimes\mathrm{Id})\circ\mathrm{inj}_2\pi(\mathcal{T}) = \pi(\mathcal{T})$ sur $(\eta\otimes\mathrm{Id})(X)$. L'action naturelle, et l'action via (8.15.2): $\pi(\mathcal{T}) \to \eta\pi(\mathcal{T}_1)$. Pour que l'action de $\mathrm{inj}_2\pi(\mathcal{T})$ sur X soit triviale (i.e que X soit dans $\mathcal{T}_1$) il faut et suffit que son image par $\eta \otimes \mathrm{Id}$ le soit, et 8.17 résulte de 8.25.

9. Corps différentiels

9.1. Soit (K, ∂) un corps différentiel: un corps commutatif de caractéristique 0, muni d'une dérivation $\partial : K \to K$. Le *corps des constantes* k est $k := \ker(\partial)$. Une *connexion* ∇ sur un espace vectoriel V sur K, supposé de dimension finie, est $\nabla : V \to V$, additif et vérifiant l'identité de Leibniz

$$\nabla(\lambda v) = \partial\lambda . v + \lambda \nabla v \, .$$

Le produit tensoriel d'espaces vectoriels à connexion est défini par

$$\nabla(v_1 \otimes v_2) = (\nabla v_1) \otimes v_2 + v_1 \otimes (\nabla v_2) \, .$$

Pour ce produit tensoriel, et ses données évidentes d'associativité et de commutativité, la catégorie $\mathcal{T}$ des espaces vectoriels de dimension finie sur K munis d'une connexion est une catégorie tensorielle sur k. L'objet unité est (K, ∂) et $k = \mathrm{End}(K, \partial)$. Le foncteur ω de $\mathcal{T}$ dans les espaces vectoriels sur K: "oubli de ∇" est un foncteur fibre. La catégorie $\mathcal{T}$ est donc tannakienne.

Soit (X, ∇) dans $\mathcal{T}$. Comme en 6.16, on notera $\langle X\rangle_\otimes$ la sous-catégorie pleine de $\mathcal{T}$ d'objets les sous-quotients de sommes de $X^{\otimes n} \otimes X^{\vee\otimes m}$. C'est encore une catégorie tannakienne.

9.2. Supposons que $\omega_0 : \langle X\rangle_\otimes \to \mathrm{Vect}(k)$ soit un foncteur fibre. Si k est algébriquement clos, un tel foncteur fibre existe (6.20) et est unique à isomorphisme (non unique) près car tout $\underline{\mathrm{Aut}}(\omega_0)$-torseur sur k est trivial.

Soient $G := \underline{\mathrm{Aut}}(\omega_0) \subset GL(\omega_0(X))$, G_K déduit de G par extension des scalaires à K et P le G_K-torseur $\underline{\mathrm{Isom}}_K(\omega_0 \underset{k}{\otimes} K, \omega \mid \langle X\rangle_\otimes)$. C'est un sous-schéma du $GL(\omega_0(X))$-torseur des isomorphismes K-linéaires $\omega_0(X) \underset{k}{\otimes} K \xrightarrow{\sim} X$.

Ce torseur est muni d'une connexion, redonnant la connexion de $(W \underset{k}{\otimes} K)^P \in \mathrm{Ob}\langle X\rangle_\otimes$ pour W une représentation de $\underline{\mathrm{Aut}}(\omega_0)$. Pour le voir, le plus simple est d'interpréter la dérivation ∂ comme un automorphisme infinitésimal: pour $K[\epsilon]$ les nombres duaux ($\epsilon^2 = 0$), ∂ définit l'automorphisme $k[\epsilon]$ linéaire de $K[\epsilon]$: $\exp(\epsilon\partial) : \lambda+\mu\epsilon \to \lambda+(\partial\lambda+\mu)\epsilon$. Une connexion sur un objet sur K (espace vectoriel, torseur ...) s'interprète comme un automorphisme $\exp(\epsilon\partial)$-linéaire de l'objet sur $K[\epsilon]$ s'en déduisant par extension des scalaires. La connexion de chaque $\omega(W)$ (W dans $\langle X\rangle_\otimes$) définit une connexion sur $\omega \mid \langle X\rangle_\otimes$ et, par transport de structure, sur P.

La connexion de P peut aussi être vue comme une dérivation de $\Gamma(P,\mathcal{O})$. Le schéma P est un sous-schéma du schéma vectoriel défini par le K-espace vectoriel $\mathrm{Hom}_K(\omega_0(X)\otimes K, X)$. La connexion de X (et la connexion de $\omega_0(X)\otimes K$ avec les $a \in \omega_0(X)$ horizontaux) définissent sur cet espace vectoriel une connexion qui induit celle de P. Sur l'espace $\Gamma(P,\mathcal{O})\otimes X$ des morphismes de P dans X, on définit ∇ par $\nabla(f\otimes x) = \nabla f\otimes x + f\otimes\nabla x$. Pour $a \in \omega_0(X)$, le morphisme $p \mapsto p(a)$ est horizontal.

9.3 **Proposition**. *Avec les notations précédentes,*
(i) *Le schéma P sur K est lisse et connexe.*
(ii) *Soit $k(P)$ le corps des fonctions rationnelles sur P. Le corps des constantes de ce corps différentiel est k.*

Preuve. Le schéma P est lisse car c'est un torseur sous le groupe algébrique G_K sur K.

Le foncteur $W \mapsto (W\otimes_k K)^P$ est une équivalence de catégories $\mathrm{Rep}(G) \to \langle X\rangle_\otimes$. En particulier, si $(V,\nabla) = (W\otimes_k K)^P$, les sous-espaces vectoriels de V stable sous ∇ sont les $(W'\otimes_k K)^P$ pour $W' \subset W$ G-stable. Le k-vectoriel V^∇ des vecteurs horizontaux: $\nabla v = 0$ s'identifie à $\mathrm{Hom}_{\mathcal{T}}(1,V)$ (par $f \mapsto f(1)$) et donc à W^G. Par passage à la limite inductive, les même résultats valent pour une représentation de G non nécessairement de dimension finie. A une telle représentation correspond un espace vectoriel à connexion, réunion filtrante de sous-espaces de dimension finie stables par ∇ et dans $\langle X\rangle_\otimes$.

Prenons pour W la représentation régulière de G : $\Gamma(G,\mathcal{O})$ sur lequel G agit par translations à gauche: $f(x) \mapsto f(g^{-1}x)$. Le V obtenu est $\Gamma(P,\mathcal{O})$, muni de ∇. Sur G, les seules fonctions invariantes par translation sont les constantes, et les seules sous-schémas fermés invariants par translations sont $\emptyset$ et G. On obtient

$$k \xrightarrow{\sim} \Gamma(P,\mathcal{O})^\nabla ; \tag{9.3.1}$$

(9.3.2) un idéal $I \subset \Gamma(P,\mathcal{O})$, stable par ∇, est trivial: $I = \Gamma(P,\mathcal{O})$ ou 0.

Si P n'était pas connexe, il y aurait dans $\Gamma(P, \mathcal{O})$ des idempotents non triviaux – nécessairement horizontaux – et ceci contredirait (9.3.1). Ceci prouve (i).

Prouvons (ii). On ne peut pas directement appliquer le même argument (9.3.1) à $k(P)$, car $k(G)$ n'est pas une représentation du groupe algébrique G, seulement de $G(k)$. Soit $f \in k(P)$ avec $\nabla f = 0$. Soit $I \subset \Gamma(P, \mathcal{O})$ l'idéal des g tels que $gf \in \Gamma(P, \mathcal{O})$. Si $gf \in \Gamma(P, \mathcal{O})$, on a $\nabla(gf) = \nabla(g).f \in \Gamma(P, \mathcal{O})$ et l'idéal I est donc stable par ∇. Par (9.3.2), on a $I = \Gamma(P, \mathcal{O})$ et donc $f \in \Gamma(P, \mathcal{O})$. On conclut par (9.3.1).

9.4. Une *extension de Picard-Vessiot* de K, pour (X, ∇), est un corps différentiel (L, ∂) extension de (K, ∂) tel que

(a) $X \underset{K}{\otimes} L$ est engendré sur L par ses vecteurs horizontaux;

(b) L est engendré par les coordonnées, dans une base de X sur K, des vecteurs horizontaux de $X \underset{K}{\otimes} L$, et

(c) le corps des constantes de L est k.

La propriété de (V, ∇) : "$V \underset{K}{\otimes} L$ est engendré sur L par ses vecteurs horizontaux" est stable par produits tensoriels et sous-quotients. Si elle est vérifiée pour V, on a

$$(V \underset{K}{\otimes} L)^{\nabla} \underset{L^{\nabla}}{\otimes} L \xrightarrow{\sim} V \underset{K}{\otimes} L$$

et en particulier, si k est le corps des constantes de L,

$$(V \underset{K}{\otimes} L)^{\nabla} \underset{k}{\otimes} L \xrightarrow{\sim} V \underset{K}{\otimes} L. \tag{9.4.1}$$

Si (L, ∂) est une extension de Picard-Vessiot de K, pour (X, ∇), le foncteur

$$\omega_L : \langle X \rangle_{\otimes} \longrightarrow \mathrm{Vect}(k) : V \longmapsto (V \underset{K}{\otimes} L)^{\nabla}$$

est donc un foncteur fibre.

Sur L, on dispose de l'isomorphisme (9.4.1) entre les foncteurs fibres déduit de ω_L et ω : un K-morphisme

$$\mathrm{Spec}(L) \longrightarrow \underline{\mathrm{Isom}}_K^{\otimes}(\omega_L \underset{k}{\otimes} K, \omega \mid \langle X \rangle_{\otimes}). \tag{9.4.2}$$

9.5 **Proposition**. *Avec les notations précédentes, (9.4.1) identifie L au corps des fonctions rationnelles de $\underline{\mathrm{Isom}}_K^{\otimes}(\omega_L \underset{k}{\otimes} K, \omega \mid \langle X \rangle_{\otimes})$.*

Preuve. Soient $G = \underline{\mathrm{Aut}}^{\otimes}(\omega_L)$ et P le G_K-torseur $\underline{\mathrm{Isom}}(\omega_L \underset{k}{\otimes} K, \omega \mid \langle X \rangle_{\otimes})$. Le morphisme (9.4.2), en termes d'anneaux, est

$$\Gamma(P, \mathcal{O}) \longrightarrow L. \tag{9.5.1}$$

Le noyau I de ce morphisme est un idéal ∇-stable. Par (9.3.2), $I = 0$ et (9.5.1) est injectif. Le G-torseur P est contenu dans le $GL(\omega_L(X))$-torseur $\underline{\mathrm{Isom}}(\omega_L \underset{k}{\otimes} K, X)$ et que $\Gamma(P, \mathcal{O})$ engendre L exprime 9.4(b).

9.6.*Scholie.* Si $\omega_0 : \langle X \rangle_{\otimes} \to \mathrm{Vect}(k)$ est un foncteur fibre, le torseur P de 9.5 a pour corps de fonctions rationnelles $k(P)$ une extension de Picard-Vessiot de K : pour V dans $\langle X \rangle_{\otimes}$ et $a \in \omega_0(X)$, $p(a)$ est une section horizontale de V sur P, d'où

$$a \longmapsto p(a) : \omega_0(V) \xrightarrow{\sim} (V \otimes L)^{\nabla} \tag{9.6.1}$$

$$\omega_k(V) \underset{k}{\otimes} L \xrightarrow{\sim} V \otimes L. \tag{9.6.2}$$

Pour $V = X$, ceci fournit (a), l'assertion (b) résulte de ce que $P \hookrightarrow \underline{\mathrm{Isom}}^{\otimes}_K(\omega_0(X), X \otimes K)$ et (c) est 9.3(ii). Par (9.6.1), ω_0 est canoniquement isomorphe à ω_L (6.4). Ceci, et 9.4, donnent un dictionnaire entre extensions de Picard-Vessiot pour (X, ∇) et foncteurs fibres pour $\langle X \rangle_{\otimes}$.

9.7 **Corollaire.** *Si k est algébriquement clos, il existe une extension de Picard-Vessiot L pour (X, ∇). Elle est unique à isomorphisme (non unique) près.*

Soit $G := \underline{\mathrm{Aut}}(\omega_L)$. Le groupe des K-automorphismes différentiels de L est $G(k)$: G est le groupe de Picard-Vessiot. Voir I. Kaplansky, *An introduction to differential algebra*, Hermann, Paris 1957.

9.8 *Remarque.* Soient $(e^i)_{1 \le i \le n}$ une base de X et $\nabla e^i = \sum_j c^i_j c^j$. Soit M une extension différentielle de K. Pour que $\sum y_i e^i \in X \underset{K}{\otimes} M$ soit horizontal, if faut et suffit que les y_i vérifient le système

$$\partial y_i = -\sum y_j c^i_j. \tag{9.8.1}$$

Plutôt que d'une extension de Picard-Vessiot pour X, on parle classiquement d'une extension de Picard-Vessiot pour un système (9.8.1): une extension différentielle de L, engendrée par des $y_{i\alpha}$, formant n solutions linéairement indépendentes de (9.8.1) et de même corps de constantes que K.

Plus classiquement encore, on considère des équations différentielles linéaires du n[ième] ordre en une indéterminée y. On passe de là à un système par l'astuce habituelle: passer au système vérifié par $(y, \partial y, \partial^2 y, \cdots, \partial^{n-1} y)$.

9.9 *Remarque.* Plus généralement, soient K un corps de caractéristique 0, $\mathcal{D}$ un espace vectoriel sur K et $[\,,\,]$ un crochet de Lie sur $\mathcal{D}$. On ne le suppose pas K-linéaire, mais on suppose qu'il existe $\theta : \mathcal{D} \to \mathrm{Der}(K, K)$ (linéaire et morphisme de Lie) vérifiant

$$[D_1, \lambda D_2] - \lambda[D_1, D_2] = \theta_{D_1}(\lambda) D_2 \ . \tag{9.9.1}$$

Le *corps des constantes* k est l'intersection des noyaux des $\theta(D)$ $(D \in \mathcal{D})$. Une *connection intégrable* sur un K-espace vectoriel V est une action de Lie ∇ de $\mathcal{D}$ sur V vérifiant

$$\nabla_D(\lambda v) = \theta_D(\lambda).v + \lambda.\nabla_D v \ .$$

Les K-espaces vectoriels de dimension finie à connection intégrable (V, ∇) forment une catégorie tannakienne sur k.

Une *extensions différentielle* de $(K, \mathcal{D})$ est $(L, \mathcal{D}')$ avec L extension de K, muni de $L \underset{k}{\otimes} \mathcal{D} \xrightarrow{\sim} \mathcal{D}'$ compatible aux actions θ de $\mathcal{D}$ et $\mathcal{D}'$ sur K et L. Une *extension de Picard-Vessiot* de $(K, \mathcal{D})$, pour (V, ∇), est une extension différentielle $(L, \mathcal{D}')$ de $(K, \mathcal{D})$, de même corps de constantes, telle que $L \underset{K}{\otimes} V$ soit engendré par ses vecteurs horizontaux (annulés par les ∇_D) et que L soit engendré par les coordonnées, dans une base de V sur K, des vecteurs horizontaux de $V \underset{K}{\otimes} L$. Comme en 9.6, les extensions de Picard-Vessiot correspondent aux foncteurs fibres de $\langle V \rangle_{\otimes}$ sur k. En particulier, si k est algébriquement clos, elles existent et sont uniques à isomorphisme près.

Exemple: on prend pour K un corps aux dérivées partielles: muni de d dérivations ∂_i qui commutent. On prend pour $\mathcal{D}$ le K-espace vectoriel de base les ∂_i , pour $\theta : \partial_i \mapsto \partial_i$ et on définit $[\,,\,]$ par (9.9.1) et $[\partial_i, \partial_j] = 0$.

Index terminologique

Index des notations

Pour l'usage de Isom, Aut, avec $\otimes$ en exposant et k ou S en indice, voir 1.11. Pour Hom et End : 6.5.

Bibliographie

[1] M. Artin, *Versal deformations and algebraic stacks*, Inv. math. **27** (1974) pp. 165–189.

[2] P. Deligne and J.S. Milne, *Tannakien categories in Hodge Cycles, Motives, and Shimura Varieties*, Lecture Notes in Mathematics **900**, Springer Verlag, 1982, pp. 101–228.

[3] E.R. Kolchin, *Differential algebra and algebraic groups*, Academic press, 1973.

[4] S. MacLane, *Natural associativity and commutativity*, Rice University Studies **49** (1963) pp. 28–46.

[5] S. MacLane, *Categories for the working mathematician*, Graduate texts in math. **5** (Springer-Verlag 1971).

[6] S. Saavedra, *Catégories tannakiennes*, Lecture Notes in Mathematics **265**, Springer Verlag 1972.

Sigles

SGA : Séminaire de géométrie algébrique du Bois-Marie.

SGA 1: Revêtements étales et groupe fondamental: Lecture Notes in Mathematics **224**, Springer Verlag, 1971.

SGA 3: Schémas en groupes, vol. 1: Lecture Notes in Mathematics **151**, Springer Verlag, 1970.

SGA 4: Théorie des topos et cohomologie étale des schémas, vol. 1: Lecture Notes in Mathematics **269**, Springer Verlag, 1972.

Juin 1990. Une approche toute différente de résultats proches de ceux du paragraphe 7 a été développée par S. Doplicher et J.E. Roberts (Ann. of Math. **130** p. 75–119 (1989) et Inv. Math. **98** p. 175–218 (1989)). Dans un langage un peu différent du leur : ils considèrent une catégorie tensorielle sur $\mathbf{R}, \mathcal{T}$, polarisée au sens de [6], et prouvent qu'elle est la catégorie des représentations d'un groupe compact munie de sa polarisation naturelle. Le début de leur preuve, parallèle au début du paragraphe 7, observe que la dimension de chaque objet est un entier ≥ 0 et que si $V_1, \ldots, V_k$ sont de dimension $n_1, \ldots, n_k$, il existe un $\otimes$-foncteur de la catégorie des représentations de $\Pi GL(n_i)$ dans $\mathcal{T}$ envoyant la représentation standard de $GL(n_i)$ sur V_i. Le premier point acquis, leur résultat pourrait être déduit de ceux du paragraphe 7 et de Saavedra (Chap VI). Leur preuve est toute différente.

Institute for Advanced Study
Princeton, New Jersey 08540

On The Adic Formalism

TORSTEN EKEDAHL

To Alexandre Grothendieck on his 60th birthday.

This article is concerned with developing a formalism for complexes of ℓ-adic sheaves instead of just for the sheaves themselves as was done in [SGA5:Exp. V]. The need for such a generalisation has become apparent from the theory of perverse sheaves, which by their definition are complexes of ℓ-adic sheaves. When trying to carry through such an extension one is immediately faced with two problems. On the one hand it is clear already from the case of ℓ-adic sheaves that – contrary to the case of torsion sheaves – one is not dealing with actual sheaves but rather inverse systems of sheaves. On the other hand one wants to pretend that one is dealing with sheaves and not some more abstract objects.

The thankless task of the present paper is therefore to show that this is indeed possible – a formalism is developed which for all practical purposes behaves as if one were dealing with a derived category of complexes. Unfortunately there are quite a few technical details to be dealt with before one can reach this conclusion. As it is quite possible to use the final results without having to use directly the preliminary ones I have tried to isolate the former in a few specific theorems. Hence I would imagine that Theorem 6.3 (together with Theorem 7.1 for comparison with the ordinary theory in the point and in the analytic cases) will suffice for all but the most sophisticated uses and the reader is urged to begin by looking at the results contained therein to get an idea of the kind of results this paper is intending to prove.

A few words on the history of the problem seem to be in order. As has already been mentioned the problem for sheaves rather than complexes of sheaves was treated in [loc. cit.]. In his second paper on the Weil conjecture ([De:1.1.2]) P. Deligne showed that the inverse 2-limit of the derived categories of constructible $\mathbf{Z}/\ell^n$-complexes (for variable n) is a triangulated category (and hence gives a satisfactory theory) if a certain finiteness condition is fulfilled. O. Gabber has announced results (private communication) fulfilling the main objectives of this article and furthermore not suffering from the conditions of boundedness which sometimes appear here. Finally, U. Jannsen (private communication) has announced a theory which in all essentials seems to be the same as the one presented here.

1. Preliminaries.

For a ringed topos (T, V) we let $T - V$ denote the category of V-modules. I will fix once and for all a ringed topos (S, R) and a two-sided ideal $m \subseteq R$. Let $S^{\mathbf{N}}$ denote the topos of inverse systems $\{M_n, n > 0, \pi_n: M_{n+1} \to M_n\}$ of elements of S. There is a morphism of toposes $\pi: S^{\mathbf{N}} \to S$ with $\pi_* M. = \varprojlim\{M.\}$ and $\pi^* M = \{M, id\}$ and morphisms $i_n: S \to S^{\mathbf{N}}$ with $i_n^* M. = M_n$. If we put $R_n := R/m^n$ we may and will ring $S^{\mathbf{N}}$ by $R. := \{R_n, proj\}$ and then π is in the natural way a morphism of ringed toposes. Note that this means that unless otherwise mentioned π^* will denote the inverse image of ringed toposes so that $\pi^* M$ equals the inverse system $M \bigotimes_R R_n$.

Recall that an element $M.$ of $S^{\mathbf{N}} - ab$ is said to be *essentially zero* if there is a covering of the final object of S such that for the restriction of $M.$ to each element of the covering there is for all n an $m \geq n$ such that $\pi^{m-n}: M_m \to M_n$ is zero, where π^{m-n} is the composite of the appropriate π_i's. A complex $M^{\cdot}$ of elements of $S^{\mathbf{N}} - ab$ will be said to be essentially zero if $H^i(M^{\cdot})$ is essentially zero for all i. It is then easy to see that the essentially zero complexes form a triangulated subcategory. We will also say that $M^{\cdot}$ is *essentially bounded* (*from below, from above*) if $H^m(M^{\cdot})$ is essentially zero for all m with $|m| \gg 0$ ($-m \gg 0$ resp. $m \gg 0$). The category of essentially bounded (from below, from above) complexes will be denoted $D^{eb}(S^{\mathbf{N}} - ab)$ ($D^{e+}(S^{\mathbf{N}} - ab)$ resp. $D^{e-}(S^{\mathbf{N}} - ab)$) and $D^{eb}(S^{\mathbf{N}} - R.)$ etc. will have its obvious meaning.

I will assume that for every n there exists, locally on S, a resolution $F_n^{\cdot} \to R/m^n$ of R/m^n by a complex of right R-modules which is finitely generated free in each degree and such that modulo essentially zero systems $\pi^* F_n^{\cdot} \to \pi^*(R/m^n)$ is a resolution, where π is considered as a morphism of ringed toposes $\pi: (S^{\mathbf{N}}, R.) \to (S, R)$. An example where this situation occurs is when R is a constant ring, noetherian, commutative and local with maximal ideal m, the proof using the Artin-Rees lemma to verify the required property. (Indeed, what needs to be shown is that π^* is exact, modulo essentially zero systems, on finitely generated R-modules. The only non-trivial part is to show that the kernel of π^* of an injection is essentially zero. This follows immediately from the Artin-Rees lemma.) Furthermore, if (R, m) fulfills this property then so does for instance $(R[G], m[G])$, where G is a group in S. I will throughout let $F_n^{\cdot}$ denote such a resolution.

We will have use of the following two assumptions:

A) There is a class S^{gen} of generators of S and an integer N such that for all $T \in S^{gen}$ and all $M \in S - R/m - mod$, $H^i(T, M) = 0$ if $i > N$.

B) There is an integer N such that the, locally defined, $F_n^{\cdot}$ can be chosen to be of length $\leq N$ and, still locally, m^n/m^{n+1} is of finite Tor-dimension over R/m.

Examples where condition A is fulfilled is most étale toposes which occur in practice. Indeed, if A is fulfilled for $X_{\acute{e}t}$ for a scheme X and a constant ring R then it is fulfilled for $Y_{\acute{e}t}$ for any X-scheme Y of finite type. Furthermore, A is fulfilled for a constant ring and $X_{\acute{e}t}$ where X is either an algebraically closed field, a local or global field or **Spec Z**. Examples, where condition B is fulfilled include the case when R is a constant ring, noetherian, commutative and local of finite global dimension and it is stable under taking group rings as above.

Lemma 1.1. *Let $M \in D^+(S^{\mathbf{N}} - ab)$ be essentially zero. Then $R\pi_* M = 0$.*

Proof. From [Ek:0.4.6] we get, for any $U \in S$ and any $N. \in R. - mod$, an exact sequence

$$0 \to \varprojlim{}^1 \{H^{i+1}(U, N_n)\} \longrightarrow H^i(\pi^* U, N.) \longrightarrow \varprojlim \{H^i(U, N_n)\} \to 0. \quad (1.2)$$

If $N.$ is essentially zero then so is, by functoriality, $\{H^j(U, N_n)\}$ for all j whence, by (1.2), $H^i(\pi^* U, N.) = 0$. As $R\pi_* N.$ is the sheaf associated to the presheaf $U \mapsto H^i(\pi^* U, N.)$ we get $R\pi_* N.$ and from this the lemma is proven by dévissage. Q.E.D.

Let now $M \in D^{e+}(S^{\mathbf{N}} - ab)$. We will have a technical problem to overcome if condition A is not fulfilled and it will be solved as follows. Whenever A has not been assumed we define $\tau(M)$ as the pro-object (cf. [Ill:VII,1.1]) $(\ldots \to \tau_{\geq i-1} M \to \tau_{\geq i} M \to \tau_{\geq i+1} M \to \ldots)$ and whenever it has been assumed we let it simply denote M. Then $R\pi_* \tau(M)$ is, by (1.1), essentially constant as pro-object and we let, by a slight abuse of language, $R\pi_* M$ denote any limit of this prosystem. In this way we can define $R\pi_*(-)$ on $D^{e+}(S^{\mathbf{N}} - R.)$ and we clearly get a triangulated (i.e. commuting with shifts and preserving distinguished triangles) functor $D^{e+}(S^{\mathbf{N}} - R.) \to D^+(S - R)$. Note that I do not claim, and it is no doubt false, that this definition coincides with the general definition of [SGA4:XVII, Déf. 1.2.1] where the latter is defined (which is in fact always). We also have that if condition B is fulfilled $\pi^*(R_n \otimes_R^L \tau(M)) = \tau(\pi^*(R_n \otimes_R^L M))$ as prosystems for any $M \in D^{e+}(S^{\mathbf{N}} - ab)$.

We will say that a complex M of abelian groups in $S^{\mathbf{N}}$ *is essentially constant* if there exists a complex N of groups in $S^{\mathbf{N}}$, a complex P of groups in S and morphisms of complexes $M \xleftarrow{f} N \xrightarrow{g} \pi^* P$ such that the mapping cones of f and g are essentially zero. It is clear that if M is essentially bounded in some direction, P may be chosen to be bounded in the same direction.

Lemma 1.3. *i) If condition A is fulfilled then $\pi_*: S^{\mathbf{N}} - R. \to S - R$ has finite cohomological dimension and so is defined on all of $D(S^{\mathbf{N}} - R.)$. On $D^{e+}(S^{\mathbf{N}} - R.)$ it coincides with our earlier definition.*

ii) If condition A is fulfilled and $M \in D(S^{\mathbf{N}} - R.)$ is essentially zero then $R\pi_* M = 0$.

iii) If condition A is fulfilled and $M \in D(S^{\mathbf{N}} - R.)$ is essentially bounded in some direction then $R\pi_* M$ is bounded in the same direction.

iv) An $M \in D^{e+}(S^{\mathbf{N}} - R/m^n)$ ($D(S^{\mathbf{N}} - R/m^n)$ if A is fulfilled) is essentially constant iff the adjunction morphism

$$\pi^* R\pi_* M \to M$$

($\pi: (S^{\mathbf{N}}, R/m^n) \to (S, R/m^n)$) has an essentially zero mapping cone.

Proof. From A and dévissage we see that $H^i(U, M) = 0$ if $i > N$, $U \in S^{gen}$ and $M \in S - R/m^n$. This and (1.2) shows that if $M. \in S^{\mathbf{N}} - R.$ then the presheaf $U \mapsto H^i(\pi^* U, M.)$ is zero on S^{gen} if $i > N + 1$ and so $R^i \pi_* M. = 0$ if $i > N + 1$. This gives that π_* has finite cohomological dimension. By dévissage and (1.1) this gives $R\pi_* M. = 0$ if M is essentially zero and this immediately gives the last part of i). Now ii) follows directly from i) and (1.1). The proof of iii) is now immediate from ii). As for iv) let us first note that $R\pi_* \pi^* = id$. Indeed, that $\pi_* \pi^* = id$ is clear and the acyclicity follows for example from (1.2). Using the notations of the definition we have a commutative diagram

$$\begin{array}{ccccc} \pi^* R\pi_* M & \longleftarrow & \pi^* R\pi_* N & \longrightarrow & \pi^* R\pi_* \pi^* P \\ \downarrow & & \downarrow & & \downarrow \\ M & \longleftarrow & N & \longrightarrow & \pi^* P. \end{array}$$

By ii) the upper horizontal maps are isomorphisms and by what was just observed the right vertical map is an isomorphism. Then $\pi^* R\pi_* N \to N$ has an essentially zero mapping cone being the composite of two that have and then so does $\pi^* R\pi_* M \to M$ for the same reason. The converse is true by definition. Q.E.D.

Lemma 1.4. *let $M \in D^-(S^{\mathbf{N}} - R^{op}_{\cdot})$, where R^{op} is the opposite ring of R, and $N \in D(S^{\mathbf{N}} - R.)$. If M is essentially zero and either M is bounded or N is bounded from above then $M \bigotimes^L_{R.} N$ is essentially zero.*

Proof. We may clearly assume that M is concentrated in degree zero. We will then prove that if $M_m \to M_n$ is zero, then so is $H^*(M \bigotimes^L_{R.} N)_m \to H^*(M \bigotimes^L_{R.} N)_n$. This statement is stable under direct limits in N so we may assume that N is bounded from above. Then we may further reduce down to the case where N is a free $R.$-module and then finally to $N = R.$ where it is obvious. Q.E.D.

Reserving the symbol $D(S - R)$ for a category to be defined later we will use the notation $D(S - R)_{lit}$ for the derived category of (*literal*) R-complexes on S.

Lemma 1.5. *i) If B then π has finite Tor-dimension.*

ii) If A let $M \in D^-(S^{\mathbf{N}} - R.)$, if B let $M \in D^{e+}(S^{\mathbf{N}} - R.)$ and if A and B let $M \in D(S^{\mathbf{N}} - R.)$. Then the natural morphism

$$R_n \bigotimes^L_R R\pi_* M \to R\pi_*(\pi^* R_n \bigotimes^L_{R.} M) \tag{1.6}$$

is an isomorphism.

Proof. For i) we note that the i^*_n form a conservative set of functors so it suffices to show that $i_n\pi\colon (S, i^*_n R.) \to (S, R)$ has Tor-dimension $\leq N$ for all n, but $i^*_n R. = R_n$. Next, combining lemmas 1.3ii and 1.4 we reduce to showing that $F^{\cdot}_n \bigotimes^L_R R\pi_* M \to R\pi_*(\pi^* F^{\cdot}_n \bigotimes^L_{R.} M)$ is an isomorphism. As the F^i_n are finitely generated free R-modules this is clear. Q.E.D.

2. *R*-complexes

If A let $M \in D^-(S^{\mathbf{N}} - R.)$, if B let $M \in D^{e+}(S^{\mathbf{N}} - R.)$ and if A and B let $M \in D(S^{\mathbf{N}} - R.)$. Then $R\pi_* M$ has been defined above and $\widehat{M} := L\pi^*(R\pi_* M)$ is defined by (1.5i). In the first and third case we have an adjunction morphism $\widehat{M} \to M$ and in the second case we have a morphism $\widehat{M} \to \tau_{\geq i} M$ for all i whence a morphism $\tau(\widehat{M}) \to \tau(M)$.

Definition 2.1. Let $M, N \in D(S^{\mathbf{N}} - R.)$.

i) M is an R-complex if $\pi^*(R_1) \bigotimes^L_{R.} M$ is essentially constant.

ii) M is negligible if $\pi^*(R_1)\bigotimes^L_{R.} M$ is essentially zero.

iii) M is normalised if $\tau(\widehat{M}) \to \tau(M)$ is a quasi-isomorphism.

iv) A morphism $M \to N$ is essentially an isomorphism if it has a negligible mapping cone. If B, then a morphism $\tau(M) \to \tau(N)$ is essentially an isomorphism if the maps induced on cohomology from $\tau(\pi^*(R_1)\bigotimes^L_{R.} M) = \pi^*(R_1)\bigotimes^L_R \tau(M) \to \pi^*(R_1)\bigotimes^L_{R.} \tau(N) = \tau(\pi^*(R_1)\bigotimes^L_{R.} N)$ have essentially zero kernels and cokernels.

Remark: As essentially zero objects are stable under kernels, cokernels and extensions the definitions of iv) are consistent.

The idea is that R-complexes are the good objects. Normalised complexes are even better, but the notion is a little bit too rigid to serve as the basic notion. As we will see things will be set up so that we may always replace, up to essential isomorphisms, an R-complex by a normalised one.

Proposition 2.2. *If A let $M \in D^-(S^{\mathbf{N}} - R.)$, if B let $M \in D^{e+}(S^{\mathbf{N}} - R.)$ and if A and B let $M \in D(S^{\mathbf{N}} - R.)$. Then*

i) M is an R-complex iff $\tau(\widehat{M}) \to \tau(M)$ is essentially an isomorphism.

ii) M is normalised iff $R_n \bigotimes^L_{R_{n+1}} i^*_{n+1} M \to i^*_n M$ is an isomorphism for all n.

iii) If A let $M' \in D^-(S - R)_{lit}$, if B let $M' \in D^+(S - R)_{lit}$ and if A and B let $M' \in D(S - R)_{lit}$ then $L\pi^* M'$ belongs to $D^-(S^{\mathbf{N}} - R.)_{lit}$, $D^+(S^{\mathbf{N}} - R.)_{lit}$ resp. $D(S^{\mathbf{N}} - R.)_{lit}$ and is normalised. In particular, $\widehat{M}$ is normalised.

Proof. We will need the following lemma.

Lemma 2.3. *If A let $M \in D^-(S^{\mathbf{N}} - R.)$, if B let $M \in D^{e+}(S^{\mathbf{N}} - R.)$ and if A and B let $M \in D(S^{\mathbf{N}} - R.)$. Consider the following commutative diagram*

$$\begin{array}{ccc}
\pi^*(R_n)\bigotimes^L_R \tau(L\pi^* R\pi_* M) & \xrightarrow{a} & \pi^*(R_n)\bigotimes^L_R \tau(M) \\
\uparrow g & & \uparrow b \\
\pi^*(R_n)\bigotimes^L_{R.} L\pi^* R\pi_* M & & \pi^*(R_n)\bigotimes^L_{R.} M \\
\uparrow f & & \uparrow c \\
L\pi^*(R_n)\bigotimes^L_R L\pi^* R\pi_* M & & \pi^{-1}(R\pi_*(\pi^*(R_n)\bigotimes^L_{R.} R\pi_* M)) \\
\| & & \uparrow d \\
L\pi^*(R_n \bigotimes^L_R R\pi_* M) & \xrightarrow{e} & L\pi^*(R\pi_*(\pi^*(R_n)\bigotimes^L_R M)),
\end{array} \qquad (2.4)$$

where for an R_n-module N $(\pi^{-1}N)_i$ equals N if $i \geq n$ and $R_i \bigotimes_{R_n} N$ if not and the morphisms are the obvious ones ($a, b, g = id \otimes can$, $c =$ adjunction unit, $d = can$, $e = L\pi^*(can)$ and $f = can \otimes id$). Then e and g are isomorphisms and b, d and f have essentially zero mapping cones.

Proof. Indeed, e is an isomorphism by (1.5ii), g is an isomorphism in the second case as $L\pi^* R\pi_* M$ is bounded from below and in the other cases g is obviously an isomorphism and by (1.4) b and f have essentially zero mapping cones. Finally, I claim that for any $N \in D^-(S - R_n)$ (or $D(S - R_n)$ as the case may be) $L\pi^* N \to \pi^{-1}N$ has an essentially zero mapping cone. Indeed, we reduce to $N = R_n$ and then it is true by assumption. Q.E.D.

Returning to the proof of (2.2) we note that it follows from (2.3) that, using the notations of (2.4), a has an essentially zero mapping cone iff c has which is i). If M is normalised then

$$R_n \bigotimes^L_{R_{n+1}} i^*_{n+1}\tau(M) \xleftarrow{\sim} R_n \bigotimes^L_{R_{n+1}} \tau(R_{n+1} \bigotimes^L_R R\pi_* M) =$$
$$R_n \bigotimes^L_R R\pi_* M \xrightarrow{\sim} i^*_n M,$$

which in particular shows that if $M \in D^{e+}(S^{\mathbf{N}} - R.)$ then we have $M \in D^+(S^{\mathbf{N}} - R.)$ and we may hence dispense with the τ. I leave to the reader to fit these isomorphisms into the required commutative diagram to get the only if of ii). Conversely, if $R_n \bigotimes^L_{R_{n+1}} i^*_{n+1} M \xleftarrow{\sim} i^*_n M$ then $R_n \bigotimes^L_{R_r} i^*_r M \xleftarrow{\sim} i^*_n M$ for all $r \geq n$ and hence $\pi^*(R_n) \bigotimes^L_R M$ has all its transition maps quasi-isomorphisms from π_n on. Therefore, $i^*_n \widehat{M} = R_n \bigotimes^L_R R\pi_*(\pi^*(R_n) \bigotimes^L_R M) = i^*_n M$ and as the i^*_n form a set of conservative functors we are finished. Finally, to show that $L\pi^* R\pi_* L\pi^* M' = L\pi^* M'$ it suffices to show that $R_n \bigotimes^L_R R\pi_* L\pi^* M' = R_n \bigotimes^L_R M'$. Now, by lemma 1.5, $R_n \bigotimes^L_R R\pi_* L\pi^* M' = R\pi_*(\pi^* R_n \bigotimes^L_{R.} L\pi^* M')$. By (1.3ii) and the fact that the f of (2.4) has an essentially zero mapping cone (even if M' is not of the form $R\pi_* M$) this equals $R\pi_*(L\pi^*(R_n \bigotimes^L_R M'))$ and again by (1.3ii) and the fact that the d of (2.4) has an essentially zero mapping cone (see the proof of (2.3)) $R\pi_*(L\pi^*(R_n \bigotimes^L_R M')) = R\pi_*(\pi^{-1}(R_n \bigotimes^L_R M')) = R_n \bigotimes^L_R M'$. Q.E.D.

Let us at this point note that the negligible complexes form a thick subcategory of $D(S^{\mathbf{N}} - R.)$.

Definition 2.5. Let $D(S - R)$ denote the category whose objects are R-complexes and morphisms are the morphisms $\tau(M) \to \tau(N)$ with essential isomorphisms inverted. If $* =$ b, + or − we denote by $D^*(S - R)$ the *essential image of the R-complexes which are essentially bounded (from above resp. below). By abuse of language we will call the objects of $D(S-R)$ R-complexes.*

Remark: There may be some doubt if this is even a proper definition because of the usual set-theoretic difficulties. We will see that under suitable combinations of boundedness conditions and conditions A and B the essential isomorphisms admit a calculus of fractions and hence these difficulties disappear. We will allow ourselves the luxury of pretending that there are no problems whatsoever.

Definition-Lemma 2.6. *Assume that condition A or B holds. If A holds let $*$ be $-$, if B let $*$ be e+ resp. $+$ and if A and B hold let $*$ be empty.*

i) The functor $R_n\otimes^L_R R\pi_*(-)\colon D^*(S^{\mathbf{N}}-R.)\to D(S-R_n)$ factors to give a functor $D^*(S-R)\to D(S-R_n)$ which we will denote $R_n\otimes^L_R(-)$.

ii) The functor $\widehat{(-)}\colon D^*(S^{\mathbf{N}}-R.)\to D(S^{\mathbf{N}}-R.)$ factors to give a functor $D^*(S-R)\to D(S^{\mathbf{N}}-R.)$ which we will continue to denote $\widehat{(-)}$.

Proof. To prove i) we need to prove that if M is negligible then $R_n\otimes^L_R R\pi_*M=0$. By (1.5ii) this is true for $n=1$ and by an obvious dévissage it is sufficient to prove that $(m^n/m^{n+1})\otimes^L_R R\pi_*M=0$ for every n but by dévissage this is true for any R_1-module (locally of finite Tor-dimension if we do not assume A). Indeed, this is clear if $*=-$ and if not we reduce to a flat R_1-module and then to a free as every flat module is an internal direct limit of free modules (cf. [SGA4:V,8.2.12]) in which case it is obvious. The proof of ii) is similar. Q.E.D.

Proposition 2.7. *With the same assumptions as in (2.6).*

i) $R_1\otimes^L_R(-)\colon D^*(S-R)\to D(S-R_1)$ is conservative.

ii) Let $D^*_{norm}(S^{\mathbf{N}}-R.)$ be the category of normalised complexes. Then $can\colon D^*_{norm}(S^{\mathbf{N}}-R.)\to D^*(S-R)$ and

$$\widehat{(-)}\colon D^*(S-R)\to D^*_{norm}(S^{\mathbf{N}}-R.)$$

are equivalences of categories, natural inverses to each other.

Proof. essentially constant system $\pi^*(R_1)\otimes^L_{R.}M$ so M is negligible iff $R_1\otimes^L_R M=0$. As for ii) (2.2i) shows that if M is an R-complex then $\widehat{M}\to M$ is an isomorphism in $D(S-R)$ so that we get that *can* and $\widehat{(-)}$

are right resp. left inverses to each other. In the other direction there is no problem if we assume A and if we assume B and $M \in D^{e+}(S^{\mathbf{N}} - R.)$ is normalised then $\widehat{M}$ belongs (locally) to $D^+(S^{\mathbf{N}} - R.)$ and so does M as it is normalised and then we get a natural isomorphism $\widehat{M} \to M$. Q.E.D.

Remark: This shows that $D^*(S - R)$ is well-defined and forms a triangulated category.

3. Finiteness properties.

Proposition 3.1. *Assume that condition A or B holds. If condition A holds let $*$ be $-$, if condition B holds let $*$ be $+$ and if conditions A and B hold let $*$ be empty and let $M \in D(S-R)$.*

i) If $H^i(R_1 \bigotimes_R^L M) = 0$ for $i > N$, then $H^i(\widehat{M}) = 0$ for $i > N$.

ii) If m^n/m^{n+1} is a flat R_1-module for all n and if $H^N(R_1 \bigotimes_R^L M) = 0$ for some N, then $H^N(\widehat{M}) = 0$.

Proof. It is clear that if $H^i(R_1 \bigotimes_R^L M) = 0$ for $i > N$ then

$$H^i(T \bigotimes_R^L M) = 0$$

for all R_1-modules T (locally of finite Tor-dimension if $* \neq -$ (compare the proof of (2.6i)) and hence dévissage gives $H^i(R_n \bigotimes_R^L M) = 0$ for all n which implies $H^i(\widehat{M}) = 0$. It is clear that ii) follows similarly. Q.E.D.

Suppose now that $C \subseteq D(S-R_1)$ is a triangulated subcategory. Then we define $D^*(S-R)_C$ (with the usual meaning of $*$) by the condition $N \in D^*(S-R)_C$ iff $R_1 \bigotimes_R^L N \in C$. If $c \subseteq S-R_1-mod$ is closed under kernels, cokernels and extensions and we define $C \subseteq D(S-R)$ by $N \in C$ iff $H^i(N) \in c$ for all i, then we will denote $D^*(S-R)_C$ by $D^*_c(S-R)$. For the rest of this section we will assume that *R is a constant, commutative and noetherian ring* (I leave to the reader to relax these conditions). Using the techniques and results of [SGA5:Exp. V] it is not difficult to prove

Lemma 3.2. *Suppose that $c \subseteq S-R_1$ is closed under kernels, cokernels and extensions and that c is a noetherian category. Suppose further that $N \in S^{\mathbf{N}} - R.$ has the property that $R_n \bigotimes_{R_{n+1}} i^*_{n+1} N \to i^*_n N$ are isomorphisms and $i^*_1 N \in c$. Then N is an R-complex and $N \in D^-_c(S-R)$.*

Proof. We want to prove that $\pi^*(R_1)\otimes^L_R N$ is essentially constant. An $R.$-module M is essentially constant if there is a filtration $\{\ldots \subseteq M^{i+1} \subseteq M^i \subseteq \ldots \subseteq M^0 = M\}$ which is exhaustive in the sense that for each n there is an i for which $M^i_n = 0$, such that $mM^i \subseteq M^{i+1}$ and such that $gr^i(M^\cdot)$ is essentially constant for all i and $gr(M^\cdot)$ is a finitely generated $gr_m(R)$-module (i.e. the image of some $gr_m(R)\otimes^L_{R_1} X$ where X is concentrated in finitely many degrees) and killed by a power of m. If we filter N by the standard filtration (loc. cit.:4.1.1) then we get a spectral sequence $Tor^{gr_m R}(R_1, gr\, N) \Rightarrow gr\, Tor^R(R_1, N)$ where the filtration on $Tor^R(R_1, N)$ is exhaustive. Now $gr\, N$ has a resolution by induced modules (i.e. of the form $gr_m(R)\otimes^L_{R_1} X$ where X is concentrated in finitely many degrees) by (loc. cit. 5.1.6). Q.E.D.

Definition 3.3. If $M \in D(S^{\mathbf{N}} - R.)$ and $c \subseteq S - R_1 - mod$ is as in the lemma, we will say that M belongs to $D^*_c(S - R)$ if M is an R-complex and its image in $D(S - R)$ lies $D^*_c(S - R)$. If $M \in D(S - R)$ we will denote by $H^i(M)$ its cohomology as an $R.$-complex.

Proposition 3.4. *Let $c \subseteq S - R_1$ fulfill the conditions of lemma 3.2.*

i) $M \in D^-(S^{\mathbf{N}} - R.)$ is negligible iff M is essentially zero.

ii) $M \in D^-(S - R)$ belongs to $D_c(S - R)$ if and only if $H^i(M)$ belongs to $D_c(S - R)$.

iii) $M \in S^{\mathbf{N}} - R.$ belongs to $D_c(S - R)$ iff $H^0(\widehat{M})$ fulfills the conditions of lemma 3.2 and $H^0(\widehat{M}) \to M$ has essentially zero kernel and cokernel.

Proof. The if of i) follows from (1.4). We prove the only if by descending induction on the largest i such that $H^i(M) \neq 0$ and by the if-part it will suffice to show that $H^i(M)$ is essentially zero. As $H^j(M) = 0$ for $j > i$, $\pi^*(R_1)\otimes_R H^i(M)$ is essentially zero. Hence it suffices to show that if $N^\cdot \in S^{\mathbf{N}} - R.$ has the property that $N^\cdot/mN^\cdot$ is essentially zero then $N^\cdot$ is essentially zero. By asssumption there exists for every n an $r > n$ such that N_r maps into mN_n. We therefore get for every n, $n < n_1 < n_2 \ldots$ such that $N_{n_{i+1}}$ maps into mN_{n_i} and therefore N_{n_n} maps into $m^n N_n = 0$, so for every n there is an $r > n$ such that $N_r \to N_n$ is zero.

As for ii), the if is clear as $D_c(S - R)$ is a triangulated subcategory. For the only if we do again a descending induction on i and by the if-part we may assume that $H^j(M) = 0$ if $j > i$. By assumption $\pi^*(R_1)\otimes^L_{R.} M$ is essentially constant and zero in degrees above i. We know, by (1.3iv) and (1.5ii) that $\pi^{-1}(R_1 \otimes^L_R M) \to \pi^*(R_1)\otimes^L_{R.} M$ has an essentially zero mapping cone, which clearly implies that $R_1 \otimes^L_R M$ is zero in degrees above i. This implies, by Prop. 3.1 that $\widehat{M}$ is zero in degrees above i. By i) and (2.2i) we may then replace M by $\widehat{M}$, that is suppose that M is normalised. By (2.2ii) we see that that $H^i(M)$ fulfills the conditions of lemma 3.2 and hence belongs to $D_c(S-R)$.

Finally, if $M \in S^{\mathbf{N}} - R.$ belongs to $D_c(S-R)$, then we have just seen that $H^0(\widehat{M})$ fulfills the conditions of lemma 3.2. Furthermore, $\widehat{M} \to M$ is essentially an isomorphism so by i) $H^0(\widehat{M}) \to M$ has essentially zero kernel and cokernel. Conversely, if $H^0(\widehat{M})$ fulfills the conditions of lemma 3.2, then it belongs to $D_c(S-R)$, and so does M, being essentially isomorphic to $H^0(\widehat{M})$ by assumption. Q.E.D.

Corollary 3.5. *$\tau_{\geq i}$ and $\tau_{\leq i}$ extend to $D^*_c(S-R)$ giving the usual distinguished triangles.*

Proof. Q.E.D.

Remark: The reader should be aware of the fact that $\tau_{\geq i}$ and $\tau_{\leq i}$ do not in general preserve the normalised complexes. This is perhaps the major advantage of R-complexes as opposed to normalised complexes.

Let us summarise what we have obtained so far. To simplify the statements *let us assume that B holds and that m^n/m^{n+1} is a projective R_1-module* (note that under the other assumptions projectivity is equivalent to flatness). Let us also agree to call $M \in S^{\mathbf{N}} - R.$ a $c-R$-sheaf if it fulfills the conditions of lemma 3.2.

Theorem 3.6. *i) The category $D^*(S-R)$ is a triangulated category.*

ii) $R_n \otimes^L_R (-): D^*(S-R) \to D(S-R_n)$ are triangulated functors and for $n = 1$ it is conservative.

iii) If $R_1 \otimes^L_R M$ has amplitude $\subseteq [p, q]$, where $M \in D(S-R)$, then it is isomorphic to a complex of amplitude $\subseteq [p, q]$.

iv) $M \in D^-(S-R)$ belongs to $D_c(S-R)$ iff for all i $H^i(M)$ is isomorphic modulo essentially zero systems to a $c-R$-sheaf in which case the $c-R$-sheaf in question is isomorphic, in $S^{\mathbf{N}} - R.$, to $H^0(\widehat{H^i(M)})$.

v) The category $D^-(S-R)$ has a t-structure whose heart is equivalent to the category of $c-R$-sheaves.

Proof. Q.E.D.

4. The tensor formalism.

In this section we will assume B and that R is commutative.

Remark: The reader will have no problems in providing variants of the commutativity assumptions so as to cover for instance the case where R is a group ring for a finite group.

Definition 4.1. If A holds let $*$ be empty and if not let it be e+.

i) Let $M \in D^{-,*}(S^{\mathrm{N}}-R.)$ and $N \in D^{*}(S^{\mathrm{N}}-R.)$ (or vice versa). Put

$$M \otimes_R^L N := L\pi^*(R\pi_* M \otimes_R^L R\pi_* N).$$

ii) Let $M \in D^{*}(S^{\mathrm{N}}-R.)$ and $N \in D^{+}(S^{\mathrm{N}}-R.)$. Put

$$R\underline{Hom}_R(M,N) := L\pi^* R\underline{Hom}_R(R\pi_* M, R\pi_* N).$$

Clearly $(-)\otimes_R^L(-)$ and $R\underline{Hom}_R(-,-)$ factors to give bifunctors on $D(S-R)$ and we will use the same symbols to denote these.

Proposition 4.2. *If A let $*$ be empty and if not let it be e+.*

i) Let $M \in D^{-,*}(S^{\mathrm{N}}-R.)$ and $N \in D^{*}(S^{\mathrm{N}}-R.)$ (or vice versa). The natural morphism

$$R_n \otimes_R^L (M \otimes_R^L N) \to (R_n \otimes_R^L M) \otimes_{R_n}^L (R_n \otimes_R^L N)$$

is an isomorphism.

ii) Let $M \in D^{*}(S^{\mathrm{N}}-R.)$ and $N \in D^{+,*}(S^{\mathrm{N}}-R.)$. The natural morphism

$$R_n \otimes_R^L (R\underline{Hom}_R(M,N)) \to R\underline{Hom}_{R_n}((R_n \otimes_R^L M),(R_n \otimes_R^L N))$$

is an isomorphism.

Proof. Using (1.4), (1.5ii) and (2.3) we get Using the definitions and (1.5ii) respectively we get

$$R_n \otimes_R^L (M \otimes_R^L N) = R_n \otimes_R^L R\pi_*(L\pi^*(R\pi_* M \otimes_R^L R\pi_* N)).$$

Now, as we saw in the proof of (2.3) $L\pi^* R_n \to \pi^* R_n$ is essentially an isomorphism and so

$$R_n \otimes_R^L R\pi_*(L\pi^*(R\pi_* M \otimes_R^L R\pi_* N)) =$$
$$R\pi_*(\pi^*(R_n) \otimes_R^L L\pi^*(R\pi_* M \otimes_R^L R\pi_* N))$$

is essentially an isomorphism. Finally we get

$$R\pi_*(L\pi^*(R_n)\otimes^L_{R.} L\pi^*(R\pi_* M\otimes^L_R R\pi_* N)) =$$
$$R\pi_*(L\pi^*(R_n\otimes^L_R(R\pi_* M\otimes^L_R R\pi_* N))) = (R_n\otimes^L_R M)\otimes^L_{R_n}(R_n\otimes^L_R N).$$

Similarly we get $R_n\otimes^L_R R\underline{Hom}_R(M,N) = R_n\otimes^L_R R\underline{Hom}_R(R\pi_* M, R\pi_* N)$. As R_n locally has a finite free resolution it follows that this equals $R\underline{Hom}_R(R\pi_* M, R_n\otimes^L_R R\pi_* N)$. We then finish by the following lemma. Q.E.D.

Lemma 4.3. *Let* $P\in D(S-R)_{lit}$ and $Q\in D^+(S-R_n)$. *Then*

$$R\underline{Hom}_R(P,Q) = R\underline{Hom}_{R_n}(R_n\otimes^L_R P, Q).$$

Proof. This is simply "trivial duality" for the morphism $(S,R)\to(S,R_n)$ of ringed toposes. As this morphism has locally finite Tor-dimension and finite cohomological dimension the formula is valid (cf. [Ek:0.3.1]). Q.E.D.

Proposition 4.4. *i) Let* $M\in D(S^{\mathbf{N}}-R.)$ *and* $N\in D^+(S^{\mathbf{N}}-R.)$. *Then*

$$RHom_R\,(M,\widehat{N}) = RHom_{R.}(R., R\underline{Hom}_R(M,N)).$$

In particular, if we let R *denote the image of* $R.$ *in* $D(S-R)$ *and* $M\in D(S-R)$, $N\in D^+(S-R)$

$$Hom_{D(S-R)}(R, R\underline{Hom}_R(M,N)) = Hom_{D(S-R)}(M,N). \tag{4.5}$$

ii) Let $M\in D(S^{\mathbf{N}}-R.)$, $N\in D^-(S^{\mathbf{N}}-R.)$ *and* $P\in D^+(S^{\mathbf{N}}-R.)$. *Then*

$$R\underline{Hom}_R(M\otimes^L_R N, P) = R\underline{Hom}_R(M, R\underline{Hom}_R(N,P). \tag{4.6}$$

In particular, $(-)\otimes^L_R N$ *and* $R\underline{Hom}_R(N,-)$ *are adjoint functors on* $D(S-R)$.

Proof. We have

$$R\pi_* L\pi^* R\underline{Hom}_R(R\pi_* M, R\pi_* N) = R\pi_* R\underline{Hom}_R(L\pi^* R\pi_* M, L\pi^* R\pi_* N) =$$
$$R\underline{Hom}_R(R\pi_* M, R\pi_* L\pi^* R\pi_* N) = R\pi_* R\underline{Hom}_R\,(L\pi^* R\pi_* M, L\pi^* R\pi_* N) =$$
$$R\underline{Hom}_R\,(\widehat{M},\widehat{N})$$

and applying $R\Gamma(S,-)$ we get i). To prove ii) I first claim that if $M\in D(S-R)_{lit}$ and $N\in D^+(S-R)_{lit}$, then the morphisms

$$\phi\colon L\pi^*R\underline{Hom}_R(M,N)\to L\pi^*R\underline{Hom}_R(M,R\pi_*L\pi^*N)$$

and

$$\psi\colon L\pi^*R\underline{Hom}_R(R\pi_*L\pi^*M,N)\to L\pi^*R\underline{Hom}_R(M,N)$$

are isomorphisms. Indeed, it suffices to show that $i_n^*(\phi)$ and $i_n^*(\psi)$ are isomorphisms for all n. By the proof of (4.2) these are isomorphic to $R\underline{Hom}_{R_n}(R_n\bigotimes^L_R M, R_n\bigotimes^L_R N)\to R\underline{Hom}_{R_n}(R_n\bigotimes^L_R M, R_n\bigotimes^L_R R\pi_*L\pi^*N)$ (resp. ...) and as $R_n\bigotimes^L_R N\to R_n\bigotimes^L_R L\pi^*N$ is an isomorphism so is

$$R_n\bigotimes\nolimits^L_R N=R\pi_*\pi^{-1}(R_n\bigotimes\nolimits^L_R N)\to R\pi_*(R_n\bigotimes\nolimits^L_R L\pi^*N)=\\ R_n\bigotimes\nolimits^L_R R\pi_*L\pi^*N.$$

We can now prove ii) by the diagram

$$\begin{array}{ccc} & L\pi^*R\underline{Hom}_R(R\pi_*M,R\underline{Hom}_R(R\pi_*N,R\pi_*P)) & \xrightarrow{\sim} \\ & \| & \\ & L\pi^*R\underline{Hom}_R(R\pi_*M\bigotimes^L_R R\pi_*N,R\pi_*P) & \xrightarrow{\sim} \\ L\pi^*R\underline{Hom}_R(R\pi_*M,R\pi_*L\pi^*R\underline{Hom}_R(R\pi_*N,R\pi_*P)) & & \\ & \| & \\ & L\pi^*R\underline{Hom}_R(R\pi_*L\pi^*(R\pi_*M\bigotimes^L_R R\pi_*N),R\pi_*P), & \end{array}$$

where the right vertical map is defined by requiring the diagram to be commutative and the left vertical is $L\pi^*$ applied to the adjunction map. Q.E.D.

By i) $R\underline{Hom}_{R.}((\widehat{-}),(\widehat{-}))$ induces a bi-functor on $D(S-R)$ which we will denote $R\underline{Hom}_R(-,-)$. Note that $H^0(RHom_R(-,-))=Hom_{D(S-R)}(-,-)$.

We can now summarise the results of this section.

Theorem 4.7. *i)* $(-)\bigotimes^L_R(-)$ *and* $R\underline{Hom}_R(-,-)$ *resp.* $R\underline{Hom}_R(-,-)$ *are exact bi-functors defined on*

$$\left(D^-(S-R)\times D(S-R)\right)\bigcup\left(D(S-R)\times D^-(S-R)\right)$$

resp. $D(S-R)^{op}\times D^+(S-R)$.

ii) If $M \in D(S-R)$ *and* $N \in D^+(S-R)$ *then*

$$Hom_{D(S-R)}(M,N) = H^0(RHom_R(M,N))$$

and

$$RHom_R(M,N) = RHom_R(R, R\underline{Hom}_R(M,N)).$$

iii) If $M \in D(S-R)$, $N \in D^-(S-R)$ *and* $P \in D^+(S-R)$ *then*

$$R\underline{Hom}_R(M \otimes^L_R N, P) = R\underline{Hom}_R(M, R\underline{Hom}_R(N,P)).$$

iv) The functor

$$R_n \otimes^L_R (-) \colon D(S-R) \to D(S-R_n)$$

takes $(-)\otimes^L_R(-)$ *to* $(-)\otimes^L_{R_n}(-)$ *and* $R\underline{Hom}_R(-,-)$ *to* $R\underline{Hom}_{R_n}(-,-)$ *and the isomorphisms of ii) and iii) to the corresponding isomorphism for* R_n.

v) If $C \subseteq D(S-R_1)$, *a triangulated subcategory, is closed under* $(-)\otimes^L_{R_1}(-)$ *and* $R\underline{Hom}_{R_1}(-,-)$, *then* $D(S-R)_C$ *(cf. the paragraph after proof of (3.1)) is closed under* $(-)\otimes^L_R(-)$ *and* $R\underline{Hom}_R(-,-)$.

Proof. Q.E.D.

5. Functoriality.

Suppose now that T is another topos and $f\colon T \to S$ a morphism of toposes. We ring T by f^*R and then the conditions we have assumed for (S,R) will be true for (T, f^*R), if B is true for (S,R) then it is true for (T, f^*R), whereas A may or may not be true for (T, f^*R) even if assumed for (S,R). In any case it is clear that Lf^* and Rf_* preserves R-complexes as well as essential isomorphisms and so induces maps $D(S-R) \to D(T-f^*R)$ resp. $D(T-f^*R) \to D(S-R)$. We also have

Theorem 5.1. *Assume condition B and that* R *is commutative.*

i) Lf^* *takes* $(-)\otimes^L_R(-)$ *to* $(-)\otimes^L_{f^*R}(-)$.

ii) Let $C \subseteq D(S-R_1)$ *be a triangulated subcategory and suppose that* Lf^* *restricted to* C *takes* $R\underline{Hom}_{R_1}(-,-)$ *to* $R\underline{Hom}_{f^*R_1}(-,-)$. *Then* Lf^* *restricted to* $D(S-R)_C$ *takes* $R\underline{Hom}_R(-,-)$ *to* $R\underline{Hom}_{f^*R}(-,-)$.

iii) Let $C \subseteq D(S-R_1)$ and $C' \subseteq D(T-f^*R_1)$ be triangulated subcategories and suppose that $Lf^*C \subseteq C'$ resp. $Rf_*C' \subseteq C$. Then

$$Lf^*D(S-R)_C \subseteq D(T-f^*R)_{C'}$$

resp.

$$Rf_*D(T-R)_{C'} \subseteq D(S-R)_C.$$

Proof. We certainly have maps defined properly. We then use that $R_1 \otimes^L_R (-)$ is conservative. Q.E.D.

6. The ℓ-adic formalism.

We will now assume that S is the étale topos of a coherent scheme and that R_1 is a torsion sheaf. For a separated morphism of finite type (cf. [SGA4:XVII,App]) $f: T \to S$ we can define the functor

$$Rf_!: D(T-f^*R) \to D(S-R)$$

for which an obvious analogue of (5.1 ii) is valid. Furthermore, copying [SGA4:XVIII] we can define $Rf^!$ as follows. First we note that the category of R-modules is equivalent to the ind-category of those R-modules M. for which M_n is a constructible R_n-module for each n and is zero for sufficiently large n. Then we define the *modified canonical resolution* of an R-module M. as the system $\{C^*_\ell(M_n)\}$ (cf. [SGA4:XVIII,3.1.2]). The construction of [SGA4:XVIII,3.1] now goes through and we get the duality formula (cf. [SGA4:XVIII,3.1.10]):

$$Rf_* R\underline{Hom}_{f^*R}(K, f^!L) = R\underline{Hom}_R(Rf_!K, L), \tag{6.1}$$

for $K \in D^-(T-f^*R)$ and $L \in D^+(S-R)$. Furthermore, we have for $M \in D^-(S-R_n)$ and $N \in D^+(S-R)$

$$\begin{gathered} RHom_{f^*R_n}(M, Rf^!(R\underline{Hom}_R(R_n, M)) = \\ RHom_{R_n}(Rf_!N, R\underline{Hom}_R(R_n, M)) = RHom_R(Rf_!N, M) = \\ RHom_{f^*R}(N, f^!M) = RHom_{f^*R_n}(N, R\underline{Hom}_R(R_n, f^!N)), \end{gathered}$$

from which it follows that

$$f^!(R\underline{Hom}_R(R_n, R) \otimes^L_R M) = f^*(R\underline{Hom}_R(R_n, R)) \otimes^L_{f^*R} f^!M, \tag{6.2}$$

where the point is that the first $f^!$ is computed on $D(S - R_n)$ and the second on $D(S-R)$.

We will now specialise even further to the case of largest practical interest. Let therefore S be a regular scheme of dimension 0 or 1 and let Sch_S be the category of S-schemes of finite type and separated S-morphisms. Suppose furthermore that R is a constant ring, commutative, local and regular, that m is its maximal ideal and that R_1 is of positive characteristic invertible in $\mathcal{O}_S$. Finally, we let $c \subseteq R_1{-}mod$ be the category of *constructible* R_1-complexes.

Theorem 6.3. *Let $X, Y \in Sch_S$, $f: Y \to X$ a morphism and let $\pi: X \to S$ be the structure morphism.*

i) There is a triangulated category $D^b_c(X-R)$ with a conservative triangulated functor

$$R_1 \otimes^L_R (-): D^b_c(X-R) \to D^b_c(X-R_1).$$

Furthermore, $D^b_c(X{-}R)$ has a t-structure (cf. [BBD:Déf. 1.3.1]) whose heart (loc. cit.) is equivalent to the category of m-adic constructible sheaves (cf. [SGA5:V,3.1.1]) and for which every object of $D^b_c(X-R)$ has finite amplitude (i.e. $D^b_c(X-R) = \bigcup D^b_c(X-R)^{\geq i} = \bigcup D^b_c(X-R)^{\leq i}$).

ii) There are triangulated functors

$$(-)\otimes^L_R(-): D^b_c(X-R) \times D^b_c(X-R) \to D^b_c(X-R)$$

resp.

$$R\underline{Hom}_R(-,-): D^b_c(X-R)^{op} \times D^b_c(X-R) \to D^b_c(X-R)$$

and $R_X \in D^b_c(X-R)$ such that $(-)\otimes^L_R(-)$ is coherently commutative and associative, R_X acts as a unit for $(-)\otimes^L_R(-)$, $R\underline{Hom}(R_X,-) = id$ and there are natural isomorphisms

$$R\underline{Hom}_R(M\otimes^L_R N, P) = R\underline{Hom}_R(M, R\underline{Hom}_R(N,P))$$

$$R\underline{Hom}_R(M_1\otimes^L_R M_2, N_1\otimes^L_R N_2) = \bigotimes_{1\leq i,j\leq 2} R\underline{Hom}(M_i, N_j).$$

Furthermore, the functors $R_n\otimes^L_R(-)$ map

$$(-)\otimes^L_R(-),\ R\underline{Hom}_R(-,-) \text{ resp. } R_S$$

to

$$(-)\otimes^L_{R_n}(-),\ R\underline{Hom}_{R_n}(-,-) \text{ resp. } R_{n,S}.$$

iii) There are functors

$$f_!, f_*: D^b_c(Y-R) \to D^b_c(X-R)$$

and

$$f^!, f^*: D^b_c(X-R) \to D^b_c(Y-R)$$

functorial in f and for which

$$\begin{aligned} f_* R\underline{Hom}(M, f^! N) &= R\underline{Hom}(f_* M, N) \\ f^*(M \otimes^L_R N) &= f^* M \otimes^L_R f^* N \\ f^* R\underline{Hom}_R(M, N) &= R\underline{Hom}_R(f^* M, f^* N) \\ f^! R\underline{Hom}_R(M, N) &= R\underline{Hom}_R(f^* M, f^! N). \end{aligned}$$

If

$$\begin{array}{ccc} Y' & \xrightarrow{g'} & Y \\ \downarrow{\scriptstyle f'} & & \downarrow{\scriptstyle f} \\ X' & \xrightarrow{g} & X \end{array}$$

is a cartesian diagram in Sch_S then

$$g^* f_! M = f'_! g'^* M$$

and

$$g'_* f'^! M = f^! g_* M.$$

Finally, $R\underline{Hom}_R(-, \pi^! R_S)$ is a bidualizing functor and $R_n \otimes^L_R(-)$ applied to these functors give the corresponding functors for $D^b_c(S-R_n)$.

iv) The axioms of [BBD:1.4.3] are verified and hence a theory of perverse sheaves can be developed (i.e. $D^b_c(S{-}R)$ may be used in [loc. cit.:2.2.4] and onwards).

Proof. Everything that has not already been proved is done by defining the appropriate maps and then applying $R_1 \otimes^L_R(-)$ to see that they are isomorphisms. For the latter fact the appropriate references are [SGA4:XII,5.1] and [SGA4:XVIII,3.10,3.1, 3.12, 3.2]. Q.E.D.

Remark: In a similar vein one can develop the usual formalism of vanishing cycles.

7. The punctual case.

In this section we will give some conditions under which a certain nice category of literal R-complexes is equivalent to the category of R-complexes (with some finiteness conditions). Examples where this condition is fulfilled is the punctual topos but also the topos of sheaves in the classical topology on a $\mathbf{C}$-scheme of finite type (which will be shown below). To simplify matters let us assume that R is a constant ring, commutative and noetherian with R_1 of finite length and such that m^n/m^{n+1} is projective over R_1. Let also $c \subseteq S-R_1$ be a noetherian subcategory closed under kernels cokernels and extensions. We will say that $M \in D^*(S-R)_{lit}$ is a *c-complex* if $R_1 \bigotimes_R^L M \in D_c^*(S-R_1)$. Consider now the following condition:

(*) There is an integer N such that for every $M \in c$ there is a set of generators S^{gen} such that if $U \in S^{gen}$ then $H^i(U,M) = 0$ if $i > 0$, $H^0(U,M)$ is a finitely generated R_1-module and $H^i(U,K) = 0$ for all $K \in c$ and all $i \geq N$.

If $M \in D^*(S-R)_{lit}$ then we say that it is complete if the natural map $M \to R\pi_* L\pi^* M$ is an isomorphism. We denote the category of complete c-complexes $D_c^*(S-R)_{lit}$.

Theorem 7.1. *Assume that (S,R,c) fulfills (*).*

i) $L\pi^*$ and $R\pi_*$ give inverse equivalences between $D_c^*(S-R)$ and $D_c^*(S-R)_{lit}$.

ii) $D_c^*(S-R)_{lit}$ is closed under $\tau_{\geq i}$ and $\tau_{\leq i}$ and $R\pi_*$ and $L\pi^*$ commute with them.

iii) $M \in S-R-mod$ belongs to $D_c^*(S-R)_{lit}$ iff $M/mM \in c$ and $M \to \varprojlim\{M/m^n M\}$ is an isomorphism.

Proof. i) is true practically by definition of $D_c^*(S-R)$. To prove ii) it suffices to show that $R\pi_*$ has amplitude [0,0] on $D_c^*(S-R)$ and for this it is enough to verify that if $M.$ is a $c-R$-sheaf then $R^i\pi_* M. = 0$ for $i > 0$. It will then be enough to find a set of generators S^{gen} of S such that if $U \in S^{gen}$ then $H^i(U,M_n) = 0$ for $n,i > 0$ and $H^0(U,M_n)$ is of finite length as follows from (1.2). For this it will be sufficient to show that there is some S^{gen} such that $H^i(U, gr\, M)$ is zero if $i > 0$ and of finite length in each degree if $i = 0$, where the filtration on M is the standard filtration $\{m^i M\}$ and the cohomology of a graded object is taken degree by degree. However, again $gr\, M$ has a resolution by induced modules and if we take such a resolution of length $> N$, choose an S^{gen} as in (*) which works for the sum of the objects in c that we induce and then use that $H^i(U, gr\, R \bigotimes_{R_1}^L M) = gr\, R \bigotimes_{R_1}^L H^i(U,M)$ (as

m^n/m^{n+1} is a projective R_1-module) we conclude. If now $M \in S-R$ belongs to $D_c^*(S-R)_{lit}$ then by ii) $L\pi^*M$ is concentrated in degree 0 and thus $R\pi_* L\pi^* M \to R\pi_*\pi^* M$ is an isomorphism and hence $M = \varprojlim\{R_n \bigotimes_R M\}$. We, of course, also have $M/mM \in c$. Conversely, if $M = \varprojlim\{R_n \bigotimes_R M\}$ and $M/mM \in c$ then by passing to the associated graded object and arguing as before we get that $R_1 \bigotimes_R^L M \in D_c(S-R_1)$ and by the proof of (2.2iii) $R_1 \bigotimes_R^L M = R_1 \bigotimes_R^L L\pi^* M$ and so $L\pi^* M \in D_c(S-R)$ and as we have a spectral sequence $Tor^{gr\, R}(gr\, R, gr\, M) \Rightarrow gr\, Tor^R(R., \pi^{-1}M)$ we get that $L\pi^*$M has amplitude [0,0] and so by ii) $R\pi_* L\pi^* M = \pi_*\pi^* M = M$. Q.E.D.

Let us now verify (*) in the cases mentioned above. In the first case when S *is the punctual topos and* c *is the category of finitely generated* R_1*-modules* (*) is quite obvious. The case where S *is the topos of sheaves in the classical topology on a* **C***-scheme of finite type and* c *is the category of algebraically constructible* R_1*-modules* is somewhat trickier. I will sketch a proof explained to me by Deligne. Firstly, we may choose N to be the dimension of S. Secondly pick a point x on S and let M be a constructible R_1-module on S. We may triangulate a neighbourhood of x such that M is constant on each (open) simplex and x is a vertex. This implies that there is a basis of neighbourhoods of x for which S as well as M are conical; the neighbourhood U is a cone with vertex x and outside of x, M is the pullback of a sheaf on the base of the cone. The inclusion of each such conical neigbourhood in any bigger conical neighbourhood (for the same triangulation) is a homotopy retraction with the retraction as well as the homotopy compatible with the sheaf. Hence the cohomology of each of these neighbourhoods is the same and as the cohomology converges to the cohomology of the vertex, the cohomology of any conical neighbourhood is trivial and the module of sections is of finite length.

With a little more work we will get the following theorem.

Theorem 7.2. *i) Let S be punctual and c the category of finitely generated R_1-modules. Then $D_c^*(S-R)$ is equivalent to $D_{coh}^*(S-\widehat{R})_{lit}$ where $\widehat{R}$ is the m-adic completion of R. This equivalence respects the natural t-structures as well tensor products and internal Hom's.*

ii) Let S be the topos of sheaves in the classical topology on a **C***-scheme of finite type and c the category of (algebraically) constructible R_1-modules. Then $D_c^*(S-R)$is equivalent to $D_c^*(S-\widehat{R})_{lit}$, the $\widehat{R}$-complexes with constructible cohomology, where $\widehat{R}$ is the m-adic completion of R. This equivalence respects the natural t-structures as well the tensor products and internal Hom's.*

Proof. i) is obvious. As for ii), by (7.1) it will suffice to show that $M \in S-R-mod$ is a constructible $\widehat{R}$-module iff M/mM is constructible and $M = \varprojlim\{M/m^n M\}$. Assume first that M is a constructible $\widehat{R}$-module. Then certainly M/mM is constructible. Consider, the exact sequence of prosystems

$$0 \to \{m^n M\} \longrightarrow M \longrightarrow \{M/m^n M\} \to 0.$$

The argument just given shows that there is a subbase of S such that for any member U $H^1(U, m^n M) = 0$ and so we get an exact sequence

$$0 \to \varprojlim \Gamma(U, m^n M) \longrightarrow \Gamma(U, M) \longrightarrow \varprojlim \Gamma(U, M/m^n M) \longrightarrow \varprojlim{}^1 \Gamma(U, m^n M).$$

Now, $\Gamma(U, M)$ is a finitely generated $\widehat{R}$-module. Furthermore, the topology defined by $\{\Gamma(U, m^n M)\}$ is separated as each stalk of M is a finitely generated R-module and so separated in the m-adic topology. These two facts taken together imply that the topology defined by $\{\Gamma(U, m^n M)\}$ equals the m-adic and so

$$\varprojlim\{\Gamma(U, m^n M)\} = \varprojlim{}^1\{\Gamma(U, m^n M)\} = 0.$$

This shows that $M = \varprojlim M/m^n M$. Conversely, suppose that M/mM is constructible and $M = \varprojlim M/m^n M$. We prove by induction on the support of M/mM that M is a constructible $\widehat{R}$-module. By passing to the associated graded module one shows that there is a non-empty open algebraic subset U of S such that the restriction of $M/m^n M$ to U is locally constant. If $j: U \to S$ is the inclusion it is easily seen that $j^* M$ is locally constant and hence constructible. Consider now the cokernel N of $j_! j^* M \to M$. By what has already been proved, $j_! j^* M$ being constructible is in $D_c^*(S-R)_{lit}$ and as $D_c^*(S-R)_{lit}$ is stable under canonical truncations N is in $D_c^*(S-R)_{lit}$. However, N/mN has smaller support than M so by our induction assumption N is constructible and then so is M. Q.E.D.

BIBLIOGRAPHY

[BBD] A. A. Beilinson, J. Bernstein, P. Deligne, “Faisceaux pervers”, Astérisque **100** (1983), 1–172.

[De] P. Deligne, “La conjecture de Weil. II”, Publ. Math. **52** (1980), 137–252.

[Ek] T. Ekedahl, “On the multiplicative properties of the deRham-Witt complex. II”, Arkiv för matematik **23** (1985), 53–102.

[Ill] L. Illusie, "Complexe cotangent et déformations II, SLN 283, Springer-Verlag.

[SGA4] M. Artin, A.Grothendieck, J.-L. Verdier, "Séminaire de géométrie algébrique du Bois-Marie 1963/64 , *Théorie des topos et cohomologie étale des schémas*, SGA 4,, SLN 269, 270, 365, Springer-Verlag.

[SGA5] A.Grothendieck, "Séminaire de géométrie algébrique du Bois-Marie 1965-66, *Cohomologie ℓ-adique et fonctions L*, SGA5, SLN 589, Springer-Verlag.

Department of Mathemathics
University of Stockholm
Box 6701
S-113 85 Stockholm
SWEDEN

F-Isocrystals on Open Varieties Results and Conjectures

GERD FALTINGS *

Dedicated to A. Grothendieck

1. Introduction

(a) In this paper we want to present some results and conjectures about crystalline cohomology. In particular, we shall show that many results from ℓ-adic étale cohomology have analogues, like the Lefschetz trace-formula, unipotence of monodromy, and the theory of weights. Our results are a sequel to the paper [Fa2]. However, there are some differences between the approaches taken. First of all, in [Fa2] we are mainly concerned with $\mathbb{Z}_p$-valued cohomology, and show at the end how results carry over to the $\mathbb{Q}_p$-adic theory (which works under much more general circumstances, but gives weaker results as we neglect p-torsion). Also, in [Fa2] the results are fairly complete, that is we show pretty much the results one can hope for. Finally, we were mostly interested in the relation between crystalline cohomology and p-adic étale cohomology.

In contrast to that, here we basically use $\mathbb{Q}_p$-cohomology, and only mention in passing how to extend to the $\mathbb{Z}_p$-theory. Also the results are more incomplete as many interesting conjectures remain open. Finally, the most interesting results concern crystalline cohomology purely in characteristic p, that is our crystals need not be filtered in general. However, the relation between crystals and Galois representations uses filtrations, which we of course may add to our data but which at this point have little relation to the rest. However I would like to mention that this was my main motivation for exploring the subject, and only during the course of work has it turned out that most results can be shown using only crystalline techniques.

---

* This work was supported in part by the National Science Foundation grant DMS-8502316.

(b) Our basic concept is that of a convergent F-isocrystal, as introduced by P. Berthelot and A. Ogus. It is a p-adic analogue of $\mathbb{Q}_\ell$-adic étale sheaves, where however there are still some unresolved technical difficulties which prevent the theory from being as nice as one would wish. In the next section we introduce some notation and explain what is already known. In particular we try to explain the "logarithmic viewpoint". It is known that many facts about smooth proper varieties have analogues for open varieties, provided one can compactify them by adding a divisor with simple normal crossings. For example, one must replace differentials by differentials with logarithmic poles at infinity, etc. We do this a little bit more systematically by introducing logarithmic analogues for some classical concepts in commutative algebra. For example, we explain the universal property of differentials with logarithmic poles, and how they are related to logarithmic crystalline cohomology. As a bonus, our understanding enables us to prove the Lefschetz trace-formula for Frobenius acting on the cohomology of a convergent F-isocrystal.

After that we study the monodromy of convergent F-isocrystals, which is very similar to the étale situation. In particular we obtain unipotence of monodromy. If we consider filtered F-isocrystals (the analogues of variations of Hodge-structures) the situation is similar to the classical one over the complex numbers (as in W. Schmid's analysis of degenerations [S]), as we know very little about the interaction between monodromy and filtration. However in some cases (corresponding to Hermitian symmetric domains) the given data force monodromy to behave well, and we can apply this to study degenerations of associated Galois representations. This suggests that there might be an underlying theory of p-adic symmetric domains. However so far only V. Drinfeld's example [Dr] is known, and this question requires further investigations on which I later intend to report.

After that we apply the theory to singular varieties with stable (or more general "allowable") singularities. The logarithmic philosophy allows us to guess what their cohomology should be, and this can be shown under some circumstances. Unfortunately most things remain conjectural, as it is in the étale theory. However I have recently learned that M. Fontaine and K. Kato have obtained positive results in this direction.

Finally, we extend the theory of weights and show as much as possible of the crystalline analogue of the Weil conjectures. Here we follow very closely the étale theory in [De].

(c) Almost everything in this paper is based on the work of A. Grothendieck. Let us only mention étale cohomology, crystalline cohomology, the relation between crystalline cohomology and p-adic étale cohomology (the mysterious functor), and the philosophy of weights. Besides these, a tremendous amount of this author's mathematical education came from studying "EGA" and "SGA", so it seems quite proper to dedicate this paper to A. Grothendieck.

2. Preliminaries

(a) At the start we have to explain "logarithmic commutative algebra". We want to apply it to define the crystalline cohomology of smooth varieties with simple normal crossings divisors. For this we have to consider PD-embeddings of those, and in such cases naturally logarithmic structures come up. It turns out that many notions of classical commutative algebra have a logarithmic analogue.

The basic objects consist of a (commutative and unitary) ring A, a finite set $\{P_\ell \mid \ell \in L\}$ of projective rank one A-modules (indexed by L), and elements $x_\ell \in P_\ell$. A map from $\{A, P_\ell, x_\ell\}$ to $\{B, Q_m, y_m\}$ is given by a ring homomorphism $A \to B$, integers $e_{\ell m} \geq 0$ and isomorphisms $P_\ell \otimes_A B \cong \otimes_{m \in M} Q_m{}^{e_{\ell m}}$ sending $x_\ell \otimes 1$ to $\prod_{m \in M} y_m{}^{e_{\ell m}}$. The $e_{\ell m}$ define a morphism $e: \mathbb{Z}^L \to \mathbb{Z}^M$. The composition of homomorphisms is the obvious one. All the data are essential for defining a morphism, although sometimes we shall be lax and just speak of $A \to B$. For example if $I \subset A$ is any ideal we can form $B = A/I, Q_\ell = P_\ell / I \cdot P_\ell$, etc., and obtain a homomorphism from A to B (which is the identity on index sets). We call this taking the quotient. Another operation (named reindexing) consists in starting with $\{B, Q_m, y_m\}$, prescribing integers $e_{\ell m}$ and then closing $B = A, P_\ell$ and x_ℓ in such a way that the identity defines a morphism. It has the universal property that any map $A \to B$ (with index map $e: \mathbb{Z}^L \to \mathbb{Z}^M$) can be factored over it. It is easy to define log-étale , log-unramified and log-smooth map, by requiring lifting over quotients $C \to C/I$ with nilpotent I (we may assume that the index set for C is the same as that for B, by reindexing). Also these notions easily globalize to maps between schemes.

We also define the logarithmic module of differentials $\Omega_{B/A}(\log)$. It is the universal object for pairs consisting of a B-module N and a logarithmic A-map $B \to B \oplus N$ lifting $A \to B$. To construct it we assume that all $P_\ell \cong A$ and $Q_m \cong B$ are trivial, as the general case follows by glueing in the Zariski topology. Thus the x_ℓ and y_m are just elements of A respectively B, and we are given units u_ℓ such that in B $u_\ell \cdot x_\ell = \prod_{m \in M} y_m{}^{e_{\ell m}}$. Now $\Omega_{B/A}(\log)$ is the universal object for logarithmic derivations, that is tuples consisting of A-derivations $D: B \to N$ (N a B-module) and elements $n_m \in M$ such that for $m \in M$ $D(y_m) = y_m \cdot n_m$ and $\sum_{m \in M} e_{\ell m} \cdot n_m = D(u_\ell)/u_\ell$ for each $\ell \in L$. It is clear that such a universal object exists, and it is a quotient of $B^M \oplus \Omega_{B/A}$. It also follows that if we have given a logarithmic A-algebra C, an ideal $I \subset C$ of square zero, and a logarithmic A-map $B \to C/I$, the set of liftings $B \to C$ is either empty, or a principally homogeneous space under $\mathrm{Hom}_B(\Omega_{B/A}(\log), I)$. In the normal crossings situation we recover the usual differentials with logarithmic poles.

Finally, we derive the usual relations between smoothness and differentials. For example, an analogue of the Zariski-criterion goes as follows: $A \to B$ log-smooth implies that $\Omega_{B/A}(\log)$ is a projective B-module, and for a log-smooth map $A \to B$ and an ideal $I \subset B$ the map $A \to B/I = C$ is log-smooth if and only if the map (induced by the universal derivation) $I/I^2 \to \Omega_{B/A}(\log) \otimes_A C$ is an inclusion onto a direct summand. Also if we have maps $A \to B \to C$ such that B and C are log-smooth over A, the map from B to C is log-smooth if and only if the induced map $\Omega_{B/A}(\log) \otimes_A C \to \Omega_{C/A}(\log)$ is the inclusion onto a direct summand.

A somehow difficult point is the construction of tensor products. Suppose we are given maps from (A, P_ℓ, x_ℓ) to (B, Q_m, u_m) and (C, R_n, z_n). For some fixed index set K and index maps $\mathbb{Z}^M \to \mathbb{Z}^K$ and $\mathbb{Z}^N \to \mathbb{Z}^K$ (coinciding on $\mathbb{Z}^L$) we consider pairs of A-maps from (B, Q_m, y_m) and (C, R_n, z_n) to (D, S_k, w_k). We construct a universal object in case $M = K$, and $\mathbb{Z}^M \to \mathbb{Z}^K$ is the identity. We may assume that all P_ℓ, Q_m and R_n are trivial, as the general case is again handled by glueing in the Zariski topology. Then the universal D is a quotient of $B \otimes_A C[U_n^{\pm 1}]/$ (relations)(U_n indeterminates), and $S_k = D, w_k = y_k \otimes 1$ (using $K = M$). For each $n \in N$ the isomorphism between $R_n \otimes_C D$ and a certain monomial in the S_k (as determined by the index map $\mathbb{Z}^N \to \mathbb{Z}^K$) is given by multiplication by U_n, and the relations are determined by the fact that these isomorphisms must satisfy some compatibilities.

(b) Some examples: One basic example of a log-smooth map is given by the polynomial ring. Take $L = \emptyset, B = A[Y_m], Q_m = B$ and $y_m = Y_m$. We may also adjoin some other indeterminates. This way one sees that if for an $A \to B$ we are given divisors $D_m \subset \operatorname{Spec}(B)$ which form a relative divisor with simple normal crossings (all closed strata in the natural stratification of $\operatorname{Spec}(B)$ are smooth over A), then the maps $A \to B$ is log-smooth ($L = \emptyset, Q_m = \Gamma(\operatorname{Spec}(B), \mathcal{O}(D_m)), y_m = 1$). In fact one can show that maps $A \to B$ of finite type (with $L = \emptyset$) are log-smooth if and only if we have a simple normal-crossings situation (write B as quotient of a polynomial ring and use the Zariski criterion).

Another example for a log-smooth map is $A[X] \to A[Y_1, \ldots, Y_r]$ sending X to a monomial $\prod Y_m^{e_m}$ with $\gcd(e_m)$ invertible in A (Here $L = \{1\}, M = [1, r], x_1 = X, y_m = Y_m$, etc.). For the proof we use the fact that both rings are log-smooth over A, and look at differentials.

As an example of products, consider the case in which $L = \emptyset, K = M = N = [1, r]$, and $B = A[Y_1, \ldots, Y_r]$ and $C = A[Z_1, \ldots, Z_r]$ are polynomial algebras with ($y_m = Y_m, z_n = Z_n$). Then $D = A[Y_m, Z_n, (Y_i/Z_i)^{\pm 1}]$ can be obtained by first blowing up $\operatorname{Spec}(B \otimes_A C)$ in the subschemes defined by $\{Y_i = Z_i = 0\}$ for $1 \leq i \leq r$, and then removing the proper transforms of the divisors $\{Y_i = 0\}$ respectively $\{Z_i = 0\}$. This picture persists each time we form the product in a normal crossings situation.

(c) As an illustration let us define the logarithmic crystalline topos. We assume, given a noetherian ring A and an ideal $I \subset A$, admitting divided powers. We are mostly interested in the case in which A is a complete discrete valuation ring of mixed characteristics. Furthermore we assume that X_0 is a proper and smooth scheme over $A_0 = A/I$, and that $D_0 = \cup_{m \in M} D_{m,0}$ is a divisor in X_0 with relative normal crossings, that is the $D_{m,0}$ are smooth over A_0 and meet transversally. A PD-thickening of X_0 is given by an open subset $U_0 \subset X_0$, a closed PD -nilpotent immersion $U_0 \subset U$ into an A-scheme U such that the divided powers are compatible with those on I, and the line bundle $\mathcal{L}_m$ on U which lift $\mathcal{O}(D_{m,0})$, together with global sections $x_m \in \Gamma(U, \mathcal{L}_m)$ lifting I. This is just the logarithmic version of the corresponding definition in [B1].

It is clear how to define morphisms of thickenings. Using Zariski coverings of each U the PD-thickenings form a site, and the corresponding topos is called the log-crystalline topos X^{o}_{cris}/A of $X^0 = X_0 - D_0$ over A. This is an abuse of notation as the topos does depend on the chosen compactification X_0 of X_0^0, but we hope that this will not confuse the reader too much. Examples of sheaves on it are given by the structure-sheaf $\mathcal{O}$, the canonical PD-ideal $J \subset \mathcal{O}$ and its divided powers, and the line bundles $\mathcal{L}_m$ which lift $\mathcal{O}(D_{m,0})$.

One can also define crystals of vector bundles on X^0_{cris}/A (for example the $\mathcal{L}_m$), and if we can embed X_0 into a log-smooth A-scheme Y, these are given by vector bundles with logarithmic connection on the divided power hull $D_X(Y)$ (a formal scheme). In general such an embedding exists locally, and one has to glue the corresponding data.

The cohomology of a crystal $\mathcal{E}$ can be computed by the de Rham complex as follows: cover X_0 by open subsets $U_{l,0}$ (indexed by some set L) and choose closed embeddings $U_{l,0} \subset V_l$ into smooth affine A-schemes V_l. For any ordered sequence of elements $\{l_1, \ldots, l_r\} \subset L$ we can embed the intersection of the corresponding $U_{l,0}$'s into the logarithmic product (over A) of the V_l's. The product exists by the theory in part (a), as the divisors at infinity are all indexed by the same set M.

Finally we can evaluate $\mathcal{E}$ on the PD hull of the intersection of the $U_{l,0}$'s in this product, and form the logarithmic de Rham complex. If we vary the sequence $\{l_1, \ldots, l_r\}$ the global sections of these complexes glue to a double complex, and the cohomology of the associated simple complex is equal to the crystalline cohomology of $\mathcal{E}$. This can be shown as in [B1], or alternatively, one easily proves that this cohomology is independent of all choices, and then defines it to be the crystalline cohomology. The key fact to use is always the crystalline Poincaré lemma.

The cohomology with compact support $H^*_{c\,\mathrm{crys}}(X^0/A, \mathcal{E})$ is defined as the cohomology of $\mathcal{E} \otimes (\mathcal{L}_1 \otimes \cdots \otimes \mathcal{L}_m)^{-1}$, and the usual methods show that this is dual to the ordinary crystalline cohomology (Poincaré duality).

Finally, there is a third variant corresponding to taking the cohomology of the direct image under $X_0^0 \subset X_0$, as opposed to the cohomology of the derived direct image or of the extension by zero. To define it we have to explain residues. Embed (locally) X_0 into a smooth A-scheme Y and lift some component $D_{m,0}$ of D_0 to a smooth divisor $D_m \subset Y$. For any sheaf $\mathcal{F}$ on Y with logarithmic connection $\nabla : \mathcal{F} \to \mathcal{F} \otimes \Omega_{Y/A}(\mathrm{dlog} D_m)$ the composition of ∇ with the residue map $\Omega_{Y/A}(\mathrm{dlog} D_m) \to \mathcal{O}_{D_m}$ defines an endomorphism $\mathrm{Res}(\nabla, D_m)$ of $\mathcal{E} \otimes \mathcal{O}_{D_m}$. It extends to maps from $\mathcal{E} \otimes \Omega^q_{Y/A}$ to $\mathcal{E} \otimes \Omega^q_{D_m/A}$, and their kernels form a subcomplex of $\mathcal{E} \otimes \Omega^*_{Y/A}(\mathrm{dlog} D_m)$ contained in $\mathcal{E} \otimes \Omega^*_{Y/A}$. A logarithmic map between Ys (respecting the embeddings of X_0) induces a quasi-isomorphism on this complex, so we can use it to define the crystalline cohomology of the intermediate extension of $\mathcal{E}$ along D_m.

Similarly, for a logarithmic connection $\nabla : \mathcal{F} \to \mathcal{F} \otimes \Omega_{Y/A}(\mathrm{dlog} D)$, if we lift all of D_0 to a normal crossings divisor D (the other components of D do not interfere) we get maps $\mathrm{Res}(\nabla, D_m) : \mathcal{F} \otimes \Omega^q_{Y/A} \to \mathcal{F} \otimes \Omega^q_{D_m/A}(\mathrm{dlog}\infty)$. They "commute", and if we partition M into three disjoint subsets M_1, M_2 and M_3 we may define the de Rham cohomology of the intermediate extension along M_2 and with compact support along M_3 as the cohomology of the intersection of the kernels of all $\mathrm{Res}(\nabla, D_m)$ for $m \in M_2$, in the complex $(\otimes_{m \in M_3} \mathcal{L}_m)^{-1} \otimes \mathcal{F} \otimes \Omega^*_{Y/A}(\mathrm{dlog}(M_1 + M_3))$. Applying this to the $\mathcal{F}$ given by evaluating on $D_X(Y)$ a crystal $\mathcal{E}$ of vector bundles on X_0^0/A, we define the crystalline cohomology of $\mathcal{E}$ with partial intermediate and partial compact support along the boundary. Again one checks that it is independent of the choice of the smooth embedding. If such an embedding does not exist globally we can embed locally and form a double complex, as above.

(d) Crystalline cohomology is functorial. By Poincaré duality, the pullback maps have adjoints. We can give an explicit description of such an adjoint in a special case, namely that of an inclusion of a smooth divisor $Z_0 \subset X_0$ which is transversal to the divisor at infinity D_0. For this we assume that $\mathcal{E}$ is a crystal of vector bundles (with the usual abuse of notation) on $X_0^0 = X_0 - D_0$. If we embed X_0 into a smooth A-scheme Y, and lift Z_0 and D_0 to Y, we obtain on Y an exact sequence of complexes (with $\mathcal{F} = \mathcal{E}(D_X(Y)))0 \to \mathcal{F} \otimes \Omega^*_{Y/A}(\mathrm{dlog} D) \to \mathcal{F} \otimes \Omega^*_{Y/A}(\mathrm{dlog}(D+Z)) \to \Omega^{*-1}_{Z/A}(\mathrm{dlog} D) \to 0$, and on the cohomology we obtain a connecting homomorphism from the cohomology of the third non trivial term to that of the first. As this complex is functorial, this connecting homomorphism is independent of the embedding $X_0 \subset Y$, and if such an embedding exists only locally we can still use our methods to define a global extension of double complexes. So all in all we have defined a map (of degree two) from the crystalline cohomology of $\mathcal{E}|Z_0$ to that of $\mathcal{E}$. The same construction works for cohomology with compact support, or mixed support along different parts of D. One can easily show (by tracing definitions) that the resulting map is the adjoint (under Poincaré duality) of the restriction map from the cohomology of X_0 to the cohomology of Z_0.

We would like to apply this to the diagonal Δ_0 in $X_0 \times X_0$ if X_0 is a relative curve. Unfortunately Δ_0 does not meet transversally the divisor at infinity, but that can be repaired by blowing up $X_0 \times X_0$ along all subschemes $D_{m,0} \times D_{m,0}, m \in M$. On the result Y_0 we have as divisors the proper transform Z_0 of Δ_0 (isomorphic to Δ_0) and the divisor at infinity which consists of the proper transforms $D^{1,2}_{m,0}$ of the divisors at infinity on $X_0 \times X_0$ and of the exceptional divisors $E_{m,0}$. For a crystal of vector bundles $\mathcal{E}$ we may consider the log-crystalline cohomology of the pullback of $pr_1^*(\mathcal{E}) \otimes pr_2^*(\mathcal{E}^\vee)$ on Y_0. As support condition we want no condition along $D^1_{m,0}$, compact support along the $D^2_{m,0}$, and any support (no condition, intermediate, or compact support) along the $E_{m,0}$. One checks that each time the resulting cohomology is the same, namely equal to $H^*_{\text{cris}}(X^0/A, \mathcal{E})^L \otimes_A H^*_{!\,\text{cris}}(X^0/A, \mathcal{E}^\vee)$. On the other hand $pr_1^*(\mathcal{E}) \otimes pr_2^*(\mathcal{E}^\vee)|Z$ has one canonical parallel global section, namely the identity map in $\text{End}(\mathcal{E})$. If we prescribe at least intermediate support along the $E_{m,0}$ our construction above maps this to a class in degree 2 in $H^*_{\text{cris}}(X^0/A, \mathcal{E})^L \otimes_A H^*_{!\,\text{cris}}(X^0/A, \mathcal{E}^\vee)$, which under Poincaré duality corresponds to an endomorphism of $H^*_{\text{cris}}(X^0/A, \mathcal{E})$. One checks that this endomorphism is the identity, that is that we have given a geometric construction of the characteristic class of the diagonal in $H^*_{\text{cris}}(X^0/A, \mathcal{E})^L \otimes_A H^*_{!\,\text{cris}}(X^0/A, \mathcal{E}^\vee)$. For higher dimensions we also have to blow up the diagonal in $X_0 \times X_0$, and then these methods again give a geometric description of the pullback of its characteristic class.

Finally we should mention that there are also relative versions: Suppose X_0 and Y_0 are proper smooth A_0- schemes, with divisors with normal crossings $D_0 \subset X_0$ and $E_0 \subset Y_0$. Assume furthermore that we have an A_0-map $f : X \to Y$ with $f(X_0^0) \subset Y_0^0$. We can evaluate the direct images of a crystal $\mathcal{E}$ of vector bundles on X_0^0 on a PD -thickening $Y_0 \supset V_0 \subset V$ as follows: Consider the site consisting of a PD-nilpotent log-thickenings $X_0 \supset U_0 \subset U$ and logarithmic PD-maps $U \to V$ extending f. $\mathcal{E}$ defines a crystal on this situs, and we may form its cohomology which defines a presheaf on V. The associated sheaf (in the Zariski topology) on V is the desired restriction of the direct image. In particular, if $f^{-1}(V_0)$ embeds into a log smooth V-scheme U this direct image can be computed by the relative de Rham complex $\mathcal{E}(D_X(U))\otimes\Omega^*_{U/V}(\mathrm{dlog}\infty)$. In general we do not have such an embedding, but by the usual methods we can embed locally and then form double complexes. It also follows that if f is log-smooth the direct image forms a crystal in the derived sense, that is for any map of thickenings $g : V_1 \to V_2$ the direct image on V_1 is obtained by applying the left derived function $\mathbf{L}g^*$ to the direct image on V_2. The individual direct images (that is the cohomology groups of the derived image) form crystals themselves if they are all locally free on sufficiently many thickenings V, for example on a set of smooth A-schemes V which cover Y.

(e) Strictly speaking, the crystalline theory outlined above is a mere illustration, as we shall be more interested in convergent isocrystals and convergent F-isocrystals, as introduced by P. Berthelot ([B2]) and A. Ogus ([O]). We now assume that A is a complete discrete valuation ring of mixed characteristic, with perfect residue field k of characteristic $p > 0$. Also, $I \subset A$ denotes a non trivial ideal, usually the maximal ideal, and $A_0 = A/I$. If X_0 is an A_0-scheme, an affine enlargement of X is given by a torsion free A algebra B, an ideal $J \subset B$, such that B is J-adically complete and which is nilpotent modulo pB, and a map $\mathrm{Spec}(B/J) \to X_0$.

A convergent isocrystal $\mathcal{E}$ on X_0 associates to any such enlargement a $B\otimes\mathbb{Q}$-module $\mathcal{E}(B)$, such that for maps $B_1 \to B_2$ of enlargements (whose definition is obvious) we have $\mathcal{E}(B_2) = \mathcal{E}(B_1)\otimes_{B_1} B_2$. It is called of finite type, or a finite presentation, or a crystal of vector bundles if all $\mathcal{E}(B)$ are either of finite type, of finite presentation, or finitely generated and projective over $B\otimes\mathbb{Q}$. As usual it suffices to check that for sufficiently many enlargements. For example, we may choose local embeddings $X_0 \supset U_0 = \mathrm{Spec}(C/J) \subset \mathrm{Spec}(C)$ into smooth A algebras C, and take $B = C_\epsilon$ = completion of $C[p^{-\epsilon}\cdot J]$, for all small $\epsilon > 0$. Here for ϵ of the form $\epsilon = 1/n$ $C[p^{-\epsilon}\cdot J]$ stands as abbreviation for $C[J^n/p]$. From now on assume that X_0 is smooth over A_0. Then the B's coming from local liftings to a smooth formal A-scheme are sufficient for testing. Also in this context a convergent isocrystal of finite type can be defined by giving its values on these B's: These are finite modules with integrable connections "converging in the open unit disk", and subject to certain glueing conditions. They are in fact locally free. The fitting ideals of the $\mathcal{E}(B)$ are stable under derivations, so they must be equal either to (0) or to $B\otimes\mathbb{Q}$. We can define the crystalline cohomology of a convergent isocrystal using de Rham cohomology. That this is independent of choices follows from the Poincaré lemma for the open unit disk. There are however slight problems, as we do not know whether the cohomology of a finitely generated $\mathcal{E}$ is itself finitely generated, even if X_0 is proper over A_0. We only can show finiteness under some additional assumptions, for example if X_0 is proper over A_0 and lifts to a smooth proper A scheme X. Then we are dealing with de Rham cohomology on the general fibre. In fact, it suffices to have a lifting after finite faithfully flat base change $A \to A'$. Note that this always holds for smooth curves.

More generally, for a map $f : X_0 \to Y_0$ we can define direct images (using de Rham cohomology), but again finiteness only can be assured under suitable assumptions, namely, that f is proper and smooth and lifts to A locally in the étale topology on Y_0. Note that this holds for fibrations by smooth proper curves (i.e. proper smooth maps of relative dimension one), as they are classified by a smooth moduli space.

All this generalizes to the logarithmic context, using logarithmic enlargements. We obtain the usual cohomology, cohomology with compact support and intermediate cohomology. The theory is completely analogous. One minor point concerns the lifting of log smooth proper maps of relative dimension one $f : X_0 \to Y_0$. If $D_0 \subset X_0$ and $E_0 \subset Y_0$ denote the divisors at infinity, and if $E_0 \geq f^{-1}(D_0)$ (as divisors), we can lift locally in the étale topology. This follows as the moduli stack of stable curves is smooth, and its divisor at infinity has normal crossings. One other remark is that in the logarithmic theory crystals of finite type are not necessarily locally free.

There is also the question of Poincaré duality. It is known ([O], th. 3.12) that there is a trace map (X_0 proper and smooth of pure relative dimension d) $H^{2d}_{\mathrm{crys}}(X_0/A, \mathcal{O} \otimes \mathbb{Q}) \to A \otimes \mathbb{Q}$, but for general coefficients we do not know whether it induces a perfect duality between ordinary cohomology and cohomology with compact support. However this is true if X_0 lifts to A, so for example, for curves. Also for inclusions $Z_0 \subset X_0$ of smooth divisors we can use the long exact sequence associated to the inclusion of differentials on X_0 into differentials with logarithmic poles along Z_0 to define a candidate for the direct image (which actually works if we can lift), which for curves can be used to construct geometrically the characteristic class of the diagonal in $H^*_{\mathrm{crys}}(X_0^0/A, \mathcal{E}) \otimes_A H^*_{\mathrm{crys}}(X_0^0/A, \mathcal{E}^\vee)$. For varieties X_0 of higher dimension one can still blow up the diagonal in $X_0 \times X_0$ and use this to describe geometrically the pullback of the characteristic class of the diagonal.

(f) Usually the convergent isocrystals we are interested in will be Frobenius isocrystals or shorter F-isocrystals. To define those we assume that the base $A = W(k)$ is the ring of Witt vectors over a perfect field k of characteristic $p > 0$, and $A_0 = k$. Then on A we have the Frobenius automorphism Φ, and for any A_0 scheme X_0, the Frobenius (called Φ again) is a semilinear endomorphism. A convergent Frobenius isocrystal on X_0/A is a convergent crystal $\mathcal{E}$ on X_0 together with an isomorphism $\Phi^*(\mathcal{E}) \cong \mathcal{E}$. From now on we assume that X_0 is smooth over k. Then the definition makes sense also in the logarithmic context, that is if we give a divisor $D_0 \subset X_0$ with normal crossings all whose components are smooth, and consider crystals on $X_0^0 = X_0 - D_0$ (with the usual abuse of notations). Note that $\Phi^*(D_0) = p \cdot D_0$, so in the definition of $\Phi^*(\mathcal{E})$ we have to locally lift (X_0, D_0, Φ) to a triple (X, D, Φ) with $\Phi^*(D) = p \cdot D$.

A general remark is that convergent F isocrystals of finite type are locally free. The Fitting ideals of any $\mathcal{E}(B)(B$ a log smooth local lifting with a Frobenius lift $\Phi)$ are stable under logarithmic derivations and under Φ. If we choose local coordinates t_i then the first assumption implies that they are generated by monomials in the t_i's, and the second that they are also generated by the p-th powers of these monomials. It follows that they are either equal to zero or to all of $B \otimes \mathbb{Q}$. One derives that these convergent F-isocrystals form an abelian category. They even form a $\mathbb{Q}_p$ linear Tannakian category (using tensor products and internal Hom's), and fibre functors (with values in $A \otimes \mathbb{Q}$) can be given by evaluating at k rational points of X_0^0. Also for a log-smooth proper map $f : X_0 \to Y_0$ with $f^{-1}(E_0) \leq D_0$ as divisors, the direct images $\mathbf{R}^i f_{*\mathrm{crys}}(\mathcal{E})$ of a finitely generated convergent F-isocrystal $\mathcal{E}$ on X_0^0/A form a finitely generated convergent F-isocrystal, see [Fa2], ch. VI, sect. d). Finally, Poincaré duality works for finitely generated F-isocrystals.

(g) We now show the Lefschetz trace formula for the Frobenius acting on the cohomology of finitely generated F-isocrystals. For this we assume that X_0 is smooth and proper over a finite field k, $D_0 \subset X_0$ a reduced divisor, and that $\mathcal{E}$ is a finitely generated convergent F-isocrystal (hence locally free) on $X_0^0/A = W(k)$. If k has $q = p^f$ elements, the f-th power $\Psi = \Phi^f$ of Frobenius is a k endomorphism of X_0 with an isomorphism $\Psi^*(\mathcal{E}) \cong \mathcal{E}$. Hence it induces an A linear endomorphism (called Ψ^*) $H^*_{\mathrm{crys}}(X_0^0/A, \mathcal{E}) \to H^*_{\mathrm{crys}}(X_0^0/A, \Psi^*(\mathcal{E})) \cong H^*_{\mathrm{crys}}(X_0^0/A, \mathcal{E})$. On the other hand for any k rational point $x \in X_0^0(k)$ we can consider the pullback of $\mathcal{E}$ to $\mathrm{Spec}(k)$ via x, and evaluate it on the enlargement A of k. This way we obtain a finite dimensional $A \otimes \mathbb{Q}$ vector space $\mathcal{E}(x)$ together with a linear automorphism Ψ^*. The Lefschetz trace formula relates as usual the traces of Ψ^*. Let $\mathrm{Trace}(\Psi^* | H^*_{\mathrm{crys}}(X_0^0/A, \mathcal{E})) = \sum (-1)^i \cdot \mathrm{Trace}(\Psi^* | H^i_{\mathrm{crys}}(X_0^0/A, \mathcal{E}))$, and similarly for $\mathrm{Trace}(\Psi^* | H^*_{c\,\mathrm{crys}}(X_0^0/A, \mathcal{E}))$.

Theorem 2.1.

$$\mathrm{Trace}(\Psi^*|H^*_{\mathrm{crys}}(X_0^0/A,\mathcal{E})) =$$

$$\mathrm{Trace}(\Psi^*|H^*_{!\mathrm{crys}}(X_0^0/A,\mathcal{E})) = \sum_{x\in X^0(k)} \mathrm{Trace}(\Psi^*|\mathcal{E}(x)).$$

Proof. Let $c \in H^*_{\mathrm{crys}}\ (X_0^0/A,\mathcal{E})\otimes_A\ H^*_{!\mathrm{crys}}\ (X_0^0/A,\mathcal{E}^\vee)$ denote the characteristic class of the diagonal, as constructed in (d) above. By linear algebra $\mathrm{Trace}(\Psi^*|H^*_{\mathrm{crys}}(X_0^0/A,\mathcal{E}))$ can be computed by applying $\Psi^*\otimes 1$ to c, then mapping (via cup product) to $H^{2d}_{!\mathrm{crys}}(X_0^0/A,\mathcal{O})$ (and via trace) to $A\otimes\mathbb{Q}$. We do this in detail for curves (which will be used in the sequel), and indicate later how this generalizes to higher dimensions.

Recall the modification $Y_0\to X_0\times X_0$ constructed in (d) by blowing up $D_0\times D_0$. The pullback of c to Y_0 lies in the cohomology (in degree two) of the pullback of $pr_1^*(\mathcal{E})\otimes pr_2^*(\mathcal{E}^\vee)$ to Y_0, where as support condition we may choose compact support along the exceptional divisor E and along the proper transform of $pr_2^{-1}(D_0)$. If we relax the support condition along E to "intermediate extension" (which gives the same global cohomology) we have given a geometric construction for c, using the proper transform Δ of the diagonal. Neglecting boundary conditions (which would amount to allowing some logarithmic poles along the proper transforms of $pr_1^{-1}(D_0)$ and $pr_2^{-1}(D_0)$, but does not change the final result) locally we get an extension of complexes $0\to pr_1^*(\mathcal{E})\otimes pr_2^*(\mathcal{E}^\vee)\otimes\Omega_{Y/A}\to ?\to\mathcal{O}_\Delta[-1]\to 0$.

Now $(\Psi,1): X_0\to X_0\times X_0$ lifts to a map into Y_0, and the image meets Δ precisely at the points $x\in X_0(k)$ (and not at infinity). If we pull back by $(\Psi,1)$ the extension above we obtain an extension of $\mathcal{O}_{X_0(k)}[-1]$ by the complex computing the cohomology of intermediate extension of $\mathrm{End}(\mathcal{E})$, and pushing forward via trace we get an extension of $\mathcal{O}_{X_0(k)}[-1]$ by the complex computing $H^*_{\mathrm{crys}}(X_0/A,\mathcal{O})$. This gives a class in $H^2_{\mathrm{crys}}(X_0/A,\mathcal{O})$ which is equal to the sum, over all $x\in X_0^0(k)$ of $\mathrm{Trace}(\Psi^*|\mathcal{E}(x))$ times the characteristic class of x. Applying the trace map gives the local trace sum in the assertion of Theorem 2.1. On the other hand this is equal to the global trace on $H^*_{\mathrm{crys}}(X_0^0/A,\mathcal{E})$. For cohomology with compact support the same proof works, after replacing $\mathcal{E}$ by $\mathcal{E}^\vee$ and $(\Psi,1)$ by $(1,\Psi)$.

In higher dimensions we also blow up the diagonal in $X_0\times X_0$. Then the characteristic class c is the direct image (under the inclusion of the exceptional divisor) of the product of a certain Chern class and of the identity in $\mathrm{End}(\mathcal{E})$. The proper transform of the graph of Ψ meets this only in the blow ups of finite fixed points, and the local contributions turn out to be what they are supposed to.

As usual we derive a product formula. For any closed point $x \in X_0^0$ we denote by $\kappa(x)$ its residue field, by $A(x) = W(\kappa(x))$ the ring of Witt vectors, by $N_{A(x)/A}$ the norm, by $\mathcal{E}(x)$ the evaluation of $\mathcal{E}$ on $A(x)$, and by $d(x) = [\kappa(x) : k]$ the degree of x.

Corollary 2.2. *We have an equality of formal power series in T*

$$\prod \det(1 - T \cdot \Psi^* | H^i_{\text{crys}}(X_0^0/A, \mathcal{E}))^{\pm 1} =$$
$$\prod \det(1 - T \cdot \Psi^* | H^i_{\text{crys}}(X_0^0/A, \mathcal{E}))^{\pm 1} =$$
$$\prod_{x \in X_0^0} N_{A(x)/A}(\det(1 - (T \cdot \Psi^*)^{d(x)}) | \mathcal{E}(x))^{-1/d(x)}.$$

Remark. This proof works for more general correspondences (respecting the divisor at infinity). However in general one also expects contributions from the infinite fixed points, which show up here in our arguments because on Y_0 a general correspondence may meet Δ at infinity.

(g) Sometimes convergent F-isocrystals are associated to p-adic étale sheaves (see [Fa2], Fol]). This occurs if X_0 lifts to a smooth scheme X' over some finite extension A' of $A = W(k)$. We then consider convergent F isocrystals $\mathcal{E}$ on X_0 such that $\mathcal{E}|X'$ is filtered. If $\text{Spec}(R) \subset X'$ is a sufficiently small affine subscheme we may form a certain filtered ring $B(R)$ and can evaluate $\mathcal{E}$ on it to obtain $\mathcal{E}(B(R))$. This admits a Galois action and we say that $\mathcal{E}$ is associated to a $\mathbb{Q}_p$-adic smooth étale sheaf $\mathbb{L}$ on the generic fibre of X'^0 over V' if functorially in R $\mathcal{E}(B(R)) \cong B(R) \otimes \mathbb{L}$ (respecting filtrations and Galois actions, and after base extension, filtrations). This notion behaves well with respect to tensor products, duals and direct images under log smooth maps $f : (X, D) \to (Y, E)$ with $f^{-1}(E) \leq D$.

3. Degenerations

(a) In this section we study the behavior of logarithmic F- isocrystals around infinity. This involves mostly local questions so that in general we may assume that the schemes involved lift to characteristic zero. Of course we have to check that our results are independent of liftings, which however will be quite easy.

Assume first that $A = W(k)$ is the ring of Witt vectors over a perfect field $k = A_0$ of positive characteristic p, that R is a smooth A-algebra, and that $J = R \cdot z \subset R$ is a principal ideal such that $R_1 = R/J$ is still smooth over A. Furthermore we assume that we have chosen a Frobenius lift Φ on the p-adic completion $\hat{R}$ such that $\Phi(z) = z^p$. Now suppose M is a projective (of finite rank) $\hat{R} \otimes \mathbb{Q}$ -module with an integrable logarithmic connection $\nabla : M \to M \otimes \Omega_{R/A}(\mathrm{dlog} z)$, and a parallel isomorphism $\Phi^*(M) \cong M$ which defines a convergent F-isocrystal.

We want to study M on the tubular neighborhood of $\mathrm{Spec}(R_1)$. More precisely we know that R_1 can be lifted to a subring of the J-adic completion of R so that this completion is isomorphic to $R_1[[z]]$. In fact one checks that there is a unique such subring (which we choose in the following) stable under Φ. In the ring $(\hat{R}_1 \otimes \mathbb{Q})[[z]]$ consider the subring $\tilde{R}$ of power series convergent for $\|z\| < 1$, that is the intersection (over all $\epsilon > 0$) of $\hat{R}_1[[p^{-\epsilon} \cdot z]] \otimes \mathbb{Q}$. This subring is independent of how we embed R_1 as a subring into the J-adic completion of R, Φ extends to an endomorphism of $\tilde{R}$, and we can form $\tilde{M} = M \otimes_R \tilde{R}$. The reduction map $R \to \hat{R}_1 \otimes \mathbb{Q} = \tilde{R}/z \cdot \tilde{R}$ induces $\tilde{M} \to M_1 = M \otimes_R R_1$. Note that M_1 is an F-isocrystal with connection obtained from composing ∇ with the projection onto $\Omega_{R/A}(\mathrm{dlog}\infty)/(R \cdot dz/z)$. However the connection depends on the choice of z. If $N \in \mathrm{End}(M_1)$ denotes the residue of ∇ along $\{z = 0\}$ we shall see that N is nilpotent, and on the associated graded to the canonical filtration of M_1 defined by N we have a canonical (that is independent of the choice of z) connection and thus a canonical structure of an F-isocrystal.

Lemma 3.1 *The reduction map induces an isomorphism on Φ eigenspaces (for $\lambda \in \mathbb{Z}_p$) (kernel of $\Phi - \lambda$ on $\tilde{M}$) $\cong$ (kernel of $\Phi - \lambda$ on M_1).*

Proof. The map is injective because if a Φ eigenvector m is divisible by z, it is divisible by any power of z so that it vanishes. On the other hand if we start with $m_1 \in M_1$ such that $\Phi^*(m_1) = \lambda \cdot m_1$, we first lift it somehow to an $m \in \tilde{M}$ and then $\lim(\lambda^{-r} \cdot \Phi^{*r}(m))$ is the desired eigenvector in $\tilde{M}$($\lambda \neq 0$ as Φ is an automorphism and the limist exists. Roughly speaking, the p power in the denominator modulo z^{p^r} is r-times the p-power in the denominator of Φ^*).

We apply this lemma as follows: if the restrictions to R_1 of two Ms are isomorphic, and if this isomorphism respects the residues of the connections ∇ along $\mathrm{Spec}(R_1)$, they are isomorphic over $\tilde{R}$. Applying the lemma to the internal Hom we at least get a Φ^*- linear isomorphism over $\tilde{R}$ whose derivation is again Φ^*- invariant and divisible by z (by the hypothesis about residues); so it vanishes.

Now for any M the residue N of ∇ forms an endomorphism of N of M_1, with $\Phi^*(N) = p^{-1} \cdot N$. We may form the F-isocrystal $M_1 \otimes_{R_1} R[[z]]$ with Φ^* extended from M_1 and with (Φ^*-invariant as $\Phi^*(z) = z^p$) connection ∇ given by (extended connection $+ N \cdot dz/z$). Although it does not quite satisfy the assumptions of the lemma (it is not defined over R, only over

$R_1[[z]]$ the proof given above is still sufficiently general to apply to it, and we derive that $\tilde{M}$ is isomorphic to $M_1 \otimes_{R_1} \tilde{R}$ with the Φ^* and ∇ as described earlier. In particular we obtain a parallel endomorphism N of $\tilde{M}$ with $\Phi^*(N) = p^{-1} \cdot N$ and $\tilde{M}$ is obtained from a convergent F-isocrystal $\tilde{M}^u$ without poles by twisting the connection with N.

It follows that the endomorphism N must be nilpotent (this is essentially an argument of A. Grothendieck): it suffices to prove this on M_1 (by unique lifting). For any $n \geq 0$ define a convergent F-isocrystal L_n over R_1 by the rule that L_n has a basis (over R_1) consisting of $n+1$ parallel elements $e_0, \ldots, e_n$, and that $\Phi^*(e_i) = p^{-i} \cdot e_i$. L_n is semisimple, the e_i generate pairwise non isomorphic simple subobjects, and any sub F-isocrystal is generated by a subset of them. By sending the e_i to N^i we define a morphism $L_n \to \mathrm{End}(M_1)$ which cannot be injective if n is very big. So some e_i must go to zero, that is $N^i = 0$.

We remark that for a different choice $z^* = u \cdot z (u \in R^*)$ of the generator z of J (which also makes it necessary to choose a different Φ) one can check that the endomorphism N of $\tilde{M}$ remains the same (mainly as it is parallel). However the connection on $\tilde{M}^u$ is changed by $N \cdot du/u$ so that $\tilde{M}^u$ itself has no intrinsic meaning. However the successive quotients in the canonical filtration G_i associated to the endomorphism N (see [De], Prop. 1.6.1). It is characterized by the fact that N^i induces isomorphisms $G_i/G_{i-1} \cong G_{-i}/G_{-i-1}$) as well as this filtration are intrinsic. We might call the resulting structure a mixed F-isocrystal analogous to mixed Hodge structures. The same remarks apply to M_1^u, the induced F-isocrystal over R_1. Its associated graded (under the G filtration determined by N) is canonical and isomorphic to the corresponding of M_1.

There are some easy generalizations. We may add other divisors at infinity (then M_1 also has a logarithmic connection), or we may study M near the intersection of several of the divisors at infinity (then we have several parameters z_i with $\Phi^*(z_i) = z_i^p$ and we obtain several commuting nilpotent endomorphisms N_i).

Finally let us check which data are independent of the chosen lift R of $R_0 = R/pR$, that is which two different lifts give canonically isomorphic data. As a general rule this happens for everything that inherits a canonical connection, and for parallel sections. In our case this means that $\tilde{M}, \mathrm{gr}^G(M_1)$ (which are F-isocrystals) and N are independent of choices. The same is true for the preimages of $G_i(M_1)$ under the projection $M \to M_1$. These are isocrystals with Frobenius endomorphism, but not necessarily F-isocrystals. Finally M_1 forms an F-isocrystal if we use liftings over $A[z]$, that is consider isomorphisms of liftings which fix z.

(b) We could also consider filtered F-isocrystals. For these we assume that given a finite totally ramified extension $A' \supset A$, and a finite decreasing filtration F^* on $M' = M \otimes_R A'$ satisfying Griffiths transversality. Under these circumstances we might ask whether N (as above) has filtration degree -1. This is true on M_1 (by Griffiths transversality), and sometimes it follows because N fixes certain tensors, and any such endomorphism automatically lies in $F^{-1}(\mathrm{End}(M))$. For example this happens for the cohomology of curves or abelian varieties, or more generally, for the analogues of complex Hodge structures whose classifying space is a symmetric domain. However, in general this is doubtful, as in the case of complex Hodge structures.

The question is very interesting if M is associated to a $\mathbb{Q}_p$-adic Galois representation $\mathbb{L}$, that is $M \otimes_R B(R) \cong \mathbb{L} \otimes B(R)$ (respecting Galois and Frobenius, and, after base extension, filtration). If the theory of "associated" would work over the ring $\tilde{R}, N$ would correspond to a map (called N again) $\mathbb{L}(-1) \to \mathbb{L}$. One would also derive that $\tilde{M}^u$ is associated with a Galois representation $\mathbb{L}^u$ and $\mathbb{L}$ is obtained by twisting $\mathbb{L}^u$ with N as follows:

The absolute Galois group Γ of $\tilde{R}$ is an extension $0 \to \Delta \to \Gamma \to \mathrm{Gal}(\overline{V}/V) \to 0$. Adjoining p power roots of z defines a subgroup $\Gamma_\infty \subset \Gamma$ such that $\Delta_\infty = \Delta \cap \Gamma_\infty$ is the kernel of a surjective homomorphism $\rho : \Delta \to \mathbb{Z}_p(1)$. To give a representation of Γ is the same as giving its restrictions to Γ_∞ and Δ, subject to the condition that they coincide on Δ_∞, and that the obvious condition holds concerning conjugation by elements of Γ_∞ on Δ. Now $\mathbb{L}$ is obtained from $\mathbb{L}^u$ by using the same representation on Γ_∞, but changing the action of $\delta \in \Delta$ by $\exp(\rho(\delta) \cdot N)$. That $\mathbb{L}$ should be associate to $\tilde{M}^u$ follows formally from the fact that the Galois action of Δ on $M \otimes_R B(R)$ is given by $\delta(m \otimes 1) = \exp(\nabla(z \cdot \partial/\partial z) \otimes \beta(\rho(\delta)))(m \otimes 1)(\beta : \mathbb{Z}_p(1) \to B(R)$ the canonical homomorphism). However the whole theory of "associated" has not been developed for $\tilde{R}$. Nevertheless these assertions apply after a logarithmic base change $R \to R'$ such that in R' some power of z is divisible by p. It follows that the induced Galois representation of R' is obtained by twisting with N a representation which is unramified at infinity.

We remark that changing z by a unit u changes ρ by the character obtained by adjoining p power roots of u, which is crystalline. This implies that $\mathbb{L}^u$ gets twisted using this character. It follows that $\mathbb{L}^u$ is only intrinsically defined up to such twists. However again the associated graded of the N filtration of $\mathbb{L}^u$ is canonical.

If N does not have filtration degree 1 we can still consider $M_1 = M \otimes_R R_1$ and M_1^u. This is associated to a representation $\mathbb{L}_1$ of $\Gamma_1 = \mathrm{Gal}(\overline{R}_1/R_1)$, related to $\mathbb{L}$ in the following manner. Extend the map $R \to R_1$ to $\overline{R} \to \overline{R}_1$. Its kernel is a prime ideal lying over J whose decomposition group $D \subset \Gamma$ is a semidirect product $\mathbb{Z}_p(1) \rtimes \tilde{\Gamma}_1$ of a quotient Γ_1 of Γ_1

by $\mathbb{Z}_p(1)$ (take $\tilde{\Gamma}_1 = D \cap \Gamma_\infty$). Then the representation of Γ_1 on $\mathbb{L}_1$ is the restriction of the representation of Γ on $\mathbb{L}$ to $\tilde{\Gamma}_1, N$ defines a nilpotent endomorphism (denoted by the same name again) of $\mathbb{L}_1$, and the operation of D on $\mathbb{L}$ is determined by the fact that $\mathbb{Z}_p(1)$ operates via N. All this follows easily by applying base change $B(\hat{R}) \to B(\hat{R}_1)$ to the isomorphism $M \otimes_R B(\hat{R}) \cong \mathbb{L} \otimes B(\hat{R})$. As usual $\mathbb{L}_1$ itself depends on the choice of z, but it has a canonical filtration $G_i(\mathbb{L})$ whose successive quotients do not.

(c) As an application consider a log smooth map over A' $f : (X, D) \to (Y, E)$, such that $f^{-1}(E) \leq D$ as divisors. The direct images of convergent F-isocrystals of vector bundles on X^0 are convergent F isocrystals of vector bundles on Y^0, and the formation of direct images commutes with "associated". It follows that in some cases (related to analogues of symmetric domains) for any A' rational y point of Y not totally contained in the boundary, the fibre at y of any higher direct image of a crystalline Galois representation is obtained by twisting from a crystalline representation.

For example, this applies to semiabelian varieties over A'. They can be obtained by pullback from a universal object on a log smooth base (using the theory of toroidal compactifications). This twist can also be seen directly. The formal completion of such a G/A' is isomorphic to the formal completion of the Raynaud extension $\tilde{G}$, which is a global extension $0 \to T \to \tilde{G} \to B \to 0$ with B an abelian variety over A' and T a torus. Let X denote the group of characters of T (a free abelian group with an unramified Galois action). There exists a subgroup $Y \subset X$ of finite index and a map $\iota : Y \to \tilde{G}(K) = T(K') \cdot G(A')(K' = \text{quotient field of } A')$, such that (in some formal sense which can be made precise) G is the quotient $\tilde{G}/\iota(Y)$. ι can be factored as $\iota = \iota_1 \cdot \iota_2$ where $\iota_1 : Y \to T(K')$ is given by a symmetric bilinear form $b : Y \times X \to K'^*$, and ι_2 takes values in $\tilde{G}(A')$. If we assume (as we may) that the values of b are all powers of a chosen uniformiser π of A', the Galois representation $\mathbb{L}$ and $\mathbb{L}^u$ given by the Tate module of G/K' can be described as follows. $\mathbb{L}$ respectively $\mathbb{L}^u$ are the Tate modules defined by the p torsion in $\tilde{G}(\overline{K}')/\iota(Y)$ respectively $\tilde{G}(\overline{K}')/\iota_2(Y)$. They both have a two step filtration with successive quotients $Y \otimes \mathbb{Z}_p, T_p(B)$ and $T_p(T) = X^v \otimes \mathbb{Z}_p(1)$. The nilpotent endomorphism N maps the first step into the last and is constructed from the extension of K' obtained by adjoining p power roots to π via the map given by the valuation composed with $b : Y \otimes X \to \mathbb{Z}$.

4. Stable Singularities

(a) The preceding theory may be used as a model to extend to certain singular schemes. We would like to allow stable singularities, or more general singularities which occur in the fibres of a log-smooth map. To define them assume that A_0 is a noetherian ring. Let X_0 be a scheme over A_0 (of finite type). We assume that we have given a finite set H, for each $h \in H$ an element $a_h \in \Delta_0$, and a finite set of Cartier divisors $D_{m,0}$ on X_0, parametrised by $m \in M_h$. X_0 has allowable singularities; if locally in the étale topology it is an étale cover of the product (indexed by $h \in H$) of the schemes $\mathrm{Spec}(A_0[T_m | m \in M_h]/(\prod T_m - a_h))$, such that the $D_{m,0}$ have local equation $\{T_m = 0\}$. It is easily seen that locally X_0 can be deformed to a log-smooth map between log-smooth schemes: just replace the a_h by indeterminates S_h. This deformation is somehow canonical as it is versal for log-smooth deformations $\mathcal{X} \to \mathcal{B}$ (lifting the $D_{m,0}$ and the $\mathrm{div}(a_h)$ to divisors in $\mathcal{X}$ and $\mathcal{B}$). It also follows that "philosophically" we should consider the a_h as local equations for the divisor at infinity in $\mathrm{Spec}(A_0)$ (which is not log-smooth in general), and that the $D_{m,0}$ are the components of the divisor at infinity in X_0. We define the module of differentials $\Omega_{X_0/A_0}(\mathrm{dlog}\infty)$ as the differentials with logarithmic poles along the $D_{m,0}$. A local basis is provided by the $\mathrm{dlog}(T_m)(m \in M_h$ -one element), so it is locally free.

(b) We consider A_0 together with the projective modules $P_h = A_0$ and their global sections a_h as a logarithmic ring over some A. We thus can define enlargements of A_0 and convergent isocrystals. If A_0 is a quotient of a complete local ring A such crystals are given by modules M_ϵ over $A[[p^{-\epsilon} \cdot T_h]] \otimes \mathbb{Q}$ (the T_h ranging over those $h \in H$ for which a_h is a non unit) with integrable connections, for any $\epsilon > 0$. These must satisfy the usual compatibilities, of course. If A has a Frobenius lift (for example if A is the ring of Witt vectors over a perfect field of positive characteristics) we also can define F-isocrystals.

If A is the ring of Witt vectors over a perfect field $k = A_0$ of positive characteristic p, we may apply the theory of section 3 (or rather a mild extension of it) to any F-isocrystal $\mathcal{E}$ of finite type over A_0/A. Evaluating $\mathcal{E}$ on $\tilde{A} = \mathrm{proj.}\ \lim A[[p^{-\epsilon} \cdot T_h]] \otimes \mathbb{Q}$ (with Frobenius Φ extending the Frobenius on A by $\Phi(T_h) = T_h^p$) we obtain a projective $\tilde{A}$-module $\tilde{M}$, with an integrable connection and a Frobenius $\Phi^*(\tilde{M}) \cong \tilde{M}$. Also $\tilde{M}$ has commuting parallel nilpotent endomorphisms N_h which lift the residue of ∇ along $\{T_h = 0\}$, and which satisfy $\Phi^*(N_h) = p^{-1} \cdot N_h$.

(c) For a scheme X_0/A_0 with allowable singularities we similarly define convergent isocrystals and F-isocrystals on X_0/A. We also can define the cohomology of such a crystal. This gives an isocrystal (in the derived sense) on A_0/A. As usual in general we do not know very much about finiteness, except if X_0 deforms to a log-smooth $\mathcal{X} \to \mathcal{B}$ (with f^{-1} (divisor at infinity) $\leq$ divisor at infinity) over a log smooth (over A) enlargement of $\mathcal{B}$ of A_0. Then cohomology is equal to de Rham cohomology. However, for a proper X_0 and a convergent F-isocrystal of finite type $\mathcal{E}$, the crystalline cohomology of $\mathcal{E}$ is again of finite type.

Now if A is the ring of Witt vectors over a perfect field k of characteristic $p > 0, A_0 = k$, and A' is a finite totally ramified extension of A, we consider proper schemes X_0/A_0 with allowable singularities, which lift to such X/A'. Suppose $\mathcal{E}$ is a convergent F-isocrystal on X_0/A such that $\mathcal{E}|X$ has filtration (with Griffiths transversality), we may evaluate $\mathcal{E}$ on $B(\hat{R})$ for sufficiently small affines $\mathrm{Spec}(R) \subset X$. $B(\hat{R})$ is formed with the maximal extension of the p-adic completion $\hat{R}$ étale in characteristic zero. It contains p-power roots of the defining equations for the D_m, which one can use to define a logarithmic enlargement for the $\mathrm{Spec}(R)$. Also, $B(\hat{R})$ has a canonical Frobenius lift. We say that $\mathcal{E}$ is associated to a smooth $\mathbb{Q}_p$-adic sheaf $\mathbb{L}$ on the generic fibre of X/A if we have functorial isomorphisms respecting Galois action and Frobenius $\mathcal{E}(B(\hat{R})) \cong \mathbb{L} \otimes B(\hat{R})$, which preserve filtrations after base extension to A'. The whole theory also makes sense in the logarithmic context, that is we add some additional divisors (smooth over A_0 and intersecting transversally with the rest of infinity) to the divisor at infinity on X_0.

(d) It seems to be natural to make the following:

Conjecture 4.1. Suppose $A = W(k)$ is the ring of Witt vectors over a perfect field $k = A_0$ of positive characteristics, A' a finite totally ramified extension of A, and X a proper scheme over A' with allowable singularities and a divisor at infinity. Let $X_0 = X \otimes k$ denote the special fibre.

If $\mathcal{E}$ is a locally free convergent F-isocrystal on X_0^0/A, filtered on X, and associated to a smooth $\mathbb{Q}_p$-adic étale sheaf $\mathbb{L}$ on the generic fibre of X^0, then the crystalline cohomology of $\mathcal{E}$ is a convergent F-isocrystal of finite type on A_0/A, and is associated to the étale cohomology of $\mathbb{L}$ on the geometric generic fibre of X^0/A'.

This conjecture has been shown for the cohomology (with constant coefficients) of curves and semiabelian varieties by using deformations. If it holds, we obtain nilpotentent endomorphisms N_h of the cohomology, as before. If these have filtration degree -1 (as it happens for curves and semiabelian varieties) the cohomology of $\mathbb{L}$ is a twist of a crystalline Galois representation. However, in general this seems to be too optimistic. For example, the two-dimensional representations associated to cusp forms of weight $k > 2$ have filtration degrees 0 and $k - 1$, so for them the N_h's would have to preserve filtrations, thus vanish (being strict), and the Galois representation would be crystalline at p. For new forms on $\Gamma_0(p)$ this at least contradicts our usual expectations. However, I have not found an explicit counterexample.

(e) In general we cannot expect that any convergent F-isocrystal is associated to a $\mathbb{Q}_p$-adic sheaf. However, sometimes this is possible, using $\mathbb{Z}_p$ theory as in [Fa2]. The first difficulty here is that we have little control over the maximal extension $\hat{R}^-$ of $\hat{R}$ which is étale in characteristic zero, for R a ring with allowable singularities over A (a complete discrete valuation ring of mixed characteristic and perfect residue field). However, we can replace it by a smaller subextension $\tilde{R}$ which suffices for our purposes. This smaller subextension $\tilde{R}$ is obtained by first adjoining all roots of units of $R[1/p]$, and then forming the maximal extension which is almost étale over this. It is clear that it behaves functorially in R.

To describe it, assume that R is étale over a tensor product of rings $A[T_m|m \in M_h]/(\prod T_m - a_h)$, with $a_h \in A$ non zero (we say that R is small). We may assume that each a_h is a power of a fixed uniformizing element π of A. Consider a filtering family of finite extensions A_n of A such that in A_n, π has an n-th root π_n (and thus we can define $a_h^{1/n}$, and construct the extensions R_n of R which are obtained by pushout from the tensor products of $A[T_m|m \in M_h]/(\prod T_m - a_h) \subset A_n[T_m^{1/n}|m \in M_h]/\prod T_m^{1/n} - a_h^{1/n})$. They are normal, and their union R_∞ has the property that it is perfect modulo p, that is $R_\infty = R_\infty^p + p \cdot R_\infty$. It follows ([Fa1], ch.2, sect. d) that adjoining roots of units generate almost étale extensions of R_∞, and so $\tilde{R}$ is almost étale over R_∞. Finally, the formation of R_∞ commutes with étale localisation, so for any étale map $R \to R'$ the induced map $\tilde{R} \otimes_R R' \to \tilde{R}'$ is almost étale.

It also follows that (for R small) any homomorphism $R_1 \to \tilde{R}$ with R_1 smooth over A extends to $\hat{R}_1^-$. Localize and use that in the smooth case $\hat{R}_1^- = \tilde{R}$. Particularly, any system of equations $X_i^p - (-p)^{e_i} \sum a_{ij} \cdot X_j = y_i$, with an invertible matrix $(a_{ij} \in GL_n(\tilde{R}), y_i \in \tilde{R}$ and numbers e_i between 0 and $p-2$, have a solution in $\tilde{R}$. It comes by base extension from such a system over a smooth base (p-adic completion of $GL_n \times A_n$), which defines an extension étale in characteristic 0. Such systems play an important role in the theory in ([Fa2], ch. II, sect. e).

Using $\tilde{R}$ (instead of $\overline{R}$) we construct as in ([Fa2], ch. 11, sect. b) a filtered ring $B^+(R)$ with Frobenius.

(f) We now define categories $\mathcal{MF}_{[a,b]}^{\nabla}(R)$, as in ([Fa2], ch. II, sect. c). We assume that $A = W(k)$ is the ring of Witt vectors over a perfect field k of characteristic p, and that R is étale over a tensor product of rings $A[T_m|m \in M_h](\prod T_m - a_h)$. Choose a surjection $R' \to R = R'/J$ with R' log-smooth over A (for example R' = suitable étale over the tensor product of $A[T_m|m \in M_h]$) and a logarithmic Frobenius lift Φ on the p-adic completion $\hat{R}'$. An object of $\mathcal{MF}^{\nabla}_{[a,b]}(R)$ is given by a filtered module M over the completed divided power hull $D_J(R')$ which is (non canonically) filtered isomorphic to a direct sum of cyclic modules $D_J(R') \cdot m_i \cong D_J(R')/p^{r_i} \cdot D_J(R')$, with filtration a shift by $e_i \in [a,b]$ of the filtration by divided powers $J^{[n]}$. Furthermore, we assume that for $0 \leq i \leq p-1$ we are given Φ- linear maps $\varphi_i : F^i(M) \to M$ with $\varphi_i | F^{i+1}(M) = p \cdot \varphi^{i+1}$, such that M is the direct sum of the $\varphi^{e_i}(m_i) \cdot D_J(R') \cong D_J(R')/p^{r_i} \cdot D_J(R')$. One checks that this is independent of the choice of basis m_i).

Finally, we assume that M has an integrable logarithmic connection $\nabla : M \to M \otimes \Omega_{R'/A}$ for which the φ_i are parallel (in the sense of [Fa2], ch. II, sect. d). It follows (ibid) that $\mathcal{MF}^{\nabla}_{[a,b]}(R)$ does not depend on the Frobenius lift Φ. One also checks that it is independent of the choice of R' so that we can glue and define $\mathcal{MF}^{\nabla}_{[a,b]}(X)$ for A-schemes X.

The connection allows us to define $M \otimes_{D_J(R')} B^+(R)$, and we can form $\mathbb{D}(M) = \mathrm{Hom}(M \otimes_{D_J(R')} B^+(R), B^+(R) \otimes (\mathbb{Q}_p/\mathbb{Z}_p))$ (homomorphisms respecting filtrations and φ_i). As in [Fa2], ch. II, th. 2.6, one shows, using the fact that certain types of equations (already mentioned previously), always have solutions in $\tilde{R}$, that this defines a fully faithful exact functor from $\mathcal{MF}^{\nabla}_{[0,p-2]}(R)$ to Galois representations, and that the essential image of this functor (the dual crystalline representations) is closed under subobjects. Again we can globalize.

Finally we define a $\mathbb{Z}_p$ Galois representation $\mathbb{L}$ to be crystalline if its reduction modulo each p^r is. It then follows that $\mathbb{L}^\vee \otimes \mathbb{Q}_p$ is associated to a convergent F-isocrystal which is obtained by tensoring with $\mathbb{Q}_p$, the projective limit of the objects in $\mathcal{MF}^{\nabla}_{[0,p-2]}(R)$ corresponding to $\mathbb{L}/p^r \cdot \mathbb{L}$.

(g) As an example the Galois representations associated to finite flat group schemes of p- power order are crystalline (and hence this also holds for p- divisible groups). This is seen as in [Fa2], ch. VII by embedding them into abelian varieties. For example, this sometimes gives a crystalline interpretation of Drinfeld's p-adic symmetric spaces (Dr]), which we try to explain now over $\mathbb{Z}_p, p > 2$.

Choose an integer $d > 0$, and denote by D the division algebra over $\mathbb{Q}_p$ with invariant $1/d$ and by $\mathcal{O}_D$ its ring of integers. $\mathcal{O}_D$ is generated by the unramified extension of degree d of $\mathbb{Z}_p$ and an element Π such that $\Pi^d = p$, and conjugation by Π induces the Frobenius on the unramified extension. We intend to define a "parameter space" for certain objects M in $\mathcal{MF}_{[0,1]}$

with $\mathcal{O}_D$-multiplication. We require that M has rank d^2 over $\mathbb{Z}_p$, and that $F^1(M)$ has rank d. Over the maximal unramified extension $\mathbb{Q}_p^u$ of $\mathbb{Q}_p$ such an M is the direct sum of its eigenspaces M_i ($i \in \mathbb{Z}/d\mathbb{Z}$) under the degree -$d$ unramified extension of $\mathbb{Z}_p$, and Π maps M_i isomorphically to M_{i+1}. It follows that the projective space $\mathbf{P}^{d-1}$ is a reasonable parameter space. One can define a model Ω over the maximal unramified extension $\mathbb{Z}_p^u$ of $\mathbb{Z}_p$ (the Deligne model) as follows. It is given by a formal scheme whose points in a local artinian algebra R over $\mathbb{Z}_p^u$ are given by associating to each $\mathbb{Z}_p$ lattice $\Lambda \subset \mathbb{Q}_p^d$ a line (= direct summand of rank one) $\mathcal{L}(\Lambda) \subset \Lambda \otimes R$ such that for each inclusion $\Lambda \subset \Lambda', \mathcal{L}(\Lambda)$ maps to $\mathcal{L}(\Lambda')$, and such that multiplication by p identifies $\mathcal{L}(\Lambda)$ with $\mathcal{L}(p\Lambda)$. Furthermore, we assume that there does not exists any proper subspace $W \subset \mathbb{Q}_p^d$ such that all $\mathcal{L}(\Lambda)$ are contained in $(\Lambda \cap W) \otimes R$. One easily derives the following assertions about the structure of Ω.

1. The generic fibre of Ω is $\mathbf{P}^{d-1}$ (all rational hyperplanes).

2. For an R- rational point of Ω, described by a collection $\mathcal{L}(\Lambda)$, define Λ to be critical if for no proper $\Lambda' \subset \Lambda\, \mathcal{L}(\Lambda')$ maps isomorphically to $\mathcal{L}(\Lambda)$. There exist critical Λ's and they form a simplex. That is there exists critical $\Lambda_0 \supset \Lambda_1 \supset \cdots \supset \Lambda_n = p \cdot \Lambda_n$ such that critical Λ is a multiple of one of these.

3. Ω has stable singularities. It is naturally stratified with the strata consisting of points which have a fixed critical simplex. Ω is smooth over $\mathbb{Z}_p^u$ precisely in the points which have only one (up to multiples) critical Λ.

Over Ω we can define an object $\mathcal{E} \in \mathcal{MF}_{[0,1]}^{\nabla}$ with $\mathcal{O}_D$ multiplication, which is uniquely determined by the following fact: Choose an R- valued point on the smooth subset. As before, $\mathcal{E}$ in it must be the direct sum of eigenspaces $\mathcal{E}_i$. It has one critical lattice Λ, and the determinant of Λ defines an index $i \in \mathbb{Z}/d\mathbb{Z}$. Then $\mathcal{E}_i(R) = \Lambda \otimes R$, with F^1 given by $\mathcal{L}(R)$. The other $\mathcal{E}_j$ are uniquely determined by the fact that for $j \neq 1$ the map $\Pi : \mathcal{E}_{j-1} \to \mathcal{E}_j$ induces an isomorphism on F^1s and that $\mathcal{E}_j$ is the Frobenius transform (Frobenius acts trivially on Λ) of $\mathcal{E}_{j-1} + p^{-1} \cdot F^1(\mathcal{E}_{j-1})$ (which can be defined more precisely than in this loose notation). The existence of $\mathcal{E}$ follows from [Dr], as it is associated to the p- divisible group constructed there. However one can also exhibit it directly.

5. Weights

(a) In this section we intend to treat the theory of weights for F-isocrystals, analogous to the l-adic theory in [De]. As in [De] the main work has to be done in the case of curves, and for higher dimensions one uses projections. Almost up to the end we assume that $A = W(k)$ is the ring of Witt vectors over a finite field $k = A_0$ of characteristic p, with $q = p^f$ elements, X_0 a smooth geometrically connected proper curve over A_0, and $D_0 \subset X_0$ a reduced divisor. By K we denote the field of fractions of A. We choose a lifting (X, D) of (X_0, D_0) over A, which will be of an auxiliary nature. From now on we follow closely the theory in [De].

(b) At first we have to classify abelian convergent F-isocrystals on X_0^0/A, as in [De], 1.3. We intend to show that they are almost a pullback of such crystals on A_0/A, so we classify those first.

Suppose $L \supset \mathbb{Q}_p$ is a finite extension with integers $B \subset L$. An F-isocrystal over A, with L multiplication and of rank one over L is given by a free $K \otimes L$ module M of rank 1 and a Φ -linear and L-linear automorphism φ of M. If $K_0 = K \cap L$ has degree g over $\mathbb{Q}_P$, $K \otimes_{\mathbb{Q}_p} L$ is the product of g copies of the unramified extension L' of L of degree f/g, cyclically permuted by ϕ. So $\Psi = \Phi^g$ induces an automorphism of L'/L which generates $Gal(L'/L)$, and giving M is the same as giving a one- dimensional L' vector space M' with a Ψ-linear automorphism. These objects are classified by $L'^*/(\mathrm{Im}(\psi - 1))$, which (Satz 90) is mapped isomorphically by the norm into L^*. The image consists of those elements of L^* whose valuation is divisible by f/g.

If the variant ℓ of M is a unit (that is $\ell \in B^*$) we can find a $A \otimes_{\mathbb{Z}_p} B$-lattice fixed by φ. This defines an object in $\mathcal{MF}_{[0,0]}(A)$ (see [Fa2], ch. II), which must correspond to the crystalline representation of $Gal(\overline{K}/K)$ on $\mathbb{L} = (M \otimes_K B^+(A))^\Phi$. In fact one checks that $\mathbb{L} \cong B$ is unramified and that the generator Frobenius^f of $Gal(\overline{k}/k)$ maps to $\ell^{-1} \in B^*$. Now suppose $\mathcal{L}$ is a convergent F-isocrystal on X_0^0/A with multiplication by L and of rank 1. This means that for any affine $\mathrm{Spec}(R) \subset X$ $\mathcal{L}(R)$ is a projective $\hat{R} \otimes_{\mathbb{Z}_p} L$- module of rank 1, with an integrable connection and (after choice of a Frobenius lift Φ a Φ-linear and L-linear automorphism φ. The residues in D of the connection on $\mathcal{L}$ are nilpotent endomorphisms on a one -dimensional vector space, hence must vanish. It follows that $\mathcal{L}$ extends to all of X_0, that is, we may assume that D_0 is empty.

The $\mathcal{L}(\hat{R})$ define a rigid analytic line bundle on $X \otimes_{\mathbb{Z}_p} L$ which is algebraic (by GAGA, or some more direct argument). This extends to a line bundle on $X \otimes_{\mathbb{Z}_p} B$, that is we may find compatible $\hat{R} \otimes_{\mathbb{Z}_p} B$ lattices in all $\mathcal{L}(\hat{R})$.

According to the decomposition $K \otimes_{\mathbb{Q}_p} L = L'^g \hat{R} \otimes_{\mathbb{Z}_p} B$ decomposes into a produce of g integral domains, permuted cyclically by Φ. It follows that to give the automorphisms φ is essentially equivalent to giving their g-th power ψ on one of the factors. ψ is integral up to a factor in L'^*, whose module units are independent of the choice of R. Tensoring with the pullback of a suitable F-isocrystal on A_0/A we may assume that φ preserves lattices, and then we have defined an object in $\mathcal{MF}_{[0,0]}(X)$, which corresponds to an étale cover of X with group B^*. Up to a character of finite order such a covering is induced from A (using unramified class field theory). We have shown:

Theorem 5.1. *The pullback map from rank 1 F-isocrystals with L-multiplication on A_0/A to rank 1 convergent F-isocrystals with L multiplication on X_0^0/A is injective, with finite cokernel. Up to groups of finite order both groups are isomorphic to L^*.*

(c) We know that the convergent F-isocrystals on X_0^0/A form a Tannaka category over $\mathbb{Q}_p$. If for a finite extension k' of k we are given a rational point $x \in X_0^0(k')$, evaluation on $W(k')$ defines a fibre functor with values in the fraction field K' of $W(k')$. It follows that convergent F-crystals with K'- multiplication are classified by a pro-algebraic group $\mathfrak{g}_{K'}$ over K'. Furthermore, we know that the transform of $\mathfrak{g}_{K'}$ under Frobenius is isomorphic to $\mathfrak{g}_{K'}$ (because of φ), but we do not claim that this gives a descent – datum which would allow us to define $\mathfrak{g}$ over $\mathbb{Q}_p$. The $[K' : \mathbb{Q}_p]$-th power of this isomorphism is an inner automorphism of $\mathfrak{g}_{K'}$ which usually is different from the identity. Anyway, for any convergent F-isocrystal $\mathcal{E}, \mathcal{E} \otimes_{\mathbb{Q}_p} K'$ corresponds to a representation of $\mathfrak{g}_{K'}$ which is isomorphic to its transform under Frobenius . If we consider only convergent F-isocrystals in a finite subcategory, we may replace $\mathfrak{g}_{K'}$ by a quotient which is actually an algebraic group. Theorem 5.1 gives information about homomorphisms of $\mathfrak{g}_{K'}$ into tori. They all factor over the maximal quotient of $\mathfrak{g}_{K'}$ which is diagonalizable, and it follows that there exists a cyclic subgroup (invariant under Frobenius) in this quotient whose Zariski closure contains the connected component of the identity. The same is true for the center of the quotient of $\mathfrak{g}_{K'}$ by its unipotent radical, as it is isogeneous to the maximal torus-quotient of $\mathfrak{g}_{K'}$ defined earlier.

We may define the category of $\overline{\mathbb{Q}}_p - F$-isocrystals as the inductive limit (over all finite extensions L of $\mathbb{Q}_p$) of the categories of F-isocrystals with L multiplication. The convergent $\overline{\mathbb{Q}}_p - F$-isocrystals on X_0^0/A form a neutral Tannaka category, associated to a pro-algebraic group $\mathfrak{g}$ over $\overline{\mathbb{Q}}_p$.

(d) If $\mathcal{E}$ is a convergent $\overline{\mathbb{Q}}_p - F$-isocrystal and $x \in X_0^0(k')$ a k'-rational point, for k' a finite extension of k with $q' = p^{f'}$ elements, $\varphi^{f'}$ defines a linear endomorphism of the fibre $\mathcal{E}(X')$ (a finite dimensional vector space over $K' \otimes \mathbb{Q}_p$ (K' the fraction field of $W(k')$) and also over $\overline{\mathbb{Q}}_p$. As in [De], 1.2, we say that $\mathcal{E}$ is pure of weight w ($w \in \mathbb{R}$ a real number) if for any

x as above the eigenvalues of this automorphism are algebraic numbers all whose conjugates have absolute value $q'^{w/2}$. More generally, we may choose an isomorphism ι between $\overline{\mathbb{Q}}_p$ and $\mathbb{C}$ and say that $\mathcal{E}$ has ι-weight w if for any x as above and for each K embedding of K' into $\overline{K}$ the ι-transforms of the eigenvalues of $\varphi^{f'}$ have absolute value $q'^{w/2}$. We say that $\mathcal{E}$ is mixed (respectively ι-mixed) if it has a filtration with pure (respectively ι-pure) quotients. Also $\mathcal{E}$ is ι-real if for any x as above the ι-transform of the K'/K norm of the characteristic polynomial of $\varphi^{f'}$ on $\mathcal{E}(x)$ has real coefficients. For example if $\mathcal{E}$ is ι-pure of weight 0 then $\mathcal{E}\oplus\mathcal{E}^\vee$ is ι-real. Over A_0 any $\mathbb{Q}_p - F$-crystal is ι-mixed. It suffices to consider simple objects. They are given by a finite dimensional K- vector space V with a Φ-linear automorphism φ, such that (V, φ) admits multiplication by some field L which is equal to its ring of endomorphisms (Schur's lemma). Then φ^f is such an endomorphism, so is in L, and all its eigenvalues coincide.

We also define determinantal weights, as in [De], 1.3. They are given by the weights of the canonical element in the center of $\mathfrak{g}$/(unipotent radical), and as in [De] it follows that any determinantal weight in a product $\mathcal{E}_1 \otimes \mathcal{E}_2$ is of the form $w = w_1 + w_2, w_1$ and w_2 determinantal weights for $\mathcal{E}_1$ respectively $\mathcal{E}_2$. We also derive that any ι-real $\mathcal{E}$ is ι-mixed, with ι-weights equal to determinantal ι-weights. Apply the Lefschetz trace formula to even tensor powers $\mathcal{E}^{\otimes 2n}$ and use the fact that the crystalline H^0 and H^2 are easily described.

(e) Finally we can relate weights to the monodromy filtration, as in [De], 1.8. For $x \in D_0(k')$ we obtain a (non canonical) fibre $\mathcal{E}(x)$ (a crystal over K') with a filtration $G_i(\mathcal{E}(x))$ (defined by the fact that N^i induces isomorphisms $gr_i^G(\mathcal{E}(x) \cong gr_{-i}^G(\mathcal{E}(x)))$. The associated graded is canonical and if $\mathcal{E}$ is ι-pure of weight w then $gr_i(\mathcal{E}(x))$ is ι-pure of weight $w+i$. Apply the Lefschetz trace formula to the cohomology of intermediate extensions at x to obtain that on the kernel of N the ι-weights are $\leq w$. Then apply this to $\mathcal{E} \otimes \mathcal{E}^\vee$, etc.

It follows that if $\mathcal{E}$ is ι-pure on a dense open subset of X_0^0 then it is ι-pure everywhere, as in the remaining closed points of X_0^0 the G- filtration is trivial. Hence in the definition of ι-pure it suffices to require that for almost all x the eigenvalues of Frobenius have the prescribed absolute value. Also for general smooth projective X_0/A_0 (of arbitrary dimension) and an ι-pure convergent $\overline{\mathbb{Q}}_p - F$-crystal $\mathcal{E}$ of ι-weight w on X_0^0 the F-crystals $G_i(\mathcal{E})$ (the associated graded of the monodromy filtration) on the divisors at infinity are ι-pure of ι-weight $w + i$. This follows by using hyperplane sections.

(f) We can now state the main result of this section which is the analogue of [De], cor. 3.3.5. It holds for smooth projective X_0 of arbitrary dimension (with the obvious definition of ι-mixed). However, in the proof almost all the work is required to settle the case of curves.

Theorem 5.2. *If $\mathcal{E}$ is an ι-mixed convergent $\overline{\mathbb{Q}}_p$ – F-isocrystal of ι-weights $\geq w$, then $H^i_{crys}(X^0_0/A, \mathcal{E})$ has ι-weights $\geq w+i$. Also any ι-weight in $H^i_{crys}(X^0_0/A, \mathcal{E})$ differs by an integer from an ι-weight in $\mathcal{E}$.*

Proof. We first require that X_0 is a curve. We may assume that $\mathcal{E}$ is ι-pure of ι-weight w. Tensoring with a suitable constant F-isocrystal we may even assume that $w = 0$. Then $\mathcal{E}$ is a direct summand in an ι-real F-isocrystal (namely $\mathcal{E} \oplus \mathcal{E}^\vee$), and the same will hold for all other crystals occurring in the sequel. This implies that everything in sight is automatically ι-mixed. Also the assertion for $H^i_{\text{crys}}(X^0_0/A, \mathcal{E})$ implies by duality the corresponding assertion (ι-weights $\leq i$) for cohomology with compact support. As kernel and cokernel of the map $H^i_{!\text{crys}}(X^0_0/A, \mathcal{E}) \to H^i_{\text{crys}}(X^0_0/A, \mathcal{E})$ are determined from the monodromy filtration of $\mathcal{E}$ along the boundary they have integral weights, and we derive that the same must be true for $H^i_{\text{crys}}(X^0_0/A, \mathcal{E})$. That is the first assertion implies the second.

The assertion for H^0_{crys} and H^2_{crys} is rather trivial, and the argument in [De], ch. 2 states that $H^1_{\text{crys}}(X^0_0/A, \mathcal{E})$ already has ι-weights > 0. We show by induction over n that the weights are $> 1 - 2^{-n}$. To pass from n to $n+1$ we consider $Y = X \times X$ and show that on $H^2_{\text{crys}}(Y^0_0/A, \mathcal{E} \otimes \mathcal{E})$ the weights are $> 2 - 2^{-n}$. For this we choose a good Lefschetz pencil to get a map $f : \tilde{Y}_0 \to \mathbf{P}^1_k(\tilde{Y}_0$ a blowup of $Y_0)$. For a suitable covering $P_0 = \mathbf{P}^1_k \to \mathbf{P}^1_k$ we get an induced log smooth map $Z_0 \to P_0$, with $Z_0 =$ normalization of $\tilde{Y}_0 \otimes_{\mathbf{P}^1_k} P_0$. The weights in the kernel of $H^2_{\text{crys}}(Y^0_0/A, \mathcal{E} \otimes \mathcal{E}) \to H^2_{\text{crys}}(Z^0_0, \mathcal{E} \otimes \mathcal{E})^\sigma$ can be controlled, and $H^2_{\text{crys}}(Z^0_0, \mathcal{E} \otimes \mathcal{E})^\sigma$ can be analyzed using the Leray spectral sequence for f.

(g) In more detail, we first remark that we always can replace k by a finite extension. Choosing a projective embedding of Y_0 and a sufficiently general pencil of hyperplanes we obtain a family of curves F_t in Y_0, parametrized by $\mathbf{P}^1_k$ such that the general curve meets transversally the divisor at infinity $E_0 = D_0 \times X_0 \cup X_0 \times D_0$, and such that the base does not meet E_0 at all. Furthermore, we can can assume that only the following types of singularities occur, and at most one in each fibre F_t:

(i) F_t has a simple double point on Y^0_0. In suitable coordinates x, y, F_t is defined by $x \cdot y = 0\}$.

(ii) F_t is smooth but has intersection multiplicity two with E_0. In suitable local coordinates $x, y, E_0 = \{x = 0\}, F_t = \{x + y^2 \cdot u(y) = 0\}, u(y)$ a unit.

(iii) F_t is smooth but meets transversally the intersection of two components of E_0. In local coordinates $E_0 = \{x \cdot y = 0\}, F_t = \{x + y = 0\}$.

We may assume that all these points are rational over k. To define $\tilde{Y}_0$ we perform some blowups and add some pieces to the boundary. First of all we blow up the base. Then for all type (i) singularities we add the corresponding F_t to the boundary E_0.

For type (ii) we blowup the singular point. The exceptional curve meets the proper transforms of E_0 and F_t in one point which we also blowup. This now gives four curves meeting transversally (the proper transforms of E_0 and F_t, and two exceptional curves). We add them all to the boundary. The total transform of F_t has two components of multiplicity one and one (the last exceptional curve) of multiplicity two.

For type (iii) we blowup the point and add the exceptional curve to the boundary. This way we obtain a logarithmic map $(\tilde{Y}_0, \tilde{E}_0) \to (Y_0, E_0)$. The kernel of the induced map $H^2_{\text{crys}}(Y^0_0/A, \mathcal{E} \otimes \mathcal{E}) \to H^2_{\text{crys}}(\tilde{Y}^0_0/A, \mathcal{E} \otimes \mathcal{E})$ is a quotient of a Tate twist (which adds + 2 to weights) of the space of global section of $\mathcal{E} \otimes \mathcal{E}$ on the new curves in the boundary, hence is ι pure of weight 2. Also in local coordinates (x, y) and t the fibres of the map $\tilde{Y}_0 \to \mathbf{P}^1_k$ can be described by any of (I) to (III) below.

(I) The fibre is smooth and transverse to $\tilde{E}_0$.

(II) The fibre has a simple double point. In local coordinates $t = xy$ and $\tilde{E}_0$ is defined by $\{t = 0\}$. Furthermore ∇ has only poles along components of the fibre which arise as exceptional curves in blowups.

(III) The fibre F_t has three components $\{F_0, F_1, F_2\}$. F_2 has multiplicity 2 and meets the two others transversally in two different points. E_0 meets F_2 transversally at a third point, and also (maybe) F_0. F_1 and F_2 are rational curves arising from blowups. In local coordinates around the double points $t = x^2 y$, and $\tilde{E}_0$ is defined by $\{t = 0\}$.

We choose as divisor at infinity in $\mathbf{P}^1_k$ the set of points where cases (II) or (III) occur in the fibre. Then $\tilde{Y}_0 \to \mathbf{P}^1_k$ is a logarithmic map, log smoth except (if $p = 2$) for the points where case (III) occurs. Now choose a separable cover $P_0 = \mathbf{P}^1_k \to \mathbf{P}^1_k$ which ramifies at infinity precisely over those fibres with a type (III) singularity. For example, we might use a suitable composition of coordinate changes and the map which sends t to $t+t^2$. By Z_0 we denote the normalization of $Y_0 \times_{P^1_k} P_0$. As divisor at infinity on Z_0 and P_0 we choose the inverse images of those on $\tilde{Y}_0$ respectively $\mathbf{P}^1_k$. One checks that Z_0 is smooth, and that the projection $f : Z_0 \to P_0$ is log-smooth with reduced fibres. In fact fibres of type (I) and (II) remain unchanged, while for type (III) we obtain three components $\{\tilde{F}_0, \tilde{F}_1, \tilde{F}_2\}$

of multiplicity one intersecting transversally. $\tilde{F}_0$ and $\tilde{F}_1$ are isomorphic to F_0 respectively F_1, while $\tilde{F}_2$ is a double cover of F_2 ramified along its two points of intersection with F_0 and F_1. The connection ∇ has no pole along $\tilde{F}_0$, while $\tilde{F}_1$ and $\tilde{F}_2$ are rational curves. We derive that all components of fibres of f are either rational curves along which the pullback of $\mathcal{E} \otimes \mathcal{E}$ is constant, or that the connection ∇ has no pole along them.

It follows that the direct images $R^i f_{*\mathrm{crys}}(\mathcal{E} \otimes \mathcal{E})$ are F-isocrystals on P_0^0/A. They are ι-mixed, of ι- weights i for $i = 0, 2$ and ι-weights $> 1 - 2^{-n}$ for $i = 1$ (by induction applied to the fibres).

As $H^2_{\mathrm{crys}}(\tilde{Y}_0^0/A, \mathcal{E} \otimes \mathcal{E})$ injects into $H^2_{\mathrm{crys}}(Z_0^0/A, \mathcal{E} \otimes \mathcal{E})^\sigma$ (use trace maps), by the Leray spectral sequence it now suffices to check weights in $H^1_{\mathrm{crys}}(P_0^0/A, R^1 f_{*\mathrm{crys}}(\mathcal{E} \otimes \mathcal{E}))^\sigma$. Thus let us consider the convergent $\mathbb{Q}_p - F$-crystal $\mathcal{F} = R^1 f_{*\mathrm{crys}}(\mathcal{E} \otimes \mathcal{E})$ on B_0^0/A. It is ι- mixed of ι- weight $> 1 - 2^{-n}$. Furthermore we shall see that its simple components either extend to all of P_0, or they have integral ι- weights. However, one easily checks that on $\mathbb{P}^1_k$ all convergent crystals are constant (they induce vector bundles with connection on the generic fibre of $\mathbb{P}^1_A$ which are constant), and so have trivial first cohomology on B_0. So the contribution of the simple components which extend to B_0 is given by a Tate twist (which adds +2 to weights) of their restriction to the boundary, which means ι weights $> 2 - 2^{-n}$. This argument already proves the assertion of Theorem 5.2 for constant F- isocrystals on rational curves. On the other hand the other components have integral ι -weights $> 1 - 2^{-n}$, hence ≥ 1, and by induction their first cohomology also has ι -weights $> 2 - 2^{-n}$.

(h) It remains to show the assertion about the ι- weights of the components of $\mathcal{F}$ which have monodromy at infinity. Suppose $x \in P_0(k)$ is a point in the boundary. The fibre $f^{-1}(x)$ is a union of irreducible components C_{ι_0} meeting transversally. Locally, in the étale topology we can lift f to a log-smooth map of A- schemes $Z \to P$ and x to a point of $P(A)$ such that the C_{i_0} lift to components C_ι of the fibre over x. Choose a local coordinate t near x and a Frobenius lift Φ with $\Phi(t) = t^p$. Then locally on $P, \mathcal{F}$ is isomorphic to cohomology $H^1(Z, (\mathcal{E} \otimes \mathcal{E}) \otimes \Omega^*_{Z/P}(\mathrm{dlog}\infty))$, and the Frobenius automorphism on it is computed using local Frobenius lifts on Z which are compatible with the chosen lift on P. The fibre $\mathcal{F}(x)$ of $\mathcal{F}$ at x injects into $H^1(Z, (\mathcal{E} \otimes \mathcal{E}) \otimes \Omega^*_{Z/P}(\mathrm{dlog}\infty)/t \cdot \Omega^*_{Z/P}(\mathrm{dlog}\infty))$.

In the following we will consider various convergent isocrystals with Frobenius action (not necessarily isomorphic) on Z_0 (or Z). For each of them the cohomology has a Frobenius endomorphism and a logarithmic connection (on P). The residue of this connection defines an endomorphism N of the fibre at x, and everything is functorial. For example, $t \cdot \mathcal{E} \otimes \mathcal{E} \subset \mathcal{E} \otimes \mathcal{E}$ is a subcrystal with Frobenius action. More generally, for any ideal $\mathcal{J}_i \subset \mathcal{O}_Z$ which defines a component C_i $\mathcal{J}_i \cdot \mathcal{E} \otimes \mathcal{E}$ is such a crystal. $H^1(Z, (\mathcal{E}\otimes\mathcal{E}/\mathcal{J}_i \cdot \mathcal{E}\otimes\mathcal{E})\otimes\Omega^*_{Z/P}(\text{dlog}\infty))$ is abutment of a spectral sequence starting with the crystalline cohomology of some $gr_i^G(\mathcal{E}\otimes\mathcal{E}|C_{i_0})$. If C_{i_0} is rational and $\mathcal{E}\otimes\mathcal{E}$ is constant along it this has integral ι-weights. Otherwise ∇ has no poles along C_{i_0} and N operates trivially on $H^1(Z, (\mathcal{E}\otimes\mathcal{E}/\mathcal{J}_i \cdot \mathcal{E}\otimes\mathcal{E})\otimes\Omega^*_{Z/P}(\text{dlog}\infty))$. We inject $\mathcal{E}\otimes\mathcal{E}/t\cdot\mathcal{E}\otimes\mathcal{E}$ into the direct sum of the $\mathcal{E}\otimes\mathcal{E}/\mathcal{J}_i\cdot\mathcal{E}\otimes\mathcal{E}$, for $\mathcal{J}_i$ running through the ideals defining the various components C_i. The cokernel is concentrated in the double points and has integral weights, so the same is true for its crystalline cohomology. The long exact cohomology sequence now yields the following assertion:

(*) There exists a φ- and N-stable finite filtration of $\mathcal{F}(x)$ such that each successive quotient except one has integral ι- weights. On the one exceptional quotient N operates trivially.

Now the rest is easy. Suppose that $\mathcal{F}_1$ is a ι- pure simple subquotient of $\mathcal{F}$ which does not have integral ι- weights. Then we get an induced filtration satisfying (*) on the fibre $\mathcal{F}_1(x)$. As none of the ι- weights in $\mathcal{F}_1(x)$ is integral this filtration can have only one non trivial step (the exceptional), on which N operates trivially. So $\mathcal{F}_1$ extends along x. This finishes the proof of theorem 5.2 for curves.

For higher dimensions one uses Lefschetz pencils. A generic projection from X_0 onto $\mathbf{P}^1$ will have the property that the generic fibre is smooth and intersects transversally all strata, while some special fibres may have one singularity. This singularity consists of a simple double point located on one stratum (and the fibre meets all other strata transversally). By blowing up (eventually twice), enlarging the divisor at infinity and replacing $\mathbf{P}^1$ by a double cover one obtains, very much as before, a log- smooth fibration, and it suffices to apply induction to the fibres.

(i) We can also draw the usual conclusions, as in [De], 3.4. For example, an extension of ι-pure convergent $\overline{\mathbf{Q}}_p - F$-isocrystals $0 \to \mathcal{E}_1 \to \mathcal{E} \to \mathcal{E}_2 \to 0$ defines a Frobenius invariant class in $H^1_{\text{crys}}(X_0^0/A, \text{Hom}(\mathcal{E}_2, \mathcal{E}_1))$. If the difference of ι-weights $w_1 - w_2$ is either ≥ 0 or not integral and if theorem 5.2 applies (i.e. X_0 projective) it follows that the extension must split as extension of isocrystals (forgetting Frobenius). Furthermore we can find a unique splitting respecting Frobenius if $H^0_{\text{crys}}(X_0^0/A, \text{Hom}(\mathcal{E}_2, \mathcal{E}_1))$ has no Frobenius invariants, for example if $w_1 \neq w_2$. It follows that any ι-mixed convergent $\overline{\mathbf{Q}}_p - F$-isocrystals $\mathcal{E}$ is canonically a direct sum (indexed by $w \in \mathbf{R}/\mathbf{Z}$) of F- isocrystals, all whose ι- weights lie in $w + \mathbf{Z}$. Moreover, these have a canonical increasing finite filtration$\ldots \subset \mathcal{E}_{i-1} \subset \mathcal{E}_i \subset \mathcal{E}_{i+1} \subset \cdots$ such that $\mathcal{E}_i/\mathcal{E}_{i-1}$ is ι- pure of ι-weight $w + i$. Finally, an ι- pure $\mathcal{E}$ is the direct sum of F- isocrystals of the form $\mathcal{E}_j \otimes V_j$, with $\mathcal{E}_j$ ι- pure and simple and V_j a crystal of weight 0 on A_0/A which is a successive extension of the trivial crystal. In fact such a V_j corresponds to an unramified unipotent continuous representation of $Gal(\overline{K}/K)$ on a finite dimensional $\overline{\mathbb{Q}}_p$- vector space.

It is also natural to conjecture that for X_0 with allowable singularities and $\mathcal{E}$ ι -mixed with ι -weights $\geq w$ the i-th graded $gr_i^G(H^i_{\mathrm{crys}}(X_0^0/A, \mathcal{E}))$ should have ι-weights $\geq w + i$. However, here we know essentially nothing, except if $(X_0, \mathcal{E})$ can be smoothed.

REFERENCES

[B1] Berthelot, P., *Cohomologie cristalline des schémas de characteristic* $p > 0$, Springer Lecture Notes **407** (1974).

[B2] Berthelot, P., *Géométrie rigide et cohomologie des variétés algébriques en characteristic p*, Soc. Math. de France, Mémoire **23** (1986), 7–32.

[BO 1] Berthelot, P. and Ogus, A., *Notes on crystalline cohomology* , Princeton University Press, 1978.

[BO2] Berthelot, P. and Ogus, A., *F-isocrystals and de Rham cohomology* 1, *Invent. Math.* **72** (1983), 159–199.

[De] Deligne, P. and Illusie, L., *Relèvements modulo* p^2 *et décomposition du complexe de de Rham*, Invent. Math. **89** (1987), 247–270.

[Dr] Drinfeld, V.G., *Coverings of p- adic symmetric regions*, Funktsional'nyi analiz i Ego Prilozheniya **10** (1976), 29–40; Functional Analysis and its Applications **10** (1976), 107–115.

[Fal] Faltings, G., *p-adic Hodge theory*, Journal of the AMS **1** (1988), 255-299.

[Fa2] Faltings, G., *Crystalline cohomology and p-adic Galois representations*, to appear in Am. Jour. of Math.

[FO1] Fontaine, J.M., *Modules galoisiens, modules filtrés et anneaux de Barsotti-Tate*, Astérisque **65** (1979), 3–80.

[FO2] Fontaine, J.M., *Sur certains types de représentations p- adiques du groupe de Galois d'un corps local, construction d'un anneau de Barsotti-Tate*, Ann. of Math. **115** (1982), 529–577.

[FO3] Fontaine, J.M., *Cohomologie de de Rham, cohomologie cristalline et représentations p-adiques*, Springer Lecture Notes **1016** (1983), 86–108.

[FM] Fontaine, J. and Messing, W., *p-adic periods and p-adic étale cohomology,* preprint MSRI, 1987.

[FL] Fontaine, J.M. and Lafaille, G., *Construction de représentation p-adiques*, Ann. Sci. Ec. Norm. Sup. **15** (1982), 547–608.

[Fu] Fulton, W., *Intersection theory*, Springer Verlag, Berlin 1984.

[H] Hyodo, O., *On variation of Hodge-Tate structures*, preprint Nara (Japan), Oct. 17, 1987.

[Ma] Mazur, B., *Frobenius and the Hodge filtration (estimates)*, Ann. of Math. **98** (9173), 58–95.

[Me] Messing, W., *The crystals associated to Barsotti-Tate groups*, Lecture Notes in Math. **264** (1972).

[O] Ogus, A., *F-isocrystals and de Rham cohomology II-convergent isocrystals*, Duke Math. J. **51** (1984), 765–850.

[T] Tate, J., *P-divisible groups*, Conference on local fields (Driebergen), 158–183.

[EGA] Grothendieck, A., *Eléments de Géometrie Algébrique*, IHES Publ. Math. **4, 8, 11.....**

[SGA] Grothendieck, A. and collaborators, *Séminaire de Géometrie Algébrique.*

Department of Mathematics
Princeton University
Fine Hall - Washington Road
Princeton, New Jersey 08544

Représentations p-adiques des corps locaux

(1ère partie)

JEAN-MARC FONTAINE

A Alexandre Grothendieck

Table des matières

Introduction

Soient p un nombre premier, k un corps parfait de caractéristique p, $W = W(k)$ l'anneau des vecteurs de Witt à coefficients dans k et K_0 son corps des fractions.

Cet article est la première partie d'un travail consacré à l'étude des représentations p-adiques du groupe de Galois d'un corps complet pour une valuation discrète K à corps résiduel k. On y développe des procédés pour construire toutes ses représentations [du style de ceux qui étaient esquissés dans [Fo83b]; à ceci près que, lorsque l'on rencontre un corps de caractéristique p, complet pour une valuation discrète, on évite de le remplacer par sa clôture radicielle; ceci permet d'introduire des techniques différentielles]; on essaiera ensuite de caractériser les représentations qui nous intéressent plus particulièrement, comme les représentations cristallines, de de Rham, de Hodge-Tate (cf., par.ex. *op.cit.*), semi-stables ([Bu88]) et d'en étudier quelques propriétés.

Pour être plus précis, soient $K^{\text{sép}}$ une clôture séparable de K et $G_K = \text{Gal}(K^{\text{sép}}/K)$. Appelons représentation $\mathbb{Z}_p$-adique de G_K la donnée d'un $\mathbb{Z}_p$-module de type fini muni d'une action linéaire et continue de G_K.

Il est prévu quatre chapitres:

A. Représentations p-adiques "générales"

On se propose de construire des équivalences entre la catégorie de toutes les représentations p-adiques de G_K et certaines catégories d'objets "purement algébriques."

Afin de décrire quelques-uns des résultats, fixons quelques notations: soient $S = W[[\pi]]$ l'anneau des séries formelles en une variable π à coefficients dans W et $\mathcal{O}_\mathcal{E}$ le séparé complété de $S[1/\pi] = W((\pi))$ pour la topologie p-adique.

(a) Supposons K de caractéristique p et choisissons une identification de l'anneau de ses entiers à S/pS, ainsi qu'un relèvement σ du Frobenius absolu à S (lequel s'étend automatiquement à $\mathcal{O}_\mathcal{E}$). Si M est un $\mathcal{O}_\mathcal{E}$-module, notons M_σ le $\mathcal{O}_\mathcal{E}$-module déduit de M par l'extension des scalaires $\sigma : \mathcal{O}_\mathcal{E} \to \mathcal{O}_\mathcal{E}$. On construit (§A1 et A2) une équivalence entre la catégorie des représentations $\mathbb{Z}_p$-adiques de G_K et celle des "φ-modules étales sur $\mathcal{O}_\mathcal{E}$," i.e., des $\mathcal{O}_\mathcal{E}$-modules de type fini M, munis d'un isomorphisme

$$\Phi : M_\sigma \to M.$$

(b) Supposons maintenant K de caractéristique 0 (et, pour simplifier, $p \neq 2$). Soit K_∞ la $\mathbb{Z}_p$-extension cyclotomique de K contenue dans $\overline{K} = K^{\text{sép}}$. On munit l'anneau S défini ci-dessus d'actions convenablement choisies d'un Frobenius σ et de $\Gamma = \text{Gal}(K_\infty/K) \simeq \mathbb{Z}_p$. (Par exemple, lorsque $K = K_0(\sqrt[p]{1})$, si χ est le caractère cyclotomique, on peut choisir π pour que

$$\sigma(1+\pi) = (1+\pi)^p \text{ et } \gamma(1+\pi) = (1+\pi)^{\chi(\gamma)}).$$

Ces actions s'étendent à $\mathcal{O}_\mathcal{E}$ et on construit (§A3) une équivalence entre la catégorie des représentations $\mathbb{Z}_p$-adiques de G_K et celle des "φ-Γ-modules étales sur $\mathcal{O}_\mathcal{E}$," i.e., des φ-modules étales sur $\mathcal{O}_\mathcal{E}$ munis en outre d'une action semi-linéaire de Γ, commutant à Φ.

[Dans la suite de ce travail, on montrera que l'on peut, dans cette construction, remplacer Γ par $\text{Gal}(L/K)$, où L est une extension galoisienne de K dont le groupe d'inertie est un groupe de Lie p-adique de dimension finie ≥ 1. Cette généralisation semble utile pour différentes questions, notamment pour le calcul des nombres de Tamagawa p-adiques introduits par Bloch et Kato ([BK89]).

C'est d'ailleurs en lisant cet article de Bloch et Kato que j'ai compris l'intérêt qu'il y avait à ne pas remplacer $k((\pi))$ par sa clôture radicielle: si $\mathcal{E}$ est le corps des fractions de $\mathcal{O}_\mathcal{E}$, le module $\Omega_{\mathcal{E}/W}$ des formes différentielles continues est un $\mathcal{E}$-espace vectoriel de dimension 1 et on peut donc "faire du calcul différentiel" (en particulier, le φ-module associé à une représentation p-adique est muni d'une connexion).

Il est clair que ces constructions sont des cas particuliers de constructions beaucoup plus générales. On doit pouvoir remplacer les corps que l'on considère ici par des corps de fonctions de plusieurs variables ou certaines de leurs complétions. En particulier

(i) la loi de réciprocité explicite énoncée au no. 2.4 doit se généraliser et éclairer d'un jour nouveau les travaux de Kato sur ce sujet ([Ka89]);

(ii) ces constructions doivent se faisceautiser et peut être donner une approche nouvelle des théorèmes de comparaison entre cohomologies p-adiques (cf. par exemple, [Fa88a] et [FM87]); on devrait ainsi obtenir des méthodes plus analytiques et comprendre le lien entre ces théorèmes et l'intégration p-adique développée par Coleman ([Co82], [Co85], [Co87]); ces techniques devraient aussi être utiles pour répondre à certaines des questions posées par Faltings dans [Fa88b].]

B. Représentations p-adiques de hauteur finie

(a) Appelons *φ-module p-étale sur S* la donnée d'un S-module de type fini, sans torsion ou avec seulement de la p-torsion, muni d'une application W-linéaire

$$\Phi : M_\sigma \to M,$$

dont le conoyau est annulé par un élément de $S - pS$ convenable.

Soit $q \in S - pS$. Un φ-module p-étale sur S est dit de *q-hauteur finie* si Coker Φ est annulé par une puissance de q.

Dans le cas où le corps K est de caractéristique p, une représentation p-adique de G_K est dite de q—hauteur finie si le φ-module étale qui lui est associé provient, par extension des scalaires, d'un φ-module de q-hauteur finie sur S.

Pour pouvoir étudier sérieusement les représentations de q-hauteur finie, on a besoin de connaître quelques propriétés des φ-modules de q-hauteur finie et c'est l'objet du §B1.

(b) Lorsque K est de caractéristique 0, on a une notion de "cr-*hauteur*": dans cet article, on ne définit cette notion que lorsque $e = 1$, i.e., lorsque $K = K_0$. Dans ce cas on peut prendre pour anneau S l'anneau $W[[\pi_0]]$, avec $\pi_0 = \sum_{a \in \mathbf{F}_p, a \neq 0}((1+\pi)^{[a]} - 1)$ (où π est comme au (b) ci-dessus, et $[a]$ est le représentant de Teichmüller de a dans $\mathbb{Z}_p$). On pose $q = \pi_0 + p$ et on introduit la catégorie $\mathbf{\Gamma\Phi M}_S^+$: un objet de cette catégorie est un φ-module sur S de q-hauteur finie, muni d'une action semi-linéaire et continue de Γ qui commute à l'action de φ et qui est triviale sur le quotient $M/\pi_0 M$. On dit qu'une représentation p-adique V est de cr-hauteur finie si elle provient, en un sens évident, d'un objet M de cette catégorie (la cr-hauteur de V est définie, en gros, comme le plus petit entier r tel que q^r annule $M/\Phi(M_\sigma)$).

Dans le paragraphe B2, on se contente d'étudier quelques propriétés de la catégorie $\mathbf{\Gamma\Phi M}_S^+$, qui nous serons utiles dans la suite de ce travail.

L'intérêt de cette notion de cr-hauteur, c'est qu'une représentation de cr-hauteur finie $\leq r$ est une représentation cristalline (cf. [Fo83b]) à poids de Hodge-Tate $\in [-r, 0]$ (du moins lorsque la représentation est sans p-torsion; si, au contraire, elle est de p-torsion, alors c'est un sous-quotient d'une telle représentation).

Il me semble (et cela n'a pas l'air vraiment difficile) que, réciproquement, toute représentation cristalline, à poids de Hodge-Tate ≤ 0 est de cr-hauteur finie. Ces questions, ainsi que la description à partir d'un objet de $\mathbf{\Gamma\Phi M}_S^+$ du φ-module filtré assoocié à la représentat ion cristalline correspondantes sont rapidement discutées à la fin du §B2 qui termine cet article.

[Dans la suite de ce travail, on commencera par étudier plus en détail cette correspondance entre représentations de cr-hauteur finie et représentations cristallines, y compris lorsque $e > 1$. On étudiera aussi quelques propriétés de ces représentations; en particulier, on montrera qu'elles ne sont pas trop ramifiées, généralisant ainsi des résultats d'Abraskin

([Ab89]).

On prévoit d'aborder ensuite, dans un chapitre C, le problème de la *"classification" des représentations p-adiques.* Lorsque K est de caractéristique 0, l'objectif est, si V est une représentation p-adique de G_K de décrire en termes de son φ-Γ-module étale sur $\mathcal{O}_{\mathcal{E}}$ l'endomorphisme qui lui est associé par la théorie de Sen ([Se80]), en particulier de savoir reconnaître les représentations de Hodge-Tate; il est aussi de caractériser les représentations de de Rham et les représentations semi-stables. On remarque que $\mathcal{O}_{\mathcal{E}}$ est le complété, pour la topologie p-adique, de $S[1/q]$; très grossièrement, l'idée est que, si M est le φ-module étale sur $\mathcal{O}_{\mathcal{E}}$ associé à une représentation V, lorsque l'on écrit la matrice de $\Phi : M_\sigma \to M$, par rapport à des bases convenables, plus la représentation est "méchante," plus les dénominateurs de ses coefficients sont méchants. Les premiers résultats obtenus rendent plausibles l'existence d'un analogue p-adique du théorème de monodromie ℓ-adique de Grothendieck (i.e., il est possible que toute représentation de de Rham soit "potentiellement semi-stable").

Enfin, on espère étudier, dans un chapitre D, *les familles de représentations p-adiques*, à l'aide des φ-Γ-modules étales sur $\mathcal{O}_{\mathcal{E}}$. Mais il est pour le moins prématuré d'en parler!]

Une partie de cet article a été écrite pendant un séjour au Max Planck Institüt für Mathematik que je voudrais remercier pour son hospitalité. Je voudrais remercier aussie S. Bloch and K. Kato pour les idées que m'ont données la lecture de leur preprint ([BK89], ainsi que B. Perrin-Riou et J. -P. Wintenberger pour de nombreuses discussions, et que le responsable de cette publication pour ses encouragements et sa patience infinie.

Au congrès de Nice en 1970, Alexandre Grothendieck avait évoqué l'existence du "foncteur mystérieux" reliant cohomologie étale p-adique et cohomologie cristalline. Je voudrais dire ici quel plaisir cela a été pour moi de travailler sur ce sujet et sur ses développements.

Conventions

Dans tout ce travail p est un nombre premier fixé.

0.1. Pour tout groupe profini G, on appelle *représentation* $\mathbb{Q}_p$*-adique* (resp. $\mathbb{Z}_p$*-adique*, resp. *de p-torsion*, resp. *modulo p*) de G la donnée d'un $\mathbb{Q}_p$-espace vectoriel de dimension finie (resp. d'un $\mathbb{Z}_p$-module de type fini, resp. d'un $\mathbb{Z}_p$-module de longueur finie, resp. d'un $\mathbb{F}_p$-espace vectoriel de dimension finie) V muni d'un homomorphisme continu de G dans le groupe des automorphismes de V.

Les représentations $\mathbb{Q}_p$-adiques (resp. $\mathbb{Z}_p$-adiques, de p-torsion, modulo p) de G forment, de manière évidente une catégorie abélienne $\mathbb{Q}_p$-linéaire (resp. $\mathbb{Z}_p$-linéaire, $\mathbb{Z}_p$-linéaire, $\mathbb{F}_p$-linéaire) que l'on note $\mathbf{Rep}_{\mathbb{Q}_p}(G)$ (resp. $\mathbf{Rep}_{\mathbb{Z}_p}(G)$, $\mathbf{Rep}_{\,p-\mathrm{tor}}(G)$, $\mathbf{Rep}_{\mathbb{F}_p}(G)$).

Pour éviter de s'enliser dans les généralités, trivialités, banalités que l'on peut développer autour de ses définitions, on se contentera de dire que les opérations usuelles de l'algèbre linéaire font de ces catégories des catégories tannakiennes neutres ([Sa72], [DM82]) et de rappeler que le foncteur

$$\mathbf{Rep}_{\mathbb{Z}_p}(G) \to \mathbf{Rep}_{\mathbb{Q}_p}(G),$$

qui à V associe $\mathbb{Q}_p \otimes_{\mathbb{Z}_p} V$, est essentiellement surjectif (si U est une représentation $\mathbb{Q}_p$-adique et si V_0 est un réseau de U, alors $V = \sum_{g \in G} g(V_0)$ est encore un réseau de U; c'est donc un objet de $\mathbf{Rep}_{\mathbb{Z}_p}(G)$ et $\mathbb{Q}_p \otimes_{\mathbb{Z}_p} V$ s'identifie à U).

0.2. Si $\mathcal{F}$ est un corps valué, on note $\mathcal{O}_{\mathcal{F}}$ l'anneau de ses entiers (i.e., le sous-anneau de $\mathcal{F}$ formé des éléments de valuation ≥ 0).

Si A est un anneau de caractéristique p, on note indifféremment φ ou σ le Frobenius absolu ($x \mapsto x^p$).

Si A est un anneau commutatif quelconque, on note $W(A)$ l'anneau des vecteurs de Witt à coefficients dans A, et, pour tout $n \in \mathbb{N}$, $W_n(A)$ l'anneau des vecteurs de Witt de longueur n. Si $a \in A$, on note $[a] \in W(A)$ son représentant de Teichmüller.

A. Représentations p-adiques "générales"

A1. *Représentations p-adiques des corps de caractéristique p*

1.1. *Les φ-modules.* Dans tout ce numéro, (A, σ) est un couple formé d'un anneau commutatif A et d'un endomorphisme σ de A.

1.1.1. Pour tout A-module M, on note M_σ le A-module $A_\sigma \otimes_A M$ déduit de M par l'extension des scalaires σ.

On appelle *φ-module sur* (A, σ) (ou, s'il n'y a pas de risque de confusion, *φ-module sur* A, ou même *φ-module*) la donnée d'un A-module M muni d'une application

$$\varphi : M \to M$$

σ-semi-linéaire (i.e., additive et telle que $\varphi(\lambda x) = \sigma\lambda.\varphi x$).

Se donner φ revient à se donner une application linéaire

$$\Phi : M_\sigma \to M;$$

il suffit de poser $\Phi(\lambda \otimes x) = \lambda.\varphi x$.

Un morphisme $\eta : M \to N$ de φ-modules est une application A-linéaire qui commute à φ.

Les φ-modules sur A forment ainsi une catégorie que l'on note $\boldsymbol{\Phi M}_{A,\sigma}$, ou $\boldsymbol{\Phi M}_A$, voire $\boldsymbol{\Phi M}$, s'il n'y a pas de risque de confusion.

1.1.2. On note $A_\sigma[\varphi]$ l'anneau (non commutatif si $\sigma \neq \mathrm{id}_A$) engendré par A et un élément φ soumis aux relations

$$\varphi.\lambda = \sigma(\lambda).\varphi, \quad \text{pour tout} \quad \lambda \in A.$$

On note aussi A^σ le sous-anneau de A formé des a tels que $\sigma a = a$. Il est contenu dans le centre de $A_\sigma[\varphi]$ (et égal à ce centre si et seulement si $\sigma^m \neq \mathrm{id}_A$, pour tout entier $m > 0$).

Il est clair que la catégorie $\boldsymbol{\Phi M}_A$ s'identifie à la catégorie des $A_\sigma[\varphi]$-modules à gauche. En particulier, elle est abélienne et A^σ- linéaire.

1.1.3. La catégorie $\boldsymbol{\Phi M}_A$ est munie d'un produit tensoriel: si M et N sont deux objets de $\boldsymbol{\Phi M}_A$, le A-module sous-jacent à $M \otimes N$ est $M \otimes_A N$ et $\varphi(x \otimes y) = \varphi x \otimes \varphi y$.

Ce produit tensoriel satisfait les propriétés usuelles d'associativité et de commutativité.

On dispose aussi d'un "objet-unité": c'est A lui-même avec $\varphi = \sigma$; on voit que $M \otimes A$ et $A \otimes M$ s'identifient à M quelque soit l'objet M de $\boldsymbol{\Phi M}_A$.

Dans toute la suite, *l'endomorphisme σ de A sera noté indifféremment σ ou φ.*

1.1.4. Lorsque l'anneau A est noethérien, on dit qu'un φ-module M est *étale* si le A-module sous-jacent est de type fini et si Φ est bijective (lorsque σ est un automorphisme, il revient au même de demander que φ soit bijective) et on note $\boldsymbol{\Phi M}^{\text{ét}}_{A,\sigma}$ ou $\boldsymbol{\Phi M}^{\text{ét}}_A$ la sous-catégorie pleine de $\boldsymbol{\Phi M}_A$ dont les objets sont les φ-modules étales.

1.1.5. **Proposition**. *Supposons A noethérien et σ-plat. Alors*

(i) *la catégorie $\boldsymbol{\Phi M}^{\text{ét}}_A$ est abélienne;*

(ii) *si $\eta : M \to L$ est un morphisme de $\boldsymbol{\Phi M}^{\text{ét}}_A$, le noyau et le conoyau de η dans la catégorie $\boldsymbol{\Phi M}_A$ sont encore étales.*

Preuve. Il est clair que la deuxième assertion implique la première. Montrons donc la seconde: Soit K (resp. N) le conoyau (resp. le noyau) de l'application linéaire sous-jacente. Alors K_σ s'identifie au conoyau de $M_\sigma \to L_\sigma$ et, grâce à la platitude, N_σ s'identifie au noyau. Dans le diagramme comutatif

$$\begin{array}{ccccccccc}
0 & \longrightarrow & N_\sigma & \longrightarrow & M_\sigma & \longrightarrow & L_\sigma & \longrightarrow & K_\sigma & \longrightarrow & 0 \\
 & & \downarrow & & \downarrow & & \downarrow & & \downarrow & & \\
0 & \longrightarrow & N & \longrightarrow & M & \longrightarrow & L & \longrightarrow & K & \longrightarrow & 0,
\end{array}$$

les lignes sont donc exactes. Comme les deux flèches verticales du milieu sont des isomorphismes, il en est de même des deux autres.

1.1.6. **Proposition**. *Supposons A noethérien et σ-plat, intègre et de dimension ≤ 1. Supposons en outre que, pour tout idéal maximal $\mathfrak{m}$ de A, l'idéal de A engendré par les σx, pour $x \in \mathfrak{m}$, est encore maximal. Alors,*

(i) *pour qu'un φ-module N sur A, de type fini sur A, soit étale, il faut et il suffit que $\Phi : N_\sigma \to N$ soit surjective;*

(ii) *si*

$$0 \to M' \to M \to M'' \to 0$$

est une suite exacte courte de φ-modules sur A, M est étale si et seulement si M' et M'' le sont.

Preuve. Montrons (i). Il est clair que la condition est nécessaire. Montrons qu'elle est suffisante. Si $N' = N_{\text{tor}}$ et $N'' = N/N'$, on a un diagramme commutatif

$$\begin{array}{ccccccccc} 0 & \longrightarrow & N'_\sigma & \longrightarrow & N_\sigma & \longrightarrow & N''_\sigma & \longrightarrow & 0 \\ & & \downarrow & & \downarrow & & \downarrow & & \\ 0 & \longrightarrow & N' & \longrightarrow & N & \longrightarrow & N'' & \longrightarrow & 0 \end{array}$$

dont les lignes sont exactes. Si F est le corps des fractions de A, l'application, qui à $x \in N''$ associe $1 \otimes x \in F \otimes_A N'' = N''_F$ est injective et $(N''_F)_\sigma$ est un F-espace vectoriel, de dimension finie égale à celle de N''_F, qui s'identifie à $F \otimes_A N''_\sigma$. Si $\Phi : N_\sigma \to N$ est surjective, il en est de même de $N''_\sigma \to N''$, donc aussi de $(N''_F)_\sigma \to N''_F$, qui est donc bijective. Comme N''_σ s'injecte dans $(N''_F)_\sigma$, l'application $N''_\sigma \to N''$ est bijective. Par conséquent $N'_\sigma \to N'$ est aussi surjective. On voit, par dévissage, que l'hypothèse faite sur A implique que N' et N'_σ sont des A-modules de même longueur finie, et $N'_\sigma \to N'$ est bijective. Finalement $\Phi : N_\sigma \to N$ est bien bijective.

Montrons (ii). On a un diagramme commutatif

$$\begin{array}{ccccccccc} 0 & \longrightarrow & M'_\sigma & \longrightarrow & M_\sigma & \longrightarrow & M''_\sigma & \longrightarrow & 0 \\ & & \downarrow & & \downarrow & & \downarrow & & \\ 0 & \longrightarrow & M' & \longrightarrow & M & \longrightarrow & M'' & \longrightarrow & 0 \end{array}$$

donc les lignes sont exactes. Si M' et M'' sont étales, les deux flèches verticales extrêmes sont des isomorphismes et il en est de même de celle du milieu. Inversement, si M est étale, la flèche verticale de droite est surjective; d'après (i), M'' est étale et la flèche du milieu et celle de droite sont des isomorphismes, donc aussi celle de gauche.

1.1.7. Supposons encore A noethérien et σ-plat. Alors $\mathbf{\Phi M}_A^{\text{ét}}$ est une $\otimes$-catégorie (cf. [Sa72]). Autrement dit,

– comme sous-catégorie de $\mathbf{\Phi M}_A$, elle est stable par produit tensoriel et contient l'objet-unité;

– elle admet un *hom interne*: si M et N sont deux objets de $\mathbf{\Phi M}_A^{\text{ét}}$, le A-module sous-jacent à $Hom(M,N)$ est $L = \mathcal{L}_A(M,N)$; l'homomorphisme canonique $L_\sigma = A \otimes_A L \to \mathcal{L}_A(M_\sigma, N_\sigma)$ est un isomorphisme (Bourbaki, *Alg. Com.*, chap. 1, §2, prop. 11); on peut donc identifier ces deux modules et définir

$$\Phi : L_\sigma \to L$$

par $(\Phi f)(x) = \Phi(f(\Phi^{-1}(x)))$, qui est bien bijective (son inverse Ψ est définie par $(\Psi g)(y) = \Phi^{-1}(g(\Phi y)))$.

Ces opérations vérifient les "propriétés usuelles."

1.1.8. Soient A_1 et A_2 deux anneaux commutatifs munis d'un endomorphisme σ et $\alpha : A_1 \to A_2$ un homomorphisme commutant à σ. Pour tout φ-module M sur A_1, le A_2-module $\alpha^*(M) = A_2 \otimes_{A_1} M$ a une structure naturelle de φ-module sur A_2. On obtient ainsi un foncteur additif

$$\alpha^* : \mathbf{\Phi M}_{A_1} \to \mathbf{\Phi M}_{A_2}.$$

Si A_1 et A_2 sont noethériens et σ-plats, α^* transforme φ-module étale en φ-module étale.

1.2. *Représentations p-adiques et φ-modules.* Dans la suite de ce paragraphe, E est un corps de caractéristique p et E^{rad} est la clôture radicielle de E. Pour tout $n \in \mathbb{Z}$, on pose

$$E^{(n)} = \left\{x \in E^{\text{rad}} | x^{p^n} \in E\right\} \quad \text{et} \quad E' = E^{(1)}.$$

On suppose (ce n'est pas essentiel) que E'/E est une extension finie.

On choisit une clôture séparable $E^{\text{sép}}$ de E et on pose $G_E = \text{Gal}(E^{\text{sép}}/E)$. On se propose d'expliciter différentes variantes de la classification des représentations p-adiques de G_E en termes de φ-modules.

1.2.1. Soit $\mathcal{E}$ un corps complet pour une valuation discrète, de caractéristique 0, absolument non ramifié (i.e., tel que p engendre l'idéal maximal de $\mathcal{O}_\mathcal{E}$), de corps résiduel E. Soient $\mathcal{E}_{\text{nr}}$ une extension algébrique non ramifée de $\mathcal{E}$ dont le corps résiduel est séparablement clos (on peut prendre pour $\mathcal{E}$ le corps des fractions de l'hensélisé strict de $\mathcal{O}_\mathcal{E}$ dans une clôture algébrique de $\mathcal{E}$) et $\widehat{\mathcal{E}}_{\text{nr}}$ le complété de $\mathcal{E}_{\text{nr}}$. On choisit une E-identification du corps résiduel de $\mathcal{E}_{\text{nr}}$ avec $E^{\text{sép}}$. Alors G_E s'identifie à $\text{Gal}(\mathcal{E}_{\text{nr}}/\mathcal{E})$ et opère par continuité sur $\widehat{\mathcal{E}}_{\text{nr}}$.

1.2.2. Si V est une représentation $\mathbb{Z}_p$-adique de G_E, on pose

$$\boldsymbol{D}_{\mathcal{E}}(V) = \left(\mathcal{O}_{\widehat{\mathcal{E}}_{\mathrm{nr}}} \otimes_{\mathbb{Z}_p} V\right)^{G_E}.$$

On peut considérer $\boldsymbol{D}_{\mathcal{E}}$ comme un foncteur covariant additif (c'est même un $\otimes$-foncteur) de la catégorie des représentations p-adiques dans celle des $\mathcal{O}_{\mathcal{E}}$-modules.

1.2.3. *Remarque.* La notation $\boldsymbol{D}_{\mathcal{E}}$ traduit le fait que ce foncteur ne dépend pas, à isomorphisme unique près, du choix du couple formé de $\mathcal{E}_{\mathrm{nr}}$ et d'une identification de G_E à $\mathrm{Gal}(\mathcal{E}_{\mathrm{nr}}/\mathcal{E})$.

1.2.4. **Proposition**. *Conservons les hypothèses et notations qui précèdent.*

(i) *Pour toute représentation $\mathbb{Z}_p$-adique V de G_E, l'application naturelle*

$$\mathcal{O}_{\widehat{\mathcal{E}}_{\mathrm{nr}}} \otimes_{\mathcal{O}_{\mathcal{E}}} \boldsymbol{D}_{\mathcal{E}}(V) \to \mathcal{O}_{\widehat{\mathcal{E}}_{\mathrm{nr}}} \otimes_{\mathbb{Z}_p} V$$

est un isomorphisme et $\boldsymbol{D}_{\mathcal{E}}(V)$ est un $\mathcal{O}_{\mathcal{E}}$-module de type fini qui a les mêmes facteurs invariants que V;

(ii) *le foncteur $\boldsymbol{D}_{\mathcal{E}}$ est exact et fidèle.*

Preuve. Pour les représentations modulo p, cela résulte formellement de ce que $H^0(G_E, E^{\text{sép}}) = E$ et $H^1(G_E, GL_n(E^{\text{sép}})) = \{1\}$ ([Se68], chap. X, prop. 3). Le cas des représentations de p-torsion s'en déduit par dévissage et le cas général par passage à la limite.

1.2.5. Supposons maintenant l'anneau $\mathcal{O}_{\mathcal{E}}$ muni d'un endomorphisme de Frobenius, i.e., d'un endomorphisme

$$\sigma(\text{ou } \varphi) : \mathcal{O}_{\mathcal{E}} \to \mathcal{O}_{\mathcal{E}}$$

vérifiant $\sigma x \equiv x^p \pmod p$. On note encore φ son unique extension à $\mathcal{O}_{\mathcal{E}_{\mathrm{nr}}}$ ainsi que son extension par continuité à $\mathcal{O}_{\widehat{\mathcal{E}}_{\mathrm{nr}}}$.

L'unicité du prolongement de σ implique que φ commute à l'action de G_E et, pour toute représentation $\mathbb{Z}_p$-adique V, $\boldsymbol{D}_{\mathcal{E}}(V)$ a une structure naturelle de φ-module sur $\mathcal{O}_{\mathcal{E}}$.

1.2.6. **Proposition**. *Conservons les hypothèses et notations qui précèdent.*

(i) *Pour toute représentation $\mathbb{Z}_p$-adique V de G_E, $\boldsymbol{D}_{\mathcal{E}}(V)$ est étale;*

(ii) *le foncteur*

$$\boldsymbol{D}_{\mathcal{E}} : \ \mathbf{Rep}_{\mathbb{Z}_p}(G_E) \to \boldsymbol{\Phi M}^{\text{ét}}_{\mathcal{O}_{\mathcal{E}}}$$

induit une $\otimes$-équivalence de catégories;

(iii) *le foncteur $\boldsymbol{V}_{\mathcal{E}}$, qui, au φ-module étale M, associe*

$$\boldsymbol{V}_{\mathcal{E}}(M) = \left(\mathcal{O}_{\widehat{\mathcal{E}}_{\mathrm{nr}}} \otimes_{\mathcal{O}_{\mathcal{E}}} M\right)_{\varphi=1}$$

est un quasi-inverse de $\boldsymbol{D}_{\mathcal{E}}$.

Preuve. Observons d'abord que $\mathcal{O}_{\mathcal{E}}$ est noethérien et que $\sigma : \mathcal{O}_{\mathcal{E}} \to \mathcal{O}_{\mathcal{E}}$ est fini et plat (si $(e_i)_{1\leq i\leq d}$ désignent des éléments de $\mathcal{O}_{\mathcal{E}}$ relevant une base de E sur $E^{(-1)}$, alors $\mathcal{O}_{\mathcal{E}}$ est un module libre sur $\sigma(\mathcal{O}_{\mathcal{E}})$ de base les e_i).

La démonstration se ramène alors à vérifier que pour tout φ-module étale M, l'application naturelle

$$\mathcal{O}_{\widehat{\mathcal{E}}_{\mathrm{nr}}} \otimes_{\mathbb{Z}_p} \boldsymbol{V}_{\mathcal{E}}(M) \to \mathcal{O}_{\widehat{\mathcal{E}}_{\mathrm{nr}}} \otimes_{\mathcal{O}_{\mathcal{E}}} M$$

est un isomorphisme.

Le cas où M est tué par p est bien connu et peut se voir ainsi: si $(u_j)_{1\leq j\leq d}$ est une base du dual M^* de M, on peut écrire

$$\varphi u_j = \sum_{1\leq \ell\leq d} a_{j,\ell} u_\ell,$$

où la matrice des $a_{j,\ell}$ est une matrice, à coefficients dans E, inversible.

Alors $V = \boldsymbol{V}_{\mathcal{E}}(M)$ s'identifie au $\mathbb{F}_p$-espace vectoriel des applications E-linéaires de M^* dans $E^{\text{sép}}$ qui commutent à φ, ou encore au sous-$\mathbb{F}_p$-espace vectoriel de $(E^{\text{sép}})^d$ formé des $(x_j)_{1\leq j\leq d}$ vérifiant

$$x_j^p = \sum a_{j,\ell} x_\ell.$$

Autrement dit, si $A = E[X_1, X_2, \ldots, X_d]/(X_j^p - \sum a_{j,\ell} X_\ell)_{1\leq j\leq d}$,

$$V = \operatorname{Hom}_{E-\text{algèbres}}\left(A, E^{\text{sép}}\right).$$

Comme A est une E-algèbre étale de rang p^d, V a p^d éléments et est donc un $\mathbb{F}_p$-espace vectoriel de dimension $d = \dim_E M$.

L'application $\mathcal{O}_{\widehat{\mathcal{E}}_{\mathrm{nr}}} \otimes_{\mathbb{Z}_p} \boldsymbol{V}_{\mathcal{E}}(M) \to \mathcal{O}_{\widehat{\mathcal{E}}_{\mathrm{nr}}} \otimes_{\mathcal{O}_{\mathcal{E}}} M$ se réduit à

$$E^{\text{sép}} \otimes_{\mathbb{F}_p} V \to \mathcal{L}_E\left(M^*, E^{\text{sép}}\right).$$

Comme ces deux $E^{\text{sép}}$-espaces vectoriels ont la même dimension, il suffit de prouver que cette application est injective, ou encore que toute famille d'applications linéaires de M^* dans $E^{\text{sép}}$ qui commutent à φ et sont linéairement indépendantes sur $\mathbb{F}_p$ restent linéairement indépendantes sur $E^{\text{sép}}$. Sinon, il existerait un entier $r \geq 2$ tel que ce soit vrai pour toute famille ayant strictement moins de r éléments, et $\eta_1, \eta_2, \ldots, \eta_r \in V$, linéairement indépendants sur $\mathbb{F}_p$, $x_1, x_2, \ldots, x_r \in E^{\text{sép}}$ tous différents de 0 tels que $\sum x_i \eta_i = 0$. Quitte à diviser par x_1, on peut supposer $x_1 = 1$; en appliquant φ, on trouve que l'on a aussi $\sum x_i^p \eta_i = 0$; en retranchant ces deux égalités, on trouve une relation de dépendance entre moins de r éléments de V, donc $x_i^p = x_i$, pour tout i et les $x_i \in \mathbb{F}_p$, d'où une contradiction.

Le cas où M est de p-torsion s'en déduit par dévissage et *le cas général* par passage à la limite.

1.2.7. *Remarques.* (a) La proposition ci-dessus a, bien sûr, une version contravariante. A toute représentation de p-torsion V de G_E, on peut associer

$$\boldsymbol{D}^*_{\mathcal{E}}(V) = (\boldsymbol{D}_{\mathcal{E}}(V))^* = \operatorname{Hom}_{G_E}(V, \mathcal{E}_{\mathrm{nr}}/\mathcal{O}_{\mathcal{E}_{\mathrm{nr}}}).$$

On obtient ainsi un foncteur contravariant additif de la catégorie $\mathbf{Rep}_{p-\mathrm{tor}}(G_E)$ dans la catégorie des φ-modules étales de p-torsion, induisant une anti-équivalence entre ces deux catégories; un foncteur quasi-inverse est fourni par

$$\boldsymbol{V}^*_{\mathcal{E}}(M) = (\boldsymbol{V}_{\mathcal{E}}(M))^* = \operatorname{Hom}_{\boldsymbol{\Phi M}}(M, \mathcal{E}_{\mathrm{nr}}/\mathcal{O}_{\mathcal{E}_{\mathrm{nr}}}).$$

On peut procéder de même avec les représentations $\mathbb{Z}_p$-adiques sans p-torsion (en posant

$$\boldsymbol{D}^*_{\mathcal{E}}(V) = \operatorname{Hom}_{G_E}\left(V, \mathcal{O}_{\widehat{\mathcal{E}}_{\mathrm{nr}}}\right) \quad \text{et} \quad \boldsymbol{V}^*_{\mathcal{E}}(M) = \operatorname{Hom}_{\boldsymbol{\Phi M}}\left(M, \mathcal{O}_{\widehat{\mathcal{E}}_{\mathrm{nr}}}\right)).$$

On peut traiter ces deux types de représentations p-adiques (sans p-torsion et de p-torsion) simultanément via le formalisme de s catégories dérivées).

(b) Ces énoncés impliquent des énoncés analogues pour les représentations $\mathbb{Q}_p$-adiques. Soit $\boldsymbol{\Phi M}^0_{\mathcal{E}}$ la sous-catégorie pleine de la catégorie des φ-modules sur $\mathcal{E}$ dont les objets sont les D qui sont de dimension finie en tant que $\mathcal{E}$-espaces vectoriels et qui *sont de pente* 0, i.e., tels qu'il existe un $\mathcal{O}_{\mathcal{E}}$-réseau de D, stable par φ, qui est étale. C'est une sous-catégorie pleine de la catégorie des φ-modules étales sur $\mathcal{E}$, stable par à peu près tout ce que l'on peut imaginer; en particulier, c'est une catégorie abélienne.

Le foncteur, que l'on note encore $\boldsymbol{D}_{\mathcal{E}}$, qui à toute représentation p-adique V de G_E associe $(\widehat{\mathcal{E}}_{\mathrm{nr}} \otimes_{\mathbb{Q}_p} V)^{G_E}$, induit une $\otimes$-équivalence de catégories entre $\mathbf{Rep}_{\mathbb{Q}_p}(G_E)$ et $\boldsymbol{\Phi M}^0_{\mathcal{E}}$ (un quasi-inverse étant fourni par $D \mapsto \boldsymbol{V}_{\mathcal{E}}(D) = (\widehat{\mathcal{E}}_{\mathrm{nr}} \otimes D)_{\varphi=1}$). On a également des versions contravariantes

$$\boldsymbol{D}^*_{\mathcal{E}}(V) = \operatorname{Hom}_{G_E}\left(V, \widehat{\mathcal{E}}_{\mathrm{nr}}\right) \quad \text{et} \quad \boldsymbol{V}^*_{\mathcal{E}}(D) = \operatorname{Hom}_{\boldsymbol{\Phi M}}\left(D, \widehat{\mathcal{E}}_{\mathrm{nr}}\right).$$

1.3. *Comparaison avec le cas des corps parfaits*

1.3.1. Posons $F = E^{\mathrm{rad}}$ et $\overline{F} = (E^{\mathrm{sép}})^{\mathrm{rad}} = \overline{E}$. Alors F est un corps parfait, $\overline{F}$ est une clôture algébrique de F tout autant que de E, l'action de G_E s'étend de manière unique à $\overline{F}$, ce qui permet d'identifier G_E à $G_F = \mathrm{Gal}(\overline{F}/F)$.

Il existe alors, à isomorphisme unique près, un et un seul corps valué complet $\mathcal{F}$ absolument non ramifié, de corps résiduel F: c'est le corps des fractions de l'anneau $\mathcal{O}_{\mathcal{F}} = W(F)$ des vecteurs de Witt à coefficients dans F. Le corps $\widehat{\mathcal{F}}_{\mathrm{nr}}$ s'identifie, pour sa part, au corps des fractions de $\mathcal{O}_{\widehat{\mathcal{F}}_{\mathrm{nr}}} = W(\overline{F})$. Il y a également unicité de la façon de relever le Frobenius de F à $W(F)$.

Restreinte aux représentations de p-torsion, l'équivalence fournie par $\boldsymbol{D}_{\mathcal{F}}$ (resp. l'anti-équivalence fournie par $\boldsymbol{D}^*_{\mathcal{F}}$) n'est rien d'autre que la classification habituelle des schémas en groupes finis étales sur F, annulés par une puissance de p via leurs modules de Dieudonné covariants (resp. contravariants) (cf., par exemple, [De72], chap. III, §6).

1.3.2. Le fait d'avoir un Frobenius sur $\mathcal{O}_{\mathcal{E}}$ nous permet d'*identifier* $\mathcal{O}_{\mathcal{E}}$ à un sous-anneau de $W(E)$. En effet, comme $\mathcal{O}_{\mathcal{E}}$ est sans p-torsion il existe un et seul homomorphisme

$$w : \mathcal{O}_{\mathcal{E}} \to W(\mathcal{O}_{\mathcal{E}})$$

tel que, pour tout $a \in \mathcal{O}_{\mathcal{E}}$, les composantes fantômes de $w(a)$ soient $(a, \varphi a, \ldots, \varphi^n a, \ldots)$ (cf., par exemple, Bourbaki, *Alg. Comm.* chap. IX, §1, exer. 14). En composant w avec la projection de $W(\mathcal{O}_{\mathcal{E}})$ sur $W(E)$ induite par la projection de $\mathcal{O}_{\mathcal{E}}$ sur E, on obtient une application injective de $\mathcal{O}_{\mathcal{E}}$ dans $W(E)$ qui fournit l'identification cherchée.

De même $\mathcal{O}_{\widehat{\mathcal{E}}_{\mathrm{nr}}}$ s'identifie à un sous-anneau de $W(E^{\mathrm{sép}})$. Ces identifications sont compatibles entre elles et compatibles aussi avec l'action de φ et de G_E.

Les inclusions $W(E) \subset W(E^{\mathrm{rad}}) = W(F)$ et $W(E^{\mathrm{sép}}) \subset W(\overline{E}) = W(\overline{F})$ donnent alors un sens à l'énoncé suivant:

1.3.3. **Proposition**. *Pour toute représentation $\mathbb{Z}_p$-adique V, l'homomorphisme naturel*

$$W\left(E^{\mathrm{rad}}\right) \otimes_{\mathcal{O}_{\mathcal{E}}} \boldsymbol{D}_{\mathcal{E}}(V) \to \boldsymbol{D}_{\mathcal{F}}(V)$$

est un isomorphisme.

Preuve. Supposons d'abord V tuée par p, et soit $(e_i)_{1 \leq i \leq d}$ une base de $\boldsymbol{D}_{\mathcal{F}}(V)$ sur F. Lorsque l'on écrit les e_i comme des combinaisons linéaires à coefficients dans $\overline{E}$ d'éléments de V, il n'y a qu'un nombre fini de coefficients qui interviennent et il existe un entier r tel que les $\varphi^r e_i$ appartiennent à l'image de l'application considérée. Comme les $\varphi^r e_i$ forment encore une base de $\boldsymbol{D}_{\mathcal{F}}(V)$, l'application est surjective. Le fait que ce soit un isomorphisme résulte alors de ce que $\dim_E \boldsymbol{D}_{\mathcal{E}}(V) = \dim_F \boldsymbol{D}_{\mathcal{F}}(V)$ $(= \dim_{\mathbb{F}_p} V)$.

La surjectivité dans le cas général résulte de la surjectivité mod p. Lorsque V est de p-torsion, l'injectivité résulte alors de ce que les deux modules considérés ont la même longueur. Le cas général s'en déduit par passage à la limite.

A2. *Le cas des corps locaux de caractéristique p*

Dans tout ce paragraphe, E est un corps de caractéristique p, muni d'une valuation discrète pour laquelle il est complet. On note k son corps résiduel, que l'on suppose parfait. On pose $W = W(k)$ et $K_0 = \operatorname{Frac} W = W[1/p]$.

2.1. *Généralités*

2.1.1. On choisit un corps $\mathcal{E}$ comme au n° 1.2.1 et un relèvement de Frobenius sur $\mathcal{O}_{\mathcal{E}}$. La proposition 1.2.6 ramène l'étude des représentations p-adiques de G_E à celle des φ-modules étales sur $\mathcal{O}_{\mathcal{E}}$.

2.1.2. Reprenons les notations du n° 1.3. Le complété $\widehat{\overline{E}}$ de $\overline{E}$ est aussi celui de $E^{\text{sép}}$. Notons $\widehat{F}$ (resp. $\widehat{F}^{\text{al}}$) $\subset \widehat{\overline{E}}$ l'adhérence de F (resp. la fermeture algébrique de $\widehat{F}$).

On a des inclusions

$$\mathcal{O}_{\widehat{\mathcal{E}}_{\text{nr}}} \subset W\left(E^{\text{sép}}\right) \subset W(\overline{E}) \subset W\left(\widehat{\overline{F}}^{\text{al}}\right) \subset W\left(\widehat{\overline{E}}\right),$$

donnant, lorsque l'on prend les éléments fixes par G_E,

$$\mathcal{O}_{\mathcal{E}} \subset W(E) \subset W(F) \subset W\left(\widehat{F}\right) = W\left(\widehat{F}\right).$$

En outre, $\mathcal{O}_{\mathcal{E}}$ (resp. $W(F)$, resp. $W(\widehat{F})$) est l'anneau des entiers d'un corps $\mathcal{E}$ (resp. $\mathcal{F}$, resp. $\mathcal{G}$) complet pour une valuation discrète à corps résiduel de caractéristique p et $\mathcal{O}_{\widehat{\mathcal{E}}_{\text{nr}}}$ (resp. $W(\overline{E})$, resp. $W(\widehat{F}^{\text{al}})$) est l'anneau des entiers du complété d'une extension maximale non ramifiée de ce corps, le groupe de Galois de cette extenison s'identifiant à G_E.

Le foncteur $\boldsymbol{D}_{\mathcal{E}}$ (resp. $\boldsymbol{D}_{\mathcal{F}}$, resp $\boldsymbol{D}_{\mathcal{G}}$) induit donc une équivalence entre la catégorie des représentations $\mathbb{Z}_p$-adiques de G_E et la catégorie des φ-modules étales sur $\mathcal{O}_{\mathcal{E}}$ (resp. $W(F)$, resp. $W(\widehat{F})$); le foncteur $\boldsymbol{V}_E$ (resp. $\boldsymbol{V}_{\mathcal{F}}$ resp. $\boldsymbol{V}_{\mathcal{G}}$) est un quasi-inverse. Le résultat suivant est immédiat (cf. prop. 1.3.3):

2.1.3. **Proposition.** (i) *Le foncteur*

$$M \mapsto W(F) \otimes_{\mathcal{O}_{\mathcal{E}}} M \quad \left(\text{resp. } M \mapsto W(\widehat{F}) \otimes_{\mathcal{O}_{\mathcal{E}}} M\right)$$

induit une équivalence entre la catégorie des φ-modules étales sur $\mathcal{O}_{\mathcal{E}}$ et celle des φ-modules étales sur $W(F)$ (resp $W(\widehat{F})$).

(ii) *Pour toute représentation $\mathbb{Z}_p$-adique V de G_E, les applications naturelles $W(F)\otimes_{\mathcal{O}_{\mathcal{E}}} \boldsymbol{D}_{\mathcal{E}}(V) \to \boldsymbol{D}_{\mathcal{F}}(V)$ et $W(\widehat{F})\otimes_{\mathcal{O}_{\mathcal{E}}} \boldsymbol{D}_{\mathcal{E}}(V) \to \boldsymbol{D}_{\mathcal{G}}(V)$ sont des isomorphismes.*

(iii) *Pour toute représentation $\mathbb{Z}_p$-adique V, l'inclusion naturelle*

$$\boldsymbol{D}_{\mathcal{G}}(V) = \left(W\left(\widehat{F}^{\mathrm{al}}\right)\otimes_{\mathbb{Z}_p} V\right)^{G_E} \subset \left(W\left(\widehat{\overline{E}}\right)\otimes_{\mathbb{Z}_p} V\right)^{G_E}$$

est une égalité.

2.2. *Représentations p-adiques et connexions*

2.2.1. Remarquons que, si l'on choisit $\pi \in \mathcal{O}_{\mathcal{E}}$ relevant une uniformisante $\tilde{\pi}$ de E, alors $\mathcal{O}_{\mathcal{E}}$ s'identifie au séparé complété pour la topologie p-adique de l'anneau $W((\pi))$ des séries formelles à coefficients dans W. Autrement dit l'application

$$(a_n)_{n\in\mathbb{Z}} \to \sum a_n \pi^n$$

définit une bijection entre l'ensemble des familles indexées par $\mathbb{Z}$ d'éléments de W (resp. de K_0 à dénominateurs bornés) tels que la suite des a_{-m} tende p-adiquement vers 0 lorsque $m \mapsto +\infty$ d'une part et $\mathcal{O}_{\mathcal{E}}$ (resp. $\mathcal{E}$) d'autre part.

Remarquons aussi que choisir un relèvement de Frobenius revient à choisir un relèvement $\sigma\pi$ dans $\mathcal{O}_{\mathcal{E}}$ de $\tilde{\pi}^p$.

2.2.2. On voit que le $\mathcal{E}$-espace vectoriel $\Omega_{\mathcal{E}}$ des K_0-différentielles continues de $\mathcal{E}$ est un $\mathcal{E}$-espace vectoriel de dimension un engendré par $d_{\log}(\pi) = \pi^{-1}d\pi$ et le $\mathcal{O}_{\mathcal{E}}$-module $\Omega_{\mathcal{O}_{\mathcal{E}}}$ des W-différentielles continues de $\mathcal{O}_{\mathcal{E}}$ s'identifie au sous-$\mathcal{O}_{\mathcal{E}}$-module de $\Omega_{\mathcal{E}}$ engendré par $d_{\log}(\pi)$.

2.2.3. Si $\omega = (\sum a_n\pi^n).d_{\log}(\pi) \in \Omega_{\mathcal{E}}$, on pose $\mathrm{Res}_\pi(\omega) = a_0$. En fait, Res_π est indépendant du choix de π, i.e., d'un élément de $\mathcal{O}_{\mathcal{E}}$ dont l'image dans E est une uniformisante. Cela peut se voir ainsi: soit π_1 un autre choix. On constate que tout $\omega \in \Omega_{\mathcal{E}}$ peut s'écrire $\omega_0 + a_0 d_{\log}(\pi)$, où $a_0 \in K$ et ω_0 est dans l'adhérence de l'image de $d : \mathcal{E} \to \Omega_{\mathcal{E}}$. Comme $\mathrm{Res}_{\pi_1}(\omega_0) = \mathrm{Res}_\pi(\omega_0) = 0$, il suffit de vérifier que $\mathrm{Res}_{\pi_1}(d_{\log}(\pi)) = 1$.

Mais on peut écrire

$$\pi = c\pi_1\eta(1+p\alpha), \quad \text{avec} \quad c \in W^*, \ \ \eta - 1 \in \pi_1.W[\![\pi_1]\!], \ \ \alpha \in \mathcal{O}_{\mathcal{E}}.$$

On a alors $d_{\log}(\pi) = d_{\log}(\pi_1) + \eta^1.d\eta + (1+p\alpha)^{-1}.d(1+p\alpha)$. Il est clair que $\mathrm{Res}_{\pi_1}(\eta^{-1}.d\eta) = 0$; comme $(1+p\alpha)^{-1}.d(1+p\alpha) = d(\log(1+p\alpha)) \in \mathrm{Im}\ d$, son résidu est également nul. D'où le résultat.

Dans la suite, pour tout $\omega \in \Omega_{\mathcal{E}}$, on pose $\mathrm{Res}(\omega) = \mathrm{Res}_\pi(\omega)$. Bien sûr, si $\omega \in \Omega_{\mathcal{O}_{\mathcal{E}}}$, alors $\mathrm{Res}(\omega) \in W$.

2.2.4. Le $\mathcal{O}_{\widehat{\mathcal{E}_{\mathrm{nr}}}}$- module $\Omega_{\mathcal{O}_{\widehat{\mathcal{E}_{\mathrm{nr}}}}}$ des W-différentielles continues de $\mathcal{O}_{\widehat{\mathcal{E}_{\mathrm{nr}}}}$ s'identifie à $\mathcal{O}_{\widehat{\mathcal{E}_{\mathrm{nr}}}} \otimes_{\mathcal{O}_{\mathcal{E}}} \Omega_{\mathcal{O}_{\mathcal{E}}}$ et est un $\mathcal{O}_{\widehat{\mathcal{E}_{\mathrm{nr}}}}$-module libre de rang un engendré par $d_{\log}(\pi)$.

Proposition. *Soit V une représentation $\mathbb{Z}_p$-adique de G_E et soit $M = \boldsymbol{D}_{\mathcal{E}}(V)$.*

(i) *Il existe sur le $\mathcal{O}_{\mathcal{E}}$-module M une et une seu le connexion*

$$\nabla : M \to M \otimes \Omega_{\mathcal{O}_{\mathcal{E}}}$$

par rapport à laquelle φ est horizontale, i.e., telle que $\nabla \circ \varphi = \varphi \circ \nabla$.

(ii) *Si V est sans p-torsion, le W-module $W \otimes_{\mathbb{Z}_p} V$ s'identifie au module des "sections horizontales de M au-dessus de $\mathcal{O}_{\widehat{\mathcal{E}_{\mathrm{nr}}}}$," i.e.,*

$$W \otimes V = \left\{x \in \mathcal{O}_{\widehat{\mathcal{E}_{\mathrm{nr}}}} \otimes M | \nabla x = 0\right\}.$$

Preuve. Il est clair que toute connexion sur M s'étend de manière unique en une connexion sur $\mathcal{O}_{\widehat{\mathcal{E}_{\mathrm{nr}}}} \otimes M$ et que la connexion étendue commute à φ si et seulement si c'était déjà le cas de la connexion initiale. Mais on a

$$\mathcal{O}_{\widehat{\mathcal{E}_{\mathrm{nr}}}} \otimes_{\mathcal{O}_{\mathcal{E}}} M = \mathcal{O}_{\widehat{\mathcal{E}_{\mathrm{nr}}}} \otimes_{\mathbb{Z}_p} V,$$

et, pour tout $v \in V$, si $\nabla(1 \otimes v) = \omega$, on doit avoir $\varphi\omega = \omega$, d'où $\omega = 0$ (car $\varphi\alpha$ est divisible par p pour tout $\alpha \in \Omega_{\mathcal{O}_{\widehat{\mathcal{E}_{\mathrm{nr}}}}}$, donc $\varphi\omega$ est divisible par p, pour tout $\omega \in M \otimes \Omega_{\mathcal{O}_{\widehat{\mathcal{E}_{\mathrm{nr}}}}}$, qui est séparé pour la topologie p-adique). On doit donc avoir $\nabla(\lambda \otimes v) = v \otimes d\lambda$, quelque soit $\lambda \in \mathcal{O}_{\widehat{\mathcal{E}_{\mathrm{nr}}}}$ et $v \in V$, d'où l'assertion (i).

L'assertion (ii) résulte alors immédiatement de ce que le noyau de

$$d : \mathcal{O}_{\widehat{\mathcal{E}_{\mathrm{nr}}}} \to \Omega_{\mathcal{O}_{\widehat{\mathcal{E}_{\mathrm{nr}}}}}$$

est W.

2.2.5. *Remarque.* Oublions un instant que l'on a choisi un Frobenius sur $\mathcal{O}_{\mathcal{E}}$ et supposons le corps résiduel fini avec p^r éléments, de sorte que K_0 est une extension finie non ramifiée de $\mathbb{Q}_p$. On voit (en reprenant les arguments développés ci-dessus avec $\tau = \sigma^r$ et $\psi = \varphi^r$ à la place de σ et φ) que l'on a un foncteur additif exact et pleinement fidèle de la catégorie des représentations K_0-linéaires de dimension finie de G_E dans la catégorie des $\mathcal{E}$-espaces vectoriels de dimension finie M, munis d'une connexion

$$\nabla : M \to M \otimes_{\mathcal{E}} \Omega_{\mathcal{E}/K_0}.$$

L'image essentielle consiste en les objets M tels que, si l'on choisit un automorphisme continue τ de $\mathcal{O}_{\mathcal{E}}$ qu i relève σ^r, il existe un Frobenius

$$\Psi : M_\tau \longrightarrow M$$

de pente 0 qui est horizontal relativement à ∇ (si c'est vrai pour un choix du relèvement de σ^r, c'est vrai pour tous). Les experts devraient reconnaître des objets bien connus, et le rédacteur rougit de son ignorance!

2.3. *L'isomorphisme de Coleman*

2.3.1. Soit $\mathcal{E}' = \varphi^{-1}\mathcal{E}$ (on peut, par exemple, voir $\mathcal{E}'$ comme un sous-corps de $W(E^{\mathrm{rad}})[1/p]$). C'est une extension de degré p de $\mathcal{E}$, et c'est donc encore un corps valué complet, qui reste absolument non ramifié (au sens que p engendre l'idéal maximal de l'anneau des entiers), mais l'extenison $\mathcal{E}'/\mathcal{E}$ n'est pas non ramifiée, car l'extension résiduelle E'/E est purement inséparable.

Pour tout $x \in \mathcal{E}$, on note $N_\varphi(x)$ (resp. $T_\varphi(x)$) la norme (resp. la trace) de $\mathcal{E}'$ à $\mathcal{E}$ de $\varphi^{-1}x$.

2.3.2. **Proposition**. *Soit $1 + p\mathcal{O}_\mathcal{E}$ (res p. $(\mathcal{O}_\mathcal{E}^*)_{N_\varphi=1}$) le sous-groupe du groupe $\mathcal{O}_\mathcal{E}^*$ des unités de $\mathcal{O}_\mathcal{E}$ formé des x tels que $x \equiv 1 (\mathrm{mod}\ p)$ (resp. $N_\varphi(x) = x$). Alors $\mathcal{O}_\mathcal{E}^*$ est le produit direct de $1 + p\mathcal{O}_\mathcal{E}$ par $(\mathcal{O}_\mathcal{E}^*)_{N_\varphi=1}$.*

Preuve. Dans la suite exacte

$$0 \longrightarrow 1 + p\mathcal{O}_\mathcal{E} \longrightarrow \mathcal{O}_\mathcal{E}^* \longrightarrow E^* \longrightarrow 0,$$

$1 + p\mathcal{O}_\mathcal{E}$ est stable par N_φ qui induit l'identité sur E^*. En prenant les éléments fixes par N_φ, on obtient une suite exact

$$\begin{aligned}(1 + p\mathcal{O}_\mathcal{E})_{N_\varphi=1} \longrightarrow (\mathcal{O}_\mathcal{E}^*)_{N_\varphi=1} \longrightarrow E^* \\ \longrightarrow (1 + p\mathcal{O}_\mathcal{E}) / (N_\varphi - 1)(1 + p\mathcal{O}_\mathcal{E}) .\end{aligned}$$

Mais, si $y \in \mathcal{O}_\mathcal{E}$, on a $T_\varphi(y) \equiv 0 (\mathrm{mod}\ p)$ et, pour tout entier $r \geq 1$,

$$N_\varphi(1 + p^r y) \equiv 1 + p^r T_\varphi(y) \equiv 1 \pmod{p^{r+1}} .$$

On en déduit que $(1 + p\mathcal{O}_\mathcal{E})_{N_\varphi=1} = (1 + p\mathcal{O}_\mathcal{E})/(N_\varphi - 1)(1 + p\mathcal{O}_\mathcal{E}) = 0$, donc que

$$(\mathcal{O}_\mathcal{E}^*)_{N_\varphi=1} \longrightarrow E^*$$

est un isomorphisme, et la proposition en résulte.

2.3.3. On note

$$\mathrm{Col}\ : E^* \longrightarrow (\mathcal{O}_\mathcal{E}^*)_{N_\varphi=1}$$

l'isomorphisme réciproque. C'est donc l'unique section de la projection de $\mathcal{O}_\mathcal{E}^*$ sur E^* qui vérifie $N_\varphi(\mathrm{Col}(x)) = \mathrm{Col}(x)$, pour tout x. On verra dans la deuxième partie que Col peut être interprété comme une généralisation de l'isomorphisme de Coleman ([Co79], th. A, voir aussi [BK89], th. 2.2). Il joue aussi le rôle de l'homomorphisme de Teichmüller dans ce contexte; on prendra garde toutefois que, si l'on identifie $\mathcal{O}_{\mathcal{E}}$ à un sous anneau de $W(E)$ comme au n° 1.3.2, et si, pour tout $x \in E$, on note $[x] \in W(E)$ son représentant de Teichmüller, alors en général $\mathrm{Col}(x) \neq [x]$ (on a cependant l'égalité si $x \in k$).

2.3.4. **Proposition**. *Soit $x \in \mathcal{E}$ et $u \in E^*$. Pour tout $m \in \mathbb{N}$, on a*

$$Res\,(\varphi^m(x).d_{\log}(Col(u))) = \varphi^m\left(Res\,(x.d_{\log}(Col(u)))\right).$$

Preuve. Il suffit de le prouver pour $m = 1$.

Pour toute K_0-algèbre topologique Λ, notons Ω_Λ le Λ-module des K_0-différentielles continues de Λ.

On dispose d'un opérateur "trace"

$$\mathrm{tr}\ : \Omega_{\mathcal{E}'} \longrightarrow \Omega_{\mathcal{E}},$$

que l'on peut définir ainsi: Soient ζ une racine primitive p-ième de 1 appartenant à une extension algébrique de $\mathcal{E}'$ et $C = \mathrm{Gal}(\mathcal{E}'[\zeta]/\mathcal{E}[\zeta])$. L'application naturelle $\Omega_{\mathcal{E}'} \longrightarrow \Omega_{\mathcal{E}'[\zeta]}$ est injective et nous permet d'identifier $\Omega_{\mathcal{E}'}$, à un sous-$\mathcal{E}'$-espace vectoriel de $\Omega_{\mathcal{E}'[\zeta]}$. De même $\Omega_{\mathcal{E}}$ s'identifie à un sous-$\mathcal{E}$-espace vectoriel de $\Omega_{\mathcal{E}[\zeta]}$. Pour tout $\omega \in \Omega_{\mathcal{E}'[\zeta]}$, $\mathrm{tr}(\omega) := \sum_{g \in C} g(\omega) \in (\Omega_{\mathcal{E}'[\zeta]})^C = \Omega_{\mathcal{E}[\zeta]}$. It est clair que, si $\omega \in \Omega_{\mathcal{E}'}$, alors $\mathrm{tr}(\omega) \in \Omega_{\mathcal{E}}$.

On voit que, pour tout $u \in E^*$, $\mathrm{tr}(\varphi^{-1}(d_{\log}\mathrm{Col}(u))) = d_{\log}\,\mathrm{Col}\,(u)$. Comme, pour tout $x \in \mathcal{E}$ et tout $\omega' \in \Omega_{\mathcal{E}'}$, on a $\mathrm{tr}(x.\omega') = x.\mathrm{tr}(\omega')$, la proposition résulte du lemme suivant:

2.3.5. **Lemme**. *Pour tout $\omega \in \Omega_{\mathcal{E}}$, on a* $\mathrm{Res}(\mathrm{tr}(\varphi^{-1}\omega)) = \varphi^{-1}(\mathrm{Res}\ \omega)$.

Preuve. L'application φ^{-1} est un isomorphisme de $\mathcal{E}$ sur $\mathcal{E}'$ qui, en tant qu'homomorphisme de K-algèbre, est σ^{-1}-semi-linéaire. Avec des notations évidentes, on a donc $\mathrm{Res}_{\mathcal{E}'}(\varphi^{-1}\omega) = \varphi^{-1}(\mathrm{Res}_{\mathcal{E}}(\omega))$. Le lemme se déduit donc du résultat suivant:

2.3.6. **Sous-lemme**. (i) *Pour tout $\omega' \in \Omega_{\mathcal{E}'}$, on a*

$$\mathrm{Res}_{\mathcal{E}}(\mathrm{tr}(\omega')) = \mathrm{Res}_{\mathcal{E}'}(\omega'));$$

(ii) *pour tout $\omega \in \Omega_{\mathcal{E}}$, on a*

$$\mathrm{Res}_{\mathcal{E}'}(\omega) = p.\mathrm{Res}_{\mathcal{E}}(\omega).$$

2.3.7. **Preuve**. Montrons la deuxième assertion: Soit $\pi' \in \mathcal{O}_{\mathcal{E}'}$ un relèvement d'une uniformisante du corps résiduel E' de $\mathcal{E}'$ (qui est une extension radicielle de degré p de E). Comme π'^p relève une uniformisante de E, on voit que, si

$$X^p + a_{p-1}X^{p-1} + \ldots + a_1 X + a_0$$

est le polynôme minimal de π' sur $\mathcal{E}$, et si l'on pose $\pi = -a_0$, alors π relève une uniformisante de E et les a_j, pour $1 \leq j \leq p-1$, sont divisibles par p dans $\mathcal{O}_{\mathcal{E}'}$. On peux donc écrire

$$\pi = \pi'^p.(1 + p\alpha), \text{ avec } \alpha \in \mathcal{O}_{\mathcal{E}'}.$$

Comme tout $\omega \in \Omega_{\mathcal{E}}$ peut s'écrire $\omega = \omega_0 + a_0 d_{\log}\pi$, avec ω_0 dans l'adhérence de l'image de d et $a_0 \in K_0$, et comme la formule est évidente pour ω_0, il suffit de vérifier que $\mathrm{Res}_{\mathcal{E}'}(d_{\log}\pi) = p$. Mais c'est clair car

$$d_{\log}\pi = p.d_{\log}\pi' + d(\log(1 + p\alpha))$$

et le résidu de $d(\log(1 + p\alpha))$ est nul.

Montrons alors la première asssertion: pour tout $g \in C$, on a $\mathrm{Res}_{\mathcal{E}'}(g\omega') = \,,\ \mathrm{Res}_{\mathcal{E}'}(\omega')$, par conséquent $\mathrm{Res}_{\mathcal{E}'}(\mathrm{tr}(\omega')) = [\mathcal{E}' : \mathcal{E}].\mathrm{Res}_{\mathcal{E}'}(\omega') = p.\mathrm{Res}_{\mathcal{E}'}(\omega')$. Comme on vient de voir que l'on a aussi $\mathrm{Res}_{\mathcal{E}'}(\mathrm{tr}(\omega')) = p.\mathrm{Res}_{\mathcal{E}}(\mathrm{tr}(\omega'))$, on a bien l'égalité cherchée.

2.4. *Loi de réciprocité explicite*

2.4.1. Soit

$$\delta_{\mathcal{E}} : \mathcal{O}_{\mathcal{E}} \to \mathrm{Hom}_{\mathrm{cont}}\left(G_E^{ab}, \mathbb{Z}_p\right) = \mathrm{Hom}_{\mathrm{cont}}\left(G_E, \mathbb{Z}_p\right)$$

l'homomorphisme défini par

$$\delta_{\mathcal{E}}(a)(g) = (g-1)(\alpha),$$

pour $a \in \mathcal{O}_{\mathcal{E}}$ et $g \in G_E^{ab}$ (où α est une solution dans $\mathcal{O}_{\widehat{\mathcal{E}_{\mathrm{nr}}}}$, ou dans $W(E^{\text{sép}})$, ou encore dans $W(\overline{E})$, cela revient au même, de $(\varphi - 1)(\alpha) = a$).

On a $\mathrm{Hom}_{\mathrm{cont}}(G_E, \mathbb{Z}_p) = \mathrm{Ext}^1_{\mathbf{Rep}_{\mathbb{Z}_p(G_E)}}(\mathbb{Z}_p, \mathbb{Z}_p)$ et il résulte de l'équivalence entre φ-modules étales et représentations p-adiques (proposition 1.2.6. ci-dessus) que $\delta_{\mathcal{E}}$ est surjective et induit un isomorphisme

$$\bar{\delta}_{\mathcal{E}} : \mathcal{O}_{\mathcal{E}}/(\varphi - 1)(\mathcal{O}_{\mathcal{E}}) \to \mathrm{Hom}_{\mathrm{cont}}\left(G_E^{ab}, \mathbb{Z}_p\right).$$

2.4.2. Supposons maintenant le corps résiduel k de E fini. Pour tout $u \in E^*$, notons $g_u \in G_E^{ab}$ l'élément fourni par l'isomorphisme de réciprocité (cf. par exemple, [Se68], chap. XIII, §4). Si $x \in \mathcal{O}_{\mathcal{E}}$ et $u \in E^*$, posons

$$[x, u) = \delta_{\mathcal{E}}(x)(g_u) \in \mathbb{Z}_p.$$

Remarquons enfin que $K_0 = \mathrm{Frac}\ W$ est une extension finie de $\mathbb{Q}_p$ et que, pour tout $a \in W$, $\mathrm{Tr}_{K_0/\mathbb{Q}_p}(a) \in \mathbb{Z}_p$.

2.4.3. **Proposition.** *Avec les hypothèses et les notations qui précèdent, si $x \in \mathcal{O}_{\mathcal{E}}$ et $u \in E^*$, on a*

$$[x,u) = \mathrm{Tr}_{K_0/\mathbb{Q}_p}(Res(x.d_{\log}(Col(u)))).$$

Preuve. On va déduire cette proposition des lois de réciprocité explicites de Witt ([Wi37]): si $z \in W_n(E)$ et si $u \in E^*$, notons $[z,u)_n \in \mathbb{Z}/p^n\mathbb{Z} \subset W_n(E)$ l'élément défini par

$$[z,u)_n = g_u(\xi_n) - \xi_n,$$

où $\xi_n \in W_n(E^{\text{sép}})$ vérifie $\varphi(\xi_n) - \xi_n = z$.

Si l'on pose $\mathcal{O}_{\mathcal{E},n} = \mathcal{O}_{\mathcal{E}}/p^n$, on disp ose d'un homomorphisme

$$w_{n-1} : W_n(E) \to \mathcal{O}_{\mathcal{E},n},$$

à savoir celui qui à $(z_0, z_1, \ldots, z_{n-1})$ associe $\sum_{0\leq j\leq n-1} p^j.(\hat{z}_j)^{p^{n-1-j}}$, où $\hat{z}_j$ désigne un relèvement quelconque de z_j dans $\mathcal{O}_{\mathcal{E},n}$. Alors (*op. cit.*, Satz 18), si $z \in W_n(E)$ et si $\hat{u}$ est une unité de $\mathcal{O}_{\mathcal{E},n}$ relevant $u \in E^*$, on a

$$[z,u)_n = \mathrm{Tr}\left(\mathrm{Res}_\pi\left(w_{n-1}(z).\hat{u}^{-1}d\hat{u}\right)\right),$$

où Tr (resp. Res_π) est l'application induite par réduction mod p^n de $\mathrm{Tr}_{W/\mathbb{Z}_p}$ (resp. Res).

La proposition revient à prouver que, pour tout n, si $x_{<n}$ désigne l'image de $x \in \mathcal{O}_{\mathcal{E}} \subset W(E)$ dans $W_n(E)$, on a

$$[x_{<n}, u)_n = \mathrm{Tr}_{W/\mathbb{Z}_p}(\mathrm{Res}(x.d_{\log}(\mathrm{Col}(u)))) \bmod p^n.$$

Comme $w_{n-1}(x_{<n})$ n'est autre que la réduction mod p^n de $\varphi^{n-1}(x)$, et comme pour tout $\lambda \in W$, $\mathrm{Tr}_{W/\mathbb{Z}_p}(\varphi^{n-1}(\lambda)) =\ ,\mathrm{Tr}_{W/\mathbb{Z}_p}(\lambda)$, cela résulte la proposition 2.3.4.

A3. *Le cas des corps locaux de caractéristique* 0

Dans tout ce paragraphe, $\overline{K}$ est une clôture algébrique fixée de K_0. Pour toute extension L de K_0 contenue dans $\overline{K}$, on pose $G_L = \mathrm{Gal}(\overline{K}/L)$.

On note C le complété de $\overline{K}$ pour la topologie p-adique usuelle (sur lequel G_{K_0} opère par continuité).

3.1. *Le corps* Fr R *et quelques-uns de ses sous-anneaux*

3.1.1. Dans ce numéro, $K_0' = K_0(\sqrt[p]{1})$ et on note $K_\infty \subset \overline{K}$ la $\mathbb{Z}_p$-extension cyclotomique de K_0 si $p \neq 2$ et $K_\infty = \cup K_0(\sqrt[2^n]{1})$ si $p = 2$.

Pour toute extension algébrique L de K_0 contenue dans $\overline{K}$, on pose $H_L = G_L \cap G_{K_\infty}$, $\Gamma_L = G_L/H_L$ (qui est donc un groupe isomorphe à $\mathbb{Z}_p$ si L/K_0 est finie, sauf peut-être si $p = 2$, auquel cas il peut aussi être isomorphe à $\mathbb{Z}_2 \times (\mathbb{Z}/2\mathbb{Z})$).

3.1.2. Rappelons la définition de l'anneau R introduit dans [Fo77] (cf., par ex., [Fo83a], n° 3.6). En tant qu'ensemble, R (resp. Fr R) est formé des familles $x = (x^{(n)})_{n\in\mathbb{Z}}$ d'éléments de $\mathcal{O}_C$ (resp. C) vérifiant $(x^{(n+1)})^p = x^{(n)}$ pour tout $n \in \mathbb{Z}$. On définit sur R l'addition et la multiplication par les formules

$$(xy)^{(n)} = x^{(n)}y^{(n)} \quad \text{et} \quad (x+y)^{(n)} \lim_{m\mapsto\infty} \left(x^{n+m)} + y^{(n+m)}\right)^{p^m}.$$

Cela munit R d'une structure d'anneau. Choisissons un idéal a de $\mathcal{O}_C$ strictement contenu dans l'idéal maximal et contenant p. L'application, qui à $x \in R$ associe la suite des réductions mod a des $x^{(n)}$, pour $n \in \mathbb{N}$, définit un isomorphisme canonique

$$R \simeq \lim.\mathrm{proj}._{n\in\mathbb{N}}\mathcal{O}_{\overline{K}}/a$$

(chaque application de transition étant l'élévation à la puissance p) que nous utilisons pour identifier ces deux anneaux (en particulier cette limite projective ne dépend pas du choix de a; le choix habituel est l'idéal engendré par p).

Soit $\bar{k}$ le corps résiduel de $\mathcal{O}_C$, qui est donc une clôture algébrique de k. Pour tout $a \in \bar{k}$, on note $[a]$ son représentant de Teichmüller dans $W(\bar{k}) \subset \mathcal{O}_C$. L'application, qui à $a \in \bar{k}$ associe $([a^{p^{-n}}])_{n\in\mathbb{Z}}$, est un homomorphisme d'anneaux et nous permet de considérer R comme une $\bar{k}$-algèbre (donc *a fortiori* comme une k-algèbre).

L'anneau R est un anneau parfait de caractéristique p, intègre, et Fr R s'identifie bien à son corps des fractions.

Si v_p est la valuation de C normalisée par $v_p(p) = 1$, on pose $v(x) = v_p(x^{(0)})$, pour tout $x \in$ Fr R. L'application v est une valuation de Fr R, qui est complet, son anneau des entiers est R et son corps résiduel est $\bar{k}$.

Le groupe G_{K_0} opère par fonctorialité sur Fr R.

3.1.3. On choisit un générateur du "$\mathbb{Z}_p(1)$ multiplicatif," i.e., un élément $\epsilon = (\epsilon^{(n)})_{n\in\mathbb{N}} \in R$ tel que $\epsilon^{(0)} = 1$ et $\epsilon^{(1)} \neq 1$. C'est un élément du $\mathbb{Q}_p$-espace vectoriel des unités de l'anneau R congrues á 1 modulo son idéal maximal.

On pose alors

$$\tilde{\pi}_0 = \sum_{a\in\mathbb{F}_p} \epsilon^{[a]}$$

(où, rappelons-le, $[a] \in \mathbb{Z}_p$ est le représentant de Teichmüller de a).

3.1.4. On note $\widetilde{S}(K_0')$ (resp. $E(K_0')$) l'adhérence dans R (resp. dans Fr R) de la sous-k-algèbre de R engendrée par ϵ (resp. de son corps des fractions).

On voit que $E(K_0')$ est un corps valué complet, à valuation discrète, de corps résiduel k, que $\widetilde{S}(K_0')$ est l'anneau de ses entiers et que $\epsilon - 1$ en est une uniformisante. En particulier ϵ appartient au $\mathbf{Z}_p$-module des unités de $\widetilde{S}(K_0')$ congrues à 1 modulo l'idéal maximal, et $E(K_0')$ est stable par G_{K_0} (si $\chi : G_{K_0} \to \mathbf{Z}_p^*$ désigne le caractère cyclotomique, on a $g(\epsilon) = \epsilon^{\chi(g)}$) et indépendant du choix de ϵ.

Le groupe fini $\mathbf{F}_p^* = \mathrm{Gal}(K_0'/K_0) = \mathrm{Gal}(K_\infty K_0'/K_\infty)$ opère sur $E(K_0')$, avec action triviale sur le corps résiduel. On note E_0 le corps fixe et $\widetilde{S}_0$ l'anneau de ses entiers. L'extension $E(K_0')/E_0$ est une extension cyclique de degré $p-1$ totalement ramifiée. On voit que $\tilde{\pi}_0 = 1 + \mathrm{tr}_{E(K_0')/E_0}(\epsilon) \in E_0$. Un calcul facile montre que $v(\tilde{\pi}_0) = p = (p-1).v(\epsilon - 1)$, i.e., que $\tilde{\pi}_0$ est une uniformisante de E_0.

En particulier, on a montré:

3.1.5. **Proposition**. *Avec les notations qui précèdent, soit $\widetilde{S}_0$ (resp. E_0) l'adhérence dans R (resp. dans* Fr *R) de la sous-k-algèbre de R engendrée par $\tilde{\pi}_0$ (resp. de son corps des fractions). Alors $\widetilde{S}_0$ et E_0 sont indépendants du choix de ϵ, stables par G_{K_0} et fixes par $H_{K_0} =$ Gal$(\overline{K}/K_\infty)$. On a $v(\tilde{\pi}_0) = p$, E_0 est un corps valué complet, à valuation discrète, à corps résiduel k; l'anneau $\widetilde{S}_0$ est l'anneau de ses entiers et $\tilde{\pi}_0$ en est une uniformisante.*

3.1.6. **Théorème**. *Le corps* Fr *R est algébriquement clos. La fermeture algébrique $\overline{E}_0$ et la fermeture séparable $E_0^{\text{sép}}$ de E_0 dans* Fr*R sont denses dans* Fr*R et stables par G_{K_0}. L'action induite de H_{K_0} sur $E_0^{\text{s 'ep}}$ est E_0-linéaire et identifie H_{K_0} à* $\mathrm{Gal}(E_0^{\text{sép}}/E_0)$. *Pour tout sous-groupe fermé H de H_{K_0},* (Fr *$R)^H$ est le complété de la clôture radicielle de $(E_0^{\text{sép}})^H$ (en particulier,* (Fr *$R)^{H_{K_0}}$ est le complété de la clôture radicielle de $E_0 = k((\tilde{\pi}_0))$).*

3.1.7 **Preuve**. Posons $\zeta = \epsilon^{(1)}$ et, pour tout n, $K_n = K(\epsilon^{(n)})$. Soit A_n le quotient de l'annneau des entiers de K_n par l'idéal $a_n = (\zeta - 1)\mathcal{O}_{K_n}$. On voit que pour tout $n \geq 2$, tout $g \in \mathrm{Gal}(K_n/K_{n-1})$ et tout $x \in \mathcal{O}_{K_n}$, $(g-1)x \in a_n$. Comme par ailleurs $p \in a_n$, l'application qui à $x \in \mathcal{O}_{K_n}$ associe l'image dans A_{n-1} de $\mathrm{Nor}_{K_n/K_{n-1}}(x)$ est un homomorphisme d'anneaux dont le noyau contient a_n. Par passage au quotient, on obtient donc un homomorphisme d'anneaux $A_n \to A_{n-1}$. L'anneau $A =$ lim.proj.A_n est l'anneau des entiers du corps des normes de l'extension $(\cup K_n)/K$ introduit dans [FW79] et étudié dans [Wi83].

Par ailleurs, l'inclusion de $\mathcal{O}_{K_n}$ dans $\mathcal{O}_{\overline{K}}$ permet d'identifier chacun des A_n à un sous anneau de $\mathcal{O}_{\overline{K}}/(\zeta - 1)\mathcal{O}_{\overline{K}} = \mathcal{O}_C/a$ en notant a l'idéal de $\mathcal{O}_C$ engendré par $\zeta - 1$; via cette identification, l'application de transition de A_n dans A_{n-1} est juste l'élévation à la puissance p. Autrement dit l'anneau A s'identifie à un sous-anneau de R. Il est facile de voir qu'alors $A = k[[\epsilon - 1]] = \widetilde{S}(K_0')$, donc que le corps des normes de l'extension $(\cup K_n)/K$ est $E(K_0')$. Il résulte alors du théorème 3.1.2 de [Wi83] que E_0 est le corps des normes de l'extension. Le théorème résulte alors de [*op. cit.* , cor. 4.3.4].

3.1.8. Pour toute extension finie K de K_0 contenue dans $\overline{K}$, on note p^{r_K} le degré de l 'extension $K_\infty \cap K/K_0$, on pose

$$E(K) = \varphi^{-r_K}\left(\left(E_0^{\text{sép}}\right)^{H_K}\right) = \left(\varphi^{-r_K}\left(E_0^{\text{sép}}\right)\right)^{H_K}$$

et on note $\widetilde{S}(K)$ l'anneau des entiers de $E(K)$ (lorsque $K = K_0'$, les notations sont compatibles avec celles du n° 3.1.3). C'est une extension finie de E_0. Si $K \subset L$, $E(K) \subset E(L)$ et $[E(L) : E(K)] = [L : K]$, le degré d'inséparabilité étant $p^{r_L - r_K}$. Si l'extension L/K est galoisienne, $E(L)/E(K)$ est normale et le groupe de ses automorphismes s'identifie à $\mathrm{Gal}(LK_\infty/KK_\infty) = H_K/H_L$.

Enfin, si L est une extension algébrique de K_0 contenue dans $\overline{K}$, on note $E(L)$ la réunion des $E(K)$ pour K parcourant les extensions finies de K_0 contenues dans L.

3.2. *Le corps $W_{\overline{K}}(\mathrm{Fr}\ R)$ et quelques-uns de ses sous-anneaux*

3.2.1. Les anneaux $W(R)$ et $W(\mathrm{Fr}\ R)$ sont des $W(\bar{k})$-algèbres. Si A est une extension finie de K contenue dans $\overline{K}$, ou l'anneau de ses entiers, et si k' est le corps résiduel de cette extension, on pose $W_A(R) = A \otimes_{W(k')} W(R)$ et $W_A(\mathrm{Fr}\ R) = A \otimes_{W(k')} W(\mathrm{Fr}\ R)$. Si L est une extension algébrique de K_0 contenue dans $\overline{K}$, on note $W_L(\mathrm{Fr}\ R)$ la limite inductive des $W_K(\mathrm{Fr}\ R)$, pour K parcourant les extensions finies de K_0 contenues dans L.

On voit que $W_{K_0}(\mathrm{Fr}\ R) = W(\mathrm{Fr}\ R)[1/p]$ est un corps valué complet de caractéristique 0, absolument non ramifié, de corps résiduel Fr R, dont l'anneau des entiers est $W(\mathrm{Fr}\ R)$.

Le fermeture algébrique de K_0 dans $W_{K_0}(\mathrm{Fr}\ R)$ s'identifie à l'extension maximale non ramifiée de K_0 contenue dans $\overline{K}$. On en déduit que pour toute extension algébrique L de K contenue dans $\overline{K}$, $W_L(\mathrm{Fr}\ R)$ est un corps, extension algébrique de $W_{K_0}(\mathrm{Fr} R)$ dont l'anneau des entiers est $W_{\mathcal{O}_L}(\mathrm{Fr}\ R)$.

Le Frobenius φ agit sur Fr R (par $x \mapsto x^p$) et par fonctorialité sur $W_{K_0}(\mathrm{Fr}\ R)$. Les sous-anneaux $W(R)$, $W(\mathrm{Fr}\ R)$ et $W_{K_0}(R) = W(R)[1/p]$ sont stables par φ.

L'action naturelle de G_{K_0} sur $\overline{K}$ et sur $W_{K_0}(\mathrm{Fr}\ R)$ s'étend en une action sur $W_{\overline{K}}(\mathrm{Fr}\ R)$. Un grand nombre de ses sous-anneaux sont stables par G_{K_0}; si $K \subset L \subset \overline{K}$, $W_L(\mathrm{Fr}\ R)$ est stable par G_L (et aussi par G_{K_0} si

L/K_0 est galoisienne).

3.2.2. Dans $W(R)$, $[\epsilon]$ appartient au $\mathbb{Z}_p$-module des unités congrues à 1 modulo l'idéal maximal. On pose $\pi_\epsilon = [\epsilon] - 1 \in W(R)$.

Pour tout $n \in \mathbb{N}$, $W_n(R)$ (resp. $W_n(\mathrm{Fr}\ R)$) s'identifie, en tant qu' ensemble à R^n (resp. $(\mathrm{Fr}\ R)^n$) et on le munit de la topologie produit (avec la topologie définie par la valuation sur R et $\mathrm{Fr}\ R$). On munit $W(R)$ et $W(\mathrm{Fr}\ R)$ de la topologie de la limite projective et $W_{K_0}(\mathrm{Fr}\ R) = \cup\, p^{-n}W(\mathrm{Fr}\ R)$ de la topologie de la limite inductive.

Notons $S(K_0')$ (resp $\mathcal{E}(K_0')$) l'adhérence dans $W(R)$ (resp. dans $W_{K_0}(\mathrm{Fr}\ R)$) du sous-anneau (resp. du sous corps) engendré par W et π_ϵ.

Il est immédiat que la réduction mod p de $S(K_0')$ s'identifie à $\widetilde{S}(K_0')$ et que $S(K_0')$ s'identifie à l'anneau des séries formelles en la variable π_ϵ à coefficients dans W. Le corps $\mathcal{E}(K_0')$ est un corps valué complet, absolument non ramifié, dont le corps résiduel s'identifie à $E(K_0')$ et l'anneau de ses entiers est le séparé complété de $W((\pi_\epsilon))$ pour la topologie p-adique.

Si $g \in G_{K_0}$, on a $g\pi_\epsilon = (1+\pi_\epsilon)^{\chi(g)} - 1$; on a aussi $\varphi\pi_\epsilon = (1+\pi_\epsilon)^p - 1$. On en déduit que $S(K_0')$ et $\mathcal{E}(K_0')$ sont indépendants du choix de ϵ, stables par G_{K_0} et φ.

On pose $S_0 = (S(K_0'))^{H_{K_0}}$ et $\mathcal{E}_0 = (\mathcal{E}(K_0'))^{H_{K_0}}$. En particulier $\mathcal{E}(K_0')/\mathcal{E}_0$ est une extension cyclique, de degré $p-1$. On pose

$$\pi_0 = -p + \sum_{a \in \mathbf{F}_p} [\epsilon]^{[a]}.$$

On voit que $\pi_0 = \mathrm{tr}_{\mathcal{E}(K_0')/\mathcal{E}_0}(\pi_\epsilon)$ et que l'image de π_0 dans R n'est autre que $\tilde{\pi}_0$.

La propostion suivante est alors immédiate:

3.2.3. **Proposition**. *Soit $\pi_0 \in W(R)$ défini par*

$$\pi_0 = -p + \sum_{a \in \mathbf{F}_p} [\epsilon]^{[a]}.$$

Alors l'adhérence S_0 de la sous-W-algèbre de $W(R)$ engendrée par π_0 s'identifie à l'anneau des séries formelles en π_0 à coefficients dans W. Le séparé complété de $W((\pi_0))$ pour la topologie p-adique s'identifie à l'anneau des entiers $\mathcal{O}_{\mathcal{E}_0}$ d'un sous-corps fermé $\mathcal{E}_0$ de $W_{K_0}(\mathrm{Fr}\ R)$, qui est un corps absolument non ramifié dont le corps résiduel est E_0. Les anneaux S_0, $\mathcal{O}_{\mathcal{E}_0}$, et $\mathcal{E}_0$ sont des sous-anneaux de $W_{K_0}(\mathrm{Fr}\ R)$, stables par φ et G_{K_0}, indépendants du choix de ϵ.

3.2.4. *Remarque*. Soit t le générateur de $\mathbb{Z}_p(1)$ associé à ϵ (i.e., t est ϵ mais on pense à lui additivement !). Soit $K_0((t))$ le corps des fractions du séparé complété de l'anneau $K_0 \otimes_{\mathbb{Z}_p} \mathrm{Sym}_{\mathbb{Z}_p}\mathbb{Z}_p(1)$ pour la topologie

t-adique (qui est indépendante du choix de t). Ce corps est muni d'une action naturelle de G_{K_0} et de φ (on pose $\varphi(\sum a_n t^n) = \sum \sigma(a_n) p^n t^n$). L'anneau $S(K_0')$ s'identifie à une sous-W-algèbre de $K_0((t))$ en identifiant $[\epsilon]$ à e^t (c'est indépendant du choix de ϵ, du moment que le choix de t est cohérent avec ϵ); cette identification est G_{K_0}-équivariante. On a donc

$$\pi_\epsilon = e^t - 1.$$

On a $S_0 \subset K_0((t))^{H_{K_0}} = K_0((t^{p-1}))$. On voit que

$$\pi_0 = (p-1). \sum_{n>0,\,(p-1)|n} t^n/n!.$$

On remarquera que $\mathcal{E}_0$ et $\mathcal{O}_{\mathcal{E}_0}$ "refusent" de se plonger dans $K_0((t))$.

3.3. *Les φ-Γ-modules*

3.3.1. On reprend les hypothèses et notations du n° 1.1 et on suppose en outre que l'anneau A est muni d'une action d'un groupe Γ, compatible avec la structure d'anneau et commutant à l'endomorphisme σ.

On appelle *φ-Γ-module sur A* la donnée d'un φ-module sur A muni d'une action semi-linéaire de Γ commutant à l'action de φ.

Ces φ-Γ-modules sur A forment, de manière évidente, une catégorie abélienne $\mathbf{\Gamma\Phi M}_A$, munie d'un produit tensoriel. Le foncteur "oubli de l'action de Γ" est un $\otimes$-foncteur exact et fidèle de $\mathbf{\Gamma\Phi M}_A$ dans $\mathbf{\Phi M}_A$. Si

$$\Gamma' \to \Gamma$$

est un homomorphisme de groupes, Γ' agit par transport de structure sur A et on a un $\otimes$-foncteur exact et fidèle

$$\text{" transport de structure"} : \mathbf{\Gamma\Phi M}_A \to \mathbf{\Gamma'\Phi M}_A;$$

le foncteur "oubli de l'action de Γ" est le cas particulier correspondant à choisir $\Gamma' = \{1\}$.

3.3.2. Supposons maintenant A et Γ munis d'une topologie pour laquelle ils sont séparés et complets et que Γ opère continûment sur A. Supposons également A σ-plat et noethérien.

Par définition, un *φ-Γ-module étale sur A* est un φ-Γ-module M sur A, dont le φ-module sous-jacent est étale et sur lequel l'action de Γ est continue (il n'y a pas d'ambiguité sur la topologie de M car un φ-module étale est en particulier de type fini sur A).

Beaucoup des discours que l'on peut tenir sur les φ-modules étales s'étendent aux φ-Γ-modules étales. En particulier ceux-ci forment une $\otimes$-catégorie abélienne que nous notons $\mathbf{\Gamma\Phi M}_A^{\text{ét}}$.

3.4. *Représentations p-adiques de G_K*

3.4.1. On fixe une extension finie K de K_0 contenue dans $\overline{K}$. On écrit E, S, G, H, Γ au lieu de $E(K)$, $S(K)$, G_K, H_K, Γ_K s'il n'y a pas de risque de confusion.

On note $\widehat{\mathcal{E}}_K^{\mathrm{nr}} = \widehat{\mathcal{E}}^{\mathrm{nr}}$ l'adhérence, dans $W_{K_0}(\mathrm{Fr}\ R)$, de l'extension maximale non ramifiée de $\mathcal{E}$ contenue dans ce corps. L'anneau de ses entiers est l'adhérence de l'hensélisé strict de $\mathcal{O}_{\mathcal{E}}$ dans $W(\mathrm{Fr}\ R)$.

Le groupe H s'identifie au groupe $G_E = \mathrm{Gal}(E^{\mathrm{sép}}/E)$. On pose

$$\mathcal{E}_0(K) = \left(\widehat{\mathcal{E}}^{\mathrm{nr}}\right)^H, \quad \mathcal{E}(K) = \varphi^{-r_K}\left(\mathcal{E}_0(K)\right) = \left(\varphi^{-r_K}\left(\widehat{\mathcal{E}}^{\mathrm{nr}}\right)\right)^H$$

(lorsque $K = K_0'$, cette notation est compatible avec celle du n° 3.2.2); on note $\mathcal{O}_{\mathcal{E}_0}(K)$ (resp. $\mathcal{O}_{\mathcal{E}}(K)$) l'anneau des entiers de $\mathcal{E}_0(K)$ (resp. $\mathcal{E}(K)$). On a $\mathcal{E}_0(K_0) = \mathcal{E}(K_0) = \mathcal{E}_0$. On écrit $\mathcal{E}$, $\mathcal{O}_{\mathcal{E}}$ au lieu de $\mathcal{E}(K)$, $\mathcal{O}_{\mathcal{E}}(K)$ s'il n'y a pas de risque de confusion.

On peut appliquer la proposition 1.2.6 et le foncteur $\boldsymbol{D}_{\mathcal{E}}$ induit une $\otimes$-équivalence entre représentations $\mathbb{Z}_p$-adiques de H et φ-modules étales sur $\mathcal{O}_{\mathcal{E}}$.

3.4.2. Mais on a beaucoup mieux: Si V est une représentation $\mathbb{Z}_p$-adique de G, le φ-module étale sur $\mathcal{O}_{\mathcal{E}}$

$$\boldsymbol{D}_{\mathcal{E}}(V) = \left(\mathcal{O}_{\widehat{\mathcal{E}}^{\mathrm{nr}}} \otimes_{\mathbb{Z}_p} V\right)^H,$$

est muni d'une action semi-linéaire continue de $G/H = \Gamma$, i.e., a une structure naturelle de φ-Γ-module étale sur $\mathcal{O}_{\mathcal{E}}$.

De même, si M est un φ-Γ-module étale sur $\mathcal{O}_{\mathcal{E}}$, le groupe G opère continûment sur $\mathcal{O}_{\widehat{\mathcal{E}}^{\mathrm{nr}}} \otimes_{\mathcal{O}_{\mathcal{E}}} M$ et le $\mathbb{Z}_p$-module de type fini

$$\boldsymbol{V}_{\mathcal{E}}(M) = \left(\mathcal{O}_{\widehat{\mathcal{E}}^{\mathrm{nr}}} \otimes_{\mathcal{O}_{\mathcal{E}}} M\right)_{\varphi=1}$$

est stable par G.

Le résultat suivant est immédiat:

3.4.3. **Théorème.** *Le foncteur $\boldsymbol{D}_{\mathcal{E}}$ induit une $\otimes$-équivalence entre les catégories $\mathbf{Rep}_{\mathbb{Z}_p}(G)$ et $\mathbf{\Gamma\Phi M}^{\text{ét}}_{\mathcal{O}_{\mathcal{E}}}$. Le foncteur $\boldsymbol{V}_{\mathcal{E}}$ est un quasi-inverse.*

3.4.4. *Remarques.* (a) Bien sûr, dans tout ce qui précède, on peut travailler avec $\mathcal{E}_0(K)$ à la place de $\mathcal{E} = \mathcal{E}(K)$. Si $r = r_K$, le φ-Γ-module étale $\boldsymbol{D}_{\mathcal{E}}(V)$ sur $\mathcal{O}_{\mathcal{E}}$ est canoniquement isomorphe à $\boldsymbol{D}_{\mathcal{E}_0(K)}(V)$, vu comme $\mathcal{O}_{\mathcal{E}}$-module via la restriction des scalaires $\varphi^{-r} : \mathcal{O}_{\mathcal{E}_0(K)} \to \mathcal{O}_{\mathcal{E}}(K)$ (via l'isomorphisme $\lambda \otimes x \mapsto \varphi^r(\lambda).\varphi^r(x)$, si $\lambda \in \varphi^{-r}(\mathcal{O}_{\mathcal{E}(K)})$ et $x \in \boldsymbol{D}_{\mathcal{E}(K)}(V)$).

(b) Soient $K_0 \subset K \subset L \subset \overline{K}$, avec L et K extensions finies de K_0. Si V est une représentation $\mathbb{Z}_p$-adique de G_K, on a

$$\boldsymbol{D}_{\mathcal{E}(L)}(V) = \mathcal{O}_{\mathcal{E}(L)} \otimes_{\mathcal{O}_{\mathcal{E}(K)}} \boldsymbol{D}_{\mathcal{E}(K)}(V).$$

Inversement, si l'on suppose en outre L/K galoisienne, $\boldsymbol{D}_{\mathcal{E}(L)}(V)$ est muni d'une action semi-linéaire de $H(L/K) := H_K/H_L$. Si l'on pose $r = r_L - r_K$, on a $(E_L)^{H(L/K)} = \varphi^{-r}(E_K)$ et $\varphi^{-r}(\mathcal{O}_{\mathcal{E}(K)}) \otimes_{\mathcal{O}_{\mathcal{E}(K)}} \boldsymbol{D}_{\mathcal{E}(K)}(V) = (\boldsymbol{D}_{\mathcal{E}(L)}(V))^{H(L/K)}$.

(c) Notons $\mathbf{\Gamma\Phi}\boldsymbol{M}^0_{\mathcal{E}}$ la catégorie des φ-Γ-modules sur $\mathcal{E}$ qui peuvent s'obtenir en rendant p-inversible à partir d'un φ-Γ-module étale sur $\mathcal{O}_{\mathcal{E}}$. On voit que c'est aussi la catégorie des $\mathcal{E}$-espaces vectoriels de dimension finie, munis d'une structure de φ-Γ-module, dont le φ-module sous-jacent est de pente 0 (cf. A1.2.7).

Pour tout objet D de cette catégorie, $\boldsymbol{V}_{\mathcal{E}}(D) = (\widehat{\mathcal{E}}_{\mathrm{nr}} \otimes D)_{\varphi=1}$ est un $\mathbb{Q}_p$-espace vectoriel de dimension finie sur lequel G_K opère. Le foncteur $\boldsymbol{V}_{\mathcal{E}}$ définit une $\otimes$-équivalence entre la catégorie $\mathbf{\Gamma\Phi}\boldsymbol{M}^0_{\mathcal{E}}$ et la catégorie $\mathbf{Rep}_{\mathbb{Q}_p}(G_K)$ et le foncteur

$$\boldsymbol{D}_{\mathcal{E}} : V \mapsto \left(\widehat{\mathcal{E}}_{\mathrm{nr}} \otimes V\right)^{G_K}$$

est un quasi-inverse.

Il est parfois commode d'utiliser le foncteur contravariant $\boldsymbol{V}^*_{\mathcal{E}}$ et son quasi-inverse $\boldsymbol{D}^*_{\mathcal{E}}$ définis par

$$\boldsymbol{V}^*_{\mathcal{E}}(D) = \boldsymbol{V}_{\mathcal{E}}(D^*) = \mathrm{Hom}_{\boldsymbol{\Phi M}}\left(D, \widehat{\mathcal{E}}_{\mathrm{nr}}\right)$$
$$\text{et} \quad \boldsymbol{D}^*_{\mathcal{E}}(V) = \boldsymbol{D}_{\mathcal{E}}(V^*) = \mathrm{Hom}_{G_K}\left(V, \widehat{\mathcal{E}}_{\mathrm{nr}}\right).$$

3.4.5. *L'opérateur de monodromie*: Soient V une représentation p-adique de G_K, $M_0 = \boldsymbol{D}_{\mathcal{E}_0}(V)$ et $M = \boldsymbol{D}_{\mathcal{E}}(V)$. Comme on l'a vu au n° 2.1.5., il existe sur M_0 une unique connexion

$$\nabla : M_0 \to M_0 \otimes \Omega_{\mathcal{O}_{\mathcal{E}_0(K)}}$$

telle que $\nabla \circ \varphi = \varphi \circ \nabla$., et il est clair que ∇ commute à l'action de Γ.

D'autre part, $\Omega_{\mathcal{O}_{\mathcal{E}_0(K)}}$ est un $\mathcal{O}_{\mathcal{E}_0(K)}$-module libre de rang 1 de base $d_{\log}([\epsilon])$. Autrement dit l'application

$$a \otimes t \to a d_{\log}([\epsilon])$$

(où t est le générateur de $\mathbb{Z}_p(1)$ associé à ϵ comme au n° 3.2.4) définit un isomorphisme *canonique* de $\mathcal{O}_{\mathcal{E}_0(K)}$-modules

$$\mathcal{O}_{\mathcal{E}_0(K)} \otimes \mathbb{Z}_p(1) \to \Omega_{\mathcal{O}_{\mathcal{E}_0(K)}}.$$

Le choix de ϵ permet alors de définir un opérateur (fonctoriel)

$$N : M_0 \to M_0,$$

en posant $\nabla x = Nx.d_{\log}([\epsilon])$.

On voit que N est W-linéaire, vérifie

$$N\varphi = p\varphi N, \quad Ng = \chi(g)gN, \quad \text{pour tout } g \in G$$

et $N(\lambda x) = \lambda.Nx + N\lambda.x$, si $\lambda \in \mathcal{O}_{\mathcal{E}_0}$, $x \in M_0$ (et où, $d\lambda = N\lambda.d_{\log}([\epsilon])$.

On peut faire la même chose pour M, à condition de remplacer $\mathcal{O}_{\mathcal{E}_0(K)}$ par $\mathcal{O}_{\mathcal{E}(K)}$ et $d_{\log}([\epsilon])$ par $p^{-r_K}d_{\log}([\epsilon])$.

Il semble que, dans le cas d'une représentation p-adique potentiellement semi-stable ([Bu88]), N soit lié à l'opérateur de monodromie qui opère sur "la réalisation de de Rham" de cette représentation (cf. 11°).

B. Représentations p-adiques de hauteur finie

B1. *Le cas d'égale caractéristique: les φ-modules de hauteur finie*

1.1. *Conventions*

1.1.1. Dans tout ce paragraphe, on note S un anneau local régulier de dimension 2, complet, de caractéristique 0, à corps résiduel parfait k de caractéristique p, muni d'un Frobenius, i.e., d'un endomorphisme

$$\varphi(= \sigma) : S \to S$$

vérifiant $\varphi x \equiv x^p (\text{mod } p)$.

Si m_S désigne l'idéal maximal de S, l'existence d'un Frobenius implique que $p \notin m_S^2$. Si l'on pose $W = W(k)$ et si l'on choisit $\pi \in m_S$ tel que $m_S = (p, \pi)$, l'anneau S s'identifie à l'anneau $W[\![\pi]\!]$ des séries formelles en π à coefficients dans W. Le Frobenius est déterminé par $\varphi\pi$ (qui peut être *a priori* n'importe quelle série formelle congrue à π^p mod p): on a

$$\varphi\left(\sum a_n \pi^n\right) = \sum \sigma(a_n)(\varphi\pi)^n,$$

où σ est le Frobenius usuel sur W (tout ce qu'on va faire dans la suite est indépendant du choix de π, qui permet seulement d'écrire tout explicitement).

1.1.2. On note $S_{(p)}$ le localisé de S en p, $\mathcal{O}_{\mathcal{E}}$ sa complétion et $\mathcal{E}$ le corps des fractions de $\mathcal{O}_{\mathcal{E}}$.

Pour tout entier $n \geq 1$, on pose $\mathcal{O}_{\mathcal{E},n} = \mathcal{O}_{\mathcal{E}}/p^n\mathcal{O}_{\mathcal{E}} = S_{(p)}/p^nS_{(p)}$ et $S_n = S/p^nS$.

Le corps $\mathcal{E}$ est un corps complet pour une valuation discrète, absolument non ramifié, dont le corps résiduel est $E = \text{Fr } S_1 = k((\tilde{\pi}))$, si $\tilde{\pi}$ désigne l'image de π dans S_1.

1.2. *Modules de type fini sur S*

1.2.1. Les idéaux premiers de hauteur 1 de S sont tous principaux. Il y a

– d'une part l'idéal engendré par p,

– d'autre part, les idéaux de la forme $(P(\pi))$, où P est un polynôme, à coefficients dans W, irréductible unitaire, dont tous les coefficients autre que celui du terme de plus haut degré sont divisibles par p.

Nous disons qu'un S-module est *élémentaire indécomposable* s'il est libre de rang un ou isomorphe à $S/\wp^n$, où $\wp$ est un idéal premier de hauteur 1 de S et n un entier ≥ 1.

Un S-module est dit *élémentaire* s'il est somme directe d'un nombre fini de modules élémentaires indécomposables. Dans une telle décomposition, la multiplicité de chaque facteur indécomposable est bien déterminée.

1.2.2. **Proposition**. *Si N est un S-module de type fini, il existe un S-module élémentaire M et une application S- linéaire*

$$\eta : N \to M,$$

dont le noyau et le conoyau sont des S-modules de longueur finie (on dit souvent que N est "quasi-isomorphe" à M). *De plus, M est unique à isomorphisme près.*

Preuve. C'est un résultat bien connu, qui est à la base de la théorie d'Iwasawa (cf., par exemple, [Se58] ou [La78], Thm. 3.1).

1.2.3. **Corollaire**. *Soit N un S-module de type fini sans torsion. Il existe des S-modules libres de type fini L et M et des applications S-linéaires injectives*

$$L \to N \quad \text{et} \quad N \to M$$

dont le conoyau est annulé par une puissance de p.

Preuve. Soit

$$\eta : N \to M$$

une application S-linéaire, à noyau et conoyau de longueur finie, de N dans un S-module élémentaire M. On peut écrire $M = M' \oplus M_{p\text{-tor}}$, où M' est un module élémentaire sans p-torsion. Comme N est sans torsion, η est injective, de même que son composé avec la projection de M sur M', ce qui montre que $M = M'$, i.e., que M est sans p-torsion.

Soit r un entier tel p^r annule Coker η. L'application, qui à $x \in M$ associe l'unique $y \in N$ tel que $\eta(y) = p^r x$, définit un isomorphisme de M sur un sous-module L de N. Mais alors L et M sont à la fois élémentaires et sans torsion, donc libres.

1.2.4. **Proposition**. *Soit N un S-module de type fini sans torsion. Alors $\mathcal{N} = \mathcal{O}_{\mathcal{E}} \otimes_S N$ est un $\mathcal{O}_{\mathcal{E}}$-module libre de rang fini, l'application de N dans $\mathcal{N}$, qui à x associe $1 \otimes x$ est injective. Si l'on s'en sert pour identifier N à un sous-S-module de $\mathcal{N}$, $N[1/p] \cap \mathcal{N}$ es t un S-module libre de rang fini.*

Preuve. Soient $L \to N \to M$ comme dans le corollaire 1.2.3. On a un diagramme commutatif

$$\begin{array}{ccccc} L & \longrightarrow & N & \longrightarrow & M \\ \downarrow & & \downarrow & & \downarrow \\ \mathcal{O}_{\mathcal{E}} \otimes_S L & \longrightarrow & \mathcal{O}_{\mathcal{E}} \otimes_S N & \longrightarrow & \mathcal{O}_{\mathcal{E}} \otimes_S M \end{array}$$

où les flèches horizontales du haut sont injectives par définition, celles du bas par platitude et les flèches verticales extrêmes parce que L et M sont libres. On en déduit l'injectivité de la flèche verticale du milieu et le fait que $\mathcal{O}_{\mathcal{E}} \otimes_S L$, $\mathcal{O}_{\mathcal{E}} \otimes_S M$ et donc aussi $\mathcal{O}_{\mathcal{E}} \otimes_S N$ sont des $\mathcal{O}_{\mathcal{E}}$-modules libres de rang fini égal au rang d de M sur S. Si l'on utilise ces injections pour identifier tous ces modules à des sous-S-modules de $\mathcal{M} = \mathcal{O}_{\mathcal{E}} \otimes_S M$, on voit que

$$N_0 = N[1/p] \cap \mathcal{N} = M[1/p] \cap \mathcal{N} \subset M[1/p] \cap \mathcal{M} = M$$

est un S-module de type fini. Par construction, l'application

$$N_0/pN_0 \to \mathcal{N}/p\mathcal{N}$$

est injective et N_0/pN_0 est un $\mathcal{O}_E$-module de type fini sans torsion, donc libre. Si $e_1, e_2, \ldots, e_d$ sont des éléments de N_0 qui relèvent une base de N_0/pN_0, les e_j engendrent N_0 et sont linéairement indépendants. Ils constituent donc une base de N_0 qui est bien libre.

1.2.5. On dit qu'un S-module M est *sans p'-torsion* si, pour tout $x \in M$ tel que $\mathrm{Ann}\,(x) \neq 0$, il existe $m \in \mathbb{N}$ tel que $\mathrm{Ann}\,(x) = p^m S$.

Si M est un S-module de p-torsion, M est sans p'-torsion si et seulement s'il est sans π-torsion. Un S-module élémentaire M est sans p'-torsion si et seulement s'il est de la forme

$$M \simeq S^d \oplus \left(\oplus_{n \in \mathbb{N}} (S_n)^{d_n} \right),$$

où d et les d_n sont des entiers presque tous nuls.

1.2.6. Remarquons que si M est un S-module de type fini sans p'-torsion et tué par p, c'est un module de type fini, sans torsion sur $S_1 = k[\![\tilde{\pi}]\!]$; il est donc libre sur S_1, donc élémentaire. La proposition suivante permet alors de ramener, par dévissage, un certain nombre de questions sur les S-modules de type fini sans p'-torsion au cas où ceux-ci sont élémentaires.

1.2.7. **Proposition**. *Soit M un S-module de type fini, sans p'-torsion. Pour tout $i \in \mathbb{N}$, soit*

$$M_i = \{x \in M \mid \exists\, r \in \mathbb{N} \text{ tel que } \pi^r x \in p^i M\}.$$

Alors M_i est indépendant du choix de π, chaque quotient M_i/M_{i+1} est un S_1-module libre et, pour i suffisamment grand, M_i est un S-module libre.

Preuve. Si π' est un autre élément de S tel que $m_S = (p, \pi')$, on peut, quitte à multiplier π par une unité supposer que $\pi' \equiv \pi (\text{mod } p)$. On a donc $\pi'^r \equiv \pi^r (\text{mod } p^i)$ dès que p^{i-1} divise r et M_i est bien indépendant du choix de π.

Chaque M_i/M_{i+1} est tué par p et sans π-torsion. C'est donc bien un S_1-module libre.

Soit $\eta : M \to L$ une application linéaire de M dans un S-module libre, telle que le noyau et le conoyau sont de p-torsion. Cette application permet d'identifier $M[1/p]$ à $L[1/p]$. Par ailleurs, si l'on définit les L_i comme les M_i, on a $L_i = p^i L$.

Notons $\overline{M}_i$ (resp $\bar{L}_i$) $\subset M[1/p]$ l'ensemble des $p^{-i} \otimes x$, pour $x \in M_i$ (resp. L_i). On a $\bar{L}_i = L$ et les $\overline{M}_i$ forment une suite croissante de sous-S-modules de L, qui est donc stationnaire.

Si l'on choisit i tel que $p^i M$ est sans p-torsion et $\overline{M}_i = \overline{M}_{i+1}$, on a $M_{i+1} = pM_i$, donc M_i/pM_i est libre sur S_1 et M_i est libre sur S.

1.2.8. *Remarque*. Si M est un S-module de type fini sans p'-torsion, il en est évidemment de même de Ker p^i et de $M/\text{Ker } p^i$. En particulier, les Ker $p^i/\text{Ker } p^{i+1}$ sont élémentaires.

1.2.9. Comme $\sigma : S \to S$ est fidèlement plat,

$$M \mapsto M_\sigma = S \underset{\sigma}{\otimes_S} M$$

est un foncteur exact et fidèle de la catégorie des S-modules de type fini dans elle-même.

Proposition. *Si M est un S-module de type fini, sans p'-torsion, alors M_σ est aussi sans p'-torsion.*

Preuve. Par dévissage, la proposition 1.2.7 nous ramène au cas où M est élémentaire; il suffit de le vérifier lorsque M est élémentaire indécomposable, auquel cas c'est trivial.

1.3. *Les φ-modules p-étales*

1.3.1. Nous disons qu'un φ-module M sur S est *p-étale* si c'est un S-module de type fini, sans p'-torsion , et si le φ-module $M_{(p)} = S_{(p)} \otimes_S M$ est étale. On note $\mathbf{\Phi M}^+_{S,p}$ la sous-catégorie pleine de la catégorie des φ-modules sur S dont les objets sont ceux qui sont p-étales. C'est une catégorie additive, $\mathbb{Z}_p$-linéaire, qui n'est pas abélienne. Le foncteur $M \mapsto M_{(p)}$ est un foncteur additif, exact et fidèle de $\boldsymbol{\Phi M}^{+}_{S,p}$ dans $\boldsymbol{\Phi M}^{\text{ét}}_{S_{(p)}}$.

1.3.2. *Remarque.* Soit $\boldsymbol{\Phi M}_{S,p}$ la catégorie suivante:

– un objet est un couple (N, M) formé d'un φ-module étale N sur $S_{(p)}$ et d'un "S-réseau" M de N, i.e., d'un sous-S-module de type fini M de N tel que l'application naturelle $S_{(p)} \otimes_S M \to N$ est un isomorphisme (il revient au même de se donner un S-module de type fini M sans p'-torsion et une structure de φ-module sur $N = M_{(p)}$);

– un morphisme de (N_1, M_1) dans (N_2, M_2) est un morphisme de φ-modules $\alpha : N_1 \to N_2$ tel que $\alpha(M_1) \subset M_2$.

La catégorie $\boldsymbol{\Phi M}^{+}_{S,p}$ s'identifie alors à la sous-catégorie pleine de $\boldsymbol{\Phi M}_{S,p}$ formée des (N, M) tels que $\varphi(M) \subset M$.

1.3.3. **Proposition**. *Soit M un φ-module sur S, qui est un S-module de type fini, sans p'-torsion. Considérons les assertions suivantes:*

(i) *le φ-module M est p-étale;*

(ii) *il existe $q \in S$, non divisible par p, qui annule $M/\Phi(M_\sigma)$;*

(iii) *l'application $\Phi : M_\sigma \to M$ est injective.*

Alors (i) $\Leftrightarrow$ (ii) $\Rightarrow$ (iii). *Si M est de p-torsion, les trois assertions sont équivalentes.*

Preuve. D'après la proposition 1.2.9, M_σ est aussi sans p'-torsion et dans le carré commutatif

$$\begin{array}{ccc} M_\sigma & \longrightarrow & (M_\sigma)_{(p)} = \left(M_{(p)}\right)_\sigma \\ \downarrow & & \downarrow \\ M & \longrightarrow & M_{(p)} \end{array}$$

les flèches horizontales sont des injections. Ceci nous permet d'identifier M (resp. M_σ) à un sous-S-module de $M_{(p)}$ (resp. de $(M_{(p)})_\sigma$).

L'implication (ii) $\Rightarrow$ (i) résulte de ce que, si $q \in S$ n'est pas divisible par p, alors q est inversible dans $S_{(p)}$. Inversement, si M est p-étale et si $x_1, x_2, \ldots, x_d$ engendrent M comme S-module, il existe $y_1, y_2, \ldots, y_d \in (M_{(p)})_\sigma$ tels que $\Phi y_j = x_j$. Mais il existe $q \in S - pS$ tel que $qy_j \in M_\sigma$, pour tout j. Donc $\Phi(M_\sigma)$ contient le sous-S-module engendré par les $\Phi(qy_j) = qx_j$ et $M/\Phi(M_\sigma)$ est annulé par q.

Si M est p-étale, l'injectivité de $\Phi : (M_{(p)})_\sigma \to M_{(p)}$ implique celle de $M_\sigma \to M$ et (i) $\Rightarrow$ (iii). Si M est de p-torsion, et si $\Phi : M_\sigma \to M$ est injective, il en est de même de $(M_{(p)})_\sigma \to M_{(p)}$ qui est donc bijective puisque source et but sont des $S_{(p)}$-modules de même longueur finie; on a donc bien (iii) $\Rightarrow$ (i) dans ce cas.

1.3.4. Si M est un φ-module p-étale sur S, on appelle *hauteur de M* et on note $h(M)$ l'idéal Ann $(M/\Phi(M_\sigma))$.

1.3.5. **Proposition.** *Soit*

$$0 \to M' \to M \to M'' \to 0$$

une suite exacte de φ-modules sur S dont les S-modules sous-jacents sont de type fini et sans p'-torsion. Alors M est p-étale si et seulement si M' et M'' le sont. S'il en est ainsi, $h(M') \supset h(M)$, $h(M'') \supset h(M)$ et la suite

$$0 \to M'/\Phi(M'_\sigma) \to M/\Phi(M_\sigma) \to M''/\Phi(M''_\sigma) \to 0$$

est exacte.

Preuve. Avec des notations évidentes, on a un diagramme commutatif

$$\begin{array}{ccccccccccc}
 & & & & & & & & 0 & & \\
 & & & & & & & & \downarrow & & \\
 & & & & 0 & & 0 & & X & & \\
 & & & & \downarrow & & \downarrow & & \downarrow & & \\
 & & 0 & \longrightarrow & M'_\sigma & \longrightarrow & M_\sigma & \longrightarrow & M''_\sigma & \longrightarrow & 0 \\
 & & & & \downarrow & & \downarrow & & \downarrow & & \\
 & & 0 & \longrightarrow & M' & \longrightarrow & M & \longrightarrow & M'' & \longrightarrow & 0 \\
 & & & & \downarrow & & \downarrow & & \downarrow & & \\
0 & \longrightarrow & X & \longrightarrow & \Lambda' & \longrightarrow & \Lambda & \longrightarrow & \Lambda'' & \longrightarrow & 0 \\
 & & & & \downarrow & & \downarrow & & \downarrow & & \\
 & & & & 0 & & 0 & & 0 & &
\end{array}$$

dont toutes les lignes et les colonnes sont exactes.

Si M' et M'' sont p-étales, il existe $q', q'' \in S - pS$ tels que q' annule Λ' et q'' annule Λ''; alors $q'q''$ annule Λ et M est p-étale.

Supposons M p-étale. Il existe $q \in S - pS$ qui annule Λ; il annule *a fortiori* Λ'' et M'' est p-étale. D'après la proposition précédente, $\Phi : M''_\sigma \to M''$ est injective, donc $X = 0$. Le résultat est alors évident.

1.3.6. Soient M un φ-module p-étale sur S, M' un sous-φ-module de M et $M'' = M/M'$ le φ-module quotient. On dit que M' est un *sous-objet strict de M* ou que M'' est un *quotient strict de M* si M' et M'' sont tous deux p-étales. Ceci revient donc à demander que M'' soit sans p'-torsion.

Remarquons que, avec les notations de la proposition 1.2.7, si M est un φ-module p-étale sur S, les $M_\imath$ sont des sous-objets stricts de M, chaque

M_{i+1} étant un sous-objet strict de M_i. La proposition 1.2.7 implique donc que tout φ-module p-étale peut se fabriquer par un nombre fini d'extensions successives de φ-modules p- étales élémentaires.

1.4. *Les foncteurs j^* et j_**

1.4.1. On note $j : S \to \mathcal{O}_\mathcal{E}$ l'inclusion. Si M est un φ-module sur S,

$$j^*(M) = \mathcal{O}_\mathcal{E} \otimes_S M = \mathcal{O}_\mathcal{E} \otimes_{S_{(p)}} (S_{(p)} \otimes_S M)$$

et le lemme de Nakayama implique que, si M est de type fini et sans p'-torsion, alors M est p-étale si et seulement si $j^*(M)$ est étale.

Comme $\mathcal{O}_\mathcal{E}$ est plat sur S, le foncteur j^* est exact; sa restriction à la catégorie des φ-modules sur S qui sont p-étales, est un foncteur exact et fidèle, que nous notons encore

$$j^* : \boldsymbol{\Phi M}^+_{S,p} \to \boldsymbol{\Phi M}^{\text{ét}}_{\mathcal{O}_\mathcal{E}}.$$

Nous allons voir que ce foncteur admet un adjoint à droite. Pour cela, pour tout φ-module $\mathcal{N}$ sur $\mathcal{O}_\mathcal{E}$, notons $F_S(\mathcal{N})$ l'ensemble des sous-S-modules de type fini de $\mathcal{N}$, stables par φ.

1.4.2. **Théorème**. (i) *Soit $\mathcal{N}$ un φ-module étale sur $\mathcal{O}_\mathcal{E}$. Alors, si $N \in F_S(\mathcal{N})$, N est p-étale sur S et l'application naturelle $\mathcal{O}_\mathcal{E} \otimes_S N \to \mathcal{N}$ est injective. En outre*

$$j_*(\mathcal{N}) = \cup_{N \in F_S(\mathcal{N})} N$$

est encore dans $F_S(\mathcal{N})$.

(ii) *Pour tout objet $\mathcal{N}$ de $\boldsymbol{\Phi M}^{\text{ét}}_{\mathcal{O}_\mathcal{E}}$, $j^* j_* \mathcal{N} \to \mathcal{N}$ est un monomorphisme; c'est un isomorphisme si $\mathcal{N}$ est de p-torsion.*

(iii) *Si $\mathcal{N}$ est un objet de $\boldsymbol{\Phi M}^{\text{ét}}_{\mathcal{O}_\mathcal{E}}$, sans p-torsion, alors $j_*\mathcal{N}$ est libre sur S, de rang inférieur ou égal au rang de $\mathcal{N}$ sur $\mathcal{O}_\mathcal{E}$ et $j^* j_* \mathcal{N} \to \mathcal{N}$ est un isomorphisme si et seulement si*

$$\operatorname{rang}_S (j_*\mathcal{N}) = \operatorname{rang}_{\mathcal{O}_\mathcal{E}}(\mathcal{N}).$$

(iv) *Les foncteurs j^* et j_* sont adjoints* (i.e., si M est un objet de $\boldsymbol{\Phi M}^+_{S,p}$ et $\mathcal{N}$ un objet de $\boldsymbol{\Phi M}^{\text{ét}}_{\mathcal{O}_\mathcal{E}}$ on a

$$\operatorname{Hom}(M, j_*\mathcal{N}) = \operatorname{Hom}(j^*M, \mathcal{N})).$$

Remarquons que, si N_1, $N_2 \in F_S(\mathcal{N})$, alors $N_1 + N_2$ aussi. En particulier, $j_*(\mathcal{N})$ est un φ-module sur S. On peut donc au moins considérer j_* comme un foncteur additif

$$j_* : \boldsymbol{\Phi M}^{\text{ét}}_{\mathcal{O}_\mathcal{E}} \to \boldsymbol{\Phi M}_S.$$

et il est clair que ce foncteur est exact à gauche.

1.4.3. **Lemme.** *Si $\mathcal{N}$ est de p-torsion, alors $F_S(\mathcal{N})$ contient un φ-module N_0 sur S qui engendre $\mathcal{N}$ en tant que $\mathcal{O}_\mathcal{E}$-module.*

Preuve. Choisissons des éléments $e_1, e_2, \ldots, e_d \in \mathcal{N}$ et des entiers $n_1, n_2, \ldots, n_d \geq 1$ tels que Ann $(e_j) = p^{n_j}\mathcal{O}_\mathcal{E}$ et $\mathcal{N} = \oplus_{1\leq j\leq d}\mathcal{O}_{\mathcal{E},n_j}.e_j$. Si n est le plus grand des n_j, on peut trouver une matrice $A = (a_{j,\ell})_{1\leq j,\ell\leq d}$ à coefficients dans $\mathcal{O}_{\mathcal{E},n}$ telle que

$$\varphi e_j = \sum a_{j,\ell}e_\ell,$$

et le fait que $\mathcal{N}$ est étale implique que la matrice A est inversible.

Choisissons $q \in m_S \cap (S - pS)$ tel que $\varphi q \equiv q^p (\mathrm{mod}\ p^n)$ (comme $\varphi\pi \equiv \pi^p(\mathrm{mod}\ p)$, on peut prendre, par exemple, $q = \pi^{p^{n-1}}$).

Comme $\mathcal{O}_{\mathcal{E},n} = S_n[1/q]$, il existe un entier s tel que tous les $q^S a_{j,\ell} \in S_n$. Si je choisis r tel que $(p-1)r \geq s$, on a

$$\varphi(q^r e_j) = \sum q^{(p-1)r}a_{j,\ell}q^r e_\ell,$$

et il suffit de prendre pour N_0 le sous-S-module engendré par les $q^r e_j$.

1.4.4. **Lemme.** *Les assertions* (i) *et* (ii) *sont vraies lorsque $\mathcal{N}$ est tué par p.*

Preuve. Commençons par remarquer que $\mathcal{N}$ est un E- espace vectoriel de dimension finie d. Tout objet de $F_S(\mathcal{N})$, comme n'importe quel sous-$\mathcal{O}_E$-module de type fini de $\mathcal{N}$, est un $\mathcal{O}_E$-module libre de rang $\leq d$ et l'application $\mathcal{O}_\mathcal{E} \otimes_S N \to \mathcal{N}$ est injective. Elle identifie donc $\mathcal{O}_\mathcal{E} \otimes_S N$ à un sous-$\mathcal{O}_\mathcal{E}$-module de $\mathcal{N}$ stable par φ, qui est donc étale et N est bien p-étale.

Soit N_0 un élément de $F_S(\mathcal{N})$ contenant une base $(e_j)_{1\leq j\leq d}$ de $\mathcal{N}$ sur $\mathcal{O}_{\mathcal{E},1} = E$. Soit $\mathcal{L} = \wedge^d\mathcal{N}$. Si $e = e_1 \wedge e_2 \wedge \ldots \wedge e_d$, il existe une unité η de $S_1 = \mathcal{O}_E$ et un entier m tels que $\varphi e = \pi^m\eta e$. On en déduit que, pour tout $s \in \mathbb{N}$, il existe une unité η_s de $\mathcal{O}_E$ telle que

$$\varphi^s(e) = \pi^{m\left(1+p+p^2+\cdot\ +p^{s-1}\right)}.\eta_s e.$$

Soient N_1 le sous-S-module de $\mathcal{N}$ engendré par les e_j et r un entier tel que $(p-1)r > m$. *Montrons que, si $N \in F_S(\mathcal{N})$, alors $N \subset \pi^{-r+1}N_1$:*

Quitte à remplacer N par $N + N_1$, on peut supposer que les $e_j \in N$. Si $N \not\subset \pi^{-r+1}N_1$, on pourrait trouver $x_1, x_2, \ldots, x_d \in E$, avec l'un des x_j égal à π^{-r} tels que $x = \sum x_j e_j \in N$. Quitte à changer la numérotation, on peut supposer que $x_d = \pi^{-r}$. On aurait donc $y = e_1 \wedge e_1 \wedge \ldots \wedge e_{d-1} \wedge x \in L = \wedge^d N$, qui est un sous-$\mathcal{O}_E$-module libre de rang un de $\mathcal{L}$, stable par φ. Mais ce n'est pas possible car $y = \pi^{-r}e$, donc, pour tout $s \in \mathbb{N}$,

$$\varphi^s(y) = \pi^{-rp^s+m\left(1+p+p^2+\ldots+p^{s-1}\right)}.\eta_s e$$

et les $\varphi^s(y)$ engendrent $\mathcal{L}$ comme S-module.

Par conséquent, toute suite croissante d'éléments de $F_S(\mathcal{N})$ est stationnaire. Donc $j_*(\mathcal{N})$ est un objet de $F_S(\mathcal{N})$ et est bien p-étale. La double inclusion $N_1 \subset j_*(\mathcal{N}) \subset \pi^{-r+1}N_1$ montre que $j_*(\mathcal{N})$ est un sous-$\mathcal{O}_E$-module du E-espace vectoriel de dimension finie $\mathcal{N}$, contenant une base de E et ayant son rang égal à la dimension de $\mathcal{N}$, et

$$j^*j_*(\mathcal{N}) \to \mathcal{N}$$

est bien un isomorphisme.

1.4.5. **Lemme.** *Les assertions* (i) et (ii) sont vraies lorsque $\mathcal{N}$ est de p-torsion.

Preuve. Pour tout $N \in F_S(\mathcal{N})$, l'injectivité de l'application $\mathcal{O}_{\mathcal{E}} \otimes_S N \to \mathcal{N}$ résulte de ce que c'est injectif lorsque l'on se restreint au noyau de la multiplication par p; en particulier $\mathcal{O}_{\mathcal{E}} \otimes_S N$ s'identifie à un sous-objet de $\mathcal{N}$ et est donc étale et N est bien p-étale. Comme S est noethérien, pour achever de prouver (i), il suffit de vérifier que $j_*(\mathcal{N})$ est un S-module de type fini.

On va procéder par récurrence sur le plus petit entier n tel que $p^n\mathcal{N} = 0$. La suite exacte

$$0 \to \text{Ker } p \to \mathcal{N} \to \text{Im } p \to 0$$

induit une suite exacte

$$0 \to j_*(\text{Ker } p) \to j_*(\mathcal{N}) \to j_*(\text{Im } p).$$

D'après le lemme précédent, $j_*(\text{Ker } p)$ est un S-module de type fini; il en est de même, par hypothèse de récurrence de $j_*(\text{Im } p)$, et donc aussi de $j_*(\mathcal{N})$.

Pour (ii), on remarque que, d'après le lemme 1.4.3, l'application

$$j^*j_*(\mathcal{N}) \to \mathcal{N}$$

est surjective, tandis que l'injectivité résulte de (i).

1.4.6. **Lemme.** *Les assertions* (i), (ii) et (iii) sont vraies lorsque $\mathcal{N}$ est sans p-torsion.

Preuve. Soient $\mathcal{N}_1 = \mathcal{N}/p\mathcal{N}$, ϱ la projection de $\mathcal{N}$ sur $\mathcal{N}_1$ et N_1 la somme des $\varrho(N)$ pour $N \in F_S(\mathcal{N})$. Il est clair que $N_1 \subset j_*(\mathcal{N}_1)$; c'est donc un $\mathcal{O}_E$-module libre de rang r inférieur ou égal au rang d de $\mathcal{N}$ sur $\mathcal{O}_{\mathcal{E}}$.

Soit $M \in F_S(\mathcal{N})$ tel que la projection de M sur N_1 est surjective (il est clair qu'un tel M existe). Soient $(e_j)_{1\leq j\leq r}$ des éléments de M relevant une base de N_1 et P le S-module libre engendré par les e_j. Montrons que $M = P$. Pour cela, pour tout $n \in \mathbb{N}$, posons $M^n = (p^{-n}M) \cap \mathcal{N}$; les M^n forment une suite croissante d'éléments de $F_S(\mathcal{N})$ vérifiant $\varrho(M^n) = N_1$.

Si $x \in M$, on fabrique, de proche en proche des suites $x_i \in P$ et $y_i \in M^i$ telles que

$$x = x_0 + px_1 + \ldots + p^{n-1}x_{n-1} + p^n y_n;$$

donc $x = \sum p^i x_i \in P$. Ceci prouve que $j_*(\mathcal{N}) = P$, et les assertions (ii) et (iii) en résultent.

Si $N \in F_S(\mathcal{N})$, $N \subset P$; l'application $\mathcal{O}_\mathcal{E} \otimes_S N \to \mathcal{O}_\mathcal{E} \otimes_S P$ est injective, donc aussi son composé avec l'application $\mathcal{O}_\mathcal{E} \otimes_S P \to \mathcal{N}$; ceci nous permet en particulier d'identifier $\mathcal{O}_\mathcal{E} \otimes_S N$ à un sous-objet de $\mathcal{N}$ qui est donc étale, d'après la proposition A1.1.6 et N est bien p-étale.

1.4.7. Terminons la *démonstration du théorème*: Les assertions (i) et (ii) ont déjà été vérifiées lorsque, ou bien $\mathcal{N}$ est de p-torsion, ou bien $\mathcal{N}$ est libre. Le cas général s'en déduit en considérant la suite exacte

$$0 \to (\mathcal{N})_{p\text{-tor}} \to \mathcal{N} \to \mathcal{N}/(\mathcal{N})_{p\text{-tor}} \to 0.$$

L'assertion (iii) vient d'être prouvée. Enfin, l'assertion (iv) est évidente.

1.4.8. Si N est un objet de $\boldsymbol{\Phi M}^+_{S,p}$, on dit que N est *normal* si

$$N \to j_* j^*(N)$$

est un isomorphisme.

Pour tout objet N de $\boldsymbol{\Phi M}^+_{S,p}$, $j_* j^*(N)$ est normal; on l'appelle le *normalisé de* N.

1.4.9. On dit qu'un φ-module étale $\mathcal{N}$ sur $\mathcal{O}_\mathcal{E}$ *est de S-hauteur finie* si $j^* j_* \mathcal{N} \to \mathcal{N}$ est un isomorphisme. Il revient au même de dire qu'il existe un objet N de $\boldsymbol{\Phi M}^+_{S,p}$ tel que $j^* N$ est isomorphe à $\mathcal{N}$. Tout φ-module étale sur $\mathcal{O}_\mathcal{E}$ n'est pas de S-hauteur finie, mais le théorème 1.4.2 montre que tous ceux qui sont de p-torsion le sont.

La sous-catégorie pleine $\boldsymbol{\Phi M}^+_{\mathcal{O}_\mathcal{E}}(S)$ de $\boldsymbol{\Phi M}^{\text{ét}}_{\mathcal{O}_\mathcal{E}}$ formée des φ-modules de S-hauteur finie est l'image essentielle du foncteur $j^* : \boldsymbol{\Phi M}^+_{S,p} \to \boldsymbol{\Phi M}^{\text{ét}}_{\mathcal{O}_\mathcal{E}}$.

1.5. *La q-hauteur*

1.5.1. On note $\overline{\mathbb{N}}$ l'ensemble qui est l'union disjointe de $\mathbb{N}$ et de l'ensemble des r^+, pour $r \in \mathbb{N}$. On munit $\overline{\mathbb{N}}$ d'une relation d'ordre total en convenant que, pour tout $r \in \mathbb{N}$,

$$r < r^+ < r + 1.$$

1.5.2. Soit $q \in S - pS$. Si M est un φ-module p -étale non nul sur S, on note $h_q(M)$ et on appelle *q-hauteur de M* l'élément de $\overline{\mathbb{N}} \cup \{+\infty\}$ ainsi défini: si $M/\Phi(M_\sigma)$ n'est annulé par aucune puissance de q, $h_q(M) = +\infty$; sinon, soit $r \in \mathbb{N}$ le plus petit entier tel que q^r annule $M/\Phi(M_\sigma)$;

– si M n'a pas de quotient strict (cf. n° 1.3.6) non nul M' tel que $\varphi(M') \subset q^r M'$, alors $h_q(M) = r$;

– sinon $h_q(M) = r^+$.

1.5.3. Si u est une unité de S, on a $h_{uq}(M) = h_q(M)$, pour tout φ-module p-étale non nul M sur S.

Soit M un φ-module p-étale non nul sur S. Si M est de p-torsion, il est de q-hauteur finie. Dans le cas général, on peut trouver des idéaux premiers $(\mathfrak{q}_i)_{1\leq i\leq d}$ de hauteur 1 de S, des entiers $n_i \geq 1$, et une application S-linéaire

$$M/\Phi(M_\sigma) \to \oplus_{1\leq i\leq d} S/(\mathfrak{q}_i)^{n_i}$$

à noyau et conoyau de longueur finie. Alors M est de q-hauteur finie si et seulement si q appartient à chacun des $\mathfrak{q}_i$.

1.5.4. On note $\mathbf{\Phi M}_S^+(q)$ la sous-catégorie pleine de $\mathbf{\Phi M}_{S,p}^+$ formée des objets de q-hauteur finie. Pour tout $r \in \overline{\mathbf{N}}$, on note $\mathbf{\Phi M}_S^r(q)$ (resp. $\mathbf{\Phi M}_{S,\mathrm{tor}}^r(q)$) la sous-catégorie pleine de $\mathbf{\Phi M}_{S,p}^+$ formée des objets de q-hauteur $\leq r$ (resp. et de torsion). D'après la proposition 1.3.5, pour tout $r \in \mathbf{N}$, tout sous-objet strict et tout quotient strict d'un φ-module p-étale sur S de q-hauteur $\leq r^+$ est encore de q-hauteur $\leq r^+$. On vérifie facilement que ceci reste vrai lorsque l'on remplace r^+ par r, i.e., que si M est tel que $M/\Phi M_\sigma$ est tué par q^r, alors, si M n'a pas de quotient strict non nul M' tel que $\varphi(M') \subset q^r M'$, il n'a pas non plus de sous-quotient strict non nul satisfaisant cette propriété.

1.5.5. La restriction de j^* à $\mathbf{\Phi M}_S^+(q)$ admet un adjoint à gauche j_*^q: si $\mathcal{N}$ est un objet de $\mathbf{\Phi M}_{\mathcal{O}_\mathcal{E}}^{\text{ét}}$, et si $\mathrm{Et}_q(\mathcal{N})$ désigne l'ensemble des sous-S-modules de $\mathcal{N}$ stables par φ qui sont des φ-modules p-étales de q-hauteur finie, on prend

$$j_*^q(\mathcal{N}) = \cup_{N\in \mathrm{Et}_q(\mathcal{N})} N.$$

C'est bien un S-module de type fini car c'est un sous-module de $j_*(\mathcal{N})$. Si $\mathcal{N}$ est de p-torsion, on a $j_*^q(\mathcal{N}) = j_*(\mathcal{N})$.

Si $\mathcal{N}$ est sans torsion, $j_*^q(\mathcal{N})$ est un S-module libre. Pour le prouver, il suffit de vérifier que, pour tout $N \in Et_q(\mathcal{N})$, il existe $N' \in Et_q(\mathcal{N})$ qui contient N et est un S-module libre. Mais N s'identifie à un sous-S-module du φ-module $\mathcal{N}' = \mathcal{O}_\mathcal{E} \otimes_S N$ étale sur $\mathcal{O}_\mathcal{E}$. D'après la proposition 1.2.4, $N' = N[1/p] \cap \mathcal{N}'$ est un S-module libre. Il est clair qu'il est stable par φ et contient N. Il existe un entier s tel que $p^s N' \subset N$, donc N' isomorphe à un sous-φ-module de N est p-étale, en particulier $N'/\Phi(N'_\sigma)$ est tué par un élément $\alpha \in S - pS$. Par ailleurs, on voit que si q^r annule $N/\Phi(N_\sigma)$, $q^r p^s$ annule $N'/\Phi(N'_\sigma)$. Donc $N'/\Phi(N'_\sigma)$ est annulé par une puissance de q.

On dit que $\mathcal{N}$ est *de q-hauteur finie* si $j^* j_*^q(\mathcal{N}) = \mathcal{N}$ (ce qui est toujours le cas si $\mathcal{N}$ est de p-torsion). Il revient au même de dire qu'il existe un objet N de $\mathbf{\Phi M}_S^+(q)$ tel que $j^* N$ est isomorphe à $\mathcal{N}$. S'il en est ainsi, on note

$h_q(\mathcal{N})$ et on appelle q-hauteur de $\mathcal{N}$ la plus petite des q-hauteurs de tels N. On note aussi $\mathbf{\Phi M}^{+}_{\mathcal{O}_{\mathcal{E}}}(S,q)$ (resp. $\mathbf{\Phi M}^{r}_{\mathcal{O}_{\mathcal{E}}}(S,q)$) la sous-catégorie pleine de $\mathbf{\Phi M}^{+}_{\mathcal{O}_{\mathcal{E}}}(S)$ formée des objets de q-hauteur finie (resp. de q-hauteur $\leq r$). Ce sont des sous-catégories stables par sous-objet et quotient.

1.5.6. Pour tout $a \in S$, on note (a) l'idéal engendré par a.

Proposition. *Supposons q irréductible, (π) stable par σ et $\sigma\pi \in (q)$. Alors, pour tout objet N de $\mathbf{\Phi M}^{+}_{S}(q)$, le conoyau de*

$$N \to \ \mathrm{Nor}_q(N) := j^q_* j^*(N)$$

est annulé par une puissance de π. Il est même de longueur finie, s'il existe un idéal premier non nul de S, différent de (π) et (q) contenant $\sigma\pi$.

Preuve. Soit $M = \ \mathrm{Nor}_q(N)$. Avec des notations évidentes, on a un diagramme commutatif

$$\begin{array}{cccccc}
 & & & & 0 & \\
 & & & & \downarrow & \\
 & & 0 & 0 & X & \\
 & & \downarrow & \downarrow & \downarrow & \\
 & 0 \longrightarrow & N_\sigma \longrightarrow & M_\sigma \longrightarrow & M''_\sigma \longrightarrow & 0 \\
 & & \downarrow & \downarrow & \downarrow & \\
 & 0 \longrightarrow & N \longrightarrow & M \longrightarrow & M'' \longrightarrow & 0 \\
 & & \downarrow & \downarrow & \downarrow & \\
0 \longrightarrow & X \longrightarrow & L' \longrightarrow & L \longrightarrow & L'' \longrightarrow & 0 \\
 & & \downarrow & \downarrow & \downarrow & \\
 & & 0 & 0 & 0 &
\end{array}$$

dont toutes les lignes et les colonnes sont exactes.

Pour tout S-module Λ de type fini et de torsion, notons $\mathrm{Ass}(\Lambda)$ l'ensemble des idéaux premiers $\mathfrak{q}$ de S tels qu'il existe $x \in \Lambda$, dont l'annulateur est $\mathfrak{q}$. C'est aussi l'ensemble des idéaux premiers qui contiennent l'annulateur d'un module élémentaire "quasi-isomorphe" à Λ (cf. n° 1.2.2).

Comme $\mathcal{O}_{\mathcal{E}} \otimes_S M'' = 0$, M'' est de p'-torsion, donc aussi M''_σ. Par hypothèse L' et L sont de q-torsion, donc X et L'' aussi. On en déduit que $\mathrm{Ass}(M'') \cup \{(q)\} = \ \mathrm{Ass}(M''_\sigma) \cup \{(q)\}$.

Si $\mathfrak{q}'$ et $\mathfrak{q}''$ sont deux idéaux premiers de hauteur 1, distincts de S, les idéaux premiers de hauteur 1 qui divisent $\sigma\mathfrak{q}'$ sont distincts de ceux qui divisent $\sigma\mathfrak{q}''$. On en déduit que, si $\mathrm{Ass}(M'') = \{(\mathfrak{q}_i)_{1\leq i\leq d}\}$, $\mathrm{Ass}(M''_\sigma)$ est l'union disjointe des

$Q_i = \{$idéaux premiers de hauteur 1 de S divisant $\sigma\mathfrak{q}_i\}$.

Si $(\pi) \in \mathrm{Ass}(M'')$, disons $(\pi) = (\mathfrak{q}_d)$, on doit donc avoir $Q_d = \{(\pi), (q)\}$

Soit $d' = d-1$ si $(\pi) \in \mathrm{Ass}(M'')$, $= d$ sinon. Pour achever la démonstration, il suffit de vérifier que $d' = 0$. Pour $1 \leq i \leq d'$, Q_i doit avoir un seul élément. Si $d' \neq 0$, il existerait donc un entier $r \geq 1$ tel que $\sigma^r\mathfrak{q}_1 \subset \mathfrak{q}_1$, ce qui contredit le lemme suivant:

1.5.7. **Lemme**. *Soit $r \geq 1$. Sous les hypothèses de la proposition qui précède (π) et (p) sont les seuls idéaux premiers de hauteur 1 de S stables par σ^r.*

Preuve. Soit $\mathfrak{q}$ un idéal premier de S stable par σ^r, différent de (π) et p. L'anneau quotient $S/\mathfrak{q}$ est une W-algèbre finie et plate, intègre, munie d'un endomorphisme σ^r vérifiant $\sigma^r(x) \equiv x^{p^r}$ (mod p). On en déduit que $S/\mathfrak{q}$ s'identifie à l'anneau $W' = W(k')$ des vecteurs de Witt à coefficients dans une extension finie k' de k. Mais il existe $\lambda \in S$ tel que $\sigma^r(\pi) = \lambda\pi$, et il est clair que λ n'est pas une unité. Si ρ désigne la projection de S sur $S/\mathfrak{q}$, on a $\varrho(\pi) \neq 0$, et il existe un entier m et une unité $u \in W'$ tels que $\varrho(\pi) = p^m u$; donc aussi une unité v de W' telle que $\sigma^r(\varrho(\pi)) = v.\varrho(\pi)$. Mais $\sigma^r(\varrho(\pi)) = \varrho(\sigma^r(\pi)) = \varrho(\lambda)\varrho(\pi)$ et $\varrho(\lambda)$ n'est pas une unité.

1.6. *Relèvement des modules de q-hauteur finie*

1.6.1. **Théorème**. *Soit q un élément de S dont l'image dans S_1 est une uniformisante. Soit $\varrho \in \overline{\mathbb{N}}$. Tout objet de $\mathbf{\Phi M}^{\varrho}_{S}(q)$ est quotient d'un objet de $\mathbf{\Phi M}^{\varrho}_{S}(q)$ sans torsion.*

1.6.2. Supposons d'abord que q est un élément quelconque de $S - pS$. Si M est un φ-module sur S, sans q-torsion, on définit la *q-filtration* sur M_σ et la *q-filtration conjuguée* sur M en posant, pour tout $i \in \mathbb{N}$,

$$F^i_q M_\sigma = \left\{x \in M_\sigma | \Phi x \in q^i M\right\} \quad \text{et} \quad C^q_i M = q^{-i}.\Phi\left(F^i_q M\right).$$

On a $F^0_q M_\sigma = M_\sigma$, $q.F^i_q M_\sigma \subset F^{i+1}_q M_\sigma \subset F^i_q M_\sigma$ et $C^q_i M \subset C^q_{i+1} M$.

Si M est un φ-module p-étale non nul, dire qu'il est de q-hauteur finie équivaut à dire que $C^q_i M = M$, pour i assez grand. Si r est le plus petit des i tel que c'est vrai, la q-hauteur de M est r s'il n'existe pas de quotient strict non nul M'' de M tel que $F^r_q M''_\sigma = M''_\sigma$, et r^+ sinon.

1.6.3. Supposons maintenant q comme dans le théorème et soit M un φ-module p-étale sur S, annulé par p; posons $\overline{M} = i^*(M) = M/\pi M = M/qM$ et $\overline{M}_\sigma = M_\sigma/\pi M_\sigma = M_\sigma/qM_\sigma$. Ce sont des k-espaces vectoriels de même dimension finie. Pour tout $i \in \mathbb{N}$, notons $F^i_q\overline{M}_\sigma$ l'image de

$F_q^i M_\sigma$ dans $\overline{M}_\sigma$ et $C_i^q \overline{M}$ l'image de $C_i^q M$ dans $\overline{M}$. Posons aussi $\mathrm{gr}_q^i \overline{M}_\sigma = F_q^i \overline{M}_\sigma / F_q^{i+1} \overline{M}_\sigma$ et $\mathrm{gr}_i^q \overline{M} = C_i^q \overline{M} / C_{i-1}^q \overline{M}$ (en convenant que $C_{-1}^q \overline{M} = 0$).

Si $r \in \mathbb{N}$, alors M est dans $\boldsymbol{\Phi M}_S^{r^+}(q)$ si et seulement si $C_r^q \overline{M} = \overline{M}$.

1.6.4. **Lemme**. *Conservons les hypothèses et notations ci-dessus.*

(i) *Pour tout $i \in \mathbb{N}$, il existe une unique application k-linéaire*

$$\mathrm{Car}_i : \ \mathrm{gr}_q^i \overline{M}_\sigma \to \ \mathrm{gr}_i^q \overline{M}$$

telle que le diagramme

$$\begin{array}{ccc} F_q^i M_\sigma & \xrightarrow{q^{-i}\Phi} & F_i^q M \\ \downarrow & & \downarrow \\ \mathrm{gr}_q^i \overline{M}_\sigma & \xrightarrow{\mathrm{Car}_i} & \mathrm{gr}_i^q \overline{M} \end{array}$$

soit commutatif.

(ii) *Si M est un objet de $\boldsymbol{\Phi M}_S^{r^+}(q)$, on a $\mathrm{gr}_q^i \overline{M}_\sigma = 0$, pour $i > r$ et*

$$\mathrm{Car} \ := \oplus_{0 \le i \le r} \mathrm{Car}_i : \ \mathrm{gr}_q^{\cdot} \overline{M}_\sigma \to \ \mathrm{gr}_{\cdot}^q \overline{M}$$

est un isomorphisme.

[La notation Car traduit le fait que cet isomorphisme semble jouer dans ce contexte un rôle analogue à l'inverse de l'isomorphisme de Cartier.]

Preuve. Montrons (i). L'unicité de Car_i est évidente. Son existence revient à vérifier que le noyau de l'application composée

$$F_q^i M_\sigma \xrightarrow{q^{-i}\Phi} F_i^q M \longrightarrow \mathrm{gr}_i^q \overline{M},$$

qui contient $F_q^{i+1} M$, contient aussi $(qM_\sigma) \cap F_q^i M_\sigma$, ce qui est clair car l'image par $q^{-i}\Phi$ de ce sous-S-module est contenu dans $F_{i-1}^q M$.

Enfin, l'application Car est surjective par construction, et l'assertion (ii) résulte immédiatement de ce que $\dim_k \overline{M}_\sigma = \dim_k \mathrm{gr}_{\cdot}^q \overline{M}$.

1.6.5. *Prouvons le théorème*: Soit r l'unique entier tel que $\varrho \in \{r, r^+\}$ et soit M un objet de $\boldsymbol{\Phi M}_S^{\varrho}(q)$.

(a) Supposons M annulé par p et reprenons les notations du n° 1.6.3. Choisissons une base $(\bar{e}_j)_{1 \le j \le d}$ de M adaptée à la filtration conjuguée, i.e., telle que, si i_j désigne le plus petit entier i tel que $\bar{e}_j \in C_i^q \overline{M}$, alors $C_i^q \overline{M}$ soit le sous-k-espace vectoriel de $\overline{M}$ de base les $\bar{e}_j$, avec $i_j \le i$. Pour chaque j, choisissons aussi un relèvement e_j de $\bar{e}_j$ dans $C_{i_j}^q M$ et notons e'_j l'unique élément de M_σ tel que $\Phi e'_j = q^{i_j} e_j$. Il résulte du lemme précédent que les images des e'_j dans $\overline{M}_\sigma$ forment une base de $\overline{M}_\sigma$; par conséquent, les e_j forment une base de M sur S_1 tandis que les e'_j forment une base de M_σ sur S_1. Autrement dit, si l'on écrit

$$e'_j = \sum_{1\leq \ell\leq d} a_{j,\ell}\otimes e_\ell, \quad \text{avec les } a_{j,\ell}\in S_1,$$

la matrice des $a_{j,\ell}$ est inversible dans S_1.

Choisissons alors des relèvements $\hat{a}_{j,\ell}$ des $a_{j,\ell}$ dans S et notons $(\hat{e}_j)_{1\leq j\leq d}$ la base canonique de $N = S^d$. Alors les $\hat{e}'_j = \sum \hat{a}_{j,\ell}\otimes \hat{e}_\ell \in N_\sigma$ forment une base de N_σ sur S. On munit N d'une structure de φ-module en posant $\Phi\hat{e}'_j = q^{i_j}\hat{e}_j$. L'application S-linéaire de N sur M qui envoie $\hat{e}_j$ sur e_j identifie M à un quotient du φ-module sans torsion N. Il est clair que N est un objet de $\boldsymbol{\Phi M}_S^{r+}(q)$. Enfin, si N' est un sous-objet strict non nul de N tel que $N'' = N/N'$ est non nul et vérifie $\varphi N'' \subset q^r N''$, alors $M'' = N/(N'+pN)$ est un quotient strict non nul de M vérifiant $\varphi M'' \subset q^r M''$; donc si M est dans $\boldsymbol{\Phi M}_S^r(q)$, alors N aussi.

(b) Passons maintenant au cas général. Pour tout S-module N de type fini sans p'-torsion, on définit, comme dans la proposition 1.2.7,

$$N_i = \left\{x\in N \mid \exists\, r\in\mathbb{N} \text{ tel que } \pi^r x\in p^i N\right\}.$$

Pour i suffisamment grand M_i est sans torsion, et il suffit de fabriquer une suite

$$M = M^0 \leftarrow M^1 \leftarrow \ldots \leftarrow M^i \leftarrow \ldots$$

de morphismes surjectifs dans la catégorie $\boldsymbol{\Phi M}_S^{\varrho}(q)$ telle que, pour tout i, la projection de M^i sur M^0 induise une application injective de M^i_{tor} sur M_{tor} dont l'image est exactement $(M_i)_{\text{tor}}$.

On procède par récurrence sur i, le cas $i=0$ étant clair. Supposons $i>0$ et soit N^i le quotient de M^{i-1} par $(M^{i-1})_1$. C'est un objet de $\boldsymbol{\Phi M}_S^{\varrho}(q)$ tué par p et (a) nous permet de réaliser N^i comme la réduction modulo p d'un objet L^i de $\boldsymbol{\Phi M}_S^{\varrho}(q)$ qui est libre comme S-module. On vérifie immédiatement que le produit fibré $M^i = M^{i-1}\times_{N^i} L^i$ convient.

1.7. *Les modules de petit hauteur*

1.7.1. Pour tout $r\in\overline{\mathbb{N}}$, soit $\boldsymbol{\Phi M}_{S_1}^r(\pi)$ (resp. $\boldsymbol{\Phi M}_E^r(\pi)$) la sous-catégorie pleine de $\boldsymbol{\Phi M}_S^r(\pi)$ (resp. $\boldsymbol{\Phi M}_{\mathcal{O}_\mathcal{E}}^r(S,\pi)$) formée des objets M tués par p.

Théorème. *Tout objet de la catégorie $\boldsymbol{\Phi M}_{S_1}^{p-1}(\pi)$ est normal. Cette catégorie est abélienne, la restriction de j^* à $\boldsymbol{\Phi M}_{S_1}^{p-1}(\pi)$ est pleinement fidèle et induit une équivalence entre cette catégorie et $\boldsymbol{\Phi M}_E^{p-1}(\pi)$. La restriction de j_* est un quasi-inverse.*

Preuve. Toutes ces assertions résultent facilement de la première. Il suffit donc de vérifier que, si M est un objet de $\boldsymbol{\Phi M}^{p-1}_{S_1}(\pi)$ et si $N = j_*j^*M$, alors l'inclusion $M \to N$ est une égalité.

Remarquons (cela ne nous sera utile que si $M/\Phi(M_\sigma)$ n'est pas annulé par π^{p-2}) que l'on peut supposer k algébriquement clos (sinon, si $\bar{k}$ est une clôture algébrique de k, et si $\overline{S}_1 = \bar{k} \otimes S_1$, on voit que, avec des notations évidentes, $\bar{k} \otimes M$ est un objet de $\boldsymbol{\Phi M}^{p-1}_{\overline{S}_1}(\pi)$; si on avait $M \neq N$, on aurait $\bar{k} \otimes M \neq \bar{k} \otimes N \subset \mathrm{Nor}(\bar{k} \otimes M)$).

Supposons $M \neq N$; posons $L = N/M$, $\widetilde{M} = M/\Phi M_\sigma$, $\widetilde{N} = N/\Phi N_\sigma$, et notons X le noyau de $\widetilde{M} \to \widetilde{N}$. On a un diagramme commutatif

$$\begin{array}{ccccccccccc}
 & & & & & & & & 0 & & \\
 & & & & & & & & \downarrow & & \\
 & & & & 0 & & 0 & & X & & \\
 & & & & \downarrow & & \downarrow & & \downarrow & & \\
 & & 0 & \longrightarrow & M_\sigma & \longrightarrow & N_\sigma & \longrightarrow & L_\sigma & \longrightarrow & 0 \\
 & & & & \downarrow & & \downarrow & & \downarrow & & \\
 & & 0 & \longrightarrow & M & \longrightarrow & N & \longrightarrow & L & \longrightarrow & 0 \\
 & & & & \downarrow & & \downarrow & & & & \\
0 & \longrightarrow & X & \longrightarrow & \widetilde{M} & \longrightarrow & \widetilde{N} & & & & \\
 & & & & \downarrow & & \downarrow & & & & \\
 & & & & 0 & & 0 & & & &
\end{array}$$

dont toutes les lignes et les colonnes sont exactes.

Comme $S_1 = k[[\tilde{\pi}]]$ et comme L est un S_1-module non nul de longueur finie, il existe un entier $d \geq 1$, des entiers $r_1 \geq r_2 \geq \ldots \geq r_d \geq 1$ et des éléments $e_1, e_2, \ldots, e_d \in L$ tels que $\mathrm{Ann}(e_i) = (\tilde{\pi}^{r_i})$ et $L = \oplus_{1 \leq i \leq d} S_1 e_i$.

On a alors $L_\sigma = \oplus_{1 \leq i \leq d} S_1.1 \otimes e_i$ et on voit que l'annulateur de $1 \otimes e_i$ est $(\tilde{\pi}^{pr_i})$. En particulier $\pi^{r_1} \otimes e_1$ est un élément de X dont l'annulateur est $(\tilde{\pi}^{(p-1)r_1})$. On a donc dans $\widetilde{M}$ un élément qui n'est pas annulé par $\tilde{\pi}^{p-2}$, ce qui règle le cas où $M/\Phi(M_\sigma)$ est tué par π^{p-2}.

Dans le cas général, on remarque que tous les r_i doivent être égaux à 1. En outre, le noyau de $\Phi : L_\sigma \to L$, qui contient πL_σ, doit être πL_σ, car sinon il y aurait un élément de $\widetilde{M}$ qui ne serait pas annulé par π^{p-1}. On en déduit que Φ est surjective; comme L est annulé par π, cela revient à dire que, sur le φ-module L, φ est bijective. S i, pour tout i, on choisit un relèvement e_i' de e_i dans N, on voit que l'on peut écrire

$$\varphi e'_i = \sum a_{ij} e'_j + b_i,$$

où les $b_i \in M$ et la matrice des a_{ij} est une matrice carrée inversible à coefficients dans k.

Soit $\overline{M} = M/\pi M$; c'est un k-espace vectoriel de dimension finie que l'on peut considérer comme un φ-module sur k.

Si $\bar{b}_i$ désigne l'image de b_i dans $\overline{M}$, le système d'équations

$$\varphi \bar{x}_i - \sum a_{ij} \bar{x}_j = \bar{b}_i$$

a une solution dans k: en effet, si l'on choisit une base de $\overline{M}$ sur k, on obtient des équations étales (grâce au fait que la matrice des a_{ij} est inversible) qui ont une solution (puisque l'on a supposé k algébriquement clos).

Il est immédiat que l'on peut relever les $\bar{x}_i$ en des $x_i \in M$ de façon que

$$\varphi x_i - \sum a_{ij} x_j = b_i.$$

Autrement dit, quitte à remplacer e'_i par $e'_i - x_i$, on peut supposer que les b_i sont nuls. Mais alors, si on pose $e''_i = \pi e'_i$, on voit que le sous-S_1-module M' de M engendré par les e''_i est un facteur direct de M stable par φ, donc est un sous-objet strict de M. Comme

$$\varphi e''_i = \pi^{p-1} \sum a_{ij} e''_j,$$

on a $\varphi(M'_\sigma) = \pi^{p-1} M'_\sigma$. Donc, M' est un sous-objet strict, et *a fortiori* un sous-quotient strict, non nul vérifiant $\varphi(M'_\sigma) = \pi^{p-1} M'_\sigma$ ce qui contredit (1.5.4) le fait que M est dans $\boldsymbol{\Phi M}^{p-1}_{S_1}(\pi)$ et non seulement dans $\boldsymbol{\Phi M}^{(p-1)^+}_{S_1}(\pi)$.

1.7.2. Le théorème précédent implique que, si M est un objet de $\boldsymbol{\Phi M}^{+}_{S}(q)$, admettant une filtration

$$M = M^0 \supset M^1 \supset \cdots M^i \supset M^{i+1} \supset \cdots$$

telle que $\cap M^i = 0$ et chaque M^i/M^{i+1} est un φ-module p-étale de q-hauteur $\leq p-1$, alors M est normal. En outre la sous-catégorie pleine de $\boldsymbol{\Phi M}^{+}_{S}(q)$ formée de tels M est abélienne. On en déduit en particulier la proposition suivante:

1.7.3. **Proposition**. *Soient $q \in S - pS$, $e(q)$ le plus grand entier $e \geq 0$ tel que $\tilde{\pi}^e$ divise l'image de q dans S_1 et $r \in \overline{\mathbb{N}}$ vérifiant $r.e(q) < (p-1)^+$. Alors, tout objet de $\boldsymbol{\Phi M}^{r}_{S}(q)$ est normal, la catégorie $\boldsymbol{\Phi M}^{r}_{S}(q)$ est abélienne, la restriction de j^* à $\boldsymbol{\Phi M}^{r}_{S}(q)$ est pleinement fidèle et induit* *une équivalence entre cette catégorie et* $\Phi M^{r}_{\mathcal{O}_{\mathcal{E}}}(S,q)$*; la restriction de* j_* *est un quasi-inverse.*

1.8. *Représentations de hauteur finie*

1.8.1. Dans ce n°, on reprend les notations du §A2. On note en outre R l'anneau des entiers de $\widehat{\overline{E}}$; on écrit Fr R au lieu de $\widehat{\overline{E}}$. On a donc $\mathcal{O}_{\widehat{\mathcal{E}}_{\mathrm{nr}}} \subset W(\mathrm{Fr}\ R)$. On pose $R_0 = R^{G_E}$ et on note $\mathrm{Fr}\ R_0 = (\mathrm{Fr}\ R)^{G_E}$ son corps des fractions. On sait ([Ax70]) que Fr R_0 est le complété de la clôture radicielle de $E = k((\tilde{\pi}))$ et que R_0 est l'anneau de ses entiers.

On pose aussi

$$A_S^+ = W(R) \cap \mathcal{O}_{\widehat{\mathcal{E}}_{\mathrm{nr}}} \subset W(\mathrm{Fr}\ R)$$
$$\text{et} \quad B_S^+ = A_S^+[1/p] = W_{K_0}(R) \cap \widehat{\mathcal{E}}_{\mathrm{nr}} \subset W_{K_0}(\mathrm{Fr}\ R).$$

Pour tout $\mathbb{Z}_p$-module M et tout entier $n \geq 1$, on pose $M_n = M/p^nM$ et $M_\infty = \mathrm{lim.ind.}\ M_n = (\mathbb{Q}_p/\mathbb{Z}_p) \otimes M$. En particulier, $\mathcal{O}_{\widehat{\mathcal{E}}_{\mathrm{nr}},\infty} = \widehat{\mathcal{E}}_{\mathrm{nr}}/\mathcal{O}_{\widehat{\mathcal{E}}_{\mathrm{nr}}}$, $W(R)_\infty = W_{K_0}(R)/W(R)$ et $A^+_{S,\infty} = B_S^+/A_S^+$.

On choisit $q \in S - pS$ *tel que l'image de* q *dans* S_1 *est une uniformisante.*

1.8.2. Pour tout φ-module Λ sur S, on note $F_S(\Lambda)$ (resp. $\mathrm{Et}_q(\Lambda)$) l'ensemble des sous-S-modules de type fini de Λ, stables par φ, qui sont p-étales (resp. et de q-hauteur finie). On pose

$$j_*\Lambda = \cup_{N \in F_S(\Lambda)} N \quad \text{et} \quad j_*^q\Lambda = \cup_{U \in \mathrm{Et}_q(\Lambda)} N.$$

On a $j_*^q\Lambda \subset j_*N$, avec l'égalité si Λ est de p-torsion. Si Λ est séparé pour la topologie p-adique et sans p-torsion, $j_*^q(\Lambda[1/p]) = (j_*^q\Lambda)[1/p]$ et $j_*(\Lambda[1/p]) = (j_*\Lambda)[1/p]$. Si $\Lambda' \subset \Lambda$ et si $j_*\Lambda$ (resp. $j_*^q\Lambda$) $\subset \Lambda'$, alors $j_*\Lambda' = j_*\Lambda$ (resp. $j_*^q\Lambda' = j_*^q\Lambda$). Si Λ est une S-algèbre et si φ est un endomorphisme de la structure d'anneaux, $j_*^q\Lambda$ et $j_*\Lambda$ sont des sous-anneaux.

(a) *Propriétés de* A_S^+

1.8.3. **Proposition**. (i) *On a* $j_*(\mathrm{Fr}\ R) = E^{\mathrm{sép}} \cap R = \mathcal{O}_{E^{\mathrm{sép}}}$.

(ii) *Pour tout entier* $n \geq 1$, $j_*W_n(\mathrm{Fr}\ R) = A^+_{S,n}$;

(iii) *Les anneaux* $j_*^qW(\mathrm{Fr}\ R)$ *et* $j_*W(\mathrm{Fr}\ R)$ *sont contenus dans* A_S^+ *et denses dans* A_S^+.

(iv) *Pour tout* $n \geq 1$, $A^+_{S,n}$ *s'identifie à* $W_n(R) \cap \mathcal{O}_{\widehat{\mathcal{E}}_{\mathrm{nr}},n} (\subset W_n(\mathrm{Fr}\ R))$.

1.8.4. **Lemme**. *Pour tout entier* $n \geq 1$, $j_*W_n(\mathrm{Fr}\ R) = W_n(R) \cap \mathcal{O}_{\mathcal{E}_{\mathrm{nr}},n}$ *et l'application naturelle* $j_*W_{n+1}(R) \to j_*W_n(R)$ *est surjective.*

Preuve. Soit $N \in F_S(W_n(\mathrm{Fr}\ R))$. On va commencer par montrer, successivement que $N \subset W_n(R)$, puis que $N \subset \mathcal{O}_{\widehat{\mathcal{E}}_{\mathrm{nr}},n} = \mathcal{O}_{\mathcal{E}_{\mathrm{nr}},n}$ (ces deux assertions prouvant l'inclusion $j_* W_n(\mathrm{Fr}\ R) \subset W_n(R) \cap \mathcal{O}_{\mathcal{E}_{\mathrm{nr}},n}$) et qu'il existe $N' \in F_S(W_{n+1}(\mathrm{Fr}\ R))$ dont l'image dans $W_n(\mathrm{Fr}\ R)$ est N, ce qui prouvera la surjectivité.

Tout d'abord, $N + S_n.1 \in F_S(W_n(\mathrm{Fr}\ R))$. Le sous $W(R)$-module de $W_n(\mathrm{Fr}\ R)$ engendré par $N + S_n.1$ est un $W_n(R)$-module L de type fini stable par φ contenant $W_n(R)$; si $L \neq W_n(R)$, on pourrait trouver $x \in L$ de la forme $x = (0,0,\ldots,0,c)$ avec $c \notin R$ et le sous-$W_n(R)$-module engendré par les $\varphi^m x = (0,0,\ldots,0,c^{p^m})$ n'est pas de type fini, et on a bien $N \subset W_n(R)$.

Si $\mathcal{N} = \mathcal{O}_{\mathcal{E}} \otimes_S N$, l'inclusion de N dans $W_n(\mathrm{Fr}\ R)$ se prolonge en une application $\mathcal{O}_{\mathcal{E}}$-linéaire ι commutant à φ de $\mathcal{N}$ dans $W_n(\mathrm{Fr}\ R)$. Si $\mathcal{N}$ est un $\mathcal{O}_{\mathcal{E}}$-module de longue ur r, $\mathrm{Hom}_{\boldsymbol{\Phi M}}(\mathcal{N}, W_n(\mathrm{Fr}\ R))$ est un groupe abélien fini d'ordre p^r [si $(e_j)_{1 \leq j \leq d}$ sont des éléments non nuls de $\mathcal{N}$ tels que $\mathcal{N} = \oplus \mathcal{O}_{\mathcal{E}} e_j$, et si $p^{r_j}\mathcal{O}_{\mathcal{E}}$ est l'annulateur de e_j, on peut écrire

$$\Phi e_j = \sum a_{j,\ell} e_\ell, \quad \text{avec} \quad (a_{j,\ell}) \in \mathrm{GL}_n(\mathcal{O}_{\mathcal{E}}),$$

et on voit que l'ensemble des solutions, dans $W_n(\mathrm{Fr}\ R)$, du système d'équations

$$p^{r_j} x_j = 0 \quad \text{et} \quad \Phi x_j = \sum a_{j,\ell} x_\ell, \quad \text{pour} \quad 1 \leq j \leq d,$$

a exactement $p^{\sum r_j} = p^r$ éléments].

Mais p^r est aussi l'ordre de $\boldsymbol{V}^*_{\mathcal{E}}(\mathcal{N}) = \mathrm{Hom}_{\boldsymbol{\Phi M}}(\mathcal{N}, \mathcal{O}_{\mathcal{E}_{\mathrm{nr}},n})$; l'inclusion $\mathrm{Hom}_{\boldsymbol{\Phi M}}(\mathcal{N}, \mathcal{O}_{\mathcal{E}_{\mathrm{nr}},n}) \subset \mathrm{Hom}_{\boldsymbol{\Phi M}}(\mathcal{N}, W_n(\mathrm{Fr}\ R))$ est donc une égalité et $\iota \in \boldsymbol{V}^*_{\mathcal{E}}(\mathcal{N})$ donc $N \subset \mathcal{O}_{\mathcal{E}_{\mathrm{nr}},n}$.

D'après le théorème 1.6.1, il existe un objet M de $\boldsymbol{\Phi M}^+_S(q)$ sans torsion tel que N s'identifie au quotient de M par un sous objet strict M'.

La suite exacte courte

$$0 \to M' \to M \to N \to 0$$

induit une suite exacte courte de φ-modules étales sur $\mathcal{O}_{\mathcal{E}}$

$$0 \to \mathcal{O}_{\mathcal{E}} \otimes_S M' \to \mathcal{O}_{\mathcal{E}} \otimes_S M \to \mathcal{O}_{\mathcal{E}} \otimes_S N \to 0.$$

On a $\iota \in \boldsymbol{V}^*_{\mathcal{E}}(\mathcal{O}_{\mathcal{E}} \otimes_S N)$. L'exactitude du foncteur $\boldsymbol{V}^*_{\mathcal{E}}$ implique que cette application se relève en un homomorphisme de $\mathcal{O}_{\mathcal{E}} \otimes_S M$ dans $\mathcal{O}_{\widehat{\mathcal{E}}_{\mathrm{nr}},n+1}$. Son image est un φ-module N' quotient de M sans p'-torsion et c'est donc un objet de $\boldsymbol{\Phi M}^+_S(q)$ dont la réduction mod p^{n+1} est un élément de $\mathrm{Et}_q(W_{n+1}(\mathrm{Fr}\ R)) = F_S(W_{n+1}(\mathrm{Fr}\ R))$, dont l'image dans $W_n(\mathrm{Fr}\ R)$ est bien N.

Il ne reste plus qu'à montrer que l'inclusion $j_* W_n(\mathrm{Fr}\ R) \subset W_n(R) \cap \mathcal{O}_{\mathcal{E}_{\mathrm{nr}},n}$ est une égalité et nous allons le faire par récurrence sur n.

Si $n = 1$, il s'agit de vérifier que $R \cap \mathcal{O}_{\mathcal{E}_{\mathrm{nr},1}} = \mathcal{O}_{E^{\text{sép}}} \subset j_*(\mathrm{Fr}\ R)$. Mais $\mathcal{O}_{\mathcal{E}^{\text{sép}}} = \cup\, \mathcal{O}_L$, pour L parcourant les extensions finies séparables L de E et il suffit de vérifier que chaque $\mathcal{O}_L \in F_S(\mathrm{Fr}\ R)$. Mais, c'est un S_1-module libre de rang fini, l'application $x \otimes y \mapsto x^{p^{-1}} y$ définit un isomorphisme de $(\mathcal{O}_L)_\sigma$ sur un sous-anneau de $\varphi^{-1}(\mathcal{O}_L)$ et $\Phi : (\mathcal{O}_L)_\sigma \to \mathcal{O}_L$ devient, via cet isomorphisme, le Frobenius usuel; comme il est injectif, $\mathcal{O}_L \in F_S(\mathrm{Fr}\ R)$.

Si maintenant $n \geq 2$, on a une suite exacte courte de S-modules

$$0 \to \mathrm{Fr}\ R \to W_n(\mathrm{Fr}\ R) \to W_{n-1}(\mathrm{Fr}\ R) \to 0$$

(où la première application est celle qui envoie x sur $(0, 0, \ldots, 0, x^{p^{n-1}}) = p^{n-1}\hat{x}$, $\hat{x}$ étant un relèvement quelconque de x dans $W_n(\mathrm{Fr}\ R)$). On en déduit un diagramme commutatif

$$\begin{array}{ccccccc} 0 \to & j_*\mathrm{Fr}\ R \to & j_*W_n(\mathrm{Fr}\ R) & \to & j_*W_{n-1}(\mathrm{Fr}\ R) & \to & 0 \\ & \| & \downarrow & & \| & & \\ 0 \to & \mathcal{O}_{E^{\text{sép}}} \to & W_n(R) \cap \mathcal{O}_{\mathcal{E}_{\mathrm{nr},n}} & \to & W_{n-1}(R) \cap \mathcal{O}_{\mathcal{E}_{\mathrm{nr},n-1}} & & \end{array}$$

dont les lignes sont exactes; la flèche verticale du milieu est donc bien une égalité.

1.8.5. *Terminons la preuve* de la proposition 1.8.3.: Soit $N \in F_S(W(\mathrm{Fr}\ R))$. Pour tout n, son image dans $W_n(\mathrm{Fr}\ R)$ est contenue dans $j_*W_n(\mathrm{Fr}\ R) = W_n(R) \cap \mathcal{O}_{\widehat{\mathcal{E}}_{\mathrm{nr},n}}$; il en résulte que $N \subset W(R) \cap \mathcal{O}_{\widehat{\mathcal{E}}_{\mathrm{nr}}}$ donc que $j_*W(\mathrm{Fr}\ R)$, et *a fortiori* $j_*^q W(\mathrm{Fr}\ R)$ sont contenus dans A_S^+.

Par ailleurs, $A_S^+ \cap pW(\mathrm{Fr}\ R) = pA_S^+$ et $A_{S,n}^+$ s'envoie injectivement dans $W_n(R) \cap \mathcal{O}_{\widehat{\mathcal{E}}_{\mathrm{nr},n}}$. Pour achever la démonstration, il suffit de vérifier que l'homomorphisme composé

$$j_*^q W(\mathrm{Fr}\ R) \to A_S^+ \to W_n(R) \cap \mathcal{O}_{\widehat{\mathcal{E}}_{\mathrm{nr},n}} = j_*W_n(\mathrm{Fr}\ R)$$

est surjectif, ou encore qu'il existe $\overline{M} \in \mathrm{Et}_q(W(\mathrm{Fr}\ R))$ dont l'image dans $W_n(\mathrm{Fr}\ R)$ est N. Si l'on choisit M comme dans la démonstration du lemme ci-dessus, on voit que l'on peut trouver un homomorphisme de φ-modules $\hat{\iota} : \mathcal{O}_\mathcal{E} \otimes_S M \to W(\mathrm{Fr}\ R)$ relevant ι. L'image $\overline{M}$ de M par $\hat{\iota}$ est un quotient de M sans torsion; c'est bien un élément de $\mathrm{Et}_q(W(\mathrm{Fr}\ R))$ qui relève N.

(b) *Représentations de p-torsion*

1.8.6. On a vu (1.4.2 et 1.5.3) que la sous-catégorie pleine $\boldsymbol{\Phi M}^{\text{ét}}_{\mathcal{O}_\mathcal{E},\mathrm{tor}}$ (resp. $\boldsymbol{\Phi M}^{+}_{S,p,\mathrm{tor}}$) de la catégorie des φ-modules étales sur $\mathcal{O}_\mathcal{E}$ (resp. p-étales sur S) formée des objets de p-torsion est une sous-catégorie de $\boldsymbol{\Phi M}^{+}_{\mathcal{O}_\mathcal{E}}(S, q)$ (resp. de $\boldsymbol{\Phi M}^{+}_S(q)$).

Rappelons (n° A1.2.7) que, le foncteur $\boldsymbol{V}^*_{\mathcal{E}}$ qui à un tel φ-module M sur $\mathcal{O}_{\mathcal{E}}$ associe

$$\boldsymbol{V}^*_{\mathcal{E}}(M) = \operatorname{Hom}_{\boldsymbol{\Phi M}}(M, \mathcal{O}_{\mathcal{E}_{\mathrm{nr}},\infty})$$

induit une anti-équivalence entre $\boldsymbol{\Phi M}^{\text{ét}}_{\mathcal{O}_{\mathcal{E}},\mathrm{tor}}$ et la catégorie $\mathbf{Rep}_{p\text{-tor}}(G_E)$ des représentations de G_E de p-torsion, un quasi-inverse étant

$$\boldsymbol{D}^*_{\mathcal{E}}(V) = \operatorname{Hom}_{G_E}(V, \mathcal{O}_{\mathcal{E}_{\mathrm{nr}},\infty}).$$

Pour tout objet M de $\boldsymbol{\Phi M}^+_{S,p,\mathrm{tor}}$, on pose

$$\boldsymbol{V}^*_S(M) = \operatorname{Hom}_{\boldsymbol{\Phi M}_S}\left(M, A^+_{S,\infty}\right).$$

Il résulte de la proposition 1.8.3 que l'on a aussi

$$\begin{aligned}\boldsymbol{V}^*_S(M) &= \operatorname{Hom}_{\boldsymbol{\Phi M}_S}(M, W(R)_\infty)\\ &= \operatorname{Hom}_{\boldsymbol{\Phi M}_S}(M, \mathcal{O}_{\widehat{\mathcal{E}}_{\mathrm{nr}},\infty})\\ &= \operatorname{Hom}_{\boldsymbol{\Phi M}_S}(M, W(\mathrm{Fr}\ R)_\infty).\end{aligned}$$

Pour tout objet V de $\mathbf{Rep}_{p\text{-tor}}(G_E)$, on pose

$$\boldsymbol{D}^*_S(V) = \operatorname{Hom}_{G_E}\left(V, A^+_{S,\infty}\right).$$

Il est immédiat que $\boldsymbol{V}^*_S$ est un foncteur contravariant additif exact et fidèle de $\boldsymbol{\Phi M}^+_{S,p,\mathrm{tor}}$ dans $\mathbf{Rep}_{p\text{-tor}}(G_E)$, qui s'identifie à $\boldsymbol{V}^*_{\mathcal{E}} \circ j^*$ et que $\boldsymbol{D}^*_S$ est en foncteur contravariant additif pleinement fidèle (mais non exact) de $\mathbf{Rep}_{p\text{-tor}}(G_E)$ dans $\boldsymbol{\Phi M}^+_{S,p,\mathrm{tor}}$, qui s'identifie à $j_* \circ \boldsymbol{D}^*_{\mathcal{E}}$.

En particulier, si $r \in \overline{\mathbb{N}}$ est tel que $r.e(q) \leq p-1$, $\boldsymbol{D}^*_S$ induit une anti-équivalence entre la catégorie abélienne des φ-modules p-étales de torsion, de q-hauteur $\leq r$ et une sous-catégorie pleine de la catégorie des représentations de G_E de p-torsion, stable par sous-objet et quotient.

(c) *Représentations* $\mathbb{Q}_p$*-adiques*

1.8.7. Posons $K_0 = \operatorname{Frac} W$ et $S_{K_0} = K_0 \otimes_W S = S[1/p]$.

Si M est un φ-module sur S, $M_{K_0} = K_0 \otimes_W M$ a une structure naturelle de φ-module sur S_{K_0}. Si M' et M'' sont deux φ-modules sur S, on a

$$\operatorname{Hom}_{\boldsymbol{\Phi M}}\left(M'_{K_0}, M''_{K_0}\right) = \mathbb{Q}_p \otimes_{\mathbb{Z}_p} \operatorname{Hom}_{\boldsymbol{\Phi M}}(M', M'').$$

On note $\mathbf{Is}\boldsymbol{\Phi M}^+_{S,p}$ (resp. $\mathbf{Is}\boldsymbol{\Phi M}^+_S(q)$, $\mathbf{Is}\boldsymbol{\Phi M}^r_S(q)$) la sous-catégorie pleine de la catégorie des φ-modules sur S_{K_0} formée des N tels qu'il existe un objet M de $\boldsymbol{\Phi M}^+_{S,p}$ (resp. $\boldsymbol{\Phi M}^+_S(q)$, $\boldsymbol{\Phi M}^r_S(q)$) et un isomorphisme de M_{K_0} sur N. On définit la q-hauteur d'un objet de $\mathbf{Is}\boldsymbol{\Phi M}^+_S(q)$ comme la plus petite des q-hauteurs des M tels que $M_{K_0} \simeq N$.

Si M est un objet de $\mathbf{Is\Phi M}^{+}_{S,p}$, $j^*(M) = \mathcal{E} \otimes_{S_{K_0}} M$ est un objet de $\boldsymbol{\Phi M}^0_{\mathcal{E}}$. On obtient ainsi un foncteur additif, exact et fidèle de $\mathbf{Is\Phi M}^{+}_{S,p}$ dans $\boldsymbol{\Phi M}^0_{\mathcal{E}}$.

Le foncteur j_* (resp. j^q_*) est un adjoint à droite de j^* (resp. de sa restriction à $\mathbf{Is\Phi M}^{+}_{S}(q)$).

1.8.8. Rappelons (A1.2.7) que le foncteur

$$\mathcal{M} \mapsto \boldsymbol{V}_{\mathcal{E}}(\mathcal{M}) = \left\{x \in \widehat{\mathcal{E}}_{\rm nr} \otimes_{\mathcal{E}} \mathcal{M} \mid \varphi x = x\right\}$$

induit une équivalence entre $\mathbf{Rep}_{\mathbb{Q}_p}(G_E)$ et la catégorie $\boldsymbol{\Phi M}^0_{\mathcal{E}}$ des $\mathcal{E}$-espaces vectoriels de dimension finie munis d'un Frobenius de pente 0, le foncteur $V \mapsto \boldsymbol{D}_{\mathcal{E}}(V) = (\widehat{\mathcal{E}}_{\rm nr} \otimes_{\mathbb{Q}_p} V)^{G_E}$ étant un quasi-inverse.

On dit qu'une représentation $\mathbb{Q}_p$-adique de G_E est de *S-hauteur finie* (resp. de *q-hauteur finie*) si $\boldsymbol{D}_{\mathcal{E}}(V)$ l'est, et, dans ce dernier cas, on appelle *q-hauteur* de V celle de $\boldsymbol{D}_{\mathcal{E}}(V)$.

Pour tout objet M de $\mathbf{Is\Phi M}^{+}_{S,p}$, on pose

$$\boldsymbol{V}^*_S(M) = \operatorname{Hom}_{\boldsymbol{\Phi M}_S}\left(M, B^+_S\right) \quad \text{et} \quad \boldsymbol{V}_S(M) = (\boldsymbol{V}^*_S(M))^* ;$$

ce sont des objets de $\mathbf{Rep}_{\mathbb{Q}_p}(G_E)$. De même, pour toute représentation $\mathbb{Q}_p$-adique V de G_E, on pose

$$\boldsymbol{D}^*_S(V) = \operatorname{Hom}_{G_E}\left(M, B^+_S\right) \quad \text{et} \quad \boldsymbol{D}_S(V) = \left(B^+_S \otimes_{\mathbb{Q}_p} V\right)^{G_E} = \boldsymbol{D}^*_S(V^*)$$
$$\left(\text{resp.} \boldsymbol{D}^*_{S,q}(V) = \operatorname{Hom}_{G_E}\left(M, j^q_* W_{K_0}(\mathrm{Fr}\ \ , R)\right) \quad \text{et} \quad \boldsymbol{D}_{S,q}(V) = \boldsymbol{D}^*_{S,q}(V^*)\right) ;$$

ce sont des objets de $\mathbf{Is\Phi M}^{+}_{S,p}$ (resp. $\mathbf{Is\Phi M}^{+}_{S}(q)$).

La proposition suivante est immédiate:

1.8.9. **Proposition**. (i) *Pour tout objet M de $\mathbf{Is\Phi M}^{+}_{S,p}$, on a $\boldsymbol{V}^*_S(M) = \operatorname{Hom}_{\boldsymbol{\Phi M}_S}(M, j_* W_{K_0}(\mathrm{Fr}\ R)) = \operatorname{Hom}_{\boldsymbol{\Phi M}_S}(M, \widehat{\mathcal{E}}_{\rm nr}) = \operatorname{Hom}_{\boldsymbol{\Phi M}_S}(M, W_{K_0}(R)) = \operatorname{Hom}_{\boldsymbol{\Phi M}_S}(M, W_{K_0}(\mathrm{Fr}\ R))$; si M est dans $\mathbf{Is\Phi M}^{+}_{S}(q)$, on a aussi $\boldsymbol{V}^*_S(M) = \operatorname{Hom}_{\boldsymbol{\Phi M}_S}(M, j^q_* W_{K_0}(\mathrm{Fr}\ R))$.*

(ii) *On a $\boldsymbol{V}_S = \boldsymbol{V}_{\mathcal{E}} \circ j^*$, $\boldsymbol{D}_S = j_* \circ \boldsymbol{D}_{\mathcal{E}}$ et $\boldsymbol{D}_{S,q} = j^q_* \circ \boldsymbol{D}_{\mathcal{E}}$.*

(iii) *Pour toute représentation $\mathbb{Q}_p$-adique V de G_E, $\boldsymbol{D}_S(V)$ (resp. $\boldsymbol{D}_{S,q}(V)$) est un S_{K_0}-module libre de rang fini inférieur ou égal à la dimension de V sur $\mathbb{Q}_p$; on a l'égalité si et seulement si V est de S-hauteur finie (resp. de q-hauteur finie).*

1.8.10. *Remarques*. (i) On a bien sûr des résultats plus précis lorsque l'on se restreint aux φ-modules ou aux représentations de q-hauteur $\leq r$. Remarquons en particulier que la proposition 1.7.3 montre que, si $r.e(q) \leq p-1$, la catégorie $\mathbf{Is\Phi M}^{r}_{S}(q)$ est abélienne et que $\boldsymbol{V}_S$ induit une équivalence entre cette catégorie et celle des représentations $\mathbb{Q}_p$-adiques de q-hauteur $\leq r$.

(ii) Si l'on suppose satisfaites les conditions de la proposition 1.5.6, et si en outre, on suppose qu'il existe un idéal premier non nul $\mathfrak{q}$ de S, distinct de (π) et de (q), divisant $(\sigma\pi)$, il résulte facilement de cette proposition que la catégorie $\mathbf{Is\Phi M}_S^+(q)$ est abélienne, la restriction de j^* (resp. $\boldsymbol{V}_S$) à cette catégorie étant un foncteur pleinement fidèle induisant une équivalence entre cette catégorie et la sous-catégorie pleine de $\mathbf{\Phi M}_{\mathcal{E}}^0$ dont les objets sont de q-hauteur finie (resp. la catégorie des représentations $\mathbb{Q}_p$-adiques de G_E de q-hauteur finie).

(d) *Le dictionnaire covariant*

1.8.11. Supposons maintenant *l'idéal* (π) de S *stable par* σ *et* $\sigma\pi \in (q)$.

Si M est un S-module sans π-torsion, $A_S^+ \otimes_S M$ s'identifie à un sous-A_S^+-module de $A_S^+[1/\pi] \otimes_S M$. Si M est un objet de $\mathbf{\Phi M}_S^+(q)$, on pose $\boldsymbol{V}_S(M) = \{x \in A_S^+[1/\pi] \otimes_S M \mid \exists\, r \in \mathbb{N}$ avec $\pi^r x \in A_S^+ \otimes_S M$ et $\varphi(\pi^r x) = (\sigma\pi)^r x\}$.

On voit que $\boldsymbol{V}_S$ est un foncteur exact et fidèle de $\mathbf{\Phi M}_S^+(q)$ dans $\mathbf{Rep}_{\mathbb{Z}_p}(G_E)$.

1.8.12. **Proposition**. *Soit* M *un objet de* $\mathbf{\Phi M}_S^+(q)$.

(i) *Si* M *est de p-torsion,* $\boldsymbol{V}_S^*(M)$ *s'identifie à*

$$(\boldsymbol{V}_S(M))^* := Hom_{\mathbb{Z}_p}(\boldsymbol{V}_S(M), \mathbb{Q}_p/\mathbb{Z}_p).$$

(ii) *Le* φ*-module* $M[1/p]$ *est dans* $\mathbf{Is\Phi M}_S^+(q)$ *et*

$$\boldsymbol{V}_S(M[1/p]) = \boldsymbol{V}_S(M)[1/p].$$

Preuve. Soit $\mathcal{M} = j^*(M) = \mathcal{O}_{\mathcal{E}} \otimes_S M$. Si M est de p-torsion, on voit que $\boldsymbol{V}_S(M)$ s'identifie à $\boldsymbol{V}_{\mathcal{E}}(\mathcal{M})$ tandis que $\boldsymbol{V}_S^*(M)$ s'identifie à $\boldsymbol{V}_{\mathcal{E}}^*(\mathcal{M})$, dòu (i). L'assertion (ii) s'en déduit par passage à la limite.

1.8.13. Si V est une représentation de G_E de p-torsion, il existe M dans $\mathbf{\Phi M}_S^+(q)$ tel que $V \simeq \boldsymbol{V}_S(M)$. On appelle *q-hauteur de* V la plus petite des q-hauteurs de tels M. Le théorème 1.6.1 implique le résultat suivant:

Théorème. *Toute représentation* V *de p-torsion de* G_E *est isomorphe à un sous-quotient d'une représentation* $\mathbb{Q}_p$*-adique* $\mathcal{V}$ *de* G_E *q-hauteur finie. On peut choisir* $\mathcal{V}$ *de même q-hauteur que* V.

B2. *Les cas* $e = 1$

Dans ce paragraphe, on reprend les hypothèses et notations du paragraphe A3, avec $K = K_0$. On pose $\pi = \pi_0$, et on note E le corps $k((\tilde{\pi}))$.

Ceci nous permet de reprendre aussi les notations du paragraphe B1. On pourra vérifier qu'elles ne se contredisent pas.

En particulier, $S = W[\![\pi]\!] \subset W(R)$, $q = \pi + p$. Comme au §A3, on note $\mathcal{O}_{\mathcal{E}}$ ($\subset W(\mathrm{Fr}\ R)$) le séparé complété pour la topologie p-adique de $S[1/q]$ et $\mathcal{E}$ le corps des fractions de $\mathcal{O}_{\mathcal{E}}$. On pose $\Gamma = \Gamma_K = \mathrm{Gal}(K_\infty/K)$. On pose aussi $S_K = S[1/p] = K \otimes_W S$.

2.1. *Les φ-Γ-modules de hauteur finie*

2.1.1. Soient A_1 et A_2 deux anneaux commutatifs. On suppose chacun d'eux munis d'un endomorphisme noté σ et d'une action de Γ commutant à celle de σ. Soit $\alpha : A_1 \to A_2$ un homomorphisme d'anneaux commutant à σ et à Γ. Si M est un φ-module sur A_1, on a défini au n° A.1.1.6, $\alpha^*(M) = A_2 \otimes_{A_1} M$ qui est un φ-module sur A_2; si M est un φ-Γ-module, l'action de Γ s'étend par semi-linéarité à $\alpha^*(M)$, ce qui fait que α^* peut aussi être considéré comme un foncteur covariant additif

$$\alpha^* : \mathbf{\Gamma\Phi M}_{A_1} \to \mathbf{\Gamma\Phi M}_{A_2}.$$

2.1.2. On note $j : S \to \mathcal{O}_{\mathcal{E}}$ l'inclusion et $i : S = W[\![\pi]\!] \to W$ la réduction mod π. Remarquons que i n'est autre que la restriction à S de l'homomorphisme $\theta_\epsilon : W[\![\pi_\epsilon]\!] \to W$, qui est l'unique homomorphisme de W-algèbres qui envoit $[\epsilon]$ sur 1. On voit que θ_ϵ, donc *a fortiori* i commute à l'action de φ et Γ (ce dernier groupe agissant trivialement sur W). Comme il en est de même de j, pour tout φ-Γ-module M sur S, $j^*(M)$ (resp. $i^*(M)$) a une structure de φ-Γ-module sur $\mathcal{O}_{\mathcal{E}}$ (resp. W).

Si M est un φ-Γ-module sur S, on dit que *l'action de Γ sur M est i-unipotente* si Γ opère trivialment sur $i^*(M)$.

2.1.3. Soit $S' = \varphi^{-1}(S) \subset W(R)$. L'application θ_ϵ se prolonge en un homomorphisme d'anneaux, commutant à G_K

$$\theta : S' \to K(\sqrt[p]{1}),$$

en envoyant $[\epsilon']$ sur $\epsilon^{(1)}$. On voit que le noyau de la restriction de $\theta' = \theta \circ \varphi^{-1}$ à S est l'idéal engendré par q, qui est donc aussi stable par Γ (mais pas par φ).

On note $\mathbf{\Gamma\Phi M}_S^+$ la sous-catégorie pleine de la catégorie des φ-Γ-modules sur S dont les objets sont p-étales, de q-hauteur finie et tels que l'action de Γ est i-unipotente et $\mathbf{\Gamma\Phi M}_{S,\mathrm{tor}}^+$ la sous-catégorie pleine de $\mathbf{\Gamma\Phi M}_S^+$ formée des objets de p-torsion. Ce sont des catégories additives $\mathbb{Z}_p$-linéaires.

On note $\mathbf{Is\Gamma\Phi M}_S^+$ la catégorie $\mathbb{Q}_p$-linéaire déduite de $\mathbf{\Gamma\Phi M}_S^+$ "en rendant p inversible." On peut la voir aussi comme la sous-catégorie pleine de la catégorie des φ-Γ-modules sur S_K formée des M tels qu'il existe un objet N de $\mathbf{\Gamma\Phi M}_S^+$ et un isomorphisme de $N_K = K \otimes_W N$ sur M.

2.1.4. Si M est un objet de $\mathbf{\Gamma\Phi M}_S^+$, on dit qu'un sous-$\varphi$-$\Gamma$-module de M (resp. un quotient) est *strict* si le φ-module sous-jacent l'est (cf. n°1.3.6).

On définit *la hauteur* $h(M) \in \overline{\mathbf{N}}$ d'un objet M de $\mathbf{\Gamma\Phi M}_S^+$ (resp. $\mathbf{Is\Gamma\Phi M}_S^+$) comme étant la q-hauteur du φ-module p-étale de q-hauteur finie sous-jacent (cf. n°1.5.2. et 1.8.7). On voit que, ici encore, si M est dans $\mathbf{\Gamma\Phi M}_S^+$ et si $r \geq 0$ est le plus petit entier tel que q^r annule $M/\Phi(M_\sigma)$,

– si M n'a pas de quotient strict (dans la catégorie $\mathbf{\Gamma\Phi M}_S^+$) non nul M'' tel que $\Phi(M''_\sigma) \subset q^r M''$, alors $h = r$;

– sinon $h = r^+$.

Pour tout $r \in \overline{\mathbf{N}}$, on note $\mathbf{\Gamma\Phi M}_S^r$ (resp. $\mathbf{\Gamma\Phi M}_{S,\mathrm{tor}}^r$, resp $\mathbf{Is\Gamma\Phi M}_S^r$) la sous-catégorie pleine de $\mathbf{\Gamma\Phi M}_S^+$ (resp. $\mathbf{\Gamma\Phi M}_{S,\mathrm{tor}}^+$, resp. $\mathbf{Is\Gamma\Phi M}_S^+$) formée des objets de hauteur $\leq r$.

2.1.5. Pout tout φ-Γ-module Λ sur S, on note $F_{\mathrm{cr}}(\Lambda)$ (cr = cristallin) l'ensemble des sous-S-modules de type fini de Λ, stables par φ et Γ, qui sont des objets de $\mathbf{\Gamma\Phi M}_S^+$ et on pose

$$j_*^{\mathrm{cr}}\Lambda = \cup_{N \in F_{\mathrm{cr}}(\Lambda)} N.$$

Proposition. (i) *Pour tout objet M de $\mathbf{\Gamma\Phi M}_S^+$, $j^*(M)$ est un φ-Γ-module étale sur $\mathcal{O}_\mathcal{E}$. Le foncteur*

$$j^* : \mathbf{\Gamma\Phi M}_S^+ \to \mathbf{\Gamma\Phi M}_{\mathcal{O}_\mathcal{E}}^{\text{ét}}$$

est exact et fidèle.

(ii) *Pour tout φ-Γ-module $\mathcal{N}$ étale sur $\mathcal{O}_\mathcal{E}$, $j_*^{\mathrm{cr}}\mathcal{N}$ est un objet de $\mathbf{\Gamma\Phi M}_S^+$.*

(iii) *Les foncteurs j^* et j_*^{cr} sont adjoints.*

(iv) *Pour tout objet $\mathcal{N}$ de $\mathbf{\Gamma\Phi M}_{\mathcal{O}_\mathcal{E}}^{\text{ét}}$, $j^*j_*^{\mathrm{cr}}\mathcal{N} \to \mathcal{N}$ est un monomorphisme. Si $\mathcal{N}$ est sans torsion, $j_*^{\mathrm{cr}}\mathcal{N}$ est un S-module libre de rang inférieur ou égal au rang de $\mathcal{N}$ sur $\mathcal{O}_\mathcal{E}$ et l'application $j^*j_*^{\mathrm{cr}}\mathcal{N} \to \mathcal{N}$ est un isomorphisme si et seulement si ces deux rangs sont égaux.*

Démonstration. Ce sont des conséquences immédiates du théorème 1.4.2, sauf peut-être le fait que, si $\mathcal{N}$ est sans torsion, alors $j_*^{\mathrm{cr}}\mathcal{N}$ est libre sur S. Pour cela, il suffit de remarquer que, si $N \in F_{\mathrm{cr}}(\mathcal{N})$, il existe $N' \in F_{\mathrm{cr}}(\mathcal{N})$ qui contient N et qui est libre. On a déjà vu au n°1.5.5 que si $\mathcal{N}' = \mathcal{O}_\mathcal{E} \otimes_S N$, al ors $N' = N[1/p] \cap \mathcal{N}'$ s'identifie à un sous- S-module libre de $\mathcal{N}$ contenant N, stable par φ et de q-hau teur finie. Il est clair que N' est stable par Γ, et il suffit de vérifier que l'action de Γ sur N' est i-unipotente. Si s est un entier tel que $p^s N' \subset N$, comme $i^*(N')$ est un W-module libre, la multiplication par p^s induit par passage au quotient, une application injective de $i^*(N')$ dans $i^*(N)$ et Γ opère trivialement sur $i^*(N')$.

2.1.6. On dit qu'un objet $\mathcal{N}$ de $\mathbf{\Gamma\Phi M}_{\mathcal{O}_\mathcal{E}}^{\text{ét}}$ est *de* cr-*hauteur finie* s'il est dans l'image essentielle de j^* et on appelle alors cr-*hauteur* de $\mathcal{N}$ la plus petite des hauteurs des N dans $\mathbf{\Gamma\Phi M}_S^+$ tels que $j^*N \simeq \mathcal{N}$. On note

$\mathbf{\Gamma\Phi M}^+_{\mathcal{O}_\mathcal{E},\mathrm{cr}}$ (resp. $\mathbf{\Gamma\Phi M}^r_{\mathcal{O}_\mathcal{E},\mathrm{cr}}$) la sous-catégorie pleine de $\mathbf{\Gamma\Phi M}^{\text{ét}}_{\mathcal{O}_\mathcal{E}}$ formée des objets de cr-hauteur finie (resp. $\leq r$).

La catégorie $\mathbf{\Gamma\Phi M}^+_S$ n'est pas abélienne, parce que l'application injective

$$N \to j_*^{\mathrm{cr}} \circ j^* N$$

n'est pas toujours un isomorphisme.

On a toutefois le résultat suivant:

2.1.7. **Proposition**. *Pour tout objet N de $\mathbf{\Gamma\Phi M}^{p-1}_S$, l'application $N \to j_*^{\mathrm{cr}} \circ j^* N$ est un isomorphisme. Pour tout $r \in \overline{\mathbf{N}}$ vérifiant $r \leq p-1$, la catégorie $\mathbf{\Gamma\Phi M}^r_S$ est abélienne, j^* induit une équivalence entre cette catégorie et $\mathbf{\Gamma\Phi M}^r_{\mathcal{O}_\mathcal{E},\mathrm{cr}}$ et la restriction de j_*^{cr} à $\mathbf{\Gamma\Phi M}^r_{\mathcal{O}_\mathcal{E},\mathrm{cr}}$ est un quasi-inverse. Si $\mathcal{N}$ est dans $\mathbf{\Gamma\Phi M}^r_{\mathcal{O}_\mathcal{E},\mathrm{cr}}$, les inclusions naturelles $j_*^{\mathrm{cr}}(\mathcal{N}) \subset j_*^q(\mathcal{N}) \subset j_*(\mathcal{N})$ sont bijectives.*

Preuve. Cela résulte immédiatement de la proposition 1.7.3.

2.1.8. La situation est nettement plus agréable lorsque l'on travail à isogénie près. Rappelons (cf. A3.4.4) que l'on a noté $\mathbf{\Gamma\Phi M}^0_\mathcal{E}$ la catégorie des φ-Γ-modules sur $\mathcal{E}$ de dimension finie sur $\mathcal{E}$ dont le φ-module sous-jacent est de pente 0.

Il est clair que la correspondance $M \mapsto j^*(M) = \mathcal{E} \otimes_{S_K} M$ définit un foncteur additif

$$j^* : \mathbf{Is\Gamma\Phi M}^+_S \to \mathbf{\Gamma\Phi M}^0_\mathcal{E},$$

et que j_*^{cr} définit un adjoint à droite.

On dit qu'un objet $\mathcal{M}$ de $\mathbf{\Gamma\Phi M}^0_\mathcal{E}$ est *de* cr-*hauteur finie* si l'application

$$j^* j_*^{\mathrm{cr}}(\mathcal{M}) \to \mathcal{M}$$

est un isomorphisme et on appelle alors cr-*hauteur de* $\mathcal{M}$ la hauteur de $j_*^{\mathrm{cr}}(\mathcal{M})$. On note $\mathbf{\Gamma\Phi M}^+_{\mathcal{E},\mathrm{cr}}$ la sous-catégorie pleine de $\mathbf{\Gamma\Phi M}^0_\mathcal{E}$ formée des objets de cr-hauteur finie et, pour tout $r \in \overline{\mathbf{N}}$, $\mathbf{\Gamma\Phi M}^r_{\mathcal{E},\mathrm{cr}}$ la sous-catégorie pleine de $\mathbf{\Gamma\Phi M}^+_{\mathcal{E},\mathrm{cr}}$ formée des objets de cr-hauteur $\leq r$. Les catégories obtenues sont stables par somme-directe, sous-objet, quotient.

2.1.9. **Théorème**. (i) *Pour tout objet N de $\mathbf{Is\Gamma\Phi M}^+_S$, l'application*

$$N \to j_*^{\mathrm{cr}} j^*(N)$$

est un isomorphisme.

(ii) *Pour tout objet $\mathcal{M}$ de $\mathbf{\Gamma\Phi M}^0_\mathcal{E}$, on a $\dim_\mathcal{E} j_*^{\mathrm{cr}}\mathcal{M} \leq \dim_\mathcal{E} \mathcal{M}$, avec l'égalité si et seulement si $\mathcal{M}$ est de* cr-*hauteur finie.*

(iii) *La catégorie $\mathbf{Is\Gamma\Phi M}^+_S$ est abélienne et le foncteur*

$$j^* : \mathbf{Is\Gamma\Phi M}^+_S \to \mathbf{\Gamma\Phi M}^+_{\mathcal{E},\mathrm{cr}}$$

est pleinement fidèle et induit une équivalence entre ces deux catégories. La restriction de j_*^{cr} à $\mathbf{\Gamma\Phi M}^+_{\mathcal{E},\mathrm{cr}}$ *est un quasi-inverse.*

Preuve. Compte-tenu de ce que l'on sait déjà, la seule chose à prouver est (i). Posons $M = j_*^{\mathrm{cr}} j^*(N)$; l'application $N \to M$ est injective et nous notons M'' le conoyau.

On a vu au n°2.1.2 que l'idéal de S engendré par π est stable par σ. Avec les notations du n°2.1.3, on voit que $\theta'(\sigma\pi) = \theta(\pi) = i(\pi) = 0$, donc que $\sigma\pi$ appartient au noyau de θ' qui est l'idéal engendré par q. On peut donc appliquer la proposition 1.5.6 et il existe un entier r tel que π^r annule M''.

On se convainc facilement qu'il existe un caractère, *d'ordre infini*

$$\eta : \Gamma \to W^*$$

tel que, pour tout $g \in \Gamma$, $g(\pi) \equiv \eta(g).\pi \pmod{\pi^2}$ (en fait η est la puissance $(p-1)$-ième du caractère cyclotomique).

Pour tout S-module Λ, $i^*(\Lambda) = \Lambda/\pi\Lambda$ et la suite exacte

$$0 \to N \to M \to M'' \to 0$$

induit une suite exacte

$$0 \to M''_\pi(\eta) \to i^*(N) \to i^*(M) \to M''/\pi M'' \to 0,$$

compatible avec l'action de Γ. Par hypothèse, l'action de Γ est triviale sur $i^*(N)$ et $i^*(M)$. Elle doit donc l'être aussi sur $M''/\pi M''$ et se fait via η^{-1} sur M''_π. Si celui-ci n'était pas nul, on aurait Ann $(M'') = (\pi^r)$, avec r un entier ≥ 1. La multiplication par π^{r-1} induirait alors une application non nulle

$$(M''/\pi M'')\,(\eta^{r-1}) \to M''_\pi;$$

mais c'est impossible puisque Γ agit sur le premier K-espace vectoriel via η^{r-1} et via η^{-1} sur le second.

2.2. *Représentations de G_K de* cr-*hauteur finie*

(a) *Représentations $\mathbb{Q}_p$-adiques*

2.2.1. Si M est un objet de $\mathbf{Is\Gamma\Phi M}^+_S$, les $\mathbb{Q}_p$-espaces vectoriels $\boldsymbol{V}_S(M)$ et $\boldsymbol{V}^*_S(M)$ définis au n° 1.8.8 sont munis d'une action naturelle de G_K. De même, si V est une représentation $\mathbb{Q}_p$-adique de G_K,

$$\boldsymbol{D}_{S,\mathrm{cr}}(V) = j_*^{\mathrm{cr}}\boldsymbol{D}_S(V) \quad \text{et} \quad \boldsymbol{D}^*_{S,\mathrm{cr}}(V) = j_*^{\mathrm{cr}}\boldsymbol{D}^*_S(V)$$

sont des objets de $\mathbf{Is\Gamma\Phi M}^+_S$.

Disons qu'une représentation $\mathbb{Q}_p$-adique V de G_K est *de* cr-*hauteur finie* s'il existe M dans $\mathbf{Is\Gamma\Phi M}^+_S$ tel que $V \simeq \boldsymbol{V}_S(M)$. Ces représentations forment une sous-catégorie pleine $\mathrm{Rep}^+_{\mathbb{Q}_p,\mathrm{cr}}(G_K)$ de $\mathrm{Rep}_{\mathbb{Q}_p}(G_K)$, stable par sous-objet, quotient, somme-directe, produit tensoriel.

La proposition suivante résulte de la proposition 1.8.9 et du théorème 2.1.9:

2.2.2. **Proposition.** (i) *Pour toute représentation $\mathbb{Q}_p$-adique V de G_K, $\boldsymbol{D}_{S,\mathrm{cr}}(V)$ est un S_K-module libre de rang fini inférieur ou égal à la dimension de V sur $\mathbb{Q}_p$; on a l'égalité si et seulement si V est de* cr-*hauteur finie.*

(ii) *Le foncteur*

$$\boldsymbol{V}_S : \mathbf{Is\Gamma\Phi}\boldsymbol{M}^+_S \to \mathbf{Rep}^+_{\mathbb{Q}_p,\mathrm{cr}}(G_K)$$

est pleinement fidèle et induit une équivalence entre ces deux catégories, la restriction du foncteur $\boldsymbol{D}_{S,\mathrm{cr}}$ à $\mathbf{Rep}^+_{\mathbb{Q}_p,\mathrm{cr}}(G_K)$ en étant un quasi-inverse.

Si V est une représentation $\mathbb{Q}_p$-adique de G_K, de cr-hauteur finie, on appelle cr-*hauteur de V* la cr-hauteur de $\boldsymbol{D}_{S,\mathrm{cr}}(V)$. Pour tout $r \in \overline{\mathbb{N}}$, on note $\mathbf{Rep}^r_{\mathbb{Q}_p,\mathrm{cr}}(G_K)$ la sous-catégorie pleine de $\mathbf{Rep}^+_{\mathbb{Q}_p,\mathrm{cr}}(G_K)$ formée des V de cr-hauteur $\leq r$.

(b) *Représentations $\mathbb{Z}_p$-adiques*

2.2.3. Les résultats du n°1.8 ont une traduction évidente en termes de représentations $\mathbb{Z}_p$-adiques de G_K et de φ-Γ-modules. Contentons-nous de remarquer que, si M est un objet de $\mathbf{\Gamma\Phi}\boldsymbol{M}^+_S$ (resp. et de p-torsion), le $\mathbb{Z}_p$-module $\boldsymbol{V}_S(M)$ (resp. $\boldsymbol{V}^*_S(M)$) défini au n°1.8.11 (resp. 1.8.6) a une structure naturelle d'objet de $\mathbf{Rep}_{\mathbb{Z}_p}(G_K)$.

Disons qu'une représentation $\mathbb{Z}_p$-adique V de G_K est *de* cr-*hauteur finie* si elle est isomorphe à un sous-quotient d'une représentation $\mathbb{Q}_p$-adique $\mathcal{V}$ de G_K de cr-hauteur finie et appelons alors cr-*hauteur de V* le plus petit $r \in \overline{\mathbb{N}}$ tel que l'on puisse choisir $\mathcal{V}$ de hauteur r. Notons $\mathbf{Rep}^+_{\mathbb{Z}_p,\mathrm{cr}}(G_K)$ (resp. $\mathbf{Rep}^r_{\mathbb{Z}_p,\mathrm{cr}}(G_K)$) la sous-catégorie pleine de $\mathbf{Rep}_{\mathbb{Z}_p}(G_K)$ formée des V de cr-hauteur finie (resp. $\leq r$).

La proposition suivante résulte facilement des n°s 1.8.10, 1.8.12 et 2.1.7:

2.2.4. **Proposition.** *Soit $r \in \overline{\mathbb{N}}$ vérifiant $r \leq p-1$. La restriction du foncteur $\boldsymbol{V}_S$ induit une équivalence entre les catégories $\mathbf{\Phi\Gamma}\boldsymbol{M}^r_S$ et* $\mathbf{Rep}^r_{\mathbb{Z}_p,\mathrm{cr}}(G_K)$.

2.3. *Le lien avec les représentations cristallines* (résultats et questions)

2.3.1. Appelons (cf. [FL82], Section 1) *φ-module filtré positif sur W* la donnée d'un W-module D muni

– d'une part, d'une filtration décroissante $(F^i_pD)_{i\in\mathbb{N}}$, par des sous-$W$-modules, vérifiant $F^0_pD = D$ et $\bigcap_{i\in\mathbb{N}} F^i_pD = 0$;

– d'autre part, d'une famille

$$\varphi_p^i : F_p^i D \to D$$

d'applications σ-semi-linéaires vérifiant $\varphi_p^i(x) = p.\varphi_p^{i+1}(x)$, pour tout $x \in F_p^{i+1}D$.

Ces φ-modules filtrés positifs sur W forment, de manière évidente, une catégorie $\mathbb{Z}_p$-linéaire que nous notons $\boldsymbol{MF}_W^+$.

Notons $\boldsymbol{MF}_W^{f,+}$ la sous-catégorie pleine de $\boldsymbol{MF}_W^+$ formée des D tels que le W-module sous-jacent est de type fini, les $F_p^i D$ sont des facteurs directs et $D = \sum \varphi_p^i(F_p^i D)$. C'est une catégorie abélienne (*op cit.*, prop. 1.8).

Notons $\boldsymbol{MF}_K^+$ la sous-catégorie pleine de $\boldsymbol{MF}_W^+$ formée des D tels que les $F_p^i D$ sont des K-espaces vectoriels (les φ_p^i sont alors déterminés par $\varphi = \varphi_p^0$, via $\varphi_p^i(x) = p^{-i}\varphi x$). C'est une catégorie additive $\mathbb{Q}_p$-linéaire et la sous-catégorie pleine $\boldsymbol{MF}_K^{f,+}$ formée des D que l'on peut obtenir, par extension des scalaires de W à K, à partir des objets de $\boldsymbol{MF}_W^{f,+}$ est abélienne.

Pour tout objet D de $\boldsymbol{MF}_W^{f,+}$ (resp. $\boldsymbol{MF}_K^{f,+}$), on appelle *hauteur de* D l'élément de $\overline{\mathbb{N}}$ ainsi défini: soit r le plus petit entier ≥ 0 tel que $F_p^{r+1}D = 0$; si D n'a pas de quotient non nul D' tel que $F_p^r D' = D'$, alors la hauteur de D est r; sinon, c'est r^+.

Pour tout $r \in \overline{\mathbb{N}}$, on note $\boldsymbol{MF}_W^{f,r}$ (resp. $\boldsymbol{MF}_K^{f,r}$) la sous-catégorie pleine de $\boldsymbol{MF}_W^{f,+}$ (resp. $\boldsymbol{MF}_K^{f,+}$) formée des D de hauteur $\leq r$.

2.3.2 Si C désigne le complété de $\overline{K}$, on dispose d'un homomorphisme continu surjectif de W-algèbres

$$\theta : W(R) \to \mathcal{O}_C :$$

c'est celui qui à $(x_0, x_1, \ldots, x_n, \ldots)$ associe $\sum p^n x_n^{(n)}$. Notons A_{cris} l'anneau (souvent noté $W^{DP}(R)$, cf. [Fo83a], n°3.6) qui est le séparé complété pour la topologie p-adique de l'enveloppe à puissances divisées de $W(R)$ relativement à l'idéal Ker θ et, pour tout $i \in \mathbb{N}$, $\mathrm{Fil}^i A_{\text{cris}}$ l'adhérence de la i-éme puissance divisée du pd-idéal correspondant. L'anneau A_{cris} est sans p-torsion et s'identifie à un sous-anneau de $B_{\text{cris}}^+ = K \otimes_W A_{\text{cris}} = A_{\text{cris}}[1/p]$. L'action de G_K et celle de φ s'étendent de manière naturelle à A_{cris} et à B_{cris}^+. On munit alors A_{cris} (resp. B_{cris}^+) d'une structure d'objet de MF_W^+ (resp. MF_K^+), compatible avec l'action de G_K, en posant $F_p^i A_{\text{cris}} = \{x \in \mathrm{Fil}^i A_{\text{cris}} \mid \varphi x \in p^i A_{\text{cris}}\}$ et $F_p^i B_{\text{cris}}^+ = K \otimes_W \mathrm{Fil}^i A_{\text{cris}}$.

2.3.3. Pour toute représentation $\mathbb{Q}_p$-adique V de G_K, posons

$$\boldsymbol{D}_{\text{cris}}^+(V) = (B_{\text{cris}}^+ \otimes_{\mathbb{Q}_p} V)^{G_K} ;$$

rappelons ([Fo83b], §5) que c'est un K-espace vectoriel de dimension finie, inférieure ou égale à la dimension de V sur Q_p, muni d'une structure naturelle d'objet de $\boldsymbol{MF}_K^+$. Nous disons que V est *cristalline positive* si ces deux dimensions sont égales. Notons $\mathbf{Rep}^+_{\mathbb{Q}_p,\mathrm{cris}}(G_K)$ la sous catégorie pleine de $\mathbf{Rep}_{\mathbb{Q}_p}(G_K)$ formée des représentations cristallines positives.

Alors (*loc. cit.*), $\mathbf{Rep}^+_{\mathbb{Q}_p,\mathrm{cris}}(G_K)$ est stable par sous-objet, quotient, $\oplus$, $\otimes$. Par restriction, $\boldsymbol{D}^+_{\mathrm{cris}}$ induit une équivalence entre $\mathbf{Rep}^+_{\mathbb{Q}_p,\mathrm{cris}}(G_K)$ et une sous-catégorie pleine $\boldsymbol{MF}_K^{\mathrm{ad},+}$ de $\boldsymbol{MF}_K^{f,+}$, stable par sous-objet, quotient, $\oplus$, $\otimes$, dont les objets sont appelés les *φ-modules filtrés admissibles sur K*. La correspondance

$$D \mapsto \boldsymbol{V}_{\mathrm{cris}}(D) = \left\{x \in F_p^0\left(B_{\mathrm{cris}} \otimes D\right) \mid \varphi x = x\right\}$$

(où B_{cris} peut-être défini comme l'anneau obtenu à partir de B^+_{cris} en rendant π inversible) est un quasi-inverse.

Si V est dans $\mathbf{Rep}^+_{\mathbb{Q}_p,\mathrm{cris}}(G_K)$, appelons *hauteur cristalline de V* la hauteur de $\boldsymbol{D}^+_{\mathrm{cris}}(V)$. De même, disons qu'une représentation $\mathbb{Z}_p$-adique V de G_K est *de hauteur cristalline finie* si elle est isomorphe à un sous-quotient d'une représentation $\mathbb{Q}_p$-adique cristalline positive $\mathcal{V}$ et appelons alors *hauteur cristalline de V* la plus petite des hauteurs cristallines de tels $\mathcal{V}$. Pour tout $r \in \overline{N}$, on note $\mathbf{Rep}^r_{\mathbb{Q}_p,\mathrm{cris}}(G_K)$ (resp. $\mathbf{Rep}^r_{\mathbb{Z}_p,\mathrm{cris}}(G_K)$) la sous-catégorie pleine de $\mathbf{Rep}^+_{\mathbb{Q}_p,\mathrm{cris}}(G_K)$ (resp. $\mathbf{Rep}_{\mathbb{Z}_p}(G_K)$) formée des V de hauteur cristalline $\leq r$.

2.3.4. Rappelons enfin que l'on conjecture que tout objet de $\boldsymbol{MF}_K^{f,+}$ est admissible et que l'on sait que c'est vrai pour tout objet de $\boldsymbol{MF}_K^{f,p-1}$. Cela résulte de la proposition suivante, essentiellement contenue dans ([FL82] thm. 3.3 et 6.1):

Proposition. *Soit $r \leq p-1$. Pour tout objet D de $\boldsymbol{MF}_W^{f,r}$,*

$$\boldsymbol{V}_{\mathrm{cris}}(D) = \left\{x \in F_p^r\left(A_{\mathrm{cris}} \otimes_W D\right) \mid \varphi_p^r(x) = x\right\}(-r)$$

(où $(-r)$ désigne la "torsion à la Tate" usuelle) *est un objet de $\mathbf{Rep}^r_{\mathbb{Z}_p,\mathrm{cris}}(G_K)$. La correspondance $D \mapsto \boldsymbol{V}_{\mathrm{cris}}(D)$ induit une équivalence entre $\boldsymbol{MF}_W^{f,r}$ et $\mathbf{Rep}^r_{\mathbb{Z}_p,\mathrm{cris}}(G_K)$.*

2.3.5. Soit M un objet de $\boldsymbol{\Phi M}_S^+(q)$ (resp. $\mathbf{Is}\boldsymbol{\Phi M}_S^+(q)$). Alors $D = i^*(M) = M/\pi M$ a une structure naturelle d'objet de $\boldsymbol{MF}_W^+$ (resp. $\boldsymbol{MF}_K^+$): pour tout $i \in \mathbb{N}$, on définit $F_p^i D$ comme étant l'image du sous-S-module $F_q^i M$ formé des $\hat{x}$ tels que $\varphi\hat{x} \in q^i M$ (*attention*: il faut prendre l'image de $F_q^i M$ et non l'image du sous-S-module $F_q^i M_\sigma$ de M_σ défini au n°1.6.2); si $x \in F_p^i D$ est l'image de $\hat{x} \in F_q^i M$, on définit $\varphi_p^i(x)$ comme étant l'image de $q^{-i}\varphi\hat{x}$ (il est immédiat que c'est indépendant du choix du relèvement; comme $q \equiv p \pmod{\pi}$, on a bien $\varphi_p^i(x) = p\varphi_p^{i+1}(x)$ si $x \in F_p^{i+1} D$).

Il est clair que l'on peut considérer i^* comme un foncteur additif exact, de $\mathbf{\Phi M}_S^+(q)$ (resp. $\mathbf{Is\Phi M}_S^+(q)$) dans $\boldsymbol{MF}_W^+$ (resp. $\boldsymbol{MF}_K^+$).

2.3.6. En composant avec le foncteur "oubli de l'action de Γ" on obtient une recette fonctorielle pour associer un φ-module filtré sur W (resp. sur K) à tout objet de $\mathbf{\Gamma\Phi M}_S^+$ (resp. $\mathbf{Is\Gamma\Phi M}_S^+$). Dans la deuxième partie de ce travail, nous prouverons le résultat suivant:

Théorème. (i) *Pour tout objet M de $\mathbf{Is\Gamma\Phi M}_S^+$, $i^*(M)$ est un objet de $\boldsymbol{MF}_K^{\mathrm{ad},+}$ et la hauteur de $i^*(M)$ est égale à celle de M.*

(ii) *Le foncteur*

$$i^* : \mathbf{Is\Gamma\Phi M}_S^+ \to \boldsymbol{MF}_K^{\mathrm{ad},+}$$

est pleinement fidèle et induit une équivalence entre $\mathbf{Is\Gamma\Phi M}_S^+$ et une sous-catégorie pleine de $\boldsymbol{MF}_K^{\mathrm{ad},+}$ stable par sous-objet et quotient.

(iii) *Les foncteurs*

$$\boldsymbol{V}_S, \boldsymbol{V}_{\mathcal{E}} \circ j^* \quad \text{et} \quad \boldsymbol{V}_{\mathrm{cris}} \circ i^* : \mathbf{Is\Gamma\Phi M}_S^+ \to \mathbf{Rep}_{\mathbf{Q}_p}(G_K)$$

sont naturellement équivalents.

En particulier, toute représentation $\mathbf{Q}_p$-adique de cr-hauteur finie est de hauteur cristalline finie (et la cr-hauteur de cette représentation est égale à sa hauteur cristalline).

Il ne me paraît pas très difficile de prouver et il me semble donc raisonnable de *conjecturer que la réciproque est vraie*, autrement dit que le foncteur

$$i^* : \mathbf{Is\Gamma\Phi M}_S^+ \to \boldsymbol{MF}_K^{\mathrm{ad},+}$$

est essentiellement surjectif.

Pour prouver simultanément cette conjecture et celle qui affirme que tout objet de $\boldsymbol{MF}_K^{f,+}$ est admissible, il suffirait de vérifier que tout objet de $\boldsymbol{MF}_K^{f,+}$ est dans l'image essentielle de i^*.

2.3.7. Comme on le verra dans la deuxième partie de ce travail, on dispose de résultats partiels dans cette direction (qui donnent en outre une autre démonstration des résultats de [FL82]):

Proposition. (i) *Pour tout objet D de $\boldsymbol{MF}_K^{f,p-1}$ il existe M dans $\mathbf{Is\Gamma\Phi M}_S^+$ tel que $D \simeq i^*(M)$.*

(ii) *Pour tout objet M de $\mathbf{\Gamma\Phi M}_S^{p-1}$, $i^*(M)$ est un objet de $\boldsymbol{MF}_W^{f,p-1}$, dont la hauteur est égale à celle de M; en outre i^* induit une équivalence entre $\mathbf{\Gamma\Phi M}_S^{p-1}$ et $\boldsymbol{MF}_W^{f,p-1}$. Les foncteurs*

$$\boldsymbol{V}_S, \boldsymbol{V}_{\mathcal{E}} \circ j^* \quad \text{et} \quad \boldsymbol{V}_{\mathrm{cris}} \circ i^* : \mathbf{\Gamma\Phi M}_S^+ \to \mathbf{Rep}_{\mathbf{Z}_p}(G_K)$$

sont naturellement équivalents.

Principales notations

0

0.1: $\mathbf{Rep}_{\mathbf{Q}_p}(G)$, $\mathbf{Rep}_{\mathbf{Z}_p}(G)$, $\mathbf{Rep}_{p\text{-tor}}(G)$, $\mathbf{Rep}_{\mathbf{F}_p}(G)$.

0.2: $\mathcal{O}_{\mathcal{F}}$, $W_n(A)$, $W(A)$, $[a]$, φ, σ.

A

1.1: M_σ, $\mathbf{\Phi M}_{A,\sigma} = \mathbf{\Phi M}_A = \mathbf{\Phi M}$, $A_\sigma[\varphi]$, A_σ, $\mathbf{\Phi M}_A^{\text{ét}}$.

1.2 E^{rad}, $E^{(n)}$, $E^{\text{sép}}$, G_E, $\mathcal{E}$, $\mathcal{E}_{\text{nr}}$, $\widehat{\mathcal{E}}_{\text{nr}}$, $\boldsymbol{D}_{\mathcal{E}}$, $\boldsymbol{V}_{\mathcal{E}}$, $\boldsymbol{D}^*_{\mathcal{E}}$, $\boldsymbol{V}^*_{\mathcal{E}}$, $\mathbf{\Phi M}^0_{\mathcal{E}}$.

2.0: k, W, K_0, K.

2.3: N_φ, T_φ, Col.

2.4: δ_ϵ, $[x,u)$.

3.0: $\overline{K}$, G_L, C.

3.1: R, χ, E_0, $\widetilde{S}_0$.

3.2: $W_A(R)$, π_ϵ, S_0, $\mathcal{E}_0$, π_0.

3.3: $\mathbf{\Gamma\Phi M}_A$, $\mathbf{\Gamma\Phi M}_A^{\text{ét}}$, S, H, Γ.

3.4: $\mathbf{\Gamma\Phi M}^0_{\mathcal{E}}$.

B

1.3: $\mathbf{\Phi M}^+_{S,p}$.

1.4: j^*, j_*, $\mathbf{\Phi M}^+_{\mathcal{O}_{\mathcal{E}}}(S)$.

1.5: $\overline{\mathbf{N}}$, $\mathbf{\Phi M}^+_S(q)$, $\mathbf{\Phi M}^r_S(q)$, $\mathbf{\Phi M}^r_{S,\text{tor}}(q)$, j^q_*, $\mathbf{\Phi M}^+_{\mathcal{O}_{\mathcal{E}}}(S,q)$, $\mathbf{\Phi M}^r_{\mathcal{O}_{\mathcal{E}}}(S,q)$.

1.6: $F^i_q M_\sigma$, $C^q_i M$, Car.

1.7: $e(q)$.

1.8: A^+_S, B^+_S, A_∞, $\mathbf{Is\Phi M}$, $\boldsymbol{V}_S$, $\boldsymbol{D}_S$, $\boldsymbol{D}_{S,q}$, $\boldsymbol{V}^*_S$, $\boldsymbol{D}^*_S$, $\boldsymbol{D}^*_{S,q}$.

2.1: $\mathbf{Is\Gamma\Phi M}$, $\mathbf{\Gamma\Phi M}^+_S$, $\mathbf{\Gamma\Phi M}^+_{S,\text{tor}}$, $\mathbf{Is\Gamma\Phi M}^+_S$, j^{cr}_*, $\mathbf{\Gamma\Phi M}^+_{\mathcal{O}_{\mathcal{E}},\text{cr}}$, $\mathbf{\Gamma\Phi M}^+_{\mathcal{E},\text{cr}}$.

2.2: $\mathbf{Rep}^+_{\mathbf{Q}_p,\text{cr}}(G_K)$, $\mathbf{Rep}^+_{p\text{-tor, cr}}(G_K)$, $\boldsymbol{D}^*_{S,\text{cr}}$.

2.3: A_{cris}, $A_{\text{cris},\infty}$, B^+_{cris}, $\boldsymbol{MF}^{f,+}_W$, $\boldsymbol{MF}^{f,+}_K$, $\boldsymbol{MF}^{\text{ad},+}_K$, $\mathbf{Rep}^+_{\text{cris}}(G_k)$, $\mathbf{Rep}^r_{p\text{-tor}}(G_K)$.

BIBLIOGRAPHIE

[Ab89] Abraskin, V. A., *Ramification in étale cohomology*, manuscrit, 1989.

[Ax70] Ax, J., *Zeros of polynomials over local fields. The Galois action*, J. Algebra **15** (1970), 417-428.

[BK89] Bloch S., and Kato, K., *L-functions and Tamagawa numbers of motives*, preprint, 1989.

[Bu88] *Séminaire sur les périodes p-adiques*, IHES, Bures-sur-Yvette, 1988, en préparation.

[Co79] Coleman, R., *Division values in local fields*, Inv. Math **53** (1979), 91-116.

[C082] Coleman, R., *Dilogarithms, regulators and p-adic Abelian integrals*, Inv. Math **69** (1982), 171-208.

[Co85] Coleman, R., *Torsion points on curves and p-adic Abelian integrals*, Ann. of Math. **121** (1985), 111-168.

[Co87] Coleman, R., *letter to B. Mazur*, March 1987.

[De72] Demazure, M., *Lectures on p-divisible groups*, Lecture Notes in Math. **302**, Springer, Berlin, 1972.

[DM82] Deligne, P. and Milne, J. S., *Tannakian categories*, in *Hodge Cycles, Motives and Shimura Varieties*, Lecture Notes in Math. **900**, Springer, Berlin, 1982, 101-228.

[Fa88a] Faltings, G., *Crystalline cohomology and p-adic Galois representations*, preprint 1988.

[Fa88b] Faltings, G., *F-isocrystals on open varieties, results and conjectures*, preprint 1988.

[Fo77] Fontaine, J.-M., *Groupes p- divisibles sur les corps locaux*, Astérisque, 47-58. Soc. Math. de France, Paris, 1977

[Fo83a] Fontaine, J.-M., *Cohomologie de de Rham, cohomologie cristalline et représentations p-adiques*, in *Algebraic Geometry Tokyo-Kyoto*, Lecture Notes in Math. **1016**, Springer, Berlin, 1983, 86-108.

[Fo83b] Fontaine, J.-M., *Représentations p-adiques*, Proc. Int. Congress Math., (1983), Warsaw, 475-486.

[FL82] Fontaine, J.-M. and Laffaille, G., *Construction de représentations p-adiques*, Ann. Scient. E.N.S., 4° série, **15** (1982), 547- 608.

[FM87] Fontaine, J.-M. and Messing, W., *p-adic periods and p-adic étale cohomology*, Contemporary Math. **67** (1987), 179-207.

[FW79] Fontaine, J.-M. and Wintenberger, J.-P., *Le "corps des normes" de certaines extensions algébriques de corps locaux*, C.R.A.S. **288** (1979), 367-370.

[Gr70] Grothendieck A., *Groupes de Barsotti-Tate et cristaux*, Actes Congrès Int. Math. Nice 1970, t.1, Gauthiers-Villars, Paris, 1971.

[Ka89] Kato, K., *The explicit reciprocity law and the cohomology of Fontaine-Messing*, Bull. Soc. Math. France. à paraître.

[La78] Lang, S., *Cyclotomic Fields*. Springer, Berlin, 1978.

[Sa72] Saavedra Rivano, N., *Catégories Tannakiennes*, Lecture Notes in Maths **265**. Springer, Berlin, 1972.

[Sen80] Sen, S., *Continuous cohomology and p-adic Galois representations*, Inv. Math. **62** (1980), 89-116.

[Se58] Serre, J.-P., *Classe des corps cyclotomiques*, Séminaire Bourbaki, exp. 174, (1958), Benjamin, New York, 1966.

[Se68] Serre, J.-P., *Corps locaux,*, 2°éd., Hermann, Paris, 1968.

[Wi83] Wintenberger, J.-P., *Le corps des normes de certaines extensions infinies des corps locaux; applications*, Ann. Sci. E.N.S. **16** (1983), 59-89.

[Wit37] Witt, E., *Zyklische Körper und Algebren der Charakteristik p vom Grad p^n, Struktur diskret bewerteter perfekter Körper mit vollkommenem Restklassenkörper der Characteristik p (sic)*, J. reine ang. Math. **176** (1937), 126-140.

Université de Paris-Sud
Centre d'Orsay
Département de Mathématiques - Bât. 425
91405 Orsay Cedex, France

Rectified Homotopical Depth and Grothendieck Conjectures

HELMUT A. HAMM and LÊ DUNG TRANG

In honor of Alexander Grothendieck
on the occasion of his sixtieth birthday

Introduction

In SGA 2 ([G]), A. Grothendieck introduced the notion of rectified homotopical (resp. homological) depth. He conjectured that it gives the level of comparison for the homotopy type (resp. the homology) between a complex algebraic variety and a hyperplane section, as stated in theorems of Lefschetz type for singular algebraic varieties. In the case of non-singular varieties, the rectified homotopical (resp. homological) depth equals the complex dimension of the variety. But in the case of local complete intersections, one can show that this is still true. In fact, using the comparison theorem of Grothendieck as formulated by Mebkhout for $\mathcal{D}$-modules in [Me], the constant sheaf $\underline{\mathbf{C}}$ of complex numbers on a variety which is locally a complete intersection is perverse and one can prove that the constant sheaf $\underline{\mathbf{C}}$ of complex numbers on the variety is perverse if and only if the rectified homological depth for the rational homology equals the complex dimension of the variety. So the rectified homological depth for the rational homology measures how far the constant sheaf $\underline{\mathbf{C}}$ of complex numbers on the variety is from being perverse. In this paper we give a positive answer to the conjecture of Grothendieck. Actually, we prove all the conjectures given by Grothendieck on this theme in SGA 2, except Conjecture A, which is obviously incorrect as stated, but can be easily corrected.

In fact, the conjectures of Grothendieck cover a greater generality than the situation of a variety and its hyperplane section because he considers the case of a variety and a subvariety such that its complement is Stein. The proofs of the conjectures of Grothendieck become possible because of a more handy formulation of the notion of rectified homotopical depth, using Whitney stratifications, that we give here. We first prove the equivalence of our definition and the one of Grothendieck. This equivalence involves the proof of a local Lefschetz theorem for singular complex analytic spaces. We give a proof of this local Lefschetz theorem by using the local Lefschetz theorem we have already proved in the non-singular case (see [H-L3]).

We already used Grothendieck's notion of rectified homotopical depth to get a Lefschetz type theorem for quasi-projective varieties (see [H-L2]). Following our previous work [H-L3], [H-L1] and [H-L2], it becomes obvious that there are Lefschetz type theorems for open varieties, replacing the hyperplane section by a good neighbourhood of the hyperplane section as has been done by Deligne (cf [D1]). So we give several theorems of Lefschetz type in the non-proper case and especially a strong local version (Theorem 4.2.1 or its corollary 4.2.2).

Some of the theorems proved here fit in the theory of M. Goresky and R. MacPherson and could have been proved by using their stratified Morse theory. In this case the local rectified homotopical depth would appear through the connectivity of the complex links of the strata of a Whitney stratification. Theorem 4.1.2 gives a precise relation between the rectified homotopical depth and the connectivity of these local complex links.

The idea of Grothendieck can be extended to define the rectified homotopical depth of complex analytic maps. This will lead to theorems of Lefschetz type for analytic maps. For instance, one can obtain another proof of a conjecture of Deligne, proved by Goresky-MacPherson in [G-M1] (Part II, Chapter 1, 1.1), and extend its statement to maps between singular spaces. We shall deal with maps in a forthcoming paper.

We wish to thank the referee and Z. Mebkhout for drawing our attention to the link between the cosupport condition for perverse sheaves and the rectified homological depth and B. Teissier for fruitful discussions and his concern about this work. Part of this work was done under the sponsorship of the program PROCOPE of cultural cooperation between France and the Federal Republic of Germany and supported by the NSF grant DMS-8803478.

1. Rectified homotopical depth.

Let X be a reduced complex analytic space. Consider a Whitney stratification $\mathcal{S}$ of X. Let X_i be the union of strata of dimension $\leq i$. We have:

1.1 Definition. *We say that the rectified homotopical depth $rhd_{\mathcal{S}}(X)$ of X is $\geq n$ if, for any i and any point x in $X_i - X_{i-1}$, there exists a fundamental system (U_α) of neighbourhoods of x in X such that, for any α, the pair $(U_\alpha, U_\alpha - X_i)$ is $(n-1-i)$-connected.*

Of course, the rectified homotopical depth $rhd_{\mathcal{S}}(X)$ of $X \neq \emptyset$ is the maximum of the integers n such that $rhd_{\mathcal{S}}(X) \geq n$.

Remarks.

1.1.1 First notice that, if V is any good neighbourhood of x in X relatively to X_i in the sense of D. Prill ([P]), there is a fundamental system of neighbourhoods U_α of x such that the pairs $(U_\alpha, U_\alpha - X_i)$ are $(n-1-i)$-connected, if and only if the pair $(V, V - X_i)$ is $(n-1-i)$-connected.

So in practice to calculate the rectified homotopical depth it will be often better to consider a good neighbourhood of x in X relatively to X_i instead of a fundamental system of neighbourhoods U_α as above. For instance, assuming X locally embedded in some $\mathbf{C}^N$ in a neighbourhood of the point x, for any $\epsilon > 0$ small enough, the intersection of X by the closed ball $B_\epsilon(x)$ of $\mathbf{C}^N$ centered at x with radius ϵ is known to be a good neighbourhood of x in X relatively to X_i.

1.1.2 Moreover we can consider a normal slice $\mathcal{N}$ of X_i at x in a sufficiently small neighbourhood of x in X (see [G-M1] Part I §1.4 definition). Because the stratification $\mathcal{S}$ is a Whitney stratification, for any point x in $X_i - X_{i-1}$ there is a good neighbourhood V of x in X relatively to X_i such that $(V, V - X_i)$ is homeomorphic to the product of the pair $(\mathcal{N}, \mathcal{N} - \{x\})$ by an open neighbourhood U of x in X_i, and moreover the homotopy type of such pairs $(\mathcal{N}, \mathcal{N} - \{x\})$ is the same for all the points of a connected component of $X_i - X_{i-1}$.

1.1.3 In the same way we say that the rectified homological depth of X is $\geq n$ if, for any i and any point x in $X_i - X_{i-1}$, there exists a fundamental system (U_α) of neighbourhoods of x in X such that, for any α, we have that $H_k(U_\alpha, U_\alpha - X_i; \mathbf{Z}) = 0$, for any $k < n - i$. We shall denote $rHd_{\mathcal{S}}(X, \mathbf{Z})$ the rectified homological depth of X. For the rational homology we define the rectified homological depth for the rational homology $rHd_{\mathcal{S}}(X, \mathbf{Q})$ in the same way.

Notice that the vanishing of the $H_k(U_\alpha, U_\alpha - X_i; \mathbf{Z})$, for any $k < n - i$

implies the vanishing of the local cohomology groups $H^k_{X_i \cap U_\alpha}(U_\alpha; \underline{\mathbf{C}})$, for any $k < n - i$.

Example 1.2. Let $X \neq \emptyset$ be smooth and of pure dimension n. Then we have that $rhd_{\mathcal{S}}(X) = n$ for any Whitney stratification $\mathcal{S}$ of X.

The condition $rhd_{\mathcal{S}}(X) \geq n$ is independent of the choice of the Whitney stratification $\mathcal{S}$:

Lemma 1.3. *Consider another Whitney stratification $\mathcal{T}$ of X and let Y_i be the union of all strata of dimension $\leq i$. Then $rhd_{\mathcal{S}}(X)$ equals $rhd_{\mathcal{T}}(X)$.*

Proof: It is enough to prove the lemma when $\mathcal{T}$ is finer than $\mathcal{S}$, because otherwise we can consider a Whitney stratification which is finer than both.

Let S be a (sc. connected) stratum of $\mathcal{S}$ of dimension i. At any point x of S, for any good neighbourhood V of x in X relatively to X_i, the pairs $(V, V - X_i)$ have the same homotopy type, because the stratification $\mathcal{S}$ satisfies the Whitney condition. Furthermore there is a stratum T of $\mathcal{T}$ of dimension i which is open and dense in S. So, if $rhd_{\mathcal{T}}(X) \geq n$, at the point x of $T \subset S$, for any good neighbourhood V of x in X relatively to X_i, the pair $(V, V - X_i)$ is $n - 1 - i$-connected. This implies that at any point x of S, for any good neighbourhood V of x in X relatively to X_i, the pair $(V, V - X_i)$ is $n - 1 - i$-connected, which means that $rhd_{\mathcal{S}}(X) \geq n$.

Conversely, let y be a point of $Y_j - Y_{j-1}$; there is an i such that y is in $X_i - X_{i-1}$. Then we have $i \geq j$. Let $\mathcal{M}$ and $\mathcal{N}$ denote the normal slices of Y_j and X_i at y respectively. Because $\mathcal{T}$ is a Whitney stratification finer than $\mathcal{S}$, the space $\mathcal{M}$ is homeomorphic to the product of $\mathcal{N}$ by a ball of real dimension $2i - 2j$. Thus the pair $(\mathcal{N}, \mathcal{N} - \{x\})$ being $(n - 1 - i)$-connected, the pair $(\mathcal{M}, \mathcal{M} - \{x\})$ is $(n - 1 - i + (2i - 2j))$-connected and $n - 1 - i + (2i - 2j) \geq n - 1 - j$.

1.3.1 Because the definition of rectified homotopical depth does not depend on the chosen Whitney stratification, we shall denote it by $rhd(X)$.

1.3.2 We have a similar result for the rectified homological depth that we shall denote $rHd(X, \mathbf{Z})$.

1.3.3 In practice we can start with the canonical Whitney stratification of X (cf [T] VI §3; [L-T1] 6.1; see [L-T2] (1.3)) to calculate its rectified homotopical (resp. homological) depth.

So the definition 1.1 coincides with the one of (2.1.5) in [H-L2].

In fact our definition coincides with the ones of A. Grothendieck in [G] (Exposé XIII p.27 définition 2):

Theorem 1.4. *Let X be a reduced complex analytic space and n a positive integer. The following conditions are equivalent:*

a) *$rhd(X) \geq n$;*

b) *If Y is a locally closed complex analytic subspace of X of dimension i, for any point y in Y there is a fundamental system of neighbourhoods U_α of y in X such that the pair $(U_\alpha, U_\alpha - Y)$ is $(n-1-i)$-connected;*

c) *If Y is a locally closed irreducible complex analytic subspace of dimension i, there is an open dense analytic subset Y_0 of Y such that, for any point y in Y_0, there is a fundamental system of neighbourhoods U_α of y in X such that the pair $(U_\alpha, U_\alpha - Y)$ is $(n-1-i)$-connected.*

1.5 Remark. Using the existence of good neighbourhoods of x in X relatively to any analytic subset in the sense of Prill, the condition b) above is equivalent to the definition given by Grothendieck in [G] (Exposé XIII p.27 définition 2). The condition c) corresponds to the condition of Grothendieck following the preceding one in *loc.cit.* We shall see that the equivalence between our definition and the ones of Grothendieck is a consequence of a local theorem of Lefschetz type.

Proof of Theorem 1.4: The implication "b) implies c)" is obvious.

The implication "c) implies a)" is obtained by chosing Y as any stratum of a Whitney stratification of X.

Let us prove that a) implies b).

The question being local we can assume that X is embedded in $\mathbf{C}^N$, the subspace Y is closed in X and that $y = 0$. We shall prove that, under the assumption $rhd(X) \geq n$, for any $\epsilon > 0$ sufficiently small, the pair $(B_\epsilon \cap X, B_\epsilon \cap X - Y)$ is $(n-1-i)$-connected, with $B_\epsilon = B_\epsilon(0)$ and $i = dim Y$. This gives b), because for any $\epsilon > 0$ sufficiently small, the spaces $B_\epsilon \cap X$ form a fundamental system of good neighbourhoods of x in X relatively to Y.

Let L be a general linear subspace of codimension i, so, in particular, $L \cap Y \cap B_\epsilon = \{0\}$. Suppose that under our assumptions the pairs

$$(B_\epsilon \cap X - Y, (B_\epsilon \cap X - Y) \cap L)$$

and

$$(B_\epsilon \cap X - \{0\}, (B_\epsilon \cap X - \{0\}) \cap L)$$

are $(n-1-i)$-connected. We have $(B_\epsilon \cap X - Y) \cap L = (B_\epsilon \cap X - \{0\}) \cap L$ and, by choosing a Whitney stratification of X where $\{0\}$ is a stratum, the assumption $rhd(X) \geq n$ implies that

$$(B_\epsilon \cap X, B_\epsilon \cap X - \{0\})$$

is $(n-1)$-connected. Now $B_\epsilon \cap X$ is contractible (cf [B-V]) so

$$B_\epsilon \cap X - \{0\}$$

is $(n-2)$-connected; by this we mean that any continuous map

$$\mathbf{S}^k \to B_\epsilon \cap X - \{0\}, -1 \leq k \leq n-2,$$

admits a continuous extension over the unit ball $\mathbf{B}^{k+1}$. Since the pair

$$(B_\epsilon \cap X - \{0\}, (B_\epsilon \cap X - \{0\}) \cap L)$$

is supposed $(n-1-i)$-connected, the space

$$(B_\epsilon \cap X - \{0\}) \cap L = (B_\epsilon \cap X - Y) \cap L$$

is $(n-2-i)$-connected. This implies that $B_\epsilon \cap X - Y$ is $(n-2-i)$-connected, because the pair

$$(B_\epsilon \cap X - Y, (B_\epsilon \cap X - Y) \cap L)$$

is also supposed $(n-1-i)$-connected. So

$$(B_\epsilon \cap X, B_\epsilon \cap X - Y)$$

is $(n-1-i)$-connected. Now the pairs

$$(B_\epsilon \cap X - Y, (B_\epsilon \cap X - Y) \cap L)$$

and

$$(B_\epsilon \cap X - \{0\}, (B_\epsilon \cap X - \{0\}) \cap L)$$

are in fact $(n-1-i)$-connected because of the following local theorem of Lefschetz type.

Theorem 1.6. *Let X be a reduced complex analytic space embedded in $\mathbf{C}^N$. Consider a closed complex analytic subspace Z of X. Assume that $rhd(X - Z) \geq n$, then for any point z in Z, for any general affine space L through z of codimension i with $i \geq dim_z Z$, and for any $\epsilon > 0$ small enough, the pair $(B_\epsilon(z) \cap X - Z, B_\epsilon(z) \cap X \cap L - Z)$ is $(n-1-i)$-connected.*

Proof: The local conic structure theorem for analytic spaces (cf [B-V]) shows that $B_\epsilon(z) \cap X - Z$ and $B_\epsilon(z) \cap X \cap L - Z$ are homeomorphic to the product of $S_\epsilon(z) \cap X - Z$ and $S_\epsilon(z) \cap X \cap L - Z$ respectively by $(0,1]$. Moreover, as we have assumed L to be general of codimension i, we have

$$S_\epsilon(z) \cap X \cap L - Z = S_\epsilon(z) \cap X \cap L.$$

Thus we have to prove that the pair

$$(S_\epsilon(z) \cap X - Z, S_\epsilon(z) \cap X \cap L)$$

is $(n-1-i)$-connected. Now let $g_1 = \ldots = g_i = 0$ be i linear equations which define L in $\mathbf{C}^N$, we denote $\psi(x) = \sum |g_j(x)|^2$. We can define $V_\alpha(L) := \{x \in \mathbf{C}^N | \psi(x) \leq \alpha\}$ when $\alpha > 0$. The restriction of ψ to $S_\epsilon(z) \cap X$ being real analytic and proper, for $\alpha > 0$ small enough the space $S_\epsilon(z) \cap X \cap V_\alpha(L)$ retracts onto $S_\epsilon(z) \cap X \cap L$. On the other hand $S_\epsilon(z) \cap X \cap V_\alpha(L)$ is contained in $S_\epsilon(z) \cap X - Z$.

Our theorem is therefore a consequence of the following lemma:

Lemma 1.7. *There is $\epsilon_0 > 0$ such that for any ϵ, $\epsilon_0 > \epsilon > 0$, there is α_ϵ such that for any α, $\alpha_\epsilon > \alpha > 0$, the space $S_\epsilon(z) \cap X - Z$ has the homotopy type of a space obtained from $S_\epsilon(z) \cap X \cap V_\alpha(L)$ by adding cells of dimension $\geq n - i$.*

Proof of lemma 1.7: When $X - Z$ is non singular this theorem was proven by us in [H-L3] (Theorem I.1.1) (see also [H4] Theorem 2). We are going to use this previous result to prove our lemma. First we stratify the space X by a Whitney stratification adapted to Z (i.e. Z is a union of strata). We call Z_k the union of Z and the strata of X of dimension $\leq k$. We shall actually prove that the space

$$S_\epsilon(z) \cap [(X - Z_k) \cup ((X - Z) \cap V_\alpha(L))]$$

has the homotopy type of a space obtained from

$$S_\epsilon(z) \cap [(X - Z_{k+1}) \cup ((X - Z) \cap V_\alpha(L))]$$

by adding cells of dimension $\geq n - i$. In fact, as $S_\epsilon(z) \cap Z \cap L = \emptyset$ when $\epsilon > 0$ is small enough, with $\alpha > 0$ small enough, we have the equality

$$S_\epsilon(z) \cap (X - Z) \cap V_\alpha(L) = S_\epsilon(z) \cap X \cap V_\alpha(L).$$

Then our lemma is obtained by comparing the spaces for the cases $k = 0$ and $k = dim_z X$.

Let us fix an integer k, $dim_z X - 1 \geq k \geq 0$. Consider equations $f_1 = \ldots = f_r = 0$ of Z_{k+1} and $h_1 = \ldots = h_s = 0$ of Z_k in a neighbourhood U of z in $\mathbf{C}^N$. Denote $\phi(x) = \sum |f_j(x)|^2$ and $\chi(x) = \sum |h_j(x)|^2$, we define

$$T_\beta(Z_{k+1}) := \{x \in X \cap U | \phi(x) < \beta\}$$

and

$$T_\gamma(Z_k) := \{x \in X \cap U | \chi(x) < \gamma\}.$$

We denote

$$\partial T_\beta(Z_{k+1}) := \{x \in X \cap U | \phi(x) = \beta\}$$

and

$$\partial T_\gamma(Z_k) := \{x \in X \cap U | \chi(x) = \gamma\}$$

1.7.1 There is $\epsilon_0 > 0$ such that:

i) for any ϵ, $\epsilon_0 > \epsilon > 0$, the spheres $S_\epsilon(z)$ are contained in U and are transverse to the strata of X;

ii) the choice of ϵ_0 satisfies the conditions I.2.2 of [H-L3] so that, for any ϵ, $\epsilon_0 > \epsilon > 0$, there is $\alpha_0 > 0$ such that for any α, $\alpha_0 > \alpha > 0$, the space $S_\epsilon(z) \cap (Z_{k+1} - Z_k)$ has the homotopy type of a space obtained from $S_\epsilon(z) \cap (Z_{k+1} - Z_k) \cap V_\alpha(L)$ by adding cells of dimension $\geq k + 1 - i$ (as it is stated in the Theorem I.1.1 of [H-L3]).

1.7.2 Fix ϵ, $\epsilon_0 > \epsilon > 0$, and α, $\alpha_0 > \alpha > 0$. If $\gamma > 0$ is small enough, the space $A_\gamma := S_\epsilon(z) \cap [(X - T_\gamma(Z_k)) \cup (X - Z) \cap V_\alpha(L)]$ is a deformation retract of $A := S_\epsilon(z) \cap [(X - Z_k) \cup (X - Z) \cap V_\alpha(L)]$. To prove this statement it is enough to prove that

$$S_\epsilon(z) \cap [(X - T_\gamma(Z_k)) \cup (X - Z_k) \cap V_\alpha(L)] - \mathring{V}_\alpha(L)$$

is a deformation retract of

$$S_\epsilon(z) \cap (X - Z_k) - \mathring{V}_\alpha(L).$$

This is true because

$$S_\epsilon(z) \cap (X - T_\gamma(Z_k)) - \mathring{V}_\alpha(L)$$

is a deformation retract of both spaces: first notice that there is a Whitney stratification of

$$S_\epsilon(z) \cap (X - Z_k) - \mathring{V}_\alpha(L)$$

induced by the Whitney stratification of X; then, since χ is real analytic, any $\gamma > 0$ small enough is not a critical value of the restrictions of χ to the strata of

$$S_\epsilon(z) \cap (X - Z_k) - \mathring{V}_\alpha(L);$$

by integrating controlled vector fields, we obtain the retractions.

1.7.3 Now fix such a γ.

Similarly, if $\beta > 0$ is small enough, the space

$$B_\beta := S_\epsilon(z) \cap [(X - T_\beta(Z_{k+1})) \cup (X - Z) \cap V_\alpha(L)]$$

is a deformation retract of

$$B := S_\epsilon(z) \cap [(X - Z_{k+1}) \cup (X - Z) \cap V_\alpha(L)].$$

Moreover, with $\beta > 0$ small enough, the space

$$B_{\gamma,\beta} := S_\epsilon(z) \cap [(X - T_\gamma(Z_k) \cap T_\beta(Z_{k+1})) \cup (X - Z) \cap V_\alpha(L)]$$

is a deformation retract of A. To prove this last assertion, as we already did above, it is enough to prove that

$$S_\epsilon(z) \cap [(X - T_\gamma(Z_k) \cap T_\beta(Z_{k+1})] - \mathring{V}_\alpha(L)$$

is both a deformation retract of

$$S_\epsilon(z) \cap (X - Z_k) - \mathring{V}_\alpha(L)$$

and of

$$S_\epsilon(z) \cap [(X - T_\gamma(Z_k) \cap T_\beta(Z_{k+1})) \cup ((X - Z_k) \cap V_\alpha(L))] - \mathring{V}_\alpha(L)$$

Again the Whitney stratification of X induces a Whitney stratification of

$$S_\epsilon(z) \cap (X - Z_k) - \mathring{V}_\alpha(L).$$

On each of these strata, on a sufficiently small neighbourhood of Z_k, the differential of the restriction of χ is non-zero and those of χ and ϕ are not collinear with a negative ratio (compare to [H1] Lemma 2.13). This observation allows us to build up a controlled vector field which realizes the desired deformation retractions (compare to (2.2.6) of [H-L2]).

1.7.4 Now fix $\beta > 0$ to get the deformation retractions as above and so that the restrictions of ϕ to all the strata of

$$\partial T_\gamma(Z_k) \cap (B - \mathring{V}_\alpha(L))$$

induced by the ones of X have no critical values in $(0, \beta]$. This second restriction on the choice of β implies that the space

$$S_\epsilon(z) \cap [\overline{T}_\beta(Z_{k+1}) - (T_\gamma(Z_k) \cup \mathring{V}_\alpha(L))]$$

is a topological fibration on

$$S_\epsilon(z) \cap [Z_{k+1} - (T_\gamma(Z_k) \cup \mathring{V}_\alpha(L)]$$

(see the Appendix).

1.7.5 Now we observe that the union of the spaces B_β and

$$E := S_\epsilon(z) \cap [\overline{T}_\beta(Z_{k+1}) - (T_\gamma(Z_k) \cup \mathring{V}_\alpha(L))],$$

where $\overline{T}_\beta(Z_{k+1})$ is the union of $T_\beta(Z_{k+1})$ and $\partial T_\beta(Z_{k+1})$, equals the space $B_{\gamma,\beta}$. According to a theorem of Blakers and Massey (homotopy excision theorem) (cf.[B-M] (Theorem I); see [G-M1] Part II §4.3 and compare with [H2] (Lemma 2)), if we want to compare the homotopy groups of $B_{\gamma,\beta}$ and B_β, we have to compare the homotopy groups of E and $E \cap B_\beta$. So it is enough to prove that E is obtained from $E \cap B_\beta$ by adding cells of dimension $\geq n - i$. As we have a Whitney stratification, the space E fibers over

$$S := S_\epsilon(z) \cap [Z_{k+1} - (T_\gamma(Z_k) \cup \mathring{V}_\alpha(L))]$$

(see the Appendix).

But the fibers of E over S are nothing else but the normal slices of the strata of X with dimension $k+1$. Let $\mathcal{N}$ be one of these normal slices. Then the pair $(\mathcal{N}, \partial\mathcal{N})$ is $(n-k-2)$-connected, because we have $rhd(X) \geq n$ by hypothesis, and the pair $(S, S \cap \partial V_\alpha(L))$ is $(k-i)$-connected because S is a deformation retract of

$$S_\epsilon(z) \cap [Z_{k+1} - Z_k \cup \mathring{V}_\alpha(L)]$$

and we can apply the theorem I.1.1 and the remark I.1.2 i) of [H-L3] (see the condition ii) in the choice of ϵ_0 made above). We shall show with the following lemma that this implies that the pair of spaces

$$(E, E \cap B_\beta)$$

is $((n-k-2)+(k-i)+1)$-connected, i.e. $(n-i-1)$-connected. As we deal here with triangulated spaces (see [Lo]), this homotopy result gives us the result with cells as formulated in Lemma 1.7 above (see [Sw] 6.13). It remains to prove:

Lemma 1.8. *Let (E, E') be a pair of locally trivial topological fibrations over a CW-complex S, let $\pi: E \longrightarrow S$ be the corresponding projection. Let (N, N') be a pair of fibers of these fibrations. Consider S' a subcomplex of S. If (S, S') is $(l-1)$-connected, $l \geq 1$, the space N is contractible and*

$H_j(N, N'; \mathbf{Z}) = 0$, *for* $j \leq n - l - 1$, *then the pair* $(E, E' \cup \pi^{-1}(S'))$ *is* $(n-1)$*-connected.*

In our situation we apply this lemma to the case E and S are as above,

$$E' := S_\epsilon(z) \cap X \cap \{\phi = \beta\} - (T_\gamma(Z_k) \cup V_\alpha(Y))$$

and

$$S' := S_\epsilon(z) \cap (Z_{k+1} - T_\gamma(Z_k)) \cap \partial V_\alpha(Y) = S \cap \partial V_\alpha(Y).$$

Proof of Lemma 1.8: We may assume that S is obtained from S' by adding cells of dimension $\geq l$, because of 6.13 [Sw]. Therefore it is enough to consider the case $(S, S') = (D^j, S^{j-1})$ with $j \geq l$; then E and E' are trivial fibrations, i.e. $E = D^j \times N$ and $E' = D^j \times N'$. As E is contractible, we have to show that $E' \cup \pi^{-1}(S')$ is $(n-2)$-connected. Using Künneth formula and Hurewicz isomorphism it is enough to show that $E' \cup \pi^{-1}(S')$ is simply connected if $n \geq 3$, i.e. the product $(D^j, S^{j-1}) \times (E, E')$ is 2-connected in this case. This is obvious if $j \geq 2$; if $j = 1$, we observe that (N, N') is 1-connected (because N' is $\neq \emptyset$ and 0-connected). We can compare this argument with the one already used in [H3] (p.552). This ends the proof of Lemma 1.8 and Theorem 1.4.

We have a theorem as Theorem 1.4 for the rectified homological depth:

Theorem 1.9. *Let X be a reduced complex analytic space and n a positive integer. The following conditions are equivalent:*

a) $rHd(X, \mathbf{Z}) \geq n$;

b) *If Y is a locally closed complex analytic subspace of X of dimension i, for any point y in Y there is a fundamental system of neighbourhoods U_α of y in X such that the homology groups* $H_j(U_\alpha, U_\alpha - Y; \mathbf{Z})$ are 0 *for* $k < n - i$;

c) *If Y is a locally closed irreducible complex analytic subspace of dimension i, there is an open dense analytic subset Y_0 of Y such that, for any point y in Y_0, there is a fundamental system of neighbourhoods U_α of y in X such that the the homology groups* $H_j(U_\alpha, U_\alpha - Y; \mathbf{Z})$ are 0 *for* $k < n - i$.

The proof of this theorem is similar to the one of Theorem 1.4. Instead of using the theorem of Blakers and Massey as we did above we only need to use the classical excision theorem for singular homology. The Lemma 1.8 is replaced by a similar lemma for homology groups proved by an argument of Mayer-Vietoris type or the Leray spectral sequence for fiber spaces.

A consequence of the preceding theorem is the following relation between perversity and rectified homological depth:

Corollary 1.10. *Let X be a reduced complex analytic space of dimension n, then the rectified homological depth for the rational homology $rHd(X, \mathbf{Q})$ equals n if and only if the constant sheaf of complex numbers on X is perverse.*

Proof: Since the constant sheaf of complex numbers on X obviously satisfies the support condition for perversity, it remains to prove that it satisfies the cosupport condition if and only if the rectified homological depth for the rational homology $rHd(X, \mathbf{Q})$ equals the dimension of the variety X. If X is embedded in a non-singular complex analytic space M, the cosupport condition (see [L-M] (4.6.1) (ii)) means that the k-th cohomology of the Verdier dual $\mathbf{R}\mathcal{H}om_{\mathbf{C}}(\underline{\mathbf{C}}_X[dimX - dimM], \underline{\mathbf{C}}_M)$ of $\underline{\mathbf{C}}_X[dimX - dimM]$ on M has its support in codimension $\geq k$ in M. As the cosupport condition is a local condition, for simplicity, we can assume that X is embedded in a non-singular complex analytic space M. Following the presentation of [D2] (§1, condition (B_N)) or [B-B-D] (condition (c″) of the Introduction p.9) for algebraic varieties, we can express this cosupport condition in terms of local cohomology (in a way it does not depend on the local embedding). If Y is a closed subspace of X, the biduality theorem of Verdier for constructible complexes ([V2] Corollaire 2.6.2) implies that we have an isomorphism between the restriction of the Verdier dual (se [V3]) $D_X(\underline{\mathbf{C}}_X)$ to Y and the Verdier dual of the restriction of the local cohomology complex $\mathbf{R}\Gamma_Y(\underline{\mathbf{C}}_X)$ (see [G-M2] §1.13 Identity (5), compare to [V2] Corollaire 2.6.4).

The complex of sheaves $D_X(\underline{\mathbf{C}}_X)$ has cohomology sheaves which are locally constant on each stratum of a Whitney stratification of X. For any Y which is the closure of a Whitney stratum of X of dimension i, the support condition for $D_X(\underline{\mathbf{C}}_X)$ means that the k-th cohomology of $D_X(\underline{\mathbf{C}}_X)$ vanishes at the general point of Y if $k > n - i$. Using the remark of 1.1.3 and the Theorem 1.9, we have that $rHd(X, \mathbf{Q}) = n$, if and only if, for any Y which is the closure of a Whitney stratum of X of dimension i, the stalk of the k-th cohomology of $\mathbf{R}\Gamma_Y(\underline{\mathbf{C}}_X)$ at any general point of Y is zero, for any $k < n - i$, i.e. if and only if, for any $k > n - i$, the stalk of the k-th cohomology of the complex $D_X(\underline{\mathbf{C}}_X)$ restricted to Y, which is the Verdier dual of $\mathbf{R}\Gamma_Y(\underline{\mathbf{C}}_X)$ on Y, is zero at any general point of Y (compare to [V2] Corollaire 2.6.5), i.e. if and only if the support condition for $D_X(\underline{\mathbf{C}}_X)$ is satisfied.

2. Lefschetz Theorems and rectified homotopical depth.

In [H-L2] we have already proven a quasi-projective Lefschetz theorem, namely (theorem (2.1.4)):

Theorem 2.1. *Let X_0 be a quasi-projective variety. Suppose that the rectified homotopical depth $rhd(X_0) \geq n$. Let $f: X_0 \to \mathbf{P}^N$ be an algebraic morphism with finite fibers. Let L be a projective subspace of $\mathbf{P}^N$ of codimension c and $(x_0 : \ldots : x_N)$ be homogeneous coordinates of $\mathbf{P}^N$ such that*

$$x_0 = \ldots = x_{c-1} = 0$$

are equations of L and let $V_R(L)$ be the neighbourhood of L defined by:

$$V_R(L) := \{(x_0 : \ldots : x_N) \in \mathbf{P}^N \mid \sum_c^N |x_j|^2 \geq R \sum_0^{c-1} |x_k|^2\}$$

then for all $R > 0$ except a finite number the pair $(X_0, X_0 \cap f^{-1}(V_R(L)))$ is $(n-c)$-connected.

Naturally there is a local version of this Lefschetz type theorem which generalizes the Theorem I.1.1 of [H-L3] and the Lemma 1.7 we have proved above to show that our definition of rectified homotopical depth coincides with the one given by Grothendieck.

Let X be a reduced complex analytic space embedded in $\mathbf{C}^N$. Consider a complex analytic closed subspace Z of X and a complex analytic subspace Y of $\mathbf{C}^N$ defined by the holomorphic equations $g_1 = \ldots = g_i = 0$. Let $\psi(x) := \sum |g_j|^2$ and $V_\alpha(Y) := \{x \in \mathbf{C}^N \mid \psi(x) \leq \alpha\}$. Consider a point z of $Z \cap Y$ and denote $S_\epsilon(z)$ the real sphere of $\mathbf{C}^N$ centered at z with radius ϵ. We have:

Theorem 2.2 (Weak local Lefschetz Theorem). *Suppose that the rectified homotopical depth $rhd(X - Z \cup Y)$ is $\geq n$. There exists $\epsilon_0 > 0$, such that, for any ϵ, $\epsilon_0 > \epsilon > 0$, for all $\alpha > 0$ except a finite number, the space $S_\epsilon(z) \cap (X - Z)$ has the homotopy type of a space obtained from $S_\epsilon(z) \cap (X - Z) \cap V_\alpha(Y)$ by adding cells of dimension $\geq n - i$.*

Proof: We shall proceed as in the proof of lemma 1.7 with Y instead of L. First stratify X with a Whitney stratification adapted to the subspace Z, i.e. Z is a union of strata. Denote Z_k the union of Z and the strata of X of dimension $\leq k$. Our theorem will be an immediate consequence of the following lemma:

Lemma 2.3. *Suppose that $rhd(X - Z \cup Y) \geq n$. There exists $\epsilon_0 > 0$, such that for any ϵ, $\epsilon_0 > \epsilon > 0$, for all $\alpha > 0$ except a finite number, the space $S_\epsilon(z) \cap [(X - Z_k) \cup ((X - Z) \cap V_\alpha(Y))]$ has the homotopy type of a* *space obtained from* $S_\epsilon(z) \cap [(X - Z_{k+1}) \cup ((X - Z) \cap V_\alpha(Y))]$ *by adding cells of dimension* $\geq n - i$.

Theorem 2.2 is obtained from this lemma by comparing the cases $k = 0, \ldots, k = dim_z X - 1$.

Proof of Lemma 2.3: Consider equations $f_1 = \ldots = f_r = 0$ of Z_{k+1} and $h_1 = \ldots = h_s = 0$ of Z_k in a neighbourhood U of z in $\mathbf{C}^N$. As above denote $\phi(x) = \sum |f_j(x)|^2$ and $\chi(x) = \sum |h_j(x)|^2$, we define

$$T_\beta(Z_{k+1}) := \{x \in X \cap U \mid \phi(x) < \beta\}$$

and

$$T_\gamma(Z_k) := \{x \in X \cap U \mid \chi(x) < \gamma\}.$$

As we have done in the proof of Lemma 1.7, we choose ϵ_0 as in 1.7.1. Now fix ϵ, $\epsilon_0 > \epsilon > 0$. The Whitney stratification of X induces a Whitney stratification on $S_\epsilon(z) \cap X$ because of the condition i) of 1.7.1. The restrictions of ψ to the strata of $S_\epsilon(z) \cap X$ are real analytic, so they have only a finite number of critical values. We choose an $\alpha > 0$ which is not one of these critical values. As in 1.7.2 we find that, for γ small enough, the space

$$A_\gamma := S_\epsilon(z) \cap [(X - T_\gamma(Z_k)) \cup ((X - Z) \cap V_\alpha(Y))]$$

is a deformation retract of

$$A := S_\epsilon(z) \cap [(X - Z_k) \cup ((X - Z) \cap V_\alpha(Y))].$$

Fix such a γ.

As in 1.7.3, since $\beta > 0$ is small enough, the space

$$B_\beta := S_\epsilon(z) \cap [(X - T_\beta(Z_{k+1})) \cup ((X - Z) \cap V_\alpha(Y))]$$

is a deformation retract of

$$B := S_\epsilon(z) \cap [(X - Z_{k+1}) \cup ((X - Z) \cap V_\alpha(Y))]$$

and moreover with $\beta > 0$ small enough the space

$$B_{\gamma,\beta} := S_\epsilon(z) \cap [(X - T_\gamma(Z_k) \cap T_\beta(Z_{k+1})) \cup ((X - Z) \cap V_\alpha(Y))]$$

is a deformation retract of A.

We want to compare the homotopy groups of the spaces A and B. In view of the homotopy equivalences we have just considered, it is enough to compare the homotopy groups of the spaces $B_{\gamma,\beta}$ and B_β. We observe that $B_{\gamma,\beta}$ equals the union of B_β and

$$E := S_\epsilon \cap (\overline{T}_\beta(Z_{k+1}) - T_\gamma(Z_k) \cup \mathring{V}_\alpha(Y)).$$

As in 1.7.5 we observe that E is a locally trivial topological fibration over the space

$$S := S_\epsilon \cap [Z_{k+1} - T_\gamma(Z_k) \cup \mathring{V}_\alpha(Y)]$$

with fiber the normal slice $\mathcal{N}$ of Z_{k+1} in X (here see the Appendix). But the hypothesis $rhd(X - Z \cup Y) \geq n$ implies that the pair $(\mathcal{N}, \partial\mathcal{N})$ is $(n-k-2)$-connected. Because of the Theorem I.1.1 and the Remark I.1.2 of [H-L3], we know that the pair $(S, S \cap \partial V_\alpha(Y))$ is $(k-i)$-connected, so that as in 1.7.5 the pair

$$(B_{\gamma,\beta}, B_\beta)$$

is $((n-k-2)+(k-i)+1)$-connected by using the theorem of Blakers and Massey and lemma 1.8. This proves Lemma 2.3.

Remark 2.4. In the proof of Lemma 2.3 we only use the fact that the pair $(\mathcal{N}, \partial\mathcal{N})$, defined by a normal slice of a stratum of dimension $k+1$, is $(n-k-2)$-connected. We shall express this fact by saying that $X - Y \cup Z$ has rectified homotopical depth $\geq n$ along $Z_{k+1} - Z_k$. This motivates the following definition:

Definition 2.5. *Let X be a reduced complex analytic space and Z be a complex analytic subspace. We say that the rectified homotopical depth of X along Z is $\geq n$ if, for any locally closed complex analytic subspace Y of Z, for any point z of Y, there is a fundamental system of neighbourhoods U_α of z in X such that the pairs $(U_\alpha, U_\alpha - Y)$ are $(n - i_z - 1)$-connected, with $i_z = dim_z Y$. We shall denote $rhd(X, Z)$ the rectified homotopical depth of X along Z.*

Of course we have a similar definition of the notation $rHd(X, Z, \mathbf{Z})$ for the rectified homological depth of X along Z.

A corollary of Lemma 2.3 and its proof is then the following:

Theorem 2.6. *Let X,Y,Z be as in the theorem 2.2. Consider complex analytic subspaces Z',Z'' of X such that $Z \subset Z' \subset Z''$. Assume now that the rectified homotopical depth $rhd(X - Y \cup Z, Z'' - Z')$ of $X - Y \cup Z$ is $\geq n$ along $Z'' - Z'$. There is $\epsilon_0 > 0$ such that for any ϵ, $\epsilon_0 > \epsilon > 0$, there exists $\alpha_1, \ldots, \alpha_m$ such that for any $\alpha \notin \{\alpha_1, \ldots, \alpha_m\}$, the space $S_\epsilon(z) \cap ((X - Z') \cup ((X - Z) \cap V_\alpha(Y)))$ has the homotopy type of a space* *obtained from $S_\epsilon(z) \cap ((X - Z'') \cup ((X - Z) \cap V_\alpha(Y)))$ by adding cells of dimension $\geq n - i$.*

For the proof let us choose a Whitney stratification of X adapted to Z, Z', Z'' and Y. Let Z_k be the union of $Z' \cup Y$ and of all the strata of $Z'' - (Z' \cup Y)$ of dimension $\leq k$. Then we have the statement of Lemma 2.3 and obtain Theorem 2.6 by comparing the cases $k = 0, \ldots, k = dim_z Z'' - 1$.

Theorem 2.6 implies:

Theorem 2.7. *Let X be a complex analytic space embedded in $\mathbf{C}^N$. Let $Z' \subset Z''$ be closed complex analytic subspaces of X and $z \in X$. Assume that the rectified homotopical depth $rhd(X, Z'' - Z')$ of X along $Z'' - Z'$ is $\geq n$, then, for any $\epsilon > 0$ small enough, the space $S_\epsilon(z) \cap (X - Z')$ has the homotopy type of a space obtained from $S_\epsilon(z) \cap (X - Z'')$ by adding cells of dimension $\geq n - dim_z(Z'')$.*

Proof: We may assume $z \in Z'$. Let L be an affine subspace of $\mathbf{C}^N$ through z of codimension $dim_z Z''$ and such that z is an isolated point of $L \cap Z''$. So $S_\epsilon(z) \cap (X - Z'')$ contains $S_\epsilon(z) \cap X \cap L$. The Theorem 2.6 (with $Z = Z'$) shows that $S_\epsilon(z) \cap (X - Z')$ has the homotopy type of a space obtained from the space

$$S_\epsilon(z) \cap ((X - Z'') \cup ((X - Z') \cap V_\alpha(L))) = S_\epsilon(z) \cap (X - Z'')$$

by adding cells of dimension $\geq n - dim_z Z''$. This shows Theorem 2.7.

Remark 2.8. In the Theorem 2.7 we can replace the sphere $S_\epsilon(z)$ by the ball $B_\epsilon(z)$. It is clear if $z \in Z'$. If $z \notin Z'$, and $z \in Z''$, it is enough to consider the case $Z'' = \{z\}$, because we might first compare the spaces $B_\epsilon(z) \cap (X - Z'')$ and $B_\epsilon(z) \cap (X - \{z\})$ by the beginning of the remark. Then the latter case is an immediate consequence of the hypothesis on the $rhd(X)$ by considering a Whitney stratification of X where $\{z\}$ is a stratum and using Lemma 1.3.

When Y is "in general position" we can replace the spaces $V_\alpha(Y)$ by Y when α is small enough. Namely we have a consequence of Theorem 2.2:

Theorem 2.9. *Let X and Y be complex analytic spaces embedded in $\mathbf{C}^N$, and suppose that Y is defined by i equations. Let Z be a closed complex analytic subspace of X and $z \in Z \cap Y$. Assume that $rhd(X - Y \cup Z) \geq n$ and there is a Whitney stratification $\mathcal{S}$ of X adapted to Z and a Whitney stratification of Y the strata of which are transverse to the strata of Z except maybe at z. Then for any $\epsilon > 0$ small enough the space $S_\epsilon(z) \cap (X - Z)$ has the homotopy type of a space obtained from $S_\epsilon(z) \cap (X - Z) \cap Y$ by adding cells of dimension $\geq n - i$.*

This theorem is an immediate consequence of a lemma similar to Lemma I.4.1.1 of [H-L3] and of Theorem 2.2:

Lemma 2.10. *Let X and Y be complex analytic spaces embedded in $\mathbf{C}^N$, let Z be a closed complex analytic subset of X. Assume that there is a Whitney stratification of X adapted to Z and a Whitney stratification of Y, such that the strata of Z and the ones of Y intersect transversally except possibly at the point z of X. Then, for any ϵ small enough, there is α_0, such that for any α, $\alpha_0 \geq \alpha > 0$, the space $X \cap Y \cap S_\epsilon(z) - Z$ is a deformation retract of $X \cap V_\alpha(Y) \cap S_\epsilon(z) - Z$.*

If Z (resp.Y) is defined by a non negative real analytic function for which the stratification of X (resp.Y) satistisfies the Thom condition the proof of this lemma is the same as the one of Lemma I.4.1.1 in [H-L3]. The only difference is that we are on a set stratified by a Whitney stratification so that we have to build vector fields on each stratum and patch the construction into an integrable rugged vector field in the sense of Verdier (see [V1] p.308) to realize the desired retraction. In general, see the appendix.

Remark 2.11.
i) As $z \in Z$, we may replace S_ϵ by the ball B_ϵ in the statement of the Theorem 2.9. Obviously we may only suppose $z \in Y$.
ii) If $Y \cap Z = \{z\}$, the transversality hypothesis is trivially true. This shows that Theorem 1.6 is a corollary of Theorem 2.9.

Finally we can state a strong local Lefschetz theorem on a singular space:

Theorem 2.12. *Let X be a complex analytic space embedded in $\mathbf{C}^N$. Consider a closed complex analytic subspace Z of X and a point z of X and suppose that $rhd(X - Z) \geq n$. There is an open dense Zariski subset Ω in the projective space of linear hyperplanes of $\mathbf{C}^N$, such that, for any $H \in \Omega$ and any holomorphic function g such that $g(z) = 0$ and $Ker\ dg_z = H$, there is $\epsilon_0 > 0$ such that for any ϵ, $\epsilon_0 > \epsilon > 0$, and any $t \neq 0$ small enough, the pair*

$$(B_\epsilon(z) \cap (X - Z), B_\epsilon(z) \cap (X - Z) \cap Y_t),$$

with $Y_t := \{g = t\}$, is $(n-1)$-connected.

Proof: We fix a Whitney stratification of X adapted to Z. As in the proof of Lemma 2.3, we denote Z_k the union of Z and the strata of X of dimension $\leq k$. Denote $B_\epsilon := B_\epsilon(z)$ and S_ϵ its boundary. Our theorem will be an immediate consequence of the following lemma:

Lemma 2.13. *Suppose that $rhd(X-Z) \geq n$. There exists an open dense Zariski subset Ω in the projective space of linear hyperplanes of $\mathbf{C}^N$, such that, for any $H \in \Omega$ and any holomorphic function g such that $g(z) = 0$ and Ker $dg_z = H$, there is $\epsilon_0 > 0$ such that for any ϵ, $\epsilon_0 > \epsilon > 0$, there is $\eta > 0$ such that, with $Y_t := \{g = t\}$ and $0 < |t| \leq \eta$, the pair of spaces*

$$(B_\epsilon \cap [(X - Z_k) \cup ((X - Z) \cap Y_t], B_\epsilon \cap [(X - Z_{k+1}) \cup ((X - Z) \cap Y_t])$$

is $(n-1)$-connected.

Theorem 2.12 is obtained from this lemma by comparing the case $k = 0$ and $k = dim_z X - 1$.

Proof of Lemma 2.13: We begin as in the proof of Lemma 2.3. Consider equations $f_1 = \ldots = f_r = 0$ of Z_{k+1} and $h_1 = \ldots = h_s = 0$ of Z_k in a neighbourhood U of z in $\mathbf{C}^N$. As above denote $\phi(x) = \sum |f_j(x)|^2$, $\chi(x) = \sum |h_j(x)|^2$,

$$T_\beta(Z_{k+1}) := \{x \in X \cap U \mid \phi(x) < \beta\}$$

and

$$T_\gamma(Z_k) := \{x \in X \cap U \mid \chi(x) < \gamma\}.$$

The stratification of X induces on Z_{k+1} a Whitney stratification which is adapted to Z_k. We refine this stratification so that the new stratification $\mathcal{S}$ satisfies the Thom condition relatively to χ restricted to Z_{k+1}. Now we are in the same situation as in II.1.2. of [H-L3] and the Remark II.1.3 c) of *loc.cit.* shows that there is a Zariski open dense set Ω of the projective space $\check{\mathbf{P}}^{N-1}$ of linear hyperplanes of $\mathbf{C}^N$, such that, for any $H \in \Omega$, and any complex analytic function g such that the differential dg_z is a linear form which defines H, there is $\epsilon_1 > 0$ such that for any ϵ, $0 < \epsilon \leq \epsilon_1$, the restriction of g to the strata of the stratification on $Z_{k+1} \cap \mathring{B}_\epsilon$ induced by $\mathcal{S}$ has maximal rank.

We choose $H \in \Omega$ and a complex analytic function g such that the kernel of dg_z is H and $g(z) = 0$. As we have done in the proof of lemma 1.7, we choose $\epsilon_1 \geq \epsilon_0$ so that:

i) for any ϵ, $\epsilon_0 > \epsilon > 0$, the spheres S_ϵ are contained in U and transverse to the strata of X and of $\mathcal{S}$;

ii) the choice of ϵ_0 gives the conclusions II.1.4 of [H-L3] so that, for any ϵ, $\epsilon_0 > \epsilon > 0$, there is $\eta_1 > 0$ such that for any $t \in \mathbf{C}$, $\eta_1 > |t| > 0$, the pair of spaces

$$(B_\epsilon \cap (Z_{k+1} - Z_k), B_\epsilon \cap (Z_{k+1} - Z_k) \cap Y_t)$$

is k-connected.

Now fix ϵ, $\epsilon_0 > \epsilon > 0$. The Whitney stratification of X induces a Whitney stratification on $B_\epsilon \cap X$ because of the condition i) above. The restrictions of g to the strata of $B_\epsilon \cap X$ are real analytic, so they have only a finite number of critical values. Let η be smaller than η_1 and so that for any t, $\eta \geq |t| > 0$, Y_t is transverse to the strata of $B_\epsilon \cap X$.

Similarly to 1.7.2 we find that, for γ small enough, the space

$$C_\gamma := B_\epsilon \cap [(X - T_\gamma(Z_k)) \cup ((X - Z) \cap Y_t)]$$

is a deformation retract of

$$C := B_\epsilon \cap [(X - Z_k) \cup ((X - Z) \cap Y_t)].$$

Fix such a γ.

As in 1.7.3, for $\beta > 0$ is small enough, the space

$$D_\beta := B_\epsilon \cap [(X - T_\beta(Z_{k+1})) \cup ((X - Z) \cap Y_t)]$$

is a deformation retract of

$$D := B_\epsilon \cap [(X - Z_{k+1}) \cup ((X - Z) \cap Y_t)]$$

and moreover with $\beta > 0$ small enough the space

$$D_{\gamma,\beta} := B_\epsilon(z) \cap [(X - T_\gamma(Z_k) \cap T_\beta(Z_{k+1})) \cup ((X - Z) \cap Y_t)]$$

is a deformation retract of C.

We want to compare the homotopy groups of the spaces C and D. In view of the homotopy equivalences we have just considered, it is enough to compare the homotopy groups of the spaces D_β and $D_{\gamma,\beta}$. In fact we shall estimate the connectivity of the pair of spaces $(D_{\gamma,\beta}, D_\beta)$. We observe that $D_{\gamma,\beta}$ equals the union of D_β and

$$E := B_\epsilon \cap [\overline{T}_\beta(Z_{k+1}) - T_\gamma(Z_k)].$$

As we noticed in 1.7.5, E is a locally trivial topological fibration over the space

$$S := B_\epsilon \cap [Z_{k+1} - T_\gamma(Z_k)]$$

with fiber the normal slice $\mathcal{N}$ of Z_{k+1} in X (see the Appendix). But the hypothesis $rhd(X - Z \cup Y) \geq n$ implies that the pair $(\mathcal{N}, \partial\mathcal{N})$ is $(n-k-2)$-connected. Because of the Theorem II.1.4 of [H-L3], we know that the pair $(S, S \cap Y_t)$ is k-connected, so that, repeating the argument in 1.7.5, the pair $(D_{\gamma,\beta}, D_\beta)$ is $((n-k-2)+k+1)$-connected by using the theorem of Blakers and Massey and Lemma 1.8. This proves Lemma 2.13.

3. Some conjectures of A. Grothendieck.

In [G] (Exposé XIII p.27-30), A. Grothendieck proposed several conjectures in relation with the rectified homotopical depth and theorems of Lefschetz type.

In this chapter we shall prove several of these conjectures.

3.1 Conjecture A.

Let us recall the formulation of Conjecture A:

Conjecture A ("local Hurewicz Theorem"). *Let X be a topological space, Y a locally closed subset, eventually satisfying "smoothness" conditions such as local triangulability of the pair (X, Y), let n be an integer ≥ 3. In order to have prof $htp_Y(X) \geq n$, it is necessary and sufficient that one has*

$$\underline{H}^i_Y(\underline{\mathbf{Z}}_X) = 0 \qquad \text{for} \qquad i < n$$

(then one says that X has cohomological depth $\geq n$ along Y), and that the local fundamental groups

$$\pi^2_Y(X, x) = \varprojlim_{x \in U} \pi_1(U - U \cap Y)$$

vanish (then one says that X is pure along Y).

First we specify what is apparently meant by local triangulability and homotopical depth (*prof htp*) along a subspace:

3.1.1 Definition. *Let X be a topological space and Y a locally closed subspace of X. We say that X is locally triangulable along Y if for any point of x of Y there is a fundamental system of neighbourhoods U_α of x in X such that the pair $(U_\alpha, U_\alpha \cap Y)$ is triangulable.*

Let us assume for the rest of (3.1) that (X, Y) satisfies this condition. Then for any point x of Y there is a good neighbourhood of x in X with regard to Y in the sense of Prill [P]. Therefore we may simplify Grothendieck's original definition of homotopical depth in the following way:

3.1.2 Definition. *The space X has homotopical depth $\geq n$ along Y if, for any $x \in Y$, there is a fundamental system U_α of neighbourhoods of x in X such that the pairs $(U_\alpha, U_\alpha - Y)$ are $(n-1)$-connected.*

Note that this condition is equivalent to the following one:

For any good neighbourhood U of x in X with regard to Y the pair of spaces $(U, U - Y)$ is $(n-1)$-connected.

On the basis of these definitions, as stated, Conjecture A is incorrect; this is related to the fact that the classical Hurewicz isomorphism theorem refers to singular homology, not cohomology.

3.1.3 Example: Let $X = \{\mathbf{z} \in \mathbf{C}^n : z_1^2 + z_2^3 + \ldots + z_n^3 = 0\}$, $n \geq 4$, $Y = \{0\}$. Then X is a good neighbourhood of $\{0\}$ in X with respect to $\{0\}$, because X is weighted homogeneous. According to a result of E. Brieskorn ([B], [H5] Satz 1.1, 1.2), the space $X - \{0\}$ is $(n-3)$-connected and has the same homotopy type as a rational but not integral homology sphere; so

$$H_{n-1}(X, X - \{0\}; \mathbf{Z}) = H_{n-2}(X - \{0\}; \mathbf{Z}) \neq 0,$$

which implies that the homotopical depth of X along $\{0\}$ is not $\geq n$. On the other hand

$$\underline{H}^i_Y(\underline{\mathbf{Z}}_X)_0 = H^i(X, X - \{0\}; \mathbf{Z}) = \tilde{H}^{i-1}(X - \{0\}; \mathbf{Z}) = 0,$$

so $\underline{H}^i_Y(\underline{\mathbf{Z}}_X) = 0$, $i < n$. Since $X - \{0\}$ is simply connected we have that $\pi_0^2(X, 0) = 0$ (in the sense of Grothendieck).

An obvious modification of Conjecture A is to require furthermore that the local cohomology has no torsion in dimension n. It naturally leads to the theorem:

Theorem 3.1.4 ("local Hurewicz Theorem"). *Let X be a topological space, Y a locally closed subspace such that X is locally triangulable along Y. Let n be a non-negative integer. The following conditions are equivalent:*

a) The space X has homotopical depth $\geq n$ along Y;

b) for any point $x \in Y$, there is a fundamental system of neighbourhoods U_α of x in X such that:

$$H_\nu(U_\alpha, U_\alpha - Y; \mathbf{Z}) = 0, \qquad \nu < n$$

$$\pi_1(U_\alpha - Y, y) = 0, \qquad y \in U_\alpha - Y, \qquad \text{if} \qquad n \geq 3$$

Proof: Because X is locally triangulable, we can choose the neighbourhood U_α contractible and it is enough to consider such a good neighbourhood U_α. Now we apply the classical Hurewicz Theorem (cf [Sw] (Theorem 10.25)) to the space $U_\alpha - Y$.

The existence of good neighbourhoods makes the theorem very elementary.

3.2 Conjecture B.

We recall the statement of Conjecture B:

Conjecture B ("purity"). *Let E be an analytic space, X an analytic subset of E. One supposes that E is non-singular and of dimension N at x, and that X can be described by p analytic equations in the neighbourhood of any point. Then the rectified homotopical depth of X is $\geq N - p$.*

Actually this conjecture may hold even if E is singular, as it is stated below:

Theorem 3.2.1. *Let X be a reduced complex analytic space, $rhd(X) \geq n$, and let Y be a complex analytic subspace locally defined on X by i complex analytic equations. Then $rhd(Y) \geq n - i$.*

Proof: As the condition $rhd(Y) \geq n - i$ is local, we can assume that Y is closed in X, defined by i global equations on X, and that there is a finite Whitney stratification of X adapted to Y. Let S be a k-dimensional stratum of Y. Let $y \in S$ and consider a normal slice $\mathcal{N}$ of S in X at the point y. Locally at y this normal slice is defined by k equations. So locally at y the space $\mathcal{N} \cap Y$ is defined by $i + k$ equations. For simplicity assume moreover that locally at y the space X is embedded in $\mathbf{C}^N$. Denote $B_\epsilon := B_\epsilon(y)$ and S_ϵ its boundary. We want to prove that, for $\epsilon > 0$ small enough, the pair $(B_\epsilon \cap Y, B_\epsilon \cap Y - S)$ is $(n-i-k-1)$-connected. Because of Remark 1.1.2, it is equivalent to prove that $B_\epsilon \cap Y \cap \mathcal{N} - \{y\}$ is $(n-i-k-2)$-connected.

This latter fact is consequence of the Theorem 2.9. So, with the notations of the Theorem 2.9, replace Z by $\{y\}$ and Y by $\mathcal{N} \cap Y$, for $\epsilon > 0$ small enough, the pair

$$(S_\epsilon \cap X - \{y\}, S_\epsilon \cap Y \cap \mathcal{N} - \{y\})$$

is $(n - i - k - 1)$-connected. As in Remark 2.11, we obtain that the pair

$$(B_\epsilon \cap X - \{y\}, B_\epsilon \cap Y \cap \mathcal{N} - \{y\})$$

is $(n - i - k - 1)$-connected. As we have assumed that $rhd(X) \geq n$, the space $B_\epsilon \cap X - \{y\}$ is $(n - 2)$-connected which implies that

$$B_\epsilon \cap Y \cap \mathcal{N} - \{y\}$$

is $(n - i - k - 2)$-connected as expected.

Because of the example 1.2 the Conjecture B is an obvious corollary of our theorem.

Furthermore, as Grothendieck already noticed:

Corollary 3.2.2. *If the complex analytic space X is locally a non empty complete intersection of dimension n, we have $rhd(X) = n$.*

3.3 Conjecture C.

Let us recall the formulation of Conjecture C:

Conjecture C ("local Lefschetz Theorem"). *Let X be an analytic space, Y a closed analytic subset, and let x be a point of Y. Suppose that $X - Y$ is Stein in some neighbourhood of x (for example that Y is defined by one equation in x), and that $X - Y$ has rectified homotopical depth $\geq n$ in some neighbourhood of x (for example that $X - Y$ is near x locally a complete intersection of dimension $\geq n$, cf. conjecture B). Then the canonical homomorphism $\pi_i^x(Y) \to \pi_i^x(X)$ is an isomorphism for $i < n-1$, an epimorphism for $i = n-1$.*

Furthermore, Grothendieck adds the following remark: If one replaces the hypothesis that $X - Y$ is Stein by the hypothesis (which will play the rôle of a topological "concavity" condition) that $X - Y$ is a finite union of $c + 1$ open Stein subsets (sc. in some neighbourhood of x) the conclusion should be modified simply by replacing n by $n - c$.

We will prove that Conjecture C holds even in its stronger version described in this remark.

Furthermore we may look at a more general situation where a subspace Z of X is removed, just as in Theorem 2.2 (Weak local Lefschetz Theorem).

Let $\mathcal{W}$ be an open neighbourhood of the origin in $\mathbf{C}^N$. Consider a closed complex analytic subspace X of $\mathcal{W}$. Let Y and Z be closed complex analytic subspaces of X. Let $g_1, \ldots, g_i : \mathcal{W} \to \mathbf{C}$ be holomorphic functions such that $Y = \{z \in \mathcal{W} | g_1(z) = \ldots = g_i(z) = 0\}$, and let $\psi : X \to \mathbf{R}$ be defined by $\psi(z) = \sum |g_j(z)|^2$. For $\alpha > 0$ define $V_\alpha(Y) = \{z \in \mathcal{W} | \psi(z) \leq \alpha\}$. We shall denote B_ϵ the closed ball of $\mathbf{C}^N$ centered at 0 with radius ϵ and S_ϵ its boundary. Then we have:

Theorem 3.3.1 (Generalized weak local Lefschetz Theorem). *Let us suppose that $X - Y$ is the union of $c + 1$ open Stein subsets $U_1,\ldots,U_{c+1}$ and that the rectified homotopical depth $rhd(X - Y \cup Z)$ is $\geq n$. Then there is an $\epsilon_0 > 0$ such that for any ϵ, $0 < \epsilon \leq \epsilon_0$, there exists $\alpha_0 > 0$ such that for any α, $0 < \alpha \leq \alpha_0$, the pair*

$$(S_\epsilon \cap X - Z, S_\epsilon \cap X \cap V_\alpha(Y) - Z)$$

is $(n-c-2)$*-connected.*

Remark 3.3.2. We may take $c = i - 1$,

$$U_j = \{z \in X | g_j(z) \neq 0\},$$

$j = 1, \ldots, i$; in this case Theorem 3.3.1 follows from Theorem 2.2. But in some cases a choice of a smaller c is possible.

Proof: We have supposed that

$$X - Y = U_1 \cup \ldots U_{c+1}$$

where each $U_j, 1 \leq j \leq c+1$ is a Stein open subset. From [N] (Theorem 6), there is an integer m such that for any j, $1 \leq j \leq c+1$, there is an analytic isomorphism h_j of U_j onto a closed analytic subset of $\mathbf{C}^m$.

Let $\phi_j: X \to \mathbf{R}$ be defined by:

$$\phi_j(z) = \begin{cases} e^{-\|h_j(z)\|^2}, & z \in U_j \\ 0 & z \in X - U_j \end{cases}$$

then denote $\phi = \phi_1 + \ldots + \phi_{c+1}$.

Now let us fix a Whitney stratification of X adapted to Z. We shall assume $0 \in Z$ because we consider spaces on the sphere S_ϵ. Consider the function $\chi: X \to \mathbf{R}$ defined by

$$\chi(z) := \sum_{\nu=1}^{N} |z_\nu|^2$$

Now let $\epsilon_0 > 0$ such that:

(i) for any ϵ, $\epsilon_0 \geq \epsilon > 0$, the sphere S_ϵ intersects transversally all the strata of X;

(ii) for any stratum S of X and any point z of $S - Y$, and any $\lambda \in \mathbf{R}$, such that $\chi(z) \leq \epsilon_0^2$ and $d_z(\psi|S) = \lambda d_z(\chi|S)$, then one has $\lambda > 0$.

The first condition is satisfied because the square of the distance function to the point 0 is real analytic and so is the Whitney stratification (because it is complex analytic). The second condition can be satisfied because of [H1] (Lemma 2.13).

Let us fix ϵ, $\epsilon_0 \geq \epsilon > 0$. The Whitney stratification of X induces a Whitney stratification of $X \cap B_\epsilon$. There is $\alpha_0 > 0$ such that for any α, $\alpha_0 \geq \alpha > 0$, the space $\partial V_\alpha(Y)$ is transverse to all the strata of $X \cap B_\epsilon$.

The space $S_\epsilon \cap (X - Z)$ is a deformation retract of $B_\epsilon \cap (X - Z)$, because of the choice of ϵ as in (i) above (compare to the local conic structure [B-V]). For any α, $\alpha_0 \geq \alpha > 0$ the space

$$B_\epsilon \cap X \cap V_\alpha(Y) - Z$$

is homeomorphic to $B_\epsilon \cap (X - Z)$. This can be shown using a suitable controlled vector field the existence of which is guaranteed by the choice of ϵ as in (i), (ii) above; cf. Lemma I.3.2 of [H-L3] in a particular case. Moreover the spaces

$$S_\epsilon \cap X \cap V_\alpha(Y) - Z$$

are a fundamental system of good neighbourhoods of $S_\epsilon \cap X \cap Y$ relatively to $S_\epsilon \cap Z$, so that for any $\alpha \geq \alpha'$, $\alpha_0 \geq \alpha \geq \alpha' > 0$, the space

$$S_\epsilon \cap X \cap V_{\alpha'}(Y) - Z$$

is a deformation retract of (actually homeomorphic to)

$$S_\epsilon \cap X \cap V_\alpha(Y) - Z.$$

Now consider the neighbourhoods of $X \cap Y$ defined by:

$$\mathcal{V}_\beta(X \cap Y) := \{z \in X | \phi(z) \leq \beta\}$$

for $\beta > 0$. Since ϕ is continuous and $B_\epsilon \cap X$ and $S_\epsilon \cap X$ are compact, the spaces $(\mathcal{V}_\beta(X \cap Y) \cap B_\epsilon)$ and $(\mathcal{V}_\beta(X \cap Y) \cap S_\epsilon)$ form a fundamental system of neighbourhoods of $X \cap Y \cap B_\epsilon$ and $X \cap Y \cap S_\epsilon$ in $X \cap B_\epsilon$ and $X \cap S_\epsilon$ respectively. Notice that, even if the $\beta > 0$ are small enough, these spaces are not necessarily good neighbourhoods, because we do not have the condition (ii) above, as we do not know that ϕ is real analytic on X. Thus we fix β small enough such that $\mathcal{V}_\beta(X \cap Y) \cap B_\epsilon$ is contained in

$$B_\epsilon \cap X \cap V_{\alpha_0}(Y) - Z$$

and moreover β is not a critical value of the restriction of ϕ to the strata of $X \cap B_\epsilon$: this is possible because of Sard's theorem. Therefore we have an induced stratification of $B_\epsilon \cap \mathcal{V}_\beta(X \cap Y)$.

We shall actually prove that:

Lemma 3.3.3. *The pair*

$$(B_\epsilon \cap \mathcal{V}_\beta(X \cap Y) - Z, S_\epsilon \cap \mathcal{V}_\beta(X \cap Y) - Z)$$

is $(n - c - 2)$-connected.

First let us show how Lemma 3.3.3 implies the Theorem 3.3.1.

We have the following inclusions of pairs:

$$\begin{aligned}(B_\epsilon \cap X \cap V_\alpha(Y) - Z, S_\epsilon \cap X \cap V_\alpha(Y) - Z)\\ \subset (B_\epsilon \cap \mathcal{V}_\beta(X \cap Y) - Z, S_\epsilon \cap \mathcal{V}_\beta(X \cap Y) - Z)\\ \subset (B_\epsilon \cap X \cap V_{\alpha_0}(Y) - Z, S_\epsilon \cap X \cap V_{\alpha_0}(Y) - Z)\end{aligned}$$

with $\alpha \leq \alpha_0$ small enough.

Because the spaces $B_\epsilon \cap X \cap V_\alpha(Y)$ (resp. $S_\epsilon \cap X \cap V_\alpha(Y)$) are good neighbourhoods of $B_\epsilon \cap X \cap Y$ (resp. $S_\epsilon \cap X \cap Y$) relatively to $Z \cap B_\epsilon$ (resp. $Z \cap S_\epsilon$), the inclusion:

$$\begin{aligned}(B_\epsilon \cap X \cap V_\alpha(Y) - Z, S_\epsilon \cap X \cap V_\alpha(Y) - Z)\\ \subset (B_\epsilon \cap X \cap V_{\alpha_0}(Y) - Z, S_\epsilon \cap X \cap V_{\alpha_0}(Y) - Z)\end{aligned}$$

is a homotopy equivalence. So, if

$$(B_\epsilon \cap \mathcal{V}_\beta(X \cap Y) - Z, S_\epsilon \cap \mathcal{V}_\beta(X \cap Y) - Z)$$

is $(n-c-1)$-connected, for any α, $\alpha_0 \geq \alpha > 0$, the pair

$$(B_\epsilon \cap X \cap V_\alpha(Y) - Z, S_\epsilon \cap X \cap V_\alpha(Y) - Z)$$

is $(n-c-1)$-connected. Now Theorem 3.3.1 follows because $B_\epsilon \cap X \cap V_\alpha(Y) - Z$ and $B_\epsilon \cap X - Z$ are homeomorphic (see above) and $B_\epsilon \cap X - Z$ retracts by deformation on $S_\epsilon \cap X - Z$.

It remains to prove Lemma 3.3.3.

Proof of Lemma 3.3.3: The proof proceeds by stratified Morse theory in the sense of Goresky and MacPherson in [G-M1] on the space

$$M := B_\epsilon \cap \mathcal{V}_\beta(X \cap Y) - Z.$$

The space M having "boundary and corners" we have to adapt this stratified Morse theory to this situation as we have done in the classical case in [H-L1] (3.1.7). The Morse function here is a small perturbation σ of the restriction of $-\chi$ on a neighbourhood of this space starting from the level $-\epsilon^2$ until a level $-\epsilon_1^2$ where $\epsilon_1 > 0$ is small enough. For the sake of simplicity we shall assume that σ is defined on the whole space X.

More specifically, ϵ_1 is chosen in such a way that $B_{\epsilon_1} \cap X$ is contained in $B_\epsilon \cap \mathcal{V}_\beta(X \cap Y)$.

According to the choice of ϵ the restriction of $-\chi$ to the strata in the interior of M has no critical points, so we can assume that the same is true for σ.

Therefore we have only to look at the critical points of the restriction of σ to the strata of the boundary of M. As in (1.2.4) of [H-L2] in order to estimate the indexes of σ at Morse critical points let us look at the Levi form of $-\chi$ first.

If g is a smooth real function in $\mathbf{C}^m$, we shall denote by ∂g the sum $\sum \partial g/\partial z_k dz_k$ and by $L_x g$ the Levi form of g at x defined for any tangent vector v at x by:

$$L_x g(v) = \sum (\partial^2 g/\partial z_k \partial \overline{z}_l) v_k \overline{v}_l$$

Similarly we define the Levi form of a smooth function in $\mathbf{C}^N$ or a complex manifold. We shall denote the Levi form in the same way.

Let $p : \mathbf{C}^m \to \mathbf{R}$ be the square of the norm in $\mathbf{C}^m$ defined by $p(x) = \sum |x_j|^2$. With this notation $\phi_j|U_j = e^{-p \circ h_j}$. Now let S be a stratum of $X - Z$ and $z \in S$. If $z \in U_j$ we have:

$$\partial_z(\phi_j|S) = -\phi_j(z)\partial_z(p \circ h_j|S)$$

and $\partial_z(\phi_j|S) = 0$ otherwise because from its definition the restriction of ϕ_j to the stratum is smooth and its derivatives are 0 outside of U_j. Then inside U_j, the Levi form of the restriction $\phi_j|S$ is

$$L_z(\phi_j|S) = -\phi_j(z)L_z(p \circ h_j|S) + \phi_j(z)|\partial_z(p \circ h_j|S)|^2$$

and outside of U_j it is 0.

The complex linear subspace V_z of the tangent space $T_z S$ where the complex differentials

$$\partial_z(\phi_1|S), \ldots, \partial_z(\phi_{c+1}|S)$$

vanish has codimension $\leq c+1$. As the Levi form of $L_z(p \circ h_j|S)$ is positive definite if $z \in U_j$, the Levi form of $L_z(\phi|S)$ is negative definite on this complex subspace. We consider now the Levi form of σ at a point of S on the boundary of M in the interior of B_ϵ. Because σ is a small deformation of $-\chi$ on a neighbourhood of M, the Levi form of the restriction $\sigma|S$ at a point $z \in S$ is negative definite (compare to (1.2.5) of [H-L2]).

Now consider a critical point z of the restriction of σ on a stratum S_0 of $\partial \mathcal{V}_\beta(X \cap Y) \cap \mathring{B}_\epsilon$, where $\mathring{B}_\epsilon$ is the interior of B_ϵ. Because the stratification of M is induced by the one of X, the stratum S_0 is the intersection of a stratum S of X with $\partial \mathcal{V}_\beta(X \cap Y)$. As z is a critical point of the restriction of σ on the stratum S_0 there is a real number λ such that

$$d_z(\sigma|S) = \lambda d_z(\phi|S).$$

Because we are concerned with Morse theory on a stratified set with boundary, the only critical points which will contribute to the change of topology are the critical points z where $\lambda < 0$. The Hessian H_z at z of the restriction of σ to S_0 equals to twice the restriction of the sum of the Levi form of $\sigma - \lambda\phi$ and the real part $\Re(Q)$ of a complex quadratic form (see [H-L2] (1.2.5)). The Levi form of $\sigma - \lambda\phi$ is therefore negative definite on the intersection of the subspace V_z of T_zS with T_zS_0. In fact, at the critical point z the space V_z is contained in T_zS_0. Using an argument similar to the one of A. Andreotti and T. Frankel in [A-F], if for some vector v of V_z, $\Re(Q)(v) \geq 0$, we have

$$H_z(\sqrt{-1}v) < 0.$$

Hence, the index at the critical point z of the restriction $\sigma|S_0$ is $\geq dimS - c - 1$. A normal slice $\mathcal{N}$ at z of S_0 in $\partial\mathcal{V}_\beta(X \cap Y)$ is a normal slice at z of S in X. The hypothesis on the rectified homotopical depth $rhd(X) \geq n$ tells us that the pair $(\mathcal{N} - (\{z\} \cup Z), F_z - Z)$, where F_z is the complex link of S in X at the point z (see [G-M1] Part II §2.2) is $(n - dim\ S - 1)$-connected. In fact we use the Theorem 3.2.1 to find that the normal slice being defined by $dim\ S$ equations locally at z the rectified homotopical depth of $\mathcal{N} - (\{z\} \cup Z)$ is $\geq n - dim\ S$; then Theorem 2.12 gives our assertion. Therefore the local Morse data (see [G-M1] Part I §10.3 and Part II §2.6) are $(n - dim\ S - 1)$-connected. According to the stratified Morse theory of Goresky and MacPherson (see [G-M1] Part I §10.5), we obtain that

$$(B_\epsilon \cap \mathcal{V}_\beta(X \cap Y) - Z, S_\epsilon \cap \mathcal{V}_\beta(X \cap Y) - Z)$$

is $(n-c-2)$-connected (using [Sw] (Prop. 6.13) we can show that the cells which are locally added have dimension $\geq n - c - 1$). This proves Lemma 3.3.3.

Theorem 3.3.1 has the following corollary if we assume transversality conditions between Y and Z:

Corollary 3.3.4. *Under the same notations and hypothesis of Theorem 3.3.1, assume that there is a Whitney stratification of X adapted to Z and a Whitney stratification of Y, such that the strata of Z and the ones of Y intersect transversally except possibly at the point 0. Then, for any ϵ small enough, the pair $(X \cap B_\epsilon - Z, Y \cap X \cap B_\epsilon - Z)$ is $(n - c - 2)$-connected.*

This corollary is an immediate consequence of Lemma 2.10.

3.4 Conjecture D.

Let us quote Grothendieck's Conjecture D:

Conjecture D ("Global Lefschetz Theorem"). *Let X be a compact analytic space, Y an analytic subspace of X such that $U = X - Y$ is Stein and has rectified homotopical depth $\geq n$ (for instance a local complete intersection of dimension $\geq n$ at any point). Then the canonical homorphism*

$$\pi_i(Y) \to \pi_i(X)$$

is an isomorphism for $i < n-1$, an epimorphism for $i = n-1$.

Furthermore Grothendieck adds a remark similar to the one already quoted in the statement of Conjecture C in the case $X - Y$ is the union of several Stein open subsets.

As we have done in the case of Conjecture C we are led to prove the following theorem, which extends the Theorem 1.1.1 of [H-L2] for the singular case.

Theorem 3.4.1 (Generalized global Lefschetz Theorem). *Let X be a compact reduced complex analytic space, Y and Z be closed complex analytic subspaces of X such that $X - Y$ is the union of $c+1$ open Stein subsets. Assume that the rectified homotopical depth $rhd(X - Y \cup Z)$ is $\geq n$. Let $V(Y)$ be a good neighbourhood of Y in X relatively to Z. Then the pair $(X - Z, V(Y) - Z)$ is $(n-c-1)$-connected.*

Proof: We assume that $X - Y = \cup U_j$ where each $U_j, 1 \leq j \leq c+1$, is a Stein open subset. We procceed in the same way as in the proof of Theorem 3.3.1. According to [N] (Theorem 6) there is an integer m such that, for any $j, 0 \leq j \leq c+1$, there is an analytic isomorphism h_j of U_j onto a closed analytic subset of $\mathbf{C}^m$.

Let $\phi_j : X \to \mathbf{R}$ be defined by:

$$\phi_j(z) = \begin{cases} e^{-\|h_j(z)\|^2}, & z \in U_j \\ 0 & z \in X - U_j \end{cases}$$

then denote $\phi = \phi_1 + \ldots + \phi_{c+1}$.

Now let us fix a Whitney stratification of X adapted to Z. Consider the neighbourhoods of Y defined by:

$$\mathcal{V}_\beta(Y) := \{z \in X | \phi(z) \leq \beta\}$$

for $\beta > 0$. Since ϕ is continuous and X is compact the spaces $\mathcal{V}_\beta(Y)$ form a fundamental system of neighbourhoods of Y in X. In general these spaces are not good neighbourhoods of Y relatively to Z even if β is small enough.

Fix β such that $\mathcal{V}_\beta(Y)$ is contained in the given good neighbourhood $V(Y)$ and β is not a critical value of the restriction of ϕ to the strata of X. This is possible because of Sard's Theorem.

As in the proof of Theorem 3.3.1, we actually prove:

Lemma 3.4.2. *The pair* $(X - Z, \mathcal{V}_\beta(Y) - Z)$ *is* $(n - c - 1)$*-connected.*

Let us show first how this lemma implies Theorem 3.4.1.

We choose another good neighbourhood $V'(Y)$ of Y relatively to Z which is contained in $\mathcal{V}_\beta(Y)$. We have the following inclusions of pairs:

$$(X - Z, V'(Y) - Z) \subset (X - Z, \mathcal{V}_\beta(Y) - Z) \subset (X - Z, V(Y) - Z)$$

Because $V'(Y)$ and $V(Y)$ are good neighbourhoods of Y in X relatively to Z, the inclusion

$$(X - Z, V'(Y) - Z) \subset (X - Z, V(Y) - Z)$$

is a homotopy equivalence, hence if Lemma 3.4.2 is true, Theorem 3.4.1 is true.

Proof of Lemma 3.4.2: We procceed as in the proof of Lemma 3.3.3. We use stratified Morse theory on the space $X - Z$. The Morse function τ will be a small perturbation of the function ϕ. But first we have to estimate the indexes of ϕ at its critical points. Let S be a stratum of X on which the restriction of ϕ has a critical point z. The Hessian of the restriction $\phi|S$ is the sum of 2 times the sum of the Levi form of $\phi|S$ at z and the real part $\Re(Q)$ of a complex quadratic form Q on the tangent space $T_z(S)$. As above the Levi form of $\phi|S$ is negative definite on the complex linear subspace of V_z of the tangent space T_zS where the complex differentials $\partial_z(\phi_1|S), \ldots, \partial_z(\phi_{c+1}|S)$ vanish. This complex subspace has codimension $\leq c$ because z being a critical point of $\phi|S$ we have

$$0 = d_z(\phi|S) = 2\Re\partial_z(\phi_1|S) + \ldots + 2\Re\partial_z(\phi_{c+1}|S)$$

hence there is a linear dependence between the complex differentials

$$\partial_z(\phi_1|S), \ldots, \partial_z(\phi_{c+1}|S).$$

Again the argument of A. Andreotti and T. Frankel gives that the index of the Hessian of $\phi|S$ at z is $\geq dimS - c$.

We are only interested in the critical points of ϕ on the strata of X which lie in the closure of $X - \mathcal{V}_\beta$. This closure being compact, we do as in [M2] Lemma 22.4, and we approximate ϕ by a function τ which is a Morse function in the sense of Goresky and MacPherson in [G-M1] Part I §2.1. If the approximation is good enough, the index of the Hessian at the critical point of the restriction $\tau|S$ of τ on a stratum S is $\geq dimS - c$. So we can estimate the connectivity of the local Morse data of the restriction to $X - Z$ of τ at z. Let $\mathcal{N}$ be a normal slice at z of S in X. The homotopy normal

Morse data is $(\mathcal{N} - \{z\} \cup Z, F_z - Z)$ and, as above, it is $(n - dimS - 1)$-connected because of the hypothesis $rhd(X - Y \cup Z) \geq n$, Theorem 3.2.1 and Theorem 2.12. The local Morse data of the restriction of τ to $X - Z$ at z is therefore $(n - c - 1)$-connected. The stratified Morse theory of Goresky and MacPherson (see [G-M1] Part I §10.4) gives that the pair $(X - Z, \mathcal{V}_\beta(X \cap Y) - Z)$ is $(n - c - 1)$-connected as stated in the Lemma 3.4.2.

Remark 3.4.3. If Y is defined by $c + 1$ global holomorphic equations, the complement $X - Y$ is covered by $c + 1$ Stein open subsets, so we can apply our Theorem.

We have the following consequences of Theorem 3.4.1:

Corollary 3.4.4. *Let $f: X \to X'$ be a finite complex analytic map between compact complex analytic spaces and Z be closed complex analytic subspace of X. Suppose that the rectified homotopical depth $rhd(X - Z)$ is $\geq n$. Let Y' be a closed complex analytic subspace of X' such that $X' - Y'$ is the union of $c + 1$ Stein open subsets. Then, for any good neighbourhood $V(Y)$ of $Y := f^{-1}(Y')$ in X relatively to Z, the pair $(X - Z, V(Y) - Z)$ is $(n - c - 1)$-connected.*

It is enough to observe that the inverse image of a Stein space by a finite complex analytic map is Stein (see [K-K] §73.1). Then we apply Theorem 3.4.1.

Adding some transversality conditions in Theorem 3.4.1, we can replace the good neighbourhood $V(Y)$ by Y using the lemma of the Appendix (compare to [H-L3] Assumption (T) of §I.4.1.).

3.5. Conjecture D'.

In [G], Grothendieck proposed a version of Conjecture D for the case $dimX = 3$. Let us quote his conjecture:

Conjecture D' (Global Lefschetz Theorem for the fundamental group). *Let X be a compact complex analytic space, Y be a closed analytic subset such that $U = X - Y$ is Stein. Suppose moreover that the following conditions are satisfied:*

(i) For any x element of U, the local fundamental group $\pi_2^x(X, x)$ is zero (i.e. X is "pure in x"), or only: the local ring $\mathcal{O}_{X,x}$ is pure.

(ii) The local rings of the points of U are "connected in dimension ≥ 2".

(iii) The local rings of the points of U are of dimension ≥ 3.

Under these hypotheses, for any $x \in X$, the homomorphism

$$\pi_1(Y, y) \longrightarrow \pi_1(X, x)$$

is an isomorphism (and $\pi_2(Y, y) \longrightarrow \pi_2(X, x)$ is an epimorphism).

We want to apply the results of Theorem 3.4.1. It is enough to show that the hypotheses (i), (ii), (iii) correspond to the hypotheses of Theorem 3.4.1 in the case $dimX = 3$.

Theorem 3.5.1. *Let X be a complex analytic space. Suppose that:*

(i) For any point x of X there is a good neighbourhood V_x of x in X such that $\pi_1(V_x - \{x\}, y) = 0$, for any $y \in V_x - \{x\}$.

(ii) For any point x of X and any locally closed complex analytic subspace Y of dimension ≤ 1 which contains x, there is a good neighbourhood V_x of x in X relatively to Y, such that $V_x - Y$ is connected.

(iii) For any point x of X, $dim_x X \geq 3$.

Then $rhd(X) \geq 3$.

3.5.2 Remarks:

According to the definition given by Grothendieck in [G] (Exposé XIII p.26), the point (i) of our theorem corresponds to the point (i) of Conjecture D' as far as the local fundamental group is concerned.

The point (ii) of our theorem corresponds to the point (ii) of Conjecture D', because of the definition in Theorem 2.1 b_k in Exposé XIII p.6 of [G]. So the proof of Theorem 3.5.1 and Corollary 3.4.5 imply Conjecture D'.

Proof of Theorem 3.5.1: Choose a Whitney stratification of X and denote by X_i the union of strata of dimension $\leq i$. Let x be a point in $X_i - X_{i+1}$. Consider a good neighbourhood V of x in X relatively to X_i. By definition we have to prove that the pair $(V, V - X_i)$ is $(2-i)$-connected.

If $i = 0$, it is sufficient to prove that the pair $(V, V - \{x\})$ is 2-connected: it is 0-connected because $dimX \geq 1$ (see condition (iii)); it is 1-connected because of conditions (iii) and (ii); it is even 2-connected since we have also condition (i).

If $i = 1$, then $(V, V - X_1)$ is 1-connected because of (ii) and (iii).

If $i = 2$, the pair of spaces $(V, V - X_2)$ is 0-connected because of (iii).

Remark 3.5.3.

We are not sure whether Conjecture D' still holds if we only assume in (i) that the local ring $\mathcal{O}_{X,x}$ is pure.

4. Further Results.

4.1. Other characterizations of Rectified Homotopical Depth. We have the following characterization of the rectified homotopical depth where it is only necessary to consider local homotopy groups:

Theorem 4.1.1. *Let X a complex analytic space. The following conditions are equivalent:*

a) *$rhd(X) \geq n$;*

b) *for any locally closed complex analytic subspace Y of X, any point $z \in Y$, where Y is defined by k holomorphic equations, there is a fundamental system of neighbourhoods $\mathcal{U}$ of z in Y, such that the pair of spaces $(\mathcal{U},\mathcal{U} - \{z\})$ is $(n-k-1)$-connected;*

c) *for any point x of X, any local embedding at x of X into $\mathbf{C}^N$ and any k, $dim_x X \geq k \geq 0$, there is a non-empty open subset $\mathcal{W}$ of the Grassmannian of linear suspaces of codimension k in $\mathbf{C}^N$, such that the following holds: for any $L \in \mathcal{W}$ and any holomorphic functions $g_1, \ldots, g_k$ whose differentials at z define L, there is a fundamental system of neighbourhoods $\mathcal{U}$ of z in Y, where Y is defined by $g_1, \ldots, g_k$, such that the pair of spaces $(\mathcal{U},\mathcal{U} - \{x\})$ is $(n-k-1)$-connected.*

Proof: The implication a) $\Rightarrow$ b) is easily obtained using Theorem 3.2.1 above which gives that the space Y has rectified homotopical depth $\geq n-k$.

The implication b) $\Rightarrow$ c) is obvious.

Now let us prove c) $\Rightarrow$ a). Let us choose a Whitney stratification of X. Let S be a stratum of X and $x \in S$. We can embed X locally at x into $\mathbf{C}^N$. So any affine space transversal to S at x in $\mathbf{C}^N$ defines a normal slice $\mathcal{N}$ of S in X at x (see [G-M1] Part I §1.4). A normal slice of codimension $dimS$ being defined by $dimS$ analytic equations which are non singular at x, condition c) tells us that the pair $(\mathcal{N}, \mathcal{N} - \{x\})$ is $(n-k-1)$-connected and Remark 1.1.2 above implies that, for any good neighbourhood V of x in X, the pair $(V, V-S)$ is $(n-k-1)$-connected.

We have another characterization of the rectified homotopical depth in terms of the connectivity of the complex links of M. Goresky and R. MacPherson (see [G-M1] Part II §2.2). Before stating the theorem, let us introduce some notations and definitions. If X is a complex analytic space that we stratify with a Whitney stratification, we define the complex link of the stratum S in the following way:

Consider a point x of S and a local embedding at x of X into $\mathbf{C}^N$. Denote $d = dimS$ and consider a general linear projection p of $\mathbf{C}^N$ onto $\mathbf{C}^{d+1}$. For

$\epsilon > 0$ small enough, a general fiber of p over a point near to $p(x)$ intersects $B_\epsilon(x) \cap X$ in the complex link of S. The fact that this complex link does not depend on the point x of S, the general projection p, the small ϵ and the general fiber of p is proved in [G-M1] §2.3 (see [L-T2] §3). In this geometrical setting the normal slice is the inverse image by p restricted to $B_\epsilon(x) \cap X$ of a general line through $p(x)$. Therefore we can view the complex link $\mathcal{L}$ as a subspace of the normal slice $\mathcal{N}$.

The homotopy type of the pair $(\mathcal{N}, \mathcal{L})$ is the same as the homotopy type of the normal Morse data of Goresky and MacPherson (see [G-M1] §2.5).

Theorem 4.1.2. *Let X be a complex analytic space, endowed with a Whitney stratification. The following conditions are equivalent:*

a) $rhd(X) \geq n$;

b) for any stratum S the pair $(\mathcal{N}, \mathcal{L})$ of the normal slice of S in X and the complex link of S in X is $(n - dimS - 1)$-connected and therefore also the normal Morse data of S.

Proof: We show first the implication a) $\Rightarrow$ b): Theorem 3.2.1 gives that the rectified homotopy depth of the normal slice $\mathcal{N}$ is $\geq n - dimS$, because the normal slice is obviously defined by $dimS$ holomorphic equations in X. Theorem 2.12 just gives the desired result.

The implication b) $\Rightarrow$ a) is proved by induction on $dimX$. If $dimX = 0$, there is nothing to be proved. So suppose that $dimX \geq 1$, and that the theorem is true for any complex analytic space of dimension $< dimX$. Let X_i be the union of strata of X of dimension $\leq i$. If $\mathcal{N}$ is the normal slice of X_i at x in X, we have to prove that $(\mathcal{N}, \mathcal{N} - \{x\})$ is $(n-i-1)$-connected. If $i \geq 1$, $rhd(\mathring{\mathcal{N}}) \geq n - i$ by the induction hypothesis applied to $\mathring{\mathcal{N}}$ instead of X ($\mathcal{N}$ has an induced stratification where all normal discs and complex links coincide with those of X along $\mathring{\mathcal{N}}$). The pair $(\mathcal{N}, \mathcal{L})$ of the normal slice and complex link of X_i at x is $(n-i-1)$-connected by hypothesis. So Theorem 2.12 gives that the pair $(\mathcal{N} - \{x\}, \mathcal{L})$ is $(n-i-1)$-connected. But $\mathcal{N}$ being contractible this means that $(\mathcal{N}, \mathcal{N} - \{x\})$ is $(n-i-1)$-connected. If $i = 0$, the preceding result for $i \geq 1$ shows that $rhd(X - X_0) \geq n$ and Theorem 2.12 gives that, after embedding locally X into $\mathbf{C}^N$, for any ϵ small enough, the pair $(B_\epsilon(x) \cap X - \{x\}, \mathcal{L})$ is $(n-1)$-connected. By hypothesis the pair $(B_\epsilon(x) \cap X, \mathcal{L})$ is $(n-1)$-connected. As $B_\epsilon(x) \cap X$ is contractible, finally $(B_\epsilon(x) \cap X, B_\epsilon(x) \cap X - \{x\})$ is $(n-1)$-connected.

4.2. General Strong local Lefschetz Theorem.

We have a more general version of Theorem 2.12 which can be applied to non generic situations.

Theorem 4.2.1. *Let X be a complex analytic space embedded in $\mathbf{C}^N$. Consider a closed complex analytic subspace Z of X and a point z of Z and suppose that the rectified homological depth $rHd(X - Z, \mathbf{Z})$ is $\geq n$. Let $g: U \to \mathbf{C}$ be a holomorphic function defined on an open neighbourhood U of z and $g(z) = 0$. There is $\epsilon_0 > 0$ such that for any ϵ, $\epsilon_0 \geq \epsilon > 0$, there is α_0 such that for any α, $\alpha_0 \geq \alpha > 0$, and any $t \in \mathbf{C}$, $|t| = \alpha$ the pair of spaces*

$$(B_\epsilon(z) \cap (X - Z), ((S_\epsilon(z) \cap g^{-1}(D_\alpha)) \cup (B_\epsilon(z) \cap g^{-1}(t))) \cap (X - Z))$$

is $(n-1)$-connected, where D_α is the closed disc of $\mathbf{C}$ of radius α centered at 0.

Proof: To simplify the notations we shall assume $z = 0$ and we denote by B_ϵ and S_ϵ the spaces $B_\epsilon(0)$ and $S_\epsilon(0)$. Call ψ the real analytic function on U defined by $|g|^2$. First notice that, as the point 0 is in Z, there is ϵ_1 such that for any ϵ, $\epsilon_1 \geq \epsilon > 0$, the space $B_\epsilon \cap (X - Z)$ is homeomorphic to the product of the interval $(0, 1]$ with $S_\epsilon \cap (X - Z)$ because of the local conic structure of singularities (see [B-V] (Lemma 3.2)). Now consider the function $\chi: X \to \mathbf{R}$ defined by

$$\chi(z) := \sum_{\nu=1}^{N} |z_\nu|^2.$$

Let $\epsilon_1 \geq \epsilon_0 > 0$ such that:

(i) for any ϵ, $\epsilon_0 \geq \epsilon > 0$, the sphere S_ϵ is contained in U and intersects all the strata of X transversally;

(ii) for any stratum S of X and any point z of $S - g^{-1}(0)$, and any $\lambda \in \mathbf{R}$, such that $\chi(z) \leq \epsilon_0^2$ and $d_z(\psi|S) = \lambda d_z(\chi|S)$, one has $\lambda > 0$.

Fix ϵ, $\epsilon_0 \geq \epsilon > 0$. There is $\alpha_0 > 0$ such that for any α, $\alpha_0 \geq \alpha > 0$, and for any stratum S of $X \cap S_\epsilon$ the function g restricted to S has no critical values in the punctured disc D_α^*. Now fix α, $\alpha_0 \geq \alpha > 0$.

It is known (see for instance [G-M1] Part II §2.A) that the union

$$(S_\epsilon \cap g^{-1}(D_\alpha)) \cup (B_\epsilon \cap g^{-1}(\partial D_\alpha))$$

is homeomorphic to the sphere S_ϵ by a stratified homeomorphism such that the space $S_\epsilon \cap (X - Z)$ is homeomorphic to

$$(S_\epsilon \cap g^{-1}(D_\alpha)) \cup (B_\epsilon \cap g^{-1}(\partial D_\alpha) \cap (X - Z))$$

Following [L2] (Theorem 1.1) (see [L-T2] (Théorème 2.3.1)) we know that the mappings induced by g

$$g_0: B_\epsilon \cap g^{-1}(\partial D_\alpha) \cap (X - Z) \longrightarrow \partial D_\alpha$$

and

$$g_1 : S_\epsilon \cap g^{-1}(\partial D_\alpha) \cap (X - Z) \longrightarrow \partial D_\alpha$$

are topological fibrations. By excision (Blakers-Massey Theorem) it is enough to show that the pair

$$(B_\epsilon \cap g^{-1}(\partial D_\alpha) \cap (X - Z), (S_\epsilon \cap g^{-1}(\partial D_\alpha)) \cup (B_\epsilon \cap g^{-1}(t) \cap (X - Z)))$$

is $(n-1)$-connected for t, $|t| = \alpha$. By excising $B_\epsilon \cap g^{-1}(t) \cap (X - Z)$, using the trivial fibration over $\partial D_\alpha - \{t\}$, we observe that we have to prove that the product $(F, \partial F) \times (I, \partial I)$, where $F := B_\epsilon \cap g^{-1}(t) \cap (X - Z)$, $\partial F := S_\epsilon \cap g^{-1}(t) \cap (X - Z)$, $I := [0,1]$ and $\partial I := \{0,1\}$, is $(n-1)$-connected.

We apply stratified Morse theory on F, using a small perturbation σ of the restriction of the function $-\chi$. Let x be a critical point of σ on a stratum of F of dimension i. It is enough to prove that the product of the local Morse data (M, M') of σ at x by the pair $(I, \partial I)$ is $(n-1)$-connected. First the local Morse data has the homotopy type of the product of the normal Morse data $(\mathcal{N}, \mathcal{L})$ and a relative cell $(B^j, \partial B^j)$ with $j \geq i$. The hypothesis tells us that the homology groups $H^k(\mathcal{N}, \mathcal{L}; \mathbf{Z})$ vanish for $0 \leq k \leq n-2-i$. Now using Lemma 1.8 for the trivial fibration $(B^j, \partial B^j) \times (I, \partial I) \times (\mathcal{N}, \mathcal{L})$ over $(B^j, \partial B^j) \times (I, \partial I)$, we obviously obtain the desired result.

Corollary 4.2.2. *Under the assumptions of Theorem 4.2.1, assume furthermore that there is a Whitney stratification of X adapted to Z such that the restriction of g to any stratum has no critical point outside z with critical value 0 (i.e. g has an isolated critical point on X relatively to its Whitney stratification in the sense of* [L3] *or is generic in the sense of* [H3] *§2). There is $\epsilon_0 > 0$ such that for any ϵ, $\epsilon_0 \geq \epsilon > 0$, there is $\tau_\epsilon > 0$ such that for any $t \in \mathbf{C}$, $0 < |t| \leq \tau_\epsilon$, the pair $(B_\epsilon(z) \cap (X - Z), B_\epsilon(z) \cap g^{-1}(t) \cap (X - Z))$ is $(n-1)$-connected.*

Proof: Under this new hypothesis there is ϵ_0 eventually smaller than the one chosen in the proof of the preceding theorem, so that the spheres S_ϵ with ϵ, $\epsilon_0 \geq \epsilon > 0$, are transverse to the traces of the strata of X on the fiber $g^{-1}(0)$. We fix ϵ, $\epsilon_0 \geq \epsilon > 0$.

Then there is α such that the restriction of the function g to $S_\epsilon(z) \cap (X - Z)$ has no critical value in the disc D_α, so it induces a trivial topological fibration of $S_\epsilon(z) \cap (X - Z) \cap g^{-1}(D_\alpha)$ over D_α. This obviously implies our corollary by using our theorem 4.2.1.

APPENDIX

In this appendix we shall first prove the following theorem:

Theorem. *Let X be a complex analytic space embedded in a smooth manifold M and $\mathcal{S} = (S_i)_{i \in I}$ a Whitney complex analytic stratification of X. Let N be a real analytic submanifold with corners of codimension 0 in M. Suppose that S_i is a stratum of $\mathcal{S}$ which intersects N, its boundary and corners transversally in M and that $K = N \cap S_i$ is compact. Then there is a system of neighbourhoods U_α of K in $N \cap X$ which admit locally trivial continuous fibrations $\pi_\alpha : U_\alpha \to K$, the fibers being homeomorphic to normal slices of the stratum S_i in X.*

Proof. We use and follow a geometric construction of M.H. Schwartz in [S]. The manifold S_i being a submanifold of M, with an adequate Riemannian metric on M we can define a system of neighbourhoods T_β of S_i in M made of geodesic rays normal to S_i. Furthermore we may suppose that the Riemannian metric is chosen in such a way that the geodesic rays respect the natural stratification of N. So if $\mu > 0$ is sufficiently small, the rays of length μ starting from K form a geodesic tube $T_\mu(K)$ around K in $N \cap X$ (see [S] 2.2).

Now the projection p of $T_\mu(K)$ onto K given by the geodesics defines restrictions to all the strata of the Whitney stratification which contain points of K in their closures. These restrictions have maximal rank on each strata of the interior of $T_\mu(K)$, but furthermore, if μ is small enough, the restrictions on the intersection of these strata and the boundary of $T_\mu(K)$ have also maximal rank. This last assertion results from the existence of transversal fields by M.H. Schwartz. In fact she proves that in the geodesic tube $T_\mu(K)$ there is a vector field v tangent to the strata S_j which vanishes only on K and which makes an angle $\beta(x)$ with the geodesic ray at any $x \in T_\mu(K)$ which tends uniformally to 0 when x tends to any point of K (see [S] Théorème 2.3).

Therefore the geodesic tube $T_\mu(K)$ is naturally stratified by a stratification which satisfies the Whitney condition. Furthermore the smooth map p restricted to all the strata being of maximal rank, the first isotopy theorem of Thom and Mather ([T], [M]) implies that $T_\mu(K)$ is a locally trivial topological stratified fibration on K. The fiber above $x \in K$ is a smooth manifold transverse in M to S_i at x and it obviously intersects X in a normal slice of S_i at a point x.

Putting $U_\alpha := T_{\alpha\mu}(K)$, $0 < \alpha < 1$, we obtain the family mentioned in the theorem.

Remarks.
a) One can start with an arbitrary Riemannian metric on M above and replace $T_\mu(K)$ by the intersection $\tilde{T}_\mu(K)$ of $X \cap N$ by the union of geodesic rays normal to S_i of length μ, since $T_\mu(K)$ and $\tilde{T}_\mu(K)$ can be shown to be homeomorphic (sc. for small μ).
b) In the case of the last assertion of 1.7.4 we consider the tube $\overline{T}_\beta(Z_{k+1})$ (with $\beta > 0$ small enough) instead of $T_\mu(K)$. We define

$$K := S_\epsilon \cap [Z_{k+1} - T_\gamma(Z_k) \cup \mathring{V}_\alpha(L)]$$

Obviously K can be written as $K = S_\epsilon \cap [Z_{k+1} - Z_k] \cap N$ where N is a real analytic submanifold with corners of $M = \mathbf{C}^N$. According to a), we may start from the standard Riemannian metric on $\mathbf{C}^N$ and obtain $\tilde{T}_\mu(K)$. Let ξ be the Euclidian distance from $S_\epsilon \cap [Z_{k+1} - Z_k]$ in $\mathbf{C}^N$. Within a neighbourhood of this subset, the set

$$\{x \in S\colon \text{ there is } \lambda \leq 0 \text{ such that } d_x(\xi|S) = \lambda d_x(\phi|S)\ \}$$

is semi-analytic for every stratum S of $S_\epsilon \cap X \cap N$, so that the Curve Selection Lemma implies that one can construct a homeomorphism of $S_\epsilon \cap [\overline{T}_\beta(Z_{k+1}) - T_\gamma(Z_k) \cup \mathring{V}_\alpha(L)]$ onto $\tilde{T}_\mu(K)$ for small β and μ by integration of a suitable vector field. In the proof of Lemmas 2.3 and 2.13 we proceed similarly.

It remains to prove Lemma 2.10.

Lemma. *Let X and Y be compact real analytic spaces embedded in a compact smooth manifold M, let Z be a closed real analytic subset of X. Assume that there is a Whitney stratification of X adapted to Z and a Whitney stratification of Y, such that the strata of Z and the ones of Y intersect transversally in M. Then, if $V(Y)$ is a good neighbourhood of $Y \cap X$ in X relatively to Z, the space $Y \cap X - Z$ is a deformation retract of $V(Y) - Z$.*

Proof. Let Z_i (resp. Y_i) be the union of all strata of Z (resp. Y) of dimension $\leq i$. Let us choose a Riemannian metric on M. For each submanifold A of M, $\mu > 0$, let $T_\mu(A)$ be the open geodesic μ-neighbourhood of A. Now if $1 \gg \mu_0 \gg \mu_1 \gg \ldots > 0$ and $1 \gg \nu_0 \gg \nu_1 \gg \ldots > 0$, the space

$$\cup_i T_{\mu_i}(Y_i - Y_{i-1}) \cap X - \cup_j T_{\nu_j}(Z_j - Z_{j-1})$$

has a homotopy type independent of the choice of μ_i, ν_j: this follows from the transversality condition which implies similar transversality conditions for the boundaries of the neighbourhoods. It is easy to see that

$$\cup_i T_{\mu_i}(Y_i - Y_{i-1}) \cap X - \cup_j T_{\nu_j}(Z_j - Z_{j-1})$$

is a deformation retract of

$$\cup_i T_{\mu_i}(Y_i - Y_{i-1}) \cap X - Z$$

and that $Y \cap X - \cup_j T_{\nu_j}(Z_j - Z_{j-1})$ is a deformation retract of $Y \cap X - Z$ as well as of

$$\cup_i T_{\mu_i}(Y_i - Y_{i-1}) \cap X - \cup_j T_{\nu_j}(Z_j - Z_{j-1}).$$

So $Y \cap X - Z$ is a deformation retract of

$$\cup_i T_{\mu_i}(Y_i - Y_{i-1}) \cap X - Z.$$

Therefore $\cup_i T_{\mu_i}(Y_i - Y_{i-1}) \cap X$, which is a good neighbourhood of $Y \cap X$ in X is a good neighbourhood of $Y \cap X$ in X with respect to Z. Since good neighbourhoods give the same homotopy type we obtain the statement of the lemma.

Note that we can apply this lemma to Lemma 2.10, since we obtain induced stratifications of $(X \cap S_\epsilon(z), Z \cap S_\epsilon(z))$ and of $Y \cap S_\epsilon(z)$ such that the strata of $Z \cap S_\epsilon(z)$ and of $Y \cap S_\epsilon(z)$ intersect transversally in $S_\epsilon(z)$. Furthermore $X \cap V_\alpha(Y) \cap S_\epsilon(z)$ is a good neighbourhood of $X \cap Y \cap S_\epsilon(z)$ in $S_\epsilon(z)$ with respect to $Z \cap S_\epsilon(z)$.

Bibliography

[A-F] A. Andreotti - T. Frankel, *The Lefschetz theorem on hyperplane sections*, Ann. of Math. (2) **69** (1959), 713-717.

[B-B-D] A.A. Beilinson, J. Bernstein, P.Deligne, *Faisceaux pervers*, Astérisque **100** (1982), 1-172.

[B] E. Brieskorn, *Beispiele zur Differentialtopologie von Singularitäten*, Inventiones Math. **2** (1966), 1-14.

[B-M] A. Blackers - W.S. Massey, *The homotopy groups of a triad, II.* Ann. of Math. **55** (1952), 192-201.

[B-V] D. Burghelea - A. Verona, *Local homological properties of analytic sets*, Manuscripta Math. **7** (1972), 55-66.

[D1] P. Deligne, *Le groupe fondamental du complémentaire d'une courbe plane n'ayant que des points doubles ordinaires est abélien (d'après Fulton)*, Sém. Bourbaki 543, Lect. Notes in Math.**842** (1981), 1-10.

[D2] P. Deligne, *Pureté de la cohomologie de MacPherson-Goresky (d'après un exposé de O. Gabber)*, Preprint, IHES/M/81/8 (Février 1981), 1-9.

[G-M1] M. Goresky - R. MacPherson, Stratified Morse Theory, Springer Ed., Berlin-Heidelberg-New York 1987.

[G-M2] M. Goresky - R. MacPherson, *Intersection Homology II*, Inv.Math. **71** (1983), 77-129.

[G] A. Grothendieck, Cohomologie locale des faisceaux cohérents et théorèmes de Lefschetz locaux et globaux (SGA2), Masson & North-Holland Ed., Paris, Amsterdam, 1968.

[H1] H. A. Hamm, *Lokale topologische Eigenschaften komplexer Raüme*, Math. Ann. **191** (1972), 235-252.

[H2] H. A. Hamm, *Zum Homotopietyp Steinscher Raüme*, J. reine angew. Math. **338** (1983), 121-135.

[H3] H. A. Hamm, *Lefschetz Theorem for singular varieties*, Proc. Symp. Pure Math. **40** Part 1 (1983), Providence, 547-557.

[H4] H. A. Hamm, *On the vanishing of local homotopy groups for isolated singularities of complex spaces*, J. Reine Angew. Math. **323** (1981), 172-176.

[H5] H. A. Hamm, *Exotische Sphären als Umgebungsränder in speziellen komplexen Räumen*, Math. Ann. **197** (1972), 44-56.

[H-L1] H. A. Hamm - Lê D. T., *Un théorème de Zariski du type de Lefschetz*, Ann.Ec.Norm.Sup. **6** (1973), 317-366.

[H-L2] H. A. Hamm - Lê D. T., *Lefschetz Theorems on quasi-projective varieties*, Bull. Soc. Math. France **113** (1985), 123-142.

[H-L3] H. A. Hamm - Lê D. T., *Local Generalizations of Lefschetz-Zariski theorems*, J. reine angew. Math. **389** (1988), 157-189.

[K-K] B. Kaup - L. Kaup, Holomorphic functions of several variables, De Gruyter Ed., Berlin, 1983.

[L1] Lê D. T., *Sur les cycles évanouissants de espaces analytiques*, C. R. Acad. Sc. **288** (1979), 283-285.

[L2] Lê D. T., *Some remarks on relative monodromy*, in "Real and complex singularities", Sijhoff and Noordhoff, Alphen aan den Rijn (1977).

[L3] Lê D. T., *Le concept de singularité isolée de fonction analytique*, Advanced Stud. in Pure Math. **8** (1986), 215-227.

[L-M] Lê D. T. - Z. Mebkhout, *Introduction to linear differential systems*, Proc.Symp.Pure Math. **40** Part 2 (1983), Providence, 31-63.

[L-T1] Lê D. T. - B. Teissier, *Variétés polaires locales et classes de Chern des variétés singulières*, Ann. of Math. **114** (1981), 457-491.

[L-T2] Lê D. T. - B. Teissier, *Cycles evanescents, sections planes et conditions de Whitney.II*, Proc.Symp.Pure Math. **40** Part 2 (1983), Providence, 65-103.

[Lo] Lojasiewicz, *Triangulation of semi-analytic sets*, Ann. Scu. Norm. Pisa (1965), 449-474.

[Ma] J. Mather, Notes on Topological Stability, Mimeographed Notes, Harvard University, July 1970.

[Me] Z. Mebkhout, *Local cohomology of analytic spaces*, Pub. Res. Inst. Math. Sc. **12**, (1977), 247-256.

[M1] J. Milnor, Singular Points of complex Hypersurfaces, Ann. of Math. Stud. **61**, Princeton, 1968.

[M2] J. Milnor, Morse Theory, Ann. of Math. Stud. **51**, Princeton, 1963.

[N] R. Narashiman, *Imbedding of holomorphically complete complex spaces*, Amer. J. of Math. **82** (1960), 917-934.

[P] D. Prill, *Local classification of quotients of complex manifolds by discontinuous groups*, Duke Math. J. **34** (1967), 375-386.

[S] M. H. Schwartz, Champs radiaux et préradiaux, Publications de l'UER Mathématiques pures et appliquées, IRMA, Lille I, **3**, 1986.

[Sw] R. Switzer, Algebraic Topology - Homotopy and Homology, Springer Ed., Berlin-Heidelberg-New York.

[T] B. Teissier, *Multiplicités polaires, sections planes et conditions de Whitney*, Lect.Notes **964** (1983), Springer - Verlag, Berlin - Heidelberg - New York.

[Th] R. Thom, *Ensembles et morphismes stratifiés*, Bull.Amer.Math.Soc. **75** (1969), 240-284.

[V1] J.L. Verdier, *Stratifications de Whitney et théorèmes de Bertini-Sard*, Inv.Math. **36** (1976), 295-312.

[V2] J.L. Verdier, *Classe d'homologie associée à un cycle*, Sém. Ec. Norm. Sup., Astérisque **36-37** (1976), 101-151.

[V3] J.L. Verdier, *Dualité dans la cohomologie des espaces localement compacts*, Séminaire Bourbaki **300**, Publications de l'IHP and Benjamin Pub., 1965-1966.

[W] H. Whitney, *Tangents to an analytic variety*, Ann. of Math. (2) **81** (1965), 496-549.

Helmut A. Hamm
Mathematisches Institut
Universität Münster
Münster, D-4400, FRG

Lê Dũng Tráng
Department of Mathematics
Northeastern University
Boston, MA 02115, USA

Automorphisms of Pure Sphere Braid Groups and Galois Representations

YASUTAKA IHARA

Dedicated to A. Grothendieck on his 60th birthday

Introduction

Let P_n be the pure braid group of the 2-sphere, with n strings ($n \geq 3$), and $\widehat{P}_n$ be its pro-ℓ completion (ℓ : a fixed prime number). We shall study what we call ***the special automorphism groups*** of P_n and $\widehat{P}_n$, and apply it to Galois representations of the type proposed in Grothendieck [7].

The group P_n is equipped with the ***special conjugacy classes*** $\xi_{ij}(= \xi_{ji})$ defined from the (simple positive) intertwining of the i-th and the j-th string ($1 \leq i, j \leq n$, $i \neq j$). An automorphism of P_n (or $\widehat{P}_n$) will be called *special* if it leaves each of these conjugacy classes ξ_{ij} invariant. Consider the standard projection $f_n : P_n \to P_{n-1}$ ($n \geq 4$) obtained by forgetting the n-th string, and its pro-ℓ completion $\hat{f}_n : \widehat{P}_n \to \widehat{P}_{n-1}$. Then their kernels are stable under all special automorphisms (see §1.2). So, $f_n, \hat{f}_n$ induce the homomorphisms between the outer special automorphism groups :

$$i_n : \mathrm{Out}^* P_n \to \mathrm{Out}^* P_{n-1},$$
$$\hat{i}_n : \mathrm{Out}^* \widehat{P}_n \to \mathrm{Out}^* \widehat{P}_{n-1}.$$

The key observation proved in this article is :

The Injectivity Theorems. $i_n, \hat{i}_n$ *are both injective for* $n \geq 5$.

In the discrete case, what this leads to is :

The Vanishing Theorem. $\mathrm{Out}^* P_n = \{1\}$ $(n \geq 3)$.

As S. Morita pointed out to me, this is also a direct consequence of a theorem announced in Ivanov [9] Th.12 on automorphisms of mapping class groups of surfaces with boundaries. But we shall set this injectivity of i_n as our first main goal, because (i) Ivanov's method seems to be geometric and different in nature from ours, and (ii) the injectivity of $\hat{i}_n$ (the pro-ℓ case), which has application to Galois representations, can be established by minor modifications in our arguments for the discrete case (the second goal).

In the pro-ℓ case, $\mathrm{Out}^*\widehat{P}_n$ is an *infinite* pro-ℓ group for each $n \geq 4$, and the injectivity of $\hat{i}_n$ has the following implication. Consider the Galois representation

$$\varphi_{\mathbf{Q}}^{(n)} : \mathrm{Gal}(\overline{\mathbf{Q}}/\mathbf{Q}) \to \mathrm{Out}\ \widehat{P}_n$$

arising from the Galois action on the étale pro-ℓ coverings of the configuration space

$$F_{0,n}\mathbf{P}^1 = \{(z_1, \cdots, z_n) \in (\mathbf{P}^1)^n; \quad z_i \neq z_j \text{ for } i \neq j\}.$$

Then as a corollary of the injectivity of $\hat{i}_n$ $(n \geq 5)$, we obtain :

The Galois Kernel Theorem. *The representations* $\varphi_{\mathbf{Q}}^{(n)}$ $(n \geq 4)$ *have the same kernel.*

The Galois extension $\Omega/\mathbf{Q}$ corresponding to the kernel of $\varphi_{\mathbf{Q}}^{(4)}$ is nothing but the smallest common field of definition for all étale pro-ℓ coverings of

$$F_{0,4}\mathbf{P}^1/PGL_2 \simeq \mathbf{P}^1 - \{0, 1, \infty\}.$$

It is known [8] that Ω is an infinite pro-ℓ extension of $\mathbf{Q}(\mu_{\ell^\infty})$ unramified outside ℓ. The above theorem implies that every étale pro-ℓ covering of $F_{0,n}\mathbf{P}^1/PGL_2$, for $n \geq 4$, has a canonical Ω-structure. If we consider each $\mathrm{Out}^*\widehat{P}_n$ $(n \geq 4)$ as embedded in $\mathrm{Out}^*\widehat{P}_4$ *via* $\hat{i}_5 \circ \cdots \circ \hat{i}_n$, then their intersection contains a subgroup isomorphic to $\mathrm{Gal}\,(\Omega/\mathbf{Q}(\mu_{\ell^\infty}))$;

$$\mathrm{Gal}(\Omega/\mathbf{Q}(\mu_{\ell^\infty})) \subset \bigcap_{n \geq 4} \mathrm{Out}^*\hat{P}_n \subset \mathrm{Out}^*\hat{P}_4.$$

We do not know at present whether the group in the middle is closer to that on the left or that on the right. For further comments related to $\varphi_{\mathbf{Q}}^{(n)}$, see §1.4.

The injectivity of $i_n, \hat{i}_n (n \geq 5)$ is a reflection of some property of the braid monodromy. Roughly speaking, the (outer) action of P_{n-1} on $\mathrm{Ker}\, f_n$ ($\simeq F_{n-2}$,the free group of rank $n-2$) is far from being the trivial action. This makes it "difficult" for a special automorphism of P_n to act trivially on the quotient P_{n-1} without acting innerly on $\mathrm{Ker}\, f_n$. (For some more sketch, see §1.2, and for details, see §§4, 5.) Actually, we shall work more with the *special derivations* of the associated graded Lie algebra $\mathcal{P}_n =$

gr P_n, in order to simplify these arguments. Thus, after precise statements of the main results (§1) and some preliminaries on P_n(§2), our first task is to determine the structure of $\mathcal{P}_n$ *over* $\mathbf{Z}$ explicitly (§3). The structure of $\mathcal{P}_n \otimes \mathbf{Q}$ was determined by Kohno as a special case of his work [11], but we shall proceed directly using explicit generators. In §4, we shall prove a Lie version of the injectivity of i_n, assuming two key lemmas. These lemmas will then be proved in §5. In §6, we reduce the injectivity of i_n to its Lie version. In §7, we indicate the "new" ingredients for the injectivity of the pro-ℓ homomorphism $\hat{i}_n$.

Some analogous results on pure braid groups of punctured Riemann surfaces will be given in a joint paper with M. Kaneko (in preparation).

The author is very grateful to M. Asada, J. Birman, P. Deligne, T. Kohno, S. Morita and Takayuki Oda for helpful communications.

Conventions. In what follows, when topological groups are treated, subgroups will always mean *closed* subgroups, and the commutator (A, B) of two subgroups A, B means *the topological closure of the* algebraic commutator. All homomorphisms (resp. automorphisms) are continuous (resp. bicontinuous), and the short exact sequences

$$1 \to A \to B \to C \to 1$$

are *strict*, i.e., the topology of A (resp. C) is the one obtained by restriction (resp. taking the quotient) of that of B.

§1 The main results.

1.1. Let $\mathbf{P}^1_{\mathbf{C}}$ be the complex projective line, n be an integer with $n \geq 3$, and consider the configuration space

$$(1.1.1) \qquad \begin{aligned} Y_n &= F_{0,n}\mathbf{P}^1_{\mathbf{C}} \\ &= \{(z_1, ..., z_n) \in (\mathbf{P}^1_{\mathbf{C}})^n;\ \ z_i \neq z_j \text{ for } i \neq j\}. \end{aligned}$$

Its fundamental group $P_n = \pi_1(Y_n, b)$ is the pure sphere braid group with n strings ("sphere", because $\mathbf{P}^1_{\mathbf{C}} \approx S^2$ topologically). As a base point $b = (b_1, ..., b_n) \in Y_n$, we shall choose such a point that $b_1, ..., b_n$ lie on the unit circle $S^1 \subset \mathbf{P}^1(\mathbf{C})$ in the anti-clockwise order (Fig 1).

(Fig 1)

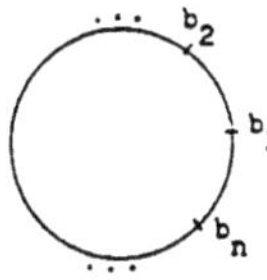

(Fig 2)

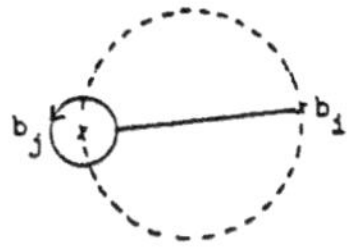

This is an "intrinsic base point" in the sense that if $b' = (b'_1, ..., b'_n)$ is another such base point then there is a canonical identification of $\pi_1(Y_n, b')$

with $\pi_1(Y_n, b)$ *via* an isotopy on S^1. This identification is well-defined, because the element of P_n induced from the rotation of S^1 belongs to the center C_2 of P_n (cf §2.1).

For each i, j $(1 \leq i, j \leq n,\ i \neq j)$, call $x_{ij} = x_{ij}^{(n)}$ the element of

$$\pi_1(\mathbf{P}^1_{\mathbf{C}} - \{b_1, .., \check{b}_i, .., b_n\},\ b_i) \subset P_n \tag{1.1.2}$$

represented by the loop described in Fig 2. Also, for convention, put $x_{ii} = 1 (1 \leq i \leq n)$. Then $x_{ij} = x_{ji}$ (as element of P_n), and as is well-known, P_n is generated by all the x_{ij} 's (§2). We shall consider the following subgroups of the automorphism group Aut P_n and the outer automorphism group Out P_n, respectively.

$$\text{Aut}^* P_n = \{\sigma \in \text{Aut } P_n;\ \sigma x_{ij} \sim x_{ij}\ (1 \leq i, j \leq n)\}, \tag{1.1.3}$$

$$\text{Out}^* P_n = \text{Aut}^* P_n / \text{Int } P_n. \tag{1.1.4}$$

Here, $\sim$ denotes conjugacy in P_n, and Int P_n denotes the inner automorphism group of P_n.

1.2. The following theorem is a direct consequence of Theorem 12 of Ivanov announced in [9], *via* a comparison theorem of Birman [3] (Theorem 4.2).

The Vanishing Theorem. $\text{Out}^* P_n = \{1\} \quad (n \geq 3)$.

The main ingredient for our alternative proof is the following Injectivity Theorem (i). For each $n \geq 4$, consider the natural fibration $Y_n \to Y_{n-1}$ defined by the projection $(z_1, ..., z_n) \mapsto (z_1, ..., z_{n-1})$. This induces a surjective homomorphism $f_n : P_n \to P_{n-1}$. Its kernel is generated by $x_{n1}, ..., x_{n,n-1}$, and hence is stable under any $\sigma \in \text{Aut}^* P_n$. Therefore, f_n induces a homomorphism

$$i_n : \text{Out}^* P_n \to \text{Out}^* P_{n-1}. \tag{1.2.1}$$

The Injectivity Theorem (i). *If $n \geq 5$, i_n is injective.*

Actually we shall prove this *via* its Lie version, but here, we explain the idea in terms of groups. First, $N_n = \text{Ker} f_n$ is generated by $x_{nj} (1 \leq j \leq n-1)$ which satisfy a single relation $x_{n,n-1} \cdots x_{n1} = 1$. (Thus, $N_n \simeq F_{n-2}$.) The centralizer $H = C_{P_n}(x_{n,n-1})$ satisfies $N_n H = P_n$, $N_n \cap H = < x_{n,n-1} >$; hence if $\sigma \in \text{Aut}^* P_n$ acts trivially on P_{n-1}, it acts almost trivially on H. Suppose σ acts trivially on H. Then for each $j (1 \leq j \leq n-2), \sigma(x_{nj})$ must commute with every such element γ of P_n that centralizes both x_{nj} and $x_{n,n-1}$. (Note that $\gamma \in H$; hence $\sigma(\gamma) = \gamma$.) From this we obtain (by explicit calculation of centralizers in P_n) that $\sigma(x_{nj}) \in \langle x_{nj}, x_{n,n-1} \rangle$. This, combined with the relation $\sigma(x_{n,n-1}) \cdots \sigma(x_{n1}) = 1$, leads to : σ must be inner by some power of $x_{n,n-1}$. This last step is done by some (delicate) free Lie calculus.

Remark 1.2.2. The outer automorphism group of the *full* braid group of E^2 is determined in [5]. As for automorphism groups of surface mapping class groups of genus ≥ 2, see also [13]. Our method is quite different from those used in [5] [9] [13].

1.3. Now fix a prime number ℓ, and denote by $\hat{}$ the pro-ℓ completion in the category of groups. Denote the image of x_{ij} under the canonical homomorphism $P_n \to \widehat{P}_n$ also by x_{ij}, call $\hat{f}_n : \widehat{P}_n \to \widehat{P}_{n-1}$ $(n \geq 4)$ the pro-ℓ completion of f_n, and define $\mathrm{Aut}^* \widehat{P}_n, \mathrm{Out}^* \widehat{P}_n$ analogously (i.e., simply replace P_n by $\widehat{P}_n$ in (1.1.3), (1.1.4)). In this pro-ℓ case, $\mathrm{Out}^* \widehat{P}_n$, for each $n \geq 4$, is an *infinite* pro-ℓ group containing the image of a "large Galois representation" (described below). Our main result is :

The Injectivity Theorem (ii). *If $n \geq 5$, the canonical homomorphism*

$$\hat{i}_n : \mathrm{Out}^* \widehat{P}_n \to \mathrm{Out}^* \widehat{P}_{n-1}$$

induced from $\hat{f}_n$ is injective.

An implication of this to Galois representations will be explained below.

1.4. Let $n \geq 4$, use the symbol Y_n now for the $\mathbf{Q}$-scheme $F_{0,n}\mathbf{P}^1$, and consider the exact sequence of algebraic fundamental groups :

$$1 \to \pi_1^{alg}(Y_n \otimes \overline{\mathbf{Q}}) \to \pi_1^{alg}(Y_n) \to G_{\mathbf{Q}} \to 1, \tag{1.4.1}$$

where $G_{\mathbf{Q}} = \mathrm{Gal}(\overline{\mathbf{Q}}/\mathbf{Q})$. This induces a homomorphism of $G_{\mathbf{Q}}$ into the outer automorphism group of $\pi_1^{alg}(Y_n \otimes \overline{\mathbf{Q}})$; and hence also into the outer automorphism group of the pro-ℓ completion $\widehat{P}_n = \pi_1^{pro-\ell}(Y_n \otimes \overline{\mathbf{Q}})$ of P_n :

$$\varphi_{\mathbf{Q}}^{(n)} : G_{\mathbf{Q}} \to \mathrm{Out}\ \widehat{P}_n. \tag{1.4.2}$$

It is easy to see that $\varphi_{\mathbf{Q}}^{(n)}(\sigma) x_{ij} \sim x_{ij}^{\chi(\sigma)}$ $(\sigma \in G_{\mathbf{Q}}, 1 \leq i,j \leq n)$, where $\chi : G_{\mathbf{Q}} \to \mathbf{Z}_\ell^\times$ denotes the ℓ-cyclotomic character describing the $G_{\mathbf{Q}}$-action on μ_{ℓ^∞}. Therefore, $\varphi_{\mathbf{Q}}^{(n)}$ induces a representation

$$\varphi_{\mathbf{Q}(\mu_{\ell^\infty})}^{(n)} : G_{\mathbf{Q}(\mu_{\ell^\infty})} \longrightarrow \mathrm{Out}^* \widehat{P}_n \tag{1.4.3}$$

of $G_{\mathbf{Q}(\mu_{\ell\infty})} = \mathrm{Gal}(\overline{\mathbf{Q}}/\mathbf{Q}(\mu_{\ell\infty}))$. It is easy to see that $\varphi^{(n)}_{\mathbf{Q}(\mu_{\ell\infty})}$ $(n = 4, 5, \ldots)$ are compatible with the $\hat{i}_n$. Since Ker $\varphi^{(n)}_{\mathbf{Q}}$ = Ker $\varphi^{(n)}_{\mathbf{Q}(\mu_{\ell\infty})}$, the Injectivity Theorem (ii) gives :

The Galois Kernel Theorem. Ker $\varphi^{(n)}_{\mathbf{Q}}$ = Ker $\varphi^{(4)}_{\mathbf{Q}}$ $(n \geq 4)$.

Since $Y_4/PGL_2 \simeq \mathbf{P}^1 - \{0, 1, \infty\}$ and

$$P_4 \simeq (\mathbf{Z}/2) \times \pi_1(\mathbf{P}^1 - \{0, 1, \infty\}), \tag{1.4.4}$$

the representation $\varphi^{(4)}_{\mathbf{Q}}$ is essentially the same as the Galois representation in $\pi_1^{pro-\ell}(\mathbf{P}^1 - \{0, 1, \infty\})$ studied in [1],[4],[8] etc. The Galois extension Ω of $\mathbf{Q}$ corresponding to Ker $\varphi^{(4)}_{\mathbf{Q}}$ is an infinite non-abelian pro-ℓ extension of $\mathbf{Q}(\mu_{\ell\infty})$ unramified outside ℓ which is generated by higher circular ℓ-units [1]. The above corollary says that we do not obtain an extension bigger than Ω by considering $\varphi^{(n)}_{\mathbf{Q}}$ for higher n. (This may be regarded as an "affirmative evidence" for the question raised in [1]: "Is Ω the maximal pro-ℓ extension of $\mathbf{Q}(\mu_{\ell\infty})$ unramified outside ℓ ?")

On the other hand, as the Grothendieck program [7] may suggest, the consideration of $\varphi^{(n)}_{\mathbf{Q}}$ for higher n might give more information on the image of $\varphi^{(4)}_{\mathbf{Q}}$ in Out $\widehat{P}_4$. Indeed, Im $\varphi^{(4)}_{\mathbf{Q}(\mu_{\ell\infty})}$ must be contained in the image of Out$^*\widehat{P}_n$ in Out$^*\widehat{P}_4$ for all $n \geq 4$ (and in fact, in that of $(\mathrm{Out}^*\widehat{P}_n)^{S_n}$, the S_n-symmetric part). But the author does not know at present whether the common image of $(\mathrm{Out}^*\widehat{P}_n)^{S_n}$ $(n \geq 4)$ in $(\mathrm{Out}^*\widehat{P}_4)^{S_4}$ is actually smaller than $(\mathrm{Out}^*\widehat{P}_4)^{S_4}$.

§2 Preliminaries on the group P_n.

2.1. Recall that $Y_n = F_{0,n}\mathbf{P}^1_{\mathbf{C}}$ and $P_n = \pi_1(Y_n, b)$ (§1.1). We shall recall some basic known facts concerning P_n necessary for our purpose.

Proposition 2.1.1. $Y_n \approx_{homeo} F_{3,n-3}\mathbf{P}^1_{\mathbf{C}} \times PGL_2(\mathbf{C})$ $(n \geq 3)$, *where*

$$F_{3,n-3}\mathbf{P}^1_{\mathbf{C}} = F_{0,n-3}(\mathbf{P}^1_{\mathbf{C}} - \{0, 1, \infty\})$$

(cf. [3] §1.2 *for the notation* $F_{m,n}$).

Corollary 2.1.2. $P_n \simeq \pi_1(Y_n/PGL_2(\mathbf{C})) \times C_2$ $(n \geq 3)$, *where* $C_2 = \mathbf{Z}/2$.

In particular, $P_3 = \pi_1(PGL_2(\mathbf{C})) \simeq C_2$ and $P_4 = \pi_1(\mathbf{P}^1_{\mathbf{C}} - \{0, 1, \infty\}) \times C_2 \simeq F_2 \times C_2$, where, in general, F_n denotes the free group of rank n. We shall also need the following basic

Proposition 2.1.3 [6]. *If $n \geq 4$, the fibration $Y_n \to Y_{n-1}$ defined by $(z_1, ..., z_n) \to (z_1, ..., z_{n-1})$ has $\mathbf{P}^1_{\mathbf{C}} - \{b_1, ..., b_{n-1}\}$ as the fiber above $(b_1, .., b_{n-1})$, and induces a short homotopy exact sequence*

$$(2.1.4) \qquad 1 \longrightarrow N_n \longrightarrow P_n \xrightarrow{f_n} P_{n-1} \longrightarrow 1,$$

where $N_n = \pi_1(\mathbf{P}^1_{\mathbf{C}} - \{b_1, ..., b_{n-1}\}, b_n) \simeq F_{n-2}$.

Proof $\quad \pi_2(Y_{n-1}(\mathbf{C})) = 1 \quad$ ([6] §II). Q.E.D.

Let $x_{ij} (1 \leq i, j \leq n)$ be the elements of P_n defined in §1. Then by the definition of x_{ij}'s and Prop 2.1.3, it is clear that $\mathrm{Ker} f_n$ is generated by the x_{nj}'s $(1 \leq j \leq n-1)$, and is in fact freely generated by any $n-2$ of them, because $x_{n,n-1} \cdots x_{n1} = 1$. As $f_n(x_{ij}^{(n)}) = x_{ij}^{(n-1)}$ for $i, j < n$ (§1), we obtain by induction on n that P_n is generated by all the x_{ij}'s.

Corollary 2.1.5. (i) *P_n is generated by x_{ij} $(1 \leq i, j \leq n)$;*
(ii) *N_n is freely generated by any $n-2$ of x_{nj} $(1 \leq j \leq n-1)$.*

2.2. The order of multiplication in P_n will be chosen as follows. The class $[\beta \circ \alpha]$ of the composite $\beta \circ \alpha$ of two loops α, β (α first, β next) is, by definition, $[\beta]\,[\alpha]$. For $\gamma_1, \gamma_2 \in P_n$, we define the commutator $(\gamma_1, \gamma_2) = \gamma_1\gamma_2\gamma_1^{-1}\gamma_2^{-1}$.

Proposition 2.2.1. *The generators x_{ij} $(1 \leq i, j \leq n)$ of P_n satisfy the following relations. (In (R3) $\sim$ (R5), i, j, k, ℓ are mutually distinct.)*

$(\mathrm{R1})_n \quad x_{ii} = 1, \quad x_{ij} = x_{ji} \qquad (1 \leq i, j \leq n),$

$(\mathrm{R2})_n \quad x_{in} \cdots x_{i1} = 1 \qquad (1 \leq i \leq n),$

$(\mathrm{R3})_n \quad (x_{k\ell}, x_{ij}) = 1,$ *if* $\{i, j\} \cap \{k, \ell\} = \phi$ *and* b_k, b_ℓ *lie on the same connected component of* $S^1 - \{b_i, b_j\}$.

$(\mathrm{R4})_n \qquad (x_{k\ell}, x_{ij}) = ((x_{ik}^{-1}, x_{i\ell}^{-1}), x_{ij}),$

if $\{i, j\} \cap \{k, \ell\} = \phi$ *and* b_i, b_j, b_k, b_ℓ *lie on* S^1 *in the order as shown by* (Fig 3).

$(\mathrm{R5})_n \quad (x_{k\ell}, x_{ik}) = (x_{ik}^{-1}, x_{i\ell}^{-1}),$ *if* b_i, b_j, b_k *lie on* S^1 *in the order as in* (Fig 4).

(Fig 3)

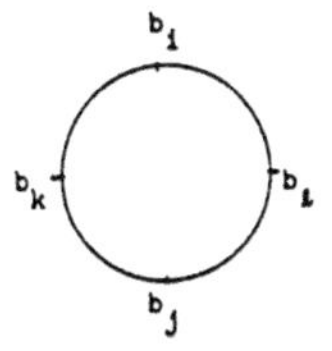

(Fig 4)

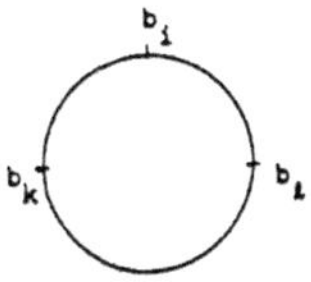

Proof This can be checked directly by chasing the braid monodromy.

Remark 2.2.2 Actually (R1) $\sim$ (R5) together gives the system of *defining* relations for P_n. This is also known and can be proved exactly in the same manner as in the proof of Prop 3.2.1 (its Lie version). But this will not be needed for our purpose (in this form).

2.3. By Cor 2.1.5 (ii), the subgroup $< x_{n1}, ..., x_{n,n-1} >$ of P_n generated by $x_{n1}, ..., x_{n,n-1}$ is normal in P_n and is free of rank $n-2$. By changing indices, we see that, for each $i\,(1 \leq i \leq n)$, $N_n^{(i)} =< x_{i1}, \cdots, x_{in} >$ is also *normal* and *free* of rank $n-2$.

Proposition 2.3.1. *Let* $1 \leq i, j \leq n$, $i \neq j$, *and* $C(x_{ij})$ *be the centralizer of* x_{ij} *in* P_n. *Then* $P_n = N_n^{(i)} \cdot C(x_{ij})$.

Proof If suffices to show that every P_n-conjugate of x_{ij} is an $N_n^{(i)}$-conjugate of x_{ij}. Since P_n is generated by the $x_{k\ell}$'s and $N_n^{(i)}$ is normal in P_n, it suffices to show that $x_{k\ell}\, x_{ij}\, x_{k\ell}^{-1}$ is $N_n^{(i)}$-conjugate to x_{ij} for all k, ℓ. But this is obvious by the relations (R3) $\sim$ (R5). Q.E.D.

§3 The structure of $\mathcal{P}_n = \mathrm{gr}\ P_n$.

3.1. In general, for any topological group G, the graded Lie algebra gr G of G is defined as

$$\mathrm{gr}\, G = \bigoplus_{m \geq 1} \mathrm{gr}^m G = \bigoplus_{m \geq 1} G(m)/G(m+1),$$

where $\{G(m)\}_{m \geq 1}$ is the lower central series of G, ($G(1) = G$, $G(m+1) = (G, G(m))$ $(m \geq 1)$), and $\mathrm{gr}^m G = G(m)/G(m+1)$ is considered as an additive group. If $a \in G(m)$, $b \in G(n)$ $(m, n \geq 1)$ represent $\bar{a} \in \mathrm{gr}^m G, \bar{b} \in \mathrm{gr}^n G$, respectively, then $(a, b) = aba^{-1}b^{-1} \in G(m+n)$, and its projection on $\mathrm{gr}^{m+n} G$ depends only on $\bar{a}, \bar{b}$ which is denoted by $[\bar{a}, \bar{b}]$. By linearity $[\bar{a}, \bar{b}]$ is defined for all $\bar{a}, \bar{b} \in$ gr G, which gives gr G a structure of graded Lie algebra. As a Lie algebra, it is generated by $\mathrm{gr}^1 G$.

In particular, if G is a free (resp. free pro-ℓ) group of rank r on $x_1, \cdots, x_r$, then gr G is a free Lie algebra of rank r over $\mathbf{Z}$(resp. $\mathbf{Z}_\ell$) generated by the classes $X_1, \cdots, X_r \in \mathrm{gr}^1 G$ of $x_1, \cdots, x_r$. Note that any homomorphism $G \to H$ of topological groups induces a homomorphism gr $G \to$ gr H of their graded Lie algebras. It is easy to see that the functor $G \to$ gr G is *right* exact . We shall need the following

Lemma 3.1.1. *Let*

(3.1.2) $$1 \longrightarrow N \longrightarrow G \longrightarrow H \longrightarrow 1$$

be an exact sequence of topological groups such that (i) $(G,N)=(N,N)$, *and (ii)* $\mathrm{gr}\, N$ *has trivial center. Then the natural homomorphism* $\mathrm{gr}\ N \to \mathrm{gr}\ G$ *is injective ; hence* (3.1.2) *induces an exact sequence*

(3.1.3) $$0 \longrightarrow \mathrm{gr}\ N \longrightarrow \mathrm{gr}\ G \longrightarrow \mathrm{gr}\, H \longrightarrow 0.$$

Remark 3.1.4 A similar lemma is given in [12].

Proof By P. Hall (cf.e.g.[14] Th 5.2), if A, B, C are three normal subgroups of any group G, then

(3.1.5) $$(A\,(B,C)) \subset (B\,(C,A))(C\,(A,B)).$$

We shall apply this to prove

$(A)_{m,n}$ $$(G(m), N(n)) \subset N(m+n)$$

$(m,n \geq 1)$. Note that $(A)_{1,1}$ is nothing but the assumption (i). Let us prove $(A)_m$ = "$(A)_{m,n}$ for all $n \geq 1$", by induction on $m \geq 1$. First, for $m=1$, apply (3.1.5) for $A,B,C = G, N, N(n)$, respectively, to prove $(A)_{1,n}$ by induction on $n \geq 1$. This is straightforward. Then apply (3.1.5) for $A,B,C = N(n), G, G(m)$, to prove $(A)_m$ by induction on m. This is again straightforward. Thus, $(A)_{m,n}$ is established.

Now we shall check

$(B)_m$ $$N \cap G(m) = N(m)$$

by induction on $m \geq 1$. For $m=1$, this is obvious. Suppose $(B)_m$ is valid, and take any $n \in N \cap G(m+1)$. Then $n \in N \cap G(m) = N(m)$. As $n \in G(m+1), n$ acts trivially on $N/N(m+2)$ (by $(A)_{m+1,1}$) ; hence the class $\bar{n} \in \mathrm{gr}^m N$ of n centralizes $\mathrm{gr}^1 N$; hence also $\mathrm{gr}\, N$. By assumption (ii) this implies $\bar{n} = 0$, i.e., $n \in N(m+1)$. Therefore, $N \cap G(m+1) \subset N(m+1)$. The other inclusion is obvious. This settles $(B)_m$. This implies that the natural homomorphism $\mathrm{gr}\, N \to \mathrm{gr}\ G$ is injective.

Corollary 3.1.6. *The exact sequence* (2.1.4) *induces an exact sequence*

$$0 \longrightarrow \mathrm{gr}\ N_n \longrightarrow \mathrm{gr}\ P_n \longrightarrow \mathrm{gr}\ P_{n-1} \longrightarrow 0.$$

We shall write $\mathcal{P}_n = \operatorname{gr} P_n$, $\mathcal{N}_n^{(i)} = \operatorname{gr} N_n^{(i)}$ and $\mathcal{N}_n = \mathcal{N}_n^{(n)} = \operatorname{Ker}(\mathcal{P}_n \to \mathcal{P}_{n-1})$. Sometimes the subscript n will be dropped.

3.2. Now we shall determine the structure of $\mathcal{P}_n = \operatorname{gr} P_n$. Call $X_{ij}(1 \leq i, j \leq n)$ the image of x_{ij} in $\operatorname{gr}^1 P_n$. Note that $\mathcal{N}_n^{(i)}$ is a free Lie algebra over $\mathbf{Z}$ generated by (any $n-2$ among) X_{ij}'s $(1 \leq j \leq n, j \neq i)$.

Proposition 3.2.1. *The Lie algebra $\mathcal{P}_n = \operatorname{gr} P_n$ $(n \geq 3)$ is the quotient of the free Lie algebra over $\mathbf{Z}$ generated by X_{ij} $(1 \leq i, j \leq n)$ modulo the following relations.*

[*Linear relations*]	[L1]	$X_{ii} = 0$	$(1 \leq i \leq n)$,
	[L2]	$X_{ij} = X_{ji}$	$(1 \leq i, j \leq n)$,
	[L3]	$\Sigma_{j=1}^n X_{ij} = 0$	$(1 \leq i \leq n)$.
[*Quadratic relations*]	[Q1]	$[X_{ij}, X_{k\ell}] = 0$, *if* $\{i,j\} \cap \{k,\ell\} = \phi$.	

The same statement for $(\operatorname{gr} P_n) \otimes \mathbf{Q}$ was given by Kohno as a special case of his work [11]. We shall give a direct proof which works over $\mathbf{Z}$.

Remark 3.2.2 The elements X_{ij} also satisfy

$$[X_{ij},\ X_{ij} + X_{jk} + X_{ki}] = 0 \quad (i, j, k : \textit{distinct}),$$

but this is a consequence of (L1) $\sim$ (L3), (Q1). (Replace $X_{jk} + X_{ki}$ by $-\Sigma_{\ell \neq i,j} X_{k\ell}$ and use (Q1).)

Proof First, by Prop 2.2.1, the X_{ij}'s generate $\mathcal{P}_n$ and satisfy (L1) $\sim$ (L3), (Q1). Call $\widetilde{\mathcal{P}}_n$ the quotient of the free Lie algebra over $\mathbf{Z}$ generated by the symbols X_{ij}'s *modulo these relations*. Let $\widetilde{\mathcal{P}}_n \to \mathcal{P}_n$ be the projection. We shall show by induction on $n \geq 3$ that this is bijective. For $n = 3$, both are $\mathbf{Z}/2$. For $n \geq 4$, we have a commutative diagram

$$(3.2.3)\qquad \begin{array}{ccccccccc} 0 & \longrightarrow & \widetilde{\mathcal{N}}_n & \longrightarrow & \widetilde{\mathcal{P}}_n & \longrightarrow & \widetilde{\mathcal{P}}_{n-1} & \longrightarrow & 0 \\ & & \downarrow & & \downarrow{\scriptstyle \text{surjective}} & & \downarrow{\scriptstyle \text{isomorphism by induction assumption}} & & \\ 0 & \longrightarrow & \mathcal{N}_n & \longrightarrow & \mathcal{P}_n & \longrightarrow & \mathcal{P}_{n-1} & \longrightarrow & 0, \end{array}$$

where $\widetilde{\mathcal{P}}_n \to \widetilde{\mathcal{P}}_{n-1}$ is defined by $X_{ni} \to 0$ $(1 \leq i \leq n)$. The kernel $\widetilde{\mathcal{N}}_n$ of the projection $\widetilde{\mathcal{P}}_n \to \widetilde{\mathcal{P}}_{n-1}$ is an ideal generated by $X_{n1}, \cdots, X_{n,n-1}$. But it is, in fact, generated by X_{nj}'s as a Lie subalgebra over $\mathbf{Z}$. This is clear because of (Q1) and

$$[X_{kj}, X_{nj}] = [-\Sigma_{\ell \neq j} X_{k\ell}, X_{nj}] = -[X_{kn}, X_{nj}]$$

for $k \neq j, n$. Since we have [L3], $\widetilde{\mathcal{N}}_n$ is generated by $X_{nj}(1 \leq j \leq n-2)$. But $\mathcal{N}_n$ is *free* of rank $n-2$ on these X_{nj}'s ; hence $\widetilde{\mathcal{N}}_n \to \mathcal{N}_n$ must be bijective ; hence $\widetilde{\mathcal{P}}_n \xrightarrow{\sim} \mathcal{P}_n$. Q.E.D.

3.3. In general, for a Lie algebra $\mathcal{L}$, its subalgebra $\mathcal{L}'$, and elements $\alpha, \beta, \cdots \in \mathcal{L}$, we shall denote by $< \alpha, \beta, \cdots >$ the Lie *subalgebra* of $\mathcal{L}$ generated by $\alpha, \beta, \cdots$, and by $C_{\mathcal{L}}(\mathcal{L}')$ the *centralizer* of $\mathcal{L}'$ in $\mathcal{L}$. We shall need the following Lie-analogue of Prop 2.3.1.

Proposition 3.3.1. *Let i, j $(1 \leq i, j \leq n)$ be two distinct indices, and write $C(\ ) = C_{\mathcal{P}_n}(\ )$ for the centralizer in $\mathcal{P}_n$. Then*

$$\begin{aligned}
&(i) \qquad C(X_{ij}) = < X_{ij}, X_{k\ell}\ (k, \ell \in \{1, \cdots, n\} \setminus \{i, j\}) >,\\
&(ii) \qquad \mathcal{P}_n = \mathcal{N}_n^{(i)} + C(X_{ij}),\\
&(iii) \qquad \mathcal{N}_n^{(i)} \cap C(X_{ij}) = \mathbf{Z} \cdot X_{ij} \subset \mathrm{gr}^1 \mathcal{P}_n.
\end{aligned}$$

Proof We may assume $i = n$, $j = n-1$. Put

$$C' = < X_{n,n-1}, X_{k\ell}\ (1 \leq k, \ell \leq n-2) > \subset C(X_{n,n-1}). \tag{3.3.2}$$

By [L2][L3], $\mathcal{P}_n$ is generated by X_{ij} for $i, j \leq n-1$. Apply this for $\mathcal{P}_{n-1}$, and use the projection $\mathcal{P}_n \to \mathcal{P}_{n-1}$, to conclude that

$$\mathcal{P}_n = \mathcal{N} + C'. \tag{3.3.3}$$

Since $\mathcal{N}$ is free on any $n-2$ of $X_{nj}(1 \leq j \leq n-1)$ we have

$$\mathcal{N} \cap C(X_{n,n-1}) = \mathbf{Z} \cdot X_{n,n-1} \subset C'. \tag{3.3.4}$$

But from (3.3.2) $\sim$ (3.3.4) we obtain $C' = C(X_{n,n-1})$. In fact, take any $c \in C(X_{n,n-1})$ and decompose as $c = n + c'$ $(n \in \mathcal{N}, c' \in C')$. Then $n = c - c' \in C(X_{n,n-1}) \cap \mathcal{N} \subset C'$. Therefore, $c \in C'$. Therefore, we obtain (i) $\sim$ (iii). Q.E.D.

§4 Special derivations of $\mathcal{P}_n$; A Lie version of the Injectivity Theorem.

4.1. A derivation $D : \mathcal{P}_n \to \mathcal{P}_n$ of the Lie algebra $\mathcal{P}_n = \operatorname{gr} P_n$ $(n \geq 4)$ will be called a *special derivation* of degree m $(m \geq 1)$, if for each i, j $(1 \leq i, j \leq n)$ there exists some $T_{ij} \in \operatorname{gr}^m P_n$ such that

$$D(X_{ij}) = [T_{ij},\ X_{ij}]. \tag{4.1.1}$$

An inner derivation $\operatorname{Int}(T)$ $(T \in \operatorname{gr}^m \mathcal{P}_n)$ is a special derivation of degree m. The least degree m, for which there exists a special derivation of $\mathcal{P}_n$ of degree m which is *not inner*, is $m = 3$. An example of such a derivation is given by (4.1.1), with

$$T_{ij} = \sum_{k=1}^{n} [X_{ik},\ [X_{ij},\ X_{ik}]] \qquad (1 \leq i, j \leq n). \tag{4.1.2}$$

Now since $\mathcal{N}_n^{(i)}$ $(1 \leq i \leq n)$ is an ideal of $\mathcal{P}_n$ generated by $X_{i1}, \cdots, X_{in}$, each special derivation D maps $\mathcal{N}_n^{(i)}$ into itself. In particular, D *induces* a derivation $\overline{D}$ of $\mathcal{P}_{n-1} = \mathcal{P}_n / \mathcal{N}_n^{(n)}$, which is again a special derivation of degree m such that $\overline{D}(X_{ij}^{(n-1)}) = [\overline{T}_{ij},\ X_{ij}^{(n-1)}]$ $(1 \leq i, j \leq n-1)$, where $\overline{T}_{ij}$ is the image of T_{ij} in $\mathcal{P}_{n-1}$.

4.2. The main aim of §§4 ~ 5 is to prove the following

The Injectivity Theorem (Lie version). *Let $n \geq 5$, and D be a special derivation of $\mathcal{P}_n$ of degree ≥ 1. If the induced derivation $\overline{D}$ of $\mathcal{P}_{n-1}$ is inner, then D itself is inner.*

In this section, we shall reduce this proof to two key lemmas. The proof of these lemmas will be given in §5.

4.3 Key lemmas. Recall §3.3 for the notation $\langle \alpha, \beta, \cdots \rangle$ (subalgebra) and, $\mathcal{C}_{\mathcal{L}}(\mathcal{L}')$ (centralizer).

Lemma 4.3.1. *Let $n \geq 4$, and i, j, k $(1 \leq i, j, k \leq n)$ be mutually distinct. Then*

$$\mathcal{C}_{\mathcal{N}^{(k)}}(\mathcal{C}_{\mathcal{P}}(\langle X_{ki},\ X_{kj} \rangle)) = \langle X_{ki},\ X_{kj} \rangle, \tag{$*$}$$

where $\mathcal{N}^{(k)} = \mathcal{N}_n^{(k)}$, $\mathcal{P} = \mathcal{P}_n$.

Lemma 4.3.2. *Let $\mathcal{L}$ be a free Lie algebra over $\mathbf{Z}$ on $r+1$ variables $X_0, X_1, \cdots, X_r$ $(r \geq 2)$, and put $\mathcal{L}_j = \langle X_0,\ X_j \rangle$ $(1 \leq j \leq r)$. Suppose that $S_j \in \mathcal{L}_j$ $(1 \leq j \leq r)$ and $S \in \mathcal{L}$ are homogeneous elements of degree > 1 such that*

$$[X_1,\ S_1] + \cdots + [X_r,\ S_r] = [X_0 + X_1 + \cdots + X_r,\ S].$$

Then $S = S_1 = \cdots = S_r = 0$.

4.4 Proof of the Injectivity Theorem (Lie version) assuming lemma 4.3.1, 4.3.2.

Let $n \geq 5$, and D be a special derivation of $\mathcal{P}_n$ of degree $m \geq 1$ such that the induced derivation $\overline{D}$ of $\mathcal{P}_{n-1}$ is inner. Our goal is to show that D itself is inner. Obviously, we may assume that $\overline{D} = 0$, i.e., $D(\mathcal{P}_n) \subset \mathcal{N} = \mathcal{N}_n^{(n)}$. Put $D(X_{ij}) = [T_{ij}, X_{ij}]$ ($T_{ij} \in \mathrm{gr}^m P_n$; $1 \leq i, j \leq n$). We may assume that $T_{nj} \in \mathcal{N}$ ($1 \leq j \leq n$), because $\mathcal{P}_n = \mathcal{N} + \mathcal{C}_{\mathcal{P}}(X_{nj})$ (Prop 3.3.1 (ii)). Since we may replace D by $D - \mathrm{Int}(T_{n,n-1})$ without affecting our assumption $\overline{D} = 0$, we may further assume that $D(X_{n,n-1}) = 0$ and $T_{n,n-1} = 0$. We claim that

$$D(\mathcal{C}_{\mathcal{P}}(X_{n,n-1})) = 0. \tag{4.4.1}$$

To check this, take any homogeneous element $\alpha \in \mathcal{C}_{\mathcal{P}}(X_{n,n-1})$. Then $[\alpha, X_{n,n-1}] = 0$. Apply D on this equality, noting $D(X_{n,n-1}) = 0$ and $D(\mathcal{P}_n) \subset \mathcal{N}$, to conclude $D(\alpha) \in \mathcal{C}_{\mathcal{N}}(X_{n,n-1})$. But $\mathcal{C}_{\mathcal{N}}(X_{n,n-1}) = \mathbf{Z} \cdot X_{n,n-1} \subset \mathrm{gr}^1 P_n$ (Prop 3.3.1), and $D(\alpha)$ has degree $= m + \deg \alpha > 1$. Therefore, $D(\alpha) = 0$. This proves (4.4.1).

We now claim that

$$D(X_{ni}) \in \mathcal{C}_{\mathcal{N}}(\mathcal{C}_{\mathcal{P}}\langle X_{ni}, X_{n,n-1}\rangle). \tag{4.4.2}$$

To check this we may assume $i < n-1$, as $D(X_{n,n-1}) = 0$. Take any $\alpha \in \mathcal{C}_{\mathcal{P}}\langle X_{ni}, X_{n,n-1}\rangle$. Then $[X_{ni}, \alpha] = 0$, and by (4.4.1) we have $D(\alpha) = 0$. Therefore, $[D(X_{ni}), \alpha] = 0$. Therefore, $D(X_{ni})$ centralizes $\mathcal{C}_{\mathcal{P}}\langle X_{ni}, X_{n,n-1}\rangle$. As $D(X_{ni}) \in \mathcal{N}$, (4.4.2) follows. By lemma 4.3.1, applied for $k = n$, $j = n-1$, (4.4.2) implies that

$$D(X_{ni}) \in \langle X_{ni}, X_{n,n-1}\rangle \qquad (1 \leq i \leq n-2). \tag{4.4.3}$$

But since $\mathcal{N}$ is free on any $n-2$ of X_{nj} ($1 \leq j \leq n-1$), the multidegree decomposition of $\mathcal{N}$ shows that (4.4.3) implies

$$T_{ni} \in \langle X_{ni}, X_{n,n-1}\rangle \qquad (1 \leq i \leq n-2). \tag{4.4.4}$$

Now since $X_{n1} + \cdots + X_{n,n-1} = 0$ and $D(X_{n,n-1}) = 0$, we have

$$\sum_{j=1}^{n-2} D(X_{nj}) = 0,$$

or equivalently,

$$[T_{n2}, X_{n2}] + \cdots + [T_{n,n-2}, X_{n,n-2}] = [T_{n1}, X_{n2} + \cdots + X_{n,n-1}], \tag{4.4.5}$$

with $T_{nj} \in \langle X_{nj}, X_{n,n-1}\rangle$ $(1 \le j \le n-2)$. Therefore, when $m > 1$, lemma 4.3.2 applied to the case $r = n-3$ (≥ 2) and $X_0 = X_{n,n-1}$ gives

$$T_{nj} = 0 \qquad (1 \le j \le n-2). \tag{4.4.6}$$

When $m = 1$, by (4.4.4) we may assume $T_{ni} = a_i X_{n,n-1}$ $(1 \le i \le n-2)$, with $a_i \in \mathbf{Z}$. But then (4.4.5) imposes that $a_1 X_{n1} + \cdots + a_{n-2} X_{n,n-2}$ commutes with $X_{n,n-1}$. Therefore, $a_1 = \cdots = a_{n-2}$, which we call a. Then $T_{n1} = \cdots = T_{n,n-2} = aX_{n,n-1}$. Therefore, if we replace D by $D - a\,\mathrm{Int}(X_{n,n-1})$, we also obtain (4.4.6). Since $T_{n,n-1} = 0$ (our earlier normalization), (4.4.6) gives

$$D(\mathcal{N}) = 0. \tag{4.4.7}$$

Combining this with (4.4.1) and using Prop 3.3.1 (ii), we obtain $D = 0$, as desired. Thus, the Injectivity Theorem (Lie version) is reduced to lemma 4.3.1, 4.3.2.

§5 Proofs of lemma 4.3.1, 4.3.2.

5.1. In order to prove lemma 4.3.1, we shall first prove the following elementary

Lemma 5.1.1. *Let $\mathcal{L}$ be a free Lie algebra over $\mathbf{Z}$ generated by $X_1, \cdots, X_r, X_{r+1}$ $(r \ge 1)$, and D be a derivation of $\mathcal{L}$ of degree 1 defined by*

$$D(X_1) = \cdots = D(X_r) = 0,$$
$$D(X_{r+1}) = [X_r, X_{r+1}].$$

Then the kernel of D is the subalgebra of $\mathcal{L}$ generated by $X_1, \cdots, X_r$.

Proof Extend D to a derivation of the universal enveloping algebra $\mathcal{A} = \oplus_{m \ge 0} \mathcal{A}_m$ of $\mathcal{L}$, the free associative algebra over $\mathbf{Z}$ generated by $X_1, \cdots, X_{r+1}$. Thus, $D(\alpha \pm \beta) = D(\alpha) \pm D(\beta)$, $D(\alpha\beta) = \alpha D(\beta) + D(\alpha)\beta$ $(\alpha, \beta \in \mathcal{A})$, and

$$D(X_1) = \cdots = D(X_r) = 0, \qquad D(X_{r+1}) = X_r X_{r+1} - X_{r+1} X_r.$$

For each monomial $\xi = X_{i_m} \cdots X_{i_1} \in \mathcal{A}$, define its δ-degree by

$$\begin{aligned} \delta(\xi) &= 0 \qquad & \cdots \text{if } i_\nu \ne r+1, \text{ all } \nu, \\ &= \mathrm{Max}(\nu;\ \ i_\nu = r+1) & \cdots \text{otherwise.} \end{aligned}$$

This measures the position of the leftmost X_{r+1} in ξ, from the right. We shall show that if $D(\alpha) = 0$ for $\alpha \in \mathcal{A}_m$, then α does not contain X_{r+1}. This is sufficient, as the embedding $\mathcal{L} \hookrightarrow \mathcal{A}$ respects the multidegree decomposition. Suppose that α contained X_{r+1}, and express it as a $\mathbf{Z}$ - linear combination of monomials of degree m. For each ν $(0 \le \nu \le m)$, call α_ν

the partial linear combination over the monomials of δ-degree ν. Call μ the smallest ν with $\alpha_\nu \neq 0$. We may assume $\mu > 0$. Put $\alpha' = \alpha - \alpha_\mu$. Then it is clear that (i) each monomial in $D(\alpha')$ has δ-degree $> \mu$, (ii) each monomial in $D(\alpha_\mu)$ has δ -degree $\geq \mu$, and (iii) the contribution of $D(\alpha_\mu)$ to the δ-degree μ is obtained from α_μ by replacing X_{i_μ} $(= X_{r+1})$ by $X_r X_{r+1}$ for each monomial $X_{i_m} \cdots X_{i_1}$ contained in α_μ. Therefore, the μ-part of $D(\alpha)$ cannot vanish. Therefore, $D(\alpha) \neq 0$, a contradiction. Therefore, α cannot contain X_{r+1}. Q.E.D.

5.2 Lemma 5.2.1. *If i, j, k $(1 \leq i, j, k \leq n)$ are distinct, then*

$$\mathcal{C}_{\mathcal{N}^{(k)}}(X_{ij}) = \langle X_{kl}\ ; \quad l \neq i, j, k \rangle.$$

Proof We may assume $i = 1$, $j = 2$, $k = n$. Consider the derivation D of $\mathcal{N} = \mathcal{N}_n^{(n)}$ of degree 1 obtained by restriction of $\mathrm{Ad}(X_{12})$ to the ideal $\mathcal{N}$. Choose X_{ni} $(2 \leq i \leq n-1)$ as a free basis for $\mathcal{N}$. Then

$$D(X_{ni}) = 0 \qquad (i \geq 3),$$
$$D(X_{n2}) = [X_{12}, X_{n2}] = -[X_{1n}, X_{n2}] = [W, X_{n2}],$$

where $W = \sum_{i \geq 3} X_{ni}$. Since we may choose $\{X_{n2}, \cdots, X_{n,n-2}, W\}$ also as a free basis of $\mathcal{N}$, and since $D(W) = 0$, lemma 5.2.1 is reduced to lemma 5.1.1. Q.E.D.

5.3 Proof of lemma 4.3.1. First it is clear that the RHS is contained in the LHS of $(*)$. To prove the other inclusion, we may assume $i = 1$, $j = 2$, $k = n$. Since $\mathcal{C}_{\mathcal{P}}(\langle X_{n1}, X_{n2}\rangle)$ contains all X_{kl} with $3 \leq k, l \leq n-1$, its centralizer in $\mathcal{N} = \mathcal{N}^{(n)}$ is contained in

$$\bigcap_{3 \leq k, l \leq n-1} \mathcal{C}_{\mathcal{N}}(X_{kl}). \tag{5.3.1}$$

But by lemma 5.2.1, $\mathcal{C}_{\mathcal{N}}(X_{kl}) = \langle X_{ni}\ ; \quad i \neq k, l, n \rangle$. Hence (take $k = 3$)

$$\mathcal{C}_{\mathcal{N}}(\mathcal{C}_{\mathcal{P}}(\langle X_{n1}, X_{n2}\rangle)) \subset \bigcap_{4 \leq l \leq n-1} \langle X_{ni}\ ; \quad i \neq 3, l, n \rangle. \tag{5.3.2}$$

By looking at the multidegrees in X_{ni} $(i \neq 3, n)$, we see easily that the intersection on the RHS of (5.3.2) is $\langle X_{n1}, X_{n2}\rangle$. Therefore, the LHS of (5.3.2) is contained in $\langle X_{n1}, X_{n2}\rangle$. Q.E.D.

5.4. We shall proceed to the proof of lemma 4.3.2. First, we need the following probably well-known

Lemma 5.4.1. *Let $\mathcal{L}$ be a free Lie algebra on $X_1, \cdots, X_r$ $(r \geq 2)$ over a domain R of characteristic 0, and embed $\mathcal{L}$ into the free associative algebra $\mathcal{A}$ on $X_1, \cdots, X_r$. If $\alpha \in \mathcal{L}$ is homogeneous with degree > 1 and, as an element of $\mathcal{A}$, divisible by X_1 from the left (i.e., $\alpha = X_1\beta$ with $\beta \in \mathcal{A}$), then $\alpha = 0$.*

Proof Define an R-linear map $\sigma : \mathcal{A} \to \mathcal{L}$ by

$$X_{i_1} \cdots X_{i_m} \quad \longmapsto \quad [X_{i_1}[X_{i_2} \cdots [X_{i_{m-1}}, X_{i_m}] \cdots]].$$

Take any homogeneous element $\alpha \in \mathcal{A}$ of degree $m > 0$. Then α belongs to $\mathcal{L}$ if and only if $\sigma(\alpha) = m\alpha$ (Dynkin-Specht-Wever criterion; cf. [10]V §4, or [14] §5.9). Now let $\alpha \in \mathcal{L}$ be homogeneous of degree $m > 1$ and $\alpha = X_1\beta$ $(\beta \in \mathcal{A})$. Since $\alpha \in \mathcal{L}$, $\sigma(\alpha) = m\alpha$. Moreover, since $\alpha = X_1\beta$, $\sigma(\alpha) = [X_1, \sigma(\beta)]$. Therefore,

$$mX_1\beta = m\alpha = \sigma(\alpha) = X_1\sigma(\beta) - \sigma(\beta)X_1 ;$$

hence $\sigma(\beta) \in X_1\mathcal{A}$. Note that $\sigma(\beta)$ is of degree $m-1$. If $m = 2$, then $\sigma(\beta) = cX_1$ $(c \in R)$; hence $m\alpha = [X_1, \sigma(\beta)] = 0$; hence $\alpha = 0$. If $m > 2$, we obtain by induction on m (which enables us to assume $\sigma(\beta) = 0$) that $\alpha = 0$. Q.E.D.

5.5 Lemma 5.5.1. *Let $\mathcal{L}$ be a free Lie algebra on three independent variables X, Y, Z over a domain R of characteristic 0, and $\mathcal{L}_{X,Y}$ be the free Lie subalgebra of $\mathcal{L}$ generated by X, Y. Let $S \in \mathcal{L}_{X,Y}$ be homogeneous with degree > 1. If $[Z, S] \in [Y, \mathcal{L}]$, then $S = 0$.*

Proof Embed $\mathcal{L}$ into the free associative algebra $\mathcal{A}$ over R on X, Y, Z. Then

$$ZS - SZ = YT - TY \tag{5.5.2}$$

with some $T \in \mathcal{L}$. Decompose each $\alpha \in \mathcal{A}$ uniquely as $\alpha = \alpha_0 \cdot 1 + \alpha_X \cdot X + \alpha_Y \cdot Y + \alpha_Z \cdot Z$, with $\alpha_0 \in R$, $\alpha_X, \alpha_Y, \alpha_Z \in \mathcal{A}$. Take the Z-component of each side of (5.5.2) (noting $S \in \mathcal{L}_{X,Y}$) to obtain $-S = YT_Z$. But then $S \in Y \cdot \mathcal{A}$; hence $S = 0$ by lemma 5.4.1. Q.E.D.

5.6 Proof of lemma 4.3.2. Decompose $\mathcal{L}$ as

$$\mathcal{L} = \oplus_\alpha \mathcal{L}^{(\alpha)} ; \qquad \alpha = (a_0, a_1, \cdots, a_r), \tag{5.6.1}$$

where $\mathcal{L}^{(\alpha)}$ consists of homogeneous elements of multidegree $\alpha = (a_0, \cdots, a_r)$ in $(X_0, \cdots, X_r)$. Now let $S \in \mathcal{L}$, $S_j \in \mathcal{L}_j$ $(1 \leq j \leq r)$ be homogeneous with degree > 1 satisfying

$$[X_1, S_1] + \cdots + [X_r, S_r] = [X_0 + X_1 + \cdots + X_r, S]. \tag{5.6.2}$$

Suppose $S \neq 0$, and decompose S as $S = \sum_\alpha S^{(\alpha)}$, with $S^{(\alpha)} \in \mathcal{L}^{(\alpha)}$. Let $\alpha = (a_0, \cdots, a_r)$ be a multidegree such that, among those α with $S^{(\alpha)} \neq 0$, α has the maximal value of a_0. Then such an α must be *pure*, i.e., there exists only one j $(1 \leq j \leq r)$ with $a_j \geq 1$, and moreover, $a_j > 1$ for this j. In fact, $[X_0, S^{(\alpha)}]$ is *the* $(a_0 + 1, a_1, \cdots, a_r)$-component of the RHS of (5.6.2), but from the LHS of (5.6.2) appears only pure multidegrees. That $a_j > 1$ is obvious (if $a_j = 1$, S_j cannot exist). Now choose any index i with $1 \leq i \leq r$ and $i \neq j$. (This is possible because $r \geq 2$.) We shall show that

$$[X_i, S^{(\alpha)}] \in [X_0, \mathcal{L}]. \tag{5.6.3}$$

To show this, note first that $[X_i, S^{(\alpha)}]$ is of degree a_0 in X_0, 1 in X_i, $a_j > 1$ in X_j, and degree 0 in all other variables. Such an element cannot come from the LHS of (5.6.2), and hence it must be cancelled out by some linear combination of *other* terms $[X_k, S^{(\beta)}]$, $\beta = (b_0, \cdots, b_r)$ on the RHS. If $k \neq 0$ then $b_0 = a_0$; hence β must also be pure. In this case $[X_i, S^{(\alpha)}]$ and $[X_k, S^{(\beta)}]$ can have the same multidegree only if $k = i$ and $\beta = \alpha$, which is an excluded case. Therefore, $k = 0$, and hence $[X_i, S^{(\alpha)}] \in [X_0, \mathcal{L}]$. Now apply lemma 5.5.1 for $X = X_j, Y = X_0$ and $Z = X_i$, to conclude $S^{(\alpha)} = 0$, a contradiction. Therefore, $S = 0$. Therefore, the multidegree decomposition of each side of (5.6.2) gives $S_1 = \cdots = S_r = 0$. Q.E.D.

§6 Proof of the Vanishing Theorem.

6.1. The main ingredient of the Vanishing Theorem is the following

The Injectivity Theorem (i). *If $n \geq 5$, the canonical homomorphism*

$$i_n : \quad \mathrm{Out}^* P_n \to \mathrm{Out}^* P_{n-1}$$

is injective.

First, we shall show how this leads to the Vanishing Theorem. As $P_3 \simeq C_2, \mathrm{Out}^* P_3 = (1)$. Thus, we have only to know $\mathrm{Out}^* P_4 = (1)$. But $P_4 \simeq C_2 \times F_2$, where $F_2 = \mathrm{Ker}(P_4 \to P_3)$. Thus, each element σ of $\mathrm{Aut}^* P_4$ respects this decomposition, inducing an automorphism of F_2. Clearly, such an automorphism of F_2 acts trivially on the abelianization F_2^{ab}. But by a classical result of J.Nielsen [15], such an automorphism of F_2 must be inner. Therefore, $\mathrm{Out}^* P_4 = (1)$. Therefore, the Vanishing Theorem is a consequence of the Injectivity Theorem (i).

6.2. We shall reduce the Injectivity Theorem (i) to its Lie version (§4.2). In this step we need the following

Lemma 6.2.1. *Consider the projective limit*
$$\widehat{P}_n = \varprojlim_m (P_n/P_n(m)).$$
Then, (i) *the canonical homomorphism* $P_n \to \widehat{P}_n$ *is injective;* (ii) *if* $\hat{t} \in \widehat{P}_n$ *is such that* $\mathrm{Int}(\hat{t}) : \gamma \to \hat{t}\gamma\hat{t}^{-1}$ *stabilizes* P_n *and induces on* P_n *an automorphism belonging to* $\mathrm{Aut}^* P_n$, *then* $\hat{t} \in P_n$.

Proof (i) This is equivalent to $\bigcap_m P_n(m) = (1)$, which we shall prove by induction on $n \geq 3$. When $n = 3$, $P_3 = C_2$ and $P_3(2) = (1)$. Let $n \geq 4$. Then the projection $f_n : P_n \to P_{n-1}$ maps $P_n(m)$ onto $P_{n-1}(m)$. Therefore, by the induction assumption, $\bigcap_m P_n(m) \subset N_n = \mathrm{Ker} f_n \simeq F_{n-2}$. Moreover, by lemma 3.1.1, we have

$$P_n(m) \cap N_n = N_n(m). \tag{6.2.2}$$

Therefore, $\bigcap_m P_n(m) \subset \bigcap_m N_n(m) = (1)$ (the last equality for the free group being well-known).

Incidentally, (6.2.2) shows that $\widehat{N}_n = \varprojlim_m N_n/N_n(m)$ is *injectively* mapped into $\widehat{P}_n$.

(ii) This proof will be by induction on $n \geq 3$, using the exact sequence
$$1 \longrightarrow \widehat{N}_n \longrightarrow \widehat{P}_n \longrightarrow \widehat{P}_{n-1} \longrightarrow 1.$$
The induction assumption implies that we may assume $\hat{t} \in \widehat{N}_n$. Then $\mathrm{Int}(\hat{t})$ induces an automorphism of $\widehat{N}_n$ stabilizing $N_n = \widehat{N}_n \cap P_n$. (The last equality is obvious, as $P_{n-1} \to \widehat{P}_{n-1}$ is injective.) Since this automorphism is assumed to belong to $\mathrm{Aut}^* P_n$, and since each P_n-conjugate of x_{ni} $(1 \leq i \leq n-1)$ is an N_n -conjugate of x_{ni} (Prop. 2.3.1), there exist $t_i \in N_n$ $(1 \leq i \leq n-1)$ such that $\hat{t}x_{ni}\hat{t}^{-1} = t_i x_{ni} t_i^{-1}$. Then $t_i^{-1}\hat{t}$ centralizes x_{ni} in $\widehat{N}_n$. But since $\mathrm{gr}\, \widehat{N}_n = \mathrm{gr}\, N_n$ is free and generated by the classes of x_{ni}'s, the centralizer of $\overline{x}_{ni} \in \mathrm{gr}^1 \widehat{N}_n$ (the class of x_{ni}) in $\mathrm{gr}\widehat{N}_n$ is $\mathbf{Z}\overline{x}_{ni}$. Therefore, (i) any element of $\widehat{N}_n(2)$ which commutes with x_{ni} must be 1, and (ii) any element of $\widehat{N}_n(1)$ which commutes with x_{ni} must be an *integral* power of x_{ni} (*a priori*, modulo $\widehat{N}_n(2)$, but by (i), exactly so). Therefore, $t_i^{-1}\hat{t}$ must be an integral power of x_{ni} and hence belong to N_n. Therefore, $\hat{t} \in N_n$.

Q.E.D.

6.3 Proof of the Injectivity Theorem (i). Let $n \geq 5$, and $\sigma \in \mathrm{Aut}^* P_n$. Assume that σ induces an inner automorphism of $P_{n-1} = P_n/N_n$. Our goal is to prove that σ itself is inner. We may assume $\sigma \neq 1$. As $\sigma \in \mathrm{Aut}^* P_n$, σ acts trivially on $P_n/P_n(2)$. By lemma 6.2.1(i) there exists a maximal integer $m \geq 1$ such that σ acts trivially on $P_n/P_n(m+1)$. Our first (and the main) goal here is to apply the Injectivity Theorem (Lie version) (§4) to prove the following.

[Claim 6.3.1] *There exists some* $t_m \in P_n(m)$ *such that the action of* σ *on* $P_n/P_n(m+2)$ *is the same as that of* $\mathrm{Int}(t_m)$ *on* $P_n/P_n(m+2)$.

Proof of [6.3.1] As $\sigma \in \mathrm{Aut}^* P_n$, there exists, for each i,j $(1 \leq i,j \leq n)$ an element $t_{ij} \in P_n$ with $\sigma(x_{ij}) = t_{ij} x_{ij} t_{ij}^{-1}$. By Prop 2.3.1, such t_{ij} can be chosen from the free group $N_n^{(i)} = \langle x_{i1}, \cdots, x_{in} \rangle \simeq F_{n-2}$. As σ acts trivially $\mathrm{mod}\, P_n(m+1)$, $(t_{ij}, x_{ij}) \in P_n(m+1) \cap N_n^{(i)} = N_n^{(i)}(m+1)$ (lemma 3.1.1). But since $N_n^{(i)}$ is free, this implies that t_{ij} can be chosen from $N_n^{(i)}(m)$. In particular, *we may assume* $t_{ij} \in P_n(m)$.

Now σ induces a special derivation of $\mathrm{gr}\, P_n$ of degree m, as follows. As σ acts trivially on $P_n/P_n(m+1)$ and hence also on $P_n(d)/P_n(m+d)$ for all $d \geq 1$, σ induces a mapping

$$P_n(d) \ni \gamma \longmapsto \sigma(\gamma)\gamma^{-1} \in P_n(d+m)$$

for each $d \geq 1$. It is easy to see that this induces a well-defined $\mathbf{Z}$-linear mapping $D^d : \mathrm{gr}^d P_n \to \mathrm{gr}^{d+m} P_n$, and that $D = (D^d)$ is a *special derivation* of $\mathrm{gr}\, P_n$ of degree m with $D(X_{ij}) = [T_{ij}, X_{ij}]$, where T_{ij} is the class of t_{ij} in $\mathrm{gr}^m P_n$. Since σ induces an inner automorphism of P_{n-1}, D induces an inner derivation of $\mathrm{gr}\, P_{n-1}$. Therefore, by Theorem 1B (§5), D must itself be inner. This implies that there exists some $T \in \mathrm{gr}^m P_n$ such that $D = \mathrm{Int}(T)$. But this implies [6.3.1].

Now, by a repeated use of [6.3.1] we can find a sequence $t^{(1)}, t^{(2)}, \cdots$ of elements of P_n such that $t^{(i)} \equiv t^{(i+1)} \mod P_n(m+i)$ and $(\mathrm{Int}\, t^{(i)})^{-1}\sigma$ acts trivially $\mathrm{mod}\, P_n(m+i+1)$. Let $\hat{t} = \lim t^{(i)}$ in $\widehat{P}_n$. Then $\sigma = \mathrm{Int}(\hat{t})$. By lemma 6.2.1 (ii), $\hat{t}$ must belong to P_n. Therefore, σ must be an inner automorphism.

This settles the proof of the Injectivity Theorem (i) and hence also that of the Vanishing Theorem.

§7 Pro-ℓ analogues ; proof of the Injectivity Theorem (ii).

7.1. Fix a prime number ℓ. In §7, for a discrete group G, we shall denote by $\widehat{G}$ *the pro-ℓ completion* of G. We can now prove the Injectivity Theorem (ii) taking the following steps.

(Step 1) Show that the exact sequence (2.1.4) gives rise to an exact sequence

$$(7.1.1) \qquad 1 \longrightarrow \widehat{N}_n \longrightarrow \widehat{P}_n \longrightarrow \widehat{P}_{n-1} \longrightarrow 1$$

of pro-ℓ groups $(n \geq 4)$.

(Step 2) Use Step 1 to show by induction on $n \geq 3$ that $\mathrm{gr}\, \widehat{P}_n \simeq \mathrm{gr}\, P_n \otimes \mathbf{Z}_\ell$.

(Step 3) Check that the Injectivity Theorem (Lie version) remains valid under the base change $\otimes_{\mathbf{Z}}\mathbf{Z}_\ell$.

(Step 4) Deduce the Injectivity Theorem (ii) using Step 3.

Among these, Steps 2 $\sim$ 4 are easy. Step 2 can be carried out in a way parallel to the proof of Prop 3.2.1. Step 3 is obvious from the proof of the Injectivity Theorem (Lie version). Step 4 is even easier than its discrete counterpart, because $\widehat{P}_n$ is complete (use of lemma 6.2.1 unnecessary). Thus, to prove the Injectivity Theorem (ii), the only new point required is Step 1. This is obviously contained in the following

Lemma 7.1.2. (M.P.Anderson) *Let* $1 \to N \to G \to H \to 1$ *be an exact sequence of discrete groups such that* (i) $(G, N) = (N, N)$, *and* (ii) N *is a free group of finite rank* $r > 1$. *Then the induced sequence of pro-*ℓ *completions*

$$1 \longrightarrow \widehat{N} \longrightarrow \widehat{G} \longrightarrow \widehat{H} \longrightarrow 1$$

is exact.

Proof By assumption (i), the image of G in Aut $\widehat{N}$ is contained in a pro-ℓ group (P.Hall; see [2] Th.6). By (ii), $\widehat{N}$ has trivial center. Therefore, the assertion follows from [2] Proposition 3. Q.E.D.

Thus, the Injectivity Theorem (ii) is also proved.

REFERENCES

[1] G.Anderson and Y.Ihara, *Pro-ℓ branched coverings of* $\mathbf{P}^1$ *and higher circular ℓ-units*, Ann. of Math. **128** (1988), 271-293.

[2] M.P.Anderson, *Exactness properties of profinite functors*, Topology **13** (1974), 229-239.

[3] J.Birman, *Braids, links, and mapping class groups*, Ann. of Math. Studies **82** (1975), Princeton Univ. Press.

[4] P.Deligne, *Letters to A.Grothendieck (Nov. 19, 1982, and an earlier one undated(?)), to S.Bloch (Feb. 2, March 14, 1984).*

[5] J.Dyer and E.Grossman, *The automorphism groups of the braid groups*, Amer. J. Math. **103** (1981), 1151-1169.

[6] E.Fadell and J.Van Buskirk, *The braid groups of* E^2 *and* S^2, Duke Math. J. **29** (1962), 243-257.

[7] A.Grothendieck, *Esquisse d'un programme*, (Preprint, 1984).

[8] Y.Ihara, *Profinite braid groups, Galois representations and complex multiplications*, Ann. of Math. **123** (1986), 43-106.

[9] N.V.Ivanov, *Algebraic properties of mapping class groups of surfaces*, "Geometric and Algebraic Topology" **18** (1986), 15-35, Banach Center Publ.

[10] N.Jacobson, *Lie algebras*, Interscience (1962).

[11] T.Kohno, *Série de Poincaré-Koszul associée aux groupes de tresses pures*, Invent. Math. **82** (1985), 57-75.

[12] T.Kohno and T.Oda, *The lower central series of the pure braid group of an algebraic curve*, Adv. Studies in Pure Math. **12** (1987), 201-220.

[13] J.McCarthy, *Automorphisms of surface mapping class groups. A recent theorem of N.Ivanov*, Invent. Math. **84** (1986), 49-71.

[14] W.Magnus, A.Karrass and D.Solitar, *Combinatorial group theory*, Interscience (1966).

[15] J.Nielsen, *Die Isomorphismen der allgemeinen unendlichen Gruppe mit zwei Erzeugenden*, Math. Ann. **78** (1918), 385-397.

Yasutaka Ihara
Department of Mathematics
Faculty of Science
University of Tokyo
Tokyo 113, Japan

Ordinarité des intersections complètes générales

LUC ILLUSIE*

A Alexandre Grothendieck
pour son soixantième anniversaire

0. Introduction

Soient k un corps de caractéristique $p > 0$, r un entier ≥ 0, et $\mathbf{a} = (a_1, \ldots, a_m)$ une suite d'entiers ≥ 1. Notons S le k-schéma paramétrant les intersections complètes lisses de dimension r et multidegré $\mathbf{a}$ dans $\mathbf{P}_k^{r+m}$, et $X \to S$ la famille universelle. Nous prouvons le résultat suivant :

Théorème 0.1. *Il existe un ouvert non vide U de S tel que, pour tout s dans U, X_s soit ordinaire.*

Que X_s soit ordinaire signifie que, si $\bar{s}$ est une extension parfaite de s, le polygone de Newton défini par les pentes de Frobenius agissant sur le groupe de cohomologie cristalline $H^r(X_{\bar{s}}/W)(W = W(k(\bar{s}))$ coïncide avec le polygone de Hodge défini par les nombres de Hodge $h^{i,r-i} = \dim_{k(s)} H^{r-i}(X_s, \Omega^i_{X_s/s})$.

La terminologie "ordinaire en dimension d" a été introduite par Mazur [25, §3] par analogie avec celle, classique, pour les variétés abéliennes. Dans cet article, nous dirons "ordinaire" pour "ordinaire en toute dimension" ; dans le cas d'une intersection complète de dimension r, il revient au même de dire "ordinaire" ou "ordinaire en dimension r". Dans (*loc. cit.*), Mazur conjecture (0.1) pour les hypersurfaces. Rappelons que l'on dispose de théorèmes d'ordinarité générique analogues à (0.1) pour : (i) les courbes de genre g (Miller [27], Koblitz [24]), (ii) les variétés abéliennes polarisées de dimension g (Mumford [29], Norman-Oort [30]) (iii) les surfaces $K3$ (Ogus [32]). Tous ces résultats ont, en un sens, leur source dans (a) le théorème de Grothendieck ([14], [22], [4]) selon lequel dans une famille propre et lisse

* Unité associée au CNRS URA D0752.

$M \to T$ sur k, le polygone de Newton Nwt_d de M_t en degré d croît par spécialisation de t (b) l'inégalité de Katz, prouvée par Mazur [26] et Ogus [31], selon laquelle Nwt_d est au-dessus du polygone de Hodge Hdg_d défini par les nombres de Hodge $h^{i,d-i}(M_t)$; nous renvoyons à l'article de Mazur [25] pour un historique de ces questions.

Les premiers pas en direction de (0.1) sont effectués par Katz (non publié), qui montre que, pour $m = 1$, si $r + 1 \neq 0 \bmod a_1$, et s est assez général, alors les polygones de Newton et de Hodge de X_s ont même première pente, et par Koblitz [24], qui prouve qu'il existe un ouvert non vide V de S tel que, pour tout s dans V, $X_{\bar{s}}$ ait une matrice de Hasse-Witt inversible, i.e. Frobenius agisse bijectivement sur $H^r(X_{\bar{s}}, \mathcal{O})$, généralisant ainsi un résultat de Miller [28]. La démonstration de Koblitz repose sur l'observation que si, dans une famille propre et plate d'intersections complètes (éventuellement singulières), Hasse-Witt est inversible en un point, alors Hasse-Witt est inversible aux points voisins ; il suffit donc d'exhiber un exemple d'intersection complète de multidegré **a** de Hasse-Witt inversible, ce qui est facile : prendre une intersection d'hypersurfaces réunions finies d'hyperplans en position générale. S'inspirant de cette méthode, Deligne esquisse dans [8] une démonstra-tion de (0.1) par voie ℓ-adique. L'argument de semi-continuité de Koblitz est remplacé par un résultat de spécialisation extrait de “Weil II” [52, 1.10.7] : si C est une courbe sur un corps fini, Σ un ensemble fini de points fermés de C, L un $\mathbf{Q}_\ell$-faisceau lisse sur $C - \Sigma$ tel que, pour presque tout point fermé s de $C - \Sigma$, le polygone de Newton de L en s soit au-dessus d'un polygone donné N, alors, pour $s \in \Sigma$, le polygone de Newton de L en s est encore au-dessus de N (il s'agit de polygones de Newton relatifs au choix d'un isomorphisme entre $\overline{\mathbf{Q}}_\ell$ et $\overline{\mathbf{Q}}_p$, et leur définition aux points de Σ utilise le théorème de monodromie locale de Grothendieck, voir (*loc. cit.*) pour les détails). Raisonnant par récurrence sur la dimension et le multidegré, Deligne est amené à considérer un pinceau d'intersections complètes de multidegré **a** , de fibre générale lisse, et de fibre spéciale réunion de deux intersections complètes (de multidegrés inférieurs) lisses et ordinaires, se coupant transversalement suivant une intersection complète ordinaire. L'idée est de montrer que la fibre générique géométrique est ordinaire. Toutefois, la réduction envisagée n'est pas semi-stable, et le calcul de cycles évanescents que requiert la détermination du polygone de Newton est inachevé.

Nous reprenons ici la même idée géométrique, mais en remplaçant l'argument ℓ-adique par un argument de cohomologie de de Rham, indépendant des résultats de “Weil II”. Celui-ci repose sur la caractérisation de Bloch-Kato des variétés ordinaires par la nullité de la cohomologie des bords du complexe de de Rham [3] (cf. aussi [19]). Pour faire marcher l'argument, on a besoin cependant d'une extension de cette caractérisation à une situation de mauvaise réduction. Or, dans le cas semi-stable, le travail de Hyodo [16] fournit l'ingrédient manquant. Il s'agit du critère suivant (cf. 1.10) :

(0.2). Soient T un trait de caractéristique p, de point fermé s et point générique η, et Z un T-schéma propre et semi-stable (cf. 1.7), de fibre spéciale $Y = X_s$ un diviseur à croisements normaux somme de diviseurs D_i lisses sur s. Alors, si toutes les intersections $D_{i_1} \cap \cdots \cap D_{i_r}$ sont ordinaires, la fibre générale X_η est ordinaire.

Un résultat essentiellement équivalent à (0.2) est énoncé sans démonstration dans [16]. Nous le prouvons en appendice. Une modification par éclatement du pinceau considéré par Deligne conduit à une situation semi-stable, à laquelle (0.2) s'applique, comme on le vérifie aisément.

Quelques mots sur le plan. Le n°1 rassemble les définitions et résultats sur les variétés ordinaires nécessaires à la démonstration de (0.1), donnée au n°2. Nous prouvons en fait un résultat plus fort (2.2). L'ingrédient clé est 1.10. Au n°3, nous complétons l'argument de Deligne, donnant ainsi une seconde démonstration de (0.1), indépendante de (0.2). L'appendice est consacré à la démonstration de 1.10, sous une forme un peu plus générale. Les dévissages, à l'aide de résidus de Poincaré convenables, du complexe "logarithmique relatif" $\omega^\cdot$ de Hyodo sont calqués sur ceux faits par Steenbrink dans [34].

Je tiens à remercier pour d'utiles discussions A. Beauville, H. Clemens, T. Ekedahl, O. Gabber, O. Hyodo*, M. Raynaud, et tout particulièrement P. Deligne, dont la lettre [8] est à l'origine de ce travail, et à qui je suis redevable de plusieurs améliorations de présentation ; je lui dois notamment la formulation 2.2 du résultat principal.

Sommaire

Notations et conventions

Dans toute la suite, p désigne un nombre premier fixé.

---

* Osamu Hyodo s'est, hélas, suicidé le 22 avril 1989.

Si $L = (\cdots \to L^i \xrightarrow{d} L^{i+1} \to \cdots)$ est un complexe, nous posons $Z^i L = ZL^i := \mathrm{Ker}\,(d : L^i \to L^{i+1})$ et $B^i L = BL^i = dL^{i-1}$.

Si S est un schéma de caractéristique p, nous notons souvent par un "prime" les objets déduits par changement de base par le Frobenius absolu F_S de S. Par exemple si X (resp. M) est un S-schéma (resp. un $\mathcal{O}_S$-module), $X' = X \times_S (S, F_S), M' = F_S^* M$.

Si $X \to Y$ est un morphisme de schémas, nous abrégeons parfois (quand il n'y a pas de confusion à craindre) la notation $\Omega^\cdot_{X/Y}$ du complexe de de Rham de X sur Y en $\Omega^\cdot_X$ ou $\Omega^\cdot$.

1. Variétés ordinaires : rappels et compléments.

Définition 1.1. Soient S un schéma de caractéristique p et $f : X \to S$ un morphisme propre et lisse. On dit que X est ordinaire sur S si

$$R^j f_* B\Omega^i_{X/S} = 0$$

pour tout i et tout j ($B\Omega^i_{X/S}$ désignant le sous-faisceau abélien $d\Omega^{i-1}_{X/S}$ de $\Omega^i_{X/S}$, et les $R^j f_*$ étant calculés pour la topologie de Zariski).

Soient $f' : X' \to S$ déduit de f par le changement de base par le Frobenius absolu F_S de S, et $F : X \to X'$ le Frobenius relatif. Alors $F_* B\Omega^i_{X/S}$ est le $\mathcal{O}_{X'}$-module $dF_*\Omega^{i-1}_{X/S}$, et $Rf_* B\Omega^i_{X/S}$ est l'objet $Rf'_* F_* B\Omega^i_{X/S}$ de $D(S)$. Rappelons que $F_* B\Omega^i_{X/S}$ est localement libre de type fini sur X', de formation compatible à tout changement de base [17, 0 2.2.8].

Pour $S = \mathrm{Spec}\, k$, k un corps parfait de caractéristique p, on retrouve la définition usuelle ([3, 7.2], [19, IV 4.13]). Dans ce cas, et plus généralement s'il n'y a pas de confusion à redouter, nous dirons "ordinaire" au lieu de "ordinaire sur S".

Proposition 1.2. *Soient S un schéma de caractéristique p et $f : X \to S$ un morphisme propre et lisse.*

(a) *Soit $g : Y \to T$ déduit de f par un changement de base $T \to S$. Si X est ordinaire sur S, Y est ordinaire sur T.*

(b) *L'ensemble des points s de S tels que la fibre X_s soit ordinaire (sur* Spec $k(s)$*) est un ouvert U de S, appelé* ouvert d'ordinarité *de X sur S. Les conditions suivantes sont équivalentes :*

(i) $s \in U$;

(ii) $Rf_* B\Omega^i_{X/S} \overset{L}{\otimes}_{\mathcal{O}_S} k(s) = 0$ *pour tout i ;*

(iii) $Rf_* B\Omega^i_{X/S} \overset{L}{\otimes}_{\mathcal{O}_S} \mathcal{O}_{S,s} = 0$ *pour tout i.*

Soit $g' : Y' \to T$ déduit de g par le changement de base F_T. Alors g' se déduit de f' par le changement de base $T \to S$. Comme f' est lisse et que $F_*B\Omega^i_{X/S}$ est localement libre de type fini sur X', de formation compatible à tout changement de base, on a donc, par Künneth (cf. par exemple (SGA 6 III 3.7))

$$(*) \qquad Rf_*B\Omega^i_{X/S} \overset{L}{\otimes}_{\mathcal{O}_S} \mathcal{O}_T \xrightarrow{\sim} Rg_*B\Omega^i_{Y/T},$$

et (a) en résulte.

Prouvons (b). La condition (iii) définit un ouvert de S ; il suffit donc de prouver l'équivalence de (i), (ii) et (iii). L'isomorphisme $(*)$, appliqué à Spec $k(s) \to S$, entraîne l'équivalence de (i) et (ii). Il est trivial que (iii) implique (ii), il reste donc à prouver que (ii) implique (iii). On peut supposer S local, d'anneau A, et de corps résiduel k. Alors $Rf_*B\Omega^i_{X/S}$ est un complexe parfait $E_i \in D(A)$ (SGA 6 III 4.8). On peut supposer E_i borné, à composantes libres de type fini. Dès lors, E_i est acyclique si et seulement si $E_i \otimes_A k$ est acyclique, ce qui prouve (ii) $\Longrightarrow$ (iii) et achève la démonstration.

1.3. Rappelons d'autre part ([3,7.3], [19, IV 4.13]) que si $S = \operatorname{Spec} k$, k un corps parfait de caractéristique p, X est ordinaire si et seulement si

$$F : H^j(X, W\Omega^i) \to H^j(X, W\Omega^i)$$

est bijectif pour tout i et tout j. De plus (*loc. cit.*), quand la cohomologie cristalline $H^*(X/W)$ est sans torsion, il revient au même de dire que le polygone de Newton Nwt_d défini par les pentes de Frobenius agissant sur $H^d(X/W)$ coïncide, pour tout d, avec le polygone de Hodge Hdg_d défini par les nombres de Hodge $h^{i,d-i} = \dim H^{d-i}(X, \Omega^i)$ (i.e., ayant pour pente i avec la multiplicité $h^{i,d-i}$) (en général, que $H^*(X/W)$ ait ou non de la torsion, on sait, d'après Ogus [31], que Nwt_d est au-dessus de Hdg_d pour tout d). Ceci s'applique en particulier au cas où X est une intersection complète lisse, de dimension r et multidegré $\mathbf{a} = (a_1, \ldots, a_m)$ dans $\mathbb{P}^{r+m}_k$. Il existe en effet une intersection complète lisse relative $\tilde{X}/W$, de dimension n et multidegré $\mathbf{a}$ relevant X. On a alors $H^*(X/W) \xrightarrow{\sim} H^*_{DR}(\tilde{X}/W)$, donc (SGA 7 XI 1.5) $H^*(X/W)$ est sans torsion. Il résulte de plus de (*loc. cit.*) que, pour $d \neq r, H^d(X/W) = 0$ pour d impair, et, pour d pair $= 2j, H^d(X/W)$ est libre sur W de base η^j (si $d < r$), $\eta^j/(a_1, \cdots a_m)$ (si $d > r$), où $\eta \in H^2(X/W)$ est la classe de Chern $c_1(\mathcal{O}_X(1))$ [2]. Par suite, $Nwt_d = Hdg_d$ si $d \neq r$ (segment de pente $d/2$ et longueur horizontale 1 si d est pair, réduit à 0 sinon). Donc X est ordinaire si et seulement si $Nwt_r = Hdg_r$.

Proposition 1.4. *Soient k un corps parfait de caractéristique p, Y un k-schéma propre et lisse, E un $\mathcal{O}_Y$-module localement libre de type fini, $X = \mathbf{P}(E)$ le fibré projectif associé. Alors Y est ordinaire si et seulement si X est ordinaire (sur k).*

D'après [12, I 4.2.13], on a un isomorphisme de W-modules, compatible à l'action de F

$$\bigoplus_{0 \leq n \leq r} H^{j-n}(Y, W\Omega_Y^{i-n}) \xrightarrow{\sim} H^j(X, W\Omega_X^i),$$

où $r+1$ est le rang de E. La conclusion résulte donc de 1.3. On aurait pu aussi invoquer la décomposition analogue pour $H^j(X, B\Omega_X^i)$, qui résulte de [12, I (2.2.2), (2.2.3)], ou encore, quand $H^*(Y/W)$ est sans torsion, celles relatives à $H^*(X/W)$ et $H^*(X, \Omega^*)$ [2].

Corollaire 1.5. *Soient $E_i (1 \leq i \leq n)$ des $\mathcal{O}_Y$-modules localement libres de type fini. Si Y est ordinaire, il en est de même de $\mathbf{P}(E_1) \times_Y \cdots \times_Y \mathbf{P}(E_n)$.*

Cela résulte de 1.4 par récurrence sur n : $\mathbf{P}(E_1) \times_Y \cdots \times_Y \mathbf{P}(E_n)$ est le fibré projectif $\mathbf{P}(F)$ sur $\mathbf{P}(E_1) \times_Y \cdots \times_Y \mathbf{P}(E_{n-1})$ où F est l'image inverse de E_n.

Proposition 1.6. *Soient k un corps parfait de caractéristique p, X un k-schéma propre et lisse, Y un sous-schéma fermé lisse, $\tilde{X}$ l'éclaté de Y dans X. Les conditions suivantes sont équivalentes :*

(i) *X et Y sont ordinaires ;*

(ii) *$\tilde{X}$ est ordinaire.*

On peut supposer Y purement de codimension d dans X. Il résulte de [12, IV 1.1.9] qu'on a un isomorphisme de W-modules, compatible à l'action de F,

$$H^j(X, W\Omega_X^i) \bigoplus \bigoplus_{0<n<d} H^{j-n}(Y, W\Omega_Y^{i-n}) \xrightarrow{\sim} H^j(\tilde{X}, W\Omega_{\tilde{X}}^i).$$

La conclusion en découle grâce à 1.3. On pourrait encore, ici, utiliser une décomposition analogue pour $H^j(\tilde{X}, B\Omega_{\tilde{X}}^i)$.

1.7. Soient S un trait, de point fermé s et point générique η, et X un S-schéma. Nous dirons que X est *semi-stable* si, désignant par $\bar{S} \to S$ un localisé strict et $\bar{X} = X \times_S \bar{S}$, $\bar{X}$ est, localement pour la topologie étale, isomorphe au sous-schéma fermé de l'espace affine $\mathbf{A}_{\bar{S}}^n = \bar{S}[x_1, \ldots, x_n]$ défini par l'équation $x_1 \cdots x_r = t (1 \leq r \leq n)$, où t est une uniformisante de $\bar{S}$. L'espace total X est alors régulier, X est plat sur S, la fibre générique X_η est lisse, et la fibre spéciale X_s est un diviseur à croisement normaux réduit dans X.

Supposons X semi-stable. Le complément de l'ouvert de lissité $u : U \to X$ de X sur S est de codimension ≥ 2. Un calcul local montre que le complexe

$$\omega^{\cdot}_{X/S} := u_* \Omega^{\cdot}{}_{U/S} \tag{1.7.1}$$

est à composantes localement libres de type fini, et que $\omega^i_{X/S} = \Lambda^i \omega^1_{X/S}$. Pour $X = S[x_1, \ldots, x_n]/(x_1 \cdots x_r - t), \omega^1_{X/S}$ est libre de base dx_1/x_1, $\ldots, dx_r/x_r, dx_{r+1}, \ldots, dx_n$, soumis à la relation $\sum_{1 \leq i \leq r} dx_i/x_i = 0$. Nous poserons

$$\omega^{\cdot}_{X_s} := \omega^{\cdot}_{X/S} \otimes_{\mathcal{O}_S} k(s). \tag{1.7.2}$$

C'est un complexe à composantes localement libres de type fini sur X_s, qui dépend de X (en dépit de la notation). Observons d'autre part que

$$\omega^{\cdot}_{X/S} \otimes_{\mathcal{O}_S} k(\eta) = \Omega^{\cdot}_{X_\eta/\eta}. \tag{1.7.3}$$

Supposons S de caractéristique p, et X semi-stable, d'ouvert de lissité U. Soient $X' = X \times_S (S, F_S)$ et $F : X \to X'$ le Frobenius relatif. L'isomorphisme de Cartier usuel $C^{-1} : \Omega^i_{U'/S} \tilde{\to} \mathcal{H}^i F_* \omega^{\cdot}{}_{U/S}$ se prolonge (de manière unique) en un isomorphisme

$$C^{-1} : \omega^i_{X'/S} \tilde{\to} \mathcal{H}^i F_* \omega^{\cdot}_{X/S}, \tag{1.7.4}$$

où $\omega^i_{X'/S} := \omega^i_{X/S} \otimes_{\mathcal{O}_S} (\mathcal{O}_S, F_S)$: on le vérifie par un calcul local, voir par exemple [18,1.5] ou [10, 6.1]. Il en résulte que les faisceaux $\mathcal{H}^i \omega^{\cdot}_{X/S}, B\omega^i_{X/S}$, $Z\omega^i_{X/S}$ sont plats sur S, et de formation compatible à tout changement de base $T \to S$ (i.e. $\mathcal{H}^i \omega^{\cdot}_{X/S} \otimes_{\mathcal{O}_S} \mathcal{O}_T \tilde{\to} \mathcal{H}^i(\omega^{\cdot} \otimes_{\mathcal{O}_S} \mathcal{O}_T)$, et de même pour $B\omega^i, Z\omega^i$). Noter que $\omega^i_{X/S}, B\omega^i_{X/S}, Z\omega^i_{X/S}$ sont cohérents en tant que $\mathcal{O}_{X'}$-modules, mais ne sont pas en général plats sur X' (à la différence de $\mathcal{H}^i \omega^{\cdot}_{X/S}$).

Par le changement de base $s \to S$, (1.7.4) donne un isomorphisme

$$C^{-1} : \omega^i_{X'_s} \tilde{\to} \mathcal{H}^i F_* \omega^{\cdot}_{X_s}, \tag{1.7.5}$$

qui prolonge l'isomorphisme de Cartier usuel sur le lieu lisse de X_s (et est caractérisé de manière unique par cette propriété). Un tel isomorphisme, avec la même caractérisation, existe encore si l'on suppose seulement s de caractéristique p, au lieu de S [15, 1.5] et (Appendice 2.3)).

Définition 1.8. (cf. [15, 1.10]). Soient S un trait, de point fermé s de caractéristique p, et X un S-schéma propre et semi-stable. On dit que X a réduction ordinaire si, avec la notation (1.7.2), on a

$$H^j(X_s, B\omega^i_{X_s}) = 0$$

pour tout i et tout j.

Proposition 1.9. *Soient S un trait de caractéristique p, et X un S-schéma propre et semi-stable. Les conditions suivantes sont équivalentes:*

(i) *X a réduction ordinaire ;*

(ii) *$H^j(X, B\omega^i_{X/S}) = 0$ pour tout i et tout j.*

En particulier, si X a réduction ordinaire, la fibre générale X_η est ordinaire (au sens de 1.1).

Comme $B\omega^i_{X/S}$ est plat sur S et commute au changement de base, on a, par Künneth

$$(*) \qquad R\Gamma(X, B\omega^i_{X/S}) \overset{L}{\otimes}_{\mathcal{O}_S} k(s) \xrightarrow{\sim} R\Gamma(X_s, B\omega^i_{X_s}),$$

donc (ii) implique (i). Notons de plus que $R\Gamma(X, B\omega^i_{X/S})$ est un complexe parfait sur $S, B\omega^i_{X/S}$ étant cohérent sur X' et plat sur S (SGA 6 III 4.8). Par suite, compte tenu de (*), (i) $\Longrightarrow$ (ii) en résulte, par le même argument que pour 1.2(b). La dernière assertion découle de (1.7.3).

Proposition 1.10. *Soient S un trait, de point fermé s de caractéristique p, et X un S-schéma propre et semi-stable. On suppose que la fibre spéciale $Y = X_s$ est somme de diviseurs $Y_i \subset X (1 \leq i \leq r)$ tels que, pour tout $I = (1 \leq i_1 < \cdots < i_m \leq r)$, l'intersection $Y_I = Y_{i_1} \cap \cdots \cap Y_{i_m}$ soit lisse sur s et ordinaire (au sens de* 1.1). *Alors X a réduction ordinaire.*

Ce critère est énoncé, sans démonstration, par Hyodo dans [15, p. 548, 1-10]. Nous le démontrerons en appendice, sous une forme légèrement plus générale. Nous ne l'appliquerons, toutefois, que sous la forme 1.10 et dans le cas où S est d'égale caractéristique p.

2. Le théorème principal

On fixe, dans tout ce numéro, un corps k de caractéristique p.

2.1. Soient N un entier ≥ 1 et V un sous-schéma fermé lisse de $P = \mathbb{P}_k^N$, purement de dimension $n \geq 1$. Soient $a_1, \ldots, a_m$ des entiers ≥ 1, avec $1 \leq m \leq n$. Si T est un k-schéma, par une *intersection complète lisse de multidegré* $\mathbf{a} = (a_1, \ldots, a_m)$ *de* V_T, on entend un sous-schéma fermé W de V_T, lisse sur T, purement de dimension relative $n - m$, de la forme $W = V_T \cap H_1 \cap \cdots \cap H_m$, où H_i est une hypersurface de P_T de degré a_i (i.e. un diviseur relatif de degré a_i). Le foncteur associant à T l'ensemble des suites $(H_1, \ldots, H_m)$, de multidegré $\mathbf{a}$, telles que $V_T \cap H_1 \cap \cdots \cap H_m$ soit une intersection complète lisse est représentable par un ouvert non vide S d'un espace multiprojectif $\mathbb{P}_k^{r_1} \times \cdots \times \mathbb{P}_k^{r_m}$, où $r_i = \binom{a_i+N}{N} - 1$, et l'on a un morphisme universel $X \to S$, propre et lisse, dont la fibre en $H = (H_1, \ldots, H_m) : T \to S$ est l'intersection complète $V_T \cap H_1 \cap \cdots \cap H_m$.

Soit η le point générique de S. On dit que X_η est *l'intersection complète générique (de multidegré* $\mathbf{a}$*)* de V. D'après 1.2, il revient au même de dire que X_η est ordinaire (sur η), ou que l'ouvert d'ordinarité de X sur S est non vide, ou que, si $\bar{k}$ est une extension algébriquement close de k, il existe une intersection complète lisse de multidegré $\mathbf{a}$ de $V_{\bar{k}}$ qui soit ordinaire.

Quand $a_i = 1$ pour tout i, nous dirons *section plane (de codimension* m*)* au lieu d'intersection complète de multidegré $\mathbf{a}$.

Théorème 2.2. *Soit* $V \subset P$ *comme en 2.1. On fait l'hypothèse suivante :*

(2.2.1) *Pour tout* m *tel que* $1 \leq m \leq n$, *la section plane générique de* V *de codimension* m *est ordinaire.*

Alors, pour tout multidegré $\mathbf{a} = (a_1, \ldots, a_m)(1 \leq m \leq n)$, *l'intersection complète générique de multidegré* $\mathbf{a}$ *de* V *est ordinaire.*

Exemple 2.3. L'hypothèse (2.2.1) est difficile à vérifier. Voici quelques cas où elle est satisfaite.

2.3.1. $V = P$ (1.4). Dans ce cas, 2.2 équivaut à 0.1.

2.3.2. $V =$ une quadrique lisse de P. On peut en effet supposer k algébriquement clos, et il suffit de montrer que V est ordinaire (une section plane d'une quadrique étant encore une quadrique), i.e., avec les notations de 1.3, que $Nwt_n(V) = Hdg_n(V)(n = \dim V)$. Mais cela résulte de ce que, d'après (SGA 7 XI et XII), $H^n_{Hdg}(V/k) = H^n(V/W(k)) = 0$ si n est impair, et si n est pair, $H^n_{Hdg}(V/k)$ (resp. $H^n(V/W(k))$ est engendré par les classes de cohomologie des génératrices.

2.3.3. $V =$ l'hypersurface de Fermat d'équation $x_0^d + \cdots + x_N^d = 0$ dans P (de coordonnées homogènes $x_0, \ldots, x_N$), avec $p \nmid d$ et $p = 1 \bmod d$. On sait en effet qu'alors V est ordinaire (cf. [37, II 3.1]) ; il en est de même des sections planes d'équation $x_0 = \cdots x_r = 0, r \leq N - 1$.

Il peut arriver toutefois que V soit ordinaire sans que l'on ait $p \equiv 1 \bmod d$. Mais alors la section plane générique de V de codimension 1 n'est pas nécessairement ordinaire. Prenons en effet $d = N = 3$ et $p = 2$. Alors V est ordinaire d'après 1.6, car isomorphe, sur une clôture algébrique de k, à l'éclaté de 6 points de $\mathbf{P}^2$ en position générale (cf. par exemple [Y. Manin, *Cubic Forms,* North Holland 1974, 24.1 et 24.4]), mais toute section plane lisse de V est une courbe elliptique supersingulière d'après [24, p. 154, 1.7]. Pour une généralisation de cet exemple, voir [A. Beauville, *Sur les hypersurfaces dont les sections hyperplanes sont à module constant,* ces volumes].

2.4. **Démonstration de 2.2.** On peut supposer k algébriquement clos. On raisonne par récurrence sur dim V(N fixé). Pour dim $V = 1$, 2.2 est trivial. Fixons $n \geq 2$, et supposons 2.2 établi pour dim $V < n$ (*hypothèse de récurrence* (A)). Soit $V \subset P$ de dimension n, vérifiant (2.2.1). Prouvons que, pour tout $\mathbf{a} = (a_1, \ldots, a_m)$ donné, il existe une intersection complète lisse, ordinaire, de multidegré $\mathbf{a}$ de V.

Prouvons d'abord l'assertion suivante :

2.4.1. *Il existe une intersection complète lisse* $V \cap H_1 \cap \cdots \cap H_{m-1}$, *de multidegré* $(a_1, \ldots, a_{m-1})$, *vérifiant* (2.2.1).

Il suffit de montrer qu'il existe une suite d'hypersurfaces $(H_1, \ldots, H_{m-1})$ de multidegré $(a_1, \ldots, a_{m-1})$ et une suite d'hyperplans $(L_m, \ldots, L_n)$ tels que $W := V \cap H_1 \cap \cdots \cap H_{m-1}$ soit lisse de dimension $n - m + 1$, et, pour $m \leq r \leq n, W_r := W \cap L_m \cap \cdots \cap L_r$ soit lisse (de dimension $n - r$) et ordinaire. Soit Σ l'espace multiprojectif paramétrant les suites d'hypersurfaces $(H_1, \ldots, H_{m-1}, L_m, \ldots, L_n)$ de multidegré $(a_1, \ldots, a_{m-1}, 1, \ldots, 1)$. La condition que $V \cap H_1 \cap \cdots \cap H_{m-1}$ soit lisse de dimension $n - m + 1$ définit un ouvert non vide U de Σ. D'autre part, pour $m \leq r \leq n$, la condition que $V \cap H_1 \cap \cdots \cap H_{m-1} \cap L_m \cap \cdots \cap L_r$ soit lisse de dimension $n - r$ et ordinaire définit un ouvert non vide U_r de Σ: d'après l'hypothèse (2.2.1), il existe en effet des hyperplans $L_m, \ldots, L_r$ tels que $V \cap L_m \cap \cdots \cap L_r$ vérifie encore (2.2.1), et d'après l'hypothèse de récurrence (A) appliquée à $V \cap L_m \cap \cdots \cap L_r$, il existe alors $(H_1, \ldots, H_{m-1})$ de multidegré $(a_1, \ldots, a_{m-1})$ tel que $V \cap H_1 \cap \cdots \cap H_{m-1} \cap L_m \cap \cdots \cap L_r$ soit lisse de dimension $n - r$ et ordinaire. Une suite $(H_1, \ldots, H_{m-1}, L_m, \ldots, L_n)$ appartenant à $U \cap U_m \cap \cdots \cap U_n$ vérifie alors les conditions requises.

Ayant choisi $(H_1, \ldots, H_{m-1})$ de multidegré $(a_1, \ldots, a_{m-1})$ de manière que $W = V \cap H_1 \cap \cdots \cap H_{m-1}$ soit lisse (de dimension $n - m + 1$) et vérifie (2.2.1), il suffit de prouver qu'il existe H_m, de degré a_m, tel que $W \cap H_m$ soit lisse (de dimension $n - m$) et ordinaire. En d'autres termes, quitte à remplacer V par W, on est ramené à prouver la conclusion de 2.2 pour $m = 1$, i.e. à prouver l'assertion suivante :

2.4.2. *Pour tout $d \geq 1$, il existe une hypersurface H de degré d telle que $V \cap H$ soit lisse de dimension $n-1$ et ordinaire.*

On va démontrer 2.4.2 par récurrence sur d. Pour $d = 1$, la conclusion découle de l'hypothèse (2.2.1). Fixons $d \geq 2$, et supposons 2.4.2 établi en degré $< d$ (*hypothèse de récurrence* (B)). Rappelons que l'hypothèse de récurrence (A) est toujours en vigueur. Commençons par prouver l'assertion suivante :

2.4.3. *Il existe des hypersurfaces $H_\infty = V(f), H' = V(g), H'' = V(h)$, de degrés respectifs $d, d-1, 1$ telles que les conditions suivantes soient remplies :*

(a) *$F = V \cap H_\infty$ est lisse (de dimension $n-1$) ;*

(b) *$Y' = V \cap H'$* et *$Y'' = V \cap H''$ sont lisses (de dimension $n-1$) et ordinaires ;*

(c) *$Y' \cap Y'' = V \cap H' \cap H''$ est lisse (de dimension $n-2$) et ordinaire;*

(d) *$F \cap Y' \cap Y'' = V \cap H_\infty \cap H' \cap H''$ est lisse (de dimension $n-3$) et ordinaire.*

(NB. *On convient d'omettre* (d) (*resp.* (c) *et* (d)) *si* $n < 3$ (*resp.* < 2).)

Soit $\mathcal{H}$ l'espace multiprojectif des suites d'hypersurfaces (H_∞, H', H'') de multidegré $(d, d-1, 1)$. Chacune des conditions (a), (b), (c), (d) définit un ouvert non vide de $\mathcal{H}$. Pour (a), c'est clair. Pour (b), cela résulte de l'hypothèse de récurrence (B). Pour (c) et (d), cela résulte de l'hypothèse de récurrence (A). D'où 2.4.3.

Choisissons donc (H_∞, H', H'') telles que les conditions (a) à (d) soient vérifiées. Considérons le pinceau

$$H_{(\lambda,\mu)} = V(\lambda f - \mu g h), (\lambda, \mu) \in \mathbf{P}^1$$

d'hypersurfaces de degré d de P, et le pinceau

$$V_{(\lambda,\mu)} = V \cap H_{(\lambda,\mu)}$$

qu'il découpe sur V. Soit $\mathcal{M}$ l'espace total de ce dernier :

$$\mathcal{M} = \{((\lambda, \mu), x) \in \mathbf{P}^1 \times P \mid x \in V_{(\lambda,\mu)}\}.$$

Notons $\pi : \mathcal{M} \to \mathbf{P}^1$ la projection induite par pr_1, de fibre $V_{(\lambda,\mu)}$ en (λ, μ). L'ouvert D de $\mathbf{P}^1$ au-dessus duquel π est lisse, de dimension relative

$n-1$, est non vide, car $F = \pi^{-1}(1,0) = V \cap H_\infty$ est lisse de dimension $n-1$ d'après (a). Pour établir 2.4.2, il suffit de démontrer que l'ouvert d'ordinarité de $\pi^{-1}(D)$ sur D est non vide, ou, ce qui revient au même, que la fibre générique de π est ordinaire. On peut pour cela remplacer $\mathbb{P}^1$ par le localisé T de $\mathbb{P}^1$ au point $(0,1)$ et $\mathcal{M}$ par le schéma M induit sur T. On a

$$M = V_T \cap V(tf - gh) \subset P_T,$$

où t est une uniformisante de T. Notons s (resp. η) le point fermé (resp. générique) de T, et $\pi : M \to T$ la projection. Pour achever la démonstration de 2.2, il suffit donc de prouver :

2.4.4. *La fibre générique M_η de $\pi : M \to T$ est ordinaire.*

Pour cela, considérons l'éclaté $\rho : \tilde{M} \to M$ de M le long du sous-schéma $K = F \cap Y' \cap Y''$ de la fibre spéciale $M_s = Y' \cup Y'' = V \cap V(gh)$ de π. Soient

$$\phi = \pi \circ \rho : \tilde{M} \to T$$

et $E = \rho^{-1}(K)$ le diviseur exceptionnel. La fibre spéciale $\tilde{M}_s$ de ϕ est donc somme des diviseurs $E, \tilde{Y}', \tilde{Y}''$ de $\tilde{M}$, où $\tilde{Y}'$ (resp. $\tilde{Y}''$) est le transformé pur de Y' (resp. Y''). Nous allons établir les assertions suivantes :

2.4.4.1. *ϕ est semi-stable ;*

2.4.4.2. *$E, \tilde{Y}', \tilde{Y}'', E \cap \tilde{Y}', E \cap \tilde{Y}'', \tilde{Y}' \cap \tilde{Y}'', E \cap \tilde{Y}' \cap \tilde{Y}''$ sont lisses et ordinaires.*

Vérifions d'abord 2.4.4.1. En dehors de $\rho^{-1}(Y' \cap Y'')$, ϕ est lisse. Soient a un point fermé de $Y' \cap Y''$ et $\mathcal{O}_a$ l'anneau local de V_T en a. Si $a \notin K$, les images de g, h, t dans $\mathcal{O}_a$ font partie d'un système régulier de paramètres, l'image de f est une unité, et, au voisinage de a, $\tilde{M}$ coïncide avec M et est lisse sur le sous-schéma de $T[y,z]$ d'équation $yz = t$, donc a réduction semi-stable sur T. Si $a \in K$, les images de f, g, h, t dans $\mathcal{O}_a$ font partie d'un système régulier de paramètres, et, au voisinage de a, M est lisse sur le sous-schéma Z de $T[x,y,z]$ d'équation $tx = yz$. Donc l'image inverse dans $\tilde{M}$ d'un voisinage de a dans M est lisse sur l'éclaté de Z le long du sous-schéma d'équation $x = y = z = t = 0$. Il suffit donc de vérifier que si

$$C = V(tx - yz) \subset A = \mathbb{A}^4 = \operatorname{Spec} k[t,x,y,z]$$

et $\tilde{C}$ est l'éclaté de l'origine ($t = x = y = z = 0$) dans C, la projection

$$c : \tilde{C} \to \mathbb{A}^1 = \operatorname{Spec} k[t],$$

composée de $\tilde{C} \to C$ et de la flèche induite par $(t, x, y, z) \mapsto t$, a réduction semi-stable en $t = 0$. Si $\tilde{A}$ est l'éclaté de l'origine dans A, $\tilde{C}$ est le transformé pur de C dans $\tilde{A}$, donc est réunion des ouverts affines standard $U_i (1 \leq i \leq r)$:

$U_1 = V(x' - y'z') \subset \operatorname{Spec} k[t, x', y', z']$, lisse sur k, de coordonnées (t, y', z'), avec $c|U_1$ induit par pr_1, donc lisse ;

$U_2 = V(t' - y'z') \subset \operatorname{Spec} k[t', x, y', z']$, lisse sur k, de coordonnées (x, y', z') avec $c|U_2$ donné par $t = xy'z'$ (réduction semi-stable à trois branches) ;

$U_3 = V(t'x' - z') \subset \operatorname{Spec} k[t', x', y, z']$, lisse sur k, de coordonnées (t', x', y), avec $c|U_3$ donné par $t = t'y$ (réduction semi-stable à deux branches);

$U_4 = V(t'x' - y') \subset \operatorname{Spec} k[t', x', y', z]$, avec une description analogue à celle de U_3. Donc $\tilde{C}$ est lisse sur k et a réduction semi-stable sur Spec $k[t]$ en $t = 0$, ce qui achève la vérification de 2.4.4.1.

Celle-ci montre en même temps que la fibre spéciale $\tilde{M}_s = \phi^{-1}(s)$ est un diviseur à croisements normaux dans $\tilde{M}$, de composantes $E, \tilde{Y}', \tilde{Y}''$ (lisses sur k, ainsi que leurs intersections deux à deux et trois à trois). Etudions ces composantes et leurs intersections. Tout d'abord, $\tilde{Y}'$ (resp. $\tilde{Y}''$), transformé pur de $\tilde{Y}'$ dans $\tilde{M}$ est l'éclaté de K dans $\tilde{Y}'$ (resp. $\tilde{Y}''$). Comme $\tilde{Y}'$ (resp. $\tilde{Y}''$) est ordinaire d'après 2.4.3 (b), et K ordinaire d'après 2.4.3 (d), $\tilde{Y}'$ (resp. $\tilde{Y}''$) est ordinaire en vertu de 1.6. Comme K est un diviseur dans $Y' \cap Y''$, $\tilde{Y}' \cap \tilde{Y}''$, transformé pur de $\tilde{Y}' \cap \tilde{Y}''$ dans $\tilde{M}$, ou éclaté de K dans $\tilde{Y}' \cap \tilde{Y}''$, s'identifie à $Y' \cap Y''$ par ρ, donc est ordinaire d'après 2.4.3(c). Soit N' (resp. N'') le faisceau normal de K dans Y' (resp. Y''). Alors $\tilde{Y}' \cap E$ (resp. $\tilde{Y}'' \cap E$), diviseur exceptionnel de l'éclaté de K dans Y' (resp. Y'') s'identifie à $\mathbf{P}(\check{N}')$ (resp. $\mathbf{P}(\check{N}'')$). Comme K est ordinaire, $\tilde{Y}' \cap E$ (resp. $\tilde{Y}'' \cap E$) est donc ordinaire d'après 1.4. Par ailleurs, $\tilde{Y}' \cap \tilde{Y}'' \cap E$ s'identifie à K par ρ, donc est ordinaire. Il reste à étudier E. Par définition, E est le lieu à l'infini du cône conormal de K dans M. Le faisceau conormal $\check{N}$ de K dans M se décompose en

$$\check{N} = \mathcal{O}_K \oplus \mathcal{O}_K(-H_\infty) \oplus \mathcal{O}_K(-H') \oplus \mathcal{O}_K(-H''),$$

où H_∞ (resp. H', H'') désigne encore par abus le diviseur $V(f)$ (resp. $V(g), V(h)$) de P_T et $\mathcal{O}_K(-H_\infty) := \mathcal{O}_{P_T}(-H_\infty) \otimes \mathcal{O}_K$ (resp. $\mathcal{O}_K(-H') := \mathcal{O}_{P_T}(-H') \otimes \mathcal{O}_K, \mathcal{O}_K(-H'') := \mathcal{O}_{P_T}(-H'') \otimes \mathcal{O}_K$). Si $(x_i)(0 \leq i \leq N)$ est un système de coordonnées homogènes sur P_T et U_i l'ouvert où x_i est inversible, les images de $t, f/x_i^d, g/x_i^{d-1}, h/x_i$ dans $\mathcal{O}_K, \mathcal{O}_K(-H_\infty), \mathcal{O}_K(-H')$, $\mathcal{O}_K(-H'')$ respectivement forment une base t, u_i, v_i, w_i de ces faisceaux sur $K \cap U_i$. On a une section Q de $S^2(\check{N})$, égale à $tu_i - v_i w_i$ sur $K \cap U_i$, et E

est la quadrique $V(Q)$ de $\mathbb{P}(\check{N})$ (cf. SGA 7 XII)). Observons que

$$\check{N}' = \mathcal{O}_K(-H_\infty) \oplus \mathcal{O}_K(-H''), \qquad \check{N}'' = \mathcal{O}_K(-H_\infty) \oplus \mathcal{O}_K(-H'),$$

et que $E \cap \tilde{Y}' = \mathbb{P}(\check{N}'), E \cap \tilde{Y}'' = \mathbb{P}(\check{N}'')$ sont deux génératrices de type opposé de E. Notons $e : E \to K$ la projection, et D' (resp. D'') la génératrice $E \cap \tilde{Y}'$ (resp. $E \cap \tilde{Y}''$). Le faisceau $F' := e_*\mathcal{O}_E(D')$ (resp. $F'' := e_*\mathcal{O}_E(D'')$) est localement libre de rang 2, et si $q' : E \to \mathbb{P}(F')$ (resp. $q'' : E \to \mathbb{P}(F'')$) est le morphisme canonique (partout défini), le morphisme produit

$$q = (q', q'') : E \to \mathbb{P}(F') \times_K \mathbb{P}(F'')$$

est un isomorphisme (on a aussi $\mathbb{P}(\check{N}') \xrightarrow{\sim} \mathbb{P}(F''), \mathbb{P}(\check{N}'') \xrightarrow{\sim} \mathbb{P}(F')$, mais ceci ne nous servira pas). Comme K est ordinaire, il en résulte que E est ordinaire (1.5), et l'assertion 2.4.4.2 est établie.

D'après le critère de Hyodo 1.10, $\tilde{M}$ a donc réduction semi-stable ordinaire sur T. D'après 1.9, la fibre générale $\tilde{M}_\eta$ de ϕ est donc ordinaire. Comme $\tilde{M}_\eta = M_\eta$, l'assertion 2.4.4 est donc établie, et ceci achève la démonstration de 2.2.

3. La méthode ℓ-adique [8]

Nous allons prouver la conclusion de 2.2 par l'argument de Deligne [8] *dans le cas où $V \subset P$ est une intersection complète* (vérifiant (2.2.1)).

On se ramène, comme en 2.4, à prouver 2.4.2, et l'on choisit H_∞, H', H'' comme en 2.4.3. Par un argument standard, on se ramène à supposer V, H_∞, H', H'' définis sur un corps fini k_0, et l'on considère, comme plus haut, le pinceau $\pi : \mathcal{M} \to \mathbb{P}^1$ (sur k_0) défini par les $V_{(\lambda,\mu)} = V \cap H_{(\lambda,\mu)}$, où $H_{(\lambda,\mu)} = V(\lambda f - \mu g h)$. Il suffit de montrer qu'il existe un point fermé y de l'ouvert de lissité $D \subset \mathbb{P}^1$ tel que $\mathcal{M}_y$ soit ordinaire.

D'après (SGA 7 XI 1.5), la restriction à D de $R^b\pi_*\Omega^a_{\mathcal{M}/\mathbb{P}^1}$ est localement libre de type fini, de formation compatible à tout changement de base. Notons h^{ab} son rang. Pour tout point géométrique $\bar{z} \to D$ localisé en z, on a donc

$$h^{ab} = \dim H^b(\mathcal{M}_{\bar{z}}, \Omega^a) = \dim H^b(\mathcal{M}_z, \Omega^a).$$

Pour $a + b \neq r$ (où $r = n - 1$ est la dimension relative de π), on a $h^{ab} = 0$ si $a \neq b$, et $h^{ab} = 1$ si $a = b$ (*loc. cit.*). Pour $i \in \mathbb{Z}$, notons Hdg_i le "polygone de Hodge en degré i", graphe de la fonction continue linéaire par morceaux valant 0 en 0 et ayant pour pente a avec la multiplicité $h^{a,i-a}$.

Fixons d'autre part un nombre premier $\ell \neq p$ et un isomorphisme $\iota : \bar{\mathbb{Q}}_\ell \xrightarrow{\sim} \bar{\mathbb{Q}}_p$. La restriction à D de $R^i\pi_*\bar{\mathbb{Q}}_\ell$ est un faisceau lisse $\mathcal{L}^i$ de rang

$b_i = \sum_{a+b=i} h^{a,b}$; pour $i \neq r, \mathcal{L}^i$ est nul si i est impair, et canoniquement isomorphe à $\bar{\mathbb{Q}}_\ell(-i/2)$ si i est pair (SGA 7 XI 1.6). Si $\bar{z}$ est un point géométrique localisé en un point fermé z de D, le polygone de Newton $Nwt_i(z)$ de $\mathcal{L}^i$ en z, rel. ι, au sens de [7, 1.10.6], est le polygone de pentes les $v_z(\iota\alpha)$, pour α parcourant les valeurs propres de F_z sur $\mathcal{L}^i, v_z$ étant la valuation normalisée par $v_z(Nz) = 1$; en d'autres termes, c'est le polygone de Newton, rel. ι, du polynôme

$$P^i_z(t) = \det(1 - F_z t, \mathcal{L}^i_{\bar{z}}) = \det(1 - F_z t, H^i(\mathcal{M}_{\bar{z}}, \mathbb{Q}_\ell)).$$

En fait, $Nwt_i(z)$ est indépendant de ι, car $P^i_z(t)$ est à coefficients entiers (et indépendant de ℓ), d'après [6, 1.6], ou, plus simplement, d'après la formule de Grothendieck ([13], (SGA 5 XV)) pour la fonction zêta :

$$Z(\mathcal{M}_z, t) = \Pi_i P^i_z(t)^{(-1)^{i+1}},$$

et, pour $i \neq r, P^i_z(t) = 1$ si i est impair, et $1 - q^{i/2}t$ si i est pair, où $q = Nz$. D'après [23], ou plus simplement d'après la formule de Berthelot pour la fonction zêta [1], on a aussi

$$P^i_z(t) = \det(1 - Ft, H^i(\mathcal{M}_z/W)),$$

F désignant le Frobenius de $\mathcal{M}_z$ sur $k(z)$et $H^i(\mathcal{M}_z/W)$ la cohomologie cristalline de $\mathcal{M}_z$ par rapport à $W = W(k(z))$. Pour $i \neq r$, on a $Nwt_i(z) = Hdg_i$, et pour $i = r$, on a, d'après Mazur [26], l'inégalité de Katz

$$Nwt_r(z) \geq Hdg_r. \tag{3.1}$$

Il résulte d'autre part du théorème de spécialisation de Grothendieck [14], [22], [4,2.7] qu'il existe un ouvert non vide $D_0 \subset D$ tel que, $Nwt_r(z)$ soit constant pour z dans D_0, de valeur Nwt_r, et au-dessus de Nwt_r pour z dans $D - D_0$. Soient (T, s, η) comme en 2.4.4 et $\bar{\eta}$ un point géométrique de $\mathbb{P}^1$ localisé en η. Le polygone de Newton $Nwt_i(s)$ de $\mathcal{L}^i$ en s, rel. ι, est encore défini [7,1.10.2] : c'est le polygone de Newton, rel. ι, du polynôme

$$P^i_s(\tilde{F}_s, t) = \det\,(1 - \tilde{F}_s t, \mathcal{L}^i) = \det\,(1 - \tilde{F}_s t, H^i(\mathcal{M}_{\bar{\eta}}, \mathbb{Q}_\ell)),$$

où $\tilde{F}_s$ est un relèvement de F_s dans $W(\bar{\eta}/\eta)$; ce polygone ne dépend pas du choix de $\tilde{F}_s$. Pour $i \neq r$, on a encore $P^i_s(\tilde{F}_s, t) = 1$ si i est impair et $1 - q^{i/2}t$ si i est pair, où $q = Ns$, de sorte que $Nwt_i(s) = Hdg_i$. On ignore en revanche si $P^r_s(\tilde{F}_s, t)$ est à coefficients entiers, indépendant de ℓ. D'après Deligne [7, 1.10.7], on a

$$Nwt_r(s) \geq Nwt_r. \tag{3.2}$$

Compte tenu de (3.1) il suffit donc de prouver que l'on a

$$(3.3) \qquad Nwt_r(s) = Hdg_r$$

(on saura alors que $\mathcal{M}_z$ est ordinaire pour tout z dans D_0).

Pour $\lambda \in \mathbb{Q}$, notons $b_i(\lambda)$ (resp. $H_i(\lambda)$) la longueur horizontale du segment de pente λ de $Nwt_i(s)$ (resp. Hdg_i), et posons

$$b(\lambda) = \sum(-1)^i b_i(\lambda), h(\lambda) = \sum(-1)^i H_i(\lambda).$$

Comme $Nwt_i(s) = Hdg_i$ pour $i \neq r$, (3.3) équivaut à

$$(3.4) \qquad b(\lambda) = h(\lambda) \text{ pour tout } \lambda.$$

Considérons la suite spectrale des cycles évanescents

$$(3.5) \qquad E_2^{ij} = H^i(\tilde{M}_s, R^j\psi(\mathbb{Q}_\ell)) \Rightarrow H^{i+j}(M_{\bar{\eta}}, \mathbb{Q}_\ell)$$

pour le morphisme $\phi : \tilde{M} \to T$ envisagé dans la preuve de 2.4.4. Elle est compatible à l'action de $\tilde{F}_s$, et l'on a par suite

$$(3.6) \qquad b(\lambda) = \sum(-1)^{i+j} b_{ij}(\lambda),$$

où $b_{ij}(\lambda)$ est la dimension de la partie de pente λ de E_2^{ij} (longueur horizontale du segment de pente λ du polygone de Newton, rel ι, de $\tilde{F}_s$ opérant sur E_2^{ij}). Comme ϕ est semi-stable, l'inertie opère trivialement sur $R^j\psi(\mathbb{Q}_\ell)$ [33, 2.25], de sorte que $R^j\psi(\mathbb{Q}_\ell)$ est donné par les formules de (SGA 7 I 3.3) :

$$R^0\psi(\mathbb{Q}_\ell) = \mathbb{Q}_\ell, R^j\psi(\mathbb{Q}_\ell) = \Lambda^j R^1\psi(\mathbb{Q}_\ell),$$

$$(3.7) \qquad R^1\psi(\mathbb{Q}_\ell) = (\mathbb{Q}_\ell(-1)_E \oplus \mathbb{Q}_\ell(-1)_{\tilde{Y}'} \oplus \mathbb{Q}_\ell(-1)_{\tilde{Y}''})/(\mathbb{Q}_\ell \text{ diagonal}),$$

avec les notations de la preuve de 2.4.4. Pour $q \geq 1$, notons $\tilde{Y}_q$ la somme disjointe des intersections q à q des composantes de la fibre spéciale $Y = \tilde{M}_s$, et $\varepsilon_q : \tilde{Y}_q \to Y$ la projection :

$$\tilde{Y}_1 = E \coprod \tilde{Y}' \coprod \tilde{Y}'', \tilde{Y}_2' = (E \cap Y') \coprod (E \cap \tilde{Y}'') \coprod (\tilde{Y}' \cap \tilde{Y}''), \tilde{Y}_3 = E \cap \tilde{Y}' \cap \tilde{Y}'',$$

et $\tilde{Y}_q = \emptyset$ pour $q \geq 3$. On a une suite exacte

$$0 \to (\mathbb{Q}_\ell)_Y \to \varepsilon_{1*}\mathbb{Q}_\ell \to \varepsilon_{2*}\mathbb{Q}_\ell \to \varepsilon_{3*}\mathbb{Q}_\ell \to 0$$

(résolution de Čech pour le recouvrement fermé ε_1), d'où l'on déduit, grâce à (3.7), une suite exacte

$$0 \to R^1\psi(\mathbf{Q}_\ell) \to \varepsilon_{2*}\mathbf{Q}_\ell(-1) \to \varepsilon_{3*}\mathbf{Q}_\ell(-1) \to 0$$

et un isomorphisme

$$R^2\psi(\mathbf{Q}_\ell) \xrightarrow{\sim} \varepsilon_{3*}\mathbf{Q}_\ell(-2).$$

On a par suite

$$\begin{aligned} b_0(\lambda) &= b(\tilde{Y}_1)(\lambda) - b(\tilde{Y}_2)(\lambda) + b(\tilde{Y}_3)(\lambda), \\ b_1(\lambda) &= b(\tilde{Y}_2)(\lambda - 1) - b(\tilde{Y}_3)(\lambda - 1), \\ b_2(\lambda) &= b(\tilde{Y}_3)(\lambda - 2), \end{aligned} \tag{3.8}$$

où l'on a posé

$$b_j(\lambda) = \sum (-1)^i b_{ij}(\lambda)$$

(avec la notation de (3.6)) et

$$b(\tilde{Y}_q)(\lambda) = \sum (-1)^i b_i(\tilde{Y}_q)(\lambda),$$

$b_i(\tilde{Y}_q)(\lambda)$ désignant la dimension de la partie de pente λ de $H^i(\tilde{Y}_q, \mathbf{Q}_\ell)$. Finalement, (3.6) se récrit

$$b(\lambda) = b_0(\lambda) - b_1(\lambda) + b_2(\lambda), \tag{3.9}$$

avec les $b_i(\lambda)$ donnés par (3.8).

Par analogie, notons $h_i(\tilde{Y}_q)(\lambda)$ la dimension de $H^{i-\lambda}(\tilde{Y}_q, \Omega^\lambda)$ (on convient que $h_i(\tilde{Y}_q)(\lambda) = 0$ si λ n'est pas entier), et posons

$$\begin{aligned} h(\tilde{Y}_q)(\lambda) &= \sum (-1)^i h_i(\tilde{Y}_q)(\lambda), \\ h_0(\lambda) &= h(\tilde{Y}_1)(\lambda) - h(\tilde{Y}_2)(\lambda) + h(\tilde{Y}_3)(\lambda) \\ h_1(\lambda) &= h(\tilde{Y}_2)(\lambda - 1) - h(\tilde{Y}_3)(\lambda - 1) \\ h_2(\lambda) &= h(\tilde{Y}_3)(\lambda - 2). \end{aligned} \tag{3.10}$$

D'après le choix du pinceau π et l'étude géométrique faite dans la preuve de 2.4.4, $\tilde{Y}_q$ est ordinaire pour tout q. On a donc $h_i(\tilde{Y}_q)(\lambda) = b_i(\tilde{Y}_q)(\lambda)$ pour tout i, tout q et tout λ, donc $h(\tilde{Y}_q)(\lambda) = b(\tilde{Y}_q)(\lambda)$ pour tout q et tout λ, donc, d'après (3.8) et (3.10), $b_i(\lambda) = h_i(\lambda)$ pour tout i. Compte tenu de (3.9), la formule (3.4) à démontrer se récrit donc

$$h(\lambda) = h_0(\lambda) - h_1(\lambda) + h_2(\lambda), \tag{3.11}$$

avec les $h_i(\lambda)$ données par (3.10). Rappelons que, par définition, $h(\lambda) = \sum(-1)^i \dim H^{i-\lambda}(M_{\bar\eta}, \Omega^\lambda)$.

Pour vérifier (3.11), on peut relever le pinceau π - et l'éclatement - en caractéristique zéro, ce qui ramène à remplacer le corps de base k_0 par le corps des complexes. On peut alors faire appel à la théorie de Steenbrink ([34], complété par [36]), qui fournit un complexe de Hodge mixte cohomologique $A^\cdot_{\mathbb{Z}}$ sur Y ayant $R\psi(\mathbb{Z})$ comme complexe de $\mathbb{Z}$-modules sous-jacent. Le complexe bifiltré $A^\cdot_{\mathbf{C}}$ est le complexe simple associé à un certain bicomplexe $A^{\cdot\cdot}$, et l'on a une suite spectrale de filtration par le poids

$$E_1^{ij} = H^{i+j}(Y, gr^W_{-i} A^\cdot_{\mathbf{C}}) \Longrightarrow H^*(M_{\bar\eta}) = H^*(Y, A^\cdot_{\mathbf{C}}) \tag{3.12}$$

qui dégénère en E_2, et dont la différentielle est strictement compatible à la filtration F. Le complexe $gr^W A^\cdot_{\mathbf{C}}$ est le complexe simple associé au bicomplexe, de différentielle $d'' = 0$, somme des complexes disposés dans le tableau suivant :

$$\begin{array}{lll} \varepsilon_{3*}\Omega^\cdot_{\tilde{Y}_3} & & \\ \varepsilon_{2*}\Omega^\cdot_{\tilde{Y}_2} & \varepsilon_{3*}\Omega^\cdot_{\tilde{Y}_3} & \\ \varepsilon_{1*}\Omega^\cdot_{\tilde{Y}_1} & \varepsilon_{2*}\Omega^\cdot_{\tilde{Y}_2} & \varepsilon_{3*}\Omega^\cdot_{\tilde{Y}_3} \end{array}$$

(i.e., $\varepsilon_{1*}\Omega^\cdot_{\tilde{Y}_1} \oplus \varepsilon_{2*}\Omega^\cdot_{\tilde{Y}_2}[0,-1] \oplus \varepsilon_{2*}\Omega^\cdot_{\tilde{Y}_2}[-1,0] \oplus \cdots$); $gr^W_k A^\cdot$ est le sous-complexe correspondant aux complexes situés sur la diagonale $j - i = k$ (i.e. $gr^W_{-2} A^\cdot_{\mathbf{C}} = \varepsilon_{3*}\Omega^\cdot_{\tilde{Y}_3}[-2], \ldots, gr^W_0 A^\cdot_{\mathbf{C}} = \varepsilon_{1*}\Omega^\cdot_{\tilde{Y}_1} \oplus \varepsilon_{3*}\Omega^\cdot_{\tilde{Y}_3}[-2], \ldots$). Prenant le gradué de (3.12) pour la filtration F (qui est donnée par la filtration par le premier degré de $A^{\cdot\cdot}$), et tenant compte de ce que $\dim gr^\lambda_F H^i(Y, A^\cdot_{\mathbf{C}}) = h^{\lambda, i-\lambda}(M_{\bar\eta})$ [35, (2.11)], on obtient

$$h(\lambda) = h(\tilde{Y}_1)(\lambda) - h(\tilde{Y}_2)(\lambda) + h(\tilde{Y}_3)(\lambda) - h(\tilde{Y}_2)(\lambda - 1) + \\ + h(\tilde{Y}_3)(\lambda - 1) + h(\tilde{Y}_3)(\lambda - 2),$$

ce qui est précisément la formule (3.11). La démonstration est terminée.

On pourrait en fait, si on le souhaitait, se passer de la théorie de Steenbrink. En effet, les $h_i(\gamma)$ s'expriment simplement en termes des nombres de Hodge des intersections complètes Y', Y'', F et de leurs intersections, de sorte que (3.11) apparaît comme une relation "universelle" entre les nombres de Hodge de certaines intersections complètes. Deligne (Lettre à L. Illusie, juillet 79) a vérifié cette relation à l'aide des séries génératrices de Hirzebruch (SGA 7 XI 2).

Remarques 3.13. (a) On peut vérifier la coïncidence des polygones de Newton et de Hodge des $\tilde{Y}_q$ directement à partir de la structure connue de la cohomologie ℓ-adique et de la cohomologie de Hodge des fibrés projectifs et des éclatés, cf. (SGA 5 VII) : la démonstration précédente ne fait donc pas appel à l'équivalence, rappelée en 1.3, entre cette coïncidence et la définition 1.1.

(b) Le fait que V soit une intersection complète dans P intervient de façon essentielle dans la réduction à un calcul virtuel et dans l'argument de relèvement. Cette méthode ne permet donc pas, semble-t-il, de prouver 2.2 dans le cas général.

Appendice : le critère d'ordinarité de Hyodo

1. *Schémas à singularités croisements normaux réduits.*

Définition 1.1. Soient k un corps de caractéristique p, et Y un k-schéma de type fini. On dit que Y est à singularités croisements normaux réduits (ou de type cnr) si Y est, localement pour la topologie étale, isomorphe au sous-schéma fermé de $\mathbb{A}_K^N = \operatorname{Spec} k[x_1, \ldots, x_N]$ d'équation $x_1 \cdots x_r = 0$ $(1 \leq r \leq N)$.

Par exemple, si S est un trait de point fermé s et X un S-schéma semi-stable (1.7*) [(1)], la fibre spéciale X_s est de type cnr.

Le produit d'un k-schéma de type cnr par un k-schéma lisse est de type cnr, mais on prendra garde que le produit de deux k-schémas de type cnr n'est pas en général de type cnr. Pour une meilleure notion, stable par produits, voir [11, IV]; nous n'aurons toutefois pas besoin de cette généralisation.

1.2. Fixons, pour toute la suite de ce numéro, un corps séparablement clos k de caractéristique p. Soit Y un k-schéma de type cnr. Notons $\pi : \tilde{Y} \to Y$ son normalisé. Pour n entier ≥ 0, soit

$$Y_n = \{y \in Y \mid \operatorname{card} \pi^{-1}(y) \geq n\},$$

et notons $\tilde{Y}_n$ le normalisé de Y_n. Si Y est réunion des hyperplans de coordonnées D_i d'un espace affine $\mathbb{A}_k^r, Y_n$ est réunion des intersections n à n des D_i, et $\tilde{Y}_n$ somme disjointe de ces intersections. Comme Y est, localement pour la topologie étale, lisse sur un k-schéma de ce type, on

(1) Les numéros affectés d'un astérisque renvoient à l'article principal.

voit que, pour tout $n, \tilde{Y}_n$ est lisse. Les Y_n sont des sous-schémas fermés de Y formant une stratification de Y,

$$Y_1 = Y \supset Y_2 \supset \cdots \supset Y_n \supset \cdots,$$

à strates $Y_n - Y_{n+1}$ lisses. Nous noterons

$$\pi_n : \tilde{Y}_n \to Y$$

la projection. Suivant Deligne [5, 3.1.4], on définit un système local (étale) E_n d'ensembles à n éléments sur $\tilde{Y}_n$, dont la fibre en y est l'ensemble des n branches contenant l'image dans Y d'un voisinage étale de y dans $\tilde{Y}_n$. Notons $k(E_n)$ le $\mathcal{O}_{\tilde{Y}_n}$-module de base E_n, et ε_n son déterminant. Notons $\Omega^{\cdot}_{\tilde{Y}_n}(\varepsilon_n)$ le complexe de de Rham de $\tilde{Y}_n/k$ à coefficients dans ε_n, et posons

$$L_n := \pi_{n*}\Omega^{\cdot}_{\tilde{Y}_n}(\varepsilon_n). \tag{1.2.1}$$

Si Y est réunion d'hyperplans de coordonnées $D_i (1 \leq i \leq r)$ d'un espace affine $\mathbb{A}^N$, on a

$$L_n = \bigoplus_{1 \leq i_1 < \cdots < i_n \leq r} \Omega^{\cdot}_{D_{i_1} \cap \cdots \cap D_{i_n}}.$$

Dans le cas général, L_n s'identifie à un sous-complexe de $\pi_* \Omega^{\cdot}_{(\tilde{Y}/Y)^n}$, où $(\tilde{Y}/Y)^n := \tilde{Y} \times_Y \cdots \times_Y \tilde{Y}$ (n facteurs) et $\pi : (\tilde{Y}/Y)^n \to Y$ est la projection: une section ω de $\pi_* \Omega^q_{(\tilde{Y}/Y)^n}$ s'écrit localement comme une $(n-1)$-cochaîne $(s : \Delta_{n-1} \to \pi^{-1}(y)) \mapsto \omega_s \in \Omega^q_{D_{s(0)} \cap \cdots \cap D_{s(n-1)}}$, où $\pi^{-1}(y)$ est l'ensemble des branches passant par y et D_i désigne la branche correspondant à $i \in \pi^{-1}(y)$; elle est dans L_n si et seulement si elle est alternée, i.e. $\omega_s = 0$ si s est non injective, et $\omega_{s \cdot \sigma} = sgn(\sigma)\omega_s$ pour s injective et σ une permutation de Δ_{n-1}. Pour n variable, les L_n forment un sous-complexe

$$L. = (L_1 \to L_2 \to \cdots \to L_n \to \cdots) \tag{1.2.2}$$

(avec L_1 en degré 1) du complexe de Čech

$$\pi_* \Omega^{\cdot}_{\tilde{Y}} \to \pi_* \Omega^{\cdot}_{(\tilde{Y}/Y)^2} \to \cdots \to \pi_* \Omega^{\cdot}_{(\tilde{Y}/Y)^n} \to \cdots$$

(la différentielle $d : L^q_n \to L^q_{n+1}$ associant localement à la cochaîne ω la cochaîne $(-1)^q \Sigma (-1)^i \partial_i \omega$). Le quotient est acyclique.

Lemme 1.3. *Si Y est réunion des hyperplans de coordonnées D_i d'un espace affine $X = \mathbb{A}^r_k$, le complexe augmenté*

$$0 \to \Omega^{\cdot}_X(\log Y)(-Y) \to \Omega^{\cdot}_X \to L_1 \to L_2 \to \cdots \to L_n \to \cdots,$$

avec $\Omega^{\cdot}_X$ placé en degré 0 et $\Omega^q_X \to L^q_1$ donné par $\omega \mapsto (-1)^q \Sigma\omega|D_i$, est acyclique. En particulier, le complexe $L.$ est acyclique en degré > 1.

On se ramène, par Künneth, à $r = 1$, cf. [9, 4.2 (c)].

1.4. L'isomorphisme de Cartier usuel $C^{-1} : \Omega^i_{Y'_n} \xrightarrow{\sim} \mathcal{H}^i\Omega^{\cdot}_{Y_n}$ (le "prime" désignant comme d'habitude le pull-back par le Frobenius de la base) donne, par torsion par ε_n, un isomorphisme

(1.4.1) $$C^{-1} : (L^i_n)' \xrightarrow{\sim} \mathcal{H}^i L_n$$

(noter que $\mathcal{H}^i L_n = \pi_{n*}\mathcal{H}^i(\Omega^{\cdot}_{\tilde{Y}_n} \otimes \varepsilon_n) = \pi_{n*}(\mathcal{H}^i\Omega^{\cdot}_{\tilde{Y}_n} \otimes \varepsilon_n))$. Posons, pour $n \geq 1$,

(1.4.2) $$K_n = \mathrm{Ker}\ L_n \to L_{n+1}.$$

D'après 1.3, on a donc des suites exactes

(1.4.3) $$0 \to K_n \to L_n \to L_{n+1} \to \cdots \to L_m \to \cdots,$$

(1.4.4) $$0 \to K_n \to L_n \to K_{n+1} \to 0.$$

Lemme 1.5. *Les suites déduites de (1.4.4) par application de $\mathcal{H}^i$ sont exactes, et C^{-1} (1.4.1) induit des isomorphismes de suites exactes*

(1.5.1) $$\begin{array}{ccccccccc} 0 & \longrightarrow & (K^i_n)' & \longrightarrow & (L^i_n)' & \longrightarrow & (K^i_{n+1})' & \longrightarrow & 0 \\ & & \downarrow & & \downarrow & (1)_n & \downarrow & & \\ 0 & \longrightarrow & \mathcal{H}^i K_n & \longrightarrow & \mathcal{H}^i L_n & \longrightarrow & \mathcal{H}^i K_{n+1} & \longrightarrow & 0. \end{array}$$

On procède par récurrence descendante sur $n (L_n = 0)$ pour $n >> 0$). Notons u_n (resp. v_n) la flèche verticale de gauche (resp. droite) de (1.5.1). Supposons u_m et v_m définies et bijectives pour $m \geq n+1$, avec $v_m = u_{m+1}$. Alors $v_n := u_{n+1}$ rend commutatif $(1)_n$. Donc, pour tout $i, \mathcal{H}^i L_n \to \mathcal{H}^i K_{n+1}$ est surjectif, donc la suite inférieure est exacte, et (1.4.1) induit un isomorphisme u_n, d'où la conclusion.

Corollaire 1.6. *Les suites déduites de (1.4.3) et (1.4.4) par application de $\mathcal{H}^i$ (resp. B^i, resp. Z^i) sont exactes.*

Les assertions relatives à (1.4.4) et Z^i, B^i résultent de celles relatives à (1.4.4) et $\mathcal{H}^i$ (1.5) par récurrence (croissante) sur i. Celles relatives à (1.4.3) en découlent.

On pourrait aussi vérifier 1.5 et 1.6 de la façon suivante (Deligne). On peut supposer Y réunion des hyperplans de coordonnées D_j d'un espace affine $X = \mathbb{A}^r_k$. Les isomorphismes de Cartier (1.4.1), $C^{-1} : \Omega^i_{X'} \xrightarrow{\sim} \mathcal{H}^i\Omega^\cdot_X$, et $C^{-1} : \Omega^i_{X'}(\log Y')(-Y') \xrightarrow{\sim} \mathcal{H}^i(\Omega^\cdot_X(\log Y)(-Y))$ [9, (4.2.1.3)] fournissent un isomorphisme du complexe $(1.3.1)^i$ déduit de (1.3.1) par application terme à terme de $(-)^i$ sur celui déduit par application de $\mathcal{H}^i$. Ce dernier est donc acyclique, et par récurrence sur i, on en déduit qu'il en est de même de celui déduit par application de Z^i (resp. B^i). Le complexe $(1.3.1)^i$ est donc acyclique en tant que complexe filtré par $(-)^i \supset Z^i \supset B^i \supset 0$, donc se coupe en suites exactes courtes filtrées $(1.4.4)^i$.

Corollaire 1.7. *Les conditions suivantes sont équivalentes :*

(i) $H^j(Y, BK^i_n) = 0$ *pour tout* i, *tout* j *et tout* n ;

(ii) $H^j(Y, BL^i_n) = 0$ *pour tout* i, *tout* j *et tout* n .

Les suites déduites de (1.4.4) par applications de B^i étant exactes, (i) entraîne (ii). La suite déduite de (1.4.3) par application de B^i étant exacte, $H^*(Y, BK^i_n)$ est, pour i et n fixés, l'aboutissement d'une suite spectrale de termes initiaux $H^s(Y, BL^i_r)(r \geq n)$, donc (ii) entraîne (i).

Remarque 1.8. Si Y est de dimension 1, $L_n = 0$ pour $n \geq 2, L_2$ est à support ponctuel et $BL^i_2 = 0$ pour tout i, donc la condition (ii) de 1.7 signifie simplement que $H^j(\tilde{Y}, B\Omega^i_{\tilde{Y}}) = 0$ pour tout i et tout j, i.e. que $\tilde{Y}$ est ordinaire.

2. Résidus de Poincaré et critère de Hyodo

2.1. Soient S un trait, de point fermé s séparablement clos, et point générique η, et X un S-schéma semi-stable (1.7*). Après extension étale de S et localisation étale sur X, X est donc S-isomorphe au sous-schéma de $\mathbb{A}^N_S = S[x_1, \ldots, x_N]$ d'équation $x_1 \cdots x_r = \pi$, où π est une uniformisante, et si j désigne alors l'inclusion de la fibre générique X_η dans $X, \omega^\cdot_{X/S}$ est le sous-complexe de $j_*\Omega^\cdot_{X_\eta/\eta}$ engendré par les formes du type $a\ dx_{i_1}/x_{i_1} \wedge \cdots \wedge dx_{i_q}/x_{i_q}$ pour a dans l'image de $\Omega^\cdot_{X/S}$ et $1 \leq i_1 < \cdots < i_q \leq r$. Pour n entier ≥ 0, notons $P_n\omega^\cdot_{X/S}$ le sous-complexe de $\omega^\cdot_{X/S}$ engendré localement par les formes du type ci-dessus, avec $q \leq n$ (on vérifie que cette définition ne dépend pas du choix des "coordonnées locales" x_i : si $(y_1, \ldots, y_N)$ est un autre choix, après localisation et une éventuelle permutation, on a $y_i = u_i x_i$

pour $i \leq r$, où u_i est une unité sur X, et $dy_i/y_i = du_i/u_i + dx_i/x_i$). Les $P_n\omega^{\cdot}_{X/S}$ forment une filtration croissante de $\omega^{\cdot}_{X/S}$

$$0 \subset P_0\omega^{\cdot}_{X/S} \subset \cdots \subset P_n\omega^{\cdot}_{X/S} \subset \cdots \tag{2.1.1}$$

(avec $P_n\omega^{\cdot}_{X/S} = \omega^{\cdot}_{X/S}$ pour $n >> 0$), analogue à celle considérée par Deligne dans [5, 3.1.5] (à cela près qu'on travaille ici avec un complexe de de Rham logarithmique relatif, où l'on a la relation $\sum_{1\leq i\leq r} dx_i/x_i = 0$). Le choix de la notation P_n de préférence à la notation W_n de (*loc. cit.*) est fait pour éviter des confusions possibles avec des complexes de de Rham-Witt, cf. [16].

Notons $Y = X_s$ la fibre spéciale de X, posons $\omega^{\cdot}_Y = \omega^{\cdot}_{X/S} \otimes_{\mathcal{O}_S} k$ ($k = k(s)$) (1.7.2*) et désignons par $P_n\omega^{\cdot}_Y$ l'image de $P_n\omega^{\cdot}_{X/S}$ dans $\omega^{\cdot}_Y$. On obtient donc une filtration croissante de $\omega^{\cdot}_Y$

$$0 \subset P_0\omega^{\cdot}_Y \subset \cdots \subset P_n\omega^{\cdot}_Y \subset \cdots \tag{2.1.2}$$

(avec $P_n\omega^{\cdot}_Y = \omega^{\cdot}_Y$ pour $n >> 0$), et $P_0\omega^{\cdot}_Y$ égal à l'image de $\Omega^{\cdot}_{Y/k}$.

Pour $n \geq 1$, une section ω de $P_n\omega^{q+n}_{X/S}$ s'écrit localement, comme plus haut,

$$\omega = \sum_{i\leq i_1 < \cdots < i_n \leq r} a_{i_1\cdots i_n} \wedge dx_{i_1}/x_{i_1} \wedge \cdots \wedge dx_{i_n}/x_{i_n} + b$$

avec $a_{i_1\cdots i_n}$ dans l'image de $\Omega^q_{X/S}$ et b dans P_{n-1} ; les images inverses des $a_{i_1\cdots i_n}$ dans $\Omega^q_{D_{i_1}\cap\cdots\cap D_{i_n}}$ (où D_j est le diviseur (x_j) de $\mathbb{A}^N_K$) forment une section de L^q_n (1.2.1), et l'on vérifie que son image dans L^q_{n+1} par la différentielle d de (1.2.2) ne dépend pas du choix de l'écriture ci-dessus. En re collant ces définitions locales, on obtient une application de $P_n\omega^{q+n}_{X/S}$ dans L^q_{n+1} ; pour q variable, ces applications forment un morphisme de complexes, qui se factorise en

$$R : \mathrm{gr}^P_n\omega^{\cdot+n}_Y \to L_{n+1}. \tag{2.1.3}$$

On étend la définition de R au cas $n = 0$ en associant à une section ω de $P_0\omega^q_Y$ la section de L^q_1 ayant localement pour valeur la cochaîne $i \mapsto (-1)^q$ (l'image inverse de ω sur D_i). L'énoncé suivant est décalqué de Steenbrink [34, 4.15] :

Lemme 2.2. *La flèche R est injective et a pour image K_{n+1}*(1.4.2).

Par analogie avec la construction de [5,3.1.5], nous appellerons *résidu de Poincaré* l'isomorphisme

$$R : \mathrm{gr}^P_n\omega^{\cdot+n}_Y \xrightarrow{\sim} K_{n+1} \tag{2.1.4}$$

déduit de (2.1.3).

Prouvons 2.2. La vérification est locale, donc on peut supposer que $X = V(x_1 \cdots x_r - \pi) \subset S[x_1, \ldots, x_N]$ où π est une uniformisante. Posons $Z = V(x_1 \cdots x_r - t) \subset T[x_1, \ldots, x_N]$, $T = S[t]$ où t est une indéterminée. Alors X/S se déduit de Z/T par le changement de base $S \to T, t \mapsto \pi$, donc $\omega^{\cdot}_{X/S} = \omega^{\cdot}_{Z/T} \otimes_{\mathcal{O}_T} \mathcal{O}_S$, où $\omega^{\cdot}_{Z/T}$ est le complexe de de Rham logarithmique relatif, défini par

$$(*) \qquad \omega^i_{Z/T} = \Lambda^i \omega^1_{Z/T}$$

et la suite exacte

$$(**) \qquad 0 \to f^*\Omega^1_{T/S}(\log T_0) \to \Omega^1_{Z/S}(\log Z_0) \to \omega^1_{Z/T} \to 0,$$

où T_0 (resp. Z_0) est le diviseur $(t = 0)$ de T (resp. Z) et $f : Z \to T$ la projection. Par suite, si k désigne le corps résiduel de S et

$$f_s : Z_s = \operatorname{Spec} k[x_1, \ldots, x_N] \to T_s = \operatorname{Spec} k[t], t \mapsto x_1 \cdots x_r$$

le morphisme déduit de f par le changement de base $s \to S$, on a $\omega^{\cdot}_Y = \omega^{\cdot}_{Z_s/T_s} \otimes_{k[t]} k(t \mapsto 0)$, avec $\omega^{\cdot}_{Z_s/T_s} = \omega^{\cdot}_{Z/T} \otimes_{\mathcal{O}_T} \mathcal{O}_{T_s}$ décrit par des formules analogues à (*) et (**). Notons A l'espace affine $Z_s = \operatorname{Spec} k[x_1, \ldots, x_N]$. Pour $n \geq 0$, soit $P_n\Omega^{\cdot}_A(\log Y)$ le sous-complexe de $\Omega^{\cdot}_A(\log Y)$ engendré localement par des formes du type $a\, dx_{i_1}/x_{i_1} \wedge \cdots \wedge dx_{i_q}/x_{i_q}$ avec a dans $\Omega^{\cdot}_A, 1 \leq i_1 < \cdots < i_q \leq r$, et $q \leq n$. Ces sous-complexes forment une filtration croissante de $\Omega^{\cdot}_A(\log Y)$ et l'on a, comme dans [5, 3.1.5], un isomorphisme résidu de Poincaré

$$(2.2.1) \qquad \operatorname{Res} : \operatorname{gr}^P_n \Omega^{\cdot+n}_A(\log Y) \xrightarrow{\sim} L_n = \oplus \Omega^{\cdot}_{D_{i_1} \cap \cdots \cap D_{i_n}},$$

envoyant la classe de $a\, dx_{i_1}/x_{i_1} \wedge \cdots \wedge dx_{i_n}/x_{i_n}$ sur l'image de a dans $\Omega^{\cdot}_{D_{i_1} \cap \cdots \cap D_{i_n}}, D_i$ désignant l'hyperplan $(x_i = 0)$ de A. De plus, $P_n\omega^{\cdot}_Y$ défini en (2.1.2) est l'image de $P_n\Omega^{\cdot}_A(\log Y)$ dans $\omega^{\cdot}_Y$, et les flèches (2.1.3) et (2.2.1) donnent lieu, pour $n \geq 1$, à un carré commutatif

$$(2.2.2) \qquad \begin{array}{ccc} \operatorname{gr}^P_n \Omega^{\cdot+n}_A(\log Y) & \longrightarrow\!\!\!\!\to & \operatorname{gr}^P_n \omega^{\cdot+n}_Y \\ \operatorname{Res} \downarrow \simeq & & \downarrow R \\ L_n & \xrightarrow{d} & L_{n+1} \end{array}$$

Posons, pour abréger,

$$M_q = \Omega^{\cdot+q}_A(\log Y),$$

et considérons le complexe

$$M_1 \xrightarrow{\theta} M_2 \xrightarrow{\theta} \cdots \to M_q \xrightarrow{\theta} \cdots, \tag{2.2.3}$$

avec M_1 placé en degré 1, la différentielle θ étant le produit extérieur gauche par l'image de dt/t, i.e. $\sum_{1 \leq i \leq r} dx_i/x_i$. Comme $\Omega^1_A(\log Y)$ est libre sur $\mathcal{O}_A$ de base les dx_i/x_i pour $1 \leq i \leq r$ et $\Omega^i_A(\log Y) = \Lambda^i \Omega^1_A(\log Y)$, le complexe (2.2.3) est acyclique en degré ≥ 2. Il vérifie en fait une propriété plus forte. Par définition, θ envoie P_n dans P_{n+1}, de sorte que l'on déduit de (2.2.3) un complexe

$$\mathrm{gr}_1^P M_1 \xrightarrow{\theta} \mathrm{gr}_2^P M_2 \to \cdots \to \mathrm{gr}_q^P M_q \to \cdots. \tag{2.2.4}$$

On vérifie que les résidus de Poincaré (2.2.1) définissent un isomorphisme de (2.2.3) sur le complexe $L.$ (1.2.2). Cet isomorphisme se prolonge en un isomorphisme de complexes

(2.2.5)

$$\begin{array}{ccccccccccc}
0 & \longrightarrow & \Omega^{\cdot}_A(\log Y)(-Y) & \longrightarrow & \Omega^{\cdot}_A & \xrightarrow{\theta} & \mathrm{gr}_1^P M_1 & \xrightarrow{\theta} & \mathrm{gr}_2^P M_2 & \longrightarrow & \cdots \\
 & & \| & & \| & & \downarrow \simeq & & \downarrow \simeq & & \\
0 & \longrightarrow & \Omega^{\cdot}_A(\log Y)(-Y) & \longrightarrow & \Omega^{\cdot}_A & \longrightarrow & L_1 & \longrightarrow & L_2 & \longrightarrow & \cdots
\end{array}$$

avec $\Omega^{\cdot}_A$ placé en degré 0, et $\Omega^{\cdot}_A \to L_1$ composé de $R : P_0\omega^{\cdot}_Y \to L_1$ et de la projection $\Omega^{\cdot}_A \twoheadrightarrow P_0\omega^{\cdot}_Y$. D'après 1.3, le complexe augmenté inférieur est acyclique. Par suite, dans le complexe filtré

$$\Omega^{\cdot}_A(\log Y) \xrightarrow{\theta} M_1 \xrightarrow{\theta} M_2 \to \cdots$$

(qui prolonge (2.2.3)), la différentielle est strictement compatible à la filtration, i.e. on a, pour tout $n \geq 0$,

$$\theta\Omega^{\cdot}_A(\log Y) \cap P_n\Omega^{\cdot+1}_A(\log Y) = \theta P_{n-1}\Omega^{\cdot}_A(\log Y)$$

($P_{n-1} = 0$ si $n = 0$). Comme, par définition,

$$\omega^{\cdot}_Y = \Omega^{\cdot}_A(\log Y)/(\theta\Omega^{\cdot-1}_A(\log Y) + \Omega^{\cdot}_A(\log Y)(-Y))$$

et

$$P_n\omega^{\cdot}_Y = \mathrm{Im}\, P_n\Omega^{\cdot}_A(\log Y) \to \omega^{\cdot}_Y,$$

il en résulte que (pour tout $n \geq 0$) on a

$$P_n\omega^{\cdot}_Y = P_n\Omega^{\cdot}_A(\log Y)/(\theta P_{n-1}\Omega^{\cdot-1}_A(\log Y) + \Omega^{\cdot}_A(\log Y)(-Y)).$$

On a en particulier une suite exacte

$$0 \to \Omega^{\cdot}_A(\log Y)(-Y) \to \Omega^{\cdot}_A \to P_0\omega^{\cdot}_Y \to 0,$$

ce qui, vu l'exactitude de la ligne inférieure de (2.2.5), prouve 2.2 pour $n = 0$. On en déduit d'autre part que, pour $n \geq 1$, on a une suite exacte

$$\mathrm{gr}^P_{n-1} M_{n-1} \xrightarrow{\theta} \mathrm{gr}^P_n M_n \longrightarrow \mathrm{gr}^P_n \omega^{\cdot}_Y \longrightarrow 0,$$

ce qui grâce à (2.2.2) et (2.2.5), prouve 2.2 pour $n \geq 1$.

Lemme 2.3. *Soit X/S comme en 2.1. Supposons le point fermé s de caractéristique p. Soit $F : Y \to Y'$ le Frobenius relatif de la fibre spéciale $X_s = Y$. Pour tout $i, \mathcal{H}^i F_*\omega^{\cdot}_Y$ est localement libre de type fini, et si $v : V \hookrightarrow Y$ désigne l'ouvert de lissité de Y/S, l'isomorphisme de Cartier $C^{-1} : v_*\Omega^i_{V'} \tilde{\to} v_*\mathcal{H}^i F_*\Omega^{\cdot}_V$ induit un isomorphisme de $\omega^i_{Y'} (:= \omega^i_Y \otimes \mathcal{O}_{Y'})$ sur $\mathcal{H}^i F_*\omega^{\cdot}_Y$.*

La question étant locale, la même réduction qu'au début de la démonstration de 2.2 ramène au cas où Y/s est déduit par réduction modulo t de $A/\mathrm{Spec}\, k[t]$, $A = \mathrm{Spec}\, k[x_1, \ldots, x_N], t \mapsto x_1 \cdots x_r, k = k(s)$. On applique alors (1.7.5*).

Lemme 2.4. *Sous les hypothèses de 2.3, pour tout n et tout i, la flèche $\mathcal{H}^i P_n \to \mathcal{H}^i\omega^{\cdot}_Y$ est injective, et l'isomorphisme de Cartier C^{-1} : $\omega^i_{Y'} \tilde{\to} \mathcal{H}^i\omega^{\cdot}_Y$ induit un isomorphisme $C^{-1} : P_n\omega^i_{Y'} \tilde{\to} \mathcal{H}^i P_n\omega^{\cdot}_Y$ (où $P_n\omega^i_{Y'} := P_n\omega^i_Y \otimes \mathcal{O}_{Y'}$).*

On procède par récurrence descendante sur n ($P_n\omega^{\cdot}_Y = \omega^{\cdot}_Y$ pour $n >> 0$). Fixons n et supposons la conclusion établie pour tout $m \geq n$. Considérons le diagramme

$$\begin{array}{ccccccc}
P_n\omega^{i+n}_{Y'} & \twoheadrightarrow & \mathrm{gr}^P_n\omega^{i+n}_{Y'} & \underset{\substack{2\,1\,4 \\ \simeq}}{\xrightarrow{R}} & (K^i_{n+1})' & \longrightarrow & (L^i_{n+1})' \\
{\scriptstyle C^{-1}}\downarrow\simeq & & & & \simeq\downarrow{\scriptstyle C^{-1}} & & \simeq\downarrow{\scriptstyle C^{-1}} \\
\mathcal{H}^i P_n\omega^{\cdot +n}_Y & \longrightarrow & \mathcal{H}^i\mathrm{gr}^P_n\omega^{\cdot +n}_Y & \underset{\simeq}{\xrightarrow{\mathcal{H}^i R}} & \mathcal{H}^i K_{n+1} & \longrightarrow & \mathcal{H}^i L_{n+1},
\end{array}$$

où le carré de droite est celui de gauche dans (1.5.1). Il suffit de prouver la commutativité, pour tout i, de (2.4.1). En effet, celle-ci entraînera la surjectivité (pour tout i) de $\mathcal{H}^i P_n\omega^{\cdot +n}_Y \to \mathcal{H}^i\mathrm{gr}^P_n\omega^{\cdot +n}_Y$, donc l'exactitude de

$$0 \to \mathcal{H}^i P_{n-1}\omega^{\cdot +n}_Y \to \mathcal{H}^i P_n\omega^{\cdot +n}_Y \to \mathcal{H}^i\mathrm{gr}^P_n\omega^{\cdot +n}_Y \to 0,$$

et C^{-1} induira un isomorphisme de $P_{n-1}\omega^{i+n}_{Y'}$ (resp. $\mathrm{gr}^P_n\omega^{i+n}_{Y'}$) sur $\mathcal{H}^i P_n\omega^{\cdot+n}_Y$ (resp. $\mathcal{H}^i\mathrm{gr}^P_n\omega^{\cdot+n}_Y$). Pour vérifier la commutativité de (2.4.1), on peut supposer, comme plus haut, que Y/s est la réduction modulo t de $A/\operatorname{Spec} k[t]$. Avec les notations de la preuve 2.2, on dispose de l'isomorphisme de Cartier usuel $C^{-1} : \Omega^i_{A'}(\log Y') \xrightarrow{\sim} \mathcal{H}^i\Omega^{\cdot}_A(\log Y)$ [21, 7.2] et des isomorphismes résidus de Poincaré (2.2.1). Admettons provisoirement l'énoncé suivant:

(2.4.2) Pour tout m et tout i, la flèche $\mathcal{H}^i P_m\Omega^{\cdot}_A(\log Y) \to \mathcal{H}^i\Omega^{\cdot}_A(\log Y)$ est injective, et C^{-1} induit un isomorphisme de $P_m\Omega^i_{A'}(\log Y')$ sur $\mathcal{H}^i P_m\Omega^{\cdot}_A$ $(\log Y)$. De plus, les carrés

$$\begin{array}{ccc} P_m\Omega^i_{A'}(\log Y') & \xrightarrow{\theta} & P_{m+1}\Omega^{i+1}_{A'}(\log Y') \\ C^{-1}\downarrow\simeq & & \simeq\downarrow C^{-1} \\ \mathcal{H}^i P_m\Omega^{\cdot}{}_A(\log Y) & \xrightarrow{\theta} & \mathcal{H}^i P_{m+1}\Omega^{\cdot+1}_A(\log Y) \end{array}$$

et

$$\begin{array}{ccc} P_m\Omega^{i+m}_{A'}(\log Y') & \xrightarrow{Res} & (L^i_m)' \\ C^{-1}\downarrow\simeq & & \simeq\downarrow C^{-1} \qquad (1.4.1) \\ \mathcal{H}^i P_m\Omega^{\cdot+m}_A(\log Y) & \longrightarrow & \mathcal{H}^i L_m \end{array}$$

sont commutatifs.

Le pourtour de (2.4.1) est alors le carré central du diagramme suivant:

$$\begin{array}{ccccc} P_n\Omega^{i+n}_{A'}(\log Y') & & \xrightarrow{\theta} & & P_{n+1}\Omega^{i+n+1}_{A'}(\log Y') \\ & & (1) & & \\ & P_n\omega^{i+n}_{Y'} & \longrightarrow & (L^i_{n+1})' & \\ C^{-1}\simeq\downarrow \quad (3) & C^{-1}\downarrow\simeq & (5) & \simeq\downarrow C^{-1} & (4) \quad \simeq\downarrow C^{-1} \\ & \mathcal{H}^i P_n\omega^{\cdot+n}_Y & \longrightarrow & \mathcal{H}^i L_{n+1} & \\ & & (2) & & \\ \mathcal{H}^i P_n\Omega^{\cdot+n}_A(\log Y) & & \xrightarrow{\theta} & & \mathcal{H}^i P_{n+1}\Omega^{\cdot+n+1}_A(\log Y). \end{array}$$

Les carrés (1) et (2) commutent, grâce à (2.2.5), par définition de R. Le carré (3) commute, par définition de C^{-1}. Le carré extérieur et le carré (4) commutent d'après (2.4.2), donc le carré (5), et par suite, (2.4.1) commutent. Il reste à établir (2.4.2). On le fait encore par récurrence descendante sur m. Si les deux premières assertions de (2.4.2) sont vraies pour $m' \geq m$, le second carré de (2.4.2) est défini, et commute, car $C^{-1}(dx_i/x_i) = dx_i/x_i$. La flèche $\mathcal{H}^i P_m \Omega_A^{\cdot+m}(\log Y) \to \mathcal{H}^i \mathrm{gr}_m^P \Omega_A^{\cdot+m}(\log Y)$ est alors surjective (pour tout i), et ceci entraîne, comme plus haut, que la suite

$$0 \to \mathcal{H}^i P_{m-1}\Omega_A^{\cdot}(\log Y) \to \mathcal{H}^i P_m \Omega_A^{\cdot}(\log Y) \to \mathcal{H}^i \mathrm{gr}_m^P \Omega_A^{\cdot}(\log Y) \to 0$$

est exacte, et que C^{-1} induit un isomorphisme de P_{m-1} sur $\mathcal{H}^i P_{m-1}$. La commutativité du premier carré de (2.4.2) résulte encore de ce que $C^{-1}(dx_i/x_i) = dx_i/x_i$. Les assertions de (2.4.2) sont donc établies, et ceci achève la démonstration de 2.4.

Corollaire 2.5. *Sous les hypothèses de* 2.3, *pour tout n et tout i, les suites déduites de*

$$0 \to P_{n-1}\omega_Y^{\cdot} \to P_n\omega_Y^{\cdot} \to gr_n^P \omega_Y^{\cdot} \to 0$$

par application de $\mathcal{H}^i, Z^i, B^i$ sont exactes.

Les assertions relatives à Z^i, B^i se déduisent en effet de celles relatives à $\mathcal{H}^i$ (2.4) par récurrence (croissante) sur i.

Proposition 2.6. *Soient S un trait de point fermé s séparablement clos de caractéristique p et X un S-schéma propre et semi-stable* (1.7*), *de fibre spéciale $Y = X_s$. Avec les notations de* (1.2.1) *et* (2.1.2), *considérons les conditions suivantes :*

(i) $H^j(Y, BL_n^i) = 0$ *pour tout i, tout j, et tout n ;*

(ii) $H^j(Y, Bgr_n^P \omega_Y^i) = 0$ *pour tout i, tout j, et tout n ;*

(iii) $H^j(Y, BP_n\omega_Y^i) = 0$ *pour tout i, tout j, et tout n ;*

(iv) $H^j(Y, B\omega_Y^i) = 0$ *pour tout i et tout j (i.e. X a réduction ordinaire* (1.8*)). *Alors,* (i), (ii), *et* (iii) *sont équivalentes, et* (iii) *implique* (iv). *Si* $\dim Y \leq 1$, *les conditions* (i) *à* (iv) *sont équivalentes, et signifient encore que $\tilde{Y}$ est ordinaire.*

D'après 1.7 et grâce à (2.1.4) (i) et (ii) sont équivalentes. D'après 2.5 appliqué à B, (ii) et (iii) sont équivalentes. L'implication (iii) $\Rightarrow$ (iv) est triviale, et il en est de même de (iv) $\Rightarrow$ (iii) quand Y est courbe, $B\mathrm{gr}_1^P \omega_Y^i$ étant à support ponctuel (cf. 1.8).

Le critère de Hyodo 1.10* résulte aussitôt de 2.6, par passage au localisé strict de S. Dans cette situation, le système local ε_n est trivial, et le complexe L_n s'identifie à la somme directe des $\Omega_{D_{i_1}\cap\cdots\cap D_{i_n}}$ pour $1 \leq i_1 < \cdots < i_n \leq r$.

Remarque 2.7. Pour Y de dimension > 1, il n'est pas vrai en général que (iv) implique (i). Voici un exemple que m'a communiqué Hyodo. Soient C une courbe elliptique supersingulière dans $\mathbf{P}^2_s$ et X l'éclaté de C dans $\mathbf{P}^2_S$. Alors X est semi-stable sur S, la fibre spéciale Y est réunion du diviseur exceptionnel E et de $\mathbf{P}^2_s$, qui se coupent transversalement suivant C. Ni E ni C ne sont ordinaires ($E = \mathbf{P}(\check{N})$, où $\check{N}$ est le conormal de C dans $\mathbf{P}^2_S$) (cf. 1.4). Toutefois X a réduction ordinaire. On vérifie en effet que, si $f : Y \to Z := \mathbf{P}^2_s$ est la projection, on a $B\Omega^i_Z \xrightarrow{\sim} Rf_* B\omega^i_Y$ pour tout i, et par suite $H^*(Y, B\omega^i_Y) = H^*(Z, B\Omega^i_Z) = 0$.

Remarque 2.8. Soient S un trait de point fermé s parfait de caractéristique p et X un S-schéma semi-stable, de fibre spéciale Y. Le complexe de de Rham-Witt $W\omega^{\cdot}_Y$ de Hyodo [15], cf. aussi [20], permet de donner une caractérisation de "réduction ordinaire" analogue à celle expliquée en 1.3*. Plus précisément, supposons X propre. Alors X a réduction ordinaire (au sens de 1.8*) si et seulement si l'endomorphisme (σ-linéaire) F de $H^j(Y, W\omega^i_Y)$ est bijectif pour tout i et tout j. Quand $H^*(Y, W\omega^{\cdot}_Y)$ est sans torsion, il revient au même de dire que le polygone de Newton défini par les pentes de Frobenius agissant sur $H^n(Y, W\omega^{\cdot}_Y)$ coïncide, pour tout n, avec le polygone de Hodge défini par les nombres de Hodge $h^{i,n-i} = \dim H^{n-i}(Y, \omega^i_Y)$. Supposons de plus que la fibre spéciale Y soit un diviseur à croisements normaux somme de diviseurs lisses. On peut alors espérer construire une suite spectrale analogue à celle de Steenbrink [34, 4.20], aboutissant à $H^*(Y, W\omega^*_Y)$ convenablement filtré, de terme initial somme de cohomologies de Hodge-Witt d'intersections k à k des composantes de Y, et équivariante sous l'action de F. La bijectivité de F sur le terme initial entraînant sa bijectivité sur l'aboutissement, on obtiendrait ainsi une seconde démonstration de 1.10* (du moins pour s parfait).

BIBLIOGRAPHIE

[1] Berthelot, P., *Cohomologie cristalline des schémas de caractéristique* $p > 0$, SLN in Math. **407** 1974.

[2] Berthelot, P. et Illusie, L., *Classes de Chern en cohomologie cristalline,* C. R. Acad. Sc. Paris, t. **270**, (1970), 1695–1697 et 1750–1752.

[3] Bloch, S. et Kato, K., *p-adic étale cohomology*, Pub. IHES **52** (1986), 137–252.

[4] Crew, R., *Specialization of crystalline cohomology*, Duke Math. J., **53**

1986, 749–757.

[5] Deligne, P., *Théorie de Hodge* II, Pub. IHES **40**, (1972), 5–57.

[6] Deligne, P., *La conjecture de Weil.* I, Pub. IHES **43**, (1974), 273–307.

[7] Deligne, P. *La conjecture de Weil.* II, Pub. IHES **52**, (1980), 137–252.

[8] Deligne, P., *Lettre à L. Illusie*, 4. 11. 76.

[9] Deligne, P. et Illusie, L., *Relèvement modulo p^2 et décomposition du complexe de de Rham*, Inv. Math., **89** (1987), 247–270.

[10] Faltings, G., *Crystalline cohomology and p-adic Galois representations*, preprint, Princeton University, 1988.

[11] Faltings, G., *F-isocrystals on open varieties, results and conjectures*, preprint, Princeton University, 1988.

[12] Gros, M., *Classes de Chern et classes de cycles en cohomologie de Hodge-Witt logarithmique*, Mémoire SMF 21, Gauthiers-Villars, 1985.

[13] Grothendieck, A., *Formule de Lefschetz et rationalité des fonctions L*, Séminaire Bourbaki, **279**, décembre 1964, Benjamin.

[14] Grothendieck, A., *Groupes de Barsotti-Tate et cristaux de Dieudonné*, Presses de l'Univ. de Montréal, 1974.

[15] Hyodo, O., *A note on p-adic étale cohomology in the semi-stable reduction case*, Inv. Math., **91**(1988), 543–557.

[16] Hyodo, O., *On the de Rham-Witt complex attached to a semi-stable family*, preprint, 1988.

[17] Illusie, L., *Complexe de de Rham-Witt et cohomologie cristalline*, Ann. ENS 4e série, t. **12** (1979), 501–661.

[18] Illusie, L., *Réduction semi-stable et décomposition de complexes de de Rham*, preprint, Orsay 1988.

[19] Illusie, L. et Raynaud, M., *Les suites spectrales associées au complexe de de Rham-Witt*, Pub. IHES **57**, (1983), 73–212.

[20] Kato, K., *The limit Hodge structure in the mixed characteristic case*, preprint, 1988.

[21] Katz, N., *Nilpotent connexions and the monodromy theorem*, Pub. IHES **19**, (1970), 175–232.

[22] Katz, N., *Slope filtration of F-crystals*, dans *Journées de Géométrie Algébrique*, Rennes 1978, Astérisque **63** (1979), 113–164.

[23] Katz, N. et Messing, W., *Some consequences of the Riemann hypothesis for varieties over finite fields*, Inv. Math. **23** (1974), 73–77.

[24] Koblitz, N., *p-adic variation of the zeta function over families of varieties defined over finite fields*, Comp. math. **31** (1975), 119–218.

[25] Mazur, B., *Frobenius and the Hodge filtration*, Bull. Amer. Math. Soc. **78** (1972), 653–667.

[26] Mazur, B., *Frobenius and the Hodge filtration*, estimates, Ann. of Math., **98** (1973), 58–95.

[27] Miller, L., *Curves over a finite field with invertible Hasse-Witt matrix*, Math. Ann. **197** (1972), 123–127.

[28] Miller, L., *Uber Gewöhnliche Hyperflächen*, I, II, J. Reine Angew. Math. **282** (1976), 96–113; **283** (1976), 402–420.

[29] Mumford, D., *Bi-extensions of formal groups*, Algebraic Geometry, Bombay Colloquium 1968, 307–322 Tata Inst. Fund. Research and Oxford Univ. Press, 1969.

[30] Norman, P. et Oort, F., *Moduli of abelian varieties*, Ann. of Math. **112** (1980), 413–439.

[31] Ogus, A., *Frobenius and the Hodge filtration*, dans Berthelot, P. et Ogus, A., *Notes on crystalline cohomology*, Math. Notes, Princeton Univ. Press, 1978.

[32] Ogus, A., *Supersingular K3 crystals*, dans *Journées de Géométrie Algébrique de Rennes* 1978, Astérisque **64** (1979), 3–86.

[33] Rapoport, M. et Zink, Th., *Uber die lokale Zetafunktion von Shimura-varietäten, Monodromiefiltration und verschwindende Zyklen in ungleicher Charakteristik*, Inv. Math., **68** (1982), 21–101.

[34] Steenbrink, J., *Limits of Hodge structures*, Inv. Math. **31** (1976), 229–257.

[35] Steenbrink, J., *Mixed Hodge structure on the vanishing cohomology*, Symp. in Math. Oslo, (1976), 525–563.

[36] Steenbrink, J. et Zucker, S., *Variation of mixed Hodge structures*, I., Inv. Math. **80** (1985), 489–542.

[37] Suwa, N. et Yui, N., *Arithmetic of Fermat varieties* I, *Fermat motives and p-adic cohomologies*, preprint, 1988.

SGA 5 *Cohomologie ℓ-adique et fonctions L*, Séminaire de Géométrie Algébrique du Bois-Marie 65–66, par A. Grothendieck, SLN 589, 1977.

SGA 6 *Théorie des intersections et théorème de Riemann-Roch*, Séminaire de Géométrie Algébrique du Bois Marie 66–67, par P. Berthelot, A. Grothendieck, L. Illusie, SLN 225, 1971.

SGA 7 *Groupes de monodromie en géométrie algébrique*, Séminaire de Géométrie Algébrique du Bois-Marie 67–69, I par A. Grothendieck, SLN 288, 1972, II par P. Deligne et N. Katz, SLN 340, 1973.

Université de Paris Sud
Centre d'Orsay
Mathématique - Bât. 425
91405 Orsay Cedex
France

Kazhdan–Lusztig Conjecture for A Symmetrizable Kac–Moody Lie Algebra

MASAKI KASHIWARA

dedicated to Professor Alexandre Grothendieck
on his sixtieth birthday

0. Introduction

In recent years, with the progress of mathematical physics, it becomes more and more important to study systems with infinite freedom. In [K], we studied the flag variety of Kac–Moody Lie algebras, as a typical case of an infinite-dimensional manifold. By that study, it is revealed that the most natural language of scheme introduced by A. Grothendieck is again the most appropriate algebraic tool to deal with an infinite–dimensional manifold.

The purpose of this paper is to generalize the result of Brylinski–Kashiwara [B–K] and Beilinson–Bernstein [B–B] to the Kac–Moody Lie algebra case by using the flag manifold. The main result is the following one.

Theorem. *The generalization of the Kazhdan–Lusztig conjecture for symmetrizable Kac–Moody Lie algebras (proposed e.g. by [D–G–K]) is true.*

The proof of this theorem is not much different from the one of [B–K]. However, since the flag variety is an infinite-dimensional variety in general, we need special care to prove it.

We will explain the contents. Let $\mathfrak{g}$ be a symmetrizable Kac–Moody Lie algebra, and X its flag variety. For an integral dominant weight λ, let $\mathcal{O}(\lambda)$ be the corresponding line bundle over X (see §3 for the precise definition) and let $\mathfrak{D}_\lambda$ be the twisted ring of differential operators $\mathcal{O}(\lambda) \otimes \mathfrak{D}_X \otimes \mathcal{O}(-\lambda)$ on X .

We restricted to the symmetrizable case because we use the following statement that is proven by Deodhar–Gabber–Kac [D–G–K] by using the result of Kac–Kazhdan [K–K]: *any highest weight of the Verma module with a dominant integral weight λ as a highest weight is in the orbit of λ by the*

Weyl group.

We prove in this paper the following theorem.

Theorem. *Let $\mathfrak{M}$ be an admissible B-equivariant $\mathfrak{D}_\lambda$ -module. Then we have*

(i) $\widetilde{H}^n(X;\mathfrak{M}) = 0$ *for any* $n \neq 0$.

(ii) $\mathfrak{D}_\lambda \widehat{\otimes} \widetilde{\Gamma}(X;\mathfrak{M}) \to \mathfrak{M}$ *is an isomorphism.*

For the precise statement see Theorem 5.2.1 and for the notations see the contents. This theorem shows that the irreducible $\mathfrak{g}$-module $L(w \circ \lambda)$ with highest weight $w \circ \lambda$, where $w \in W$, is obtained as $\Gamma(X;\mathcal{L}_w(\lambda))$ for the irreducible B-equivariant $\mathfrak{D}_\lambda$-module $\mathcal{L}_w(\lambda)$ whose support is the Schubert cell $\overline{Bwx_0}$. By the Riemann-Hilbert correspondance, this $\mathfrak{D}_\lambda$ -module corresponds to the perverse sheaf supported on $\overline{Bwx_0}$. This cohomology groups at points in X can be described in terms of Kazhdan–Lusztig polynomial as in the finite-dimensional case (Kazhdan–Lusztig[K–L]). This geometric part will appear elsewhere.

(0.1) In this paper Hom means the outer Hom and *Hom* means the inner Hom (or the sheaf of homomorphisms). If we say positive, it includes 0. $\mathbf{N}$ means set of positive integers. $\mathbf{Z}_{\geq n}$ (resp. $\mathbf{Z}_{\leq n}$) is the set of integers more than (resp. less than) or equal to n.

1. $\mathfrak{D}$-modules

(1.1) In this section, we define the sheaf of differential operators $\mathfrak{D}_X$ and a special class of $\mathfrak{D}_X$-modules for a scheme X over $\mathbf{C}$ of countable type (see [K]). As in [EGA], we define the subsheaf $F_m(\mathfrak{D}_X)$ of $End_{\mathbf{C}}(\mathcal{O}_X)$ by

(1.1.1) $$F_m(\mathfrak{D}_X) = 0 \quad \textit{for} \quad m < 0,$$

and

(1.1.2) $$F_m(\mathfrak{D}_X) = \{P \in End_{\mathbf{C}}(\mathcal{O}_X); [\mathcal{O}_X, P] \subset F_{m-1}(\mathfrak{D}_X)\} \textit{ for } m \geq 0.$$

Then, we have

$$F_0(\mathfrak{D}_X) = \mathcal{O}_X,$$
$$F_1(\mathfrak{D}_X) = \mathcal{O}_X \oplus Hom_{\mathcal{O}_X}(\Omega^1_X, \mathcal{O}_X).$$

Remark that Ω^1_X is a quasi-coherent sheaf but $F_1(\mathfrak{D}_X)$ is not quasi-coherent in general. But $F_m(\mathfrak{D}_X)$ has a following finiteness property. For an affine open subset U, $\Gamma(U;F_m(\mathfrak{D}_X))$ has a complete linear topology where

$$\{P \in \Gamma(U;F_m(\mathfrak{D}_X));\ P(f_j) = 0 \textit{ for } j = 1,\cdots,N\}$$

form a neighborhood system of 0 for $f_1, \cdots, f_N \in \Gamma(U; \mathcal{O}_U)$. By this, $F_m(\mathfrak{D}_X)$ becomes a sheaf of complete linear topological spaces on X. Note that, for an affine open set U, $F_m(\mathfrak{D}_X)\,|_U$ is the projective limit of coherent $\mathcal{O}_U$-modules.

Set $\mathfrak{D}_X = \bigcup F_m(\mathfrak{D}_X) \subset End(\mathcal{O}_X)$. Then $\mathfrak{D}_X$ is an $\mathcal{O}_X$-ring.

Definition 1.1.1. We say that a left $\mathfrak{D}_X$-module $\mathfrak{M}$ is admissible if it satisfies

(i) $\mathfrak{M}$ is quasi–coherent over $\mathcal{O}_X$,

(ii) $\mathfrak{M}$ is a topological $\mathfrak{D}_X$ -module with discrete topology.

The condition (ii) is equivalent to saying that, for any affine open subset U of X, any s in $\Gamma(U; \mathfrak{M})$ and an integer m, there exist finitely many $f_1, \cdots, f_N \in \Gamma(U; \mathcal{O}_X)$ such that $Ps = 0$ for any $P \in \Gamma(U; F_m(\mathfrak{D}_X))$ with $P(f_i) = 0$ for $i = 1, \cdots, N$.

The following lemma is obvious.

Lemma 1.1.2. *The admissible $\mathfrak{D}_X$-modules form an abelian category.*

(1.2) For a morphism $f : X \to Y$ from a scheme X of countable type to a finite–dimensional scheme Y, set $\mathfrak{D}_{X\to Y} = \mathcal{O}_X \otimes_{f^{-1}\mathcal{O}_Y} \mathfrak{D}_Y$. Then it is easy to see that $\mathfrak{D}_{X\to Y} \subset End_{\mathbf{C}}(f^{-1}\mathcal{O}_Y, \mathcal{O}_X)$ and it has a structure of $(\mathfrak{D}_X, f^{-1}\mathfrak{D}_Y)$ -module. Hence, for a $\mathfrak{D}_Y$ -module $\mathfrak{M}$, $f^*\mathfrak{M} = \mathfrak{D}_{X\to Y} \otimes_{\mathfrak{D}_Y} \mathfrak{M}$ has a structure of $\mathfrak{D}_X$ -module.

(1.3) Now, let us assume X affine and $X \simeq \varprojlim_{n\in\mathbf{N}} S_n$ where S_n are smooth and affine over $\mathbf{C}$ and $S_{n+1} \to S_n$ is also smooth for any n. Let $f_n : X \to S_n$ be the projection. Then we have $\mathfrak{D}_X = \varprojlim_n \mathcal{O}_X \otimes_{\mathcal{O}_{S_n}} \mathfrak{D}_{S_n}$. We can prove easily

Lemma 1.3.1. *If $\mathfrak{M}$ is an admissible $\mathfrak{D}_X$-module, then $\mathfrak{M} = \varinjlim_n f_n^*\mathfrak{N}_n$ where $\mathfrak{N}_n$ are quasi-coherent $\mathfrak{D}_{S_n}$-modules.*

Definition 1.3.2. We call an admissible $\mathfrak{D}_X$-module $\mathfrak{M}$ holonomic (resp. regular holo- nomic) if there exist n and a holonomic (resp. regular holonomic) $\mathfrak{D}_{S_n}$- module $\mathfrak{N}$ such that $\mathfrak{M} \simeq f_n^*\mathfrak{N}$.

(1.4) This definition 1.3.2 can be generalized for $\mathfrak{D}_X$-module if X is covered by open affine subsets satisfying the conditions in (1.3). For a holonomic $\mathfrak{D}_X$ -module $\mathfrak{M}$, we can define its dual $\mathfrak{M}^*$ by $\mathfrak{M}^* = f_n^*\mathfrak{N}^*$ for an $\mathfrak{N}$ as in Definition 1.3.2. This does not depend on the choice and we can define $\mathfrak{M}^*$ globally. We have the similar properties as in the finite-dimensional case.

(1.4.1) $\mathfrak{M} \mapsto \mathfrak{M}^*$ *is an exact contravariant functor in* $\mathfrak{M}$.

(1.4.2) $\mathfrak{M}^{**} \simeq \mathfrak{M}$.

(1.4.3) $\mathrm{Hom}_{\mathfrak{D}_X}(\mathfrak{M}, \mathfrak{M}') \simeq \mathrm{Hom}_{\mathfrak{D}_X}(\mathfrak{M}'^*, \mathfrak{M}^*)$.

2. Kac-Moody Lie algebra

(2.1) We shall review the definition of Kac-Moody Lie algebras.

Let I be a finite set (the index set for simple roots) and let $\mathfrak{h}$ be a finite-dimensional vector space. Assume the following conditions.

(2.1.1) $\mathfrak{h} \ni h_i$, $\mathfrak{h}^* \ni \alpha_i$ $(i \in I)$ *and* $< h_i, \alpha_j >$ *is a generalized Cartan matrix (i.e.* $< h_i, \alpha_i >= 2$, $< h_i, \alpha_j > \in \mathbf{Z}_{\leq 0}$ *for* $i \neq j$ *and* $< h_i, \alpha_j >= 0 \Leftrightarrow < h_j, \alpha_i >= 0$).

(2.1.2) $\{\alpha_i\}$ *are linearly independent.*

(2.1.3) $P \subset \mathfrak{h}^*$ *is a lattice such that* $P \ni \alpha_i$ *and* $< P, h_i > \subset \mathbf{Z}$.

(2.1.4) $\mathfrak{g}$ *is a Lie algebra satisfying the conditions (2.1.5)–(2.1.9).*

(2.1.5) $\mathfrak{h}$ *is contained in* $\mathfrak{g}$ *as an abelian Lie subalgebra,*

(2.1.6) $\mathfrak{g}$ *is generated by* $\mathfrak{h}$ *and* e_i *and* f_i,

(2.1.7) $[h, e_i] = \alpha_i(h)e_i$ *and* $[h, f_i] = -\alpha_i(h)f_i$ *for any* $h \in \mathfrak{h}$ *and* $i \in I$,

(2.1.8) $[e_i, f_j] = \delta_{ij} h_i$,

(2.1.9) $(ade_i)^{1-<h_i,\alpha_j>} e_j = (adf_i)^{1-<h_i,\alpha_j>} f_j = 0$ *for* $i \neq j$.

We use the following notations.

(2.1.10) $\mathfrak{n}$ *(resp.* $\mathfrak{n}-$) *is the Lie subalgebra generated by the* e_i *(resp.* f_i) $(i \in I)$.

(2.1.11) *For* $\alpha \in \mathfrak{h}^*$, *we set* $\mathfrak{g}_\alpha = \{x \in \mathfrak{g}; [h, x] = \alpha(h)x$ *for any* $h \in \mathfrak{h}\}$.

(2.1.12) $\Delta = \{\alpha \in \mathfrak{h}^* \setminus \{0\}; \mathfrak{g}_\alpha \neq 0\}, \Delta_+ = \{\alpha \in \Delta; \mathfrak{g}_\alpha \subset \mathfrak{n}\}$, $\Delta_- = \{\alpha \in \Delta; \mathfrak{g}_\alpha \subset \mathfrak{n}_-\}$.

(2.1.13) $\mathfrak{n}(i) = \bigoplus_{\alpha \in \Delta_+ \setminus \{\alpha_i\}} \mathfrak{g}_\alpha$ *and* $\mathfrak{n}_-(i) = \bigoplus_{\alpha \in \Delta_- \setminus \{-\alpha_i\}} \mathfrak{g}_\alpha$.

(2.1.14) $\mathfrak{g}_i = \mathfrak{h} \oplus \mathbf{C}e_i \oplus \mathbf{C}f_i$.

(2.1.15) $T = Spec(\mathbf{C}[P])$.

(2.1.16) G_i *is the group with Lie algebra* $\mathfrak{g}_i$ *and Cartan subgroup* T.

(2.1.17) $\mathfrak{n}_k = (ad\mathfrak{n})^{k-1}\mathfrak{n}$ *and* $\mathfrak{n}_k^- = (ad\mathfrak{n}_-)^{k-1}\mathfrak{n}_-$ *for* $k \geq 1$.

(2.1.18) $U = \varprojlim_k \exp(\mathfrak{n}/\mathfrak{n}_k)$, $U_- = \varprojlim_k \exp(\mathfrak{n}_-/\mathfrak{n}_k^-), U_i = \varprojlim_k (\mathfrak{n}(i)/\mathfrak{n}_k) \subset U$ *and* $U_-^i = \varprojlim_k \exp(\mathfrak{n}_-(i)/\mathfrak{n}_k^-)$, *where* exp *denotes the corresponding unipotent algebraic group.*

(2.1.19) $B = T \times U$, $B_- = T \times U_-$, $P_i = G_i \times U_i$, $P_i^- = G_i \times U_i^-$.

Then $P_i \supset B \supset U_i$ and U_i is a normal subgroup of P_i.

Remark 2.1.1. In [K], we assumed that (2.1.7)–(2.1.9) are the fundamental relations of $\mathfrak{g}$, but the results there can be generalized in this framework without modification.

(2.2) We define

$$\widehat{\mathfrak{g}} = \varprojlim_k \mathfrak{g}/\mathfrak{n}_k, \tag{2.2.1}$$

$$\widehat{U}_m(\mathfrak{g}) = \varprojlim_k U_m(\mathfrak{g})/U_{m-1}(\mathfrak{g})\mathfrak{n}_k, \tag{2.2.2}$$

$$\widehat{U}(\mathfrak{g}) = \bigcup_m \widehat{U}_m(\mathfrak{g}) \supset U(\mathfrak{g}).$$

(2.3) For $\lambda \in \mathfrak{h}^*$, let $M(\lambda)$ (resp. $M_-(\lambda)$) be the Verma module with highest (resp. lowest) weight λ, namely, $M(\lambda)$ (resp. $M_-(\lambda)$) is the $U(\mathfrak{g})$-module generated by an element u_λ (resp. u_λ^-) with the fundamental relations

(2.3.1) $hu_\lambda = \langle h, \lambda \rangle u_\lambda$ *(resp.* $hu_\lambda^- = \langle h, \lambda \rangle u_\lambda^-$*) for any* $h \in \mathfrak{h}$,
(2.3.2) $e_i u_\lambda = 0$ *(resp.* $f_i u_\lambda^- = 0$*) for any* $i \in I$.

(2.4) For an $\mathfrak{h}$-module M, we set, for $\lambda \in \mathfrak{h}^*$

(2.4.1) $M_\lambda = \{u \in M; (h - \lambda(h))^m u = 0 \text{ for any } h \in \mathfrak{h}, m \gg 0\}$.

We set, for a locally $\mathfrak{h}$-finite $\mathfrak{h}$-module M,

(2.4.2) $D(M) = \{f \in \mathrm{Hom}(M; \mathbf{C}); \dim(U(\mathfrak{h})f) < \infty\} = \oplus_\lambda \mathrm{Hom}(M, \mathbf{C})_\lambda$.

For a locally $\mathfrak{h}$-finite $\mathfrak{g}$-module M with $\dim M_\lambda < \infty$ for any $\lambda \in \mathfrak{h}^*$, we define its character by

$$\mathrm{ch}M = \sum (\dim M_\lambda) e^\lambda. \tag{2.4.3}$$

(2.5) For $\lambda \in \mathfrak{h}^*$, we set

$$M^*(\lambda) = D(M_-(-\lambda)). \tag{2.5.1}$$

Then $M^*(\lambda)$ is a $U(\mathfrak{g})$-module.

(2.6) For a $\mathfrak{g}$-module M on which $\mathfrak{h}$ acts semisimply, a *highest weight vector u with highest weight* λ is, by definition, an element of M_λ such that

$nu = 0$. Then $M^*(\lambda)$ has a unique highest weight vector up to constant multiple and its weight is λ. Hence there exists a non-zero homomorphism $M(\lambda) \to M^*(\lambda)$ unique up to constant multiple. The image is denoted by $L(\lambda)$. This is an irreducible $\mathfrak{g}$-module with highest weight λ.

(2.7) Let W be the Weyl group of $\mathfrak{g}$, namely W is the subgroup of $Aut(\mathfrak{h}^*)$ generated by the simple reflections s_i, where

(2.7.1) $$s_i\lambda = \lambda - < h_i, \lambda > \alpha_i.$$

Now we define the other action $\circ$ of W on $\mathfrak{h}^*$ by

(2.7.2) $$s_i \circ \lambda = \lambda - (< h_i, \lambda > +1)\alpha_i.$$

If we choose $\rho \in \mathfrak{h}^*$ with $< \rho, h_i >= 1$ for any $i \in I$, we have

(2.7.3) $$w \circ \lambda = w(\lambda + \rho) - \rho \quad for \quad w \in W.$$

We have also

(2.7.4) $$w \circ \lambda = w\lambda - \sum_{\alpha \in \Delta_+ \cap w\Delta_-} \alpha.$$

For $w \in W$, let $\ell(w)$ be the length of w. We have $\ell(w) = \#(\Delta_+ \cap w\Delta_-)$.

(2.8) The following lemma is well-known.

Lemma 2.8.1. *For $\lambda \in \mathfrak{h}^*$ and $i \in I$ such that $< h_i, \lambda >\in \mathbf{Z}_{\geq -1}$,*

$$\mathrm{Hom}_{\mathfrak{g}}(M(s_i \circ \lambda), M(\lambda)) = \mathbf{C}.$$

The homomorphism is given by $u_{s_i \circ \lambda} \mapsto f_i^{<h_i,\lambda>+1} u_\lambda$.

Proposition 2.8.2. *For $\lambda, \mu \in \mathfrak{h}^*$ and $i \in I$ such that $< h_i, \lambda >\in \mathbf{Z}_{\geq -1}$ and $< h_i, \mu >\notin \mathbf{Z}_{\geq 0}$, we have*

(2.8.1) $$\mathrm{Hom}_{\mathfrak{g}}(M(\mu),\ M(\lambda)/M(s_i \circ \lambda)) = 0,$$

(2.8.2) $$\mathrm{Hom}_{\mathfrak{g}}(M(\mu),\ M(s_i \circ \lambda)) \xrightarrow{\sim} \mathrm{Hom}_{\mathfrak{g}}(M(\mu),\ M(\lambda)).$$

Proof. In fact, $M(\lambda)/M(s_i \circ \lambda)$ is locally $\mathfrak{g}_i$-finite. Hence any highest weight ξ of $M(\lambda)/M(s_i \circ \lambda)$ satisfies $< h_i, \xi >\in \mathbf{Z}_{\geq 0}$. Q.E.D.

Lemma 2.8.3. *For $\lambda, \mu \in \mathfrak{h}^*$ and $i \in I$ such that $< h_i, \mu > \in \mathbf{Z}_{\geq -1}$ and $< h_i, \lambda > \notin \mathbf{Z}_{<-1}$, we have*

$$\mathrm{Ext}^1_{U(\mathfrak{g})}(M(\mu)/M(s_i \circ \mu),\ M(\lambda)) = 0.$$

Proof. It is enough to show that any exact sequence

$$0 \longrightarrow M(\lambda) \longrightarrow M \xrightarrow{\varphi} M(\mu)/M(s_i \circ \mu) \longrightarrow 0 \tag{2.8.3}$$

splits. Since $M(\lambda)$ and $M(\mu)/M(s_i \circ \mu)$ are locally $\mathfrak{h}$-finite, so is M. Hence there exists $v \in M_\mu$ such that $\varphi(v) = u_\mu \bmod M(s_i \circ \mu)$.

Setting $\ell = < h_i, \mu > +1$, $M(s_i \circ \mu) = U(\mathfrak{g}) f_i^\ell u_\mu$, and hence

$$f_i^\ell v \in M(\lambda). \tag{2.8.4}$$

Since $e_i u_\mu = 0$, we have

$$e_i v \in M(\lambda). \tag{2.8.5}$$

The relation $e_i f_i^\ell = f_i^\ell e_i + \ell(h_i + \ell - 1) f_i^{\ell-1}$ implies $f_i e_i f_i^\ell v = f_i^{\ell+1} e_i v + \ell(h_i + \ell + 1) f_i^\ell v$. Since $f_i^\ell v \in M(\lambda)_{\mu - \ell\alpha_i}$, $(h_i + \ell + 1) f_i^\ell v = 0$ and hence $f_i(e_i f_i^\ell v - f_i^\ell e_i v) = 0$. Since f_i acts injectively on $M(\lambda)$, we deduce

$$e_i f_i^\ell v = f_i^\ell e_i v. \tag{2.8.6}$$

Set $f_i^\ell v = P u_\lambda$ with $P \in U(\mathfrak{n}_-)$. Since $U(\mathfrak{n}_-) = \mathbf{C}[f_i] \otimes U(\mathfrak{n}_-(i))$, we can write P in a unique way

$$P = \sum f_i^n P_n \ \ \textit{with}\ P_n \in U(\mathfrak{n}_-(i))_{\mu - \lambda + (n-\ell)\alpha_i}. \tag{2.8.7}$$

Then, we have

$$\begin{aligned} [e_i, P] &= \sum f_i^n [e_i, P] + n f_i^{n-1}(h_i - n + 1) P_n \\ &= \sum f_i^n [e_i, P] + n f_i^{n-1} P_n (h_i - < h_i, \lambda > + n - \ell). \end{aligned} \tag{2.8.8}$$

Thus we obtain

$$\begin{aligned} e_i f_i^\ell v &= \sum (f_i^n [e_i, P_n] + n(n-\ell) f_i^{n-1} P_n) u_\lambda \\ &= \sum f_i^{n-1}([e_i, P_{n-1}] + n(n-\ell) P_n) u_\lambda. \end{aligned} \tag{2.8.9}$$

By (2.8.6), $e_i f_i^{\ell} v$ belongs to $f_i^{\ell} M(\lambda) = f_i^{\ell} U(\mathfrak{n}_-)u_\lambda$. Hence we obtain

$$[e_i, P_{n-1}] + n(n-\ell)P_n = 0 \text{ for } 1 \le n \le \ell, \tag{2.8.10}$$

because $(ade_i)U(\mathfrak{n}_-(i)) \subset U(\mathfrak{n}_-(i))$.

This shows

$$P_n \in \mathbf{C}(ade_i)^n P_0 \text{ for } 0 \le n < \ell \tag{2.8.11}$$

and

$$(ade_i)^{\ell} P_0 = 0. \tag{2.8.11}$$

On the other hand, $P_0 \in U(\mathfrak{n}_-(i))_{\mu-\lambda-\ell\alpha_i}$ and $< h_i, \mu - \lambda - \ell\alpha_i >= -1- < h_i, \lambda > -\ell \notin \mathbf{Z}_{>-\ell}$. Therefore, the representation theory of sl_2 implies $P_0 = 0$. Thus $P_n = 0$ for $n < \ell$. This implies $f_i^{\ell} v \in f_i^{\ell} M(\lambda)$. Hence, we may assume, from the beginning, $f_i^{\ell} v = 0$.

Since $f_i^{\ell} e_i v = e_i f_i^{\ell} v = 0$ by (2.8.6), we have $e_i v = 0$. For $j \neq i$, $f_i^{\ell} e_j v = e_j f_i^{\ell} v = 0$ and hence $e_j v = 0$. For $h \in \mathfrak{h}^*$, $f_i^{\ell}(h- < h, \mu > v = (h- < h, \mu > +\ell < h, \alpha_i >)f_i^{\ell} v = 0$ and hence $(h- < h, \mu >)v = 0$. Therefore $u_\mu \mapsto v$ defines $M(\mu)/M(s_i \circ \mu) \to M$. Thus the exact sequence (2.8.3) splits. Q.E.D.

Corollary 2.8.4. *For $\lambda, \mu \in \mathfrak{h}^*$ and $i \in I$ such that $< h_i, \mu > \in \mathbf{Z}_{\ge -1}$ and $< h_i, \lambda > \notin \mathbf{Z}_{<-1}$, we have*

$$\mathrm{Hom}(M(\mu), M(\lambda)) \xrightarrow{\sim} \mathrm{Hom}(M(s_i \circ \mu), M(\lambda)). \tag{2.8.12}$$

By this corollary , we have

Corollary 2.8.5. *For $\lambda \in P_+$ and $w, w' \in W$*

$$\mathrm{Hom}(M(w \circ \lambda),\ M(\lambda)) = \mathbf{C}. \tag{2.8.13}$$

$$\dim \mathrm{Hom}(M(w \circ \lambda),\ M(w' \circ \lambda)) \le 1. \tag{2.8.14}$$

Proof. The first statement follows easily from the preceding corollary or Proposition 2.8.2 and (2.8.14) follows from $\mathrm{Hom}(M(w \circ \lambda), M(w' \circ \lambda)) \subset \mathrm{Hom}(M(w \circ \lambda),\ M(\lambda))$. Q.E.D.

3. Flag variety of a Kac-Moody Lie algebra

(3.1) For the definition of the flag variety X of $(\mathfrak{g}, \mathfrak{h}, P)$, we refer to [K]. There, two constructions of X are given. One is to construct X as a subscheme of Grass $(\hat{\mathfrak{g}})$. The other is to get X as G/B_-. Here G is a scheme on which B_- acts locally freely (see [K]). Let $x_0 \in X$ be the 1 mod B_-. Then we have the Birkhoff-Bruhat decomposition

(3.1.1) $$X = \bigsqcup_{w \in W} Bwx_0.$$

(3.2) For $i \in I$, we set $X_i = G/P_i^-$. Since P_i^- acts locally freely on G, this quotient exists as a scheme in the Zariski topology. Then $q_i : X \cong G/B_- \to X_i = G/P_i^-$ is a $\mathbf{P}^1$ -bundle since $P_i^-/B_- \cong G_i/G_i \cap B_- \cong \mathbf{P}^1$. Since q_i is universally closed and surjective, X_i is separated. Set $q_i(x_0) = x_i$. Then $q_i^{-1}(x_i) = G_i x_0 = \{x_0\} \cup (G_i \cap B_-)s_i x_0$. Let $p : G \to X$ and $p_i : G \to X_i$ be the projections.

Lemma 3.2.1. *Assume $l(ws_i) < l(w)$. Then*
(i) $q_i^{-1}(Bwx_i) = Bwx_0 \sqcup Bws_i x_0$.
(ii) $Bwx_0 = q_i^{-1}(Bwx_i) \cap ws_i B s_i x_0$.
(iii) $Bws_i x_0 = q_i^{-1}(Bwx_i) \cap ws_i B x_0$.
(iv) $Bwx_0 \xrightarrow{\sim} Bwx_i$ by q_i.

Proof. Since $q_i^{-1}(x_i) = G_i x_0 = \{x_0\} \cup (B_- \cap G_i)s_i x_0$, we have $q_i^{-1}(Bwx_i) = Bwx_0 \cup Bw(B_- \cap G_i)s_i x_0$. Then, $w\alpha_i \in \Delta_-$ implies $w(B_- \cap G_i)w^{-1} \subset B$, we obtain (i). (iii) follows from (i), $Bws_i B x_0 \cap Bwx_0 = \phi$ and $ws_i B x_0 \supset Bws_i x_0$. (ii) follows from (i), (iii) and $q_i^{-1} Bwx_i = q_i^{-1} q_i(Bws_i x_0) \subset q_i^{-1} q_i(ws_i Bx_0) \subset ws_i q_i^{-1} q_i(Bx_0) = ws_i Bx_0 \sqcup ws_i Bs_i x_0$. (iv) follows from $Bwx_0 \cong {}^{w^{-1}}U \cap U$ and $U \cap {}^{w^{-1}}U \cap P_i^- \subset G_i \cap {}^{w^{-1}}U \subset \{1\}$.
Q.E.D.

By this we have

Proposition 3.2.2. $X_i = \sqcup Bwx_i$ *where w ranges over W with $l(ws_i) > l(w)$.*

(3.3) Let $p : G \to X \cong G/B_-$ be the projection. For $\lambda \in P$, we define the $\mathcal{O}_X$ -module $\mathcal{O}(\lambda)$ by

$$\Gamma(U; \mathcal{O}(\lambda)) = \{\varphi \in \Gamma(p^{-1}U; \mathcal{O}_G); \varphi(gb_-) = b_-^{-\lambda}\varphi(g) \text{ for } (g, b_-) \in p^{-1}(U) \times B_-\}$$

for any open subset U of X. Here $b_-^{-\lambda}$ is the homomorphism

$$B_- \to T \to G_m,$$

where the last arrow is the homomorphism whose differential is $-\lambda$. Then $\mathcal{O}(\lambda)$ is an invertible $\mathcal{O}_X$ -module, and $\mathcal{O}(\lambda)$ is clearly P_i -equivariant. We define the ring $\mathfrak{D}_\lambda$ by

$$\mathfrak{D}_\lambda = \mathcal{O}(\lambda) \otimes_{\mathcal{O}_X} \mathfrak{D}_X \otimes_{\mathcal{O}_X} \mathcal{O}(-\lambda). \tag{3.3.1}$$

Since $\mathfrak{g}$ acts infinitesimally on X and $\mathcal{O}(\lambda)$, we have

$$\mathfrak{g} \to \Gamma(X; \mathfrak{D}_\lambda). \tag{3.3.2}$$

This can be extended to a continuous ring homomorphism

$$\hat{U}(\mathfrak{g}) \to \Gamma(X; \mathfrak{D}_\lambda). \tag{3.3.3}$$

(3.4) Let M be a discrete $\hat{U}(\mathfrak{g})$ -module. This is equivalent to saying that M is a $\mathfrak{g}$ -module such that, for any element u of M, $\mathfrak{n}_k u = 0$ for $k \gg 0$. We say such a $\mathfrak{g}$ -module is *admissible*.

Definition– Proposition 3.4.1.

(i) *For $\lambda \in P$ and an admissible $\mathfrak{g}$ -module M, $\mathfrak{M} \mapsto \mathrm{Hom}_{\mathfrak{g}}(M, \Gamma(X; \mathfrak{M}))$ is representable on the category of admissible $\mathfrak{D}_\lambda$ -modules. We denote by $\mathfrak{D}_\lambda \hat{\otimes} M$ the admissible $\mathfrak{D}_\lambda$ -module that represents the functor above.*

(ii) *$M \mapsto \mathfrak{D}_\lambda \hat{\otimes} M$ is a right exact functor in admissible $\mathfrak{g}$ -module M.*

(iii) *$\mathfrak{D}_\lambda \otimes M \to \mathfrak{D}_\lambda \hat{\otimes} M$ is surjective.*

(iv) *$M \mapsto \mathfrak{D}_\lambda \hat{\otimes} M$ commutes with inductive limit.*

Proof. Assume first $M = U(\mathfrak{g})/U(\mathfrak{g})\mathfrak{n}_k$. We shall show that

$$\mathfrak{M} \mapsto \mathrm{Hom}_{U(\mathfrak{g})}(M, \Gamma(Bx_0; \mathfrak{M})) = \\ \mathrm{Hom}_{\ U(\mathfrak{n})}(U(\mathfrak{n})/U(\mathfrak{n})\mathfrak{n}_k, \Gamma(Bx_0; \mathfrak{M}))(3.4.1)$$

is representable in the category of admissible $\mathfrak{D}_\lambda |_{Bx_0}$ -modules. By identifying $Bx_0 \cong Ux_0$ and trivializing $\mathcal{O}(\lambda)$ by the section s given by $s(ub_-) = b_-^{-\lambda}(u \in U, b_- \in B_-)$, we can identify $\mathfrak{D}_\lambda |_{Bx_0}$ and $\mathfrak{D}_U$. Then the homomorphism $\mathfrak{n} \to \Gamma(U; \mathfrak{D}_U)$ induced by $\mathfrak{g} \to \Gamma(X; \mathfrak{D}_\lambda)$ is nothing but the one induced by the left infinitesimal action of $\mathfrak{n}$ on U. Set $\mathfrak{N} = \mathfrak{D}_{U \to U_k}$

where U_k is the unipotent group with the Lie algebra $\mathfrak{n}/\mathfrak{n}_k$. Then for any admissible $\mathfrak{D}_U$ -module $\mathfrak{M}$

$$\mathrm{Hom}_{\mathfrak{D}_U}(\mathfrak{N}, \mathfrak{M}) = \{f \in \Gamma(U; \mathfrak{M}); \mathfrak{n}_k f = 0\}.$$

Hence the functor (3.4.1) is represented by $\mathfrak{N}$ in the category of admissible $(\mathfrak{D}_\lambda \mid_{Bx_0})$ -module. We denote by $(\mathfrak{D}_\lambda \mid_{Bx_0})\widehat{\otimes} M$ its representative. Then for an index set J and $k_j \in \mathbf{Z}_{\geq 1}(j \in J)$, set $N = \bigoplus_{j \in J} U(\mathfrak{g})/\mathfrak{n}_{k_j}$. Then $\mathfrak{M} \mapsto \mathrm{Hom}_{U(\mathfrak{g})}(M, \Gamma(Bx_0; \mathfrak{M}))$ is represented by $\bigoplus_{j \in J}(\mathfrak{D}_\lambda \mid_{Bx_0}) \widehat{\otimes} U(\mathfrak{g}/\mathfrak{n}_{k_j})$.

Now any admissible $\mathfrak{g}$ -module M has a resolution $0 \longleftarrow M \longleftarrow M' \longleftarrow M''$, where M' and M'' have the form similar to N. Then $(\mathfrak{D}_\lambda \mid_{Bx_0})\widehat{\otimes} M$ is represented by the cokernel of $\mathfrak{D}_\lambda \widehat{\otimes} M' \longleftarrow \mathfrak{D}_\lambda \widehat{\otimes} M''$. Now, the notion of admissible module is invariant by the action of the Weyl group. Hence

$$\mathfrak{M} \longmapsto \mathrm{Hom}_{U(\mathfrak{g})}(M, \Gamma(wBx_0; \mathfrak{M}))$$

is representable in the category of admissible $(\mathfrak{D}_\lambda \mid_{wBx_0})$ -modules. We shall denote by $(\mathfrak{D}_\lambda \mid_{wBx_0})\widehat{\otimes} M$ its representative.

Now, we can easily patch $\{(\mathfrak{D}_\lambda \mid_{wBx_0})\widehat{\otimes} M\}$, $w \in W$, together, and the $\mathfrak{D}_\lambda$ -module obtained by patching them clearly represents the functor in (i). The statements (ii) and (iv) follow from the definition and (iii) follows from the corresponding statement on $(\mathfrak{D}_\lambda \mid_{wBx_0})\widehat{\otimes} M$, that is obvious from the construction. Q.E.D.

(3.5) For an admissible $\mathfrak{D}_X$ -module $\mathfrak{M}$, we can define the notion of B -equivariance, e.g. as in [K′]. The detailed care will be left to the reader. Note that this is given by an isomorphism

$$\mu^* \mathfrak{M} \cong pr^* \mathfrak{M} \tag{3.5.1}$$

as $\mathfrak{D}_{B \times X}$ -module with chain conditions as in [K′]. Here $pr, \mu : B \times X \to X$ are given by $pr(b, x) = x$ and $\mu(b, x) = bx$. We say an admissible $\mathfrak{D}_\lambda$ -module $\mathfrak{M}$ is B *-equivariant*, if so is the $\mathfrak{D}_X$ -module $\mathcal{O}(-\lambda) \otimes \mathfrak{M}$.

Lemma 3.5.1. *For any admissible B -equivariant $\mathfrak{D}_\lambda$ -module $\mathfrak{M}$ and any open quasi-compact B-stable subset Ω of X, $H^n(\Omega; \mathfrak{M})$ has a structure of B -module.*

Proof. We shall define the co-multiplication

$$H^n(\Omega; \mathfrak{M}) \longrightarrow \mathcal{O}(B) \otimes H^n(\Omega; \mathfrak{M})$$

as follows:

$$\begin{aligned} H^n(\Omega;\mathfrak{M}) &\to H^n(\mu^{-1}\Omega;\mu^*\mathfrak{M}) \\ &\cong H^n(pr^{-1}\Omega;pr^*\mathfrak{M}) \cong H^n(\Omega;pr_*pr^*\mathfrak{M}) \\ &\cong H^n(\Omega;\mathcal{O}(B)\otimes_{\mathbf{C}}\mathfrak{M}) \cong \mathcal{O}(B)\otimes H^n(\Omega;\mathfrak{M}). \end{aligned}$$

Here the last isomorphism follows from the quasi-compactness of Ω. It is a routine to check that this satisfies the axioms for co-multiplication. Q.E.D.

Remark 3.5.2. In the lemma above, we cannot drop the quasi-compactness of Ω. For example, $\Gamma(X;\oplus_w\mathfrak{B}_w(\lambda)) = \prod_w M^*(w\circ\lambda)$ is not a B -module in general (See Proposition 3.6.7 and Definition 3.6.8). This difficulty is overcome in §4.

The following lemma is easy to prove.

Lemma 3.5.3. *If M is a $(\mathfrak{g},B)$ -module, then $\mathfrak{D}_\lambda\widehat{\otimes}M$ is a B -equivariant $\mathfrak{D}_\lambda$ -module.*

(3.6) In this section, we shall study a special type of $\mathfrak{D}_\lambda$ -module.

Lemma 3.6.1. *Let $w\in W$ and $\lambda\in P$. Then*
(i) $\mathcal{H}^k_{Bwx_0}(\mathcal{O}(\lambda)) = 0$ *for $k\neq l(w)$.*
(ii) $H^k(X;\mathcal{H}^{l(w)}_{Bwx_0}(\mathcal{O}(\lambda))) = H^{k+l(w)}_{Bwx_0}(X;\mathcal{O}(\lambda))$ *for any k.*
(iii) $H^k_{Bwx_0}(X;\mathcal{O}(\lambda)) = 0$ *for $k\neq l(w)$ and*

$$\mathrm{ch}(\mathrm{H}^{l(w)}_{Bwx_0}(X;\mathcal{O}(\lambda))) = \frac{e^{w\lambda}}{\prod_{\alpha\in\Delta_+}(1-e^{-\alpha})^{\dim\mathfrak{g}_\alpha}}.$$

Proof. We have a commutative diagram

$$\begin{array}{ccc} {}^wBx_0 & \supset & Bwx_0 \\ \wr\| & & \wr\| \\ {}^wU & \supset & {}^wU\cap U \end{array}$$

and ${}^wU = ({}^wU\cap U)\times({}^wU\cap U_-)$. Since ${}^wU\cap U_-\cong\mathbf{C}^{l(w)}$ and wBx_0 is an affine open subset of X, we obtain (i) and (ii). Let s be a section of $\mathcal{O}(\lambda)$ over wBx_0 given by $wBx_0\cong wU\hookrightarrow G$, *i.e.* $s(wub_-) = b_-^{-\lambda}$ for $u\in U$ and $b_-\in B_-$. Then $\mathcal{O}(\lambda)\cong\mathcal{O}$. Moreover the weight of s with respect to

T -action is $w\lambda$, because $s(t^{-1}wu) = s(w(w^{-1}t^{-1}w)u) = (w^{-1}tw)^{\lambda}s(wu)$. We have as a T -module

$$H^{l(w)}_{Bwx_0}(X;\mathcal{O}(\lambda)) = \mathcal{O}({}^{w}U \cap U) \otimes U({}^{w}\mathfrak{n} \cap \mathfrak{n}_-) \otimes \delta \otimes s,$$

where δ is the delta function and its weight is $T \ni t \mapsto det(Ad(t) :^{w} \mathfrak{n} \cap \mathfrak{n}_-)$, which is $\sum_{\alpha \in w\Delta_+ \cap \Delta_-} \alpha$. By (2.7.4), we have

$$w\lambda + \sum_{\alpha \in w\Delta_+ \wedge \Delta_-} \alpha = w \circ \lambda, \tag{3.6.1}$$

and hence the weight of $\delta \otimes s$ is $w \circ \lambda$. On the other hand, as a T -module $\mathcal{O}({}^{w}U \cap U) \cong \mathcal{O}({}^{w}\mathfrak{n} \cap \mathfrak{n}) \cong \otimes_{\alpha \in w\Delta_+ \cap \Delta_+} S(\mathfrak{g}^*_{\alpha})$ and $U({}^{w}\mathfrak{n} \cap \mathfrak{n}_-) \cong S({}^{w}\mathfrak{n} \cap \mathfrak{n}_-) \cong \otimes_{\alpha \in w\Delta_+ \cap \Delta_-} S(\mathfrak{g}_{\alpha})$. Hence the character of $\mathcal{O}({}^{w}U \cap U) \otimes U({}^{w}\mathfrak{n} \cap \mathfrak{n}_-)$ is

$$\prod_{\alpha \in w\Delta_+ \cap \Delta_+} \frac{1}{(1 - e^{-\alpha})^{dim\, \mathfrak{g}_{\alpha}}} \prod_{\alpha \in w\Delta_+ \cap \Delta_-} \frac{1}{(1 - e^{\alpha})^{dim\, \mathfrak{g}_{\alpha}}}.$$

This gives the last statement of (iii). Q.E.D.

Proposition 3.6.2. *For any* $\lambda \in P$

$$\Gamma(Bx_0; \mathcal{O}(\lambda)) \cong M^*(\lambda).$$

Proof. By the preceeding lemma, we have

$$\mathrm{ch}\Gamma(Bx_0; \mathcal{O}(\lambda)) = \mathrm{ch}M^*(\lambda). \tag{3.6.2}$$

Using the notation (2.4.2), $-\lambda$ is a lowest weight of $D(\Gamma(Bx_0; \mathcal{O}(\lambda)))$ and hence we obtain a homomorphism

$$\Gamma(Bx_0; \mathcal{O}(\lambda)) \longrightarrow M^*(\lambda). \tag{3.6.3}$$

By (3.6.2), it is enough to show that (3.6.3) is injective. In order to see this, we shall show that there is no highest weight of $\Gamma(Bx_0; \mathcal{O}(\lambda))$ other than λ. This follows immediately from the following fact.

(3.6.4) *An element of* $\Gamma(U; \mathcal{O}_U)$ *invariant by the left infinitesimal action of* $\mathfrak{n}$ *is a constant function.* Q.E.D.

Proposition 3.6.3. *Assume* $< h_i, \lambda > \geq -1$. *Then*

$$H^1_{Bs_ix_0}(X; \mathcal{O}(\lambda)) \cong M^*(s_i \circ \lambda).$$

Proof. Since $\mathrm{ch} H^1_{Bs_ix_0}(X; \mathcal{O}(\lambda)) = \mathrm{ch} M^*(s_i \circ \lambda)$, by arguing as in the proof of the preceeding proposition , it is enough to show that any highest weight of $H^1_{Bs_ix_0}(X; \mathcal{O}(\lambda))$ is $s_i \circ \lambda$. We have

$$\begin{array}{ccc} Bs_ix_0 & \subset & s_iBx_0 \\ \wr\| & & \wr\| \\ U_i & \subset & {}^{s_i}U \end{array}$$

Hence $H^1_{Bs_ix_0}(X; \mathcal{O}(\lambda)) \cong \Gamma({}^{s_i}U \backslash U_i; \mathcal{O}_{{}^{s_i}U}) / \Gamma({}^{s_i}U; \mathcal{O}_{{}^{s_i}U})$. Set ${}^{s_i}U = U_i \times \{\exp tf_i; t \in \mathbf{C}\} \cong U_i \times \mathbf{C}$. Then

$$H^1_{Bs_ix_0}(X; \mathcal{O}(\lambda)) \cong \mathcal{O}(U_i) \otimes (\mathbf{C}[t, t^{-1}]/\mathbf{C}[t^{-1}]) \cong \mathcal{O}(U_i) \otimes \mathbf{C}[t^{-1}]t^{-1}.$$

(3.6.5)

Let $f \in \Gamma({}^{s_i}U \backslash U_i; \mathcal{O}_{{}^{s_i}U}) / \mathcal{O}({}^{s_i}U; \mathcal{O}_{{}^{s_i}U}) \cong \mathcal{O}(U_i) \otimes \mathbf{C}[t^{-1}]t^{-1}$ be a highest weight vector. Then f is invariant by the left infinitesimal action of U_i and hence $f(ue^{tf_i}s_i) = f(e^{tf_i}s_i)$ for $u \in U_i, t \in \mathbf{C}$. Therefore $f \in \mathbf{C}[t^{-1}]t^{-1}$. We shall calculate the infinitesimal action of e_i. Let ε be a quantity with $\varepsilon^2 = 0$. Then $f(e^{-\varepsilon e_i}ue^{tf_i}s_i) = f(e^{-\varepsilon e_i}ue^{\varepsilon e_i}e^{-\varepsilon e_i}e^{tf_i}s_i) = f(e^{-\varepsilon e_i}e^{tf_i}s_i)$, because U_i is invariant by P_i. On the other hand, we have

$$e^{-\varepsilon e_i}e^{tf_i}s_i = e^{tf_i}e^{-\varepsilon(e_i + th_i - t^2 f_i)}s_i = e^{tf_i + \varepsilon t^2 f_i}s_i e^{-\varepsilon(f_i - th_i)}.$$

This shows

$$\begin{aligned} f(e^{-\varepsilon e_i}e^{tf_i}s_i) &= f(e^{tf_i + \varepsilon t^2 f_i}s_i)(1 - \varepsilon < h_i, \lambda > t) \\ &= f(e^{tf_i}s_i) + \varepsilon(t^2 \frac{d}{dt} - < h_i, \lambda > t) f(e^{tf_i}s_i). \end{aligned}$$

Hence $\varphi(t) = f(e^{tf_i}s_i)$ satisfies the differential equation:

$$t(t \frac{d}{dt} - < h_i, \lambda >)\varphi = 0 \quad mod\ \mathbf{C}[t].$$

Since $< h_i, \lambda > \geq -1$, φ is a constant multiple of t^{-1}. Thus, there is a unique highest weight vector of $H^1_{Bs_ix_0}(X; \mathcal{O}(\lambda))$ up to constant multiple.

Q.E.D.

Proposition 3.6.4. *If* $< h_i, \lambda > \geq -1$, *then*

$$H^1_{Bs_ix_0}(X; \mathcal{O}(\lambda)) \cong H^0(Bx_0; \mathcal{O}(s_i \circ \lambda))$$

as an $(\mathcal{O}_{X_i}(Bx_i), \mathfrak{g})$ *-module.*

Proof. Since they are isomorphic to $M^*(\lambda)$, there exists an isomorphism

$$\varphi : H^1_{Bs_ix_0}(X;\mathcal{O}(\lambda)) \xrightarrow{\sim} H^0(Bx_0;\mathcal{O}(s_i\circ\lambda))$$

as $\mathfrak{g}$ -module. This is unique up to constant multiple. We shall show that this is $\mathcal{O}_{X_i}(Bx_i)$ -linear. Consider the two homomorphisms

$$f_1, f_2 : \mathcal{O}_{X_i}(Bx_i)\otimes H^1_{Bs_ix_0}(X;\mathcal{O}(\lambda)) \longrightarrow H^0(Bx_0;\mathcal{O}(s_i\circ\lambda))$$

obtained by the multiplication of $\mathcal{O}_{X_i}(Bx_i)$ on $H^1_{Bs_ix_0}(X;\mathcal{O}(\lambda))$ and $H^0(Bx_0;\mathcal{O}(s_i\circ\lambda))$. We have to show $f_1 = f_2$. As a $\mathfrak{g}$-module $\mathcal{O}_{X_i}(Bx_i)\subset \mathcal{O}_X(Bx_0)\cong M^*(0)$, and f_1 and f_2 are $\mathfrak{g}$-linear. If $f_1\neq f_2$, then the image of $f_1 - f_2$ has a highest weight, that must be weight λ. The weight space of $\mathcal{O}_{X_i}(Bx_i)\otimes H^1_{Bs_ix_0}(X;\mathcal{O}(\lambda))$ with weight λ is contained in $\mathbf{C}\otimes H^1_{Bs_ix_0}(X;\mathcal{O}(\lambda))$ and $f_1 = f_2$ on this space, which contradicts $f_1\neq f_2$.

Q.E.D.

Corollary 3.6.5. *For* $w\in W$ *and* $\lambda\in P$ *with* $< h_i,\lambda >\geq -1$, *we have*

$$q_{i*}\mathcal{H}^1_{wBs_ix_0}(\mathcal{O}(\lambda))\cong q_{i*}\mathcal{H}^0_{wBx_0}(\mathcal{O}(s_i\circ\lambda))$$

as a $\mathfrak{g}$ *-module.*

Lemma 3.6.6. *For* $w\in W$, $i\in I$ *and* $\lambda\in P$ *such that* $l(ws_i) < l(w)$, $< h_i,\lambda >\geq -1$, *we have, as* $\mathfrak{g}$ *-module*

$$H^{l(w)}_{Bwx_0}(X;\mathcal{O}(\lambda)) = H^{l(w)-1}_{Bws_ix_0}(X;\mathcal{O}(s_i\circ\lambda)).$$

Proof. Since $Bwx_0 = q_i^{-1}(Bwx_i)\cap ws_iBs_ix_0$ and $Bws_ix_0 = q_i^{-1}(Bwx_i)\cap ws_iBx_0$, we have

$$\begin{aligned} H^{l(w)}_{Bwx_0}(X;\mathcal{O}(\lambda)) &= H^{l(w)-1}_{Bwx_i}(X_i;q_{i*}\mathcal{H}^1_{ws_iBs_ix_0}(\mathcal{O}(\lambda)))\\ &= H^{l(w)-1}_{Bwx_i}(X_i;q_{i*}\mathcal{H}^0_{ws_iBx_0}(\mathcal{O}(s_i\circ\lambda))) = H^{l(w)-1}_{Bws_ix_0}(X;\mathcal{O}(s_i\circ\lambda)). \end{aligned}$$

Q.E.D.

Proposition 3.6.7. *If* $\lambda\in P_+$, *then for any* $w\in W$

$$\Gamma(X;\mathcal{H}^{l(w)}_{wBx_0}(\mathcal{O}(\lambda)))\cong M^*(w\circ\lambda).$$

This follows immediately from the preceeding lemma and Proposition 3.6.2.

This proposition is proved by G. Kempf [Kempf] in the finite-dimensional case, and S. Kumar obtained similar results in the Kac-Moody case ([S.K]2).

Definition 3.6.8. For $\lambda \in P$ and $w \in W$, we set $\mathfrak{B}_w(\lambda) = \mathcal{H}^{l(w)}_{Bwx_0}(\mathcal{O}(\lambda))$. Then $\mathfrak{B}_w(\lambda)$ is a B -equivariant holonomic $\mathfrak{D}_\lambda$ -module and satisfies

$$H^n(X; \mathfrak{B}_w(\lambda)) = \begin{cases} M^*(w \circ \lambda) & \text{for } n = 0, \\ 0 & \text{for } n \neq 0. \end{cases} \tag{3.6.8}$$

Proposition 3.6.9. *Let $\mathfrak{M}$ be a B -equivariant admissible $\mathfrak{D}_\lambda$ -module and $w \in W$. Assume*

$$\text{(3.6.9)} \qquad \textit{Supp} \quad \mathfrak{M} \subset Bwx_0 \quad \textit{on a neighborhood of } Bwx_0.$$

Then there exist an index set J and a B -equivariant homomorphism $\varphi : \mathfrak{M} \to \mathfrak{B}_w(\lambda)^{\oplus J}$ such that φ is an isomorphism on a neighborhood of Bwx_0.

Proof. This follows from the following two lemmas that are more or less well-known.

Lemma 3.6.10. *Let Y be a closed subscheme of X such that locally $X = Y \times \mathbf{C}^N$. Then for any admissible $\mathfrak{D}_X$ -module $\mathfrak{M}$ with Supp$(\mathfrak{M}) \subset Y$, $Hom_{\mathfrak{D}_X}(\mathfrak{D}_{X \hookleftarrow Y}, \mathfrak{M})$ is an admissible $\mathfrak{D}_Y$ -module and*

$$\mathfrak{M} \cong \mathfrak{D}_{X \hookleftarrow Y} \otimes_{\mathfrak{D}_Y} Hom_{\mathfrak{D}_X}(\mathfrak{D}_{X \hookleftarrow Y}, \mathfrak{M}).$$

Lemma 3.6.11. *Let X be a homogeneous space of an affine group scheme G. If $\mathfrak{M}$ is an admissible G -equivariant $\mathfrak{D}_X$ -module, then $\mathfrak{M} \cong \mathfrak{D}_X^{\oplus J}$.*

Here X is a homogeneous space of G if G acts on X and for a $\mathbf{C}$-valued point x of X, $p : G \to X$ given by $g \mapsto gx$ is faithfully flat.

Then Lemma 3.6.11 follows from the faithfully flat descent ([SGA]).

4. $\mathfrak{D}$-modules on the flag variety

(4.1) In this section, we shall study B-equivariant $\mathfrak{D}$-modules on the flag variety X for an arbitrary Kac-Moody Lie algebra. Let Φ be a finite subset of W such that

(4.1.1) If $w' \in \Phi$ and if $w \in W$ satisfies $w \leq w'$, then $\Phi \ni w$.

For such a Φ, let $\Omega(\Phi)$ be the open subset $\bigcup_{w\in\Phi} Bwx_0 = \bigcup_{w\in\Phi} wBx_0$. Note that any B-stable quasi-compact open subset has this form.

Let $\lambda \in P_+$, and set $P_\lambda(\Phi) = \bigcup_{w\notin\Phi}(w \circ \lambda + Q_-)$.

We denote by $Mod(\mathfrak{D}_\lambda, B)$the abelian category of B-equivariant admissible $\mathfrak{D}_\lambda$-modules, and $Mod(\mathfrak{g}, B)$ the abelian category of $(\mathfrak{g}, B)$modules.

Lemma 4.1.1. *Let U be a quasi-compact B-stable open subset of X such that $U \supset \Omega(\Phi)$. Then for any $\mathfrak{M}$ in $Mod(\mathfrak{D}_\lambda, B)$, any weight of $H^n_{U\setminus\Omega(\Phi)}(U;\mathfrak{M})$ belongs to $P_\lambda(\Phi)$.*

Proof. By the condition, U can be written as $\Omega(\Phi')$ with $\Phi' \supset \Phi$. We shall prove the statement by the induction of $\#(\Phi'\setminus\Phi)$. When $\Phi' \neq \Phi$, let us take a maximal w in $\Phi'\setminus\Phi$. Set $U' = \Omega(\Phi'\setminus\{w\})$. Then we have a long exact sequence

$$\cdots \to H^n_{U\setminus U'}(U;\mathfrak{M}) \to H^n_{U\setminus\Omega(\Phi)}(U;\mathfrak{M}) \to H^n_{U'\setminus\Omega(\Phi)}(U';\mathfrak{M}) \to \cdots.$$

By the hypothesis of the induction, $H^n_{U'\setminus\Omega(\Phi)}(U';\mathfrak{M})$ satisfies the property. Hence it is enough to show the property for $H^n_{U/U'}(U;\mathfrak{M})$. We have a spectral sequence

$$E_2^{pq} = H^p(U;\mathcal{H}^q_{Bwx_0}(\mathfrak{M})) \Rightarrow H^{p+q}_{U\setminus U'}(U;\mathfrak{M}).$$

Since $\mathcal{H}^q_{Bwx_0}(\mathfrak{M})$ is in $Mod(\mathfrak{D}_\lambda, B)$, $\mathcal{H}^q_{Bwx_0}(\mathfrak{M})\ |_{Bwx_0}$ is a direct sum of copies of $\mathfrak{B}_w(\lambda)$ by Proposition 3.6.9. Hence E_2^{pq} is also a direct sum of copies of $H^p(U;\mathfrak{B}_w(\lambda))$, which is isomorphic to 0 or $M^*(w\circ\lambda)$. Since the weights of $M^*(w\circ\lambda)$ are contained in $w\circ\lambda + Q_-$, we are done. Q.E.D.

Corollary 4.1.2. *Under the same assumption as in Lemma 4.1.1,*

$$H^n(U;\mathfrak{M})_\mu \xrightarrow{\sim} H^n(\Omega(\Phi);\mathfrak{M})_\mu \ \textit{for}\ \mu \notin P_\lambda(\Phi).$$

Corollary 4.1.3. *For any $\mu \in P$, there exists a quasi-compact B-stable open subset U such that for any quasi-compact B-stable open subset $U' \supset U$, $H^n(U';\mathfrak{M})_\mu \to H^n(U;\mathfrak{M})_\mu$ is an isomorphism.*

Definition 4.1.4. For $\mathfrak{M} \in Mod(\mathfrak{D}_\lambda, B)$, we set

$$\widetilde{H}^n(X;\mathfrak{M}) = \oplus_{\mu\in P} \varprojlim_{U} H^n(U;\mathfrak{M})_\mu,$$

where U ranges over quasi-compact B-stable open subsets.

We set $\widetilde{\Gamma}(X;\mathfrak{M}) = \widetilde{H}^0(X;\mathfrak{M})$. Then Corollary 4.1.3 implies

$$\widetilde{\Gamma}(X;\mathfrak{M}) = \oplus_{\mu\in P}\Gamma(X;\mathfrak{M})_\mu \hookrightarrow \Gamma(X;\mathfrak{M}).$$

By the above discussion, for an exact sequence in $Mod(\mathfrak{D}_\lambda, B)$

$$0 \to \mathfrak{M}' \to \mathfrak{M} \to \mathfrak{M}'' \to 0,$$

we have a long exact sequence

$$\cdots \to \widetilde{H}^n(X;\mathfrak{M}') \to \widetilde{H}^n(X;\mathfrak{M}) \to \widetilde{H}^n(X;\mathfrak{M}'') \to \widetilde{H}^{n+1}(X;\mathfrak{M}') \to \cdots.$$

We have also

$$\widetilde{H}^n(X;\mathfrak{B}_w(\lambda)) = \begin{cases} M^*(w\circ\lambda) & \text{for } n=0 \\ 0\text{for } n \neq 0. \end{cases} \tag{4.1.2}$$

(4.2) Let Φ be a finite subset of W satisfying (4.1.1). Let C be the thick subcategory of $Mod(\mathfrak{g}, B)$ consisting of $(\mathfrak{g}, B)$-modules whose weights are in $P_\lambda(\Phi)$. We set

$$Mod(\mathfrak{g},\Phi) = Mod(\mathfrak{g},B)/C. \tag{4.2.1}$$

This is an abelian category because C is thick. For any $\mathfrak{M}$ in $Mod(\mathfrak{D}_\lambda, B)$, $\widetilde{H}^n(X;\mathfrak{M})$ and $H^n(\Omega(\Phi);\mathfrak{M})$ are isomorphic in $Mod(\mathfrak{g},\Phi)$ by Corollary 4.1.2.

Definition 4.2.1. For $w \in W$, we set $\mathfrak{M}_w(\lambda) = \mathcal{O}(\lambda) \otimes \mathfrak{B}_w^*$.

For the notation, see §1.4.

This is a B-equivariant holonomic $\mathfrak{D}_\lambda$-module whose support is the closure of Bwx_0.

Moreover, we have

(4.2.2) $$\mathfrak{M}_w(\lambda) \mid wBx_0 \simeq \mathfrak{B}_w(\lambda) \mid wBx_0.$$

Since for any holonomic $\mathfrak{D}_X$-module $\mathfrak{M}$,

(4.2.3) $$\mathrm{Hom}_{\mathfrak{D}_X}(\mathfrak{M}, \mathfrak{B}_w) \xrightarrow{\sim} \mathrm{Hom}_{\mathfrak{D}_X}(\mathfrak{M} |_{wBx_0}, \mathfrak{B}_w |_{wBx_0}),$$

we have, by the duality (1.4.3), for any holonomic $\mathfrak{D}_\lambda$-module $\mathfrak{M}$,

(4.2.4) $$\mathrm{Hom}_{\mathfrak{D}_\lambda}(\mathfrak{M}_w(\lambda), \mathfrak{M}) \xrightarrow{\sim} \mathrm{Hom}_{\mathfrak{D}_\lambda}(\mathfrak{M}_w(\lambda) |_{wBx_0}, \mathfrak{M} |_{wBx_0}).$$

Also by the duality we have

(4.2.5) *If $\mathfrak{M}_w(\lambda) \to \mathfrak{N}$ is a surjective homomorphism of admissible $\mathfrak{D}_\lambda$ -modules and $Supp(\mathfrak{N}) \bigcap Bwx_0 = \phi$, then $\mathfrak{N} = 0$.*

By (4.2.2) and (4.2.3), we have a homomorphism

(4.2.6) $$\mathfrak{M}_w(\lambda) \to \mathfrak{B}_w(\lambda).$$

This is an isomorphism on wBx_0.

Let $\mathcal{L}_w(\lambda)$ be the image of this homomorphism.

Proposition 4.2.2. *Let M be in $Mod(\mathfrak{g}, B)$. Then the support of $\mathfrak{D}_\lambda \widehat{\otimes} M$ is contained in the union of the closure of Bwx_0 such that* $\mathrm{Hom}_{\mathfrak{g}}(M, M^*(w \circ \lambda)) \neq 0$.

Proof. The support S of $\mathfrak{D}_\lambda \widehat{\otimes} M$ is invariant by the action of B. If Bwx_0 is open in S, then $\mathfrak{D}_\lambda \widehat{\otimes} M |_{Bwx_0}$ is a direct sum of copies of $\mathfrak{B}_w(\lambda)$ by Proposition 3.6.9, and hence $\mathrm{Hom}_{\mathfrak{D}_\lambda}(\mathfrak{D}_\lambda \widehat{\otimes} M |_{Bwx_0}, \mathfrak{B}_w(\lambda) |_{Bwx_0}) = \mathrm{Hom}_{\mathfrak{D}_\lambda}(\mathfrak{D}_\lambda \widehat{\otimes} M, \mathfrak{B}_w(\lambda)) = \mathrm{Hom}_{\mathfrak{g}}(M, M^*(w \circ \lambda)) \neq 0$. Q.E.D.

Theorem 4.2.3. $\mathfrak{D}_\lambda \widehat{\otimes} M(w \circ \lambda) \to \mathfrak{M}_w(\lambda)$ *is an isomorphism.*

We shall first prove the following lemma.

Lemma 4.2.4.
(i) *$Supp(\mathfrak{D}_\lambda \widehat{\otimes} M(w \circ \lambda)) \subset \overline{Bwx_0}$.*
(ii) $\mathfrak{D}_\lambda \widehat{\otimes} M(w \circ \lambda) |_{Bwx_0} \simeq \mathfrak{B}_w(\lambda)$.
(iii) $\mathrm{Hom}(\mathfrak{D}_\lambda \widehat{\otimes} M(w \circ \lambda), \mathfrak{B}_{w'}(\lambda)) = 0$ for $w' \neq w$.

Proof. Since $\mathfrak{D}_\lambda \widehat{\otimes} M(w \circ \lambda)$ is in $Mod(\mathfrak{g}, B)$ and generated by one element, its support S is a closed B-stable subset. Let $w' \in W$ be such that $Bw'x_0$ is open in S. Then $\mathfrak{D}_\lambda \widehat{\otimes} M(w \circ \lambda) |_{Bw'x_0}$ is a direct sum of copies of $\mathfrak{B}_{w'}(\lambda)$ and hence $\mathrm{Hom}(\mathfrak{D}_\lambda \widehat{\otimes} M(w \circ \lambda), \mathfrak{B}_{w'}(\lambda)) \neq 0$. On the other hand, $\mathrm{Hom}(\mathfrak{D}_\lambda \widehat{\otimes} M(w \circ \lambda), \mathfrak{B}_{w'}(\lambda))$ is isomorphic to $\mathrm{Hom}_{\mathfrak{g}}(M(w \circ \lambda), \Gamma(X; \mathfrak{B}_{w'}(\lambda))) = \mathrm{Hom}_{\mathfrak{g}}(M(w \circ \lambda), M^*(w' \circ \lambda))$. Hence, if it is not zero, then $w = w'$, and in this case, this dimension is 1. This implies

$$\mathfrak{D}_\lambda \widehat{\otimes} M(w \circ \lambda) |_{Bwx_0} \simeq \mathfrak{B}_w(\lambda) |_{Bwx_0} . \quad \textit{Q.E.D. of Lemma 4.2.4.}$$

Now, we shall prove Theorem 4.2.3. Since $\mathfrak{M}_w(\lambda) \simeq \mathfrak{D}_\lambda \widehat{\otimes} M(w \circ \lambda)$ on Bwx_0, this isomorphism extends to a homomorphism $\varphi : \mathfrak{M}_w(\lambda) \to \mathfrak{D}_\lambda \widehat{\otimes} M(w \circ \lambda)$ by (4.2.4).

On the other hand, by Corollary 4.1.2, we have for $\mu \geq w \circ \lambda$,

$$\begin{aligned}\widetilde{\Gamma}(X; \mathfrak{M}_w(\lambda))_\mu &\simeq \Gamma(\Omega(\{w'; \ell(w') \leq \ell(w)\}); \mathfrak{M}_w(\lambda))_\mu \\ &\simeq \Gamma(Bwx_0; \mathfrak{B}_w(\lambda))_\mu \simeq M^*(w \circ \lambda)_\mu .\end{aligned}$$

Hence $\widetilde{\Gamma}(X; \mathfrak{M}_w(\lambda))_{w\circ\lambda} \simeq M^*(w \circ \lambda)_{w \circ \lambda}$ and $\widetilde{\Gamma}(X; \mathfrak{M}_w(\lambda))_{w\circ\lambda+\alpha_i} \simeq M^*(w \circ \lambda)_{w\circ\lambda+\alpha_i} = 0$. Hence $\widetilde{\Gamma}(X; \mathfrak{M}_w(\lambda))$ contains a highest weight vector u with weight $w \circ \lambda$. Thus we obtain a homomorphism $M(w \circ \lambda) \to \Gamma(X; \mathfrak{M}_w(\lambda))$ and hence $\psi : \mathfrak{D}_\lambda \widehat{\otimes} M(w \circ \lambda) \to \mathfrak{M}_w(\lambda)$. Note that φ and ψ are inverse to each other on Bwx_0. Since $\psi \circ \varphi |_{Bwx_0} = id$, (4.2.4) implies $\psi \circ \varphi = id$. Now, we shall show $Coker\ \varphi = 0$. Since $Supp\ Coker\ \varphi \bigcap Bwx_0 = \phi$, if $Coker\ \varphi \neq 0$, then there exists a non- zero homomorphism $Coker\ \varphi \to \mathfrak{B}_{w'}(\lambda)$ for $w' \neq w$. This contradicts Lemma 4.2.4 (iii). This shows $Coker\ \varphi = 0$, and hence ψ and φ are isomorphisms. This completes the proof of Theorem 4.2.3. Q.E.D.

(4.3) Let $w \in W$, $i \in I$ satisfy

$$\ell(s_i w) > \ell(w). \tag{4.3.1}$$

Then we have

$$P_i w x_0 = Bwx_0 \sqcup Bs_i wx_0. \tag{4.3.2}$$

Hence we obtain an exact sequence

(4.3.3)

$$\begin{aligned}0 = \mathcal{H}^{\ell(w)}_{Bs_iwx_0}(\mathcal{O}) \to \mathcal{H}^{\ell(w)}_{P_iwx_0}(\mathcal{O}) \to \\ \mathcal{H}^{\ell(w)}_{Bwx_0}(\mathcal{O}) \to \mathcal{H}^{\ell(w)+1}_{Bs_iwx_0}(\mathcal{O}) \to \mathcal{H}^{\ell(w)+1}_{P_iwx_0}(\mathcal{O}).\end{aligned}$$

Lemma 4.3.1. *$\mathcal{H}^n_{P_i wx_0}(\mathcal{O}) = 0$ for $n \neq \ell(w)$.*

Proof. $\mathcal{H}^n_{P_i wx_0}(\mathcal{O}) |_{Bwx_0} = 0$ for $n \neq \ell(w)$. By the equivariance by P_i, we have the desired result. Q.E.D.

Thus we obtain

Lemma 4.3.2. *There is an exact sequence*

$$0 \to \mathcal{H}^{\ell(w)}_{P_i wx_0}(\mathcal{O}(\lambda)) \to \mathfrak{B}_w(\lambda) \to \mathfrak{B}_{s_i w}(\lambda) \to 0. \tag{4.3.4}$$

We have

Lemma 4.3.3. $\mathrm{Hom}_{\mathfrak{D}_\lambda}(\mathfrak{B}_w(\lambda), \mathfrak{B}_{s_i w}(\lambda)) = \mathbf{C}$.

Proof. In order to prove this, we note the following lemma.

Lemma 4.3.4. *$\mathfrak{D}_\lambda \widehat{\otimes} M^*(w \circ \lambda) \to \mathfrak{B}_w(\lambda)$ is surjective.*

In fact, this follows from the surjectivity of $\mathcal{O}_X \otimes M^*(w \circ \lambda) \to \mathfrak{B}_w(\lambda)$, which is a consequence of the fact that $Bwx_0 \hookrightarrow X$ is an affine morphism.
By this lemma, we have

$$\begin{aligned} \mathrm{Hom}_{\mathfrak{D}_\lambda}&(\mathfrak{B}_w(\lambda), \mathfrak{B}_{s_i w}(\lambda)) \\ &\subset \mathrm{Hom}_{\mathfrak{g}}(M^*(w \circ \lambda), M^*(s_i w \circ \lambda)) \\ &\simeq \mathrm{Hom}(M_-(-s_i w \circ \lambda), M_-(-w \circ \lambda)) = \mathbf{C}. \end{aligned} \tag{4.3.5}$$

This proves Lemma 4.3.3. Q.E.D.

Taking the dual we have the following proposition corresponding to Lemma 4.3.2 and 4.3.3.

Proposition 4.3.5. *Assume $\ell(s_i w) > \ell(w)$.*
(i) We have an exact sequence

$$0 \to \mathfrak{M}_{s_i w}(\lambda) \to \mathfrak{M}_w(\lambda) \to \mathfrak{M}_w(\lambda)/\mathfrak{M}_{s_i w}(\lambda) \to 0 \tag{4.3.6}$$

and $\mathfrak{M}_w(\lambda)/\mathfrak{M}_{s_i w}(\lambda)$ is P_i-equivariant.
(ii) $\mathrm{Hom}_{\mathfrak{D}_\lambda}(\mathfrak{M}_{s_i w}(\lambda), \mathfrak{M}_w(\lambda)) = \mathbf{C}$.

Proposition 4.3.6. *Let $w, w' \in W, \lambda \in P_+$ and let $\varphi : M(w'\circ\lambda) \to M(w\circ\lambda)$ be a non-zero $\mathfrak{g}$-homomorphism. Then the induced homomorphism*

$$\mathfrak{D}_\lambda \widehat{\otimes} M(w' \circ \lambda) \to \mathfrak{D}_\lambda \widehat{\otimes} M(w \circ \lambda)$$

is injective.

Proof. We may assume without loss of generality that $w' = s_i w$ and $\ell(s_i w) > \ell(w)$. Since we know in this case $\mathrm{Hom}_{\mathfrak{D}_\lambda}(\mathfrak{M}_{w'}(\lambda), \mathfrak{M}_w(\lambda)) = \mathbf{C}$, and the non-trivial homomorphism from $\mathfrak{M}_{w'}(\lambda)$ into $\mathfrak{M}_w(\lambda)$ is injective, it is enough to show that $\mathfrak{D}_\lambda \widehat{\otimes} \varphi$ is non-zero. Let u be a non-zero section of $\mathfrak{D}_\lambda \widehat{\otimes} M(w \circ \lambda)$ with weight λ. Setting $\ell = < h_i, \lambda > +1$, it is enough to show $f_i^\ell u \neq 0$.

Now, we have

$$P_i w x_0 = B w x_0 \sqcup B s_i w x_0,$$

and

$$\begin{array}{ccc} s_i w B x_0 & \xleftarrow{\sim} & {}^{s_i w}U \\ \cup & & \cup \\ P_i w x_0 \cap s_i w B x_0 & \xleftarrow{\sim} & {}^{s_i w}U \cap {}^{s_i}U \\ \cup & & \cup \\ B s_i w B x_0 \cap s_i B w x_0 & \xleftarrow{\sim} & {}^{s_i w}U \cap U_i. \end{array}$$

Now, we identify

$${}^{s_i w}U \simeq \mathbf{C} \times ({}^{s_i w}U \cap U_-^i) \times ({}^{s_i w}U \cap U_i)$$

by $\mathbf{C} \times ({}^{s_i w}U \cap U_-^i) \times ({}^{s_i w}U \cap U_i) \ni (t, u_1, u_2) \mapsto e^{tf_i} u_1 u_2$.

Let s be the section of $\mathcal{O}(\lambda)$ over $s_i w B x_0$ given by $s(s_i w u) = 1$ for $u \in U$. Then s has weight $s_i w \lambda$. Let $\delta(u_1)$ be the delta function. Then $u = t^{\ell-1} Y(t) \delta(u_1) s$, where $Y(t)$ is the Heaviside function. Let us denote by L the homomorphism $\mathfrak{g} \to \Gamma(X; \mathfrak{D}_\lambda)$. Then with the coordinates (t, u_1, u_2), $L(f_i) = d/dt$. Hence, $(d/dt) Y(t) = \delta(t)$ gives

$$(d/dt)^\ell u = (\ell \dot{-} 1)! \delta(t) \delta(u_1) s \neq 0.$$

Q.E.D.

Corollary 4.3.7. *If $M(w' \circ \lambda) \to M(w \circ \lambda)$ is a non-zero $\mathfrak{g}$-homomorphism, then the composition $M(w' \circ \lambda) \to M(w \circ \lambda) \to \Gamma(X; \mathfrak{M}_w(\lambda))$ is non-zero.*

5. Symmetrizable case

(5.1) Hereafter, we assume that $\mathfrak{g}$ is a symmetrizable Kac-Moody Lie algebra. In this case, V. Deodhar, O. Gabber and V. Kac [D–G–K] prove the following fact :

(5.1.1) *For $\lambda \in P_+$, the highest weight of any irreducible subquotient of $M(\lambda)$ has the form $w \circ \lambda$ for some $w \in W$.*

Lemma 5.1.1. *$M(w \circ \lambda) \to \Gamma(X; \mathfrak{M}_w(\lambda))$ is injective.*

This follows immediately from Corollary 4.3.7 and (5.1.1).

(5.2) Let $Mod(\mathfrak{g}, B, \lambda)$ be the full subcategory of $Mod(\mathfrak{g}, B)$ consisting of objects M such that the highest weight of any irreducible subquotient is of the form $w \circ \lambda$. Then by (5.1.1), $M(\lambda)$ as well as $M^*(\lambda)$ belongs to $Mod(\mathfrak{g}, B, \lambda)$. The main theorem of this paper is the following.

Theorem 5.2.1. *Let $\lambda \in P_+$.*

(i) *For any $\mathfrak{M}$ in $Mod(\mathfrak{D}_\lambda, B)$, $\widetilde{H}^n(X; \mathfrak{M}) = 0$ for $n \neq 0$ and $\widetilde{\Gamma}(X; \mathfrak{M})$ belongs to $Mod(\mathfrak{g}, B, \lambda)$.*

(ii) *For any $\mathfrak{M}$ in $Mod(\mathfrak{D}_\lambda, B)$, $\mathfrak{D}_\lambda \widehat{\otimes} \widetilde{\Gamma}(X; \mathfrak{M}) \to \mathfrak{M}$ is an isomorphism.*

(iii) $M(w \circ \lambda) \xrightarrow{\sim} \widetilde{\Gamma}(X; \mathfrak{M}_w(\lambda))$.

(iv) $\widetilde{\Gamma}(X; \mathcal{L}_w(\lambda)) \simeq L(w \circ \lambda)$.

(5.3) In order to prove this, let us consider the following statements for finite subsets Φ and Φ' satisfying (4.1.1) and $\Phi \supset \Phi'$,

(i,Φ, Φ') *For any $\mathfrak{M}$ in $Mod(\mathfrak{D}_\lambda, B)$ with $Supp \mathfrak{M} \bigcap \Omega(\Phi') = \phi$, $\widetilde{H}^n(X; \mathfrak{M}) = 0$ in $Mod(\mathfrak{g}, \Phi)$ for any $n \neq 0$ and any highest weight irreducible subquotient of $\widetilde{\Gamma}(X; \mathfrak{M})$ has the form $w \circ \lambda$ with $w \in W \setminus \Phi'$.*

(ii,Φ, Φ') *For any $\mathfrak{M}$ in $Mod(\mathfrak{D}_\lambda, B)$ with $Supp \mathfrak{M} \bigcap \Omega(\Phi') = \phi$, and a morphism $M \to \widetilde{\Gamma}(X; \mathfrak{M})$ which is an isomorphism on $Mod(\mathfrak{g}, \Phi)$, $\mathfrak{D}_\lambda \widehat{\otimes} M \to \mathfrak{M}$ is an isomorphism on $\Omega(\Phi)$.*

(iii,Φ, Φ') *$M(w \circ \lambda) \to \widetilde{\Gamma}(X; \mathfrak{M}_w(\lambda))$ is an isomorphism in $Mod(\mathfrak{g}, \Phi)$ for any $w \in \Phi \setminus \Phi'$.*

(iv,Φ, Φ') *$L(w \circ \lambda) \to \widetilde{\Gamma}(X; \mathcal{L}_w(\lambda))$ is an isomorphism in $Mod(\mathfrak{g}, \Phi)$ for any $w \in \Phi \setminus \Phi'$.*

If (i,Φ, Φ')–(iv,Φ, Φ') are true for any Φ and Φ', then Theorem 5.2.1 is also true.

(5.4) We shall prove (i,Φ,Φ')–(iv,Φ,Φ') by the induction of $\#(\Phi\setminus\Phi')$. Since they are trivial if $\Phi=\Phi'$ (see Corollary 4.1.2 and Proposition 4.2.2), let us assume $\#(\Phi\setminus\Phi')\geq 1$. Let us take a minimal element w_0 in $\Phi\setminus\Phi'$ and set $\Phi''=\Phi'\bigcup\{w_0\}$. By the hypothesis of induction, (i,Φ,Φ'')–(iv,Φ,Φ'') are true.

Let us consider the long exact sequence of global cohomology groups associated with

$$0\to\mathcal{L}_{w_0}(\lambda)\to\mathfrak{B}_{w_0}(\lambda)\to\mathfrak{B}_{w_0}(\lambda)/\mathcal{L}_{w_0}(\lambda)\to 0. \tag{5.4.1}$$

Since $Supp(\mathfrak{B}_{w_0}(\lambda)/\mathcal{L}_{w_0}(\lambda))\cap Bw_0x_0=\phi$, $\widetilde{H}^n(X;\mathfrak{B}_{w_0}(\lambda)/\mathcal{L}_{w_0}(\lambda))=0$ in $Mod(\mathfrak{g},\Phi)$ by (i,Φ,Φ''), and we obtain

$$\widetilde{H}^n(X;\mathcal{L}_{w_0}(\lambda))=0,\quad for\quad n\neq 0,1 \tag{5.4.2}$$

and an exact sequence

$$\widetilde{\Gamma}(X;\mathfrak{B}_{w_0}(\lambda))\to\widetilde{\Gamma}(X;\mathfrak{B}_{w_0}(\lambda)/\mathcal{L}_{w_0}(\lambda))\to\widetilde{H}^1(X;\mathcal{L}_{w_0}(\lambda))\to 0.$$

Hence by tensoring $\mathfrak{D}_\lambda$, we obtain an exact sequence

$$\mathfrak{D}_\lambda\widehat{\otimes}\widetilde{\Gamma}(X;\mathfrak{B}_{w_0}(\lambda))\to\mathfrak{D}_\lambda\widehat{\otimes}\widetilde{\Gamma}(X;\mathfrak{B}_{w_0}(\lambda)/\mathcal{L}_{w_0}(\lambda))\to\mathfrak{D}_\lambda\widehat{\otimes}\widetilde{H}^1(X;\mathcal{L}_{w_0}(\lambda))\to 0.$$

Since

$$\mathfrak{D}_\lambda\widehat{\otimes}\widetilde{\Gamma}(X;\mathfrak{B}_{w_0}(\lambda)/\mathcal{L}_{w_0}(\lambda))\to\mathfrak{B}_{w_0}(\lambda)/\mathcal{L}_{w_0}(\lambda)$$

is an isomorphism on $\Omega(\Phi)$ by (ii, Φ,Φ''), we have

$$\mathfrak{D}_\lambda\widehat{\otimes}\widetilde{H}^1(X;\mathcal{L}_{w_0}(\lambda))=0\quad on\quad\Omega(\Phi).$$

Assume that $\widetilde{H}^1(X;\mathcal{L}_{w_0}(\lambda))$ does not vanish in $Mod(\mathfrak{g},\Phi)$. Since $\widetilde{H}^1(X;\mathcal{L}_{w_0}(\lambda))$ is a quotient of $\widetilde{\Gamma}(X;\mathfrak{B}_{w_0}(\lambda)/\mathcal{L}_{w_0}(\lambda))$, (i,$\Phi,\Phi''$) implies there exists a surjective morphism $\widetilde{H}^1(X;\mathcal{L}_{w_0}(\lambda))\to L(w\circ\lambda)$ for some $w\in\Phi\setminus\Phi''$. Hence $\mathfrak{D}_\lambda\widehat{\otimes}L(w\circ\lambda)=0$ on $\Omega(\Phi)$. Since $\mathfrak{D}_\lambda\widehat{\otimes}L(w\circ\lambda)$ is isomorphic to $\mathcal{L}_w(\lambda)$ by (ii,Φ,Φ'') and (iv,Φ,Φ''), this is a contradiction. This shows $\widetilde{H}^1(X;\mathcal{L}_{w_0}(\lambda))=0$. Thus we established

$$\widetilde{H}^n(X;\mathcal{L}_{w_0}(\lambda))=0\quad in\quad Mod(\mathfrak{g},\Phi)\quad for\quad n\neq 0. \tag{5.4.3}$$

Now consider the exact sequence

$$0\longrightarrow\mathfrak{N}\longrightarrow\mathfrak{M}_{w_0}(\lambda)\longrightarrow\mathcal{L}_{w_0}(\lambda)\longrightarrow 0.$$

Since $Supp\mathfrak{N} \cap \Omega(\Phi'') = \phi$, (i,$\Phi$,$\Phi''$) implies $\widetilde{H}^n(X;\mathfrak{N}) = 0$ in $Mod(\mathfrak{g},\Phi)$ for any $n \neq 0$. Then, together with (5.4.3) we obtain

$$(5.4.4) \qquad \widetilde{H}^n(X;\mathfrak{M}_{w_0}(\lambda)) = 0 \quad in \quad Mod(\mathfrak{g},\Phi) \quad for \quad n \neq 0.$$

(5.5) **Proof of (i,Φ,Φ').** Let $\mathfrak{M}$ be as in (i,Φ,Φ'). Then there exists a morphism $\varphi : \mathfrak{M}_{w_0}^{\oplus J} \longrightarrow \mathfrak{M}$ which is an isomorphism on Bw_0x_0. Hence, $\mathfrak{N} = Ker\varphi$ and $\mathfrak{N}' = Coker\ \varphi$ satisfy $Supp\mathfrak{N}\cap\Omega(\Phi'') = Supp\mathfrak{N}'\cap\Omega(\Phi'') = \phi$. By (i,$\Phi$,$\Phi''$), $\widetilde{H}^n(X;\mathfrak{N}) = \widetilde{H}^n(X;\mathfrak{N}') = 0$ in $Mod(\mathfrak{g},\Phi)$ for any $n \neq 0$. Moreover (5.4.4) implies $\widetilde{H}^n(X;\mathfrak{M}_{w_0}^{\oplus J}) = 0$ in $Mod(\mathfrak{g},\Phi)$ for $n \neq 0$. This shows $\widetilde{H}^n(X;\mathfrak{M}) = 0$ in $Mod(\mathfrak{g},\Phi)$ for $n \neq 0$. The last statement in (i,Φ,Φ') is easily reduced to the case where $\mathfrak{M} = \mathfrak{B}_w(\lambda)$ for $w \in W \setminus \Phi'$.

(5.6) **Proof of (iii, Φ,Φ').** In order to prove this, we shall note the following lemma.

Lemma 5.6.1. *For a B-equivariant holonomic* $\mathfrak{D}_X$-module $\mathfrak{M}$,

$$\sum(-)^n\text{ch}\ \ \widetilde{H}^n(X;\mathfrak{M}(\lambda)) = \sum(-)^n\ \text{ch}\ \widetilde{H}^n(X;\mathfrak{M}^*(\lambda)).$$

In fact, we can easily reduce this to the case where $\mathfrak{M} = \mathcal{L}_w$. In this case, $\mathfrak{M} = \mathfrak{M}^*$.

Q.E.D.

We shall apply this lemma for $\mathfrak{M} = \mathfrak{B}_w$ for $w \in \Phi \setminus \Phi'$. Then we obtain

$$\dim \widetilde{\Gamma}(X;\mathfrak{M}_w(\lambda))_\mu = \dim M^*(w\circ\lambda)_\mu = \dim M(w\circ\lambda)_\mu \ \ for\ \mu \in P_\lambda(\Phi).$$

(5.6.1.)

Since $M(w\circ\lambda) \to \widetilde{\Gamma}(X : \mathfrak{M}_w(\lambda))$ is injective, it is an isomorphism in $Mod(\mathfrak{g},\Phi)$.

(5.7) **Proof of (ii,Φ,Φ').** Let $\mathfrak{M}$ and $M \to \widetilde{\Gamma}(X;\mathfrak{M})$ be as in (ii,Φ,Φ'). Let us take $\varphi : \mathfrak{M}_{w_0}^{\oplus J} \to \mathfrak{M}$ which is an isomorphism on Bw_0x_0. Then $\mathfrak{N} = Ker\ \varphi$ and $\mathfrak{N}' = Coker\ \varphi$ satisfy $Supp\mathfrak{N}\cap\Omega(\Phi'') = Supp\mathfrak{N}'\cap\Omega(\Phi'') = \phi$. Let $\mathcal{L}$ be the image of φ. Let N be the fiber product of M and $\widetilde{\Gamma}(X;\mathcal{L})$ over $\widetilde{\Gamma}(X;\mathfrak{M})$. Then we have the commutative diagram

$$\begin{array}{ccccccccc} & & \mathfrak{D}_\lambda\widehat{\otimes}N & \longrightarrow & \mathfrak{D}_\lambda\widehat{\otimes}M & \longrightarrow & \mathfrak{D}_\lambda\widehat{\otimes}(M/N) & \longrightarrow & 0 \\ & & \downarrow & & \downarrow & & \downarrow & & \\ 0 & \longrightarrow & \mathcal{L} & \longrightarrow & \mathfrak{M} & \longrightarrow & \mathfrak{N}' & \longrightarrow & 0\,. \end{array}$$

By (ii,Φ,Φ''), $\mathfrak{D}_\lambda\widehat{\otimes}(M/N) \to \mathfrak{N}'$ being an isomorphism on $\Omega(\Phi)$, it is enough to show that $\mathfrak{D}_\lambda\widehat{\otimes}N \to \mathcal{L}$ is an isomorphism on $\Omega(\Phi)$. Let N' be the fiber product of N and $\widetilde{\Gamma}(X;\mathfrak{M}_{w_0}^{\oplus J})$ over $\widetilde{\Gamma}(X;\mathcal{L})$. Then we obtain the commutative diagram

$$\begin{array}{ccccccccc} & & \mathfrak{D}_\lambda\widehat{\otimes}\widetilde{\Gamma}(X;\mathfrak{N}) & \longrightarrow & \mathfrak{D}_\lambda\widehat{\otimes}N' & \longrightarrow & \mathfrak{D}_\lambda\widehat{\otimes}N & \longrightarrow & 0 \\ & & \downarrow & & \downarrow & & \downarrow & & \\ 0 & \longrightarrow & \mathfrak{N} & \longrightarrow & \mathfrak{M}_{w_0}^{\oplus J} & \longrightarrow & \mathcal{L} & \longrightarrow & 0\,. \end{array}$$

Since $\mathfrak{D}_\lambda\widehat{\otimes}\widetilde{\Gamma}(X;\mathfrak{N}) \to \mathfrak{N}$ is an isomorphism on $\Omega(\Phi)$, $\mathfrak{D}_\lambda\widehat{\otimes}N \to \mathcal{L}$ is an isomorphism on $\Omega(\Phi)$, once we prove that $\mathfrak{D}_\lambda\widehat{\otimes}N' \to \mathfrak{M}_{w_0}^{\oplus J}$ is an isomorphism on $\Omega(\Phi)$. Since $N' \to \widetilde{\Gamma}(X\ ;\ \mathfrak{M}_{w_0}^{\oplus J}) \leftarrow M(w_0 \circ \lambda)^{\oplus J}$ are isomorphisms in *Mod*($\mathfrak{g},\Phi$), $(N')_{w_0\circ\lambda} \simeq \mathbf{C}^{\oplus J}$ and $(N')_{w_0\circ\lambda+\alpha_i} = 0$. Hence we obtain

$$M(w_0 \circ \lambda)^{\oplus J} \to N' \to \widetilde{\Gamma}(X;\mathfrak{M}_{w_0}^{\oplus J})$$

in which morphisms are isomorphisms in *Mod*($\mathfrak{g},\Phi$). Since $\mathfrak{D}_\lambda\widehat{\otimes}M(w_0 \circ \lambda)^{\oplus J} \to \mathfrak{D}_\lambda\widehat{\otimes}N'$ is surjective on $\Omega(\Phi)$ by Proposition 4.2.2 and $\mathfrak{D}_\lambda\widehat{\otimes}M(w_0 \circ \lambda)^{\oplus J} \to \mathfrak{M}_{w_0}^{\oplus J}$ is an isomorphism, $\mathfrak{D}_\lambda\widehat{\otimes}N' \to \mathfrak{M}(w_0)^{\oplus J}$ is an isomorphism on $\Omega(\Phi)$. This completes the proof of (ii,Φ,Φ'),

(5.8) **Proof of (iv,Φ,Φ').** Since $\mathcal{L}_w(\lambda)$ is the image of $\mathfrak{M}_w(\lambda) \to \mathfrak{B}_w(\lambda)$, $\widetilde{\Gamma}(X;\mathcal{L}_w(\lambda))$ is the image of $\widetilde{\Gamma}(X;\mathfrak{M}_w(\lambda)) \to \widetilde{\Gamma}(X;\mathfrak{B}_w(\lambda))$ in *Mod*($\mathfrak{g},\Phi$). Since $L(w \circ \lambda)$ is also the image of $M(w \circ \lambda) \to M^*(w \circ \lambda)$, we obtain (iv,$\Phi,\Phi'$).

We have completed the proof of (i,Φ,Φ')–(iv,Φ,Φ') and thus the proof of Theorem 5.2.1.

(5.9) I don't know if the following statement is true.

(5.9.1) *For any object M in Mod($\mathfrak{g},B,\lambda$), $M \to \widetilde{\Gamma}(X;\mathfrak{D}_\lambda\widehat{\otimes}M)$ is an isomorphism.*

This is proven in the finite-dimensional case ([B–B], [B–K]).

REFERENCES

[EGA] A. Grothendieck and J. Dieudonné, *Eléments de Géométrie Algébrique,* I–IV, Publ. Math. I.H.E.S.

[SGA] A. Grothendieck et al, Séminaire de Géométrie algébrique.

[B–B] A. Beilinson and J. Bernstein, *Localisation de $\mathfrak{g}$- modules,* C. R. Acad. Sci. Paris **292** (1981), 15–18.

[B–K] J–L. Brylinski and M. Kashiwara, *Kazhdan-Lusztig conjecture and holonomic system, Invent. Math.* **64** (1981), 387–410.

[D–G–K] V. Deodhar, O. Gabber and V. Kac, *Structure of some categories of infinite-dimensional Lie algebras*, *Adv. in Math.* **45**(1982), 92–116.

[K–K] V. Kac and D. A. Kazhdan, *Structure of representations with highest weight of infinite-dimensional Lie algebras*, *Adv. in Math.* **34** (1979), 97–108.

[K] M. Kashiwara, *The flag manifold of Kac-Moody Lie algebra*, *Amer. J. of Math.* **111** (1989).

[K′] M. Kashiwara, *Representation theory and $\mathfrak{D}$-modules on flag varieties*, *Proc. of Orbites unipotentes ...* (to appear in *Astérisque*) and R.I.M.S. preprint 622.

[K–L] D. A. Kazhdan and G. Lusztig, *Representations of Coxeter groups and Hecke algebras*, *Invent. Math.* **53** (1979), 165–184.

[Kempf] G. Kempf, *The Grothendieck-Cousin complex of an induced representation*, *Adv. in Math.* **29** (1978), 310-396.

[S.K] S. Kumar, 1. *Demazure character formula in arbitrary Kac-Moody setting*, *Invent. Math.* **89** (1987), 395–423. 2. *Bernstein-Gelfand-Gelfand resolution for arbitrary Kac-Moody setting*, preprint.

[M] O. Mathieu, *Formule de caractères pour les algèbres de Kac-Moody générales*, *Astérisque* (1988)159–160.

Masaki Kashiwara
R.I.M.S.
Kyoto University
Kyoto, Japan

Euler Systems

V.A. KOLYVAGIN

Dedicated to A. Grothendieck on his 60th birthday

Introduction

In this paper we study Euler systems defined by the characterizing condition AX1, perhaps with the addition of other conditions (AX2 and AX3 systems, see §1). Our main purpose is to apply them to determine the structure of the class groups of certain algebraic number fields R, and the Mordell-Weil groups and Shafarevich-Tate groups of Weil curves. In the case of the class group Cl of a field R, Theorem 7 of §2 says that, if the Galois group G of R is annihilated by $l-1$, where l is a rational prime, and if ψ is a homomorphism from G to the group of $(l-1)$-th roots of unity in $\mathbf{Z}_l$, then (under certain conditions on R and ψ) any Euler system associated to R which is non-degenerate (in its (l,ψ)-component) determines the structure of the ψ-component of $Cl \otimes \mathbf{Z}_l$, i.e., it determines the set of integers n_i, $n_i \geq n_{i+1}$, such that $(Cl \otimes \mathbf{Z}_l)_\psi \simeq \sum_{i=1}^{i_0} \mathbf{Z}/l^{n_i}$ as an abelian group. Theorem 7 also shows how the Euler system determines bases of $(Cl \otimes \mathbf{Z}_l)_\psi$ consisting of prime divisor classes, the expansions of certain prime divisor classes in these bases, and also certain representations of primary numbers. For example, this holds for the cyclotomic field $K_l = \mathbf{Q}(\zeta_l)$ (see below) with odd characters ψ and the system of Gauss sums, or with even characters ψ and the system of cyclotomic units. As a corollary we find that the order of $X = (Cl \otimes \mathbf{Z}_l)_\psi$ is bounded from above by the predicted explicit order $[X]$?; and this, along with formulas for the class number, enables us in several cases (cyclotomic fields, fields which are abelian extensions of an imaginary quadratic field) to prove that $[X]$ and $[X]$? are equal.

Theorem 7 gives us a prototype for a theory which describes $G((K^{ab})^{ab}/K)$ (where K is an algebraic number field and $(K^{ab})^{ab}$ is the maximal abelian extension of the maximal abelian extension of K) in terms of K in much the same way as abelian class field theory describes $C(K^{ab}/K)$ in terms of K.

We have proved a similar theorem for the Shafarevich-Tate groups Ш(A, K) of a Weil curve A over $\mathbf{Q}$, where K is an imaginary quadratic field which is associated to A in a certain way. Here we use the Euler system of Heegner points over ring class fields of K, and we compute the invariants $n_i \geq n_{i+1}$ in the decomposition Ш $= \sum(\mathbf{Z}/l^{n_i}a_i + \mathbf{Z}/l^{n_i}b_i)$ in which $\{a_i, b_i\} = l^{-n_i}$, $\{a_i, a_j\} = 0$ for all i, j, and $\{a_i, b_j\} = 0$ for $i \neq j$, where $\{\ \}$: Ш × Ш $\to \mathbf{Q}/\mathbf{Z}$ is the Cassels pairing. The complete statement and proof of this theorem will be published in another article, while the present article contains the technically somewhat simpler proof of the "approximate" divisibility of [Ш]? by [Ш], where [Ш]? is the order of Ш predicted by the Birch–Swinnerton-Dyer conjecture. Among other results, we find that, if the L-function of the Weil curve A has a simple zero at $s = 1$, then $A(\mathbf{Q})$ has rank 1 and Ш$(A, \mathbf{Q})$ is finite. For more details, see below.

For further discussion of Theorem 7 we refer the reader to the text. The rest of the introduction will be devoted to a detailed description of the results relating to bounds for the rank of $A(\mathbf{Q})$ for Weil curves and divisibility of $[(Cl \otimes \mathbf{Z}_l)_\psi]$? and [Ш]? by $[(Cl \otimes \mathbf{Z})_\psi]$ and [Ш], respectively.

We first note that the module of Euler systems which is associated with an algebraic group A and a tower of extensions of the algebraic number field K, apparently has canonical generators (cyclotomic units, elliptic units, Heegner points, etc.) which determine the arithmetic nature of the ζ-function. It would be of interest to find canonical generators and work out the theory for a complete adelic version of Euler systems.

We start by considering the most classical case of cyclotomic fields.

Thus, suppose that $l > 3$ is a rational prime; $K_l = \mathbf{Q}(\zeta_l)$, where ζ_l is a primitive l-th root of 1; $G = \mathrm{Gal}(K_l/\mathbf{Q})$ with canonical isomorphism $\rho: G \simeq (\mathbf{Z}/l)^*$ given by $\zeta_l^g = \zeta_l^{\rho(g)}$ for all $g \in G$. We set $g_a = \rho^{-1}(a)$, and we let

$$J = \left(\left(\frac{1}{l}\sum_{a=1}^{l-1} a g_{1/a}\right)\mathbf{Z}[G]\right) \cap \mathbf{Z}[G]$$

denote the Stickelberger ideal. Let $\theta_a \in \mathbf{Z}_l^*$ denote the $(l-1)$-th root of 1 for which $\theta_a \equiv a \ (mod\ l)$. For odd integers i, $1 < i \leq l-2$, we set

$$B_{1,i} = \frac{1}{l}\sum_{a=1}^{l-1} a\theta_{1/a}^i \in \mathbf{Z}_l.$$

Let $ord_l : \mathbf{Q}_l^* \to \mathbf{Z}$ be the l-adic ordinal, and let $y_i = ord_l(B_{1,i})$, so that $B_{1,i} = l^{y_i}u_i$, where u_i is an l-adic unit.

If A is a $\mathbf{Z}_l[G]$-module, then we define

$$A_i = \{\alpha \in A \mid \alpha^{g_a} = \theta_a^i \alpha \quad \forall a \in (\mathbf{Z}/l)^*\}.$$

A is the direct sum of the A_i, where $0 \le i \le l-2$ (we have

$$A_i = \left(\frac{1}{l-1}\sum_{a=1}^{l-1} \theta_a^i g_{1/a}\right) A, \qquad \sum_{i=0}^{l-2} \frac{1}{l-1}\sum_{a=1}^{l-1} \theta_a^i g_{1/a} = g_1).$$

Let Cl be the class group of K_l, let A be the l-component of Cl, and let $[A_i] = l^{x_i}$ (the order of a finite group B will be denoted by $[B]$). Let $K_{l+} = \mathbf{Q}(\zeta_l + \zeta_l^{-1})$, and let Cl_+ be the class group of K_{l+}. From classical formulas for $[Cl]$ and $[Cl_+]$ (see [1], Ch. 5) it follows that $\sum x_i = \sum y_i$, where i is odd, $1 < i \le l-2$. The classical Stickelberger relation $JA_- = 0$ (where we define $A_\pm = \{\alpha \in A \mid \alpha^{g_{-1}} = \pm\alpha\}$) gives the relation $l^{y_i} A_i = 0$. In particular, this means that $y_i = 0 \Rightarrow x_i = 0$. If A_- is a monogenic G-module ($A_i \simeq \mathbf{Z}/l^{x_i}$), then obviously $x_i \le y_i$, and since $\sum x_i = \sum y_i$ it then follows that $x_i = y_i$. A_- is monogenic if $A_+ = 0$ (Iwasawa). In the general case the basic conjecture that $x_i = y_i$ for a long time appeared hopeless. Finally, Ribet [2], using q-adic representations associated to the jacobians of modular curves, proved that $x_i = 0 \Rightarrow y_i = 0$. More precisely, under the assumption that $l | B_{1,i}$, Ribet was able to construct a nontrivial l-extension of K_l with a suitable condition on the action of the Galois group. Continuing in this direction, Wiles [3] proved that $A_i \simeq \mathbf{Z}/l^{x_i} \Rightarrow x_i = y_i$. Using the philosophy of modular constructions of unramified extensions, Mazur and Wiles [4] proved the analogue of $x_i = y_i$ for towers LK_{l^n}, where L is an abelian extension of $\mathbf{Q}$ (the "main conjecture" for abelian extensions of $\mathbf{Q}$, or more precisely, the imaginary component of the main conjecture). Further generalizations, with L replaced by a totally real extension of $\mathbf{Q}$, were obtained by Wiles in [5].

In the present paper Euler systems are used to give a direct proof of inequalities of the type $x_i \le y_i$. In the case of cyclotomic fields, when combined with the equality $\sum x_i = \sum y_i$, this gives a new (and fairly elementary) proof of the equality $x_i = y_i$, and, it seems, of the main conjecture. The $+$-version of $x_i = y_i$ consists in the following. Let U denote the group of units of K_{l+}, and let $U_0 \subset U$ be the subgroup of cyclotomic units: U_0 is the $\mathbf{Z}[G_+]$-submodule of U (where $G_+ = \mathrm{Gal}(K_{l+}/\mathbf{Q})$) generated by the units $(\zeta_l^b - 1)(\zeta_l^{-b} - 1)/(\zeta_l - 1)(\zeta_l^{-1} - 1)$, $b \in (\mathbf{Z}/l)^*$. It is well known (see [1], Ch. 5) that U/U_0 is a finite group. Let B be the l-component of U/U_0, and set $[B_i] = l^{y_i}$, where i is even, $2 \le i \le l-3$. The formula for $[Cl_+]$ implies the equality $\sum x_i = \sum y_i$ (the summations are over $2 \le i = 2j \le l-3$). Using class field theory, from the minus-results of

Mazur-Wiles one can prove that $x_i = y_i$. Recently Thaine [6] gave a direct proof that $l^{y_i} A_i = 0$, which is the +-analogue of the Stickelberger relation. We shall prove that $x_i \leq y_i$ directly, and this will also give a new proof that $x_i = y_i$.

Of course, regularities of the type $x_i = y_i$ extend far beyond the realm of cyclotomic fields. In essence they form a branch emanating from the trunk of abelian class field theory and extending into the foliage of (highly ramified) nonabelian class field theory. Rubin [7-8] used an analogue of the elliptic and cyclotomic units, and, generalizing Thaine's proof, obtained annihilator relations of the form $l^{y_i} A_i = 0$ for class groups of abelian extensions of a quadratic imaginary field k. Using the natural connection between class groups and the Selmer groups of an elliptic curve E over k, $\mathrm{End}(E) \otimes \mathbf{Q} = k$, Rubin proved that the Shafarevich-Tate group $Ш(E,k)$ of E over k is finite if $L(E,k,1) \neq 0$, where $L(E,k,s)$ is the canonical L-function of E over k. Here $Ш(E,k)$ is annihilated by $u_k[Ш(E,k)]?$, where $[Ш(E,k)]?$ is the order of $Ш(E,k)$ predicted by the Birch–Swinnerton-Dyer conjecture, and u_k is the number of units in k. We note that $[Ш(E,k)]$ is the square of a natural number (if it is finite), because of the existence of the non-degenerate alternating Cassels pairing $Ш \times Ш \to \mathbf{Q}/\mathbf{Z}$, and we obviously have $[Ш]^{1/2}Ш = 0$. If E is defined over $\mathbf{Q}$, then $Ш(E,\mathbf{Q})$ is also finite provided that $L(E,\mathbf{Q},1) \neq 0$, and $Ш(E,\mathbf{Q})$ is annihilated by $u_k[Ш(E,\mathbf{Q})]?$. Rubin gave the examples: $Ш(E,\mathbf{Q}) = 0$ for $E: Y^2 = X^3 - X$; $Ш(E,\mathbf{Q}) \simeq \mathbf{Z}/2 + \mathbf{Z}/2$ for $E: Y^2 = X^3 + 17X$; $Ш(E,\mathbf{Q}) \simeq \mathbf{Z}/3 + \mathbf{Z}/3$ for $E: Y^2 = X^3 - 2^8 3^4 5^2$. The Birch–Swinnerton-Dyer conjecture holds for these curves. Rubin further proved that $L'(E,\mathbf{Q},1) \neq 0 \Rightarrow \mathrm{rank}\, E(\mathbf{Q}) \leq 1 \Rightarrow \mathrm{rank}\, E(\mathbf{Q}) = 1$ (see the discussion below of the results of Gross and Zagier).

Earlier Coates and Wiles [9] had proved that $L(E,\mathbf{Q},1) \neq 0 \Rightarrow E(\mathbf{Q})$ is finite. Coates and Wiles used the orthogonality of the elliptic units and points $P \in E(\mathbf{Q})$ under the analogue of the Hilbert symbol.

In the present paper we prove inequalities of the form $x_i \leq y_i$ for class groups of certain abelian extensions of k (see §2). Combined with the class number formula, this must imply that $x_i = y_i$. Apparently it will also lead to a proof of a "main conjecture" which, when applied to the elliptic curve E, enables one to prove that the dimension of the finite-dimensional $\mathbf{Q}_l$-space (where l is a rational prime)

$$\varprojlim S_{l^n}(E,\mathbf{Q}) \otimes \mathbf{Q}_l$$

(where S_{l^n} is the l^n-Selmer group of E over $\mathbf{Q}$) is equal to the multiplicity of zero at $s = 1$ of the l-adic L-function of E over $\mathbf{Q}$ (and also prove the corresponding equalities for abelian extensions of k). If $L(E,\mathbf{Q},1) \neq$

0 or $L'(E, \mathbf{Q}, 1) \neq 0$, this must give us a complete proof of the Birch–Swinnerton-Dyer conjecture for E: $[Ш(E, \mathbf{Q})] = [Ш(E, \mathbf{Q})]?$.

Until now the algebraic group A was taken to be the multiplicative group. Now let A be a Weil elliptic curve over $\mathbf{Q}$. (According to the Weil-Taniyama conjecture, every elliptic curve over $\mathbf{Q}$ is a Weil curve; this is the case if A has complex multiplication or if A has the form of a Weil curve over a quadratic extension of $\mathbf{Q}$.) Let N be the conductor of A, K be the quadratic imaginary extension of $\mathbf{Q}$ with discriminant $D \equiv$ square $(mod\ 4N)$, and $\tau \in A(K)$ be a Heegner point (see §3). Gross and Zagier [10] proved that for $(D, 2N) = 1$ one has: height$(\tau) = c_1 L'(A, K, 1)$, where c_1 is an explicit nonzero constant and height(τ) is the archimedian height of the point τ. In particular, this result implies that $L'(A, K, 1) \neq 0 \Rightarrow \operatorname{rank} A(K) \geq 1$. We have: $L(A, K, s) = L(A, \mathbf{Q}, s)L(A, \mathbf{Q}, \chi_D, s)$, where χ_D is the quadratic character associated to K and $L(A, \mathbf{Q}, \chi_D, s) = \sum_{n=1}^{\infty} \chi_D(n) a_n n^{-s}$, where $L(A, \mathbf{Q}, s) == \sum_{n=1}^{\infty} a_n n^{-s}$. If $L'(A, \mathbf{Q}, 1) \neq 0$, then $L'(A, K, 1) = L'(A, \mathbf{Q}, 1) \cdot \cdot L(A, \mathbf{Q}, \chi_D, 1)$ (here the condition on D implies that the multiplicity of zero at $s = 1$ of $L(A, \mathbf{Q}, s)$ and $L(A, \mathbf{Q}, \chi_D, s)$ have different parity (see below); in particular, $L(A, K, 1) = 0$). From the connection between the values of $L(A, \mathbf{Q}, \chi_D, 1)$ as D varies and the coefficients of a certain modular form of weight 3/2 (Waldspurger) it follows (see[10]) that there exists K such that $L(A, \mathbf{Q}, \chi_D, 1) \neq 0$. Since $\tau^{[A(\mathbf{Q})_{tor}]} \in A(\mathbf{Q})$ and τ has infinite order (τ has infinite order $\Leftrightarrow$ height $(\tau) \neq 0$), it then follows that $L'(A, \mathbf{Q}, 1) \neq 0 \Rightarrow \operatorname{rank} A(\mathbf{Q}) \geq 1$.

If $P \in A(\mathbf{Q})$ and $d \in H^1(\mathbf{Q}, A)_M$, then $\sum_v \langle P, d\rangle_{M,v} = 0$ by the reciprocity law. Here $\langle\ ,\ \rangle_{M,v} : A(\mathbf{Q}(v))/M \times H^1(\mathbf{Q}(v), A)_M \to \mathbf{Z}/M$ is the local Tate pairing, and v runs through the places of $\mathbf{Q}$. The search for "explicit" classes of homogeneous spaces d to use with the above orthogonality relation led the author in [11] to construct classes of homogeneous spaces by means of Heegner points. By interpreting the orthogonality relation explicitly, in [11] we proved that $A(\mathbf{Q})$ and $Ш(A, \mathbf{Q})$ are finite if $L(A, \mathbf{Q}, s)$ has an even order zero at $s = 1$ and τ has infinite order. Here $Ш(A, \mathbf{Q})$ is annihilated by the natural number $c_2 C_D$, where C_D is the largest natural number dividing the image of τ in $A(K)/A(K)_{\text{tor}}$, and $c_2 \in \mathbf{N}$ is a number determined from the parameters associated to the bad reduction of A and the action of $\operatorname{Gal}(\overline{\mathbf{Q}}/\mathbf{Q})$ on $A(\overline{\mathbf{Q}})_{\text{tor}}$ ($\overline{\mathbf{Q}}$ is the algebraic closure of $\mathbf{Q}$). The number $c_2 C_D$ is closely related to $[Ш(A, K)]?^{1/2}$ (see below). In [12] the results of [11] were extended to the curves $A_{(D)} : DY^2 = 4X^3 - g_2 X - g_3$, where $A : Y^2 = 4X^3 - g_2 X - g_3$ and $L(A, \mathbf{Q}, s)$ has an odd order zero at $s = 1$. More precise information was also obtained about c_2, for example, $ord_l(c_2) = 0$ if A does not have complex multiplication and the natural homomorphism $\operatorname{Gal}(\overline{\mathbf{Q}}/\mathbf{Q}) \to Aut_{\mathbf{Z}_l}(\lim A_{l^n}) \simeq GL_2(\mathbf{Z}_l)$ is surjective (as is the case for almost all l, by Serre). For several curves $B = A$ or $A_{(D)}$

with $L(B, \mathbf{Q}, 1) \neq 0$ it was proved that $[\text{Ш}(B,\mathbf{Q})]^{?1/2}\text{Ш}(B,\mathbf{Q}) = 0$ (here $[\text{Ш}(B,\mathbf{Q})]^{?1/2} \in \mathbf{N}$). If $[\text{Ш}(B,\mathbf{Q})]^{?1/2} = 1$, this gives $\text{Ш}(B,\mathbf{Q}) = 0$. Thus, the triviality of $\text{Ш}(A_{(D)},\mathbf{Q})$ was proved for $A: Y^2 = 4X^3 - 4X + 1$ and 23 values of $D = -7, -11, \dots,$ and the Birch–Swinnerton-Dyer conjecture was verified for 5 values of D.

A comparison of the approach of Thaine and Rubin to proving the annihilating relations in the case of the multiplicative group and that of the author in the case of elliptic curves suggested the possibility in [12] of combining them into a single general framework. Namely, the cyclotomic units, the elliptic units and the Heegner points are all Euler systems with congruence (see §2, 3). A crucial point in our derivation of inequalities of the form $x_i \leq y_i$ is the possibility (see §1) of passing from the original Euler system T to its derivative T', which is also an Euler system with congruence. Repeating this process, we obtain a sequence of Euler systems $\{T^{(j)},\ j \geq 0\}$. At each step new annihilating relations arise (in $H^1(K_\lambda, A)$ if A is an elliptic curve, in the class group of K_λ if A is the multiplicative group; here K_λ is an abelian extension of the ground field or of a quadratic extension of the ground field). From all of these annihilating relations one eventually obtains inequalities of the form $x_i \leq y_i$. In the case of the Euler system of Gauss sums, the Euler system of cyclotomic units, and the Euler system of Heegner points, the relations that arise at the first stage of this process are, respectively, the relations of Stickelberger, Thaine and Rubin, and the relations obtained by the author for Weil curves.

We now describe some consequences relating to Weil curves of the results of the present paper. Corollaries 11–13 of §3 imply:

Theorem A. *Let r be a point of infinite order (which for $(D, 2N) = 1$ is equivalent to the condition that $L'(A, K, 1) \neq 0$, by Gross-Zagier). Then* $\operatorname{rank} A(K) = 1$, *$\text{Ш}(A,K)$ is finite, $c_3 C_D \text{Ш}(A,K) = 0$, and $[\text{Ш}(A,K)]$ divides $c_4 C_D^2$. Here c_3 and c_4 are defined in the same way as c_2 (see §3).*

Let $\gamma: X_N \to A$ be a Weil parametrization such that $\gamma \circ w_N = \epsilon\gamma + \gamma(0)$, where $\epsilon = \pm 1$, $w_N: X_N \to X_N$ is the principal involution of the modular curve, and $\gamma(0) \in A(\mathbf{Q})_{\text{tor}}$ is the image of the cusp of X_N corresponding to $z = 0$ under the natural covering $H \cup \mathbf{Q} \cup \{\infty\} \to X_N$ (here H is the complex upper half-plane). Then $\Lambda(s) = (2\pi)^{-s} N^{s/2} \Gamma(s) L(A, \mathbf{Q}, s)$ satisfies the functional equation $\Lambda(2-s) = (-\epsilon)\Lambda(s)$; in particular, $(-\epsilon) = (-1)^g$, where g is the multiplicity of zero of $L(A, \mathbf{Q}, s)$ at $s = 1$. Let $(D, 2N) = 1$. From the condition $D \equiv$square $(mod\ 4N)$ it follows that $\Lambda_{(D)}(2-s) = \epsilon\Lambda_{(D)}(s)$, where $\Lambda_{(D)} = (2\pi)^{-s}(ND^2)^{s/2}\Gamma(s)L(A_{(D)}, \mathbf{Q}, s)$. In particular, $\epsilon = (-1)^{g_{(D)}}$, where $g_{(D)}$ is the multiplicity of zero of $L(A_{(D)}, \mathbf{Q}, s) = L(A, \mathbf{Q}, \chi_D, s)$ at $s = 1$; and $L'(A, K, 1) =$

$L(A,\mathbf{Q},1)L'(A_{(D)},\mathbf{Q},1)$ for $\epsilon=-1$, $L'(A,K,1)=L'(A,\mathbf{Q},1)L(A_{(D)},\mathbf{Q},1)$ for $\epsilon=1$. We have the following

Corollary B. *Let τ be a point of infinite order. Then $Ш(A,\mathbf{Q})$ and $Ш(A_{(D)},\mathbf{Q})$ are finite, are annihilated by $2c_3C_D$, and have orders dividing $c_4 2^\alpha C_D^2$, where α is the 2-rank of $Ш(A,\mathbf{Q})$ and $Ш(A_{(D)},\mathbf{Q})$, respectively;* $\operatorname{rank} A_{(D)}(\mathbf{Q})=1$ *and* $\operatorname{rank} A(\mathbf{Q})=0$ *if $\epsilon=-1$; and* $\operatorname{rank} A_{(D)}(\mathbf{Q})=0$ *and* $\operatorname{rank} A(\mathbf{Q})=1$ *if $\epsilon=1$.*

Proof. τ satisfies the condition $\tau^\sigma=\epsilon\tau+h\gamma(0)$, where σ is the automorphism of complex conjugation and h is the class number of K (see [11], §3). We have the K-isomorphism $\iota: A\to A_{(D)}$ given by $(X,Y)\mapsto(X,Y/D^{1/2})$. Then $A_{(D)}(\mathbf{Q})=\iota\{x\in A(K)\mid x^\sigma=-x\}$, so that the claim about the ranks obviously follows from the equality $A(K)=1$. Furthermore, $Ш(A,\mathbf{Q})$ and $Ш(A_{(D)},\mathbf{Q})$ map naturally to $Ш(A,K)$ with kernels in $H^1(G(K/\mathbf{Q}),A(K))$ and $H^1(G(K/\mathbf{Q}),A_{(D)}(K))$, respectively. Since these cohomology groups are finite and 2-periodic, it follows that $Ш(A,\mathbf{Q})$ and $Ш(A_{(D)},\mathbf{Q})$ are finite, and the annihilation and divisibility relations also hold.

Corollary C. *Let $L'(A,\mathbf{Q},1)\neq 0$. Then* $\operatorname{rank} A(\mathbf{Q})=1$ *and $Ш(A,\mathbf{Q})$ is finite.*

Proof. By Waldspurger (see above), there exists D such that $L(A,\mathbf{Q},\chi_D,1)\neq 0$; then $L'(A,K,1)=L'(A,\mathbf{Q},1)L(A,\mathbf{Q},\chi_D,1)\neq$ $\neq 0\Longrightarrow\tau$ is a point of infinite order.

Let q be a rational number dividing N, let m_q be the number of connected components in the fibre of the Néron model of A which are rational over $\mathbf{Z}/q$, and let $m_N=\prod_{q|N}m_q$. Let $c\in\mathbf{Q}^*$ be such that $\gamma^*(\omega)=c\omega_f$, where ω is the Néron differential form on A, $\omega_f=2\pi\sqrt{-1}\sum_{n=1}^\infty a_n\cdot$ $\cdot\exp(2\pi\sqrt{-1}\,z)\,dz$, $z\in H$. If $(D,2N)=1$ and $L'(A,K,1)\neq 0$, then, because $A(K)$ has rank 1, the Gross–Zagier formula for height(τ) (see [10]) is equivalent to the formula

$$C_D^2=\frac{m_N^2c^2[Ш(A,K)]?}{[A(K)_{\mathrm{tor}}]^2}. \tag{1}$$

Let $k=\operatorname{End}(A)\otimes\mathbf{Q}$, $Ta_l=\varprojlim A_{l^n}$, and let $\rho_{l^\infty}:\operatorname{Gal}(\bar{k}/k)\to Aut_{\mathbf{Z}_l}(Ta_l)$ be the natural homomorphism. The map ρ_{l^∞} is surjective for almost all l (see §3). Let $D(\mathcal{O})$ denote the discriminant of $\mathcal{O}=\operatorname{End}(A)$.

Corollary D. *Suppose that τ is a point of infinite order; $l \neq 2$; $l \not| 3D(\mathcal{O})$ in the case when A has complex multiplication; and ρ_{l^∞} is surjective. Then* $\mathrm{ord}_l([\text{Ш}(A,K)]) \leq \mathrm{ord}_l(C_D^2)$. *If $(D,2N) = 1$, then* $\mathrm{ord}_l([\text{Ш}(A,K)]) \leq \mathrm{ord}_l([\text{Ш}(A,K)]?) + \mathrm{ord}_l((cm_N)^2)$.

Proof. In this case $\mathrm{ord}_l(c_4) = \mathrm{ord}_l([A(K)_{\mathrm{tor}}]) = 0$ (see §3). We apply Theorem A and the formula (1). Let $l \neq 2$. Then $\text{Ш}(A,K)_{l^\infty} \simeq \text{Ш}(A,\mathbf{Q})_{l^\infty} \times \text{Ш}(A_{(D)},\mathbf{Q})_{l^\infty}$ (the first factor can be defined as the σ-invariant subgroup, and the second factor can be defined as the subgroup on which σ acts as the inverse). Let $(D,2N) = 1$, $L'(A,K,1) \neq 0$. Then $\text{Ш}(A,K)$ is finite, and $\mathrm{ord}_l[\text{Ш}(A,K)] = \mathrm{ord}_l[\text{Ш}(A,\mathbf{Q}] + \mathrm{ord}_l[\text{Ш}(A_{(D)},\mathbf{Q})]$. By formulas (1) and (2), we also have $\mathrm{ord}_l[\text{Ш}(A,K)]? = \mathrm{ord}_l[\text{Ш}(A,\mathbf{Q})]? + \mathrm{ord}_l[\text{Ш}(A_{(D)},\mathbf{Q})]?$. Thus, Corollary D implies

Corollary E. *Suppose that τ has infinite order, and l is as in Corollary D. Then* $\mathrm{ord}_l[\text{Ш}(A,\mathbf{Q})] + \mathrm{ord}_l[\text{Ш}(A_{(D)},\mathbf{Q})] \leq \mathrm{ord}_l(C_D^2)$. *Now let $(D,2N) = 1$, so that $L'(A,K,1) \neq 0$. If* $\mathrm{ord}_l[\text{Ш}(A_{(D)},\mathbf{Q})]? = 0$, *then* $\mathrm{ord}_l[\text{Ш}(A,\mathbf{Q})] \leq \mathrm{ord}_l[\text{Ш}(A,\mathbf{Q})]? + \mathrm{ord}_l((cm_N)^2)$. *If* $\mathrm{ord}_l[\text{Ш}(A,\mathbf{Q})]? = 0$, *then* $\mathrm{ord}_l[\text{Ш}(A_{(D)},\mathbf{Q})] \leq \mathrm{ord}_l[\text{Ш}(A_{(D)},\mathbf{Q})]? + \mathrm{ord}_l((cm_N)^2)$.

We have the following plausible conjecture.

Conjecture F. *Suppose that $L(A,\mathbf{Q},1) \neq 0$ or $L'(A,\mathbf{Q},1) \neq 0$. Then there exists D such that, respectively, $L'(A,\mathbf{Q},\chi_D,1) \neq 0$ or $L(A,\mathbf{Q},\chi_D,1) \neq 0$, and such that* $\mathrm{ord}_l[\text{Ш}(A_{(D)},\mathbf{Q})]? = 0$.

In the case $L'(A,\mathbf{Q},1) \neq 0$, a natural way to prove Conjecture F is to prove (if this has not yet been done) the nontriviality (*mod l*) of the Waldspurger modular form associated to A. In the case $L(A,\mathbf{Q},1) \neq 0$, the author does not know whether it has been proved that there exists D such that $L'(A,\mathbf{Q},\chi_D,1) \neq 0$ (of course, in reality most D have this property).

Corollary G. *Suppose that $L(A,\mathbf{Q},1) \neq 0$ or $L'(A,\mathbf{Q},1) \neq 0$, l is as in Corollary D, and A and l satisfy Conjecture F. Then* $\mathrm{ord}_l[\text{Ш}(A,\mathbf{Q})] \leq \mathrm{ord}_l[\text{Ш}(A,\mathbf{Q})]? + \mathrm{ord}_l((cm_N)^2)$.

If $B = A$ or $A_{(D)}$, then, as noted above, the system of Heegner points and its derivatives determine the structure of $\text{Ш}(B,K)$. The simplest examples will be discussed below. If we know the estimate $\mathrm{ord}_l[\text{Ш}(B,\mathbf{Q})] \leq \mathrm{ord}_l[\text{Ш}(B,\mathbf{Q})]?$, then we can determine the structure of $\text{Ш}(B,\mathbf{Q})_{l^\infty}$ (and, in particular, prove the l-component of the Birch–Swinnerton-Dyer conjecture: $\mathrm{ord}_l[\text{Ш}(B,\mathbf{Q})] = \mathrm{ord}_l[\text{Ш}(B,\mathbf{Q})]?$), by exhibiting a subgroup $X \subset$

$\text{Ш}(B,\mathbf{Q})$ of order l^{2x}, where $2x = \mathrm{ord}_l[\text{Ш}(B,\mathbf{Q})]?$, after which we have $\text{Ш}(B,\mathbf{Q}) = X$. If any of the explicit elements of $\text{Ш}(B,\mathbf{Q})$ has period l^x, then $\text{Ш}(B,\mathbf{Q})_{l^\infty} \simeq \mathbf{Z}/l^x + \mathbf{Z}/l^x$, because of the existence of the Cassels pairing. Namely, if $M = l^n$, then we have a large number of elements $z = \tau'_{\lambda_1,\dots,\lambda_r}(M) \in H^1(K, A_M)$ (see §3) whose localizations $z(v) \in H^1(K(v), A_M)$, where v is a place of K, have been computed (see Theorem 9 of §3). Under certain conditions the image (z) of z in $H^1(K,A)_M$ is in $\text{Ш}(K,A)_M$. Here $z^\sigma = \epsilon(-1)^r z$. If $l \neq 2$, then $(z) \in \text{Ш}(A,\mathbf{Q})_M$ if $\epsilon(-1)^r = 1$, and $\iota((z)) \in \text{Ш}(A_{(D)},\mathbf{Q})_M$ if $\epsilon(-1)^r = -1$. We shall give examples. Suppose that $(l, [A(K)_{\mathrm{tor}}]) = 1$ and $M = l^y$, where $y = \mathrm{ord}_l(C_D)$. From Theorem 9 (see also the subsequent remarks in §3) it follows that $\tau'_{\lambda_1}(M) \in \text{Ш}(K,A)_M$ if $\lambda_1 = (p)$, where p is a rational prime not dividing DN such that l^{y+y_0} divides $(p - (\frac{p}{K}))$ and l^{y+y_0} divides $(a_p - 1 - (\frac{p}{K}))$. Here l^{y_0} is the largest of the powers of l annihilating the l-components of the finite unramified cohomology groups $H^1(K(v),A)_{\mathrm{unr}}$ of A for $v|N$ ($y_0 | \mathrm{ord}_l(m_N)$ if $(D,N)=1$).

We give one other way to construct $\text{Ш}(A,K)_{l^\infty}$. For simplicity, suppose that $(D,N)=1$, $(l,[A(K)_{\mathrm{tor}}])=1$, and $(l, 2m_N) = 1$. Let K_{1l} be the maximal unramified abelian l-extension of K, and let $G_{1l} = \mathrm{Gal}(K_{1l}/K)$; then $G_{1l} \simeq$ the l-component of the class group of K. Let K_1 be the maximal unramified abelian extension of K, let $\tau_1 \in A(K_1)$ be the Heegner point associated with the ideal i of K (see §3), and let $\tau_{1l} = N_{K_1/K_{1l}}(\tau_1)$. Then (see [11], §3) $\tau_{1l}^\sigma = \epsilon \tau_{1l}^{\theta(i)} + [K_1/K_{1l}]\gamma(0)$, where $\theta(i) \in G_{1l}$ is the image of i under the Artin map. Let $\sigma' = \sigma\theta(i)$. We let Z denote the G_{1l}-submodule of $\mathbf{Q}[G_{1l}]$ generated by the identity element z_1 of the group G_{1l} and by $z_2 = \frac{1}{M}\left(\sum_{g\in G_{1l}} g\right)$. We define a G_{1l}-homomorphism $f_1 : Z \to A(K_{1l})$ by setting $f_1(z_2) = u_l$ and $f_1(z_1) = (\sigma' + \epsilon)\tau_{1l}$, where $u_l \in A(K)$ is such that $\tau' = N_{K_{1l}/K}(f_1(z_1)) = M u_l$ (the existence of u_l follows from the definition of C_D). The exact sequence $0 \to \mathbf{Z}[G_{1l}] \to Z \to \frac{1}{M}\mathbf{Z}/\mathbf{Z} \to 0$ implies that we have an isomorphism $f_2 : H^1(G_{1l}, Z) \simeq \mathrm{Hom}(G_{1l}, \frac{1}{M}\mathbf{Z}/\mathbf{Z})$. We have the homomorphism $f_3 = f_1' \circ f_2^{-1} : \mathrm{Hom}(G_{1l}, \frac{1}{M}\mathbf{Z}/\mathbf{Z}) \to H^1(G_{1l}, A(K_{1l}))$, whose image lies in $\text{Ш}(A,K)_{-\epsilon M}$, i.e., the subgroup of $\text{Ш}(A,K)_M$ on which σ acts by multiplication by $(-\epsilon)$ (f_1' is the homomorphism $H^1(G_{1l}, Z) \to H^1(G_{1l}, A(K_{1l}))$ induced by f_1). $\text{Ш}(K,A)_{-\epsilon M}$ can be identified with $\text{Ш}(B,\mathbf{Q})_M$, where $B = A$ if $\epsilon = -1$ and $B = A_{(D)}$ if $\epsilon = 1$. Thus, we have a homomorphism $f_{(D)} : \mathrm{Hom}(G_{1l}, \frac{1}{M}\mathbf{Z}/\mathbf{Z}) \to \text{Ш}(B,\mathbf{Q})$.

For $\epsilon = -1$ and l as in Corollary E, with $(l, c m_N) = 1$, perhaps it is always possible to choose D which satisfies Conjecture F and the relation $\mathrm{ord}_l[Im\ f_{(D)}] = \mathrm{ord}_l[\text{Ш}(A,\mathbf{Q})]? = 2a$. Then $[G_{1l}/G_{1l}^{l^a}] = l^{2a}$ and $\text{Ш}(A,\mathbf{Q}) \simeq G_{1l}/G_{1l}^{l^a}$. If this is the case, it would be interesting to find an upper bound for the smallest such D.

Let $Y^2 + \alpha_1 XY + \alpha_3 Y = X^3 + \alpha_2 X^2 + \alpha_4 X + \alpha_6$ be the minimal equation of A, and let Δ be the discriminant of this equation. Suppose that $(D, N) = 1$. We set $m_{(D)} = 2^{r_1(D)+2r_2(D)}$, where $r_1(D)$ is the number of prime divisors q of D for which $\left(\frac{\Delta}{q}\right) = -1$ and $r_2(D)$ is the number of prime divisors q of D for which $\left(\frac{\Delta}{q}\right) = 1$, $2|a_q$. If $(D, 2N) = 1$ and $L'(A, K, 1) \neq 0$, then, using the Gross-Zagier formula and the relation $L(A, K, s) = L(A, \mathbf{Q}, s)L(A_{(D)}, \mathbf{Q}, s)$ (and taking into account that $\operatorname{rank} A(K) = 1$, see above and also §3 of [12]), we derive the formula

$$C_D^2 = \frac{1}{2}[A(\mathbf{R})/A(\mathbf{R})^0]m_N^2 m_{(D)} c^2 [Ш(A, \mathbf{Q})]?[Ш(A_{(D)}, \mathbf{Q})]?. \qquad (2)$$

Here R is the field of real numbers and $A(\mathbf{R})^0$ is the connected component of $A(\mathbf{R})$.

Corollary H. *Suppose that A does not have complex multiplication, ρ_{l^∞} is surjective $\forall l$, $L'(A, \mathbf{Q}, 1) \neq 0$, $[Ш(A, \mathbf{Q})]? = 1$, $(D, 2N) = 1$, and $L(A, \mathbf{Q}, \chi_D, 1) \neq 0$. Then $[Ш(A_{(D)}, \mathbf{Q})]$ divides*

$$C_D^2 = \frac{1}{2}[A(\mathbf{R})/A(\mathbf{R})^0]m_N^2 m_{(D)} c^2 [Ш(A_{(D)}, \mathbf{Q})]?,$$

if C_D is odd. In particular, $[Ш(A_{(D)}, \mathbf{Q})]$ divides $[Ш(A_{(D)}, \mathbf{Q})]?$ if $\frac{1}{2}[A(\mathbf{R})/A(\mathbf{R})^0]m_N^2 m_{(D)} c^2 = 1$ and $[Ш(A_{(D)}, \mathbf{Q})]?$ is odd.

Proof. In Theorem B_l of [12] it is proven that $C_D Ш(A_{(D)}, \mathbf{Q}) = 0$. Hence, the 2-component of $Ш(A_{(D)}, \mathbf{Q})$ is trivial. We then apply Corollary E.

Suppose that A is the elliptic curve of conductor 37 with equation $Y^2 + Y = X^3 - X$, $\Delta = 37$, $\epsilon = 1$, $c = 1$, $m_N = 1$, $[A(\mathbf{R})/A(\mathbf{R})^0] = 2$, ρ_{l^∞} is surjective $\forall l$ (see [12]), $L'(A, \mathbf{Q}, 1) \neq 0$, $[Ш(A, \mathbf{Q})]? = 1$ by [13]. In [14] there is a table of C_D^2 for $(D, N) = 1$, $-D < 500$ (recall that D is a fundamental discriminant, and $D \equiv$ square $(mod\ 4N)$). We have

Corollary I. $\operatorname{rank} A(\mathbf{Q}) = 1$, *$Ш(A, \mathbf{Q})$ is trivial, and A satisfies the Birch-Swinnerton-Dyer conjecture.*

Proof. From [14] we have $L(A, \mathbf{Q}, \chi_{-7}, 1) \neq 0$ and $C_{-7}^2 = 1$. Then $\operatorname{rank} A(\mathbf{Q}) = 1$ by Corollary B (this is a classical fact: $A(\mathbf{Q}) = \mathbf{Z}P$, where $Y(P) = X(P) = 0$). By Corollary D we have: $\mathrm{ord}_l[\text{Ш}(A,K)] = \mathrm{ord}_l[\text{Ш}(A,\mathbf{Q})] + \mathrm{ord}_l[\text{Ш}(A_{(-7)},\mathbf{Q})] \leq 0$ for $l \neq 2$. Hence, $\mathrm{ord}_l[\text{Ш}(A,\mathbf{Q})] = \mathrm{ord}_l[\text{Ш}(A_{(-7)},\mathbf{Q})] = 0$. In addition, we know from [15] that the 2-component of $\text{Ш}(A,\mathbf{Q})$ is trivial.

Corollary H also holds for A when $(D,N) = 1$, $8 \nmid D$, since (2) holds in this case (see formula (6) of the introduction to [12]). In the table [14] one has $C_D^2 = 1$ for 23 values of D, from which we find (see [12]) that $\text{Ш}(A_{(D)},\mathbf{Q})$ is trivial for these values $D = -7,-11,\ldots,-471$. Furthermore, using the table and Corollary H, we have: $[\text{Ш}(A_{(D)},\mathbf{Q})] | 3^2$ for $-D = 123, 132, 211, 212, 223, 419$ ($C_D^2 = 9$); $[\text{Ш}(A_{(D)},\mathbf{Q})] | 5^2$ for $-D = 307, 451$ ($C_D^2 = 25$); $[\text{Ш}(A_{(D)},\mathbf{Q})] | 7^2$ for $-D = 379$ ($C_D^2 = 49$). Since $C_D^2 = m_{(D)}[\text{Ш}(A_{(D)},\mathbf{Q})]^?$, $m_{(D)}$ is a power of 2, and $[\text{Ш}(A_{(D)},\mathbf{Q})]$ belongs to $\mathbf{N}$, it follows that in these cases $m_{(D)}$ must equal 1 and $C_D^2 = [\text{Ш}(A_{(D)},\mathbf{Q})]^?$. The groups $\text{Ш}(A_{(D)},\mathbf{Q})$ must be isomorphic, respectively, to $\mathbf{Z}/3 + \mathbf{Z}/3$, $\mathbf{Z}/5 + \mathbf{Z}/5$ and $\mathbf{Z}/7 + \mathbf{Z}/7$, as can be proved using the procedure described above. For example, for $D = -132$ we have $\tau'_{(7)}(3) \in \text{Ш}(A_{(-132)},\mathbf{Q})$; for $D = -223$ we have $\tau'_{(7)}(3) \in \text{Ш}(A_{(-223)},\mathbf{Q})$. If these elements are nontrivial we have $\text{Ш}(A_{(D)},\mathbf{Q}) \simeq \mathbf{Z}/3 + \mathbf{Z}/3$ for $D = -132, -223$. Another example: for $D = -211, -212, -413$ the class number of $K = \mathbf{Q}(\sqrt{D})$ is equal to 3, 6, 9, respectively, and $h = 15$ for $D = -451$, so that in these situations the subgroups $Im\ f_{(D)} \subset \text{Ш}(A_{(D)},\mathbf{Q})$ may be nontrivial.

Theorem 9 of §3 gives a large number of relations in $H^1(K_r, A)$, where K_r is the ring class field of K of conductor r. These relations can be used to prove analogues of Theorems 6 and 7, generalizing the results of §3; in particular, they give $\leq$ relations in the sense of the "main conjecture," applied to the Mazur $G(\overline{K}/K)$-modules in towers of cyclotomic fields and Heegner points. The relation with the l-adic analytic L-function can be obtained, for example, through the l-adic analogues of the Gross-Zagier formulas obtained by Perrin-Riou in [16] for K_1 and their generalizations to arbitrary ring class fields of K. Combining the $\leq$ relations with the Birch–Swinnerton-Dyer conjecture (which is in some sense an analogue of the class number formulas), one obtains a proof of the main conjecture.

We now list some general notation used in the paper. $\mathbf{N} = \{1,2,\ldots\}$ is the set of natural numbers and $\mathbf{Z}_+$ is the set of nonnegative integers. If A is an abelian group and $M \in \mathbf{Z}_+$, then A_M and A/M denote the kernel and cokernel, respectively, of multiplication by M. If R is a ring, then $\overline{R}$ denotes its algebraic closure. If L/R is a Galois extension, then $G(L/R)$ denotes the Galois group of L over R. We shall write $H^1(G(\overline{R}/R), A)$ more briefly as $H^1(R, A)$, where A is a $G(\overline{R}/R)$-module. "For almost all" means "for all except possibly finitely many." If $\mathcal{O}$ is a commutative ring with unit, then $\mathcal{O}^*$ denotes its group of invertible elements. The field $\overline{\mathbf{Q}}$

is assumed to be imbedded in the field of complex numbers **C**. σ denotes the automorphism of complex conjugation; we shall occasionally write $\bar{a}$ instead of $a^\sigma = \sigma a$.

If R is a finite extension of **Q**, then $SP(R)$ denotes the set of prime divisors of R; if a is a divisor of R, then $SP(R, a)$ denotes the subset of $SP(R)$ consisting of divisors prime to a. If $v \in SP(R)$, then $R(v)$ denotes the v-completion of R. If $\tau \in H^1(R, A)$, then $\tau(v) \in H^1(R(v), A)$ denotes the v-localization of τ. If w is an integral divisor of R, then we define $H^1(R(w), A) = \sum_{v \in SP(R),\ v|w} H^1(R(v), A)$. When we want to emphasize the dependence of $\tau \in H^1(R, A_M)$ on M we shall write τ_M; this will not cause confusion, since M will never be used to denote divisors. If $M_1 | M_2$ and $\tau(M_2)$ is defined, then $\tau(M_1)$ denotes the image of $\tau(M_2)$ under the homomorphism $H^1(R, A_{M_2}) \to H^1(R, A_{M_1})$ which is induced by the homomorphism $A_{M_2} \to A_{M_1}$ of multiplication by M_2/M_1.

The author wishes to express his deep gratitude to I. R. Shafarevich and to Yu. I. Manin, under whose guidance almost 15 years ago he began to work on the questions which form the subject of this article.

1. Euler Systems and Their Derivatives

In our definition of an Euler system we shall not strive for maximum generality, but rather shall take into account the scope of the present article and be satisfied that the cases we consider give a fairly complete picture of this type of system. Nor will we adhere to a complete uniformity between the multiplicative group and elliptic curves: essential as this uniformity is, it sometimes obscures the familiar constructions in the case of the multiplicative group.

We let Q denote the ground field, which will be either the field of rational numbers **Q** or else an imaginary quadratic field of class number 1. Let A denote an algebraic group over Q: A is the multiplicative group if $Q \neq \mathbf{Q}$, and A is either the multiplicative group or an elliptic curve if $Q = \mathbf{Q}$. We let K denote the field Q if A is the multiplicative group, and we let K be an imaginary quadratic extension of $Q = \mathbf{Q}$ if A is an elliptic curve. In the latter case we assume that K is not $\mathbf{Q}(\sqrt{-1})$ or $\mathbf{Q}(\sqrt{-3})$.

If δ is a prime divisor of Q at which A has good reduction, then $P_\delta(X) \in \mathbf{Z}[X]$ will denote the characteristic polynomial of the Frobenius automorphism $Q(\delta)_{\text{unr}}/Q(\delta)$ on the Tate module $Ta_l = \varprojlim A_{l^n}$, where l is a rational prime, $(l, \delta) = 1$. We have: $P_\delta(X) = X - N_{Q/\mathbf{Q}}(\delta)$ if A is the multiplicative group; and $P_\delta(X) = X^2 - a_p X + p$ if A is an elliptic curve with canonical L-function $L(A, \mathbf{Q}, s) = \sum_{n=1}^{\infty} a_n n^{-s}$ $(a_n \in \mathbf{Z})$.

In the case when $[Q/\mathbf{Q}] = 2$, we fix an elliptic curve E with endomorphism ring $\mathcal{O}_Q$, where $\mathcal{O}_Q$ is the ring of integers of Q. Let $\kappa : Q_A^* \to Q^*$ be the homomorphism associated with E (see [17], Ch. 10, §4), let $\kappa_A : Q_A^*/Q^* \to Q^*$ given by $\kappa_A(a) = \kappa(a)a^{-1}$ be the corresponding adelic quasicharacter, let κ_∞ be the archimedean component of κ_A, and let f be the conductor of κ_∞ (f is an integral divisor of Q). In the case $Q = \mathbf{Q}$ we set $f = 1$. If $Q = \mathbf{Q}$ and A is the multiplicative group, then $\kappa : Q_A^* \to Q^*$ and $\kappa_A : Q_A^*/Q^* \to Q_A^*$ are the analogous homomorphisms associated with A: $\kappa(a) = n$, where n is the positive generator of the divisor a.

We let I, I_0 and SP denote, respectively, the set of divisors, the set of integral divisors, and the set of prime divisors of Q. If $\eta \in I$, I_0 or SP, then we let $I(\eta)$, $I_0(\eta)$, $SP(\eta)$ denote the subset of I, I_0 or SP, respectively, consisting of divisors which are prime to η.

If $\lambda \in I_0$, then we define the abelian extension K_λ of K as follows. If A is an elliptic curve, then K_λ is the ring class field of K of conductor λ; if A is the multiplicative group and $K = Q = \mathbf{Q}$, then $K_\lambda = K(A_\lambda)$, where A_λ is the group of $\kappa(\lambda)$-th roots of unity; if, on the other hand, $[Q/\mathbf{Q}] = 2$, then $K_\lambda = K(E_\lambda)$, where $E_\lambda = E_x$ is the group of points of E (over $\overline{K}$) of period $x \in \mathcal{O}_K$, $(x) = \lambda$. We let d denote the dimension of Ta_l over $\mathbf{Z}_l$: we have $d = 1$ if A is the multiplicative group, and $d = 2$ if A is an elliptic curve. In the case when A is an elliptic curve, we let N be the conductor of A; if A is the multiplicative group, we set $N = 1$. In what follows we shall suppose that l is a fixed rational prime.

If $\lambda \in SP(N)$, then we set $x_\lambda = [K_\lambda/K_1]$ and $M_\lambda = \mathrm{ord}_l\big((x_\lambda, x_\lambda + (-1)^{d-1}P_\lambda(1))\big)$. For $k \in \mathbf{Z}_+$, let Σ be a subset of the set $\{[\lambda, \pi]\}$ of ordered $(k+1)$-tuples of divisors

$$\lambda \in fI_0(N) \quad \text{for } k = 0 \quad (\text{here } \pi \text{ is an ``empty index,'' i.e., } [\lambda, \pi] = [\lambda]);$$
$$\lambda \in fI_0(N), \quad \pi = [\lambda_1, \dots, \lambda_k] \in SP(N)^k \quad \text{for } k > 0.$$

If $n_1, n_2 \in \mathbf{N}$, $n_1 \le n_2$, and $M_j = l^{n_j}$, then the homomorphism $A_{M_2} \to A_{M_1}$ given by multiplication by M_2/M_1 induces a homomorphism $H^1(K_\lambda, A_{M_2}) \to H^1(K_\lambda, A_{M_1})$. A set of elements

$$T = \{\tau_\lambda = \{\tau_\lambda(M)\} \in \varprojlim H^1(K_\lambda, A_M),\ M = l^n,\ \lambda \in \Sigma\}$$

if $k = 0$, or a set of elements

$$T = \{\tau_{\lambda,\pi} = \tau_{\lambda,\pi}(M_{\lambda_1}) \in H^1(K_\lambda, A_{M_{\lambda_1}}),\ \ [\lambda, \pi] \in \Sigma\}$$

for $k > 0$, will be called a k-th order Euler system with index set Σ if the following condition holds for all $\delta \in SP(2Nf\lambda)$ and $[\lambda, \pi] \in \Sigma$ such that the prime divisor δ' of δ in K is unramified in K_λ and $[\delta\lambda, \pi] \in \Sigma$: if y_δ is defined to be $Fr_{\delta'}^{-1}\left(x_\delta + (-1)^{d-1}P_\delta(Fr_{\delta'})\right) \in \mathbf{Z}[G(K_\lambda/K)]$, then

$$AX1. \qquad \mathrm{cor}_{K_{\delta\lambda}}(\tau_{\delta\lambda,\pi}) = y_\delta \tau_{\lambda,\pi}.$$

Here $\mathrm{cor}_{K_{\delta\lambda}/K_\lambda}$ is the corestriction homomorphism and $Fr_{\delta'}$ is the image of δ' in $G(K_\lambda/K)$ under the Artin homomorphism (reciprocity map) θ. If A is the multiplicative group, then $\delta = \delta'$, since $K = Q$. Suppose that A is an elliptic curve. We show that y_δ does not depend on the choice of δ'. If δ is ramified or remains prime in K, then δ' is defined uniquely. Suppose that δ splits in K. Then $x_\delta = \kappa(\delta) - 1$ (see below), $y_\delta = Fr_{\delta'}^{-1}\left(\kappa(\delta) - 1 - Fr_{\delta'}^2 + a_{\kappa(\delta)}Fr_{\delta'} - \kappa(\delta)\right) = a_{\kappa(\delta)} - Fr_{\delta'} - Fr_{\delta'}^{-1} = a_{\kappa(\delta)} - Fr_{\delta'} - Fr_{(\delta')^\sigma}$, since $\theta(\delta) = 1$ and $\delta = \delta'(\delta')^\sigma$ (σ is the complex conjugation automorphism).

Suppose we are given a k-th order Euler system (T, Σ). We shall use it to construct a $(k+1)$-th order Euler system (T', Σ').

If A is the multiplicative group, then the representation on A_λ and E_λ gives an imbedding $\rho_\lambda : G(K_\lambda/K) \hookrightarrow (\mathcal{O}_K/\lambda)^*$. By definition, $\rho_\lambda(\theta(\eta)) = \kappa(\eta) \ (mod\ \lambda)$ if $\eta \in I_0$ and η is unramified in K_λ. If $K = \mathbf{Q}$ and $\lambda \in I_0$, then $\rho_\lambda(G(K_\lambda/K)) = (\mathbf{Z}/\lambda)^*$. If $[K/\mathbf{Q}] = 2$, then for $f|\lambda \in I_0$ we have: K_λ is the ray class field of K of conductor λ; $\mathcal{O}_K^*$ is imbedded in $(\mathcal{O}_K/\lambda)^*$; the composition of $\theta : (\mathcal{O}_K/\lambda)^*/\mathcal{O}_K^* \xrightarrow{\sim} G(K_\lambda/K)$ with $\rho_\lambda : G(K_\lambda/K) \to (\mathcal{O}_K/\lambda)^*$ is the homomorphism $\kappa \ (mod\ \lambda) : (\mathcal{O}_K/\lambda)^*/\mathcal{O}_K^* \to (\mathcal{O}_K/\lambda)^*$; and $(\mathcal{O}_K/\lambda)^*$ is the direct product of $\mathcal{O}_K^*$ and $\rho_\lambda(G(K_\lambda/K))$. On the other hand, if $(\lambda, f) = 1$, then $\rho_\lambda(G(K_\lambda/K)) = (\mathcal{O}_K/\lambda)^*$. All of this comes from standard facts in the theory of cyclotomic fields and the theory of complex multiplication which follow from the existence and the properties of κ.

If A is an elliptic curve, then θ gives an isomorphism $(\mathcal{O}_K/\lambda)^*/(\mathbf{Z}/\lambda)^* \xrightarrow{\sim} G(K_\lambda/K_1)$. Here K_1 is the Hilbert class field of K. In all cases when $\lambda \in fI_0$ and $\delta \in SP(\lambda)$, the restriction homomorphism $G(K_{\delta\lambda}/K_\lambda) \to G(K_\delta/K_1)$ is an isomorphism, and $G(K_\delta/K_1)$ is a cyclic group of order $N_{K/\mathbf{Q}}(\delta) - 1$ if A is the multiplicative group and of order $\kappa(\delta) - \left(\frac{\delta}{K}\right)$ if A is an elliptic curve. We fix a set of generators $t\delta$ of the groups $G(K_\delta/K_1)$; the above identification of the groups $G(K_{\delta\lambda}/K_\lambda)$ and $G(K_\delta/K_1)$ enables us also to regard the $t\delta$ as generators of $G(K_{\delta\lambda}/K_\lambda)$.

Suppose that $\lambda_0 \in SP(2Nf\lambda)$; $[\lambda, \pi]$, $[\lambda_0\lambda, \pi] \in \Sigma$; λ_0' splits in K_λ (i.e., $Fr_{\lambda_0'} = id$ and λ_0' is a prime divisor of λ_0 in K). Let $K_\lambda \subset L \subset K_{\lambda_0\lambda}$ and $[L/K_\lambda] = M_{\lambda_0}$. Let $M1$ be any power of l if $k = 0$ and $M1 = M_{\lambda_1}$ if $k > 0$. Let M_{λ_0} and $t\lambda_0$ be abbreviated by M and t, respectively. We suppose that $M|M1$, with $(M1/M)A(K_\lambda)_{M1} \subset (t-1)A(L)_M$. We define $\tau 1 \in$

$H^1(L, A_{M1})$ as follows: $\tau 1 = \mathrm{cor}_{K_{\lambda_0\lambda}/L}(\tau_{\lambda_0\lambda,\pi}(M1)) - (y_{\lambda_0}/M)\tau_{\lambda,\pi}(M1)$. From AX1 it follows that $\mathrm{cor}_{L/K_\lambda}(\tau 1) = 0$.

Let $\varphi : G_L \to A_{M1}$ be a cocycle representing $\tau 1$. We fix an element $g_0 \in G_{K_\lambda}$ whose restriction to L is $t|_L$. By the definition of the restriction homomorphism (see [11], §3), $\mathrm{cor}_{L/K_\lambda}(\tau 1)$ can be given by a cocycle $\varphi_1 : G_{K_\lambda} \to A_{M1}$ such that $\varphi_1(g_0) = \varphi(g_0^M)$ and $\varphi_1(h) = \sum_{i=0}^{M-1} g_0^i \varphi(g_0^{-i} h g_0^i)$ $\forall h \in G_L$. Since φ_1 is a coboundary, it follows that there exists $e \in A_{M1}$ such that $\varphi_1(g_0) = (g_0 - 1)e$ and $\varphi_1(h) = (h-1)e$. These conditions determine e up to an element of $A(K_\lambda)_{M1}$. Let $e' = (M1/M)e$ and $\varphi' = (M1/M)\varphi$. We define a map $\varphi_2 : G_{K_\lambda} \to A_M$ as follows: $\varphi_2(id) = 0$, $\varphi_2(g_0^i) = (g_0^{i-1} + \cdots + 1)e'$ for $1 \leq i \leq M-1$, $\varphi_2(h) = (M-1)\varphi'(h) + (M-2)g_0\varphi'(g_0^{-1}hg_0) + \cdots + g_0^{M-2}\varphi'(g_0^{-(M-2)}hg_0^{M-2})$ $\forall h \in G_L$, and $\varphi_2(hg_0^i) = h\varphi_2(g_0^i) + \varphi_2(h)$.

A somewhat time-consuming but elementary verification shows that φ_2 is a cocycle whose cohomology class does not depend on the choice of φ, e or g_0. In essence, we have a map $\mathrm{cor}' : \ker(\mathrm{cor} : H^1(L, A_{M1}) \to H^1(K_\lambda, A_{M1})) \longrightarrow H^1(K_\lambda, A_M)$.

Suppose that $\lambda_0 \in SP(2fN\lambda)$, $\alpha = [\lambda, \pi] \in \Sigma$, and λ_0' is a prime divisor of λ_0 in K. If $k = 0$, then we say that the pair (α, λ_0) is admissible if $\lambda_0\lambda \in \Sigma$ and λ_0' splits in K_λ. If $k > 0$, then we say that (α, λ_0) is admissible if $[\lambda_0\lambda, \pi] \in \Sigma$, λ_0' splits in K_λ, M_{λ_0} divides M_{λ_1}, and $(M_{\lambda_1}/M_{\lambda_0})A(K_\lambda)_{M_{\lambda_1}} \subset (t-1)A(L)_{M_{\lambda_0}}$.

We define Σ' to be the set of sequences $[\lambda, \lambda_0, \pi]$, where $([\lambda, \pi], \lambda_0)$ runs through all admissible pairs. If $k = 0$, then we set $M1$ equal to any power of l such that $M_{\lambda_0}|M1$ and $(M_{\lambda_1}/M_{\lambda_0})A(K_\lambda)_{M1} \subset (t_{\lambda_0} - 1)A(L)_{M_{\lambda_0}}$. We define $\tau_{\lambda,\lambda_0,\pi}(M_{\lambda_0}) \in H^1(K_\lambda, A_{M_{\lambda_0}})$ to be the class of the cocycle φ_2 constructed above. We let T' denote the system $\{\tau_\beta,\ \beta \in \Sigma'\}$. We have:

Theorem 1. *T' is an Euler system.*

Proof. Let $\delta \in SP(2fN\lambda)$ and $[\lambda, \lambda_0, \pi] \in \Sigma'$ be such that the prime divisor δ' of δ in K is unramified in K_λ and $[\delta\lambda, \lambda_0, \pi] \in \Sigma'$. We have the following diagram of fields:

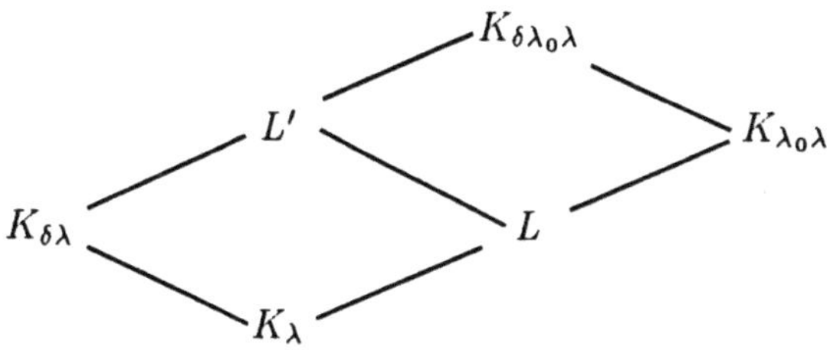

Here L' and L are extensions of degree M of $K_{\delta\lambda}$ and K_λ, respectively. From the structure of $G(K_\lambda/K)$ described above it follows that the parallel lines in this diagram are equal, i.e., the restriction of the Galois group of an extension denoted by one of the lines to the extension denoted by a lower parallel line is an isomorphism. Hence from AX1 and the definition of $\tau 1$ and $\tau 1'$ it follows that $\mathrm{cor}_{L'/L}(\tau 1') = y_\delta \tau 1$. We now use the commutativity of the maps cor and cor$'$, which follows from the definition of cor$'$, and the fact that cor$'$ is a G_K-module map.

If R is a local or global field, then $U(R)$ will denote the group of units of R if A is the multiplicative group and will denote $A(R)$ if A is an elliptic curve. Let $v \in SP(K_\lambda)$, $R = K_\lambda(v)$. We have the natural exact sequence

$$0 \longrightarrow U(R)/l^m \longrightarrow H^1(R, A_{l^m}) \longrightarrow H^1(R, U)_{l^m} \longrightarrow 0.$$

In the case when A is the multiplicative group, the isomorphism $R^*/R^{*l^m} \xrightarrow{\sim} H^1(R, A_{l^m})$ enables us to identify this sequence with the sequence

$$1 \longrightarrow U(R)/U(R)^{l^m} \longrightarrow R^*/R^{*l^m} \xrightarrow{\mathrm{ord}_v} \mathbf{Z}/l^m \longrightarrow 0.$$

We let $H^1(R, A_{l^m})'$ denote the subgroup of $H^1(R, A_{l^m})$ which is the preimage of $(H^1(R, U)_{\mathrm{unr}})_{l^m}$. If $(v, N) = 1$ (in particular, for arbitrary v when A is the multiplicative group), we have $H^1(R, U)_{\mathrm{unr}} = 0$ and $H^1(R, A_{l^m})' = U(R)/l^m$. If $(v, lN) = 1$, then $H^1(R, A_{l^m})' = U(R)/l^m = H^1(R, A_{l^m})_{\mathrm{unr}}$.

If $\lambda \in fI_0$, $\delta \in SP(fN\lambda)$, and $\left(\frac{\delta}{K}\right) \neq 0$, then $\left(\frac{\delta'}{K_\lambda}\right) \neq 0$, and $K_{\delta\lambda}/K_\lambda$ is unramified outside δ and is totally and tamely ramified at the prime divisors of δ in K_λ (see above, §1 of [11], and the proof in §2 below of the surjectivity of $N_{K_{\delta\lambda}/K_\lambda} : Cl_{\delta\lambda} \to Cl_\lambda$). Let $w \in SP(K_{\delta\lambda})$, $v \in SP(K_\lambda)$, $\delta' \in SP(K)$, and $w|v|\delta'|\delta$. The homomorphism $U(K_\lambda(v))/l^m \to U(K_{\delta\lambda}(w))/l^m$ is an isomorphism, which we can use to identify $H^1(K_{\delta\lambda}(w), A_{l^m})'$ with $H^1(K_\lambda(v), A_{l^m})'$.

We shall call an Euler system (T, Σ) an AX2-system if the following conditions hold. Let $|\pi|$ denote 1 if $k = 0$ and denote $\lambda_1 \cdots \lambda_k$ if $k > 0$, where $\pi = [\lambda_1, \ldots, \lambda_k]$. Then $\tau_{\lambda,\pi}(M1, v) \in H^1(K_\lambda(v), A_{M1})'$ for all $v \in SP(K_\lambda, |\pi|)$ (here $M1$ is any power of l if $k = 0$ and is M_{λ_1} if $k > 0$). We shall call an Euler system (T, Σ) an AX3-system relative to $\Delta \subset SP$ if (T, Σ) is an AX2-system and there exists $N_\alpha \in I_0$ such that, if $\alpha = [\lambda, \pi] \in \Sigma$, $\delta \in \Delta \cap SP(2fNN_\alpha\lambda|\pi|l)$, $\left(\frac{\delta}{K}\right) \neq 0$, $[\delta\lambda, \pi] \in \Sigma$, $w \in SP(K_{\delta\lambda})$, $v \in SP(K_\lambda)$, $\delta \in SP(K)$, and $w|v|\delta'|\delta$, then $\tau_{\delta\lambda,\pi}(M1, w) \in H^1(K_{\delta\lambda}(w), A_{M1})'$ and we have the equality

$$AX3: \qquad \tau_{\delta\lambda,\pi}(w) = Fr_\delta^{-1}(\tau_{\lambda,\pi}(v)).$$

Suppose that (T,Σ) is an Euler system, and $\widetilde{\Sigma} \subset \Sigma$. Then clearly $\widetilde{T} = \{\tau_\beta,\ \beta \in \widetilde{\Sigma}\}$ is an Euler system, which we call the restriction of T to $\widetilde{\Sigma}$.

If $[\lambda,\lambda_0,\pi] \in \Sigma'$, $v1 \in SP(L)$, $v \in SP(K_\lambda)$, and $v1|v$ (L is the subextension of $K_{\lambda_0\lambda}/K_\lambda$ having degree M_{λ_0} over K_λ), then $M2|M_{\lambda_0}$ will denote the number such that t^{M2} is a generator of the subgroup of $G(L/K_\lambda)$ leaving $v1$ fixed; $M3 = M_{\lambda_0}/M2$; and $L2$ is the fixed subfield of t^{M2} in L, so that $L2$ is the maximal subfield of L in which v splits.

Let $\mathcal{L}$ denote $L(v1)$, and let $\mathcal{K}_\lambda$ denote $K_\lambda(v)$. $\mathcal{L}/\mathcal{K}_\lambda$ is a cyclic extension of degree $M3$, and t^{M2} is a generator of $G(\mathcal{L}/\mathcal{K}_\lambda)$. The map $H^1(L(v),A_{M1}) \to \{b_0,\dots,b_{M2-1}\}$, $b_i \in H^1(\mathcal{L},A_{M1})$, such that $b_i = b(t^i v1)$ for $b \in H^1(L(v),A_{M1})$, identifies $H^1(L(v),A_{M1})$ with the direct sum of $M2$ copies of $H^1(\mathcal{L},A_{M1})$, where

$$t^{M2}(b_0,\dots,b_{M2-1}) = (t^{M2}b_{M2-1},b_0,\dots,b_{M2-2}).$$

The local map $\mathrm{cor}(v):\ H^1(L(v),A_{M1}) \to H^1(\mathcal{K}_\lambda,A_{M1})$ for which the diagram

$$\begin{array}{ccc} H^1(L,A_{M1}) & \longrightarrow & H^1(L(v),A_{M1}) \\ \Big\downarrow \mathrm{cor} & & \Big\downarrow \mathrm{cor}(v) \\ H^1(K_\lambda,A_{M1}) & \longrightarrow & H^1(\mathcal{K}_\lambda,A_{M1}) \end{array}$$

is commutative, is given by the rule $\mathrm{cor}(v):\ b \mapsto \sum \mathrm{cor}_{\mathcal{L}/\mathcal{K}_\lambda}(b_i) = \mathrm{cor}_{\mathcal{L}/\mathcal{K}_\lambda}(\sum_i b_i)$. We suppose that $(M1/M3)A(\mathcal{K}_\lambda)_{M1} \subset (t^{M2}-1)A(\mathcal{L})_{M3}$. Then on the kernel of $\mathrm{cor}_{\mathcal{L}/\mathcal{K}_\lambda}:\ H^1(\mathcal{L},A_{M1}) \to H^1(\mathcal{K}_\lambda,A_{M1})$ we have the map $\mathrm{cor}'_{\mathcal{L}/\mathcal{K}_\lambda}:\ \ker(\mathrm{cor}_{\mathcal{L}/\mathcal{K}_\lambda}) \to H^1(\mathcal{K}_\lambda,A_{M3})$ defined above. Let $f_{j,B_1,B_2}:\ H^1(R,A_{B_1}) \to H^1(R,A_{B_2})$ denote the homomorphism which is induced by multiplication by B_1/B_2 from A_{B_1} to A_{B_2} for $j=1$, $B_2|B_1$, and the homomorphism which is induced by the imbedding $A_{B_1} \hookrightarrow A_{B_2}$ for $j=2$, $B_1|B_2$. We define a map $\mathrm{cor}'(v):\ \ker(\mathrm{cor}(v)) \to H^1(\mathcal{K}_\lambda,A_{M_{\lambda_0}})$ on the kernel of $\mathrm{cor}(v)$ as follows: if $\mathrm{cor}(v)$ takes b to 0, then we set $\mathrm{cor}'(v):\ b \mapsto \mathrm{cor}_{\mathcal{L}/\mathcal{K}_\lambda}(f_{1,M1,M_{\lambda_0}}(b_1+2b_2+\cdots+(M2-1)b_{M2-1})) + f_{2,M3,M_{\lambda_0}}\left(\mathrm{cor}'_{\mathcal{L}/\mathcal{K}_\lambda}(b_0+\cdots+b_{M2-1})\right)$. One verifies that the diagram

$$\begin{array}{ccc} \ker(\mathrm{cor}) & \longrightarrow & \ker(\mathrm{cor}(v)) \\ \Big\downarrow & & \Big\downarrow \\ H^1(K_\lambda,A_{M_{\lambda_0}}) & \longrightarrow & H^1(\mathcal{K}_\lambda,A_{M_{\lambda_0}}) \end{array}$$

is commutative.

Let $\widetilde{\Sigma}' \subset \Sigma'$. We say that $\widetilde{\Sigma}'$ is an AX2-admissible subset of Σ' if $\widetilde{\Sigma}'$ is an arbitrary subset for $k = 0$ and if $\widetilde{\Sigma}'$ satisfies the following condition for $k > 0$: if $[\lambda, \lambda_0, \pi] \in \widetilde{\Sigma}'$, $v \in SP(K_\lambda)$ and $v|l$, then $(M_{\lambda_1}/M3)A(K_\lambda(v))_{M_{\lambda_1}}$ $\subset (t^{M2} - 1)A(L(v1))_{M3}$. In particular, there are no restrictions on $\widetilde{\Sigma}'$ if A is the multiplicative group, since in that case $A(L(v1))_l = 0$. We say that $\widetilde{\Sigma}'$ is an AX3-admissible subset of Σ' if it is AX2-admissible, and if it satisfies the following additional condition in the case $k > 0$: if $[\lambda, \lambda_0, \pi] \in \widetilde{\Sigma}'$, $\delta \in SP(2fNN_\lambda\lambda\lambda_0|\pi|l) \cap \Delta$, $(\frac{\delta}{K}) \neq 0$, $[\delta\lambda, \lambda_0, \pi] \in \widetilde{\Sigma}'$, $v \in SP(K_\lambda)$ and $v|\delta$, then $(M_{\lambda_1}/M3)A(K_\lambda(v))_{M_{\lambda_1}} \subset (t^{M2} - 1)A(L(v1))_{M3}$. We have the following

Theorem 2. *1. Suppose that (T, Σ) is an AX2-system, and $\widetilde{\Sigma}'$ is an AX2-admissible subset of Σ'. Then the restriction of T' to $\widetilde{\Sigma}'$ is an AX2-system. 2. Suppose that (T, Σ) is an AX3-system relative to Δ, and $\widetilde{\Sigma}'$ is an AX3-admissible subset of Σ'. Then the restriction of T' to $\widetilde{\Sigma}'$ is an AX3-system relative to Δ.*

Proof. 1. Let $[\lambda, \lambda_0, \pi] \in \widetilde{\Sigma}'$, $v \in SP(K_\lambda)$, $(v, |\pi|\lambda_0) = 1$. Then $\tau 1(v) \in H^1(L(v), A_{M1})'$, and L/K_λ is unramified at v. Hence it suffices to prove that $\mathrm{cor}'(v)$ takes $\ker(\mathrm{cor}(v)) \cap H^1(L(v), A_{M1})'$ to $H^1(\mathcal{K}_\lambda, A_{M_{\lambda_0}})'$ if $\mathcal{L}/\mathcal{K}_\lambda$ is unramified. From our earlier expression for $\mathrm{cor}'(v)(b)$ it follows that it is enough to prove that $\mathrm{cor}'_{\mathcal{L}/\mathcal{K}_\lambda}$ takes $H^1(\mathcal{L}, A_{M1})'$ to $H^1(\mathcal{K}_\lambda, A_{M3})'$. We first show that $\mathrm{cor}'_{\mathcal{L}/\mathcal{K}_\lambda}(\ker(\mathrm{cor}(v)) \cap U(\mathcal{L})/M1) \subset$ $\subset U(\mathcal{K}_\lambda)/M3$. Now the following properties of cor' follow directly from the definition. Let $t_1 = t^{M2}$. If $a = (t_1 - 1)b$, then $\mathrm{cor}'_{\mathcal{L}/\mathcal{K}_\lambda}(a) =$ $= \mathrm{cor}_{\mathcal{L}/\mathcal{K}_\lambda}(f_{1,M1,M3}(b))$. If $a = (M1/M3)\mathrm{res}(c)$, where $c \in H^1(\mathcal{K}_\lambda, A_{M1})$, then $\mathrm{cor}'_{\mathcal{L}/\mathcal{K}_\lambda}(a) = M1\frac{M3-1}{2}f_{1,M1,M3}(c)$. Furthermore, $\mathrm{res}(\mathrm{cor}'_{\mathcal{L}/\mathcal{K}_\lambda}(a)) =$ $((M3-1) + (M3-2)t_1 + \cdots + t_1^{M3-2})f_{1,M1,M3}(a)$. Here res is the restriction to $G_{\mathcal{L}}$. Since $\mathcal{L}/\mathcal{K}_\lambda$ is unramified, it follows that $X = \ker(\mathrm{cor}_{\mathcal{L}/\mathcal{K}_\lambda}) \cap$ $U(\mathcal{L})/M1 = (t_1 - 1)U(\mathcal{L})/M1 + (M1/M3)res(U(\mathcal{K}_\lambda)/M1)$. Thus, $\mathrm{cor}'_{\mathcal{L}/\mathcal{K}_\lambda}(X) \subset U(\mathcal{K}_\lambda)/M3$. In particular, we can define a map $\mathrm{cor}'_{\mathcal{L}/\mathcal{K}_\lambda} : H^1(\mathcal{L}, U)'_{M1} \to H^1(\mathcal{K}_\lambda, U)_{M3}$, where $H^1(\mathcal{L}, U)'_{M1}$ is the image of $\ker(\mathrm{cor}_{\mathcal{L}/\mathcal{K}_\lambda})$. Since once again $\mathrm{res}(\mathrm{cor}'_{\mathcal{L}/\mathcal{K}_\lambda})$ is given by multiplication by $(M3-1) + (M3-2)t_1 + \cdots + t_1^{M3-2}$, it follows that $H^1(\mathcal{L}, U)'_{M1}$ goes to $H^1(\mathcal{K}_\lambda, U)_{M3}$ (since $\mathcal{L}/\mathcal{K}_\lambda$ is unramified, the inertia subgroup in $G_{\mathcal{K}_\lambda}$ coincides with the inertia subgroup in $G_{\mathcal{L}}$).

2. The second part of Theorem 2 follows from the diagrams and the fact that $\mathrm{cor}'(v)$ is a $G(\mathcal{L}/\mathcal{K}(\delta'))$-module map. Here $N_{[\lambda,\lambda_0,\pi]} = N_{[\lambda_0\lambda,\pi]}N_{[\lambda,\pi]}$. This completes the proof.

Suppose that (T,Σ) is an AX3-system, $\alpha = [\lambda,\pi] \in \Sigma$, $\lambda_0 \in \in SP(2fNN_\alpha\lambda|\pi|l)$, $(\frac{\lambda_0}{K}) \neq 0$, $[\lambda_0\lambda,\pi] \in \Sigma$, and for $v \in SP(K_\lambda)$ with $v|\lambda_0'$ we have the condition: $M_{\lambda_0}|M1$ and $(M1/M)A(K_\lambda(v))_{M1} = 0$, where $M = M_{\lambda_0} > 1$. In particular, $[\lambda,\lambda_0,\pi] \in \Sigma'$. The existence of the local map $\mathrm{cor}'(v)$, along with the condition $(M1/M)A(\mathcal{K}_\lambda)_{M1} = 0$, enables us to express $\tau_{\lambda,\lambda_0,\pi}(M,v)$ in terms of $\tau_{\lambda,\pi}(M,v)$. Using AX2 and the definition of $\tau1$, we see that the equality $\mathrm{cor}_{\mathcal{L}/\mathcal{K}_\lambda}(\tau1(v1)) = 0$ means that $\tau1(v1) = \left((x_{\lambda_0}/M)Fr_{\lambda_0}^{-1} - (y_{\lambda_0}/M)\right) \cdot \tau_{\lambda,\pi}(M1,v) \in H^1(\mathcal{K}_\lambda, A_{M1})_{\mathrm{unr},M}$. Let us define M' to be M if $l \neq 2$ and to be $M/2$ if $l = 2$. The restriction of $\tau_{\lambda,\lambda_0,\pi}(M',v)$ to $G_\mathcal{L}$ is equal to $((M-1)+(M-2)t+\cdots \cdots + t^{M-2})\tau1(v1) = M\frac{M-1}{2}\tau1(v1) = 0$. Hence, $\tau_{\lambda,\lambda_0,\pi}(M',v) \in H^1(G(\mathcal{L}/\mathcal{K}_\lambda), A(\mathcal{L})_{M'}) = \mathrm{Hom}(G(\mathcal{L}/\mathcal{K}_\lambda), A(\mathcal{K}_\lambda)_{M'})$ (we have $A(\mathcal{L})_M = A(\mathcal{K}_\lambda)_M$, since $(\lambda_0, Nl) = 1$). Thus, to compute $\tau_{\lambda,\lambda_0,\pi}(M',v)$ it remains to compute the cocycle $2^{\mathrm{ord}_l 2}\varphi_2(v)(g_0(v)) \in A(\mathcal{K}_\lambda)_M$, where $g_0(v) \in G_{\mathcal{K}_\lambda}$ is a section of $t = t_{\lambda_0}$ and $\varphi_2(v)$ is a cocycle whose class is $\mathrm{cor}'(v)(\tau1(v1))$. Let $a \in U(\mathcal{L})/M1$ correspond to $\tau1(v1)$. The cocycle $\varphi(v)$ corresponding to a is determined by its value on the Frobenius automorphism $Fr_\mathcal{L}$, which is $\frac{Fr_\mathcal{L}-1}{M1}a$. $g_0(v)$ can be chosen in the inertia subgroup of $G_\mathcal{L}$, so that $(\varphi(v))(g_0(v)^M) = (g_0(v)-1)e = 0 \;\; \forall e \in A_{M1}$. By definition, then, the value of $\tau_{\lambda,\lambda_0,\pi}(M',v)$ at t is equal to $(M1/M')e_1$, where $e_1 \in A_{M1}$ is such that $M(\frac{Fr_\mathcal{L}-1}{M1}a) = (Fr_\mathcal{L}-1)e_1$. We have natural isomorphisms $A(\mathcal{K}_\lambda)_{l^\infty}/M1 \xrightarrow{\sim} U(\mathcal{K}_\lambda)/M1 \xrightarrow{\sim} A(F)_{l^\infty}/M1$, where F is the residue field of $\mathcal{K}_\lambda$. Since $(M1/M)A(\mathcal{K}_\lambda)_{M1} = 0$, it follows that $(M>1)$: $A(\mathcal{K}_\lambda)_{l^\infty} = A(\mathcal{K}_\lambda)_{M1/M}$. Thus, we have an isomorphism $A(\mathcal{K}_\lambda)_{M1} \xrightarrow{\sim} U(\mathcal{K}_\lambda)/M1$. Let $\beta(M1) : U(\mathcal{K}_\lambda)/M1 \to A(\mathcal{K}_\lambda)_{M1}$ be the inverse isomorphism. Then $(\beta(M1))(a) \in A(\mathcal{K}_\lambda)_M$ and $\frac{Fr_\mathcal{L}-1}{M1}a = \frac{Fr_\mathcal{L}-1}{M1}(\beta(M1))(a)$, which implies that we may set $e_1 = M\frac{(\beta(M1))(a)}{M1}$. Hence,

$$\tau_{\lambda,\lambda_0,\pi}(M',v) : \; t \mapsto 2^{\mathrm{ord}_l(2)}(\beta(M1))(b),$$

where $b = \left((x_{\lambda_0}/M)Fr_{\lambda_0}^{-1} - (y_{\lambda_0}/M)\right)\tau_{\lambda,\pi}(M1,v)$.

If A is the multiplicative group, then $x_{\lambda_0} = N_{K/\mathbf{Q}}(\lambda_0) - 1$, $y_{\lambda_0} = 0$, $\mathrm{ord}_l(M) = \mathrm{ord}_l(x_{\lambda_0})$, and $\tau_{\lambda,\lambda_0,\pi}(M',v)(t) = -2^{\mathrm{ord}_l(2)}\tau_{\lambda,\pi}(M,v)(Fr_{\lambda_0}^{-1})$.

Now let A be an elliptic curve. Then $x_{\lambda_0} = \kappa(\lambda_0) - (\frac{\lambda_0}{K})$ and $y_{\lambda_0} = \kappa(\lambda_0) - (\frac{\lambda_0}{K}) - -(1 - a_{\kappa(\lambda_0)} + \kappa(\lambda_0)) = a_{\kappa(\lambda_0)} - 1 - (\frac{\lambda_0}{K})$. If $e_2 \in A(F)_{l^\infty}$, $e_3 \in A(\overline{F})_{l^\infty}$, and $Me_3 = e_2$, then

$$\left((x_{\lambda_0}/M)Fr_{\lambda_0}^{-1} - (y_{\lambda_0}/M)\right) e_2 =$$
$$= Fr_{\lambda_0}^{-1}\left(\kappa(\lambda_0) - \left(\frac{\lambda_0}{K}\right) - Fr_{\lambda_0}a_{\kappa(\lambda_0)} + Fr_{\lambda_0} + Fr_{\lambda_0}\left(\frac{\lambda_0}{K}\right)\right) e_3 =$$

$$= Fr_{\lambda_0}^{-1}\Bigg(Fr_{\lambda_0}^2 - Fr_{\lambda_0}a_{\kappa(\lambda_0)} + \kappa(\lambda_0) -$$

$$- \left(Fr_{\lambda_0}^2 - Fr_{\lambda_0}\left(1 + \left(\frac{\lambda_0}{K}\right) + \left(\frac{\lambda_0}{K}\right)\right)\right)\Bigg)e_3 =$$

$$= -Fr_{\lambda_0}^{-1}(Fr_{\lambda_0} - 1)(Fr_{\lambda_0} - \left(\frac{\lambda_0}{K}\right))e_3,$$

since $Fr_{\lambda_0}^2 - Fr_{\lambda_0}a_{\kappa(\lambda_0)} + \kappa(\lambda_0) = P_{\lambda_0}(Fr_{\lambda_0}) = 0$ on $A(\overline{F})_{l^\infty}$.

Since $-Fr_{\lambda_0}^{-1}(Fr_{\lambda_0}-1)(Fr_{\lambda_0}-(\frac{\lambda_0}{K})) = x_{\lambda_0}Fr_{\lambda_0}^{-1} - y_{\lambda_0} = 0$ on A_M (because $M|x_{\lambda_0}$ and $M|y_{\lambda_0}$), it follows that if $(\frac{\lambda_0}{K}) = -1$, then $A_M \subset A(\mathcal{K}_\lambda)$ and $\tau_{\lambda,\lambda_0,\pi}(M',v)(t) = -2^{\mathrm{ord}_l(2)}Fr_{\lambda_0}^{-1}\left(\tau_{\lambda,\pi}(M,v)(Fr_{\lambda_0}^2)\right)$. On the other hand, if $(\frac{\lambda_0}{K}) = 1$, then $(Fr_{\lambda_0} - 1)^2 A_M = 0$ and $\tau_{\lambda,\lambda_0,\pi}(M',v)(t) = -2^{\mathrm{ord}_l(2)}Fr_{\lambda_0}^{-1}(Fr_{\lambda_0} - 1)\left(\tau_{\lambda,\pi}(M,v)(Fr_{\lambda_0})\right)$. Let $\mathcal{K} = K(\lambda_0')$. We note that $\mathcal{K}_\lambda = \mathcal{K}$. In all cases we define the homomorphism $\beta 1(M,\lambda_0)$: $H^1(\mathcal{K}, A_M)_{\mathrm{unr}} \to A_M$ which takes $u \in U(\mathcal{K})/M$ to $(Z_{\lambda_0}(Fr_{\lambda_0})/M)u$, where $Z_{\lambda_0}(Fr_{\lambda_0}) = 1 - Fr_{\lambda_0}^{-1}$ when A is the multiplicative group and $Z_{\lambda_0}(Fr_{\lambda_0}) = -Fr_{\lambda_0}^{-1}(Fr_{\lambda_0}-1)(Fr_{\lambda_0}-(\frac{\lambda_0}{K}))$ when A is an elliptic curve. Since $Z_{\lambda_0}(Fr_{\lambda_0})$ acts trivially on $U(\mathcal{K})$ and on A_M, it follows that $(Z_{\lambda_0}(Fr_{\lambda_0})/M)u$ is correctly defined. Thus, we have proved

Theorem 3. *In the above situation,* $\tau_{\lambda,\lambda_0,\pi}(M'_{\lambda_0}, v) \in H^1(G(\mathcal{L},\mathcal{K}), A(\mathcal{K})_{M'_{\lambda_0}})$, *and*

$$\tau_{\lambda,\lambda_0,\pi}(M'_{\lambda_0}, v) : \; t_{\lambda_0} \mapsto 2^{\mathrm{ord}_l(2)}\frac{Z_{\lambda_0}(Fr_{\lambda_0})}{M}\tau_{\lambda,\pi}(M_{\lambda_0}, v).$$

We fix $\lambda \in fI_0(N)$. We set $\Sigma_0 = \Sigma_0(\lambda) = \{\lambda\prod_{i=1}^{I}\delta_i,\ \delta_i \in \in SP(2fNN'_\lambda\lambda)$, the δ_i are distinct, $I = 0,1,2,\ldots\}$, where $N'_\lambda \in I_0$. We define the sets $\Sigma_0^{(k)} = \Sigma_0^{(k)}(\lambda)$ for $k \geq 0$ inductively as follows: $\Sigma_0^{(0)} = \Sigma_0$, $\Sigma_0^{(k+1)} = \{[\tilde{\lambda}, \pi, \lambda_{k+1}]\}$, where $[\tilde{\lambda}, \pi] \in \Sigma_0^{(k)}$, $\lambda_{k+1} \in SP(2fNN'_\lambda\tilde{\lambda}|\pi|)$, $\left(\frac{\lambda_{k+1}}{K}\right) \neq 0$, $\left(\frac{\lambda'_{k+1}}{K_{\lambda|\pi|}}\right) = 1$. For $k > 0$ we have $(2^{\mathrm{ord}_l(2)}M_{\lambda_k})|M_{\lambda_{k+1}}$, and $M_{\lambda_{k+1}}/(2^{\mathrm{ord}_l(2)}M_{\lambda_k})$ annihilates $A(K(\lambda'_k))_{l^\infty}$ and $A(K_{\tilde{\lambda}|\pi|/\lambda_k}(v))_{l^\infty}$, where $v \in SP(K_{\tilde{\lambda}|\pi|/\lambda_k})$, $v|l$; for $k > 1$ and for $1 \leq i \leq k-1$, $M_{\lambda_{k+1}}/(2^{\mathrm{ord}_l(2)}M_{\lambda_k})$ also annihilates $A(K_{\tilde{\lambda}|\pi|/(\lambda,\lambda_k)}(v))_{l^\infty}$, where $v \in \in SP(K_{\tilde{\lambda}|\pi|/(\lambda,\lambda_k)})$, $v|\lambda_i$.

We obviously have the inclusions $\Sigma_0^{(k+1)} \subset \left(\Sigma_0^{(k)}\right)'$. If $[\tilde{\lambda}, \lambda_1, \ldots$ $\ldots, \lambda_{k+1}] \in \Sigma_0^{(k+1)}$, then $[\lambda_1\tilde{\lambda}, \lambda_2, \ldots, \lambda_{k+1}]$ and $[\tilde{\lambda}, \lambda_2, \ldots, \lambda_{k+1}]$ satisfy Theorem 2. Hence, by induction, if (T_1, Σ_0') is an AX2-system, then so is the system $(T_1^{(k)}, \Sigma_0^{(k+1)})$, which is defined as the restriction to $\Sigma_0^{(k+1)}$ of the k-th derivative of (T_1, Σ_0'). In particular, this is the case if $(T_1, \Sigma_0') = (T', \Sigma_0')$, where (T, Σ_0) is an AX2-system. Furthermore, if $[\tilde{\lambda}, \lambda_1, \ldots, \lambda_{k+1}] \in \Sigma_0^{(k+1)}$, then $[\tilde{\lambda}\lambda_1^{\epsilon_1} \cdots \lambda_i^{\epsilon_i}, \lambda_{i+1}, \ldots, \lambda_{k+1}] \in \Sigma_0^{(k+1-i)}$. Here $\epsilon_j = 0$ or 1. Using Theorem 2 and induction, we see that, if (T_1, Σ_0') is an AX3-system relative to Δ, then the restriction of $(T_1^{(k-i)}, \Sigma_0^{(k+1-i)})$ to $\{[\tilde{\lambda}\lambda_1^{\epsilon_1} \cdots \lambda_i^{\epsilon_i}, \lambda_{i+1}, \ldots, \lambda_{k+1}], \epsilon_j = 0 \text{ or } 1\}$ is an AX3-system relative to the set $\Delta \cap \{\lambda_1, \ldots, \lambda_i\}$.

We consider two situations. Situation 1: we have an AX3-system (T, Σ_0) (relative to SP). Situation 2: A is the multiplicative group and we have an AX3-system (T_1, Σ_0') such that there exists an Euler system (Ω, Σ_0) of elements of $\mathbf{Z}_l[G(K_\eta/K)]$, $\eta \in \Sigma_0$ (i.e., a set of elements $\omega_\eta \in \mathbf{Z}_l[G(K_\eta/K)]$ satisfying AX1: $\mathrm{cor}_{K_{\delta\eta}/K_\eta}(\omega_{\delta\eta}) = (1 - Fr_\delta^{-1})\omega_\eta$ for $\delta \in SP(2f\eta)$, where $\mathrm{cor}_{K_{\delta\eta}/K_\eta} : \mathbf{Z}_l[G(K_{\delta\eta}/K)] \to \mathbf{Z}_l[G(K_\eta/K)]$ is the homomorphism induced by the projection $G(K_{\delta\eta}/K) \to G(K_\eta/K)$) which has the following property. For $[\eta, \lambda_1] \in \Sigma_0'$ and $l^{\mathrm{ord}_l(\eta)} | M_{\lambda_1}$, there exist $v = v(\eta, \lambda_1) \in SP(K_\eta)$, $v | \lambda_1$, $u = u(\eta, \lambda_1) \in (\mathbf{Z}/M_{\lambda_1})^*$, and $x = x(\eta, \lambda_1) \in \mathbf{Z}/M_{\lambda_1}$ such that

$$\begin{aligned}\tau_{\eta,\lambda_1}(M_{\lambda_1} l^{-\mathrm{ord}_l(\eta)}, v) = & f_{1, M_{\lambda_1}, M_{\lambda_1 l^{-\mathrm{ord}_l(\eta)}}}((u\omega_{\eta,\lambda_1}(M_{\lambda_1}) + \\ & + x\omega_\eta)\nu_1(v, \zeta(t_{\lambda_1})) + \omega_\eta \nu(v, \zeta(t_{\lambda_1}))).\end{aligned}$$

Here $\zeta(t\lambda_1) \in A(K_\eta(v))_{M_{\lambda_1}}$ is such that $a^{t_{\lambda_1}}/a \equiv \zeta(t_{\lambda_1}) \ (mod\ v)$ for a a uniformizer of the field $L(v1)$ (see above); $\nu(v, \zeta) \in H^1(G(L(v1)/K_\eta(v)), A(K_\eta(v))_{M_{\lambda_1}})$ is defined by the condition $\nu(v, \zeta) : t_{\lambda_1} \mapsto \zeta$; and $\nu_1(v, \zeta) \in H^1(K_\eta(v), A_{M_{\lambda_1}})_{\mathrm{unr}}$ is defined by the condition $\nu_1(v, \zeta) : Fr \mapsto \zeta$.

We let $(\Omega^{(k)}, \Sigma_0^{(k)})$ denote the restriction to $\Sigma_0^{(k)}$ of the k-th derivative of (Ω, Σ_0): if $[\eta, \pi] \in \Sigma_0^{(k)}$, then $\omega_{\eta,\pi}(M_{\lambda_1})$ is the element of $\mathbf{Z}/M_{\lambda_1}[G(K_\lambda/K)]$ which is equal to

$$\sum_{g \in G(K_{\eta|\pi|}/K)} b_g \left(\prod_{j=1}^{k} \deg(t_{\lambda_j}, g)\right) Pr_\eta(g) \ (mod\ M_{\lambda_1}), \tag{3}$$

where $\omega_{\eta|\pi|} = \sum b_g g \in \mathbf{Z}_l[G(K_{\eta|\pi|}/K)]$, $Pr_\eta(g)$ is the projection of g to $G(K_\eta/K)$, and $\deg(t_{\lambda_j}, g) \in \mathbf{Z}/(N_{K/\mathbf{Q}}(\lambda_j) - 1)$ is the element such that

$t_{\lambda_j}^{\deg(t_{\lambda_j},g)} = Pr_{\lambda_j}(g)$. Here $Pr_{\lambda_j}(g)$ is the projection of g to $G(K_{\lambda_j}/K)$. We set $\Sigma_1^{(k)} \overset{\text{def}}{=} \Sigma_0^{(k)}$ in Situation 1; in Situation 2 we take $\Sigma_1^{(k)} = \Sigma_0^{(k)}$ for $k \leq 1$, and for $k \geq 2$ we take $\Sigma_1^{(k)}$ to be the subset of $\Sigma_0^{(k)}$ which is determined from $\Sigma_0^{(k-1)}$ in the same way as $\Sigma_0^{(k)}$ except with $M_{\lambda_{k-1}}$ replaced by $l^{\mathrm{ord}_l(\tilde{\lambda})} M_{\lambda_{k-1}}$. For $k > 0$, let $(T^{(k)}, \Sigma_1^{(k)})$ denote the restrictions to $\Sigma_1^{(k)}$ of the k-th derivative of (T, Σ_0) and the $(k-1)$-th derivative of (T_1, Σ_0') in Situations 1 and 2, respectively. Let $M_{\lambda_1}(j) \overset{\text{def}}{=} M_{\lambda_1}/\mathcal{M}(j)$, where $\mathcal{M}(j) = 2$ if $l = 2$ and $j = 1$ and $\mathcal{M}(j) = 1$ otherwise. Using commutative diagrams, Theorem 3, and induction on k, we obtain:

Theorem 4. *$(T^{(k)}, \Sigma_1^{(k)})$ is an AX2-system, that is, for $\pi = [\lambda_1, \ldots, \lambda_k]$, $[\eta, \pi] \in \Sigma_1^{(k)}$, $v \in SP(K_\eta)$, $(v, |\pi|) = 1$ one has $\tau_{\eta,\pi} \in H^1(K_\eta(v), A_{M_{\lambda_1}})'$. Furthermore, suppose that $v \in SP(K_\eta)$, $\lambda_j \in SP(K)$, $v|\lambda_j'|\lambda_j$ for $1 \leq j \leq k$ in Situation 1 and for $1 \leq j \leq k-1$, $k \geq 2$, in Situation 2. Then*

$$\tau_{\eta,\pi}(M_{\lambda_1}(j), v) \in H^1(G(L(v1)/K_\eta(v)), A(K_\eta(v))_{M_{\lambda_1}(j)}),$$
$$\tau_{\eta,\pi}(M_{\lambda_1}(j), v) : t_{\lambda_j} \mapsto \mathcal{M}(j) \frac{Z_{\lambda_j}(Fr_{\lambda_j})}{M_{\lambda_1}} \tau_{\eta,\ldots,\hat{\lambda}_j,\ldots}(M_{\lambda_1}, v).$$

($[\eta, \ldots, \hat{\lambda}_j, \ldots]$ is obtained from $[\eta, \pi]$ by removing λ_j.) In Situation 2 for $v \in SP(K_\eta)$, $v = v(\eta, \lambda_k)$, one has

$$\begin{aligned}\tau_{\eta,\pi}(M_{\lambda_1}, v) = &(u(\frac{\eta|\pi|}{\lambda_k}, \lambda_k)\omega_{\eta,\pi}(M_{\lambda_1}) + \\ &+ x(\frac{\eta|\pi|}{\lambda_k}, \lambda_k)\omega_{\eta,\lambda_1,\ldots,\lambda_{k-1}}(M_{\lambda_1}))\nu_1(v, \zeta(\lambda_k)) + \\ &+ \omega_{\eta,\lambda_1,\ldots,\lambda_{k-1}}(M_{\lambda_1})\nu(v, \zeta(t_{\lambda_k})).\end{aligned}$$

Let K' be a subextension of K_λ over K. For $[\lambda, \pi] \in \Sigma_1^{(k)}$ we define $\tau_{K'} \in \varprojlim_m H^1(K', A_{l^m})$ for $k = 0$ and $\tau_{K',\pi}(M_{\lambda_1}) \in H^1(K', A_{M_{\lambda_1}})$ for $k > 0$ to be $\mathrm{cor}_{K_\lambda/K'}(\tau_{\lambda,\pi})$. Then clearly $\{\tau_{K',\pi}\}$ satisfies the analogue of Theorem 4 ($\eta = \lambda$) with K_λ replaced by K', the divisors of K_λ replaced by divisors of K', and $\omega_{\lambda,\pi}$ and $\omega_{\lambda,\lambda_1,\ldots,\lambda_{k-1}}$ replaced by their images $\omega_{K',\pi}$ and $\omega_{K',\lambda_1,\ldots,\lambda_{k-1}}$ in $\mathbf{Z}/M_{\lambda_1}[G(K'/K)]$.

2. The Multiplicative Group

In this section A is the multiplicative group. Let $\lambda \in I_0$, $\delta \in SP(f\lambda)$, $\left(\frac{\delta}{K\lambda}\right) = 1$, $z = N_{K/\mathbf{Q}}(\delta) - 1$. We let ξ_δ denote the generator of Az determined by the condition $a^{t_\delta}/a \equiv \xi_\delta \ (mod\ w)$, where $w \in SP(K_{\delta\lambda})$, $w|\delta$, and a is a uniformizer of $K_{\delta\lambda}(w)$. Let $U = U(K(\delta))$; we then have isomorphisms $\mathbf{Z}/z \xrightarrow{\sim} Az \xrightarrow{\sim} U/U^z$, where the first isomorphism takes 1 to ξ_δ. Let $\alpha_\delta : U/U^z \xrightarrow{\sim} \mathbf{Z}/z$ be the inverse isomorphism.

If $b \in I_0$, then $(K_\lambda^*/K_\lambda^{*z})_{\hat{b}}$ denotes the subgroup of $K_\lambda^*/K_\lambda^{*z}$ consisting of the classes of elements of K_λ^* whose divisors are prime to b. Let $v \in SP(K_\lambda)$, $v|\delta$. We let $\alpha_v : (K_\lambda^*/K_\lambda^{*z})_{\hat{\delta}} \to \mathbf{Z}/z[G_\lambda]$, where $G_\lambda = G(K_\lambda/K)$, denote the G_λ-homomorphism defined by setting $\alpha_v(c) = \sum_{g\in G_\lambda} \alpha_\delta(\sigma_{v^g}(c))g$, where $\sigma_{v^g}(c) = \sigma_v(g^{-1}c)$ is the image of c in $K_\lambda(v^g) = K(\delta)$. If $M|z$, then $\alpha_v : (K_\lambda^*/K_\lambda^{*M})_{\hat{\delta}} \to \mathbf{Z}/M[G_\lambda]$ is simply the homomorphism $\alpha_v \ (mod\ M)$.

Let $\tilde{\lambda} \in fI_0$ be fixed, and let $\lambda \in I_0$, $\lambda|\tilde{\lambda}$. Let $(\widetilde{T}, \Sigma_0)$ and $(\widetilde{T}_1, \Sigma_0')$ be the Euler systems described at the end of §1. We let $T^{(k)}$ denote $cor_{K_{\tilde{\lambda}}/K_\lambda}(\widetilde{T}^{(k)})$, and let $t_{K_\lambda,\pi}$ and $\omega_{K_\lambda,\pi}$ be abbreviated $\tau_{\lambda,\pi}$ and $\omega_{\lambda,\pi}$, respectively. If $\tau \in H^1(K_\lambda, A_M) = K_\lambda^*/K_\lambda^{*M}$ and I_λ is the group of divisors of K_λ, then (τ) denotes the image of τ in $I_\lambda/I_\lambda{}^M$. We let $M'_{\lambda_1}(k)$ denote $2^{-\mathrm{ord}_l(2)}M_{\lambda_1}$ in Situation 1 and for $k \geq 2$ in Situation 2, and $M_{\lambda_1}l^{-\mathrm{ord}_l(\lambda)}$ for $k = 1$ in Situation 2. From Theorem 4 at the end of §1 we obtain

Theorem 5. *Let $[\tilde{\lambda}, \pi] \in \Sigma_1^{(k)}$. Then $\tau_{\lambda,\pi}(M_{\lambda_1}) \in (K_\lambda^*/K_\lambda^{*M_{\lambda_1}})_{\hat{\pi}_1}$, and, if $v_r \in SP(K_\lambda)$ with $v_r|\lambda_r$ (in Situation 2, v_k is the divisor which appears in the conditions on $(\widetilde{T}_1, \Sigma_0')$), then*

$$(\tau_{\lambda,\pi}(M'_{\lambda_1}(k)) = \prod_{r=1}^{k} v_r^{\alpha_{v_r}(\tau_{\lambda_1,\ldots,\hat{\lambda}_r,\ldots}(M_{\lambda_1}))} \ (mod\ I_\lambda^{M'_{\lambda_1}(k)})$$

in Situation 1;

$$(t_{\lambda,\pi}(M'_{\lambda_1}(k)) = \prod_{r=1}^{k-1} v_r^{\alpha_{v_r}(\tau_{\lambda_1,\ldots,\hat{\lambda}_r,\ldots}(M_{\lambda_1}))} v_k^{\omega_{\lambda,\lambda_1,\ldots,\lambda_{k-1}}(M_{\lambda_1})} (mod\ I_\lambda^{M'_{\lambda_1}(k)})$$

in Situation 2.

Let G_1 be a subgroup of $G(K'(A_{l^\infty})/K)$, where K' is the compositum of all fields $K_{\tilde{\lambda}|\pi|}$ with $[\tilde{\lambda},\pi] \in \Sigma_1^{(k)}$, $k = 0,1,2,\ldots$. We suppose that the period of G_1 divides $l-1$. We let B denote the subgroup of elements of order $l-1$ in $\mathbf{Z}_l^*$, so that $\mathbf{Z}_l^* = B \times (1 + l\mathbf{Z}_l)$. B is a cyclic group of order $l-1$, and it is isomorphic to its reduction modulo l^m in $\mathbf{Z}/l^m$ for all $m \geq 1$. If $\Lambda_1 = \mathbf{Z}_l[G_1]$, A is a Λ_1-module, and $\psi : G_1 \to B$ is a character (i.e., a homomorphism), then we let A_ψ denote the $\mathbf{Z}_l$-submodule of A consisting of all $a \in A$ for which $a^g = \psi(g)a$ $\forall g \in G_1$. A decomposes into the direct sum of the $\mathbf{Z}_l$-submodules A_ψ; here $A_\psi = j_\psi A$, where $j_\psi \in \Lambda_1$, $j_\psi = (1/[G_1])\sum_{g\in G_1}\psi(1/g)g$.

We let ψ_1 denote the character of G_1 induced by the action of G_1 on A_l (the group of l-th roots of unity); then $A_{l^m} = (A_{l^m})_{\psi_1}$ $\forall m \geq 0$. Let G_2 denote the image of G_1 in $G(K_\lambda/K)$. We fix a character $\psi : G_2 \to B$, and let ψ also denote the corresponding character of G_1. We suppose that there exists a subgroup G_3 of $G(K_\lambda/K)$ such that $G(K_\lambda/K) = G_2 \times G_3$ (direct product). Let $M = l^n$ and $A = Cl_\lambda/Cl_\lambda^M$, where Cl_λ is the divisor class group of K_λ. We let Λ_3 denote $\mathbf{Z}_l[G_3]$. If J is an ideal of Λ_3, then J' will denote the ideal consisting of all $j' \in \Lambda_3$ for which $j'J \subset M\Lambda_3$. Let $[\tilde{\lambda},\pi] \in \Sigma_1^{(k)}$; $2^{\mathrm{ord}_l(2)}M|M_{\lambda_1}$; $2^{\mathrm{ord}_l(2)}l^{\mathrm{ord}_l(\lambda)}M|M_{\lambda_1}$ in Situation 2. In Situation 1, given $\tau_{\lambda,\pi}(M) \in K_{\tilde{\lambda}}^*/K_{\tilde{\lambda}}^{*M}$, we define the ideal $M\Lambda_3 \subset J_{\lambda,\pi}(M,\psi) \subset \Lambda_3$ to be the annihilating ideal of $j_\psi\tau_{\lambda,\pi}(M)$. For the rest of §2 we shall assume that $(l,2f) = 1$, and also that the map $N_{K_{\tilde{\lambda}}/K_\lambda} : (Cl_{\tilde{\lambda}})_{l^\infty} \to (Cl_\lambda)_{l^\infty}$ is surjective, for example, $(l,[K_{\tilde{\lambda}}/K_\lambda]) = 1$. ve

Theorem 6. *Let $\psi \neq \psi_1$, $\psi^2 \neq \psi_1$, $[\tilde{\lambda},\pi] \in \Sigma_1^{(k)}$. Then in Situation 1, $J'_{\lambda,\pi}(M,\psi)A_\psi$ is contained in the G_3-submodule of A_ψ which is the zero submodule when $k = 0$ and $[\tilde{\lambda},\pi] = [\tilde{\lambda}]$, and is the module generated by $v_r^{j_\psi}$, $1 \leq r \leq k$, $v_r \in SP(K_\lambda)$, $v_r|\lambda_r$ when $k \geq 1$. In Situation 2, $(j_\psi\omega_\lambda)A_\psi = 0$, and for $k > 0$, $j_\psi\omega_{\lambda,\pi}(M)A_\psi$ is contained in the G_3-submodule of A_ψ which is generated by the $v_r^{j_\psi}$.*

Proof. In Situation 1, from Theorem 5 we see that it suffices to prove that $\forall j' \in J'_{\lambda,\pi}(M,\psi)$, $\forall a \in A_\psi$, $\exists\lambda_{k+1} \in SP(2fN'_{\tilde{\lambda}}\tilde{\lambda}|\pi|)$, $\left(\frac{\lambda_{k+1}}{K_{\tilde{\lambda}|\pi|}}\right) = 1$, $[\tilde{\lambda},\pi,\lambda_{k+1}] \in \Sigma_1^{(k+1)}$, $\exists v_{k+1} \in SP(K_\lambda)$, $v_{k+1}|\lambda_{k+1}$, such that the class of $v_{k+1}^{j_\psi}$ is a and $\alpha_{v_{k+1}}(j_\psi\tau_{\lambda,\pi}(M)) = d'j_\psi j' \ (mod\ M)$, where $d' \in (\mathbf{Z}/M)^*$. In Situation 2 it suffices to prove that $\forall a \in A_\psi$ $\exists\lambda_{k+1} \in SP(2fN'_{\tilde{\lambda}}\tilde{\lambda}|\pi|)$, $\left(\frac{\lambda_{k+1}}{K_{\tilde{\lambda}|\pi|}}\right)$, $[\tilde{\lambda},\pi,\lambda_{k+1}] \in \Sigma_1^{(k+1)}$, the class of $v_{k+1}^{j_\psi}$ is equal to a for some $v_{k+1} \in SP(K_\lambda)$, $v_{k+1}|\lambda_{k+1}$. If the other conditions on λ_{k+1} hold, then the condition $[\tilde{\lambda}, \pi, \lambda_{k+1}] \in \Sigma_1^{(k+1)}$ holds provided that $M_{\lambda_{k+1}} = l^{\mathrm{ord}_l(N_{k/\mathbf{Q}}(\lambda_{k+1})-1)}$ is divisible by $M_{\lambda_k} l^{n(\tilde{\lambda},\pi)+(i_0-1)\mathrm{ord}_l(\tilde{\lambda})}$ (in Situation i_0, $i_0 = 1$ or 2), where $l^{n(\tilde{\lambda},\pi)}$ annihilates all of the groups which occur in the definition of $\Sigma_0^{(k+1)}$. That is, λ_{k+1} must split in $K(A_{M_{\lambda_k} l^{n'(\tilde{\lambda},\pi)}})$, $n'(\tilde{\lambda}, \pi) = n(\tilde{\lambda}, \pi) + (i_0 - 1)\mathrm{ord}_l(\tilde{\lambda})$. We set $V = K_{\tilde{\lambda}|\pi|}(A_{M_{\lambda_k} l^{n'(\lambda,\pi)}})$ (where $M_{\lambda_0} \stackrel{\mathrm{def}}{=} M$ for $k = 0$).

We show that the norm map from Cl_V to $CL_{\tilde{\lambda}}$ is surjective. More generally, we prove this surjectivity assertion for an extension of the form K_{bc^m}/K_b, where $b \in I_0$, $c \in SP(f)$ ($V \subset K_{\tilde{\lambda}|\pi|l^{n_1}}$ for some $n_1 \in \mathbf{N}$). Here it is enough to consider the case $(b, c) = 1$, since otherwise we can set $b = b'c^{m_1}$, where $(b', c) = 1$; and because the norm map from Cl_{bc^m} to $Cl_{b'}$ is surjective, it follows *a fortiori* that the same holds for the norm map from Cl_{bc^m} to Cl_b, since $K_b \supset K_{b'}$. Thus, suppose that $(b, c) = 1$. Let $v \in SP(K_b)$, $v|c$. Then, if we identify $G(K_{bc^m}/K_b)$ with a subgroup of $(\mathcal{O}_K/c^m)^*$, the local reciprocity map $\theta_v : K_b(v)^* \to G(K_{bc^m}/K_b)$ looks as follows on the group U of units of $K_b(v)$: $u \mapsto \kappa(u_1)u_1^{-1}$ $(mod\ c^m) = u_1^{-1}$ $(mod\ c^m)$, where u_1 is the norm of u in the extension $K_b(v)/K(c)$. Since $K_b(v)/K(c)$ is unramified, we have $\theta_v(U) = (\mathcal{O}_K/c^m)^*$. Hence, the image of $G(K_{bc^m}/K_b)$ in $(\mathcal{O}_K/c^m)^*$ is $(\mathcal{O}_K/c^m)^*$, and v is totally ramified in K_{bc^m}. In particular, $(K_b)_{\mathrm{unr}} \cap K_{bc^m} = K_b$. Surjectivity of the norm map then follows from class field theory and Galois theory. Since $N_{K_{\tilde{\lambda}}/K_\lambda} : (Cl_{\tilde{\lambda}})_{l^\infty} \to (Cl_\lambda)_{l^\infty}$ is surjective, it follows that the norm map from $(Cl_V)_{l^\infty}$ to $(Cl_\lambda)_{l^\infty}$ is surjective.

Thus, A_ψ may be regarded as $G(W_2/V)$, where W_2 is an M-periodic unramified abelian extension of V which is fixed in V_{unr} relative to the kernel of the homomorphism $Cl_V \to Cl_\lambda \to A \xrightarrow{j_\psi} A_\psi$. Let $S_2 \subset V^*/V^{*M}$ be the subgroup which corresponds to W_2 by Kummer theory. ¿From the Gal-property $(x^g, y^g) = (x, y)^g$ $\forall g \in G(V/\mathbf{Q})$ of the pairing $G(W_2/V) \times S_2 \to A_M$ it follows that G_1 acts on S_2 as $\psi_1\psi^{-1}$. Since $\psi \neq \psi_1$ and G_1 acts as ψ_1 on $H^1(G(V/K_\lambda), A_M) = \ker(K_\lambda^*/K_\lambda^{*M} \to V^*/V^{*M})$, it follows that $(K_\lambda^*/K_\lambda^{*M})_\psi \to (V^*/V^{*M})_\psi^{G(V/K_\lambda)}$ is an imbedding. Suppose that we are in Situation 1. Let S_1 be the G_3-module generated by $x = j_\psi\tau_{\lambda,\pi}(M)$ in V^*/V^{*M}. The annihilating ideal of S_1 in the Λ_3-module $(V^*/V^{*M})_\psi^{G(V/K_\lambda)}$ is $J_{\lambda,\pi}(M, \psi)$. We have the exact sequence of G_3-modules: $0 \to J_{\lambda,\pi}(M, \psi) \to \Lambda_3 \to S_1 \to 1$. We define the character $\chi_1 : S_1 \to A_M$ by setting $\chi_1(jx) = \zeta^{(jj')_1}$, where $(jj')_1$ is the coefficient of the identity of G_3 in $jj' \in \mathbf{Z}/M[G_3]$, and ζ is a generator of A_M. In Situation 2, we define S_1 and χ_1 to be trivial. Let $\chi_2 : S_2 \to A_M$ be the character corresponding to $a \in A_\psi = \mathrm{Hom}(S_2, A_M)$. Since $\psi_1\psi^{-1} \neq \psi_1$

by assumption, it follows that S_1 and S_2 have trivial intersection. Let $\chi : S_1 \times S_2 \to A_M$ be given by $\chi = \chi_1 \times \chi_2$. Let W be the M-periodic abelian extension of V corresponding to $S = S_1 \times S_2$. Let $g_1 \in G(W/V) = \mathrm{Hom}(S, A_M)$ be such that $(g_1, s) = \chi(s)$. Using the Chebotarev density theorem, we choose $\lambda_{k+1} \in SP(2fN_{\lambda}^{!}\tilde{\lambda}|\pi|)$ so that $Fr_w = g_1$ for some $w \in SP(W)$, $w|\lambda_{k+1}$. We show that λ_{k+1} satisfies the necessary conditions. Since $g = id$ on V, λ_{k+1} splits in V. Let $v' \in SP(V)$, $v \in SP(K_\lambda)$, $w|v'|v$. Then $N_{V/K_\lambda}(v') = v$, and, by our condition, $v^{j_\psi} = 1$ in A_ψ. Furthermore, in Situation 1 we have, by assumption: $(Fr_w, jx) = \zeta^{(jj')_1} = \zeta^{j'_g}$, if $j' = \sum_{g \in G_3} j'_g g$. Hence, $\alpha_v(x) = d' j_\psi j' \ (mod\ M)$, where $d' \in (\mathbf{Z}/M)^*$ is such that $\zeta = \xi_{\lambda_{k+1}}^{((N_{K/\mathbf{Q}}(\lambda_{k+1})-1)/M)d'}$. This concludes the proof of Theorem 6.

We now suppose that $G_3 = 1$, i.e., $G(K_\lambda/K) = G_2$. In both Situations 1 and 2, if $[\tilde{\lambda}, \pi] \in \Sigma_1^{(k)}$, let $J_{\lambda,\pi}(M, \psi)$ denote the annihilating ideal of $j_\psi \tau_{\lambda,\pi}(M)$ in $(K_\lambda^*/K_\lambda^{*M})_\psi$. We note that for $\psi \neq \psi_1$ and $a \in (K_\lambda^*/K_\lambda^{*M})_\psi$, the annihilating ideal of a is $l^{n-m}\mathbf{Z}_l$, where $0 \leq m \leq n$ is the largest integer for which $a \in (K_\lambda^*/K_\lambda^{*l^{n-m}})_\psi^{l^m}$. We suppose that $\psi \neq \psi_1$ and $\psi^2 \neq \psi_1$. In Situation 1, we suppose that $j_\psi \tau_\lambda \neq 0$. Let $m_0 \in \mathbf{Z}_+$ be the smallest integer for which $j_\psi \tau_\lambda(l^{m_0+1}) \neq 0$. Then we have $J_\lambda(M, \psi) = l^{n-m_0}$ for $n > m_0$. In Situation 2, if $j_\psi \omega_\lambda \neq 0$, then we let $m_0 \in \mathbf{Z}_+$ denote the integer such that $j_\psi \omega_\lambda = l^{m_0} u_0 j_\psi$, where $u_0 \in \mathbf{Z}_l^*$.

We note that in Situation 1 $\tau_\lambda(M) \in U_\lambda/U_\lambda^M$, where U_λ is the group of units of K_λ. We suppose that in Situation 1 $(U_\lambda \otimes \mathbf{Z}_l)_\psi \neq 0$ (otherwise we would have $j_\psi \tau_\lambda = 0$); then $(U_\lambda \otimes \mathbf{Z}_l)_\psi \simeq \mathbf{Z}_l$, since $\psi \neq \psi_1$. Namely, because of the existence of Minkowski units, our assumption consists in the stipulation that $\psi \neq id$ is an even character when $K = \mathbf{Q}$ and that $\psi \neq id$ in the case $[K/\mathbf{Q}] = 2$. In Situation 2 we suppose that $K = \mathbf{Q}$ and ψ is an odd character, so that $(U_\lambda \otimes \mathbf{Z}_l)_\psi = 0$.

If $\tilde{x} \in \mathbf{Z}/M$ and $x \in \mathbf{Z}$ is a representative of $\tilde{x}$, then

$$n = \mathrm{ord}_l(\tilde{x}) \stackrel{\mathrm{def}}{=} \begin{cases} \mathrm{ord}_l(M), & \text{if } \tilde{x} = 0, \\ \mathrm{ord}_l(x), & \text{if } \tilde{x} \neq 0. \end{cases}$$

If $\pi = [\lambda_1, \ldots, \lambda_k]$ and $0 \leq i \leq k$, then π_i denotes the set of divisors obtained by removing $\lambda_{i+1}, \ldots$ from π.

Let $Cl_{\lambda,l^\infty,\psi} \xrightarrow{\sim} \sum_{i=1}^{k_0+1} (\mathbf{Z}/l^{n_i}) b_i$, where $n_1 \geq \cdots \geq n_{k_0+1} = 0$. The sequence $n_1, \ldots, n_{k_0+1}$ is uniquely determined from $Cl_{\lambda,l^\infty,\psi}$ and characterizes it as an abelian group. Here k_0 is the rank of $Cl_{\lambda,l^\infty,\psi}$. In particular, $k_0 = 0 \Leftrightarrow Cl_{\lambda,l^\infty,\psi} = 0$.

We suppose that $j_\psi\tau_\lambda \neq 0$ in Situation 1 and $j_\psi\omega_\lambda \neq 0$ in Situation 2. We set $n = 3m_0$ and $M = l^n$ as usual. We define $\Pi^{(0)}$ to be the set consisting of the single element λ, and we call m_0 the weight of $\Pi^{(0)}$. Suppose that for $s \in \mathbf{Z}_+$ and for $0 \leq k \leq s$ we have sets $\Pi^{(k)} \subset \Sigma_1^{(k)}(\lambda) \stackrel{\text{def}}{=} \{[\lambda, \pi] | [\tilde{\lambda}, \pi] \in \Sigma_1^{(k)}(\tilde{\lambda})\}$ with weights $m_0, \ldots, m_k$, where $m_i \in \mathbf{Z}_+$ and $m_{i-1} \geq m_i$ with equality allowed only for $i = s$. The sets $\Pi^{(i)}$ and the numbers m_i are connected to one another; namely, $\Pi^{(k+1)}$ and m_{k+1} are determined from $\Pi^{(k)}$ and $m_0, \ldots, m_k$ as follows. Let $\tilde{\tilde{\Pi}}^{(k+1)}$ be the subset of $\Sigma_1^{(k+1)}(\lambda)$ consisting of the elements $[\lambda, \pi, \lambda_{k+1}]$ for which: $M l^{\mathrm{ord}_l(\lambda)(1-i_1)} | \lambda_1$; $[\lambda, \pi] \in \Pi^{(k)}$; $\mathrm{ord}_l(\tau_{\lambda,\pi_i}(M)) \geq m_i$ for $1 - i_1 \leq i \leq k - i_1$, where $i_1 = 1$ in Situation 1 and $i_1 = 0$ in Situation 2; and $\mathrm{ord}_l \alpha_{v_{k+1}}(\tau_{\lambda,\pi}(M)) = m_k$ in Situation 1.

Let $\eta \in \Pi^{(k)}$, and let $\tilde{\tilde{m}}_{k+1}(\eta)$ be defined as:

$$\min_{[\eta,\tilde{\lambda}_{k+1}] \in \tilde{\tilde{\Pi}}^{(k+1)}} \left(\min_{[\eta,\tilde{\lambda}_{k+1},\tilde{\lambda}_{k+2}] \in \Sigma_1^{(k+2)}} \mathrm{ord}_l \alpha_{\tilde{v}_{k+2}}(j_\psi \tau_\eta, \tilde{\lambda}_{k+1}, \tilde{\lambda}_{k+2}(M)) \right).$$

We note that, by the Chebotarev density theorem, the inner minimum is simply $\mathrm{ord}_l \zeta'_{\eta,\tilde{\lambda}_{k+1}}(M, \psi)$. Then in Situation 1 we have $\Pi^{(k+1)} = \{[\eta, \lambda_{k+1}] \in \tilde{\Pi}^{(k+1)} \stackrel{\text{def}}{=} \tilde{\tilde{\Pi}}^{(k+1)} \mid \mathrm{ord}_l \alpha_{v_{k+1}}(j_\psi \tau_{\eta,k+1}(M)) = m_{k+1}(\eta)$, where $m_{k+1}(\eta) \stackrel{\text{def}}{=} \tilde{\tilde{m}}_{k+1}(\eta)\}$. Here $m_{k+1} = m_{k+1}(\eta)$ does not depend on η. In Situation 2, if $\tilde{\tilde{m}}_{k+1}(\eta) = m_k \ \forall \eta \in \Pi^{(k)}$, then $\Pi^{(k+1)} = \tilde{\tilde{\Pi}}^{(k+1)}$ and $m_{k+1} = m_k$. Otherwise, let $\tilde{\Pi}^{(k+1)}$ denote the subset of $\tilde{\tilde{\Pi}}^{(k+1)}$ consisting of elements $[\eta, \lambda_{k+1}]$ for which $\mathrm{ord}_l(j_\psi \omega_{\eta,\lambda_{k+1}}) = \mathrm{ord}_l \zeta'_{\eta,\lambda_{k+1}}(M, \psi)$. Then

$$\Pi^{(k+1)} = \{[\eta, \lambda_{k+1}] \in \tilde{\Pi}^{(k+1)} \mid \mathrm{ord}_l j_\psi \omega_{\eta,\lambda_{k+1}}(M) =$$
$$= \min_{[\eta,\tilde{\lambda}_{k+1}] \in \tilde{\Pi}^{(k+1)}} \mathrm{ord}_l(j_\psi \omega_{\eta,\tilde{\lambda}_{k+1}}(M)) \stackrel{\text{def}}{=} m_{k+1}(\eta)\}.$$

Again $m_{k+1} = m_{k+1}(\eta)$ does not depend on η.

The sets $\Pi^{(k)}$ and the numbers $m_0, \ldots, m_s$ satisfy the following theorem for $s > 0$.

Theorem 7. *One has* $k_0 + 1 \geq s$, *and* $k_0 + 1 = s$ *if* $m_s = m_{s-1}$; $n_i = m_{i-1} - m_i$ *for* $1 \leq i \leq s$. *If* $\eta = [\lambda, \pi] \in \Pi^{(k)}$, $v_i \in SP(K_\lambda)$, *and* $v_i | \lambda_i$, *then the homomorphism* $\mathbf{Z}_l^k \to (Cl_\lambda \otimes \mathbf{Z}_l)_\psi$ *for which* $1_i \mapsto b_i(\eta) = j_\psi(\text{class of } v_i)$ *has kernel* $l^{n_1}\mathbf{Z}_l \times \cdots \times l^{n_k}\mathbf{Z}_l$; *in particular, its image is isomorphic to* $\sum_{i=1}^k \mathbf{Z}/l^{n_i}$. *Here for any set of elements* $b_1, \ldots, b_k$ *of* $(Cl_\lambda \otimes \mathbf{Z}_l)_\psi$ *for which the homomorphism* $\mathbf{Z}_l^k \to (Cl_\lambda \otimes \mathbf{Z}_l)_\psi$, $1_i \mapsto b_i$ *has kernel* $l^{n_1}\mathbf{Z}_l \times \cdots \times l^{n_k}\mathbf{Z}_l$, *there exists* $\eta \in \Pi^{(k)}$ *such that* $b_i = b_i(\eta)$. *If* $m_s = m_{s-1}$, $s \geq 2$, *and* $\eta \in \Pi^{(s-1)}$, *then* $s - 1 = k_0$, $(Cl_\lambda \otimes \mathbf{Z}_l)_\psi \simeq \sum_{i=1}^{s-1} \mathbf{Z}/l^{n_i} b_i(\eta)$, *and, if* $[\eta, \lambda_s] \in \Pi^{(s)}$, *then* $\operatorname{ord}_l J'_{\eta,\lambda_s}(M, \psi) = m_{s-1}$ *and* $j_\psi(\text{class of } v_s) = u_s^{-1} \sum_{i=1}^{s-1} \alpha_{v_i}(j_\psi \tau_{\lambda,\ldots,\hat{\lambda}_i,\ldots,\lambda_s}(l^{n_i}) b_i(\eta)$ *(here in Situation 2 the* v_i *are chosen in the corresponding way). Here the* $u_s \in (\mathbf{Z}/l^{n-m_{s-1}})^*$ *are such that* $\alpha_{v_s}(j_\psi \tau_{\eta,\lambda_s}(M)) = l^{m_{s-1}} u_s j_\psi \pmod M$. *Let* $\tilde{y}_i \in$ $\in (K_\lambda^*/K_\lambda^{*l^{n-m_i}})_\psi$ *satisfy* $j_\psi \tau_{\lambda, \ldots, \lambda_i} = \tilde{y}_i^{l^{m_i}}$. *Let* $\tilde{z}_i \in K_\lambda^*/K_\lambda^{*l^{n_i}}$ *be defined recursively by the formulas*

$$\tilde{z}_i = \tilde{y}_i^{(1/u_i)c} \prod_{0<j<i} \tilde{z}_j^{\alpha_{v_j}(j_\psi \tau_{\lambda,\ldots,\hat{\lambda}_j,\ldots,\lambda_i}(M))/l^{n_j} j_\psi}$$

for $i > 0$, $\tilde{z}_0 = \tilde{y}_0$. *Then* $\tilde{z}_i \pmod{(U_\lambda/U_\lambda{}^{l^{n_i}})_\psi} = (j_\psi \text{ class of } v_i)^{l^{n_i} c}$, *where* $c = [Cl_\lambda]/[Cl_{\lambda,l^\infty}]$. $\{\tilde{z}_i\}$ *and* $\{\tilde{y}_i\}$ *are sets of independent elements mod* K_λ^{*l} *for* $0 \leq i \leq s-1$ *in Situation 1 and for* $1 \leq i \leq s-1$ *in Situation 2.*

We show that if $s = 0$ or if $s > 0$ and $m_{s-1} > m_s$, then the set $\widetilde{\Pi}^{(s+1)}$ defined from $\Pi^{(s)}$, is nonempty; that $m_{s+1} = m_{s+1}(\eta)$ does not depend on η; and that $\Pi^{(s+1)}$ and m_{s+1} satisfy the theorem. In this way, using induction, if we start with an Euler system we can successively determine the sets $\Pi^{(1)}, \ldots, \Pi^{(k_1+1)}$ and the numbers $m_0, \ldots, m_{k_1+1}$, where $k_1 \leq m_0$ is a number for which $m_{k_1+1} = m_{k_1}$; then these data determine the structure, bases of prime divisors and the expansions of prime divisors in a given basis, along with representations of primary numbers, since this is what is described in Theorem 7.

Suppose that $[\eta, \lambda_{s+1}] \in \widetilde{\widetilde{\Pi}}^{(s+1)}$. Let $m'_{s+1} = m'_{s+1}(\eta, \lambda_{s+1}) = \operatorname{ord}_l \zeta'_{\eta,\lambda_{s+1}}(M, \psi)$, $\tilde{y}_{s+1} \in (K_\lambda^*/K_\lambda^{*l^{n-m'_{s+1}}})_\psi$, and $j_\psi \tau_{\eta,\lambda_{s+1}}(M) = \tilde{y}_{s+1}^{l^{m'_{s+1}}}$. We let y_{s+1} denote a representative of $\tilde{y}_{s+1}$ in K_λ^*, and for $i \leq s$ we let y_i denote representatives of $\tilde{y}_i$. The factorization of $\tau_{\eta,\lambda_{s+1}}(M)$ in Theorem 5 gives us the equality:

$$v_{s+1}^{j'_\psi l^{m_s} u_{s+1}} \prod_{i \leq s} v_i^{j'_\psi l^{n'_i} u_{s+1,i}} \rho_{s+1,i}^{j'_\psi l^n} = (y_{s+1})^{l^{m'_{s+1}}},$$

where $j'_\psi \in \mathbf{Z}[G_2]$, $j'_\psi \equiv j_\psi \ (mod\ M)$, $n'_i \in \mathbf{Z}_+$, $u_{s+1}, u_{s+1,i} \in \mathbf{Z}$, $(u_{s+1}, l) = 1$, $(u_{s+1,i}, l) = 1$, and $\rho_{s+1,i}$ is a divisor of K_λ which is prime to $\lambda_1, \dots, \lambda_{s+1}$. Here $j'_\psi l^{n'_i} u_{s+1,i} \ (mod\ M) = \alpha_{v_i}(j_\psi \tau_{\lambda,\dots,\hat{\lambda}_i,\dots}(M))$. Since v_{s+1} and $\{v_i\}$ are distinct, we have $m'_{s+1} \leq m_s$ and $m'_{s+1} \leq n'_i$. If we take the $l^{m'_{s+1}}$-th root of both sides of the above equality, we obtain:

$$v_{s+1}^{j'_\psi l^{m_s - m'_{s+1}} u_{s+1}} \prod_{i \leq s} v_i^{j'_\psi l^{n'_i - m'_{s+1}} u_{s+1,i}} \rho_{s+1,i}^{j'_\psi l^{n - m'_{s+1}}} = (y_{s+1}). \tag{4}$$

We prove that $m_s - m'_{s+1} \leq n_{s+1}$. Suppose this is false, i.e., $m_s - m'_{s+1} = n_{s+1} + n'$ where $n' > 0$. Let $d_i \in \mathbf{Z}$ satisfy: $v_{s+1}^{j'_\psi l^{n_{s+1}} c} \prod_{i<s} v_i^{j'_\psi d_i c} = (\omega)$, where $\omega \in K_\lambda^*$. If we combine this equality with (4) and take into account that, by induction, the $v_i^{j'_\psi}$ generate a subgroup of $(Cl_{\lambda,l^\infty} \otimes \mathbf{Z}_l)_\psi$ which is $\simeq \sum_{i=1}^s \mathbf{Z}/l^{n_i}$, we obtain the relation

$$\tilde{z}_0^{r_0} \prod_{i \leq s} \tilde{z}_i^{r_i} = y_{s+1}^c \ (mod\ K_\lambda^{*l}), \qquad r_i \in \mathbf{Z}/l. \tag{5}$$

We show that this relation cannot hold. We note that Theorem 4 implies that $\mathrm{ord}_l(\alpha_{v_i}(y_j)) > 0$ if $\mathrm{ord}_{v_i}(y_k) > 0$ and $i \leq j$ in Situation 1, $i < j$ in Situation 2. We suppose that $r_{s-j} = 0$ for $0 \leq j < j_0$, where $j_0 \geq -1$. Then, using the relations between $\tilde{y}_i$ and $\tilde{z}_i$ in Theorem 7, we have the equality

$$\tilde{y}_{s+1} = \tilde{y}_{s-j_0-1}^{(1/u_{s-j_0-1}) r_{s-j_0-1}} \prod_{i < s-j_0-1} \tilde{y}_i^{r'_i} \ (mod\ K_\lambda^{*l}).$$

Since $\mathrm{ord}_{v_{s-j_0-1-i_1}}(\tilde{y}_{s+1}) > 0$ (here $i_1 = 1$ in Situation 1 and $i_1 = 0$ in Situation 2), it follows that $\mathrm{ord}_l \alpha_{v_{s-j_0-1+i_1}}(\tilde{y}_{s+1}) > 0$. By the definition of $\Pi^{(s-j_0-1)}$, we have $\mathrm{ord}_l \alpha_{v_{s-j_0-1+i_1}}(\tilde{y}_i) > 0$ for $i < s - j_0 - 1$, and $\mathrm{ord}_l \alpha_{v_{s-j_0-1+i_1}}(y_{s-j_0-1}) = 0$. Hence $r_{s-j_0-1} = 0$. Thus, by induction, we have $r_i = 0$ for $i \leq s$. But this is impossible, since $y_{s+1} \notin K_\lambda^{*l}$. Hence, $0 \leq m_s - m'_{s+1} \leq n_{s+1}$.

Let $b_{s+1} \in (Cl_\lambda/M)_\psi$ (since l^{m_0} annihilates Cl_{λ,l^∞} by Theorem 6 and $\mathrm{ord}_l(M) \geq m_0$, it follows that $(Cl_\lambda/M)_\psi$ and $(Cl_\lambda \otimes \mathbf{Z}_l)_\psi$ are canonically isomorphic) be an element having period n_{s+1} in the quotient of $(Cl_\lambda/M)_\psi$ by the subgroup generated by $b_i = b_i(\eta)$, $i \leq s$. In Situation 2, if $n_{s+1} \neq 0$, let $\tilde{z}'_{s+1} \in (K_\lambda^*/K_\lambda^{*l^{n_{s+1}}})_\psi$, $\tilde{z}'_{s+1} = b_{s+1}^{l^{n_{s+1}} c}$. Let $z'_{s+1} \in K_\lambda^*$ be a representative of $\tilde{z}'_{s+1}$. The elements $y_0, \dots, y_s$ in Situation 1, the elements $y_1, \dots, y_s$

in Situation 2 with $n_{s+1} = 0$, the elements $y_1, \dots, y_s, z'_{s+1}$ in Situation 2 with $n_{s+1} \neq 0$ generate independent sets of elements modulo K_λ^{*l}. If we proceed as in the proof of Theorem 6, taking S_1 to be the subgroup of $(V^*/V^{*M})_\psi$ generated by $\{y_0, \dots, y_s\}$, $\{y_1, \dots, y_s\}$, and $\{y_1, \dots, y_s, z'_{s+1}\}$, respectively, and choosing suitable characters $\chi_1 : S_1 \to A_M$, we prove that there exists $\lambda_{s+1} \in SP$ such that $[\eta, \lambda_{s+1}]$ is in $\tilde{\tilde{\Pi}}^{(s+1)}$ in Situation 1 and in $\tilde{\tilde{\tilde{\Pi}}}^{(s+1)}$ in Situation 2. Here $\tilde{\tilde{\tilde{\Pi}}}^{(s+1)}$ is the subset of $\tilde{\tilde{\Pi}}^{(s+1)}$ consisting of the elements $[\eta, \lambda_{s+1}]$ such that $\text{ord}_l \alpha_{v_{s+1}}(\tilde{z}'_{s+1}) = 0$ when $n_{s+1} \neq 0$, and $\tilde{\tilde{\tilde{\Pi}}}^{(s+1)} = \tilde{\tilde{\Pi}}^{(s+1)}$ when $n_{s+1} = 0$. In particular, if $m'_{s+1} = m_s$ for all $[\eta, \lambda_{s+1}] \in \tilde{\tilde{\tilde{\Pi}}}^{(s+1)}$, then it follows from (4) that $n_{s+1} = 0$. Since $m_s - m'_{s+1} \leq n_{s+1}$, it follows that, conversely, if $n_{s+1} = 0$, then $m'_{s+1} = 0$ for all $[\eta, \lambda_{s+1}] \in \tilde{\tilde{\Pi}}^{(s+1)}$, and (4) gives us the corresponding representation of $j_\psi(\text{class of } v_{s+1})$ in the basis $\{b_i(\eta)\}$. Suppose that $n_{s+1} > 0$. Then $m_s - m'_{s+1} = n_{s+1}$. From (4) we have the relation

$$\tilde{z}_{s+1} = y_{s+1}^{(1/u_{s+1})c} \prod_{i \leq s} \tilde{z}_i^{\,l^{n'_i - m'_{s+1} - n_i} u_{s+1,i}} \; (mod\ (U_\lambda/U_\lambda{}^{n_{s+1}})_\psi),$$

from which it follows in Situation 2 that, in particular, $[\eta, \lambda_{s+1}] \in \Pi^{(s+1)}$, since $\text{ord}_l \alpha_{v_{s+1}}(\tilde{y}_i) > 0$ for $i \leq s$, and hence $\text{ord}_l \alpha_{v_{s+1}}(\tilde{z}_i) > 0$ for $i \leq s$. Thus, $\text{ord}_l \alpha_{v_{s+1}}(y_{s+1}) = \text{ord}_l \alpha_{v_{s+1}}(\tilde{z}_{s+1}) = 0$. Since $m'_{s+1} \geq m_s - n_{s+1}$, and in the present situation $m'_{s+1} = m_s - n_{s+1}$, it follows that $m_{s+1}(\eta) = m_s - n_{s+1}$. Finally, we observe that if $[\eta, \lambda_{s+1}] \in \Pi^{(s+1)}$, then $\tilde{y}_{s+1}$ is independent of $\{\tilde{y}_i\}$, $i \leq s$ (this is proved in the same way as we proved that (5) could not hold). Hence, $\tilde{z}_{s+1}$ is independent of $\{\tilde{z}_i\}$, $i \leq s$; and this implies that the $b_i([\eta, \lambda_{s+1}])$ generate a subgroup of $(Cl_\lambda/M)_\psi$ which is isomorphic to $\sum_{i=1}^{s+1} \mathbf{Z}/l^{n_i}$. This proves Theorem 7.

Theorem 7 implies $(m_0 \geq m_{k_1})$

Corollary 8. $[Cl_{\lambda, l^\infty, \psi}] = l^{m_0 - m_{k_1}}$.

We now give examples.

2.1. Gauss sums. Gauss sums form an Euler system of the type in Situation 2. The information we need about Gauss sums can be found, for example, in [18]. Properties B1 and B2 (see below) were proved by

Stickelberger. The field K is $\mathbf{Q}$, and we recall that $\kappa(\delta) \in K$, where δ is a divisor of K, denotes the positive number whose divisor is δ. Let $\lambda \in I_0$. Let $[\eta, \lambda_1] \in \Sigma_0'(\lambda)$, i.e., $\eta = \lambda \prod \delta_i$, where $\delta_i \in SP(2\lambda)$, the δ_i are distinct, $\lambda_1 \in SP(2\eta)$, and $\kappa(\lambda_1) \equiv 1 \ (mod\ \eta)$. We let x denote a primitive $\kappa(\lambda_1)$-th root of unity. Let $\chi : (\mathbf{Z}/\lambda_1)^* \to A_{\kappa(\eta)}$ be a character. We set $\tau_{\eta,\lambda_1}(\chi) = \sum_{a \in \mathbf{Z}/\lambda_1} \chi(a)x^a$. If $v \in SP(K_\eta)$ with $v|\lambda_1$, then $\chi_{\eta,v} : (\mathbf{Z}/\lambda_1)^* \to A_{\kappa(\eta)}$ will denote the character for which $\chi_{\eta,v}(a) \equiv a^{-((\chi(\lambda_1)-1)/\chi(\eta))} \ (mod\ v)$. For all $\lambda_1 \in SP$ we fix an imbedding $v(\lambda_1) : \overline{\mathbf{Q}} \hookrightarrow \overline{\mathbf{Q}(\lambda_1)}$, and we let $v(\eta, \lambda_1) \in SP(K_\eta)$ be the divisor determined by this imbedding. We let $\mathbf{Z}[G_\eta]'$, where $G_\eta = G(K_\eta/K)$, denote the subgroup of $\mathbf{Z}[G_\eta]$ consisting of the elements $\sum_{g \in G_\eta} s_g g$ for which $\sum s_g = 0$ and $\sum s_g \rho(g) \equiv 0 \ (mod\ \eta)$, where $\rho : G_\eta \xrightarrow{\sim} (\mathbf{Z}/\eta)^*$ is the canonical isomorphism given by $\zeta^g = \zeta^{\rho(g)}$ $\forall \zeta \in A_{\kappa(\eta)}$. Let $z_\eta \in \mathbf{Z}[G_\eta]'$, $z_\eta = \sum s_g g$. We define $\tau_{\eta,\lambda_1}(z_\eta)$ to be $\prod_{g \in G_\eta} \tau_{\eta,\lambda_1}(\chi_{\eta,v(\eta,\lambda_1)}^{\rho(g)})^{s_g}$. Then $\tau_{\eta,\lambda_1}(z_\eta) \in K_\eta^*$ and does not depend on the choice of x. The divisor of $\tau_{\eta,\lambda_1}(z_\eta)$ has the form:

$$B1. \qquad (\tau_{\eta,\lambda_1}(z_\eta)) = v(\eta, \lambda_1)^{\frac{1}{\kappa(\eta)} z_\eta \sum_{a \in (\mathbf{Z}/\eta)^*} \langle a \rangle g_{1/a}}.$$

Here $\langle a \rangle \in \mathbf{Z}$ is the canonical representative of $a \ (mod\ \eta)$, i.e., $0 \le \langle a \rangle \le \kappa(\eta) - 1$, $\langle a \rangle \equiv a \ (mod\ \eta)$. We fix $z_\lambda = \sum_{g \in G_\lambda} s_g g$. We determine $z_\eta = \sum_{g \in G_\eta} s_g g \in \mathbf{Z}[G_\eta]'$ from z_λ as follows: if $g \in G_\eta$ and $g' \in G_\lambda$ is the projection of g, then $s_g = 0$ if $\rho(g) \not\equiv 1 \ (mod\ (\eta/\lambda))$, and $s_g = s_{g'}$ if $\rho(g) \equiv 1 \ (mod\ (\eta/\lambda))$. We set

$$T_1 = \{\tau_{\eta,\lambda_1}(M_{\lambda_1}) = \tau_{\eta,\lambda_1}(z_\eta) \ (mod\ K_\eta^{*M_{\lambda_1}}),\ [\eta, \lambda_1] \in \Sigma_0'(\lambda)\}.$$

Recall that we have taken a fixed rational prime l, and in our case M_{λ_1} is equal to $l^{\mathrm{ord}_l(\kappa(\lambda_1)-1)}$.

We show that (T_1, Σ_0') is an Euler system satisfying the conditions for Situation 1 (see §1). The property AX1 follows from the norm relation

$$N_{K_{\delta\eta}/K_\eta}(\tau_{\delta\eta,\lambda_1}(z_{\delta\eta})) = \tau_{\eta,\lambda_1}(z_\eta)^{(1-Fr_\delta^{-1})}, \tag{6}$$

which can be derived from B1 as follows. Using B1, one verifies directly that (6) holds for divisors, i.e., (6) holds up to an element of $A_{\kappa(\eta)}$ (we have $\tau_{\eta,\lambda_1}\tau_{\eta,\lambda_1}^{\sigma} = 1$; and if $u \in U_\eta$ satisfies $uu^\sigma = 1$, then $u \in A_{\kappa(\eta)}$). We similarly obtain:

$$N_{K_{\delta\eta}/K_\eta}(\tau_{\delta\eta,\lambda_1}(\chi_{\delta\eta,v(\delta\eta,\lambda_1)})/\tau_{(2),\lambda_1}(\chi_{(2),\lambda_1})) =$$
$$= \zeta(\tau_{\eta,\lambda_1}(\chi_{\eta,v(\eta,\lambda_1)})/\tau_{(2),\lambda_1}(\chi_{(2),\lambda_1}))^{1-g_{1/b}},$$

where $b \in (\mathbf{Z}/\eta\lambda_1)^*$, $b \equiv 1 \ (mod\ \lambda_1)$, $b \equiv \kappa(\delta) \ (mod\ \eta)$, $\rho(g_{1/b}) = 1/b$, $\zeta \in A_{\kappa(\eta)}$, and $\chi_{(2),\lambda_1} : (\mathbf{Z}/\lambda_1)^* \to A_2 = \{\pm 1\}$ is the nontrivial quadratic character. Now (6) follows from this, if we use the fact that, by our choice of $\{z_\beta\}$, $z_{\delta\eta}$ maps to z_η under the natural homomorphism $\mathbf{Z}[G_{\delta\eta}]' \to \mathbf{Z}[G_\eta]'$ and if we recall the properties of z_η. It further follows from B1 that T_1 is an AX2-system. The property AX3 (with $\Delta = SP$) follows simply from the relation $\chi^{\kappa(\delta)}_{\delta\eta,v(\delta\eta,\lambda_1)} = \chi_{\eta,v(\eta,\lambda_1)}$. In fact, then $\chi_{\delta\eta,v(\delta\eta,\lambda_1)}(a) = \chi^{Fr_\delta^{-1}}_{\eta,v(\eta,\lambda_1)}(\xi)$, where $\xi \in A_{\kappa(\delta)}$. If we take into account that $\xi \equiv 1 \ (mod\ \omega)$ if $\omega \in SP(K_{\delta\eta})$ with $\omega|\delta$, we obtain AX3.

It remains for us to verify the last property of T_1 with $\omega_\eta = = \frac{z_\eta}{\kappa(\eta)} \sum_{a\in(\mathbf{Z}/\eta)^*} \langle a\rangle g_{1/a}$. We use the second well-known property of Gauss sums:

*B*2.
$$\tau_{\eta,\lambda_1}(M_{\lambda_1}, \lambda_1) = \omega'_{\eta,\lambda_1}(M_{\lambda_1})\nu_1(v(\eta,\lambda_1), \zeta(t_{\lambda_1})) + \omega_\eta \nu(v(\eta,\lambda_1), \zeta(t_{\lambda_1})),$$

where

$$\omega'_{\eta,\lambda_1}(M_{\lambda_1}) \overset{\text{def}}{=} z_\eta \sum_{a\in(\mathbf{Z}/\eta)^*} \mathcal{F}\left(-\frac{1}{\left(\langle a\rangle \frac{\kappa(\lambda_1)-1}{\kappa(\eta)}\right)!}\right) g_{\frac{1}{a}}.$$

Here $\mathcal{F} : (\mathbf{Z}/\lambda_1)^* \to \mathbf{Z}/M_{\lambda_1}$ is the homomorphism such that $\zeta(t_{\lambda_1})^{\mathcal{F}(a)} = a^{(\kappa(\lambda_1)-1)/M_{\lambda_1}} \ (mod\ \lambda_1)$. By definition, t_{λ_1} is a generator of G_{λ_1} satisfying $\zeta(t_{\lambda_1}) \equiv \rho(t_{\lambda_1})^{(\kappa(\lambda_1)-1)/M_{\lambda_1}} \ (mod\ \lambda_1)$ ($x - 1$ is a uniformizer of $K_{\lambda_1\eta}(\omega)$, where $\omega \in SP(K_{\lambda_1\eta})$, $\omega|\lambda_1$, and $(x-1)^t/(x-1) \equiv \rho(t) \ (mod\ \omega)$). From (3) it follows that

$$\omega_{\eta,\lambda_1}(M_{\lambda_1}/l^{\mathrm{ord}_l(\eta)}) =$$
$$= -\frac{z_\eta}{\kappa(\eta)\kappa(\lambda_1)} \sum_{b\in(\mathbf{Z}/\lambda_1\eta)^*} \langle b\rangle_{\lambda_1\eta} \mathcal{F}(b \ (mod\ \lambda_1)) g_{(1/b)(mod\ \eta)} \in$$
$$\in \mathbf{Z}/(M_{\lambda_1}/l^{\mathrm{ord}_l(\eta)})[G_\eta].$$

We have:

$$\begin{aligned}
X_a \stackrel{\text{def}}{=} &\sum_{b\in(\mathbf{Z}/\lambda_1\eta)^*,\ b\equiv a\ (mod\ \eta)} \langle b\rangle_{\lambda_1\eta}\mathcal{F}(b\ (mod\ \lambda_1)) = \\
&=\mathcal{F}\left(\prod_{b\in(\mathbf{Z}/\lambda_1\eta)^*,\ b\equiv a\ (mod\ \eta)} b\ (mod\ \lambda_1)^{\langle b\rangle_{\lambda_1\eta}}\right) = \\
&=\mathcal{F}\left(\prod_{c=1}^{\kappa(\lambda_1)-1} c^{c+\kappa(\lambda_1)\langle a-c\rangle_\eta}\right) = \\
&=\mathcal{F}\left(\prod_{c=1}^{\kappa(\lambda_1)-1} c^{c+\langle a-c\rangle_\eta}\right) \qquad \text{(since } \kappa(\lambda_1)\equiv 1\ (mod\ M_{\lambda_1}))\\
&=\mathcal{F}\left(\left(\prod_{c=1}^{\kappa(\lambda_1)-1} c^{c-\langle c\rangle_\eta}\right)((\kappa(\lambda_1)-1)!)^{\langle a\rangle_\eta}\prod_{\langle c\rangle_\eta>\langle a\rangle_\eta} c^{\kappa(\eta)}\right),
\end{aligned}$$

since $\langle a-c\rangle_\eta = \langle a\rangle_\eta - \langle c\rangle_\eta$ if $\langle a\rangle_\eta \geq \langle c\rangle_\eta$, and $\langle a-c\rangle_\eta = \kappa(\eta)+\langle a\rangle_\eta - \langle c\rangle_\eta$ if $\langle a\rangle_\eta < \langle c\rangle_\eta$. We have $\prod_{\langle c\rangle_\eta>\langle a\rangle_\eta} c \stackrel{\text{def}}{=} 1$ if $\langle a\rangle_\eta = \kappa(\eta)-1$, while if $\langle a\rangle_\eta < \kappa(\eta)-1$, then

$$\begin{aligned}
\prod_{\langle c\rangle_\eta>\langle a\rangle_\eta} c = &\prod_{\kappa(\eta)-1\geq d>\langle a\rangle_\eta,\ \frac{\kappa(\lambda_1)-1}{\kappa(\eta)}>e\geq 0} (d+\kappa(\eta)e) = \\
&= \kappa(\eta)^{\kappa(\eta)-1-\langle a\rangle_\eta}\prod\left(\frac{d-\kappa(\eta)}{\kappa(\eta)}+e+1\right) = \\
&= \kappa(\eta)^{\kappa(\eta)-1-\langle a\rangle_\eta}\prod\left(\frac{\kappa(\lambda_1)-1}{\kappa(\eta)}(\kappa(\eta)-d)+e+1\right) = \\
&= \kappa(\eta)^{\kappa(\eta)-1-\langle a\rangle_\eta}\left(\frac{\kappa(\lambda_1)-1}{\kappa(\eta)}(\kappa(\eta)-\langle a\rangle_\eta)\right)!\Big/\left(\frac{\kappa(\lambda_1)-1}{\kappa(\eta)}\right)!.
\end{aligned}$$

We note that

$$\begin{aligned}
(\kappa(\lambda_1)-1)! \Big/ &\left(\frac{\kappa(\lambda_1)-1}{\kappa(\eta)}\langle a\rangle_\eta\right)! = \\
&= \left(\frac{\kappa(\lambda_1)-1}{\kappa(\eta)}\langle a\rangle_\eta+1\right)\cdots(\kappa(\lambda_1)-1) = \\
&= (-1)^{\frac{\kappa(\lambda_1)-1}{\kappa(\eta)}(\kappa(\eta)-\langle a\rangle_\eta)}\left(\frac{\kappa(\lambda_1)-1}{\kappa(\eta)}(\kappa(\eta)-\langle a\rangle_\eta)\right)!.
\end{aligned}$$

Thus,

$$\omega_{\eta,\lambda_1}(M_{\lambda_1}/l^{\mathrm{ord}_l(\eta)}) = -\frac{z_\eta}{\kappa(\eta)\kappa(\lambda_1)} \sum_{a\in(\mathbf{Z}/\eta)^*} X_a g_{1/a} =$$

$$= -\frac{z_\eta}{\kappa(\eta)\kappa(\lambda_1)} \sum_{a\in(\mathbf{Z}/\eta)^*} \Big(\mathcal{F}(r) + \langle a\rangle_\eta \mathcal{F}((\kappa(\lambda_1)-1)!) -$$

$$- \kappa(\eta)\langle a\rangle_\eta \mathcal{F}(\kappa(\eta)) - \kappa(\eta)\mathcal{F}\left(\left(\frac{\kappa(\lambda_1)-1}{\kappa(\eta)}\langle a\rangle_\eta\right)!\right)\Big) g_{\frac{1}{a}}$$

with some $r \in (\mathbf{Z}/\lambda_1)^*$. If we take into account that $(\kappa(\lambda_1)-1)! \equiv -1 \ (mod\ \lambda_1)$, $\mathcal{F}(-1) = 0$ (l is odd), $\kappa(\lambda_1) \equiv 1 \ (mod\ M_{\lambda_1})$, and $z_\eta(\sum g_{1/a}) = 0$ by assumption, we finally obtain the equality

$$\omega_{\eta,\lambda_1}(M_{\lambda_1}/l^{\mathrm{ord}_l(\eta)}) = \kappa(\eta)\mathcal{F}(\kappa(\eta))\omega_\eta - \omega'_{\eta,\lambda_1}(M_{\lambda_1}/l^{\mathrm{ord}_l(\eta)}),$$

which, in conjunction with B2, proves the desired property of T_1.

Let l satisfy $l \equiv 1 \ (mod\ [(\mathbf{Z}/\lambda)^*])$. Then Theorem 7 gives a description of the ψ-component of Cl_{λ,l^∞} in terms of T_1 and its derivatives, where ψ is a homomorphism from $G(K_\lambda/K)$ to $\mathbf{Z}_l^*$ such that $\psi(-1) = -1$, $\psi \neq \psi_1$, $\psi \neq \psi_1^2$. In particular, if $\lambda = (l)$, $l > 3$, then an elementary verification shows that for $i = 2s+1$, $s = 1, \ldots, \frac{l-3}{2}$, there exists $z_\lambda \in \mathbf{Z}[G_\lambda]'$ such that $j_{\psi_1^i}\left(\frac{1}{l} z_\lambda (\sum_{a\in(\mathbf{Z}/\lambda)^*} \langle a\rangle g_{1/a})\right) = l^{y_i} u_i j_{\psi_1^i}$, where $u_i \in \mathbf{Z}_l^*$ and the y_i were defined in the introduction ($\psi_1(g) = \rho(g) \ (mod\ \lambda)$). According to Corollary 8, we have $x_i \overset{\mathrm{def}}{=} \mathrm{ord}_l[Cl_{\lambda,l^\infty,\psi_1^i}] \leq y_i$; and since $\sum y_i = \sum x_i$ by the formula for the class numbers of K_λ and $K_{\lambda+}$ (see the introduction), it follows that $x_i = y_i$.

2.2. Cyclotomic units. Cyclotomic and elliptic units give us examples of Euler systems in Situation 1. In §2.2 we take $K = \mathbf{Q}$, $\lambda \in I_0$.

We fix a system of primitive $\kappa(\eta)$-th roots of unity ζ_η, where $\eta \in \Sigma_0(\lambda)$, such that $\zeta_{\eta_1\eta_2} = \zeta_{\eta_1}^{\kappa(\eta_2)}$. For $b_\lambda \in (\mathbf{Z}/\lambda)^*$ we define $b_\eta \in (\mathbf{Z}/\eta)^*$ by the condition $b_\eta \equiv 1 \ (mod\ (\eta/\lambda))$, $b_\eta \equiv b_\lambda \ (mod\ \lambda)$. We set $\tau'_\eta = (\zeta_\eta - 1)(\zeta_\eta^{-1} - 1)$. If λ is not a power of a prime divisor, we set $\tau_\eta = \tau'_\eta$; if λ is a power of a prime divisor, we set $\tau_\eta = (\tau'_\eta)^{g_{b_\eta}}/\tau'_\eta = (\zeta_\eta^{b_\eta} - 1)(\zeta_\eta^{-b_\eta} - 1)/(\zeta_\eta - 1)(\zeta_\eta^{-1} - 1)$. We show that $T = \{\tau_\eta,\ \eta \in \Sigma_0(\lambda)\}$ is an Euler system of the type in Situation 1. Using the equality $\prod_{\xi^r=1}(X - \xi) = X^r - 1$, we have the following relation for $\delta \in SP(2\eta)$: $N_{K_{\delta\eta}/K_\eta}(\tau'_{\delta\eta}) = (\tau'_\eta)^{(1-Fr_\delta^{-1})}$.

AX2 follows from the equality $\prod_{\xi^r=1,\ \xi\neq 1}(1-\xi) = r$. AX3 is obvious: $\zeta_{\delta\eta} - 1 = \zeta_\eta^{Fr_\delta^{-1}}\xi - 1$, where $\xi^{\kappa(\delta)} = 1$. Hence, $\zeta_{\delta\eta} - 1 \equiv (\zeta_\eta - 1)^{Fr_\delta^{-1}} \ (mod\ \omega)$, where $\omega \in SP(K_{\delta\eta})$, $\omega|\delta$ (note that $\xi \equiv 1 \ (mod\ \omega)\ \forall \xi \in A_{\kappa(\delta)}$).

For example, for $\lambda = (l)$, Corollary 8 implies that $x_i \le y_i$, $i = 2s$, $1 \le s \le \frac{l-3}{2}$ (see the introduction). Hence $x_i = y_i$, because $\sum x_i = \sum y_i$ from the class number formula for $K_{\lambda+}$.

2.3. Elliptic units. In this example K is an imaginary quadratic extension of $\mathbf{Q}$. We recall that E denotes an elliptic curve with complex multiplication by the ring of integers of K. Let $Y^2 + \alpha_1 XY + \alpha_3 Y = X^3 + \alpha_2 X^2 + \alpha_4 X + \alpha_6$ be the Néron module of E over K, and let $\Delta(E)$ be the discriminant of this equation. Let $a \in I_0(6f)$, and let $\Theta_0(z,a)$ be the function on E which is defined over K by the formula $\Theta_0(z,a) = \nu\kappa(a)^{-1}\prod(X(z) - X(b))^{-1}$, where the product is taken over all $\beta \in (E_a \setminus 0)/\pm 1$, $\nu^{12} = \Delta(E)^{N_{K/\mathbf{Q}}(a)-1}$, $\nu \in K^*$. We let J_0 denote the set of functions $\varphi : I_0(6f) \to \mathbf{Z}$ such that $\varphi(m) = 0$ for almost all $m \in I_0(6f)$, and $\sum_{m\in I_0(6f)} \varphi(m)(N_{K/\mathbf{Q}}(m) - 1) = 0$. We define $\Theta_0(z,\varphi)$ to be $\prod_{m\in I_0(6f)} \Theta_0(z,m)^{\varphi(m)}$. Let $|\varphi|$ be the product of those $m \in I_0(6f)$ for which $\varphi(m) \ne 0$.

We fix a system of $\mathcal{O}_K$-generators ζ_η of E_η, $\eta \in fI_0(|\varphi|)$, such that $\zeta_{\eta_1\eta_2} = \kappa(\eta_2)\zeta_{\eta_1}$ for $(\eta_2, f) = 1$. We set $\tau_\eta = \Theta_0(\zeta_\eta, \varphi)$. Let $\tilde\lambda \in fI_0(|\varphi|)$, $N'\tilde\lambda \overset{\text{def}}{=} |\varphi|$. Then $T = \{\tau_\eta,\ \eta \in \Sigma_0(\tilde\lambda)\}$ is an Euler system in Situation 1. The norm relation and properties AX2 and AX3 are easily derived from the properties of $\Theta_0(z,\varphi)$ and the good reduction properties of E. The proof is actually analogous to the proof for cyclotomic units. For details, see [8].

Suppose that $\lambda \in SP(6f)$, $N_{K/\mathbf{Q}}(\lambda)$ is a rational prime, $l = N_{K/\mathbf{Q}}(\lambda)$, $\tilde\lambda = f\lambda$. We suppose that φ satisfies $(\tilde\lambda, |\varphi|) = 1$. We let $Ell(\varphi)$ denote the $G_\lambda = G(K_\lambda/K)$-submodule of U_λ (the group of units of K_λ) generated by $\tau_\lambda(\varphi) = N_{K_{\tilde\lambda}/K_\lambda}(\tau_{\tilde\lambda})$. Then for $\psi : G_\lambda \to \mathbf{Z}_l^*$, $\psi \ne id$, Corollary 8 gives us the inequality $x_\psi \le y_\psi(\varphi)$, where $x_\psi = \mathrm{ord}_l[Cl_{\lambda,l^\infty,\psi}]$, $y_\psi(\varphi) = \mathrm{ord}_l[((U_\lambda/Ell(\varphi)) \otimes \mathbf{Z}_l)_\psi]$. Using the class number formula for K_λ, here we also show that $\exists\varphi \in J_0$ such that $\sum_{\psi\ne id} y_\psi(\varphi) = \sum x_\psi$, from which one obtains the equality $x_\psi = y_\psi$, where $y_\psi = \mathrm{ord}_l[((U_\lambda/Ell) \otimes \mathbf{Z}_l)_\psi]$, in which $Ell \subset U_\lambda$ is the subgroup generated by the $Ell(\varphi)$ when φ runs through J_0, $(|\varphi|, \tilde\lambda) = 1$.

3. Weil Elliptic Curves

Let A be a Weil elliptic curve of conductor N, and let $\gamma : X_N \to A$ be a Weil parametrization. Here X_N is the modular curve over $\mathbf{Q}$ which parametrizes isomorphism classes of isogenies $E' \to E''$ of elliptic curves with cyclic kernel of order N. The field K is an imaginary quadratic extension of $\mathbf{Q}$ with discriminant D satisfying $D \equiv$ square $(mod\ 4N)$. We fix an ideal i of the ring of integers $\mathcal{O}$ of K for which $\mathcal{O}/i \simeq \mathbf{Z}/N$. If $\eta \in I_0(N)$ and $\mathcal{O}_\eta = \mathbf{Z} + \kappa(\eta)\mathcal{O}$, then $i_\eta = i \cap \mathcal{O}_\eta$ is a proper $\mathcal{O}_\eta$-ideal. In particular, $i_1 = i$. Let K_η be the ring class field of K of conductor η. We let z_η denote the point of X_N over K_η corresponding to the isogeny $\mathbf{C}/\mathcal{O}_\eta \to \mathbf{C}/i_\eta^{-1}$ (we are supposing that $\overline{\mathbf{Q}}$ is imbedded in $\mathbf{C}$, and that $i_\eta^{-1} \supset \mathcal{O}_\eta$ is the inverse of i_η in the group of proper $\mathcal{O}_\eta$-ideals). We set $\tau_\eta = \gamma(z_\eta) \in A(K_\eta)$. Let $\delta \in SP(N\eta)$, $(\frac{\delta}{K}) \neq 0$, and let δ' be a prime divisor of δ in K. Since $[K_{\delta\eta}/K_\eta] = [K_\delta/K_1] = \kappa(\delta) - (\frac{\delta}{K})$ and $P_\delta(X) = X^2 - a_\delta X + \kappa(\delta)$ ($a_\alpha = a_{\kappa(\alpha)}$ if $\alpha \in I_0$, where $\sum_{n=1}^{\infty} a_n n^{-s}$ is the canonical L-series of A over $\mathbf{Q}$), it follows that

$$
\begin{aligned}
Fr_{\delta'}^{-1}([K_\delta/K_1] - P_\delta(Fr_{\delta'})) &= \\
&= Fr_{\delta'}^{-1}\left(\kappa(\delta) - \left(\frac{\delta}{K}\right) - (Fr_{\delta'}^2 - a_\delta Fr_{\delta'} + \kappa(\delta))\right) = \\
&= a_\delta - Fr_{\delta'} - \left(\frac{\delta}{K}\right) Fr_{\delta'}^{-1} = \\
&= \begin{cases} a_\delta - Fr_{\delta'} - Fr_{\delta'}^{-1}, & \text{if } (\frac{\delta}{K}) = 1, \\ a_\delta, & \text{if } (\frac{\delta}{K}) = -1, \end{cases}
\end{aligned}
$$

(in the latter case $Fr_{\delta'} = Fr_\delta = id$). The proof (see [11, 12]) of the norm relations $N_{K_\delta/K_1}(\tau_\delta) = Fr_{\delta'}^{-1}([K_\delta/K_1] - P_\delta(Fr_{\delta'}))$ and the relation $\tau_\delta(\omega) = Fr^{-1}\tau_1(v)$, where $\omega \in SP(K_\delta)$, $v \in SP(K_1)$, and $\omega | v | \delta$, carries over to the extensions $K_{\eta\delta}/K_\eta$, and hence $T = \{\tau_\eta,\ \eta \in \Sigma = I_0(N)\}$ is an AX3-Euler system ($\Delta = SP$). In particular, if $\lambda \in I_0(N)$, then $(T, \Sigma_0(\lambda))$ is an Euler system in Situation 1.

As usual, $M = l^n$, where l is a rational prime. If $\delta \in SP(N)$, $(\frac{\delta}{K}) \neq 0$, is such that δ' is a principal divisor and $M | \left(\kappa(\delta) - (\frac{\delta}{K})\right)$, then we define the generator $\zeta_{M,\delta'}$ of the group μ_M of M-th roots of unity by the condition $\zeta_{M,\delta'} = \xi_{\delta'}^{(N_{K/\mathbf{Q}}(\delta')-1)/M}$, where $\xi_{\delta'}$ is the generator of $\mu_{(N_{K/\mathbf{Q}}(\delta')-1)}$ for which $\theta_{\delta'}(\xi_{\delta'}) = t_\delta$. Recall that we are supposing that we have a fixed set of generators $t_{\tilde{\delta}}$ of the cyclic groups $G(K_{\tilde{\delta}}/K_1)$, $\tilde{\delta} \in SP$, and $\theta_{\delta'}$ is the local reciprocity map. If δ' splits in K_λ, as is always the case if $(\frac{\delta}{K}) = -1$ (then $\delta' = \delta$) and $v \in SP(K_\lambda)$ with $v | \delta'$, then we set $\zeta_{M,v} = \zeta_{M,\delta'}$.

If $\mathcal{K}$ is a local field, then we let $\langle\ ,\ \rangle_{M,\mathcal{K}} : A(\mathcal{K}) \times H^1(\mathcal{K}, A)_M \to \mathbf{Z}/M$ denote the non-degenerate Tate pairing, and we let $[\ ,\ ]_M : A_M \times A_M \to \mu_M$ denote the Weil pairing. Let $[\lambda, \lambda_1, \ldots, \lambda_k] \in \Sigma_0^{(k)}(\lambda)$ (see §1 following Theorem 3), $M | M_{\lambda_1}$ ($M_{\lambda_1} = l^m$, where $m = \operatorname{ord}_l(\kappa(\lambda_1) - (\frac{\lambda_1}{K}),\ a_{\kappa(\lambda_1)} - 1 - (\frac{\lambda_1}{K}))$), and $v_r \in SP(K_\lambda)$ with $v_r | \lambda_r$. If $\tau \in H^1(R, A)_M$, then (τ) denotes the image of τ in $H^1(R, A)_M$. From Theorem 4 and the explicit formula for the Tate pairing [11], §3, it follows that the following relation holds for all $g \in G(K_\lambda/\mathbf{Q})$ and all $s \in A(K_\lambda(v_r))/M$:

Theorem 9. *$((g^{-1}\tau_{\lambda,\lambda_1,\ldots,\lambda_k}(M))(v)) \in H^1(K_\lambda(v), A)_{\mathrm{unr}}$ for $v \in SP(K_\lambda)$, $v \neq \lambda_1, \ldots, \lambda_k$, and*

$$\zeta_{M,v_r}^{\langle s^g,(\tau_{\lambda,\lambda_1,\ldots,\lambda_k}(M,v_r^g))\rangle_{M,v_r^g}} =$$
$$= \left[\frac{Fr_{\lambda_r}^{j_r}-1}{M}s, -\frac{Fr_{\lambda_r}^{-1}(Fr_{\lambda_r}-1)(Fr_{\lambda_r}-(\frac{\lambda_r}{K}))}{M}(g^{-1}\tau_{\lambda,\ldots,\hat{\lambda}_r,\ldots}(M))(v_r)\right]_M .$$

We note that (by the analogous theorem for $k-1$):

$$(g^{-1}\tau_{\lambda,\ldots,\hat{\lambda}_r,\ldots}(M))(v_r) \in A(K_\lambda(v_r))/M \qquad ((\lambda_r, N) = 1).$$

If $(\frac{\lambda_r}{K}) = 1$, then $j_r = 1$ and $K_\lambda(v_r) = K(\lambda_r') = \mathbf{Q}(\lambda_r)$; if $(\frac{\lambda_r}{K}) = -1$, then $j_r = 2$ and $K_\lambda(v_r) = K(\lambda_r')$ is a quadratic extension of $\mathbf{Q}(\lambda_r)$ (λ_r' splits in K_λ).

For $[1, \lambda_1, \ldots, \lambda_k] \in \Sigma_0^{(k)}(1)$ we define $\tau_{\lambda_1,\ldots,\lambda_k} \in H^1(K, A)_{M_{\lambda_1}}$ to be $\tau_{\lambda_1,\ldots,\lambda_k} = \mathrm{cor}_{K_1/K}(\tau_{1,\lambda_1,\ldots,\lambda_k})$.

In [11] it was proved that $\tau_\eta^\sigma = \epsilon\tau_\eta^{\theta(i_\eta)} + \gamma(0)$ for $\eta \in SP(N)$. Here $\epsilon \in \{\pm 1\}$ is determined from the condition $\gamma \circ w_N = \epsilon\gamma + \gamma(0)$, where $w_N : X_N \to X_N$ is the principal involution of X_N; $\gamma(0) \in A(\mathbf{Q})_{\mathrm{tor}}$ is the image under γ of the cusp of X_N corresponding to $z = 0$ in the completed upper half-plane; and $\theta(i_\eta) \in G(K_\eta/K)$ is the image of i_η under the isomorphism θ from the group of proper $\mathcal{O}_\eta$-ideals to $G(K_\eta/K)$ such that $J(b)^{\theta(a)} = J(a^{-1}b)$, where J is the modular invariant. Similarly, σ acts on τ_η for all $\eta \in I_0(N)$ (the proof is similar). Using induction and the definition of $\tau_{\eta,\lambda_1,\ldots,\lambda_k}$, one proves that

$$\tau_{\eta,\lambda_1,\ldots,\lambda_k}^\sigma = \epsilon(-1)^k\tau_{\eta,\lambda_1,\ldots,\lambda_k}^{\theta(i_\eta)} + \prod_{1\le j\le k}\frac{\kappa(\lambda_j)+1-a_{\lambda_j}}{M_{\lambda_j}}\gamma(0).$$

Then

$$\tau_{\eta,\lambda_1,\ldots,\lambda_k}^\sigma = \epsilon(-1)^k\tau_{\lambda_1,\ldots,\lambda_k} + h\prod_{1\le j\le k}\frac{\kappa(\lambda_j)+1-a_{\lambda_j}}{M_{\lambda_j}}\gamma(0),$$

where $h = [K_1/K]$ is the class number of K. In what follows it will be convenient to use the "empty" index λ_0: $\tau_{\lambda_0} = \tau$, $\tau_{\lambda_0,\lambda_1,\ldots,\lambda_k} = \tau_{\lambda_1,\ldots,\lambda_k}$.

For $k \geq 0$ we set

$$\tau'_{\lambda_0,\dots,\lambda_k} = \\ = \begin{cases} (\sigma + \epsilon(-1)^{k+1})\tau_{\lambda_0,\dots,\lambda_k}, & \text{if } l \text{ is odd or the period of } h\gamma(0) \text{ is even,} \\ \tau_{\lambda_0,\dots,\lambda_k}, & \text{if } l = 2 \text{ and the period of } h\gamma(0) \text{ is odd.} \end{cases}$$

Then

$$(\tau'_{\lambda_0,\dots,\lambda_k})^\sigma = \epsilon(-1)^k \tau'_{\lambda_0,\dots,\lambda_k}.$$

Theorem 9 implies that for $v \in SP(K)$, $v \neq \lambda_0, \dots, \lambda_k$, $\tau_{\lambda_0,\dots,\lambda_k}(v) \in H^1(K(v), A)_{\text{unr}}$, and $\forall s \in A(K(\lambda'_r))/M$, $k \geq r > 0$, we have:

$$\zeta_{M,\lambda'_r}^{\langle s,(\tau_{\lambda_1,\dots,\lambda_k}(\lambda'_r))\rangle_{M,\lambda'_r}} = \\ = \left[\frac{Fr^{j_r}_{\lambda_r} - 1}{M} s,\ - Fr_{\lambda_r} \frac{(Fr_{\lambda_r} - 1)(Fr_{\lambda_r} - (\frac{\lambda_r}{K}))}{M} \tau_{\dots,\hat{\lambda}_r,\dots}(\lambda'_r)\right]_M .$$

In what follows we shall limit ourselves to prime divisors λ_r which remain prime in K, i.e., $(\frac{\lambda_r}{K}) = -1$. It follows from the above that $(\tau'_{\lambda_0,\dots,\lambda_k}(v)) \in H^1(K(v), A)_{\text{unr}}$ for $v \in SP(K)$ with $v \neq \lambda_0, \dots, \lambda_k$; $\tau'_{\dots,\lambda'_r,\dots}(\lambda_r) \in A(K(\lambda_r))/M$ for $k > 0$; and (since $Fr_{\lambda_r}\tau'_{\dots,\lambda'_r,\dots} = \sigma\tau'_{\dots,\lambda'_r,\dots} = \epsilon(-1)^k\tau'_{\dots,\lambda'_r,\dots}$) we have the following relation for all $s \in A(K(\lambda_r))/M$:

$$\zeta_{M,\lambda_r}^{\langle s,(\tau'_{\lambda_1,\dots,\lambda_k}(\lambda_r))\rangle_{M,\lambda_r}} = \left[\frac{Fr^2_{\lambda_r} - 1}{M} s,\ \epsilon(-1)^k \frac{Fr^2_{\lambda_r} - 1}{M} \tau'_{\dots,\hat{\lambda}_r,\dots}(\lambda_r)\right]_M . \tag{7}$$

Recall that A_m denotes the group of all points of order m on $A(\overline{\mathbf{Q}})$, $A_m \simeq \mathbf{Z}/m + \mathbf{Z}/m$. We set $d = 1$ if $l \neq 2$ or if σ acts nontrivially on A_2, and we set $d = 2$ if $l = 2$ and σ acts trivially on A_2. If A is a $\{1, \sigma\}$-module, then we denote $A_\pm = \ker(\sigma \mp 1)$. If $l \neq 2$, then A_{l^n} is the direct sum of its cyclic submodules A_{l^n+} and A_{l^n-} of order l^n. We choose a projective system (relative to multiplication by l) of generators $e_{\pm l^n} \in A_{l^n\pm}$. Since the Weil pairing $[\ ,\ ]_M : A_M \times A_M \to \mu_M$ is alternating and non-degenerate, it follows that $[e_{+M}, e_{-M}]_M = \zeta_M$ is a generator of μ_M. Now suppose that $l = 2$. Obviously, $A_{M+} \cap A_{M-} = A_{2+} = A_{2-}$. Hence, if $d = 1$, then $A_{2+} \simeq \mathbf{Z}/2$ and $A_{M\pm}$ are cyclic groups. Since $2A_M \subset A_{M+} + A_{M-}$, it follows that $[A_{M+}][A_{M-}]/2 \geq 2^{2n-2}$. On the other hand, $[A_{M+}] \leq 2^n$ and $[A_{M-}] \leq 2^n$. Hence, $[A_{M\pm}] \geq 2^{n-2}$. But then $A_{M\pm} \simeq \mathbf{Z}/2^n$, since $A_{M\pm}$ is the subgroup of elements of order 2^n

in $A_{M2^2\pm}$, which is a cyclic group of order $\geq 2^n$. We again choose a projective system $\{e_{\pm M}\}$. Then $[e_{+M}, e_{-M}]_M = \zeta_{2^{n-1}}$ is a generator of $\mu_{2^{n-1}}$. In fact, $2^{n-1}[e_{+M}, e_{-M}]_M = [e_{+2}, e_{-2}]_2 = 1$, since $e_{+2} = e_{-2}$ (a general property of the Weil pairing is that $[le_1, le_2]_{l^{n-1}} = [e_1, e_2]^l_{l^n}$). We prove that $[e_{+4}, e_{-4}]_4 \neq 1$, in which case $[e_{+M}, e_{-M}]_M$ has period 2^{n-1}. If we had $[e_{+4}, e_{-4}]_4 = 1$, then e_{+4} and e_{-4} would generate a subgroup of index 2 in A_4 which is orthogonal to itself with respect to a non-degenerate pairing, and this is impossible. Now let $d = 2$. Then $A_{M+} \simeq \mathbf{Z}/2^x + \mathbf{Z}/2$, since otherwise we would have $A_{M+} \supset A_4$; however, σ acts nontrivially on A_4, since $\det(\rho(\sigma)) = -1$. In the same way as before we prove that $A_{M+} \simeq \mathbf{Z}/2^n + \mathbf{Z}/2$. We also have $A_{M-} \simeq \mathbf{Z}/2^n + \mathbf{Z}/2$. We choose projective systems $\{e_{\pm M}\}$ of elements of period M in $A_{M\pm}$. We show that e_{+M} and e_{-M} form a basis of A_M. It suffices to prove this for e_{+4} and e_{-4}. Suppose that $\alpha e_{+4} + \beta e_{-4} = 0$. Then $2|\alpha$ and $2|\beta$. Hence $\alpha = \beta = 0$, since otherwise we would have $2e_{+4} + 2e_{-4} = 0 \Rightarrow e_{+4} = -e_{-4} + e$, where $e \in A_2$. Then $e_{+4} \subset A_4$, which is a contradiction. In particular, $[e_{+M}, e_{-M}]_M = \zeta_M$ is a primitive M-th root of unity.

We set $C = C(K)$ equal to the period of $A(K)_{\text{tor}}$. The properties of the groups $G_{l^n} = G(\mathbf{Q}(A_{l^n})/\mathbf{Q})$ (the theory of complex multiplication and Serre's theory) imply that there exist natural numbers a and b', not depending on l (see below), such that: $aH^1(G(K(A_{l^{n_1+n_2}})/K), A_{l^{n_1+n_2}}) = 0\ \forall n_1, n_2$; and for all n, $b'A = 0$ for any G_{l^n}-submodule $A \subset A_{l^n}$ for which either $(\sigma+1)A = 0$ or $(\sigma - 1)A = 0$. We set $b = (2/d)b'$.

We let M_0 denote the least common multiple of the periods of $H^1(K(v), A)_{\text{unr}}$ (these groups are finite, and they are trivial for $(v, N) = 1$). We let $M = l^n$, and let S_M denote the M-th Selmer group of A over K. $S_{\pm M}$ is the kernel of $\sigma - 1$ and $\sigma + 1$, respectively. Ш is the Shafarevich-Tate group of A over K, and $Ш_{\pm M}$ is the kernel of $\sigma - 1$ and $\sigma + 1$ on $Ш_M$. If $r \in \mathbf{Z}$, $r \neq 0$, then χ_r will denote a character (homomorphism to μ_M) of the group $S_{\text{sgn}(r)M}$. Let $\chi_0 \overset{\text{def}}{=}$ the trivial character. Let $M_1 = l^{\text{ord}_l(M_0)}$.

If $v \in SP(K)$, then $H^1(K, A_T)_{\hat{v}}$ denotes the subgroup of $H^1(K, A_T)$ consisting of elements τ whose projection to $H^1(K(\tilde{v}), A)_T$ is trivial for all $\tilde{v} \in SP(K)$, $\tilde{v} \neq v$. If $a \in \mathbf{Z}$, then $\tilde{a}$ denotes a if $a > 0$ and 0 if $a \leq 0$.

If τ' is a point of infinite order, then we let C denote the largest natural number which divides τ' in $A(K)/A(K)_{\text{tor}}$. We have:

Theorem 10. *Suppose that τ' is a point of infinite order, $r \in \mathbf{N}$, $n \geq \text{ord}_l(C) + r\,\text{ord}_l(ab) + 2\,\text{ord}_l(cd) + 1$, and $M = l^n$ as usual. Then there exist $[1, \lambda_1, \ldots, \lambda_r] \in \Sigma_0^{(r)}(1)$ such that $M^3M_1|M_{\lambda_1}$ and characters $\chi_{(-1)^k\epsilon k} : S_{(-1)^k\epsilon M} \to \mu_M$, $1 \leq k \leq r$, such that:*

(1) *Let the integers $0 \leq \alpha_0, \ldots, \alpha_r \leq n$ be determined by the condition that $l^{\alpha_j}\mathbf{Z}_l$ is the annihilating ideal of $\tau'_{\lambda_0,\ldots,\lambda_j}(M)$ for $0 \leq j \leq$*

r. Then the integers $m_j = n - \alpha_j$ *satisfy the inequality* $m_{k-1} - m_k \geq -\mathrm{ord}_l(ab)$. *Furthermore, there exist* $\tau''_{\lambda_0,\ldots,\lambda_j}(M^2M_1) \in H^1(K, A_{M^2M_1})$ *such that* $c\tau'_{\lambda_0,\ldots,\lambda_j}(M^2M_1) = l^{m_j}\tau''_{\lambda_0,\ldots,\lambda_j}(M^2M_1)$. *As usual, let* $\tau''_{\lambda_0,\ldots,\lambda_j}(M)$ *denote the image of* $\tau''_{\lambda_0,\ldots,\lambda_j}(M^2M_1)$ *in* $H^1(K, A_M)$ *(under the homomorphism induced by multiplication by* MM_1: $A_{M^2M_1} \to A_M$*). Then we have*

$$\tau''_{\lambda_0,\ldots,\lambda_j}(M) \in H^1(K, A_M)_{\hat{v}} \qquad \textit{for} \qquad v \in SP(K), \;\; v \neq \lambda_0, \ldots, \lambda_j.$$

(2) *Let* $\chi''_{\mp\epsilon k} : H^1(K, A_M)_{\hat{\lambda}_k} \xrightarrow{\sim} \mu_M$ *be defined by setting*

$$\chi''_{\mp\epsilon k}(s) = \left[\frac{Fr^2_{\lambda_k} - 1}{M} s,\; e_{\pm\epsilon M}\right]_M.$$

Then $\chi'_{(-1)^k\epsilon k}$ *is the restriction of* $\chi''_{(-1)^k\epsilon k}$, *and*

$$\chi''_{(-1)^{k-1}}(c\tau''_{\lambda_0,\ldots,\lambda_{k-1}}(M)) = \zeta_M^{abc/q_{(-1)^{k-1}\epsilon k}},$$

where $0 \leq \mathrm{ord}_l(q_{(-1)^{k-1}\epsilon k}) \leq \mathrm{ord}_l(ab)$.

(3) *Let* $\chi'_{(-1)^{k-1}\epsilon k} : S_{(-1)^{k-1}\epsilon M} \to \mu_M$ *be the restriction of* $\chi''_{(-1)^{k-1}\epsilon k}$. *Let* $S^*_{-\epsilon M} = \mathrm{Hom}(S_{-\epsilon M}, \mu_M)$ *and* $S^*_{\epsilon M} = \mathrm{Hom}(\ker \chi'_\epsilon, \mu_M)$. *We let* $\chi_{\mp\epsilon k} \in S^*_{\mp\epsilon M}$ *denote the restriction of* $\chi'_{\mp\epsilon k}$. *Then the period of* $\chi_{(-1)^k\epsilon k}$ *in*

$$Z_k = S^*_{(-1)^k\epsilon M} \Big/ \left(\chi_{(-1)^k\epsilon\widetilde{(k-1)}}, \chi_{(-1)^k\epsilon\widetilde{(k-2)}}, \ldots\right)$$

is equal to (period of Z_k)$/q_{(-1)^k\epsilon k}$, *where* $0 \leq \mathrm{ord}_l(q_{(-1)^k\epsilon k}) \leq \mathrm{ord}_l(ab)$. *Furthermore,* $\chi_{(-1)^k\epsilon k}^{(l^{m_{k-1}-m_k}(a'b)^2cd)} \subset \left(\chi_{(-1)^k\epsilon\widetilde{(k-1)}}, \chi_{(-1)^k\epsilon\widetilde{(k-2)}}, \ldots\right)$, *so that* $l^{m_{k-1}-m_k}(ab)^3cd\, Z_k = 0$.

Before proving the theorem, we use it to derive some corollaries.

We observe that if $l^{\alpha_0}\tau' = l^n\tau'_2$ with $\tau'_2 \in A(K)$, then τ' is divisible by $l^{n-\alpha_0} = l^{m_0}$ in $A(K)/A(K)_{\mathrm{tor}}$. Thus, $l^{m_0}|C$, i.e., $m_0 \leq \mathrm{ord}_l(C)$. We show that if $n \geq \mathrm{ord}_l(C) + \mathrm{ord}_l(c)$ we have $m_0 \geq \mathrm{ord}_l(C)$, and hence $m_0 = \mathrm{ord}_l(C)$. In fact, we can write $\tau' = C\tau'_1 + e$ with $e \in A(K)_{\mathrm{tor}}$ and $\tau'_1 \in A(K)$. Then $c\tau' = Cc\tau'_1$. Multiplying both sides of the last equality by $l^{n-\mathrm{ord}_l(c)+\mathrm{ord}_l(C)}$, we find that $l^{n-\mathrm{ord}_l(C)}\tau' \in l^nA(K)$. Hence, $n - \mathrm{ord}_l(C) \geq \alpha_0$, i.e., $\mathrm{ord}_l(C) \leq n - \alpha_0 = m_0$. We further note that when $n \geq \mathrm{ord}_l(cC)$ we can take $\tau''(M^2M_1)$ to be $C_{\hat{l}}c\tau'_1$, where $C_{\hat{l}} = C/l^{\mathrm{ord}_l(C)} \in \mathbf{Z}^*_l$.

Let d_1 denote ab, and let d_2 denote d_1^3cd. We have:

Corollary 11. *If τ' is a point of infinite order, then we have $l^{m_0-m_1}d_2S_{-\epsilon M}=0$, $Ш_{-\epsilon}\stackrel{\text{def}}{=}Ш_{-\text{sgn}(\epsilon)}$ is finite, and $2d_2C\,Ш_{-\epsilon}=0$.*

Proof. Theorem 10 with $r=1$ implies that $l^{m_0-m_1}d_2S_{-\epsilon M}=0$. Since $m_0\le \text{ord}_l(C)$, it follows *a fortiori* that $d_2CS_{-\epsilon M}=0$. We have the natural exact sequence:

$$0\longrightarrow A(K)/M\longrightarrow S_M\xrightarrow{\varphi}Ш_M\longrightarrow 0.$$

Since $2\,Ш_{-\epsilon M}\subset(\sigma-\epsilon)Ш_M=(\sigma-\epsilon)\varphi(S_M)\subset\varphi(S_{-\epsilon M})$, it follows that $2d_2C\,Ш_{-\epsilon M}=0$. Hence, $2d_2C\,Ш_{-\epsilon}=0$, and this implies, in particular, that $Ш_{-\epsilon}$ is finite, since $Ш_{-\epsilon}\subset Ш_T$ for $T=2d_2C$, and $Ш_T$ is the image of the finite group S_T and so is finite. This concludes the proof of the corollary.

Corollary 12. *If τ' is a point of infinite order, then $A(K)$ has rank 1, Ш is a finite group, and $Cd_1d_22abc\,Ш=0$.*

Proof. Applying Theorem 10 with $r=2$, we find that $l^{m_1-m_2}d_2S^*_{\epsilon M}=0$. Since $m_0-m_1\ge -\text{ord}_l(d_1)$, it follows that l^{m_1} divides $l^{m_0}d_1$. Thus, $Cd_1d_2S^*_{\epsilon M}=0$. Since $S^*_{\epsilon M}$ is dual to $\ker\chi_\epsilon$, by definition, we have $Cd_1d_2\ker\chi_\epsilon=0$. We have the sequence of homomorphisms

$$0\longrightarrow\ker\chi_\epsilon\longrightarrow S_{\epsilon M}\xrightarrow{\chi_\epsilon}\mu_M.$$

Since $\chi_\epsilon(C_l c\tau_1')=\zeta_M^{cab/q_\epsilon^{-1}}$, it follows that $\chi_\epsilon(c\tau_1')$ has period equal to $l^{n-\text{ord}_l(cab)+\text{ord}_l(q_\epsilon)}$. Thus, the quotient of $S_{\epsilon M}$ by the subgroup generated by $c\tau_1'$ and $\ker\chi_\epsilon$ is a cyclic group which is annihilated by cab. Since $2S_M\subset S_{-\epsilon M}+S_{\epsilon M}$, it follows that $2(cab)d_1d_2C$ annihilates $S_M/(c\tau_1')$. Hence $A(K)=A(K)_{\text{tor}}+\mathbf{Z}\tau_1'$. Furthermore, $2\,Ш_M\subset\varphi(S_{\epsilon M}+S_{-\epsilon M})$, and so $2(cab)d_1d_2C$ annihilates Ш; in particular, Ш is a finite group. The corollary is proved.

We define $R_{\pm\epsilon l}$ to be $\dim_{\mathbf{Z}/l}(Ш_{\pm\epsilon})_l$, i.e., it is the rank of the l-component of $Ш_{\pm\epsilon}$. Let

$$R(l)=\begin{cases}\max(2R_{-\epsilon l}+1,\ 2R_{\epsilon l}+4), & \text{if } l\neq 2,\\ \max(2R_{-\epsilon l}+5,\ 2R_{\epsilon l}+6), & \text{if } l=2.\end{cases}$$

We have:

Corollary 13. *Let τ' be a point of infinite order. Then $[\text{Ш}]$ divides the natural number*

$$C^2\left(\prod_l l^{2R(l)\operatorname{ord}_l(d_2)}\right)(cab)2^{\dim_{\mathbf{Z}/2}\text{Ш}_2}.$$

Proof. Let $R^*_{\pm\epsilon M}$ denote the rank of $S^*_{\pm\epsilon M}$ (the number of cyclic terms, or equivalently, the dimension over $\mathbf{Z}/l$ of the subgroup of elements of order l). We set $r = \max(2R^*_{-\epsilon M} - 1, 2R^*_{\epsilon M})$. We first suppose that $r > 0$. We apply Theorem 10 with this value of r. We set $\chi_a = 0$ if $|a| > r$. We let Y_k denote the subgroup of $S^*_{(-1)^k\epsilon M}$ generated by $\chi_{(-1)^k\epsilon(k+1)}, \chi_{(-1)^k\epsilon k}, \chi_{(-1)^k\epsilon\widetilde{(k-1)}}, \dots$. Then Theorem 10 implies that $\operatorname{rank}\left(S^*_{(-1)^k\epsilon M}/Y_k\right) \le \max\left(0, \operatorname{rank}\left(S_{(-1)^k\epsilon M}/Y_{\widetilde{(k-2)}}\right) - 1\right)$. In addition, $l^{m_{k-1}-m_k}d_2Y_k \subset Y_{\widetilde{(k-2)}}$. We have $S^*_{-\epsilon M} = Y_{\widetilde{(2R^*_{-\epsilon M}-1)}}$, since $\operatorname{rank}\left(S^*_{-\epsilon M}/Y_{\widetilde{(2R^*_{-\epsilon M}-1)}}\right) = 0$. We similarly have $S^*_{\epsilon M} = Y_{2R^*_{\epsilon M}}$. Furthermore, $[S^*_{-\epsilon M}][S^*_{\epsilon M}]$ divides $(l^{m_{r-1}-m_r}d_2)^2 \cdots (l^{m_0-m_1}d_2)^2$. Hence, $[\varphi(S_{\epsilon M} + S_{-\epsilon M})]$ divides $C^2d_2^{2r}abc$. Since $2\,\text{Ш}_M \subset \varphi(S_{\epsilon M} + S_{-\epsilon M})$, it follows that $[\text{Ш}_M]$ divides $C^2d_2^{2r}(abc)2^{\dim_{\mathbf{Z}/2}\text{Ш}_2}$. Obviously, $R^*_{-\epsilon M} = \operatorname{rank} S_{-\epsilon M} \le R_{-\epsilon l} + \operatorname{rank}(S_{\epsilon M} \cap \ker\varphi)$. Since $\ker\varphi = A(K)/M = (A(K)_{\mathrm{tor}} + \mathbf{Z}\tau'_1)/M$, and $(\tau'_1)^\sigma = \epsilon(\tau'_1) + e_1$ with $e_1 \in A(K)_{\mathrm{tor}}$, it follows that for $l \ne 2$ we have $\operatorname{rank}(S_{-\epsilon M} \cap \ker\varphi) = \operatorname{rank}(A(K)_{\mathrm{tor}} \cap S_{-\epsilon M}) \le 1$. Thus, $R^*_{-\epsilon M} \le R_{-\epsilon l} + 1$. If $l = 2$, then automatically $R^*_{-\epsilon M} \le R_{-\epsilon l} + 3$, since $\operatorname{rank} A(K)_{2^\infty} \le 2$. Similarly, $R^*_{\epsilon M} = \operatorname{rank}(\ker\chi_\epsilon) \le R_{\epsilon l} + 2$ if $l \ne 2$, and $R^*_{\epsilon M} \le R_{\epsilon l} + 3$ if $l = 2$. Hence, $r \le R(l)$.

If $r = 0$, i.e., $S_{-\epsilon M} = \ker\chi_\epsilon = 0$, then Corollary 12 holds because $2\,\text{Ш}_{l^\infty} \subset \varphi(S_{-\epsilon M} + S_{\epsilon M})$ (by Corollary 11, we may assume that M is such that $\text{Ш}_{l^\infty} = \varphi(S_M)$), and $\varphi(S_{\epsilon M})/\varphi(\ker\chi_\epsilon)$ is a cyclic group annihilated by abc. This concludes the proof.

Proof of Theorem 10. The proof uses induction on r.

Because of the condition $n \ge m_{r-1} + \operatorname{ord}_l(c) + 1$ (which holds because we have $m_{r-1} \le m_0 + (r-1)\operatorname{ord}_l(ab)$ by induction; $n \ge \operatorname{ord}_l(C) + r\operatorname{ord}_l(ab) + 2\operatorname{ord}_l(cd) + 1$ by assumption; and $m_0 = \operatorname{ord}_l(C)$, as shown above) and the equality $c\tau'_{\lambda_0,\dots,\lambda_{r-1}}(M) = l^{m_{r-1}}\tau''_{\lambda_0,\dots,\lambda_{r-1}}(M)$, it obviously follows that $\tau''_{\lambda_0,\dots,\lambda_{r-1}}(M)$ has period $l^{n-\operatorname{ord}_l(C)}$.

We set

$$M_2 = \begin{cases} M_{\lambda_{r-1}} l^{n(\lambda_1,\dots,\lambda_{r-1})}, & \text{if } r-1 \geq 1, \\ 2^{\mathrm{ord}_l(2)} M^3 M_1, & \text{if } r = 1. \end{cases}$$

Here $n(\lambda_1, \dots, \lambda_{r-1}) \in \mathbf{Z}_+$ is such that $l^{n(\lambda_1,\dots,\lambda_{r-1})}$ annihilates the groups which occur in the definition of $\Sigma_1^{(r)}(1)$ in terms of $\Sigma_0^{(r-1)}(1)$ (see §1 following Theorem 3), so that $[1, \lambda_1, \dots, \lambda_r] \in \Sigma_1^{(r)}(1)$ if $\lambda_r \in SP(2N \cdot \prod_{0 \leq j \leq r-1} \lambda_j)$ and $M_{\lambda_{r-1}} l^{n(\lambda_1,\dots,\lambda_{r-1})} \mid M_{\lambda_r}$ (for $r > 1$). We further note that $[1, \lambda_1] \in \Sigma_1^{(1)}(1)$ if $\lambda_1 \in SP(2N)$. Recall that we are considering only those prime divisors λ_j of $\mathbf{Q}$ which remain prime in K. In particular, the λ_j split in the ring class fields of K.

Let $S_{(-1)^{r-1}\epsilon} \subset H^1(K, A_M)_{(-1)^{r-1}\epsilon}$ denote the subgroup generated by $\tau''_{\lambda_0,\dots,\lambda_{r-1}}(M)$, and let $S_{(-1)^r\epsilon} \overset{\mathrm{def}}{=} S_{(-1)^r \epsilon M}$.

Let $V = K(A_{M_2})$. We let $S'_\pm \subset H^1(V, A_M)_\pm$ denote the image of $S_\pm$ under the restriction homomorphism res: $H^1(K, A_M) \to H^1(V, A_M)$. Let $W(\pm)$ be the M-periodic abelian extensions of V corresponding to $S'_\pm$, let $H(\pm) = G(W(\pm)/V)$, let W be the compositum of $W(+)$ and $W(-)$, and set $H = G(W/V)$. We define homomorphisms $\varphi(\pm) : H \to \mathrm{Hom}(S'_\pm, \mu_M)$ by setting $\varphi(\pm)(\eta) : s_\pm \mapsto [s_\pm(\eta\eta^\sigma), e_{\mp M}]_M$. We observe that $\varphi(\pm)$ factors through $H(\pm)$, and the restriction homomorphism $H \to H(\pm)$ is surjective by Galois theory. We show that $\varphi(\pm)(H) \supset b\, \mathrm{Hom}(S'_\pm, \mu_M)$. It suffices to show that $\varphi(\pm)(H(\pm)) \supset b\, \mathrm{Hom}(S'_\pm, \mu_m)$, and, by duality, this is equivalent to showing that $b\, X'(\pm) = 0$, where $X'(\pm)$ is the subgroup of $S'_\pm$ orthogonal to $\varphi(\pm)(H(\pm))$. We have:

$$x(\pm) \in X'(\pm) \Leftrightarrow \forall \eta \in H(\pm)\ [x(\pm)(\eta\eta^\sigma),\ e_{\mp M}]_M = 1.$$

If we use the relation $x(\pm)(\eta\eta^\sigma) = (\pm\sigma + 1)(x(\pm)(\eta))$; the fact that $(x(\pm))(H(\pm))$ is a $G(V/\mathbf{Q})$-submodule of A_M; the implication $[Z(\pm), e_{\mp M}]_M = 1 \Rightarrow (2/d)Z(\pm) = 0$, where $Z(\pm)$ is any subgroup of $A_{\pm M}$ (since $(2/d)A_M \subset (e_M, e_{-M})$); and the definition of b, we obtain $b(x(\pm)(H(\pm))) = 0$, and hence $b\, x(\pm) = 0$. We further note that, by definition, a annihilates ker(res), and thus $a\, \mathrm{Hom}(S_\pm, \mu_M) \subset \mathrm{Hom}(S'_\pm, \mu_M)$. Hence, $\psi(\pm)(H) \supset ab\, S^*_\pm$, where $S^*_\pm = \mathrm{Hom}(S_\pm, \mu_M)$, and $\psi(\pm) : H \to S^*_\pm$ is the homomorphism for which $\psi(\pm)(\eta) : s_\pm \to (\varphi(\pm)(\eta))(\mathrm{res}(s_\pm))$. We let $Y'_{r-2} \subset S^*_{(-1)^r\epsilon}$ denote the preimage of $Y_{r-2} \subset S^*_{(-1)^r\epsilon M}$, so that $S^*_{(-1)^r\epsilon}/Y'_{r-2} \simeq S^*_{(-1)^r\epsilon M}/Y_{r-2} = Z_r$. We let $X(\pm) \subset S^*_\pm$ denote the image of $\psi(\pm)$. Let $Y''_{r-2} = Y'_{r-2} \cap X(\nu)$, where ν is the sign of $(-1)^r\epsilon$. Let $X''(-\nu) \overset{\mathrm{def}}{=} X(-\nu)$ (where $-\nu$ is the sign opposite ν), let $X''(\nu) = X(\nu)/Y''_{r-2}$, and let $\psi''(\pm) : H \to X''(\pm)$ be the corresponding factorization of $\psi(\pm)$. We show that $\exists \eta \in H$ such that the period of $\psi''(\pm)(\eta)$

is equal to the period of $X''(\pm)$. Since $\psi''(\pm)$ is surjective, this claim is obvious if either of the groups $X''(\pm)$ is trivial. Suppose that $X''(+)$ and $X''(-)$ are nontrivial, and let $l^{n(\pm)}$ denote the period of $X''(\pm)$, $n(\pm) \geq 1$. We let $H''(\pm) \subset H$ denote the proper subgroup of H consisting of elements x for which $l^{n(\pm)-1}\psi''(\pm)(x) = 0$. Then $\eta \in H \setminus (H'(+) \cup H'(-))$ satisfies the necessary condition. Here $H \setminus (H'(+) \cup H'(-))$ is nonempty, since a group cannot be the union of two proper subgroups. Since $ab\, S^*_{\pm} \subset X(\pm)$ and (period of $S^*_{-\nu}$) = (period of $S_{(-1)^{r-1}\epsilon M}$) $= l^{n-\mathrm{ord}_l(c)}$, it follows that

$$(n - \mathrm{ord}_l(c)) \geq \mathrm{ord}_l(\text{period of } \psi(-\nu)(\eta)) \geq n - \mathrm{ord}_l(abc),$$

$$\mathrm{ord}_l(\text{period of } \psi(\nu)(\eta)\ (mod\ Y'_{r-2})) \geq \mathrm{ord}_l(\text{period of } Z_r) - \mathrm{ord}_l(ab).$$

We set $\chi'_{\pm r} = \psi(\pm)(\eta)$. Let $g \in G(W/\mathbf{Q})$, $g = \eta\sigma$. By the Chebotarev density theorem, $\exists \lambda_r \in SP(2Nl(\lambda_0 \cdots \lambda_{r-1}))$ such that λ_r is unramified in W and $g = Fr \overset{\mathrm{def}}{=} Fr_{W(v)/\mathbf{Q}(\lambda_r)}$, where v is a prime divisor of W which divides λ_r. Since $Fr|_K = \sigma$, we have $\left(\frac{\lambda_r}{K}\right) = -1$. We show that $M_2 | M_{\lambda_r}$. In the first place, $M_2 | (\kappa(\lambda_r) + 1)$, since $\xi^{-1} = \xi^{\sigma} = \xi^{g} = \xi^{Fr} = \xi^{\kappa(\lambda_r)}$, where ξ is a primitive M_2-th root of unity (we have $\mu_{M_2} \subset V$, because $A_{M_2} \subset A(V)$). Furthermore, $Fr^2 - 1 = \sigma^2 - 1 = 0$ on A_{M_2}; on the other hand, $Fr^2 - a_{\lambda_r} Fr + \kappa(\lambda_r) = 0$ on A_{M_2}. Hence, $a_{\lambda_r} Fr = \kappa(\lambda_r) + 1 = 0$ on A_{M_2}, and so M_2 divides a_{λ_r}. Since $M_{\lambda_r} = g.c.d.(\kappa(\lambda_r) + 1, a_{\lambda_r})$, it follows that M_2 divides M_{λ_r}. In particular, $[1, \lambda_1, \dots, \lambda_r] \in \Sigma_1^{(r)}(1)$. We note that λ_r splits in V/K, since $Fr^2 = id$ on V.

Since $\eta\eta^{\sigma} = \eta\sigma\eta\sigma = g^2$, it follows that

$$\chi'_{\pm r}(s) = [s(\eta\eta^{\sigma}),\, e_{\mp M}]_M = \left[\frac{Fr^2_{\lambda_r} - 1}{M} s,\ e_{\mp M}\right]_M \qquad \forall s \in S_{\pm M}.$$

Let $n_1, n_2 \in \mathbf{N}$. We have the exact sequence

$$0 \longrightarrow A_{l^{n_1}} \longrightarrow A_{l^{n_1+n_2}} \overset{\times l^{n_1}}{\longrightarrow} A_{l^{n_2}} \longrightarrow 0.$$

Passing to cohomology, we obtain the sequence

$$\begin{aligned} 0 \to A(K)_{l^{n_2}}/l^{n_1}A(K)_{l^{n_1+n_2}} \to \\ \to H^1(K, A_{l^{n_1}}) \to H^1(K, A_{l^{n_1+n_2}}) \to H^1(K, A_{l^{n_2}}). \end{aligned} \tag{8}$$

Under the homomorphism $H^1(K, A_{l^{m_r}}) \to H^1(K, A_M)$, $\tau'_{\pi_r}(l^{m_r})$ goes to $l^{n-m_r}\tau'_{\pi_r}(M) = 0$, by the definition of m_r (in what follows π_r will denote $[\lambda_1, \dots, \lambda_r]$, and π_{r-1} will denote $[\lambda_0, \dots, \lambda_{r-1}]$). Thus, $c\,\tau'_{\pi_r}(l^{m_r}) = 0$, and so there exists $\tau''_{\pi_r}(M^2M_1l^{n-m_r}) \in H^1(K, A_{M^2M_1l^{n-m_r}})$ which goes to $c\,\tau'_{\pi_r}(M^3M_1)$ under the homomorphism $H^1(K, A_{M^2M_1l^{n-m_r}}) \to H^1(K, A_{M^3M_1})$. We then have: $c\,\tau'_{\pi_r}(M^2M_1l^{n-m_r}) = l^{m_r}\tau''_{\pi_r}(M^2M_1\cdot \cdot l^{n-m_r})$, and $c\,\tau''_{\pi_r}(M^2M_1l^{n-m_r}) \in H^1(K, A_{M^2M_1l^{n-m_r}})_{(-1)^r\epsilon}$.

If $n_1 \in \mathbf{N}$ and $x \in H^1(R, A_{l^{n_1}})$, then we let (x) denote the image of x in $H^1(R, A)_{l^{n_1}}$.

The equality $c\,\tau'_{\pi_r}(MM_1l^{m_r}) = l^{m_r}\tau''_{\pi_r}(MM_1l^{m_r})$ implies that

$$\left(\tau''_{\pi_r}(MM_1)\right) = \left(c\,\tau'_{\pi_r}(MM_1l^{m_r})\right) \tag{9}$$

(since $l^m(x(l^{n_1+m})) = (x(l^{n_1}))\ \forall m, n_1 \in \mathbf{N}$). Let $v \in SP(K)$ with $(v, \lambda_1 \cdots \lambda_r) = 1$. Since $(\tau'_{\pi_r}(MM_1l^{m_r}, v)) \in H^1(K(v), A)_{\mathrm{unr}}$ (see Theorem 9 and the remarks following it), it follows that also $(\tau''_{\pi_r}(MM_1, v)) \in H^1(K(v), A)_{\mathrm{unr}}$. But $(\tau''_{\pi_r}(M)) = M_1(\tau''_{\pi_r}(MM_1))$, and by the choice of M_1 it annihilates $H^1(K(v), A)_{\mathrm{unr}}$. Hence, $(\tau''_{\pi_r}(M, v)) = 0$.

Suppose that $1 \le k \le r$, $A_{l^{n_1}} \subset A(K(\lambda_k))$. We let $\mathcal{E}^{-1}_{\lambda_k, l^{n_1}} : A_{l^{n_1}} \xrightarrow{\sim} H^1(K(\lambda_k), A)_{l^{n_1}}$ denote the isomorphism that is defined by setting

$$\langle s, \mathcal{E}^{-1}_{\lambda_k, l^{n_1}}(e)\rangle_{l^{n_1}, \lambda_k} = \left[\frac{Fr^2_{\lambda_k} - 1}{l^{n_1}}\, s,\, e\right]_{l^{n_1}} \qquad \forall s \in A(K(\lambda_k))/l^{n_1}$$

($(Fr^2_{\lambda_k} - 1)/(l^{n_1}) : A(K(\lambda_k))/l^{n_1} \to A_{l^{n_1}}$ is an isomorphism; $\langle\ ,\ \rangle_{l^{n_1}, \lambda_k}$ gives a duality between $A(K(\lambda_k))/l^{n_1}$ and $H^1(K(\lambda_k), A)_{l^{n_1}}$; since $[\ ,\ ]_{l^{n_1}}$ is a non-degenerate pairing, $\mathcal{E}^{-1}_{\lambda_k, l^{n_1}}$ is an imbedding of $A_{l^{n_1}}$ in $H^1(K(\lambda_k), A)_{l^{n_1}}$; and finally, $[A_{l^{n_1}}] = [A(K(\lambda_k))/l^{n_1}] = [H^1(K(\lambda_k), A)_{l^{n_1}}]$).

We let $\mathcal{E}_{\lambda_k, l^{n_1}} : H^1(K(\lambda_k), A)_{l^{n_1}} \xrightarrow{\sim} A_{l^{n_1}}$ denote the isomorphism which is the inverse of $\mathcal{E}^{-1}_{\lambda_k, l^{n_1}}$. If $n_2 \le n_1$, then $\mathcal{E}_{\lambda_k, l^{n_2}}(l^{n_1 - n_2}z) = l^{n_1 - n_2}\mathcal{E}_{\lambda_k, l^{n_1}}(z)$, where $z \in H^1(K(\lambda_k), A)_{l^{n_1}}$. Because of the compatibility of $\mathcal{E}_{\lambda_k, l^m}$ for different m, in what follows we shall omit the index l^m and write simply $\mathcal{E}_{\lambda_k}$.

From (9) it follows that $\mathcal{E}_{\lambda_r}\left((\tau''_{\pi_r}(M, \lambda_r))\right) = \mathcal{E}_{\lambda_r}\left((c\,\tau'_{\pi_r}(Ml^{m_r}, \lambda_r))\right)$. From (7) we have

$$\begin{aligned}\mathcal{E}_{\lambda_r}\left((c\,\tau'_{\pi_r}(Ml^{m_r}, \lambda_r))\right) &= (-1)^r\epsilon\frac{Fr^2_{\lambda_r} - 1}{Ml^{m_r}}\, c\,\tau'_{\pi_{r-1}}(Ml^{m_r}) = \\ &= (-1)^r\epsilon\frac{Fr^2_{\lambda_r} - 1}{Ml^{m_r}}\, l^{m_{r-1}}\tau''_{\pi_{r-1}}(Ml^{m_r}),\end{aligned}$$

since $c\,\tau'_{\pi_{r-1}}(Ml^{m_r}) = l^{m_{r-1}}\tau''_{\pi_{r-1}}(Ml^{m_r})$. Let $d\,\frac{Fr^2_{\lambda_r} - 1}{M}\, c\,\tau''_{\pi_{r-1}}(M) = \beta_r d\, e_{(-1)^{r-1}\epsilon M}$, where $\beta_r \in \mathbf{Z}/M$. Then

$$\zeta_M^{2\beta_r(-1)^{r-1}\epsilon} = \left[\frac{Fr^2_{\lambda_r} - 1}{M}\, c\,\tau''_{\pi_{r-1}}(M),\, e_{(-1)^r\epsilon M}\right]^d_M = \zeta_M^{abcdq^{-1}_{(-1)^{r-1}\epsilon r}}.$$

Here we have used the relation $[e_M, e_M]_M = \zeta_M^{2/d}$. Hence, $2\beta_r(-1)^{r-1}\epsilon \equiv abcdq^{-1}_{(-1)^{r-1}\epsilon r} \pmod M$. We further have:

$$\begin{aligned} 0 &= l^n cd\,\mathcal{E}_{\lambda_r}\left((\tau''_{\pi_r}(M,\lambda_r))\right) = \\ &= l^n(-1)^r\epsilon cd\frac{Fr^2_{\lambda_r}-1}{Ml^{m_r}}\, l^{m_{r-1}}\tau''_{\pi_{r-1}}(Ml^{m_r}) = \\ &= (-1)^r\epsilon l^{n-m_r+m_{r-1}}\frac{Fr^2_{\lambda_r}-1}{M}\, cd\,\tau''_{\pi_{r-1}}(M) = \\ &= (-1)^r\epsilon l^{n-m_r+m_{r-1}}\beta_r de_{(-1)^{r-1}\epsilon M}. \end{aligned}$$

Since $n > \mathrm{ord}_l(abcd)$, it follows that $\mathrm{ord}_l(\beta_r) \le \mathrm{ord}_l(abc)$. Then the previous equality implies that $m_{r-1} - m_r \ge -\mathrm{ord}_l(abcd)$. We note that $m_r \le m_{r-1} + \mathrm{ord}_l(abcd) \le (r-1)\mathrm{ord}_l(ab) + \mathrm{ord}_l(abcd) + m_0$. Hence, $n - m_r \ge \mathrm{ord}_l(cd)$, since by assumption $n \ge \mathrm{ord}_l(C) + r\mathrm{ord}_l(ab) + 2\mathrm{ord}_l(cd) + 1$ (then $\mathrm{ord}_l(C) = m_0$). Using the equality $0 = l^n\mathcal{E}_{\lambda_r}((\tau''_{\pi_r}(M,\lambda_r)))$ as above, we prove that $m_{r-1} - m_r \ge -\mathrm{ord}_l(ab)$. We next have: $cabd\,\mathcal{E}_{\lambda_r}((\tau''_{\pi_r}(M,\lambda_r))) = (-1)^r\epsilon(l^{m_{r-1}-m_r}ab)\beta_r de_{(-1)^{r-1}\epsilon M}$. Let $\mathcal{E}_{\lambda_k}(cd(\tau''_{\pi_r}(M,\lambda_k))) = = x_k de_{(-1)^{r-1}\epsilon M}$, where $1 \le k \le r$, $x_k \in \mathbf{Z}/M$. Let $\zeta_M = \zeta_{M,\lambda_k}^{y_k}$, where $y_k \in (\mathbf{Z}/M)^*$. By global class field theory, the following orthogonality relation holds for all $s \in S_M$:

$$\sum_{k=1}^{r}\langle s,\, (\tau''_{\pi_r}(M,\lambda_k))\rangle_{M,\lambda_k} = 0.$$

Hence, using the definition of $\mathcal{E}_{\lambda_k}$ and the relation $\prod_{k=1}^r \zeta_m^{\langle s,(\tau''_{\pi_r}(M,\lambda_k))\rangle_{M,\lambda_k}} = 1$, we obtain:

$$\prod_{k=1}^{r}\left[\frac{Fr^2_{\lambda_k}-1}{M}\, s,\ e_{(-1)^{r-1}\epsilon M}\right]_M^{y_k x_k d} = 1.$$

Hence, $\chi^{y_r x_r d}_{(-1)^r\epsilon r} \subset \left(\chi_{(-1)^r\epsilon(\widetilde{r-1})}, \chi_{(-1)^r\epsilon(\widetilde{r-2})}, \dots\right)$. But

$$\begin{aligned} abdx_r e_{(-1)^{r-1}\epsilon M} &= (l^{m_{r-1}-m_r}ab)(-1)^r\epsilon\,\frac{Fr^2_{\lambda_r}-1}{M}\, cd\,\tau''_{\pi_{r-1}}(M) = \\ &= l^{m_{r-1}-m_r}ab(-1)^r\epsilon\beta_r de_{(-1)^{r-1}\epsilon M}. \end{aligned}$$

Since $\mathrm{ord}_l(\beta_r) \le \mathrm{ord}_l(abc)$, we conclude that

$$\chi_{(-1)^r\epsilon r}^{(l^{m_{r-1}-m_r}ab)abcd} \subset \left(\chi_{(-1)^r\epsilon(\widetilde{r-1})}, \chi_{(-1)^r\epsilon(\widetilde{r-2})}, \dots\right).$$

This completes the proof.

We now show how a and b can be chosen. Let K' denote the compositum of K and $K'' = \mathrm{End}(A) \otimes \mathbf{Q}$. We let G_{l^∞} denote the group $G(K''(A_{l^\infty})/K'')$, where $A_{l^\infty} = \bigcup_n A_{l^n}$, and we let G_{l^n} denote the group $G(K''(A_{l^n})/K'')$. If $\mathrm{End}(A) = \mathcal{O}$ is an order in the imaginary quadratic field K'' (i.e., A has complex multiplication), then $\mathcal{O}$ has class number one (because A is defined over $\mathbf{Q}$), and a choice of a projective system of generators $e1_n \in A_{l^n}$ such that $A_{l^n} = (\mathcal{O}/l^n)e1_n$ and $le1_{n+1} = e1_n$ determines imbeddings $\rho_{l^n} : G_{l^n} \hookrightarrow (\mathcal{O}/l^n)^*$ and $\rho_{l^\infty} : G_{l^\infty} \hookrightarrow \mathcal{O}(l)^*$, where $\mathcal{O}(l) = \varprojlim \mathcal{O}/l^n$.

If A does not have complex multiplication, i.e., $\mathrm{End}(A) = \mathbf{Z}$, then the choice of a projective system of generators $e1_n, e2_n \in A_{l^n}$ such that $A_{l^n} = (\mathbf{Z}/l^n)e1_n + (\mathbf{Z}/l^n)e2_n$ and $lej_{n+1} = ej_n$ determines imbeddings $\rho_{l^n} : G_{l^n} \hookrightarrow GL_2(\mathbf{Z}/l^n)$ and $\rho_{l^\infty} : G_{l^\infty} \hookrightarrow GL_2(\mathbf{Z}_l)$.

We let $\mathcal{G}_{l^n}$ and $\mathcal{G}_{l^\infty}$ denote $G(K'(A_{l^n})/K')$ and $G(K'(A_{l^\infty})/K')$, respectively. The restriction homomorphism gives imbeddings $\mathcal{G}_{l^n} \hookrightarrow G_{l^n}$ and $\mathcal{G}_{l^\infty} \hookrightarrow G_{l^\infty}$, so that $\mathcal{G}_{l^n}$ and $\mathcal{G}_{l^\infty}$ may be regarded as subgroups of G_{l^n} and G_{l^∞}, respectively. Here $\mathcal{G}_{l^n} = G_{l^n} \Leftrightarrow K' \not\subset K''(A_{l^n})$; if this is not the case, then $\mathcal{G}_{l^n}$ is a subgroup of index 2 in G_{l^n}. Similarly, $\mathcal{G}_{l^\infty} = G_{l^\infty} \Leftrightarrow K' \not\subset K''(A_{l^\infty})$; if this is not the case, then $\mathcal{G}_{l^\infty}$ is a subgroup of index 2 in G_{l^∞}.

Let $\mathrm{End}(A) = \mathbf{Z}$. If $\rho_{l^\infty}(G_{l^\infty}) = GL_2(\mathbf{Z}_l)$, then we set $b''(l) = 1$. If $\rho_{l^\infty}(G_{l^\infty}) \neq GL_2(\mathbf{Z}_l)$, then we define $b''(l)$ to be the smallest power l^m, $m > 0$, such that $\rho_{l^\infty}(G_{l^\infty}) \supset I + l^m M_2(\mathbf{Z}_l)$ (here $M_2(\mathbf{Z}_l)$ is the ring of 2×2 matrices over $\mathbf{Z}_l$, and I is the identity matrix).

Now let $\mathrm{End}(A) = \mathcal{O}$. We let $D(\mathcal{O})$ denote the discriminant of $\mathcal{O}$. If $\rho(G_{l^\infty}) = \mathcal{O}(l)^*$, then we set $b''(l) = 1$ if $l \neq 2$ or if $l = 2$ and either $2|D(\mathcal{O})$ or 2 remains prime in K''; however, if $2 \not| D(\mathcal{O})$ and 2 splits in K'', then we set $b''(2) = 2$. If $\rho(G_{l^\infty}) \neq \mathcal{O}(l)^*$, then we define $b''(l)$ to be the smallest power l^m, $m > 0$, such that $\rho_{l^\infty}(G_{l^\infty}) \supset 1 + l^m\mathcal{O}(l)$.

Next, we let $a'(l, K)$ denote the smallest power l^m, $m \geq 0$, such that l^m annihilates $H^1(\mathcal{G}_{l^n}, A_{l^n})$ for all n.

It follows from classical results in the case when A has complex multiplication and from results of Serre (see [19], p. 49) in the case when $\mathrm{End}(A) = \mathbf{Z}$ that $b''(l)$ and $a'(l, K)$ exist for all l and are equal to 1 for almost all l. We define the natural numbers b'' and $a'(K)$ as follows: $b'' = \prod_l b''(l)$, $a'(K) = \prod_l a'(l, K)$.

We show that we may take $a = c(K)a'(K)[K'/K]$. In fact, it follows from the exact sequence (8) that $c(K)a'(K)H^1(\mathcal{G}_{l^{n_1+n_2}}, A_{l^{n_1}}) = 0 \ \forall n_1, n_2$;

hence,

$$[K'/K]c(K)a'(K)H^1(G(K'(A_{l^{n_1+n_2}})/K), A_{l^{n_1}}) = 0 \qquad \forall n_1, n_2.$$

(The map res takes $H^1(G(K'(A_{l^{n_1+n_2}})/K), A_{l^{n_1}})$ to $H^1(\mathcal{G}_{l^{n_1+n_2}}, A_{l^{n_1}})$ with kernel $H^1(G(K'/K), A(K')_{l^{n_1}})$, which is annihilated by $[G(K'/K)] = [K'/K]$.)

Let $\mathrm{End}(A) = \mathbf{Z}$, $l \neq 2$. We show that $\mathrm{ord}_l(a) = 0$ if $b''(l) = 1$, i.e., if $\rho_{l^\infty}(G_{l^\infty}) = GL_2(\mathbf{Z}_l)$. In fact, in that case $A_{l^\infty}(K) = 0$, since, if we suppose that $\exists e \in A(K)_l$, $e \neq 0$, we obtain: $\rho_l(\mathcal{G}_l) \subset X = \left\{ \begin{pmatrix} \alpha & 0 \\ \beta & \delta \end{pmatrix} \right\} \cap GL_2(\mathbf{Z}/l)$, if we take $e1_1 = e$. But this contradicts the fact that $\rho_l(G_l) = GL_2(\mathbf{Z}_l)$, since then $[\mathcal{G}_l] \geq [G_l]/2 = l(l-1)^2(l+1)/2 > l(l-1)^2 = [X]$. Furthermore, either $\rho_{l^n}(\mathcal{G}_{l^n}) = \rho_{l^n}(G_{l^n}) = GL_2(\mathbf{Z}/l^n)$, or else $\rho_{l^n}(\mathcal{G}_{l^n})$ is the subgroup of $GL_2(\mathbf{Z}/l^n)$ consisting of matrices with discriminant in $((\mathbf{Z}/l)^*)^2$ (see [12], §4); in either case $\rho_{l^n}(\mathcal{G}_{l^n}) \supset \Theta = \left\{ \begin{pmatrix} \alpha & 0 \\ 0 & \alpha \end{pmatrix}, \alpha^{l-1} = 1 \right\}$, which implies triviality of $H^1(\mathcal{G}_{l^n}, A_{l^n})$ if we use the spectral sequence

$$0 \longrightarrow H^1(\mathcal{G}_{l^n}/\Theta, A_{l^n}^{\Theta} = 0) \longrightarrow H^1(\mathcal{G}_{l^n}, A_{l^n}) \longrightarrow H^1(\Theta, A_{l^n}) \longrightarrow 0.$$

From the analogue of Lemma 2 of §4 of [11] that is obtained by replacing m_{1l} (in the notation of [11]) by $\mathrm{ord}_l(b'')$ and $\mathcal{G}_{l^m}$ (denoted G_{l^m} in [11]) by G_{l^m} (the proof of the modified lemma remains exactly the same) it follows that b' can be taken equal to $d'D(\mathrm{End}(A))b''$, where $d' = d$ if $\mathrm{End}(A) = \mathbf{Z}$ and $d' = 1$ if A has complex multiplication. Hence, $b = (2/d)d'D(\mathrm{End}(A))b''$. In particular, if $l \neq 2$, $(l, D(\mathrm{End}(A))) = 1$ (which is always the case if A does not have complex multiplication, since then $\mathrm{End}(A) = \mathbf{Z}$ and $D(\mathbf{Z}) = 1$), and $b''(l) = 1$, then $\mathrm{ord}_l(b) = 1$.

REFERENCES

[1] Z. I. Borevich, I. R. Shafarevich, Number Theory, Academic Press, 1966.

[2] K. Ribet, "A modular construction of unramified p-extensions of $\mathbf{Q}(\mu_p)$", Invent. Math., **34** (1976), 151-162.

[3] A. Wiles, "Modular curves and the class group of $\mathbf{Q}(\zeta_p)$", Invent. Math., **58** (1980), 1-35.

[4] B. Mazur, A. Wiles, "Class fields of abelian extensions of $\mathbf{Q}$", Invent. Math., **76** (1984), 179-330.

[5] A. Wiles, "On p-adic representations for totally real fields", Ann. Math., **123** (1986), No. 3, 407-456.

[6] F. Thaine, "On the ideal class groups of real abelian number fields", to appear in Ann. of Math.

[7] K. Rubin, "Global units and ideal class groups", Invent. Math., **89** (1987), 511-526.

[8] K. Rubin, "Tate-Shafarevich groups and L-functions of elliptic curves with complex multiplication", Invent. Math., **89** (1987), 527-560.

[9] J. Coates, A. Wiles, "On the conjecture of Birch and Swinnerton-Dyer", Invent. Math., **39** (1977), 223-251.

[10] B. H. Gross, D. B. Zagier, "Heegner points and derivatives of L-series", Invent. Math., **84** (1986), 225-320.

[11] V. A. Kolyvagin, "Finiteness of $E(\mathbf{Q})$ and Ш$(E, \mathbf{Q})$ for a subclass of Weil curves", Izvestiya AN SSSR, Ser. Mat., **52** (1988), No. 3, 522-540.

[12] V. A. Kolyvagin, "On the Mordell-Weil group and the Shafarevich–Tate group of Weil elliptic curves", Izvestiya AN SSSR, Ser. Mat., **52** (1988), No. 6.

[13] D. B. Zagier, "Modular points, modular curves, modular surfaces and modular forms", in Arbeitstagung Bonn 1984, Springer Lecture Notes in Math., **1111** (1985), 225-248.

[14] G. Stevens, Arithmetic on Modular Curves, Birkhäuser, 1982.

[15] B. Mazur, H. Swinnerton-Dyer, "Arithmetic of Weil curves", Invent. Math., **25** (1974), 1-61.

[16] B. Perrin-Riou, "Points de Heegner et derivées de fonctions L p-adiques", Invent. Math., **89** (1987), 455-510.

[17] S. Lang, Elliptic Functions, Addison-Wesley, 1973.

[18] K. Ireland, M. Rosen, A Classical Introduction to Modern Number Theory, Springer-Verlag, 1982.

[19] M. I. Bashmakov, "The cohomology of abelian varieties over a number field", Uspekhi Mat. Nauk, **27** (1972), No. 6, 25-66 [English translation: Russian Math. Surveys, **27** (1972), No. 6, 25-70].

Translated by Neal Koblitz

V. A. Kolyvagin
Steklov Institute
Vavilova 42
Moscow, U.S.S.R. 117966 GSP1

Descent for Transfer Factors

R. LANGLANDS and D. SHELSTAD*

Dedicated to A. Grothendieck on his 60th Birthday

Introduction

In [I] we introduced the notion of transfer from a group over a local field to an associated endoscopic group, but did not prove its existence, nor do we do so in the present paper. Nonetheless we carry out what is probably an unavoidable step in any proof of existence: reduction to a local statement at the identity in the centralizer of a semisimple element, a favorite procedure of Harish Chandra that he referred to as descent.

The principal difficulty is to show that the transfer factors of [I] for the original group G are compatible with those on the connected centralizer G_ϵ of the semisimple element ϵ. After some preliminary explanations in Section 1, the compatibility is stated as Theorem 1.6.A. In Section 2 we show that this compatibility indeed reduces the problem of existence to a local problem at the identity on the groups G_ϵ, and in passing we note some other applications.

The remaining four sections are devoted to the proof of Theorem 1.6.A. The transfer factors are defined in a rather elaborate manner as the product of five factors that mix group-theoretical data with Galois cohomology. The first steps are to reduce to quasisplit groups and then to discard two of the five factors, leaving only three, one of which is defined in a simple fashion, and two of which involve group-theoretic and cohomological data. It is these two that are difficult to compare for G and G_ϵ. The principal tools are the two comparison lemmas of Section 3.

The contributions to the factors are labelled by orbits of the Galois group in sets of roots, and the first use made of the comparison lemmas is to deal in Section 4, and rather quickly, with all orbits except those lying outside both G_ϵ and the endoscopic group.

This leaves a rather concise but still far from trivial statement that is proved partly by an analysis of the structure of semisimple groups and partly by explicit cohomological calculations. The structural analysis is possible only after the critical lemma of Section 5.1 has been established.

*Partially supported by NSF Grant DMS 86-02193

This lemma allows us to introduce an inductive component into the argument, and then to assume that both the element ϵ and the datum s defining the endoscopic group are essentially of order two, and moreover, that all roots are of the same length. This done, the burden of the rest of the proof is carried by explicit arguments with the constructs of local class-field theory. They all appear in Section 6.

We cannot hope that the groping, pedestrian style of the paper will appeal to Grothendieck, for it lacks the force and penetration that he achieved so readily, like Nietzche's *Philosoph der Zukunft, erfinderisch in Schematen, mitunter stolz auf Kategorien-Tafeln*. Nonetheless, it is a great pleasure for us to express our admiration of his magnificient contributions to the mathematics of our time.

§1. Descent Principles

1.1. Notation

We follow closely the notation of [I]. In particular, G is a connected reductive group over a field F of characteristic zero, now assumed local.

As in [I, Sect. 1.2.] G^*, ψ are quasisplit data and ${}^LG = \widehat{G} \rtimes W_F$ is the L-group. To conserve notation we fix an F-splitting $(\mathcal{B}, \mathcal{T}, \{X_{\alpha^\vee}\})$ of $\widehat{G}$ and given a class of endoscopic data choose a representative $(H, \mathcal{H}, s, \xi)$ with $\xi : \mathcal{H} \hookrightarrow {}^LG$ as inclusion and s an element of $\mathcal{T}$. It is also convenient to fix an F-splitting $(\mathcal{B}_H, \mathcal{T}_H, \{Y_{\beta^\vee}\})$ of $\widehat{H} = \text{Cent}(s, \widehat{G})^0$ and assume that $\mathcal{B}_H = \mathcal{B} \cap \widehat{H}$, $\mathcal{T}_H = \mathcal{T}$.

For the moment we refer directly to [I] for the definition of the factor Δ. Measures also remain as there. If $\epsilon \in G(F)$ is semisimple we choose an invariant differential form of highest degree on $\text{Cent}(\epsilon, G)^0$ in order to fix a Haar measure on the F-rational points of this group. We require that differential forms on inner forms be obtained by transport.

1.2. Images of semisimple elements

For ϵ in G the *identity component of* $\text{Cent}(\epsilon, G)$ will be denoted G_ϵ. If ϵ in $G(F)$ is semisimple then, following [**K1**], the stable conjugacy class of ϵ is

$$\{g^{-1}\epsilon g : g\sigma(g)^{-1} \in G_\epsilon, \sigma \in \Gamma\},$$

where $\Gamma = \text{Gal}(\bar{F}/F)$. If $\text{Cent}(\epsilon, G)$ is connected then this coincides with the set of F-rational points in the conjugacy class of ϵ in $G(\bar{F})$. In general, an F-rational $\epsilon' = g^{-1}\epsilon g$ is stably conjugate to ϵ if and only if $\text{Int}\, g : G_{\epsilon'} \to G_\epsilon$ is an inner twist. If G is quasisplit over F then there is an ϵ' stably conjugate to ϵ such that $G_{\epsilon'}$ is quasisplit over F

there is an ϵ' stably conjugate to ϵ such that $G_{\epsilon'}$ is quasisplit over F [**K1**, Lemma 3.3]. We now generalize the notion of image from [**I**, 1.3] (see also [**K2**]). It is convenient to use the notation γ_H, γ, γ_G when γ_H is strongly G-regular and ϵ_H, ϵ, ϵ_G in general.

Suppose then that ϵ_H lies in the Cartan subgroup $T_H(F)$ of $H(F)$. Then we call ϵ_H a T_H*-image* of ϵ_G in $G(F)$ if for some admissible embedding $T_H \to T$ of T_H in G^* carrying ϵ_H to, say, ϵ there exists x in G^*, or just as well in G^*_{sc}, such that $\psi_x = \operatorname{Int} x \circ \psi$ has the properties that $\psi_x(\epsilon_G) = \epsilon$ and that both $T_G = \psi_x^{-1}(T)$ and $\psi_x : T_G \to T$ are defined over F. In varying T_H we obtain all *images* of ϵ_G. Observe that [**K2**, Lemma 10.2] shows that all images of a given ϵ_G are obtained by simply fixing one image ϵ_H, if it exists, and then taking all T_H-images for some T_H fundamental in H_{ϵ_H}.

1.3. The function Φ_f^H

Recall that to define transfer factors for (G, H) we may need to pass to a central extension of H. Call a central extension $\widetilde{H}$ of H admissible if it is attached to a z-extension of G as in [**I**, 4.4] (although a wider class of extensions could be used [**K-S**]). The sequence

$$1 \longrightarrow \widetilde{Z}(F) \longrightarrow \widetilde{H}(F) \longrightarrow H(F) \longrightarrow 1$$

is then exact, where $\widetilde{Z}$ is a central torus in $\widetilde{H}$, and combinations of orbital integrals of functions on $G(F)$ are to be matched with those of functions on $\widetilde{H}(F)$ that transform under $\widetilde{Z}(F)$ according to a certain character $\widetilde{\lambda}$ [**I**, 4.4].

Suppose ϵ_H is semisimple in $H(F)$ and $\tilde{\epsilon}_H$ lies in its preimage in $\widetilde{H}(F)$. The factor $\Delta(\widetilde{\gamma}_H, \gamma_G)$ has been defined for $\widetilde{\gamma}_H$ strongly G-regular in $\widetilde{H}(F)$, by which we mean that the image γ_H of $\widetilde{\gamma}_H$ in $H(F)$ is strongly G-regular. We shall investigate the behavior of

$$\Phi_f^H(\widetilde{\gamma}_H) = \sum_{\gamma_G} \Delta(\widetilde{\gamma}_H, \gamma_G)\Phi(\gamma_G, f)$$

for $\widetilde{\gamma}_H$ near $\tilde{\epsilon}_H$.

First, following [**I**, 4.3] it is easy to see that if ϵ_H is G-regular, but not strongly so, then Φ_f^H extends continuously to $\tilde{\epsilon}_H$ and that this extension is in fact smooth at $\tilde{\epsilon}_H$. Second, if ϵ_H is not the image of any semisimple element in $G(F)$ then no strongly G-regular element in $H_{\epsilon_H}(F)$ can be the image of an element in $G(F)$ and so Φ_f^H vanishes on the strongly G-regular elements in $\widetilde{H}_{\tilde{\epsilon}_H}(F)$. In particular Φ_f^H vanishes for all $\widetilde{\gamma}_H$ in a neighborhood of $\tilde{\epsilon}_H$ in $\widetilde{H}(F)$.

We may then assume that ϵ_H is an image of an element ϵ_G in $G(F)$. There is an $\epsilon'_H = h^{-1}\epsilon_H h$ stably conjugate to ϵ_H such that $H_{\epsilon'_H}$ is quasisplit over F. If ϵ_H is a T_H-image of ϵ_G then we may multiply h by an element of $H_{\epsilon'_H}$ to assume that the homomorphism $\operatorname{Int} h^{-1} : T_H \to H_{\epsilon'_H}$ is defined over F, that is, that $h \in \mathfrak{A}(T_H)$. Then h acts on the preimage $\widetilde{T}_H$ of T_H in $\widetilde{H}$ as an element of $\mathfrak{A}(\widetilde{T}_H)$ and [I, 4.1.B] implies that

$$\Phi_f^H(h^{-1}\widetilde{\gamma}_H h) = \Phi_f^H(\widetilde{\gamma}_H)$$

for all strongly G-regular $\widetilde{\gamma}_H$ in $\widetilde{T}_H(F)$. Thus we may replace ϵ_H by ϵ'_H and assume from now on that H_{ϵ_H} is quasisplit over F. Then H_{ϵ_H} is an endoscopic group for G_{ϵ_G} as we now explain in detail. We sometimes denote it by H_ϵ.

1.4. Descent for endoscopic data

We start then with semisimple ϵ_H in $H(F)$ an image of ϵ_G in $G(F)$, and H_{ϵ_H} quasisplit over F. Choose T_H such that ϵ_H is a T_H-image of ϵ_G. Let ϵ be the image of ϵ_H under some admissible embedding $T_H \to T$ of T_H in G^*. An argument as in the last paragraph allows us to choose the embedding so that G^*_ϵ is quasisplit over F. We will see that these choices are of no real importance, the essential data being ϵ_H, ϵ and ϵ_G and thus H_{ϵ_H}, G^*_ϵ and G_{ϵ_G}.

To the endoscopic data $(H, \mathcal{H}, s, \xi)$ we shall attach an extension $\mathcal{H}_\epsilon$ of W_F by $\widehat{H}_{\epsilon_H}$ and an admissible embedding $\xi_\epsilon : \mathcal{H}_\epsilon \hookrightarrow {}^L G_{\epsilon_G}$ such that H_{ϵ_H}, $\mathcal{H}_\epsilon$, s and ξ_ϵ yield endoscopic data for G_{ϵ_G}. Further choices will be made, for example to specify $\widehat{G}_{\epsilon_G}$, but again they will not affect the isomorphism class of the endoscopic data. Moreover, all endoscopic data for G_{ϵ_G} will be so obtained up to isomorphism.

Suppose that $B_H \supset T_H$ in H and $B \supset T$ in G^* are Borel subgroups for which the already chosen $T_H \to T$ is the attached embedding. Also suppose $x \in G^*_{sc}$ is such that $\psi_x(\epsilon_G) = \epsilon$, with both $T_G = \psi_x^{-1}(T)$ and $\psi_x : T_G \to T$ defined over F. Note that G^*_ϵ and ψ_x serve as quasisplit data for G_{ϵ_G}.

The embedding

$$T_H \longrightarrow T \xleftarrow{\psi_x} T_G$$

is by definition dual to a diagram

$$\widehat{T}_H \longleftarrow \mathcal{T}_H = \mathcal{T} \longrightarrow \widehat{T} \xrightarrow{\psi_x} \widehat{T}_G .$$

This diagram allows us to identify $R(G, T_G)^\vee$ with $R(\widehat{G}, \mathcal{T})$ and then $R(G_{\epsilon_G}, T_G)^\vee$ with a subset of $R(\widehat{G}, \mathcal{T})$.

In fixing L-data $(\widehat{G}_e pi, \rho_\epsilon)$ and ${}^L G_\epsilon = \widehat{G}_\epsilon \rtimes W_F$ for G_{ϵ_G} or G^*_ϵ we may assume that $\widehat{G}_\epsilon$ contains $\mathcal{T}$ and that $R(\widehat{G}_\epsilon, \mathcal{T})$ coincides with $R(G_\epsilon, T_G)^\vee$ as a subset of $R(\widehat{G}, \mathcal{T})$. We set $B_\epsilon = B \cap G^*_\epsilon$ and let $\mathcal{B}_\epsilon$ be the Borel subgroup of $\widehat{G}_\epsilon$ generated by $\mathcal{T}$ and the $\mathcal{B}$-positive roots in $\mathcal{T}$ in $\widehat{G}_\epsilon$. The embedding $\widehat{T} \to \mathcal{T}$ of $\widehat{T}$ in $\widehat{G}_\epsilon$ provided by B_ϵ and $\mathcal{B}_\epsilon$ will be identified with $\mathcal{T} \to \widehat{T}$ above. The isomorphism $\widehat{T}_G \xrightarrow{\psi_x} \widehat{T} \longrightarrow \mathcal{T}$ embeds $\widehat{T}_G$ in $\widehat{G}_\epsilon$ and extends to an admissible embedding of ${}^LT_G$ in ${}^LG_\epsilon$ (see, for example, [I, 2.6]). The image, again denoted ${}^LT_G$, is independent of the choice of extension.

The element s lies in $\mathcal{T}$ and thus in $\widehat{G}_\epsilon$. Moreover $\widehat{H} = \mathrm{Cent}(s, \widehat{G})^0$. We may take the dual $\widehat{H}_{\epsilon_H}$ of H_{ϵ_H} as the subgroup $\mathrm{Cent}(s, \widehat{G}_\epsilon)^0$ of $\widehat{G}_\epsilon$; $\widehat{H}_{\epsilon_H}$ is normalized by ${}^LT_G$. We define $\mathcal{H}_\epsilon$ to be the subgroup of ${}^LG$ generated by $\widehat{H}_{\epsilon_H}$ and ${}^LT_G$, and ξ_ϵ to be the inclusion map. Observe that there is clearly a split exact sequence

$$1 \longrightarrow \widehat{H}_{\epsilon_H} \longrightarrow \mathcal{H}_\epsilon \longrightarrow W_F \longrightarrow 1$$

and that $(H_{\epsilon_H}, \mathcal{H}_\epsilon, s, \xi_\epsilon)$ *is a set of endoscopic data for* G_{ϵ_G}.

We also identify the embedding $\widehat{T}_H \to \mathcal{T}$ given by $B_H \cap H_{\epsilon_H}$ and $\mathcal{B}_\epsilon \cap \widehat{H}_{\epsilon_H}$ with $\widehat{T}_H \to \mathcal{T}$ above. Then $T_H \to T$ *is an admissible embedding for both* (G, H) *and* $(G_{\epsilon_G}, H_{\epsilon_H})$. *Moreover any admissible embedding of a maximal torus of* H_{ϵ_H} *in* G^*_ϵ *is admissible as an embedding of a maximal torus of* H *in* G^* *and carries* ϵ_H *to* ϵ.

It remains to examine the effects of our choice. Suppose first that B and B_H are changed but that $T_H \to T$ remains fixed. Then $(\widehat{G}_\epsilon, \rho_\epsilon)$ is replaced by a pair $(\widehat{G}'_\epsilon, \rho'_\epsilon)$, Γ-isomorphic to it under a map that carries $R(\widehat{G}_\epsilon, \mathcal{T})$ to $R(\widehat{G}'_\epsilon, \mathcal{T})$ and the image of ${}^LT_G$ in ${}^LG_\epsilon$ to its image in ${}^LG'_\epsilon$. This isomorphism further fixes s and carries $\widehat{H}_{\epsilon_H}$ and $\mathcal{H}_\epsilon$ to the new $\widehat{H}'_{\epsilon_H}$ and $\mathcal{H}'_\epsilon$. Thus we obtain isomorphic endoscopic data for G_ϵ.

With $\mathcal{T}$ fixed, the choice of T_H and ψ_x does not affect endoscopic data. Now suppose we replace $T_H \to T$ by $\bar{T}_H \to \bar{T}$. Then ϵ_H lies in both $T_H, \bar{T}_H$ and ϵ in both $T, \bar{T}$. We may assume that the new Borel subgroups are obtained from B_H and B by conjugation in $\mathrm{Cent}(\epsilon_H, H)$ and $\mathrm{Cent}(\epsilon, G^*)$. Then again the new data are seen to be isomorphic. Note that if $\bar{T}_H \to \bar{T}$ is admissible for $(G_{\epsilon_G}, H_{\epsilon_H})$ then we may use conjugations in H_{ϵ_H} and G^*_ϵ, and the data are unchanged.

Finally it is straightforward to check that the choice of $(H, \mathcal{H}, s, \xi)$ within its equivalence class does not affect the class of $(H_{\epsilon_H}, \mathcal{H}_\epsilon, s, \xi_\epsilon)$ among data for G_{ϵ_G}. Moreover from any class of data for G_{ϵ_G} we can recover $s \in \mathcal{T}$, $\widehat{H} = \mathrm{Cent}(s, \widehat{G})^0$, $\mathcal{H} = \langle \widehat{H}, {}^LT_G \rangle$ contained in ${}^LG$ and ϵ_H semisimple in $H(F)$ such that $(H_{\epsilon_H}, \mathcal{H}_\epsilon, s, \xi_\epsilon)$ lies in the class.

1.5. Descent for Φ_f^H

Continuing with ϵ_H, ϵ and ϵ_G, we assume that endoscopic data have been fixed once and for all by the choices of the last section. Since these choices will not be mentioned again we reserve no notation for them. In particular, $T_H \to T$ will be an arbitrary embedding of T_H in G^*_ϵ which is admissible for $(G^*_\epsilon, H_{\epsilon_H})$. To spare notation further we assume that G^*_ϵ,

ψ are quasisplit data for G_{ϵ_G}. If then ϵ_H is a T_H-image of ϵ_G there is an $x \in (G^*_\epsilon)_{sc}$ such that $T_G = \psi_x^{-1}(T)$ and $\psi_x : T_G \to T$ are defined over F.

For $\widetilde{\gamma}_H$ strongly G-regular in the preimage of $T_H(F)$ in $\widetilde{H}(F)$ we calculate $\Phi_f^H(\widetilde{\gamma}_H)$ as

$$\sum_{\gamma_G} \Delta(\widetilde{\gamma}_H, \gamma_G)\Phi(\gamma_G, f)$$

where the sum is over representatives γ_G for the $G(F)$-conjugacy classes in the stable conjugacy class of the image γ_G^0 of $\widetilde{\gamma}_H$ under

$$\widetilde{T}_H \longrightarrow T_H \longrightarrow T \longrightarrow T_G .$$

We write γ_G as $w^{-1}\gamma_G^0 w$, $w \in \mathfrak{D}(T_G)$, and now describe a choice of representatives for $\mathfrak{D}(T_G)$.

Consider first the stable conjugacy class of ϵ_G in $G(F)$. Since $\mathrm{Cent}(\epsilon_G, G)$ may be disconnected we pass to a z-extension of G and pick $\tilde{\epsilon} \in \widetilde{G}(F)$ mapping to ϵ under $\widetilde{G} \to G$. Suppose that $\{\tilde{\epsilon}_j = \widetilde{w}_j^{-1}\tilde{\epsilon}\widetilde{w}_j : 0 \le j \le n\}$ is a set of representatatives for the conjugacy classes in the stable class of $\tilde{\epsilon}$, with $\widetilde{w}_0 = 1$. Let w_j be the image of $\widetilde{w}_j$ in $G(F)$, $\epsilon_j = w_j^{-1}\epsilon_G w_j$ and $G_j = \mathrm{Cent}(\epsilon_j, G)^0$. Notice that the ϵ_j need not be distinct. We use (G^*_ϵ, ψ_j), where $\psi_j = \psi \circ \mathrm{Int}\, w_j$, as quasisplit data for G_j. Define a subset $\mathcal{S}(T_H)$ of $\{0, 1, \cdots, n\}$ by $j \in \mathcal{S}(T_H)$ if and only if ϵ_j has ϵ_H as T_H-image *relative to* (G_j, H_{ϵ_H}), that is, if and only if there exists $h_j \in G_j$ such that $\mathrm{Int}\, h_j^{-1} w_j^{-1}$ maps T_G to G_j over F. Then fix some such h_j and set $\widehat{w}_j = w_j h_j$, $T_j = \widehat{w}_h^{-1} T_G \widehat{w}_j$. Passage to $\widetilde{G}$ shows that

$$\{\widehat{w}_j w' : j \in \mathcal{S}(T_H) \text{ and } w' \text{ a representative for } \mathfrak{D}(T_j, G_j)\}$$

is a set of representatives for $\mathfrak{D}(T_G, G)$.

Thus $\Phi_f^H(\widetilde{\gamma}_H)$ is equal to

$$(1.5.1) \qquad \sum_{j=0}^{n} \sum_{w' \in \mathfrak{D}(T_j, G_j)} \delta(j)\Delta(\widetilde{\gamma}_H, w'^{-1}\gamma_G^j w', f)\Phi(w'^{-1}\gamma_G^j w', f)$$

where $\gamma_G^j = \widehat{w}_j^{-1}\gamma_G^0 \widehat{w}_j$, $0 \le j \le n$, and δ is the characteristic function of $\mathcal{S}(T_H)$.

From the well-known construction of Harish-Chandra [**HC1**, Sect. 22; **HC2**, Part VI] we can find $f^j \in C_c^\infty(G_j(F))$, $0 \le j \le n$, such that

$$\Phi(\delta, f) = \Phi(\delta, f^j)$$

for all regular semisimple δ in some neighborhood of ϵ_j in $G_{\epsilon_j}(F)$. It remains to relate transfer factors for (G,H) to those for $(G_{\epsilon_G}, H_{\epsilon_H})$.

1.6. Descent for transfer factors

To conserve notation $\mathcal{H}$ will be assumed an L-group, but $\mathcal{H}_\epsilon$ must of course remain arbitrary. Then $\widetilde{H}_{\epsilon_H}$ will be an admissible central extension of H_{ϵ_H} (recall 1.3) and $\tilde{\epsilon}_H$ will be an element in the preimage of ϵ_H in $\widetilde{H}_{\epsilon_H}(F)$. We suppose that ϵ_H is a $\bar{T}_H$-image as well as a T_H-image, and take $\tilde{\gamma}_H$, $\tilde{\bar{\gamma}}_H$ in $\widetilde{H}_{\epsilon_H}(F)$ with strongly G-regular images $\gamma_H \in T_H$, $\bar{\gamma}_H \in \bar{T}_H$ in $H_{\epsilon_H}(F)$. Then the factors

$$\Delta = \Delta(\gamma_H, \gamma_G; \bar{\gamma}_H, \bar{\gamma}_G)$$

for (G,H) and

$$\Delta_\epsilon = \Delta(\tilde{\gamma}_H, \gamma_G; \tilde{\bar{\gamma}}_H, \bar{\gamma}_G)$$

for $(G_{\epsilon_G}, H_{\epsilon_H})$ are defined and non-zero whenever $\gamma_H, \bar{\gamma}_H$ are images with respect to $(G_{\epsilon_G}, H_{\epsilon_H})$ of $\gamma_G, \bar{\gamma}_G$ in $G_{\epsilon_G}(F)$. That will be our assumption on $\gamma_G, \bar{\gamma}_G$ throughout this section.

Let $\Theta = \Delta/\Delta_\epsilon$. Then Θ is naturally a product

$$\Theta_{\mathrm{I}}\Theta_{\mathrm{II}}\Theta_1\Theta_2\Theta_{\mathrm{IV}},$$

the factors corresponding to those of Δ and Δ_ϵ [**I**, Sect. 3].

Keeping T_H and $\bar{T}_H$ fixed we consider $\tilde{\gamma}_H, \tilde{\bar{\gamma}}_H$ near $\tilde{\epsilon}_H$ with $\gamma_G, \bar{\gamma}_G$ both near ϵ_G. We will see in 3.1 that $\Theta_1(\tilde{\gamma}_H, \gamma_G; \tilde{\bar{\gamma}}_H, \bar{\gamma}_G) = 1$. A glance at the remaining factors convinces one that Θ extends continuously to $(\tilde{\epsilon}_H, \epsilon_G; \tilde{\epsilon}_H, \epsilon_G)$ taking a nonzero value there. The extension is then seen to be smooth.

Theorem 1.6.A.

$$\lim_{\substack{\tilde{\gamma}_H, \tilde{\bar{\gamma}}_H \longrightarrow \tilde{\epsilon}_H \\ \gamma_G, \bar{\gamma}_G \longrightarrow \epsilon_G}} \Theta(\tilde{\gamma}_H, \gamma_G; \tilde{\bar{\gamma}}_H, \bar{\gamma}_G) = 1$$

The proof will occupy Sections 3 to 6.

Suppose F is nonarchimedean. Then the theorem says that

$$\Theta(\tilde{\gamma}_H, \gamma_G; \tilde{\bar{\gamma}}_H, \bar{\gamma}_G) = 1$$

for $\tilde{\gamma}_H, \tilde{\bar{\gamma}}_H$ near $\tilde{\epsilon}_H$ and $\gamma_G, \bar{\gamma}_G$ near ϵ_G. Thus for the absolute factors $\Delta(\gamma_H, \gamma_G)$, $\Delta(\bar{\gamma}_H, \bar{\gamma}_G)$ for G and $\Delta_\epsilon(\tilde{\gamma}_H, \gamma_G)$, $\Delta_\epsilon(\tilde{\bar{\gamma}}_H, \bar{\gamma}_G)$ for G_ϵ [**I**, 3.7] we have

$$\frac{\Delta(\gamma_H, \gamma_G)}{\Delta_\epsilon(\tilde{\gamma}_H, \gamma_G)} = \frac{\Delta(\bar{\gamma}_H, \bar{\gamma}_G)}{\Delta_\epsilon(\tilde{\bar{\gamma}}_H, \bar{\gamma}_G)},$$

and so we may write

$$\Delta(\gamma_H, \gamma_G) = c\Delta_\epsilon(\widetilde{\gamma}_H, \gamma_G)$$

for $\widetilde{\gamma}_H$ near $\widetilde{\epsilon}_H$ and γ_G near ϵ_G, where c is a constant. Observe that for $\widetilde{\gamma}_H$ near $\widetilde{\epsilon}_H$ the factor $\Delta_\epsilon(\widetilde{\gamma}_H, \gamma_G)$ depends only on γ_H and γ_G (see [**I**, 4.4.A] and 3.5). We emphasize that the assertion of the theorem is that c is independent of the Cartan subgroup T_H containing γ_H. That this is crucial for the transfer of orbital integrals (and therefore characters) will be seen in Section 2.

In the archimedean case c is a function. This however presents no difficulties in our applications (2.4, 2.5).

1.7. Final formula

For the pair (G_j, H_{ϵ_H}) we write c_j in place of c. Then

$$\Phi_f^H(\gamma_H) = \sum_{j=0}^{n} c_j \Phi_{f_j}^{H_\epsilon}(\widetilde{\gamma}_H) \tag{1.7.1}$$

for strongly G-regular $\widetilde{\gamma}_H$ sufficiently close to $\widetilde{\epsilon}_H$ in $\widetilde{H}_{\epsilon_H}(F)$. Note that the characteristic function $\delta(j)$ of (1.5.1) has disappeared because by definition $\Phi_{f_j}^{H_\epsilon}(\widetilde{\gamma}_H) = 0$ for $j \notin \mathcal{S}(T_H)$ (recall 1.3).

§2. Consequences

2.1. Local transfer

We say that (G, H) *admits Δ-transfer* if for each $f \in C_c^\infty(G(F))$ there exists $f^{\widetilde{H}} \in C_c^\infty(\widetilde{H}(F), \widetilde{\lambda})$ (notation of 1.3) such that f and $f^{\widetilde{H}}$ have Δ-matching orbital integrals, that is,

$$\Phi^{\mathrm{st}}(\widetilde{\gamma}_H, f^{\widetilde{H}}) = \sum_{\gamma_G} \Delta(\gamma_H, \gamma_G)\Phi(\gamma_G, f) \tag{2.1.1}$$

for all strongly G-regular $\widetilde{\gamma}_H$ in $\widetilde{H}(F)$. If H is the quasisplit form of G, so that Δ is a constant, we often refer to stable transfer rather than Δ-transfer. Suppose that F is nonarchimedean. Then for $\widetilde{\gamma}_H$ near 1 the factor $\Delta(\widetilde{\gamma}_H, \gamma_G)$ depends only on the image γ_H of $\widetilde{\gamma}_H$ in $H(F)$ (see [**I**, 4.4] again); so we may denote it instead by $\Delta_{\mathrm{loc}}(\gamma_H, \gamma_G)$. We say that (G, H) admits *local Δ-transfer at the identity* if for any $f \in C_c^\infty(G(F))$ we can find $f^H \in C_c^\infty(H(F))$ such that

$$\Phi^{\mathrm{st}}(\gamma_H, f^H) = \sum_{\gamma_G} \Delta_{\mathrm{loc}}(\gamma_H, \gamma_G)\Phi(\gamma_G, f) \tag{2.1.2}$$

for all strongly G-regular γ_H near 1 in $H(F)$.

2.2. A characterization lemma

Throughout 2.2 and 2.3 we assume that F is nonarchimedean. Suppose that Φ^{st} is a stably-invariant function on the regular semisimple elements of $G(F)$ that is compactly supported modulo conjugation, viz., that vanishes along all conjugacy classes of regular semisimple elements that do not meet some fixed compact subset of $G(F)$. Then we call Φ^{st} a *local stable orbital integral* if for each semisimple element ϵ in $G(F)$ there exists $f_\epsilon \in C_c^\infty(G(F))$ such that $\Phi^{st}(\gamma) = \Phi^{st}(\gamma, f_\epsilon)$ for all *regular semisimple* γ near ϵ.

Lemma 2.2.A. *Let G be a quasisplit group. If Φ^{st} is a local stable orbital integral on $G(F)$ then there exists $f \in C_c^\infty(G(F))$ such that*

$$\Phi^{st}(\gamma) = \Phi^{st}(\gamma, f)$$

for all regular semisimple γ in $G(F)$.

Proof. By a simple passage to a z-extension ([**K1**]) we reduce immediately to the case that the derived group of G is simply connected.

If ϵ is semisimple in $G(F)$ we denote by Z_ϵ the center of G_ϵ and by Z'_ϵ the set of ϵ' in Z_ϵ at which D_G/D_{G_ϵ} does not vanish. For ϵ' in Z'_ϵ we have $G_{\epsilon'} = G_\epsilon$ and $Z_{\epsilon'} = Z_\epsilon$, while if $\epsilon' \in Z_\epsilon - Z'_\epsilon$ then $G_{\epsilon'} \supsetneqq G_\epsilon$, so that $\dim G_{\epsilon'} > \dim G_\epsilon$, and $Z_{\epsilon'} \subsetneqq Z_\epsilon$. Notice that the group G_ϵ is $\mathrm{Cent}(Z_\epsilon, G)$. Thus if $g \in G(\bar{F})$ then $g^{-1}\epsilon g$ is stably conjugate to ϵ if and only if $\mathrm{Int}\, g^{-1} : Z_\epsilon \to Z_{g^{-1}\epsilon g}$ is defined over F, that is, Z_ϵ is stably conjugate to $Z_{g^{-1}\epsilon g}$.

There are only finitely many stable conjugacy classes among groups Z_ϵ. We label representatives $Z_0, \cdots, Z_r$ for these classes so that Z_0 is the center of G, the group $G(\ell) = \mathrm{Cent}(Z_\ell, G)$ is quasisplit over F for each ℓ (using [**K1**, Lemma 3.3]), and so that $\dim G(\ell) \leq \dim G(k)$ if $k \leq \ell$. Notice that if $Z_\ell = Z_\epsilon$ then $G(\ell) = G_\epsilon$ and $Z'_\ell = Z'_\epsilon$.

It is sufficient to show for each $\ell = 0, \cdots, r$ that if a local stable orbital integral Φ^{st} vanishes on the regular semisimple elements in a neighborhood of $\bigcup_{k<\ell} Z_k(F)$ then there exists $f_\ell \in C_c^\infty(G(F))$ such that

$$\Phi^{st}(\gamma) = \Phi^{st}(\gamma, f_\ell) \tag{2.2.1}$$

for all γ near $\bigcup_{k \leq \ell} Z_k(F)$, for if ϵ' is stably conjugate to ϵ in this set then any regular γ' close to ϵ' is stably conjugate to a γ close to ϵ because G_ϵ is quasisplit. Thus (2.2.1) implies that

$$\Phi^{st}(\gamma') = \Phi^{st}(\gamma', f_\ell) .$$

We then proceed inductively, replacing the original Φ^{st} by

$$\gamma \to \Phi^{st}(\gamma) - \Phi^{st}(\gamma, f_0),$$

passing to Z_1, and so on.

Because $G_{\rm der}$ is simply connected, stable semisimple conjugacy classes are labelled by orbits of the Weyl group in a fixed Cartan subgroup T over F. Of course the orbits lie in $T(\bar{F})$, and not all such orbits label stable conjugacy classes. Suppose we are given a Galois-invariant metric on $T(\bar{F})$, one such orbit $\bar{\tau} = \{t_0, t_1, \cdots, t_s\}$, and a $\delta > 0$. Then the set of all $g \in G(F)$ such that the semisimple part of g is conjugate in $G(\bar{F})$ to an s such that $|s - t_i| < \delta$ for some i is an open subset of $G(F)$ that is stably invariant. Multiplying a given function f by the characteristic function of such a set, we concentrate its stable orbital integrals on the set $X(\tau, \delta)$ of regular γ such that γ is conjugate to s with $|s - t_i| < \delta$ for some δ.

Thus a stable conjugacy class that meets $Z'_\ell(F)$ will intersect $Z'_\ell(F)$ in a finite set $\{\epsilon_0, \cdots, \epsilon_r\}$, and mapping Z_ℓ into T over $\bar{F}$ we send the elements $\epsilon = \epsilon_0, \cdots, \epsilon_r$ to $t_0, \cdots, t_r$. We complete this set to a full orbit $\tau = \{t_0, \cdots, t_s\}$. Since G_ϵ is quasisplit, it is clear that if δ is sufficiently small then any stable conjugacy class in $X(\tau, \delta)$ meets any given neighborhood of ϵ in G_ϵ. In verifying this, we may suppose that $Z_\ell \subseteq T$ so that $t_0 = \epsilon$.

A stable conjugacy class in $X(\tau, \delta)$ is then represented by an $s \in T(\bar{F})$ such that $|s - \epsilon| < \delta$ and such that for any $\sigma \in \mathrm{Gal}(\bar{F}/F)$ there is a u_σ in the normalizer of T in $G(F)$ satisfying

$$\sigma(s) = u_\sigma^{-1} s u_\sigma \,. \tag{2.2.2}$$

Since

$$|\sigma(s) - \sigma(\epsilon)| = |\sigma(s) - \epsilon| = |u_\sigma^{-1} s u_\sigma - \epsilon| \,,$$

we can choose δ sufficiently small that (2.2.2) forces u_σ to centralize ϵ. Consequently, by Steinberg's Theorem, s determines a stable conjugacy class in $G_\epsilon(F)$. Moreover, if δ is small enough this class must meet the given neighborhood of ϵ in G_ϵ.

By assumption, there is an f_ℓ such that $\Phi^{st}(\gamma) = \Phi^{st}(\gamma, f_\ell)$ for γ in a neighborhood of ϵ in G_ϵ, and we conclude that this relation is valid on all of $X(\tau, \delta)$. A simple partition-of-unity argument completes the proof. Observe that we could have dispensed with the introduction of the groups Z_ℓ, if we had wished to do so.

2.3. Reduction to local transfer

Theorem 2.3.A. *Suppose all pairs $(G_{\epsilon_G}, H_{\epsilon_H})$ have local Δ_ϵ-transfer at the identity. Then (G, H) has Δ-transfer.*

Proof. We first observe that if G is replaced by a z-extension $\tilde{G}$ the hypothesis of the theorem remains valid. Further it is then sufficient to prove the theorem for $\tilde{G}$. Thus we may as well assume $\mathcal{H}$ an L-group. By Lemma 2.2.A we have then just to show that

$$\Phi_f^H(\gamma_H) = \sum_{\gamma_G} \Delta(\gamma_H, \gamma_G)\Phi(\gamma_G, f),$$

defined so far for γ_H strongly G-regular in $H(F)$, is a local stable orbital integral on $H(F)$. We shall use the descent formula (1.7.1). Observe also that local Δ_ϵ-transfer at the identity for $(G_{\epsilon_G}, H_{\epsilon_H})$ implies local Δ_ϵ-transfer at ϵ_H for the same pair (see Lemma 3.5.A).

First, if ϵ_H is regular semisimple in $H(F)$, so that H_{ϵ_H} is a Cartan subgroup of H, then local transfer at ϵ_H for $(G_{\epsilon_G}, H_{\epsilon_H})$ implies by (1.7.1) that Φ_f^H extends smoothly to ϵ_H. Thus we have Φ_f^H defined on all regular semisimple elements of $H(F)$. It is further locally constant, stable, and compactly supported modulo conjugation.

For general ϵ_H we use (1.7.1) to obtain $f' \in C_c^\infty(H_{\epsilon_H}(F))$ and thus $f'' \in C_c^\infty(H(F))$ such that

$$\Phi_f^H(\gamma_H) = \Phi^{\mathrm{st}}(\gamma_H, f') = \Phi^{\mathrm{st}}(\gamma_H, f'')$$

for γ_H near ϵ_H. Thus Φ_f^H is a local stable orbital integral and the proof is complete.

2.4. Equisingular matching

We call ϵ_H and ϵ_G *equisingular* if H_{ϵ_H} is an inner form of G_{ϵ_G}, that is, if ϵ_H is *(G,H)-regular* in the sense of [**K2**]. Assume that f, f^H have Δ-matching orbital integrals. For simplicity, we shall suppose that the derived group of G is simply connected so that neither H itself nor H_{ϵ_H} need be replaced by a central extension in the matchings. Note also that $\mathrm{Cent}(\epsilon_H, H)$ is connected [**K2**, Lemma 3.2]. Following [**K2**], and by the homogeneity of germs, we may expect a stable combination of the integrals of f^H along the conjugacy classes in the stable class of ϵ_H to match with some suitable combination of the integrals of f along the classes in the stable class of ϵ_G. We shall show this is true and so verify some conjectures in [**K2**].

The first step is to define a factor $\Delta(\epsilon_H, \epsilon_G)$. Let ϵ_H be a T_H-image of ϵ_G. Then we set

$$\Delta(\epsilon_H, \epsilon_G) = \lim \Delta(\gamma_H, \gamma_G),$$

where the limit is taken as $\gamma_H \to \epsilon_H$ in $T_H(F)$ and $\gamma_G \to \epsilon_G$, and γ_H is an image of γ_G. Suppose F nonarchimedean. If we consider also $\bar{\gamma}_H, \bar{\gamma}_G$ with $\bar{\gamma}_H$ near ϵ_H in another Cartan subgroup $\bar{T}_H(F)$ of $H_{\epsilon_H}(F)$ then

$\Delta_\epsilon(\gamma_H,\gamma_G\,;\,\bar\gamma_H,\bar\gamma_G)\equiv 1$ since H_{ϵ_H} is the quasisplit inner form of G_{ϵ_G}. Thus Theorem 1.6.A asserts that

$$\begin{aligned}\Theta(\gamma_H,\gamma_G\,;\,\bar\gamma_H,\bar\gamma_G) &= \Delta(\gamma_H,\gamma_G\,;\,\bar\gamma_H,\bar\gamma_G)\\ &= \Delta(\gamma_H,\gamma_G)/\Delta(\bar\gamma_H,\bar\gamma_G)\\ &= 1\end{aligned}$$

if $\gamma_H,\bar\gamma_H$ near ϵ_H are images of $\gamma_G,\bar\gamma_G$ near ϵ. In other words, $\Delta(\gamma_H,\gamma_G)$ is a constant independent of the Cartan subgroup containing γ_H and $\Delta(\epsilon_H,\epsilon_G)$ equals this constant. If F is archimedean we still have $\Delta_\epsilon(\gamma_H,\gamma_G\,;\,\bar\gamma_H,\bar\gamma_G)\equiv 1$ but Theorem 1.6.A asserts only that

$$\lim \Delta(\gamma_H,\gamma_G)/\Delta(\bar\gamma_H,\bar\gamma_G)=1\,.$$

We conclude nevertheless that $\Delta(\epsilon_H,\epsilon_G)$ is well defined, that is, independent of the choice of T_H.

We write $O(\epsilon_G,f)$ for the integral of f along the conjugacy class of ϵ_G, keeping in mind our convention for measures (1.1). A sign $e(G)$ is defined in [**K4**]. If we sum over representatives ϵ'_H for the conjugacy classes in the stable conjugacy class of ϵ_H then

$$O^{\mathrm{st}}(\epsilon_H,f^H)=\sum_{\epsilon'_H} e(H_{\epsilon'_H})O(\epsilon'_H,f^H)$$

is a stable distribution [**K3, S5**].

Lemma 2.4.A. *Suppose ϵ_H is (G,H)-regular then*

$$O^{\mathrm{st}}(\epsilon_H,f^H)=\sum_{\epsilon_G} e(G_{\epsilon_G})\Delta(\epsilon_H,\epsilon_G)O(\epsilon_G,f) \tag{2.4.1}$$

where the sum is over representatives ϵ_G for the conjugacy classes in $G(F)$ equisingular with ϵ_H

Proof. (i) F nonarchimedean. Suppose γ_H is near ϵ_H in a fundamental Cartan subgroup $T_H(F)$ of $H_{\epsilon_H}(F)$. Then by descent (1.7),

$$\sum_{\gamma_G}\Delta(\gamma_H,\gamma_G)\Phi(\gamma_G,f)$$

coincides with

$$\sum_j \Delta(\gamma_H,\gamma_j)\Phi^{\mathrm{st}}(\gamma_j,f^j)$$

and thus with

$$\sum_j \Delta(\epsilon_H,\epsilon_j)\Phi^{\mathrm{st}}(\gamma_j,f^j)\,.$$

The zero-degree term in the Shalika germ expansion of this expression is

$$\lambda \sum_j \Delta(\epsilon_H, \epsilon_j) e(G_j) f^j(\epsilon_j)$$

where λ is a constant depending only on ϵ_H (see [**K3**, §3]). Apart from λ, this is the right side of (2.4.1). At the same time,

$$\sum_{\gamma_G} \Delta(\gamma_H, \gamma_G) \Phi(\gamma_G, f)$$

coincides with $\Phi^{st}(\gamma_H, f^H)$ which has $\lambda O^{st}(\epsilon_H, f^H)$ as zero-degree term in its germ expansion. So (2.4.1) is proved.

(ii) F archimedean. Descent again yields

$$\sum_{\gamma_G} \Delta(\gamma_H, \gamma_G) \Phi(\gamma_G, f) = \sum_j \Delta(\gamma_H, \gamma_G) \Phi^{st}(\gamma_G, f^j) .$$

In place of germ expansions we use Harish-Chandra's limit formula [**HC3**, Lemma 17.5]. Again T_H is taken to be fundamental in H_{ϵ_H}. We write $\gamma_H \in T_H(F)$ as $\epsilon_H \exp X$ and multiply each side of the equation

$$\Phi^{st}(\gamma_H, f^H) = \sum_j \Delta(\gamma_H, \gamma_j) \Phi^{st}(\gamma_j, f^j)$$

by

$$\prod \left(\alpha(\epsilon_H) e^{\alpha(X)/2} - e^{-\alpha(X)/2}\right) ,$$

the product being over all positive roots of T_H in H. We then apply the operator $\varpi_{\epsilon_H} = \Pi' H_\alpha$, the product being now over positive roots in H_{ϵ_H}, and take limits as $X \to 0$. As a first step we obtain on the right side

$$\sum_j \Delta(\epsilon_H, \epsilon_j) \lim \varpi_{\epsilon_H} \left(\Pi' e^{\alpha(X)/2} - e^{-\alpha(X)/2}\right) \Phi^{st}(\gamma_j, f^j)$$

(see [**S5**] for the explicit form of $\Delta(\gamma_H, \gamma_j)$, especially the term $\Delta_2(\gamma_H, \gamma_j)$, and [**W**, p. 371] for a similar calculation).

We calculate this new limit by means of Harish-Chandra's formula as in [**S5**, §2.9], using the results of §37 of [**HC3**] to keep track of constants. The contribution of the right side is then

$$\sum_j \Delta(\epsilon_H, \epsilon_j) \lambda e(G_j) f^j(\epsilon_j) = \lambda \sum_j \Delta(\epsilon_H, \epsilon_j) e(G_j) O(\epsilon_j, f) ,$$

λ being a constant depending only on H_{ϵ_H}. The left side contributes $\lambda O^{st}(\epsilon_H, f^H)$, and so the lemma is proved.

Observe that from our product formula for $\Delta(\gamma_H, \gamma_G)$ [I, §6.4] we obtain a product formula for $\Delta(\epsilon_H, \epsilon_G)$, as conjectured in [K2, §6.10].

2.5. Regular matching

Suppose δ_G is regular in $G(F)$, that is, that $\mathrm{Cent}(\delta_G, G)$ is of minimal dimension. Let $\delta_G = \epsilon_G u_G$ be the Jordan decomposition; both ϵ_G and u_G belong to $G(F)$. Assume ϵ_G has image ϵ_H in $H(F)$. As usual, we take H_{ϵ_H} quasisplit over F and then choose u_H regular unipotent in $H_{\epsilon_H}(F)$. Thus $\delta_H = \epsilon_H u_H$ is regular in $H(F)$. We shall use descent and the regular unipotent matching of [I, §5.5] to match integrals over the classes of δ_H and δ_G. For simplicity of notation we assume $\mathcal{H}, \mathcal{H}_\epsilon$ are L-groups and that $\mathrm{Cent}(\epsilon_H, H)$, $\mathrm{Cent}(\epsilon_G, G)$ are connected. The stable conjugacy classes of δ_H, δ_G are then the F-points in their $\bar{F}$-classes.

Set $\Phi^{\mathrm{st}}(\delta_H, f^H) = \sum \Phi(\delta'_H, f^H)$, where the sum is over representatives δ'_H for conjugacy classes in the stable conjugacy class of δ_H. Then descent to H_{ϵ_H} and Theorem 5.5.A of [I] show immediately that

$$\Phi^{\mathrm{st}}(\delta_H, f^H) = \lim_{\gamma_H \to \epsilon_H} D_{\epsilon_H}(\gamma_H) \Phi^{\mathrm{st}}(\gamma_H, f^H)$$

so that $f^H \to \Phi^{\mathrm{st}}(\delta_H, f^H)$ is a stable distribution.

At the same time we set

$$\Delta(\epsilon_H, \epsilon_G) = \lim_{\substack{\gamma_H \to \epsilon_H \\ \gamma_G \to \epsilon_G}} \Delta(\gamma_H, \gamma_G)/\Delta_\epsilon(\gamma_H, \gamma_G),$$

the limits taken as in 1.6, and

$$\Delta_\epsilon(\delta_G) = \lambda(\epsilon_G)\Delta(u_G)$$

in the notation of [I, 5.5], with λ, Δ calculated with respect to $(G_{\epsilon_G}, H_{\epsilon_H})$. Then we define

$$\Delta(\delta_H, \delta_G) = \Delta(\epsilon_H, \epsilon_G)\Delta_\epsilon(\delta_G).$$

Suppose f and f^H have Δ-matching orbital integrals. Descent and the regular-unipotent matching also imply easily that

$$\lim_{\gamma_H \to \epsilon_H} D_{\epsilon_H}(\gamma_H) \sum_{\gamma_G} \Delta(\gamma_H, \gamma_G)\Phi(\gamma_G, f) = \sum_{\delta'_G} \Delta(\delta_H, \delta'_G)\Phi(\delta'_G, f),$$

and so we have the matching

$$\Phi^{\mathrm{st}}(\delta_H, f^H) = \sum_{\delta'_G} \Delta(\delta_H, \delta'_G)\Phi(\delta'_G, f).$$

Here we have dealt with both the nonarchimedean and archimedean cases. We also see that if $\delta_H = \epsilon_H u_H$ is regular in $H(F)$ and ϵ_H is not an image then

$$\Phi^{\mathrm{st}}(\delta_H, f^H) = 0.$$

Finally we remark that if $f \in C_c^\infty(G(F))$ is supported on the full regular set of $G(F)$ then we can find $f^H \in C_c^\infty(H(F))$ supported on the full regular set of $H(F)$ with Δ-matching integrals.

2.6. Archimedean transfer

Suppose F is archimedean. If $F = \mathbb{C}$ we can define transfer factors for G over $\mathbb{C}$ or for the group $\widetilde{G} = \mathrm{Res}_{\mathbb{R}}^{\mathbb{C}} G$ over $\mathbb{R}$ obtained by restriction of scalars. On identifying $G(\mathbb{C})$ with $\widetilde{G}(\mathbb{R})$ in the usual way we see that the transfer factors for a pair $(G(\mathbb{C}), H(\mathbb{C}))$ are the the same as for $(\widetilde{G}(\mathbb{R}), \widetilde{H}(\mathbb{R}))$ (this is a special case of a fact used in 5.5). It is then sufficient to treat the case $F = \mathbb{R}$. Again there will be no harm in taking $\mathcal{H}$ to be an L-group.

For real groups a transfer factor, that we now denote $\Delta^{(\mathbb{R})}(\gamma_H, \gamma_G)$, was defined in [**S4**] using diagrams. It includes moreover an implicitly defined sign, (see [**S4**, Section 3.5]).

Theorem 2.6.A. *There is a constant c such that*

$$\Delta(\gamma_H, \gamma_G) = c\Delta^{(\mathbb{R})}(\gamma_H, \gamma_G)$$

for all G-regular γ_H in $H(\mathbb{R})$.

Proof. By continuity we can assume γ_H strongly G-regular, and because both Δ and $\Delta^{(\mathbb{R})}$ satisfy the Local Hypothesis ([**I**, 4.2.B], [**L2**, Lemma 6.17]) we may assume that G is quasisplit over $\mathbb{R}$.

For an imaginary root α we may take the χ-datum χ_α as the character $z \to z/|z|$ on $\mathbb{C}^\times$ and for the remaining roots we take χ_α trivial. Then inspection of the terms in each factor shows that

$$\Delta(\gamma_H, \gamma_G) = c(T_H)\Delta^{(\mathbb{R})}(\gamma_H, \gamma_G)$$

where $T_H = \mathrm{Cent}(\gamma_H, H)$. Up to a constant independent of $T_H, c(T_H)$ is either real or purely imaginary. To show that $c(T_H)$ is in fact independent of T_H, which is what the theorem asserts, we argue as follows.

By the matching of orbital integrals for $\Delta^{(\mathbb{R})}$ [**S4**] there is for each Schwartz function f on $G(\mathbb{R})$ a Schwartz function f^H on $H(\mathbb{R})$ (or an essentially Schwartz function if the embedding $\xi : {}^L H \hookrightarrow {}^L G$ is not of unitary type [**S3**]) such that

$$\Phi^{\mathrm{st}}(\gamma_H, f^H) = \sum_{\gamma_G} \Delta^{(\mathbb{R})}(\gamma_H, \gamma_G)\Phi(\gamma_G, f)$$

for all strongly G-regular elements γ_H. We multiply both sides by $D_H(\gamma_H)$. The left side has a limit as $\gamma_H \to 1$ through any Cartan subgroup and the limit is independent of the choice of Cartan subgroups. This follows from applying the Harish-Chandra jump conditions to stable orbital integrals [**S1**, Section 4]. The right side then has the same property. But so also does

$$\gamma_H \to \sum_{\gamma_G} \Delta(\gamma_H, \gamma_G)\Phi(\gamma_G, f)$$

by [**I**, Theorem 5.5.A]. Because G is quasisplit over $\mathbf{R}$ we can choose f such that the limit is nonzero. Thus we get a contradiction unless $c(T_H)$ is independent of T_H, and the theorem is proved.

We conclude now that for each Schwartz function f on $G(\mathbf{R})$ there exists an (essentially) Schwartz function f^H on $H(\mathbf{R})$ with Δ-matching orbital integrals. Then the Paley-Wiener results of [**C-D**] allow us to take $f^H \in C_c^\infty(H(\mathbf{R}), K_H)$ if $f \in C_c^\infty(G(\mathbf{R}), K)$, with K_H, K maximal compact subgroups of $H(\mathbf{R}), G(\mathbf{R})$ respectively and the notation indicating bi-K_H-finite or bi-K-finite functions.

Of course we have not used the Descent Theorem (1.6.A) in this proof of Δ-transfer. However the proof of $\Delta^{(\mathbf{R})}$-transfer that we have used is based on the Harish-Chandra jump conditions and these come from descent to centralizers of semiregular elements. Many of the arguments in [**S1–S4**] for $\Delta^{(\mathbf{R})}$-transfer are essentially special cases of results needed for 1.6.A. To prove Δ-transfer directly we may apply the results of Section 1 to verify the jump conditions of [**S1**] for Φ_f^H. Since we still need some of the arguments from [**S2–S4**] and overall the proof is not much shorter, we forgo the details.

§3. Comparison Lemmas

3.1. Reduction to quasisplit groups

Recall from 1.6 that

$$\Theta(\gamma_H, \gamma_G\,;\,\bar\gamma_H, \bar\gamma_G) = \Delta(\gamma_H, \gamma_G\,;\,\bar\gamma_H, \bar\gamma_G)/\Delta_\epsilon(\gamma_H, \gamma_G\,;\,\bar\gamma_H, \bar\gamma_G)\,,$$

where $\gamma_H, \bar\gamma_H$ are images of $\gamma_G, \bar\gamma_G$ relative to $(H_{\epsilon_H}, G_{\epsilon_G})$. We consider the limit of Θ as $\gamma_H, \bar\gamma_H$ approach ϵ_H through fixed Cartan subgroups denoted respectively $T_H, \bar T_H$, and $\gamma_G, \bar\gamma_G$ approach ϵ_G. Theorem 1.6.A, which we have to prove, states that this limit is 1.

Fix embeddings $T_H \to T, \bar T_H \to \bar T$ for $(H_{\epsilon_H}, G_\epsilon^*)$. Recall that we assume G_ϵ^*, ψ to be quasisplit data for G_{ϵ_G}. Write $\gamma, \bar\gamma$ for the images of $\gamma_H, \bar\gamma_H$, as usual. If we factor Θ as we factor Δ, Δ_ϵ then only $\Theta_1 = \Theta_{\mathrm{III}_1}$ depends on $\gamma_G, \bar\gamma_G$ rather than on $\gamma, \bar\gamma$ alone. The next lemma allows us to replace G by G^*, ϵ_G by ϵ and $\gamma_G, \bar\gamma_G$ by $\gamma, \bar\gamma$.

Lemma 3.1.A.

$$\Theta_1(\gamma_H, \gamma_G\,;\,\bar\gamma_H, \bar\gamma_G) = 1\,.$$

Proof. We use the notation of [**I**, 3.4], putting a subscript ϵ on those objects attached to G_{ϵ_G}. We may take $u(\sigma)$ to be the image in G^*_{sc} of the element $u_\epsilon(\sigma)$ in $(G^*_\epsilon)_{\mathrm{sc}}$, and h and $\bar h$ to be the images of h_ϵ and $\bar h_\epsilon$. Then $v(\sigma)$ and $\bar v(\sigma)$ are the images of $v_\epsilon(\sigma)$ and $\bar v_\epsilon(\sigma)$. The cochains v_ϵ and $\bar v_\epsilon$ have the same coboundary and it takes values in the inverse image W (a finite group) of Z^*_{sc} in $(G^*_\epsilon)_{\mathrm{sc}}$. So we have a cocycle i with values in

$$V = T_{\epsilon-\mathrm{sc}} \times \bar T_{\epsilon-\mathrm{sc}}/W\,,$$

where we use a notational principle that admits several variants: the subscript $\epsilon - \mathrm{sc}$ indicates inverse image in $(G^*_\epsilon)_{\mathrm{sc}}$. The classes $\mathrm{inv}(\gamma_H, \gamma_G\,;\,\bar\gamma_H, \bar\gamma_G)$ and $\mathrm{inv}_\epsilon(\gamma_H, \gamma_G\,;\,\bar\gamma_H, \bar\gamma_G)$ are the images of the class of i under the homomorphisms induced by

(3.1.1)
$$V \nearrow U, \qquad V \searrow U_\epsilon\,.$$

Dual to (3.1.1) we have

(3.1.2)
$$\widehat V \swarrow \widehat U, \qquad \widehat V \nwarrow \widehat U_\epsilon\,.$$

To prove the lemma it is sufficient to show that the images of s_U and s_{U_ϵ} in $\widehat V$ are the same.

The L-data for G^*_ϵ (see 1.4) provide $\mathcal{T} \xrightarrow{\sim} \widehat T$ and $\mathcal{T} \xrightarrow{\sim} \widehat{\bar T}$. We have two commutative diagrams.

$$\begin{array}{ccc} V & \longrightarrow & U \\ \downarrow & & \downarrow \\ T_{\epsilon-\mathrm{ad}} \times \widehat T_{\epsilon-\mathrm{ad}} & \longrightarrow & T_{\mathrm{ad}} \times \bar T_{\mathrm{ad}} \end{array}$$

$$\begin{array}{ccc} V & \longrightarrow & U_\epsilon \\ & \searrow & \downarrow \\ & & T_{\epsilon-\mathrm{ad}} \times \bar T_{\epsilon-\mathrm{ad}}\,. \end{array}$$

Using them we extend (3.1.2) to a commutative diagram

$$\begin{array}{ccccccc} & & \widehat{U} & \longleftarrow & \widehat{T}_{sc} \times \widehat{\bar{T}}_{sc} & \overset{\sim}{\longleftarrow} & \mathcal{T}_{sc} \times \mathcal{T}_{sc} \\ & \swarrow & & & \uparrow & & \uparrow \\ \widehat{V} & & & & & & \\ & \nwarrow & & & & & \\ & & \widehat{U}_\epsilon & \longleftarrow & \widehat{T}_{\epsilon-sc} \times \widehat{\bar{T}}_{\epsilon-sc} & \overset{\sim}{\longleftarrow} & \mathcal{T}_{\epsilon-sc} \times \mathcal{T}_{\epsilon-sc}\,. \end{array}$$

We may write $\tilde{s} \in \mathcal{T}_{sc}$ as the product of the image of $\tilde{s}_\epsilon$ in $\mathcal{T}_{\epsilon-sc}$ with an element of the identity component $\mathcal{R}$ of the subgroup $\{x \in \mathcal{T}_{sc} : \alpha^\vee(x) = 1, \alpha^\vee \in R(\widehat{G}_\epsilon, \mathcal{T})\}$. Embed $\mathcal{R}$ diagonally in $\mathcal{T}_{sc} \times \mathcal{T}_{sc}$ without change in notation. Then we have just to show that the image of $\mathcal{R}$ in $\widehat{V}$ is trivial. But $\mathcal{R}$ is connected and $\widehat{V} \to \widehat{T}_{\epsilon-ad} \times \widehat{\bar{T}}_{\epsilon-ad}$ has finite kernel because $T_{\epsilon-sc} \times \bar{T}_{\epsilon-sc} \to V$ does. Thus it is enough to show that

$$\mathcal{R} \longrightarrow \widehat{V} \longrightarrow \widehat{T}_{\epsilon-ad} \times \bar{T}_{\epsilon-ad}$$

is trivial. That, however, is immediate, and the lemma is proved.

3.2. Remarks and notation

We assume from now on that $G = G^*$, $\epsilon_G = \epsilon$, $\gamma_G = \gamma$ and $\bar{\gamma}_G = \bar{\gamma}$. Then $\Theta(\gamma_H, \gamma; \bar{\gamma}_H, \bar{\gamma})$ is a quotient $\Theta(\gamma_H, \gamma)/\Theta(\bar{\gamma}_H, \bar{\gamma})$. So also is each of $\Theta_{\mathrm{I}}, \Theta_{\mathrm{II}}, \Theta_2$ and Θ_{IV}. The embeddings $T_H \to T$, $\bar{T}_H \to \bar{T}$ being fixed, we may delete γ and $\bar{\gamma}$ from the notation. We may further fix Borel subgroups $B_H \supset B_{\epsilon_H} \supset T_H, B \supset B_\epsilon \supset T, \bar{B}_H$ and so on, for which $T_H \to T, \bar{T}_H \to \bar{T}$ are the attached embeddings. There is then a canonical identification of the roots of T in G with those of $\bar{T}$. It carries the B-positive roots to the $\bar{B}$-positive ones, the (positive) roots of T in G_ϵ to the (positive) roots of $\bar{T}$ in G_ϵ, and the roots from H to the roots from H. Thus we use the simpler notation $R = R(G), R_\epsilon = R(G_\epsilon), R_s = R(H)$, and so on, for root systems. Also $R(G) - R(G_\epsilon)$ will be abbreviated as $R(G/G_\epsilon)$ and $R(G) - (R(G_\epsilon) \cup R(H))$ as $R(G/G_\epsilon, H)$.

In this notation $\Theta_{\mathrm{IV}}(\gamma_H)$ is written as

$$\prod_{\alpha \in R(G/G_\epsilon, H)} |\alpha(\gamma) - 1|^{1/2},$$

and so

$$\begin{aligned} \lim_{\gamma_H \to \epsilon_H} \Theta_{\mathrm{IV}}(\gamma_H) &= \prod_{\alpha \in R(G/G_\epsilon, H)} |\alpha(\epsilon) - 1|^{1/2} \\ &= \lim_{\bar{\gamma}_H \to \epsilon_H} \Theta_{\mathrm{IV}}(\bar{\gamma}_H)\,. \end{aligned}$$

Thus Θ_{IV} contributes 1 to the limit and it remains to examine

$$\widehat{\Theta}(\gamma_H, \bar{\gamma}_H) = \frac{\Theta_{\mathrm{I}}(\gamma_H)}{\Theta_{\mathrm{I}}(\bar{\gamma}_H)} \cdot \frac{\Theta_{\mathrm{II}}(\gamma_H)}{\Theta_{\mathrm{II}}(\bar{\gamma}_H)} \cdot \frac{\Theta_2(\gamma_H)}{\Theta_2(\bar{\gamma}_H)} .$$

The First Lemma of Comparison will allow us to examine $\Theta_{\mathrm{I}}(\gamma_H)/\Theta_{\mathrm{I}}(\bar{\gamma}_H)$ and the Second to examine $\Theta_2(\gamma_H)/\Theta_2(\bar{\gamma}_H)$. For the remaining term observe for now that

$$\lim_{\gamma_H \to \epsilon_H} \Theta_{\mathrm{II}}(\gamma_H) = \prod_{\alpha} \chi_\alpha \left(\frac{\alpha(\epsilon) - 1}{a_\alpha} \right)$$

where the product is over representatives for the orbits in $R(G/G_\epsilon, H)$ under the Galois action for T. There is a similar formula for $\lim_{\bar{\gamma}_H \to \epsilon_H} \Theta_{\mathrm{II}}(\bar{\gamma}_H)$ involving the $\Gamma_{\bar{T}}$-orbits.

To compute Θ_{I} we need also to fix F-splittings $(\mathbf{B}, \mathbf{T}, \{X_\alpha\})$ of G and $(\mathbf{B}_\epsilon, \mathbf{T}_\epsilon, \{Y_\beta\})$ of G_ϵ, but then we can use $\mathbf{B}, \mathbf{B}_\epsilon$ along with B, B_ϵ to identify T, T_ϵ with $\mathbf{T}$, and again identify all roots as roots of $\mathbf{T}$. Recall that we write Γ for $\mathrm{Gal}(\bar{F}/F)$, Γ_T for $\{\sigma_T : \sigma \in \Gamma\}$, $\mathbf{\Gamma}$ for $\{\sigma = \sigma_{\mathbf{T}} : \sigma \in \Gamma\}$ and so on. In [**I**, Section 2] we identified Γ_T as a subgroup of $\mathbf{\Gamma}\,\Omega(G, \mathbf{T}) \rtimes \mathbf{\Gamma}$. Now we find it convenient to work with $\Omega(G,T) \rtimes \Gamma_T$ and to identify $\Gamma_{\bar{T}}$ as a subgroup of $\Omega_\epsilon \rtimes \Gamma_T$, where $\Omega_\epsilon = \Omega(G_\epsilon, T)$. Thus for $\sigma \in \Gamma$ we may write $\sigma_{\bar{T}}$ as $\omega \times \sigma_T$, where $\omega \in \Omega_\epsilon$. We shall often write $\bar{\sigma}$ for $\sigma_{\bar{T}}$ and σ for σ_T, so that $\bar{\sigma} = \omega \times \sigma$.

3.3. First Lemma of Comparison

The term $\Delta_{\mathrm{I}}(\gamma_H)$ was defined in [**I**, 3.2] using a passage to G_{sc}. We can just as well take $\lambda = \lambda(T)$, which coincides with the image of $\lambda(T_{\mathrm{sc}})$ in $H^1(T)$, and pair this with the element $s_T \in \pi_0(\widehat{T}^\Gamma)$ defined by s. Then $\Theta_{\mathrm{I}}(\gamma_H) = \langle \bar{\mu}, s_{\bar{T}} \rangle$ where $\mu = \lambda\lambda_\epsilon^{-1}$. Here again we use the subscript ϵ to indicate an object attached to G_ϵ. Similarly, $\Theta_{\mathrm{I}}(\bar{\gamma}_H) = \langle \bar{\mu}, s_{\bar{T}} \rangle$, where $\bar{\mu} = \bar{\lambda}\bar{\lambda}_\epsilon^{-1}$ and the pairing is now that for $H^1(\bar{T})$ and $\pi_0(\widehat{\bar{T}}^\Gamma)$.

Let $\mathrm{Int}\, h : \mathbf{T} \to T$, $\mathrm{Int}\, h_\epsilon : \mathbf{T}_\epsilon \to T$ be the isomorphisms provided by $\mathbf{B}, B$ and $\mathbf{B}_\epsilon, B_\epsilon$. We now write $n(\sigma_T)$ for the element $n(\omega_T(\sigma))$ of [**I**, 2.3]. Then λ is represented by $hx(\sigma_T)n(\sigma_T)\sigma(h)^{-1}$ and λ_ϵ by $h_\epsilon x_\epsilon(\sigma_T) n_\epsilon(\sigma_T)\sigma(h_\epsilon)^{-1}$. Thus μ is represented by

$$hx(\sigma_T)n(\sigma_T)\sigma(h)^{-1}\sigma(h_\epsilon)n_\epsilon(\sigma_T)^{-1}x_\epsilon(\sigma_T)^{-1}h_\epsilon^{-1} .$$

There is a similar formula for $\bar{\mu}$.

Set

$$y(\sigma_T) = hx(\sigma_T)h^{-1} \cdot h_\epsilon x_\epsilon(\sigma_T)^{-1}h_\epsilon^{-1} = \prod_{\substack{\alpha>0 \\ \sigma_T^{-1}\alpha<0}} a_\alpha^{\alpha^\vee} ,$$

where the product is over $\alpha \in R(G/G_\epsilon)$.

On the other hand, for $\theta \in \Omega_\epsilon \rtimes \Gamma_T$ we have $n(\theta) \in \mathrm{Norm}(G,T)$ on regarding $\Omega_\epsilon \rtimes \Gamma_T$ as a subgroup of $\Omega \rtimes \boldsymbol{\Gamma}$ [**I**, 2.1] and $n_\epsilon(\theta) \in \mathrm{Norm}(G_\epsilon, T_\epsilon)$ if we regard $\Omega_\epsilon \rtimes \Gamma_T$ as a subgroup of $\Omega_\epsilon \rtimes \boldsymbol{\Gamma}_\epsilon$. Then

$$n(\theta_1)n(\theta_2) = t(\theta_1,\theta_2)n(\theta_1\theta_2)$$
$$n_\epsilon(\theta_1)n_\epsilon(\theta_2) = t_\epsilon(\theta_1,\theta_2)n_\epsilon(\theta_1\theta_2)$$

and if

$$\tau(\theta_1,\theta_2) = ht(\theta_1,\theta_2)h^{-1}h_\epsilon t_\epsilon(\theta_1,\theta_2)^{-1}h_\epsilon^{-1}$$

then

$$\tau(\theta_1,\theta_2) = \prod_{\substack{\alpha>0 \\ \theta_1^{-1}\alpha<0 \\ \theta_2^{-1}\theta_1^{-1}\alpha>0}} (-1)^{\alpha^\vee},$$

with the product again over $\alpha \in R(G/G_\epsilon)$ (see [**I**, Lemma 2.1.A]).

The restriction of τ to Γ_T is also the coboundary of y [**I**, 2.2.A]. Since $\tau = \tau^{-1}$ we can write the more convenient:

$$\partial y = \tau^{-1} \tag{3.3.1}$$

(see also [**I**, 2.3]).

For $\omega \in \Omega_\epsilon$ we define $b(\omega) \in T$ by

$$hn(\omega)h^{-1} = b(\omega)h_\epsilon n_\epsilon(\omega)h_\epsilon^{-1}\ .$$

Finally, suppose $\mu(\sigma)$ represents the cohomology class μ. Then for $\omega \times \sigma \in \Omega_\epsilon \rtimes \Gamma_T$ we set

$$z(\omega\times\sigma) = b(\omega)\omega(y(\sigma)^{-1}\mu(\sigma))\tau(\omega,\sigma)^{-1}\ .$$

Note that $\omega = 1$ yields

$$\mu(\sigma) = y(\sigma)z(\sigma)\ , \quad \sigma \in \Gamma_T\ .$$

Lemma 3.3.A. (First Lemma of Comparison)

$$\bar\mu(\bar\sigma) = \bar y(\bar\sigma)z(\bar\sigma)\ , \quad \bar\sigma \in \Gamma_{\bar T}\ .$$

Proof. Write $\bar\sigma$ as $\omega\times\sigma$. Then we calculate $\bar\mu(\bar\sigma)$ as

$$\begin{aligned} &h\bar x(\bar\sigma)n(\omega\sigma)\sigma(h^{-1}h_\epsilon)n_\epsilon(\omega\sigma)^{-1}\bar x_\epsilon(\bar\sigma)^{-1}h_\epsilon^{-1} \\ &\quad = \bar y(\bar\sigma)\tau(\omega,\sigma)^{-1}hn(\omega)n(\sigma)\sigma(h^{-1}h_\epsilon)n_\epsilon(\sigma)^{-1}n_\epsilon(\omega)^{-1}h_\epsilon^{-1} \\ &\quad = \bar y(\bar\sigma)\tau(\omega,\sigma)^{-1}hn(\omega)h^{-1}y(\sigma)^{-1}\mu(\sigma)h_\epsilon n_\epsilon(\omega)^{-1}h_\epsilon^{-1} \\ &\quad = \bar y(\bar\sigma)\tau(\omega,\sigma)^{-1}\omega(y(\sigma)^{-1}\mu(\sigma))b(\omega) \\ &\quad = \bar y(\bar\sigma)z(\bar\sigma)\ , \end{aligned}$$

and the lemma is proved.

Most of the time we will assume a condition that is satisfied, for example, if T_H is maximally split in H_{ϵ_H}. It is:

(3.3.2) $\Gamma_{\bar{T}} \subseteq \Omega_0 \rtimes \Gamma_T$, where Ω_0 is the Weyl group for a root system $R_0 \subseteq R(H_{\epsilon_H})$ that has a base Σ_0 stable under Γ_T.

The assumption will be harmless because of the transitivity property in Lemma 4.1.A of [I].

Lemma 3.3.B. *Given* (3.3.2) *we may choose the cocycle* $\mu(\sigma)$ *representing* μ *such that*

$$\omega(\mu(\sigma)) = \mu(\sigma)\ , \quad \omega \in \Omega_0\ , \quad \sigma \in \Gamma_T\ .$$

Proof. Multiplying h or h_ϵ by an appropriate element of T replaces $\mu(\sigma)$ by an arbitrary element in its class. So we need only verify that the class of μ lies in the image of $H^1(T^{\Omega_0}) \to H^1(T)$, where T^{Ω_0} is the centralizer of Ω_0 in T. If $\Sigma_0 = \{\alpha_1, \cdots, \alpha_r\}$ then $t \to (\alpha_1(t), \cdots, \alpha_r(t))$ yields an exact sequence $1 \to T^{\Omega_0} \to T \to S \to 1$ with S an induced torus. Since $H^1(S) = 1$, the lemma follows.

We suppose now that $\mu(\sigma)$ is fixed by Ω_0, inflate it to $\Omega_0 \rtimes \Gamma_T$ and then restrict to $\Gamma_{\bar{T}}$. Suppose the cocycle so obtained is ν. Then

$$\nu(\bar{\sigma}) = \mu(\sigma)\ , \quad \sigma \in \Gamma\ .$$

Lemma 3.3.C. *Given* (3.3.2) *we have*

$$\langle \mu, s_T \rangle = \langle \nu, s_{\bar{T}} \rangle\ .$$

Proof. We identify $\bar{T}$ as T with Galois action $\Gamma_{\bar{T}}$ and thus $T \times \bar{T}$ as $T \times T$ with action $\Gamma_{T \times \bar{T}}$. The element $s_{\bar{T}}$ of $\pi_0(\hat{\bar{T}}^\Gamma)$ is then identified with s_T and so we drop subscripts.

Working in $T \times \bar{T}$ we have

$$\langle \mu, s_T \rangle / \langle \nu, s_{\bar{T}} \rangle = \langle (\mu, \nu), (s, s^{-1}) \rangle\ .$$

If we define the F-torus A by

$$X_*(A) = \{(\lambda_1, \lambda_2) \in X_*(T \times \bar{T}) : \lambda_1 - \lambda_2 \in \langle \Sigma_0^\vee \rangle\}\ ,$$

with Galois action induced by $\Gamma_{T \times \bar{T}}$ then we have Galois homomorphisms

$$A \longrightarrow T \times \bar{T} \quad , \quad \widehat{T} \times \widehat{\bar{T}} \longrightarrow \widehat{A}\ .$$

Since the image of (s, s^{-1}) under the map induced by $\widehat{T} \times \widehat{\bar{T}} \to \widehat{A}$ is trivial we have only to show that (μ, ν) lies in the image of $H^1(A) \to H^1(T \times \bar{T})$. The diagonal embedding of T in $T \times \bar{T}$ factors through A but the induced homomorphism $T \to A$ is not defined over F. However, by (3.3.2), if we retrict to T^{Ω_0} then we do get a map over F. Since μ takes values in T^{Ω_0} and has image (μ, ν) under $H^1(T^{\Omega_0}) \to H^1(A) \to H^1(T \times \bar{T})$ the lemma is proved.

Finally, continuing to assume (3.3.2), we set

$$v(\omega \times \sigma) = \tau(\omega, \sigma)\omega(y(\sigma))b(\omega)^{-1}\bar{y}(\bar{\sigma})^{-1} .$$

Then v is a 1-cocycle of $\Gamma_{\bar{T}}$ in $\bar{T} = T$. By the Lemma of Comparison it coincides with $\nu\bar{\mu}^{-1}$ and we conclude:

Lemma 3.3.D. *Under the condition* (3.3.2) *we have*

$$\Theta_{\mathrm{I}}(\gamma_H)/\Theta_{\mathrm{I}}(\bar{\gamma}_H) = \langle v, s_{\bar{T}} \rangle .$$

3.4. The Second Lemma of Comparison

The term $\Delta_2(\gamma_H)$ was defined in [**I**, 3.5] using the construction of [**I**, 2.6]. For once and for all, we assume $\mathcal{H}$ is an L-group, as we may without loss of generality. The choices of 3.2 provide $\widehat{T} \to \mathcal{T}$, $\widehat{T}_H \to \mathcal{T}$. As in [**I**, 2.6] we extend these to ${}^LT \hookrightarrow {}^LG$, ${}^LT_H \hookrightarrow {}^LH$ by defining

$$m(w) = r(w)n(\sigma) \times w ,$$
$$m_s(w) = r_s(w)n_s(\sigma) \times w .$$

Here $w \to \sigma$ under $W \to \Gamma$, r and $n(\sigma)$ denote r_p and $n(w_T(\sigma))$ of [**I**, 2.6], and we indicate objects attached to H by the subscript s. For $\bar{T}$, $\bar{T}_H$ we have similarly $\bar{m}$ and $\bar{m}_s$. Then if $\xi : {}^LH \hookrightarrow {}^LG$ is the embedding provided by our endoscopic data we have

$$\xi(m_s(w)) = a(w)m(w)$$
$$\xi(\bar{m}_s(w)) = \bar{a}(w)\bar{m}(w) .$$

On transporting $a, \bar{a}$ to $\widehat{T}, \widehat{\bar{T}}$ we obtain $\mathbf{a} \in H^1(W, \widehat{T})$ and $\bar{\mathbf{a}} \in H^1(W, \widehat{\bar{T}})$. By definition,

$$\begin{aligned}\Theta_2(\gamma_H, \bar{\gamma}_H) &= \Delta_2(\gamma_H)/\Delta_2(\bar{\gamma}_H) \\ &= \langle \mathbf{a}, \gamma \rangle \langle \bar{\mathbf{a}}, \bar{\gamma} \rangle^{-1} .\end{aligned}$$

The definition of the cochain r appears in [**I**, 2.5]. Set

$$c(w) = r(w)r_s(w)^{-1} \quad , \quad \bar{c}(w) = \bar{r}(w)\bar{r}_s(w)^{-1} .$$

The coboundaries of the cochains n, n_s defined on $\Omega(H)\rtimes\Gamma_T$ are denoted t, t_s (see [I, 2.1]). Set $\widehat{\tau} = tt_s^{-1}$. Finally for $\omega \in \Omega(H)$ we define $\widehat{b}(\omega) \in \mathcal{T}$ by

$$n(\omega) = \widehat{b}(\omega)n_s(\omega) , \qquad \omega \in \Omega(H) .$$

We will freely transport objects among $\mathcal{T}, \widehat{\mathcal{T}}$ and $\widehat{\widehat{\mathcal{T}}}$ without change in notation.

Lemma 3.4.A. (Second Lemma of Comparison). *Let $w \in W$ map to $\sigma \in \Gamma_T$ and to $\omega \times \sigma \in \Gamma_{\mathcal{T}}$. Then*

$$\bar{a}(w)^{-1} = \bar{c}(w)\widehat{b}(\omega)\omega(c(w)^{-1}a(w)^{-1})\widehat{\tau}(\omega,\sigma)^{-1} .$$

Proof.

$$\begin{aligned}\bar{m}(w) &= \bar{r}(w)n(\omega\sigma) \times w \\ &= \bar{r}(w)t(\omega,\sigma)^{-1}n(\omega)n(\sigma) \times w \\ &= \bar{r}(w)t(\omega,\sigma)^{-1}\widehat{b}(\omega)n_s(\omega)r(w)^{-1}m(w) \\ &= \bar{r}(w)t(\omega,\sigma)^{-1}\widehat{b}(\omega)\omega(r(w)^{-1}a(w)^{-1})n_s(\omega)\xi(m_s(w))\end{aligned}$$

and

$$\begin{aligned}\xi(\bar{m}_s(w)) &= \bar{r}_s(w)t_s(\omega,\sigma)^{-1}n_s(\omega)n_s(\sigma) \\ &= \bar{r}_s(w)t_s(\omega,\sigma)^{-1}\omega(r_s(w))n_s(\omega)\xi(m_s(w))\end{aligned}$$

so that

$$\bar{a}(w)^{-1} = \bar{c}(w)\widehat{\tau}(\omega,\sigma)^{-1}\widehat{b}(\omega)\omega(c(w)^{-1}a(w)^{-1}) ,$$

and the lemma is proved.

Let

$$z_1(\omega, w) = \widehat{b}(\omega)\omega(c(w)^{-1}a(w)^{-1})\widehat{\tau}(\omega,\sigma)^{-1} .$$

Then

$$a(w)^{-1} = c(w)z_1(1,w) ,$$

and

$$\bar{a}(w)^{-1} = \bar{c}(w)z_1(\omega,w) .$$

Note the similarity to the First Lemma. The Second Lemma will be applied a little differently however. We shall give an example of the technique in the next section.

Note that $t \to \omega(t)t^{-1}$ lifts to a homomorphism $\alpha_\omega : \widehat{T} \to \widehat{T}_{sc}$. Here, as elsewhere, $\widehat{T}_{sc}$ denotes the inverse image of $\widehat{T}$ in the simply-connected covering $\widehat{G}_{sc}$ of the derived group of $\widehat{G}$. Thus if we multiply $z_1(\omega, w)$ by $a(w)$ we obtain

$$\widehat{z}(\omega, w) = \widehat{b}(\omega)\omega(c(w)^{-1})\widehat{\tau}(\omega, \sigma)^{-1}\omega(a(w))^{-1}a(w)$$

in the image of $\widehat{T}_{sc}$ in $\widehat{T}$. More precisely, $\widehat{b}, c, \widehat{\tau}$ may be constructed in $\widehat{G}_{sc}$. Then

$$\widehat{z}_{sc}(\omega, w) = \widehat{b}(\omega)\omega(c(w)^{-1})\widehat{\tau}(\omega, \sigma)^{-1}\alpha_\omega(a(w)^{-1})$$

has image $\widehat{z}(\omega, w)$ under $\widehat{G}_{sc} \to \widehat{G}$.

To calculate Θ_2 we also need Δ_2^ϵ which is attached to $(G_\epsilon, H_{\epsilon_H})$. For this we pass, if needed, to an admissible extension $\widetilde{H}_{\epsilon_H}$ of H_{ϵ_H} (recall 1.3). We then have exact sequences

$$1 \longrightarrow \widehat{T} \longrightarrow \widehat{\widetilde{H}} \longrightarrow \widehat{Z}_1 \longrightarrow 1 ,$$

and

$$1 \longrightarrow \widehat{\overline{T}} \longrightarrow \widehat{\overline{\widetilde{T}}} \longrightarrow \widehat{Z}_1 \longrightarrow 1 .$$

In place of $a_\epsilon, \bar{a}_\epsilon$ we have $\widetilde{a}_\epsilon, \widetilde{\bar{a}}_\epsilon$ that take values in $\widehat{\overline{T}}, \widehat{\overline{\widetilde{T}}}$. These two cocycles have the same projection on $\widehat{Z}_1$ [**I**, 4.4]. The Second Lemma of Comparison becomes

$$\widetilde{\bar{a}}_\epsilon(w)^{-1} = \bar{c}_\epsilon(w)z_{1,\epsilon}(\omega, w)$$

and $\widetilde{a}_\epsilon(w)z_{1,\epsilon}(\omega, w)$ is equal to

$$\widehat{b}_\epsilon(\omega)\omega(c_\epsilon(w))^{-1}\widehat{\tau}_\epsilon(\omega, \sigma)^{-1}\omega(\widetilde{a}_\epsilon(w)^{-1})\widetilde{a}_\epsilon(w)$$

which takes values in $\widehat{T}$ (or $\widehat{T}_{sc}$ or $\widehat{T}_{\epsilon-sc}$). The terms $\widehat{b}_\epsilon, c_\epsilon, \widehat{\tau}_\epsilon$ are $\widehat{b}, c, \widehat{\tau}$ for the group G_ϵ.

3.5. An application

The following was stated in [I] as Lemma 4.4.A but not proved in general.

Lemma 3.5.A. *There is a character λ on the center $Z(F)$ of $G(F)$ such that*

$$\Delta(z\gamma_H, z\gamma_G) = \lambda(z)\Delta(\gamma_H, \gamma_G) , \qquad z \in Z(F)$$

for all γ_H, γ_G.

This applies to arbitrary G but we reduce immediately to the quasisplit case for it is only Δ_2 that is affected by replacing γ_H, γ_G by $z\gamma_H, z\gamma_G$.

Proof. All we need to show is that $\langle \mathbf{a}, z\rangle = \langle \bar{\mathbf{a}}, z\rangle$ or, in $T \times \bar{T}$, that

$$\langle (\mathbf{a}, \bar{\mathbf{a}}), (z, z^{-1})\rangle = 1 .$$

Define a torus S over F by

$$X^*(S) = \{(\lambda_1, \lambda_2) \in X^*(T) \times X^*(\bar{T}) : \lambda_1 - \lambda_2 \in X^*(T_{\text{ad}})\}.$$

Here again we identify $\bar{T}$ with T over $\bar{F}$ and thus $X^*(\bar{T})$ with $X^*(T)$. We have Galois homomorphisms $T \times \bar{T} \to S$ and $\widehat{S} \to \widehat{T} \times \widehat{\bar{T}}$. Since (z, z^{-1}) lies in the kernel of $T(F) \times \bar{T}(F) \to S(F)$ it is enough to show that $(\mathbf{a}, \bar{\mathbf{a}})$ lies in the image of $H^1(W, \widehat{S}) \to H^1(W, \widehat{T} \times \widehat{\bar{T}})$.

The torus $\widehat{S}$ is isomorphic to $\widehat{T} \times \widehat{\bar{T}}_{\text{sc}}$. We obtain the factor $\widehat{T}$ by factoring the diagonal embedding $\widehat{T} \to \widehat{T} \times \widehat{T} = \widehat{T} \times \widehat{\bar{T}}$ through $\widehat{S}$; so clearly $\widehat{T} \to \widehat{S}$ is not compatible with the Galois action. On the other hand $\widehat{\bar{T}}_{\text{sc}} \to \widehat{S}$ is obtained from $X^*(\bar{T}_{\text{ad}}) \to \{0\} \times X^*(\bar{T}_{\text{ad}}) \subset X^*(S)$, and so does respect Galois action.

By the Second Lemma of Comparison the cocycle $w \to (a(w), \bar{a}(w))$ with values in $\widehat{T} \times \widehat{\bar{T}}$ is the image of the cochain

$$w \longrightarrow (a(w), \bar{c}(w)^{-1} \widehat{z}_{\text{sc}}(\omega, w)^{-1})$$

with values in $\widehat{S} = \widehat{T} \times \widehat{\bar{T}}_{\text{sc}}$. We have to show that this cochain is a cocycle. It may be written as

$$(a(w), 1)(1, \bar{c}(w)^{-1})(1, \widehat{z}_{\text{sc}}(\omega, w)^{-1}).$$

The coboundary of the first term is

$$(w_1, w_2) \longrightarrow (1, \alpha_{\omega_1}(\sigma_1(a(w_2))))$$

if $w_i \to \omega_i \times \sigma_i \in \Gamma_{\bar{T}}$; the coboundary of the second is $(1, \bar{\tau}(w_1, w_2))$. Note that $\bar{\tau}(w_1, w_2) = \bar{\tau}(\sigma_1, \sigma_2) = \widehat{\tau}(\omega_1 \times \sigma_1, \omega_2 \times \sigma_2)$. Thus it remains to show that the coboundary of $\widehat{z}_{\text{sc}}$ is

$$(w_1, w_2) \longrightarrow \widehat{\tau}(\omega_1 \times \sigma_1, \omega_2 \times \sigma_2)\alpha_{\omega_1}(\sigma_1(a(w_2))).$$

This is Lemma 4.2.A.

§4. Analysis of $b, \widehat{b}$ and a reduction

4.1. Galois action

By definition,

$$b(\omega) = hn(\omega)h^{-1}h_\epsilon n_\epsilon(\omega)^{-1}h_\epsilon^{-1}\,, \qquad \omega \in \Omega_\epsilon\,,$$

and in the dual setting,

$$\widehat{b}(\omega) = n(\omega)n_s(\omega)^{-1}\,, \qquad \omega \in \Omega(H) = \Omega_s\,.$$

We have immediately,

$$\begin{aligned} b(\omega_1)\omega_1(b(\omega_2))b(\omega_1\omega_2)^{-1} &= \tau(\omega_1,\omega_2) \\ \widehat{b}(\omega_1)\omega_1(\widehat{b}(\omega_2))\widehat{b}(\omega_1\omega_2)^{-1} &= \widehat{\tau}(\omega_1,\omega_2)\,. \end{aligned} \tag{4.1.1}$$

Recall that these objects may be constructed in G_{sc} and $\widehat{G}_{\text{sc}}$, the simply-connected forms for G and $\widehat{G}$. For G_ϵ and $\widehat{H} = \widehat{G}_s$ we may work in the simply-connected forms and project into G_{sc} or $\widehat{G}_{\text{sc}}$. This will be the rule throughout, although in notation we may identify an element with its image in G or $\widehat{G}$.

To describe the effect of Γ_T on b and $\widehat{b}$ we consider the two cases together but keep in mind that in the former we have a genuine Galois action and in the latter an algebraic action.

First define

$$f(\omega,\sigma) = ht(\sigma,\omega)t(\sigma\omega,\sigma^{-1})\sigma(\omega)(t(\sigma,\sigma^{-1})^{-1})h^{-1}$$

for $\omega \times \sigma \in \Omega_\epsilon \rtimes \Gamma_T$ and similarly $\widehat{f}(\omega,\sigma)$ for $\omega \times \sigma \in \Omega_s \rtimes \Gamma_T$. Then we see easily that

$$h\mathbf{n}(\sigma)n(\omega)\mathbf{n}(\sigma)^{-1}h^{-1} = f(\omega,\sigma)hn(\sigma(\omega))h^{-1}$$

where $\mathbf{n}(\sigma) = n(\sigma) \times \sigma \in G_{\text{sc}} \rtimes \Gamma$ (recall from 3.3 that we have changed slightly the notation of [I]). In the dual case we have

$$(n(\sigma) \times w)n(\omega)(n(\sigma) \times w)^{-1} = \widehat{f}(\omega,\sigma)n(\sigma(\omega))$$

where $w \to \sigma$ under $W \to \Gamma$. Set $e = ff_\epsilon^{-1}$ and $\widehat{e} = \widehat{f}\widehat{f}_s^{-1}$. We assume (3.3.2) for the first part of the next lemma.

Lemma 4.1.A.

(a) $e(\omega,\sigma)b(\sigma(\omega)) = \sigma(\omega)(y(\sigma))y(\sigma)^{-1}\sigma(b(\omega))$ *for* $\omega \times \sigma \in \Omega_\epsilon \rtimes \Gamma_T$, *and*

(b) $\widehat{e}(\omega,\sigma)\widehat{b}(\sigma(\omega)) = \alpha_{\sigma(\omega)}(c(w)a(w))\sigma(\widehat{b}(\omega))$ *for* $w \to \sigma$ *and* $\omega \times \sigma \in \Omega_s \rtimes \Gamma_T$.

Proof. This is a straightforward calculation. For (a) we suppress h, h_ϵ from the equation in order to make the calculation more transparent. Then $n(\sigma(\omega)) = b(\sigma(\omega))n_\epsilon(\sigma(\omega))$ implies

$$\mathbf{n}(\sigma)n(\omega)\mathbf{n}(\sigma)^{-1} = e(\omega,\sigma)b(\sigma(\omega))\mathbf{n}_\epsilon(\sigma)n_\epsilon(\omega)\mathbf{n}_\epsilon(\sigma)^{-1}$$

and so it is enough to show that

$$\mathbf{n}(\sigma)n(\omega)\mathbf{n}(\sigma)^{-1} = \sigma(\omega)(y(\sigma))y(\sigma)^{-1}\sigma(b(\omega))\mathbf{n}_\epsilon(\sigma)n_\epsilon(\omega)\mathbf{n}_\epsilon(\sigma)^{-1}.$$

But

$$\begin{aligned}\mathbf{n}(\sigma)n(\omega)\mathbf{n}(\sigma)^{-1} &= \mathbf{n}(\sigma)b(\omega)n_\epsilon(\omega)\mathbf{n}(\sigma)^{-1} \\ &= \sigma(b(\omega))\mathbf{n}(\sigma)n_\epsilon(\omega)\mathbf{n}(\sigma)^{-1},\end{aligned}$$

and all we need is that

$$\mathbf{n}(\sigma)n_\epsilon(\omega)\mathbf{n}(\sigma)^{-1} = \sigma(\omega)(y(\sigma))y(\sigma)^{-1}\mathbf{n}_\epsilon(\sigma)n_\epsilon(\omega)\mathbf{n}_\epsilon(\sigma)^{-1}.$$

Suppressing h, h_ϵ we deduce from the equation

$$hx(\sigma)n(\sigma)\sigma(h)^{-1} = \mu(\sigma)h_\epsilon x_\epsilon(\sigma)n_\epsilon(\sigma)\sigma(h_\epsilon)^{-1}$$

that $\mathbf{n}(\sigma)$ acts on $n_\epsilon(\omega)$ as

$$\mu(\sigma)x_\epsilon(\sigma)x(\sigma)^{-1}\mathbf{n}_\epsilon(\sigma) = \mu(\sigma)y(\sigma)^{-1}\mathbf{n}_\epsilon(\sigma).$$

Since $\sigma(\omega)$ fixes $\mu(\sigma)$ we are done.

(b) is similar. Because $\xi : {}^LH \hookrightarrow {}^LG$ is the identity on $\widehat{H} = \widehat{G}_s$, we may write $(n(\sigma) \times w)n(\omega)(n(\sigma) \times w)^{-1}$ as

$$\widehat{e}(\omega,\sigma)\widehat{b}(\sigma(\omega))\xi(n_s(\sigma) \times w)n_s(\omega)\xi(n_s(\sigma) \times w)^{-1}.$$

Then all we need is

$$\begin{aligned}&(n(\sigma) \times w)n_s(\omega)(n(\sigma) \times w)^{-1} \\ &\qquad = \alpha_{\sigma(\omega)}(a(w)c(w))\xi(n_s(\sigma) \times w)n_s(\omega)\xi(n_s(\sigma) \times w)^{-1}.\end{aligned}$$

But $r(w)n(\sigma) \times w$, an element of ${}^LG$, acts on $n_s(\omega)$ as

$$a(w)^{-1}r_s(w)\xi(n_s(\sigma) \times w).$$

Thus $n(\sigma) \times w$ acts as $a(w)^{-1}c(w)^{-1}\xi(n_s(\sigma) \times w)$ and (b) follows.

4.2. Calculation of a coboundary

Recall the cochain $\widehat{z}$ on $\Omega_s \rtimes W_T$:

$$\widehat{z}(\omega, w) = \widehat{b}(\omega)\omega(c(w)^{-1})\widehat{\tau}(\omega, \sigma)^{-1}\alpha_\omega(a(w)^{-1}) .$$

Lemma 4.2.A. *The coboundary of* $\widehat{z}$ *is*

$$\widehat{\tau}_a : (\omega_1 w_1; \omega_2 w_2) \longrightarrow \widehat{\tau}(\omega_1\sigma_1, \omega_2\sigma_2)\alpha_{\omega_1}(\sigma_1(a(w_2))) .$$

Proof. Because $\widehat{\tau}_a$ is a 2-cocycle it defines an extension of $\Omega_s \rtimes W_T$ by $\widehat{T}_{\mathrm{sc}}$. This extension is generated by $\widehat{T}_{\mathrm{sc}}$ and elements $s(\eta)$, $\eta \in \Omega_s \rtimes W_T$, with

$$s(\eta)ts(\eta)^{-1} = \eta(t)$$

and

$$s(\eta_1)s(\eta_2) = \widehat{\tau}_a(\eta_1, \eta_2)s(\eta_1\eta_2) .$$

We prove the lemma by showing that

$$\eta \longrightarrow \widehat{z}(\eta)^{-1}s(\eta) = s_1(\eta)$$

splits the extension.

Let $w \to \sigma \in \Gamma_T$. Then

$$\begin{aligned} s_1(\omega w) &= \widehat{b}(\omega)^{-1}\omega(c(w))\widehat{\tau}(\omega, \sigma)\alpha_\omega(a(w))s(\omega w) \\ &= \widehat{b}(\omega)^{-1}\omega(c(w))\widehat{\tau}_a(\omega, w)s(\omega w) \\ &= \widehat{b}(\omega)^{-1}s(\omega)c(w)s(w) \\ &= s_1(\omega)s_1(w) . \end{aligned}$$

Moreover,

$$\begin{aligned} s_1(\omega_1\omega_2) &= \widehat{b}(\omega_1\omega_2)^{-1}s(\omega_1\omega_2) \\ &= \omega_1(\widehat{b}(\omega_2))^{-1}\widehat{b}(\omega_1)^{-1}\widehat{\tau}(\omega_1, \omega_2)\widehat{\tau}_a(\omega_1, \omega_2)^{-1}s(\omega_1)s(\omega_2) \\ &= \omega_1(\widehat{b}(\omega_2))^{-1}\widehat{b}(\omega_1)^{-1}s(\omega_1)s(\omega_2) \\ &= s_1(\omega_1)s_1(\omega_2) . \end{aligned}$$

Finally,

$$\begin{aligned} s_1(w_1 w_2) &= c(w_1 w_2)^{-1}s(w_1 w_2) \\ &= c(w_1)^{-1}w_1(c(w_2))^{-1}\widehat{\tau}(w_1, w_2)\widehat{\tau}_a(w_1, w_2)^{-1}s(w_1)s(w_2) \\ &= s_1(w_1)s_1(w_2) . \end{aligned}$$

To show that

$$s_1(\omega_1 w_1)s_1(\omega_2 w_2) = s_1(\omega_1\sigma_1(\omega_2)w_1w_2)$$

and thus complete the proof of the lemma we need only verify that

$$(4.2.1) \qquad s_1(\sigma(\omega)) = s_1(w)s_1(\omega)s_1(w)^{-1}\,.$$

The right side is

$$\widehat{z}(w)^{-1}\sigma(\widehat{z}(\omega))^{-1}\sigma(\omega)(\widehat{z}(w))s(w)s(\omega)s(w)^{-1}$$

which equals

$$\sigma(\omega)(c(w)^{-1})c(w)\sigma(\widehat{b}(\omega))^{-1}s(w)s(\omega)s(w)^{-1}$$

and $s(w)s(\omega)s(w)^{-1}$ is $s(\sigma(\omega))$ times

$$\widehat{r}_a(w,\omega)\widehat{r}_a(w\omega,w^{-1})\sigma(\omega)(\widehat{r}_a(w,w^{-1})^{-1})\,.$$

It follows readily from the definitions that this last product is equal to

$$\widehat{e}(\omega,\sigma)\alpha_{\sigma(\omega)}(\sigma(a(w^{-1})))$$

or, since $a(w)$ is a cocycle, to

$$\widehat{e}(\omega,\sigma)\alpha_{\sigma(\omega)}(a(w)^{-1})\,.$$

Thus the right side of (4.2.1) equals

$$\sigma(\widehat{b}(\omega))^{-1}\alpha_{\sigma(\omega)}(c(w)a(w))^{-1}\widehat{e}(\omega,\sigma)s(\sigma(\omega))\,.$$

Since the left side is $\widehat{b}(\sigma(\omega))^{-1}s(\sigma(\omega))$ we need only appeal to part (b) of Lemma 4.1.A to finish the proof.

Recall the definition of the cochain z on $\Omega_\epsilon \rtimes \Gamma_T$:

$$z(\omega,\sigma) = b(\omega)\omega(y(\sigma)^{-1})\tau(\omega,\sigma)^{-1}\,.$$

A similar, but simpler, argument establishes the next lemma.

Lemma 4.2.B. *z has coboundary τ.*

4.3. Explicit form

In the setting of [I, 2.1] suppose that β is a positive root. Let $\beta = \nu\beta_0$ where $\nu \in \Omega$ and β_0 is simple. Write ω_0 for ω_{β_0}.

Lemma 4.3.A.

$$n(\omega_\beta) = \delta_\nu(\beta) n(\nu) n(\omega_0) n(\nu)^{-1}$$

where

$$\delta_\nu(\beta) = \prod (-1)^{\alpha^\vee}$$

and the product is over roots α *for which*

$$\alpha > 0 \,, \quad \omega_\beta \alpha < 0 \quad \text{and} \quad \nu^{-1}\omega_\beta\alpha > 0 \,.$$

Proof. $n(\omega_\beta) = n(\nu\omega_0\nu^{-1})$, and this is the product of

$$t(\nu\omega_0, \nu^{-1})^{-1} t(\nu, \omega_0)^{-1} \omega_\beta(t(\nu, \nu^{-1}))$$

and $n(\nu)n(\omega_0)n(\nu)^{-1}$. Moreover $t(\nu, \omega_0) = 1$ since $\alpha > 0$, $\nu^{-1}\alpha < 0$ and $\omega_0^{-1}\nu^{-1}\alpha > 0$ implies that $\nu^{-1}\alpha = -\beta_0$ and hence that $\alpha = -\beta$, contradicting $\alpha, \beta > 0$.

It remains then to show that

$$\delta_\nu(\beta) = t(\nu\omega_0, \nu^{-1})^{-1} \omega_\beta(t(\nu, \nu^{-1})) \,.$$

The right side is $\prod(-1)^{\alpha^\vee}$, the product being taken over those α for which $\alpha > 0$, $\nu^{-1}\omega_\beta\alpha < 0$, $\omega_\beta\alpha > 0$ and those for which $\omega_\beta\alpha > 0$, $\nu^{-1}\omega_\beta\alpha < 0$. This coincides with the product over $\alpha < 0$, $\nu^{-1}\omega_\beta\alpha < 0$, $\omega_\beta\alpha > 0$ and thus with $\delta_\nu(\beta)$; so the lemma is proved.

Let $R_\beta = \{\alpha \in R : \alpha > 0 \,, \omega_\beta\alpha < 0 \,, \alpha \neq \beta\}$. Then a root α lies in R_β if and only if $-\omega_\beta\alpha$ does and then the two elements are distinct. We can therefore choose a subset R_β^+ of R_β such that R_β is the disjoint union of R_β^+ and $-\omega_\beta(R_\beta^+)$. Then

$$\delta_G(\beta) = \prod_{\alpha \in R_\beta^+} (-1)^{\alpha^\vee}$$

is well determined up to a factor $(\pm 1)^{\beta^\vee}$ because $-\omega_\beta\alpha^\vee = -\alpha^\vee + \langle \alpha^\vee, \beta \rangle \beta^\vee$. Notice that we may take $R_\beta^+ = \{\alpha \in R_\beta : \nu^{-1}\omega_\beta\alpha > 0\}$ since $\nu^{-1}\omega_\beta(-\omega_\beta\alpha) = -\nu^{-1}\alpha$ and $\nu^{-1}\omega_\beta\alpha = \omega_{\beta_0}(\nu^{-1}\alpha)$ have opposite signs. Thus

$$n(\omega_\beta) = \delta_G(\beta)(\pm 1)^{\beta^\vee} n(\nu) n(\omega_0) n(\nu)^{-1} \,. \tag{4.3.1}$$

Clearly this also holds when β is negative.

We return to the setting of 4.1, working in G_{sc} and $\widehat{G}_{sc}$. Since (3.3.2) is in force, there exists $R_0 \subset R(H_{\epsilon_H})$ with Γ_T-stable base Σ_0. Then $\Gamma_{\mathcal{T}} \subseteq \Omega_0 \rtimes \Gamma_T$, Ω_0 being the Weyl group generated by Σ_0. We are interested in

$b(\omega)$, $\widehat{b}(\omega)$ for $\omega \in \Omega_0$. By (4.1.1) we need only consider $b(\omega_\beta)$, $\widehat{b}(\omega_\beta)$ with $\beta \in \Sigma_0$. Set

$$\delta(\beta) = \delta_G(\beta)\delta_{G_\epsilon}(\beta)^{-1}$$

and

$$\widehat{\delta}(\beta) = \delta_{\widehat{G}}(\beta^\vee)\delta_{\widehat{H}}(\beta^\vee)^{-1}$$

Lemma 4.3.A
There exist $b_\beta \in \bar{F}^\times$, $\widehat{b}_\beta \in \mathbb{C}^\times$ *such that*

$$b(\omega_\beta) = b_\beta^{\beta^\vee}\delta(\beta)$$

and

$$\widehat{b}(\omega_\beta) = \widehat{b}_\beta^{\beta}\widehat{\delta}(\beta).$$

Proof. The first relation is immediate from (4.3.1) once we recall that $n(\omega_\beta) = b(\omega_\beta)n_\epsilon(\omega_\beta)$, and note that both $n = n(\nu)n(\omega_0)n(\nu)^{-1}$ and $n_\epsilon = n_\epsilon(\nu_\epsilon)n_\epsilon(\omega_{0,\epsilon})n_\epsilon(\nu_\epsilon)^{-1}$ lie in the image of SL(2) in G determined by β, so that $n = a^{\beta^\vee}n_\epsilon$, with $a \in \bar{F}^\times$. The second relation is proved in the same way.

Note that $\omega_\beta \to b_\beta^{\beta^\vee}$ has a natural extension to a 1-coboundary b_ω of Ω_0 in T_{sc} as follows. Choose $t \in T_{sc}$ such that $\beta(t) = b_\beta$, $\beta \in \Sigma_0$. Then clearly $\omega \to t\omega(t)^{-1}$ has the property that $\omega_\beta \to b_\beta^{\beta^\vee}$. It is independent of the choice of t, provided we take t in the image of $\bar{F}^\times \otimes \langle\Sigma_0^\vee\rangle$. Define $\delta(\omega)$, $\omega \in \Omega_0$, by

$$b(\omega) = b_\omega\delta(\omega)$$

and the dual $\widehat{\delta}(\omega)$ similarly. Note that $\partial\delta = \tau$, $\partial\widehat{\delta} = \widehat{\tau}$.

4.4. Root types

To prove Theorem 1.6.A we use $R(H)$ and $R(G_\epsilon)$ to partition the roots. The notation will be as follows.

$$\text{type}(a)\colon R(H) \cap R(G_\epsilon) = R(H_{\epsilon_H}) = R^{(a)}$$
$$\text{type}(b)\colon R(H) - R(G_\epsilon) = R(H/H_{\epsilon_H}) = R^{(b)}$$
$$\text{type}(c)\colon R(G_\epsilon) - R(H) = R(G_\epsilon/H_{\epsilon_H}) = R^{(c)}$$
$$\text{type}(d)\colon R - (R(H) \cup R(G_\epsilon)) = R(G/H, G_\epsilon) = R^{(d)}.$$

This also gives a classification of the Γ_T-orbits $\mathcal{O}$ and the $\Gamma_{\bar{T}}$-orbits $\bar{\mathcal{O}}$ in R. Observe that

$$\Theta_{II}(\gamma_H) = \prod_{\mathcal{O} \subseteq R^{(d)}} \chi_\alpha\left(\frac{\alpha(\gamma)-1}{a_\alpha}\right),$$

with a similar formula for $\Theta_{\rm II}(\bar{\gamma}_H)$.

In the next section we so arrange some choices that roots of type (b) or (c) contribute nothing to $\Theta_{\rm I}(\gamma_H, \bar{\gamma}_H)$.

4.5. Analysis of $\Theta_{\rm I}, \Theta_2$

Recall that if

$$v(\bar{\sigma}) = \tau(\omega, \sigma)\omega(y(\sigma))b(\omega)^{-1}\bar{y}(\bar{\sigma})^{-1},$$

where $\bar{\sigma} = \omega \times \sigma$, then we evaluate $\Theta_{\rm I}(\gamma_H, \bar{\gamma}_H)$ by pairing the class of the cocycle v with $s_{\bar{T}}$. By definition, $\tau(\omega, \sigma) = \prod(-1)^{\alpha^\vee}$, where the product is over roots α for which $\alpha > 0$, $\omega^{-1}\alpha < 0$, $\sigma^{-1}\omega^{-1}\alpha > 0$ and $\alpha \in R(G/G_\epsilon)$. Such α are of type (b) or of type (d) and we consider the products $\tau^{(b)}$, $\tau^{(d)}$ over roots of each type to define $\tau = \tau^{(b)}\tau^{(d)}$. The same can be done with y and $\bar{y}$. Then to write v as $v^{(b)}v^{(d)}$ it remains to factor b as $b^{(b)}b^{(d)}$. To describe the contribution from roots of type (b) we recall that these are the roots of H outside H_{ϵ_H}. But b was attached to the pair (G, G_ϵ). Now we use the fact that $\Sigma_0 \subset R(H_{\epsilon_H})$ in the assumption (3.3.2) to observe that we can attach b^H to (H, H_{ϵ_H}) in the same manner. From (4.3) we have $b^H(\omega) = b^H_\omega \delta^H(\omega)$, $\omega \in \Omega_0$, along with $b(\omega) = b_\omega \delta(\omega)$. Recall that there is some freedom of choice in δ^H, δ. For $\beta \in \Sigma_0$ we may arrange that $\delta^H(\omega_\beta)$ is the same as the contibution $\delta^{(b)}(\omega_\beta)$ to $\delta(\omega_\beta)$ from roots of type (b). Then we define $\delta^{(b)}(\omega) = \delta^H(\omega)$ for all $\omega \in \Omega_0$ and $\delta^{(d)} = \delta/\delta^{(b)}$. Note that $\partial\delta^{(b)} = \tau^H = \tau^{(b)}$ and $\partial\delta^{(d)} = \tau^{(d)}$. Set $b^{(b)}_\omega = b^H_\omega$ and $b^{(d)}_\omega = b_\omega/b^{(b)}_\omega$. Finally, $b^{(d)} = b^{(d)}_\omega\delta^{(d)}$ has coboundary $\tau^{(d)}$, while $b^{(b)} = b^{(b)}_\omega\delta^{(b)}$ coincides with b^H. This yields a factoring $v = v^{(b)}v^{(d)}$, and $v^{(b)}, v^{(d)}$ are cocycles. Thus

$$\begin{aligned}\langle v, s_{\bar{T}}\rangle &= \langle v^{(b)}, s_{\bar{T}}\rangle\langle v^{(d)}, s_{\bar{T}}\rangle \\ &= \langle v^{(d)}, s_{\bar{T}}\rangle\end{aligned}$$

because s central in $\mathcal{H}$ implies that

$$\langle v^{(b)}, s_{\bar{T}}\rangle = \langle v^H, s_{\bar{T}}\rangle = 1.$$

Observe that if there are no roots of type (d) then $v^{(d)}$ is trivial and $\Theta_{\rm I}(\gamma_H, \bar{\gamma}_H) = 1$.

We shall use a similar but dual argument for Θ_2. Here we have roots of types (c) and (d) to deal with. The term $\Delta_2(\gamma_H)/\Delta_2(\bar{\gamma}_H)$ is obtained by pairing the cocycle

$$\begin{aligned}(a(w), \bar{a}(w)) &= (a(w), a(w)\bar{c}(w)^{-1}\widehat{b}(\omega)^{-1}\widehat{\tau}(\omega, \sigma)\omega(c(w))\alpha_\omega(a(w))) \\ &= (a(w), a(w)\bar{c}(w)^{-1}\widehat{z}(\omega, w)^{-1}),\end{aligned}$$

of W in $\widehat{T} \times \widehat{\bar{T}}$ with the element $(\gamma, \bar{\gamma}^{-1})$ of $T(F) \times \bar{T}(F)$. We may thicken $\widehat{T}$ to $\widehat{\widetilde{T}}$ as at the end of Section 3.4 in order to compare directly with $\Delta_{2,\epsilon}(\gamma_H)/\Delta_{2,\epsilon}(\bar{\gamma}_H)$. In notation we will not distinguish between T and $\widetilde{T}$, or $\bar{T}$ and $\bar{\widetilde{T}}$. Thus for $\Theta_2(\gamma_H)/\Theta_2(\bar{\gamma}_H)$ we have to pair the cocycle

$$(a(w), \bar{a}(w))(a_\epsilon(w), \bar{a}_\epsilon(w)^{-1}) = (a(w)a_\epsilon(w)^{-1}, \bar{a}(w)\bar{a}_\epsilon(w)^{-1})$$

with $(\gamma, \bar{\gamma}^{-1})$.

Now $\widehat{b}$ is attached to (G, H). Similarly we have $\widehat{b}_\epsilon$ attached to $(G_\epsilon, H_{\epsilon_H})$. Factor $\widehat{b}(\omega)$ as $\widehat{b}^{(c)}(\omega)\widehat{b}^{(d)}(\omega) = \widehat{b}_\epsilon(\omega)\widehat{b}^{(d)}(\omega)$, as we did $b(\omega)$. The factoring of $\bar{c}$, $\widehat{r}$ and c is immediate, again as before. Set $a^{(c)}(w) = a_\epsilon(w)$ and $a^{(d)}(w) = a(w)/a_\epsilon(w)$. Then clearly $\bar{a}(w)$ factors as $\bar{a}^{(c)}(w)\bar{a}^{(d)}(w)$ where $\bar{a}^{(c)}(w) = \bar{a}_\epsilon(w)$ and $\Theta_2(\gamma_H, \bar{\gamma}_H)$ equals

$$\langle (a^{(d)}(w), \bar{a}^{(d)}(w)),\ (\gamma, \bar{\gamma}^{-1}) \rangle,$$

or, more explicitly,

$$\langle (a^{(d)}(w), a^{(d)}(w)\bar{c}^{(d)}(w)^{-1}\widehat{z}^{(d)}(\omega, w)),\ (\gamma, \bar{\gamma}^{-1}) \rangle,$$

with

$$\widehat{z}^{(d)}(\omega, w) = \widehat{b}^{(d)}(\omega)\widehat{r}^{(d)}(\omega, \sigma)^{-1}\omega(c^{(d)}(w)^{-1})\alpha_\omega(a^{(d)}(w)^{-1}).$$

Observe that in the case that there are no roots of type (d) our proof of Theorem 1.6.A is complete.

§5. Final Reductions

5.1. Introduction

To complete the proof of Theorem 1.6.A we have to show that

$$\Theta_{\mathrm{I}}^{(d)}(\gamma_H; \bar{\gamma}_H) = \langle v^{(d)}, s_{\bar{T}} \rangle$$

and

$$\Theta_2^{(d)}(\gamma_H; \bar{\gamma}_H) = \langle (a^{(d)}(w), \bar{a}^{(d)}(w)), (\gamma, \bar{\gamma}^{-1}) \rangle$$

satisfy

5.1.1 *The limit as* $\gamma_H, \bar{\gamma}_H$ *approach* ϵ_H *of*

$$\Theta_{\mathrm{I}}^{(d)}(\gamma_H; \bar{\gamma}_H)\Theta_2^{(d)}(\gamma_H; \bar{\gamma}_H)$$

is equal to

$$\prod_{\mathcal{O}\in \mathrm{Orb}^{(d)}} \chi_\alpha\left(\frac{a_\alpha}{\alpha(\epsilon)-1}\right) \prod_{\overline{\mathcal{O}}\in \overline{Orb}^{(d)}} \chi_{\overline{\alpha}}\left(\frac{\overline{\alpha}(\epsilon)-1}{a_{\overline{\alpha}}}\right).$$

Here $\mathrm{Orb}^{(d)}$ denotes the collection of orbits in $R^{(d)}$, and $\overline{\mathrm{Orb}}^{(d)}$ has a similar meaning. It is moreover understood that α is a representative of $\mathcal{O}$, and $\overline{\alpha}$ of $\overline{\mathcal{O}}$. In addition, for an asymmetric orbit $\mathcal{O}$ we may choose, when convenient, the χ-data and the a-data trivial, but then $a_\alpha = -1$ for $\alpha \in -\mathcal{O}$. We propose to verify (5.1.1) in part by induction on the dimension of G_{der}.

Suppose R_0 satisfies the condition (3.3.2). For example, R_0 could be $R(H_\epsilon)$ itself. We choose μ so that the condition of Lemma 3.3.B is satisfied. Suppose moreover that $R_0 \subseteq R_1 \subseteq R$, where R_1 is also Γ_T-invariant. Then the dual system $R_1^\vee$ may be taken as $\{\alpha^\vee : \alpha \in R_1\}$, and we may construct a quasi-split group G_1 containing Cartan subgroups identical to T and $\bar{T}$ (and identified with them), and with R_1 as its root system. The group G_1 need not be isomorphic to a subgroup of G but it will have an endoscopic group attached to s_T in $\hat{T}$ or to $\bar{s}_T$ in $\hat{\bar{T}}$. Denote this endoscopic group by H_1. The groups T and $\bar{T}$ have images in H_1.

Let $\Sigma_T = \mathbf{Z}_2 \times \Gamma_T$. Taking the non-trivial element of $\mathbf{Z}_2$ to act as -1 we obtain an action of Σ_T and of $\Omega_0 \times \Sigma_T$ on R and on $R_{\sim 1} = R - R_1$. Let Λ be a set on which Σ_T acts, and denote the image of $\lambda \in \Lambda$ under the non-trivial element of $\mathbf{Z}_2$ by $-\lambda$. Suppose that $-\lambda$ is never equal to λ. Finally, extend the action on Λ to $\Omega_0 \times \Sigma_T$ by letting Ω_0 act trivially.

The critical lemma for the reduction is the following.

Lemma 5.1.A. *If there is a mapping from $R_{\sim 1}$ to Λ compatible with the action of $\Omega_0 \times \Gamma_T$ then Assertion 5.1.1 is true with respect to G, T, $\bar{T}$, ϵ if it is true with respect to G_1, T, $\bar{T}$, ϵ.*

Before proving this lemma it is as well to remind ourselves what it means. We have endoscopic data for four groups G, G_ϵ, G_1, $G_{\epsilon,1}$ all of which share tori T, $\bar{T}$. However the factors Δ_2 are defined on covering groups T, $\bar{T}$, T_ϵ, $\bar{T}_\epsilon$, T_1, $\bar{T}_1$, $T_{\epsilon,1}$, $\bar{T}_{\epsilon,1}$ defined by central extensions of the four groups. For G itself we have of course made the necessary extensions at the very beginning, so that for G the tori T, $\bar{T}$ are covered by themselves. We must also choose $\tilde{\epsilon}$ in T_ϵ, mapping to ϵ and therefore common to $\bar{T}_\epsilon$, as well as $\epsilon_1 \in T_1 \cap \bar{T}_1$, $\tilde{\epsilon}_1 \in T_{\epsilon,1} \cap \bar{T}_{\epsilon,1}$ with similar properties. Thus the Assertion 5.1.1 is to be understood as applying not literally to $G_{1,\epsilon}$ but to the covering group of G_1 and to ϵ_1 in it. Of course, only the limit of Θ_2 could possibly be affected by the various choices, and it is not.

5.2. Beginning of the proof of critical lemma

We may as well assume that the mapping from $R_{\sim 1} \to \Lambda$ is surjective. Observe that the classification of roots in R_1 into types is the same in R_1 as in R. The choice of a-data and χ-data remains at our disposal.

It is clear that, copying the definitions of §2.1 and §2.5 of [I], we may define fields F_λ, $F_{\pm\lambda}$, $\lambda \in \Lambda$, and, associated to Λ, collections of a-data, $\{a_\lambda\}$, and χ-data, $\{\chi_\lambda\}$. Since the mapping from $R_{\sim 1}$ is compatible with the actions of Γ_T and $\Gamma_{\bar{T}}$ we choose $a_\alpha = a_{\bar{\alpha}} = a_\lambda$ and $\chi_\alpha = \chi_\lambda \circ Nm_{F_\alpha/F_\lambda}$, $\chi_{\bar{\alpha}} = \chi_\lambda \circ Nm_{F_{\bar{\alpha}}/F_\lambda}$ if $\alpha \to \lambda$. Inside R_1 we choose the same a-data and χ-data for G as for G_1.

If $\mathrm{Orb}^{(d)}_{\sim 1}$, $\overline{\mathrm{Orb}}^{(d)}_{\sim 1}$ denote the orbits outside R_1 it is easy to show that with these choices of a-data and of χ-data the second expression in (5.1.1) divided by the analogous expression for G_1 is equal to

$$(5.2.1) \qquad \prod_{\mathcal{O} \in \mathrm{Orb}^{(d)}_{\sim 1}} \chi_\alpha\left(\frac{a_\alpha}{\alpha(\epsilon)-1}\right) \prod_{\overline{\mathcal{O}} \in \overline{\mathrm{Orb}}^{(d)}_{\sim 1}} \chi_{\overline{\alpha}}\left(\frac{\overline{\alpha}(\epsilon)-1}{a_{\overline{\alpha}}}\right).$$

To prove Lemma 5.1.A we show that these same choices lead to

$$(5.2.2) \qquad \Theta^{(d)}_I(\gamma_H, \bar{\gamma}_H) = \Theta^{(d)}_I(\gamma_H, \bar{\gamma}_H)_1 ,$$

$$(5.2.3) \qquad \lim \Theta^{(d)}_2(\gamma_H, \bar{\gamma}_H) = \lim \Theta^{(d)}_2(\gamma_H, \bar{\gamma}_H)_1 .$$

The subscript 1 on the right indicates that we are calculating with respect to G_1.

If $\Gamma_\alpha, \Gamma_\lambda$ consist of the elements in the Galois group Γ_T fixing α, λ respectively, then

$$\chi_\alpha\left(\frac{a_\alpha}{\alpha(\epsilon)-1}\right) = \chi_\lambda\left(\prod_{\Gamma_\lambda/\Gamma_\alpha} \frac{a_\lambda}{\sigma\alpha(\epsilon)-1}\right).$$

Thus the first product on the left side of (5.2.1) is the product over a set of representatives for the orbits of the image of $R_{\sim 1}$ in Λ of

$$\chi_\lambda\left(\prod_{\alpha \to \lambda} \frac{a_\lambda}{\alpha(\epsilon)-1}\right).$$

The same calculation barred yields the identical result, so that (5.2.1) is 1.

The left side of (5.2.2) is obtained by pairing the cocycle $v^{(d)}$ with $s_{\bar{T}}$. We shall factor $v^{(d)}$ as $v^{(d)}_1$, the cocycle attached to G_1 times $v^{(d)}_{\sim 1}$ and then show that $v^{(d)}_{\sim 1}$ is a coboundary. The relation (5.2.2) follows immediately.

Since $v^{(d)}$ is a product,

$$v^{(d)}(\sigma) = \tau^{(d)}(\omega, \sigma)\omega(y^{(d)}(\sigma))b^{(d)}(\omega)^{-1}\bar{y}^{(d)}(\overline{\sigma})^{-1},$$

we easily factor it by factoring each term. The first two and the last are given as products over the roots in $R^{(d)}$, which we may decompose as products over $R_1^{(d)}$ and $R^{(d)} - R_1^{(d)} = R_{\sim 1}^{(d)}$. Finally we define $b_{\sim 1}^{(d)}(\omega)$ by the equation

$$b^{(d)}(\omega) = b_1^{(d)}(\omega) b_{\sim 1}^{(d)}(\omega).$$

Since R_1 and $R_{\sim 1}$ are invariant under Ω_0, we may define

$$y_{\sim 1}^{(d)}(\omega\sigma) = \prod_{\substack{\alpha>0 \\ \alpha\in R_{\sim 1} \\ \omega^{-1}\sigma^{-1}\alpha<0}} a_\alpha^{\alpha^\vee}$$

on all of $\Omega_0 \times \Gamma_T$. The a-data have been so chosen that $\bar{y}_{\sim 1}^{(d)}$ is obtained by restricting $y_{\sim 1}^{(d)}$ to $\Gamma_{\bar{T}}$. Moreover, it follows from Lemma 2.2.A of [I] that the coboundary of $y_{\sim 1}^{(d)}$ is the inverse of $\tau_{\sim 1}^{(d)}$. Thus

$$\tau_{\sim 1}^{(d)}(\omega, \sigma) = y_{\sim 1}^{(d)}(\omega)^{-1} \omega(y_{\sim 1}^{(d)}(\sigma))^{-1} y_{\sim 1}^{(d)}(\omega\sigma)$$

and (5.2.2) is a consequence of the next lemma.

Lemma 5.2.A. *We may so choose* $b^{(d)}(\omega)$ *and* $b_1^{(d)}(\omega)$ *that*

$$b_{\sim 1}^{(d)}(\omega) = y_{\sim 1}^{(d)}(\omega)^{-1}.$$

In addition to $b_1^{(d)}$, we may define $b_1^{(d)}$ and b_1, and then $b_{\sim 1}^{(d)}$, $b_{\sim 1}$. Moreover

$$b_{\sim 1}(\omega) = b_{\sim 1}^{(d)}(\omega) b_{\sim 1}^{(d)}(\omega).$$

Lemma 5.2.A will follow from the next lemma, applied first to the pair G, G_1 and then to the pair H, H_1, the group H_1 being defined by $R_1 \cap R(H)$.

Lemma 5.2.B. *We may so choose* $b(\omega)$ *and* $b_1(\omega)$ *that*

$$b_{\sim 1}(\omega) = y_{\sim 1}(\omega)^{-1}.$$

Proof. Both sides of this equation have the same coboundary, so that it is sufficient to verify that it can be satisfied for $\omega = \omega_\beta$, $\beta \in \Sigma_0$. Recall from Lemma 4.3.A that

(5.2.4) $$b(\omega_\beta) = b_\beta^{\beta^\vee} \delta(\beta).$$

A similar equation is valid in G_1:

(5.2.5) $$b_1(\omega_\beta) = b_{1,\beta}^{\beta^\vee}\delta_1(\beta).$$

The factors $\delta(\beta)$ and $\delta_1(\beta)$ are defined by sets R_β^+ and $R_{1,\beta}^+$. We may suppose that $R_\beta^+ \cap R_1 = R_{1,\beta}^+$. To define $R_\beta^+ \cap (R_{\sim 1}) = R_{\sim 1,\beta}^+$ choose a set Λ^+ of representatives for the orbits of $\mathbf{Z}_2$ in Λ and agree that $\alpha \in R_\beta^+ \cap (R_{\sim 1})$ if and only if $\alpha \to \lambda \in \Lambda^+$. Observe that if $\alpha \to \lambda$ then $-\omega_\beta\alpha \to -\lambda$.

From (5.2.4) and (5.2.5) we obtain a factorization

$$b_{\sim 1}(\omega_\beta) = b_{\sim 1,\beta}^{\beta^\vee}\, \delta_{\sim 1}(\beta)$$

with

$$\delta_{\sim 1}(\beta) = \prod_{\alpha \in R^+_{\sim 1,\beta}} (-1)^{\alpha^\vee}.$$

The expression on the right in Lemma 5.2.B is

(5.2.6) $$\prod_{\substack{\alpha \in R_{\sim 1} \\ \alpha > 0, \omega^{-1}\alpha < 0}} a_\alpha^{-\alpha^\vee},$$

when $\omega = \omega_\beta$. Putting α and $-\omega\alpha$ together, and noting that

$$\begin{aligned} a_\alpha^{\alpha^\vee} a_{-\omega\alpha}^{-\omega\alpha^\vee} &= a_\alpha^{\alpha^\vee}(-a_\alpha)^{-\omega\alpha^\vee} = a_\alpha^{\langle\alpha^\vee,\beta\rangle\beta^\vee}(-1)^{\omega\alpha^\vee}, \\ (-1)^{\omega\alpha^\vee} &= (-1)^{\alpha^\vee}(-1)^{\langle\alpha^\vee,\beta\rangle\beta^\vee}, \end{aligned}$$

we see that (5.2.6) is equal to

$$\delta_{\sim 1}(\beta) \prod_{\substack{\alpha \in R^+_{\sim 1,\beta} \\ \alpha > 0, \omega^{-1}\alpha < 0}} a_{-\alpha}^{-\langle\alpha^\vee,\beta\rangle\beta^\vee}.$$

To show that

(5.2.7) $$\prod_{\substack{\alpha \in R^+_{\sim 1,\beta} \\ \alpha > 0, \omega^{-1}\alpha < 0}} a_{-\alpha}^{-\langle\alpha^\vee,\beta\rangle}$$

is a possible choice for $b_{\sim 1,\beta}$ we apply the next lemma. To state it, set

$$e_{\sim 1}(\omega,\sigma) = e(\omega,\sigma)e_1(\omega,\sigma)^{-1}$$

with

$$e(\omega,\sigma) = \tau(\sigma,\omega)\tau(\sigma\omega,\sigma^{-1})\sigma(\omega)(\tau(\sigma,\sigma^{-1}))^{-1}$$

as in (4.1).

Lemma 5.2.C. *Suppose that for each* $\beta \in \Sigma_0$ *we are given* $c(\beta) \in \bar{F}^\times$. *We may choose* $b_{\sim 1,\beta} = c(\beta)$ *for all* β *if and only if the following equations are valid for all* $\sigma \in \Gamma_T$ *:*

$$\sigma(c(\beta))^{\sigma\beta^\vee}\sigma(\delta_{\sim 1}(\beta)) = y_{\sim 1}(\sigma)\sigma(\omega)(y_{\sim 1}(\sigma)^{-1})e_{\sim 1}(\omega,\sigma)c(\sigma\beta)^{\sigma\beta^\vee}\delta_{\sim 1}(\sigma\beta).$$

If we define $c(\beta)$ by (5.2.7) this equation is simply

$$\sigma(y_{\sim 1}(\omega_\beta)^{-1}) = y_{\sim 1}(\sigma)\sigma(\omega_\beta)(y_{\sim 1}(\sigma)^{-1})e_{\sim 1}(\omega_\beta,\sigma)y_{\sim 1}(\omega_{\sigma\beta})^{-1},$$

for in the lemma ω is ω_β. This equation is better written as

$$e_{\sim 1}(\omega_\beta,\sigma) = y_{\sim 1}(\sigma)^{-1}\sigma(y_{\sim 1}(\omega_\beta))^{-1}y_{\sim 1}(\sigma(\omega_\beta))\sigma(\omega_\beta)(y_{\sim 1}(\sigma)).$$

Inserting the factors of

$$y_{\sim 1}(\sigma\omega_\beta)y_{\sim 1}(\sigma\omega_\beta)^{-1}\sigma(\omega_\beta)(y_{\sim 1}(\sigma^{-1}))^{-1}\sigma(\omega_\beta)(\sigma(y_{\sim 1}(\sigma^{-1}))) = 1$$

at suitable places and recalling that the boundary of $y_{\sim 1}$ is $\tau_{\sim 1}^{-1}$ we transform the equation to

$$e_{\sim 1}(\omega_\beta,\sigma) = \tau_{\sim 1}(\sigma,\omega_\beta)\tau_{\sim 1}(\sigma\omega_\beta,\sigma^{-1})\sigma(\omega_\beta)(\tau_{\sim 1}(\sigma,\sigma^{-1}))^{-1}$$

which is true by definition.

Lemma 5.2.C is verified by applying the definitions and the following lemma for G_1 as well as for G.

Lemma 5.2.D. *Suppose that for each* $\beta \in \Sigma_0$ *we are given* $c(\beta) \subset \bar{F}^\times$. *We may choose* $b_\beta = c(\beta)$ *for all* β *if and only if the following equations are valid for all* $\sigma \in \Gamma_T$ *:*

$$\sigma(c(\beta))^{\sigma\beta^\vee}\sigma(\delta(\beta)) = y(\sigma)\sigma(\omega)(y(\sigma)^{-1})e(\omega,\sigma)c(\sigma\beta)^{\sigma\beta^\vee}\delta(\sigma\beta).$$

Proof. The necessity, namely the equation

$$\sigma(b(\omega)) = y(\sigma)\sigma(\omega)(y(\sigma)^{-1})e(\omega,\sigma)b(\sigma(\omega)),$$

is the first part of Lemma 4.1.A.

To prove the sufficiency we observe that what the conditions of the lemma determine are the quotients $(\sigma(c(\beta))c(\sigma\beta)^{-1})^{\langle\lambda,\beta^\vee\rangle}$, where λ is any weight. Thus it permits multiplication of any given collection by a collection $\{d(\beta)\}$ satisfying

$$(\sigma(d(\beta))d(\sigma\beta)^{-1})^{\sigma\beta^\vee} = 1.$$

On the other hand, we do not destroy the condition of Lemma 3.3.B if we multiply h by an element t such that $\beta(t\sigma(t^{-1}))^{\beta^\vee} = 1$ for all $\beta \in \Sigma_0$. Replacing β by $\sigma\beta$, we rewrite this condition as

$$\sigma\beta(t)^{\sigma\beta^\vee} = \sigma(\beta(t))^{\sigma\beta^\vee} \qquad \forall \beta \in \Sigma_0.$$

Since the change in h replaces $b(\omega_\beta)$ by $\beta(t)b(\omega_\beta)$ the equality (5.2.2) is proved.

5.3. The term $\Theta_2^{(d)}$.

The relation (5.2.3) causes the most difficulty. For the calculations we must pass explicitly to a z-extension G_1' of G_1. The associated quantities will be denoted with a prime. All tori $\widehat{T}$, $\widehat{\widehat{T}}$, $\widehat{T}_H = \widehat{T}_s$, $\widehat{\widehat{T}}_H = \widehat{\widehat{T}}_s$, as well as $\bar{T}_1$, $\widehat{\widehat{T}}_1$, $\widehat{T}_{s,1}$, $\widehat{\widehat{T}}_{s,1}$ were identified. Thus we have embeddings $\widehat{T} \hookrightarrow \widehat{T}_1'$, $\widehat{T}_s \hookrightarrow \widehat{T}_{s,1}'$ and so on. We transfer cocycles with values on one group to another group in which it is imbedded without change in notation. Suppose ϵ' in T' maps to ϵ. The left side of (5.2.3) is obtained by pairing $(a(w)a_\epsilon(w)^{-1}, \bar{a}(w)\bar{a}_\epsilon(w)^{-1})$ with $(\epsilon, \epsilon^{-1})$ or, passing to $\widehat{T}'$, with $(\epsilon', \epsilon'^{-1})$. The right side is obtained by pairing $(a_1(w)a_{\epsilon,1}(w)^{-1}, \bar{a}_1(w)\bar{a}_{\epsilon,1}(w)^{-1})$ with $(\epsilon', \epsilon'^{-1})$. Thus it suffices to show that $(a(w)a_1(w)^{-1}, \bar{a}(w)\bar{a}_1(w)^{-1})$ yields 1 upon pairing with $(\epsilon', \epsilon'^{-1})$ and that $(a_\epsilon(w)a_{\epsilon,1}(w)^{-1}, \bar{a}_\epsilon(w)\bar{a}_{\epsilon,1}(w)^{-1})$ also yields 1.

We shall prove the first assertion which is a statement about G and G_1. The second follows from it upon substitution of G_ϵ for G, and $G_{\epsilon,1}$ for G_1. Set $a_2(w) = a(w)a_1(w)^{-1}$, $\bar{a}_2(w) = \bar{a}(w)\bar{a}_1(w)^{-1}$. We want to show that

$$\langle (a_2, \bar{a}_2), \ (\epsilon', \epsilon'^{-1}) \rangle = 1. \tag{5.3.1}$$

Let Y be the span over $\mathbf{Z}$ of R_0, and define a torus S by the relation

$$X_*(\widehat{S}) = \{(\lambda, \mu) | \lambda \in X_*(\widehat{T}'), \ \mu \in X_*(\widehat{\widehat{T}}'), \ \lambda - \mu \in Y\}.$$

Notice that $X_*(\widehat{T}')$ and $X_*(\widehat{\widehat{T}}')$ are, if desired, identified, so that the locations of λ and μ are specified only to make the Galois action clear.

The inclusion $X_*(\widehat{S}) \to X_*(\widehat{T}') \oplus X_*(\widehat{\widehat{T}}')$ defines $\widehat{S} \to \widehat{T}' \times \widehat{\widehat{T}}'$ and $T' \times \bar{T}' \to S$. Under the latter, $(\epsilon', \epsilon'^{-1}) \to 1$. Thus to establish (5.3.1) it suffices to show that $(a_2, \bar{a}_2)$ is the image of a cocycle with values in $\widehat{S}$. The decomposition

$$X_*(\widehat{S}) = X_*(\widehat{T}') \oplus Y : (\lambda, \mu) \sim (\lambda, \lambda - \mu)$$

yields an isomorphism $\widehat{S} \simeq \widehat{T}' \times \widehat{R}$, if $\widehat{R}$ is defined by $X_*(\widehat{R}) = Y$. It is not an isomorphism of Galois modules. Nonetheless if a_2' is a cocycle with values in $\widehat{T}'$ then $w \to a_2'(w) \times 1 = a_3(w)$ does take values in $\widehat{S}$. There are two points to verify:

(5.3.2) The cocycle a_2' can be so chosen that a_3 is a cocycle.

(5.3.3) It can at the same time be so chosen that the image of a_3 is in the same class as $(a_2, \bar{a}_2)$.

This will take some effort.

The tori $\widehat{T}$, $\widehat{\bar{T}}$, $\widehat{T}_H = \widehat{T}$, are identified in a fixed way with $\mathcal{T}$. The normalizer of $\mathcal{T}$ in ${}^LG$ projects modulo $\mathcal{T}$ itself to $\Omega(G) \rtimes \Gamma_T$. Denote the inverse image of $\Omega_0 \rtimes \Gamma_T$ by ${}^LM$. Since Ω_0 is contained in $\Omega(G_1)$, $\Omega(M)$ and $\Omega(M_1)$ we may define ${}^LM_1'$, ${}^LM_s$, ${}^LM_{s,1}'$ in the same way, the kernel of ${}^LM_1 \to \Omega_0 \rtimes \Gamma_T$ or of ${}^LM_{s,1} \to \Omega_0 \rtimes \Gamma_T$ being $\widehat{T}'$.

The cocycles used to define a_2 are defined by means of homomorphisms attached to the χ-data:

$$\xi: {}^LT \longrightarrow {}^LM \subseteq {}^LG \; ; \qquad \xi_1': {}^LT' \longrightarrow {}^LM_1' \subseteq {}^LG_1' \; ;$$
$$\xi_s: {}^LT \longrightarrow {}^LM_s \subseteq {}^LG_s \; ; \qquad \xi_{s,1}': {}^LM_{s,1}' \subseteq {}^LG_{s,1}' \; ;$$

and to imbeddings:

$$\eta: {}^LH \hookrightarrow {}^LG \; ; \quad \eta_1': {}^LH_1' \hookrightarrow {}^LG_1'.$$

The cocycle $\bar{a}_2$ is defined in a similar manner by $\bar{\xi}$, $\bar{\xi}_1'$, $\bar{\xi}_s$, $\bar{\xi}_{s,1}'$.

We shall construct homomorphisms

(5.3.4) $$\varphi: {}^LM \longrightarrow {}^LM_1', \quad \varphi_s: {}^LM_s \longrightarrow {}^LM_{s,1}'$$

with the following properties:

(a) They are compatible with the projections to $\Omega_0 \rtimes \Gamma_T$.

(b) Let π, $\bar{\pi}$ be the natural homomorphisms

$$\pi: {}^LT \longrightarrow {}^LT' \qquad \bar{\pi}: {}^L\bar{T} \longrightarrow {}^L\bar{T}'$$

defined by the imbedding $\widehat{T} \hookrightarrow \widehat{T}'$, $\widehat{\bar{T}} \hookrightarrow \widehat{\bar{T}}'$. Then

$$\xi_1' \circ \pi = \varphi \circ \xi \, , \; \bar{\xi}_1 \circ \bar{\pi} = \varphi \circ \bar{\xi} \, , \; \xi_{s,1}' \circ \pi = \varphi \circ \xi_s , \; \bar{\xi}_{s,1}' \circ \bar{\pi} = \varphi \circ \bar{\xi}_s .$$

(c) There is a $t \in \widehat{T}'$ such that

$$\varphi \circ \eta = \operatorname{ad} t \circ \eta_1' \circ \varphi_s \, ,$$

on $\widehat{M}_s$, the inverse image of Ω_0 in ${}^LM_s$.

These conditions are clarified by a diagram

$$\begin{array}{ccccc}
{}^LT & \xrightarrow{\xi} & {}^LM & \xrightarrow{\varphi} & {}^LM'_1 \\
\| & & \uparrow{\scriptstyle \eta} & & \uparrow{\scriptstyle \eta'_1} \\
{}^LT & \xrightarrow[\xi_s]{} & {}^LM_S & \xrightarrow[\varphi_s]{} & {}^LM'_{s,1}
\end{array}$$

For technical reasons we need variants of φ, φ_s. Let $\widetilde{T}$ be the inverse image of T_s in the simply-connected covering $\widetilde{G}$ of the derived group of $\widehat{G}$ with the action of the Galois group defined by T. Define $\tilde{\tilde{T}}$ in a similar fashion with $\Gamma_{\tilde{T}}$ replacing Γ_T. Let $\widetilde{H}$ be the connected centralizer of s in $\widetilde{G}$, and let $\widetilde{G}_1$ be the connected S-group associated to the group with root system R_1 and Cartan subgroups dual to $\widetilde{T}$. Let $\widetilde{H}_1$ be the connected centralizer of s in $\widetilde{G}_1$.

We have imbeddings

$$\tilde{\eta}\colon \widetilde{H} \hookrightarrow \widetilde{G}\,, \quad \tilde{\eta}\colon \widetilde{H}_1 \hookrightarrow \widetilde{G}_1\,.$$

Let $\widetilde{M}$ be the inverse image of Ω_0 in the normalizer of $\widetilde{T}$ in $\widetilde{G}$, and define $\widetilde{M_s}$, $\widetilde{M_1}$, $\widetilde{M_{s,1}}$ in a similar fashion. There are obvious maps

$$\widetilde{M} \longrightarrow {}^LM\,,\ \widetilde{M_s} \longrightarrow {}^LM_s\,,\ \widetilde{M_1} \longrightarrow {}^LM'_1\,, \widetilde{M}_{s,1} \longrightarrow {}^LM'_{s,1}\,.$$

We shall also construct

$$\tilde{\varphi}\colon \widetilde{M} \longrightarrow \widetilde{M_1}\,, \tilde{\varphi}_s\colon \widetilde{M_s} \longrightarrow \widetilde{M_{s,1}}$$

so that the diagrams

$$(5.3.5)\qquad \begin{array}{ccc}
\widetilde{M} & \xrightarrow{\tilde{\varphi}} & \widetilde{M_1} \\
\downarrow & & \downarrow \\
{}^LM & \xrightarrow[\varphi]{} & {}^LM'_1
\end{array}
\qquad\qquad
\begin{array}{ccc}
\widetilde{M_s} & \xrightarrow{\tilde{\varphi}_s} & \widetilde{M_{s,1}} \\
\downarrow & & \downarrow \\
{}^LM_s & \xrightarrow[\varphi_s]{} & {}^LM'_{s,1}\,,
\end{array}$$

are commutative. Observe that ${}^LM$ acts on $\widetilde{M}$, ${}^LM'_1$ on $\widetilde{M_1}$, and so on.

Moreover there will be a lifting of t to $\tilde{t}$ in $\widetilde{T}$ such that

$$\tilde{\varphi} \circ \tilde{\eta} = \operatorname{ad} \tilde{t} \circ \tilde{\eta}_1 \circ \tilde{\varphi}_s\,.$$

Finally, if $m \in {}^LM$, $m_s \in {}^LM_s$, $\tilde{m} \in \widetilde{M_1}$, $\widetilde{M_s} \in \widetilde{M_s}$, then

$$(5.3.6)\qquad \tilde{\varphi}(m(\tilde{m})) = \varphi(m)(\tilde{\varphi}(\tilde{m}))\,,\ \ \tilde{\varphi}_s(m_s(\tilde{m}_s)) = \varphi_s(m_s)(\tilde{\varphi}_s(\tilde{m}_s))\,.$$

Granting the constructing of φ, φ_s, $\widetilde{\varphi}$, $\widetilde{\varphi}_s$ we verify (5.3.2) and (5.3.3). Set

$$\psi_1 = \varphi \circ \eta\ , \psi_2 = \mathrm{ad}\ t \circ \eta_1' \circ \varphi_s\ , \widetilde{\psi}_1 = \widetilde{\varphi} \circ \widetilde{\eta}\ , \widetilde{\psi}_2 = \mathrm{ad}\ \widetilde{t} \circ \widetilde{\eta}_1 \circ \widetilde{\varphi}_s$$

and let

$$\psi_1(m) = a_2'(w)\psi_2(m)$$

if $m \in {}^L M_s$ projects to w. It is of course condition (c) that guarantees that a_2' is a function of this projection alone. Since

$$a(w)\xi(m) = \eta \circ \xi_s(m)\ , \qquad m \in {}^L T\ , m \longrightarrow w\ ,$$

and

$$a_1(w)\xi_1(m) = \eta_1 \circ \xi_{s,1}(m)\ , \qquad m \in {}^L T\ , m \longrightarrow w\ ,$$

we conclude from condition (b) that

$$a_2'(w) = a(w)a_1^{-1}(w)t\sigma(t)^{-1}\ ,$$

if $w \to \sigma \in \Gamma_T$. Thus a_2 and a_2' lie in the same class; so we replace a_2 by a_2' in (5.3.1).

The same calculation is however, valid for $\bar{a}$ and $\bar{a}_1$. Thus we conclude that we may replace $\bar{a}_2$ by a_2' in (5.3.1). With this choice of a_2' the condition (5.3.3) is clear.

Passing to the condition (5.3.2) we first note that if $\omega \in \Omega_0$ then the homomorphism $\omega - 1$ takes $X_*(\widehat{T}')$ to Y and thus defines a homomoprhism $\alpha_\omega : \widehat{T}' \to \widehat{R}$. Under the isomorphism $\widetilde{S} \simeq \widehat{T}' \times \widehat{R}$, the action of $\sigma \in \Gamma$ sends $(\widehat{t}, 1)$ to $(\sigma_T(\widehat{t}),\ \alpha_\omega(\sigma_T(\widehat{t}))^{-1})$ if $\sigma_{\widetilde{T}} = \omega \times \sigma_T$. Thus the boundary of $w \to (a_2'(w), 1)$ is

$$(a_2'(w_1), 1)(w_1(a_2'(w_2))\ , \alpha_{\omega_1}(\sigma(a_2')(w_2)))^{-1}(a_2'(w_1 w_2)^{-1}, 1),$$

which is simply $\alpha_{\omega_1}(\sigma_1(a_2'(w_2)))^{-1}$ or $\sigma_1(\alpha_{\sigma_1^{-1}(\omega_1)}(a_2'(w_2))^{-1})$. Thus we have to show that for all $\omega \in \Omega_0$ and all w in W

$$\alpha_\omega(a_2'(w)) = 1\ . \tag{5.3.7}$$

Since $\alpha_{\omega_1\omega_2}(\widehat{t}) = \omega_1 \circ \alpha_{\omega_2}(\widehat{t})\omega_1(\widehat{t})$ it suffices to verify this for $\omega = \omega_\beta$, $\beta \in \Sigma_0$. Then if $\widehat{R}_\beta$ is defined by $X_*(\widehat{R}_\beta) = \mathbf{Z}\beta$, the homomorphism obviously factors through $\widehat{T}' \to \widehat{T} \to \widehat{R}_\beta$. Since $\mathbf{Z}\beta \subseteq X_*(\widehat{T})$, there is a homomorphism $\lambda_\beta : \widehat{R}_\beta \to \widehat{T}$. If it were injective we could verify (5.3.7) by establishing the relation

$$\omega(a_2'(w)) = a_2'(w)\ ,$$

for the composition $\lambda_\beta \circ \alpha_\omega$ takes $\tilde{t}$ to $\omega(\tilde{t})\tilde{t}^{-1}$.

Unfortunately the homomorphism λ_β is not always injective. If, however, we replace $\widehat{T}$ by $\widetilde{T}$ then it becomes so. Of course $a_2'(w)$ is not defined in $\widetilde{T}$, but let $\tilde{a}_2'(w)$ lie in $\widetilde{T}$ and have an image in $\widetilde{T}$, that is congruent to $a_2'(w)$ modulo the center of $\widetilde{G}_1'$. Then $\alpha_\omega(a_2'(w))$ is the image of $\alpha_\omega(\tilde{a}_2'(w))$ and

$$\alpha_\omega(\tilde{a}_2'(w)) = \omega(\tilde{a}_2'(w))\tilde{a}_2'(w)^{-1}.$$

Choose $m \in M_s$ mapping to $\sigma^{-1}(\omega)$, where $w \to \sigma \in \Gamma_T$. Then

$$\psi_1(w)(\tilde{\psi}_1(m)) = \tilde{\psi}_1(w(m)) = \tilde{\psi}_2(w(m)).$$

On the other hand,

$$\begin{aligned}\psi_1(w)(\tilde{\psi}_1(m)) &= \tilde{a}_2'(w)(\psi_2(w)(\tilde{\psi}_2(m)))\tilde{a}_2'(w)^{-1}\\ &= \tilde{a}_2'(w)\tilde{\psi}_2(w(m))\tilde{a}_2'(w)^{-1}.\end{aligned}$$

We conclude that

$$1 = \tilde{a}_2'(w)\tilde{\psi}_2(w(m))\tilde{a}'(w)^{-1}\tilde{\psi}_2(w(m))^{-1} = \tilde{a}_2'(w)\omega(\tilde{a}_2'(w))^{-1}.$$

5.4. Construction of φ and φ_s

We begin with a general system $\mathcal{R}$, as in §2 of [I], and assume further that we have a surjective map $\mathcal{R} \to \Lambda$, Λ having the properties of (5.1). We suppose that χ-data are given on Λ and that if $\alpha \to \lambda$ then $\chi_\alpha = \chi_\lambda \circ Nm_{F_\alpha/F_\lambda}$.

Let p be a given gauge on $\mathcal{R}$. On Λ we can construct a gauge p_Λ by choosing in each orbit a representative λ, as well as coset representatives $\sigma_1, \ldots, \sigma_r$ for $\Gamma_\pm/\Gamma$ and then defining $p_\Lambda(\sigma_i^{-1}\lambda)$ to be 1. Define, in the notation of §2.5 of [I], r_{p_Λ} by

$$r_{p_\Lambda}(w) = \prod_{i=1}^{n} \chi_\lambda(v_0(u_i(w)))^{\lambda_i'},$$

where

$$\lambda_i' = \sum_{\alpha \to \lambda_i} \alpha, \quad \lambda_i = \sigma_i^{-1}\lambda.$$

Set $p'(\alpha) = p_\Lambda(\lambda(\alpha))$, and define a gauge p_0' on $\mathcal{R}$ in the same way as p_Λ was defined on Λ.

Lemma 5.4.A. *The cochains $w \to s_{p/p'}(w)r_{p_\Lambda}(w)$ and $w \to s_{p/p_0'}(w)r_{p_0'}(w)$ differ by a coboundary.*

It follows readily from §2.5 of [I] that the quotient of those two cochains is a cocycle. It is enough to prove this lemma when the module X has

$\{\alpha \in \mathcal{R} \mid p'(\alpha) = 1\}$ as a basis over $\mathbf{Z}$, $\mathcal{R}$ is a single orbit under the group Σ introduced in §2.5 of [I], and for each $\lambda \in \Lambda$,

$$\lambda = \sum_{\alpha \to \lambda} \alpha .$$

To prove the lemma we have to prove that the quotient factors through a Galois group, and that if $\alpha \in \mathcal{R}$ then the projection on the one-parameter subgroup $\widehat{R}_\alpha$ associated to $\mathbf{Z}\alpha$ of the restriction of the cocycle to $W_{\pm\alpha}$ is a coboundary. Fix one $\alpha \in \mathcal{R}$, and let $\lambda = \lambda(\alpha)$.

Take the Weil group W to be $W_{L/F}$ where L is a large, finite, Galois extension of F. We first observe that for $x \in L^\times \subseteq W_{L/F}$,

$$r_{p_\Lambda}(x) = r_{p'_0}(x) . \tag{5.4.1}$$

The right side has been computed in §2.5[I] as

$$\prod_{\sigma \in \Gamma_{\pm\alpha} \backslash \Gamma} \chi_\alpha(Nm^L_{F_\alpha} \sigma x)^{\sigma^{-1}\alpha} = \prod_{p'_0(\beta)=1} \chi_\beta \left(\prod_{\Gamma_\beta} \sigma(x) \right)^\beta ,$$

the equality following from the relation

$$\chi_{\sigma\beta}(\sigma x) = \chi_\beta(x) .$$

Since $\chi_{-\beta} = \chi_\beta^{-1}$, the gauge p'_0 can be replaced by p'. If $\alpha \to \lambda$ then in the same way the left side is

$$\prod_{p_\Lambda(\mu)=1} \chi_\mu \left(\prod_{\sigma \in \Gamma_\mu} \sigma(x) \right)^\mu$$

which is equal to

$$\prod_{p_\Lambda(\mu)=1} \prod_{\beta \to \mu} \chi_\mu \left(\prod_{\rho \in \Gamma_\mu \backslash \Gamma_\beta} \prod_{\sigma \in \Gamma_\beta} \rho\sigma(x) \right)^\beta$$

or

$$\prod_{p_\Lambda(\mu)=1} \prod_{\beta \to \mu} \chi_\beta \left(\prod_{\sigma \in \Gamma_\beta} \sigma(x) \right)^\beta .$$

Thus (5.4.1) is clear.

Since the restrictions of $s_{p/p'}$ and s_{p/p'_0} to $W_{\pm\alpha}$ always have trivial projections to $\widehat{R}_\alpha$, it is only the quotient $r_{p_\Lambda}(w) r_{p'_0}(w)^{-1}$ that need be considered. Taking the projection of the restriction also allows us to suppose that $\Lambda = \{\pm\lambda\}$, $\Gamma = \Gamma_{\pm\lambda}$, with $p_\Lambda(\lambda) = 1$.

Choose $v_0 = 1 \in W_{\pm\lambda}$, and if λ is symmetric $v_1 = v \in W_{\pm\lambda} - W_{+\lambda}$. If $w \in W_{\pm\lambda}$ let $w = x(w)v_i$, $x(w) \in W_{+\lambda}$. Then $\chi = \chi_\lambda$ may be regarded as a character of $W_{+\lambda} = W_{F_{+\lambda}/F} = W$, and

$$r_{p_\lambda}(w) = \chi(x(w))^\lambda .$$

Projecting on $\widehat{R}_\alpha$ we obtain $\chi(x(w))^\lambda$.

Since $r_{-p_0'} = r_{p_0'}$, we may assume that $p_0' = 1$. It is convenient to consider three cases separately, although in all of them the conclusion will be that $r_{p_0'}(w)$ projects to $\chi(x(w))^\alpha$.

(i) α asymmetric, λ asymmetric. We calculate with the notation of §2.5 of [I], noting that with our choice of χ_α,

$$\chi_\alpha(u_i(w)) = \chi(w_i w w_i^{-1}) .$$

Taking, as we may, $w_1 = 1$, so that $w_{1'}$ is also 1 for $w \in W_{+\alpha} = W_{\pm\alpha}$, we see that the projection of

$$r_{p_0'}(w) = \prod \chi(w_{i'} w w_i^{-1})^{\alpha_i}$$

on $\widehat{R}_\alpha$ is $\chi(w_1 w w_1^{-1})^\alpha = \chi(w)^\alpha$.

(ii) α asymmetric, λ symmetric. Let $v \to \tau \in \Gamma$ and let $\sigma_1, \dots, \sigma_r$ be a set of representatives for $\gamma_{+\alpha}\backslash\Gamma_{+\lambda}$. Then $\{\sigma_1, \dots, \sigma_r, \sigma_1\tau, \dots, \sigma_r\tau\}$ is a set of representatives for $\Gamma_{\pm\alpha}\backslash\Gamma$. Lift σ_i to w_i in W, and set $\bar{x}(w) = vx(w)v^{-1}$. We take $\sigma_1 = 1$, $w_1 = 1$. If $w = x(w)$ then

$$r_{p_0'}(w) = \prod_i \chi(x_i x(w) w_{i'}^{-1})^{\alpha_i} \prod_i \chi(w_i \bar{x}(w) w_{j'}^{-1})^{\tau^{-1}\alpha_i},$$

where $j' = j'(i,w)$ is defined by $\sigma_i\bar{\sigma} = \rho_i(\bar{\sigma})\sigma_{j'}$ if $\bar{x}(w) \to \bar{\sigma}$. If $w \in \Gamma_{\pm\alpha}$ then the projection of the right hand side on $\widehat{R}_\alpha$ is $\chi(x(w))$ because α is asymmetric. If w were $x(w)v$ and σ the image of w in Γ then $\sigma\alpha$ would be α and $\sigma\lambda$ would be λ. This is impossible.

(iii) α symmetric, λ symmetric. We take the representatives of $\Gamma_{\pm\alpha}\backslash\Gamma$ to lie in Γ_λ and we take v in $\Gamma_{\pm\alpha}\backslash\Gamma_{+\alpha}$. If $w = x(w)$ lies in $W_{+\alpha}$ then $r_{p_0'}(w)$ is calculated as in (i). If $w = x(w)v$ lies in $W_{\pm\alpha}\backslash W_\alpha$ then the projection of $v_{p_0'}$ on $\widehat{R}_\alpha$ is again $\chi(x(w))^\alpha$.

Returning to our special situation we choose p_Λ on Λ, p_0' on $R_{\sim 1}$, and p_0^1 on R_1. Together p_0^1 and p_0' define p_0 on R. We have natural factorizations

$$s_{p/p_0}(w) = s_{p/p_{0,1}}(w)s_{p/p_{0,\sim 1}}(w) = s_{p/p_0^1}(w)s_{p/p_0'}(w)$$
$$r_{p_0}(w) = r_{p_{0,1}}(w)r_{p_{0,\sim 1}}(w) = r_{p_0^1}(w)r_{p_0'}(w)$$
$$r_p(w) = r_{p,1}(w)r_{p,\sim 1}(w) .$$

There are similar factorizations for the barred quantities.

Recall from §2.6 of [I] that

$$\begin{aligned}\xi(w) &= r_p(w)n(\omega_T(\sigma)) \times w \\ &= s_{p/p_{0,1}}(w)r_{p_{0,1}}(w)s_{p/p_{0,\sim 1}}(w)r_{p_{0,\sim 1}}(w)n(\omega_T(\sigma)) \times w\,.\end{aligned}$$

In view of the lemma, we are free to replace $s_{p/p_{0,\sim 1}}r_{p_{0,\sim 1}}$ by $s_{p/p'}r_{p_\Lambda}$, obtaining a homomorphism that we still denote by ξ,

$$\xi(w) = s_{p/p_{0,1}}(w)r_{p_{0,1}}(w)s_{p/p'}(w)r_{p_\Lambda}(w)n(\omega_T(\sigma)) \times w\,.$$

We modify $\bar{\xi}(w)$ in the exactly the same fashion.

The homomorphism φ is defined on $\widehat{T}$ as the imbedding of $\widehat{T}$ into $\widehat{T}'$. To define it on all of ${}^LM$, we must define $\varphi(n(\omega\omega_T(\sigma))\rtimes w)$, $\omega \in \Omega_0$, $w \in W$, $w \to \sigma$. Since $s_{p/p'}$ is defined on all of $\Omega_0 \rtimes \Gamma_T$ we may set

$$\varphi(n(\omega\omega_T(\sigma))\rtimes w) = s^{-1}_{p/p'}(\omega\sigma)r^{-1}_{p_\Lambda}(w)n_1(\omega\omega_T(\sigma))\rtimes w\,.$$

There are three conditions to verify in order to show that φ is a homomorphism. For simplicity, write $n(\omega_T(\sigma))\rtimes w \in {}^LG$ as $n(w)$.

(i) $\varphi(n(\omega_1))\varphi(n(\omega_2)) = t(\omega_1,\omega_2)\varphi(n(\omega_1\omega_2))$, $\omega_1,\omega_2 \in \Omega_0$

(ii) $\varphi(n(w_1))\varphi(n(w_2)) = t(\sigma_1,\sigma_2)\varphi(n(w_1w_2))$, $w_i \in W_T$, $w_i \to \sigma_i$

(iii) $\varphi(n(w))\varphi(n(\omega))\varphi(n(w))^{-1} = e_t(\omega,\sigma)\varphi(n(\sigma(\omega)))$, $\omega \in \Omega_0$, $\sigma \in w_T$, $w \to \sigma$.

Here

$$e_t(\omega,\sigma) = t(\omega,\sigma)t(\sigma\omega,\sigma^{-1})\sigma(\omega)(t(\sigma,\sigma^{-1}))^{-1}\,. \tag{5.4.2}$$

The relation (i) amounts to

$$s^{-1}_{p|p'}(\omega_1)\omega_1(s^{-1}_{p|p'}(\omega_2))t_1(\omega_1,\omega_2)s_{p|p'}(\omega_1\omega_2) = t(\omega_1,\omega_2)\,. \tag{5.4.3}$$

The p that occurs here is really the restriction of p on R to $R_{\sim 1}$, and in this sense $tt_1^{-1} = t_p$. Since $t_{p'}(\omega) = 1$ for $\omega \in \Omega_0$ because p' is invariant under Ω_0 the relation (5.4.3) is clear from Lemma 2.4.A of [I].

The relation (ii) is valid for a similar reason. One has only to observe that

$$r^{-1}_{p_\Lambda}(w_1)\sigma_1(r^{-1}_{p_\Lambda}(w_2))r_{p_\Lambda}(w_1w_2) = t_{p'}(\sigma_1,\sigma_2)\,.$$

The relation (iii) amounts to the equality of

$$s^{-1}_{p/p'}(\sigma)\sigma(\omega)(s_{p/p'}(\sigma))e_{t_1}(\omega,\sigma)\sigma(s^{-1}_{p/p'}(\omega))$$

and

$$e_t(\omega,\sigma)s^{-1}_{p/p'}(\sigma(\omega))\,,$$

if e_{t_1} is defined by the analogue of (5.4.2), G_1 replacing G and t_1 therefore replacing t. If $e_{\sim 1}$ is defined as in (5.2.8), the element ω_β being replaced by ω then $e_{\sim 1} = e_t e_{t_1}^{-1}$. On the other hand, the boundary of $s_{p/p'}$ being $t_p/t_{p'}$ we have

$$s_{p/p'}^{-1}(\sigma)\sigma(\omega)(s_{p/p'}(\sigma))\sigma(s_{p/p'}^{-1}(\omega))s_{p/p'}^{-1}(\sigma(\omega)) = e_{t_p}^{-1}e_{t_{p'}} .$$

Clearly

$$e_{\sim 1} = e_{t_p} .$$

Moreover

$$t_{p'}(\omega,\sigma) = 1, t_{p'}(\sigma\omega,\sigma^{-1}) = t_{p'}(\sigma,\sigma^{-1}) = \sigma(\omega)(t_{p'}(\sigma,\sigma^{-1})) ,$$

because p' is invariant under Ω_0. Thus

$$e_t e_{t_1}^{-1} = e_{t_p} = e_{t_p}^{-1} e_{t_{p'}} .$$

(The inelegant appeal to the fact that we are dealing with cochains of order two is entailed by an infelicitous definition of ξ in §2.6 of [I]).

The homomorphism φ_s is defined in a similar fashion. Condition (a) is of course manifest, and condition (b) follows easily from the definitions. To verify (c) we have to prove the existence of $t \in \widehat{T}$ such that

$$\varphi(\eta(n_s(\omega_\beta))) = \operatorname{ad} t(\eta_1(\varphi_s(n_s(\omega_\beta)))) , \quad \beta \in \Sigma_0 . \tag{5.4.4}$$

Suppose we can prove the existence of $t_1 \in \widehat{T}$ and for each $\beta \in \Sigma_0$ of $\lambda_\beta \in \mathbf{C}^\times$ such that

$$\begin{aligned} \varphi(\eta(n_s(\omega_\beta))) &= \lambda_\beta^\beta \operatorname{ad} t_1(\eta_1(\varphi_s(n_s(\omega_\beta)))) \\ &= \lambda_\beta^\beta t_1 \omega_\beta(t_1)^{-1}\eta_1(\varphi_s(n_s(\omega_\beta))) . \end{aligned} \tag{5.4.5}$$

Then we choose t_2 such that $\beta^\vee(t_2) = \lambda_\beta$ for all $\beta \in \Sigma_0$, and (5.4.4) follows with $t = t_1 t_2$.

Observe first of all that if $\omega = \omega_\beta$ then

$$\eta(n_s(\omega)) = \widehat{b}^{-1}(\omega)n(\omega) ,$$

so that

$$\varphi(\eta(n_s(\omega))) = \widehat{b}^{-1}(\omega)s_{p/p'}^{-1}(\omega)n_1(\omega) .$$

On the other hand,

$$\eta_1(\varphi_s(n_s(\omega))) = s_{p_s/p_s'}^{-1}(\omega)\eta_1(n_{s,1}(\omega)) = s_{p_s/p_s'}^{-1}(\omega)\widehat{b}_1^{-1}(\omega)n_1(\omega) .$$

Thus the pertinent factor is

$$s_{p/p'}^{-1}(\omega)s_{p_s/p'_s}^{-1}(\omega)\widehat{b}^{-1}(\omega)\widehat{b}_1(\omega) .$$

Since p' is invariant under Ω_0,

$$s_{p/p'}^{-1}(\omega)s_{p_s/p'_s}(\omega) = \prod_{\substack{a>0,\omega^{-1}\alpha<0,p'(\alpha)=1 \\ \alpha\in R-(R_s\cup R_1)}} (-1)^{\alpha} ,$$

with $R_s = R(H)$. Observing that $p'(-\omega^{-1}\alpha) = -p'(\alpha)$, we write this as

$$t_1\omega(t_1)^{-1} \prod_{\alpha\in R^+-(R_s^+\cup R_1^+)} (-1)^{\alpha} = t_1\omega(t_1)^{-1}\widehat{\delta}(\omega)\widehat{\delta}_a^{-1}(\omega)$$

with

$$t_1 = \prod_{\substack{\alpha\in R^+-R_{s,1}^+ \\ p'(\alpha)=-1}} (-1)^{\alpha} .$$

Equation (5.4.5) now follows from part (b) of Lemma 4.3.A.

The coroots α that appear in the definition of $s_{p/p'}$ and r_{p_Λ} are also coweights of $\widetilde{T}$, so that we may interpret the expression defining them as giving functions $\widetilde{s}_{p/p'}$ and $\widetilde{r}_{p_\Lambda}$ with values in $\widetilde{T}$. Then $\widetilde{\varphi}$ is defined by

$$\widetilde{\varphi}(n(\omega\omega_T(\sigma)) \times w) = \widetilde{s}_{p/p'}^{-1}(\omega\sigma)\widetilde{r}_{p_\Lambda}^{-1}(w)n_1(\omega\omega_T(\sigma)) \times w ,$$

and even on a group containing $\widetilde{M}$ that we could call ${}^L\widetilde{M}$. That it is a homomorphism is proved in exactly the same way as for φ. The homomorphism $\widetilde{\varphi}_s$ is defined in a similar fashion, and the diagrams (5.3.5) are clearly commutative. That the element t can be also lifted to $\widetilde{t}$ so that $\widetilde{\varphi}\circ\widetilde{\eta} = \operatorname{ad}\widetilde{t}\circ\widetilde{\eta}_1\circ\widetilde{\varphi}_s$ is also clear. Finally (5.3.6) is valid because we can define $\widetilde{\varphi}$ on ${}^L\widetilde{M}$ and $\widetilde{\varphi}_s$ on ${}^L\widetilde{M}_s$.

5.5. Reducing the dimension of G_{der}

Since are arguing by induction, we can exclude from consideration any group G with subgroups $G^1,\dots,G^r$ such that $\dim G^i_{\mathrm{der}} < \dim G_{\mathrm{der}}$ for all i and such that the truth of the statement (5.1.1) for all of the G^i implies its truth for G. Since that statement is clearly invariant under z-extensions [$\mathbf{K}_1$] and since any two z-extensions are covered by a common z-extension, we can immediately suppose that G_{der} is simple over F, and indeed that G is obtained by restriction of scalars from a group over a larger field. Then a simple argument that we prefer to omit allows us to assume that G_{der} is absolutely simple.

There are two obvious ways of constructing a root system R_1 between $R_0 = R(H_\epsilon)$ and R invariant under Γ_T and with a map to Λ satisfying the conditions of the critical Lemma 5.1.A. The first is to take $R_1 = \langle \alpha \mid \alpha(\varepsilon)^2 = 1 \rangle$, $\Lambda = \{\alpha(\epsilon)\} \subset \bar{F}^\times$ and the map $\alpha \to \alpha(\epsilon)$. The second is to take $R_1 = \langle \alpha \mid \alpha^\vee(s)^2 = 1 \rangle$, $\Lambda = \{\alpha^\vee(s)\} \subset \mathbb{C}^\times$ with Γ_T acting trivially and the map $\alpha \to \alpha^\vee(s)$. Since we can always use the transitivity of Lemma 4.1.A of [I] to choose $T = T_{\epsilon_H}$, we can also suppose that (3.3.2) is satisfied. Thus we are reduced to the case that $\alpha(\epsilon) = \pm 1$ and $\alpha^\vee(s) = \pm 1$ for all α.

In general let us call $(G, \epsilon, s, T, \bar{T})$ primitive if

(i) The element ϵ is not central in G, and s is not central in $\widehat{G}$,
(ii) G_{der} is absolutely simple,
(iii) The set $R^{(d)}$ is not empty,
(iv) There is no system $R_1 \subseteq R$ satisfying the conditions of the critical lemma, so that in particular ϵ^2 is central in G and s^2 central in $\widehat{G}$.

We now assume that $(G, \epsilon, s, T, \widehat{T})$ is primitive, and see what this implies, although we shall see that the critical lemma allows us to impose even further constraints on the problem.

On p. 708 of [$\mathbf{L}_2$] a diagram, either a Dynkin diagram or an extended Dynkin diagram, together with an action of the Galois group was attached to the pair $(\widehat{T}, s)$ (there denoted $({}^L T_0, \kappa)$). In the present case the diagram $D^\vee$ (there denoted D) is the union of $\mathfrak{X}_0^\vee, \mathfrak{X}_1^\vee$ (there denoted $\mathfrak{X}_0, \mathfrak{X}_1$). the same construction can be applied to T, ϵ yielding D, $\mathfrak{X}_0, \mathfrak{X}_1$.

Lemma 5.5.A. *If $(G, \epsilon, s, T, \bar{T})$ is primitive then both diagrams $D, D^\vee$ are extended Dynkin diagrams, and $\mathfrak{X}_1, \mathfrak{X}_1^\vee$ both consist of a single simple root, whose coefficient in the expansion of the largest root is 2.*

It suffices to treat the diagram D. Then $\mathfrak{X}_0$ is just a set of simple roots for G_ϵ. If it were a subset of a set of simple roots for G then G_ϵ would be the Levi factor of a parabolic subgroup of G. This parabolic subgroup need not be defined over F. Take $R_1 = R(G_\epsilon)$ and let $\lambda(\alpha)$ be the restriction of α to the center of G_ϵ. It is clear that $\lambda(\alpha) \neq \lambda^{-1}(\alpha)$ for $\alpha \in R(G/G_1)$. Thus $\alpha \to \lambda(\alpha)$ satisfies the condition of Lemma 5.1.A, contradicting the assumption of primitivity.

We conclude in particular that D is an extended diagram, and that $\mathfrak{X}_0$ contains the negative of the largest root α_o. Let $\alpha_1, \ldots, \alpha_\ell$ be the simple roots. By construction every root α such that $\alpha(\epsilon) = -1$ is the sum of a single element of $\mathfrak{X}_1$ and an integral linear combination with non-negative coefficients of the elements of $\mathfrak{X}_0$. If $\alpha_j \in \mathfrak{X}_1$ then $-\alpha_j$ assumes the value -1 at ϵ. Thus for some α_k,

$$-\alpha_j = \alpha_k + \sum_{i \neq j,k} c_i \alpha_i - c_o \alpha_o, \tag{5.5.1}$$

with $c_i \geq 0$, $c_i = 0$ if $\alpha_i \notin \mathfrak{X}_0$. Since

$$\alpha_o = \sum_{i=1}^{\ell} b_i \alpha_i \tag{5.5.2}$$

with $b_i > 0$ for all i, the equation (5.5.1) is only possible if $j \neq k$ and $\mathfrak{X}_1 = \{\alpha_j, \alpha_k\}$, $c_o = b_j = b_k = 1$ or $j = k$ and $\mathfrak{X}_1 = \{\alpha_j\}$, $cb_j = 2$. If $\mathfrak{X}_1 = \{\alpha_j\}$ and $b_j = 1$ then (5.5.2) implies that $\alpha_o(\epsilon) = -1$, which is out of the question. Thus to prove the lemma, we need only exclude the possibility that $\mathfrak{X}_1 = \{\alpha_j, \alpha_k\}$.

The action of G_ϵ on the quotient $\mathfrak{g}/\mathfrak{g}_\epsilon$ is a direct sum of distinct irreducible representations ρ. Thus to each $\alpha \in R(G/G_s)$ we can associate the $\rho = \rho(\alpha)$ in which it appears. Clearly Γ acts on the set of these ρ and $\sigma(\rho(\alpha)) = \rho(\sigma\alpha)$ while $\rho(-\alpha) = \widetilde{\rho}$, the contragredient of ρ. We extend the action of $\Gamma = \Gamma_T$ to $\Sigma = \Sigma_T$ by demanding that the non-trivial element of $\mathbb{Z}_2 \subseteq \Sigma$ send ρ to $\widetilde{\rho}$.

We claim that

$$\mathfrak{g}_1 = \mathfrak{g}_\epsilon + \sum_{\rho \simeq \widetilde{\rho}} \mathfrak{g}_\rho ,$$

$\mathfrak{g}_\rho$ being the space of ρ, is a subalgebra. The root system of G_1 is obviously a possible R_1, for we can take $\Lambda = \{\rho \mid \rho \simeq \widetilde{\rho}\}$.

Each ρ has a minimal weight and by the definition of $\mathfrak{X}_0$, $\mathfrak{X}_1$ this weight lies in $\mathfrak{X}_1$. Let it be $\alpha_j = \alpha_j(\rho)$. Then $\mathfrak{g}_\rho \simeq \mathfrak{g}_{\widetilde{\rho}}$ if and only if

$$-\alpha_j = \alpha_j + \sum_{\alpha_i \in \mathfrak{X}_0} c_i \alpha_i - c_o \alpha_o , \qquad c_i > 0 .$$

Comparing this equation with equation (5.5.1) we see that $\mathfrak{g}_1 = \mathfrak{g}$ if $\mathfrak{X}_1$ consists of a single element, and that $\mathfrak{g}_1 = \mathfrak{g}_\epsilon$ if it consists of two elements. We infer first that it is in both cases a subalgebra, and then that $\mathfrak{X}_1$ consists of a single element, that we denote α_j.

The connected components of $\mathfrak{X}_0$ decompose it into the disjoint union of connected diagrams permuted amongst themselves by Γ_T and, in the same way, $\Gamma_{\bar{T}}$, for we could as well define $\mathfrak{X}_0$, $\mathfrak{X}_1$ starting with $\bar{T}$ rather than T. The result is the same. Suppose that $\mathfrak{X}_0$ is the disjoint union of two non-empty subdiagrams $\mathfrak{X}_0'$, $\mathfrak{X}_0''$, each invariant under Γ_T and each the union of connected components of $\mathfrak{X}_0$ itself. We shall use the transitivity of Lemma 4.1.A of [I] and the Critical Lemma to show that this case too may be reduced to that of a group of lower dimension, so that we may impose one further restriction,

(v) $\mathfrak{X}_0$ is not the disjoint union of two non-empty subdiagrams $\mathfrak{X}_0'$, $\mathfrak{X}_0''$ each invariant under Γ_T and each the union of connected components of $\mathfrak{X}_0$ itself. Moreover $\mathfrak{X}_0^\vee$ satisfies the same condition.

Supposing that such a decomposition exists we let $\mathfrak{X}'_0$ be the subset containing the negative of the largest root. Since $\mathfrak{X}_0$ is the Dynkin diagram of $\mathfrak{g}_\epsilon$ this leads to a direct sum decompositon,

$$\mathfrak{g}_\epsilon = \mathfrak{g}' \oplus \mathfrak{g}'' . \tag{5.5.3}$$

To be definite, we put the center of $\mathfrak{g}_\epsilon$ in $\mathfrak{g}'$. It is pertinent to observe that $\mathfrak{g}_\epsilon$ has the same rank as $\mathfrak{g}$ because $\mathfrak{X}_1$ consists of a single element. We have seen, moreover, that the representation ρ of $\mathfrak{g}$ on $\mathfrak{g}/\mathfrak{g}_\epsilon$ is irreducible.

The decomposition (5.5.3) implies a tensor-product decomposition $\rho \simeq \rho' \otimes \rho''$. Since $\rho \simeq \widetilde{\rho}$ we have $\rho' \simeq \widetilde{\rho}'$, $\rho'' \simeq \widetilde{\rho}''$. Moreover every element α of $R(G/G_\epsilon)$ may be represented as $\alpha = (\alpha', \alpha'')$, where (α', α'') are the weights of ρ' and ρ''.

Lemma 5.5.B (i) *α' is never zero;* (ii) *There is an α for which α'' is not zero. moreover α'' is zero if and only if α is a rational linear combination of roots in $\mathfrak{X}'_0$.*

Every root of $\mathfrak{X}'_0$ is orthogonal to every root of $\mathfrak{X}''_0$. Thus $\mathfrak{X}'_0$, $\mathfrak{X}''_0$ span mutually orthogonal subspaces of $X^*(T_{\text{der}})\otimes\mathbf{R}$ whose sum is $X^*(T_{\text{der}})\otimes\mathbf{R}$. The components α', α'' of α may be identified with its components in the two summands. Thus α'' is zero if and only if α is a (necessarily rational) linear combination of roots in $\mathfrak{X}'_0$ and α' if and only if it is a linear combination of roots in $\mathfrak{X}''_0$. Since $\mathfrak{X}''_0$ is contained in the set of roots simple with respect to a suitable order, a root that is a rational linear combination of the elements of $\mathfrak{X}''_0$ is necessarily an integral linear combination. The first assertion of the lemma follows.

If α'' were 0 for all α then ρ'' would be trivial and the roots in $\mathfrak{X}''_0$ orthogonal to α_j and to all the roots in $\mathfrak{X}'_0$. This contradicts the assumed absolute simplicity.

Take $R_0 = R(H_\epsilon)$, and let R'_0 be the set of $\alpha \in R_0$ that are roots in $\mathfrak{g}'$ and R''_0 the set of $\alpha \in R_0$ that are roots in $\mathfrak{g}''$. If Ω', Ω'' are the Weyl groups of $\mathfrak{g}'$, $\mathfrak{g}''$ then $\Omega_0 = \Omega'_0\Omega''_0$ with $\Omega'_0 = \Omega_0 \cap \Omega'$, $\Omega''_0 = \Omega_0 \cap \Omega''$. In the same way H_ϵ factors as $H'_\epsilon \cdot H''_\epsilon$.

If

$$\Gamma_{\bar{T}} = \{\omega(\sigma)\sigma \mid \sigma \in \Gamma_T\}$$

and if $\omega(\sigma) = \omega'(\sigma)\omega''(\sigma)$, $\omega'(\sigma) \in \Omega'_0$, $\omega''(\sigma) \in \Omega''_0$ then

$$\Gamma_{T'} = \{\omega'(\sigma)\sigma \mid \sigma \in \Gamma_T\}$$

is a subgroup of $\Omega_0 \rtimes \Gamma_T$ and

$$\Gamma_{\bar{T}} = \{\omega''(\sigma)\sigma' \mid \sigma' \in \Gamma_{T'}\} .$$

As the notation implies, $\Gamma_{T'}$ gives the Galois action for a group T' that could be substituted either for $\bar{T}$ or for T. By Lemma 4.1.A of [I], it suffices to prove Theorem 5.1.A for the pairs (T,T') and $(T',\bar{T})$. To deal with the pair (T,T') we apply the critical lemma, taking the R_0 that appears there to be R_0' and R_1 to be the union of $R(G_\epsilon)$ and

$$\{\alpha \in R(G/G_\epsilon) \mid \alpha'' = 0\}$$

and introducing yet a third Cartan subgroup, whose projection on H_ϵ'' is stably conjugate to the projections of T or T', but whose projection on H_ϵ' is maximal split. Then λ is defined on $R(G/G_1)$ by $\lambda(\alpha) = \alpha''$. For the pair T', $\bar{T}$ we take the R_0 of the Critical Lemma to be R_0''. The set R_1 is $R(G_\epsilon)$ and λ is defined on $R(G/G_1)$ by $\lambda(\alpha) = \alpha'$. It is again necessary to introduce a third supplementary torus and to use transitivity.

Lemma 5.5.C. *Suppose that $(G,\epsilon,s,T,\bar{T})$ is primitive and that in addition the condition (v) is satisfied. Then all roots in $R(G)$ are of the same length.*

We examine the possibilities for groups with roots of unequal length, using the appendices of [**B**].

(i) B_ℓ: The diagram is

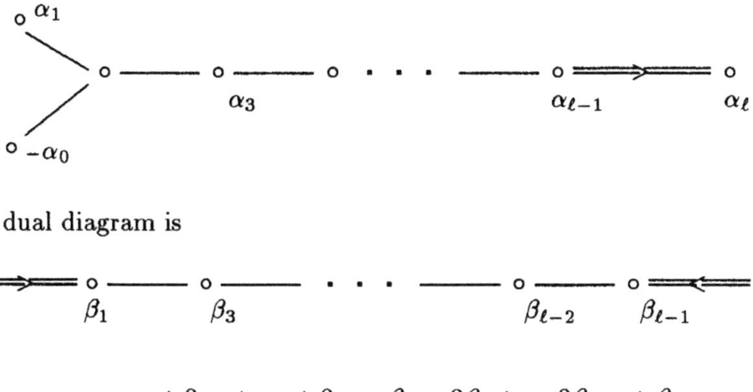

The dual diagram is

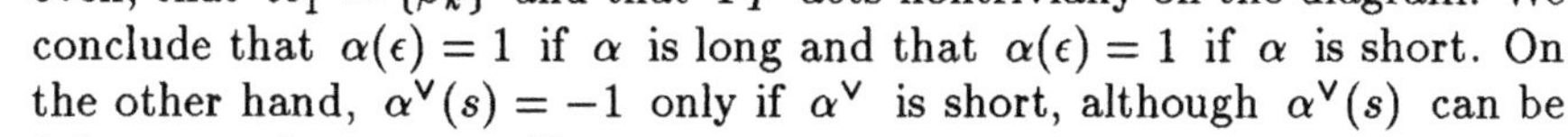

and

$$\alpha_0 = \alpha_1 + 2\alpha_2 + \ldots + 2\alpha_\ell\,,\ \beta_0 = 2\beta_1 + \ldots 2\beta_{\ell-1} + \beta_\ell\,.$$

Condition (v) and Lemma 5.5.A imply that $\mathfrak{X}_1 = \{\alpha_\ell\}$, that $\ell = 2k$ is even, that $\mathfrak{X}_1^\vee = \{\beta_k\}$ and that Γ_T acts nontrivially on the diagram. We conclude that $\alpha(\epsilon) = 1$ if α is long and that $\alpha(\epsilon) = 1$ if α is short. On the other hand, $\alpha^\vee(s) = -1$ only if $\alpha^\vee$ is short, although $\alpha^\vee(s)$ can be 1 for some short roots. Since

$$R^{(d)} = \{\alpha \mid \alpha(\epsilon) = -1\,,\ \alpha^\vee(s) = -1\}\,,$$

it is empty, and groups G of type B_ℓ are excluded.

(ii) C_ℓ: By the symmetry of the conditions, groups of type C_ℓ are also excluded.

(iii) F_4: The diagram is

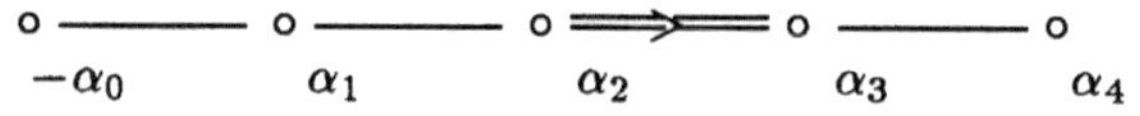

and

$$\alpha_0 = 2\alpha_1 + 3\alpha_2 + 4\alpha_3 + 2\alpha_4 \ .$$

Then $\mathfrak{X}_1 = \{\alpha_4\}$. Thus, with the notation of Table VIII of [**B**], $\alpha(\epsilon) = -1$ if and only if $\alpha = \frac{1}{2}(\pm\epsilon_1 \pm \epsilon_2 \pm \epsilon_3 \pm \epsilon_4)$, and therefore, in particular, only if α is short. By duality $\alpha^\vee(s) = -1$ only if α is long, so that $R^{(d)}$ is empty.

(iv) G_2: The diagram is

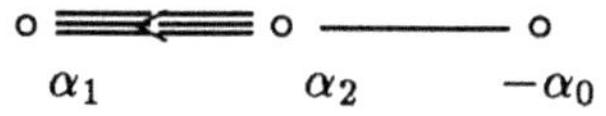

and

$$\alpha_0 = 3\alpha_1 + 2\alpha_2 \ .$$

Thus $\mathfrak{X}_1 = \{\alpha_2\}$. This however, is incompatible with condition (v).

§6. The Order-Two Case

6.1. Introduction

According to the last section it remains only to prove (5.1.1) under the following assumptions:

$$\alpha(\epsilon) = \pm 1, \alpha^\vee(s) = \pm 1 \ , \quad \alpha \in R \ ; \tag{6.1.1}$$

and

(6.1.2) all roots in R are the same length.

In this case the roots of type (d) are those $\alpha \in R$ for which $\alpha(\epsilon) = -1 = \alpha^\vee(s)$.

We begin by describing formulas for $\Theta_1^{(d)}$ and $\lim \Theta_2^{(d)}$. Let $T_{(s)}$ be the F-torus with dual $\widehat{T}_{(s)} = \widehat{\bar{T}}_{\mathrm{ad}}/\{1, s_{\bar{T}}\}$ endowed with the action induced by $\Gamma_{\bar{T}}$. Then dual to

$$1 \longrightarrow \{1, s_{\bar{T}}\} \longrightarrow \widehat{\bar{T}}_{\mathrm{ad}} \longrightarrow \widehat{T}_{(s)} \longrightarrow 1$$

we have

$$1 \longrightarrow A \longrightarrow T_{(s)} \longrightarrow \bar{T}_{\mathrm{sc}} \longrightarrow 1$$

where A has order exactly two. Each of the terms in $v^{(d)}$, and hence also $v^{(d)}$ itself, can be constructed in $\bar{T}_{\text{sc}}$. We do so without change in notation. A lifting $\tilde{v}$ of $v^{(d)}$ to a cochain in $T_{(s)}(\bar{F})$ will be described in (6.2). The coboundary $\partial\tilde{v}$ takes values in A and so defines an element ϵ_{I} of $H^2(\Gamma, A) = \{\pm 1\}$. Then

$$\Theta_{\mathrm{I}}^{(d)}(\gamma_H, \bar{\gamma}_H) = \epsilon_{\mathrm{I}} \, . \tag{6.1.3}$$

To check this we note that the inclusion $\{1, s_{\bar{T}}\} \hookrightarrow \hat{\bar{T}}_{\text{ad}}$ yields

$$H^{-1}(X_*(\bar{T}_{\text{sc}})) \longrightarrow H^{-1}(\mathbf{Z}/2\mathbf{Z}) \, .$$

We have a commutative diagram

$$\begin{array}{ccc} H^1(\bar{T}_{\text{sc}}) & \longrightarrow & H^2(A) \\ \| \wr & & \| \wr \\ H^{-1}(X_*(\bar{T}_{\text{sc}})) & \longrightarrow & H^{-1}(\mathbf{Z}/2\mathbf{Z}) \end{array}$$

(see **[L1]** or **[M]**) and since $\Theta_{\mathrm{I}}^{(d)}(\gamma_H, \bar{\gamma}_H)$ is given by evaluating $v^{(d)}$, as an element of $H^{-1}(X_*(\bar{T}_{\text{sc}}))$, on s, (6.1.3) follows.

The term $\lim \Theta_2^{(d)}$ is handled similarly. Following (4.5) it is given as

$$\langle (a^{(d)}(w), a^{(d)}(w)\bar{c}^{(d)}(w)^{-1}\bar{z}^{(d)}(\omega, w)^{-1}), \ (\epsilon, \epsilon^{-1}) \rangle \, ,$$

the pairing being that for $H^1(W, \hat{T} \times \hat{\bar{T}})$ and $T(F) \times \bar{T}(F)$. We shall move to the torus $\hat{S} = \hat{T} \times \hat{\bar{T}}_{\text{sc}}$ from (3.5). It has the Galois action

$$\bar{\sigma} \colon (t_1, t_2) \longrightarrow (\sigma(t_1), \alpha_\omega(\sigma(t_1))\omega\sigma(t_2)) \, , \tag{6.1.4}$$

where $\bar{\sigma} = \omega \times \sigma$. We also have $T \times \bar{T} \to S$ over F and dually $\hat{S} \to \hat{T} \times \hat{\bar{T}}$ (see (3.5) for definitions). Recall that

$$w \longrightarrow (a^{(d)}(w), \bar{c}^{(d)}(w)^{-1}\bar{z}^{(d)}(\omega, w)^{-1})$$

is a cocycle in $\hat{S}$ with image

$$w \longrightarrow (a^{(d)}(w), a^{(d)}(w)\bar{c}^{(d)}(w)^{-1}\bar{z}^{(d)}(\omega, w)^{-1})$$

under

$$H^1(W, \hat{S}) \longrightarrow H^1(W, \hat{T} \times \hat{\bar{T}}) \, .$$

More precisely, this was shown in (3.5) for cochains without the superscript (d), but a factoring argument as in (4.5) allows us to consider just the contributions of type (d). We may therefore compute $\lim \Theta_2(\gamma_H, \bar{\gamma}_H)$ as

$$\langle (a^{(d)}(w), \bar{c}^{(d)}(w)^{-1}\bar{z}^{(d)}(\omega, w)^{-1}), \ \epsilon_S \rangle$$

where ϵ_S is the image of $(\epsilon, \epsilon^{-1})$ under $T(F) \times \bar{T}(F) \to S(F)$. Note that $\epsilon_S = (1, \epsilon_{\mathrm{ad}})$ where $\epsilon_{\mathrm{ad}} = \epsilon_{\mathrm{ad}}^{-1}$ is the image of ϵ under $\bar{T} \to \bar{T}_{\mathrm{ad}}$.

Next define a torus $T_{(\epsilon)}$ over F by

$$1 \longrightarrow \{1, \epsilon_{\mathrm{ad}}\} \longrightarrow \bar{T}_{\mathrm{ad}} \longrightarrow T_{(\epsilon)} \longrightarrow 1 .$$

Then we have

$$1 \longrightarrow B \longrightarrow \widehat{T}_{(\epsilon)} \longrightarrow \widehat{\bar{T}} \longrightarrow 1 ,$$

with B of order 2, and

$$1 \longrightarrow 1 \times B \longrightarrow \widehat{T} \times \widehat{T}_{(\epsilon)} \longrightarrow \widehat{T} \times \widehat{\bar{T}}_{\mathrm{sc}} \longrightarrow 1 ,$$

or, more simply,

$$1 \longrightarrow B \longrightarrow \widehat{T} \times \widehat{T}_{(\epsilon)} \longrightarrow \widehat{S} \longrightarrow 1 .$$

In $\widehat{T} \times \widehat{T}_{(\epsilon)}$ the Galois action is given by (6.1.4) with α_ω now taking values in $\widehat{T}_{(\epsilon)}$, as is possible because the roots of Σ_0 lie in $X_*(\widehat{T}_{(\epsilon)})$. Dual to this is

$$1 \longrightarrow \{1, \epsilon_S\} \longrightarrow S \longrightarrow T \times T_{(\epsilon)} \longrightarrow 1 .$$

In the next section we will define a lifting of $\bar{c}^{(d)}(w)^{-1}\bar{z}^{(d)}(\omega, w)^{-1} \in \widehat{\bar{T}}_{\mathrm{sc}}$ to $\widehat{T}_{(\epsilon)}$ and thus a lifting of the cocycle

$$u^{(d)}(w) = (a^{(d)}(w), \bar{c}^{(d)}(w)^{-1}\bar{z}^{(d)}(\omega, w)^{-1})$$

to a cochain $\widetilde{u}(w)$ with values in $\widehat{T} \times \widehat{T}_{(\epsilon)}$. The coboundary $\partial\widetilde{u}$ takes values in B and factors through $W \to \Gamma$. It then defines an element ϵ_2 of $H^2(\Gamma, B) = \{\pm 1\}$ and

$$\lim \Theta_2(\gamma_H, \bar{\gamma}_H) = \epsilon_2 . \tag{6.1.5}$$

This follows from the commutativity of the diagram below (see the observations at the end of Section 6.5).

$$\begin{array}{ccccc} H^1(W_F, \widehat{T} \times \widehat{T}_{(\epsilon)}) & \longrightarrow & H^1(W_F, \widehat{S}) & \longrightarrow & H^2(\Gamma, B) \\ \wr\| & & \wr\| & & \wr\| \\ (T \times T_{(\epsilon)})(F)^* & \longrightarrow & S(F)^* & \longrightarrow & \{1, \epsilon_S\}^* \end{array}$$

We observe that $A \simeq B \simeq \mu_2$ and that the homomorphism

$$H^2(\Gamma, \mu_2) \longrightarrow H^2(\Gamma, \mu_4)$$

is injective. This is essential in all that follows.

6.2. Liftings

Fix $i = i_{\bar{F}} \in \bar{F}^{\times}$ such that $i^2 = -1$. We write $v^{(d)}(\bar{\sigma})$ as $\bar{y}^{(d)}(\bar{\sigma})^{-1} v_*(\omega \times \sigma)$, where

$$v_*(\omega \times \sigma) = \tau^{(d)}(\omega, \sigma)\omega(y^{(d)}(\sigma))b^{(d)}(\omega)^{-1}$$

with $\bar{\sigma} = \omega \times \sigma$, and lift term by term. First

$$\bar{y}^{(d)}(\bar{\sigma}) = \prod_{\bar{\mathcal{O}} \subseteq R^{(d)}} \bar{y}_{\bar{\mathcal{O}}}(\bar{\sigma})$$

where

$$\bar{y}_{\bar{\mathcal{O}}}(\bar{\sigma}) = \prod_{\substack{\alpha \in \bar{\mathcal{O}} \\ \alpha > 0 \\ \bar{\sigma}^{-1}\alpha < 0}} a_\alpha^{\alpha^\vee} .$$

We shall define $\tilde{\bar{y}}_{\bar{\mathcal{O}}}(\bar{\sigma}) \in T_{(s)}$ and then set $\tilde{\bar{y}}^{(d)}(\bar{\sigma}) = \prod_{\bar{\mathcal{O}}} \tilde{\bar{y}}_{\bar{\mathcal{O}}}(\bar{\sigma})$.

To fix a-data for all asymmetric orbits choose one orbit, say $\bar{\mathcal{O}}$, from each pair $\pm\bar{\mathcal{O}}$ and set $a_\alpha = -1$ for $\alpha \in \bar{\mathcal{O}}$, $a_\alpha = 1$ for $\alpha \in -\bar{\mathcal{O}}$. Define

$$\tilde{\bar{y}}_{\bar{\mathcal{O}}}(\bar{\sigma}) = \prod_{\substack{\alpha \in \bar{\mathcal{O}} \\ \alpha > 0 \\ \bar{\sigma}^{-1}\alpha < 0}} i^{2\alpha^\vee}$$

and

$$\tilde{\bar{y}}_{-\bar{\mathcal{O}}}(\bar{\sigma}) = 1 .$$

On the other hand, if $\bar{\mathcal{O}}$ is symmetric fix $\alpha > 0$ in $\bar{\mathcal{O}}$ and then representatives $\sigma_1 = 1$, $\sigma_2, \dots, \sigma_n$ for $\Gamma_{\pm\alpha}\backslash\Gamma$ such that $\alpha_j = \bar{\sigma}_j^{-1}\alpha > 0$ for each j. Thus $\bar{\mathcal{O}} = \{\pm\alpha_j : 1 \leq j \leq n\}$. Fix $\sqrt{a_\alpha} \in \bar{F}^{\times}$ and define $\sqrt{a_{\alpha_j}} = \sigma_j^{-1}\sqrt{a_\alpha}$. We have

$$\bar{y}_{\bar{\mathcal{O}}}(\bar{\sigma}) = \prod_{\substack{j \\ \bar{\sigma}^{-1}\alpha_j < 0}} a_{\alpha_j}^{\alpha_j^\vee} .$$

Set

$$\tilde{\bar{y}}_{\bar{\mathcal{O}}}(\bar{\sigma}) = \prod_{\substack{j \\ \bar{\sigma}^{-1}\alpha_j > 0}} \left(\sqrt{a_{\alpha_j}}\right)^{2\alpha_j^\vee} .$$

It remains to lift the terms in $v_*(\omega \times \sigma)$. We define $\tilde{y}^{(d)}(\sigma)$ in the same way we did $\tilde{\bar{y}}^{(d)}(\bar{\sigma})$ and then lift $\omega(y^{(d)}(\sigma))$ as $\omega(\tilde{y}^{(d)}(\sigma))$. The term $\tau^{(d)}(\omega,\sigma)$ is a product of elements $(-1)^{\alpha^\vee}$ over certain α of type (d). Lift $\tau^{(d)}(\omega,\sigma)$ to the corresponding product $\tilde{\tau}^{(d)}(\omega,\sigma)$ of elements $i^{2\alpha^\vee}$. Recall from (4.5) that $b^{(d)}(\omega) = b_\omega^{(d)}\delta^{(d)}(\omega)$. The factor $\delta^{(d)}(\omega)$ is a product of terms $(-1)^{\alpha^\vee}$ each of which we lift to $i^{2\alpha^\vee}$. Recall from (4.3) that $b_\omega^{(d)}$ is of the form $\prod_k x_k^{\beta_k^\vee}$, where $x_k \in \bar{F}^\times$, $\beta_k \in \Sigma_0$. Such an element is naturally lifted to $T_{(s)}$ (by the same formula) since $\Sigma_0 \subset X^*(T_{(s)})$.

On the dual side we have to lift the cocycle

$$(a^{(d)}(w), \bar{c}^{(d)}(w)^{-1}\hat{z}^{(d)}(\omega, w)^{-1}) = (1, \bar{c}^{(d)}(w)^{-1})u_*(\omega \times w)$$

with

$$\begin{aligned} u_*(\omega \times w) &= (a^{(d)}(w), \hat{z}^{(d)}(\omega, w)^{-1}) \\ &= (a^{(d)}(w), \hat{\tau}^{(d)}(\omega,\sigma)\omega(c^{(d)}(w))\alpha_\omega(a^{(d)}(w))\hat{b}^{(d)}(\omega)^{-1}) . \end{aligned}$$

Now $i = i_{\mathbf{C}}$ will denote a square root of -1 in $\mathbf{C}$. We start with $\bar{c}^{(d)}(w)$, lifting it to $\tilde{\bar{c}}^{(d)}(w)$ in $\widehat{T}_{(\epsilon)}$. Then $(1, \bar{c}(w)^{-1})$ is to be lifted to $(1, \tilde{\bar{c}}^{(d)}(w)^{-1})$.

The term $\bar{c}^{(d)}(w)$ is a product $\prod r_{\pm\bar{\mathcal{O}}}(w)$ over pairs $\pm\bar{\mathcal{O}}$ of orbits of type (d). We proceed term by term in this product. If $\bar{\mathcal{O}}$ is asymmetric then we take χ-data for $\pm\bar{\mathcal{O}}$ to be trivial. There is still a nontrivial contribution to $r_{\pm\bar{\mathcal{O}}}$, namely the term $s_{p/q}$ of [**I**, 2.4]. Here p is the gauge on $\pm\bar{\mathcal{O}}$ defined by the fixed order on the roots and q is given by $q(\alpha) = 1$ if and only if $\alpha \in \bar{\mathcal{O}}$. Thus ([**I**, 2.4])

$$s_{p/q}(\sigma) = \prod_{\substack{a>0 \\ \bar{\sigma}^{-1}a<0 \\ a\in\bar{\mathcal{O}}}} (-1)^\alpha$$

and $r_{\pm\bar{\mathcal{O}}}(w) = s_{p/q}(\sigma)$ if $w \to \sigma$ under $W \to \Gamma$. We define $\tilde{r}_{\pm\bar{\mathcal{O}}}(w)$ to be the product $i^{2\alpha^\vee}$ over the same roots.

If $\bar{\mathcal{O}}$ is symmetric the contribution $s_{p/q}$ is trivial because we have arranged that $p = q$. On the other hand, the χ-data $\{\chi_\alpha\}$ now are nontrivial. Following [**I**, 2.5] we write

$$r_{\bar{\mathcal{O}}}(w) = \prod_{j=1}^{n} \chi_\alpha(v_0(u_j(w)))^{\alpha_j} = \prod_{j=1}^{n} s(u_j(w))^{\alpha_j} .$$

Fix some square root of the complex number $s(u_j(w))$, denoting it by $\sqrt{s}(u_j(w))$, and then set

$$\tilde{r}_{\bar{\mathcal{O}}}(w) = \prod_{j=1}^{n} \sqrt{s}(u_j(w))^{2\alpha_j} .$$

It remains to lift $u_*(\omega \times w)$. Again we proceed term by term. We lift $c^{(d)}(w)$ as we did $\tilde{c}^{(d)}(w)$, $\hat{\tau}^{(d)}(\omega,\sigma)$ as we did $\tau^{(d)}(\omega,\sigma)$, and $\hat{b}^{(d)}(\omega)$ as we did $b^{(d)}(\omega)$. We shall regard α_ω as taking values in $\widehat{T}_{(\epsilon)}$. Then

$$\tilde{u}_*(\omega \times w) = (a^{(d)}(w), \tilde{\hat{\tau}}^{(d)}(\omega,\sigma)\omega(\tilde{c}^{(d)}(w))\alpha_\omega(a^{(d)}(w))\tilde{\hat{b}}^{(d)}(\omega)^{-1}).$$

6.3. Some coboundaries

For α of type (d) the element $(-1)^{2\alpha^\vee}$ of A is nontrivial and all such elements coincide. Similarly $B = \{(\pm 1)^{2\alpha};\ \alpha \text{ type } (d)\}$. We identify both A and B with $\mu_2 = \{\pm 1\}$. At the same time we identify $i_{\mathbf{C}}$ and $i_{\bar{F}}$, and then the subgroup B' of $\widehat{T}_{(\epsilon)}$ generated by $\{i^{2\alpha}: \alpha \text{ type } (d)\}$ with the subgroup A' of $T_{(s)}$ generated by $\{i^{2\alpha^\vee}: \alpha \text{ type } (d)\}$ (recall that all roots have the same length); this of course does not respect the action of Γ_T or $\Gamma_{\widehat{T}}$. According to (6.1.3) and (6.1.5) we have to compute the 2-cocycle $\partial\tilde{v}\ \partial\tilde{u}$ with values in μ_2. This coincides with $\partial\tilde{v}/\partial\tilde{u}$ which is more convenient for calculations. Where needed, we inflate cocycles of Γ to W without mentioning it in notation.

In this section we investigate the contributions to $\partial\tilde{v}/\partial\tilde{u}$ from $\tilde{v}_*$ and $\tilde{u}_*$. First, v_* and $\tilde{v}_*$ are well defined on $\Omega_0 \rtimes \Gamma_T$. From Lemma 4.2.B we have

$$\partial v_*(\omega_1\rho, \omega_2\sigma) = \tau^{(d)}(\omega_1\rho, \omega_2\sigma)^{-1}$$

and so if we lift $\tau^{(d)}$ to $\tilde{\tau}^{(d)}$ by replacing each term $(-1)^{\alpha^\vee}$ by $i^{2\alpha^\vee}$ then we conclude that $\partial\tilde{v}_*\tilde{\tau}^{(d)}$ takes values in $A = \mu_2$. Similarly u_* and $\tilde{u}_*$ are well defined on $\Omega_0 \rtimes W$ and Lemma 4.2.A shows that $\partial\tilde{u}_*\tilde{\hat{\tau}}^{(d)}$ takes values in $B = A = \mu_2$. Here $\omega \times \sigma \in \Omega_0 \rtimes W$ acts on $\widehat{T} \times \widehat{T}_{(\epsilon)}$ as in (6.1.4). Hence $\partial\tilde{v}_*$, $\partial\tilde{u}_*$ take values in $B' = A'$, and $\partial\tilde{v}_*/\partial\tilde{u}_*$ takes values in A since $\tilde{\hat{\tau}}^{(d)}$ is identified with $\tilde{\tau}^{(d)}$. The cochain $\partial\tilde{v}_*/\partial\tilde{u}_*$ is not in general a cocycle (since the operator ∂ in the numerator is that for the Galois action on $T_{(s)}$ and the operator in the denominator is for the dual algebraic action). We calculate its coboundary as the coboundary of $\partial\tilde{v}_*\tilde{\tau}^{(d)}/\partial\tilde{u}_*\tilde{\hat{\tau}}^{(d)}$ and thus as

$$(\omega_1\rho, \omega_2\sigma, \omega_3\tau) \longrightarrow \rho\tilde{\tau}^{(d)}(\omega_2\sigma, \omega_3\tau)/\rho\tilde{\hat{\tau}}^{(d)}(\omega_2\sigma, \omega_3\tau)$$

which equals

$$\prod_{\substack{\alpha<0,\alpha\in R^{(d)} \\ \sigma^{-1}\omega_2^{-1}\alpha<0 \\ \tau^{-1}\omega_3^{-1}\sigma^{-1}\omega_2^{-1}\alpha>0}} \left(\frac{\rho i}{i}\right)^{2\alpha^\vee}.$$

When A is identified as μ_2 this becomes

$$(\omega_1\rho, \omega_2\sigma, \omega_3\tau) \longrightarrow \left(\frac{\rho i}{i}\right)^{N(\omega_2\sigma, \omega_3\tau)},$$

where $N(\omega_2\sigma, \omega_3\tau)$ is the number of roots α appearing in the product above.

We embed μ_2 in $\mu_4 = \mu_4(\bar{F})$, the group of fourth roots of unity in $\bar{F}$. The group $\Omega_0 \rtimes W$ acts on μ_4 through Γ. Fix $\xi \in \bar{F}^\times$ such that $\xi^2 = i$ and consider

$$\mathcal{M}(\omega_1\rho, \omega_2\sigma) = \left(\frac{\xi}{\rho\xi}\right)^{N(\omega_2\sigma)},$$

where $N(\omega_2\sigma)$ is the number of α of type (d) for which $\alpha > 0$, $\sigma^{-1}\omega_2^{-1}\alpha < 0$. The cochain $\mathcal{M}$ takes values in μ_4. Observing that

$$N(\omega_1\sigma) + N(\omega_2\tau) - N(\omega_1\sigma\omega_2\tau) = 2N(\omega_1\sigma, \omega_2\tau)$$

we find that $\partial\mathcal{M}$ is the inverse of (6.3.1). Let $\theta = \mathcal{M}\partial\widetilde{v}^*/\partial\widetilde{u}^*$. Then we have proved:

Lemma 6.3.A.
θ is a 2-cocycle of $\Omega_0 \rtimes \Gamma_T$ with values in μ_4.

Lemma 6.3.B.

$$\theta(\omega_1 \times \rho, \omega_2 \times \sigma) = \theta(\rho, \sigma).$$

Proof. Because θ is a 2-cocycle it defines an extension of $\Omega_0 \rtimes \Gamma_T$ by μ_4. The extension is generated by μ_4 and elements $\widehat{\eta}$, $\eta \in \Omega_0 \rtimes \Gamma_T$, with

$$\widehat{\eta}x\widehat{\eta}^{-1} = \eta(x), \quad \widehat{\eta}_1\widehat{\eta}_2 = \theta(\eta_1, \eta_2)(\eta_1\eta_2)^\wedge.$$

We have to show that

$$(\omega_1\rho)^\wedge(\omega_2\sigma)^\wedge = \theta(\rho, \sigma)(\omega_1\rho\omega_2\sigma)^\wedge.$$

For this it is sufficient to verify

$$\widehat{\omega}_1\widehat{\omega}_2 = (\omega_1\omega_2)^\wedge, \tag{6.3.2}$$

$$\widehat{\omega}\widehat{\sigma} = (\omega\sigma)^\wedge \tag{6.3.3}$$

and

$$\widehat{\sigma}\widehat{\omega}\widehat{\sigma}^{-1} = (\sigma\omega\sigma^{-1})^\wedge. \tag{6.3.4}$$

Moreover (6.3.4) need only be verified for $\omega = \omega_\beta$, $\beta \in \Sigma_0$. Indeed, assume that (6.3.4) holds for ω_1 and ω_2. Then

$$\begin{aligned}\widehat{\sigma}(\omega_1\omega_2)^\wedge\widehat{\sigma}^{-1} &= \widehat{\sigma}\widehat{\omega}_1\widehat{\omega}_2\widehat{\sigma}^{-1} \\ &= \widehat{\sigma}\widehat{\omega}_1\widehat{\sigma}^{-1}\widehat{\sigma}\widehat{\omega}_2\widehat{\sigma}^{-1} = (\sigma\omega_1\sigma^{-1})^\wedge(\sigma\omega_2\sigma^{-1})^\wedge \\ &= (\sigma\omega_1\omega_2\sigma^{-1})^\wedge\end{aligned}$$

so that (6.3.4) is also valid for $\omega_1\omega_2$.

If all these conditions are satisfied then

$$(\omega_1\rho)^\wedge(\omega_2\sigma)^\wedge = \widehat{\omega}_1\widehat{\rho}\widehat{\omega}_2\widehat{\sigma} = \widehat{\rho}(\rho^{-1}\omega_1\rho)^\wedge\widehat{\omega}_2\widehat{\sigma}$$

or

$$\widehat{\rho}\widehat{\sigma}(\sigma^{-1}\rho^{-1}\omega_1\rho\omega_2\sigma)^\wedge = \theta(\rho,\sigma)(\rho\sigma)^\wedge((\rho\sigma)^{-1})^\wedge(\omega_1\rho\omega_2\rho^{-1})^\wedge(\rho\sigma)^\wedge$$

which is

$$\theta(\rho,\sigma)(\omega_1\rho\omega_2\sigma)^\wedge$$

and the lemma follows.

The three conditions may be rewritten as

$$\theta(\omega_1,\omega_2) = 1 \tag{6.3.5}$$

$$\theta(\omega,\sigma) = 1 \tag{6.3.6}$$

$$\theta(\sigma,\omega)\sigma(\omega)(\theta(\sigma,\sigma^{-1}))^{-1}\theta(\sigma\omega,\sigma^{-1}) = 1\,. \tag{6.3.7}$$

First observe that $\mathcal{M}(\omega_1,\omega_2) = \mathcal{M}(\omega,\sigma) = 1$. In addition, we calculate $\mathcal{M}(\sigma,\omega)\sigma(\omega)(\mathcal{M}(\sigma,\sigma^{-1})^{-1})\mathcal{M}(\sigma\omega,\sigma^{-1})$ as

$$\left(\frac{\xi}{\sigma\xi}\right)^{N(\omega)}\left(\frac{\xi}{\sigma\xi}\right)^{-N(\sigma^{-1})}\left(\frac{\xi}{\sigma\xi}\right)^{N(\sigma^{-1})} = \left(\frac{\xi}{\sigma\xi}\right)^{N(\omega)}.$$

But $N(\omega)$ is twice the number of roots of type (d) in R^+_β; so we may rewrite this expression as $(\frac{i}{\sigma i})^{[R^+_\beta(d)]}$.

Turning now to $\partial\widetilde{v}_*$ and $\partial\widetilde{u}_*$, each taking values in A', and $\mathcal{L} = \partial\widetilde{v}_*/\partial\widetilde{u}_*$ taking values in $A = \mu_2$, we have

$$\mathcal{L}(\omega_1,\omega_2) = \partial\widetilde{\widetilde{b}}(\omega_1,\omega_2)/\partial\widetilde{b}(\omega_1,\omega_2) = 1$$

and $\mathcal{L}(\omega,\sigma)$ is the quotient of

$$\widetilde{b}(\omega)^{-1}\omega(\widetilde{y}(\sigma))\widetilde{r}(\omega,\sigma)^{-1}\omega(\widetilde{y}(\sigma))^{-1}\widetilde{b}(\omega)$$

by

$$\widetilde{\widehat{b}}(\omega)^{-1}\omega(\widetilde{c}(w))\alpha_\omega(a(w))\widetilde{\widehat{r}}(\omega,\sigma)^{-1}\omega(\widetilde{c}(w))^{-1}\alpha_\omega(a(w))^{-1}\widetilde{\widehat{b}}(\omega)\,,$$

and this is

$$\widetilde{r}(\omega,\sigma)^{-1}\widetilde{\widehat{r}}(\omega,\sigma) = 1\,.$$

Here, and below, the superscript (d) has been omitted from the notation. Similarly we find

$$\mathcal{L}(\sigma\omega,\sigma^{-1})\sigma(\omega)(\mathcal{L}(\sigma,\sigma^{-1}))=1\ ,$$

and so it remains to compute $\mathcal{L}(\sigma,\omega)$ in the case $\omega=\omega_\beta$, $\beta\in\Sigma_0$. We obtain $\mathcal{L}(\sigma,\omega)$ as the quotient of

$$\widetilde{y}(\sigma)\sigma(\widetilde{b}(\omega)^{-1})\widetilde{\tau}(\sigma(\omega),\sigma)^{-1}\sigma(\omega)(\widetilde{y}(\sigma))^{-1}\widetilde{b}(\sigma(\omega))$$

by

$$\widetilde{c}(w)\sigma(\widetilde{\widehat{b}}(\omega))^{-1}\widetilde{\widehat{\tau}}(\sigma(\omega),\sigma)^{-1}\sigma(\omega)(\widetilde{c}(w)^{-1})\widetilde{\widehat{b}}(\sigma(\omega))\widetilde{\alpha}_{\sigma(\omega)}(a(w))^{-1}\ .$$

We may cancel $\widetilde{\tau}$ and $\widetilde{\widehat{\tau}}$ and then insert $\widetilde{e}(\omega,\sigma)$ in the numerator and $\widetilde{\widehat{e}}(\omega,\sigma)$ in the denominator. Recall that $e(\omega,\sigma)$ and $\widehat{e}(\omega,\sigma)$ were defined in (4.1). We consider only the contribution from roots of type (d) and lift to $\widetilde{e}$ and $\widetilde{\widehat{e}}$ by lifting each term $(-1)^{\alpha^\vee}$ or $(-1)^{\alpha}$ to $i^{2\alpha^\vee}=i^{2\alpha}$.

We also factor $\widetilde{b}(\omega)$ as $\widetilde{b}_\omega\widetilde{\delta}(\omega)$ and similarly $\widetilde{\widehat{b}}(\omega)$. This yields

$$\mathcal{L}(\sigma,\omega)=E_1E_2E_3(\widehat{E}_1\widehat{E}_2\widehat{E}_3)^{-1}$$

where

$$\begin{aligned}
E_1&=\widetilde{b}_{\sigma(\omega)}\sigma(\widetilde{b}_\omega^{-1}),\\
E_2&=\widetilde{y}(\sigma)\sigma(\omega)(\widetilde{y}(\sigma))^{-1}\\
E_3&=\widetilde{\delta}(\sigma(\omega))\sigma(\widetilde{\delta}(\omega))^{-1}\widetilde{e}(\omega,\sigma)\\
\widehat{E}_1&=\widetilde{\widehat{b}}_{\sigma(\omega)}\sigma(\widetilde{\widehat{b}}_\omega{}^{-1})\\
\widehat{E}_2&=\widetilde{c}(w)\sigma(\omega)(\widetilde{c}(w))^{-1}\alpha_\omega(a(w)^{-1})
\end{aligned}$$

and

$$\widehat{E}_3=\widetilde{\widehat{\delta}}(\sigma(\omega))\sigma(\widetilde{\widehat{\delta}}(\omega))^{-1}\widetilde{\widehat{e}}(\omega,\sigma)\ .$$

Recall that $\omega=\omega_\beta$. To simplify this expression for $\mathcal{L}(\sigma,\omega)$ we need some preparation.

Lemma 6.3.C.

There exists $\eta_\beta=\pm1$ *such that*

$$\delta(\sigma(\omega_\beta))\sigma(\delta(\omega_\beta))^{-1}e(\omega_\beta,\sigma)=\eta_\beta^{\sigma\beta^\vee}$$

and

$$\widehat{\delta}(\sigma(\omega_\beta))\sigma(\widehat{\delta}(\omega_\beta))^{-1}\widehat{e}(\omega_\beta,\sigma)=\eta_\beta^{\sigma\beta}\ .$$

Proof. This is a long calculation in which we repeatedly use the fact that

$$(-1)^{\alpha^\vee}(-1)^{-\omega_{\sigma\beta}(\alpha^\vee)} = (-1)^{\langle\alpha^\vee,\sigma\beta\rangle\sigma\beta^\vee}.$$

First, $e(\omega,\sigma) = \tau(\sigma,\omega)\tau(\sigma\omega,\sigma^{-1})\sigma(\omega)(\tau(\sigma,\sigma^{-1})^{-1})$. The last two factors are respectively the product over $\alpha > 0$, $\omega^{-1}\sigma^{-1}\alpha < 0$, $\sigma\omega^{-1}\sigma^{-1}\alpha > 0$ and that over $\sigma\omega^{-1}\sigma^{-1}\alpha > 0$, $\omega^{-1}\sigma^{-1}\alpha > 0$ of $(-1)^{\alpha^\vee}$. When multiplied together they yield the product over $\alpha < 0$, $\omega^{-1}\sigma^{-1}\alpha < 0$, $\sigma\omega^{-1}\sigma^{-1}\alpha > 0$. The first factor is the product over $\alpha > 0$, $\sigma^{-1}\alpha < 0$, $\omega^{-1}\sigma^{-1}\alpha > 0$ of $(-1)^{\alpha^\vee}$. For $e(\omega,\sigma)$ we then have the products over

$$\alpha > 0, \omega^{-1}\sigma^{-1}\alpha > 0, \sigma^{-1}\alpha > 0, \sigma\omega^{-1}\sigma^{-1}\alpha < 0 \tag{1}$$

and

$$\alpha > 0, \omega^{-1}\sigma^{-1}\alpha > 0, \sigma^{-1}\alpha < 0, \sigma\omega^{-1}\sigma^{-1}\alpha > 0 \tag{2}$$

of $(-1)^{\alpha^\vee}$.

The contributions of $\sigma(\delta(\omega_\beta))$, $\delta(\sigma(\omega_\beta))$ to the left side of the first equation are the products over, respectively,

$$\sigma^{-1}\alpha > 0, \omega^{-1}\sigma^{-1}\alpha < 0, \sigma^{-1}\alpha \in R_\beta^+ \tag{3}$$

and

$$\alpha > 0, \sigma\omega^{-1}\sigma^{-1}\alpha < 0, \alpha \in R_\beta^+ \tag{4}$$

of the same term. Here $\omega = \omega_\beta$. The left side of the second equation is an exactly analogous product, roots replacing coroots in the exponents.

Consider the contribution of $\{\pm\alpha, \pm\alpha'\}$, where $\alpha' = -\sigma\omega^{-1}\sigma^{-1}\alpha$. If α and α' have opposite signs then these can be contributions only to (2) and (3). Taking $\alpha > 0$ and supposing that $\omega^{-1}\sigma^{-1}\alpha$ and $\sigma^{-1}\alpha$ have opposite signs, we see immediately that these contributions are:

$$\sigma^{-1}\alpha > 0, \sigma^{-1}\alpha \in R_\beta^+ : (-1)^{-\alpha'^\vee}(-1)^{\alpha^\vee};$$
$$\sigma^{-1}\alpha > 0, \sigma^{-1}\alpha \notin R_\beta^+ : (-1)^{-\alpha'^\vee}(-1)^{\alpha'^\vee};$$
$$\sigma^{-1}\alpha < 0, -\sigma^{-1}\alpha \in R_\beta^+ : (-1)^{\alpha'^\vee}(-1)^{-\alpha^\vee};$$
$$\sigma^{-1}\alpha < 0, -\sigma^{-1}\alpha \notin R_\beta^+ : (-1)^{\alpha^\vee}(-1)^{-\alpha'^\vee}.$$

Thus we are done with the case of opposite signs. Observe that explicit calculations were not really necessary. It suffices to observe that the contribution to each of (2) and (3) is $(-1)^{\gamma^\vee}$, $\gamma \in \{\pm\alpha, \pm\alpha'\}$.

If α, α' have the same sign, then $\{\pm\alpha, \pm\alpha'\}$ can contribute to (1), (3) or (4). There must be a contribution from exactly one root to (4). There is a contribution from at most one root to (3). It occurs if and only if there is no contribution to (1). Because we may identify each root with its coroot the same argument applies on the dual side to yield the second equation. The lemma is thus proved.

We now recall the equations in Lemma 4.1.A. The first,

$$e(\omega,\sigma)b(\sigma(\omega)) = \sigma(\omega)(y(\sigma))y(\sigma)^{-1}\sigma(b(\omega)) ,$$

is an equation in G_{sc}. It may be written as

$$b_{\sigma(\omega)}\sigma(b_\omega^{-1})y(\sigma)\sigma(\omega)(y(\sigma))^{-1} = [\delta(\sigma(\omega))\sigma(\delta(\omega))^{-1}e(\omega,\sigma)]^{-1} .$$

But $b_\omega = b_\beta^{\beta^\vee}$, $b_{\sigma(\omega)} = b_{\sigma\beta}^{\sigma\beta^\vee}$ because $\omega = \omega_\beta$, and

$$y(\sigma)\sigma(\omega)(y(\sigma))^{-1} = \prod a_\alpha^{\alpha^\vee} \prod a_\alpha^{-\omega\alpha^\vee} = \Big(\prod a_\alpha^{\langle\alpha^\vee,\beta\rangle}\Big)^{\beta^\vee} ,$$

the product being over α such that $\alpha > 0$, $\sigma^{-1}\alpha < 0$. Thus the equation may be rewritten as

$$\Big[b_{\sigma\beta}\sigma(b_\beta)^{-1}\prod a_\alpha^{\langle\alpha^\vee,\beta\rangle}\Big]^{\sigma\beta^\vee} = \eta_\beta^{\sigma\beta^\vee}$$

or, since we are in G_{sc} , as

$$b_{\sigma\beta}\sigma(b_\beta)^{-1}\prod a_\alpha^{\langle\alpha^\vee,\beta\rangle} = \eta_\beta .$$

Now we pass to $T_{(s)}$, obtaining

$$\Big[b_{\sigma\beta}\sigma(b_\beta)^{-1}\prod a_\alpha^{\langle\alpha^\vee,\beta\rangle}\Big]^{\sigma\beta^\vee} = \eta_\beta^{\sigma\beta^\vee}$$

in this torus. The left side is E_1E_2 and so

$$E_2E_2 = \eta_\beta^{\sigma\beta^\vee} .$$

Similarly on the dual side, we find

$$\widehat{E}_1\widehat{E}_2 = \eta_\beta^{\sigma\beta} .$$

But $\eta_\beta^{\sigma\beta^\vee}$ is identified with $\eta_\beta^{\sigma\beta}$. We therefore cancel E_1E_2 with $\widehat{E}_1\widehat{E}_2$ and conclude that

$$\mathcal{L}(\sigma,\omega) = E_3/\widehat{E}_3 .$$

This quotient is simply $\frac{\sigma(\widetilde{\widetilde{\delta}}(\omega))}{\sigma(\delta(\omega))}$ or $\prod_{\alpha\in R_\beta^+(d)} \big(\frac{i}{\sigma(i)}\big)^{2\alpha^\vee}$. In μ_2 this is $\big(\frac{i}{\sigma(i)}\big)^{[R_\beta^+(d)]}$. Hence

$$\mathcal{L}(\sigma,\omega)\mathcal{L}(\sigma\omega,\sigma^{-1})\sigma(\omega)(\mathcal{L}(\sigma,\sigma^{-1}))^{-1}$$

cancels with

$$\mathcal{M}(\sigma\omega)\mathcal{M}(\sigma\omega,\sigma^{-1})\sigma(\omega)(\mathcal{M}(\sigma,\sigma^{-1}))^{-1}$$

and the proof of Lemma 6.3.B is complete.

We now return to $\partial\widetilde{v}/\partial\widetilde{u}$ and write it as a product of cocycles

$$(\mathcal{M}\partial\widetilde{\bar{y}}/\partial\widetilde{\bar{c}})^{-1}\cdot(\mathcal{M}\partial\widetilde{v}_*/\partial\widetilde{u}_*)\,.$$

Lemma 6.3.B says that we may calculate the second cocycle as $\mathcal{M}\partial\widetilde{y}/\partial\widetilde{c}$ using the action of Γ_T rather than $\Gamma_{\bar{T}}$. Factor $\mathcal{M}$ as $\Pi_{\mathcal{O}}\mathcal{M}_{\mathcal{O}}$ where

$$\mathcal{M}_{\mathcal{O}}(\rho,\sigma)=\left(\frac{\xi}{\rho\xi}\right)^{N_{\mathcal{O}}(\sigma)},$$

$N_{\mathcal{O}}(\sigma)$ being the number of α in $\mathcal{O}$ for which $\alpha>0$ and $\sigma^{-1}\alpha<0$. Then we have

$$\mathcal{M}\partial\widetilde{y}/\partial\widetilde{c}=\prod_{\pm\mathcal{O}}\lambda_{\pm\mathcal{O}}$$

where

$$\lambda_{\pm\mathcal{O}}=\mathcal{M}_{\mathcal{O}}\mathcal{M}_{-\mathcal{O}}\partial\widetilde{y}_{\mathcal{O}}\partial\widetilde{y}_{-\mathcal{O}}/\partial\widetilde{r}_{\pm\mathcal{O}}$$

if $\mathcal{O}$ is asymmetric. By now familiar arguments show that $\partial\widetilde{y}_{\mathcal{O}}\partial\widetilde{y}_{-\mathcal{O}}/\partial\widetilde{r}_{\pm\mathcal{O}}$ ($\mathcal{O}$ symmetric) and $\partial\widetilde{y}_{\mathcal{O}}/\partial\widetilde{r}_{\mathcal{O}}$ ($\mathcal{O}$ symmetric) take values in μ_2 and that $\lambda_{\pm\mathcal{O}}$ is a 2-cocycle with values in μ_4.

Similarly,

$$\mathcal{M}\partial\widetilde{\bar{y}}/\partial\widetilde{\bar{c}}=\prod_{\pm\bar{\mathcal{O}}}\bar{\lambda}_{\pm\bar{\mathcal{O}}}$$

where now

$$\mathcal{M}_{\bar{\mathcal{O}}}(\bar{\rho},\bar{\sigma})=\left(\frac{\xi}{\rho\xi}\right)N_{\bar{\mathcal{O}}}(\bar{\sigma})\,.$$

We conclude:

Theorem 6.3.C.

$$\partial\widetilde{v}/\partial\widetilde{u}=\left(\prod_{\pm\mathcal{O}}\lambda_{\pm\mathcal{O}}\right)\left(\prod_{\pm\bar{\mathcal{O}}}\bar{\lambda}_{\pm\bar{\mathcal{O}}}\right)^{-1}.$$

6.4. Remaining steps

To complete the proof of (5.1.1) we will show:

(6.4.1) $\lambda_{\pm\mathcal{O}}$ is trivial for $\pm\mathcal{O}$ asymmetric,

(6.4.2) $\mathrm{inv}_F\lambda_{\mathcal{O}}=\chi_{\alpha}(a_{\alpha})$ for $\mathcal{O}$ symmetric,

and

$$\prod_{\mathcal{O}} \chi_{\alpha}(-2) = \prod_{\bar{\mathcal{O}}} \chi_{\bar{\alpha}}(-2) . \tag{6.4.3}$$

Here inv_F denotes the isomorphism $H^2(\Gamma, \mu_4) \cong \mathbf{Z}_4$. Since we have chosen $i \in \mathbf{C}^\times$ and $i \in \bar{F}^\times$ we may identify this $\mathbf{Z}_4$ with $\mu_4(\mathbf{C})$. In this section we prove (6.4.1) and (6.4.3).

Suppose that $\mathcal{O}$ is asymmetric. Then

$$(\partial \widetilde{y}_{\mathcal{O}} \partial \widetilde{y}_{-\mathcal{O}} / \partial \widetilde{r}_{\pm \mathcal{O}})(\rho, \sigma) = \prod_{\substack{\alpha>0 \\ \sigma^{-1}\alpha<0 \\ \alpha \in \mathcal{O}}} \frac{\rho i}{i} ,$$

and so

$$\lambda_{\pm \mathcal{O}}(\rho, \sigma) = \prod_{\substack{\alpha>0 \\ \sigma^{-1}\alpha<0 \\ \alpha \in \mathcal{O} \cup -\mathcal{O}}} \frac{\xi}{\rho \xi} \prod_{\substack{\alpha>0 \\ \sigma^{-1}\alpha<0 \\ \alpha \in \mathcal{O}}} \frac{\rho i}{i} .$$

Let $\xi / \rho \xi = \epsilon$. Then $\epsilon^4 = 1$, $\rho(i)/i = \epsilon^{-2}$ and

$$\lambda_{\pm \mathcal{O}}(\rho, \sigma) = \left(\prod_{\substack{\alpha>0 \\ \sigma^{-1}\alpha<0 \\ \alpha \in \mathcal{O}}} \epsilon \cdot \epsilon^{-2} \prod_{\substack{\alpha>0 \\ \sigma^{-1}\alpha<0 \\ \alpha \in -\mathcal{O}}} \epsilon \right) = (\epsilon^{-1})^{N_1} \epsilon^{N_2} ,$$

where N_1 is the number of terms in the first product and N_2 is the number in the second. We observe that $N_1 = N_2$ and thus prove (6.4.1).

Let Φ be the group of all automorphisms φ of $R^{(d)}$ such that $\varphi(-\alpha) = -\varphi(\alpha)$ for all α. Fix α and let Φ_α be the group fixing α and $\Phi_{\pm\alpha}$ the group fixing the set $\{\pm\alpha\}$. Let θ_i $i = 1, 2$, be the characters of order two of $\Phi_{\pm\alpha}/\Phi_\alpha$ and set

$$\rho_i = \mathrm{Ind}_{\Phi_{\pm\alpha}}^{\Phi} \theta_i .$$

To be specific, let θ_1 be the trivial character. For some subset S of $R^{(d)}$ such that $R^{(d)}$ is the disjoint union of S and $-S$ let $N(\varphi)$ be the number of α in S such that $\varphi^{-1}(\alpha) \in -S$. Then

$$\det \rho_2(\varphi) / \det \rho_1(\varphi) = (-1)^{N(\varphi)} .$$

The group $\Omega_0 \rtimes \Gamma_T$ is imbedded in Φ and it is easily seen that $N(\omega)$ is even for $\omega \in \Omega_0$. Thus if σ in Γ_T corresponds to $\bar{\sigma}$ in $\Gamma_{\bar{T}}$ then

$$\det \rho_2(\sigma) / \det \rho_1(\sigma) = \det \rho_2(\bar{\sigma}) / \det \rho_1(\bar{\sigma}) . \tag{6.4.4}$$

Lemma 6.4.A. *Suppose* $\sigma \in \Gamma_T$ *corresponds to* $x \in F^*$. *Then*

$$\prod_{\mathcal{O}} \chi_\beta(x) = \det \rho_2(\sigma)/\det \rho_1(\sigma) .$$

Since the lemma will be valid for $\bar{T}$ just as well as for T, it together with (6.4.4) implies (6.4.3).

Proof. We note that ρ_i is the direct sum over a set of representatives φ for the double cosets $\Phi_{\pm\alpha}\backslash\Phi/\Gamma_T$ of the representations

$$\rho_i^\varphi = \mathrm{Ind}_{\Gamma_T \cap \varphi^{-1}\Phi_{\pm\alpha}\varphi}^{\Gamma_T} \theta_i \circ \mathrm{ad}\, \varphi .$$

If $\varphi^{-1}(\alpha) = \beta$ then

$$\Gamma_T \cap \varphi^{-1}\Phi_{\pm\alpha}\varphi = \Gamma_{\pm\beta}$$

and $\theta_2 \circ \mathrm{ad}\, \varphi$ is the character χ_β regarded as a character of $\mathrm{Gal}(\bar{F}/F_{\pm\beta}) = \Gamma_{\pm\beta}$.

If $\sigma_1, \ldots, \sigma_r$ is a set of representatives for $\Gamma_{\pm\beta}\backslash\Gamma$ and $\sigma_j\sigma = \beta_j(\sigma)\sigma_{j'}$ then

$$\det \rho_2^\varphi(\sigma)/\det \rho_1^\varphi(\sigma) = \prod_j \chi_\beta(\beta_j(\sigma)) ,$$

and, by local class-field theory, this is $\chi_\beta(x)$. Since

$$\det \rho_2(\sigma)/\det \rho_1(\sigma) = \prod_\varphi \det \rho_2^\varphi(\sigma)/\det \rho_1^\varphi(\sigma) ,$$

the lemma follows.

6.5. Symmetric orbits

Throughout this section $\mathcal{O}$ will be a symmetric orbit. Recall that $\mathcal{O} = \{\pm\alpha_j : 1 \le j \le n\}$, where $\alpha_j = \sigma_j^{-1}\alpha > 0$ and $\sigma_1 = 1$, $\sigma_2, \ldots, \sigma_n$ are representatives for $\Gamma_{\pm\alpha}$. Define $\alpha_j(\rho)$, $\alpha_{j'}(\sigma) \in \Gamma_{\pm\alpha}$ by $\sigma_j\rho = \alpha_j(\rho)\sigma_{j'}$ and $\sigma_{j'}\sigma = \alpha_{j'}(\sigma)\sigma_{j''}$. For $\sigma \in \Gamma_{\pm\alpha}$ define $\delta(\sigma) = 0$ if $\sigma\alpha = \alpha$ and $\delta(\sigma) = 1$ if $\sigma\alpha = -\alpha$.

Lemma 6.5.A.

$$\partial\tilde{y}_{\mathcal{O}}(\rho,\sigma) = \prod_j \sigma_j^{-1}\left[\left[\frac{\sqrt{a_\alpha}}{\alpha_j(\rho)\sqrt{a_\alpha}}\right]^{\delta(\alpha_{j'}(\sigma))}\right]^{2\alpha_j^\vee} .$$

Proof. Let θ be the character on $\Gamma_{\pm\alpha}$ given by $\theta(\sigma) = \pm 1$ according as $\sigma\alpha = \pm\alpha$. Then we find

$$\tilde{y}_{\mathcal{O}}(\rho) = \prod_{j=1}^{n} \sigma_j^{-1} \left\{ \begin{matrix} 1 & \text{if } \theta(\alpha_j(\rho)) = 1 \\ \sqrt{a_\alpha} & \text{if } \theta(\alpha_j(\rho)) = -1 \end{matrix} \right\}^{2\alpha_j^\vee}$$

$$\rho(\tilde{y}_{\mathcal{O}}(\sigma)) = \prod_{j=1}^{n} \sigma_j^{-1} \left\{ \begin{matrix} 1 & \text{if } \theta(\alpha_{j'}(\sigma)) = 1 \\ \alpha_j(\rho)(\sqrt{a_\alpha})^{\theta(\alpha_j(\rho))} & \text{if } \theta(\alpha_{j'}(\sigma)) = -1 \end{matrix} \right\}^{2\alpha_j^\vee}$$

and

$$\tilde{y}_{\mathcal{O}}(\rho\sigma)^{-1} = \prod_{j=1}^{n} \sigma_j^{-1} \left\{ \begin{matrix} 1 & \text{if } \theta(a_j(\rho))\theta(\alpha_{j'}(\sigma)) = 1 \\ (\sqrt{a_\alpha})^{-1} & \text{if } \theta(\alpha_j(\rho))\theta(\alpha_{j'}(\sigma)) = -1 \end{matrix} \right\}^{2\alpha_j^\vee} .$$

Thus

$$\partial\tilde{y}_{\mathcal{O}}(\rho, \sigma) = \prod_j \sigma_j^{-1} A_j^{2\alpha_j^\vee}$$

where A_j is given by the following table:

$\theta(\alpha_j(\rho))$	$\theta(\alpha_{j'}(\sigma))$	A_j
1	1	1
1	-1	$\alpha_j(\rho)\sqrt{a_\alpha} / \sqrt{a_\alpha}$
-1	1	1
-1	-1	$\sqrt{a_\alpha} / \alpha_j(\rho)\sqrt{a_\alpha}$

Since $\alpha_j(\rho)\sqrt{a_\alpha} = \pm\sqrt{a_\alpha}$ if $\alpha_j(\rho)\alpha = \alpha$, that is, if $\theta(\alpha_j(\rho)) = 1$, the lemma follows.

Recall that to define $r_{\mathcal{O}}$ and $\tilde{r}_{\mathcal{O}}$ we have chosen w_j mapping to σ_j under $W \to \Gamma$, writing $w_j w = u_j(w) w_{j'}$, $W_\pm = W_+ v_0 \cup W_+ v_1$, $v_0 u = v_0(u) v_k$ with $k = 0$ or 1 and $s(u) = \chi_\alpha(v_0(u))$, $u \in W_\pm$. Then

$$\tilde{r}_{\mathcal{O}}(w) = \prod_j \sqrt{s}(u_j(w))^{2\alpha_j} ,$$

$$w\tilde{r}_{\mathcal{O}}(w') = \prod_r \sqrt{s}(u_{j'}(w'))^{\theta(\alpha_j(\rho))2\alpha_j}$$

where $w \to \rho$ under $W \to \Gamma$, and

$$\tilde{r}_{\mathcal{O}}(w\,w')^{-1} = \prod_j \sqrt{s}(u_j(w)u_{j'}(w'))^{-2\alpha_j} .$$

Hence

Lemma 6.5.B.

$$\partial\tilde{r}_{\mathcal{O}}(w, w') = \prod_j B_j^{2\alpha_j}$$

where

$$B_j = \frac{\sqrt{s}(u_j(w))(\sqrt{s}(u_{j'}(w')))^{\theta(\alpha_j(\rho))}}{\sqrt{s}(u_j(w)u_{j'}(w'))} .$$

From these two lemmas we conclude that

$$\lambda_{\mathcal{O}}(w, w') = \prod_j \left(\frac{\sigma_j^{-1}(A_j)}{B_j} \right) \left(\frac{\xi}{\rho \xi} \right)^{\delta(\alpha_{j'}(\sigma))} .$$

Let

$$C_j = \left(\frac{\xi}{\alpha_j(\rho)\xi} \right)^{\delta(\alpha_{j'}(\sigma))} ,$$

and define λ' by

$$\lambda_{\mathcal{O}} = \left(\prod_j \sigma_j^{-1} \left(\frac{A_j C_j}{B_j} \right) \right) \lambda' .$$

Lemma 6.5.C.
λ' is a coboundary.

Proof. Because $\sigma_j^{-1} A_j / A_j = \sigma_j^{-1} B_j / B_j$ we may write λ' as

$$\prod_j \frac{\sigma_j^{-1} A_j}{B_j} \sigma_j^{-1} C_j^{-1} \left(\frac{\xi}{\rho \xi} \right)^{\delta(\alpha_{j'}(\sigma))} .$$

From the definition of A_j we see that

$$\begin{aligned} \frac{\sigma_j^{-1} A_j}{B_j} &= \left(\frac{\sigma_j^{-1}(i)}{i} \right)^{\delta(\alpha_j(\rho))\delta(\alpha_{j'}(\sigma))} \\ &= \eta_j^{2\delta(\alpha_j(\rho))\delta(\alpha_{j'}(\sigma))} \end{aligned}$$

where $\eta_j = \sigma_j^{-1}(\xi)/\xi$. We also find that

$$(\sigma_j^{-1} C_j^{-1})(\xi / \rho \xi)^{\delta(\alpha_{j'}(\sigma))}$$

coincides with $(\rho \eta_{j'} / \eta_j)^{\delta(\alpha_{j'}(\sigma))}$. Thus

$$\lambda' = \prod_j \eta_j^{2\delta(\alpha_j(\rho))\delta(\alpha_{j'}(\sigma))} (\rho \eta_{j'} / \eta_j)^{\delta(\alpha_{j'}(\sigma))} .$$

On the other hand, the coboundary of $\prod_j \eta_j^{\delta(\alpha_j(\sigma))}$ is

$$\prod_j \left(\eta_j^{\delta(\alpha_j(\rho))} (\rho \eta_{j'})^{\delta(\alpha_{j'}(\sigma))} \eta_j^{-\delta(\alpha_j(\rho)\alpha_{j'}(\sigma))} \right) .$$

Because

$$\delta(\alpha_j(\rho)) + \delta(\alpha_{j'}(\sigma)) - \delta(\alpha_j(\rho)\alpha_{j'}(\sigma)) = 2\delta(\alpha_j(\rho))\delta(\alpha_{j'}(\sigma)) ,$$

this coboundary coincides with λ' , and the lemma is proved.

We discard the term λ' from $\lambda_{\mathcal{O}}$ leaving

$$\prod_j \sigma_j^{-1}\left(\frac{A_jC_j}{B_j}\right)$$

$$= \prod_j \sigma_j^{-1}[(\xi\sqrt{a_\alpha}/\alpha_j(\rho)(\xi\sqrt{a_\alpha}))^{\delta(\alpha_{j'}(\sigma))}(\sqrt{s}(u_j(w))\sqrt{s}(u_{j'}(w'))^{\theta(\alpha_j(\rho))}$$

$$/\sqrt{s}(u_j(w)u_{j'}(w')))^{-1}].$$

Consider the cocycle λ_α of $W_{\pm\alpha}$ in μ_4 given by

$$(w, w') \longrightarrow (\xi\sqrt{a_\alpha}/\rho(\xi\sqrt{a_\alpha}))^{\delta(\sigma)}(\sqrt{s}(w)(\sqrt{s}(w')^{\theta(\rho)}/\sqrt{s}(ww'))^{-1}$$

where $w, w' \to \rho, \sigma$ under $W_{\pm\alpha} \to \Gamma_{\pm\alpha}$. Then $\lambda_{\mathcal{O}}$ is the image of λ_α under the corestriction homomorphism from $H^2(W_{\pm\alpha}, \mu_4)$ to $H^2(W, \mu_4)$. Since

$$\mathrm{inv}_F\lambda_{\mathcal{O}} = \mathrm{inv}_{F_{\pm\alpha}}\lambda_\alpha ,$$

to prove (6.4.2) it is sufficient to prove that

$$\text{(6.5.1)} \qquad \mathrm{inv}\,\lambda_\alpha = \chi_\alpha(a_\alpha) .$$

If $R_1 \to R_2$ is an isogeny of tori over a local field F with kernel D then local class field theory ([**M**], Chap. 1) yields two sequences in duality

$$\text{(6.5.2)} \qquad D(F) \longrightarrow R_1(F) \longrightarrow R_2(F) \longrightarrow H^1(F, D)$$

$$\text{(6.5.3)} \quad H^2(F, \widehat{D}) \longleftarrow H^1(W, \widehat{R}_1) \longleftarrow H^1(W, \widehat{R}_2) \longleftarrow H^1(F, \widehat{D}) .$$

The pairing is in all cases to $\mathbf{C}^\times$ or a subgroup of it, and

$$\widehat{D} = \mathrm{Hom}(D, \mu_\infty(\bar{F}) \otimes \mu_\infty(\mathbf{C})) .$$

We use in two different ways the compatibility of the two sequences with the pairing, for the commutativity of diagrams (6.6.1) and (6.6.2) are special cases of it. Since we use the compatibility at both ends, we need to pay attention to signs. Moreover we know of no reference for the compatibility, although it follows from standard results. So we include here some very brief remarks, based on the constructions in [**L** 3].

First of all, when proving the compatibility, one can confine attention to elements of $H^1(F, \widehat{R}_i)$ and thus of $H^1(K/F, \widehat{R}_i)$ for some large K (notice the proof that λ_α factors through $\Gamma_{\pm\alpha}$ in the next section). Then

$\alpha \in H^1(K/F, \widehat{R}_i)$ when paired with the cup product $\beta \cup \gamma$ of $\beta \in H^{-2}(K/F, X_*(R_i))$ and the fundamental class of K/F yields $\langle \alpha, \beta \rangle = \langle \beta, \alpha \rangle$. The pairing between $\alpha' \in H^i(F, \widehat{D})$ and $\beta' \in H^j(F, D)$ is given by

$$\beta' \cup \alpha' \in H^2(F, D \otimes \widehat{D}) \longrightarrow H^2(F, \mu_n(\bar{F}) \otimes \mu_n(\mathbb{C})) \simeq \mu_n(\mathbb{C}) .$$

Here n is sufficiently large and $\beta' \cup \alpha' \colon \rho, \sigma \to \beta'(\rho) \otimes \rho\alpha'(\sigma)$.

Choosing n so that $nX_*(R_2) \subseteq X_*(R_1) \subseteq X_*(R_2)$ we see that it is enough to treat the case that $nX_*(R_2) = X_*(R_1)$. Then

$$1 \longrightarrow D \longrightarrow R_1 \longrightarrow R_2 \longrightarrow 1$$

is obtained by tensoring

$$1 \longrightarrow \mu_n(\bar{F}) \longrightarrow \bar{F}^* \longrightarrow \bar{F}^* \longrightarrow 1 \tag{6.5.4}$$

with $X_*(R_1)$.

Suppose $\alpha' \in H^1(F, \widehat{D})$ has image α and β' is the image of $\beta \cup \gamma$. Then by Proposition 5 of **[Se]**, Chap. VIII, Sect. 3, $\beta' = \beta \cup \delta\gamma$, δ being the map $H^2(F, \bar{F}^*) \to H^3(F, \mu_n(\bar{F}))$ attached to (6.5.4). Thus

$$\beta' \cup \alpha' = \beta \cup \delta\gamma \cup \alpha' = -\beta \cup \alpha' \cup \delta\gamma .$$

Choose n divisible by $[K \colon F]$. Then

$$H^2(K/F, \mu_n(K)) \longrightarrow H^2(K/F, K^*) ,$$

is an isomorphism as is

$$H^2(K/F, \mu_n(K)) \longrightarrow H^2(K/F, \mu_m(K))$$

if $n|m$.

The product $\beta \cup \alpha' = \gamma_1$ is a class in $H^{-2}(K/F, \mu_n(\mathbb{C}))$. Lifting γ, γ_1 to $\widetilde{\gamma}, \widetilde{\gamma}_1$ with values in $\mu_{n^2}(\bar{K})$, $\mu_{n^2}(\mathbb{C})$ we obtain a product of chains $\widetilde{\gamma}_1 \cup \widetilde{\gamma}$ that projects to $\gamma_1 \cup \gamma$. Since

$$\partial(\widetilde{\gamma}_1 \cup \widetilde{\gamma}) = \partial\widetilde{\gamma}_1 \cup \gamma + \gamma_1 \cup \partial\widetilde{\gamma}$$

must be trivial in $H^1(K/F, \mu_n(K) \otimes \mu_n(\mathbb{C}))$, and $\partial\widetilde{\gamma} = \delta\gamma$, $\partial\widetilde{\gamma}_1 = \langle \beta, \alpha \rangle$, we conclude that

$$\beta' \cup \alpha' = \langle \beta, \alpha \rangle \gamma .$$

This is one of the compatibilities.

For the other, take $\alpha \in H^1(K/F, \widehat{D})$, and $\alpha' = \delta\alpha$, $\beta' = \beta \cup \gamma$. Then

$$\beta \cup \gamma \cup \delta\alpha = \beta \cup \delta\alpha \cup \gamma = \delta(\beta \cup \alpha) \cup \gamma ,$$

and $\delta(\beta \cup \alpha) = \langle \beta, \alpha \rangle$.

6.6. Final Calculations

First we observe that

$$B = \sqrt{s}\,(w)(\sqrt{s}\,(w'))^{\theta(\rho)}(\sqrt{s}\,(ww'))^{-1}, w, w' \in W_{\pm} ,$$

is given by the following table. The elements t, t' lie in W_+.

w	w'	B
t	t'	$\sqrt{s}\,(t)\sqrt{s}\,(t')\sqrt{s}\,(tt')^{-1}$
t	$t'v$	$\sqrt{s}\,(t)\sqrt{s}\,(t')\sqrt{s}\,(tt')^{-1}$
tv_1	t'	$\sqrt{s}\,(t)\sqrt{s}\,(t')^{-1}\sqrt{s}\,(t\bar{t}')^{-1}$
tv_1	$t'v_1$	$\sqrt{s}\,(t)\sqrt{s}\,(t')^{-1}\sqrt{s}\,(t\bar{t}'v_1^2)^{-1}$

The proof of (6.5.1) will be divided into the following cases:

(I) $i \in F_{\pm\alpha}$;

(II) $i \in F_\alpha - F_{\pm\alpha}$;

(III) $i \notin F_\alpha$.

We shall delete the subscript α from notation. Thus a_α, χ_α, λ_α, $F_{\pm\alpha}$ become a, χ, λ, $F_\pm$; we write F_+ for F_α.

To verify directly that λ factors through $\Gamma_\pm$, we choose an open subgroup U of finite index in $F^\times$ that does not contain -1. Then $V = U^2$ is also open and of finite index and $u \longrightarrow v = u^2$ is a topological isomorphism between the two groups. Define a character μ of V by $\mu(v) = \chi(u)$. Then μ^2 is equal to χ on V. We may suppose U and V are invariant under $\Gamma_\pm$. Then V is a normal subgroup of $W_\pm$ and we may so choose $\sqrt{s}\,(t)$, $t \in W_+$, that

$$\sqrt{s}\,(vt) = \mu(v)\sqrt{s}\,(t)$$

Since $\mu(v\bar{v}) = \chi(u\bar{u}) = 1$, $v \in V$, it follows easily from the table that B factors through $V\backslash W_\pm$ and thus through $\Gamma_\pm$. We now prove (6.5.1).

Case I.

We may assume F nonarchimedean. Let L be the cyclic quartic extension $F_+(\xi\sqrt{a})$ of $F_\pm$, τ be the generator $\xi\sqrt{a} \rightarrow i\xi\sqrt{a}$ and μ_1 be the character on $\mathrm{Gal}(L/F_\pm)$ given by $\mu_1(\tau) = i^{-1}$. We pull μ_1 back to a character on $\Gamma_\pm$ and observe that

$$\frac{\xi\sqrt{a}}{\rho(\xi\sqrt{a})} = \mu_1(\rho), \quad \rho \in \Gamma_\pm .$$

Because $\chi(-1) = \chi(i^2) = 1$ we may choose a character μ_2 on $F_+^\times$ such that $\mu_2^2 = \chi$. Regard μ_2 as a character on W_+ and set $\sqrt{s} = \mu_2$.

As usual, let $w, w' \to \rho, \sigma$ under $W_\pm \to \Gamma_\pm$. Then in the table of values for B we obtain $1, 1, \mu_2(t'\bar{t}')^{-1}$, $\mu_2(t'\bar{t}'v_1^2)^{-1}$, so that B is given by

$$(w, w') \longrightarrow [\mu_2 \circ trans(w')]^{-\delta(\rho)}$$

where $trans$ is the transfer homomorphism $W_\pm^{\mathrm{ab}} \to W_+^{\mathrm{ab}}$. Since $\mu_2 \circ trans$ corresponds to restriction of μ_2 to $F_\pm^\times$ we may write this as

$$(w, w') \longrightarrow \mu_2(\sigma)^{-\delta(\rho)}$$

on identifying this restriction as a character on $\Gamma_\pm$.

Observe next that on $F_\pm^\times$ or $\Gamma_\pm$ we have $\mu_1^2 = \mu_2^2 = \chi$ so that $\theta = \mu_2\mu_1^{-1}$ is of order two. Also $(\rho, \sigma) \mapsto \mu_2(\sigma)^{-\delta(\rho)}$ is cohomologous to $(\rho, \sigma) \to \mu_2(\rho)^{\delta(\sigma)}$, for they differ by the boundary of $\rho \to \mu_2(\rho)^{\delta(\rho)}$. We conclude that λ is the cocycle

$$(\rho, \sigma) \longrightarrow \theta(\rho)^{\delta(\sigma)}\,.$$

We interpret this as the cup-product of θ in $H^1(F_\pm, \mu_2(\mathbb{C}))$ and δ in $H^1(F_\pm, \mu_2(\bar{F}))$.

In general the following diagram,

$$\begin{array}{ccccccc}
\mu_n(F_\pm)^* & \leftarrow & (F_\pm^\times)^* & \leftarrow & (F_\pm^\times)^* & \leftarrow & H^1(F_\pm, \mu_n(\bar{F}))^* \\
\| & & \| & & \| & & \| \\
H^2(F_\pm, \mu_n(\mathbb{C})) & \leftarrow & H^1(W_\pm, \mathbb{C}^\times) & \leftarrow & H^1(W_\pm, \mathbb{C}^\times) & \leftarrow & H^1(F_\pm, \mu_n(\mathbb{C}))
\end{array}$$

labelled (6.6.1) and defined by $x \to x^n$, $\bar{F}^\times \to \bar{F}^\times$, is commutative. Thus

$$\operatorname{inv} \lambda = \theta(a^2) = \mu_2(a^2)\mu_1^{-1}(a^2) = \chi(a)\mu_1^{-1}(a^2)\,.$$

However, the norm of $\xi\sqrt{a}$ is

$$i \cdot (-1) \cdot (-i) \cdot \xi^4 a^2 = a^2\,,$$

so that $\mu_1(a^2) = 1$. Thus the relation (6.5.1) is valid in this case.

Observe that slight variations of the preceding arguments allow one to verify readily in all cases that if (6.5.1) is valid for one choice of a and χ then it is valid for all.

Case II.

We may choose $a = -i$, $\sqrt{a} = \xi^{-1}$. Then λ is given by B^{-1}. The diagram (6.6.1) is now to be replaced by the analogous diagram for the group R with the twisted action $\rho: x \to \rho(x)^{\theta(\rho)}$. Then $\mathbb{C}^\times$ is replaced by $\widehat{R}$. We take $n = 4$, and then the kernel of $x \to x^4$, $\widehat{R} \to \widehat{R}$ is, because of the twisted action and because $i \in F_+ - F_\pm$, isomorphic to $\mu_4(\bar{F}_\pm)$. The analogue of (6.6.1) is labelled (6.6.2) and is

$$\begin{array}{ccccccc} \mathbb{Z}_4^* & \leftarrow & R^* & \leftarrow & R^* & \leftarrow & H^1(F_\pm, \mathbb{Z}_4)^* \\ \wr\| & & \wr\| & & \wr\| & & \wr\| \\ H^2(F_\pm, \mu_4(\bar{F}_\pm)) & \leftarrow & H^1(W_\pm, \widehat{R}) & \leftarrow & H^1(W_\pm, \widehat{R}) & \leftarrow & H^1(F_\pm, \mu_4(\bar{F}_\pm)) \end{array}$$

It is again commutative.

The element B^{-1} lies in $H^2(F_\pm, \mu_4(F_\pm))$, and comes as the boundary of a 1-cochain on $W_\pm$ with values in $\widehat{R}$, namely $w \to \sqrt{s}(w)^{-1}$. Taking the fourth power, we obtain the cocycle $r: w \to s(w)^{-2}$.

The element $\operatorname{inv}\lambda$ is obtained, after our identification, by pairing B with $a^{-1} = i$ in $\mathbb{Z}_4$ (or $\mu_4(\bar{F})$). Thus, by commutativity of the diagram, it is obtained as the value of the character ν associated to the cocycle r on a^{-1}. In general if $z \in \widehat{R}$, thus if $z \in F_+$ and $z\bar{z} = 1$, then $z = y\bar{y}^{-1}$ and $\nu(z) = \chi(y)^{-2}$ because the function s^2 restricted to W_+ is χ^2. For $z = i$ we have $y = 1 + i$ and

$$\chi(y)^{-2} = \chi(2i)^{-1} = \chi(-i) = \chi(a),$$

because 2 is the norm of y.

Case III.

We have not been able in Case III to deal directly with fields of even residual characteristic. They can, however, be handled by a global argument. Suppose, for present purposes, that F_+ is a quadratic extension of the number field $F_\pm$, that $a \in F_+$ and $\bar{a} = -a$, and that χ is an idele-class character of I_{F_+} whose restriction to $I_{F_\pm}$ is the character $\theta_{F_+/F_\pm}$ associated to the quadratic extension. The construction of λ in Section 6.5 can be carried out globally. At a place in $F_\pm$ that does not split in F_+, the global construction is compatible with the local. However, λ can also be restricted to the local Weil group at a place v that splits in F_+. We claim that the relation (6.5.1) is valid at this local place. Thus

$$\operatorname{inv}\lambda_v = \chi_v(a) = 1$$

To see this observe first that $\chi_v(-1) = 1$ so that χ_v is a square. Since $\theta(\rho) = 1$ if ρ lies in the decomposition group, the denominator of the expression defining λ_v is 1. Since $\delta(\sigma) = 0$ if σ is in the decomposition group, the numerator is also 1.

We conclude that if (6.5.1) is valid at all but one place then it is valid at the remaining place. It is certainly valid at the archimedean places, for if they are not split they fall under Case II. Moreover, given local data at one place, we can extend these local data to global data and in such a way that at any prescribed finite set of places not containing the original one the extension splits. Therefore it suffices to treat the case of odd residual characteristic.

Since $i \notin F_+$ we have a diagram of fields

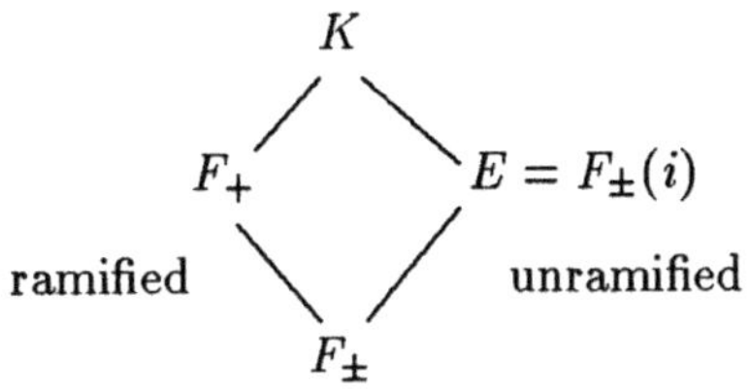

All intermediate extensions are quadratic and $[K : F_\pm] = 4$. Let q be the number of elements in the residue field, so that $q \equiv 3 \pmod 4$ and $q^2 - 1 \equiv 0 \pmod 8$. Let m be the largest power of 2 dividing $q^2 - 1$ and let ζ be a primitive m th root of unity in E. We may suppose that

$$\zeta^{(q^2-1)/8} = \xi\,, \quad \zeta^{(q^2-1)/4} = i\,.$$

Since $F_+/F_\pm$ is ramified, we may choose a so that $a^2 = \varpi$ is a uniformizing parameter in $F_\pm$. Then $K(\sqrt[4]{a})$ and $K(\sqrt[4]{\zeta})$ are linearly disjoint and Galois over $F_\pm$.

Thus we may enlarge our diagram of fields to

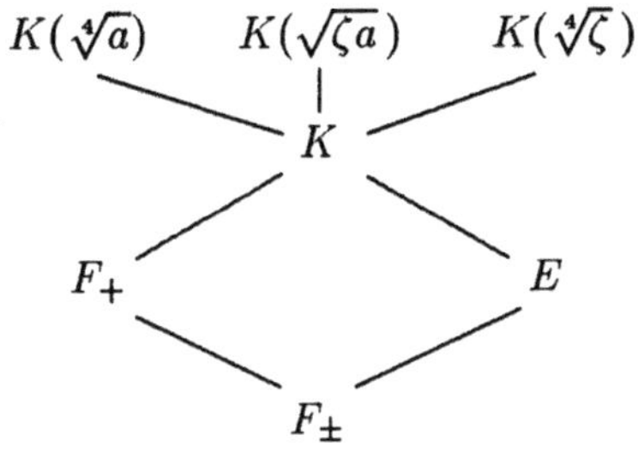

There exists a $\tau \in \Gamma_\pm$ such that

$$\tau a = -a \quad \tau(\sqrt[4]{a}) = \xi \sqrt[4]{a}\,, \quad \tau(\sqrt[4]{\zeta}) = \sqrt[4]{\zeta} \tag{6.6.3}$$

We choose $1, \tau$ as representatives for $\Gamma_\pm \backslash \Gamma_+$.

The group of units $O_\pm^\times$ in $O_\pm$ is a product $\{\pm 1\}U$, where U is the set of all a in $O_\pm^\times$ whose image in the residue field has odd order. We define χ on $F_\pm^\times$ by the following conditions:

$$\chi\,|U \equiv 1\,; \quad \chi(-1) = -1\,, \quad \chi(-a^2) = 1\,.$$

Then we extend it to $F_+^\times$, obtaining a character χ of order 4. This character defines a cyclic quartic extension of F_+ that evidently contains

K because χ^2 is unramified. Thus it is the quadratic extension of K associated to the character $\nu(x) = \chi(x\bar{x})$. Since ν is not trivial on units it is ramified, and thus of the form $K(\sqrt{\gamma a})$, where γ is a unit. Then $1 = \nu(-\gamma a) = \nu(\gamma)\chi(a^2) = -\nu(\gamma)$, so that $\nu(\gamma) = -1$. Consequently we may take $\gamma = \zeta$, and the field is $K(\sqrt{\zeta a})$.

Consider the element δ of $H^1(F_+, \mu_4(\bar{F}_+))$ given by $\rho \to \sqrt[4]{a}/\rho(\sqrt[4]{a})$ and the element θ of $H^1(F_+, \mu_4(\mathbf{C}))$ given by χ. According to the diagram (6.6.1) the invariant of their cup product is $\chi(a)$.

To complete the proof of (6.5.1) in Case III and thus of Theorem 1.6.A it remains to show that λ is in the class of the corestriction of $\delta \cup \theta$. The cup product itself is given by

$$(\rho\sigma) \longrightarrow (\sqrt[4]{a}/\rho(\sqrt[4]{a}))^{\mathrm{ord}(\sigma)},$$

if we identify, as usual, $\mu_4(\mathbf{C})$ with $\mathbf{Z}_4$ and set $\chi(\sigma) = i^{\mathrm{ord}(\sigma)}$.

We calculate the corestriction with the coset representatives $(1, \tau)$ for $\Gamma_+\backslash\Gamma_\pm$ obtaining a 2-cocycle μ. We construct the extension of $\Gamma_\pm$ by $\mu_4(\bar{F})$ defined by μ, letting $\widehat{\sigma}$ be the representative of $\sigma \in \Gamma_\pm$ in it. Then $\widehat{\rho}\cdot\widehat{\sigma} = \mu_{\rho,\sigma}(\rho\sigma)^\wedge$. We want to choose $a_\sigma \in \mu_4(\bar{F})$ so that if $\widetilde{\sigma} = a_\sigma\widehat{\sigma}$ then $\widetilde{\rho}\widetilde{\sigma} = \lambda_{\rho,\sigma}(\rho\sigma)^\sim$.

We first examine the restriction of the cocycle μ to Γ_+. There it is given by

$$\mu_{\rho,\sigma} = (\sqrt[4]{a}\,\rho(\sqrt[4]{a})^{-1})^{\mathrm{ord}(\sigma)}\tau^{-1}(\sqrt[4]{a}\,\tau\rho\tau^{-1}(\sqrt[4]{a})^{-1})^{\mathrm{ord}(\tau\sigma\tau^{-1})}$$

We claim that $\mathrm{ord}(\tau\sigma\tau^{-1}) = -\mathrm{ord}(\sigma)$. It is enough to verify this on an element σ such that $\sigma(\sqrt{\zeta a}) = \pm i\sqrt{\zeta a}$. Then, by (6.6.3),

$$\tau\sigma\tau^{-1}(\sqrt{\zeta a}) = \tau\sigma(-i\sqrt{\zeta a}) = \tau(\pm\sqrt{\zeta a}) = \mp i\sqrt{\zeta a} = \sigma^{-1}(\sqrt{\zeta a}).$$

Thus

$$\mu_{\rho,\sigma} = (\sqrt[4]{a}\,\rho(\sqrt[4]{a})^{-1}\tau^{-1}(\sqrt[4]{a})^{-1}\rho\tau^{-1}(\sqrt[4]{a}))^{\mathrm{ord}(\sigma)} = (\xi\rho(\xi)^{-1})^{\mathrm{ord}(\sigma)}.$$

On the other hand, the numerator of the quotient defining λ is trivial on Γ_+ since $\delta(\sigma) = 0$ for $\sigma \in \Gamma_+$. The denominator is easily calculated since it is just the pullback to Γ_+ through χ of the 2-cocycle of the extension

$$1 \longrightarrow \mu_2(\mathbf{C}) \longrightarrow \mu_8(\mathbf{C}) \longrightarrow \mu_4(\mathbf{C}) \longrightarrow 1.$$

If we choose σ_1 such that $\mathrm{ord}(\sigma_1) = 1$ then for $0 \le a, b < 4$ this is just

$$\lambda_{\sigma_1^a,\sigma_1^b} = \begin{cases} 1 & a+b<4 \\ -1 & a+b \ge 4. \end{cases}$$

Thus both cocycles are defined on $\mathrm{Gal}(K(\sqrt{\zeta a})/F_+)$ and if we take

$$\widetilde{\sigma}_1 = \widehat{\sigma}_1 , \quad (\sigma_1^2)\tilde{} = \xi\sigma_1(\xi)^{-1}(\sigma_1^2)^\wedge , \quad (\sigma_1^3)\tilde{} = \xi\sigma_1(\xi)^{-1}(\sigma_1^3)^\wedge$$

then $\widetilde{\rho}\cdot\widetilde{\sigma} = \lambda_{\rho,\sigma}(\rho\sigma)\tilde{}$ on Γ_+, because $\sigma_1^2(\xi) = \xi^{q^2} = \xi$.

If σ belongs to Γ_+ then $1\cdot\tau = \tau$, $\tau\cdot\sigma = \tau\sigma\tau^{-1}\cdot\tau$, $\tau\cdot\tau = \tau^2$, so that

$$\mu_{\tau,\sigma} = \tau^{-1}(\sqrt[4]{a}\,\tau^2(\sqrt[4]{a}\,)^{-1})^{\mathrm{ord}\,\sigma} = \xi^{-2\,\mathrm{ord}(\sigma)} = i^{-\mathrm{ord}(\sigma)} .$$

On the other hand,

$$\lambda_{\tau,\sigma} = (\sqrt{\chi(1)}\,)^{-1}\sqrt{\chi(\sigma)}\sqrt{\chi(\tau\sigma\tau^{-1})} = \sqrt{\chi(\sigma)}\sqrt{\chi(\tau\sigma\tau^{-1})} ,$$

and we have chosen $\sqrt{\chi(\sigma_1^a)} = \sqrt{e^{(2\pi i a/4)}} = e^{(2\pi i a/8)}$ for $0\le a<4$. Thus

$$\lambda_{\tau,\sigma_1^a} = e^{2\pi i a/8}e^{2\pi i(4-a)/8} = -1, \quad 0<a<4 ,$$
$$\lambda_{\tau,1} = 1 .$$

Then we set $\widetilde{\tau} = \beta\widehat{\tau}$, where β is yet to be determined, and define $(\tau\sigma)\tilde{}$ so that

$$(\tau\sigma)\tilde{} = \lambda_{\tau,\sigma}^{-1}\widetilde{\tau}\,\widetilde{\sigma} = \lambda_{\tau,\sigma}^{-1}\beta\tau(a_\sigma)\widehat{\tau}\,\widehat{\sigma} = \lambda_{\tau,\sigma}^{-1}\beta\tau(a_\sigma)\mu_{\tau,\sigma}(\tau\sigma)^\wedge$$

This done, we have to verify that

$$\widetilde{\sigma}\,\widetilde{\tau} = \lambda_{\sigma,\tau}(\sigma\tau)\tilde{} . \tag{6.6.4}$$

If this equation is valid then

$$\widetilde{\sigma}\cdot(\tau\rho)\tilde{} = \sigma(\lambda_{\tau,\rho})^{-1}\widetilde{\sigma}\,\widetilde{\tau}\,\widetilde{\rho} = \sigma(\lambda_{\tau,\rho})^{-1}\lambda_{\sigma,\tau}(\sigma\tau)\tilde{}\,\widetilde{\rho}$$

which equals

$$\sigma(\lambda_{\tau,\rho})^{-1}\lambda_{\sigma,\tau}\lambda_{\tau,\tau^{-1}\sigma\tau}^{-1}\tau(\lambda_{\tau^{-1}\sigma\tau,\rho})\lambda_{\tau,\tau^{-1}\sigma\tau\rho}(\sigma\tau\rho)\tilde{} = \lambda_{\sigma,\tau\rho}(\sigma\tau\rho)\tilde{} .$$

Moreover, if (6.6.4) is valid for ρ as well as σ then

$$(\rho\sigma)\tilde{}\,\widetilde{\tau} = \lambda_{\rho,\sigma}^{-1}\widetilde{\rho}\,\widetilde{\sigma}\,\widetilde{\tau} = \lambda_{\rho,\sigma}^{-1}\rho(\lambda_{\sigma,\tau})\lambda_{\rho,\sigma\tau}(\rho\sigma\tau)\tilde{} = \lambda_{\rho\sigma,\tau}(\rho\sigma\tau)\tilde{} .$$

Thus it is enough to verify it for σ_1.

The left side is equal to $\sigma_1(\beta)\mu_{\sigma_1,\tau}(\sigma\tau)^\wedge$; the right side is

$$\lambda_{\sigma_1,\tau}\lambda_{\tau,\sigma_1^{-1}}^{-1}\beta\tau(a_{\sigma_1^{-1}})\mu_{\tau,\sigma_1^{-1}}(\sigma\tau)^\wedge .$$

Since $\mathrm{ord}(\tau^2)=2$, $1\cdot\tau=\tau$, $\tau\sigma_1 = (\tau\sigma_1\tau^{-1})\tau$,

$$\mu_{\sigma_1,\tau} = \tau^{-1}(\sqrt[4]{a}\,\tau^2(\sqrt[4]{a}\,)^{-1})^{-1} = i ,$$

while

$$\lambda_{\sigma_1,\tau} = \sqrt{e^{\frac{2\pi i}{4}}}^{-1}\sqrt{e^{\frac{2\pi i}{4}}} = 1.$$

Thus we must have

$$\sigma_1(\beta)\beta^{-1} = -\tau(\xi\sigma_1(\xi)^{-1}) = -\xi\sigma_1(\xi)^{-1} = -\xi^{1-q}\,.$$

Since $\sigma_1(i) = -1$, we may take

$$\beta = \xi^{-1}i = \xi\,.$$

It is easy to verify that $(\tau\rho)\tilde{}\,\tilde{\sigma} = \lambda_{\tau\rho,\sigma}(\tau\rho\sigma)\tilde{}$ if $\rho,\sigma \in \Gamma_+$, and if

$$\tilde{\tau}^2 = \lambda_{\tau,\tau}(\tau^2)\tilde{} \tag{6.6.5}$$

it is easy to verify that $(\rho\tau)\tilde{}(\sigma\tau)\tilde{} = \lambda_{\rho\tau,\sigma\tau}(\rho\tau\sigma\tau)\tilde{}$, $\rho,\sigma \in \Gamma_+$. Thus the proof of Theorem 1.6.A will be complete once (6.6.5) is established. It is clear that $\mu_{\tau,\tau} = 1$ and that $\mathrm{ord}(\tau^2) = 2$. Therefore

$$\tilde{\tau}^2 = (\beta\hat{\tau})^2 = \beta^2\hat{\tau}^2 = \beta^2(\tau^2)^\wedge = -\beta^2(\tau^2)\tilde{}$$

On the other hand,

$$\lambda_{\tau,\tau} = \sqrt{\zeta a}\,\tau(\sqrt{\zeta a}\,)^{-1} = \xi^{-2} = -\xi^2 = -\beta^2\,,$$

and we are done.

REFERENCES

[I] R. Langlands and D. Shelstad, *On the definition of transfer factors,* Math. Ann., 278, 219-271 (1987).

[B] N. Bourbaki, *Groupes et Algèbres de Lie,* Chs. 4, 5, 6, Hermann (1968).

[C-D] L. Clozel and P. Delorme, *Le théorème de Paley-Wiener invariant pour les groupes de Lie réductifs,* Inv. Math. 77, 427-453 (1984).

[HC 1] Harish-Chandra, *Invariant eigendistributions on a semisimple Lie group,* Trans. Amer. Math. Soc., 119, 457-508 (1965).

[HC 2] ———————, (notes by G. van Dijk) *Harmonic Analysis on Reductive p-adic Groups,* Springer Lecture Notes, Vol. 162 (1970).

[HC 3] ———————, *Harmonic analysis on real reductive groups I,* J. Funct. Anal., 19, 104-204 (1975).

[K 1] R. Kottwitz, *Rational conjugacy classes in reductive groups,* Duke Math. J., 49, 785-806 (1982).

[K 2] ———————, *Stable trace formula: elliptic singular terms,* Math. Ann., 275, 365-399 (1986).

[K 3] ———————, *Tamagawa numbers*, Ann. of Math., 127, 629-646 (1988).

[K 4] ———————, *Sign changes in harmonic analysis on reductive groups*, Trans. Amer. Math. Soc., 278, 289-297 (1983).

[K-S] ——————— and D. Shelstad, *Twisted endoscopy*, in preparation.

[L 1] R. Langlands, *Les Débuts d'une Formule des Traces Stable*, Publ. Math. Univ. Paris VII, Vol. 13 (1983).

[L 2] ———————, *Stable conjugacy: definitions and lemmas*, Can. J. Math., 31, 700-725 (1979).

[L 3] ———————, *Representations of abelian algebraic groups*, preprint (1968).

[L-S] ——————— and D. Shelstad, *Orbital integrals on forms of SL(3), II*, Can. J. Math. (in press).

[M] J.S. Milne, *Arithmetic Duality Theorems*, Academic Press (1986).

[Se] J.-P. Serre, *Corps Locaux*, Hermann (1962).

[S 1] D. Shelstad, *Characters and inner forms of a quasi-split group over* $\mathbf{R}$, Comp. Math., 39, 11-45 (1979).

[S 2] ———————, *Orbital integrals and a family of groups attached to a real reductive group*, Ann. Sci. Ec. Norm. Sup., 12, 1-31 (1979).

[S 3] ———————, *Embeddings of L-groups*, Can. J. Math., 33, 513-558 (1981).

[S 4] ———————, *L-indistinguishability for real groups*, Math. Ann., 259, 385-430 (1982).

[S 5] ———————, *Orbital integrals, endoscopic groups and L-indistinguishability for real groups*, Publ. Math. Univ. Paris VII, Vol. 15 (1984).

[W] G. Warner, *Harmonic Analysis on Semisimple Lie Groups*, Vol. II, Springer Verlag (1972).

School of Mathematics
The Institute for Advanced Study
Princeton, NJ 08540

and

Mathematics Department
The University of Utah
Salt Lake City, UT 84112

Mathematics Department
Rutgers University
Newark, NJ 07102

GPSR Compliance

The European Union's (EU) General Product Safety Regulation (GPSR) is a set of rules that requires consumer products to be safe and our obligations to ensure this.

If you have any concerns about our products, you can contact us on ProductSafety@springernature.com

In case Publisher is established outside the EU, the EU authorized representative is:

Springer Nature Customer Service Center GmbH
Europaplatz 3
69115 Heidelberg, Germany

Batch number: 10577878

Printed by Printforce, the Netherlands